GRUNDLAGEN DER ORGANISCHEN CHEMIE

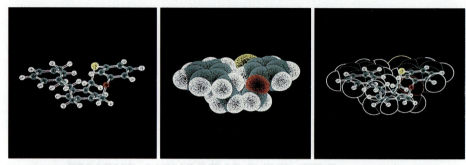

Kugel-Stab-Modell* Kalotten-Modell Kombiniertes Kugel-Stab/Kalotten-Modell

Zum Einbandbild

Das Bild auf dem Einband zeigt eine Computerzeichnung des **Cyclophan-Moleküls** (1). Diese Verbindung wurde 1988 von *F. Vögtle* und *A. Ostrowicki* erstmals synthetisiert. Das Molekül hat einen stufenartigen Aufbau (2) und ist wegen Mangels an Symmetrie (helical-)chiral. Ein Isomer davon (3) ist gleichfalls möglich, aber weniger stabil. Für Moleküle dieser Art interessiert sich die Forschung nicht nur wegen ihrer Chiralität, sondern auch wegen ihrer chiroptischen Eigenschaften, ihrer sterischen Spannung (wannenförmige Benzenringe), ihrer dynamischen Stereochemie (Racemisierung) [vgl. Abschnitte Cyclophane, Chiralität, Chiroptik, DNMR, Enantiomere].

(1)   (2)   (3)

Hans Rudolf Christen
Fritz Vögtle

GRUNDLAGEN DER ORGANISCHEN CHEMIE

Otto Salle Verlag
Frankfurt am Main

Verlag Sauerländer
Aarau · Frankfurt am Main · Salzburg

Dieses Buch ist eine Kompaktausgabe des zweibändigen Werkes:
Hans Rudolf Christen und Fritz Vögtle
Organische Chemie – Von den Grundlagen zur Forschung

Band I (Bestellnummer 5397) enthält:
1. Teil: Überblick über die wichtigsten organischen Stoffgruppen
2. Teil: Organische Reaktionen

Band II (Bestellnummer 5398) enthält:
3. Teil: Einige spezielle Kapitel der Organischen Chemie
4. Teil: Weiterführende Themen der Organischen Chemie

Band III (Bestellnummer 5498) enthält:
Die chemische Evolution, metallorganische Verbindungen, neue Synthesemethoden und -konzepte, Neues aus der Naturstoffchemie, Röntgen-Kristallanalyse, Molekülmechanik-Rechnungen, Cyclophane, Fullerene, Dendrimere, Organische Verbindungen mit nichtlinearen optischen Eigenschaften, Supramolekulare Chemie, Tenside, Micellen, Vesikel, LB-Filme, chemische Sensoren, Biotechnologie, Chemie und Umwelt, Gefahrstoffverordnung, Kurzlexikon

Zu dieser Kompaktausgabe gibt es einen separaten Aufgabenband:
Grundlagen der Organischen Chemie
Aufgaben mit vollständigen Lösungen
(Bestellnummer 5499)

Prof. Dr. Dr. h.c. Hans Rudolf Christen (ETH Zürich)   Prof. Dr. Fritz Vögtle (Universität Bonn)
Grundlagen der Organischen Chemie
2. Auflage 1998
Einband von Lilian-Esther Perrin, Bern   Grafik von Harald Hager, München
Bestellnummer: 5399
ISBN 3-7935-5399-X (Salle)   ISBN 3-7941-3003-0 (Sauerländer)
© 1989   Otto Salle Verlag GmbH & Co., Frankfurt am Main   Verlag Sauerländer AG, Aarau

Das Werk einschließlich aller seiner Teile ist urheberrechtlich geschützt. Jede Verwertung außerhalb der engen Grenzen des Urheberrechtsgesetzes ist ohne Zustimmung des Verlages unzulässig und strafbar. Das gilt insbesondere für Vervielfältigungen, Übersetzungen, Mikroverfilmungen und die Einspeicherung und Verarbeitung in elektronischen Programmen und Systemen.

Aus der Wiedergabe von Warenbezeichnungen, Handelsnamen oder sonstigen Kennzeichen in diesem Buch darf nicht gefolgert werden, daß jedermann berechtigt sei, dieselben frei zu benutzen.

Die Erlaubnis zur Publikation von Sadtler Standard Spektren® in diesem Buch wurde durch die Firma Sadtler Research Laboratories (Philadelphia) gewährt. Alle Rechte vorbehalten.

Satz: ASCO, Hong Kong
Druck und Einband: Trüb-Sauerländer AG, Aarau

Vorwort

Das vorliegende «Kompakt-Lehrbuch» ist aus dem bisherigen Werk von H. R. Christen «Grundlagen der organischen Chemie» entstanden. Da die bei der Neuauflage einzubringenden Ergänzungen sowohl Umfang als auch Preis des Bandes erheblich anschwellen ließen, wurde versucht, durch Streichen von weniger wichtig oder veraltet Erscheinendem sowie durch Text-, Formel- und Tabellenkürzungen den Inhalt auf das Notwendige zu reduzieren: Ziel war dabei, ein kurzes, dennoch selbständiges Lehrbuch der Organischen Chemie zu schaffen, das modern ist und doch vom Umfang her deutlich unter 1 000 Seiten liegen sollte. Um diese Vorgaben trotz der notwendigen Ergänzung neuerer Entwicklungen zu erreichen, wurde am Anfang des Buches Apparatives, die wellenmechanische Beschreibung des Atoms und Teile der Einführung in die MO-Theorie gestrichen. Ebenso entfallen die Abschnitte über Thermodynamik und Kinetik, eine Anzahl von Spektren, die Literaturhinweise am Ende des Buches sowie die Übungsaufgaben einschließlich ihrer Lösungen.

Diese Beschränkung auf das Wesentliche erschien aus zwei Gründen möglich. Einmal werden die physikalisch-chemischen Grundlagen auch der Organischen Chemie im Band «Grundlagen der Allgemeinen und Anorganischen Chemie» von H. R. Christen und G. Meyer (1997; Frankfurt und Aarau) erschöpfend behandelt; zum Zweiten erscheint in den gleichen Verlagen ein dreibändiges, ausführliches Lehrbuch der Organischen Chemie («Organische Chemie – Von den Grundlagen zur Forschung»), das auf diesen «Kompaktband» abgestimmt ist (z.B. gleiche Kapitelnummern) und das über die Grundlagen hinaus moderne Methoden und Synthesen bis hin zur organischen Elektrochemie, zur Technischen Chemie, zur Supramolekularen Chemie und zur Biotechnologie bietet. An manchen Stellen wird ergänzend auf Band II hingewiesen.

Abgesehen von der Straffung wurde im «Kompaktband» jedoch auch eine Vielzahl von Ergänzungen, Verbesserungen und Neuerungen eingeführt: Die «Pfeiltechnik» (grüne Pfeile) wurde zur Erläuterung von Mechanismen vermehrt eingesetzt, die Keilschreibweise wurde vereinheitlicht. Von der grünen Druckfarbe wurde mehr Gebrauch gemacht, um Formeln oder Textteile hervorzuheben (Synthesereaktionen, Katalysatoren, Enzyme; in grünen Buchstaben gedruckt). An wichtigen Stellen wurden Stereobilder eingefügt. *Cis/trans* und *E/Z* wurden ebenso klar definiert wie synperiplanar und synclinal sowie *syn*- wie *anti*-Elimination. Erweitert wurden die Abschnitte über die Kernresonanz-Spektroskopie (Dynamische Kernresonanz, Verschiebungsreagentien), Süßstoffe, den anomeren Effekt und Spiegelbildisomerie (chirale Erkennung, Chiroselektivität, Racemattrennung über Wirt/Gast-Komplexe). Im Abschnitt «Zur Planung organischer Synthesen» wurden die Begriffe «Synthon» und «Span» eingeführt und das Retrosynthese-Prinzip noch deutlicher erläutert. Die Barton-Reaktion wurde neu aufgenommen. Die Schreibweise einzelner Begriffe wurde der international üblichen angepaßt: Halogenalkan anstelle von Alkylhalogenid, Decan mit c anstelle von k usw. Der Begriff «Struktur» wurde durch «Konstitution», «Konfiguration», «Konformation» oder «Molekülbau» ersetzt. Eine Reihe von Mechanismen und Synthesen wurden präzisiert und ergänzt; Daten wurden generell gerundet.

Mit diesem «Kompaktbuch» liegt ein aktuelles Nachfolgewerk des «Christen» vor, das den raschen und gezielten Zugriff zur gesamten modernen Organischen Chemie inkl. Heterocyclen, Naturstoffen, Farbstoffen und Hochmolekularen Verbindungen, wenn auch in knapper Form, ermöglicht. Das Buch bietet nicht nur für die ersten Semester, sondern weit über das Vordiplom hinaus eine Übersicht über die Organische Chemie in einem vertretbaren Umfang und Preis.

Wiederum sei allen, die in irgend einer Weise zum Gelingen des Buches beigetragen haben, sehr herzlich gedankt, vor allem den Herren P. Knops, Dr. W. Orlia, A. Ostrowicki und Dr. D. Worsch. Eine besondere Freude sind uns – wie immer – die Briefe von Benutzern des

Buches, insbesondere von Studierenden, die uns auf verschiedene stehengebliebene Fehler und Unklarheiten aufmerksam gemacht haben. Ihnen allen sei herzlich gedankt. Schließlich gebührt auch den Verlagen Sauerländer (Aarau) und Salle (Frankfurt) unser Dank für die Bemühungen, alle Wünsche zu berücksichtigen und ein auch ästhetisch befriedigendes Buch herzustellen. Dies betrifft besonders die Herren M. Röthlisberger (Bern) und F. Gebhard (Aarau). Ebenso wie die früheren Auflagen des «Christen» sei auch die «Kompaktausgabe» L. C. gewidmet als Ausdruck des Dankes, zur Erinnerung an C. und an den vor vielen Jahren gemeinsam erlebten Einstieg in die faszinierende Welt der Organischen Chemie. Wir hoffen, daß dieser Kompaktband einen Beitrag zur Verkürzung der Kolloquiums- und Prüfungsvorbereitung, vielleicht sogar zur Studienzeitverkürzung leisten kann.

Winterthur und Bonn, im Frühjahr 1997   H. R. Christen und F. Vögtle

Inhaltsverzeichnis

Inhaltsverzeichnis von Band I

Vorwort V

1	**Einleitung**	1
1.1	Die Kovalenzbindung	1
1.2	Die «Sonderstellung» der organischen Chemie; funktionelle Gruppen	12
1.3	Physikalische Eigenschaften organischer Verbindungen	16
1.4	Quantitative Elementaranalyse und Molekularformel	30
1.5	Konstitutionsermittlung	33

1. Teil: Die wichtigsten organischen Stoffgruppen

2	**Kohlenwasserstoffe**	38
2.1	Gesättigte offenkettige Kohlenwasserstoffe	38
2.1.1	Die homologe Reihe der Alkane	38
2.1.2	Molekülbau	40
2.1.3	Physikalische Eigenschaften	44
2.1.4	Reaktionen	47
2.1.5	Gewinnung	52
2.1.6	Beispiele und Vorkommen	54
2.1.7	Halogenalkane	57
2.2	Cycloalkane	58
2.2.1	Physikalische Eigenschaften, Molekülbau	58
2.2.2	Stereoisomerie bei substituierten Cycloalkanen	63
2.2.3	Ringstabilität und Baeyersche Spannungstheorie	65
2.2.4	Cyclopentan, Cyclobutan, Cyclopropan	65
2.2.5	Polycyclische Ringsysteme	67
2.2.6	Herstellung und Reaktionen	68
2.3	Alkene	71
2.3.1	Molekülbau	71
2.3.2	Physikalische Eigenschaften	74
2.3.3	Chemische Reaktionen und Gewinnung	76
2.3.4	Polyene	83
2.3.5	Ungesättigte Halogenkohlenwasserstoffe	89
2.4	Alkine	90
2.4.1	Molekülbau, Eigenschaften	90
2.4.2	Reaktionen und Herstellung	91

VIII Inhaltsverzeichnis

2.5	Aromatische Kohlenwasserstoffe	95
2.5.1	Das Benzen (Benzol)	95
2.5.2	Kriterien des aromatischen Zustandes	102
2.5.3	Mehrkernige aromatische Kohlenwasserstoffe	117
2.5.4	Spektroskopische Eigenschaften aromatischer Kohlenwasserstoffe	122
2.5.5	Reaktionen aromatischer Verbindungen	123
2.5.6	Aliphatisch-aromatische Kohlenwasserstoffe	124
2.5.7	Halogenierte Aromaten und Umwelt	126
2.5.8	Technische Gewinnung aromatischer Kohlenwasserstoffe	128
2.6	Nomenklatur organischer Verbindungen	129
2.6.1	Trivialnamen	129
2.6.2	Systematische Nomenklatur: Substitutionsnamen	130
2.6.3	Systematische Nomenklatur: IUPAC-Nomenklatur	131

3	**Verbindungen mit einfachen funktionellen Gruppen**	**138**
3.1	Alkohole, Phenole, Ether	138
3.1.1	Alkohole	138
3.1.2	Phenole	150
3.1.3	Ether	153
3.2	Schwefelverbindungen	159
3.2.1	Thiole und Sulfide	159
3.2.2	Sulfoxide und Sulfone	161
3.2.3	Sulfen-, Sulfin- und Sulfonsäuren	161
3.3	Stickstoffhaltige Verbindungen	163
3.3.1	Amine	163
3.3.2	Weitere Stickstoffverbindungen	171
3.4	Spiegelbildisomerie	175
3.4.1	Einige stereochemische Begriffe	175
3.4.2	Molekülchiralität und optische Aktivität	176
3.4.3	Racemformen	193
3.4.4	Chemische Reaktionen chiraler Moleküle; Stereotopie	200
3.4.5	Historisches	205

4	**Verbindungen mit ungesättigten funktionellen Gruppen**	**206**
4.1	Carbonylverbindungen: Aldehyde und Ketone	206
4.1.1	Nomenklatur und physikalische Eigenschaften	206
4.1.2	Reaktionen	210
4.1.3	Herstellung und wichtige Beispiele	215
4.2	Carbonsäuren und ihre wichtigsten Derivate	219
4.2.1	Nomenklatur und physikalische Eigenschaften	220
4.2.2	Reaktionen	223
4.2.3	Herstellung und wichtige Beispiele	224
4.2.4	Salze der Carbonsäuren	227
4.2.5	Derivate der Carbonsäuren	227
4.2.6	Dicarbonsäuren	230
4.2.7	Hydroxy- und Ketosäuren	233
4.2.8	Aminocarbonsäuren	238

4.3	Derivate der Kohlensäure	242
4.4	Nitrile	244
5	**Spektroskopie und Molekülbau**	**246**
5.1	Ultraviolettspektroskopie	246
5.2	Infrarotspektroskopie	249
5.3	Kernresonanzspektroskopie	253
5.4	Massenspektroskopie	278
5.5	Kombinierter Einsatz spektroskopischer Methoden zur Aufklärung des Molekülbaus	285

2. Teil: Organische Reaktionen

6	**Allgemeines**	**288**
6.1	Zum Ablauf organischer Reaktionen	288
6.2	Der Übergangszustand	292
6.3	Methoden zur Untersuchung von Reaktionsabläufen	300
7	**Molekülbau und Reaktivität**	**304**
7.1	Bindungsenthalpien	304
7.2	Induktive und mesomere Effekte (σ- bzw. π-Acceptoren und -Donoren)	305
7.3	Die Stärke von Säuren und Basen	310
7.4	Quantitative Beziehungen zwischen Struktur und Reaktivität	319
7.5	Tautomerie	328
8	**Nucleophile Substitutionen an gesättigten C-Atomen**	**333**
8.1	Allgemeines	333
8.2	Zum Ablauf der nucleophilen Substitutionen	334
8.3	Reaktivität bei nucleophilen Substitutionen	349
8.4	Nebenreaktionen	358
8.5	Reaktionen von Alkylhalogeniden und -sulfaten bzw. -sulfonaten	361
8.6	Nucleophile Substitutionen an Alkoholen und Ethern	370
8.7	Weitere nucleophile Substitutionen	374
9	**Eliminationsreaktionen**	**376**
9.1	Allgemeines	376
9.2	Mechanismen bei β-Eliminationen	377
9.3	Die Richtung der Elimination (Saytzew- und Hofmann-Elimination)	382
9.4	Sterischer Verlauf der Elimination	385
9.5	Präparative Anwendungen	391
9.6	Pyrolytische (cyclische) Eliminationen	394
9.7	α-Eliminationen	398

10	**Additionen an C—C-Mehrfachbindungen**	404
10.1	Allgemeines	404
10.2	Addition von Halogenen	404
10.3	Addition unsymmetrisch gebauter Addenden (Halogenwasserstoff, Säuren, Wasser)	413
10.4	Weitere wichtige Additionsreaktionen	419
10.5	Weitere syn-Additionen	430
10.6	Nucleophile Additionen an C—C-Mehrfachbindungen	433
11	**Pericyclische Reaktionen**	437
11.1	Allgemeines über den Verlauf pericyclischer Reaktionen	438
11.2	Elektrocyclische Reaktionen	441
11.3	Cycloadditionen	444
11.4	Sigmatrope Verschiebungen	460
11.5	Das HOMO/LUMO-Konzept (Grenzorbital-Methode) und die Erhaltung der Orbitalsymmetrie	469
12	**Nucleophile Substitutionen an ungesättigten C-Atomen**	475
12.1	Verlauf der S_N-Reaktionen an Carbonyl-C-Atomen	475
12.2	Substitutionen an Carbonsäuren und ihren Derivaten	479
12.3	Substitutionen an Vinyl-C-Atomen	497
13	**Nucleophile Additionen an Kohlenstoff-Hetero-Mehrfachbindungen**	498
13.1	Allgemeines über Additionen an C=O-Gruppen	498
13.2	Addition von Wasser und Alkoholen	503
13.3	Addition von Anionen	509
13.4	Addition von N-haltigen Nucleophilen (N-Nucleophile)	510
13.5	Addition metallorganischer Verbindungen (C-Nucleophile)	516
13.6	Addition von Yliden	519
13.7	Reaktionen von Carbonylverbindungen mit C—H-aciden Verbindungen	520
13.8	1,2- und 1,4-Additionen	532
13.9	Additionen an C—N-Mehrfachbindungen	533
14	**Elektrophile Substitutionen an aliphatischen C-Atomen**	536
14.1	Zum Ablauf elektrophiler Substitutionen	536
14.2	Beispiele elektrophiler Substitutionen	538
14.3	Reaktionen metallorganischer Verbindungen	542
15	**Aromatische Substitution I: Elektrophile Substitution**	545
15.1	Mechanismus der elektrophilen Substitution an aromatischen Ringen	545
15.2	Orientierung und Reaktivität	547
15.3	Bildung von C—C-Bindungen durch elektrophile Substitution	554
15.4	Bildung von C—N-Bindungen durch elektrophile Substitution	563
15.5	Halogenierung	567
15.6	Sulfonierung	568
15.7	Synthese von Benzenderivaten mit bestimmter Orientierung der Substituenten	570

16 Aromatische Substitution II: Nucleophile Substitution 572

16.1 Allgemeines. 572
16.2 Hydrid-Ionen als Abgangsgruppe. 575
16.3 Andere Anionen als Abgangsgruppen 576
16.4 Substitutionen an Diazoniumionen 578
16.5 Nucleophile aromatische Substitutionen via Arine 579

17 Radikalreaktionen. 583

17.1 Bildung und Stabilität von Radikalen 583
17.2 Allgemeines über Radikalreaktionen 588
17.3 Radikalsubstitutionen 592
17.4 Radikaladditionen 598
17.5 Autoxidation und Verbrennung. 600
17.6 Rekombinationen und Umlagerungen von Radikalen 602

18 Oxidationen und Reduktionen 604

18.1 Allgemeines. 604
18.2 Oxidation von Kohlenwasserstoffen (C—H-Bindungen) 606
18.3 Oxidation von Halogeniden und Aminen 615
18.4 Oxidation sauerstoffhaltiger Verbindungen 618
18.5 Oxidative Kupplungen 624
18.6 Oxidation aromatischer Iodverbindungen 626
18.7 Hydrierung von Alkenen, Alkinen und Aromaten 626
18.8 Hydrogenolyse 629
18.9 Reduktion von Aldehyden und Ketonen 630
18.10 Reduktion von Carbonsäuren und ihren Derivaten 637
18.11 Reduktion stickstoffhaltiger funktioneller Gruppen 640

19 Umlagerungen 645

19.1 Allgemeines. 645
19.2 Wanderungen zu C-Atomen (Anionotrope Umlagerungen) . 647
19.3 Wanderungen zu N- oder O-Atomen 657
19.4 Kationotrope Umlagerungen 659
19.5 Umlagerungen an aromatischen Ringen 662

20 Zur Planung organischer Synthesen 666

3. Teil: Einige spezielle Kapitel der Organischen Chemie

21 Heterocyclische Verbindungen 674

21.1 Allgemeines, Nomenklatur 674
21.2 Fünfgliedrige Heterocyclen mit einem Heteroatom 676
21.3 Fünfgliedrige Heterocyclen mit mehreren Heteroatomen 690
21.4 Pyridin und Pyran 694
21.5 Sechsgliedrige Heterocyclen mit mehreren Heteroatomen .. 703
21.6 Alkaloide 707

22 Lipoide, Terpene, Steroide ... 714

- 22.1 Lipoide ... 714
- 22.2 Terpene ... 720
- 22.3 Steroide ... 726
- 22.4 Biosynthese von Terpenen, Steroiden und Fetten ... 731

23 Kohlenhydrate ... 736

- 23.1 Monosaccharide ... 736
- 23.2 Disaccharide ... 747
- 23.3 Polysaccharide ... 750

24 Proteine und Proteide ... 755

- 24.1 Allgemeines ... 755
- 24.2 Peptide ... 756
- 24.3 Proteine ... 766
- 24.4 Proteide ... 769
- 24.5 Übersicht über die Biogenese der Naturstoffe ... 778

25 Synthetische hochmolekulare Stoffe ... 779

- 25.1 Allgemeines ... 779
- 25.2 Polymerisate ... 779
- 25.3 Polykondensate ... 785
- 25.4 Polyaddukte ... 790

26 Farbstoffe ... 792

- 26.1 Begriff und Einteilung ... 792
- 26.2 Unterscheidung von Farbstoffen nach Art des Färbeprozesses ... 794
- 26.3 Chemische Einteilung der Farbstoffe ... 797
- 26.4 Indikatoren ... 803

27 Photochemie ... 805

- 27.1 Lichtabsorption und Anregung von Molekülen ... 805
- 27.2 Allgemeines über organische photochemische Reaktionen ... 807
- 27.3 E/Z-Isomerisierung von Alkenen ... 807
- 27.4 Photodissoziationsreaktionen ... 809
- 27.5 Photoreduktion von Ketonen ... 810
- 27.6 Photochemische Cyclisierungen ... 812

28 Metallorganische Verbindungen ... 815

- 28.1 Allgemeines ... 815
- 28.2 Beispiele einfacher metallorganischer Verbindungen ... 815
- 28.3 Organische Verbindungen der Übergangsmetalle ... 816

Sachregister ... 825
Syntheseregister ... 847

1 Einleitung

Als «Organische Chemie» bezeichnet man aus historischen Gründen die Chemie der **Kohlenstoffverbindungen**. Der Ausdruck «organisch» weist auf Beziehungen zu pflanzlichen und tierischen Organismen hin; zahlreiche organische Verbindungen haben allerdings nichts mit Lebewesen zu tun, und organische Verbindungen existierten zweifellos schon auf der Erde, bevor das Leben entstanden ist.

Gewisse organische Stoffe sind schon seit dem Altertum bekannt. Vorgeschichtliche Völker kannten schon den Zucker, das Vergären von Fruchtsäften, Honig oder Malz zu alkoholischen Getränken, die Bildung von Essig aus Wein, Färbeverfahren für Textilien mit aus Pflanzen oder Tieren gewonnenen Farbstoffen. Hingegen wurde erst in der Neuzeit begonnen, organische Stoffe aus den in der Natur vorliegenden Gemischen zu isolieren und sie rein darzustellen. So erhielt *Scheele* (um 1780) Citronensäure aus Zitronen, Äpfelsäure aus Äpfeln, Weinsäure aus Weinstein, Milchsäure aus saurer Milch, Oxalsäure aus Sauerkleesalz, Glycerol («Glycerin») aus Fetten usw. *Lavoisier* (†1794), bekannt durch seine bahnbrechenden Arbeiten über das Wesen der Verbrennung, begann mit der Untersuchung der Zusammensetzung solcher Verbindungen, indem er sie verbrannte, die Art und die Menge der Verbrennungsprodukte bestimmte und daraus auf die Zusammensetzung der untersuchten Substanz schloß. Es ergab sich, daß die meisten dieser «Naturverbindungen» aus ganz wenigen Elementen bestehen, aber in ziemlich komplizierten Massenverhältnissen aus diesen zusammengesetzt sind. *Berzelius* (um 1810) erkannte weitere gemeinsame Merkmale dieser Stoffe (Brennbarkeit, geringe Wärmebeständigkeit) und verwendete für sie zum erstenmal die Bezeichnung «organisch», weil alle zunächst untersuchten derartigen Verbindungen aus Organismen isoliert wurden. Berzelius hielt es für unmöglich, organische Stoffe künstlich herzustellen, und glaubte, sie würden in Lebewesen durch die Wirkung einer geheimnisvollen «Lebenskraft» entstehen. 1828 gelang es aber dem Chemiker *Wöhler*, Harnstoff, also einen typisch organischen Stoff, aus Ammoniumcyanat, NH_4OCN (das als anorganische Verbindung aufgefaßt wurde) künstlich herzustellen. Er war sich bewußt, damit einen organischen Stoff ohne Mitwirkung der Lebenskraft hergestellt zu haben, denn er schrieb an seinen Freund Berzelius: «Ich muß Ihnen sagen, daß ich Harnstoff machen kann, ohne dazu Nieren oder überhaupt ein Tier, sei es Mensch oder Hund, nötig zu haben.» Die Lehre von der «Lebenskraft» war damit erstmals widerlegt, und die künstliche Schranke zwischen organischer und anorganischer Chemie fiel in dem Maß immer mehr dahin, als es allmählich gelang, weitere organische Verbindungen synthetisch zu gewinnen (1845 z. B. erste Synthese der Essigsäure aus den Elementen). Im Laufe der Zeit erkannte man, daß alle «organischen» Verbindungen Kohlenstoff enthalten und stellte auch gewisse Besonderheiten in ihrem Aufbau und ihren Eigenschaften fest, so daß die Bezeichnung «Organische Chemie» für die Chemie der Kohlenstoffverbindungen beibehalten wurde. Nur die Kohlenoxide, die Kohlensäure und die Carbonate werden gewöhnlich zu den anorganischen Verbindungen gerechnet. Die Zahl der heute bekannten organischen Verbindungen wird auf über sieben Millionen geschätzt.

1.1 Die Kovalenzbindung

Nach der von *Lewis* entwickelten Vorstellung vermag ein *Elektronenpaar*, welches zwei Atomen gemeinsam angehört, eine Bindung zwischen diesen Atomen zu bewerkstelligen: **«Kovalenzbindung» («Atombindung», «Elektronenpaarbindung»)**. Häufig entstehen dadurch Teilchen, die aus einer begrenzten Zahl Atome bestehen und als individuelle

1 Einleitung

Einheit existieren können (**Moleküle**). Die Anzahl der Bindungen, welche ein Atom eingehen kann (seine *Bindigkeit* oder *Bindungszahl*) wird durch die Zahl seiner Außenelektronen in Verbindung mit der Edelgasregel festgelegt.

Beispiele von Lewis-Formeln:

$$H:H \qquad :N:::N: \qquad H:\ddot{\underset{..}{C}}l: \qquad H:\ddot{\underset{..}{O}}:H \qquad :\ddot{\underset{..}{O}}::C::\ddot{\underset{..}{O}}:$$

$$H_2 \qquad N_2 \qquad HCl \qquad H_2O \qquad CO_2$$

Die *Edelgasregel* gilt jedoch streng nur für die Elemente der zweiten Periode, da bereits bei den Atomen der dritten Periode die Schale der Valenzelektronen auch *d*-Orbitale enthält, welche unter Umständen besetzt werden können, so daß der Atomrumpf dann von mehr als 8 Elektronen umgeben ist. Eine wirkliche Erklärung der bindenden Wirkung gemeinsamer Elektronen vermochte des Lewis-Langmuirsche Modell nicht zu geben.

Das Wasserstoff-Molekül. In zwei voneinander getrennten H-Atomen werden die beiden Elektronen durch ihre atomaren ψ-Funktionen dargestellt (Abb. 1.1 a). Mit zunehmender Annäherung der beiden Atome beginnen sich die Aufenthaltsräume der beiden Elektronen zu überlagern (zu «überlappen»), mit anderen Worten, jeder Atomkern «taucht» zunehmend auch in die Elektronenwolke des anderen Atoms ein (Abb. 1.1 b). Ein Elektron, welches ursprünglich nur unter der Wirkung «seines» Kerns stand, gerät damit auch unter die Wirkung des anderen Kerns, und die Wahrscheinlichkeit, daß es sich auch in der Nähe des zweiten Kerns aufhält, wird mit zunehmender Näherung der Kerne immer größer. Schließlich entsteht *eine einzige Wolke, die beide Kerne umhüllt* (Abb. 1.1 c), wobei die Ladungsdichte (die Aufenthaltswahrscheinlichkeit der beiden Elektronen) zwischen den Kernen besonders groß ist. Die erhöhte Ladungsdichte bewirkt durch *elektrostatische* Kräfte den Zusammenhalt des Moleküls. Dieser Zustand entspricht einem *Minimum an Energie*: Um die Kerne einander noch *näher* zu bringen, müßte die *kinetische* Energie der Elektronen stark *erhöht* werden (sie werden auf einen kleineren Raum zusammengedrängt); zur *Trennung* der Kerne (zur Vergrößerung ihres Abstandes) müßte aber *potentielle* Energie aufgewendet werden (Verrichtung von Arbeit gegen die anziehende Wirkung der negativen Ladung auf die Kerne).

Die Bindung zwischen zwei H-Atomen kann durch Energiezufuhr gelöst werden. Erhitzt man z. B. Wasserstoff auf einige tausend °C, so bekommen die Teilchen soviel kinetische Energie, daß sie bei einem Zusammenstoß auseinanderbrechen können und wieder Einzelatome entstehen. Die Energie, welche zur Trennung der Bindung aufzuwenden ist, nennt man **Dissoziationsenergie**. Sie beträgt für das H_2-Molekül 436 kJ/mol. Bei der Bildung

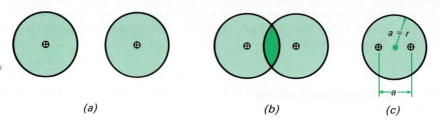

(a)   (b)   (c)

Abb. 1.1. Bildung des H_2-Moleküls
(a) Zwei getrennte H-Atome, keine Kraft wirksam
(b) Beginn der Überlappung: Anziehung jedes Protons durch das Überlappungsgebiet
(c) Elektronenpaar bindet beide Protonen

1.1 Die Kovalenzbindung

eines H_2-Moleküls aus H-Atomen werden umgekehrt 436 kJ/mol frei. Die Dissoziationsenergie entspricht damit der Energiedifferenz zwischen zwei freien und zwei gebundenen H-Atomen; sie ist zahlenmäßig gleich der Zunahme der kinetischen Energie der Elektronen bei der Bildung der Bindung.

Quantenchemische Näherungsmethoden zur Beschreibung der Kovalenzbindung. Im Wasserstoff-Molekül sind die beiden atomaren Elektronenwolken zu einer der beiden Kernen gemeinsamen Wolke «verschmolzen». Die entsprechenden Eigenfunktionen (**Molekülorbitale, Molecular Orbitals, MO** genannt, im Gegensatz zu den AO) sollten sich aus der Schrödinger-Gleichung berechnen lassen. Die mathematische Behandlung ist aber wegen der Tatsache, daß die Elektronen nicht mehr unter der Wirkung eines zentralsymmetrischen Feldes (des Kernes) stehen, sondern sich im bizentrischen Feld zweier Kerne bewegen, noch mehr erschwert als im Fall des Heliumatoms. Aus diesem Grund müssen für die quantitative Behandlung *Näherungsmethoden* verwendet werden.

In der Literatur werden hauptsächlich *zwei Näherungsmethoden* benutzt, die zwar von verschiedenen Ansätzen ausgehen, bei genügender Verfeinerung jedoch (allerdings unter verschieden großem Aufwand) zu gleichen Ergebnissen führen: das auf Hund und Mulliken zurückgehende **MO-(Molecular Orbital-)Verfahren** und das **VB-(Valence Bond-) Verfahren** von Heitler, London, Slater und Pauling. Während die *VB-Näherung* im wesentlichen *die Individualität der Atome und* ihrer Orbitale *im Molekül beibehält* und sowohl für die bindenden wie die nichtbindenden Elektronen paarweise besetzte, auf die Atome beschränkte («lokalisierte») Orbitale postuliert, betrachtet man bei der *MO-Methode* im Prinzip *alle Elektronen eines Moleküls als zu einem einheitlichen Elektronensystem gehörig*. Für die Elektronen bestimmt man die Eigenwerte (Energieniveaus) aus den entsprechenden ψ-Funktionen, den Molekülorbitalen (die analog den AO durch eine Folge von Quantenzahlen charakterisiert werden können), und man stellt ähnlich wie für die freien Atome auch für das Molekül als Ganzes ein *Energieniveauschema* auf. Unter Beachtung von Pauli-Prinzip und Hundscher Regel werden die MO in der gleichen Weise mit Elektronen besetzt, wie auch die zur Verfügung stehenden AO in den freien Atomen aufgefüllt werden. Im Gegensatz zu den AO sind jedoch die MO *bizentrische* oder *polyzentrische Orbitale*.

Da man annehmen darf, daß das Verhalten eines Elektrons, das sich in der Nähe des einen Kerns aufhält, in guter Näherung durch die betreffende atomare ψ-Funktion beschrieben werden kann, bildet man bei der einfachsten Näherung die MO durch *lineare Kombination* (Addition oder Subtraktion) von atomaren Ein-Elektronen-AO (**«LCAO-Näherung»**[1]), vgl. Abb. 1.2. Werden die beiden Eigenfunktionen addiert, so wird die Ladungsdichte im Gebiet zwischen den beiden Kernen (im «Überlappungsgebiet») erhöht, so daß ein solches MO **bindend** wirkt.

Die Subtraktion des einen AO vom andern, bzw. die Addition einer Eigenfunktion von entgegengesetztem Vorzeichen (die *«antisymmetrische* Kombination»), führt zu einem MO, dessen Ladungsdichte in der Mitte zwischen den Kernen Null wird, so daß keine bindende Wirkung zustande kommen kann. Ein solches MO, das in der Mitte zwischen den Kernen eine *Knotenebene* senkrecht zur Kern-Kern-Achse besitzt, bezeichnet man als **antibindendes** MO (durch * charakterisiert). Antibindende MO sind bezüglich der Knotenebene antisymmetrisch; die molekulare ψ-Funktion besitzt auf beiden Seiten der Knotenebene entgegengesetztes Vorzeichen[2].

---

[1] «**L**inear **C**ombination of **A**tomic **O**rbitals».
[2] Die Ladungsdichte (ψ^2) ist selbstverständlich überall – außer in der Knotenebene, wo $\psi = 0$ ist – positiv.

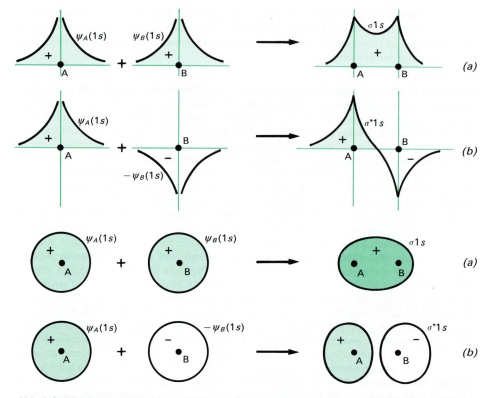

Abb. 1.2. Bildung von MO aus zwei 1s-AO (A und B: Atomkerne)
(a) Addition der beiden Eigenfunktionen (symmetrische Kombination) ergibt ein bindendes MO
(b) Subtraktion der beiden Eigenfunktionen (antisymmetrische Kombination) ergibt ein antibindendes MO

Ebenso wie die AO in den Atomen können auch die MO von *maximal zwei Elektronen* (mit entgegengesetzt gerichtetem Spin) besetzt werden. Im bindenden MO stehen die beiden Elektronen unter der Wirkung beider Kerne und sind stärker gebunden als in den einzelnen Atomen, so daß es energieärmer ist als die beiden AO. Die Funktion $\psi_\sigma^* 1s$, das antibindende MO, ist aber für alle Kernabstände energiereicher als die beiden AO. Damit ergibt sich das *Energieniveauschema* der Abb. 1.3. Im Grundzustand des H_2-Moleküls besetzen beide Elektronen das bindende MO, während sich im angeregten Zustand ein Elektron im antibindenden MO befindet. Die «Spinpaarung» ermöglicht die Besetzung des bindenden MO durch zwei Elektronen und bedeutet deshalb eine Verstärkung der Bindung verglichen mit dem $H_2^\oplus$-Ion, wo das bindende MO nur durch ein Elektron besetzt ist und dessen Dissoziationsenergie etwas mehr als halb so groß ist wie die Dissoziationsenergie im H_2-Molekül. In einem (hypothetischen) *He_2-Molekül* müßten sowohl das bindende wie das antibindende MO doppelt besetzt sein, so daß im Endeffekt keine Bindung zustande kommen kann, weil sich die beiden MO – bindendes und antibindendes – in ihrer Wirkung gegenseitig aufheben. Beim $He_2^\oplus$-Ion – das wie das $H_2^\oplus$-Ion in Gasentladungsröhren als

1.1 Die Kovalenzbindung 5

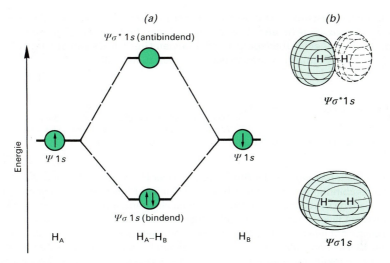

Abb. 1.3. Bildung des H_2-Moleküls
(a) Energieniveauschema
(b) Form der beiden 1s-MO

Weil sich zwei Elektronen, die sich im gleichen Raum befinden, auch bei entgegengesetzt gerichtetem Spin abstoßen, ist die Energiedifferenz zwischen den AO der isolierten Atome und dem bindenden MO kleiner als zwischen den AO und dem antibindenden MO

kurzzeitig existierende Partikel nachgewiesen werden kann – ist das antibindende MO von nur einem Elektron besetzt, so daß die Abstoßung durch dieses etwa halb so groß ist wie die Anziehung durch das bindende MO, und die Partikel dank dieser «*Dreielektronenbindung*» eine gewisse Zeit existieren kann.

Man muß sich jedoch bewußt sein, daß der Aufbau von MO aus zwei sich überlappenden AO durch lineare Kombination der betreffenden Eigenfunktionen eine *Näherungsbetrachtung* darstellt. Diese Näherung ermöglicht es aber auf verhältnismäßig einfache Weise, komplizierte molekulare Eigenfunktionen (die MO) anschaulich als Kombinationen wasserstoffähnlicher AO zu beschreiben. Durch Verfeinerung der Rechenmethoden lassen sich in einfacheren Fällen Ergebnisse erhalten, welche mit den experimentellen Daten (Dissoziationsenergien, Energiedifferenzen zwischen Grundzustand und angeregten Zuständen u. a.) exakt übereinstimmen; bei auch nur mäßig komplexen Molekülen lassen sich jedoch durch die LCAO-Näherung nur halbquantitative oder in ungünstigeren Fällen sogar nur qualitativ richtige Ergebnisse erhalten. Trotzdem bildet das einfache MO-Modell (HMO-Modell, **H** von W. **H**ückel) ein wertvolles Hilfsmittel zum Verständnis der Bindungsphänomene und zur rechnerischen Behandlung von Bindungsparametern.

Die **VB-Methode** – das zweite Näherungsverfahren – wurde von Heitler und London 1927 erstmals auf das Wasserstoffmolekül angewandt. Die bindende Wirkung des Elektronenpaares kommt nach diesem «Modell» dadurch zustande, daß ein ungepaartes Elektron in einem Orbital des einen Atoms einer «*Austausch-Wechselwirkung*» mit einem ungepaarten Elektron des anderen Atoms unterworfen ist. Dies bedeutet, daß die beiden Elektronen ununterscheidbar sind und gegenseitig ihre Plätze wechseln können. Die konsequente mathematische Durcharbeitung ergibt, daß dabei eine Energiesenkung (die bindende Wirkung!) auftritt.

1 Einleitung

Bei der formalen Beschreibung dieser Verhältnisse werden die extremen Elektronenverteilungen als «**Grenzstrukturen**[1]» bezeichnet, und man faßt den tatsächlichen Zustand als eine Kombination – eine Überlagerung – der beiden Grenzstrukturen auf. Im Falle des H_2-Moleküls sind die Grenzstzrukturen folgendermaßen zu formulieren:

Grenzstruktur I : $H_A \cdot e_1$ $e_2 \cdot H_B$
Grenzstruktur II: $H_A \cdot e_2$ $e_1 \cdot H_B$

(Die Buchstaben A und B bezeichnen die beiden Atome, während e_1 und e_2 die beiden Elektronen bedeuten).

Ähnliche Verhältnisse wie bei der Annäherung zweier H-Atome (d. h. bei der Bildung einer Elektronenpaarbindung) findet man z. B. bei zahlreichen Molekülen und Komplexen, für die man verschiedene extreme Elektronenverteilungen als Grenzstrukturen formulieren kann. Die Grenzstrukturen lassen sich in der Regel mittels *Lewis-Formeln* wiedergeben; der *wirkliche Zustand* entspricht einer *Kombination* der verschiedenen Grenzstrukturen und ist *energieärmer*, denn es ist eine Folge der benützten Rechenmethode, daß eine Kombination verschiedener ψ-Funktionen energieärmer ist als jede einzelne ψ-Funktion. Die verschiedenen Grenzstrukturen brauchen aber energetisch nicht unbedingt gleichwertig zu sein; wenn sich energiereichere und energieärmere Grenzstrukturen formulieren lassen, ist der «Beitrag» der letzteren zum wirklichen Zustand natürlich höher, d. h. dieser gleicht der Elektronenverteilung der energieärmeren Grenzstruktur stärker.

Bei anderen zweiatomigen Molekülen verfährt man ähnlich. Die *Addition* zweier AO (ihre **symmetrische** Kombination) führt zu einem **bindenden MO**. $2s$- und $2p_x$-AO ergeben dabei *rotationssymmetrische*, sogenannte σ-MO. Die Kombination zweier $2p_y$- oder $2p_z$-AO ergibt MO, die eine durch die Kern-Kern-Achse gehende *Knotenebene* besitzen (sogenannte π-MO; vgl. «Grundlagen der allgemeinen und anorganischen Chemie», Seite 26f.) Die *Subtraktion* zweier AO (ihre **antisymmetrische** Kombination) liefert **antibindende MO**, die stets eine senkrecht zur Kern-Kern-Achse stehende Knotenebene besitzen.

Die **Polarität** einer Kovalenzbindung kommt im MO-Modell durch die Größe der Koeffizienten (c_1, c_2) zum Ausdruck; es existieren *alle Übergänge zwischen ideal unpolarer Kovalenzbindung und der Ionenbindung*. Es sei zum Schluß noch besonders betont, daß die *bindende Wirkung* doppelt besetzter MO auf **rein elektrostatische Kräfte** zurückzuführen ist: die Anziehungskräfte zwischen den Elektronen (deren Ladungsdichte im Gebiet zwischen den Kernen am größten ist) und den Kernen.

Mehratomige Moleküle. Bei der Anwendung der MO-Methode auf mehratomige Moleküle muß zuerst die genaue Lage der *Atomkerne* bestimmt werden, die näherungsweise als ruhend betrachtet werden können *(«Born-Oppenheimer-Näherung»)*. Die MO werden dann durch Kombination der AO *aller* Valenzelektronen gebildet.
Als Beispiel betrachten wir das *Methanmolekül* (CH_4), das insgesamt acht Valenzelektronen enthält und für das dementsprechend vier bindende MO benötigt werden. Diese MO lassen sich durch Kombination der $1s$-Orbitale der Wasserstoffatome mit den $2s$-, $2p_x$-, $2p_y$- und $2p_z$-Orbitalen des Kohlenstoffatoms erhalten (vgl. Abb. 1.4 b). Am energieärmsten ist das aus dem $2s$-AO des Kohlenstoffatoms und je einem $1s$-AO der Wasserstoffatome gebildete MO (σ_s). Die drei $2p$-AO des Kohlenstoffatoms ergeben mit den $1s$-AO der Wasserstoff-

---

[1] Diese Bezeichnung hat sich durchgesetzt (obwohl «Grenzformulierung» zutreffender wäre) um deutlich zu machen, daß Grenzstrukturen nicht wirklich existent sind.

atome drei energiegleiche, jedoch energiereichere MO (σ_x, σ_y und σ_z; Abb. 1.4 b,c). Selbstverständlich existiert auch ein Satz von vier antibindenden MO (σ_s^*, σ_x^*, σ_y^*, σ_z^*), die hier nicht weiter erörtert seien.

Bei dieser Art der Beschreibung des Methanmoleküls werden nur MO benutzt, die *polyzentrisch* sind, sich also über alle Atome des Moleküls erstrecken («*kanonische*» MO, «**delokalisierte**» MO). Es gibt dann kein einzelnes Orbital, das einer C—H-Bindung gleichgesetzt werden kann. Die ganze chemische Erfahrung zeigt aber, daß einzelne Bindungen bestimmte Eigenschaften besitzen wie z. B. Bindungsenthalpie, Bindungslänge, Polarität usw., die zwar nicht genau konstant sind, jedoch verhältnismäßig wenig variieren und insbesondere auch ziemlich unabhängig davon sind, welche anderen Atome mit den beiden Atomen der betreffenden Bindung noch verbunden sind. Um MO zu erhalten, die bestimmten «*Bindungen*» entsprechen, müssen die kanonischen MO in andere MO transformiert werden, wobei sich die Gesamtelektronendichte und die Gesamtenergie nicht ändern darf. Dies ist deshalb möglich, weil die Gesamtheit der MO eines Moleküls rechnerisch ohne weiteres durch eine gleiche Zahl anderer MO ersetzt werden kann. Man kann die mathema-

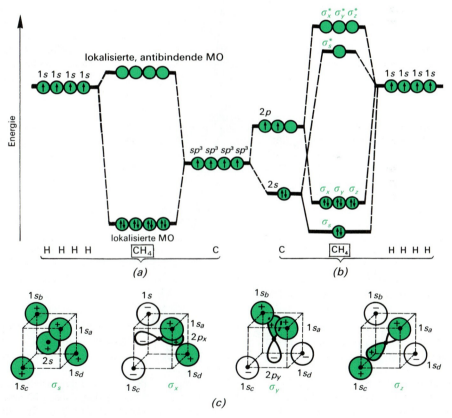

Abb. 1.4. Orbitalenergieniveauschema des Methans und bindende MO
(a) Zeigt die relative energetische Lage der lokalisierten MO und der sp^3-Hybrid-Orbitale des Kohlenstoffatoms
(b) Gibt das Energieniveauschema von Methan an
(c) Bildung der kanonischen MO aus den AO von C und H
Der Übersichtlichkeit halber sind in (c) nur die «Basis-Orbitale» eingezeichnet, d. h. diejenigen AO, die jeweils zu einem MO kombiniert werden

tische Umformung der kanonischen MO nun in der Weise durchführen, daß dabei lauter *zweizentrische*, **lokalisierte** (d.h. nur auf zwei Atome des Moleküls beschränkte) MO entstehen. In bestimmten Fällen erhält man dabei allerdings auch MO, die auf ein einziges Atom beschränkt sind: *nichtbindende* MO. Für das *Methan* bekommt man auf diese Weise vier gleichwertige, in die Ecken eines Tetraeders gerichtete lokalisierte MO (Abb. 1.5, grün gekennzeichnet).

Solche lokalisierte MO lassen sich ohne weiteres auf analoge Verbindungen übertragen (vom Methan also auf C_2H_6, C_3H_8 usw.), was mit den kanonischen MO nicht möglich ist. Da sie den Vorteil haben, die dem Chemiker geläufige Schreibweise der Lewis-Formeln beizubehalten – ein lokalisiertes, doppelt besetztes MO entspricht einer Atombindung zwischen zwei Atomen – stellen sie das *«denkökonomisch» beste Bild* des Methanmoleküls (und anderer Moleküle) dar. Physikalisch ist die Beschreibung der Gesamtelektronendichte und

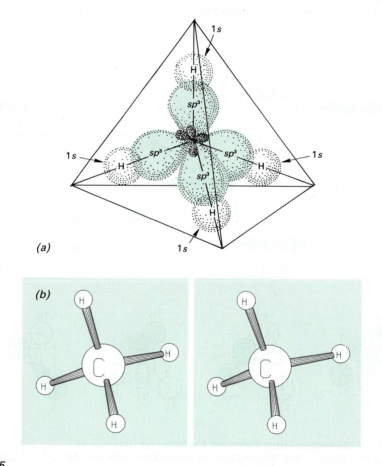

Abb. 1.5.
(a) Beschreibung der Bindung im Methanmolekül durch lokalisierte, zweizentrische MO
(b) Tetraedermodell des Methan-Moleküls (Computer-gezeichnetes Stereobild)[1]

[1] Zum Betrachten von Stereobildern s. Bd. II.

der Gesamtenergie durch eine Summe von kanonischen, delokalisierten und eine Summe von gleich vielen zweizentrischen, lokalisierten MO völlig *gleichwertig*.

Nun ergibt die rechnerische Durchführung der erwähnten Transformation, daß das Kohlenstoffatom an den vier lokalisierten MO mit vier gleichwertigen AO beteiligt ist, die Linearkombinationen von einem $2s$- und drei $2p$-AO darstellen. Solche *Linearkombinationen von AO eines Atoms* werden **Hybrid-Orbitale** genannt; die Kombination aus einem $2s$- und drei $2p$-AO heißt «**sp^3-Hybrid-AO**». Die Ladungsdichteverteilung von insgesamt vier sp^3-Hybrid-AO entspricht völlig der Summe der Ladungsdichteverteilung eines $2s$-, $2p_x$-, $2p_y$- und $2p_z$-AO, denn es kann mathematisch gezeigt werden, daß – wenn $\psi 2s$, $\psi 2p_x$, $\psi 2p_y$ und $\psi 2p_z$ bestimmte Lösungen für vier Ein-Elektronen-Funktionen des Kohlenstoffatoms sind – jede Linearkombination von ihnen eine äquivalente Lösung darstellt. Ein $2s$-und drei $2p$-AO bzw. vier sp^3-Hybrid-AO sind also zwei völlig gleichwertige Sätze von Atomorbitalen.

Beachten Sie den *Unterschied* zwischen *Hybrid-Orbitalen* und *Molekülorbitalen*! Erstere sind Linearkombinationen verschiedener, energetisch jedoch ähnlicher AO eines *Atoms*, während letztere Orbitale sind, die das Verhalten von Elektronen in einem *Molekül* beschreiben und durch Linearkombination von AO verschiedener Atome entstehen. Die zur Beschreibung des Methans erforderlichen vier lokalisierten MO, die in die Ecken eines Tetraeders gerichtet sind, lassen sich nicht nur durch Transformation der kanonischen MO erhalten, sondern können – genau wie die MO in zweiatomigen Molekülen – durch lineare Kombination von AO *zweier* Atome (des Kohlenstoff- und eines Wasserstoffatoms) aufgebaut werden. Dazu können aber natürlich nicht die $2s$- und $2p$-AO des Kohlenstoffatoms, sondern müssen die vier sp^3-Hybrid-AO (Abb. 1.6) benützt werden. Die Bildung der Hybrid-Orbitale, die «**Hybridisierung**», ist also *kein physikalischer Vorgang*, sondern stellt eine *mathematische Umformung* der $2s$- und der drei $2p$-AO dar mit dem Zweck, AO zu erhalten, die für die Bildung lokalisierter MO geeigneter sind als die Ein-Elektronen-AO $2s$, $2p_x$, $2p_y$, $2p_z$. Die Hybrid-AO sind also nichts anderes als «transformierte» Atomorbitale.

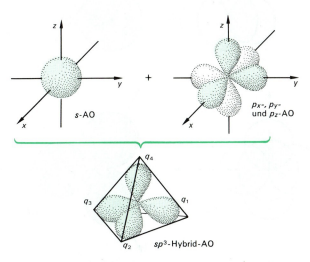

Abb. 1.6. Bildung der tetraedrisch gerichteten sp^3-Hybrid-AO (schematisch). Der Übersichtlichkeit halber sind die vier «Krawattenschwänze» (vgl. hellgrün gekennzeichnete Orbitallappen in Abb. 1.7.) der vier sp^3-Orbitale weggelassen. Zur exakten geometrischen «Form» eines sp^3-Hybrid-AO vgl. Abb. 1.7.

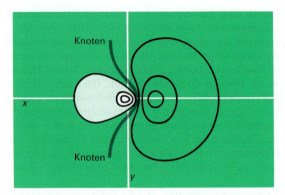

Abb. 1.7. Konturliniendiagramm eines sp^3-Hybrid-AO (rotationssymmetrisch zur X-Achse)

In anderen Fällen müssen zum Aufbau zweizentrischer MO auch *andere Kombinationen* von AO (andere Hybrid-Orbitale) verwendet werden. So ergibt die Kombination eines *s*- mit zwei *p*-AO drei trigonal gerichtete **sp^2-Hybrid-Orbitale**, während ein *s*- und ein *p*-AO zusammen zwei diagonal gerichtete **sp-Hybrid-Orbitale** liefern (vgl. Abb. 1.8).

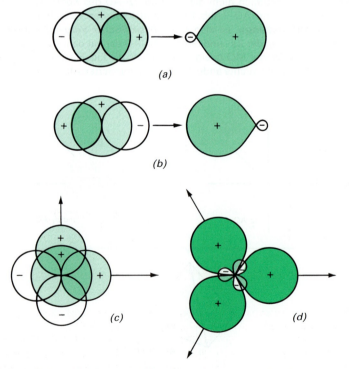

Abb. 1.8. Weitere Hybrid-Orbitale durch Kombination von s- und p-AO
(a) und (b) Bildung von zwei sp-Hybrid-AO
(c) und (d) Bildung dreier sp^2-Hybrid-AO (links jeweils die nicht hybridisierten 2s-, $2p_x$- und $2p_y$-AO)

1.1 Die Kovalenzbindung

Bindungslängen. Obschon in Molekülen die Atome ständig Schwingungen ausführen und damit der Abstand zwischen den Atomen nicht ganz genau bestimmt ist, kann man einen mittleren Abstand zwischen den Atomkernen als «Länge» der Bindung bezeichnen. Zur Messung von Bindungslängen dienen neben der *Röntgenstrukturanalyse* an kristallinen Festkörpern hauptsächlich *spektroskopische Methoden* (IR- und Raman-Spektroskopie).
Die *Bindungslängen hängen* zunächst vor allem von der *Größe* (den Radien) der gebundenen Atome *ab* (vgl. die Bindungslängen der H—F-, H—Cl-, H—Br- und H—I-Bindungen), dann aber auch von der *Polarität* der Bindung und von der «Bindungsordnung». Stark polare Bindungen sind gewöhnlich kürzer als weniger polare Bindungen, weil die zwischen den entgegengesetzt polarisierten Atomen wirkende elektrostatische Anziehung die beiden Atome näher zusammenrückt. Den Einfluß der *Bindungsordnung* (Einfachbindung, Doppel- oder Dreifachbindung; «1½-Bindungen» bei Systemen mit delokalisierten Elektronen; vgl. S. 85) kann in qualitativer Weise bereits durch das Tetraedermodell erklärt werden: Doppel- und Dreifachbindungen sind kürzer als Einfachbindungen, während z. B. die Bindungen zwischen C-Atomen im Benzen («Benzol») zwar kürzer als C—C-Einfachbindungen, jedoch länger als C=C-Doppelbindungen sind (vgl. Tabelle 1.1). Ein Vergleich gleichartiger Bindungen (z. B. O—H- oder C—C- oder C—H-Bindungen) in verschiedenen Molekülen zeigt, daß die Längen von *«isolierten»* Bindungen (Bindungen, deren Atome außer aneinander noch an gesättigte C-Atome, an H-Atome oder an kein weiteres Atom gebunden sind) in sehr guter Näherung *konstant* sind. Solche isolierte C=C- bzw. C=O- bzw. C—Cl-Bindungen sind z. B. in den folgenden Molekülen vorhanden:

$H_2C=CHCH_2CH=CH_2$

zwei isolierte Doppelbindungen

$H_3C\overset{O}{\underset{\|}{C}}CH_2CH_2\overset{O}{\underset{\|}{C}}CH_3$

zwei isolierte C=O-Bindungen

$H_3C\overset{O}{\underset{\|}{C}}CH_2CH_2Cl$

isolierte C=O- und C—Cl-Bindungen

Tabelle 1.1. Bindungslängen von Kovalenzbindungen

Bindung	Bindungslänge [pm]	Bindung	Bindungslänge [pm]
H—H	74	C⋯C (Benzen)	139
C—C	154	C—H	107
C=C	134	C—O	143
C≡C	120	C—N	147

In Molekülen mit Mehrfachbindungen können sich die Bindungslängen gegenseitig beeinflussen. So beträgt die Länge der C—C-Einfachbindung im Ethan (H_3C—CH_3) 154 pm; in den Molekülen von Butadien ($H_2C=CH$—$CH=CH_2$) und Propin (H_3C—$C\equiv H$) hingegen ist die Länge der C—C-Einfachbindung nur 146 pm. Solche Abweichungen lassen darauf schließen, daß sich die Elektronensysteme nicht-isolierter Bindungen gegenseitig *beeinflussen* (Bildung delokalisierter Systeme; andere Hybridisierung des betreffenden AO); der Vergleich von experimentell bestimmten Bindungslängen mit den Bindungslängen isolierter («idealer») Bindungen gibt darum wichtige Hinweise auf die Elektronenstruktur von Molekülen.

Dissoziationsenergie und Bindungsenthalpie. Bei zweiatomigen Molekülen läßt sich die *Dissoziationsenergie*[1] – d. h. die zur vollständigen Trennung der Bindung in einzelne (gasförmige) Atome aufzuwendende Energie – relativ einfach bestimmen, entweder aus dem Schwingungsspektrum des betreffenden Moleküls oder durch Untersuchung der Temperaturabhängigkeit der Gleichgewichtskonstanten des Dissoziationsgleichgewichtes AB $\rightleftarrows$ A + B. Bei mehratomigen Molekülen werden die Verhältnisse allerdings komplizierter, und die Bindungsenthalpien werden meist *indirekt* (durch thermochemische Messungen) bestimmt. Beispielsweise erhält man aus den Dissoziationsenergien (-enthalpien) des H_2- und des O_2- Moleküls und der bei der Bildung von Wasser aus den Elementen freiwerdenden Wärme für die Reaktion 2H + O $\rightarrow$ H_2O die Wärmemenge (*Reaktionsenthalpie*) von 926 kJ/mol. Diese 926 kJ/mol bilden die Summe der Energien, welche man umgekehrt aufwenden muß, um nacheinander die beiden H-Atome aus dem H_2O-Molekül abzutrennen. Nun sind die zur Trennung der beiden O—H-Bindungen aufzuwendenden Energiebeträge (die Dissoziationsenergien der beiden Bindungen) nicht gleich groß (sie betragen für die erste O—H-Bindung 497 kJ/mol, für die zweite O—H-Bindung 429 kJ/mol), so daß man für praktische Zwecke (insbesondere thermochemische Berechnungen) das *Mittel,* also 926/2 = 463 kJ/mol der Bindungsenthalpie der O—H-Bindung gleichsetzt. In ähnlicher Weise verfährt man auch zur Bestimmung der Bindungsenthalpien in anderen mehratomigen Molekülen. Es ist deshalb zu unterscheiden zwischen der **«Dissoziationsenergie»** – welche sich auf die Trennung einer ganz bestimmten Bindung bezieht – und der **«Bindungsenthalpie»**, welche eine (aus thermochemischen Messungen gewonnene) *Durchschnittsgröße* darstellt.

Tabelle 1.2. Bindungsenthalpien von Kovalenzbindungen [kJ/mol]

H—H	436	N≡N	945	C—H	413
C—C	348	O=O	498	O—H	463
Cl—Cl	242	C=C	594	Cl—H	431
Br—Br	193	C≡C	778	Br—H	366
I—I	151			I—H	298

1.2 Die «Sonderstellung» der organischen Chemie; funktionelle Gruppen

Kohlenstoffatome verbinden sich mit den Atomen anderer Elemente durch *Atombindungen.* Zur Bildung von $C^{4\oplus}$- oder $C^{4\ominus}$-*Ionen* müßte sehr viel Energie aufgewendet werden, so daß solche «Ionen» nur in ganz wenigen Substanzen existieren (z. B. $C^{4\ominus}$ in Al_4C_3; die Bindungsart ist jedoch sicher keine reine Ionenbindung!)[2]. Durch Bindung von Atombindungen entstehen Moleküle. Die *Besonderheit* im Verhalten des Elementes Kohlenstoff besteht nun darin, daß sich seine Atome in solchen Molekülen praktisch unbegrenzt mit sich selbst (d. h. mit anderen Kohlenstoffatomen) zu Ketten, Ringen, Netzen oder dreidimensionalen Gerüsten verbinden können, mit anderen Worten, daß *C—C-Bindungen bei Raumtemperatur völlig beständig* sind. Der Grund dafür ist, daß die Kohlenstoffatome in organischen Mole-

---

[1] Spektroskopische Methoden liefern die Dissoziationsenergien; thermochemische Messungen, welche an chemischen Systemen *unter konstantem Druck* durchgeführt werden, ergeben jedoch *Dissoziationsenthalpien.* (Als «Reaktion**enthalpie**» bezeichnet man die unter konstantem Druck gemessene Reaktionswärme.) Der zahlenmäßige Unterschied zwischen den beiden Größen ist jedoch nur gering (im Fall von H_2 etwa 6.3 kJ/mol), so daß er für die weitere Diskussion nicht berücksichtigt zu werden braucht. Wir werden aber insbesondere dann aus Konsequenzgründen von Dissoziations- oder Bind*ungsenthalpie* sprechen, wenn es sich um *thermochemisch gemessene* Größen handelt.

[2] Einfach geladene Ionen wie $\geq C^\oplus$ oder $\geq C^\ominus$ (sogenannte **Carbenium-Ionen** bzw. **Carbanionen**) treten als Zwischenstoffe bei vielen organischen Reaktionen auf, bleiben aber in den meisten Fällen nicht lange existenzfähig.

1.2 Die «Sonderstellung» der organischen Chemie; funktionelle Gruppen

külen neben anderen Kohlenstoffatomen vor allem Wasserstoffatome binden und daß die Elektronenwolken der C—C- und der C—H-Bindungen von praktisch derselben Kompaktheit sind. Es ergibt sich damit eine maximale Symmetrie der Ladungsverteilung und eine größtmögliche Abschirmung des $C^{4\oplus}$-Rumpfes, wie es sonst bei keinen Wasserstoffverbindungen eines anderen Elementes möglich ist. Reaktionen an gewöhnlichen (hohe Temperaturen, UV-Licht) C—C- und C—H-Bindungen benötigen darum ziemlich große Aktivierungsenergien; diese Bindungen sind, wie man sagt, «*kinetisch inert*».

Eine gewisse Tendenz zur Bildung kettenartiger Atomverbände ist allerdings auch bei anderen Elementen wie S, Si, B zu beobachten. Die gleichfalls stabilen «Silicone» enthalten —Si—O-Ketten, deren restliche Bindungen durch organische Gruppen abgesättigt sind (vgl. S. 789).

Eine charakteristische Eigenschaft der allermeisten organischen Verbindungen ist ihre *geringe Wärmebeständigkeit*. Mit wenigen Ausnahmen verbrennen oder verkohlen organische Substanzen bereits beim Erwärmen auf wenige 100 °C; sie stehen damit in schroffem Gegensatz zu schwer zu zersetzenden und oft auch schwer schmelzbaren, typisch «anorganischen» Verbindungen, wie vielen Salzen, Silicaten, SiO_2, auch Wasser, Fluorwasserstoff, Kohlendioxid usw. Die geringe thermische Stabilität ist auf den wenig oder kaum polaren Charakter der C—C- und C—H-Bindungen zurückzuführen, die zwar, wie erwähnt, bei Raumtemperatur reaktionsträge sind, aber exergonisch in (polare) C—O- und H—O-Bindungen übergehen können. Die überwiegende Mehrzahl der organischen Verbindungen ist darum *thermodynamisch instabil* (freie Bildungsenthalpie positiv) bzw. bei Raumtemperatur *metastabil*.

Je nach dem Bau des Kohlenstoffgerüstes kann man die organischen Verbindungen in verschiedene Gruppen einordnen:

—C—C—C—C—C—C—C—C—

Gerüst kettenförmig

Gerüst ringförmig

Verbindungen mit (verzweigten oder unverzweigten) kettenförmigen Gerüsten werden als **«aliphatische»** Verbindungen bezeichnet (*aleiphar* gr. = Fett), weil die Fette zu dieser Stoffgruppe gehören. Die Verbindungen mit ringförmigen Gerüsten gliedern sich in **«alicyclische»** und **«aromatische»** Verbindungen. Alicyclische Ringe zeigen die Bindungsverhältnisse und Eigenschaften aliphatischer Verbindungen, während in aromatischen Ringen besondere Strukturen mit delokalisierten Elektronensystemen vorliegen. Ringe, die neben C-Atomen auch andere Atome als Ringglieder enthalten, nennt man **«heterocyclisch»**; «*isocyclische*» Ringe enthalten ausschließlich C-Atome als Ringglieder.

Funktionelle Gruppen. Wie schon erläutert wurde, sind die C—C- und C—H-Bindungen in den meisten Fällen kinetisch inert (reaktionsträge). Die Mehrzahl der organischen Verbindungen enthält nun aber neben Kohlenstoff- und Wasserstoffatomen weitere Atome (O-, N-, S-, Halogen-), welche mit Kohlenstoff- oder Wasserstoffatomen mehr oder weniger stark polare und damit reaktionsfähigere Bindungen bilden. Oft bilden sich dadurch Atomgruppen, die ganz charakteristische Eigenschaften und Reaktionen zeigen und die für das physikalische und chemische Verhalten vieler Verbindungen von entscheidender Bedeutung sind. Solche Gruppen werden als **«funktionelle Gruppen»** bezeichnet.

Die Klassifizierung organischer Verbindungen nach ihren funktionellen Gruppen bietet eine gute Möglichkeit, um eine Übersicht über ihre Vielfalt zu gewinnen und entspricht dem traditionellen Aufbau vieler Lehrbücher und Lehrgänge. Obschon wir das physikalische und chemische Verhalten der verschiedenen funktionellen Gruppen in späteren Abschnitten –

insbesondere im Zusammenhang mit ihren charakteristischen Reaktionen – behandeln, ist ein *Überblick* bereits hier sehr zweckmäßig. So bringt die Tabelle 1.3 Beispiele von wichtigen Verbindungsklassen mit ihren funktionellen Gruppen. Zur Benennung der verschiedenen Verbindungstypen benützen wir hier an erster Stelle die *«systematischen»* Namen (vgl. S.131), da sie insbesondere dem Anfänger die Übersicht erleichtern. Viele Verbindungen werden aber auch heute noch durch *«Trivialnamen»* bezeichnet, die keine Beziehung zur Struktur der betreffenden Substanz erkennen lassen, z. B. Formaldehyd für Methanal, Aceton für Propanon usw. Da aber jeder Chemiker weiß, welche Stoffe mit den systematischen Namen gemeint sind, ist es für den Lernenden einfacher, sich zunächst die systematischen Namen zu merken und sich im Laufe der Zeit auch mit den Trivialnamen vertraut zu machen.

Die Gliederung organischer Verbindungen nach ihren funktionellen Gruppen ist auch deshalb zweckmäßig, weil bei den allermeisten organischen Reaktionen solche Gruppen in andere Gruppen umgewandelt werden, ohne daß dabei der «Rest» des betreffenden Moleküls ebenfalls verändert wird. Alkohole (R—OH) beispielsweise lassen sich durch bestimmte Reaktionen in Halogenverbindungen (R—X), Ether (R—O—R) oder Amine (R—NH$_2$) umwandeln, ohne daß sich dabei die Struktur des Restes «R» verändert. Zudem zeigen alle Verbindungen, die ein und dieselbe funktionelle Gruppe enthalten, in der Regel die Eigenschaften und Reaktionen dieser Gruppe. Als Beispiele dafür seien hier kurz einige Eigenschaften der *Hydroxylgruppe* (—OH), der *Carbonylgruppe* ($>$C=O) und der *Aminogruppe* (—NH$_2$) gestreift.

Die Reaktionsfähigkeit der **Hydroxylgruppe**[1] in den Alkoholen beruht im wesentlichen darauf, daß sie ähnlich wie Wasser imstande ist, ein Proton (ein H$^{\oplus}$-Ion) zu binden bzw. abzugeben, d. h. daß sie als Base bzw. Säure wirken kann.

Sowohl ihre konjugierte Säure wie die konjugierte Base können zahlreiche Reaktionen eingehen. Insbesondere stellt die konjugierte Base bei vielen Reaktionen ein Elektronenpaar zur Bildung einer neuen Atombindung zur Verfügung. Ein solches Teilchen verhält sich **nucleophil**, da es ein positiv polarisiertes anderes Atom angreift (nucleus lat. = Kern; nucleophil wörtlich = «kernliebend»).

In der **Carbonylgruppe** sind Kohlenstoff- und Sauerstoffatom durch eine Doppelbindung verbunden, die aber als Folge der hohen Elektronegativität des Sauerstoffatoms stark polar ist. Die elektronenanziehende Wirkung des Sauerstoffatoms ist so groß, daß sogar noch benachbarte, weitere Bindungen polarisiert werden können und dadurch reaktionsfähiger werden. Zudem ist auch das Carbonyl-Sauerstoffatom imstande, ein Proton zu binden, wodurch die Polarität der $>$C=O-Doppelbindung noch weiter erhöht wird.

Verbindungen mit der **Aminogruppe** lassen sich rein formal als Derivate von Ammoniak auffassen, in ähnlicher Weise, wie die Alkohole als Derivate des Wassers betrachtet werden können (ein Wasserstoffatom ist jeweils durch einen organischen Rest «R» ersetzt). Der Aminostickstoff besitzt wie das Stickstoffatom im Ammoniak ein freies (nichtbindendes) Elektronenpaar und wirkt – ganz ähnlich wie Ammoniak – basisch, und zwar wesentlich stärker als das Sauerstoffatom der Hydroxyl- oder der Carbonylgruppe.

Da verschiedene funktionelle Gruppen aber auch gleichartige chemische Reaktionen zeigen, ist es möglich, das Gesamtgebiet der organischen Chemie nach *Reaktionstypen* zu gliedern, wie es im Hauptteil dieses Buches erfolgen wird (Kapitel 8 bis 19). Betrachtet man nur die Veränderungen des *Molekülskelettes* und läßt den genauen Ablauf unberücksichtigt, so kann man vier Haupttypen von Reaktionen unterscheiden:

---

[1] Das OH$^{\ominus}$-Ion heißt Hydroxid-Ion; Hydroxylgruppen sind an andere Atome durch Atombindungen gebundene OH-Gruppen.

1.2 Die «Sonderstellung» der organischen Chemie; funktionelle Gruppen

Tabelle 1.3. Typen und Beispiele organischer Verbindungen nach ihren funktionellen Gruppen geordnet

Kohlenwasserstoff, R–H[1]

Alkane	Alkene («Olefine»)	Alkine	Cycloalkane	Aromaten
$H_3CCH_2CH_3$	$H_3CCH=CH_2$	$H_3CC\equiv CH$	Cyclohexan	Benzen, «Benzol»
(Propan)	(Propen)	(Propin)	(Cyclohexan)	

Alkohole, R–OH — **Ether, R–O–R** — **Halogenalkane, R–X** — **Aldehyde, RCHO** — **Ketone, R_2CO**

H_3CCH_2–OH	H_3CCH_2–O–CH_2CH_3	H_3CCH_2–Br	$H_3C-C(=O)H$	$H_3C-C(=O)-CH_3$
(Ethanol, «Ethylalkohol»)	(Ethoxyethan, «Diethylether»)	(Bromethan, «Ethylbromid»)	(Ethanal, «Acetaldehyd»)	(Propanon, «Aceton»)

Carbonsäuren, R–COOH — **Ester, R–COOR** — **Amide, R–$CONH_2$** — **Nitrile, $RC\equiv N$**

$H_3C-C(=O)-OH$	$H_3C-C(=O)-O-CH_3$	$H_3C-C(=O)-NH_2$	$H_3CC\equiv N$
(Ethansäure, «Essigsäure»)	(Methylethanat, «Methylacetat»)	(Ethanamid, «Acetamid»)	(Ethannitril, «Acetonitril»)

Amine, R–NH_2 — **Nitro-Verbindungen, R–NO_2** — **Thiole, R–SH**

H_3CCH_2–NH_2	$H_3C-N^{\oplus}(O^{\ominus})=O$	H_3CCH_2–SH
(Aminoethan, «Ethylamin»)	Nitromethan	(Ethanthiol)

[1] Mit dem Symbol «R» wird wie üblich eine Kohlenwasserstoffgruppe (ein «Alkyl-» oder «Arylrest») bezeichnet.

Substitution. Dabei wird ein Atom oder eine Atomgruppe durch ein anderes Atom (eine andere Atomgruppe) ersetzt:

$$CH_4 + Cl_2 \longrightarrow H_3CCl + HCl$$
$$H_3COH + HCl \longrightarrow H_3CCl + H_2O$$

Addition. Hier werden weitere Atome (Atomgruppen) an das Molekül angelagert. Additionsreaktionen sind nur an ungesättigten funktionellen Gruppen möglich (Doppel- oder Dreifachbindungen):

$$H_2C=CH_2 + H_2 \longrightarrow H_3C-CH_3$$
$$HC\equiv CH + HCl \longrightarrow H_2C=CH-Cl$$

Elimination. Aus organischen Molekülen werden Moleküle abgespalten, wobei ungesättigte Verbindungen entstehen:

$$H_3CCH_2OH \longrightarrow H_2C=CH_2 + H_2O$$
$$H_3CCH_2Cl \longrightarrow H_2C=CH_2 + HCl$$

Umlagerung. Wenn innerhalb eines Moleküls Atome oder Atomgruppen verschoben werden, so wird das Kohlenstoffgerüst verändert und es tritt eine Umlagerung ein:

$$\underset{H_2C-CH_2}{\overset{CH_2}{\triangle}} \longrightarrow H_3C-CH=CH_2$$

Oxidationen und *Reduktionen* organischer Moleküle lassen sich oft ebenfalls in einen der erwähnten Reaktionstypen einordnen. Nur solche Reaktionen, bei denen ein Molekül in mehrere einfachere Moleküle abgebaut wird, sind nicht immer leicht zu klassifizieren. So werden bei der Verbrennung von Ethan zu CO_2 und Wasser alle $C-C$- und $C-H$-Bindungen getrennt, so daß man weder von Substitution, noch von Elimination oder Umlagerung sprechen kann.

1.3 Physikalische Eigenschaften organischer Verbindungen

Schmelz- und Siedepunkt. Reine Stoffe besitzen eine konstante (allerdings vom Druck abhängige) *Schmelz-* und *Siedetemperatur.* Sowohl Schmelz- wie Siedepunkt sind wichtige Kenngrößen von Substanzen. Insbesondere die Bestimmung des *Schmelzpunktes* wird oft als Kriterium für die *Reinheit* einer Substanz verwendet: Verändert sich der Schmelzpunkt nach mehrfachem Umkristallisieren aus möglichst verschiedenen Lösungsmitteln nicht mehr, so darf die Substanz als «rein» betrachtet werden. Durch Bestimmung des *«Mischschmelzpunktes»* läßt sich die Identität zweier Stoffe rasch, einfach und mit geringen Mengen nachweisen (heutzutage wird man noch DC, IR[1] etc. hinzuziehen). Zeigen Gemisch und reine Vergleichssubstanz die gleiche Schmelztemperatur wie die zu identifizierende Substanz, so ist diese letztere mit der Vergleichssubstanz identisch (Gemische aus verschiedenen Stoffen schmelzen in der Regel tiefer als die reinen Einzelkomponenten).

---

[1] DC: Dünnschichtchromatographie; IR siehe unten.

Brechungsindex. Der Brechungsindex *n* einer Substanz ist das Verhältnis der Lichtgeschwindigkeit im Vakuum und in der betreffenden Substanz. Im Falle von flüssigen Stoffen läßt sich *n* im Refraktometer leicht auf die fünfte Dezimale genau bestimmen und dient darum wie Schmelz- und Siedepunkt als wichtige Kenngröße eines Stoffes, insbesondere zur Bestimmung seines Reinheitsgrades. Wegen der Abhängigkeit von *n* von der Wellenlänge des verwendeten Lichtes (*«Dispersion»*), muß zu Vergleichszwecken monochromatisches Licht von bestimmter Wellenlänge verwendet werden.

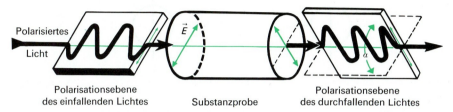

Abb. 1.9. Schema der Drehung der Polarisationsebene von polarisiertem Licht (elektrischer Feldvektor $\vec{E}$) durch eine optisch aktive Substanz (Drehwinkel α)

Optisches Drehvermögen. Sehr viele Substanzen besitzen die Fähigkeit, die Polarisationsebene von linear polarisiertem Licht zu drehen, d. h. sie sind **«optisch aktiv»** (Abb. 1.9.). Linear polarisiertes Licht läßt sich als Überlagerung zweier circular polarisierter Lichtwellen von entgegengesetztem Drehsinn auffassen (Abb. 1.10); die optische Aktivität einer Substanz bedeutet also, daß ihr Brechungsindex für links- und rechts-circularpolarisiertes Licht verschieden ist. Laufen nämlich beide circular polarisierten Lichtwellen mit gleicher Geschwindigkeit durch eine Substanz, so ergibt die Projektion der in der Zeit *t* zurückgelegten (gleichen) Bogenstrecken *AB* und *AC* die Ebene *AA'*, während in der optisch aktiven Substanz (wo die Geschwindigkeiten der beiden circular polarisierten Wellen verschieden sind) die beiden Wellen ungleich lange Strecken *AB* und *AC* zurücklegen, was eine Drehung der Polarisationsebene um den Winkel α zur Folge hat.

Die optische Aktivität einer Substanz ist stets die Folge einer **«chiralen»** Struktur, d. h. einer Struktur ohne Drehspiegelachse (vgl. S. 176). Chiral gebaute Körper lassen sich mit ihrem

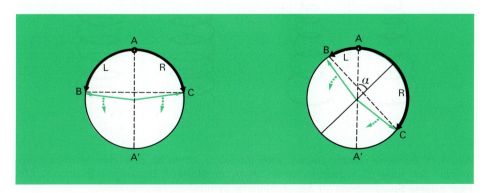

Abb. 1.10. Zustandekommen von linear polarisiertem Licht durch Überlagerung zweier Wellen von circular polarisiertem Licht (durch grüne Pfeile gekennzeichnet)

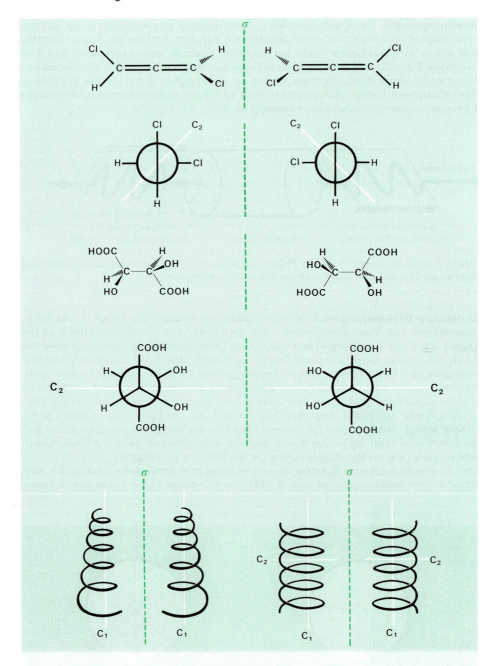

Abb. 1.11. Beispiele chiraler Gegenstände (Moleküle, konische, bzw. zylindrisch-palindromische[1] Schraube) (C_2 = zweizählige Drehachse im Molekül). Dunkelgrün gestrichelt: Molekül-externe Spiegelebene (σ). Molekül-interne Symmetrieelemente weiß.

[1] Alle Windungen haben die gleiche Ganghöhe.

Spiegelbild generell nicht zur Deckung bringen (Abb. 1.11). Bei manchen optisch aktiven Substanzen ist die optische Aktivität nur im festen Zustand zu beobachten und ist dann eine Eigenschaft der (chiralen) *Kristallstruktur*; die meisten optisch aktiven organischen Verbindungen drehen jedoch die Polarisationsebene auch im flüssigen Zustand oder in Lösung, so daß das betreffende *Molekül* selbst von chiraler Konstitution sein muß. Das Ausmaß der Drehung ist proportional zur Konzentration der Lösung und zur Länge der durchlaufenen Schicht. Um eine Substanz zu charakterisieren, gibt man deshalb das «*spezifische Drehvermögen*» an[1]:

$$[\alpha]_\lambda^T = \frac{\alpha \cdot 100}{l \cdot p \cdot \varrho}$$

α = gemessener Drehwinkel in Grad
l = Länge der Schicht in dm
p = Substanzmenge in Gramm pro 100 g Lösungsmittel
ϱ = Dichte

Die Messung der optischen Drehung erfolgt im *Polarimeter*. Dabei wird die Strahlung zunächst mittels eines Polarisators polarisiert, geht dann zum Teil durch die Substanz und gelangt zum Teil direkt in den Analysator. Das beobachtete Gesichtsfeld besteht aus zwei Hälften unterschiedlicher Helligkeit, die durch Drehen des Analysators auf gleiche Helligkeit eingestellt werden, wobei sich der Drehwinkel direkt ablesen läßt. Genauere Resultate erhält man durch lichtelektrische Helligkeitsmessung.

Ausmaß und Vorzeichen der spezifischen Drehung hängen von der Art des *Lösungsmittels*, von der *Temperatur* und von der *Wellenlänge* des verwendeten Lichtes ab[1]. Der Einfluß des Lösungsmittels ist die Folge von Wechselwirkungen zwischen den Molekülen der betreffenden Substanz und den Lösungsmittelmolekülen (Solvation). Die optisch aktiven Moleküle befinden sich je nach der Art des Lösungsmittels in einer anderen «Umgebung», wodurch die

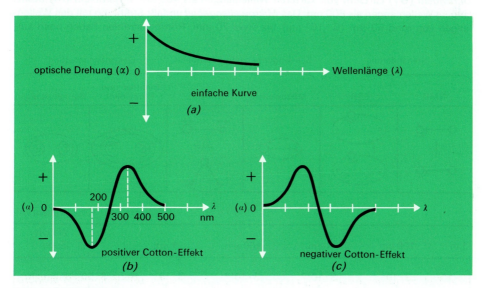

Abb. 1.12. ORD-Kurven

[1] Nach neuen Übereinkünften wird bei der zahlenmäßigen Angabe der spezifischen Drehung das Zeichen ° nicht mehr geschrieben. α_D ist also eine reine Zahl.

Wechselwirkungen zwischen ihnen und dem polarisierten Licht beeinflußt werden und sich darum das Ausmaß der spezifischen Drehung verändert. Durch Temperaturänderung verschieben sich die Assoziations- (Solvations-) gleichgewichte und ändert sich zudem die Dichte der Substanz. Die Abhängigkeit der spezifischen Drehung von der Wellenlänge, die sogenannte **optische Rotationsdispersion («ORD»)**, hat ihre Ursache darin, daß sich die Brechungsindices für rechts- und links-circularpolarisiertes Licht in einem chiralen Medium bei der Veränderung der Wellenlänge nicht im gleichen Maß verändern (die Drehung ist bei jeder Wellenlänge proportional der Differenz der beiden Brechungsindices). Häufig wächst der absolute Wert der Drehung mit abnehmender Wellenlänge. Viele Substanzen ergeben aber eine charakteristische Kurve (**«Cotton-Effekt»**). Wächst dabei die optische Drehung zuerst mit abnehmender Wellenlänge, so spricht man von positivem, im anderen Fall von negativem Cotton-Effekt. Der Wendepunkt der Kurve (wo $n_R = n_L$ ist) fällt in der Regel mit dem Absorptionsmaximum der Substanz zusammen. Da die beiden spiegelbildlichen Moleküle auch Rotationsdispersionskurven ergeben, die spiegelbildlich zueinander sind, lassen sich in gewissen Fällen (hauptsächlich bei Carbonylverbindungen, die im Ultraviolett – um 300 nm – eine schwache Absorptionsbande zeigen) Schlüsse auf den räumlichen Bau des betreffenden Moleküls ziehen (vgl. S. 247). Näheres siehe Bd. II.

Lichtabsorption. In diesem Kapitel wird nur allgemein über die Grundlagen der Lichtabsorption berichtet. Genaueres darüber – insbesondere über die Anwendung spektroskopischer Methoden zur Konstitutionsaufklärung – siehe Kapital 5 (S. 246 ff.). Zur Theorie der Spektren vgl. *Grundlagen der allgemeinen und anorganischen Chemie,* S. 145 ff und Bd. II.

Elektromagnetische Wellen der Wellenlängen 400 bis 800 nm empfinden wir als **«Licht»**. Weißes Licht enthält alle sichtbaren Wellenlängen; monochromatisches Licht (z. B. das gelbe Licht einer Natriumdampflampe) ist Licht einer einzigen, bestimmten Wellenlänge (Farbe). *Ultraviolett* (UV) ist Licht von kürzeren Wellenlängen als 400 nm, *Infrarotlicht* (IR) besitzt längere Wellenlängen als 800 nm. Das *Mikrowellengebiet* umfaßt Strahlung mit den Wellenlängen von rund 50 μm (5 · 10^4 nm) bis etwa 70 mm. Röntgenstrahlen haben noch kür-

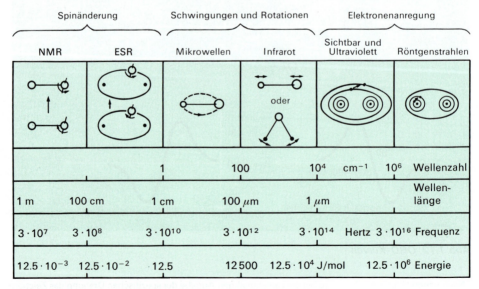

Abb. 1.13. Die Bereiche des elektromagnetischen Spektrums

zere Wellenlängen als UV (<0.1 nm). Man vergleiche mit dem elektromagnetischen Spektrum (Abb.1.13.).
Bekanntlich wird Lichtenergie nicht kontinuierlich, sondern *quantenhaft* emittiert bzw. absorbiert. Nach Planck ist die Energie *E* eines bestimmten Lichtquants (eines «Photons») proportional der Frequenz bzw. umgekehrt proportional der Wellenlänge einer Strahlung:

$$E = \frac{h \cdot c}{\lambda}$$

λ = Wellenlänge, c = Lichtgeschwindigkeit

Die Absorption einer bestimmten Strahlung wird durch das Verhältnis von durchgelassener zu eingestrahlter Lichtintensität gegeben; sie hängt nach dem Gesetz von *Lambert-Beer* exponentiell von der Schichtdicke der untersuchten Probe und von ihrer molaren Konzentration ab:

$$\lg \frac{I_0}{I} = \varepsilon \cdot c \cdot d$$

I = Intensität des durchgelassenen Lichtes, I_0 = Intensität des eingestrahlten Lichtes; ε = molarer dekadischer Extinktionskoeffizient; c = molare Konzentration; d = Schichtdicke

Zur Aufnahme eines Absorptionsspektrums wird im Spektrophotometer die Wellenlänge des betreffenden Bereiches (UV, VIS, IR[1]) kontinuierlich verändert. Im Fall der UV-Spektren und der Spektren im sichtbaren Bereich wird die *«optische Dichte»* oder Absorption *A* ($A = \lg I_0/I$), im Fall der IR-Spektren die prozentuale *Durchlässigkeit* als Funktion der Wellenlänge durch einen Schreiber registriert.
Im Fall von optisch aktiven Substanzen zeigen die beiden, das circular-polarisierte Licht entgegengesetzt drehenden Isomere verschiedene molare Extinktionskoeffizienten und damit eine unterschiedliche Lichtabsorption (**«Circulardichroismus»**). Die Abhängigkeit der Absorption von der Wellenlänge ergibt in gewissen Fällen Kurven, die den ORD-Kurven (S.19) ähnlich sind und wie jene einen positiven oder negativen Cotton-Effekt zeigen. Auch der Circulardichroismus läßt sich in solchen Fällen in Beziehung zum räumlichen Bau der betreffenden Moleküle setzen und kann deshalb zum Erkennen bestimmter Molekülteile dienen Näheres s. Band II.

Prinzipiell absorbieren alle organischen Substanzen elektromagnetische Wellen, wobei ihre Moleküle in höhere Energiezustände übergehen. Die Absorption kann dabei nicht nur durch die Anregung von Elektronen (ihre Überführung in höhere, im Grundzustand unbesetzte Energieniveaus) geschehen, sondern auch durch Änderung der Schwingungs- und Rotationsenergie, d. h. durch Anregung von Molekülschwingungen und -rotationen. Auch Schwingungs- und Rotationsenergien sind gequantelt. Da bei der Absorption auch Dämpfungseffekte auftreten und zudem oft mehrere, voneinander nur wenig verschiedene angeregte Zustände möglich sind (die Anregung von Elektronen beispielsweise ist stets in einem gewissen Ausmaß auch von Anregung der Schwingungsniveaus begleitet), zeigen die Absorptionsspektren keine Spektrallinien (wie es für Spektren von Einzelatomen von Metalldämpfen und Edelgasen zutrifft), sondern *Absorptionsbanden*. Die Moleküle absorbieren also stets in einem mehr oder weniger breiten Spektral*bereich*.

---

[1] UV = Ultraviolett; VIS = sichtbares Licht (engl. visible); IR = Infrarot.

Die einzelnen *Rotations-Energieniveaus* liegen so nahe beieinander, daß zur Anregung relativ langwelliges Licht vom Mikrowellenbereich (mit energiearmen Quanten) genügt. Zur Anregung der *Schwingungsniveaus* ist energiereicheres Licht *(Infrarot)* notwendig, während das sichtbare Licht sowie das *Ultraviolett* einzelne *Elektronen* anzuregen vermag. An sich wäre die Energie von ultraviolettem oder sogar sichtbarem Licht genügend groß, um auch Atombindungen zu trennen. So erfordert z. B. die Spaltung von Ethan (C_2H_6) in zwei CH_3-Radikale eine Energie von 352 kJ/mol, die nach Planck einer Wellenlänge von 340 nm entspricht. Voraussetzung für den Eintritt solcher «*photochemischer*» Reaktionen ist aber, daß Licht der betreffenden Wellenlängen auch absorbiert werden kann, d.h. daß die betreffende Substanz Elektronen enthält, welche durch Licht entsprechender Energie angeregt werden können. Da die weitaus meisten organischen Substanzen nur im IR und im kurzwelligen UV absorbieren, tritt eine photochemische Zersetzung nur bei relativ wenigen nicht farbigen Substanzen wirklich ein.

Infrarotspektren. Die Tatsache, daß IR-Licht Moleküle zu Schwingungen anregen kann, beruht darauf, daß die Atomabstände (Bindungslängen) keineswegs starr fixiert sind, sondern vielmehr Gleichgewichtslagen darstellen, um welche in einem gewissen Maß Schwingungen möglich sind, wobei die einzelnen Bindungen um geringe Beträge gestreckt oder verbogen werden. Je nach der Art der betreffenden Atome (d. h. der betreffenden Bindung) besitzen diese Schwingungen ganz bestimmte *Eigenfrequenzen*, die von den Nachbaratomen oft nur wenig beeinflußt werden. Das schwingende elektrische Feld des IR-Lichtes vermag die *Schwingungen der Atome zu verstärken, sofern sich während der Schwingung das Dipolmoment ändert*, denn nur ein schwingender Dipol kann mit dem elektromagnetischen Feld derart in Wechselwirkung treten, daß eine Energieaufnahme aus dem Feld möglich ist. Die Verstärkung der Schwingung ist dann am wirksamsten, wenn die Frequenz der Lichtstrahlung gerade gleich der Eigenfrequenz wird, so daß also diejenigen Wellenlängen absorbiert werden, die mit den Schwingungsfrequenzen der Bindungen eines Moleküls in Resonanz treten. Das IR-Spektrum einer Substanz vermag darum Aufschlüsse über die in dem betreffenden Molekül vorhandenen Bindungen und die schwingenden Massen zu geben.

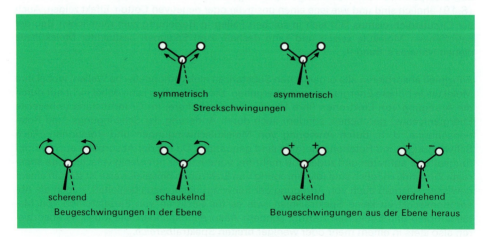

Abb. 1.14. *Schwingungsmöglichkeiten einer Atomgruppe (+ und − deuten Schwingungen senkrecht zur Papierebene an)*

Bei mehratomigen Molekülen treten neben den gewöhnlichen *Streckschwingungen* («*v*-Schwingungen») auch *Deformationsschwingungen,* d. h. Schwingungen quer zur Bindungsachse (Beugeschwingungen, «δ-Schwingungen») auf (vgl. Abb. 1.14). Zudem können auch *Oberschwingungen* vorkommen, oder es können Absorptionsbanden durch andere Banden teilweise überdeckt sein. Die Interpretation eines IR-Spektrums ist darum oft recht schwierig. Immerhin hat sich bei der Verarbeitung eines sehr umfangreichen Tatsachenmaterials gezeigt, daß bestimmte Bindungen oder Atomgruppen in den verschiedenartigsten Verbindungen nahezu gleiche charakteristische Absorptionsfrequenzen haben. Die für bestimmte *Bindungen* charakteristischen Wellenzahlen liegen im allgemeinen im Gebiet zwischen 4000 und 1250 cm^{-1} (λ = 2 bis 8 μm; Gebiet der «Gruppenfrequenzen»[1]), während die Absorption im Gebiet von 1250 bis 600 cm^{-1} häufig mit komplexeren Schwingungen des ganzen Moleküls verknüpft und für dieses kennzeichnend ist *(«Fingerprint-Gebiet»)*. Ein Beispiel für IR-Spektren ist in Abb. 1.15 gegeben.

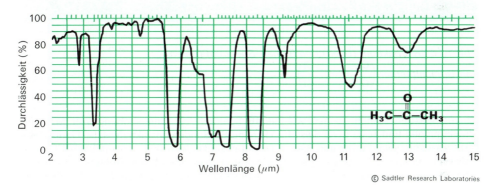

Abb. 1.15. IR-Spektrum von Propanon (Aceton)

Raman-Spektren. Beim Durchgang von monochromatischem Licht durch eine transparente Substanz kann man neben dem gewöhnlichen Streulicht (das die gleiche Wellenlänge wie das eingestrahlte Licht besitzt) noch eine weitere, allerdings sehr schwache Streustrahlung von kürzerer oder längerer Wellenlänge als das eingestrahlte Licht beobachten. Das Zustandekommen dieser *«Raman-Linien»* oder *«Raman-Banden»* beruht darauf, daß die Photonen des eingestrahlten Lichtes mit den Molekülen der Substanz in Wechselwirkung treten können und dabei entweder Energie an diese abgeben (und sie zu Schwingungen anregen) oder Energie von ihnen übernehmen, wenn ein Molekül aus einem energiereicheren in einen energieärmeren Schwingungszustand übergeht. Die Differenzen zwischen der «Erreger-Linie» und den Raman-Linien bezeichnet man als *Raman-Frequenzen*; sie werden ebenfalls in cm^{-1} (Wellenzahlen) angegeben. Die Raman-Frequenzen entsprechen also ebenso wie die IR-Absorptionsbanden *Schwingungs-*(und *Rotations-) übergängen.*

---

[1] Die absorbierte Strahlung wird entweder durch ihre *Wellenlänge* (meist in μm = 10^{-6} m angegeben) oder durch ihre **«Wellenzahl»** charakterisiert. Letztere ist der reziproke Wert der Wellenlänge und wird in cm^{-1} ausgedrückt.

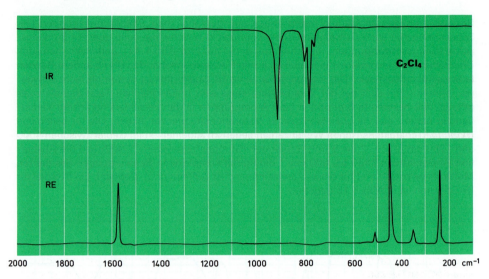

Abb. 1.16. IR-Spektrum (oben) und Raman-Spektrum (unten) von Tetrachlorethen $\begin{pmatrix} Cl \\ Cl \end{pmatrix} C=C \begin{pmatrix} Cl \\ Cl \end{pmatrix}$

Raman-Spektren dienen ebenso wie die IR-Spektren zur Untersuchung von Molekülschwingungen und zeigen wie diese für einzelne Bindungen charakteristische Frequenzen. Die *«Auswahlregeln»* für IR- und Raman-Spektren sind jedoch verschieden: Während im *IR-Spektrum* nur solche Schwingungen als Absorptionsbanden in Erscheinung treten können, die mit einer *Änderung des Dipolmomentes der Bindung* verknüpft sind, ist eine Schwin-

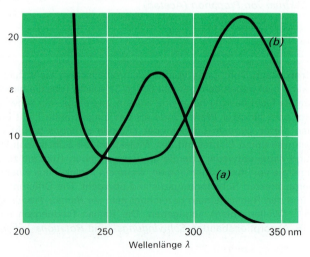

Abb. 1.17. UV-Spektren von Butanon (Enthylmethylketon), $H_3CCOCH_2CH_3$ (a) und Butenon (Methylvinylketon), $H_3CCOCH=CH_2$ (b)

gung nur dann *Raman-aktiv*, wenn sich während der Schwingung die *Polarisierbarkeit des Moleküls ändert*. So ist beispielsweise im Ethen ($H_2C=CH_2$) die Streckschwingung der Doppelbindung symmetrisch und führt zu keiner Änderung des Dipolmomentes; sie ist darum im IR-Spektrum nicht zu erkennen, macht sich aber im Raman-Spektrum durch eine relativ kräftige Bande bemerkbar.

UV-Vis-Spektren[1]. **Ultraviolettspektren; Spektren im sichtbaren Bereich des Spektrums.** Die im sichtbaren Bereich des Spektrums und im UV auftretende Absorption ist die Folge der Anregung einzelner *Elektronen*. Da dies fast immer auch von der Anregung von Schwingungen und Rotationen begleitet ist, sind die entsprechenden Absorptionsbanden meist sehr breit und eher flach, im Gegensatz zu den gewöhnlich ziemlich scharfen Absorptionspeaks der IR-Spektren.

Die *Anregung von Elektronen* bedeutet den Übergang eines Elektrons in ein höheres, im Grundzustand des Moleküls *unbesetztes Energieniveau*. Prinzipiell können alle Elektronen durch Absorption elektromagnetischer Strahlung angeregt werden. Zur Anregung von σ-Elektronen ist jedoch ein derart großer Energiebetrag erforderlich, daß das entsprechende UV-Licht von sehr kurzer Wellenlänge ist und außerhalb des von den üblichen UV-Spektrographen erfaßten Wellenlängenbereiches liegt. Nichtbindende sowie π-Elektronen sind dagegen bedeutend leichter anzuregen. Am wichtigsten sind die Übergänge eines nichtbindenden (*n*) Elektrons oder eines (bindenden) π-Elektrons in ein unbesetztes, antibindendes π*-Orbital, wie es beispielsweise bei der **Carbonylgruppe** möglich ist:

$$>C=\overline{O} \rightarrow >C\overset{\ominus}{=}\underset{\oplus}{O} \qquad >C=\overline{O} \rightarrow >C\overset{\cdot}{=}\overset{\cdot}{O}$$
$$n \rightarrow \pi^* \qquad\qquad \pi \rightarrow \pi^*$$

Zur *MO-Beschreibung* der C=O-Doppelbindung kann man annehmen, daß ein sp^2-Hybrid-AO des C-Atoms mit einem *sp*-Hybrid-AO des O-Atoms die σ-Bindung bildet, während die π-Bindung aus je einem p_z-AO des C- und des O-Atoms entsteht. Das zweite *sp*-AO des O-Atoms ist nichtbindend, ebenfalls das (senkrecht zur Ebene der π-Bindung stehende) p_x-AO; das letztere ist jedoch energiereicher. Aus der Abb. 1.18. (Energieniveauschema) erkennt man, daß der $n \rightarrow \pi^*$-Übergang am wenigsten Energie benötigt (E_1); er entspricht der bei Aldehyden und Ketonen beobachteten Absorptionsbande bei etwa 280 nm. Da aber die Anregung eines nichtbindenden p_x-Elektrons einen «symmetrieverbotenen» Übergang darstellt (das *p*-AO und das π*-MO stehen senkrecht aufeinander), ist die Intensität dieser Bande nur gering[2]. Dem $\pi \rightarrow \pi^*$-Übergang (E_2) entspricht eine Absorptionsbande von hoher Intensität bei kürzerer Wellenlänge (um 1800 nm).

Ein $\pi \rightarrow \pi^*$-Übergang ist auch bei Molekülen mit C=C-*Doppelbindungen* möglich (λ_{max} für $H_2C=CH_2$ bei 162 nm). Enthält ein Molekül «konjugierte» Doppelbindungen (d. h. wechseln Doppel- und Einfachbindungen miteinander ab), so tritt eine gewisse Delokalisation der π-Elektronen ein, wodurch die Energiedifferenzen zwischen π- und π*-MO geringer werden, so daß die Anregung weniger Energie benötigt und sich die Absorption in das Gebiet längerer Wellen verschiebt (vgl. S. 88).

Die Lage der Absorptionsmaxima im UV- und im sichtbaren Bereich gibt somit Aufschluß über die Energiedifferenzen zwischen dem Grundzustand und angeregten Zuständen eines Moleküls. Da mit dem ungesättigten System verbundene Substituenten die Energien des Grundzustandes wie der angeregten Zustände beeinflussen können, lassen sich insbesondere aus den *UV-Spektren* für die *Konstitutionsaufklärung ungesättigter* Verbindungen wichtige Schlüsse ziehen (siehe S. 247).

---

[1] Vis = visible, sichtbar
[2] Die Größe des molaren Extinktionskoeffizienten ist der *Wahrscheinlichkeit*, mit der ein bestimmter Elektronenübergang in einen angeregten Zustand eintritt, direkt proportional.

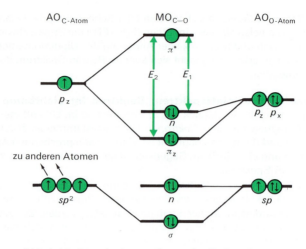

Abb. 1.18. Energieniveauschema der Carbonylgruppe

NMR-Spektren[1] (Magnetische Kernresonanz). Ähnlich wie die Elektronen besitzen auch die Nucleonen (Protonen und Neutronen) einen *Spin*. Der Gesamtspin des Kerns ist die Resultierende aus den Spins der Nucleonen; bei Kernen mit gerader Zahl von Protonen und Neutronen ist der Gesamtspin Null. Atome, deren Kerne entweder eine ungerade Zahl Protonen oder Neutronen enthalten, besitzen deshalb ein durch den Kernspin hervorgerufenes *magnetisches Moment*, verhalten sich also wie kleine Stabmagnete. Die Spinquantenzahl *I* hängt von der Art und der Anzahl der verhandenen Nucleonen ab; die für die organische Chemie wichtigsten Kerne (^1H, ^{13}C, ^{15}N, ^{19}F) besitzen alle die Spinquantenzahl ½. Dies bedeutet, daß ihr magnetisches Moment nur zwei, gleichgroße, aber entgegengesetzte Werte $+\mu$ und $-\mu$ annehmen kann, die den Spinquantenzahlen +½ und -½ entsprechen. Bringt man nun solche Kerne in ein *äußeres Magnetfeld* H_O, so können sich die Kernmomente entweder *parallel* (*I* = +½) oder *antiparallel* (*I* = -½) zu diesem Feld einstellen. Jede dieser Einstellungen entspricht einer bestimmten Energie, wobei die antiparallele Einstellung das höhere «Energieniveau» darstellt (Abb. 1.19.).

Da der Energieunterschied zwischen diesen beiden Niveaus nur gering ist und durch die Wärmebewegung die Ausrichtung der Kerne in bezug auf die Feldlinien immer wieder aufgehoben wird, liegt im thermischen Gleichgewicht nur ein ganz geringer Überschuss (etwa 0.0001 %) an Kernen im tieferen Enegieniveau (mit paralleler Einstellung des Kernspins zum Magnetfeld) vor.

Strahlt man nun senkrecht zum äußeren Magnetfeld ein elektromagnetisches Wechselfeld ein, dessen Frequenz veränderlich ist, so gehen die Kerne unter Aufnahme von Energie bei einer bestimmten Frequenz v vom niedrigeren in das höhere Energieniveau über. Die Bedingung für die Absorption von Energie lautet:

$$\Delta E = E_2 - E_1 = h \cdot v \frac{\gamma}{2\pi} - H_0 \cdot h$$

Dabei ist γ die gyromagnetische Konstante, ein Kernparameter, der für jedes Nuclid einen charakteristischen Wert besitzt.

---

[1] Aus dem Englischen: **N**uclear **M**agnetic **R**esonance.

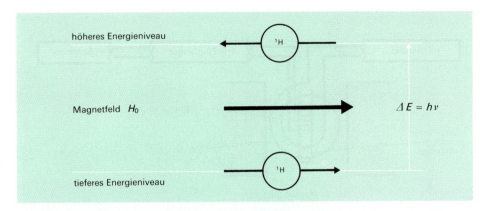

Abb. 1.19. Schematische Darstellung für die möglichen Anordnungen eines magnetischen Kernes (hier Wasserstoff) in einem (äußeren) Magnetfeld H_0

Durch dieses Wechselfeld werden nun so lange Kerne vom tieferen zum höheren Niveau gehoben, bis beide Niveaus gleich besetzt sind. Die Energieabsorption wäre deshalb schon nach kurzer Zeit zu Ende, wenn es nicht als Folge der gegenseitigen Wechselwirkungen zwischen den Kernen verschiedener Moleküle Vorgänge gäbe, durch welche die Kerne (unter Wiederherstellung der ursprünglichen Verteilung) auf das untere Niveau zurückfallen würden («*Relaxation*»). Nur dank dieses Wechselspiels von Energieaufnahme und Relaxation kommt eine *dauernde Energieaufnahme* zustande, welche über einen elektronischen Verstärker auf einem Schreiber als Absorptionspeak sichtbar gemacht werden kann.
Der für den Chemiker weitaus wichtigste, ein magnetisches Moment besitzende Atomkern ist das *Proton*. Kernresonanzspektren, wie sie besonders zur Untersuchung struktureller Probleme verwendet werden, sind deshalb, wenn nichts anderes angegeben ist, **Protonenresonanzspektren**. Die Resonanzfrequenz v_{res} (d. h. die Frequenz des zur Energieaufnahme erforderlichen Wechselfeldes) wird dann in erster Näherung gleich $\gamma/2\pi \cdot H_0$.
Der Feldstärke H_0 eines sehr starken Magneten (einige 10000 Gauß) entspricht eine *Resonanzfrequenz* des *Wechselfeldes* in der Größenordnung von *Megahertz*, d. h. elektromagnetische Strahlung aus dem Radiowellengebiet. Befindet sich also ein Proton in einem starken Magnetfeld und wird es einem Wechselfeld von veränderlicher Frequenz ausgesetzt, so tritt bei einer bestimmten Frequenz ($v = h/2\pi \cdot H_0$) Resonanz ein, und es wird Energie absorbiert. Das Wechselfeld wird in einer Spule erzeugt, deren Achse senkrecht zu H_0 steht und die mit einem Hochfrequenzgenerator verbunden ist. In der Praxis hält man zur Aufnahme eines Spektrums die Frequenz v des Wechselfeldes konstant (z. B. 60, 100, 200[1] oder 400[2] MHz) und verändert dann die Feldstärke des Magnetfeldes H_0 so lange kontinuierlich, bis eine bestimmte Feldstärke erreicht ist und Absorption eintritt.
Die überragend große Bedeutung der Kernresonanzspektroskopie insbesondere für Probleme der Konstitutionsbestimmung beruht auf weiteren Effekten, der sogenannten **chemischen Verschiebung** und der **Spin-Spin-Aufspaltung**, welche beide im zusammenfassenden Abschnitt 5.3 (S. 253) ausführlich erklärt werden. Da es aber zweckmäßig ist, bei der Besprechung der einzelnen Substanzklassen jeweils auch die für sie charakteristischen Merkmale ihrer NMR-Spektren anzugeben, soll hier das Wesen der chemischen Verschiebung wenigstens angedeutet werden.

[1] Mittelfeld-NMR-Gerät. [2] Hochfeld-NMR-Gerät.

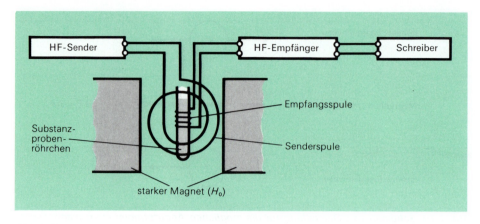

Abb. 1.20. Aufbau eines NMR-Spektrometers (vereinfacht)

Sowohl die chemische Verschiebung wie auch die Spin-Spin-Aufspaltung beruhen darauf, daß *Kerne derselben Art* (z. B. Protonen) *geringe Unterschiede* in ihren *Absorptionsfrequenzen zeigen, je nach der chemischen Umgebung*, in der sie sich befinden. In der Elektronenwolke, die ein Proton umgibt, wird nämlich beim Anlegen eines äußeren Magnetfeldes H_0 ein diesem äußerem Feld entgegengesetzt gerichtetes Feld induziert, so daß am Ort des Protons eine niedrigere effektive Feldstärke herrscht als die Feldstärke H_0; mit anderen Worten, die sich um ein *Proton* herum bewegenden *Elektronen schirmen* dieses in einem gewissen Maß *ab*. *Kerne gleicher Art, die von verschiedener Elektronendichte umgeben sind, absorbieren somit bei gegebener Frequenz des Wechselfeldes bei verschiedenen Feldstärken*, so daß man für jedes chemisch verschiedene Proton eines Moleküls ein eigenes Absorptionssignal bekommt. Dabei ist die zur Absorption nötige Feldstärke um so größer, je stärker die abschirmende Wirkung der Elektronen ist. Gleichwertige Protonen (z. B. die drei Protonen einer Methylgruppe) erzeugen ein einziges Signal, wobei die *Fläche* unter dem Signal der *Anzahl Kerne,* welche die Resonanz erzeugen, *direkt proportional* ist. Durch Ausmessen dieser Fläche (was in den NMR-Spektrometern durch elektronische Integration automatisch geschieht) läßt sich die Anzahl äquivalenter Protonen direkt auszählen. Zur Angabe der genauen Lage eines Absorptionspeaks wird heute die δ-Skala benutzt (S. 322). δ-Werte > 0 bedeuten eine Verschiebung der Absorption in Richtung geringerer Feldstärke («Tieffeldverschiebung»). Zur Illustration diene das Protonenresonanzspektrum von Ethanol (Abb. 1.21).

Seit einiger Zeit ist auch die **^{13}C-Kernresonanzspektroskopie** (C-NMR) zu einem wichtigen Hilfsmittel für die Konstitutionsaufklärung organischer Verbindungen geworden. Im Gegensatz zur ^{1}H-NMR-Spektroskopie (die Aufschluß über Lage und Bindungscharakter der an das Kohlenstoffskelett gebundenen Wasserstoffatome liefert) ermöglicht die C-NMR-Spektroskopie direkte Aufschlüsse über das *Kohlenstoffskelett* selbst. Allerdings ist das magnetische Moment des Nuclids ^{13}C (Kernspin ½) viel kleiner als das magnetische Moment des Protons; zudem kommt das Nuclid ^{13}C nur mit geringer Häufigkeit in organischen Verbindungen vor (etwa 1 %). Beides bedingt, daß ^{13}C-Resonanzspektren schwieriger aufzunehmen sind als Protonenresonanzspektren, d. h. es ist schwieriger, die ^{13}C-Resonanzsignale vom elektronischen «Rauschen» des Geräts abzuheben. In der Praxis hilft man sich dadurch, daß man das Spektrum wiederholt aufnimmt und die verschiedenen Spektren in einen Computer speichert. Dieser mittelt die Spektren und zeichnet schließlich das summierte (akkumulierte) Spektrum auf, wodurch die vielen kleinen Signale zu intensiveren Peaks addiert werden.

1.3 Physikalische Eigenschaften organischer Verbindungen

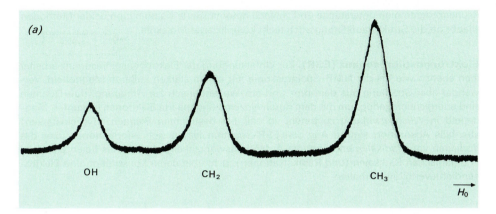

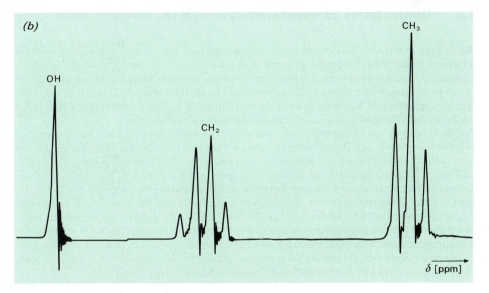

Abb. 1.21. Protonenresonanzspektrum von Ethanol, CH_3CH_2OH
(a) mit einem Instrument von geringer Auflösung aufgenommen. Die drei Absorptionspeaks entsprechen den Absorptionssignalen der drei verschiedenen Protonenarten
(b) mit einem Instrument von höherer Auflösung aufgenommen. Als Folge der «Spin-Spin-Wechselwirkung» (S. 52) spalten die drei Absorptionen zum Teil in mehrere Signale auf

Dazu sind allerdings sehr viele «Abtastungen» (scans) notwendig (bis 10000); der dazu erforderliche zeitliche Aufwand läßt sich aber durch besondere Verfahren («Puls-Technik») auf ein vernünftiges Maß reduzieren (Näheres s. S. 276 f).
In der Praxis benützt man beide Methoden der Kernresonanz nebeneinander. Das protonenentkoppelte ^{13}C-Spektrum liefert scharfe Signale für die verschiedenen Kohlenstoffatome, während das Protonenresonanzspektrum Aufschluß über die an jedes Kohlenstoffatom gebundenen Wasserstoffatome liefert. Die heute mit Computern einschließlich speziellen

Rechenprogrammen unterstützte und vielfach automatisierte Kombination beider Methoden erlaubt oft die Strukturaufklärung auch recht komplizierter Moleküle.

Elektronenspinresonanz (ESR). Zur Untersuchung der Elektronenspinresonanz arbeitet man ebenso wie bei der NMR-Spektroskopie mit einem starken äußeren Magnetfeld, verwendet aber Strahlung aus dem dm- und cm-Wellenbereich zur Anregung. Ihre Quanten sind energiereich genug, um mit dem durch einzelne ungepaarte Elektronen erzeugten Magnetfeld in Wechselwirkung zu treten, so daß bei bestimmten Frequenzen (Feldstärken) ebenfalls Absorption eintritt. Aus den ESR-Spektren lassen sich Informationen über das Vorliegen von *Radikalen* und über die Aufenthaltswahrscheinlichkeit eines freien Elektrons in organischen Radikalen (und Radikalkationen), d. h. über deren Konstitution und Elektronendichteverteilung, erhalten.

1.4 Quantitative Elementaranalyse und Molekularformel

Wenn eine durch eine bestimmte synthetische Reaktion oder aus biologischem Material erhaltene organische Verbindung durch eines der unter 1.4 beschriebenen Verfahren gereinigt und durch ihre physikalischen Eigenschaften als reiner Stoff charakterisiert worden ist, so muß zuerst ihre *chemische Zusammensetzung* ermittelt werden. Dazu ist es notwendig, eine quantitative *Elementaranalyse* durchzuführen, d. h. den prozentualen Anteil jedes der in der betreffenden Substanz enthaltenen Elemente zu bestimmen.

Zur Bestimmung von *Kohlenstoff* und *Wasserstoff* bedient man sich auch heute noch der *«Verbrennungsanalyse»*. Dieses Verfahren geht auf Lavoisier zurück, wurde später von Liebig (um 1840) stark verbessert und schließlich von Pregl (um 1900) so weitgehend verfeinert, daß heute auch mit ganz kleinen Substanzmengen, auf die man z. B. bei biochemischen Arbeiten beschränkt ist, sehr genaue Analysen durchgeführt werden können. Die Substanz wird in einem Verbrennungsofen an glühendem Kupfer(II)-oxid bei etwa 700 °C verbrannt, wodurch Kohlenstoff und Wasserstoff in CO_2 übergehen. Die Verbrennungsprodukte wurden früher in (vorher gewogenen) Absorptionsröhrchen aufgefangen (H_2O z. B. mittels Magnesiumperchlorat, CO_2 mittels fein gepulvertem Natriumhydroxid), und aus der Massenzunahme ergeben sich die bei der Verbrennung gebildeten Mengen von CO_2 und H_2O. Den prozentualen Anteil von Kohlenstoff und Wasserstoff erhält man dann nach

$$\% C = \frac{\text{Atommasse C} \cdot \text{gefundene } CO_2\text{-Menge} \cdot 100}{\text{Molmasse } CO_2 \cdot \text{eingewogene Substanzmenge}}$$

$$\% H = \frac{2 \cdot \text{Atommasse H} \cdot \text{gefundene } H_2O\text{-Menge} \cdot 100}{\text{Molmasse } H_2O \cdot \text{eingewogene Substanzmenge}}$$

Der *Sauerstoffgehalt* einer Verbindung wird meistens indirekt bestimmt (er ist der nach quantitativer Bestimmung aller übrigen Elemente fehlende Rest); er läßt sich jedoch auch – in einem Mikroverfahren – durch Verbrennen zu CO im Kohlenstoffüberschuß und anschließende Oxidation von CO zu CO_2 mittels Iod(V)-oxid direkt ermitteln. Die Bestimmung des *Stickstoffgehaltes* geschieht nach Dumas dadurch, daß die mit CuO gemischte Substanz auf schwache Rotglut erhitzt wird. Die Verbrennungsgase leitet man über heißes Kupfer (das eventuell vorhandene Stickstoffoxide zu elementarem Stickstoff reduziert) und bestimmt anschließend das Volumen des freigesetzten Stickstoffes. Zur *Halogen-* und *Schwefelbe-*

1.4 Quantitative Elementaranalyse und Molekularformel

stimmung erhitzt man die Substanz zusammen mit rauchender Salpetersäure in einem zugeschmolzenen Glasrohr (einem sogenannten «Bombenrohr»; Verfahren von Carius), wodurch die organische Substanz zerstört und organisch gebundener Schwefel bzw. Halogene in Sulfat- bzw. Halogenid-Ionen übergeführt werden, welche als $BaSO_4$ oder als Silberhalogenid (oder elektrochemisch) bestimmt werden können.

Während zur Zeit von Lavoisier und auch noch von Liebig relativ große Substanzmengen für die Elementaranalyse notwendig waren (Mengen von einigen Gramm), erlaubte die Verfeinerung der Wägetechnik und die Verwendung kleinerer Geräte die Durchführung von sehr genauen Analysen im Halbmikro- oder *Mikromaßstab* (mit 0.2 bis 3 mg Substanz). In den letzten Jahren ist die quantitative Elementaranalyse weitgehend automatisiert worden, wobei die Verbrennungsprodukte teilweise auch gaschromatographisch bzw. anhand ihrer Wärmeleitfähigkeiten bestimmt werden.

Aus der prozentualen Zusammensetzung einer Substanz läßt sich ihre *«empirische Formel»* oder **«Substanzformel»** berechnen.

Die Substanzformel gibt das Zahlenverhältnis der Atome in der Vebindung wieder. Die Anzahl der in einem Molekül vorhandenen Atome kann aber bei verschiedenen Verbindungen gleicher Substanzformel verschieden sein und wird erst durch die **Molekularformel** gegeben. In einem Beispiel ist die Molekularformel

$$(C_8H_{12}O_3)_n$$

wobei *n* eine ganze Zahl bedeutet. Um diese Zahl *n* zu erhalten, muß die Molekülmassenzahl *M* mindestens angenähert bekannt sein.

Zur Bestimmung der *Molmasse* steht eine Reihe *physikalischer Methoden* zur Verfügung. Ein Verfahren gründet sich auf die allgemeine (ideale) Gasgleichung und benötigt die Messung der *Dampfdichte* der Substanz. Es läßt sich allerdings nur für Substanzen anwenden, die relativ tief sieden und sich dabei nicht zersetzen. Die Molekülmassenzahl ist dann

$$M = \frac{g \cdot R \cdot T}{p \cdot V}.$$

g = Masse der Substanzprobe in Gramm T = Temperatur in K V = Volumen
R = Gaskonstante (8.31 $JK^{-1} mol^{-1}$) p = Druck

Eine weitere Möglichkeit zur Bestimmung der Molmasse ergibt sich aus der Tatsache, daß die Schmelzpunktserniedrigung bzw. Siedepunktserhöhung von Lösungen proportional der in einer bestimmten Menge des Lösungsmittels gelösten Anzahl Mole ist (Raoultsches Gesetz). Kennt man für ein bestimmtes Lösungsmittel die molale (auf ein Volumen von 1000 g bezogene) *Schmelzpunktserniedrigung* bzw. *Siedepunktserhöhung*, so erhält man die Molekülmassenzahl nach

$$M = \frac{1000 \cdot \text{Gramm gelöste Substanz} \cdot K}{\text{Gramm Lösungsmittel} \cdot \Delta T}$$

K = molale Fixpunktsverschiebung ΔT = gemessene Fixpunktsverschiebung

Für die *kryoskopische Molmassenbestimmung* (durch Messung des Gefrierpunktes) benützt man bei organischen Verbindungen als Lösungsmittel meist Campher (molale Schmelz-

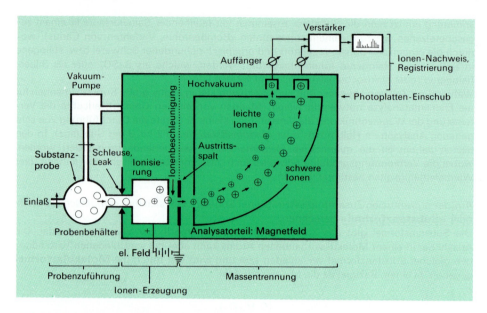

Abb. 1.22. Aufbau eines Massenspektrometers (schematisch)

punktserniedrigung $\Delta E_g = 39.7\,°C$). Trotz dieses großen Wertes für ΔE_g ist die Genauigkeit wegen der unvermeidlichen Versuchsfehler bei solchen Bestimmungen gewöhnlich nicht sehr groß ($\pm 10\%$); sie reicht jedoch zur Festlegung der Molekularformel vollkommen aus. Da sich Siedepunkte mit größerer Genauigkeit messen lassen als Schmelzpunkte, kann man durch Bestimmung der Siedepunktserhöhung («ebullioskopisch») manchmal bessere Werte erhalten. Als Lösungsmittel benützt man dazu häufig Benzen ($\Delta E_s = 5.4\,°C$).

Mit zunehmender Molmasse werden Siedepunktserhöhung und Schmelzpunktserniedrigung immer kleiner. Kryoskopie und Ebullioskopie eignen sich darum zur Bestimmung der Molmasse hochmolekularer Verbindungen ($M > 5000$) nicht. Man verwendet hier besondere Methoden, wie etwa die Bestimmung des osmotischen Druckes, die Bestimmung der Sedimentationsgeschwindigkeit in der Ultrazentrifuge, usw.

Eine weitere, sehr genaue, allerdings apparativ aufwendige Methode zur Bestimmung der Molmasse bietet die **Massenspektrometrie**. Aus organischen Verbindungen wird im Hochvakuum durch Beschuß mit Elektronen (Elektronenstoß, electron impact) ein Elektron herausgeschlagen, wobei ein Teil der Moleküle in Bruchstücke (Fragmente) zerfällt, von denen die meisten ebenfalls positiv geladen sind. Jedes dieser Ionen besitzt ein charakteristisches Verhältnis von Masse zu Ladung (m/e); da die Ladung vorwiegend +1 beträgt (zur Abspaltung mehrerer Elektronen ist gewöhnlich ein größerer Energiebetrag nötig), entspricht m/e gerade der Masse des betreffenden Ions. Die Ionen werden durch ein elektrisches Feld beschleunigt und anschließend mittels eines Magnetfeldes nach ihrer Masse getrennt (Abb. 1.22), wobei Ionen mit dem gleichen Verhältnis m/e (also mit derselben Masse) am selben Punkt eintreffen und ein elektrisches Signal geben. Die Intensität jedes Signals widerspiegelt die relative Häufigkeit der einzelnen Ionen (Abb. 1.23). Oft entspricht ein Signal mit höchster Massenzahl dem «Muttermolekül» («parent peak») und gibt die Molekülmasse mit großer Genauigkeit wieder. Der Peak mit der höchsten Intensität, der nicht der «Molpeak» sein muß, heißt *«Basispeak»*; er zeigt in jedem Fall ein besonders stabiles Teilchen an.

1.4 Quantitative Elementaranalyse und Molekularformel

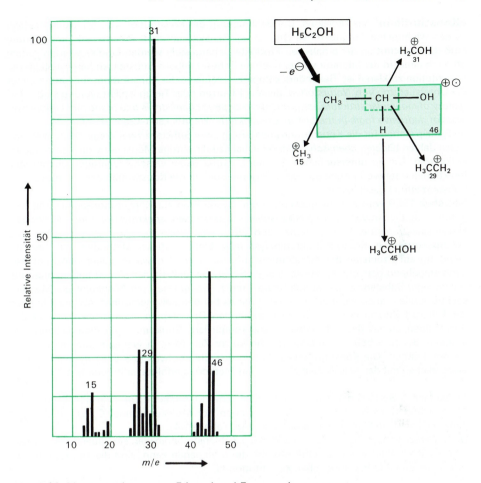

Abb. 1.23. Massenspektrum von Ethanol und Fragmentierungsmuster

Ursprünglich diente die Massenspektrometrie zum Nachweis der einzelnen Isotope eines Elementes (Aston, 1920). In der organischen Chemie benützt man diese Methode neben der Bestimmung der Molekülmasse hauptsächlich als Hilfsmittel bei der Konstitutionsaufklärung: Aus der Masse und der relativen Häufigkeit der Bruchstücke werden Schlüsse auf die Struktur des ursprünglichen Moleküls gezogen (S. 278). Das Massenspektrum einer Substanz kann auch als eindeutiger Identitätsbeweis dienen.

1.5 Konstitutionsermittlung

Quantitative Elementaranalyse und Molmassenbestimmung ermöglichen die Aufstellung der Molekularformel. Diese gibt die Anzahl der in einem bestimmten Molekül vorhandenen Atome an, macht jedoch keine Aussage über die Verknüpfung der Atome, d. h. über die

«Konstitution»[1] des Moleküls. Die Bestimmung der Konstitution von Molekülen gehört zu den wichtigsten Aufgaben des Organikers. Bei synthetischen Arbeiten im Laboratorium muß die Konstitution der erhaltenen Produkte sichergestellt werden, und es werden zudem oft auch neue, in der Literatur vorher noch nicht beschriebene Substanzen hergestellt, deren Konstitution zu klären ist. Besonders komplexe Probleme der Konstitutionsaufklärung bietet die Untersuchung von *Naturstoffen*, die aus Pflanzen oder Tieren isoliert worden sind. *«The history of molecular structure assignments in organic chemistry is one of the most impressive feats of deductive logic in the history of mankind»* (Hendrickson-Cram-Hammond).

Im Prinzip stehen für die Konstitutionsaufklärung einer Substanz zwei Wege offen. Während vielen Jahren bildeten *chemische Methoden* nahezu die einzige Möglichkeit zur Konstitutionsaufklärung. Die zu untersuchende Substanz wurde dabei verschiedenartigen chemischen Reaktionen unterworfen und aus deren Ergebnissen auf die Konstitution der ursprünglichen Substanz zurückgeschlossen.

Seit etwa 1950 wird nun hauptsächlich der zweite Weg zur Konstitutionsaufklärung eingeschlagen: die Anwendung *physikalischer* – insbesondere *spektroskopischer* – *Methoden*: Massenspektrometrie, Kernresonanz- und Elektronenspinresonanzspektroskopie, IR- und UV-Spektroskopie, Röntgenstrukturanalyse usw. Einzelne dieser Methoden und ihre Anwendung auf Probleme der Konstitutionsaufklärung werden wir in späteren Abschnitten noch eingehend betrachten; hier sei lediglich bemerkt, daß sie den Vorteil haben, nicht nur viel weniger Substanz zu benötigen (etwa 1 mg!), sondern sie – mit Ausnahme der Massenspektroskopie – auch nicht zu zerstören [wie es bei den naßchemischen Abbaureaktionen der Fall ist.] Zudem lassen sich die betreffenden Operationen auch in viel kürzerer Zeit durchführen, so daß dadurch selbst äußerst komplizierte Strukturen, wie etwa diejenige des Vitamins B_{12} (s. S. 689) in verhältnismäßig kurzer Zeit (d. h. in wenigen Jahren) ermittelt werden können. Die Konstitutionsaufklärung des Chlorophylls (s.S. 688) dagegen, die im wesentlichen mit den klassischen chemischen Methoden erfolgte, erforderte fast 30 Jahre.

Als einfaches *Beispiel* der Anwendung chemischer Methoden diene eine Betrachtung von Alkohol und Dimethylether, zwei Verbindungen der Molekularformel C_2H_6O, die jedoch ganz verschiedene Eigenschaften besitzen (vgl. Tabelle 1.4).

Unter Berücksichtigung der Tatsache, daß ein Kohlenstoffatom vier, ein Sauerstoffatom zwei und ein Wasserstoffatom nur eine Atombindung eingehen kann, sind die einzigen, für die Molekularformel C_2H_6O möglichen Konstitutionen:

```
     H H                  H   H
     | |                  |   |
   H-C-C-O-H           H-C-O-C-H
     | |                  |   |
     H H                  H   H

     (1)                  (2)
```

Die chemischen Eigenschaften von Alkohol lassen sich durch die Konstitution (1) erklären. Bei der Reaktion mit Natrium wird offenbar das eine, an Sauerstoff gebundene und dadurch ausgezeichnete Wasserstoffatom durch Natrium «ersetzt» (wegen der Gleichwertigkeit aller Wasserstoffatome müßten im Dimethylethermolekül nicht eines, sondern sechs Wasserstoff-

---

[1] Oft weniger exakt als «Struktur» bezeichnet. Der sehr allgemeine und weitgefaßte Begriff Struktur, der je nach Bedarf auch die Konfiguration und Konformation (S. 43) beinhalten kann, wird heute mehr im Zusammenhang mit «Röntgen-Kristallstrukturanalyse», «Grenzstruktur» und «Tertiärstruktur» (z. B. von Peptiden) verwendet, d. h. wenn als Ergebnis einer Röntgen-Kristallstrukturanalyse die exakte Lage der Atome eines Moleküls (oder Kristallgitters) im Raum bekannt ist, oder für die Grenzformel-Schreibweise, oder zur Unterscheidung verschiedener räumlicher Anordnungen in komplizierten Molekülen wie Peptiden, Nucleotiden, Polymeren.

Tabelle 1.4. Eigenschaften von Alkohol und Dimethylether

	Alkohol (Ethanol)	Dimethylether
Kp.	78°C	−25°C
Löslichkeit in Wasser	In jedem Verhältnis mischbar	8 g in 100 g Wasser
Verhalten gegen Natrium	Bildet Wasserstoff; ähnliche (aber weniger heftige) Reaktion wie Wasser.	Reagiert nicht mit Natrium
Verhalten gegen Iodwasserstoff	Bildet mit 1 mol HI eine Verbindung der Molekularformel C_2H_5I, wobei 1 mol Wasser frei wird	Reagiert erst bei stärkerem Erwärmen; pro mol Dimethylether werden 2 mol HI verbraucht. Entstehung von H_3CI neben 1 mol Wasser

atome ersetzbar sein!), und bei der Reaktion mit Iodwasserstoff muß die OH-Gruppe durch Iod ersetzt werden:

$$H_3CCH_2OH + HI \longrightarrow H_3CCH_2I + H_2O$$

Das Verhalten des Methylethers stimmt dagegen gut mit Formel (2) überein:

$$H_3COCH_3 + 2\,HI \longrightarrow 2\,H_3CI + H_2O$$

(keine Abspaltung einer OH-Gruppe und kein Ersatz von Wasserstoffatomen!)

Substanzen wie Alkohol oder Dimethylether, die trotz gleicher Molekularformel verschiedene Eigenschaften haben, nennt man *isomer*. Beruht die **Isomerie** wie hier auf verschiedener Verknüpfung der Atome im Molekül, so spricht man von **Konstitutionsisomerie**.
Ein weiteres, einfaches Beispiel zeigt, wie das NMR-Spektrum zur Festlegung der Konstitution herangezogen werden kann. Das Spektrum der Abb. 1.24 stammt von einer Substanz der Molekularformel $C_4H_{10}O$. Es zeigt zwei Signale mit den Intensitäten 1:9, was anzeigt, daß auch hier ein Wasserstoffatom eine Sonderstellung einnimmt. Von den verschiedenen möglichen Konstitutionsformeln (1) bis (6) kommt aus diesem Grund nur die Formel (6), *tert*-Butylalkohol, in Frage.

$$H_3COCH_2CH_2CH_3 \qquad H_3CCH_2OCH_2CH_3 \qquad H_3CCH_2CH_2CH_2OH$$
$$(1) \qquad\qquad\qquad (2) \qquad\qquad\qquad (3)$$

$$H_3C-\underset{\underset{\displaystyle OH}{|}}{CH}-CH_2CH_3 \qquad \underset{H_3C}{\overset{H_3C}{>}}CH-CH_2OH \qquad \underset{H_3C}{\overset{H_3C}{>}}\underset{}{C}-OH$$
$$(4) \qquad\qquad\qquad (5) \qquad\qquad\qquad (6)$$

Die «Formeln» (1) bis (6) stellen eine vereinfachte Schreibweise der Lewis-Formeln dar. Für komplizierte Moleküle werden aber auch diese Formeln zu umständlich; man begnügt sich dann damit, lediglich das *Kohlenstoffgerüst* durch Striche anzudeuten. Dabei bedeutet jeder Strich eine C—C-Einfachbindung (außer es seien auch Heteroatome vorhanden, die dann

36 1 Einleitung

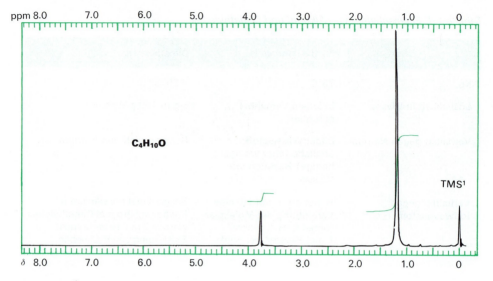

Abb. 1.24. ^{1}H-NMR-Spektrum einer Substanz der Molekularformel $C_4H_{10}O$

[1] TMS: Tetramethylsilan [Si(CH$_3$)$_4$] absorbiert im ^{1}H-NMR-Spektrum bei $\delta = 0$ und dient als «Standard».

durch ihre Symbole angegeben werden müssen); die Wasserstoffatome werden nicht geschrieben. Das Ende eines solchen Striches bedeutet dann eine CH$_3$-Gruppe, das Ende einer Doppelbindung eine =CH$_2$-Gruppe, außer es sei ausdrücklich etwas anderes angegeben.

Beispiele:

1. Teil

Die wichtigsten organischen Stoffgruppen

2 Kohlenwasserstoffe

2.1 Gesättigte offenkettige Kohlenwasserstoffe

2.1.1 Die homologe Reihe der Alkane

Vom einfachsten möglichen Kohlenwasserstoff, dem *Methan*, CH_4, lassen sich durch Aufbau des Kohlenstoffgerüstes weitere Kohlenwasserstoffe ableiten, die sich jeweils durch Hinzukommen einer CH_2-Gruppe unterscheiden, und deren Molekularformeln der allgemeinen Zusammensetzung C_nH_{2n+2} entsprechen. Die chemischen Eigenschaften werden durch eine weitere CH_2-Gruppe nur wenig beeinflußt; die physikalischen Eigenschaften ändern sich hingegen im allgemeinen regelmäßig mit zunehmender Kohlenstoffzahl. Eine derartige Reihe von Verbindungen, deren aufeinanderfolgende Glieder sich jeweils um eine CH_2-Gruppe unterscheiden, nennt man eine **«homologe Reihe»**:

C_1H_4	—C—	Methan
C_2H_6	—C—C—	Ethan
C_3H_8	—C—C—C—	Propan
C_4H_{10}	—C—C—C—C—	Butan
C_5H_{12}	—C—C—C—C—C—	Pentan
C_6H_{14} usw.	—C—C—C—C—C—C—	Hexan

Bereits für das Molekül C_4H_{10} sind zwei Konstitutionen möglich. Der Molekularformel C_5H_{12} entsprechen drei, der Molekularformel C_6H_{14} schon fünf Isomere (der Einfachheit halber sind die H-Atome in den folgenden Formeln weggelassen):

Butane: C—C—C—C   C—C—C
                         |
                         C

Pentane: C—C—C—C—C   C—C—C—C   C—C—C
                           | |
                           C   C (with C above middle C)

2.1 Gesättigte offenkettige Kohlenwasserstoffe

Hexane:

```
              C—C—C—C—C—C
                      C
                      |
C—C—C—C—C    C—C—C—C—C    C—C—C—C    C—C—C—C
        |            |        |            |
        C            C        C            C C
```

Die Isomerenzahl wächst stark mit steigender Kohlenstoffzahl. Von C_7H_{16} existieren 9, von $C_{10}H_{22}$ schon 75 Isomere. Von $C_{15}H_{32}$ sind 4347 und von $C_{20}H_{42}$ gar 366319 Isomere möglich. Die Zahl der wirklich dargestellten Isomere ist natürlich oft viel kleiner als die Zahl der theoretisch möglichen. Die einzelnen Isomere sind sich in ihren chemischen Eigenschaften stets sehr ähnlich (z. B. sind die Verbrennungswärmen isomerer Alkane nahezu gleich). Nur Schmelz- und Siedepunkt sowie Dichte hängen stärker von der Konstitution der Moleküle ab und zeigen bei verschiedenen Isomeren deutliche Unterschiede (Tabelle 2.1). Dies rührt daher, daß die zwischenmolekularen Kräfte (van der Waals-Kräfte) nicht nur von der Molekülmasse, sondern in hohem Maß auch von der Gestalt des Moleküls abhängen. Verzweigte und insbesondere nahezu kugelförmige Moleküle (kleine Moleküloberfläche, geringere Wechselwirkung mit Nachbarmolekülen) sieden immer tiefer als kettenförmige Moleküle gleicher Kohlenstoffzahl.

Tabelle 2.1. Schmelz- und Siedepunkte isomerer Alkane

	Fp. [°C]	Kp. [°C]
C—C—C—C	−138	− 0.5

C—C—C
    |
    C
	−159	− 12

C—C—C—C—C—C—C—C	− 57	+126
C\\ C—C—C—C—C—C C/	−109	+118

Die ersten vier Glieder der Alkane, Methan, Ethan, Propan und Butan führen *Trivialnamen*. Zur *Bezeichnung* der *höheren Glieder* der Reihe verwendet man griechische Zahlwörter und versieht sie mit der Endung -**an**, die für Alkane kennzeichnend ist.
Die zu ihnen durch Abspaltung eines Wasserstoffatoms gehörenden Gruppen mit einer freien Bindung («**Alkyl**»-Gruppen; $C_nH_{2n+1}-$) erhalten die Endung -**yl**: CH_3- = Methyl, C_2H_5- = Ethyl- usw. Um Kohlenwasserstoffe mit verzweigten Ketten rationell zu benennen, sucht man die längste im Molekül vorhandene Kohlenstoffkette. Durch Numerierung und Einfügen der Namen der Seitenketten ergibt sich die Bezeichnung der betreffenden Verbindung, wobei zu beachten ist, daß mit der Numerierung an demjenigen Ende der Kette begonnen wird, das der Verzweigung näher liegt. Weiteres über die Nomenklatur organischer Verbindungen siehe Abschnitt 2.6.

```
         C
    1   |2  3  4  5
    C—C—C—C—C            2-Methylpentan

       3  4  5  6  7
    C—C—C—C—C—C          3,4-Dimethylheptan
       |  |
      2C  C
       |
      1C
```

Tabelle 2.2. Namen und Fixpunkte der normalen (unverzweigten) Alkane (vgl. Abb. 2.5)

Formel	Name	Fp. [°C]	Kp. [°C]
CH_4	Methan	−184	−164
C_2H_6	Ethan	−172	− 89
C_3H_8	Propan	−190	− 42
C_4H_{10}	Butan	−135	− 0.5
C_5H_{12}	Pentan	−129	36
C_6H_{14}	Hexan	− 94	69
C_7H_{16}	Heptan	− 90	98
C_8H_{18}	Octan	− 59	126
C_9H_{20}	Nonan	− 54	151
$C_{10}H_{22}$	Decan	− 30	174
$C_{11}H_{24}$	Undecan	− 26	196
$C_{12}H_{26}$	Dodecan	− 10	216
$C_{13}H_{28}$	Tridecan	− 6	230
$C_{14}H_{30}$	Tetradecan	5.5	251
$C_{15}H_{32}$	Pentadecan	10	268
$C_{16}H_{34}$	Hexadecan	18	280
$C_{17}H_{36}$	Heptadecan	22	303
$C_{18}H_{38}$	Octadecan	28	317
$C_{19}H_{40}$	Nonadecan	32	330

2.1.2 Molekülbau

Im *Methan* umgeben die vier Wasserstoffatome das Kohlenstoffatom regelmäßig tetraedrisch. Für das Molekül des *Ethans* – dessen C—C-Bindung eine rotationssymmetrische σ-Bindung ist – würde man erwarten, daß um die C—C-Bindung freie Rotation möglich ist und die drei an jedes Kohlenstoffatom gebundenen Wasserstoffatome relativ zueinander jede beliebige Stellung einnehmen können. Bei einer solchen Drehung durchlaufen aber die Atome zwei bestimmte, ausgezeichnete Stellungen, die als *gestaffelte* und *ekliptische* Stellung unterschieden werden (Abb. 2.1).

Atomanordnungen, die durch Drehung um Einfachbindungen ineinander übergeführt werden können, bezeichnet man als **Konformationen**. Neben den beiden Extremkonformationen (gestaffelt und ekliptisch) existieren im Falle des Ethan-Moleküls unendlich viele intermediäre Konformationen, die als *skew*- oder *gauche*-Konformationen bezeichnet werden. Bis etwa um 1930 war man der Ansicht, daß um Einfachbindungen eine völlig freie (unmeßbar rasche) Drehbarkeit möglich sei; Untersuchungen von Pitzer (1936) zeigten indessen, daß die experimentellen und berechneten thermodynamischen Daten von Ethan nur dann übereinstimmen, wenn man für die Rotation um die C—C-Bindung eine *Energiebarriere* von etwa 12.6 kJ/mol annimmt, die dem Energieunterschied zwischen gestaffelter und ekliptischer Konformation entsprechen muß. Die Tatsache, daß die ekliptische Konformation energiereicher ist als die gestaffelte, könnte auf die räumlichen Wechselwirkungen zwischen den Wasserstoffatomen zurückgeführt werden (sogenannte *«Torsions-»* oder *«Pitzer-Spannung»*); Berechnungen ergaben jedoch, daß dieser Effekt wegen der geringen Größe der Wasserstoffatome viel kleiner ist (die Wechselwirkungsenergie zweier ekliptisch zueinander stehender Wasserstoffatome beträgt nur etwa 2.9 kJ/mol). Die eigentliche Ursache der Torsionsspannung ist heute noch nicht genau bekannt. Die Barriere hat jedenfalls quantenchemische, nicht rein sterische Gründe. Da die Energiedifferenz zwischen den beiden Extremkonformationen aber doch nur gering ist, genügt bereits die Energie

2.1 Gesättigte offenkettige Kohlenwasserstoffe

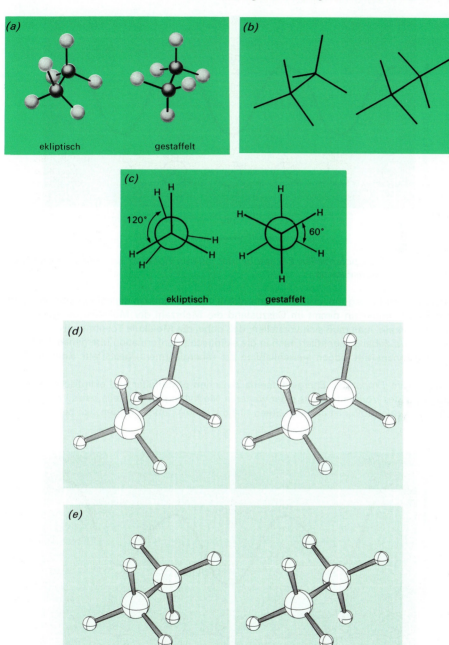

Abb. 2.1. Zwei Konformationen von Ethan. a) Kugel-Stab-Modelle; b,c) Projektionsformeln (Sägebock- bzw. Newman-Projektion), d) ekliptische und e) gestaffelte Konformation als Stereobilder

2 Kohlenwasserstoffe

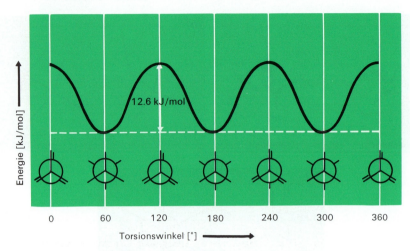

Abb. 2.2. Verlauf der potentiellen Energie bei der inneren Rotation eines Ethanmoleküls als Funktion des Torsionswinkels

der thermischen Bewegung, um ein Ethanmolekül von der einen in die andere Konformation überzuführen. Immerhin nimmt im Gaszustand die Mehrzahl der Moleküle die gestaffelte Konformation ein; man muß sich vorstellen, daß dabei die Moleküle Torsionsschwingungen ausführen und dabei gelegentlich auch in die ekliptische Konformation übergehen. Im Gitter des festen Ethans tritt jedoch ausschließlich die (energieärmere) gestaffelte Konformation auf.

Während beim *Propan* die Energiedifferenz zwischen gestaffelter und ekliptischer Konformation trotz des Vorhandenseins einer weiteren Methylgruppe an Stelle eines Wasserstoffatoms nur wenig größer ist als beim Ethan (14.6 kJ/mol), unterscheiden sich beim *n-Butan*

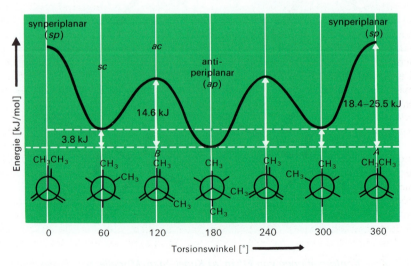

Abb. 2.3. Potentielle Energie der Konformationen des Butans in Abhängigkeit vom Torsionswinkel

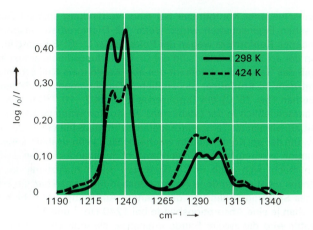

Abb. 2.4. IR-Spektrum von 1,2-Dichlorethan in Abhängigkeit von der Temperatur

wegen der größeren Wechselwirkungen zwischen zwei Methylgruppen die verschiedenen Konformationen energetisch stärker voneinander (Abb. 2.3). Bezüglich der mittleren beiden C-Atome sind hier zwei verschiedene gestaffelte Konformationen möglich, die als «*antiperiplanare*» (oder kurz *ap*-) und «*synclinale*» (*sc*-) Konformation unterschieden werden. Die Konformation mit den beiden Methylgruppen in ekliptischer Stellung («*synperiplanar*», *sp*-) ist am energiereichsten, eine Folge der sterischen Wechselwirkungen zwischen den beiden Methylgruppen, deren van der Waals-Radien sich überschneiden *(*sogenannte «*van der Waals-Abstoßung*» oder «*sterische Spannung*»). Die Energiedifferenz zwischen anti- und synperiplanarer Konformation beträgt etwa 21 bis 25 kJ/mol. Im Gaszustand befindet sich die Mehrzahl der Butanmoleküle in der *ap*-Konformation, während eine kleinere Zahl von Molekülen eine *sc*-Konformation einnimmt.

Moleküle, die in Konformationen vorliegen, welchen Energieminima entsprechen, nennt man **Konformere**[1]. Von n-Butan gibt es drei Konformere, die *ap*- und zwei *sc*- Konformere, wobei sich die beiden letzteren zueinander wie Bild und Spiegelbild verhalten. Die verschiedenen Konformere sind – wenn man den Ausdruck im weitesten Sinn versteht – Stereoisomere; da die Energiebarriere zwischen ihnen jedoch nur gering ist, wandeln sie sich durch Drehung um die C–C-Bindung leicht ineinander um und können deshalb normalerweise nicht als Substanzen (als stoffliche Individuen) isoliert und charakterisiert werden. «Gewöhnliche» Stereoisomere unterscheiden sich hingegen durch ihre **Konfiguration** voneinander, d. h. durch die räumliche Anordung der Atome, ohne Berücksichtigung der verschiedenen Anordnungen die man durch Rotation um Einfachbindungen erhalten kann, also der Konformationen. Zur Überführung eines Moleküls in ein Molekül von anderer Konfiguration müssen Atombindungen getrennt werden, so daß zur Umwandlung von Konfigurationsisomeren ineinander viel größere Energiebeträge nötig sind (167 bis 293 kJ/mol) als zur gegenseitigen Umwandlung von Konformeren. Stereoisomere Konfigurationen lassen sich deshalb als definierte Substanzen voneinander trennen.

Bei *höheren Alkanen* sind natürlich noch viel mehr verschiedene ausgezeichnete Konformationen möglich als beim Ethan oder beim *n*-Butan. Die Energieunterschiede zwischen ihnen sind jedoch ebenfalls nur gering, so daß die Konformere nicht als Substanzen faßbar sind. Im festen Zustand treten immer nur zickzackförmige Ketten auf, wobei die Wasserstoffatome durchwegs in *ap*-Stellung zueinander stehen.

---

[1] Im engeren Sinn. Im weiteren Sinn wird der Ausdruck auch gleichbedeutend mit einer beliebigen Konformation gebraucht.

Das Auftreten verschiedener Konformerer bei einer Verbindung spiegelt sich in verschiedenen physikalischen Eigenschaften wider. Beim 1,2-Dichlorethan beispielsweise sollten sich die verschiedenen Konformere wegen der Polarität der C—Cl-Bindung im *Dipolmoment* unterscheiden. In der *ap*-Konformation sind die C—C-Bindungsdipole antiparallel zueinander eingestellt, so daß das Gesamtdipolmoment des *anti*-Konformers Null sein muß. Im Gegensatz dazu kommt dem *sc*-Konformer ein endliches Dipolmoment zu. Experimentell findet man für Dichlorethan (bei 25°C) ein Dipolmoment von $4.7 \cdot 10^{-30}$ Cm, was zeigt, daß die Moleküle nicht ausschließlich in der (stabileren) *ap*-Konformation vorliegen. Da das Dipolmoment aber mit abnehmender Temperatur kleiner wird, muß mit sinkender Temperatur die Anzahl der Moleküle der *ap*-Konformation wachsen. Man kann deshalb annehmen, daß *ap*- und *sc*-Konformation in einem echten Gleichgewicht miteinander stehen. Das Auftreten der *sc*-Konformation macht sich auch im *IR-Spektrum* durch zusätzliche, im Spektrum des festen Dichlorethans nicht vorhandene Absorptionsbanden bemerkbar. So erhält man – bei Verwendung eines Spektrographen von genügender Auflösung – bei Raumtemperatur für das 1,2-Dichlorethan je eine Absorptionsbande bei 1240 cm^{-1} und 1290 cm^{-1}. Mit zunehmender Temperatur wird die zweite Bande intensiver; sie muß also für das *sc*-Konformer charakteristisch sein. Aus dem Verhältnis der Absorptionsintensitäten lassen sich die relativen *Mengenverhältnisse* der einzelnen Konformere bestimmen; kennt man die Temperaturabhängigkeit dieses Verhältnisses (d. h. die Temperaturabhängigkeit der für die gegenseitige Umwandlung gültigen Gleichgewichtskonstante), so läßt sich die mit der Umwandlung verbundene Energieänderung – der *Energieunterschied* zwischen den Konformeren – bestimmen. – Das *NMR-Spektrum* schließlich zeigt bei Raumtemperatur nur ein einziges, dem Durchschnittszustand entsprechendes Protonenresonanzsignal, weil die Umwandlung der Konformere ineinander zu rasch geschieht. Bei tieferer Temperatur nimmt jedoch die Umwandlungsgeschwindigkeit ab, da die Energiebarriere zwischen den Konformeren nur noch von wenigen, genügend energiereichen Molekülen überschritten werden kann, und die einzelnen Protonen «frieren» in ihrer Lage «ein». Dadurch wird der Absorptionspeak verbreitert und spaltet sich schließlich bei genügend tiefer Temperatur in die Signale der einzelnen, sich durch ihre Umgebung voneinander unterscheidenden Protonen auf.

2.1.3 Physikalische Eigenschaften

Die Alkane C_1 bis C_4 sind bei Zimmertemperatur gasförmig. C_5 bis C_{16} sind flüssig und die höheren Glieder der Reihe fest. Die tiefersiedenden flüssigen Alkane sind leichtbewegliche, farblose Flüssigkeiten mit einem an Benzin erinnernden Geruch; die schwererflüchtigen sind dickflüssig, ölig und geruchlos. – Der Anstieg der *Schmelz-* und *Siedepunkte* mit zunehmender Molekülmasse (Tabelle 2.2) ist auf die steigenden van der Waals-Kräfte zurückzuführen. Dabei macht sich bei geringeren Molekülmassen das Hinzukommen einer CH_2-Gruppe viel stärker bemerkbar als bei den höheren Gliedern, so daß die Siedepunktsdifferenzen am Anfang der homologen Reihe beträchtlich größer sind (Abb. 2.5 b). Moleküle mit verzweigten Ketten sieden immer tiefer als unverzweigte Moleküle gleicher Kohlenstoffzahl, weil die van der Waals-Kräfte zwischen kompakteren Molekülen kleiner sind als zwischen langgestreckt-kettenförmigen (Einfluß der Moleküloberfläche!). Die Schmelzpunkte der Alkane mit unverzweigten Ketten hingegen steigen nicht regelmäßig, sondern alternierend an (Abb. 2.5 a); die Moleküle mit ungeraden Kohlenstoffzahlen schmelzen jeweils etwas tiefer. Offenbar passen solche Moleküle im Kristallgitter nicht so eng zusammen, so daß die van der Waals-Kräfte weniger stark wirksam sein können.

Van der Waals-Kräfte können auch zwischen verschiedenen Atomgruppen *ein und desselben Moleküls* wirksam sein. So zeigt z. B. die experimentell bestimmte Verbrennungswärme, daß Neopentan (2,2-Dimethylpropan) um etwa 20 kJ/mol energieärmer ist als Pentan, was auf die gegenseitige van der Waals-Anziehung der vier Methylgruppen zurückzuführen sein muß. Aus diesem Grund sind ganz allgemein *verzweigtkettige Kohlenwasserstoffe* etwas *energieärmer* (stabiler) als ihre geradkettigen Isomere.

Wegen der geringen Polarität der Bindungen und des symmetrischen Baues ist das *Dipolmoment* aller gesättigten Kohlenwasserstoffe Null; die Moleküle sind als Ganzes völlig unpolar. Dies erklärt ihre Löslichkeit in unpolaren Lösungsmitteln wie z. B. anderen Kohlenwasserstoffen oder CCl_4 («Tetrachlorkohlenstoff») und ebenso die fehlende Mischbarkeit mit extrem polaren Lösungsmitteln (Wasser). Allgemein bezeichnet man mit Wasser nicht (oder nur sehr beschränkt) mischbare Stoffe als «hydrophob» (wasserfeindlich) oder **«lipophil»** (fettliebend); polare Moleküle sind im Gegensatz dazu wasserliebend (**«hydrophil»**). In den *IR-Spektren* der Alkane tritt bei 2850 bis 3000 cm^{-1} eine starke, scharfe Absorptionsbande auf, die der C—H-Streckschwingung entspricht. Die C—C-Streckschwingungen sind gewöhnlich ziemlich schwach und treten nur als undeutliche Absorptionsbanden in Er-

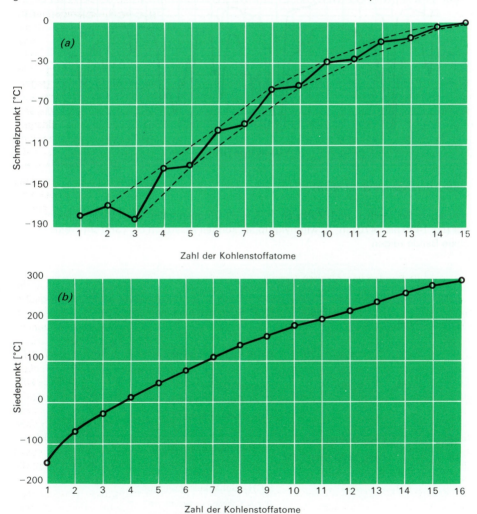

Abb. 2.5. (a) Schmelzpunkte und (b) Siedepunkte von unverzweigten Alkanen

46   2   Kohlenwasserstoffe

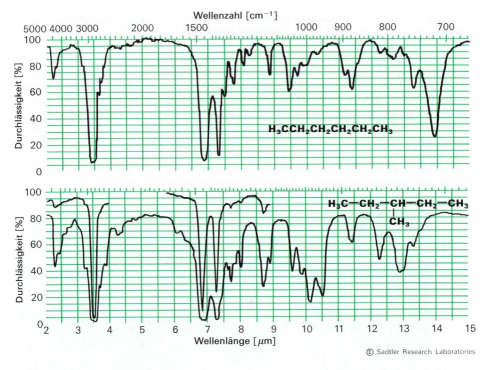

Abb. 2.6. (Legende S. 47 oben)

scheinung. Bei Methyl- und Methylen- (—CH$_2$—) Gruppen treten meist Beugeschwingungen auf (bei 1430 bis 1470 cm^{-1}); Methylgruppen können zusätzlich bei 1380 cm^{-1} eine schwächere Bande zeigen.

IR-Banden von Alkanen (cm^{-1}):

Gruppe	Wellenzahl	Zuordnung
$>$CH$_2$ / —CH$_3$	2850–2960	C—H-Streckschwingung
—CH$_2$—	1430–1470	C—H-Beugeschwingung
—CH$_3$	1380	asymmetrische C—H-Beugeschwingung: (sehr charakteristisch!)
—CH(CH$_3$)$_2$	Dublett bei 1370 und 1397	C—H-Beugeschwingung
—CH$_2$—	750	—CH$_2$-Schaukelschwingung (typisch, wenn mindestens vier Methylengruppen in einer Kette aufeinander folgen)

*Abb. 2.6. (linke Seite). IR-Spektren von n-Hexan (oben) und 3-Methylpentan (unten)
Das Spektrum von n-Hexan zeigt deutlich die Banden der C—H-Streckschwingung
($2900\ cm^{-1}$), der C—H-Beugeschwingung ($1450\ cm^{-1}$), der (asymmetrischen) C—H-
Beugeschwingung der —CH_3-Gruppe ($1380\ cm^{-1}$) und der —CH_2-Schaukelschwingung
($750\ cm^{-1}$).
Im Spektrum von 3-Methylpentan treten dieselben Absorptionsbanden auf; die beiden
Spektren unterscheiden sich jedoch deutlich durch die verschiedenen Banden im
Fingerprint-Gebiet. Wenn ein Spektrum zwei Linien zeigt (wie hier das untere Spektrum), so
wurde es bei zwei verschiedenen Konzentrationen (oder Verstärkungen) aufgenommen*

2.1.4 Reaktionen

Bei Raumtemperatur sind die Alkane gegenüber den meisten Reagentien (konzentrierte Säuren, Alkalimetalle, Sauerstoff) praktisch völlig inert. Einzig mit Supersäuren und mit Fluor reagieren sie spontan; Fluor reagiert bereits bei Temperaturen um $-80\,°C$. Bei höheren Temperaturen oder unter dem Einfluß von Licht sind hingegen Reaktionen mit Halogenen oder anderen Reagentien möglich. Da die C—H-Bindungen praktisch unpolar sind, ist zu erwarten, daß sie bei solchen Reaktionen in der Weise getrennt werden, daß jedes Atom ein Elektron der Bindung erhält. Als Folge dieser **«homolytischen»** Bindungstrennung entstehen Teilchen mit einzelnen, ungepaarten Elektronen, sogenannte **Radikale**. Reaktionen von Alkanen verlaufen fast stets über freie Radikale als Zwischenstoffe.

Halogenierung. Wird ein Gemisch eines Alkans mit Chlor oder mit Brom kräftig belichtet, so beobachtet man, wie die Farbe des Halogens allmählich verschwindet. Gleichzeitig kann man das Entstehen von HCl bzw. HBr nachweisen. Niedere Alkane wie Methan oder Ethan können bei sehr starker Belichtung sogar explosionsartig mit Chlor reagieren. Die Bildung von Halogenalkanen zeigt, daß ein Ersatz von Wasserstoff- durch Halogenatome, d. h. eine **Substitutionsreaktion**, eingetreten ist:

$$C_6H_{14} + Br_2 \longrightarrow C_6H_{13}Br + HBr$$

Das absorbierte Licht bewirkt dabei die Spaltung der Halogenmoleküle (Kettenstart):

$$Br_2 \xrightarrow{h \cdot v} 2\ Br^{\odot} \qquad (1)$$

Im Fall von Chlor ist dazu Licht mit Wellenlängen < 400 nm nötig. Längerwelliges rotes Licht wird zwar auch absorbiert; seine Quanten sind jedoch nicht energiereich genug, um die Trennung der Cl—Cl-Bindung zu ermöglichen.
Treffen solche energiereiche Halogenatome (Radikale!) auf ein Kohlenwasserstoffmolekül, so bildet sich ein Molekül Halogenwasserstoff neben einem Alkyl-Radikal (1. Kettenfortpflanzungsschritt):

$$Br^{\odot} + C_6H_{14} \longrightarrow HBr + \overset{\odot}{C}_6H_{13}\ ^1 \qquad (2)$$

Ein solches Radikal erzeugt beim Zusammenstoß mit einem Halogenmolekül wieder ein Halogenradikal (2. Kettenfortpflanzungsschritt)

$$\overset{\odot}{C}_6H_{13} + Br_2 \longrightarrow C_6H_{13}Br + Br^{\odot} \qquad (3)$$

---

[1] Das Radikalelektron befindet sich an demjenigen *Kohlenstoff*atom, von dem das H-Atom abstrahiert wurde.

2 Kohlenwasserstoffe

Die Reaktion läuft auf diese Weise kettenartig weiter. Rekombination zweier Radikale oder Einfang von Radikalen durch die Gefäßwand führen zum Kettenabbruch. Siehe auch Abschnitt 17.3.

Daß die Substitution durch Halogene bei Alkanen tatsächlich über intermediär auftretende freie Radikale führt, wird durch eine Reihe von Beobachtungen belegt. Kleine Spuren von molekularem Sauerstoff vermögen beispielsweise die Reaktion zu verzögern (Sauerstoff wirkt also als *Inhibitor*), weil O_2-Moleküle als Diradikale (sie besitzen zwei ungepaarte Elektronen) die im Verlauf der Kettenreaktion gebildeten Radikale abfangen. Erst wenn die im Gemisch vorhandenen O_2-Moleküle verbraucht sind, läuft die Substitution mit normaler Geschwindigkeit weiter. Dann muß jede Reaktion, welche freie organische Radikale liefert, die Substitution in Gang setzen; in der Tat reagiert ein Gemisch von Methan mit Chlor bei Zusatz von 0,02 % Bleitetraethyl [Pb $(C_2H_5)_4$], dem bekannten Antiklopfmittel, im Dunkeln bereits bei 140 °C, während ohne diesen Zusatz (und ohne Belichtung) eine Mindesttemperatur von 280 bis 300 °C nötig ist. Bleitetraethyl zerfällt nämlich bei 140 °C in Radikale, welche die Substitution starten können.

$$Pb(C_2H_5)_4 \rightarrow Pb + 4\ \dot{C}_2H_5$$

$$\dot{C}_2H_5 + Cl_2 \rightarrow C_2H_5Cl + \dot{Cl}$$

$$\dot{Cl} + CH_4 \rightarrow \dot{C}H_3 + HCl \quad \text{usw.}$$

Bemerkenswerterweise erfolgt bei höheren Alkanen der Angriff des Halogenradikals nicht statistisch, d. h. nicht an allen Wasserstoffatomen mit gleicher Häufigkeit. Man beobachtet vielmehr eine deutliche Abnahme der Reaktionsfähigkeit in der Reihenfolge:

$$\underset{\substack{\text{tertiär}\\(3°)}}{C-\underset{C}{\overset{C}{C}}-H} \quad > \quad \underset{\substack{\text{sekundär}\\(2°)}}{\overset{C}{\underset{C}{>}}C-H} \quad > \quad \underset{\substack{\text{primär}\\(1°)}}{C-C-H} \quad > \quad CH_4$$

(C-Atome, die mit 3 anderen C-Atomen verbunden sind, werden tertiär genannt; sekundäre C-Atome sind mit zwei anderen, primäre C-Atome mit einem anderen C-Atom verbunden.)

Ein Vergleich der Dissoziationsenergien (d. h. der zur Abspaltung eines bestimmten Wasserstoffatoms aufzuwendenden Energien) zeigt, daß die *Stabilität der Radikale in der Reihenfolge tertiär > sekundär > primär > Methyl abnimmt*, da in der genannten Reihe ein wachsender Energiebetrag aufzuwenden ist, um jeweils ein Wasserstoffatom abzuspalten:

Alkan		Radikale		Dissoziationsenergie [kJ/mol]
$(H_3C)_3C-H$	$\rightarrow$	$(H_3C)_3\dot{C}$	$+\ \dot{H}$	373
$(H_3C)_2CH-H$	$\rightarrow$	$(H_3C)_2\dot{C}H$	$+\ \dot{H}$	385
H_3CCH_2-H	$\rightarrow$	$H_3C\dot{C}H_2$	$+\ \dot{H}$	402
H_3C-H	$\rightarrow$	$H_3\dot{C}$	$+\ \dot{H}$	427

Die Leichtigkeit, mit der Wasserstoffatome an tertiären, sekundären bzw. primären C-Atomen substituiert werden, geht also der Stabilität der vorübergehend auftretenden Radikale parallel (vgl. S. 612).

Daß die Substituierbarkeit der Wasserstoffatome in der Reihenfolge tertiär > sekundär > primär abnimmt, wird z. B. durch die Reaktion von Isobutan mit Chlor gezeigt: Man erhält dabei Isobutylchlorid und *tert*-Butylchlorid im Molverhältnis 2 : 1, obschon im Molekül von Isobutan 9 mal so viel primäre (d.h. an ein primäres Kohlenstoffatom gebundene) wie tertiäre Wasserstoffatome vorhanden sind. Zusammenstöße von Chloratomen mit tertiären Wasserstoffatomen sind also 4.5 mal erfolgreicher als Zusammenstöße mit primären Wasserstoffatomen, was nichts anderes bedeutet, als daß Wasserstoffatome an tertiären Kohlenstoffatomen leichter substituiert werden als Wasserstoffatome an primären Kohlenstoffatomen.

$$\text{Isobutan} \xrightarrow{+Cl_2} \begin{cases} \text{Isobutylchlorid}^1 \text{ (Kp. 69°C)} \quad 64\% \\ \text{\textit{tert}-Butylchlorid}^1 \text{ (Kp. 51°C)} \quad 36\% \end{cases}$$

Von den Halogenen ist Brom reaktionsträger als Chlor. Aus diesem Grund wirkt es *mehr selektiv*, d. h. es reagiert in erster Linie mit Wasserstoffatomen, die an ein tertiäres oder sekundäres Kohlenstoffatom gebunden sind. Mit Fluor tritt gewöhnlich vollkommene Fluorierung ein, wobei auch C—C-Bindungen getrennt werden; oft verlaufen Reaktionen von Alkanen mit Fluor sogar explosionsartig. Iod reagiert überhaupt nicht.

Wegen der Bildung schwierig zu trennender Isomerengemische ist die Chlorierung von Alkanen keine allgemein anwendbare Reaktion. Wenn jedoch alle Wasserstoffatome äquivalent sind, entsteht nur ein einziges Monochlorsubstitutionsprodukt, das dann von höher chlorierten Produkten durch Destillation abgetrennt werden kann. In solchen Fällen läßt sich die Chlorierung auch präparativ einsetzen, z. B. zur Gewinnung von Neopentylchlorid:[1]

$$(CH_3)_4C + Cl_2 \longrightarrow (CH_3)_3C\text{-}CH_2Cl + HCl$$

Um das Arbeiten mit gasförmigem Chlor zu vermeiden, führt man die Reaktion oft auch mittels Sulfurylchlorid (SO_2Cl_2) aus, das durch Initiatoren (Radikalbildner) in SO_2 und Chloratome gespalten wird. Technisch wird die Chlorierung von Methan benützt, um die verschiedenen Chlorderivate des Methans herzustellen (S. 57), die sich durch Destillation relativ leicht trennen lassen. Wegen ihrer größeren Selektivität ist die Bromierung auch für präparative Zwecke eher verwendbar.

Sulfochlorierung (Reed-Reaktion). Durch Reaktion von Alkanen mit Sulfurylchlorid (oder einem Gemisch von SO_2 und Cl_2) unter der Einwirkung von Licht erhält man *Alkylsulfochloride*. Dabei entstehen wie bei der Chlorierung zuerst Chloratome, die beim Zusammenstoß mit Alkanmolekülen Alkylradikale bilden. Letztere reagieren mit Sulfurylchlorid, wobei sich ein neues Chloratom bildet:

---

[1] Wie bei den meisten anderen Anfangsgliedern einer Verbindungsreihe belassen wir bei *diesen* Halogenalkanen die historischen und eingeführten Namen (siehe Abschnitt 2.1.7).

50   2 Kohlenwasserstoffe

$$RH + SO_2 + Cl_2 \xrightarrow{h \cdot \nu} R\,SO_2Cl + HCl$$

$$SO_2Cl_2 \xrightarrow{h \cdot \nu} SO_2 + 2\,Cl^{\odot}$$

$$C_{12}H_{26} + Cl^{\odot} \longrightarrow \overset{\odot}{C}_{12}H_{25} + HCl$$

$$\overset{\odot}{C}_{12}H_{25} + SO_2Cl_2 \longrightarrow C_{12}H_{25}SO_2Cl + Cl^{\odot}$$

Durch Hydrolyse dieser Alkylsulfochloride erhält man die entsprechenden Sulfonsäuren, deren Natrium- bzw. Kaliumsalze als Waschmittel (*Detergentien*) verwendet werden.

Einschieben von Methylengruppen. Eine interessante Reaktion tritt ein, wenn ein Gemisch eines Alkans mit Diazomethan (H_2CN_2) oder mit Keten ($H_2C=C=O$) mit UV-Licht belichtet wird. Unter dem Einfluß der UV-Strahlung zerfallen nämlich sowohl Diazomethan wie Keten in «**Carben**» («**Methylen**»), CH_2, sowie N_2 bzw. CO (die miteinander isoelektronisch sind):

$$H_2C=\overset{\oplus}{N}=\overset{\ominus}{\underline{N}|} \longrightarrow :CH_2 + N_2$$

Dieses Carben ist eine enorm reaktionsfähige Partikel, die nur während sehr kurzer Zeit existieren kann. Wenn bei der Bildung von Carben ein Alkan zugegen ist [wie in einem Gemisch von Diazomethan (oder Keten) mit einem Alkan], so lagern sich diese CH_2-Gruppen zwischen irgendein C- und ein H-Atom ein (*«Insertion»*). Aus Propan und Diazomethan entstehen so durch *Kettenverlängerung* unter C—C-*Bindungsknüpfung* n-Butan und Isobutan, aus n-Pentan n-Hexan, 2-Methylpentan und 3-Methylpentan, u. a. Wie man aus dem Mengenverhältnis der Produkte schließen kann, erfolgt der Angriff der Carben-Moleküle rein statistisch; offenbar sind diese derart reaktionsfähig (energiereich), daß praktisch jeder Zusammenstoß mit einer C—H-Bindung zum Erfolg führt.

Reaktionen mit Supersäuren. Die in wäßrigen Lösungen stärkste Säure ist das Hydronium-($H_3O^{\oplus}$-)Ion, da alle stärkeren Säuren im Wasser quantitativ zu $H_3O^{\oplus}$-Ionen und ihrer konjugierten Base protolysiert werden. In *nichtwäßrigen* Systemen existieren jedoch auch viel stärkere Säuren (Säuren mit einer größeren Protonenaktivität), wie z. B. reine Schwefelsäure, Perchlorsäure, Fluorsulfonsäure (HSO_3F) u. a. Ganz besonders starke Säuren entstehen durch Reaktion von Antimon(V)-fluorid oder anderen Lewis-Säuren mit Fluorsulfonsäure, z. B.:

$$F_5Sb-O-\underset{F}{\overset{\overset{\displaystyle OH}{|}}{S}}-O-SbF_5$$

Derart extrem starke Säuren vermögen selbst die reaktionsträgen Alkane zu protonieren. So entsteht z. B. aus einem Gemisch von SbF_5 und HSO_3F (das von Olah als *«magische Säure»* bezeichnet wird) mit Methan das Ion $CH_5^{\oplus}$, während aus Ethan ein Ion $C_2H_7^{\oplus}$ entsteht usw. Dabei wird das von der Säure abgegebene Proton durch ein σ-Elektronenpaar des Alkans gebunden, so daß eine *«Dreizentrenbindung»* entsteht, d. h. ein mit zwei Elektronen besetztes MO, das drei Atomen angehört. (Gleichartige Dreizentrenbindungen sind bei den Borwasserstoffverbindungen seit längerer Zeit bekannt; vgl. *Grundlagen der allgemeinen und anorganischen Chemie, Seite 502*). Das zentrale C-Atom ist also in einem solchen «**Carbonium-Ion**» nicht etwa fünfbindig, jedoch mit fünf Liganden koordiniert.

Naturgemäß sind solche Carbonium-Ionen extrem reaktionsfähige Partikeln und existieren nur in superaciden Medien. Sie spalten z. B. relativ leicht Wasserstoff ab und gehen dabei in **«Carbenium-Ionen»**[1] (mit dreibindigem C-Atom) über, die ebenfalls sehr reaktionsfähig sind und als stark elektrophile[2] Partikeln andere Alkanmoleküle *alkylieren* können:

$$(H_3C)_3C^\oplus \quad + \quad HC(CH_3)_3 \quad \longrightarrow \quad (H_3C)_3C-C(CH_3)_3 \quad + \quad H^\oplus$$

tert-Butylkation $\qquad$ Isobutan $\qquad$ «Hexamethylethan»

Die Alkane sind also keineswegs so reaktionsträg, wie bisher angenommen wurde; es ist durchaus denkbar, daß diese Alkylierungsreaktionen auch für präparative Zwecke Bedeutung erlangen werden.

Nitrierung, Isomerisierung. Zwei weitere, technisch wichtige Reaktionen der Alkane werden später ausführlicher besprochen (S. 595 und S. 654): Bei der Nitrierung (mit Salpetersäure in der Gasphase oder in flüssiger Phase durchgeführt) entstehen Gemische von Nitroalkanen, während die Isomerisierung zur Umwandlung geradkettiger Alkane in verzweigtkettige Alkane dient, die treibstofftechnisch günstige Eigenschaften besitzen.
Im Gegensatz zu den bisher genannten Reaktionen der Alkane ist die Isomerisierung keine Radikal-Kettenreaktion, sondern verläuft über ionische Zwischenstufen (S. 654).

Verbrennung. Die Verbrennung der Alkane zu CO_2 und Wasser verläuft stark exotherm (hohe Verbrennungswärmen, da die Produkte dank stark polarer Atombindungen sehr stabil sind und stark negative Bindungsenthalpien besitzen). Sie ist – mengenmäßig gesehen – eine der wichtigsten organischen Reaktionen: auf ihr beruht die Verwendung der Alkane als *Energiequelle* (Erdgas, Benzin, Petroleum, Heizöl, Dieselöl). Der Ablauf der Verbrennung ist sehr verwickelt; zweifellos verläuft sie jedoch auch über freie Radikale und ist eine Kettenreaktion. Als Zwischenproduke wurden unter anderem *Alkylperoxid-Radikale* nachgewiesen, die dann durch Reaktion mit einem Alkanmolekül ein Alkylperoxid ergeben. Durch Zerfall der in diesen enthaltenen O—O-Bindung entstehen weitere Radikale, so daß die Reaktion schließlich sehr rasch verlaufen kann:

$$R^\odot + O_2 \longrightarrow ROO^\odot$$
$$ROO^\odot + RH \longrightarrow ROOH + R^\odot$$
$$ROOH \longrightarrow RO^\odot + {}^\odot OH$$

Pyrolyse. Erhitzt man Kohlenwasserstoffe sehr kurz auf einige 100 °C und kühlt nachher rasch ab, so werden die Moleküle gespalten (*«Hitzespaltung»* oder **«Pyrolyse»**; in der Technik als **«Cracken»** bezeichnet). Dabei werden C—C-Bindungen in den Kohlenstoffketten getrennt, wobei die Trennung im Prinzip zwischen irgend zwei Kohlenstoffatomen eintreten kann.
Die durch die Spaltung entstandenen Radikale können untereinander zu neuen Alkanmolekülen *rekombinieren*; ein Radikal kann aber auch ein Wasserstoffatom auf ein anderes Radikal übertragen, so daß dann gleichzeitig ein Alkan- und ein Alkenmolekül entstehen:

---

[1] Nach Olah unterscheidet man zwischen **Carbonium-Ionen** (mit fünffach koordiniertem Kohlenstoff) und **Carbenium-Ionen** (mit dreifach koordiniertem Kohlenstoff). Carbenium- und Carbonium-Ionen werden zusammengefaßt als **Carbokationen** bezeichnet. Zu den Oniumionen allgemein gehören außer den Carb*onium*- auch Amm*onium*-, Phosph*onium*-, Ox*onium*-, Sulf*onium*-Ionen.
[2] **«elektrophil»** = «elektronensuchend»; elektrophile Partikeln besitzen eine Elektronenlücke.

Rekombination: $H_3\overset{\oplus}{C} + H_3C\overset{\oplus}{C}H_2 \longrightarrow H_3CCH_2CH_3$

Alkan- und Alken-Bildung: $H_3C\overset{\oplus}{C}H_2 + H_3CCH_2\overset{\oplus}{C}H_2 \longrightarrow H_3CCH_3 + H_3CCH=CH_2$

Werden auch C—H-Bindungen getrennt, so bilden sich auch Wasserstoff und Ruß.
Die Pyrolyse ermöglicht somit die Umwandlung höherer Alkane in niedriger siedende Alkane und Alkene. Meistens erhält man dabei Gemische, die Reaktion ist also keine brauchbare Methode zur präparativen Synthese bestimmter Kohlenwasserstoffe. Beim rein thermischen Cracken von Benzin entsteht als Hauptprodukt *Ethen* («Ethylen», $H_2C=CH_2$), das heute in sehr grossen Mengen auf diese Weise gewonnen wird. Wenn das Alkangemisch mit Wasserdampf «verdünnt» und nach kurzzeitigem Erhitzen auf 700 bis 900 °C abgeschreckt wird, so erhält man neben Ethen eine Reihe weiterer ungesättigter Kohlenwasserstoffe, die als Ausgangsstoffe für Synthesen wertvoll sind. Das katalytische Cracken von höher siedenden Kohlenwasserstofffraktionen (Petroleumfraktionen) über einem SiO_2/Al_2O_3-Kontakt und unter geringem Überdruck (bei 450 bis 550 °C) ergibt hauptsächlich niedrig siedende, als Motortreibstoffe geeignete Kohlenwasserstoffe, die einen hohen Anteil von (treibstofftechnisch günstigen) verzweigten Molekülen enthalten. Die verschiedenen Formen des Crackens, insbesondere die Crackung von Benzin zum Zweck der Ethengewinnung, sind heute von außerordentlich großer wirtschaftlicher Bedeutung; vgl. Bd. II.

2.1.5 Gewinnung

In *technischem Maßstab* werden gesättigte Kohlenwasserstoffe aus *Erdgas* und *Erdöl* durch fraktionierte Destillation gewonnen. Da jedoch vom Pentan an die Isomerenzahl stark wächst und sich die Siedepunkte der Isomere nur sehr wenig voneinander unterscheiden, können nur die C_1- bis C_5-Kohlenwasserstoffe als reine Stoffe aus Erdöl oder Erdgas erhalten werden, und man muß sich im Fall der höheren Alkane mit Isomerengemischen als Destillationsprodukten begnügen. Zur Gewinnung reiner höherer Paraffinkohlenwasserstoffe müssen darum spezielle Reaktionen verwendet werden:

(1) Katalytische Hydrierung von Alkenen (S. 430)

$$C_nH_{2n} \xrightarrow[\text{Pt, Pd, Ni}]{H_2} C_nH_{2n+2}$$

(2) aus Halogenalkanen
  (a) über die entsprechende Grignard-Verbindung (S. 53)

  $C_4H_9Br + Mg \longrightarrow C_4H_9MgBr$

  $C_4H_9MgBr + H_2O \longrightarrow C_4H_{10} + Mg(OH)Br$

  (b) durch Reaktion mit Natrium (Wurtz-Fittig-Reaktion) (S. 543)

  $2H_3CCH_2I + 2Na \longrightarrow H_3CCH_2CH_2CH_3 + 2NaI$

  (c) durch Kupplung mit einer Lithiumdialkyl-Kupfer-Verbindung (S. 54)

  $R-X + R'_2CuLi \longrightarrow R-R' + R'Cu + LiX$

(3) Aus Carbonsäuren durch Decarboxylierung (Kolbe-Reaktion, S. 54)

Von diesen Methoden ist die *katalytische Hydrierung* am wichtigsten. Ihre Vorteile sind quantitativer Verlauf (keine Nebenreaktionen) und Erhaltung des C-Gerüstes. In ihrer Anwendbarkeit ist sie nur insofern beschränkt, als die dafür nötigen Alkene verfügbar sein müssen; da diese jedoch fast immer leicht aus Alkoholen erhältlich sind und zur Synthese von Alkoholen eine Reihe von Methoden zur Verfügung steht, ist die katalytische Hydrierung ein ziemlich allgemein anwendbares Verfahren.

Auch die Halogenalkane (als Ausgangsstoffe für die Synthese von Alkanen) sind aus Alkoholen leicht herstellbar (S.143). Wird eine Lösung eines Halogenids in absolutem Ether (am besten eines Iodids oder Bromids; Chloride sind häufig ziemlich reaktionsträge) mit Magnesiumspänen erwärmt, so wird das Metall allmählich aufgelöst und man erhält ein **Grignard-Reagens**, ein Alkylmagnesiumhalogenid der allgemeinen Formel RMgX[1]:

$$H_5C_2Br + Mg \longrightarrow H_5C_2MgBr$$

Die Struktur dieser von V.Grignard um 1900 entdeckten Verbindungen ist trotz zahlreicher Untersuchungen noch nicht mit Sicherheit bekannt. Die meisten Grignard-Verbindungen enthalten dicht gepackte, mit Ether solvatisierte Ionenpaare:

$$\begin{array}{c} H_5C_2 \diagdown_O \diagup C_2H_5 \\ | \\ R-Mg^{\oplus} \; X^{\ominus} \\ | \\ H_5C_2 \diagup^O \diagdown C_2H_5 \end{array}$$

Manche Grignard-Reagentien enthalten aber wahrscheinlich gar keine R—MgX-«Moleküle», sondern Dimere:

$$\begin{array}{c} R \diagdown \quad \diagup X \diagdown \\ \quad Mg \qquad Mg \\ R \diagup \quad \diagdown X \diagup \end{array} \qquad \text{oder} \qquad \begin{array}{c} R \diagdown \\ \quad Mg-X-Mg-X \\ R \diagup \end{array}$$

Trotzdem wird auch für solche Verbindungen der Einfachheit halber die Schreibweise RMgX beibehalten. In den Grignard-Verbindungen ist die C—Mg-Bindung zweifellos sehr stark polarisiert, wobei das C-Atom eine beträchtliche negative Partialladung besitzt. Die Grignard-Verbindungen sind darum stark *nucleophil* und sehr reaktionsfähig; sie sind für zahllose Synthesen äußerst vielseitig verwendbare Reagentien. Die $C^{\delta\ominus}$-$Li^{\delta\oplus}$-Bindung hat etwa 40%, die $C^{\delta\ominus}$-$Mg^{\delta\oplus}$-Bindung etwa 30% «Ionencharakter». Das Kohlenstoffatom besitzt Carbanion-Charakter, (C-Nucleophil), also genau umgekehrt («umgepolt», C-Elektrophil) wie in der $C^{\delta\oplus}$-$Cl^{\delta\ominus}$-Bindung von Halogenalkanen. Ihr Alkylrest läßt sich – vereinfachend – als die konjugierte Base des entsprechenden Alkans auffassen. Nun sind Alkane naturgemäß extrem schwache Säuren, so daß Grignard-Verbindungen mit jeder anderen Verbindung, welche acide Wasserstoffatome enthält (d. h. Wasserstoffatome, die als Protonen abgegeben werden können; «aktive H-Atome»), das entsprechende Alkan ergeben.

$$R-MgX + H_2O \longrightarrow RH + Mg(OH)X$$
$$R-MgX + CH_3OH \longrightarrow RH + Mg(OCH_3)X$$
$$R-MgX + HC\equiv CH \longrightarrow RH + HC\equiv C-MgX$$

Zur praktischen Darstellung eines Alkans durch diese Reaktion wird selbstverständlich Wasser, die billigste Verbindung mit acidem Wasserstoff, verwendet. Die Umsetzung mit CH_3MgBr dient zur Bestimmung der in einer organischen Verbindung vorhandenen Anzahl

---

[1] Hier und im folgenden wird mit «R» in der Regel ein **Alkylrest** (C_nH_{2n+1}—) abgekürzt (allgemein: Organyl-Rest).

aktiver H-Atome; pro Wasserstoffatom wird dabei 1 mol Methan freigesetzt, welches gasvolumetrisch gemessen wird; **Methode von Zerewitinow**.

Die **Wurtz-Fittig-Reaktion**, mit deren Hilfe sich eine Kohlenstoffkette verlängern läßt (C—C-Knüpfung), ist nur zur Gewinnung von symmetrisch gebauten (geradzahligen)Alkanen geeignet und kann bei C-Ketten, die außer dem Halogenatom funktionelle Gruppen enthalten, nicht verwendet werden, da das sehr reaktionsfähige Natrium mit den meisten funktionellen Gruppen reagiert.

Präparativ interessanter ist die über eine **Lithiumdialkylkupferverbindung R_2CuLi** verlaufende **Kupplung**. Durch Reaktion von Lithium mit einem Halogenalkan stellt man dabei zunächst in ähnlicher Weise die Grignard-Verbindung eine Alkyllithiumverbindung (R'Li) her, die durch Reaktion mit Kupfer(I)-chlorid die Lithiumdialkylkupferverbindung («Cuprat») bildet. Diese besteht aus komplexen Aggregaten, in denen die Lithium-Atome jedenfalls stark positiv polarisiert sind. Zusammen mit einem weiteren Halogenalkan R—X erfolgt die Kupplung. Gegenüber der Wurtz-Fittig-Reaktion besitzt die Kupplung mit CuCl den Vorteil, auch zur *Synthese unsymmetrisch gebauter Alkane* verwendbar zu sein; die Ausbeuten sind besonders gut, wenn das zweite R—X ein primäres Halogenalkan ist. Beispiel:

$$\text{2-Chlorbutan} \xrightarrow{Li} \xrightarrow{CuCl} (H_3CCH_2CH(CH_3)-)_2CuLi \xrightarrow{n\text{-}C_5H_{11}Br} \text{3-Methyloctan}$$

Bei der Gewinnung von Alkanen aus *Carbonsäuren* (mit der funktionellen Gruppe —COOH) wird entweder ein Gemisch des Natriumsalzes der Säure mit Natriumhydroxid oder Natronkalk erwärmt:

$$R-COO^{\ominus}Na^{\oplus} + Na^{\oplus}OH \rightarrow R-H + Na_2^{\oplus}CO_3^{2\ominus}$$

oder man elektrolysiert eine wäßrige Lösung eines Alkalisalzes (**«Kolbe-Reaktion»**). An der Anode wird einem Anion ein Elektron entzogen, und das dadurch entstandene Radikal zerfällt in CO_2 und ein Alkylradikal, welches sich mit einem weiteren Alkylradikal zu einem Alkan (mit der doppelten C-Zahl) verbindet.

$$2\ R-C{\overset{O}{\underset{O^{\ominus}}{\diagup\!\!\!\diagdown}}} \xrightarrow{-2\,e^{\ominus}} 2\ R-C{\overset{O}{\underset{O\cdot}{\diagup\!\!\!\diagdown}}} \longrightarrow 2\ R^{\cdot} + CO_2$$
$$\downarrow$$
$$R-R$$

2.1.6 Beispiele und Vorkommen

Methan, ein farb- und geruchloses Gas, bildet den Hauptanteil der in vielen Gegenden gewonnenen *Erdgase* (Poebene, Frankreich, Niederlande, Rußland, USA u. a.). Ebenso wie das Erdöl sammeln sich auch die Erdgase in porösen Gesteinsschichten, welche von undurchlässigen Felsschichten überdeckt sind. Legt man eine Bohrung durch die undurchlässige Schicht, so treibt der hydrostatische Druck das Gas (oder Öl) an die Oberfläche. Die Erdgase besitzen als Rohstoffe für die organisch-chemische Großtechnik, als Brennstoff und zur Rußgewinnung (unvollständige Verbrennung!) große Bedeutung. Besonders Methan ist seit einiger Zeit zu einem außerordentlich wichtigen Rohstoff zur Gewinnung von Ausgangsstoffen für viele Synthesen geworden. Durch thermische Spaltung oder durch Reak-

2.1 Gesättigte offenkettige Kohlenwasserstoffe

tion mit Wasserdampf (an Ni-Katalysatoren) wird daraus *Wasserstoff* gewonnen; durch partielle Oxidation oder durch Pyrolyse gewinnt man industriell *Acetylen* (C_2H_2, s. auch Band II):

$$CH_4 \xrightarrow{1200\,°C} C + 2\,H_2$$

$$CH_4 + H_2O \xrightarrow[800-900\,°C]{Ni} CO + 3\,H_2 \quad \text{«Synthesegas»}$$

$$2\,CH_4 \xrightarrow{1400\,°C} C_2H_2 + 3\,H_2 \quad \text{Acetylen}$$

Methan entsteht auch bei Fäulnisprozessen am Grunde von Teichen und in Sümpfen («Sumpfgas»), bei der biologischen Abwasserreinigung sowie in beträchtlichen Mengen bei der Cellulosegärung (Wiederkäuer); in den Steinkohlengruben kann es als «Grubengas» die «schlagenden Wetter» (Methan-Luft-Explosionen) verursachen. Methan ist auch in bedeutenden Mengen in den Gasen enthalten, die bei der trockenen Destillation der Steinkohle entstehen.
Propan und **Butan** treten ebenfalls in Erdgasen, als Begleiter des Erdöls und in Crackgasen auf. Beide kommen in Stahlflaschen verflüssigt in den Handel und dienen als Heizgase.
Benzin enthält vorwiegend Kohlenwasserstoffe von C_7 bis C_{10}, **Petrolether** (ein wichtiges Lösungsmittel) Pentane und Hexane. Ein großer Teil der Benzinfraktionen des Erdöls wird heute durch Cracken in ungesättigte Kohlenwasserstoffe umgewandelt (S. 80).
Paraffinöle sind Mischungen flüssiger Kohlenwasserstoffe mit C_{12} bis C_{16}. Gewöhnliches **Paraffin** besteht aus Gemischen fester Alkane (C_{22} bis C_{40}); Hartparaffin enthält mehr höher schmelzende, längere Ketten, Weichparaffin kürzere und mehr verzweigte Ketten.
Der Wirkungsgrad von *Benzinmotoren* hängt vom *Verdichtungsverhältnis* ab (Verhältnis von Anfangs- und Endvolumen des Treibstoff/Luft-Gemisches). Höhere Kompressionsverhältnisse führen aber leicht zum *«Klopfen» des* Motors, einer Folge einer zu plötzlichen Verbrennung des letzten Gemischrestes nach der Zündung. Das Klopfen bewirkt zusätzlichen Motorverschleiß und erhöhten Benzinverbrauch. Um höhere Verdichtungen erreichen zu können, ist es notwendig, die «Klopffestigkeit» der Treibstoffe zu steigern.
Ein Maß für die Klopffestigkeit ist die sogenannte **«Octanzahl»**. Man vergleicht dabei den zu untersuchenden Treibstoff mit einer Mischung aus *n*-Heptan (neigt stark zum Klopfen) und 2,2,4-Trimethylpentan (Isooctan, sehr klopffest) in einem genormten Einzylindermotor. Verhält sich ein Treibstoff wie ein Gemisch aus 90% Isooctan und 10% Heptan, so erhält er die Octanzahl 90. In dem Maß, wie man bessere Treibstoffe und Treibstoffzusätze entwickelt hat, mußte die Skala über 100 hinaus (mit anderen Vergleichsstoffen) fortgesetzt werden. Gesättigte unverzweigte Kohlenwasserstoffe haben niedrige, verzweigte und vor allem ungesättigte und alicyclische Kohlenwasserstoffe haben höhere Octanzahlen. Besonders hohe Octanzahlen (aber geringere Verbrennungswärmen) besitzen Alkohol und aromatische Kohlenwasserstoffe. Im sogenannten **«Reforming-Prozeß»** gewinnt man aus Alkanen und alicyclischen Kohlenwasserstoffen (Cyclopentan und Cyclohexan) durch Katalyse Benzin mit höherem Gehalt an aromatischen Kohlenwasserstoffen. Gleichzeitig fallen große Mengen Wasserstoff an. Benzine mit Octanzahlen über 100 (stark verzweigte Ketten) kann man auch durch Kombination ungesättigter Kohlenwasserstoffe aus den Crackgasen erhalten. Zusätze, wie Bleitetraethyl [$Pb(C_2H_5)_4$], organische Phosphate und gewisse Borverbindungen, wirken als *Antiklopfmittel* und erhöhen die Octanzahl stark[1].

---

[1] $Pb(C_2H_5)_4$ wurde bis vor wenigen Jahren in kleinen Mengen (maximal 0.15 cm³/l) dem Benzin zugesetzt. Es entsteht aus einer Pb/Na-Legierung mit C_2H_5Cl. Etwa die Hälfte der Natrium-Produktion wurde früher in den USA zur Herstellung von Bleitetraethyl verbraucht! Damit das bei der Verbrennung entstehende PbO sich nicht in Zylinder und Auspuff niederschlägt, setzt man u. a. $C_2H_4Br_2$ zu, das PbO in flüchtiges $PbBr_2$ überführt. Um diese Verbindung in den entsprechenden Mengen herstellen zu können, mußten ganz neue Methoden zur Gewinnung von Brom aus Meerwasser entwickelt werden! Sowohl $Pb(C_2H_5)$ wie seine Verbrennungs-

2 Kohlenwasserstoffe

Erdöl. Erdöl ist eine komplizierte Mischung vor allem gesättigter (neben wenig ungesättigten) Kohlenwasserstoffe. Meist überwiegen darin kettenförmige Alkane; südrussisches Erdöl enthält besonders viel Cycloalkane (S. 58). Erdöl aus Borneo auch größere Anteile aromatischer Kohlenwasserstoffe (S. 95). Erdöl ist gewöhnlich in porösen Sedimentgesteinen in größeren Tiefen abgelagert, wo es durch Zersetzung von abgestorbenem, fettreichem, pflanzlichem und tierischem Plankton in Seen oder abgetrennten Meeresarmen entstanden ist. Hinweise auf die biologische Herkunft des Erdöls liefert das Vorkommen von Chlorophyll- und Häminderivaten im rohen Erdöl.

Rohes Erdöl ist eine braune, meist grünlich fluoreszierende Flüssigkeit von charakteristischem Geruch. In den *Raffinerien* wird das Rohöl zunächst bei Atmosphärendruck destilliert. Der über 350 °C siedende Rückstand wird durch Vakuumdestillation weiter aufgetrennt, wobei schweres Gasöl, Heizöle und Schmieröle erhalten werden. Die beim Erhitzen des Rohöls zuerst entweichenden Gase enthalten gesättigte C_1- bis C_4-Kohlenwasserstoffe. Sie werden den Crack- und Reforming-Gasen beigemischt und bilden zusammen das *«Raffineriegas»*, das zur Gewinnung von *«Synthesegas»* (einem Gemisch aus Kohlenmonoxid und Wasserstoff) dient.

Der Bedarf an Erdölprodukten steht keineswegs in Einklang mit dem Mengenverhältnis, in dem diese von Natur aus im Erdöl enthalten sind. Vor dem starken Anstieg des Heizölverbrauches in den letzten Jahrzehnten war vor allem der Benzinanteil (etwa 20 %) viel zu klein. Zur Erschließung zusätzlicher Benzinmengen begann man schon um 1912 die weniger wertvollen, treibstofftechnisch unbrauchbaren (zu schwerflüchtigen) hochsiedenden Öle und auch die Hauptmenge der Petroleumfraktion durch *Pyrolyse* in flüchtigere, benzinartige Produkte aufzuspalten. Die verschiedenen Crackverfahren sind heute zur Gewinnung von Treibstoffen und auch von Ausgangsstoffen für Synthesen wichtig geworden. Die Verbrennung von Erdölprodukten zur Energiegewinnung stellt aber eine *Verschwendung* eines kostbaren Rohstoffes von gigantischem Ausmaß dar. Angesichts der Tatsache, daß die Rohölvorräte begrenzt sind und daß insbesondere Alkene und Aromaten kaum zu ersetzende Rohstoffe für die gesamte organisch-chemische Industrie darstellen, ist für die Zukunft die Nutzung anderer Energiequellen *(Kernenergie, Sonnenenergie)* lebensnotwendig. Wenn die Reserven an Erdöl und Erdgas allmählich zu Ende gehen, müssen neue Quellen für diese Rohstoffe erschlossen werden. Eine Möglichkeit besteht darin, die bisher noch nicht ausgenutzten *Schieferöle* und *Ölsande* auszubeuten und daraus das darin allerdings nur in relativ geringen Mengen vorhandene Rohöl zu gewinnen. Die andere Möglichkeit bietet die *synthetische Erzeugung von Kohlenwasserstoffen* aus Kohle. Im Verfahren von Bergius (**«Kohleverflüssigung»**) wird Braunkohle unter Druck katalytisch hydriert, wobei neben wenig aromatischen Kohlenwasserstoffen vorwiegend Alkane entstehen. Auch durch katalytische Hydrierung von Kohlenmonoxid lassen sich bei geeigneter Wahl des Katalysators Alkane erhalten. Dieser (**«Fischer-Tropsch-Prozeß»**) erfordert keinen Überdruck, liefert aber Alkane niedriger Oktanzahlen, die anschließend einem Reforming-Prozeß unterworfen werden müssen. Höhersiedende Produkte eignen sich hingegen gut als Dieseltreibstoffe. Nach beiden synthetischen Verfahren wurden während des Zweiten Weltkrieges in Deutschland große Mengen von Treibstoffen hergestellt. Während vieler Jahre waren die DDR und Südafrika die einzigen Länder, die synthetisch Kohlenwasserstoffe erzeugten; angesichts der Schwierigkeiten der Erdölversorgung wurden in den letzten Jahren z. B. aber auch in den USA neue Anlagen zur Kohlenwasserstoffsynthese gebaut. Beide Prozesse werden – in weiterentwickelter Form – in Zukunft große Bedeutung bekommen.

---

produkte sind stark giftig. – Autoabgas-Katalysatoren, die zur Überführung der Stickstoffoxide (NO_x) in N_2 und zur Oxidation unverbrannter Kohlenwasserstoffe und von Kohlenmonoxid dienen, enthalten fein verteilte Platinmetalle. Da sie durch Bleiverbindungen vergiftet werden, muß das verwendete Benzin bleifrei sein.

2.1.7 Halogenalkane[1]

Derivate gesättigter Kohlenwasserstoffe, in denen ein oder mehrere Wasserstoffatome durch ein Halogenatom ersetzt sind *(Halogenalkane)*, lassen sich durch Reaktion eines Alkans mit Chlor oder Brom (S. 47) oder aus Alkoholen (Verbindungen mit Hydroxylgruppen) durch Reaktion mit Halogenwasserstoffverbindungen (S. 143) erhalten. Es sind wenig polare, wasserunlösliche Substanzen, die sich in jedem Verhältnis mit Kohlenwasserstoffen mischen und sowohl als Lösungsmittel wie als **Alkylierungsreagentien** (Reagentien zur Einführung von Alkylgruppen in andere Verbindungen) Verwendung finden. Von besonderer Bedeutung sind die verschiedenen *Halogenderivate des Methans*. Die Chloride entstehen durch direkte Reaktion von Methan mit Chlor, eine Reaktion, die heute auch technisch durchgeführt wird. Um bei der dabei notwendigen starken Aktivierung eine Abscheidung von Ruß zu verhindern, werden die beiden Gase zunächst getrennt vorerhitzt. Nachher wird das Chlor in den schnellen Methanstrom eingeleitet. Dabei übersteigt die Geschwindigkeit der Gase die Fortpflanzungsgeschwindigkeit der Flamme, so daß keine Explosion erfolgt (die Chlorierung ist stark exotherm!). Die Synthese kann auch bei Temperaturen <100 °C durchgeführt werden, wenn das Gasgemisch durch Quecksilberlampen bestrahlt wird.
Chlormethan (Methylchlorid, H_3CCl) wird bei gewissen Synthesen zur Einführung der Methylgruppe in andere Verbindungen verwendet. *Dichlormethan* (Methylenchlorid, (H_2CCl_2)), *Trichlormethan* (Chloroform, $HCCl_3$) und *Tetrachlormethan* (Tetrachlorkohlenstoff, CCl_4) sind wichtige Lösungsmittel. Chloroform wurde früher auch als Narkotikum verwendet. Es kann jedoch zu Herzschädigungen führen und wurde deshalb zuerst durch *Diethylether* («Ether») und später durch *Halothan* ($CF_3CHBrCl$) ersetzt. Am Licht wird Chloroform leicht zu giftigem, erstickend riechendem *Phosgen* ($COCl_2$) oxidiert. Tetrachlorkohlenstoff (technisch meist durch Chlorierung von Kohlenstoffdisulfid hergestellt) wurde früher auch als Löschmittel (Feuerlöschgeräte) verwendet, da es eine der wenigen, nicht brennbaren organischen Verbindungen ist. Es hat allerdings den Nachteil, dabei ebenfalls zu Phosgen oxidiert zu werden. Bei seiner Verwendung als Lösungsmittel ist die starke Giftigkeit zu beachten; die Giftwirkung ist dabei kumulativ[2].
Iodmethan (Methyliodid) ist das reaktionsfähigste der vier Monohalogenderivate des Methans; es wird deshalb noch häufiger als Chlormethan zur **«Methylierung»** (Einführung der Methylgruppe) benutzt. Da Methan mit Iod nicht reagiert, stellt man es aus Methylchlorid durch Umsetzung mit Natriumiodid her. *Iodoform* (HCl_3), eine charakteristisch riechende, in gelben Blättchen kristallisierende Substanz, wurde als Wundantiseptikum verwendet. Es kann leicht aus Aceton und Iod hergestellt werden (**«Haloform-Reaktion»**, S. 214).
Von größerer technischer Bedeutung sind gewisse *Fluorderivate des Methans* und auch einige andere Fluoralkane. In ihren Eigenschaften unterscheiden sich die Fluorverbindungen oft deutlich von den Verbindungen der anderen Halogene. So ist z. B. die C—F-Bindung viel reaktionsträger als die Bindungen zwischen Kohlenstoffatomen und den anderen Halogenen (vgl. S. 357); Fluoride eignen sich deshalb nicht als Alkylierungsreagentien. Ihre viel geringere Polarisierbarkeit bewirkt auch, daß die Siedepunkte der Fluorverbindungen im allgemeinen ziemlich nahe bei den Siedepunkten der entsprechenden Alkane liegen, also bedeutend

---

[1] Früher auch «Alkylhalogenide» genannt. Da das Halogen nicht ionisch wie in anorganischen Halogeniden (Salzen) vorliegt, wurde diese Bezeichnung verworfen. Lediglich die Trivialnamen der Anfangsglieder werden noch benutzt.
[2] Die mit giftigen Substanzen Beschäftigten dürfen nur bestimmten Maximalkonzentrationen ausgesetzt werden, die durch die MAK-Werte (**M**aximale **A**rbeitsplatz-**K**onzentration) gegeben sind. Die MAK-Werte werden in Deutschland durch die Kommission zur Prüfung gesundheitsschädlicher Arbeitsstoffe der Deutschen Forschungsgemeinschaft festgelegt. Für CCl_4 beträgt der MAK-Wert 10 ppm oder 65 mg/m^3.

niedriger sind als die Siedepunkte der übrigen Halogenide. Die Fluorderivate des Methans werden nicht durch direkte Fluorierung, sondern durch Reaktion von Chlormethan oder Tetrachlormethan entweder mit CoF_3 oder SbF_3 (die als Fluorüberträger wirken) oder mit HF hergestellt:

$$3\ CCl_4 + SbF_3 \xrightarrow{SbCl_5} 3\ CFCl_3 + SbCl_3$$

$$CCl_4 + 2\ HF \longrightarrow CF_2Cl_2 + 2\ HCl$$

Das im ersten Fall gebildete $SbCl_3$ wird anschließend durch Reaktion mit Fluor wieder in SbF_3 verwandelt. Die Umsetzung mit HF kann sowohl in flüssiger Phase (unter Druck) oder in der Gasphase (unter geringem Überdruck) erfolgen. Im letzteren Fall (der wirtschaftlich besonders wichtig ist) wirken AlF_3 oder basische Chromfluoride als Katalysatoren. Sowohl *Fluortrichlormethan* ($CFCl_3$, *«Freon 11»*; Kp. 23.8 °C) wie vor allem *Dichlordifluormethan* (CF_2Cl_2, *«Freon 12»*; Kp. −29.8 °C) werden als Kühlflüssigkeiten in Kühlschränken und in großer Menge als Treibgase für Aerosolpackungen verwendet (in Deutschland unter der Bezeichnung *«Frigen»*). Ihre Verwendung als Treibgase scheint allerdings nicht ganz unbedenklich, weil Anzeichen dafür bestehen, daß die Freone in höheren Schichten der Atmosphäre durch Photolyse in Radikale zerfallen, die mit Ozon reagieren und dadurch den Ozongehalt der Ozonschicht – die als *«optischer Schutzschild»* für zu starke UV-Einstrahlung wirkt – herabsetzt. In manchen Ländern ist deshalb die Verwendung von Freonen für Spraydosen verboten worden.

2.2 Cycloalkane

2.2.1 Physikalische Eigenschaften, Molekülbau

Cycloalkane (Cycloparaffine) sind gesättigte Kohlenwasserstoffe mit *ringförmig* geschlossenem Kohlenstoffgerüst.

Cyclopropan   Cyclobutan   Cyclopentan   Cyclohexan

abgekürzte Schreibweise: △   □   ⬠   ⬡

In ihren *physikalischen Eigenschaften* gleichen sie naturgemäß den offenkettigen Verbindungen. Siedepunkt und Dichte sind jeweils etwas höher als beim offenkettigen, unverzweigten Alkan der gleichen C-Zahl. Auch hinsichtlich der Lichtabsorption verhalten sich Alkane und Cycloalkane gleich; beide absorbieren erst im sehr kurzwelligen UV und zeigen in

2.2 Cycloalkane

Tabelle 2.3. Cycloalkane

Summenformel (C$_n$H$_{2n}$)	Bezeichnung	Fp. [°C]	Kp. [°C]
C$_3$H$_6$	Cyclopropan	−127	−33
C$_4$H$_8$	Cyclobutan	− 80	13
C$_5$H$_{10}$	Cyclopentan	− 94	49
C$_6$H$_{12}$	Cyclohexan	6.5	81
C$_7$H$_{14}$	Cycloheptan	− 12	118
C$_8$H$_{16}$	Cyclooctan	14	149
C$_6$H$_{12}$	Methylcyclopentan	−142	72
C$_7$H$_{14}$	Methylcyclohexan	−126	100

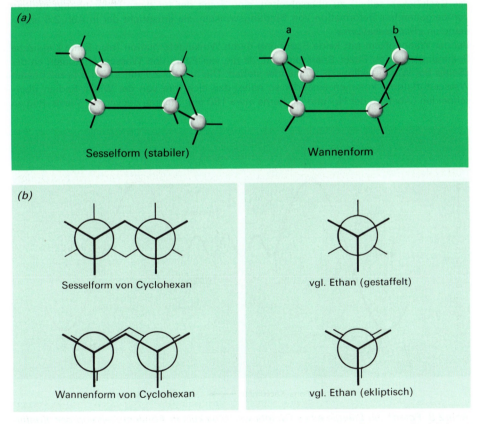

Abb. 2.7. (a) Sessel- und Wannenform des Cyclohexanringes; (b) Newman-Projektionen der Sessel- und der Wannenform

den *IR-Spektren* die für die C—H-Streckschwingung charakteristische Absorptionsbande bei 2900 cm^{-1}. Wenn der Ring keine Alkylgruppe als Substituent besitzt, so fehlt die für die Deformationsschwingung der CH_3-Gruppe charakteristische Bande bei 1380 cm^{-1}.

Von den verschiedenen alicyclischen Ringsystemen ist der **Cyclohexanring** am wichtigsten. Eine große Zahl wichtiger Naturstoffe (Terpene, Steroide u. a.) sind Abkömmlinge (Derivate) des Cyclohexans. Wie schon um 1890 von Sachse vermutet worden ist, kann der Cyclohexanring *nicht eben* gebaut sein. Ein ebener aliphatischer Sechsring (in welchem jedes C-Atom mit vier anderen Atomen verbunden ist), müßte unter starker innerer Spannung stehen, da die Kohlenstoffatome einen Winkel von 120° (statt des Tetraederwinkels 109°28') einschließen würden. Zudem würden in einem ebenen Cyclohexanring sämtliche Wasserstoffatome ekliptisch zueinander stehen, wodurch die Stabilität noch mehr verringert würde.

Die stabilste Konformation des Cyclohexans ist die «**Sesselform**». Hier tritt weder eine Spannung durch Deformation des Bindungswinkels *(«klassische Spannung» oder «Baeyer-Spannung»)* noch eine solche durch ekliptische Stellung der Wasserstoffatome am Ring *(Pitzer-Spannung)* auf, da die Bindungen zweier benachbarter Kohlenstoffatome gestaffelt zueinander stehen. Die Sesselform muß einem Energieminimum entsprechen, stellt also ein *Konformer* dar. Werden die «Beine» des Sessels nach oben gebogen, so geht die Sessel- in die «**Wannenform**» über. Dabei ist eine ziemlich hohe Energiebarriere (etwa 46 kJ/mol für das Cyclohexan selbst) zu überschreiten, eine Folge der für diese Umwandlung nötigen vorübergehenden Deformation von Bindungswinkeln; sie entspricht der in Abb. 2.8 angedeuteten *«Halbsesselform»*.

Bei der Wannenform tritt keine Spannung durch Winkeldeformation (also keine klassische Spannung), jedoch Pitzer-Spannung auf, da die vier Paare von Wasserstoffatomen an der «Seite» der Wanne ekliptisch zueinander stehen. Die in Abb. 2.7 mit a und b bezeichneten Wasserstoffatome kommen einander so nahe, daß sich ihre van der Waals-Radien überschneiden (Abstand der H_a- und H_b-Kerne etwa 180 pm; Summe der van der Waals-Radien

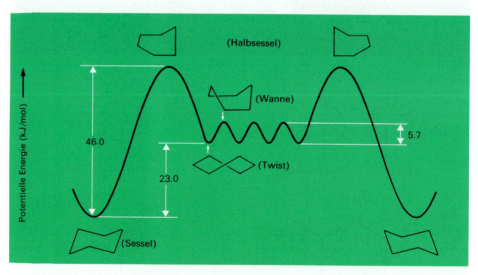

Abb. 2.8. *Potentielle Energie eines Cyclohexan-Moleküls in Abhängigkeit von den Konformationen, die beim Übergang einer Sesselkonformation in die invertierte Form durchlaufen werden*

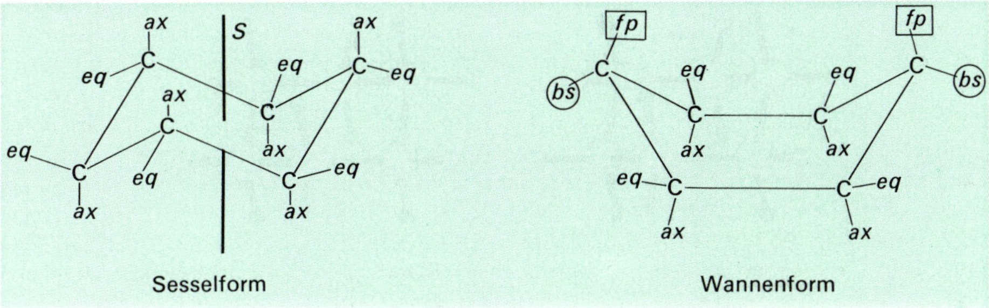

Sesselform Wannenform

Abb. 2.9. Sessel- und Wannenkonformation von Cyclohexan mit den verschiedenen Positionen der Substituenten (fp = Flagpole; bs = Bugspriet; S = Drehspiegelachse)

zweier Wasserstoffatome 240 pm), so daß zudem noch *sterische Spannung* (van der Waals-Abstoßung) auftritt. Pitzer- und sterische Spannung bewirken, daß die Wannenform um rund 29 kJ/mol energiereicher (und damit *weniger stabil*) ist als die Sesselform.

Eine leichte Verdrehung der Wannenkonformation führt zur «schiefen Wanne» oder **«Twist-Form»**, bei welcher die Wechselwirkung zwischen den beiden Wasserstoffatomen a und b geringer sind und zudem auch die Pitzer-Spannung kleiner ist (die Wasserstoffatome stehen nicht exakt ekliptisch). Die Twist-Form ist darum etwa 6 kJ/mol stabiler als die eigentliche Wannenform und stellt wie die Sesselform ein Konformer dar. Da dieses jedoch ebenfalls energiereicher ist als die Sesselform, tritt der Cyclohexanring normalerweise *ausschliesslich in der Sesselform* auf.

An der Sesselform hat man zwei nach ihrer Orientierung prinzipiell verschiedene Bindungsarten der Substituenten zu unterscheiden (Abb. 2.9): einerseits Bindungen, welche der sechszähligen Drehspiegelachse *S* (der Hauptachse des Moleküls) parallel laufen *(axiale Bindungen)*, anderseits Bindungen, die von der Hauptachse seitlich (unter einem Winkel von rund 70°) weg weisen *(äquatoriale Bindungen)*. Substituenten an solchen Bindungen werden als axiale bzw. äquatoriale Substituenten bezeichnet. Im Fall monosubstituierter Cyclohexane (wie z. B. beim *Methylcyclohexan*) würde man deshalb zwei Isomere (axiales und äquatoriales Methylcyclohexan) erwarten. Die konformative Beweglichkeit der Atome im Cyclohexanring erlaubt nun aber das Auftreten zweier Sesselkonformationen, die sich meistens schnell ineinander umwandeln (*«Umklappen»* des Ringes über die «Halbsessel-» und eine Wannenform; Abb. 2.10), wobei aus allen axialen Substituenten äquatoriale werden und aus allen äquatorialen axiale:

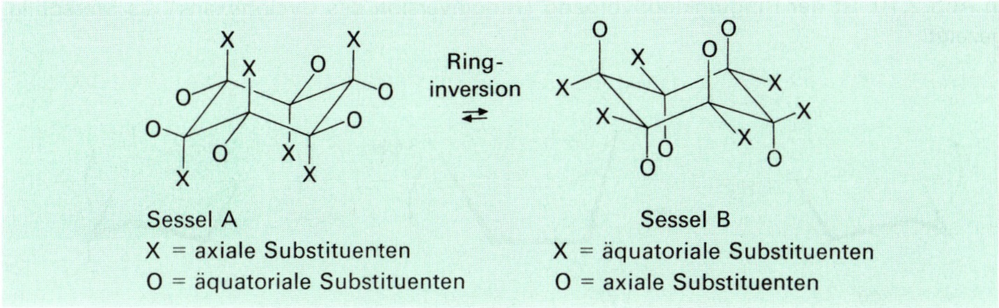

Sessel A
X = axiale Substituenten
O = äquatoriale Substituenten

Ring-inversion ⇌

Sessel B
X = äquatoriale Substituenten
O = axiale Substituenten

Obschon die für die Cyclohexan-Ringinversion zu übersteigende Energiebarriere ziemlich hoch ist (etwa 46 kJ/mol), genügt bei Raumtemperatur die Energie der thermischen Be-

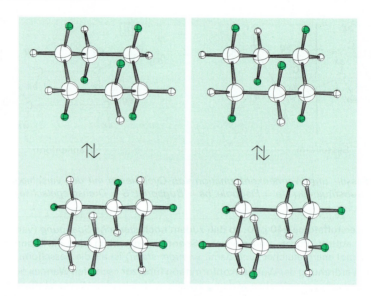

Abb. 2.10. Ringinversion der Cyclohexan-Sesselkonformation. Man erkennt, daß alle axialen Substituenten (oben, grün) in äquatoriale (untere Formel, grün) übergehen.

wegung, um das Umklappen zu ermöglichen. Unterhalb $-100\,°C$ «frieren» die beiden Formen jedoch ein, was sich dadurch zeigt, daß dann im NMR-Spektrum von Cyclohexan zwei Absorptionssignale beobachtet werden, die den äquatorialen bzw. axialen Protonen entsprechen. (Bei Raumtemperatur tritt im NMR-Spektrum von Cyclohexan nur eine einzige Absorption auf!) Die beiden möglichen Methylcyclohexane sind deshalb nicht als Substanzen isolierbare *Konformere*.

Die *axiale Form* von Methylcyclohexan enthält zwei *synclinal*-Konformationen (CH_3- und C_3 in bezug auf die C_1—C_2-Bindung und CH_3- und C_5 in bezug auf die C_1—C_6-Bindung, vgl. Abb. 2.10); sie ist daher um 7.5 kJ/mol *weniger stabil* als die äquatoriale Form, in welcher – anders gesagt – der Methylgruppe mehr Platz zur Verfügung steht und die Wechselwirkungen zwischen Methylgruppe und (axialen) Wasserstoffatomen geringer sind. Die beiden Konformationen stehen in einem dynamischen Gleichgewicht, dessen Gleichgewichtskonstante sich aus der Energiedifferenz zwischen *ax*- und *eq*-Methylcyclohexan berechnen läßt (die Entropiedifferenz zwischen beiden Konformeren ist sehr gering).

In Abb. 2.10. ist der Ringumklappvorgang (Ringinversion des Cyclohexans) als Stereobild gezeigt.

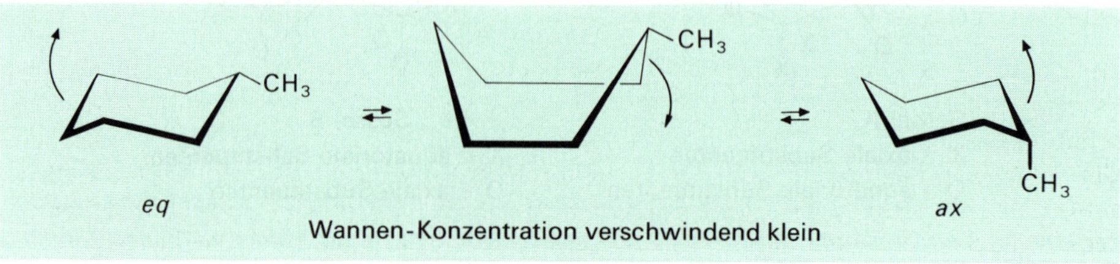

Abb. 2.11. Umwandlung einer Sesselform des Methylcyclohexans in die andere

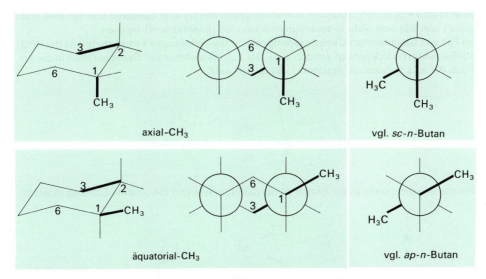

Abb. 2.12. Konformationen von axial- und äquatorial-Methylcyclohexan

2.2.2 Stereoisomerie bei substituierten Cycloalkanen

Stereoisomere besitzen zwar dieselbe Formel und Konstitution, unterscheiden sich aber durch die räumliche Anordnung ihrer Atome (vgl. S. 175). Ist die Energiebarriere zwischen stereoisomeren Molekülen klein genug (wie z. B. zwischen der Sessel- und der Twistform des Cyclohexans oder der gestaffelten und der *sc*-Konformation des Butans), so ist die Geschwindigkeit der gegenseitigen Umwandlung groß, und die verschiedenen Moleküle lassen sich nicht als Substanzen isolieren. Durch den Ringschluß wird nun aber bei Cycloalkanen die freie Drehbarkeit um die Verbindungsachse der Kerne bei C—C-Bindungen aufgehoben, so daß *disubstituierte Cycloalkane* (z. B. Dimethylcyclopentan) in zwei verschiedenen, als *Substanzen faßbaren* Formen existieren, die sich durch die Stellung der Substituenten am Ring unterscheiden:

cis-Konfiguration   *trans*-Konfiguration

Zur Überführung des *trans*- in das *cis*-Isomer (und umgekehrt) müßten Atombindungen getrennt und neugebildet werden, so daß dann eine ziemlich hohe Energiebarriere überschritten würde.

Um entscheiden zu können, welche der beiden Konfigurationen welchem Dimethylcyclopentan zukommt, kann man z. B. durch Röntgenbeugung für beide Substanzen den Abstand der Methylgruppen bestimmen. Eine weitere (einfachere) Möglichkeit ist dadurch gegeben, daß das Molekül des *trans*-Isomers chiral ist; *trans*-Dimethylcyclopentan existiert darum in zwei optisch aktiven Formen, die sich durch geeignete Methoden trennen lassen (siehe

Abschnitt 3.4.3, S.196). Das *cis*-Isomer hingegen besitzt eine Spiegelebene (ist also nicht chiral) und läßt sich nicht in zwei optische Isomere (Enantiomere) trennen.
Im Fall von substituierten *Cyclohexanringen* sind die Verhältnisse komplizierter, da die Ringkonformation berücksichtigt werden muß. Bei *1,2-disubstituierten Derivaten* steht in der *cis*-Form der eine Substituent äquatorial, der andere axial:

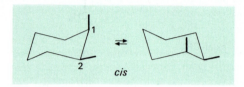

Für das entsprechende *trans*-Isomer ist die diäquatoriale und die diaxiale Stellung möglich:

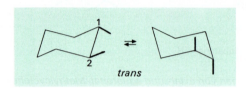

Aus den oben diskutierten Gründen ist die *diäquatoriale* Anordnung der Substituenten *stabiler* (energetisch begünstigt). Weil im *trans*-Isomer beide Substituenten äquatorial stehen können, ist dieses *stabiler* als das *cis*-Isomer.
Bei 1,3- und 1,4-disubstituierten Cyclohexanringen sind folgende Stereoisomere möglich:

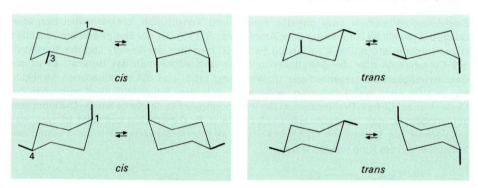

Von den 1,3-disubstituierten Cyclohexanen ist das *cis*-Isomer, von den 1,4-Disubstitutionsprodukten das *trans*-Isomer stabiler.
Prinzipiell das gleiche gilt natürlich, wenn der Cyclohexanring zwei *verschiedene* Substituenten trägt. Der Substituent mit der *größeren Raumbeanspruchung* wird in der *cis*-Form vorzugsweise die *äquatoriale* Stellung einnehmen (geringere van der Waals-Abstoßung!).

2.2.3 Ringstabilität und Baeyersche Spannungstheorie

Die Stabilität der verschiedenen Cycloalkanringe läßt sich durch die Bestimmung ihrer *Verbrennungswärmen* genau ermitteln, denn diese sind naturgemäß um so höher, je energiereicher eine Verbindung ist. Für offenkettige, unverzweigte Alkane findet man, daß in der homologen Reihe jede vorhandene CH_2-Gruppe 659 kJ/mol zur Verbrennungswärme beiträgt. Genau denselben Wert erhält man auch für Cyclohexan. Der *Cyclohexanring* ist also völlig spannungsfrei; in der Sesselform tritt weder Winkelspannung noch Pitzer-Spannung auf. Vielgliedrige Ringe mit C-Zahlen >12 ergeben annähernd denselben Wert (vgl. Tabelle 2.4), denn solche Ringe stellen im Grunde genommen gewöhnliche Alkan-Ketten dar, die ebenfalls spannungsfrei und zu (nicht planaren) Ringen geschlossen sind.

Der *Cyclopropan-* und der *Cyclobutanring* («kleine Ringe») sind erwartungsgemäß beträchtlich energiereicher als der Cyclohexanring, was sowohl auf die Winkel- wie auf die Pitzer-Spannung zurückzuführen ist (vgl. S. 40). Dies bewirkt, daß Cyclopropan und Cyclobutan um etwa 113 kJ/mol energiereicher sind als Propan und Butan und erklärt die Leichtigkeit, mit der sich die beiden Ringe öffnen. Auch das Cyclopentan – wie auch Cycloheptan – ist deutlich energiereicher als Cyclohexan. Die letztgenannten drei Kohlenwasserstoffe werden als «normale Ringe» bezeichnet. In den **«mittleren Ringen»** (C_8–C_{12}) machen sich abstoßende sterische Wechselwirkungen zwischen nicht benachbarten CH_2-Wasserstoffatomen bemerkbar («*transannulare Spannung*»).

Tabelle 2.4. Verbrennungswärmen von Cycloalkanen

Ringgröße	Verbrennungswärme pro CH_2-Gruppe [kJ/mol]	Ringgröße	Verbrennungswärme pro CH_2-Gruppe [kJ/mol]
3	697	7	663
4	686	8	664
5	664	9	659
6	659		

2.2.4 Cyclopentan, Cyclobutan, Cyclopropan

Der **Cyclopentanring** ist ebenfalls nicht völlig eben gebaut. Zwar wäre die Ringspannung (Winkelspannung) in einem ebenen Fünfring klein (C—C—C-Winkel 108°), jedoch würden alle Wasserstoffatome ekliptisch zueinander stehen, so daß die Pitzer-Spannung beträchtlich wäre.
Der Cyclopentanring ist deshalb etwas *gefaltet* (vier C-Atome liegen in einer Ebene, das fünfte darüber: Briefumschlag-Konformation, wodurch die Pitzer-Spannung verkleinert, die Winkelspannung etwas vergrößert wird (Abb. 2.13b und 2.14). Die Faltung des Moleküls ist zudem nicht konformativ fixiert, sondern fluktuiert (Pseudorotation), so daß in einem raschen Gleichgewicht die Briefumschlagspitze an allen fünf Kohlenstoffpositionen liegt.

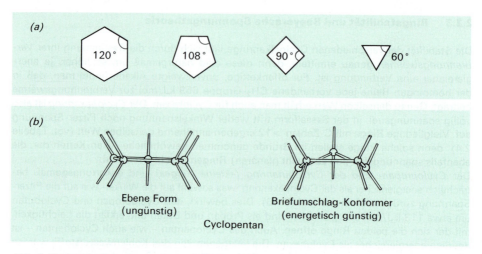

Abb. 2.13. Statische Stereochemie der Cycloalkane: (a) Bindungswinkel bei (mit Ausnahme des Dreiringes fälschlicher) Annahme planarer Ringe; (b) Cyclopentan-Konformationen

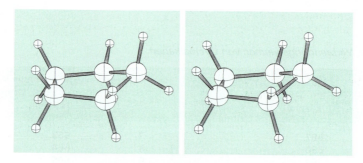

Abb. 2.14. (a) Cyclopentan-Briefumschlag-Konformation

Aus denselben Gründen ist auch der **Cyclobutanring** nicht eben gebaut, sondern um ca. 25° (je nach Substituenten unterschiedlich) aus der Ebene gefaltet. Die Energiebarriere für die Ringinversion A ⇌ B ist jedoch niedrig: ca. 5 kJ/mol. Die C—C-Bindungen sind mit 157 pm etwas länger als die in ungespannten Alkanen (154 pm). Dies wird zum Teil auf die nur im Vierring mögliche «Dunitz-Schoemaker-Spannung» zurückgeführt, die eine Abstoßung der einander gegenüberliegenden Ring-C-Atome 1 und 3 beinhaltet.

Der **Cyclopropanring** ist im Gegensatz zu allen anderen gesättigten Kohlenwasserstoff-Ringen gezwungenermaßen eben. Außer der Baeyer-Spannung tritt hier also auch Pitzer-(Torsions-) Spannung auf, da alle CH_2-Gruppen ekliptisch fixiert sind. Die Überlappung der

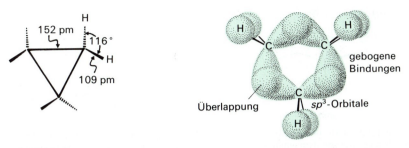

Abb. 2.15. Zur Deutung der Bindungsverhältnisse im Cyclopropan (Bananenbindungen) aus sp³-C-Orbitalen (nach Pauling)

sp^3-AO ist hier beträchtlich geringer und führt zu bananenartig gebogenen «τ-Bindungen» (Abb. 2.15 und 2.17). Beide Effekte erklären die große Reaktivität von Cyclopropan.

Die C—C Bindungen sind mit 152 pm etwas kürzer als in ungespannten Alkanen (154 pm). Auch dies deutet wie andere Eigenschaften (s. u.) auf einen höheren p-Charakter ($sp^{2.2}$) der C-Atome hin, verglichen mit C_2H_6 (sp^3). Entsprechend haben die C—H-Bindungen (Länge 109 pm) erhöhten s-Charakter; sie geben sich in einer charakteristischen C—H-Streckschwingung zu erkennen und sind acider als die C—H-Bindungen des Ethans. Ein daraus abzuleitender gewisser Doppelbindungscharakter der C—C-Bindungen steht im Einklang mit den chemischen Reaktionen und mit einem «Walsh-Orbitalmodell» des Cyclopropans, das auf sp^3-C-Orbitalen basiert.

2.2.5 Polycyclische Ringsysteme

Viele Verbindungen enthalten mehrere, direkt (d. h. Seite an Seite) miteinander verbundene («*kondensierte*») alicyclische Ringe. Als Beispiele seien drei Ringsysteme erwähnt, die als Bausteine zahlreicher Naturstoffe Bedeutung besitzen:

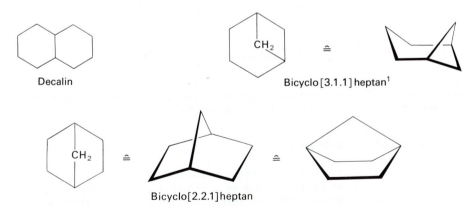

Vom Decalin existieren zwei Stereoisomere, die sich durch die Verknüpfung der beiden Ringe, d. h. durch ihre Stereochemie, unterscheiden.

---

[1] Über die Nomenklatur bicyclischer Ringsysteme siehe S. 135.

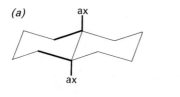

(a) trans

8.4 kJ/mol stabiler; die beiden Ringe sind so verknüpft, daß zwei von dem einen Sechsring ausgehende benachbarte äquatoriale Bindungen (fett gedruckt) die Kondensationskante flankieren.

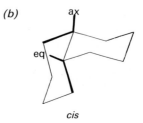

(b) cis

Die beiden Ringe sind durch je eine Bindung vom äquatorialen und axialen (fett gedruckt) Typ verbunden.

Nur das Molekül von *cis*-Decalin besitzt – wie Molekülmodelle zeigen – die Möglichkeit des «Umklappens», wobei wiederum alle axialen zu äquatorialen Substituenten werden und umgekehrt. *trans*-Decalin, Bicyclo[3.1.1]heptan und Bicyclo[2.2.1]heptan sind konformativ starre Moleküle.

Als weitere Beispiele kondensierter Ringsysteme seien erwähnt:

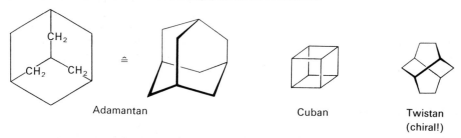

Adamantan   Cuban   Twistan (chiral!)

Höchst bemerkenswerte Ringsysteme liegen bei den *Catenanen* vor. Hier sind zwei (eventuell auch mehr) große Ringe kettengliederartig ineinander verschlungen und nicht direkt miteinander verbunden:

Solche Ringsysteme sind durch vielstufige, gezielte Synthesen in größeren Ausbeuten erhalten worden (Schill und Lüttringhaus, 1964, siehe auch Bd. II).

2.2.6 Herstellung und Reaktionen

Gewisse Erdölarten [z. B. aus Kalifornien und aus Südrußland (Baku)] sind besonders reich an Cycloalkanen (die in der Erdöltechnologie als *Naphthene* bezeichnet werden), darunter vor allem Cyclohexan, Methylcyclohexan, Methylcyclopentan und 1,2-Dimethylcyclopentan. Manche Verbindungen mit alicyclischen Ringen können auch durch katalytische Hydrierung aromatischer Verbindungen in technischem Maßstab erhalten werden.

Um Verbindungen mit alicyclischen Ringen präparativ herzustellen, ist es im allgemeinen notwendig, von *offenkettigen* Verbindungen auszugehen und diese durch eine bestimmte Reaktion *zum Ring zu schließen*. Bei den zu diesem Zweck verwendeten Reaktionen (vgl.

Tabelle 2.5) handelt es sich gewöhnlich um Standardreaktionen, wie sie in der präparativen Chemie allgemein üblich sind und die zum Zweck des Ringschlusses entsprechend abgewandelt werden. Ob das erwünschte cyclische Produkt in guter Ausbeute erhalten wird, hängt von verschiedenen Faktoren ab; im Falle umkehrbarer Reaktionen (wie z. B. der Aldoladdition) bestimmt beispielsweise die *Gleichgewichtskonstante* die maximale Ausbeute. Aldoladditionen, Acylierungen und Carbeniumion-Cyclisierungen lassen sich vorzugsweise zur Gewinnung von fünf- oder sechsgliedrigen Ringen (jedoch nicht für Drei- oder Vierringe) verwenden, da im letzteren Fall die cyclischen Moleküle höhere freie Enthalpien haben als die offenkettigen Ausgangsstoffe. Vierringe lassen sich besonders durch *Cycloadditionen* erhalten (vgl. Kapitel 11); eine zur Gewinnung von Sechsringen durch Cycloaddition besonders wichtige Methode ist die Diels-Alder-Reaktion (S. 448).

Man muß sich aber bewußt sein, daß die *Stabilität* eines Ringes allein kein Maß für die Ringbildungstendenz aus offenkettigen Verbindungen ist. Diese wird sehr wesentlich durch die *freie Aktivierungsenthalpie der Ringbildungsreaktion* bestimmt (S. 293), die zwei voneinander unabhängige Faktoren, *die Aktivierungsenthalpie* und die *Aktivierungsentropie*, umfaßt. Eine Reaktion ist dann begünstigt, wenn die Aktivierungsenthalpie negativ, die Aktivierungsentropie positiv ist (S. 293). Bei Cyclisierungsreaktionen ist aber die Aktivierungsentropie stets negativ, da der aktivierte Komplex (S. 292), ein höheres Maß an Ordnung besitzt als das Ausgangsmolekül; sie entspricht dem Entropieverlust, der mit der Fixierung der am Ringschluß beteiligten funktionellen Gruppen im aktivierten Komplex verbunden ist. Mit zunehmender Kettenlänge wird die Aktivierungsentropie immer stärker negativ, d. h. die Wahrscheinlichkeit eines Ringschlusses nimmt ab. Die Ausbeute bei Cyclisierungen wird deshalb insgesamt durch das *Zusammenwirken von Spannungs- und Wahrscheinlichkeitsfaktoren* bestimmt. So entstehen die stärker gespannten Dreiringe leichter als die weniger gespannten Vierringe, da im ersteren Fall der Wahrscheinlichkeitsfaktor viel günstiger (die Aktivierungsentropie weniger negativ) ist. Fünfringe bilden sich wiederum leichter als Vierringe, da die stärker negative Aktivierungsentropie durch die erhebliche Abnahme der Ringspannung stark überkompensiert wird. Im Bereich «mittlerer Ringe» (C_8 bis C_{12}) sind die Ausbeuten am kleinsten, da hier beide Faktoren gleichsinnig wirken.

Häufig beobachtet man *intermolekulare* Reaktionen als *Konkurrenz* zum (intermolekularen) Ringschluß. Durch Anwendung des «**Verdünnungsprinzips**» (Ziegler und Ruggli; Die Reaktionskomponenten werden langsam in ein größeres Lösemittelvolumen getropft, das evtl. noch Base enthält) wird diese Konkurrenzreaktion stark zurückgedrängt und damit die Ausbeute des Ringschlusses erhöht. Unter Umständen können durch Verwendung spezieller Verfahren die reaktiven Gruppen einander besonders genähert und damit die Ausbeuten erhöht werden, z. B. dadurch, daß man bei der Acyloinkondensation (S. 494) die reagierenden Estergruppen an der Oberfläche des dabei verwendeten metallischen Natriums fixiert. Mit dieser Reaktion lassen sich insbesondere auch mittlere Ringe in guter Ausbeute gewinnen.

Cycloalkane geben erwartungsgemäß die gleichen chemischen *Reaktionen* wie die offenkettigen Alkane (Radikalsubstitutionen). Nur Cyclopropan und Cyclobutan, die beiden Ringsysteme mit der größten (Baeyer-)Spannung, verhalten sich in mancher Beziehung abweichend. So erhält man beispielsweise aus Cyclopropan durch katalytische Hydrierung Propan, durch Reaktion mit Brom 1,3-Dibrompropan und durch Reaktion mit konzentrierter Iodwasserstoffsäure 1-Iodpropan:

$$\underset{H_2C}{\overset{H_2C}{\diagdown}}CH_2 \quad \begin{array}{l} \xrightarrow[\text{kat. 80°C}]{H_2} CH_3-CH_2-CH_3 \\ \xrightarrow[\text{in } CCl_4]{Br_2} \underset{Br}{CH_2}-CH_2-\underset{Br}{CH_2} \\ \xrightarrow{\text{konz. HI}} CH_3-CH_2-CH_2I \end{array}$$

2 Kohlenwasserstoffe

Tabelle 2.5. Beispiele von Ringschlußreaktionen

(1) Intramolekulare Wurtz-Reaktion (S. 543)	$\begin{array}{c}\diagdown\diagup\\ C-Br\\ C-Br\\ \diagup\diagdown\end{array}$ + Zn → $\begin{array}{c}\diagdown\diagup\\ C\\ \|\\ C\\ \diagup\diagdown\end{array}$ + ZnBr$_2$
(2) Glaser-Kupplung (S. 624)	$\begin{array}{c}C\equiv CH\\ C\equiv CH\end{array}$ $\xrightarrow[\text{Pyridin}]{Cu^{2\oplus}}$ $\begin{array}{c}C\equiv C\\ \|\\ C\equiv C\end{array}$
(3) Alkylierung (S. 367)	$\begin{array}{c}CH-C=O\\ C-X\\ \diagup\diagdown\end{array}$ $\xrightarrow{\text{Base}}$ $\begin{array}{c}C-C=O\\ C\\ \diagup\diagdown\end{array}$
(4) Acylierung (S. 483)	$\begin{array}{c}CH-C=O\\ C-X\\ \|\\ O\end{array}$ $\xrightarrow{\text{Base}}$ $\begin{array}{c}C-C=O\\ C=O\end{array}$
(5) Aldoladdition (S. 523)	$\begin{array}{c}CH-C=O\\ C=O\end{array}$ $\xrightarrow{\text{Base}}$ $\begin{array}{c}C-C=O\\ \|\\ C-OH\end{array}$
(6) Dieckmann-Kondensation (S. 492)	$\begin{array}{c}CH_2COOR\\ COOR\end{array}$ $\xrightarrow{\text{Base}}$ $\begin{array}{c}CH-COOR\\ C=O\end{array}$
(7) Acyloin-Kondensation (S. 494)	$\begin{array}{c}COOR\\ COOR\end{array}$ $\xrightarrow{\text{Na}}$ $\begin{array}{c}C=O\\ \|\\ CHOH\end{array}$
(8) Thorpe-Ziegler-Reaktion (S. 534)	$\begin{array}{c}CN\\ CH_2-CN\end{array}$ → $\begin{array}{c}C=NH\\ \|\\ CH-CN\end{array}$ → $C=O$
(9) Carbeniumion-Cyclisierung (S. 427)	$\begin{array}{c}C=C\\ C^\oplus\\ \diagup\diagdown\end{array}$ → $\begin{array}{c}\|\oplus\\ C-C\\ C\\ \diagup\diagdown\end{array}$
(10) Simmons-Smith-Reaktion (S. 458)	$\begin{array}{c}\diagdown\diagup\\ C\\ \|\\ C\\ \diagup\diagdown\end{array}$ + CH$_2$I$_2$ + Zn → $\begin{array}{c}\diagdown\diagup\\ C\\ \quad\;\;\searrow\\ \quad\;\;\;\;CH_2\\ \quad\;\;\nearrow\\ C\\ \diagup\diagdown\end{array}$ + ZnI$_2$

(11) Cycloadditionen (S. 444)

(12) Diels-Alder-Reaktion (S. 84 und 448)

Ebenso erhält man aus Cyclobutan und Wasserstoff (unter Verwendung von Nickel als Katalysator) *n*-Butan bei einer Reaktionstemperatur von 200 °C.
In allen diesen Fällen wird eine C—C-Bindung getrennt, und es tritt nicht Substitution, sondern Addition ein. Die bemerkenswerte Fähigkeit gesättigter Ringsysteme, weitere Atome addieren zu können, beruht natürlich auf der durch Ringspannung bedingten relativ geringen Stabilität der kleinen Ringe.

2.3 Alkene

2.3.1 Molekülbau

Wir haben bereits in Abschnit 2.1.4 eine weitere Gruppe von Kohlenwasserstoffen erwähnt, die **Alkene**[1]. Sie enthalten stets weniger Wasserstoffatome als die offenkettigen Alkane und besitzen dementsprechend in ihrem Molekül eine oder mehrere **Doppelbindungen**. Im letzteren Fall hat man zu unterscheiden zwischen Verbindungen mit *isolierten, kumulierten* oder *konjugierten* Doppelbindungen:

$$-\overset{|}{C}=\overset{|}{C}-\overset{|}{C}-\overset{|}{C}=\overset{|}{C}- \qquad -\overset{|}{C}=C=\overset{|}{C}-\overset{|}{C}-\overset{|}{C}- \qquad -\overset{|}{C}=\overset{|}{C}-\overset{|}{C}=\overset{|}{C}-\overset{|}{C}-$$

|1,4-Pentadien|1,2-Pentadien|1,3-Pentadien|
|isoliert|kumuliert|konjugiert|

Die Endung **-en** bedeutet das Vorhandensein einer Doppelbindung. Die Silben -di-, -tri- usw. geben die Anzahl der Doppelbindungen im Molekül an. Bei der Zählung der C-Atome der längsten Kette beginnt man mit dem Ende, das der Doppelbindung näher liegt.

Eine Doppelbindung entsteht durch Überlagerung von je zwei einfach besetzten AO zweier Atome. Da die beiden C-Atome dann mit je drei anderen Atomen verbunden sind, kann man die *Bindungsverhältnisse* dadurch beschreiben, daß man für die drei Bindungen der C-Atome drei sp^2-Hybrid-Orbitale (Abb. 1.8) wählt, die sich durch Kombination der ψ-Funktionen eines 2s- und zweier 2p-AO erhalten lassen. Durch Überlagerung zweier solcher sp^2-Hybrid-Orbitale (d. h. durch lineare Kombination ihrer Wellenfunktionen) erhält man eine rotationssymmetrische (σ) C—C-Bindung; die C—H-Bindungen werden durch Kombination der übrigen sp^2-AO mit dem 1s-Orbital je eines H-Atoms beschrieben. Bei jedem C-Atom verbleibt aber noch ein viertes Valenzelektron, ein $2p_y$-Elektron; durch Überlappung dieser beiden $2p_y$-Orbitale kommt die zweite Bindung der Doppelbindung, eine π-Bindung, zustande (Abb. 2.16).

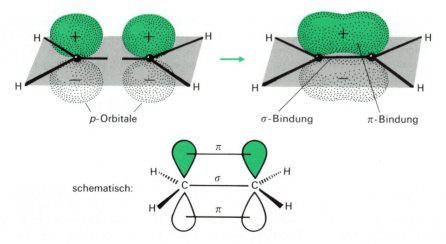

Abb. 2.16. *Bildung einer π-Bindung durch Überlagerung zweier p-AO*

---

[1] Früher auch «Olefine» genannt, von der Bezeichnung «gaz oléfiant» für C_2H_4 (mit Chlor oder Brom entsteht ein flüssiges, öliges Produkt).

2 Kohlenwasserstoffe

Das π-MO ist das energiereichste *(«höchste») besetzte* MO einer Doppelbindung. Man bezeichnet es als **HOMO** (highest occupied molecular orbital). Das antibindende π^*-MO ist das *«niedrigste» unbesetzte* MO, das **LUMO** (lowest unoccupied molecular orbital). Der erste angeregte Zustand einer Doppelbindung wird durch den Übergang eines Elektrons vom HOMO ins LUMO erreicht; je energiereicher das HOMO ist, umso leichter läßt sich das betreffende Molekül anregen, um so längerwelliges Licht wird zur Anregung benötigt. Das relativ hoch liegende HOMO der Alkene ist auch die Ursache ihrer hohen Elektronenpolarisierbarkeit, die auf der Verschiebung von Elektronen unter dem Einfluß eines elektrischen Feldes beruht. Da das HOMO gewissermaßen das Energieniveau der «Valenzelektronen» einer Doppelbindung darstellt, ist die Lage des HOMO und des LUMO nicht nur für die spektroskopischen, sondern auch für die chemischen Eigenschaften ungesättigter Verbindungen von Bedeutung.

Nach dieser Darstellung besteht eine Doppelbindung aus zwei *verschiedenartigen* Bindungen: einer σ-Bindung und einer π-Bindung. Da das HOMO (das π-MO) wegen seiner Knotenebene energiereicher als das σ-MO ist, muß die π-Bindung schwächer sein als die σ-Bindung.

Die Aufenthaltsräume der beiden Bindungselektronenpaare überschneiden sich allerdings stark, und es ist nicht wahrscheinlich, daß sich die σ- und die π-Wolken gegenseitig nicht beeinflussen. In der Tat kann man durch lineare Kombination der Wellenfunktionen der σ- und π-Elektronen zu einer dem «σ-π-Modell» völlig gleichwertigen Beschreibung der Doppelbindung gelangen.

$$\psi_1 = \frac{1}{\sqrt{2}}(\psi_\sigma + \psi_\pi) \quad \text{und} \quad \psi_2 = \frac{1}{\sqrt{2}}(\psi_\sigma - \psi_\pi)$$

Zur prinzipiell gleichen Vorstellung gelangt man aber auch, wenn man sich die Doppelbindung durch zweifache Überlagerung zweier sp^3-Hybrid-Orbitale entstanden denkt (Abb. 2.17); die beiden Bindungen sind dann ebenfalls gleichwertig, jedoch etwas mehr bogenförmig (Bogenbindungen, «Bananenbindungen» oder τ-MO; vgl. Cyclopropan).

Doppelbindungen können ebenso wie andere Moleküle (S. 22) mit *verschiedenen Modellen* beschrieben werden. *Die Ladungsdichteverteilung beider Modelle ist aber völlig äquivalent* (wenn die Orbitale doppelt besetzt sind, wird $2\psi_1^2 + 2\psi_2^2 = 2\psi_\sigma^2 + 2\psi_\pi^2$, wie man sich durch Quadrieren der Ausdrücke für ψ_1 und ψ_2 überzeugen kann); sie postulieren jedoch *verschiedene Bindungswinkel:*

	σ-π-Modell	τ-Modell
X—C—X (‖)	120°	109° 28'
C—C—X	120°	125° 16'

Es sollte also möglich sein, durch Messung der Bindungswinkel zwischen beiden Modellen entscheiden zu können. Die beobachteten Bindungswinkel entsprechen allerdings weder dem einen noch dem anderen Wert genau; mit Ausnahme des Ethens selbst kommen sie jedoch den vom τ-Modell geforderten Werten näher (Pauling). Das τ-*Modell* mit zwei gleichwertigen Orbitalen stellt also eine den wirklichen Verhältnissen *besser angepaßte Beschreibung* dar, als das – in der Literatur fast durchweg verwendete – σ-π-Modell. Letzteres ist allerdings mathematisch einfacher zu handhaben und ist deshalb für quantitative Betrachtungen besser geeignet. Es bietet zudem eine Interpretation des Grundzustandes und der

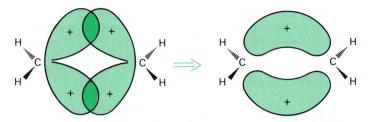

Abb. 2.17. Bildung der Doppelbindung im Ethen ($H_2C=CH_2$) durch Überlagerung zweier sp^3-Hybrid-AO der Kohlenwasserstoffatome («Bananenbindungen»)

angeregten Zustände und ist wegen der Unterscheidung von HOMO und LUMO auch zur Beschreibung vieler Reaktionen sehr nützlich. Es ist jedoch sachlich nicht richtig, wenn man – wie es häufig geschieht – auf Grund des σ-π-Modelles für eine Doppelbindung a priori zwei grundsätzlich verschiedene Bindungen postuliert.

Nach beiden Doppelbindungsmodellen muß der *Abstand* der C-Atome in einer Doppelbindung beträchtlich kürzer sein als in einer Einfachbindung (Bindungslängen C=C 134 pm, C—C 154 pm). Im σ-π-Modell ist dies die Folge der Tatsache, daß sich die beiden Atome stärker nähern müssen, um eine gegenseitige Überlappung der p-Orbitale zu ermöglichen. Ebenfalls nach beiden Modellen ist eine Überlappung von je zwei Elektronenwolken eines Atoms nur möglich, wenn die beiden Atome *in einer bestimmten Weise zueinander orientiert* sind: die beiden *anderen Bindungen* beider Atome *liegen in einer Ebene*. Dies bedeutet aber, daß die *freie Drehbarkeit um eine Doppelbindung aufgehoben* ist, oder genauer gesagt, daß für die Rotation um eine Doppelbindung eine hohe Energiebarriere (nämlich die Bindungsenthalpie einer Bindung!) zu überschreiten ist. Als Folge davon ist **E/Z-Isomerie**[1,2] möglich. So existieren beispielsweise zwei Isomere des 2-Butens:

$$\underset{H}{\overset{H_3C}{>}}C=C\underset{H}{\overset{CH_3}{<}} \qquad \underset{H}{\overset{H_3C}{>}}C=C\underset{CH_3}{\overset{H}{<}}$$

(Z)-Isomer   (E)-Isomer
Kp. 4 °C   Kp. 1 °C

Die beiden Stereoisomere stehen in derselben Beziehung zueinander wie die *cis*- und *trans*-Isomere bei disubstituierten Cycloalkanen. Die Umwandlung des (stabileren) (E)-Isomers in das (Z)-Isomer ist oft durch Bestrahlung mit UV-Licht möglich, das die zur Umwandlung nötige Energie liefert. Die Umwandlung verläuft dann über einen angeregten Zustand (ein π-Elektron besetzt vorübergehend das antibindende LUMO).

Für den Fall von tri- oder tetrasubstituierten Alkenen sind besondere *Nomenklaturregeln* notwendig, um die verschiedenen Isomere eindeutig kennzeichnen zu können. Man benützt zu diesem Zweck die **«Sequenzregel»** von Cahn, Ingold und Prelog, nach welcher alle möglichen Substituenten in eine Reihe nach abnehmender Priorität geordnet sind (Reihenfolge siehe S. 180. Dasjenige Isomer, bei welchem die beiden Gruppen höherer Priorität auf derselben Seite der Doppelbindung liegen, wird als (Z)-Isomer, das andere als (E)-Isomer bezeichnet:

$$\underset{H}{\overset{H_3C}{>}}C=C\underset{Br}{\overset{CH_3}{<}} \qquad \underset{H}{\overset{H_3C}{>}}C=C\underset{CH_3}{\overset{Br}{<}}$$

(E)-2-Brom-2-buten   (Z)-2-Brom-2-buten

---

[1] Früher auch als *cis/trans*-Isomerie bezeichnet.
[2] «Z» von «zusammen», «E» von «entgegen».

(Nach der Sequenzregel ist die Reihenfolge Br > CH$_3$ > H. Im (Z)-Isomer stehen die Substituenten —**Br** und —**CH$_3$**, die an dem betreffenden Kohlenstoffatom jeweils die höhere Priorität besitzen, auf derselben Seite der Doppelbindung.)

2.3.2 Physikalische Eigenschaften

In bezug auf Schmelzpunkt, Siedepunkt, Löslichkeit u. a. verhalten sich die Alkene prinzipiell den Alkanen ähnlich. Während jedoch sämtliche Alkane völlig unpolar sind (Dipolmoment Null), sind gewisse Alkene schwach polar, eine Folge der räumlichen Orientierung der Substituenten an der Doppelbindung:

$\mu = 1.12 \cdot 10^{-30}$ Cm $\mu = 1.19 \cdot 10^{-30}$ Cm

Dies weist darauf hin, daß Alkylgruppen in geringem Maß elektronenabgebend wirken (siehe grüne Pfeilspitzen sowie S. 307).

Die *relative Stabilität* verschiedener Alkene kann durch einen Vergleich ihrer *Hydrierungsenthalpien* bestimmt werden, die um so höher sind, je energiereicher (je weniger stabil) ein Alken ist.

Hydrierung: $\rangle C=C\langle + H_2 \xrightarrow{Ni} -\overset{|}{\underset{H}{C}}-\overset{|}{\underset{H}{C}}-$ $\Delta H < 0$

Man findet dabei, daß (E)-Isomere in der Regel *stabiler* sind als entsprechende (Z)-Isomere, eine Folge der geringeren räumlichen Wechselwirkungen zwischen den Substituenten an einer Doppelbindung. Die Energiedifferenz zwischen den beiden Isomeren wird naturgemäß besonders hoch, wenn die betreffenden Substituenten voluminös sind:

Energiedifferenz etwa 4 kJ/mol

Energiedifferenz etwa 40 kJ/mol

Interessant ist auch ein Vergleich der Hydrierungsenthalpien verschieden substituierter Alkene:

Alken	ΔH [kJ/mol]
H$_3$CCH$_2$CH=CH$_2$	−127
(Z)-H$_3$CCH=CHCH$_3$	−127
(E)-H$_2$CCH=CHCH$_3$	−116
(H$_3$C)$_2$C=CHCH$_3$	−113

Man erkennt daraus, daß *die Stabilität der Alkene zunimmt, je mehr Alkylsubstituenten an der Doppelbindung haften:*

$$R_2C=CR_2 > R_2C=CHR > R_2C=CH_2 \approx (E)\text{-}RCH=CHR > (Z)\text{-}RCH=CHR > RCH=CH_2 > H_2C=CH_2$$

In den *IR-Spektren* der Alkene zeigt sich die Doppelbindung häufig durch eine Bande bei 1650 cm^{-1} (C=C-Streckschwingung). Die Intensität und die genaue Lage dieser Bande hängt allerdings etwas von der Konstitution des Moleküls ab (z. B. verschiebt sie sich durch Konjugation gegen 1600 cm^{-1}). Bei Alkenen, die an der Doppelbindung symmetrisch substituiert sind (also z. B. beim Ethen oder beim 2,3-Dimethyl-2-buten), fehlt sie ganz, weil die C=C-Streckschwingung nicht zu einer Änderung des Dipolmoments führt und damit IR-inaktiv ist. Zur Charakterisierung der Alkene besser geeignet sind die Absorptionsbanden, welche auf Schwingungen der Vinyl-H-Atome (=CH$_2$ oder —CH=) zurückzuführen sind: 3000 bis 3100 cm^{-1} und 800 bis 1000 cm^{-1}. Letztere entsprechen Beugeschwingungen aus der Molekülebene heraus und sind sehr charakteristisch für Alkene; ihre genaue Lage hängt etwas von der Anzahl der Substituenten und der Konfiguration ab und ermöglicht dadurch u. U. eine Entscheidung zwischen (*Z*)-oder (*E*)-Konfiguration:

R—CH=CH$_2$	910–920 cm^{-1}	Z	R—CH=CH—R	675–730 cm^{-1}
R$_2$C=CH$_2$	880–900 cm^{-1}	E	R—CH=CH—R	960–970 cm^{-1}

IR-Banden von Alkenen [cm^{-1}]		
>C=CH$_2$	3000–3095	C—H-Streckschwingung (manchmal durch die viel intensivere Bande der C—H-Streckschwingung gesättigter C-Atome verdeckt)
>C=CH—	3010–3040	C—H-Streckschwingung
>C=C<	1650	C=C-Streckschwingung (wenn die Doppelbindung symmetrisch substituiert ist, tritt diese Bande nicht auf. Abwesenheit bedeutet also nicht das Fehlen einer Doppelbindung!)
—CH=CH— Z	675–730	C—H-Beugeschwingungen aus der Ebene der Doppelbindung heraus
—CH=CH— E	960–970	
>C=CH$_2$	885–895	

Da die Elektronen der Doppelbindung in antibindende π*-MO (LUMO) übergeführt werden können, ist *Absorption im kurzwelligen Bereich des Spektrums* zu erwarten (λ ≈ 180–200 nm). Leider absorbieren in diesem Bereich auch viele andere Stoffe (Luft, Quarz u. a.), so daß die UV-Spektren von Alkenen mit isolierten Doppelbindungen schwierig zu interpretieren sind. Konjugation von Doppelbindungen verschiebt die Absorption ins Gebiet längerer Wellen («Rotverschiebung»).

2.3.3 Chemische Reaktionen und Gewinnung

Reaktionen. Wie wir gesehen haben, ist eine Doppelbindung schwächer als zwei Einfachbindungen. Es ist darum zu erwarten, daß bei den für die Alkene charakteristischen Reaktionen eine Bindung getrennt wird und dafür zwei neue (σ-)Bindungen gebildet werden. Dies ist in der Tat der Fall: Alkene sind befähigt, andere Moleküle an die Doppelbindung *anzulagern* **(Additionsreaktion)**, wobei aus einem «ungesättigten» ein «gesättigtes» Molekül entsteht. Bei solchen Additionen stellt das Alkenmolekül zwei Elektronen für die neuen Bindungen zur Verfügung (die beiden Elektronen des HOMO); zur Addition geeignet sind darum entweder **elektrophile** («elektronensuchende») Teilchen [Partikeln, die eine Elektronenlücke besitzen *(Lewis-Säuren)*] oder *Radikale*. Man hat darum je nach dem Mechanismus der Addition zu unterscheiden zwischen *elektrophiler* (polarer) *Addition (A_E)* und *Radikaladdition (A_R)*. Während erstere vor allem in Lösung oder bei der Addition selbst polarer Moleküle (HCl, H_2O) auftritt, ist Radikaladdition besonders in der Gasphase und unter dem Einfluß von Licht häufig. Eine Übersicht über die verschiedenen Möglichkeiten von Additionsreaktionen bringt Tabelle 2.6; ihr Verlauf sowie ihre Bedeutung wird später (2. Teil) genauer erklärt werden.

Viele Additionsreaktionen sind von großem *technischem* oder *präparativem Interesse:* Hydrierung (Bildung gesättigter Verbindungen), Addition von Halogenen oder Halogenwas-

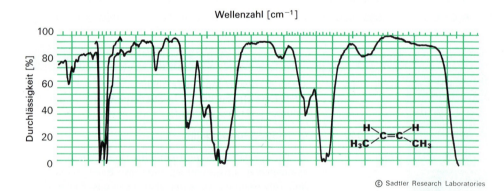

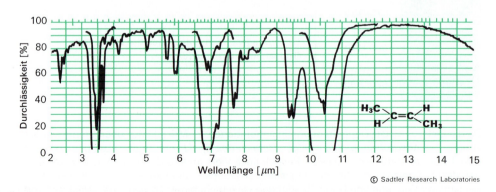

Abb. 2.18. IR-Spektrum von (Z)-2-Buten (oben) und (E)-2-Buten (unten).

Tabelle 2.6. Beispiele von Additionsreaktionen an C=C-Doppelbindungen

Edukt		Reagenz	Produkt		Weiterreaktion
$\mathrm{>\!\!C\!=\!C\!\!<}$	+	H₂ (Ni) (S. 430) oder Diimin (S. 626)	$-\underset{H}{\overset{\|}{C}}-\underset{H}{\overset{\|}{C}}-$		
		Cl₂, Br₂ (S. 404)	$-\underset{X}{\overset{\|}{C}}-\underset{X}{\overset{\|}{C}}-$		
		HCl, HBr (S. 413)	$-\underset{H}{\overset{\|}{C}}-\underset{X}{\overset{\|}{C}}-$		
		H₂O (H⊕) (S. 415)	$-\underset{H}{\overset{\|}{C}}-\underset{OH}{\overset{\|}{C}}-$		
		HOCl (S. 412)	$-\underset{Cl}{\overset{\|}{C}}-\underset{OH}{\overset{\|}{C}}-$		
		H₂SO₄ (S. 413)	$-\underset{H}{\overset{\|}{C}}-\underset{OSO_3H}{\overset{\|}{C}}-$		
		B₂H₆ (S. 421) (Hydroborierung)	$-\underset{H}{\overset{\|}{C}}-\underset{B-}{\overset{\|}{C}}-$	H₂O₂ →	$-\underset{H}{\overset{\|}{C}}-\underset{OH}{\overset{\|}{C}}-$
				ClNH₂ →	$-\underset{H}{\overset{\|}{C}}-\underset{NH_2}{\overset{\|}{C}}-$
		Hg(OOCCH₃)₂, H₂O (Oxymercurierung) (S. 418)	$-\underset{H}{\overset{\|}{C}}-\underset{OH}{\overset{\|}{C}}-$		
		:CH₂ (S. 400) (Carben)	$\mathrm{>\!C\!\!-\!\!C\!<}$ mit CH₂ Brücke		
		R−H (S. 424) (Alkylierung)	$-\underset{H}{\overset{\|}{C}}-\underset{R}{\overset{\|}{C}}-$		
		$\mathrm{>\!C\!=\!\overset{\|}{C}\!-\!R}$ (S. 779) (Polymerisation)	$-\underset{H}{\overset{\|}{C}}-\underset{R}{\overset{\|}{C}}-\underset{H}{\overset{\|}{C}}-\underset{R}{\overset{\|}{C}}-\underset{H}{\overset{\|}{C}}-\underset{R}{\overset{\|}{C}}\cdots$		
		O₃; Zn (S. 455) (Ozonspaltung)	$\mathrm{>\!C\!=\!O\ +\ O\!=\!C\!<}$		
		KMnO₄, OsO₄ Peroxysäuren Iod/Silberacetat (S. 610)	$\mathrm{>\!\underset{OH}{C}\!-\!\underset{OH}{C}\!<}$		
		oxidative Spaltung (S. 612)	$\mathrm{>\!C\!=\!O\ +\ O\!=\!C\!<}$		
		Epoxidierung (S. 419)	$\mathrm{>\!C\!\underset{O}{\overset{\diagup\!\diagdown}{-}}\!C\!<}$		

serstoffverbindungen (→ Halogenverbindungen), Alkylierung (Gewinnung treibstofftechnisch günstiger verzweigter Alkane), Polymerisation [Aufbau hochmolekularer Stoffe (Kunststoffe)]. Die rasche Entfärbung einer Lösung von Brom in Tetrachlormethan (Addition von Brom) und die Bildung von braunem MnO_2 durch Reduktion wäßriger, schwach alkalischer $KMnO_4$-Lösung (wobei die Doppelbindung zu *vic*-Dihydroxyverbindungen[1] oder «Glycolen» oxidiert wird) werden zum analytischen Nachweis von Doppelbindungen verwendet. Auch die Bildung farbiger Additionsprodukte mit *Tetranitromethan*, $C(NO_2)_4$, ist für ungesättigte Verbindungen kennzeichnend.

Eine zur Konstitutionsaufklärung von Alkenen wichtig gewordene Additionsreaktion ist die Oxidation von Doppelbindungen durch *Ozon*. Dabei wird ein O_3-Molekül unter sukzessiver Aufspaltung beider Bindungen der Doppelbindung angelagert:

$$R-CH=CH-R' + O_3 \rightarrow R-CH\underset{O}{\overset{O-O}{\diagup\diagdown}}CH-R'$$

Diese «*Ozonide*» sind ziemlich unbeständig und werden durch Wasser zu Carbonylverbindungen (Aldehyden, $R-C{\overset{H}{\underset{O}{}}}$, oder Ketonen, $\underset{R'}{\overset{R}{}}C=O$) hydrolysiert:

$$R-CH\underset{O}{\overset{O-O}{\diagup\diagdown}}CH-R' + H_2O \rightarrow R-C{\overset{H}{\underset{O}{}}} + {\overset{O}{\underset{H}{}}}C-R' + H_2O_2$$

Um das bei der Hydrolyse gebildete H_2O_2 zu zersetzen (und dadurch eine Weiteroxidation der Carbonylverbindungen zu verhindern), setzt man meist ein Reduktionsmittel, wie z. B. Zink, zu. Da die bei dieser Ozonspaltung entstandenen Carbonylverbindungen relativ leicht zu isolieren und zu identifizieren sind, wird diese Reaktion dazu verwendet, um die Lage einer Doppelbindung in einem Molekül zu bestimmen.

Neben den für die Doppelbindung charakteristischen Additionsreaktionen sind bei Alkenen auch **Substitutionsreaktionen** möglich. Ob ein bestimmtes Reagens (z. B. ein Halogen) substituierend wirkt oder addiert wird, hängt in hohem Maß von den *Reaktionsbedingungen* ab. Während im Dunkeln, in flüssiger Phase sowie bei Raumtemperatur, vorwiegend Addition eintritt, wird die Substitution durch höhere Temperaturen oder durch Bestrahlung mit UV-Licht (also durch Bedingungen, welche die Bildung von Radikalen ermöglichen!) begünstigt. Zwar ist auch bei hohen Temperaturen Addition z. B. von Brom an eine Doppelbindung möglich; die Tatsache, daß dann aber das Reaktionsgemisch mehr Substitutionsprodukte enthält, deutet darauf hin, daß ein addiertes Bromatom bei einem Zusammenstoß mit einem weiteren Molekül oder Radikal leicht wieder herausgeschlagen wird, bevor ein zweites Atom addiert werden kann:

$$X^\ominus + H_3C-CH=CH_2 \diagdown \diagup \begin{array}{l} H_3C-\overset{\ominus}{C}H-CH_2-X \xrightarrow{+X_2} H_3C-\overset{X}{\underset{|}{C}}H-CH_2-X \\ H_2\overset{\ominus}{C}-CH=CH_2 \xrightarrow{+X_2} X-CH_2-CH=CH_2 + X^\ominus \end{array}$$

Mit dieser Erklärung stimmt die Beobachtung überein, daß bei kleiner Konzentration des Halogens die Substitution ebenfalls begünstigt wird.

Besonders *leicht* findet *Substitution am α-C-Atom* statt, d. h. am C-Atom, das der funktionellen Gruppe (der Doppelbindung) benachbart ist. So wird 3-Chlor-1-propen («Allylchlorid») technisch aus Chlor und Propen bei 500 bis 600 °C gewonnen:

$$Cl_2 + \overset{\alpha}{C}H_3-CH=CH_2 \rightarrow Cl-CH_2-CH=CH_2 + HCl$$

---

[1] *vic* von vicinal = benachbart.

Die Leichtigkeit, mit der diese Reaktion eintritt, hängt mit der relativ großen Stabilität des *Allylradikals*, $^{\ominus}CH_2-CH=CH_2$, zusammen (vgl. S. 586). Die direkt an die C-Atome der Doppelbindung gebundenen H-Atome (Vinyl-H-Atome; abgeleitet vom Vinylrest, $CH_2=CH-$) sind viel schwerer zu substituieren:

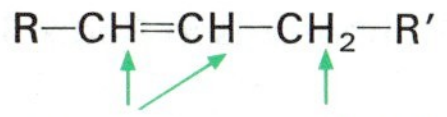

$$R-CH=CH-CH_2-R'$$

Vinyl-H: gegen Substitution beinahe inert   Allyl-H: leicht substituierbar

Eine elegante Methode, um Alkene in «Allylstellung» zu bromieren, besteht in der Reaktion mit **N-Bromsuccinimid (Wohl-Ziegler-Reaktion)**, das eine konstante, geringe Konzentration von Br_2 liefert:

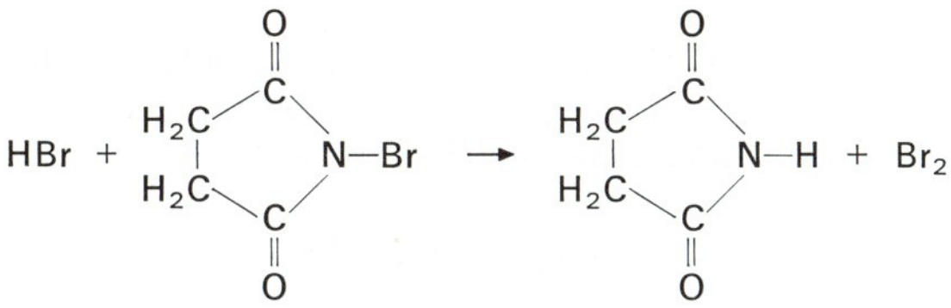

$$HBr + \text{N-Bromsuccinimid} \rightarrow \text{Succinimid} + Br_2$$

Jedes durch Substitution gebildete HBr-Molekül erzeugt mit N-Bromsuccinimid ein Br_2-Molekül, das wie oben bei der Reaktion mit elementarem Brom, jedoch in stark verdünntem Zustand, radikalisch weiterreagiert («Goldfinger-Mechanismus»).

Eine interessante Reaktion ist die **«Alken-Metathese»**. Unter dem Einfluß bestimmter Katalysatoren [Übergangsmetallsulfide oder -carbonyle oder Ziegler-Natta-Katalysatoren (S. 781)] lassen sich die Alkylgruppen zwischen zwei Alkenmolekülen austauschen:

$$R^1-CH=CH-R^2$$
$$+$$
$$R^3-CH=CH-R^4$$
$$\rightarrow$$
$$R^1-CH \quad CH-R^2$$
$$\| \quad + \quad \|$$
$$R^3-CH \quad CH-R^4$$

Es scheint, daß diese Reaktion auch technische Bedeutung bekommen wird, z. B. zur Herstellung von Propen aus Ethen und 2-Buten:

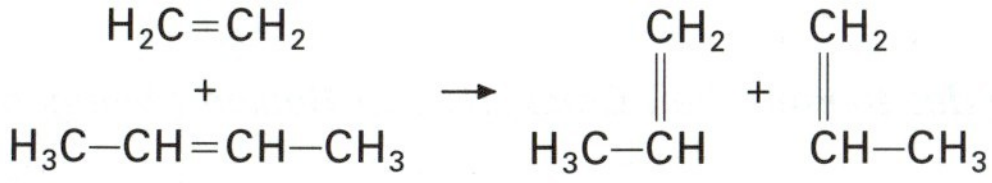

$$H_2C=CH_2$$
$$+$$
$$H_3C-CH=CH-CH_3$$
$$\rightarrow$$
$$CH_2 \quad CH_2$$
$$\| \quad + \quad \|$$
$$H_3C-CH \quad CH-CH_3$$

Cyclische Alkene können dadurch unter Ringerweiterung zu einem cyclischen Dialken mit doppelter Ringgliederzahl reagieren:

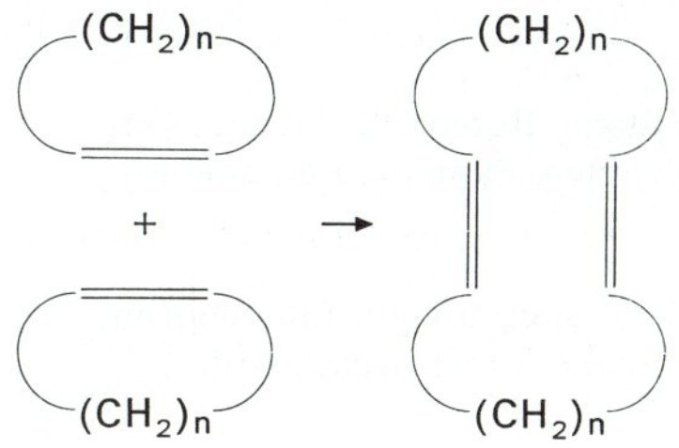

2 Kohlenwasserstoffe

Herstellung. Zur technischen Gewinnung der niedrigen Alkene (C_2 bis C_5) dienen die verschiedenen **Crackverfahren**. Beim thermischen Cracken wird Rohbenzin (Naphtha, Kp. 60 bis 180°C) in bis 50 m langen Rohren kurzzeitig auf Temperaturen bis 1100°C erhitzt (Verweilzeit im Cracker ca. 0.1 s!). Um die Abscheidung von Koks zu verringern, wird das Rohbenzin mit Wasserdampf «verdünnt» (sog. *Steam-Cracker*). Wahrscheinlich zerfallen dabei die Kohlenwasserstoffe des Rohbenzins in Radikale:

$$CH_4 \longrightarrow H^\cdot + \overset{\cdot}{C}H_3$$

$$C_2H_6 \longrightarrow H^\cdot + \overset{\cdot}{C}_2H_5 \quad \text{oder} \quad \overset{\cdot}{C}H_3 + \overset{\cdot}{C}H_3$$

$$C_3H_8 \longrightarrow H^\cdot + \overset{\cdot}{C}_3H_7 \quad \text{oder} \quad \overset{\cdot}{C}H_3 + \overset{\cdot}{C}_2H_5$$

$$C_4H_{10} \longrightarrow H^\cdot + \overset{\cdot}{C}_4H_9 \quad \text{oder} \quad \overset{\cdot}{C}H_3 + \overset{\cdot}{C}_3H_7 \quad \text{oder} \quad \overset{\cdot}{C}_2H_5 + \overset{\cdot}{C}_2H_5$$

$H^\cdot$-, $\overset{\cdot}{C}H_3$- und $\overset{\cdot}{C}_2H_5$-Radikale sind relativ stabil; größere Radikale zerfallen jedoch leicht:

$$\overset{\cdot}{C}_3H_7 \longrightarrow C_3H_6 + H^\cdot \quad \text{oder} \quad C_2H_4 + \overset{\cdot}{C}H_3$$

$$\overset{\cdot}{C}_4H_9 \longrightarrow C_4H_8 + H^\cdot \quad \text{oder} \quad C_3H_6 + \overset{\cdot}{C}H_3 \quad \text{oder} \quad C_2H_4 + \overset{\cdot}{C}_2H_5$$

Aus jedem größeren Radikal entsteht so ein Alkenmolekül und ein kleineres, stabileres Radikal. Diese können mit Kohlenwasserstoff-Molekülen unter Abspaltung eines Wasserstoffatoms reagieren, wobei neue Radikale entstehen:

$$\overset{\cdot}{C}H_3 + RH \longrightarrow CH_4 + R^\cdot$$

Der Crackvorgang kann nicht so gesteuert werden, daß sich ein einziges Produkt bildet (man erhält also stets das ganze «Spektrum» vom Wasserstoff bis zum Ruß); hingegen kann durch die Wahl der Ausgangsstoffe und durch die Crackbedingungen die *Mengenverteilung* der verschiedenen Produkte beeinflußt werden. Die bei der thermischen Crackung von Rohbenzin (das durch direkte Destillation aus dem Erdöl erhalten wird) entstehenden Produkte sind in Tabelle 2.7 zusammengestellt (vgl. Bd. II). Durch Destillation und Extraktion trennt man das Produktgemisch in Wasserstoff, Methan, Ethan, Ethen, Propen, C_4-Gemisch (Butane, Butene, Butadien), C_5-Gemisch (Pentane, Pentene, Isopren, Pentadiene), C_6/C_7-Gemisch

Tabelle. 2.7. Produkte des thermischen Crackens von Benzin (Mengenangaben in Massenprozent)

Wasserstoff	~1
Methan	~10
Ethan	~5
Ethen	~20
Propen	~20
C_4-Kohlenwasserstoffe (Butane, Butene, Butadien [Anteil 30 bis 40%])	~10
C_5-Kohlenwasserstoffe (Pentane, Pentene, Pentadiene)	~7
Benzen (C_6H_6)	~5
Toluen (Methylbenzen)	~5
C_8-Aromaten (*o*-, *m*- und *p*-Xylen, Styren, Ethylbenzen)	~5
Sonstige Produkte (Ruß, höhere Kohlenwasserstoffe)	5–10

(mit Benzen und Toluen) und Crackbenzin. Hauptprodukte sind Ethen und Propen («Ethylen» und «Propylen»); wirtschaftlich sehr wichtig ist auch das durch Extraktion der C_4-Fraktion mit Acetonitril oder Dimethylformamid zu gewinnende *Butadien*, das rund 40% dieser Fraktion ausmachen kann und zu Kunststoffen und Kautschuken polymerisiert wird.

Präparativ geschieht die Einführung der Doppelbindung durch Abspaltung von Atomen aus gesättigten Verbindungen, also durch **Elimination**, das Gegenteil der Addition. Als Ausgangsstoffe kommen in erster Linie Halogenalkane oder *Alkohole* in Frage, für Spezialfälle auch *vic*-Dihalogenide (x = Halogen):

$$(1) \quad -\overset{H}{\underset{X}{C}}-\overset{|}{\underset{|}{C}}- \xrightarrow{OH^\ominus} \;\;>C=C< \;+\; H_2O \;+\; X^\ominus$$

$$(2) \quad -\overset{H}{\underset{OH}{C}}-\overset{|}{\underset{|}{C}}- \xrightarrow{H^\oplus} \;\;>C=C< \;+\; H_2O$$

$$(3) \quad -\overset{|}{\underset{X}{C}}-\overset{|}{\underset{X}{C}}- \xrightarrow{Zn} \;\;>C=C< \;+\; ZnX_2$$

Andere präparativ wichtige Methoden zur Gewinnung von Alkenen durch Elimination gehen von *Aminen* bzw. *Carbonsäureestern* aus («erschöpfende Methylierung» bzw. Esterpyrolyse; vgl. S. 393, 394).
Eine in manchen Fällen wertvolle Methode ist die *partielle Hydrierung von Alkinen*, d. h. von Verbindungen mit einer Dreifachbindung. Damit die Anlagerung von Wasserstoff nicht — über die Stufe der Doppelbindung hinaus — zu gesättigten Verbindungen führt, verwendet man dazu spezielle Katalysatoren [«**Lindlar-Katalysatoren**», inaktiviertes (z.B. mit Blei «vergiftetes» Palladium]. Diese Reaktion liefert ausschließlich (*Z*)-Alkene, verläuft also **stereoselektiv** (*E*)-Alkene können durch ebenfalls stereoselektive Hydrierung von Alkinen mit Natrium (in flüssigem Ammoniak) erhalten werden:

$$R-C\equiv C-R' \quad \begin{array}{c} \xrightarrow{H_2/Pd} \;\; \overset{R}{\underset{H}{>}}C=C\overset{R'}{\underset{H}{<}} \quad Z \\ \\ \xrightarrow{Na(NH_3)} \;\; \overset{R}{\underset{H}{>}}C=C\overset{H}{\underset{R'}{<}} \quad E \end{array}$$

Weitere Reaktionen zur Bildung von C=C-Doppelbindungen werden im 2. Teil des Buches besprochen (Wittig-Reaktion, S. 519; Cope-Reaktion, S. 398).
Das wichtigste Alken ist das **Ethen (Ethylen)**, ein Gas (Fp. −169,2 °C, Kp. −103,7 °C). Früher fiel Ethen vor allem als Nebenprodukt beim Cracken von Petroleum an, während es heute hauptsächlich durch Pyrolyse von Leichtbenzin oder Rohöl oder auch durch Dehydrierung von Ethan (aus Erdgas) gewonnen wird. Ethen ist heute einer der wichtigsten Rohstoffe der organisch-chemischen Großindustrie und dient als Ausgangsmaterial für viele technische Synthesen. **Propen (Propylen)** (Fp. −185 °C, Kp. −47,7 °C) besitzt eine ähnlich große technische Bedeutung (vgl. Abb. 2.19 insbesondere als Ausgangsstoff für das relativ umweltneutrale Polypropylen).

2 Kohlenwasserstoffe

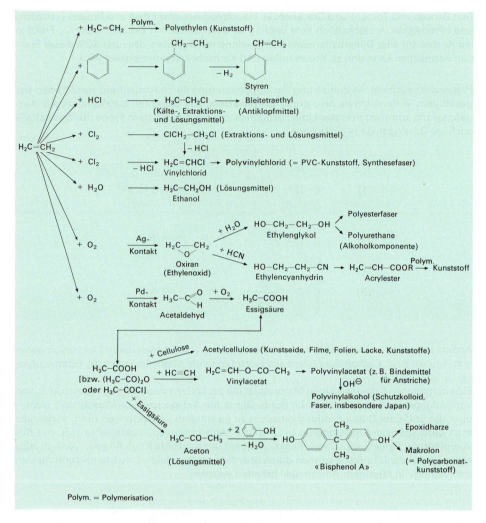

Abb. 2.19. «Ethylenbaum» (ausgehend von Ethen technisch hergestellte Produkte)

Auch *alicyclische Ringe* können Doppelbindungen enthalten:

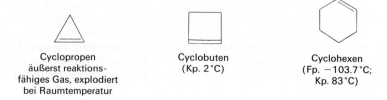

Cyclopropen
äußerst reaktions-
fähiges Gas, explodiert
bei Raumtemperatur

Cyclobuten
(Kp. 2 °C)

Cyclohexen
(Fp. −103.7 °C;
Kp. 83 °C)

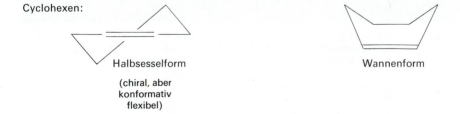

Abb. 2.20. *Von Propen ausgehend industriell hergestellte Produkte*

Der Cyclopropenring steht naturgemäß unter äußerst starker *Ringspannung*. Auch der Cyclobuten- und der Cyclopentenring sind gespannt, während der Ring von Cyclohexen nahezu spannungsfrei ist. An der Doppelbindung liegt in diesen Ringen die (*Z*)-Konfiguration vor; der kleinste Ring, der auch in der (*E*)-Konfiguration stabil ist, ist der Ring von Cyclooctèn. Von den sechs Ring-C-Atomen des **Cyclohexens** liegen vier in einer Ebene zusammen mit zwei H-Atomen; von den beiden möglichen Konformationen («Halbsesselform» und Wannenform) ist die erstere um 11 kJ/mol stabiler.

Cyclohexen:

Halbsesselform

(chiral, aber konformativ flexibel)

Wannenform

2.3.4 Polyene

Kohlenwasserstoffe, die mehrere isolierte Doppelbindungen enthalten, verhalten sich in Bezug auf ihre physikalischen und chemischen Eigenschaften gleich wie gewöhnliche Alkene. Hingegen unterscheiden sich **konjugierte Diene** und **Polyene** durch ihre *größere Stabilität* und ihre *Reaktivität* von den übrigen ungesättigten Verbindungen.

Von Interesse ist beispielsweise ein Vergleich der Hydrierungsenthalpien (Tabelle 2.8). Während bei monosubstituierten Alkenen ($R-CH=CH_2$) pro Doppelbindung rund 125 kJ/mol, bei disubstituierten ($R-CH=CH-R$ oder $R_2C=CH_2$) rund 117 kJ/mol und schließlich bei trisubstituierten Alkenen ($R_2C=CH-R$) rund 113 kJ/mol frei werden, sind die Hydrierungsenthalpien entsprechend konjugiert-ungesättigter Verbindungen stets um einen allerdings geringen Betrag kleiner. Dies bedeutet aber, daß *konjugierte Systeme stabiler* sind als nichtkonjugierte mit der gleichen Anzahl Doppelbindungen. Die *Bindungslängen* konjugierter Doppelbindungen weichen nur wenig von denjenigen isolierter Doppelbindungen (134 pm) ab, hingegen sind die zwischen den Doppelbindungen liegenden Einfachbindungen deutlich kürzer als «gewöhnliche» Einfachbindungen (beim Butadien z. B. 146 pm; C—C-Einfachbindung 154 pm). Bei Additionsreaktionen an konjugierte Diene erhält man neben den Produkten der «gewöhnlichen» (1,2-)Addition auch 1,4-Additionsprodukte, welche oft sogar mengenmäßig überwiegen:

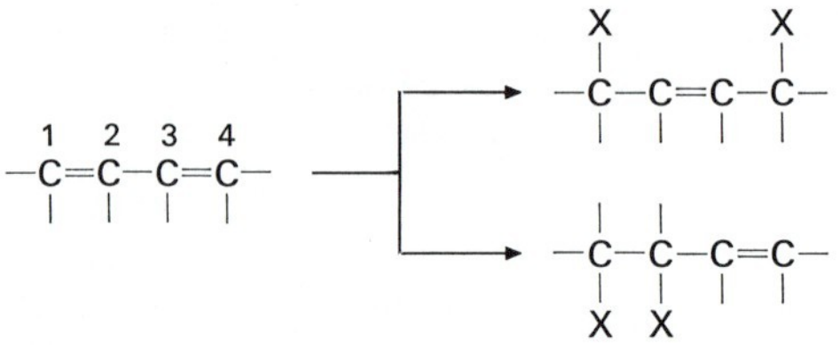

Eine für präparative Zwecke wertvolle, für Diene spezifische Reaktion ist die 1,4-Addition eines Alkens bzw. einer Substanz mit einer genügend reaktionsfähigen Doppelbindung (**«Diels-Alder-Reaktion»**)[1]:

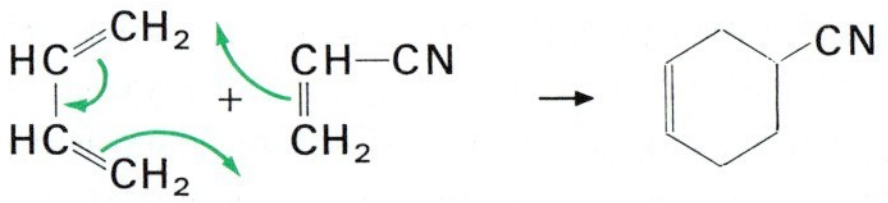

Tabelle. 2.8. Hydrierungsenthalpien einiger Diene

Dien	Hydrierungsenthalpie [kJ/mol]
1,4-Pentadien	−254
1,5-Hexadien	−253
1,3-Butadien	−239
1,3-Pentadien	−226
2-Methyl-1,3-butadien (Isopren)	−223
2,3-Dimethyl-1,3-butadien	−225
1,2-Propadien (Allen)	−298

Da die Diels-Alder-Reaktion streng **stereospezifisch** verläuft, entsteht ein Produkt von ganz bestimmter, eindeutig festgelegter Konfiguration. Sie ist besonders zur Synthese von Naturstoffen, die alicyclische Ringe enthalten, wichtig geworden. Über ihren Ablauf siehe S. 448.

---

[1] Mit grünen Pfeilen werden in diesem Buch Elektronen(dichte)-Verschiebungen **im Verlaufe einer chemischen Reaktion** gekennzeichnet.

Delokalisierte Bindungen: MO-Beschreibung konjugierter Diene. Nach dem einfachen σ-π-Doppelbindungsmodell enthält das 1,3-Butadien zwei isolierte π-Bindungen und dazwischen eine normale σ-Bindung. Wie bereits bemerkt, ist diese σ-Bindung jedoch deutlich kürzer als eine C—C—σ-Bindung in Alkanen; zudem konnte gezeigt werden, daß die freie Drehbarkeit um die mittlere Bindung des Butadiens behindert ist (Energiebarriere 14.6 kJ/mol), so daß im Gaszustand zwei *Konformere* miteinander im Gleichgewicht stehen:

transoid
($\theta = 0°$)
(1)

cisoid
($\theta = 180°$)
(2)

Das *transoid*-Konformer ist dabei um 9.6 kJ/mol stabiler.

Die Beschreibung konjugierter Diene durch isolierte Doppel- und Einfachbindungen wird den wirklichen Verhältnissen offenbar nicht gerecht. Eine bessere Deutung erhält man durch Verwendung **delokalisierter** (sich über mehrere Atome erstreckender) MO, die man durch lineare Kombination geeigneter AO von mehreren Atomen bildet. Da es unmöglich ist, auch im Fall eines einfachen Moleküls, wie des Butadiens, die Wechselwirkungen zwischen den Atomkernen und den Elektronen sowie die interelektronischen Wechselwirkungen mathematisch zu bewältigen, müssen dabei *Näherungsrechnungen* durchgeführt werden. Bei der einfachsten Näherungsmethode, die auf E. Hückel (1938) zurückgeht (sogenannte **«HMO-Näherung»**), werden die σ- und die π-Elektronen getrennt behandelt, und es werden nur die Energien der verschiedenen π-MO berücksichtigt. Die Näherung besteht darin, daß man nicht nur die gegenseitige Abstoßung der π-Elektronen, sondern auch die σ/π-Wechselwirkungen vernachlässigt, d. h. daß man annimmt, daß sich σ- und π-Elektronen gegenseitig nur sehr wenig beeinflussen.

Ein konjugiertes System besteht dann aus einer lückenlosen Folge von mehr als zwei sp^2- (oder sp-) hybridisierten Atomen. Aus deren p-AO werden über das ganze Molekül *delokalisierte π-MO* aufgebaut, die *für ein konjugiertes System charakteristisch sind*. Bei der Berechnung der Energie der π-MO spielen zwei Größen eine Rolle, die als α und β bezeichnet werden. Die Größe α, das «*Coulomb-Integral*», entspricht der Energie eines p-AO in einem isolierten, sp^2-hybridisierten C-Atom; das Coulomb-Integral stellt somit die Energie dar, die aufzuwenden ist, um ein p-Elektron aus einem solchen Atom abzutrennen bzw. die frei wird, wenn ein (ursprünglich freies) Elektron ein leeres p-AO besetzt. β, das «*Austausch-*» oder «*Resonanzintegral*», ist ein Maß für die Bindungsstärke der betreffenden Bindung; es ist stets eine negative Größe (positive Koeffizienten von β repräsentieren stabilere Energieniveaus). Die Energien der beiden π-MO einer lokalisierten Doppelbindung betragen $\alpha + \beta$ und $\alpha - \beta$; ψ_1 mit der Energie $\alpha + \beta$ ist im Grundzustand doppelt besetzt und wirkt als bindendes MO; es ist um β energieärmer (stabiler) als ein isoliertes p-AO.

2 Kohlenwasserstoffe

Für das Molekül des *Butadiens* erhält man durch Kombination von vier p-AO insgesamt vier (delokalisierte) MO (Abb. 2.21), deren Energien im Energieniveauschema der Abb. 2.22 angegeben sind. Im Grundzustand des Moleküls sind die beiden energieärmeren MO ψ_1 und ψ_2 mit je zwei Elektronen besetzt, während die antibindenden MO ψ_3 und ψ_4 unbesetzt sind. Die paarweise Besetzung von ψ_1 führt zwischen den mittleren beiden C-Atomen zu einer (verglichen mit der σ-Bindung) erhöhten Ladungsdichte, so daß diese Bindung einen gewissen Doppelbindungscharakter erhält und dadurch etwas verkürzt wird. Die Gesamtenergie der π-MO im Butadien beträgt $2(\alpha + 1.62\beta) + 2(\alpha + 0.62\beta)$, also $4\alpha + 4.48\beta$. Die Gesamtenergie zweier lokalisierter π-MO wäre aber $4\alpha + 4\beta$; das Butadienmolekül ist also um 0.48β *stabiler* (energieärmer) als ein (hypothetisches!) Molekül mit zwei isolierten Doppelbindungen. Diese Stabilisierung ist darauf zurückzuführen, daß ψ_1 und ψ_2 *delokalisiert* – d. h. über vier Atome verteilt – sind; den Elektronen steht dann für ihre Bewegung mehr Raum zur Verfügung, so daß ihre kinetische Energie kleiner ist.

Die durch die Besetzung delokalisierter MO bewirkte *Stabilisierung* des Moleküls widerspiegelt sich z. B. in der Differenz zwischen den aus Bindungsenthalpien von (lokalisierten) Doppel- und Einfachbindungen berechneten Verbrennungs- oder Hydrierungsenthalpien und den experimentell gemessenen Werten; diese als **«Delokalisations-»** oder **«Konjugationsenergie»** bezeichnete Größe ist also *keine Observable* (d. h. direkt beobacht- und meßbare Größe), jedoch ein zur Charakterisierung und zum Vergleich von Molekülen mit

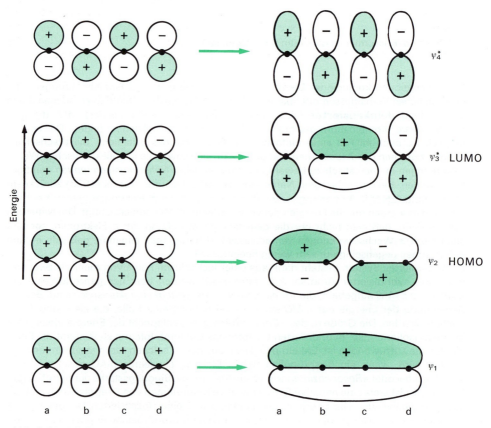

Abb. 2.21. 1,3-Butadien: Bildung der π-MO

konjugierten Elektronensystemen nützlicher Parameter. Sie entstammt im Grunde genommen der kinetischen Energie der Elektronen.
Selbstverständlich wird die Delokalisierung um so stärker, je mehr konjugierte Doppelbindungen in einem Molekül enthalten sind. Für das 1,3,5-Hexatrien beträgt die Delokalisationsenergie $0.99\,\beta$.
Eine Delokalisation der π-Elektronen wird stets eintreten, wenn sterische oder elektronische Faktoren eine Überlappung von mehr als zwei p-AO (unter denen sich auch nichtbindende p-AO befinden können) ermöglichen. Voraussetzung dafür ist in jedem Fall, daß bei mindestens drei untereinander durch σ-Bindungen verbundenen Atomen p-AO zur Bildung delokalisierter π-MO verfügbar sind und daß diese Atome sowie natürlich ihre p-AO **in einer Ebene** liegen. Dies ist der Grund für die beim Butadien behinderte Drehbarkeit um die mittlere C—C-Bindung; die Energiebarriere dafür entspricht der Delokalisationsenergie, die somit beim Butadien etwa 14.6 kJ/mol beträgt. Über die Beschreibung delokalisierter Elektronensysteme mittels der VB-Methode (*«Mesomerie», «Resonanz»*) siehe S.100.

Daß bei Butadien und höheren konjugierten Polyenen tatsächlich eine Wechselwirkung zwischen den «Doppelbindungen» besteht, daß also keine echten (isolierten) Doppelbindungen auftreten, wird in eindrücklicher Weise durch ihre *Elektronenspektren* gezeigt. Mit zunehmender Anzahl konjugierter Doppelbindungen verschiebt sich nämlich das Absorptionsmaximum immer mehr ins Gebiet längerer Wellen (Abb. 2.23 und Tabelle 2.9); würden die konjugierten Polyene aber einzelne, isolierte Doppelbindungen enthalten, so müßten ihre Elektronenspektren mit den Spektren gewöhnlicher Alkene übereinstimmen (wie es bei Polyenen vom Typus des 1,4-Pentadien tatsächlich der Fall ist). Diese *Verschiebung des Absorptionsmaximums ins längerwellige Gebiet* bedeutet, daß eine Anregung der Elektronen immer leichter möglich wird, oder anders gesagt, daß die Energiedifferenzen zwischen Grundzustand (dem HOMO) und (unbesetztem) angeregtem Zustand (dem LUMO) immer geringer werden. Tatsächlich ergeben die Berechnungen mittels des MO-Modells, daß die

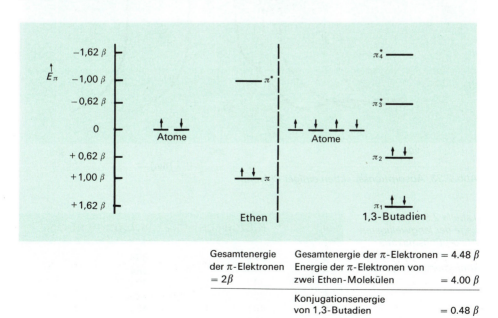

Abb. 2.22. Energieniveaus von 1,3-Butadien. (Die Null-Linie entspricht der Größe α)

2 Kohlenwasserstoffe

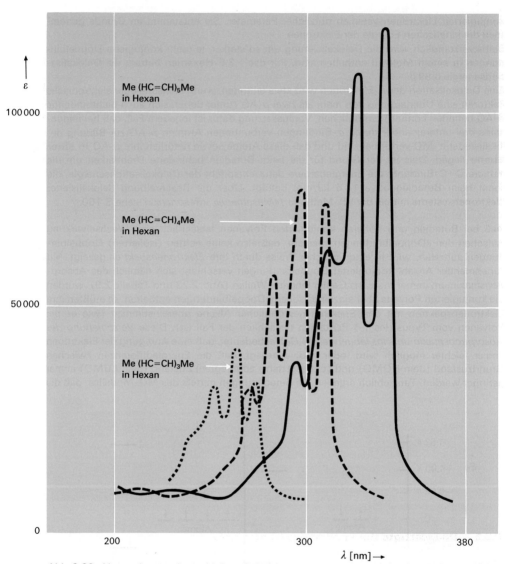

Abb. 2.23. Absorptionsspektren einiger Polyene

Tabelle 2.9.
Lage der langwelligsten Absorptionsmaxima
(λ in nm) bei einfachen konjugierten Polyenen

n	$H_3C(CH=CH)_nCH_3$	$H_5C_6(CH=CH)_nC_6H_5$
3	274	358
4	310	384
5	342	403
6	380	420
7	401	435
8	411	–

Energiedifferenzen zwischen den bindenden und antibindenden π-MO um so geringer sind, je mehr AO zur Bildung der MO kombiniert werden, d. h. je ausgedehnter das konjugierte System ist. Vgl. *Grundlagen der allgemeinen und anorganischen Chemie*, S.110/111. Von etwa acht konjugierten Doppelbindungen an ist ein System «farbig», d. h. es vermag auch sichtbares Licht zu absorbieren.

Die wichtigsten Diene sind **1,3-Butadien** und **Isopren** (2-Methyl-1,3-butadien). Butadien (Fp. −108 °C, Kp. − 4,5 °C) wird (ebenso wie 2-Chlorbutadien) technisch in großen Mengen erzeugt und dient als Zwischenprodukt für die Herstellung von synthetischen Kautschuken und Kunststoffen. Die Hauptmenge des technisch erzeugten Butadiens wird durch Cracken von Benzin (S. 80) oder durch katalytische Dehydrierung von Butan gewonnen; auch aus Alkohol oder Acetylen läßt sich Butadien gewinnen. *Isopren* (Fp. −146 °C, Kp. 34 °C) ist Grundbaustein vieler Naturstoffe. Wie schon 1921 von Ruzicka erkannt wurde, läßt sich nämlich das C-Gerüst zahlreicher Naturstoffe (Terpene, Carotinoide, Vitamin A, Steroide) in Isopreneinheiten zerlegen («*Isoprenregel*»). Tatsächlich werden diese Stoffe bei der Biosynthese von einer Isopreneinheit (dem Isopentenylpyrophosphat) ausgehend gebildet. Naturkautschuk ist ein Z-1,4-Polymerisat von Isopren[1]. Isopren wird heute nach verschiedenen Verfahren in großem Maßstab gewonnen; beim wichtigsten Verfahren geht man von Propylen aus, das zunächst zu 2-Methyl-1-penten dimerisiert wird. Dies wird katalytisch zu 2-Methyl-2-penten isomerisiert, worauf pyrolytisch Methan abgespalten wird und Isopren entsteht.

Isopentenylpyrophosphat

Vitamin A

Citronellol
(im Lemongrasöl)

Menthon
(Pfefferminze)

2.3.5 Ungesättigte Halogenkohlenwasserstoffe

Einige ungesättigte Halogenverbindungen sind als Ausgangsstoffe zur Herstellung von Kunststoffen oder als Lösungsmittel von großer Bedeutung. *Vinylchlorid,* aus dem durch Polymerisation einer der heute mengenmäßig wichtigsten thermoplastischen Kunststoffe (PVC) gewonnen wird, erhält man aus Ethen über Dichlorethan:

$$C_2H_4 + Cl_2 \xrightarrow[40\,°C]{Fe^{3\oplus} \text{ oder } Sb^{3\oplus}} ClH_2C-CH_2Cl \qquad (1)$$

$$ClCH_2-CH_2Cl \xrightarrow[-HCl]{} H_2C=CH-Cl \qquad (2)$$

---

[1] Mit Ziegler/Natta-Katalysatoren wird aus Isopren ein dem Naturkautschuk entsprechendes Material erhalten.

Der erste Schritt, die Addition von Chlor an Ethen, kann auch in flüssiger Phase (bei −34°C) durchgeführt werden. Die HCl-Abspaltung geschieht entweder rein thermisch (bei 480 bis 510°C unter geringem Überdruck) oder mit 6 proz. wäßriger NaOH bei 140 bis 150°C. Vinylchlorid ist bei Raumtemperatur gasförmig (Fp. −160°C; Kp. −14°C). Wegen seiner krebserzeugenden Wirkung muß es unter besonderen Vorsichtsmaßnahmen verarbeitet werden.
Tetrafluorethen ($F_2C=CF_2$), das zu *Teflon*, einem chemisch und thermisch außerordentlich widerstandsfähigen Kunststoff polymerisiert wird, entsteht durch Pyrolyse von Chlordifluormethan bei 250°C:

$$2\ HCClF_2 \longrightarrow F_2C=CF_2 + 2\ HCl$$

Das Ausgangsmaterial wird durch Reaktion von Chloroform mit HF gewonnen.
Trichlorethen, ein wichtiges Fettlösungsmittel (Fp. 173°C; Kp. 87°C), wird aus Acetylen (C_2H_2) über Tetrachlorethan hergestellt:

$$2\ Cl_2 + C_2H_2 \xrightarrow[70-80\,°C]{FeCl_3} Cl_2HC-CHCl_2$$

$$Cl_2CH-CHCl_2 \xrightarrow[100\,°C]{Ca(OH)_2} ClHC=CCl_2$$

2.4 Alkine

2.4.1 Molekülbau, Eigenschaften

Alkine sind Kohlenwasserstoffe, welche als funktionelle Gruppe eine **C≡C-Dreifachbindung** enthalten (Endung **-in**; engl. **-yne**):

        H—C≡C—H   Ethin (Acetylen)

        $H_3C-C\equiv C-CH_3$ 2-Butin

        HC≡C—C≡CH   1,3-Butadiin

Nach dem σ-π-Modell entsteht die eine Bindung der Dreifachbindung durch Überlagerung zweier *sp*-Hybrid-AO. Die beiden anderen Bindungen wären π-Bindungen, die durch Überlappung von je zwei *p*-AO zustande gekommen sind. Das τ-Modell postuliert drei gleichwertige Bogenbindungen. In jedem Fall tritt wohl eine gewisse gegenseitige Überlappung der MO ein, was einer *zylindrischen Ladungsdichteverteilung* um die C—C-Achse entspricht (Abb. 2.24). Die *Bindungsenthalpie* der Dreifachbindung ist beträchtlich größer als diejenige einer Doppelbindung (778 kJ/mol für Acetylen; Doppelbindung im Ethen 594 kJ/mol), und der Abstand der beiden C-Atome ist kürzer. Auch die benachbarten C—H-Bindungen sind etwas kürzer (die *sp*-AO haben mehr *s*-Charakter!):

                    120 pm 106 pm
        H————C≡≡≡C————H

Das *IR-Spektrum* von Alkinen zeigt eine starke Absorptionsbande bei 3300 cm^{-1} (≡C—H-Streckschwingung). Die Streckschwingung der Dreifachbindung selbst (die nur bei unsymmetrisch substituierten Alkinen im Spektrum erscheint) macht sich durch eine Bande bei 2200 cm^{-1} bemerkbar.

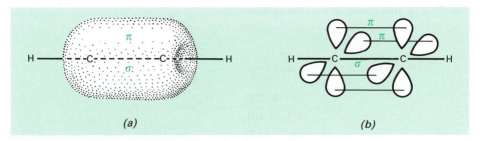

Abb. 2.24. Das Acetylenmolekül. (a) Perspektivisches Bild der beiden π-Bindungen (zylindrische Elektronendichteverteilung). (b) Aufbau nach dem σ-π-Modell.

Isolierte Dreifachbindungen absorbieren ebenso wie Doppelbindungen erst im kurzwelligen UV (<200 nm). Konjugation mit Doppelbindungen oder weiteren Dreifachbindungen verschiebt die Absorption wiederum gegen den längerwelligen Spektralbereich:

$H-C\equiv C-H$ UV-Banden bei 150 und 173 nm

$H_2C=CH-C\equiv CH$ UV-Banden bei 219 und 227.5 nm

IR-Banden von Alkinen [cm^{-1}]		
$-C\equiv CH$	3300	C–H-Streckschwingung
$-C\equiv C-$	2150–2250	C$\equiv$C-Streckschwingung (erscheint nur bei unsymmetrisch substituierten Alkinen)

2.4.2 Reaktionen und Herstellung

Ebenso wie die Doppelbindung ist auch die Dreifachbindung zu **Additionsreaktionen** befähigt (Tabelle 2.10). Bemerkenswerterweise addiert die Dreifachbindung trotz der großen Elektronendichte zwischen den beiden C-Atomen elektrophile Reagentien weniger leicht als die Doppelbindung (S. 433). An die C$\equiv$C-Bindung können jeweils 2 mol eines bestimmten Reagens addiert werden; durch geeignete Wahl der Bedingungen ist es im allgemeinen möglich, die Addition nur bis zur Stufe der Doppelbindung zu führen (Möglichkeit zur Synthese disubstituierter Alkene!) Die stereoselektive Hydrierung mit Lindlar-Katalysatoren bzw. mit Natrium in flüssigem Ammoniak wurde bereits auf S. 81 erwähnt.

Eine Besonderheit der Alkine ist ihre Fähigkeit, das an das C-Atom einer Dreifachbindung gebundene H-Atom als Proton abspalten zu können. Monosubstituierte Acetylene sind darum *schwache Säuren*. Da Acetylen mit NaNH$_2$ Ammoniak entwickelt, während anderseits aus CaC$_2$ (mit C$\equiv$C$^{2\ominus}$-Ionen) und Wasser Acetylen gebildet wird, steht es in bezug auf die Säurestärke zwischen Wasser und Ammoniak:

	H$_2$O	HC$\equiv$CH	NH$_3$	CH$_4$
pK_s	16	22	35	45

Tabelle 2.10. Additionen an die Dreifachbindung

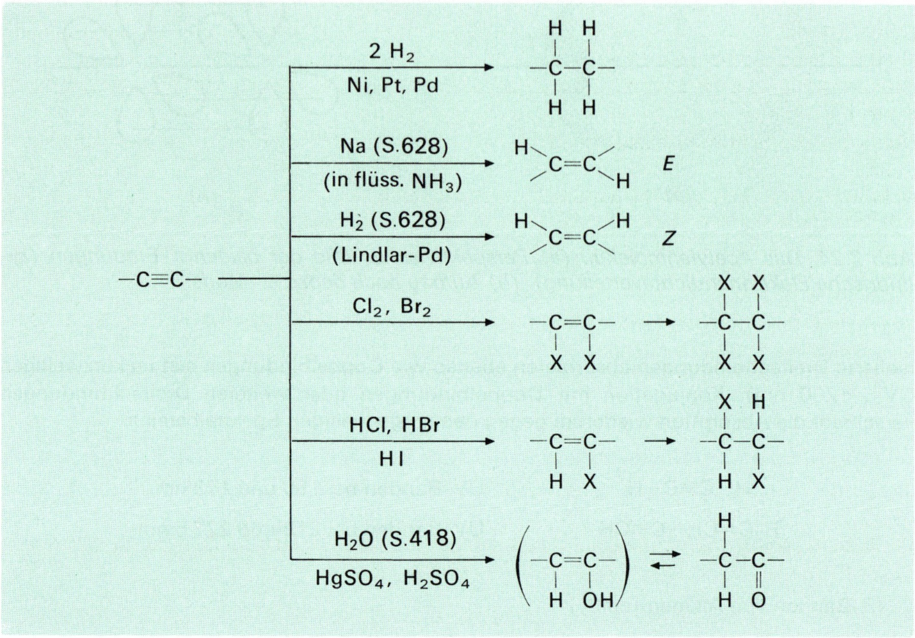

Reagenz	Produkt
2 H$_2$ / Ni, Pt, Pd	$-CH_2-CH_2-$
Na (S.628) (in flüss. NH$_3$)	H,C=C,H (E)
H$_2$ (S.628) (Lindlar-Pd)	H,C=C,H (Z)
Cl$_2$, Br$_2$	$-CX=CX-$ → $-CX_2-CX_2-$
HCl, HBr, HI	$-CH=CX-$ → $-CH_2-CHX-$
H$_2$O (S.418) / HgSO$_4$, H$_2$SO$_4$	$(-C(H)=C(OH)-)$ ⇌ $-CH_2-C(=O)-$

Die Ursache für dieses Verhalten muß darin liegen, daß dem bindenden Elektronenpaar der C—H-Bindung mehr *s*-Charakter zukommt als z. B. einem sp^2- oder sp^3-Elektronenpaar. Das freie Elektronenpaar des Acetylid-Ions wird darum vom C-Rumpf stärker gebunden (es hält sich durchschnittlich näher am C-Rumpf auf als ein sp^3-Elektronenpaar) und kann deshalb ein H$^⊕$-Ion weniger leicht binden:

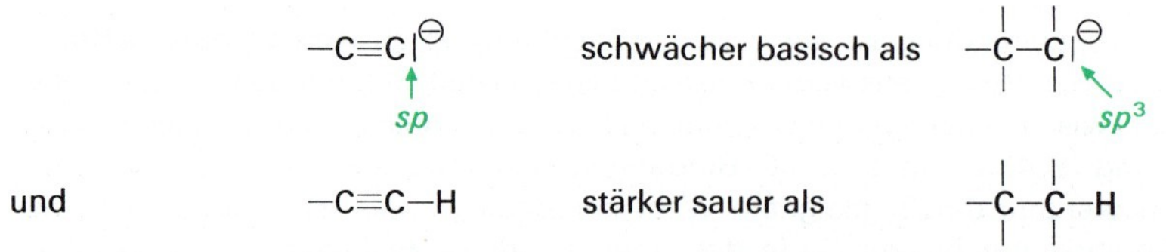

$-C≡C|^⊖$ (sp)   schwächer basisch als $-C-C|^⊖$ (sp^3)

und $-C≡C-H$ stärker sauer als $-C-C-H$

Alkine mit sauren Wasserstoffatomen (mit endständiger Dreifachbindung) reagieren mit Grignard-Reagentien und mit Lösungen von Salzen gewisser Schwermetalle. Dabei entstehen **Grignard-Verbindungen**, die eine Dreifachbindung enthalten (wertvoll zum Aufbau anderer Substanzen mit Dreifachbindungen) bzw. *Schwermetallacetylide*. Letztere sind in trockenem Zustand sehr unbeständig und neigen zur Detonation! Durch Addition von Alkinen mit endständiger Dreifachbindung (bzw. ihrer Alkalisalze oder entsprechender Grignard-Verbindungen) an C=O-Doppelbindungen entstehen *Alkinole*:

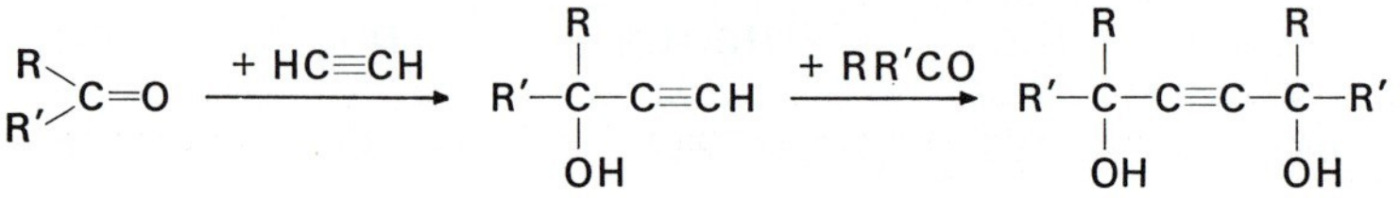

$R_2C=O$ + HC≡CH → $R'-C(R)(OH)-C≡CH$ + RR'CO → $R'-C(R)(OH)-C≡C-C(R)(OH)-R'$

Man bezeichnet diese Reaktion – die durch Kupfer(I)-salze beschleunigt wird – als **Ethinylierung**. Technische Bedeutung haben u.a. die Ethinylierung von Methanal (Formaldehyd, HCHO) zu 2-Butin-1,4-diol sowie von Aceton (Propanon) zu 3-Methyl-1-butin-3-ol. Die beiden Diole können anschließend in 1,3-Butadien bzw. Isopren (2-Methyl-1,3-butadien) umgewandelt werden, die als Ausgangsstoffe z. B. zur Herstellung von Synthesekautschuk dienen.

Eine interessante Reaktion der Dreifachbindung ist die *Addition von Wasser* unter der katalytischen Wirkung von $HgSO_4$ und verdünnter Schwefelsäure. Es entstehen dabei Carbonylverbindungen, z. B. Ethanal (Acetaldehyd) aus Acetylen:

$$HC \equiv CH + H_2O \longrightarrow H_3C-C\overset{H}{\underset{O}{\diagdown}}$$

Das eigentliche Additionsprodukt ist Vinylalkohol, $CH_2=CHOH$, der sich jedoch unter Wanderung eines $H^\oplus$-Ions in sein Isomer, den Acetaldehyd, umlagert:

$$H_2C=C\overset{OH}{\underset{H}{\diagdown}} \rightleftarrows H_3C-C\overset{H}{\underset{O}{\diagdown}}$$

Dies ist ein Beispiel für die **«Keto-Enol-Tautomerie»**. **Enole** – Verbindungen, die eine Hydroxylgruppe direkt an das C-Atom einer Doppelbindung gebunden enthalten – sind nämlich im allgemeinen unbeständig und stehen im Gleichgewicht mit der durch intramolekulare Protonenwanderung gebildeten Carbonylverbindung:

$$R-CH=C-R' \rightleftarrows R-CH_2-C-R'$$

Die Erscheinung, daß zwei strukturisomere Moleküle in einem dynamischen Gleichgewicht miteinander stehen, wird als **Tautomerie**[1] bezeichnet. Vinylalkohol und Acetaldehyd sind zwei Tautomere. Der weitaus wichtigste Fall von Tautomerie ist die *«Prototropie»*, d. h. die durch Verschiebung eines Protons bedingte gegenseitige Umwandlung der Tautomere, wie sie bei den Carbonylverbindungen möglich ist. Gewöhnlich überwiegt im dynamischen Gleichgewicht die Carbonylform; wenn sich das Tautomeriegleichgewicht nur langsam einstellt, ist es aber unter Umständen sogar möglich, die Enolform zu isolieren.

Eine weitere interessante Reaktion von Alkinen ist ihre **Cyclisierung**. Schon 1866 wurde von Berthelot beobachtet, daß Acetylen bei Temperaturen um 500°C in allerdings geringer Ausbeute Benzen ergibt. Nach Reppe läßt sich die Ausbeute steigern, wenn man bei 60 bis 70°C in Gegenwart von Kobaltkatalysatoren arbeitet. Verwendet man Nickelcyanid als Katalysator und Tetrahydrofuran als Lösungsmittel, so läßt sich auf diese Weise Cyclooctatetraen in technischem Maßstab gewinnen:

$$4\ HC\equiv CH \xrightarrow[THF]{Ni(CN)_2}$$

Die *Einführung einer Dreifachbindung* in ein Molekül geschieht prinzipiell ähnlich wie die Einführung einer Doppelbindung: durch **Elimination**. Als Ausgangsstoffe eignen sich Tetrahalogenide oder *vic*-Dihalogenide.

---

[1] Mit grünen Pfeilen werden, wie schon erwähnt, in diesem Buch Elektronen(dichte)-Verschiebungen im Verlaufe einer chemischen Reaktion gekennzeichnet. Die Wanderung von Teilchen wird mit einem schwarzen (Doppelstrich-) Pfeil angezeigt.

2 Kohlenwasserstoffe

Beispiele:

$$H_3C-\underset{H}{\underset{|}{C}}=CH \xrightarrow{Cl_2} H_3C-\underset{Cl}{\underset{|}{\underset{|}{C}}}-\underset{Cl}{\underset{|}{\underset{|}{CH}}} \xrightarrow{KOH} H_3C-\underset{Cl}{\underset{|}{C}}=CH \xrightarrow{NaNH_2} H_3C-C\equiv CH$$

ein Vinylhalogenid; reaktionsträge! Zur HCl-Elimination ist darum eine sehr starke Base ($NH_2^{\ominus}$) nötig

$$H_3C-\underset{Cl}{\underset{|}{\underset{|}{C}}}-\underset{Cl}{\underset{|}{\underset{|}{C}}}-CH_3 \xrightarrow{2\,Zn} H_3C-C\equiv C-CH_3 + 2\,ZnCl_2$$

Höhere Alkine können auch durch Reaktion von Halogenalkanen mit Natriumacetylid oder mit entsprechenden Grignard-Verbindungen erhalten werden (wegen des basischen Charakters des Acetylid-Ions tritt im ersten Fall die Elimination von HX als Konkurrenzreaktion auf; S. 358).

$$NaC\equiv CH + C_2H_5X \longrightarrow \begin{array}{l} H_5C_2-C\equiv CH + NaX \\ H_4C_2 + HC\equiv CH + X^{\ominus} + Na^{\oplus} \end{array}$$

$$R-C\equiv CMgBr + H_2O \longrightarrow R-C\equiv CH + Mg(OH)Br$$

Die mit guten Ausbeuten verlaufenden C—C-Kupplungen von Alkinen erlauben die Synthese von sich von Generation zu Generation immer weiter verzweigenden dendritischen Kohlenwasserstoffen («**Dendrimere**»).

Acetylen (Ethin) ist das wichtigste Alkin. Es ist ein farbloses, in reinem Zustand nicht unangenehm riechendes Gas (Sublimationstemperatur $-84\,°C$; der schlechte Geruch von gewöhnlichem Acetylen rührt von beigemischtem Phosphorwasserstoff her), das beim Erhitzen unter starker Wärmeabgabe in seine Elemente zerfällt:

$$C_2H_2 \longrightarrow 2\,C + H_2 \quad \Delta H = -226.9\,kJ$$

Bei geringer Druckerhöhung tritt der (explosionsartige) Zerfall schon bei gewöhnlicher Temperatur ein. In Stahlflaschen wird Acetylen unter geringem Überdruck in Aceton gelöst, das in einer porösen Masse aufgesaugt ist («Dissous-Gas»). Acetylen ist also eine *metastabile*, endotherme Verbindung. Die Verbrennung einer solchen Substanz liefert dementsprechend viel Energie:

$$2\,C_2H_2 + 5\,O_2 \longrightarrow 4\,CO_2 + 2\,H_2O \quad \Delta H = -2612\,kJ$$

Mischungen von Acetylen mit Luft können zu äußerst heftigen Explosionen führen; die Explosionsgrenzen liegen dabei ziemlich weit auseinander (Acetylen/Luft-Gemische mit einem Gehalt an Acetylen von 3 bis 70% sind explosiv!)[1]. Verbrennt man Acetylen in besonders konstruierten Brennern, so erhält man trotz des hohen Kohlenstoffgehalts eine nur wenig rußende Flamme; die abgeschiedenen Kohlenstoffteilchen glühen vielmehr bei der hohen Flammentemperatur hell auf und verbrennen zum größten Teil. Die hohe Verbrennungswärme wird zum autogenen Schweißen und Schneiden ausgenützt.

Früher wurde Acetylen ausschließlich aus *Calciumcarbid* und Wasser hergestellt.

$$CaC_2 + 2\,H_2O \longrightarrow C_2H_2 + Ca(OH)_2$$

Calciumcarbid entsteht im Lichtbogen elektrischer Öfen aus Koks und gebranntem Kalk:

$$CaO + 3\,C \longrightarrow CaC_2 + CO \quad \Delta H = +463\,kJ$$

---

[1] Vor dem Abfüllen von Acetylen in Luftballons muß daher dringend gewarnt werden.

Heute gewinnt man die Hauptmenge des Acetylens aus Erdgasen oder Erdöl, durch thermische Umwandlung von *Methan* im elektrischen Lichtbogen oder durch partielle Oxidation von Methan oder Leichtbenzin sowie durch katalytische Dehydrierung von Ethen:

$$2\,CH_4 \xrightarrow{1400\,°C} C_2H_2 + 3\,H_2$$

$$4\,CH_4 + O_2 \longrightarrow C_2H_2 + 2\,CO + 7H_2$$

Da sich das Acetylen bei derart hohen Reaktionstemperaturen bereits merklich zersetzt, müssen die Reaktionsprodukte sofort mit Wasser abgeschreckt werden.
Acetylen dient dank der Reaktionsfähigkeit seiner Dreifachbindung als Ausgangsstoff für zahlreiche technische Synthesen von Kautschuken, Kunststoffen u. a. Es läßt sich, wie von Reppe (um 1940) in der BASF gefunden wurde, bei geringem Überdruck katalytisch mit CO und zahlreichen anderen reaktionsfähigen Verbindungen umsetzen.

2.5 Aromatische Kohlenwasserstoffe

Schon in der ersten Hälfte des 19. Jahrhunderts war eine große Zahl von Substanzen meist pflanzlicher Herkunft bekannt, die wegen ihres charakteristischen Geruches als «*aromatische Verbindungen*» zusammengefaßt wurden: Vanillin, Wintergrünöl, Cumarin, Bittermandelöl u. a. Aus solchen Naturstoffen konnten auch einfache Verbindungen, wie Benzoesäure, Zimtsäure, Anilin, Phenol usw. hergestellt werden; ihr Molekülbau und ihre Beziehungen zu den einfacher gebauten aliphatischen Verbindungen blieben jedoch lange Zeit unklar.
Allmählich erkannte man aber, daß alle damals bekannten aromatischen Verbindungen einen «Kern» von sechs C-Atomen besitzen, der auch in einem von Faraday 1825 im Leuchtgas entdeckten Kohlenwasserstoff, dem **Benzen**, enthalten ist. Es gelang auch, ausgehend vom Benzen, «aromatische Verbindungen» synthetisch herzustellen. Da das Benzen gewisse charakteristische, in mancher Beziehung von den gewöhnlichen aliphatischen Verbindungen abweichende Eigenschaften zeigt, wurden in der Folge alle Stoffe, die sich vom Benzen ableiten oder ihm in ihren charakteristischen Eigenschaften gleichen, «aromatisch» genannt, ohne Rücksicht darauf, ob sie einen besonderen Geruch besitzen oder nicht, oder ob es sich um natürlich vorkommende oder synthetisch hergestellte Substanzen handelt.

2.5.1 Das Benzen («Benzol»)

Zur Benennung. Das «Benzol» wurde von Faraday (1825) im Leuchtgas entdeckt und von ihm als «*Benzin*» bezeichnet. Um Verwechslungen mit anderen Substanzen, deren Namen die Endung -in trug, auszuschließen, wurde später vorgeschlagen, Faradays Benzin «*Benzol*» zu nennen. Nach der IUPAC-Nomenklatur (S. 131) dient die Endung -ol jedoch zur Bezeichnung einer Hydroxylgruppe, die im «Benzol» nicht vorhanden ist. Konsequenterweise wird deshalb im Englischen und Französischen die Substanz «benzene» bzw. «benzène» genannt. Nur im Deutschen wurde der Trivialname «Benzol» beibehalten. Nachdem nun aber 1976 in der deutschen Nomenklatur das «Ä» in «Äther», «Äthyl-» usw. dem internationalen Gebrauch entsprechend in «E» verändert wurde, erscheint es sinnvoll, auch den Namen des Benzols und gewisser Benzolderivate anzupassen. Wir schreiben deshalb in diesem Buch konsequent «Benzen» (und entsprechend auch «Toluen» für Toluol, «Styren» für Styrol, «Naphthalen» für Naphthen usw.), in der Hoffnung, daß in der Zukunft auch im Deutschen die Nomenklatur konsequenter als bisher dem internationalen Gebrauch folgen wird. Andere Aromaten werden in der deutschen Sprache wie international schon lange mit der Endung «-en» versehen: Anthracen, Phenantren, Azylen usw.; allgemein: Arene; (vgl. Kap. 2.6).

Eigenschaften. Benzen, der Grundkörper vieler aromatischer Verbindungen, ist eine farblose, leichtbewegliche Flüssigkeit (Fp. 5.5 °C, Kp. 80.1 °C) von charakteristischem Geruch. Es ist wie viele andere benzoide («benzenähnliche») Kohlenwasserstoffe stark *giftig*. Bereits Konzentrationen von 10 bis 25 mg/l Luft kommt es zu akuten Vergiftungen, die sich in Schwindelanfällen, Krämpfen und Bewußtlosigkeit äußern. Chronische Vergiftungen, die - z. B. früher bei Uhrenarbeitern aufgetreten sind (Verwendung von Benzen als Reinigungsmittel!) führen zu Schädigungen der Nieren, der Leber, des Knochenmarks und zu einer Verminderung der Zahl der roten Blutkörperchen. Die Technische Richtkonzentration (TRK; anstelle des MAK-Wertes) für Benzen beträgt 10 ppm bzw. 23 mg/m^3.[1]

Atom- und Molekülmassenbestimmung führen auf die Molekularformel C_6H_6. Es wäre zu erwarten, daß ein solches Molekül als stark ungesättigte Verbindung z. B. Halogene leicht addiert. In Wirklichkeit wird jedoch Bromwasser von Benzen nicht entfärbt. Unter der Wirkung gewisser Lewis-Säuren wie wasserfreies Eisenbromid ($FeBr_3$) oder Aluminiumchlorid ($AlCl_3$) erhält man aus Benzen und Brom Verbindungen wie C_6H_5Br oder $C_6H_4Br_2$; es muß also *Substitution* eingetreten sein. Auch durch Einwirkung eines Gemisches von konzentrierter Salpeter- und Schwefelsäure auf Benzen ist Substitution möglich, wobei Wasserstoffatome durch NO_2-Gruppen («Nitro-Gruppen») ersetzt werden *(«Nitrierung»)*.

$$C_6H_6 + Br_2 \xrightarrow{FeBr_3 \text{ oder } AlCl_3} C_6H_5Br + HBr$$

$$C_6H_6 + HNO_3 \xrightarrow{H_2SO_4} C_6H_5NO_2 + H_2O$$

Bei diesen Substitutionen entsteht nur ein *einziges Mono*substitutionsprodukt, während stets *drei* isomere *Di*substitutionsprodukte bekannt sind.

Die **Kekulé-Formel**. Der Bindestrich als Ausdruck einer Verkettung zweier Atome wurde 1857 von Couper vorgeschlagen. Gleichzeitig erkannte Kekulé, daß es möglich ist, Ordnung in das bis zu diesem Zeitpunkt vielfach nicht richtig verstandene und unübersehbare Gebiet der organischen Chemie zu bringen, wenn man für das Kohlenstoffatom die Bildung von vier Bindungen postuliert («Vieratomigkeit» nach Kekulé; *«Vierbindigkeit»* von Kohlenstoff). Der auf Butlerow zurückgehende Begriff der «chemischen Struktur» (1860) gab Anlaß zur eigentlichen Forschung nach der Konstitution eines Moleküls. Trotzdem blieb insbesondere das Problem der Konstitution des Benzens zunächst ungelöst.

Die bei Substitutionen am Benzen auftretenden verschiedenen Isomerenzahlen lassen sich gut mit der Annahme einer *ringförmigen* Struktur deuten, wie es Kekulé 1865 vorgeschlagen hat (nachdem ihm, wie er später berichtete, der erlösende Einfall im Traum erschienen war):

ein Monosubstitutionsprodukt

| ortho-(o-) | meta-(m-) | para-(p-) | drei Disubstitutions- |
| 1,2- | 1,3- | 1,4- | produkte |

---

[1] Aus diesen Gründen sollte im Labor anstelle von Benzen generell das im Organismus zu Benzoesäure entgiftete Toluen eingesetzt werden, das zudem den Vorteil des niedrigeren Erstarrungspunkts und des meist besseren Lösevermögens hat.

2.5 Aromatische Kohlenwasserstoffe

Als Schöpfer der Vorstellung von der Vierbindigkeit des C-Atoms schrieb Kekulé für das Molekül des Benzens abwechselnd einfache und Doppelbindungen:

Symbol:

Dieser Formel *widerspricht* aber nicht nur das nicht typisch ungesättigte Verhalten des Benzens (Addition ist nur unter ganz besonderen Bedingungen möglich), sondern auch die Beobachtung, daß nur ein einziges, nicht zwei verschiedene *ortho*-Dibrombenzene existieren:

Bei der Ozonisierung von Benzen erhält man jedoch 3 mol Glyoxal $\left(\begin{smallmatrix}H\\O\end{smallmatrix}C-C\begin{smallmatrix}H\\O\end{smallmatrix}\right)$, und beim Durchleiten von Acetylen durch glühende Röhren trimerisiert dieses zu Benzen; zwei Beobachtungen, die hingegen mit der Kekulé-Formel in Einklang stehen:

Die 6 C—C-Bindungen im Molekül des Benzens sind nach Röntgen-Kristallstrukturanalysen von exakt derselben Länge (139 pm), wogegen die Bindungslänge einer Doppelbindung 134 pm, die einer Einfachbindung 154 pm ist. Diese Befunde zeigen, daß die Benzenformel von Kekulé, so nützlich sie lange Zeit war, *nicht richtig* sein kann.
Schließlich zeigt sich experimentell, daß Benzen *stabiler* (energieärmer) ist, als man auf Grund der Kekulé-Formel (die ein «1,3,5-Cyclohexatrien» repräsentiert) erwarten würde. Während nämlich bei der katalytischen Hydrierung von Cyclohexen 120 kJ/mol, bei der Hydrierung von 1,3-Cyclohexadien 232 kJ/mol frei werden, beträgt die Hydrierungsenthalpie von Benzen nur 208 kJ/mol.

$\Delta H = -120$ kJ/mol

$\Delta H = -232$ kJ/mol
(erwartet: $2 \cdot -120 = -240$ kJ/mol)

$\Delta H = -208$ kJ/mol
(erwartet: $3 \cdot -120 = -360$ kJ/mol)

Das Benzen ist also um 360 − 208 = 152 kJ/mol stabiler als das *(nicht existierende)* Cyclohexatrien. Aus diesem Grund verläuft die Dehydrierung von 1,3-Cyclohexadien zu Benzen exotherm, ganz im Gegensatz zum Verhalten anderer aliphatischer Kohlenwasserstoffe. Zum selben Ergebnis führt auch die Berechnung der Verbrennungsenthalpie von Benzen unter Benützung der Bindungsenthalpien von Einfach- und Doppelbindungen; sie ist um etwa 165 kJ/mol größer als die experimentell gemessene Verbrennungsenthalpie.

MO-Beschreibung des Benzens. Sowohl die verglichen mit «Cyclohexatrien» ungewöhnliche Stabilität, wie die fehlende Bereitschaft zu Additionsreaktionen und die geometrische Struktur des Benzenmoleküls weisen auf ein **delokalisiertes System** hin. Dabei ist jedes Kohlenstoffatom mit zwei weiteren Kohlenstoffatomen und einem Wasserstoffatom durch eine σ-Bindung verbunden (die bindenden AO sind als sp^2-Hybrid-AO zu beschreiben). Die Wellenfunktionen der verbleibenden 6 p-AO ergeben durch lineare Kombination insgesamt 6 delokalisierte π-MO, von denen drei bindend und drei antibindend wirken (Abb. 2.26). Das energieärmste π-MO bildet eine ringförmig über alle 6 Kohlenstoffatome ausgedehnte Wolke, während die beiden anderen bindenden MO je über drei bzw. zwei Atome delokalisiert sind. Im Grundzustand sind die drei bindenden MO mit je zwei Elektronen besetzt; durch Anregung (Absorption von UV-Licht) können Elektronen auch in antibindende Zustände (in ψ_4^* und ψ_5^*, die LUMO) übergehen. Vgl. das Energieniveauschema von Benzen; Abb. 2.25.

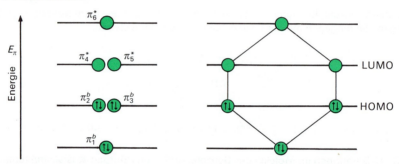

Abb. 2.25 Energieniveauschema von Benzen (E_π = π-Energie; Energie der π-Elektronen). Zur graphischen Ermittlung der E_π-Niveaus cyclisch konjugierter Verbindungen (Frost-Musulin-Methode) siehe S. 440 und Band II.

Im Benzenmolekül sind also die 6 π-Elektronen *im höchstmöglichen Maß delokalisiert*. Das Benzen bildet damit das Musterbeispiel eines gleichmäßig delokalisierten Systems. Die dadurch bedingte **Energiesenkung** ist – verglichen etwa mit dem 1,3-Butadien (S. 85) – recht groß (ungefähr 150 kJ/mol). Dieser Effekt erklärt sowohl die *besondere Stabilität* des Benzenringes wie auch seine *mangelnde Bereitschaft zur Addition* (das delokalisierte π-System müßte dabei aufgehoben werden!). Die 6 C—C-Bindungen sind wegen der vollkommenen Delokalisation der p-AO völlig gleichartig.

Es muß hier nochmals darauf hingewiesen werden, daß die **Delokalisationsenergie** – die Energiedifferenz zwischen dem hypothetischen Cyclohexatrien und dem Benzen – *keine direkt meßbare Größe* darstellt und damit *keine reale physikalische Bedeutung* besitzt, da ein nichtdelokalisiertes System wie 1,3,5-Cyclohexatrien gar nicht stabil und nicht herstellbar ist (bei der Synthese von Cyclohexatrien entsteht selbstverständlich das stabilere Benzen!). Sie darf auch nicht unbesehen der nach dem HMO-Modell (S. 85) berechneten Stabilisierungsenergie des Benzens gleichgesetzt werden, da sich das Benzen von «Cyclohexatrien» nicht nur durch sein delokalisiertes π-Elektronensystem, sondern auch durch die anderen Bindungslängen unterscheidet, ein Faktor, der auf die Hydrierungsenthalpien ebenfalls einen

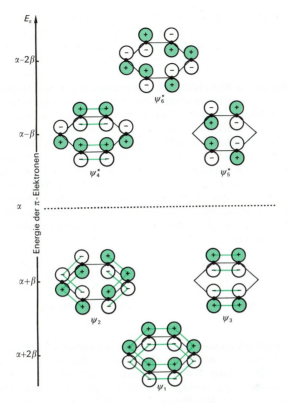

Abb. 2.26. Benzen: Anordnung der p-AO mit Andeutung der möglichen Kombinationen (schematisch)

(schwierig abzuschätzenden) Einfluß ausüben dürfte. Immerhin ist die Delokalisationsenergie als *Rechengröße* zur Abschätzung der Stabilität von Molekülen mit delokalisierten Elektronensystemen recht brauchbar. – Da es nicht möglich ist, ein Molekül wie das Benzen durch eine Lewis-Formel exakt wiederzugeben, verwendet man dafür oft Formeln wie (1), sofern man nicht die Kekulé-Formel als bloßes Symbol weiterverwenden will.

(1)

VB-Modell des Benzens. Nach dem zweiten quantenchemischen Rechenverfahren kann die Ladungsdichteverteilung in einem Molekül auch durch eine Kombination der ψ-Funktionen verschiedener *«Grenzstrukturen»*[1] («Grenzformeln», «Grenzformulierungen») erhalten werden, denen zwar keine Realität zukommt (!), die jedoch mit konventionellen Lewis-Formeln dargestellt werden können. Der wirkliche Zustand wird dann als *«Resonanzhybrid»* zwischen diesen Grenzstrukturen wiedergegeben:

---

[1] Struktur wird hier traditionell, aus der Theorie heraus, in anderem Sinne verwendet als in der Stereochemie (s.S. 34).

$$\left[\bigcirc \leftrightarrow \bigcirc \right]$$

Das Zeichen ↔ (Mesomerie-Pfeil) bedeutet, daß nicht etwa ein dynamisches Gleichgewicht zwischen zwei verschiedenen Molekülarten existiert (wie es Kekulé seinerzeit postulierte), sondern daß der tatsächliche Zustand zwischen den Grenzformulierungen liegt und von diesen gewissermaßen «umschrieben» wird. Im Fall von Benzen müssen zur genaueren Beschreibung neben den beiden Kekulé-Strukturen auch die «*Dewar-Strukturen*» als Grenzformeln herangezogen werden, in welchen zwischen zwei einander gegenüberliegenden Kohlenstoffatomen eine «Formalbindung» besteht (d. h. wo die beiden C-Atome je ein Elektron besitzen; diese Elektronen können sich aber wegen der großen Distanz zwischen den Atomen nicht zu einer eigentlichen Bindung überlagern). Die wirkliche Ladungsdichteverteilung gleicht den drei Dewar-Formeln nur in geringem Maß; man sagt deshalb, daß die drei Dewar-Strukturen «nur wenig am Mesomeriehybrid beteiligt» sind oder «nur wenig zum Resonanzhybrid beitragen».

$$\left[\bigcirc \leftrightarrow \bigcirc \leftrightarrow \bigcirc \leftrightarrow \bigcirc \leftrightarrow \bigcirc \right]$$

Kekulé-Strukturen   Dewar-Strukturen

Die Beschreibung einer wirklichen Struktur durch Kombination von ψ-Funktionen nicht existierender Grenzstrukturen nennt man **Mesomerie** oder (hauptsächlich in der angelsächsischen Literatur) **Resonanz**. Die mathematische Behandlung der Mesomerie ergibt, daß dem Mesomeriehybrid eine geringere Energie zukommt als jeder der Grenzformeln; diese Energiedifferenz – die im MO-Modell der Delokalisierungsenergie entspricht – wird **Mesomerie-** oder **Resonanzenergie** genannt. Inhaltlich bedeuten die beiden Ausdrücke «Mesomerie» oder «Resonanz» dasselbe wie «Delokalisation von π-Elektronen»; der Grund für die Verwendung verschiedener Termini für ein und dasselbe Phänomen liegt in seiner Beschreibung durch zwei verschiedene Rechenverfahren. Auch die häufig gebrauchten Ausdrücke *«mesomerie-»* oder *«resonanzstabilisiert»* bedeuten nichts anderes, als daß ein bestimmtes System durch Delokalisation von π-Elektronen besonders stabilisiert ist. Das *VB-Modell* ist wegen der Verwendung von Lewis-Formeln für die Grenzstrukturen zur formalen (*qualitativen*) Beschreibung delokalisierter Systeme sehr *praktisch*. Zur quantitativen Behandlung, insbesondere von angeregten Zuständen, ist es jedoch weniger gut geeignet als das MO-Modell. Man muß sich zudem stets klar bewußt sein, daß den Grenzformeln **keinerlei Realität** zukommt, sondern daß diese nur formale Hilfsmittel («*Schreibhilfen*») zur Beschreibung eines bestimmten Teilchens sind, für das keine eindeutige Lewis-Formel existiert. Formulierungen, wie man sie immer wieder in der Literatur antrifft, wie etwa «das Molekül XY reagiert aus der mesomeren Grenzstruktur Z heraus» oder «das Molekül XY kann verschiedene mesomere Formen einnehmen», sind irreführend oder falsch und sollten daher nicht verwendet werden. **In der Praxis spricht man also die Sprache des VB-Modelles, rechnet aber mit dem MO-Modell.**

Da die Beschreibung delokalisierter Elektronensysteme mittels des VB-Modelles (also als Mesomerie- oder «Resonanzhybride» verschiedener Grenzstrukturen) sehr bequem ist, sei hier noch auf einige *Regeln* hingewiesen, die beim Aufstellen und bei der Beurteilung des «Gewichtes» der Grenzstrukturen beachtet werden müssen. Das Konzept der Mesomerie kann nämlich in sehr weitem Maß verallgemeinert werden, im Extremfall allerdings bis zur *Absurdität*.

2.5 Aromatische Kohlenwasserstoffe

«Mesomerieregeln»:

(a) Die *Mesomerie-Energie* – die Stabilität – ist um so *größer, je größer die Zahl ähnlicher Grenzstrukturen* ist. Wird das System durch strukturell völlig gleichartige Grenzstrukturen beschrieben, so ist die Stabilität maximal (die Delokalisation der Elektronen ist maximal).
(b) Unterscheiden sich die Grenzstrukturen stark in ihrer Stabilität, so kommt die wirkliche Ladungsdichteverteilung den durch die stabilsten Grenzstrukturen ausgedrückten Elektronenverteilungen am nächsten. Das *«Gewicht»* einer *Grenzstruktur* ist um so *größer, je stabiler* diese ist.
Bei der Abschätzung der Stabilität von Grenzstrukturen gilt:
  – Die Zahl der formalen Ladungen auf den Atomen soll möglichst gering sein.
  – Sind Ladungen vorhanden, so ist diejenige Grenzstruktur am stabilsten, in welcher Ladungen gleichen Vorzeichens möglichst weit voneinander entfernt sind oder in welcher sich die negative Ladung auf dem elektronegativsten Atom befindet.
(c) Die Zahl der gepaarten Elektronen muß in allen Grenzstrukturen gleich sein.
(d) Die Atomkerne müssen in allen Grenzstrukturen dieselbe Lage einnehmen, d. h. entsprechende *Bindungsabstände* bleiben in allen Grenzstrukturen eines Moleküls gleich.

Beispiele:

Acrolein

$$[H_2C=CH-CHO \leftrightarrow H_2\overset{\oplus}{C}-CH=CH-\overset{\ominus}{\underline{O}}| \leftrightarrow H_2\overset{\ominus}{C}-CH=CH-\overset{\oplus}{O} \leftrightarrow H_2\overset{\ominus}{\underset{}{C}}-\overset{\oplus}{C}H-\overset{\ominus}{C}H-\overset{\oplus}{O}]$$
  (1)   (2)   (3)   (4)

Relative Stabilität der fiktiven Grenzstrukturen: (1) > (2) ≫ (3) ⋙ (4).

Acrolein ist als Resonanzhybrid von (1) und (2) [in welchem (1) ein größeres Gewicht hat] zu beschreiben. Die beiden anderen Grenzstrukturen liefern keinen nennenswerten Beitrag.

Methylcyanid

$$[H_3C-C\equiv N| \leftrightarrow H_3C-\overset{\oplus}{C}=\overset{\ominus}{\underline{N}} \leftrightarrow H_3C-\overset{\ominus}{C}=\overset{\oplus}{N}| \leftrightarrow H_3\overset{\ominus\ominus}{C}-\overset{\oplus\oplus}{C}-N|]$$
  (1)   (2)   (3)   (4)

Relative Stabilität: (1) > (2) ≫ (3) ⋙ (4).

Benzen

(1)   (1')   (2)   (3)   (3')

Relative Stabilität: (1) = (1') > (3) = (3') > (2).

1,3-Butadien

$$\left[\begin{array}{c} H_2C=CH-CH=CH_2 \\ (1) \end{array} \quad \begin{array}{c} \overset{\uparrow \odot}{H_2C}-CH=CH-\overset{\odot \downarrow}{CH_2} \\ (2) \end{array} \quad \begin{array}{c} \overset{\uparrow \odot}{H_2C}-CH=CH-\overset{\odot \uparrow}{CH_2} \\ (3) \end{array} \right]$$

Relative Stabilität: (1) > (2)   [(3) ist keine Grenzstruktur: die Zahl der gepaarten Elektronen ist verschieden von (1) und (2)].

2.5.2 Kriterien des aromatischen Zustandes

Cyclobutadien und Cyclooctatetraen. Nach dem VB-Modell lassen sich auch für das Cyclobutadien (1) und das Cyclooctatetraen (COT, 2) zwei unpolare Grenzstrukturen formulieren:

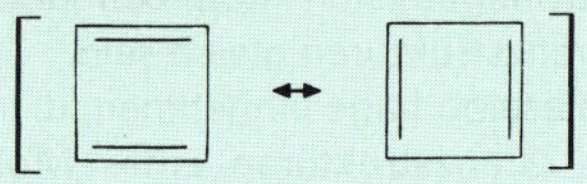

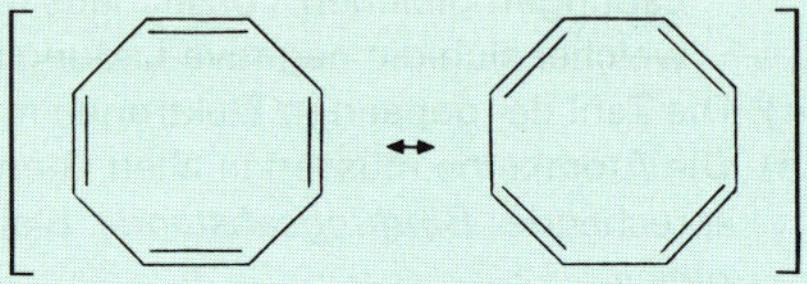

Man könnte also denken, daß auch diese beiden Moleküle mesomeriestabilisiert und damit von ähnlicher Stabilität sind wie das Benzen. Dies ist jedoch nicht der Fall. *Cyclobutadien* ist äußerst *unstabil*; es kann nur bei sehr tiefen Temperaturen (<20 K), eingeschlossen in einer Matrix aus festem Argon, erhalten werden und dimerisiert bereits oberhalb 35 K:

Etwas stabiler, aber immer noch gegen Luftsauerstoff empfindlich ist das Tetra-*tert*-butylcyclobutadien, das von Maier (1978) durch Isomerisierung des stark gespannten, aber an der Luft überraschend beständigen Tetra-*tert*-butyltetrahedrans (3, Fp. 135°C!) erhalten wurde:

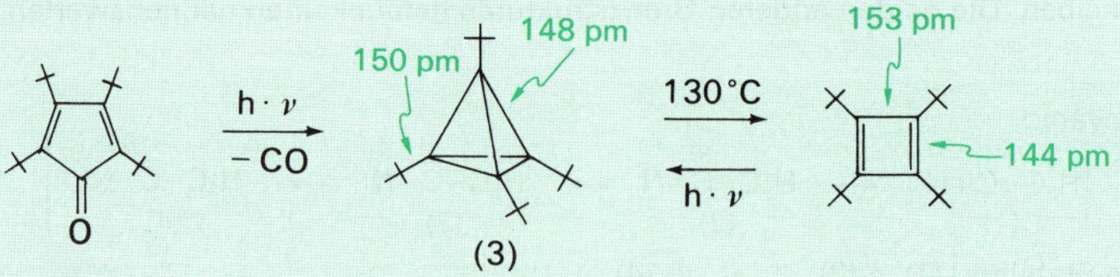

In den Formeln sind die durch Röntgen-Kristallstrukturanalyse gefundenen C—C-Bindungslängen angegeben (vgl. H_3C-CH_3: 154 pm). Demnach ist der Cyclobutadien-Ring nicht quadratisch, sondern rechteckig!

Cyclooctatetraen wurde von Willstätter 1912 erstmals synthetisiert. Es ist *nicht aromatisch*, sondern verhält sich wie ein reaktionsfähiges Alken.

Sowohl Cyclobutadien wie Cyclooctatetraen sind also keine dem Benzen vergleichbaren aromatischen Verbindungen. Man mag einwenden, daß dies für das Cyclobutadien als Folge der zweifellos starken Ringspannung zu erwarten sei; die Existenz stabiler Vierringe mit sp^2-hybridisierten C-Atomen wie z. B. (4) widerlegt jedoch dieses Argument. Zudem müßte die

Mesomerie-Energie die starke Ringspannung mindestens teilweise kompensieren, so daß das Cyclobutadien jedenfalls nicht so unstabil sein sollte wie es tatsächlich ist. Die Ursachen und das Wesen des aromatischen Zustandes lassen sich also mit dem VB-Modell weniger befriedigend erklären.

$$\text{(4)}\quad \square\!\!<\!\!\begin{array}{c}CH_2\\CH_2\end{array}$$

Die Regel von Hückel. Das MO-Modell war bereits in seiner einfachsten Näherung, der HMO-Methode erfolgreich. Die Eigenwerte der π-MO in einem ringförmigen, *ebenen*, aus sp^2-hybridisierten C-Atomen aufgebauten Molekül werden nach Hückel gegeben durch den Ausdruck

$$E = \alpha + 2\beta \cos\left(\frac{2k\pi}{n}\right) \quad (1)$$

wobei *n* die Zahl der C-Atome im Ring bedeutet und *k* bei geradzahligen Ringen die Werte 0, ±1, ±2 ... $n/2$ und bei ungeradzahligen Ringen die Werte 0, ±1, ±2 ... ±$(n-1)/2$ annehmen kann. Wie man sich selbst leicht überzeugen kann, gelangt man für Ringe mit 3 bis 8 C-Atomen zu den Energieniveaus der Abb. 2.27. Man erkennt daraus, daß die Eigenwerte der π-Niveaus mit Ausnahme des untersten und bei geradzahligen Ringen des obersten paarweise energiegleich (entartet) sind, und weiter auch, daß in allen Fällen eine vollständige Besetzung der bindenden π-MO nur möglich ist, wenn insgesamt *(4n + 2) π-Elektronen vorhanden* sind, da die doppelte Besetzung zweier energiegleicher π-MO vier Elektronen, die Besetzung des energieärmsten π-MO zwei weitere Elektronen erfordert. Die Berechnung der Eigenwerte der bindenden MO nach (1) ergibt für alle diese Fälle eine gewisse Stabilisierung verglichen mit einem entsprechenden Ringsystem, das isolierte Doppel- und Einfachbindungen enthält. Für das *Benzen* beträgt die *Stabilisierungsenergie* – die (ungefähr) der auf S. 86 erwähnten Delokalisierungsenergie entspricht – 2β (etwa 165 kJ/mol; siehe Bd. II). Nach dem Energieniveauschema der Abb. 2.27 müßte das *Cyclobutadien* ein *Diradikal* sein (die beiden MO ψ_2 und ψ_3 sind mit je einem Elektron besetzt). Die einfache HMO-Rechnung nach (1) ergibt für das π-Elektronensystem von Cyclobutadien insgesamt die Energie

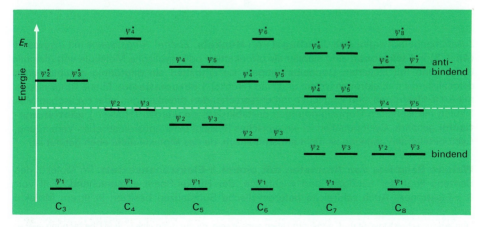

Abb. 2.27. Energieniveaus der π-Orbitale monocyclischer Verbindungen C_nH_n (n = 3 bis 8)

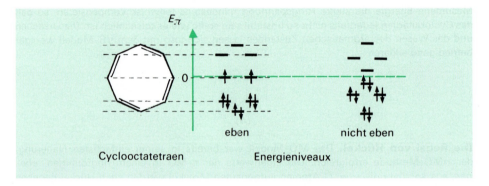

Abb. 2.28. π-Energieniveauschema von Cyclooctatetraen (COT)

$4\alpha + 4\beta$; sie wäre demnach genau gleich groß wie die Energie der π-MO zweier isolierter Doppelbindungen. Genauere Rechnungen zeigen indessen, daß der Diradikalzustand sogar noch etwas energiereicher ist; das Cyclobutadien ist damit wahrscheinlich ein Ringsystem mit zwei isolierten Doppelbindungen.

Das *Cyclooctatetraen* wäre – als eben gebautes Molekül – ein Diradikal (vgl. das Energieniveauschema der Abb. 2.28). Tatsächlich ist das Molekül jedoch nicht eben gebaut und verhält sich wie ein typisches Polyen, dessen Delokalisationsenergie gering ist (etwa 16 kJ/mol) und dessen NMR-Spektrum ein einziges scharfes Signal bei $\delta = 5.78$ zeigt, im Gegensatz zu den im Gebiet von $\delta = 7$ bis 8 liegenden Absorptionen aromatischer Protonen. Der Ring des COT ist konformativ beweglich (Sattelkonformationen A, B, Kronenkonformation C). Im Zuge der Umklappvorgänge verschieben sich die Doppelbindungen im Ring («bond shift»):

Zusammengefaßt ergibt sich die **«Regel von Hückel»**: *Ebene*[1] *Ringsysteme* mit insgesamt **(4n + 2) π-Elektronen** sind stabiler als offenkettige oder cyclische Moleküle von gleicher C-Zahl und mit isolierten Doppelbindungen; sie enthalten ein ringförmig geschlossenes delokalisiertes π-Elektronensystem und sind (Hückel-) **«aromatisch»**. Ebene Ringsysteme mit 4n π-Elektronen sind verglichen mit entsprechenden offenkettigen oder cyclischen Molekülen mit isolierten Doppelbindungen destabilisiert; sie werden (Hückel-) **«antiaromatisch»** genannt. Cyclobutadien ist ein typisches Beispiel einer antiaromatischen Verbindung; Cyclooctatetraen dagegen ist nicht antiaromatisch, da das Molekül nicht eben gebaut ist.

Weitere Beispiele von Aromaten mit einem π-Elektronensextett. Im Molekül des Benzens liegt der häufigste und wichtigste, der Hückel-Regel entsprechende Fall vor: 6 π-Elektronen. Auch zahlreiche heterocyclische Substanzen besitzen in ihrem Molekül

---

[1] Ein aromatisches Molekül *muß annähernd* eben gebaut sein, da nur dann eine völlige Überlappung aller p-AO (d. h. eine vollkommene Delokalisation der π-Elektronen) möglich ist.

2.5 Aromatische Kohlenwasserstoffe

ein solches **«aromatisches Sextett»**. So ersetzt im *Pyridin* und in analogen Verbindungen ein sp^2-hybridisiertes N-Atom eine CH-Gruppe des Benzenringes: Das N-Atom bildet je eine σ-Bindung mit den benachbarten C-Atomen, besitzt ein nichtbindendes (freies) sp^2-Elektronenpaar (dem es seinen basischen Charakter verdankt) und trägt schließlich ein p-AO zum aromatischen Sextett bei.

Pyridin   Pyrimidin   Pyrazin

In der Sprache des VB-Modelles müßte Pyridin als Resonanzhybrid folgender Grenzstrukturen beschrieben werden:

Diese Schreibweise macht deutlich, daß im Pyridin die negative Ladungsdichte an den Atomen 2, 4 und 6 etwas verringert ist («Elektronenmangel-Aromat», das Heteroatom erhält bei der Zählung die Nummer 1).

Ein Heteroatom, das zwei p-Elektronen zum aromatischen Sextett beiträgt, kann formal zwei CH-Gruppen des Benzenringes ersetzen. Dies erklärt den – mehr oder weniger ausgeprägt – aromatischen Charakter von heterocyclischen Fünfringsystemen, wie *Thiophen, Furan, Pyrrol, Thiazol* u. a.:

Thiophen   Furan   Pyrrol   Thiazol

Das *Cyclopentadienyl-Anion* – das durch Abspaltung eines Protons aus Cyclopentadien entsteht – ist dem Pyrrol isoelektronisch, besitzt also ein aromatisches Sextett und ist deshalb relativ stabil. Cyclopentadien (Kp. 41 °C) selbst ist nicht aromatisch, sondern ein typisches Dien. Nicht nur lassen sich mit ihm die für Alkene charakteristischen Additionsreaktionen durchführen; es liefert auch leicht Diels-Alder-Addukte (z. B. mit Acrylsäure, $H_2C=CH-COOH$ oder bei der Dimerisation). Das Natriumsalz von Cyclopentadien (das durch direkte Umsetzung des Kohlenwasserstoffs mit Natrium entsteht) hingegen gibt keine Diels-Alder-Additionen. Wegen der Mesomeriestabilisierung des Cyclopentadienyl-Anions wird die Abtrennung eines Protons vom Cyclopentadien erleichtert; dieses ist daher eine für einen Kohlenwasserstoff ungewöhnlich starke Säure (pK_s = 15; vgl. das pK_s von Acetylen = 21!).

In noch viel stärker ausgeprägtem Maß zeigt sich der aromatische Charakter des Cyclopentadienyl-Anions in Verbindungen von der Art des *Ferrocens* (**«Sandwich-Verbindungen»**; Abb. 2.29). Ferrocen, ein orangeroter Festköper, entsteht z. B. durch Re-

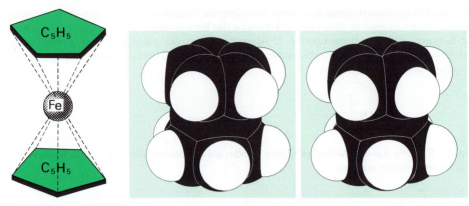

Abb. 2.29. Antiprismatisch-zentrosymmetrischer Bau des Ferrocens. Rechts das Computer-gezeichnete Stereobild eines Kalottenmodells (SCHAKAL-Programm), das eine realistische Vorstellung von der räumlichen Ausdehnung der Atome im Molekül vermittelt

aktion von $FeCl_2$ mit der Grignard-Verbindung oder mit dem Natriumsalz von Cyclopentadien; es ist nicht nur von ungewöhnlicher thermischer und chemischer Stabilität (so schmilzt es bei 173 °C und zersetzt sich erst oberhalb 470 °C; gegenüber Luftsauerstoff, Wasser oder konzentrierter Salzsäure ist es völlig inert), sondern es lassen sich mit ihm auch die für aromatische Systeme charakteristischen (elektrophilen) *Substitutionsreaktionen* durchführen. Seit seiner Entdeckung (1951) sind auch von vielen anderen Übergangsmetallen analog gebaute Verbindungen erhalten worden; Metalle in der Oxidationsstufe + II ergeben dabei schmelz- oder sublimierbare, in organischen Lösungsmitteln lösliche Substanzen, die elektrisch neutrale Moleküle enthalten, während Metalle in höheren Oxidationsstufen Komplex-Kationen ergeben, wie z. B. $(C_5H_5)_2Co^\oplus$ oder $(C_5H_5)_2Ti^\oplus$ usw. Auch mit Benzen oder anderen aromatischen Ringsystemen ließen sich Sandwich-Verbindungen erhalten. Die Art der Bindung zwischen dem Metallion und den Cyclopentadienyl-Anionen ist noch nicht vollkommen geklärt; wie der Diamagnetismus des Ferrocens zeigt, müssen hier die 6 *d*-Elektronen des $Fe^{2\oplus}$-Ions paarweise drei *d*-Orbitale besetzen, und je eines der beiden unbesetzten *d*-AO überlagert sich wahrscheinlich mit einem der drei, von je zwei Elektronen besetzten π-MO des aromatischen Ringes.

Gewisse Derivate des Cyclopentadiens sind in noch stärkerem Maß aromatisch. So ist etwa das *Triformylcyclopentadien* eine starke (in ihrer Acidität den Mineralsäuren vergleichbare) Säure, weil das Anion wiederum ein delokalisiertes aromatisches Sextett enthält und damit thermodynamisch erheblich stabiler ist als seine konjugierte Säure:

Triformylcyclopentadien

Ein ähnlicher Fall liegt bei den *Fulvenen* vor, gelben bis roten Verbindungen, die aus Cyclopentadien und Aldehyden oder Ketonen erhalten werden (S. 528):

2.5 Aromatische Kohlenwasserstoffe

Die Fulvene besitzen ein Dipolmoment von etwa $4.8 \cdot 10^{-30}$ Cm, was zeigt, daß ihre Ladungsdichteverteilung weitgehend der «dipolaren» Grenzstruktur (2) entspricht.
Wird ein Atom mit einem unbesetzten *p*-AO in ein sechsgliedriges aromatisches Ringsystem eingeführt, so bleibt der aromatische Charakter erhalten. Dies ist der Fall beim *Cycloheptatrienylium-(«Tropylium-»)* Kation, einem Siebenringsystem mit aromatischem π-Sextet.

Salze dieses Kations lassen sich z. B. aus Cycloheptatrien (durch Umsetzung mit PCl_5 oder durch Bromaddition und anschließende HBr-Elimination) erhalten:

Cycloheptatrienyliumbromid und -chlorid sind – im Gegensatz zu aliphatischen Halogeniden, aber auch zu Brombenzen – wasserlösliche Salze, deren Lösungen auf Zusatz von $AgNO_3$ augenblicklich einen Niederschlag von AgBr bzw. AgCl ergeben.
Ähnlich wie bei den Fulvenen können am Siebenring vorhandene Substituenten ebenfalls zur Ausbildung eines aromatischen Sextetts führen, wie es z. B. beim *Tropon* oder – in noch ausgeprägterem Maß – beim *Tropolon* der Fall ist:

Tropon

Tropolon

Das Dipolmoment von Tropon ($13.8 \cdot 10^{-30}$ Cm) ist erheblich größer als das Dipolmoment von Carbonylverbindungen (9 bis $9.5 \cdot 10^{-30}$ Cm), was auf den dipolaren (aromatischen) Charakter des Tropons hinweist. Zudem ist die Bande der C=O-Streckschwingung im IR-Spektrum stark in Richtung auf die Wellenzahl der C—O-Bande verschoben (C=O-Bande im Tropon bei 1638 cm^{-1}, im Cycloheptanon bei 1702 cm^{-1}). Das Tropolon – in dessen Molekül eine H-Brücke vom Hydroxyl-O-Atom zum negativ geladenen («Carbonyl-»)O-Atom den aromatischen Charakter verstärkt – zeigt die für Aromaten typischen S_E-Reaktionen (Nitrierung, Nitrosierung, Bromierung, Azokupplung usw.).

2 Kohlenwasserstoffe

Aromatische Systeme mit 2 oder 10 π-Elektronen. Die bisher besprochenen Aromaten besitzen alle 6 π-Elektronen, das aromatische Sextett. Nach der Regel von Hückel müssen Ringsysteme mit 2 oder 10 π-Elektronen jedoch ebenfalls aromatischen Charakter haben («Hückel-Aromatizität»).

Der einfachste Fall mit nur *zwei* π-Elektronen liegt im *Cyclopropenylium-Kation* vor, das (auf Grund der Voraussage seines aromatischen Charakters durch die Hückelsche Regel) von Breslow (1956) synthetisiert wurde:

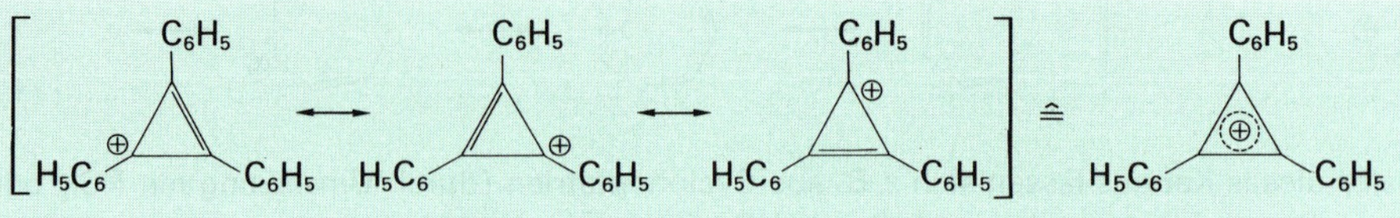

Triphenylcyclopropenylium-Ion[1]

Synthese: $H_5C_6-C\equiv C-C_6H_5$ + 1,1 Cyanophenyldiazomethan (spaltet unter Lichteinfluß N_2 ab und wird zum substituierten Carben, das an die Dreifachbindung addiert wird) → Cyanotriphenylcyclopropen → (BF$_3$) → (1) + $BF_3CN^\ominus$

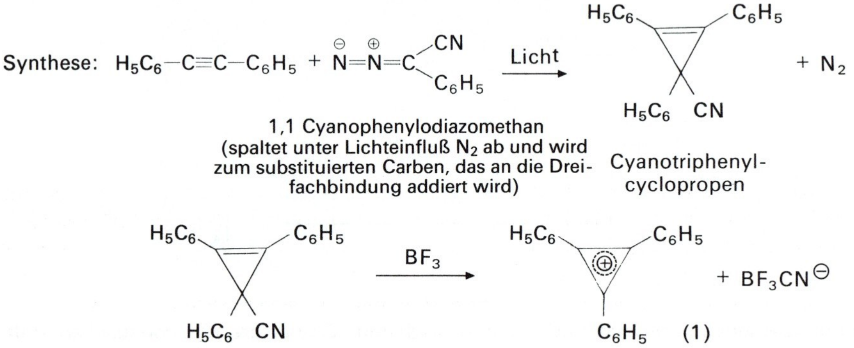

Trotz der unzweifelhaft vorhandenen Ringspannung ist das Triphenylcyclopropenylium-Ion (1) (und ebenso das Tripropylcyclopropenylium-Ion) recht stabil; die Ringspannung muß also durch die mit der Besetzung der delokalisierten π-MO verbundene Energiesenkung weitgehend kompensiert werden. Die C—C-Bindungslängen im Dreiring von (1) sind mit 140 pm gleich wie im Benzen! In chemischer Hinsicht verhält sich das Ion wie ein reaktionsfähiges Carbokation, zeigt also die für das Benzen typischen S_E-Reaktionen nicht. Das *Cyclopropenon* steht zum Cyclopropenylium-Ion in derselben Beziehung wie das Tropon zum Cycloheptatrienylium-Ion; es zeigt wie dieses kaum Ketoneigenschaften und besitzt ein beträchtliches Dipolmoment. Mit Mineralsäuren bildet es stabile Salze:

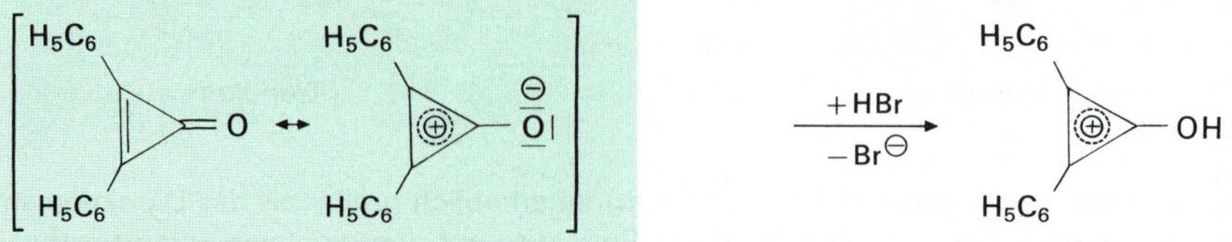

Weitere Ringe aus vier C-Atomen mit insgesamt zwei π-Elektronen liegen im *Tetraphenylcyclobutadienkation* (1) und im Anion von 3,4-Dihydroxycyclobuten-1,2-dion, der sogenannten *«Quadratsäure»*, vor (2):

---

[1] Der Kreis wurde hier zur Unterscheidung von 6π-Systemen gestrichelt.

H₅C₆ ... C₆H₅ (1)   Quadratsäure   (2)   + 2 H⊕

Interessant ist die Verknüpfung eines potentiell negativ mit einem potentiell positiv geladenen aromatischen System wie beispielsweise im *Calicen:*

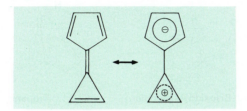

Vom Calicen ist eine Anzahl Derivate bekannt. Sie lassen sich bromieren und nitrieren, ein Indiz für den aromatischen Charakter (S_E-Reaktion!). Ihr hohes Dipolmoment (20.2 · 10⁻³⁰ Cm für Hexaphenylcalicen; ein Rekord für einen Kohlenwasserstoff!) zeigt, daß die Polarisierbarkeit der Verbindung im Grundzustand hoch ist (vgl. dipolare Grenzstruktur).

Zu den Systemen mit 10 π-Elektronen gehört neben den Verbindungen mit zwei «kondensierten» (an den Kanten verbundenen) Benzen- oder Pyridinringen, wie z. B. *Naphthalen* oder *Chinolin*[1], auch das *Cyclooctatetraenyldianion,* von dem ebenfalls stabile Salze bekannt sind.

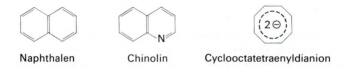

Naphthalen   Chinolin   Cyclooctatetraenyldianion

Auch das *Anion* von *Cyclononatetraen* enthält 10 π-Elektronen und ist aromatisch. Der Kohlenwasserstoff Cyclononatetraen ist aus diesem Grund ähnlich wie das Cyclopentadien schwach sauer.

Das bisher nicht bekannt gewordene *Cyclodecapentaen* enthält ebenfalls 10 π-Elektronen und sollte aromatisch sein. Da sich die nach «innen» gerichteten, mittleren Wasserstoffatome aber gegenseitig behindern, kann das System nicht eben gebaut und damit nicht aromatisch sein. Ein ebener 10-Ring mit lauter Z-«Doppelbindungen» (3) ist als Folge der großen Ringspannung unstabil. Werden aber im Cyclodecapentaen die beiden mittleren Wasserstoffatome durch eine Methylen-(—CH₂—) Brücke ersetzt, so entsteht ein ebenes Ringsystem von aromatischem Charakter *(1,6-Methanocyclodecapentaen).*

---

[1] Diese sind jedoch anders als die einfachen Hückel-Systeme keine mono-, sondern bicyclische Ringe mit einer den π-Perimeter elektronisch «kurzschließenden» sp^2-sp^2-Brückenbindung.

(3)
all-Z-Konfiguration

Cyclodecapentaen
Z, E, Z, E, Z-
Konfiguration

1,6-Methanocyclodecapentaen[1]

Analoge Ringe mit 14 π-Elektronen, die dank den Überbrückungen eben gebaut sind, zeigen ebenfalls «Aromatizität»:

syn-1,6 : 8,13-Bisoxido[14]annulen   1,6 : 8,13-Propano[14]annulen

Die Synthese von 1,6-Methanocyclodecapentaen konnte nach folgendem Schema durchgeführt werden (Vogel):

Interessante Prüfsteine der Elektronentheorie sind das *Pentalen* (8 π-System), das *Heptalen* (12 π-System) und das *Octalen* (14 π-System), in denen zwei Fünf-, Sieben- bzw. Achtringe aneinander kondensiert sind. *Pentalen* erwies sich als wenig stabil, kann jedoch durch Anbringen von sterisch großen Substituenten stabilisiert werden. Wie Pentalen ist auch *Heptalen* aufgrund seiner physikalischen und chemischen Eigenschaften nicht zu den Aromaten zu zählen, sondern eher zu den wenig mesomeriestabilisierten Polyenen.

Octalen, ein von Vogel 1977 dargestelltes 14 π-Hückel-System, allerdings gleichfalls nicht monocyclisch, ist wenig stabil und nicht aromatisch. Der Grund liegt darin, daß das Octalen-Molekül nicht eben gebaut ist; die Mesomeriestabilisierung reicht nicht aus, um die bei der Einebnung der beiden Achtringe auftretende Spannung zu kompensieren. Durch NMR-Spektroskopie wurde gezeigt, daß die Doppelbindungen wie beim Heptalen alternieren und sich die π-Bindungen zwischen den beiden Valenzisomeren schnell verschieben (bond shift, vgl. Cyclooctatetraen, S. 104).

[1] Hier nimmt die (CH$_2$)-Brücke elektronisch keinen unmittelbaren Einfluß auf das π-System; sie fixiert lediglich dessen Geometrie.
[2] «Birch-Reduktion»
[3] Das (elektrophile) Carben greift regioselektiv die mittlere Doppelbindung an, die wegen ihrer höheren Substitution elektronenreicher ist als die beiden äußeren.

2.5 Aromatische Kohlenwasserstoffe

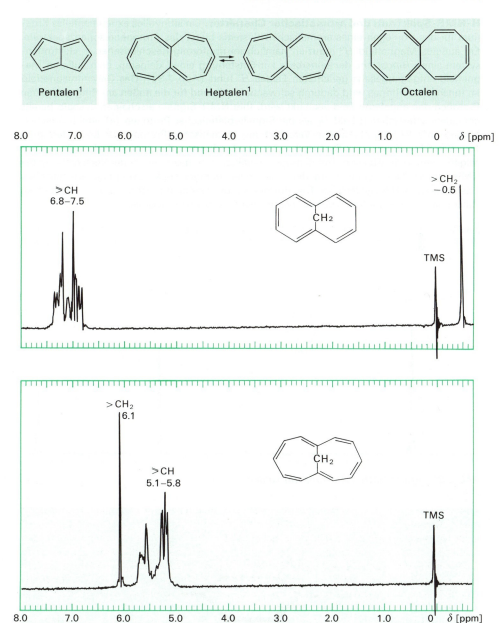

Abb. 2.30. NMR-Spektren von 1,6-Methano[10]annulen (oben) und 1,7-Methano[12]-annulen (unten). Letztere Verbindung zeigt keine typisch «aromatischen Protonen». – TMS: Standard Tetramethylsilan.

[1] Im Gegensatz zum gleichfalls bicyclischen Naphthalen und analog zum Azulen (s.S. 121) lassen sich hier keine ungeladenen Grenzstrukturen schreiben, die eine Doppelbindung an der gemeinsamen Kondensationskante tragen!

H-NMR-Spektrum und aromatischer Charakter. Ein sinnvolles experimentelles Kriterium für das Vorliegen eines aromatischen Systems bietet das Protonenresonanzspektrum. Ein äußeres Magnetfeld H^0 induziert nämlich im ringförmig geschlossenen π-Elektronensystem einen *Ringstrom,* der seinerseits zur Entstehung eines kleineren, dem äußeren Magnetfeld entgegengesetzt gerichteten Feldes H' führt (Abb. 2.32). Das Gesamtmagnetfeld im Inneren des Ringes wird dadurch schwächer, während für die außen am Ring gelegenen Protonen das angelegte Feld verstärkt wird. Ihre NMR-Signale erscheinen deshalb bereits bei einem schwächeren Feld H_0 als die Signale olefinischer Protonen («Tieffeld-Verschiebung»); m. a. W., die chemische Verschiebung aromatischer Protonen ist besonders groß ($\delta = 6 - 8.5$; vgl. etwa mit R—CH_3 $\delta = 0.9$). Verbindungen, die einen derartigen Ringstrom zeigen, nennt man **diatrop**. Der diatrope Charakter, d. h. das Ausmaß der Verschiebung der NMR-Signale läßt Schlüsse auf den mehr oder weniger stark ausgeprägt aromatischen Charakter eines Ringsystems zu. Das Protonenresonanzspektrum ist damit zum wichtigsten Hilfsmittel für den *Nachweis* des *«aromatischen Charakters»* geworden.

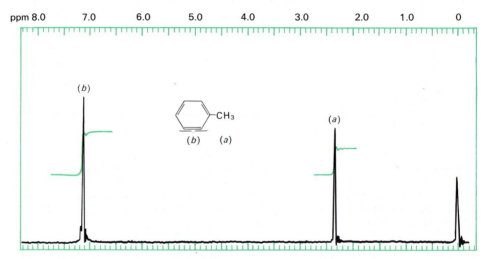

Abb. 2.31. (a) (b) NMR-Spektrum von Toluen

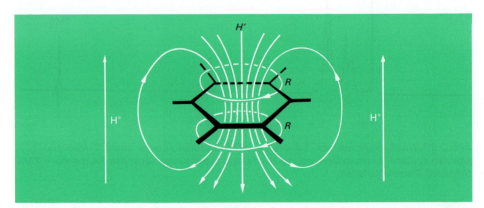

Abb. 2.32. Durch ein äußeres Magnetfeld $H°$ (Magnet des NMR-Spektrometers) wird im Benzenring ein Ringstrom R induziert, welcher ein sekundäres Magnetfeld (H') zur Folge hat.

2.5 Aromatische Kohlenwasserstoffe

Annulene. Höhergliedrige Ringe, die formal ein System von konjugierten Doppelbindungen aufweisen, bezeichnet man als *Annulene*. Cyclodecapentaen entspricht damit dem [10]Annulen. Annulene mit 14, 18 oder 22 π-Elektronen müßten gemäß der Hückelschen Regel aromatischen Charakter zeigen. In der Tat ist [14]Annulen (in dem die Konfiguration mit vier (E)-«Doppelbindungen» bei $-60\,°C$ eingefroren ist) diatrop, zeigt also den aromatischen «Ringstrom». Die inneren vier Wasserstoffatome liegen im Inneren des Ringstroms und erfahren dadurch eine sehr starke Hochfeld-Verschiebung ($\delta = -0.61$). Das planare, verbrückte [14]Annulen (2) ist – ebenso wie das *syn*-1,6; 8,13-Bismethano[14]annulen (3) – aromatisch.

(3)
syn-1,6;8,13-Bismethano[14]annulen

(1)
[14]Annulen
äußere H: $\delta = 7.6$
($-60\,°C$)
innere H: $\delta = -0.61$

(2)
trans-15,16-Dimethyl-dihydropyren
CH$_3$: $\delta = -4.25$(!)
H: $\delta = 8.14–8.67$

Überraschend stabil ist das *[18]Annulen*. Das Molekül ist eben gebaut, und die äußeren Wasserstoffatome zeigen im NMR-Spektrum eine starke Tieffeld-Verschiebung ($\delta = 9.0$). Das Signal der inneren Protonen ist hingegen wie beim [14]Annulen in Richtung eines starken Feldes verschoben ($\delta = -3.0$). Der aromatische Charakter des [18]Annulens wird auch in seiner Reaktivität deutlich; es ist wie Benzen und andere benzoide Aromaten (Naphthalen) elektrophil substituierbar; vgl. Bd. II.

Ein interessantes Molekül ist auch das von Staab 1978 synthetisierte *Kekulen* (7):

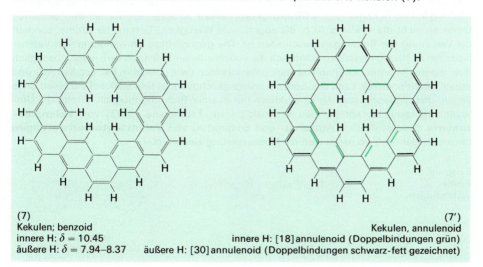

(7)
Kekulen; benzoid
innere H: $\delta = 10.45$
äußere H: $\delta = 7.94–8.37$

(7')
Kekulen, annulenoid
innere H: [18]annulenoid (Doppelbindungen grün)
äußere H: [30]annulenoid (Doppelbindungen schwarz-fett gezeichnet)

Das Kekulen könnte prinzipiell entweder «annulenoid» oder benzoid sein. Im ersten Fall würde ein «inneres» [18]Annulen und ein «äußeres» [30]Annulen vorliegen, während es im zweiten Fall einem System kondensierter Benzenringe entspräche. Das NMR-Spektrum zeigt, daß das letztere zutrifft, denn die inneren Wasserstoffatome erfahren die für diese Atome in Annulenen typische Hochfeld-Verschiebung nicht. Berechnungen (1991) ergaben allerdings doch eine Extrastabilisierung des Kekulens (**«Superaromatizität»**) aufgrund der zusätzlichen Konjugationsmöglichkeiten im Großring (**«Superkonjugation»**) um 104–134 kJ/mol.

Valenzisomere des Benzens. Bereits Kekulé erkannte das Ungenügen seiner Benzenformel. Um die Gleichwertigkeit aller sechs C-Atome mit seiner Cyclohexatrien-Formel in Einklang zu bringen, nahm er an, daß ein bestimmtes C-Atom in der ersten Zeiteinheit mit einem der beiden benachbarten, in der zweiten dagegen mit dem anderen benachbarten C-Atom in doppelter Bindung steht, d.h. daß die Doppelbindungen hin- und herspringen oder oszillieren *(«fluktuieren»)*. In den auf die Aufstellung der Benzenformel durch Kekulé folgenden Jahren wurde dann eine Reihe weiterer Formeln zur Diskussion gestellt:

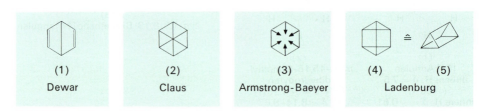

| (1) | (2) | (3) | (4) | (5) |
| Dewar | Claus | Armstrong-Baeyer | Ladenburg | |

Von diesen Vorschlägen ist besonders die Ladenburgsche *Prismenformel* von Interesse, weil hier erstmals eine bestimmte räumliche Lagerung der Atome in Betracht gezogen wurde. Sie mußte jedoch auf Grund von chemischem Beweismaterial verworfen werden (sie läßt zwei optisch aktive Disubstitutionsprodukte erwarten, die in Wirklichkeit nicht existieren).

Die Formeln (1), (4) und (5) sind **«Valenzisomere»** des Benzens. Die Valenzisomerie bildet einen Sonderfall der Konstitutionsisomerie; die einzelnen Isomere unterscheiden sich voneinander nur dadurch, daß *einzelne Bindungen* (einfache oder Doppelbindungen) *verschoben* sind (wobei die Molekülgeometrie durchaus verschieden sein kann). Es wäre deshalb eigentlich richtiger, von **«Bindungsisomerie»** zu sprechen, da bei den einzelnen Isomeren nicht die «Valenz» (d.h. die sogenannte Wertigkeit) bestimmter Atome, sondern die Verteilung der Bindungen verschieden ist. Die gegenseitige Umwandlung von Valenzisomeren ist häufig reversibel; wenn sich die verschiedenen Valenzisomere jedoch bezüglich ihrer thermodynamischen Stabilität stark unterscheiden (wie gerade im Fall des Benzens und seiner Valenzisomere), kann das Isomerisierungsgleichgewicht sehr stark auf der einen Seite liegen, und die Isomerisierung ist praktisch nur in einer Richtung möglich. Erfolgt die Umwandlung rasch, so spricht man in Analogie zur Tautomerie (S.93) von **Valenztautomerie**. Sind schließlich Ausgangs- und Endprodukt von **Valenztautomerisierungen** chemisch identisch, so nennt man die Isomerisierung *«entartet»*.

Beispiele:
Biallyl-Verbindungen

Valenzisomerisierung
(Cope-Umlagerung)

entartete
Valenzisomerisierung

2.5 Aromatische Kohlenwasserstoffe

Cyclobuten/Butadien und ähnliche Fälle:

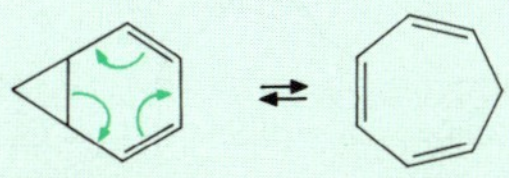

$$\begin{array}{c}CH-CH_2\\||\quad|\\CH-CH_2\end{array} \rightleftarrows \begin{array}{c}CH=CH_2\\|\\CH=CH_2\end{array}$$

Norcaradien ⇌ Tropiliden

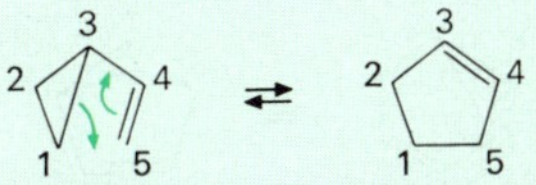

Vinyl-cyclopropan ⇌ Cyclopenten

Verschiebung von Doppelbindungen im Ring:

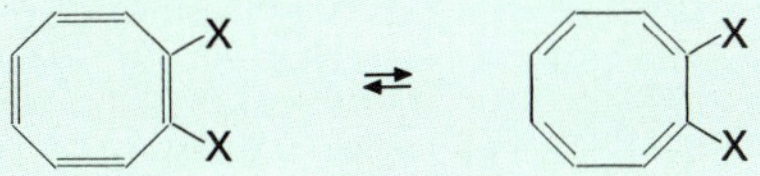

Über den Ablauf solcher Valenzisomerisierungen siehe S. 465.

Wenn aber solche Formeln wie (1), (4) (s. o.) und (7) (s. u.) realen Molekülen entsprechen sollen, dürfen diese *nicht eben* gebaut sein, denn gekreuzte Bindungen bei (4) sind physikalisch gesehen unmöglich, und auch ein ebenes «Dewar-Benzen» (1) mit seiner überlangen mittleren Bindung kann nicht existieren. Erst in den letzten Jahren ist es gelungen, einzelne dieser Valenzisomere oder Derivate davon herzustellen und zu untersuchen. Naturgemäß handelt es sich bei den Valenzisomeren des Benzens um recht wenig stabile Substanzen, da die Tendenz groß ist, den aromatischen (mesomeriestabilisierten) Zustand wiederherzustellen.

Das erste isolierte und charakterisierte Valenzisomer des Benzens war das *«Dewar-Benzen»*, Bicyclo[2.2.0]hexadien, ein tatsächlich nicht ebenes System von zwei kondensierten Vierringen. Nachdem 1962 erstmals das Tri-*tert*-butylderivat synthetisiert werden konnte (van Tamelen und Pappas), gelang ein Jahr später die Synthese des «Dewar-Benzens», selbst. In Pyridin gelöst ist es unterhalb 0 °C mehrere Monate haltbar; bei Raumtemperatur wandelt es sich mit einer Halbwertszeit von etwa zwei Tagen in Benzen um. Auch von *Pyridin* ist ein entsprechendes Valenzisomer *(«Dewar-Pyridin»)* bekannt geworden:

Das *«Prisman»* (5) – das prismatisch gebaute *«Ladenburg-Benzen»* –, das bereits von Kekulé zu synthetisieren versucht worden war, konnte 1967 als Hexamethylderivat aus Hexamethyl-Dewar-Benzen durch UV-Bestrahlung erhalten werden (Schäfer, Criegee):

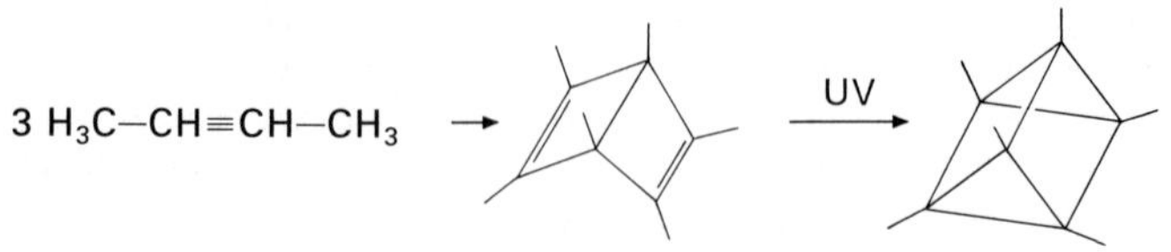

$$3\ H_3C-CH\equiv CH-CH_3 \longrightarrow \quad \xrightarrow{UV}$$

Es ist ein mäßig stabiler, kristalliner Feststoff, der bei stärkerer UV-Bestrahlung oder bei Erwärmen in ein Gemisch von Hexamethylbenzen mit wenig Hexamethyl-Dewar-Benzen übergeht. Diese Valenzisomerisierung kann wegen der viel größeren Stabilität des Benzenringes sogar explosionsartig verlaufen.

(6) ≙ (7)

Das interessanteste Valenzisomer des Benzens ist das *«Benzvalen»* (6) bzw. (7). Von Viehe wurde zuerst das Trifluor-tri-*tert*-butylbenzvalen hergestellt (1965), das durch die relativ großen Substituenten stabilisiert wird. Es entsteht in allerdings nur mäßiger Ausbeute durch Trimerisierung von *tert*-Butylfluoracetylen:

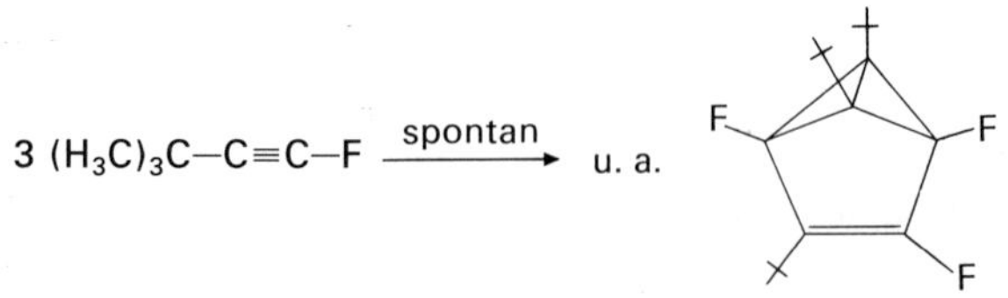

$$3\ (H_3C)_3C-C\equiv C-F \xrightarrow{\text{spontan}} \text{u. a.}$$

1971 gelang die Darstellung des *unsubstituierten Benzvalens* aus Lithiumcyclopentadienid, Dichlormethan und Methyllithium mit einer Ausbeute von 24 %:

$$\text{Li}^{\oplus}\ \ominus + H_2CCl_2 + CH_3Li \longrightarrow \quad + \quad$$

24 %

Erwartungsgemäß handelt es sich beim Benzvalen um eine unstabile Substanz; schon 10 mg detonieren bei leichtem Kratzen an der Gefäßwand heftig.

Das am besten untersuchte Beispiel eines Moleküls mit fluktuierenden Bindungen ist das **Bullvalen** (8), das aus Cyclooctatetraen durch Behandlung mit Alkalien und anschließender UV-Bestrahlung erhalten werden kann (Schröder):

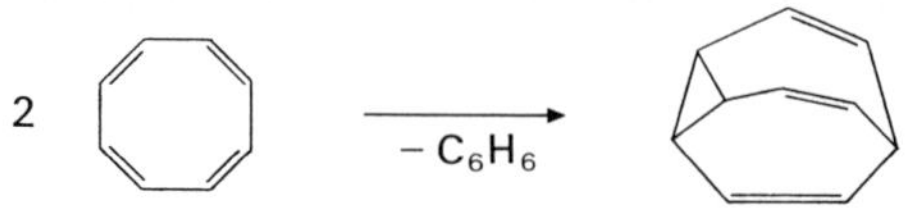

$$2\ \bigcirc \xrightarrow{-C_6H_6}$$

(8)

2.5 Aromatische Kohlenwasserstoffe

Auch durch UV-Bestrahlung von 9,10-Dihydronaphthalen läßt sich Bullvalen gewinnen.
Bullvalen ($C_{10}H_{10}$) ist eine feste, bei 96°C schmelzende, ziemlich stabile Verbindung, die erst oberhalb 400°C unter H_2-Abspaltung in Naphthalen ($C_{10}H_8$) übergeht. Die Valenzisomerisierung des Bullvalens geschieht bei Raumtemperatur sehr rasch und führt zu einem mit dem ursprünglichen Molekül identischen Molekül (vgl. Schema der Abb. 2.33). Dementsprechend erhält man oberhalb 100°C ein einziges NMR-Signal (bei $\delta = 4.2$). Da mit abnehmender Temperatur die Geschwindigkeit der Isomerisierung abnimmt, verbreitert sich dieses Signal mit sinkender Temperatur immer mehr, bis schließlich bei $-25°C$ zwei getrennte Signale auftreten: bei $\delta = 5.7$ (6 Protonen) und bei $\delta = 2.1$ (4 Protonen). Offenbar frieren bei tiefer Temperatur die Bindungen ein, so daß die vinylischen Protonen und die Protonen der «Brückenkopf»-C-Atome getrennte Signale ergeben. Bei Raumtemperatur besteht das ^{1}H-NMR-Spektrum lediglich aus breiten Absorptionen (vgl. S. 276, Dynamische Kernresonanz-Spektroskopie). Interessant ist, daß die bemerkenswerten Eigenschaften des Bullvalens bereits vor seiner Synthese durch Doering (1962) vorausgesagt und nachher vollkommen bestätigt wurden.

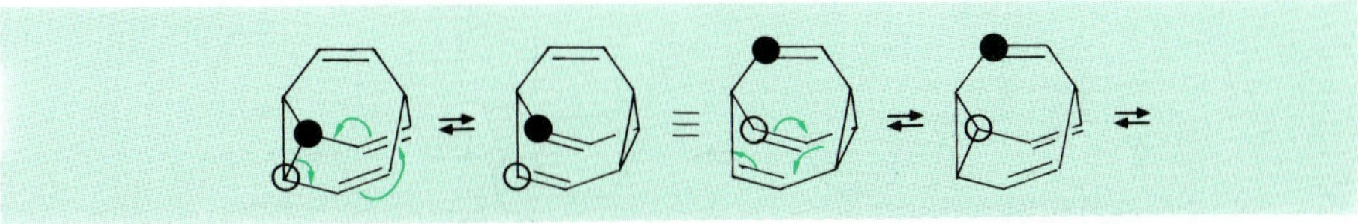

Abb. 2.33. Valenzisomerisierung des Bullvalens [Punkt und Kreis zeigen bestimmte (markierte) C-Atome an]. Insgesamt bildet Bullvalen ($C_{10}H_{10}$) [$(CH)_{10}$] mehr als 1 Million Valenzisomere, genau 10! : 3 = 1 209 600. Die 10 kommt von den 10 Ecken des Moleküls, die 3 von der dreizähligen Symmetrieachse.

2.5.3 Mehrkernige aromatische Kohlenwasserstoffe

Eine Gruppe mehrkerniger aromatischer Verbindungen enthält Ringe, die durch Einfachbindungen miteinander verbunden oder an ein «aliphatisches» C-Atom gebunden sind: «ring assemblies». Als Beispiele seien genannt:

Biphenyl
Fp. 70.5°C, Kp. 255°C

p-Terphenyl
Fp. 171°C

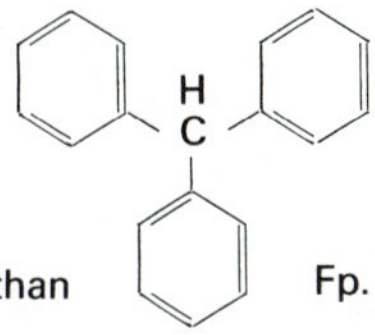

Triphenylmethan
Fp. 93°C, Kp. 359°C

Triphenylmethan entsteht ebenso wie Diphenylmethan durch Friedel-Crafts-Reaktion (S. 125) von Benzen mit Chloroform bzw. Benzylchlorid:

$$3\ C_6H_6 + HCCl_3 \xrightarrow{AlCl_3} (C_6H_5)_3CH + 3\ HCl$$

$$C_6H_6 + H_5C_6CH_2Cl \xrightarrow{AlCl_3} (C_6H_5)_2CH_2 + HCl$$

2 Kohlenwasserstoffe

Triphenylmethan ist der Baustein einer wichtigen Klasse von Farbstoffen. Das sich von diesem Kohlenwasserstoff ableitende Triphenylmethylradikal (**«Tritylradikal»**) wurde als erstes stabiles freies Radikal 1900 von Gomberg entdeckt. Es steht in einem temperatur- und konzentrationsabhängigen Gleichgewicht mit seinem Dimer und entsteht bei der Behandlung von Triphenylmethylchlorid («Tritylchlorid») mit fein verteiltem metallischem Silber oder Zink:

$$(C_6H_5)_3C-Cl + Ag \longrightarrow (C_6H_5)_3C^{\odot} + AgCl$$

Das freie Elektron des Radikals ist, wie das ESR-Spektrum zeigt, nicht am Methyl-C-Atom lokalisiert, sondern über das gesamte Ringsystem *delokalisiert*. Dies erklärt die relativ große Stabilität des Radikals.

Die charakteristische gelbe Lösung des Tritylradikals gibt beim Eindampfen ein farbloses Dimer $[(C_6H_5)_3C]_2$, das aber nicht die Konstitution des Hexaphenylethans[1] besitzt, sondern ein Cyclohexadien-Derivat ist.

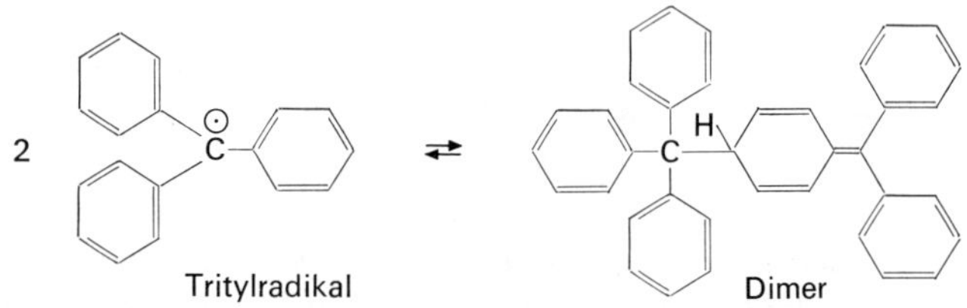

Tritylradikal ⇌ Dimer

Das NMR-Spektrum des aus Tritylchlorid und Silber in CCl_4 hergestellten Dimers enthält die Signale der Phenyl-Protonen um $\delta = 7$, daneben aber ein Signal der vinylischen Protonen (zwischen $\delta = 3.4$ und 4.2) und eines aliphatischen (allylischen) Protons bei $\delta = 5$. Verhindert man durch große Substitutionen (*tert*-Butyl) den Angriff des Tritylradikals in 4-Stellung des aromatischen Rings, so erhält man in der Tat des entsprechende Hexaphenylethan-Gerüst: Die zentrale Ethan-Bindung im stabilen Hexakis(3,5-di-*tert*-butylphenyl)ethan ist nach der Röntgen-Einkristall-Strukturanalyse mit 167 pm gegenüber der C—C Bindung des Ethans (154 pm) gedehnt. Aufgrund von Kraftfeld-Berechnungen war die lange C—C-Bindung vorhergesagt worden (K. Mislow et al, 1986).

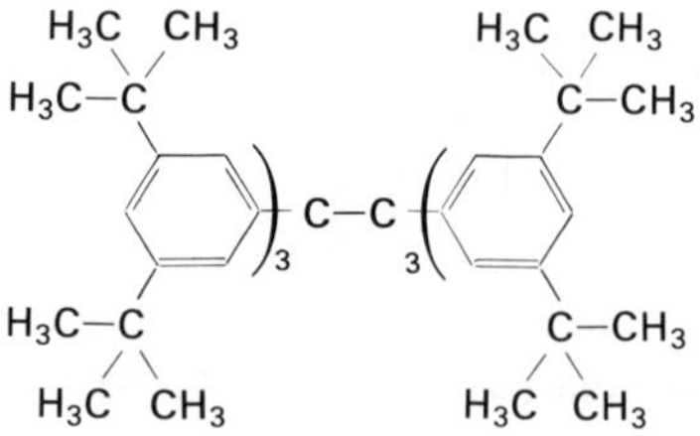

Ein stabiles Hexaarylethan

Eine Gruppe von Verbindungen, die auch aus stereochemischen Gründen Interesse gefunden haben (S.192), bilden die **Cyclophane**, in denen zwei Benzenringe – in *m*- oder

---

[1] Dieses Molekül ist heute unsubstituiert noch unbekannt.

2.5 Aromatische Kohlenwasserstoffe

p-Stellung – über gesättigte C-Atome (Brücken) miteinander verbunden sind. Das wichtigste Beispiel dieser Verbindungsklasse ist das [2.2]Paracyclophan (Di-p-xylylen), das durch katalytische Dehydrierung aus p-Xylen erhalten wird, wobei auch ein hochmolekulares, thermoplastisches Material («Parylen») anfällt.

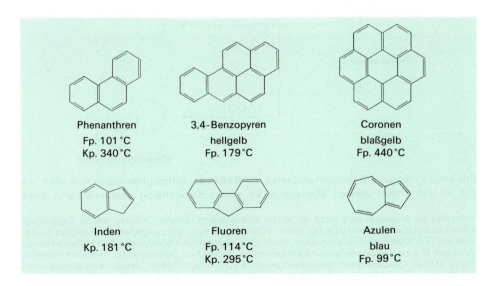

Am wichtigsten sind polycyclische aromatische Gerüste, in denen zwei oder mehrere Ringe miteinander (über jeweils gemeinsame C-Atome) verbunden («kondensiert», «anelliert») sind.
Viele dieser polycyclischen Verbindungen sind, wie auch Benzen und die Methylbenzene, im Steinkohlenteer enthalten.

Naphthalen
Fp. 80 °C
Kp. 218 °C

Anthracen
Fp. 216 °C
Kp. 354 °C

Naphthacen
(Tetracen)
orange
Fp. 355 °C

Phenanthren
Fp. 101 °C
Kp. 340 °C

3,4-Benzopyren
hellgelb
Fp. 179 °C

Coronen
blaßgelb
Fp. 440 °C

Inden
Kp. 181 °C

Fluoren
Fp. 114 °C
Kp. 295 °C

Azulen
blau
Fp. 99 °C

Über die Numerierung der C-Atome in kondensierten Aromaten siehe S. 136.

Für Verbindungen mit mehr als zwei linear (in einer geraden Reihe) anellierten Benzenringen, wie Anthracen, Naphthacen usw., läßt sich jeweils nur noch ein Ring mit einem vollständigen aromatischen Elektronensextett schreiben:

Dieses Sextett ist aber ebenso wie die anderen π-Elektronen über das ganze System delokalisiert und dadurch verglichen mit dem Benzen «*verdünnt*». Dies erklärt die Tatsache, daß höhere **Acene** (d. h. Verbindungen mit mehreren linear kondensierten aromatischen Ringen) mit zunehmender Ringzahl immer weniger aromatischen und dafür eher ungesättigten Charakter annehmen (größere Neigung zur Oxidation; mit zunehmender Ringzahl starke Verschiebung der Lichtabsorption ins längerwellige Gebiet, wie bei Alkenen u. a.). Die beim *Anthracen* ausgeprägte Neigung zu *Additionsreaktionen* an beiden *p*-ständigen C-Atomen des mittleren Ringes erklärt sich dadurch, daß auf diese Weise *zwei* stark mesomeriestabilisierte aromatische Sechsringe gebildet werden können. Die bei vielen polycyclischen Aromaten (z. B. bei dem im Tabakrauch vorhandenen 3,4-Benzopyren) beobachtete carcinogene (krebserregende) Wirkung hängt möglicherweise mit dieser gesteigerten Reaktionsfähigkeit zusammen[1]. Angular anellierte Systeme (**Phene**, z. B. Phenanthren) enthalten mehr aromatische Sextette und sind stärker aromatisch als die Acene. Allerdings lassen sich an Phenanthren auch *Additionen* durchführen; die zwischen den C-Atomen 9 und 10 liegende Bindung verhält sich nahezu wie eine isolierte aliphatische Doppelbindung:

Eine stereochemische Besonderheit bieten die **Helicene**, orthokondensierte Aromaten, die sich an den Enden sterisch überlappen; sie sind schraubenartig gewunden und damit

---

[1] Polycyclische Aromaten sind nicht als solche krebserregend, sondern werden erst im Organismus (durch enzymatische Hydroxylierung, Oxiranbildung) zu aktiven Cancerogenen umgewandelt (metabolisiert). Sie wirken als Procarcinogene. Nach einer allgemeinen Hypothese wirken krebsauslösende Aromaten ebenso wie cancerogene Alkylierungsmittel [Iodmethan, Dimethylsulfat, Meerwein-Reagens, Magic Methyl, Oxiran, Aziridin, Benzylhalogenide, Bis(chlormethyl)ether, Nitrosoverbindungen usw.] als Elektrophile. Sie alkylieren Stickstoffatome der DNS (siehe Bd II) und verändern dadurch den genetischen Code. (Aus Nitrosoverbindungen können Diazohydroxide als alkylierende Agentien gebildet werden.)

(helical-) chiral, ohne daß sie ein Chiralitätszentrum besitzen (*M* von *Minus*, d. h. Windung vom Betrachter weg entgegen dem Uhrzeigersinn). Vgl. hierzu das Cyclophan des Einbands.

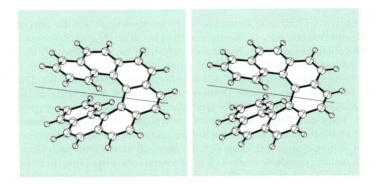

M-[7]Helicen

Abb. 2.34 zeigt das aus sieben Benzenringen zusammengesetzte Plus-(*P*)-[7]Helicen als Stereobild.

Abb. 2.34 (*P*)-Heptahelicen (Rechtsschraube mit C_2-Achse); Stereobild.

Ein bemerkenswertes Ringsystem liegt im Molekül des nicht-alternierenden Kohlenwasserstoffs[1] **Azulen** vor. Die beiden Ringe besitzen zusammen 10 π-Elektronen (wie das Naphthalen), und die Substanz zeigt ausgesprochen aromatischen Charakter. Azulen ist aber ein Dipol ($\mu = 2.6 \cdot 10^{-30}$ Cm), was darauf hinweist, daß vom Siebenring in einem gewissen Maß π-Elektronen auf den Fünfring übertragen werden, so daß jeder Ring gewissermaßen das Sextett anstrebt. In der Sprache des VB-Modells ausgedrückt tragen auch dipolare Grenzstrukturen zum Resonanzhybrid bei:

[1] Zur Prüfung auf Alternanz-/Nichtalternanz «sternt» und «beringt» man nach Coulson benachbarte Gerüstatome von π-Systemen:

nicht-alternierend
(zwei gesternte Atome – Atome gleicher Parität – treffen aufeinander)

alternierend
(abwechselnd Sterne und Ringe)

Diese Eigenschaft spielt bei der theoretischen Behandlung eine Rolle (siehe Bd. II); viele der besonderen physikalischen und chemischen Eigenschaften des Azulens können auf das Vorhandensein der einen transannularen Bindung (C*—C*) zurückgeführt werden, die dieses Molekül nicht-alternierend macht.

122   2 Kohlenwasserstoffe

Azulen, blaue Plättchen vom Fp. 90 °C

Beim Erhitzen geht Azulen ($C_{10}H_8$) in das thermodynamisch stabilere benzoide, farblose 10 π-Isomere Naphthalen ($C_{10}H_8$, alternierender Kohlenwasserstoff) über.

2.5.4 Spektroskopische Eigenschaften aromatischer Kohlenwasserstoffe

Die delokalisierten π-Elektronen aromatischer Ringe sind noch leichter anzuregen als die π-Elektronen von Doppel- oder Dreifachbindungen bei aliphatischen Kohlenwasserstoffen. Aromatische Kohlenwasserstoffe absorbieren darum im *längerwelligen UV* als Alkene oder Alkine. Das Benzen selbst zeigt zwei starke Absorptionsbanden bei 184 nm und 202 nm sowie eine Reihe schwächerer Banden im Wellenlängenbereich 230 bis 270 nm, deren Feinstruktur stark vom verwendeten Lösungsmittel abhängt. Diese letzteren, als *Feinstrukturbanden* bezeichneten Banden sind für aromatische Ringe typisch und entsprechen π → π*- Übergängen. Trägt der Ring Substituenten, so werden die Feinstrukturbanden weniger komplex und sind intensiver; besitzen die Substituenten nichtbindende Elektronen (wie z. B. OH- oder NH_2-Gruppe) so verschieben sich die Absorptionsmaxima nach längeren Wellenlängen. Auch nicht benzoide Aromaten (d. h. Aromaten ohne Benzenkern) zeigen prinzipiell ähnliche UV-Spektren, so daß man oft schon aus dem UV-Spektrum allein ersehen kann, ob eine bestimmte Verbindung aromatischen Charakter zeigt. Die Verschiebung des Absorptionsmaximums ins sichtbare Gebiet als Folge der Ringannellierung wurde bereits erwähnt.

Das *IR-Spektrum* von Benzen und seinen Derivaten zeigt bei 3030 cm^{-1} die charakteristische Bande der C—H-Streckschwingung. Die C=C-Streckschwingungen erscheinen als Banden verschiedener Intensität im Gebiet von 1600 bis 1450 cm^{-1}; diese Banden sind für

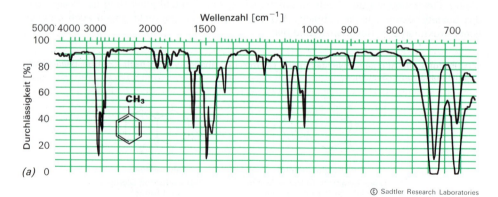

© Sadtler Research Laboratories

Abb. 2.35. IR-Spektrum von Toluen
Charakteristisch für Aromaten sind die verschiedenen Banden im Gebiet von 1380 bis 1600 cm^{-1}. Die Banden im Gebiet von 690 bis 800 cm^{-1} zeigen den Substitutionsgrad des Ringes an.

aromatische Ringsysteme überhaupt sehr charakteristisch, und ihr Fehlen zeigt sofort und eindeutig, daß im betreffenden Fall keine aromatische Substanz vorliegt. Beugeschwingungen der Ring-C—H-Bindungen in der Ringebene und aus der Ringebene heraus ergeben Banden im längerwelligen IR; ihre genaue Lage hängt von der Anzahl und der Orientierung der am Ring vorhandenen Substituenten ab, wodurch diese Absorptionsbanden für die Identifikation einer Verbindung sehr wertvoll sind.

IR-Banden von Aromaten (cm^{-1})			
=CH	3030	C—H-Streckschwingung	
C=C	1450–1600	C=C-Streckschwingungen; meist mehrere, für aromatische Verbindungen sehr typische Banden	
=CH	730–770 / 690–710	monosubstituiert	C—H-Beugeschwingungen in der Ringebene und aus der Ringebene heraus
	735–770	o-disubstituiert	
	750–810 / 690–710	m-disubstituiert	
	800–860	p-disubstituiert	

2.5.5 Reaktionen aromatischer Verbindungen

Wir haben schon erwähnt, daß die Wasserstoffatome an aromatischen Ringen (Arenen)[1] verhältnismäßig leicht *substituierbar* sind. Da diese Reaktionen auch im Dunkeln bei mäßig erhöhter Temperatur und vorzugsweise in flüssiger Phase ablaufen, kann es sich bei ihnen nicht um Substitutionen durch Radikale handeln. Wir werden später sehen (Kapitel 15), daß bei der aromatischen Substitution vorzugsweise **elektrophile** Teilchen substituierend wirken und dabei im ersten Schritt der Reaktion das delokalisierte π-System angreifen. Beispiele wichtiger aromatischer Substitutionen gibt Tabelle 2.11.

Sind am Ring des aromatischen Systems bereits *Substituenten vorhanden*, so wird dadurch sowohl die *Geschwindigkeit* einer *weiteren Substitution (Zweitsubstitution)* wie auch die *Orientierung* des neu eintretenden Substituenten beeinflußt. Um die Reaktivität von Benzen und von Benzenderivaten vergleichen zu können, mißt man beispielsweise die Zeit, die – genau gleiche Reaktionsbedingungen vorausgesetzt – für eine bestimmte Substitution erforderlich ist. Reaktionsträgere Verbindungen verlangen für eine bestimmte Reaktion auch viel energischere Bedingungen, so benötigt man z. B. zur Einführung einer weiteren NO_2-Gruppe in Nitrobenzen ein Gemisch von rauchender Salpetersäure und konzentrierter Schwefelsäure und eine Temperatur von 90°C, während Benzen selbst schon durch konzentrierte Salpetersäure im Gemisch mit konzentrierter Schwefelsäure bei 60°C nitriert wird. Zur Nitrierung von Phenol genügt sogar schon verdünnte (etwa 15%) Salpetersäure. Ein quantitativer Vergleich verschiedener Reaktivitäten ist dadurch möglich, daß eine beschränkte Menge Reagens (z. B. Nitriersäure) mit einem äquimolaren Gemisch zweier Aromaten umgesetzt und der Anteil an beiden Produkten bestimmt wird:

$\left.\begin{array}{l}HNO_3\\H_2SO_4\end{array}\right\}$ + äquimolares Gemisch $C_6H_6/C_6H_5CH_3$ → Nitrobenzen + Nitrotoluen im Molverhältnis 1:25

$\left.\begin{array}{l}HNO_3\\H_2SO_4\end{array}\right\}$ + äquimolares Gemisch C_6H_6/C_6H_5Cl → Nitrobenzen + Chlornitrobenzen im Molverhältnis 30:1

[1] **Aren** steht allgemein für Aromaten wie Benzen, Toluen, Naphthalen.

Tabelle 2.11. Beispiele wichtiger Substitutionsreaktionen bei Aromaten

Ar—H[1]	Reagenz	Bedingung	Produkt	Bezeichnung
	+ HNO_3 Nitrierung (S. 563)	(H_2SO_4)	Ar—NO_2 + H_2O	Nitroverbindung[1]
	+ H_2SO_4 Sulfonierung (S. 568)	SO_3	Ar—SO_3H + H_2O	Sulfonsäure
	+ Cl_2, Br_2 Halogenierung (S. 567)	(Fe, $FeBr_3$) $AlCl_3$	Ar—X + HCl	Halogenaromat (Halogenaren)
	+ R—Cl Friedel-Crafts-Alkylierung (S. 555)	($AlCl_3$)	Ar—R + HCl	Alkylaromat (Alkylaren)
	+ R—C(=O)Cl Friedel-Crafts-Acylierung (S. 557)	($AlCl_3$)	Ar—C(=O)—R + HCl	Arylketon
	+ HNO_2 Nitrosierung (S. 565)		Ar—NO + H_2O	Nitrosoverbindung[2]
	+ Ar—N≡N]$^\oplus$ Azokupplung (S. 566)		Ar—N=N—Ar + H$^\oplus$	Azoverbindung[2]

[1] Ar bedeutet «Aryl-», d.h. irgendein aromatisches System (wobei das zu substituierende H-Atom direkt an den Ring gebunden ist).
[2] Diese Reaktionen gehen nur mit besonders reaktionsfähigen Aromaten.

Die CH_3-Gruppe wirkt also **aktivierend**, während Cl-Atome als Substituenten den Ring **desaktivieren**.
Die Erklärung für die verschiedenartige Wirkung solcher am Ring bereits vorhandenen Substituenten wird ebenfalls in Kapitel 15 gegeben. Man muß zu diesem Zweck die Stabilität der verschiedenen aktivierten Komplexe vergleichend betrachten.

2.5.6 Aliphatisch-aromatische Kohlenwasserstoffe

Aliphatisch-aromatische Kohlenwasserstoffe (Tabelle 2.12) können im Laboratorium entweder durch direkte **Friedel-Crafts-Alkylierung** (S. 555) oder durch *Reduktion* entsprechender Ketone mittels amalgamiertem Zink und Salzsäure (**Clemmensen-Reduktion**; S. 630) oder Hydrazin in alkalischer Lösung (**Wolff-Kishner-Reduktion**; S. 631) erhalten werden:

$$C_6H_6 + C_2H_5Cl \xrightarrow{AlCl_3} C_6H_5-C_2H_5 + HCl$$

2.5 Aromatische Kohlenwasserstoffe

$$\text{C}_6\text{H}_5-\underset{\underset{O}{\|}}{C}-CH_3 \xrightarrow{\text{Zn/HCl oder}\atop N_2H_4 + NaOH} \text{C}_6\text{H}_5-CH_2CH_3$$

Die Friedel-Crafts-Alkylierung ermöglicht zwar die direkte Einführung von Alkylgruppen; ihr praktischer Nutzen ist jedoch beschränkt, weil häufig Umlagerungen eintreten und sie zudem mit weniger reaktiven Aromaten, wie Nitrobenzen, überhaupt nicht mehr durchführbar ist. Von allgemeinerer Anwendbarkeit sind die beiden Möglichkeiten zur Reduktion von Ketonen, weil diese gewöhnlich z. B. durch Friedel-Crafts-Acylierung (Verwendung von Säurehalogeniden) leicht zugänglich sind.

Aromatische Verbindungen mit aliphatischen Seitenketten zeigen das chemische Verhalten sowohl von Aromaten wie von Alkanen bzw. Alkenen oder Alkinen. So ergibt z. B. *Toluen* ($C_6H_5CH_3$) mit Brom unter dem Einfluß von Licht Benzylbromid ($C_6H_5CH_2Br$; Bromierung der Seitengruppe), während sich unter der (katalytischen) Wirkung von $FeBr_3$ Bromtoluen [$C_6H_4(Br)CH_3$] bildet (Substitution eines Ring-C-Atoms). *Styren* ($C_6H_5CH=CH_2$) entfärbt Bromwasser wie irgendein Alken (Addition an die Doppelbindung!). Ebenso wie aber die Reaktivität des aromatischen Ringes durch das Vorhandensein aliphatischer Seitenketten beeinflußt wird, kann ein aromatisches System als Substituent eines aliphatischen Kohlenwasserstoffes auch dessen Reaktionsfähigkeit verändern. So reagiert z. B. Styren deutlich langsamer mit Brom als etwa Propen.

Von den verschiedenen Reaktionen aliphatisch-aromatischer Kohlenwasserstoffe sind die *Oxidation* und die *Halogenierung* besonders erwähnenswert. Während Benzen oder Alkane gegenüber starken Oxidationsmitteln wie z. B. $KMnO_4$ oder $K_2Cr_2O_7$ praktisch völlig inert sind, läßt sich die Seitenkette von Alkylbenzenen durch längeres Kochen mit $KMnO_4$-Lösung zu einer *Carboxylgruppe* (—COOH) oxidieren (Verwendung zur Identifikation von Alkylbenzenen und zur Gewinnung aromatischer Carbonsäuren):

$$\text{C}_6\text{H}_5-CH_2CH_2CH_2CH_3 \xrightarrow{KMnO_4} \text{C}_6\text{H}_5-COOH + 3\ CO_2$$
(Benzoesäure)

Tabelle 2.12. Beispiele von aliphatisch-aromatischen Kohlenwasserstoffen («Araliphaten»)

Name[1]	Formel	Fp. [°C]	Kp. [°C]
Benzen	C_6H_6	5.5	80
Toluen	$C_6H_5CH_3$	−95	111
o-Xylen	1,2-$C_6H_4(CH_3)_2$	−25	144
m-Xylen	1,3-$C_6H_4(CH_3)_2$	−48	139
p-Xylen	1,4-$C_6H_4(CH_3)_2$	13	138
Mesitylen	1,3,5-$C_6H_3(CH_3)_3$	−45	165
Duren	1,2,4,5-$C_6H_2(CH_3)_4$	80	195
Hexamethylbenzen	$C_6(CH_3)_6$	165	264
tert-Butylbenzen	$C_6H_5C(CH_3)_3$	−58	169
Styren	$C_6H_5CH=CH_2$	−31	145
(E)-Stilben	E-$C_6H_5CH=CHC_6H_5$	124	307
(Z)-Stilben	Z-$C_6H_5CH=CHC_6H_5$	96	360
Tetraphenylethen	$(C_6H_5)_2C=C(C_6H_5)_2$	227	425
Phenylacetylen	$C_6H_5C\equiv CH$	−45	142

$$H_3C-\langle\text{benzene}\rangle-CH_3 \xrightarrow{KMnO_4} HOOC-\langle\text{benzene}\rangle-COOH$$

(Terephthalsäure)

Die **Seitenketten-Halogenierung** – eine Radikalsubstitution – liefert vorzugsweise Produkte, die ein Halogenatom am ersten C-Atom der Seitenkette (dem «Benzyl-C-Atom») tragen:

$$\text{Ph}-CH_2CH_3 \xrightarrow[hv]{+Br_2} (-HBr) \begin{cases} \text{Ph}-\underset{Br}{CH}-CH_3 & 100\,\% \\ \text{Ph}-CH_2-CH_2-Br & \text{mögliches, zweites Produkt;} \\ & \text{entsteht nicht} \end{cases}$$

Die verglichen mit gewöhnlichen Alkanen größere Leichtigkeit, mit der Benzyl-H-Atome durch Halogenatome ersetzbar sind, beruht – ebenso wie die größere Reaktionsfähigkeit von H-Atomen, die an tertiäre C-Atome von Alkanen gebunden sind – auf der größeren Reaktionsgeschwindigkeit. Wie sich durch Experimente von der auf S. 123 geschilderten Art durch «Konkurrenzreaktionen» zeigen läßt, reagiert Toluen bei 40 °C mit Brom 3.3 mal so schnell wie ein an ein tertiäres C-Atom gebundenes Wasserstoffatom eines Alkans oder gar 10^8 mal schneller als Methan. Benzylradikale werden also offenbar ganz besonders rasch gebildet, und die zu ihrer Bildung erforderliche Aktivierungsenergie ist relativ klein.

2.5.7 Halogenierte Aromaten und Umwelt

Wohl die bekannteste aromatische Halogenverbindung ist das *Insektizid DDT* [Dichlordiphenyl-trichlorethan; genauer: 1,1,1-Trichlor-2,2-bis(*p*-chlorphenyl)ethan]:

$$Cl-\langle\text{Ph}\rangle-\underset{CCl_3}{\overset{H}{C}}-\langle\text{Ph}\rangle-Cl$$

Die Verbindung war zwar schon seit den achtziger Jahren des 19. Jahrhunderts bekannt; ihre insektizide Wirkung wurde jedoch erst 1941 durch P. H. Müller (in der Firma Geigy) erkannt. Sie wurde sofort zur Bekämpfung krankheitsübertragender Insekten (vor allem der malariaübertragenden Anopheles-Mücke) eingesetzt, und es gelang tatsächlich, mittels DDT die Malaria auf der Erde nahezu völlig zum Verschwinden zu bringen (in Sri Lanka in den fünfziger Jahren Abnahme von 2.8 Mio auf 110 Fälle). Da jedoch DDT – wie viele organische Halogenverbindungen – fettlöslich und zudem biologisch schwer abbaubar ist, reichert es sich im Fettgewebe z. B. von Fischen an und gelangt über die Nahrungskette auch in den Menschen. Es scheint, daß der menschliche Körper gegenüber DDT eine ziemlich große Toleranz besitzt; welche Folgen die Langzeit-Einwirkung auf den Menschen hat, ist allerdings noch unsicher. Das Primärprodukt des DDT-Abbaues in der Natur, 1,1-Dichlor-2,2-bis(*p*-chlorphenyl)ethen, hemmt ein Enzym, das bei Vögeln die Calciumzufuhr bei der Bildung der Eierschale reguliert. Möglicherweise als Folge der weltweiten Verbreitung dieses Abbauproduktes wurden die Populationen gewisser Vogelarten wie Seeadler, Falken, Habichte u. a. schon zu Beginn der fünfziger Jahre stark dezimiert, da die Vögel nicht mehr

2.5 Aromatische Kohlenwasserstoffe

imstande waren, genügend dickwandige Eier zu bilden. Heute ist die Verwendung von DDT in manchen Ländern verboten (in Deutschland seit 1972), in anderen Ländern stark eingeschränkt worden, allerdings mit der Folge, daß sich die Malaria wieder stark ausbreitet! Sri Lanka nach DDT-Verzicht: 2.5 Mio Kranke. Eine ebenso billige wie wirksame Alternative zum DDT gibt es noch nicht.

Andere chlorierte Aromaten werden als *Herbizide* verwendet:

2,4-Dichlorphenoxyessigsäure
2,4-D

2,4,5-Trichlorphenoxyessigsäure
2,4,5-T

In gewissen Fällen zeigten 2,4,5-T-Präparate ausgesprochen teratogene (Mißbildungen hervorrufende) Nebenwirkungen. Es zeigt sich, daß diese auf 2,3,6,7-Tetrachlordibenzo-*p*-dioxin («*TCDD*», «Seveso-Dioxin») zurückzuführen sind, das als Verunreinigung in handelsüblichem 2,4,5-T vorhanden war.

TCDD

Dieses Tetrachlordibenzodioxin und andere chlorierte Verbindungen dieses Typs («Dioxine») sind sehr giftig; die Giftwirkung des TCDD übertrifft z. B. die Wirkung von Cyanid-Ionen oder der Nervengifte Tabun und Sarin[1]. Gegen biologischen Abbau ist es ebenfalls sehr resistent und gelangt als fettlösliche Substanz in die Nahrungskette. Subletale Mengen bewirken Hautkrankheiten («Chlorakne») die sich in der Regel zurückbilden. TCDD gelangte zu einer traurigen «Berühmtheit», als im Juli 1976 in Seveso (Italien) durch fehlerhafte Manipulationen und mangelhafte Sicherheitsvorkehrungen gegen 200 g TCDD in die Atmosphäre gelangten. Das TCDD entstand hier als Nebenprodukt bei der Herstellung von 2,4,5-Trichlorphenol, weil die Höchsttemperatur von 160 °C überschritten wurde:

$\xrightarrow{\text{NaOH, } H_3COH, 160°C}$ $\xrightarrow{H^\oplus}$

Das 2,4,5-Trichlorphenol ist Zwischenprodukt für die Herstellung des (u. a. auch in Zahnpasten) verwendeten Desinfektionsmittels *Hexachlorophen*:

Hexachlorophen

---

[1] Einige natürliche Gifte übertreffen das TCDD – von dem schon 0,6 μg/kg Körpergewicht genügen, um 50% einer Meerschweinchenpopulation zu töten – allerdings noch um Zehnerpotenzen; Botulinus-Toxin A (Faktor 10^5), Tetanus-Toxin (ca. 10^4). Die Fisch- und Muschelgifte Saxitoxin und Tetrodotoxin sind ca. 10-, Curare und Strychnin ca. 500 mal weniger giftig als TCDD.

TCDD schmilzt oberhalb 300 °C, verdampft also nicht in die Luft, und ist wasserunlöslich. Es haftet stark an der obersten Bodenschicht und wird dort vom UV-Licht der Sonne abgebaut.

Als letzte Beispiele halogenierter Aromaten sollen die *polychlorierten Biphenyle (PCB)* erwähnt werden. Hier kann jedes Wasserstoffatom im Biphenylmolekül durch ein Chloratom ersetzt sein, wodurch insgesamt 210 verschiedene Verbindungen möglich sind (!). Die Gemische werden bei der Herstellung nicht getrennt und üblicherweise durch ihren Gehalt an Chlor charakterisiert; die industriell verwendeten PCB enthalten meist 40–60% Chlor. Solche Gemische werden wegen ihrer Unbrennbarkeit schon seit 1929 für die verschiedenartigsten Zwecke verwendet, z. B. als Kühlflüssigkeiten für Transformatoren und Kondensatoren, für Thermostaten, für hydraulische Systeme, als Weichmacher für Polystyren, in Druckerschwärzen und Kohlepapieren, zur Auskleidung von Gußformen für Metalle usw. Heute ersetzt man die PCB, mit denen im Untertage-Bergbau das große Problem der Feuergefahr gelöst wurde, zunehmend durch halogenfreie Substanzen (Silicone etc.). 1983 wurde die PCB-Produktion in der Bundesrepublik Deutschland eingestellt.

Die PCB gehören zu den heute in der Umwelt – wenn auch in geringer Konzentration – verbreitetsten Chemikalien. Sie wurden – mit höchstempfindlicher Analysentechnik – in den verschiedenartigsten Lebewesen, selbst in Eisbären aus den Polargebieten, in Regenwasser und auch im menschlichen Körper in Spuren nachgewiesen. Auch die PCB sind widerstandsfähig gegenüber biologischem Abbau und reichern sich in der Nahrungskette an. Fische, die in mit PCB verunreinigtem Wasser leben, können in ihrem Körper bis das 10^5-fache an PCB enthalten, als das Wasser. Die Giftigkeit der PCB hängt stark von der Zusammensetzung des Gemisches ab; über die Folgen der Langzeiteinwirkung weiß man wenig. Halogenaromaten können heutzutage – wie eigentlich alle organischen Stoffe – in Sondermüll-Verbrennungsanlagen – bei bestimmten Bedingungen – ohne Umweltbelastung rückstandslos beseitigt werden.

2.5.8 Technische Gewinnung aromatischer Kohlenwasserstoffe

Bis nach dem Zweiten Weltkrieg bildete der Steinkohlenteer die wichtigste Quelle aromatischer Kohlenwasserstoffe. *Steinkohlenteer* entsteht bei der Verkokung von Steinkohle, d. h. beim Erhitzen der Kohle unter Luftabschluß. Die in der ursprünglichen Kohle enthaltenen Elemente H, O, N, S u. a. entweichen dabei in Form flüchtiger Verbindungen, welche das *Steinkohlengas* bilden oder im «*Gaswasser*» gelöst bleiben: CH_4, C_2H_6, C_2H_4, NH_3, HCN, H_2O, CO, CO_2, H_2S u. a., und als Rückstand bleibt *Koks* (mit einem C-Gehalt von bis 98%), der als Brennmaterial und zur Reduktion der Eisenerze im Hochofen Verwendung findet.

Neben den gasförmigen Produkten und dem Gaswasser erhält man bei der Verkokung stets auch einen gewissen Anteil an dickflüssigem, braunschwarzem *Teer*. Dieser ist ein kompliziertes Gemisch vieler (vor allem aromatischer) Verbindungen (bis heute sind über 500 verschiedene Verbindungen im Steinkohlenteer nachgewiesen!); die mengenmäßig bedeutendste Komponente ist Naphthalen (etwa 10%), während Benzen nur zu etwa 0.4% darin enthalten ist (wegen seines verhältnismäßig niederen Siedepunktes enthält das rohe Steinkohlengas erhebliche Mengen von Benzen). Ursprünglich bildete der Teer ein schwer zu verwertendes Nebenprodukt (Hauptprodukt war neben dem Koks das Steinkohlengas [«Leuchtgas»]); mit dem Aufschwung der Chemie der Aromaten im Laufe der zweiten Hälfte des letzten Jahrhunderts, insbesondere zur Gewinnung von Farbstoffen und Pharmazeutika, wurde er zu einem wertvollen Rohstoff, aus welchem zahlreiche aromatische Grundchemikalien gewonnen wurden: Benzen, Toluen, Xylene, Naphthalen, Anthracen, heterocyclische Aromaten (Pyridin, Methylpyridine) usw. Die Abtrennung der einzelnen Komponenten geschieht durch Destillation und Extraktion; so gewinnt man die Pyridinbasen durch Extraktion mit verdünnter Schwefelsäure und anschließendem Ausfällen mit Ammoniak, während Phenole (Hydroxybenzene) durch Extraktion mit Natronlauge gewonnen werden.

Seit dem Zweiten Weltkrieg stieg der Bedarf an Aromaten, insbesondere an Benzenderivaten, sehr stark an. Im Zusammenhang mit der Entwicklung «gezielter» Crackverfahren zur Gewinnung von Hochoctan-Treibstoffen gelang es, auch aus *Erdöl* – das zur Hauptsache offenkettige aliphatische Kohlenwasserstoffe enthält – Aromaten zu gewinnen. Beim «Platforming»-Verfahren wird «straigth-run»-Benzin (d. h. gewöhnliche Benzinfraktionen) bei 500 bis 600°C und 50 bar Druck über einen Platin-Kontakt geleitet. Dabei finden Dehydrierungen von Cycloaliphaten zu Aromaten und dehydrierende Cyclisierungen von offenkettigen Aliphaten zu Aromaten statt. Aus *n*-Hexan entsteht auf diese Weise Benzen; *n*-Heptan liefert Toluen (über Methylcyclohexan) usw. Das Erdöl hat den Steinkohlenteer in seiner Bedeutung als Rohstoff zur Gewinnung von Aromaten längst weit überflügelt; in den USA stammen um 99% aller organischen Rohstoffe aus Erdöl, und auch in Deutschland (Bundesrepublik) liefern heute Erdöl und Erdgas gegen 90% der Rohstoffe für die organisch-chemische Industrie. Einzig die Aromaten mit kondensierten Ringsystemen, wie Naphthalen, Anthracen, Phenanthren u. a., die besonders für die Farbenindustrie unentbehrliche Grundstoffe sind, werden auch heute noch hauptsächlich aus dem Steinkohlenteer gewonnen. Zu diesem Zweck wurden in den USA Verfahren entwickelt, die es gestatten, durch besondere Methoden bei der Verkokung von Steinkohle den Gehalt des Teers an Naphthalen und schwereren Aromaten stark zu steigern.

Die **«Petrochemie»** ist dadurch zu einem außerordentlich wichtigen Wirtschaftszweig geworden, obschon der eigentlich petrochemisch verwertbare Anteil des Rohöls relativ klein ist. Weitaus die Hauptmengen des Erdöls (rund 85%) dienen der Energiegewinnung in Form von Heizöl (65%) und von Treibstoffen [Benzin, Petroleum («Kerosin»)] sowie Heizgase (20%). Etwa 7% des Rohöls werden zu Schmiermittel und Alkane verarbeitet, und nur etwa 3% sind petrochemische Rohstoffe!

2.6 Nomenklatur organischer Verbindungen

2.6.1 Trivialnamen

In der Frühzeit der organischen Chemie waren nur relativ wenige Stoffe bekannt, die meist mehr oder weniger willkürlich nach ihrem Vorkommen oder nach irgendeiner für sie charakteristischen Eigenschaft benannt wurden. Eine systematische Nomenklatur wurde damals gar nicht angestrebt, so daß diese Namen in keinerlei Beziehung zur Konstitution der betreffenden Stoffe stehen. Beispiele solcher *Trivialnamen* sind:

$H_2N-C-NH_2$ Harnstoff (isoliert aus Harn; engl. *urea*)
$\|$
O

⌬—NH_2 Anilin (span. *añil* = Indigo)

$H_2C=CH-CH_2OH$ Allylalkohol (*allium* lat. = Lauch, Zwiebel)

$H_3C-CH=CH-CHO$ Crotonaldehyd (aus Crotonöl)

$H_2C-CH-CH_2$ Glycerol (glykys gr. = süß)
$|||$
$OHOHOH$ in der Umgangssprache «Glycerin»

Viele Trivialnamen sind auch heute noch im Gebrauch. Sie sind in keiner Weise logisch ableitbar, sondern müssen regelrecht *«gelernt»* werden.

2.6.2 Systematische Nomenklatur: Substitutionsnamen

Mit der wachsenden Zahl bekannter organischer Verbindungen wurde eine systematisch aufgebaute Nomenklatur allmählich zu einem dringenden Bedürfnis, da es unmöglich wurde, für alle bekannten Stoffe Trivialnamen zu «erfinden» und diese alle einzeln zu memorieren. Am frühesten erhielten die *Alkane* systematische Namen (mit Ausnahme der ersten vier); ihre Bezeichnungen entsprechen griechischen Zahlwörtern, welche die Anzahl der C-Atome angeben, und die mit der für die Alkane typischen Endung *-an* versehen werden. Kohlenwasserstoffe mit unverzweigten Ketten wurden durch ein vorangestelltes *n-* («*n-*Hexan», gelesen «normal-Hexan») gekennzeichnet; Alkane mit zwei Methylgruppen am Ende erhielten die Vorsilbe *Iso-* und solche mit drei endständigen Methylgruppen die Vorsilbe *Neo-*.

Beispiele:

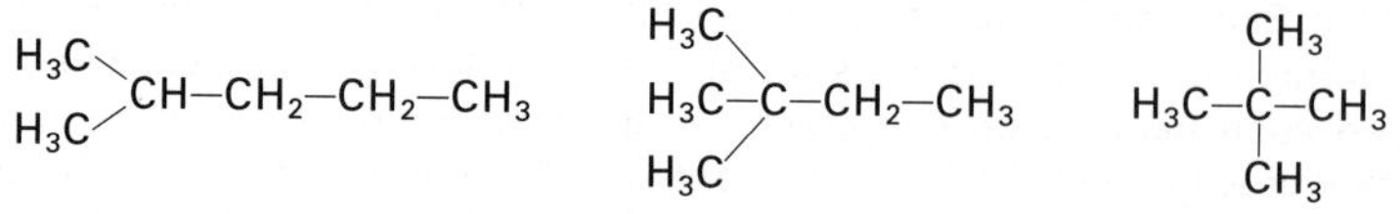

H_3C\
$\quad\quad$ CH—CH_2—CH_2—CH_3\
H_3C/

H_3C\
H_3C—C—CH_2—CH_3\
H_3C/

$\quad\quad CH_3$\
H_3C—C—CH_3\
$\quad\quad CH_3$

$\quad\quad$ Isohexan $\quad\quad\quad\quad$ Neohexan $\quad\quad\quad\quad$ Neopentan

Von den Namen der Alkane und auch anderer Kohlenwasserstoffe lassen sich nun die Namen vieler Verbindungen ableiten, wenn man diese als Substitutionsprodukte eines Kohlenwasserstoffes betrachtet. Solche **«Substitutionsnamen»** vermögen bereits *Aussagen über die Konstitution des betreffenden Stoffes* zu machen und werden auch heute noch vielfach gebraucht.

Beispiele:

H_3C—CH_2—Br $\quad\quad$ Bromethan (früher: Ethylbromid)

H_3C—C≡CH $\quad\quad$ Methylacetylen

H_3C—CH_2—CH_2OH $\quad\quad$ Propylalkohol

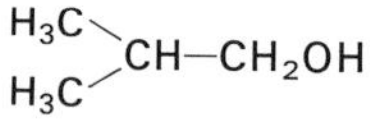

H_3C\
$\quad\quad$ CH—CH_2OH $\quad\quad$ Isobutylalkohol\
H_3C/

H_3C\
$\quad\quad$ C=O $\quad\quad$ Ethylmethylketon\
H_5C_2/
$\quad\quad\quad\quad\quad\quad\quad$ (Der Name «Keton» stammt vom Aceton, CH_3COCH_3, dem einfachsten Keton)

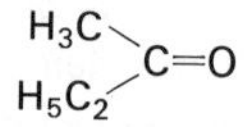

Um die jeweilige Stellung des Substituenten anzugeben, werden in gewissen Fällen Abkürzungen eingeführt. Man bezeichnet auch die der funktionellen Gruppe benachbarten C-Atome mit α, β, γ usw. (der Buchstabe ω wird für das letzte Glied einer Kette verwendet):

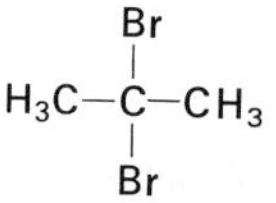

$\quad\quad$ Br\
H_3C—C—CH_3 $\quad$ *gem*-Dibrompropan *(gem* = geminal; *geminus* lat. = Zwilling)\
$\quad\quad$ Br

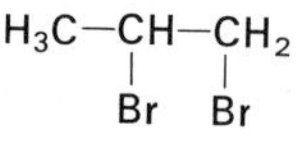

H_3C—CH—CH_2\
$\quad\quad\quad$ | $\quad$ | $\quad\quad$ *vic*-Dibrompropan *(vic* = vicinal; *vicinus* lat. = benachbart)\
$\quad\quad\quad$ Br $\quad$ Br

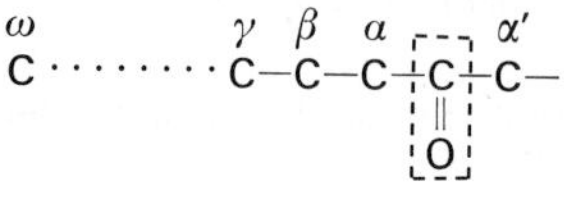

$\omega \quad\quad\quad \gamma \;\; \beta \;\; \alpha \quad\;\; \alpha'$\
C······C—C—C—C— $\quad$ z. B. 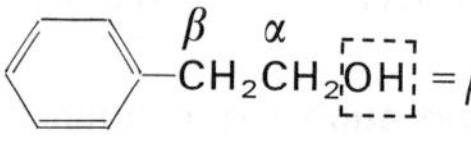 $\quad$ ⌬—CH_2CH_2OH = β-Phenylethylalkohol\
$\quad\quad\quad\quad\quad$ ‖\
$\quad\quad\quad\quad\quad$ O

2.6.3 Systematische Nomenklatur: IUPAC-Nomenklatur

Auf dem internationalen Chemiker-Kongreß in Genf (1892) wurden erstmals verbindliche Regeln für die Benennung organischer Verbindungen aufgestellt, welche es erlauben, jede Substanz eindeutig zu bezeichnen, wobei aus ihrem Namen auf die Konstitution geschlossen werden kann. Das damals vorgeschlagene System wurde seither vielfach ergänzt und teilweise auch modifiziert; ein besonderes Organ der IUPAC («International Union of Pure and Applied Chemistry»), der Nomenklaturausschuß, befaßt sich ständig mit Fragen der Nomenklatur und legt seine Ergebnisse an den alle vier Jahre durchgeführten IUPAC-Kongressen vor.

Für die **Genfer («IUPAC-») Nomenklatur** gelten folgende wichtigste Grundsätze:

Grundsatz 1: Für die zu benennende Verbindung sucht man die *längste C-Kette im Molekül,* welche *die wichtigste funktionelle Gruppe* enthalten soll, d. h. die Gruppe mit gemäß Tabelle 2.13 *höchster Priorität.* Alkylgruppen (Kettenverzweigungen) werden als Substituenten bezeichnet und haben die niedrigste Priorität.

In der längsten Kette werden die Kohlenstoffatome *durchnumeriert* und zwar so, daß die wichtigste funktionelle Gruppe bzw. eine eventuell vorhandene Doppel- oder Dreifachbindung bzw. die Verzweigungsstellen möglichst *niedere* Zahlen erhalten. Die Präfixe Di-, Tri-, Tetra- usw. geben an, daß zwei (drei, vier) identische Substituenten bzw. funktionelle Gruppen vorhanden sind. Die Aufzählung der verschiedenen Substituenten erfolgt in alphabetischer Reihenfolge.

Tabelle 2.13. Reihenfolge der funktionellen Gruppen gemäß abnehmender Priorität

Substanzklasse	funktionelle Gruppe	Endung	Name als Substituent
Carbonsäure	$-COOH$	-säure	-carbonsäure
Carbonsäurechlorid	$-C(=O)Cl$	-säurechlorid	-chlorcarbonyl
Carbonsäureester	$-COOR$	-at	-alkyl- (aryl)-oxycarbonyl[1]
Carbonsäureamid	$-C(=O)NH_2$	-säureamid	
Nitril	$-C\equiv N$	-nitril	cyano-
Aldehyd	$-CHO$	-al	oxo- (formyl-)
Keton	$>C=O$	-on	oxo-
Alkohol	$-OH$	-ol	hydroxy-
Amin	$-NH_2$	-amin	amino-
			R-oxy-[1]
Kohlenwasserstoffe	$-H$	-an, -en, -in	

[1] R- kann Alkyl oder Aryl sein («Organyl-»)

Substituenten, die sich aus anderen Molekülen durch Ersatz eines H-Atoms ableiten, erhalten die Endung *-yl:* Methyl- für CH_3-, Isopropyl- für $(CH_3)_2CH-$, Ethenyl- für $H_2C=CH-$ usw. In ungesättigten Substituenten wird die Lage der Doppel-(Dreifach-)bindung ebenfalls durch eine Zahl angegeben:

$H_3CCH_2CH=CH-$ 1-Butenyl-

$H_2C=CHCH_2CH_2-$ 3-Butenyl-

132 2 Kohlenwasserstoffe

Verzweigte Seitenketten werden prinzipiell gleichartig benannt. Die längste Kohlenstoffkette des Substituenten wird durchnumeriert (wobei mit der Numerierung an demjenigen C-Atom begonnen wird, das direkt an die «Stamm-Kette» gebunden ist); durch Klammern wird die Numerierung des Substituenten und der Stamm-Kette getrennt.

Beispiele:

Numerierung der C-Kette

```
      richtig              falsch
        C                    C
  1   2│  3   4        4   3│  2   1
  C — C — C — C        C — C — C — C
        │                    │
        C                    C

  4   3   2            4   3   2   1
  C — C — C — C        C — C — C — C
          │                    │
         1C — Cl               C — Cl
```

2,3-Dimethylpentan
(nicht 3,4-Dimethylpentan)

2,3,5-Trimethylhexan
(nicht 2,4,5-Trimethylhexan)

2,5,5-Trimethylheptan
(nicht 3,3,6-Trimethylheptan; obschon die Summe von 2 + 5 + 5 gleich der Summe von 3 + 3 + 6 ist, wählt man die erstere Bezeichnung, da sie die kleinere Zahl 2 enthält)

3-Ethyl-2,3,5-trimethylheptan oder
3-Isopropyl-3,5-dimethylheptan

Die erstere Bezeichnung wird bevorzugt, da sie weniger komplexe Substituenten benötigt (Ethyl- an Stelle von Isopropyl-)

5-(1-Methylpropyl)decan

3,4-Bis(1,1-dimethylethyl)-2,2,5,5-tetramethylhexan
(«bis» bedeutet das zweimalige Vorkommen des gleichen komplexen Substituenten)

2.6 Nomenklatur organischer Verbindungen

Tabelle 2.14. Bezeichnungen häufig vorkommender Substituenten

gebräuchlich		IUPAC
	$H_3C-CH=$	Ethyliden-
Allyl-	$H_2C=CH-CH_2-$	2-Propenyl-
Amyl-	$H_3C(CH_2)_4-$	Pentyl-
Benzal-	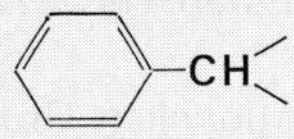 ⌬—CH⟨	Phenylmethyliden-
Benzyl-	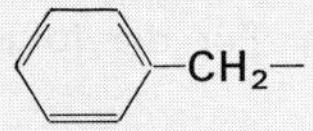 ⌬—CH_2-	Phenylmethyl-
tert-Butyl	$(H_3C)_3C-$	1,1-Dimethylethyl-
Crotyl-	$H_3C-CH=CH-CH_2-$	2-Butenyl-
Isobutyl-	$(H_3C)_2CH-CH_2-$	2-Methylpropyl-
Isopropyl-	$(H_3C)_2CH-$	1-Methylethyl-
Isopropenyl-	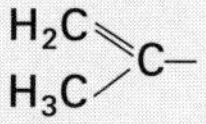 $\begin{matrix}H_2C\\H_3C\end{matrix}\!\!>\!C-$	1-Methylethenyl-
Isopropyliden-	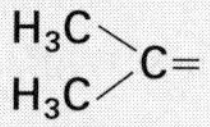 $\begin{matrix}H_3C\\H_3C\end{matrix}\!\!>\!C=$	1-Methylethyliden-
Methylen-	$-CH_2-$	Methylen-
Methyliden-	$H_2C=$	Methyliden-
Phenyl-	⌬—	Phenyl-
	(abgekürzt oft ∅ oder Ph)	
Phenylen-	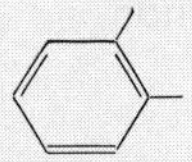 ⌬ ortho	Phenylen-
	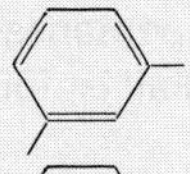 ⌬ meta	
	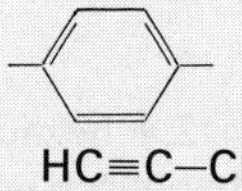 —⌬— para	
Propargyl-	$HC\equiv C-CH_2-$	1-Propinyl-
Propenyl-	$H_3C-CH=CH-$	1-Propenyl-
Toluyl-	⌬—CH_3 ortho	Methylphenyl-
	⌬—CH_3 meta	
	—⌬—CH_3 para	
Vinyl-	$H_2C=CH-$	Ethenyl-

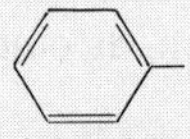

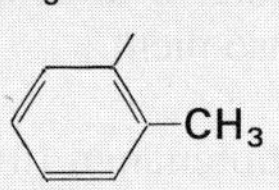

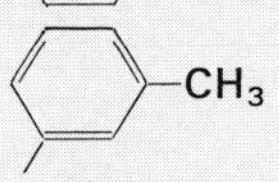

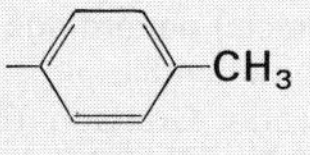

2 Kohlenwasserstoffe

Grundsatz 2: Die *funktionellen* Gruppen können im Prinzip auf zwei Arten angegeben werden. In der Regel verwendet man für sie charakteristische *Endungen:* -en (Doppelbindung), -in (Dreifachbindung), -ol (Hydroxylgruppe), -on (Ketogruppe, d. h. binnenständige Carbonylgruppe), -al (Aldehydgruppe, d. h. endständige Carbonylgruppe), -säure (Carboxylgruppe) -amin (NH$_2$-Gruppe)[1], usw. Die andere Möglichkeit besteht darin, die Bezeichnungen der funktionellen Gruppen dem Namen *einzufügen*. Die Hydroxylgruppe erhält dann die Bezeichnung -hydroxy-, die Carbonylgruppe den Namen -oxo-. Halogenatome, die Nitrogruppe (—NO$_2$), die Nitrosogruppe (—NO) und die Azogruppe (—N=N—) werden – für die Zwecke der Nomenklatur – stets als Substituenten behandelt: H$_3$Cl = Iodmethan (früher Methyliodid), H$_3$CNO$_2$ = Nitromethan, H$_5$C$_6$—N=N—C$_6$H$_5$ = Azobenzen usw.

Die Zahl, welche die Stellung der funktionellen Gruppe angibt, kann im Prinzip an verschiedenen Stellen eingefügt werden. Für die folgende Verbindung gibt es z. B. zwei Möglichkeiten:

5-Methylhexan-2-ol oder
5-Methyl-2-hexanol

Gemäß den Nomenklaturregeln sollte man Namen nicht unnötigerweise trennen; die korrekte Bezeichnung wäre demnach 5-Methyl-2-hexanol

Beispiele:

2-Methyl-3-penten-1-ol[2]

3,5-Dimethyl-4-hexenal
(Die Stellung der Carbonylgruppe muß in diesem Fall nicht angegeben werden, da eine Aldehydgruppe –CHO stets endständig ist.)

4-Methyl-3-hexanon

3-Ethyl-4-methylpentansäure
(Auch in diesem Fall ist für die Bezeichnung «säure» keine Ziffer nötig.)

2-Ethyl-5-methyl-2,4-hexadien-1-ol
(*E*thyl- steht alphabetisch vor *M*ethyl-, auch bei Vorhandensein mehrerer Gruppen, z. B. *E*thyl-di*m*ethyl; das Präfix zählt also nicht.)

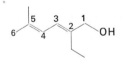

3-Methyl-2-butenamin (früher: 1-Amino-3-methyl-2-buten)

---

[1] Die Aminogruppe wird (nach Chemical Abstracts) neuerdings ans Ende des Namens gesetzt: H$_3$CNH$_2$ = Methanamin (früher: Methylamin oder Aminomethan).
[2] Enthält ein Molekül sowohl eine Doppel- (oder Dreifach-) bindung (-en bzw. -in) und eine Hydroxylgruppe, so hat die Hydroxylgruppe gemäß Tabelle 2.15 die höhere Priorität und ist damit die «wichtigere» funktionelle Gruppe. Man beginnt dann mit der Zählung derart, daß das Hydroxyl-C-Atom eine möglichst niedere Zahl erhält und ordnet die Endungen: -enol (bzw. -inol) (nicht -olen).

2.6 Nomenklatur organischer Verbindungen

2-Methylcyclohexancarbonsäure
In solchen Fällen betrachtet man die Carboxylgruppe als Substituenten; das mit der Carboxylgruppe verbundene Ring-C-Atom erhält die Nummer 1.

Gewöhnliche monocyclische *Ringverbindungen* erhalten die Vorsilben *Cyclo-*. Bei *polycyclischen* Ringverbindungen wird die Nomenklatur komplizierter. Die Anzahl der vorhandenen Ringe wird durch die Präfixe «Bicyclo-», «Tricyclo-» usw. angegeben[1]. Die Größe der Ringe wird durch Zählen der C-Atome zwischen den «Brückenköpfen» ausgedrückt, wobei man mit der längsten Brücke beginnt. Decalin – ein Bicyclodecan – enthält in zwei Brücken je vier, in der dritten kein C-Atom und wird dementsprechend als Bicyclo[4.4.0]decan bezeichnet. (Die Nummern werden stets in eckige Klammern gesetzt und jeweils durch einen Punkt voneinander getrennt.)

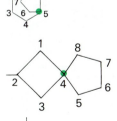

Bicyclo[4.4.0]decan («Decalin»)[2]

Bicyclo[2.2.1]heptan

Bicyclo[3.1.1]heptan

Bicyclo[1.1.0]butan

Sind Substituenten vorhanden, so ist nach dem IUPAC-System derjenige Ring der *«Hauptring»*, der die größte Zahl von C-Atomen enthält. Die Numerierung beginnt beim einen Brückenkopf und geht dann über die längste Brücke zum zweiten Brückenkopf und schließlich über die kürzere Brücke zur kürzesten Brücke. Sind zwei Ringe nur durch ein einziges C-Atom verbunden, so fügt man den Ausdruck -spiro- in den Namen ein.

Beispiele:

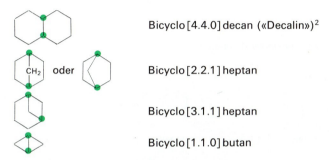

1-Methylbicyclo[3.2.1]octan

2-Methylspiro[4.3]octan
(Das «spiro-Atom» erhält eine möglichst niedrige Nummer) die Zahlen in den eckigen Klammern werden nach abnehmender Größe angeordnet.

1-Methyl-7-(3-methyl-2-penten-1-yl)bicyclo[2.2.1]-2-hepten

---

[1] Diese Anzahl der Ringe wird ermittelt, indem man so viele Bindungen des Cyclus formal (oder am Molekülmodell) auftrennt, bis ein offenkettiges Molekül übrigbleibt. Braucht man hierzu wenigstens zwei Schnitte, so lag ein Bicyclus vor; drei Schnitte: Tricyclus ... Diese Methode erweist sich bei komplizierteren Polycyclen (Adamantan ...) wegen ihrer Eindeutigkeit als sehr nützlich.
[2] Die «Brückenkopfatome» sind durch grüne Punkte gekennzeichnet.

2 Kohlenwasserstoffe

In tricyclischen Ringen bildet man aus dem größten Ring und der längsten Brücke ein bicyclisches System. Die Lage der vierten («sekundären») Brücke wird durch kleine Hochzahlen angegeben. Beispiel:

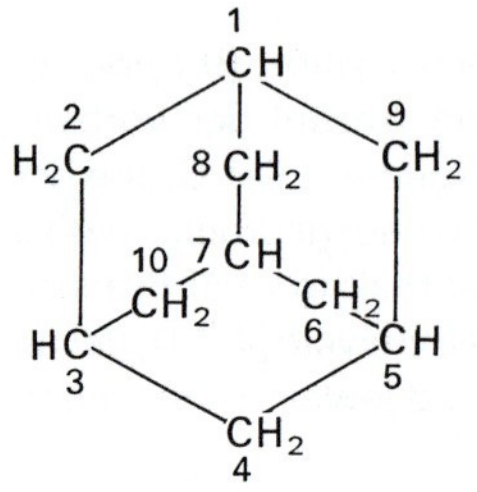

Tricyclo[3.3.1.1^{3,7}]decan (= Adamantan)

Tabelle 2.15. Numerierung polykondensierter Aromaten

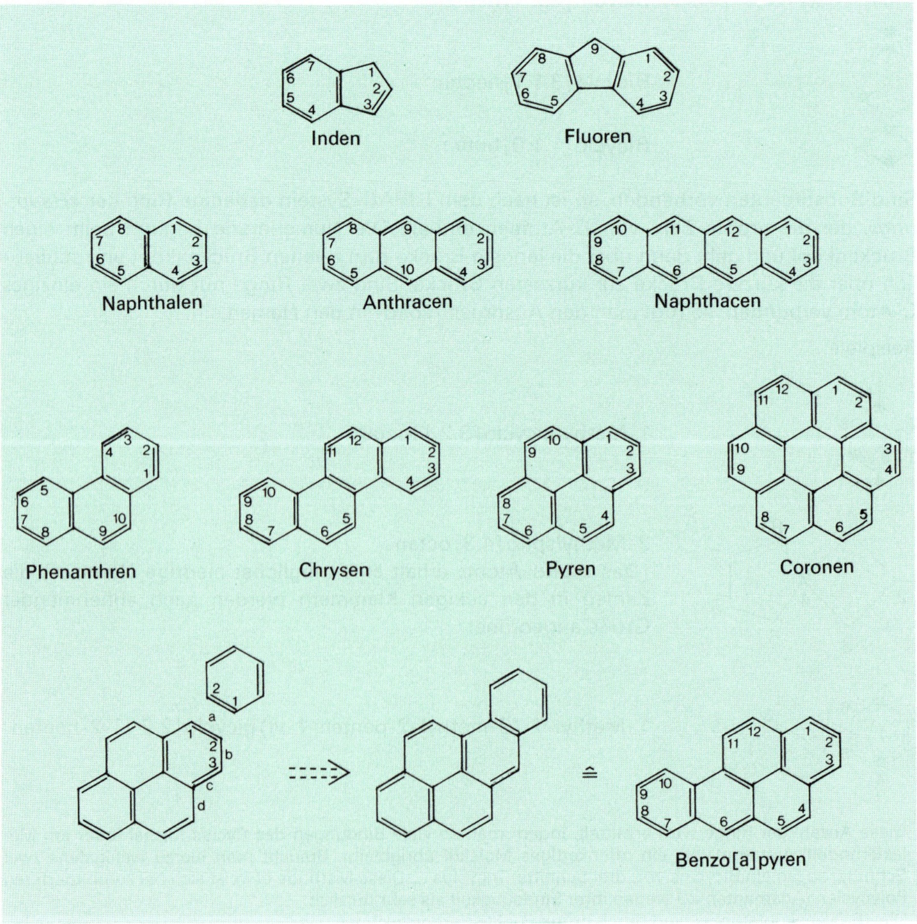

Inden

Fluoren

Naphthalen

Anthracen

Naphthacen

Phenanthren

Chrysen

Pyren

Coronen

Benzo[a]pyren

2.6 Nomenklatur organischer Verbindungen

Um umgekehrt aus einem gegebenen *Namen* eines polycyclischen Ringsystems die Konstitution abzuleiten, beginnt man mit einem Paar C-Atome und verbindet sie, wie im Namen angegeben, numeriert das anfängliche Skelett, bildet die weiteren Verknüpfungen und zeichnet die Substituenten an den entsprechenden Stellen ein.

Beispiel: 6-Chlor-3-methylbicyclo[3.2.1]octan

[3.   [3.2.   [3.2.1]   6-Chlor-3-methylbicyclo-
                                    [3.2.1]octan

Die Numerierung der C-Atome in polycyclischen Aromaten ist in Tabelle 2.15 angegeben.

3 Verbindungen mit einfachen funktionellen Gruppen

3.1 Alkohole, Phenole, Ether

Alkohole, Phenole und Ether können formal als *Derivate* des *Wassers* betrachtet werden, wobei Wasserstoffatome durch organische Gruppen ersetzt worden sind. Alkohole und Phenole enthalten **Hydroxylgruppen** (—OH), stellen somit Monosubstitutionsprodukte von Wasser dar. Bei den *Alkoholen* sind die Hydroxylgruppen an *gesättigte C-Atome*, bei den *Phenolen* direkt an einen *aromatischen Ring* gebunden. Ether sind *Disubstitutionsprodukte* von Wasser.

Alkohol	R—OH	R = Alkyl-	(Cycloalkyl- bzw. Alkenyl-)
Phenol	Ar—OH	Ar = Aryl-	
Ether	R—O—R'	R und R' = Alkyl-	(Cycloalkyl- oder Alkenyl- oder Aryl-) [allgemein: Organyl-]

3.1.1 Alkohole

Für die Konstitution der Alkohole beweisend ist ihre Bildung aus Halogenalkanen durch Reaktion mit KOH oder NaOH:

$$C_2H_5Br + KOH \longrightarrow C_2H_5OH + KBr$$

Bei dieser Reaktion wird formal ein Halogenatom durch eine Hydroxylgruppe ersetzt. Die C—Halogen-Bindung wird «**heterolytisch**» getrennt, d. h. das eine Spaltstück (hier das Halogenatom) erhält beide bindende Elektronen (das Halogenatom tritt also als Halogenid-Ion aus). Das substituierend wirkende $OH^\ominus$-Ion stellt die beiden Elektronen für die neue Bindung zur Verfügung. Es handelt sich hier also nicht um eine Radikalsubstitution, sondern um eine Substitution durch ein nucleophiles Teilchen, um eine «**nucleophile Substitution**» (S_N-Reaktion).

Die Bildung von Alkoholen aus Halogenalkanen durch eine solche nucleophile Substitution mit $OH^\ominus$-Ionen ist allerdings keine allgemein anwendbare Reaktion, denn tertiäre Halogenverbindungen liefern bei dieser Reaktion fast zu 100% Alkene, reagieren also unter *Elimination* von Halogenwasserstoff:

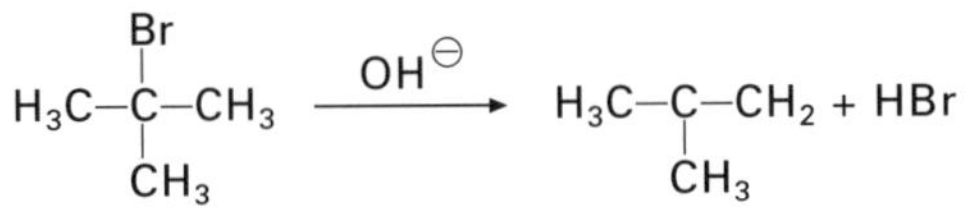

$$H_3C-\underset{\underset{CH_3}{|}}{\overset{\overset{Br}{|}}{C}}-CH_3 \xrightarrow{OH^\ominus} H_3C-\underset{\underset{CH_3}{|}}{C}-CH_2 + HBr$$

Auch bei sekundären und primären Halogeniden tritt eine solche Elimination oft als Konkurrenzreaktion zur nucleophilen Substitution auf.

Nomenklatur. Zur Bezeichnung der funktionellen Gruppe der Alkohole dient die Endung **-ol**: H_3COH = Methanol, C_4H_9OH = Butanol usw. Einfach gebaute Alkohole werden oft auch nur nach ihrer Alkylgruppe benannt:

3.1 Alkohole, Phenole, Ether

Tabelle 3.1. Alkohole. (Die Zahl 15 rechts oberhalb der Siedetemperatur bedeutet den Druck in Torr; 1 Torr $\triangleq$ 1.33 mbar $\triangleq$ 0.13 kPa)

Name	Formel	Fp. [°C]	Kp. [°C]	Löslichkeit in Wasser [g/100g]
Methanol	H_2COH	− 97	64	∞
Ethanol	H_3CCH_2OH	− 114	78	∞
1-Propanol	$H_3CCH_2CH_2OH$	− 126	97	∞
2-Propanol = Isopropanol	$H_3CCHOHCH_3$	− 90	82	∞
1-Butanol	$H_3C(CH_2)_2CH_2OH$	− 90	118	7.9
Isobutylalkohol	$(H_3C)_2CHCH_2OH$	− 108	108	10.0
sec-Butylalkohol	$H_3CCH_2CHOHCH_3$	− 114	99	12
tert-Butylalkohol	$(H_3C)_3COH$	25	83	∞
1-Pentanol = n-Amylalkohol	$H_3C(CH_2)_3CH_2OH$	− 78	138	2
Isoamylalkohol	$(H_3C)_2CHCH_2CH_2OH$	− 117	132	2
optisch aktiver Amylalkohol = tert-Amylalkohol	$H_3CCH_2C(OH)(CH_3)_2$	− 12	102	12.5
1-Octanol	$H_3C(CH_2)_6CH_2OH$	− 15	195	0.1
1-Decanol	$H_3C(CH_2)_8CH_2OH$	6	228	−
Cyclohexanol	$cyclo\text{-}H_{11}C_6OH$	− 24	161	4
Allylalkohol	$H_2C=CHCH_2OH$	− 129	97	∞
Benzylalkohol	$H_5C_6CH_2OH$	− 15	205	4
α-Phenylethylalkohol	$H_5C_6CHOHCH_3$	21	205	−
β-Phenylethylalkohol	$H_5C_6CH_2CH_2OH$	− 27	221	1
Diphenylcarbinol = Benzhydrol	$(H_5C_6)_2CHOH$	69	298	−
Triphenylcarbinol	$(H_5C_6)COH$	162.5	>360	−

H_3COH — Methylalkohol

$\begin{array}{c}H_3C\\H_3C\end{array}\!\!\!\!\overset{2°}{>}\!CH-OH$ — Isopropylalkohol

$H_3C-CH_2-\underset{OH}{\overset{2°}{C}H}-CH_3$ — sec-Butylalkohol
[die OH-Gruppe ist an ein sekundäres C-Atom (2°) gebunden]

$\begin{array}{c}H_3C\\H_3C\\H_3C\end{array}\!\!\!\!\overset{1°}{>}\!C-CH_2OH$ — Neopentylalkohol

Gewisse − besonders tertiäre − Alkohole können auch als Substitutionsprodukte des einfachsten Alkohols (welcher früher *«Carbinol»* genannt wurde) aufgefaßt werden:

$(H_3C)_3\overset{3°}{C}-OH$ — tert-Butylalkohol oder Trimethylcarbinol
2-Methyl-2-propanol

$(H_3C)_2\underset{OH}{\overset{3°}{C}}-C_6H_5$ — Dimethylphenylcarbinol
2-Phenyl-2-propanol

$(H_5C_6)_3\overset{3°}{C}$—OH   Triphenylcarbinol

Tabelle 3.2. Mehrwertige Alkohole

Name	Formel	Fp. [°C]	Kp. [°C]	Löslichkeit in Wasser [g/100g]
Ethylenglycol	H_2COHCH_2OH	– 16	197	∞
Propylenglycol	$H_3CCHOHCH_2OH$		187	∞
1,3-Propandiol	$HOCH_2CH_2CH_2OH$		215	∞
1,4-Butandiol	$HOCH_2CH_2CH_2CH_2OH$	16	230	∞
Glycerol (Glycerin)	$HOCH_2CHOHCH_2OH$	18	290	∞
Pentaerythritol	$C(CH_2OH)_4$	260		6
cis-1,2-Cyclopentandiol		30	188^{22}	0.3
trans-1,2-Cyclopentandiol		55	136^{22}	

Verbindungen mit mehreren Hydroxylgruppen heißen *«mehrwertige»* Alkohole. *Glycole* sind *vic*-Dihydroxyverbindungen. *gem*-Dihydroxyverbindungen (mit zwei OH-Gruppen am selben C-Atom) sind – mit wenigen Ausnahmen – *nicht beständig*; sie spalten vielmehr spontan Wasser ab, und man erhält bei Synthesen solcher Verbindungen an ihrer Stelle *Carbonylverbindungen*:

$$\underset{OH}{\overset{OH}{R-C-R'}} \longrightarrow R-\underset{O}{\overset{\|}{C}}-R' + H_2O$$

Physikalische Eigenschaften. Die polare Hydroxylgruppe macht die Alkohole mehr oder weniger ausgeprägt «wasserähnlich» *(hydrophil)*. Dies zeigt sich besonders bei niederen oder mehrwertigen Alkoholen sehr deutlich; höhere Alkohole gleichen dagegen mehr den Kohlenwasserstoffen, weil der lipophile «organische» Teil im Molekül überwiegt. Die *niederen Alkohole* sind farblose, leichtbewegliche Flüssigkeiten von charakteristischem Geruch. *Höhere Alkohole* (C_6 bis C_{11}) sind dickflüssig. Dodecanol («Laurylalkohol») ist der erste geradkettige Alkohol, der bei Zimmertemperatur fest ist. Schmelz- und Siedepunkte steigen also wie bei den Kohlenwasserstoffen mit zunehmender Molekülmasse an. Alkohole mit verzweigten Ketten sieden meist tiefer als die entsprechenden geradkettigen Alkohole; manche Alkohole mit kompakten, annähernd kugelförmigen Molekülen schmelzen besonders hoch und sieden relativ tief (*tert*-Butylalkohol mit Fp. +25°C und Kp. +83°C).

Schmelz- und *Siedepunkte* der Alkohole liegen im allgemeinen beträchtlich höher als bei Kohlenwasserstoffen entsprechender Molekülmasse, weil die Alkoholmoleküle untereinander *Wasserstoffbrücken* bilden. Auch mit Wassermolekülen können H-Brücken gebildet werden; mit steigender Molekülmasse der Alkohole nehmen jedoch die durch die Länge der C-Kette bedingten van der Waals-Kräfte zu und werden schließlich größer als die Wirkung der H-Brücken, so daß die gegenseitige Anziehung zwischen Alkoholmolekülen größer wird als die Anziehung zwischen Alkohol- und Wassermolekülen. Nur die Alkohole mit einem bis drei C-Atomen sowie *tert*-Butylalkohol mischen sich deshalb in jedem Verhältnis mit Wasser; die Butylalkohole (ausgenommen *tert*-Butylalkohol) sowie die Amylalkohole (C_5) lösen sich nur noch in beschränktem Maß in Wasser. In unpolaren Lösungsmitteln lösen sich auch die (wasserfreien) niederen Alkohole. Methanol und Ethanol haben darum als Lösungsmittel große Bedeutung.

Das Auftreten von Wasserstoffbrücken macht sich auch in den IR- und NMR-Spektren deutlich bemerkbar. Sehr verdünnte Lösungen von Alkoholen in unpolaren Lösungsmitteln oder gasförmige Alkohole zeigen im **IR-Spektrum** eine ziemlich intensive und scharfe Bande bei etwa 3590 bis 3640 cm^{-1}. Dies ist die Bande der *H—O-Streckschwingung* der freien *Hydroxylgruppe* (unter diesen Umständen sind nämlich Alkohole nicht assoziiert). Mit wachsender Alkoholkonzentration tritt immer deutlicher eine breite, intensive Bande um 3350 cm^{-1} in Erscheinung, welche die Hydroxylbande schon bei mäßiger Konzentration überdeckt. Die Verschiebung der Absorptionsfrequenz um etwa 300 cm^{-1} als Folge der *Bildung von H-Brücken* ist verständlich, wenn man bedenkt, daß durch diesen Effekt die O—H-Bindung etwas geschwächt wird, so daß zur Anregung ihrer Schwingungen IR-Licht von geringerer Energie ausreicht. *Glycole* zeigen ebenfalls eine ziemlich scharfe Bande um 3450 bis 3570 cm^{-1}, die auf das Vorhandensein *intramolekularer H-Brücken* zurückzuführen ist. Im Gegensatz zur Hydroxylbande der assoziierten Alkohole ändert sich die Intensität dieser Bande bei Veränderung der Konzentration kaum. Eine weitere, für Alkohole kennzeichnende Bande des IR-Spektrums ist die Bande der *C—O-Streckschwingung* im Gebiet von 1000 bis 1200 cm^{-1}. Ihre genaue Lage hängt von der Konstitution der betreffenden Hydroxyverbindung ab:

primärer Alkohol	1050 cm^{-1}
sekundärer Alkohol	1100 cm^{-1}
tertiärer Alkohol	1100–1200 cm^{-1}
Phenol	1230 cm^{-1}

Im **NMR-Spektrum** zeigt sich das an das Sauerstoffatom gebundene Proton durch eine Absorption im Bereich von $\delta = 4$ bis 4.5. Bei sehr reinen Substanzen wird das Signal dieses Protons durch die benachbarten Protonen normal aufgespalten. Geringe Spuren von Säure oder Base katalysieren jedoch den Protonenaustausch zwischen verschiedenen Alkoholmolekülen, wodurch die Absorption des Hydroxyl-Protons zu einem *einzigen*, scharfen Signal zusammenfällt. Der Protonenaustausch erfolgt dann so rasch, daß während der Messung das Hydroxyl-Proton für das NMR-Gerät nicht mehr an ein bestimmtes Sauerstoffatom gebunden erscheint, so daß das beobachtete Signal einem Mittelwert aus verschiedenen chemischen Umgebungen entspricht. Bei starker Verdünnung in einem inerten Lösungsmittel verschiebt sich das Signal des Hydroxyl-Protons gegen höhere δ-Werte (geringere Abschirmung, wenn die Assoziation der Moleküle schwächer ist); die genaue Lage dieses Signals ist dann in hohem Maß von der Art des Lösungsmittels und der Temperatur abhängig (vgl. Dynamische Kernresonanz, S. 273 f.).

Reaktionen. Die für Alkohole charakteristischen Reaktionen sind vor allem auf die Reaktionsfähigkeit ihrer funktionellen Gruppe zurückzuführen. Wie bereits einleitend (S. 14) erwähnt wurde, beruht diese Reaktivität der Hydroxylgruppe darauf, daß sie – ebenso wie Wasser – als (allerdings sehr schwache) *Säure* (auch als Lewis-Säure!) und als *Base* wirken kann. Acidität und Basizität sind etwas geringer als bei Wasser; die Acidität nimmt in der Reihenfolge primär – sekundär – tertiär ab (+I-Effekt, siehe S. 305). Die konjugierten Säuren bzw. Basen der Alkohole, die *Oxonium-Ionen* bzw. die *Alkoholat-(«Alkoxy-») Anionen* sind dementsprechend sehr starke Säuren bzw. Basen.

$$H_5C_2O^\ominus \underset{+\,Na}{\overset{+\,H^\oplus}{\rightleftarrows}} H_5C_2OH \underset{-\,H^\oplus}{\overset{+\,H^\oplus}{\rightleftarrows}} H_5C_2\overset{\oplus}{\underset{H}{-O-}}H$$

Ethylat-Ion   Ethyloxonium-Ion
(«Ethoxy-Ion»)

142 3 Verbindungen mit einfachen funktionellen Gruppen

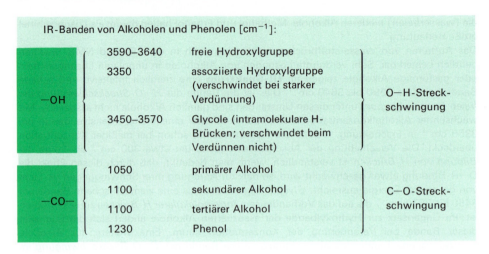

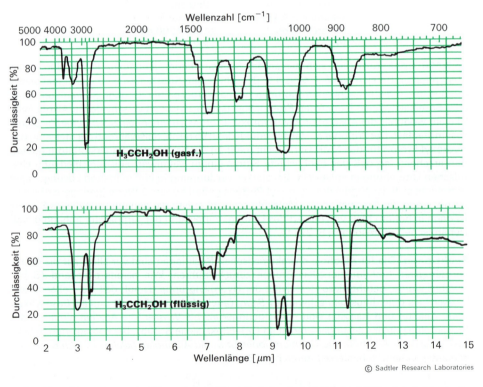

Abb. 3.1. IR-Spektren von Ethanol (gasförmig) (oben) und Ethanol (flüssig) (unten). Im Spektrum von gasförmigem Ethanol zeigt sich die Bande der freien Hydroxylgruppe (bei 3600 cm^{-1}) und der assoziierten Hydroxylgruppe (3330 cm^{-1}). In beiden Spektren ist auch die Bande der C—O-Streckschwingung deutlich zu erkennen

3.1 Alkohole, Phenole, Ether

Salze, welche Alkoholat-Ionen als Anionen enthalten, entstehen durch direkte Reaktion unedler Metalle mit einem Alkohol:

$$H_5C_2OH + Na \longrightarrow H_5C_2O^{\ominus}Na^{\oplus} + \tfrac{1}{2} H_2$$
$$\text{Natriumethylat}$$

Beispiele wichtiger Reaktionen von Alkoholen gibt Tabelle 3.3. Sie zeigt, daß Alkohole wertvolle und vielseitig verwendbare Ausgangsstoffe für zahlreiche Synthesen sind; ihre Reaktionen ermöglichen die Einführung weiterer, oft sehr reaktionsfähiger funktioneller Gruppen in organische Moleküle. Die Reaktionen, bei welchen die C—O-Bindung getrennt wird, verlaufen meist unter der Wirkung starker *Säuren*, wobei der Alkohol zuerst in seine konjugierte Säure (das Oxoniumion) übergeführt wird.

Tabelle 3.3. Beispiele wichtiger Reaktionen von Alkoholen

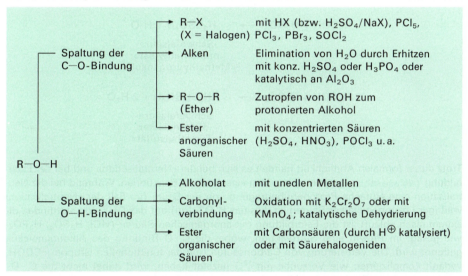

Die Tabelle 3.3 zeigt, daß durch Einwirkung starker Säuren (z. B. H_2SO_4) auf Alkohole *je nach den Reaktionsbedingungen* ganz *verschiedene Produkte* entstehen können:

R—O—H		
→	Ester	(Überschuß an Säure; wenig erhöhte Temperatur)
→	Ether	(Überschuß an Alkohol – d.h. weiter Alkohol zum Reaktionsgemisch zutropfen – und Ether abdestillieren)
→	Alken	(Erhitzen über 170 °C)

Tertiäre Alkohole ergeben dabei fast ausschließlich ein Alken durch *intramolekulare Wasserabspaltung* **(Eliminationsreaktion)**. Auch primäre oder sekundäre Alkohole können bei der Umsetzung mit starken Säuren unter Elimination von Wasser ein Alken bilden; da die Aktivierungsenergie der Elimination ziemlich hoch und die Reaktionsentropie positiv ist (Bildung eines Alken- und eines Wassermoleküls aus einem Alkoholmolekül), wird die Elimination durch Erhitzen stark begünstigt (Temperatur >170°C).

Beispiele:

$$(H_3C)_3C-OH \xrightarrow[(H_2SO_4)]{H^\oplus} (H_3C)_2C=CH_2 + H_2O$$

$$C_6H_{11}-OH \xrightarrow[(H_3PO_4)]{H^\oplus} C_6H_{10} + H_2O$$

Läßt man primäre oder sekundäre Alkohole bei nicht allzu hoher Temperatur mit einer starken Säure im Überschuß reagieren, so erfolgt zunächst die Protonierung des Alkohols; das (allerdings nur schwach) nucleophile Säureanion vermag aber anschließend ein Wassermolekül aus dem Oxoniumion zu verdrängen, so daß sich ein **Ester** bildet. Ester sind Reaktionsprodukte, die aus einem Alkohol und einer Säure unter Wasserabspaltung entstehen; die Bruttogleichung der Esterbildung erinnert formal an die Neutralisation eines Hydroxids mit einer Säure:

$$H_3COH + H_2SO_4 \longrightarrow H_3CSO_4H + H_2O$$

Schwefelsäure-
monomethylester
«Methylhydrogensulfat»

$$2\,H_3COH + H_2SO_4 \longrightarrow (H_3C)_2SO_4H + 2\,H_2O$$

Schwefelsäure-
dimethylester
«Dimethylsulfat»

Trotz dieser formalen Ähnlichkeit handelt es sich bei der «Neutralisation» und bei der Esterbildung (**«Veresterung»**) um zwei völlig verschiedene Reaktionen. Während bei der Neutralisation eine einfache Protonenübertragung von der Säure (im Fall der «Neutralisation» wäßriger Lösungen starker Säuren ist dies das $H_3O^\oplus$-Ion) auf das $OH^\ominus$-Ion stattfindet, die extrem rasch abläuft, ist die Esterbildung mit anorganischen Säuren (HCl, H_2SO_4, H_3PO_4) wie gesagt im Prinzip eine S_N-Reaktion, wobei die C—O-Bindung des Alkoholmoleküls getrennt wird. Die Veresterung von Carbonsäuren (mit der funktionellen Gruppe —COOH) verläuft komplizierter; wie Versuche mit ^{18}O gezeigt haben, wird dabei nicht die C—O-, sondern die O—H-Bindung des Alkohols getrennt (vgl. S. 485). Die meisten Veresterungen verlaufen umkehrbar; die Hydrolyse eines Esters (durch Wasser oder verdünnte Alkalihydroxidlösung) heißt **Verseifung**.

Ether können aus Alkoholen durch *intermolekulare Wasserabspaltung* gebildet werden. Auch hier bewirkt der Zusatz der starken Säure zum Alkohol dessen Protonierung; läßt man nun zum Reaktionsgemisch weiteren Alkohol zutropfen, so können diese Alkoholmoleküle als Nucleophile wirken und (an Stelle der Säureanionen) ein Wassermolekül aus dem Oxoniumion verdrängen. Insgesamt wird ein Molekül Wasser frei:

$$H_5C_2OH + H_5C_2OH \xrightarrow[(H_2SO_4)]{H^\oplus} H_5C_2-O-C_2H_5 + H_2O$$

Da auch diese Reaktion umkehrbar verläuft, ist es von Vorteil, das Gleichgewicht durch Abdestillieren des Ethers auf die Seite des Produktes zu verschieben.

Im Zusammenhang mit der Erwähnung der Esterbildung aus Alkoholen und starken Säuren ist es zweckmäßig, auch einige wichtige *Beispiele* von *Estern anorganischer Säuren* zu

nennen. Die Ester organischer Säuren (zu denen auch wichtige Naturstoffe, wie z. B. die Fette, gehören) werden an anderer Stelle besprochen.
Beim Mischen von Alkoholen mit überschüssiger Schwefelsäure entsteht der saure Ester (ein *Alkylhydrogensulfat*), der beim Zufügen von weiterem Alkohol ein *Dialkylsulfat* liefern kann:

$$R-OH + H_2SO_4 \rightarrow \begin{array}{c} R-O \\ H-O \end{array} S \begin{array}{c} O \\ O \end{array} + H_2O$$

$$R-OH + R-SO_4H \rightarrow \begin{array}{c} R-O \\ R-O \end{array} S \begin{array}{c} O \\ O \end{array} + H_2O$$

Die zweite Reaktion verläuft allerdings nur im Fall von Methanol und Ethanol mit befriedigenden Ausbeuten; Schwefelsäureester anderer Alkohole müssen darum vielfach auf Umwegen dargestellt werden. Alkylhydrogensulfate sind (wie Schwefelsäure selbst) starke Säuren; im Gegensatz zu Schwefelsäure sind ihre Bariumsalze gut wasserlöslich, so daß überschüssige Schwefelsäure durch Ausfällung als $BaSO_4$ vom Ester abgetrennt werden kann. Dimethylsulfat und Diethylsulfat sind wichtige **«Alkylierungsmittel»**, d. h. man benutzt sie dazu, um Methyl- oder Ethylgruppen in andere Moleküle einzuführen. Beim Arbeiten mit diesen Substanzen (wie auch mit anderen Alkylierungsreagentien, z. B. Iodmethan) ist jedoch wegen ihrer Giftigkeit Vorsicht geboten! – Natriumsalze von sauren Schwefelsäureestern höherer Alkohole (C_{12} bis C_{18}) haben als Detergentien Bedeutung.
Salpetersäure-Ester entstehen beim Vermischen von Alkoholen mit reiner Salpetersäure. Als Nebenreaktion kann dabei allerdings auch eine Oxidation des Alkohols auftreten. Die Salpetersäureester explodieren beim Erhitzen über den Siedepunkt hinaus oder auch auf Schlag; manche von ihnen besitzen deshalb als *Spreng-* oder *Explosivstoffe*, aber auch als Arzneistoffe bei Angina pectoris Bedeutung: Glyceroltrinitrat («Nitroglycerin»), Pentaerythritoltetranitrat, Schießbaumwolle («Nitrocellulose») u. a.
Gewisse Ester der *Phosphorsäure*, vor allem Trikresylphosphat (1) und Tributylphosphat (2), dienen als *Weichmacher* für Thermoplaste. Ester von Thiophosphorsäuren, wie z. B. das *Parathion* (E 605, 3), werden als Insektizide verwendet. Man gewinnt diese Ester aus den entsprechenden Alkoholen und Phosphoroxychlorid ($POCl_3$) bzw. Phosphorsulfochlorid ($PSCl_3$). Die Thiophosphorsäure- und Dithiophosphorsäureester sind auch für Warmblüter giftig; ihre Giftwirkung beruht auf der Inaktivierung eines Enzymsystems (der Acetylcholinesterase).

(1) Trikresylphosphat

(2) Tributylphosphat

(3) E 605

Einfachere Ester sind die *Halogenalkane* welche aus Alkoholen und *Halogenwasserstoffsäuren* entstehen. Diese Reaktionen bieten ein schönes Beispiel dafür, wie sich die Konstitution eines Moleküls auf die Reaktivität seiner funktionellen Gruppe auswirken kann. Während nämlich *tertiäre* Alkohole so rasch reagieren, daß bereits beim Schütteln des Alkohols mit verdünnter (wäßriger) Salzsäure die entsprechende Halogenverbindung gebildet wird, erfordert die Reaktion mit *primären* Alkoholen ein längeres Erhitzen mit konzentrierter Salzsäure oder – noch günstiger – ein Erwärmen mit einem Gemisch aus konzentrierter Schwefelsäure und Natriumchlorid. Diese auffallenden Unterschiede in der Reaktionsgeschwindigkeit sind, wie wir in Kapitel 8 zeigen werden, auf die Verschiedenheit der betreffenden Reaktionsmechanismen zurückzuführen. Die unterschiedliche Reaktivität der verschiedenen Alkohole gegenüber konzentrierter Salzsäure (welcher etwas – als Lewis-Säure wirkendes – $ZnCl_2$ zugesetzt wird) dient als «**Lucas-Reaktion**» zur Unterscheidung primärer, sekundärer und tertiärer Alkohole. Letztere reagieren sofort, wobei sich die (hydrophobe) Halogenverbindung von der wäßrigen Phase abtrennt (Trübung!). Mit sekundären Alkoholen erfordert die Reaktion einige Minuten, während primäre Alkohole bei Raumtemperatur überhaupt nicht reagieren. Weiteres über den Verlauf dieser Reaktionen siehe S. 333 ff.

Oxdiation der Alkohole. Beim Erhitzen von Alkoholen an der Luft tritt vollständige *Verbrennung* zu Kohlendioxid und Wasser ein. Ihre Verbrennungswärmen sind allerdings geringer als bei den entsprechenden Kohlenwasserstoffen, weil sie – verglichen mit diesen – bereits einen höher oxidierten Zustand darstellen. Durch $K_2Cr_2O_7$, $KMnO_4$ oder andere Oxidationsmittel, ja auch katalytisch (z. B. an erhitztem Kupfer) *lassen sich Alkohole auch in höher oxidierte Produkte überführen.* Je nach der Stellung der Hydroxylgruppe im Alkoholmolekül erhält man dabei verschiedene Produkte:

$$R-CH_2-OH \xrightarrow{1°} R-C\begin{smallmatrix}O\\H\end{smallmatrix} \rightarrow R-C\begin{smallmatrix}O\\OH\end{smallmatrix}$$
primärer Alkohol — Aldehyd — Carbonsäure

$$\begin{smallmatrix}R\\R'\end{smallmatrix}CH-OH \xrightarrow{2°} \begin{smallmatrix}R\\R'\end{smallmatrix}C=O \not\rightarrow$$
sekundärer Alkohol — Keton

$$\begin{smallmatrix}R\\R'\\R''\end{smallmatrix}C-OH \xrightarrow{3°} \not\rightarrow$$
tertiärer Alkohol

Bei schonender Durchführung der Reaktion läßt sich ein primärer Alkohol stufenweise oxidieren, indem das zunächst entstehende Produkt, der «**Aldehyd**», noch weiter zu einer **Carbonsäure** oxidiert werden kann. Aldehyde wirken daher reduzierend und können z. B. durch Bildung eines Silberspiegels aus ammoniakalischer Silbersalzlösung oder mit der «**Fehling-Reaktion**» (Reduktion von Cu^{+II} zu Cu^{+I}) leicht nachgewiesen werden. «**Ketone**», die Oxidationsprodukte sekundärer Alkohole, lassen sich unter vergleichbaren Bedingungen nicht mehr oxidieren; die Anwendung stärkerer Oxidationsmittel oder stärkeres Erhitzen führt in gewissen Fällen zu Peroxiden und schließlich zum Abbau des Moleküls (Sprengung von C—C-Bindungen). Wie die Ketone lassen sich auch tertiäre Alkohole nur durch ganz besonders kräftige Oxidationsmittel oxidieren, wobei ebenfalls C—C-Bindungen getrennt werden. Durch ihr Verhalten gegenüber Oxidationsmitteln lassen sich deshalb primäre, sekundäre und tertiäre Alkohole leicht unterscheiden.

3.1 Alkohole, Phenole, Ether

Gewinnung und wichtige Beispiele. In der Großtechnik geht man zur Gewinnung von Alkoholen vielfach von *Alkenen* aus, die als Produkte der Rohöl- oder Benzinspaltung in genügenden Mengen und billig zur Verfügung stehen. Aus ihnen erhält man Alkohole, indem unter der Wirkung starker Säuren *Wasser* an die *Doppelbindungen addiert* wird. Dabei wird im ersten Reaktionsschritt ein Proton von der Doppelbindung gebunden, und zwar in der Weise, daß das bereits H-reichere C-Atom der Doppelbindung das Proton bindet (**«Regel von Markownikow»**). Im zweiten Schritt wird dann ein Wassermolekül angelagert, das anschließend wieder ein Proton an eine im Reaktionsgemisch vorhandene Base (z. B. ein weiteres Alkenmolekül) abgibt. Ethanol ist der einzige primäre Alkohol, der auf diese Weise gewonnen werden kann. Neben Ethanol werden technisch vor allem Isopropylalkohol, sekundärer und tertiärer Butylalkohol in dieser Weise hergestellt.

Eine andere Methode, um aus Alkenen Alkohole zu gewinnen, ist die **«Oxo-Synthese»**. Dabei läßt man das Alken mit einem Gemisch von Wasserstoff und Kohlenmonoxid unter Druck und unter der Wirkung von Kobaltcarbonyl, $[Co(CO)_4]_2$, reagieren, wobei sich zunächst Aldehyde oder Ketone bilden, die anschließend zu Alkoholen reduziert werden:

$$\begin{array}{c} H_3C \\ H_3C \end{array}\!\!\!\!C=CH_2 \xrightarrow{CO,\, H_2} \begin{array}{c} H_3C \\ H_3C \end{array}\!\!\!\!CH-CH_2-CHO \xrightarrow{Red.} \begin{array}{c} H_3C \\ H_3C \end{array}\!\!\!\!CH-CH_2-CH_2OH$$

Weitere technisch wichtige Prozesse zur Gewinnung von Alkoholen sind die katalytische **Hydrierung von Fettsäureestern** (Fetten und fetten Ölen) und der **«Alfol-Prozeß»**. In beiden Fällen erhält man höhere Alkohole mit unverzweigter C-Kette und einer geraden Zahl C-Atome, die für die Herstellung von Detergentien von Bedeutung sind. Beim Alfol-Prozeß werden Alkene nach einem modifizierten Ziegler-Natta-Verfahren zu niedrigen Alkanketten polymerisiert; durch schonende Luftoxidation der primär gebildeten Metallalkyle entstehen (nach Reaktion mit wäßriger Säure) Alkohole:

$$M-(CH_2-CH_2)_n-CH_3 \xrightarrow[30-95\,°C]{Luft} M-O-(CH_2-CH_2)_n-CH_3 \xrightarrow[H_2SO_4]{H_2O} HO(CH_2-CH_2)_nCH_3$$

(M = Metall)

Ethanol schließlich wird auch heute noch in großen Mengen durch *Vergären von Kohlenhydraten* mittels Hefepilzen -biotechnologisch- gewonnen. Verwendet man dabei Stärke als Ausgangsmaterial, so entstehen gleichzeitig Isoamylalkohol, Isobutylalkohol und 2-Methyl-1-butanol («optisch aktiver Gärungsamylalkohol») als Nebenprodukte durch Vergärung von Proteinen, die als Begleitstoffe in der natürlichen Stärke vorhanden sind.

Über die wichtigsten Methoden zur *präparativen Gewinnung* von Alkoholen in kleinerem Maßstab (die nur in Spezialfällen technische Bedeutung besitzen) orientiert die Zusammenstellung der Tabelle 3.4.

Die Überführung von *Alkenen* in Alkohole im Laboratoriumsmaßstab erfolgt am besten durch die *Reaktion mit Quecksilberacetat* und anschließender *Reduktion* mit Natriumborhydrid ($NaBH_4$) oder durch die **Hydroborierung**. Die Vorteile dieser Methoden sind sterisch eindeutiger Verlauf (Markownikow- bzw. anti-Markownikow-Orientierung) und damit das Fehlen von Umlagerungen. – Besonders vielseitig zur Synthese von Alkoholen verwendbar ist die **Grignard-Reaktion**. Aus *Aldehyden* erhält man dadurch *sekundäre*, aus *Ketonen* (oder *Estern*) *tertiäre* Alkohole. *Primäre* Alkohole können durch Addition des Grignard-Reagens an *Methanal* (*«Formaldehyd»*, HCHO) erhalten werden. Auch durch Addition von Grignard-Reagentien an *Ethylenoxid* oder andere Oxirane entstehen primäre Alkohole, wobei gleichzeitig die C-Kette um zwei Kohlenstoffatome verlängert wird:

3 Verbindungen mit einfachen funktionellen Gruppen

Tabelle 3.4. Übersicht über wichtige Methoden zur präparativen Gewinnung von Alkoholen

(1) Reaktion von Alkenen mit Quecksilberacetat und $NaBH_4$:

$$\text{>C=C<} + (CH_3COO)_2Hg + H_2O \rightarrow \underset{OH \quad HgOCCH_3}{\text{>C—C<}} \overset{O}{\underset{\|}{}}$$

$$\underset{OH \quad HgOOCCH_3}{\text{>C—C<}} \xrightarrow{NaBH_4} \underset{OH \quad H}{\text{>C—C<}} \quad \text{(Markownikow-Orientierung, S. 418)}$$

(2) Hydroborierung/Oxidation:

$$\text{>C=C<} + (BH_3)_2 \rightarrow \underset{H \quad BH_2}{\text{>C—C<}} \xrightarrow{H_2O_2} \underset{H \quad OH}{\text{>C—C<}} \quad \begin{array}{l}\text{(anti-}\\\text{Markownikow-}\\\text{Orientierung;}\\\text{S. 421)}\end{array}$$

(3) Grignard-Reaktion:

$$\text{>C=O} + R-Mg-X \rightarrow \underset{R}{-\overset{|}{C}-O-MgX} \rightarrow \underset{R}{\text{>C—OH}} \quad \text{(S. 516)}$$

(4) Oxidation von Alkenen zu Glycolen:

$$\underset{R}{\overset{R}{>}}\text{C=C}\underset{R}{\overset{R}{<}} + KMnO_4 \text{ oder } OsO_4 \xrightarrow{syn\text{-Hydroxylierung}} \underset{OH \quad OH}{\overset{R \quad\quad R}{\text{>C—C<}}} \quad \text{(S. 610)}$$

$$\underset{R}{\overset{R}{>}}\text{C=C}\underset{R}{\overset{R}{<}} + \text{Peroxysäuren} \xrightarrow{trans\text{-Hydroxylierung}} \underset{OH}{\overset{OH}{\underset{R}{\overset{R}{\text{>C—C<}}}}} \quad \text{(S. 612)}$$

(5) Hydrolyse von Halgenalkanen:

$$R-X + H_2O \text{ oder } OH^\ominus \rightarrow R-OH$$

(6) Aldoladdition (S. 523)

(7) Reduktion von Carbonylverbindungen (S. 630)

$$R-MgX + \underset{O}{-\overset{|}{C}\text{—}\overset{|}{C}-} \rightarrow \underset{R \quad OH}{-\overset{|}{C}-\overset{|}{C}-}$$

Ethylenoxid (Oxiran)

$$\underset{H_3C}{\overset{H_3C}{>}}\text{CH-MgBr} + \underset{O}{\triangle} \rightarrow \underset{H_3C}{\overset{H_3C}{>}}\text{CH-CH}_2\text{-CH}_2\text{OH}$$

(Einführung einer 2-Hydroxyethylgruppe!)

Methanol, H_3COH *(«Methylalkohol»)*, der einfachste Alkohol, entsteht neben anderen Stoffen bei der trockenen Destillation von Holz («Holzgeist») oder großtechnisch durch Hydrierung von Kohlenmonoxid unter Druck mittels Zinkoxid-Chromoxid-Katalysatoren:

$$\text{CO} + 2\,\text{H}_2 \xrightarrow[200\text{ bar, }400\,°\text{C}]{\text{ZnO, Cr}_2\text{O}_3} \text{H}_3\text{COH}$$

Methanol ist eine wasserklare Flüssigkeit von typischem Geruch (Kp. 65 °C). Als primärer Alkohol läßt es sich leicht zu Methanal (Formaldehyd, HCHO) und Ameisensäure (HCOOH) oxidieren. Methanol ist stark giftig; schon geringe Mengen führen zu Augenschädigungen, Erblindung oder zum Tod. Für einen erwachsenen Menschen beträgt die letale Dosis etwa 25 g. Ein großer Teil des industriell hergestellten Methanols wird zu Formaldehyd weiterverarbeitet (Kunststoffe!); der Rest dient als Zwischenprodukt zur Synthese anderer Verbindungen und als Lösungsmittel.

Ethanol, $\text{H}_3\text{CCH}_2\text{OH}$ (*Ethylalkohol*, «Weingeist», «Alkohol» schlechthin) wird synthetisch aus Ethen (Addition von Wasser) oder durch Vergärung von Kohlenhydraten gewonnen. Die noch von Pasteur vertretene Ansicht, daß lebende Hefepilze zur Vergärung von Traubenzucker notwendig seien, wurde widerlegt, als es gelang, durch einen Preßsaft aus völlig zerstörten Hefezellen die Gärung zu bewirken (Buchner). Dieser Preßsaft enthält eine Anzahl verschiedener Enzyme (in ihrer Gesamtheit als Zymase bezeichnet), die von den Hefepilzen gebildet werden und von denen jedes einen bestimmten Schritt des über eine Reihe von Zwischenstufen ablaufenden Gärungsvorganges zu katalysieren vermag. Als Endprodukt der Traubenzuckergärung entstehen Ethanol und CO_2:

$$\text{C}_6\text{H}_{12}\text{O}_6 \longrightarrow 2\,\text{H}_3\text{CCH}_2\text{OH} + 2\,\text{CO}_2 \qquad \Delta H = -108.8\text{ kJ/mol}$$

Hohe Konzentrationen von Zucker oder von Ethanol sowie ein geringer Überdruck von CO_2 hemmen die Gärung. Am Ende enthält das Reaktionsgemisch maximal 20 Vol.-% Ethanol, das durch Destillation abgetrennt werden kann. Man erhält allerdings durch Destillation höchstens die azeotrope Mischung mit 95.6 % Ethanolgehalt; das restliche Wasser muß z. B. mittels CaO oder Mg oder durch azeotrope Destillation (mit Benzen etc.) entfernt werden. Ethanol ist ebenfalls eine wasserklare Flüssigkeit von charakteristischem, erfrischendem Geruch und brennendem Geschmack (Kp. 78.3 °C), die sich mit Wasser und den meisten organischen Lösungsmitteln in jedem Verhältnis mischt. Kleinere Mengen wirken anregend, größere jedoch narkotisch oder gar toxisch; die *letale Dosis* beträgt für einen erwachsenen Menschen etwa 300 g reines Ethanol. Beim Genuß alkoholischer Getränke steigt der Blutalkoholspiegel und erreicht nach etwa 1.5 Stunden ein Maximum. Ein Blutalkoholgehalt von etwa 1 ‰ entspricht im allgemeinen einem stark angeheiterten Zustand und ein Gehalt von 2 ‰ einem mittelschweren Rausch. Bei über 3 ‰ liegt bereits eine Alkoholvergiftung vor. Zur *Entwöhnung* von Alkoholsüchtigen eignet sich z. B. Tetraethylthiuramdisulfid, das die Weiteroxidation des beim biologischen Abbau von Ethanol entstehenden Ethanals zu Essigsäure hemmt und dadurch Übelkeit und Erbrechen verursacht.

$$\begin{array}{c} \text{H}_5\text{C}_2 \\ \text{H}_5\text{C}_2 \end{array}\!\!\!\!\text{N}-\text{C}\!\!\begin{array}{c} \diagup\!\!\!\diagup\text{S} \\ \diagdown\text{S}-\text{S} \end{array}\!\!\text{C}-\text{N}\!\!\!\!\begin{array}{c} \text{C}_2\text{H}_5 \\ \text{C}_2\text{H}_5 \end{array}$$

Tetraethylthiuramdisulfid

Ethanol besitzt als *Lösungsmittel* und für *Synthesen* eine große Bedeutung. Ein großer Teil des industriell produzierten Ethanols wird zu *Ethanal* (*Acetaldehyd*, CH_3CHO) und *Essigsäure* (H_3CCOOH) oxidiert. Technischer Alkohol wird durch Zusatz von 1 bis 2 % Benzen, Aceton, Pyridin oder Campher *vergällt*, d. h. ungeniessbar gemacht. *Großtechnisch* wird

150 3 Verbindungen mit einfachen funktionellen Gruppen

Ethanol durch Addition von Wasser an Ethen hergestellt. Die Reaktion wird entweder bei einem Überdruck von 20 bis 40 bar und einer Temperatur von 300 bis 400 °C in der Gasphase durchgeführt (Phosphorsäure als Katalysator) oder man läßt Ethen bei 75 bis 80 °C mit konzentrierter Schwefelsäure reagieren. Dabei bildet sich zunächst Ethylsulfat, das anschließend mit Wasser hydrolysiert wird.

Höhere Alkohole: *Amylalkohole* (Pentanole), ölige Flüssigkeiten mit unangenehmem, zum Husten reizendem Geruch, entstehen als Nebenprodukte der alkoholischen Gärung und dienen zur Herstellung von Riechstoffen und als Lösungsmittel. Sie sind stärker giftig als Ethanol («Fuselöle»). Längerkettige Alkohole treten als Ester in vielen pflanzlichen Wachsen sowie im Walrat auf. Natriumsalze der Schwefelsäureester höherer Alkohole haben als Waschmittel Bedeutung erlangt, z. B. Natriumlaurylsulfat:

$$C_{12}H_{25}OH + \begin{matrix}H-O\\H-O\end{matrix}S\begin{matrix}O\\O\end{matrix} \rightarrow \begin{matrix}H_{25}C_{12}-O\\H-O\end{matrix}S\begin{matrix}O\\O\end{matrix} \xrightarrow{+NaOH}_{-H_2O} \left[\begin{matrix}H_{25}C_{12}-O\\O\end{matrix}S\begin{matrix}O\\O\end{matrix}\right]^{\ominus} Na^{\oplus}$$

Glycol (Ethandiol, Ethylenglycol) ist der einfachste mehrwertige Alkohol. Es ist eine farblose Flüssigkeit (Kp. 197 °C) von schwach süßem Geschmack. Glycol wird durch Einwirkung verdünnter wäßriger Säuren auf Ethylenoxid (S.156) hergestellt (Addition von Wasser!) und z. B. als Frostschutzmittel für Motorkühler verwendet («Glysantin»). Auch zur Herstellung der Polyesterfaser Terylen (Trevira, Dacron usw.) werden große Mengen Glycol benötigt. Glycol ist toxisch (Oxidation zu Oxalsäure) und darf deshalb in der kosmetischen Industrie nicht an Stelle von Glycerol verwendet werden.
Glycerol (Glycerin, 1,2,3-Propantriol) ist der einfachste «dreiwertige» Alkohol. Die zähflüssige, ebenfalls süße Flüssigkeit siedet auffallend hoch (290 °C) und mischt sich in jedem Verhältnis mit Wasser (H-Brücken mit den drei OH-Gruppen!) Beim Erhitzen destilliert das Wasser vollständig ab, wodurch wasserfreies Glycerol erhalten wird. Glycerol kommt als Ester höherer Carbonsäuren in der Natur vor (Fette und fette Öle). Man gewinnt es aus Fetten oder aus Propylen (über Allylchlorid als Zwischenprodukt). Glycerol findet ausgedehnte technische Verwendung, z. B. in Salben, als Textilappretur, als Frostschutz, als Bremsflüssigkeit usw. Ein großer Teil des technisch hergestellten Glycerols dient zur Fabrikation von Glyceroltrinitrat («Nitroglycerin»).
Diethylenglycol ($HOCH_2CH_2OCH_2CH_2OH$) hat im Jahre 1985 als (ungesetzlicher) Weinzusatz «Berühmtheit» erlangt. Oligoethylenglycole dienen u. a. zum Enteisen von Flugzeugtragflächen.

3.1.2 Phenole

Die *aromatischen Hydroxyverbindungen* verhalten sich in mancher Beziehung *anders* als Alkohole, weil die Reaktivität der OH-Gruppe durch die Wechselwirkungen mit dem aromatischen π-Elektronensystem beeinflußt wird.
Beispielsweise sind Phenole beträchtlich *stärker sauer* als Alkohole:

H_5C_6OH $pK_s = 10$ H_5C_2OH $pK_s = 17$

Phenole lösen sich deshalb in wäßrigen Alkalihydroxidlösungen unter Bildung von Phenolat-Anionen; in Wasser unlösliche Alkohole lösen sich dagegen in Hydroxidlösungen nicht. Im Gegensatz zu den ebenfalls sauren Verbindungen mit Carboxylgruppen (—COOH), den Carbonsäuren, genügt jedoch die Basizität von Hydrogencarbonat nicht, um Phenole in

3.1 Alkohole, Phenole, Ether 151

Tabelle 3.5. Phenole

Name	Formel	Fp. [°C]	Kp. [°C]	pK_s
Phenol	H_5C_6OH	43	181	10.0
o-Kresol	$H_3CC_6H_4OH(1,2)$	30	191	10.2
o-Chlorphenol	$ClC_6H_4OH(1,2)$	8	176	9.1
o-Nitrophenol	$HOC_6H_4NO_2(1,2)$	44.5	214	7.21
m-Nitrophenol	$HOC_6H_4NO_2(1,3)$	96	194.^{70}	8.0
o-Aminophenol	$HOC_6H_4NH_2(1,2)$	174	subl.	9.7
p-Aminophenol	$HOC_6H_4NH_2(1,4)$	186	subl.	8.2
Brenzcatechin[1]	$H_4C_6(OH)_2(1,2)$	105	245	9.4
Resorcin	$H_4C_6(OH)_2(1,3)$	110	281	9.4
Hydrochinon	$H_4C_6(OH)_2(1,4)$	170	290	10.0
Pyrogallol	$H_3C_6(OH)_3(1,2,3)$	133	309	7.0
Phloroglucin	$H_3C_6(OH)_3(1,3,5)$	219	subl.	7.0

[1] Brenzcatechin und Resorcin werden – insbesondere in der angelsächsischen Literatur – auch als «*Pyrocatechol*» bzw. als «*Resorcinol*» bezeichnet.

ihre konjugierten Basen zu verwandeln (Trennung von Phenolen und Carbonsäuren durch Ausschütteln mit wäßriger $NaHCO_3$- bzw. NaOH-Lösung).
Die einfachsten Phenole sind *Festkörper* von niedrigem Schmelzpunkt oder bei Raumtemperatur flüssig; wegen der Bildung von H-Brücken liegen dagegen ihre Siedepunkte ziemlich hoch. Während Phenol selbst etwas wasserlöslich ist (in 100 g Wasser lösen sich bei 20°C 9 g Phenol), sind die meisten anderen Phenole praktisch wasserunlöslich. Ist keine funktionelle Gruppe vorhanden, die Anlaß zur Absorption im sichtbaren Gebiet gibt, so sind Phenole farblos; da sie aber ähnlich wie aromatische Amine leicht zu farbigen Oxidationsprodukten oxidiert werden, sind sie meist durch Spuren dieser Oxidationsprodukte gefärbt.
Interessant ist ein Vergleich der physikalischen Eigenschaften der drei isomeren *Nitrophenole*. o-Nitrophenol schmilzt beträchtlich tiefer als die beiden anderen Isomere, ist wasserdampfflüchtig und am wenigsten wasserlöslich, eine Folge der Ausbildung von intramolekularen (statt intermolekularen) H-Brücken:

⟵ intramolekulare H-Brücke

Bei Phenolen können die unter Trennung der C—O-Bindung verlaufenden Alkoholreaktionen entweder überhaupt *nicht* oder dann nur unter *extremen Bedingungen* durchgeführt werden, ein weiterer Unterschied zwischen dem Verhalten der Phenole und der Alkohole. Hingegen ist bei gewissen Phenolen mit mehreren OH-Gruppen eine Oxidation zu **«Chinonen»** möglich:

Hydrochinon + $2 OH^\ominus$ ⇌ Chinon + $2 H_2O$ + $2 e^\ominus$

Darauf beruht die Verwendung von *Hydrochinon* und *Brenzcatechin* in *photographischen Entwicklern.* *Pyrogallol* dient wegen seiner leichten Oxidierbarkeit zur Absorption von Sauerstoff in Gasgemischen. Eine Additionsverbindung («Elektronen-Donor-Acceptor-Komplex», vgl. Bd II) von Hydrochinon und Chinon im Molverhältnis 1:1 *(«Chinhydron»)* kann zur pH-Messung verwendet werden, weil das Potential einer Platinelektrode in einer gesättigten Lösung von Chinhydron nur vom pH abhängt, solange die Konzentrationen von Hydrochinon und Chinon unverändert bleiben (was dank der geringen Löslichkeit von Chinhydron unterhalb pH 9 weitgehend der Fall ist).

Die *IR-Spektren* der Phenole zeigen wie die IR-Spektren der Alkohole die starke, breite O—H-Bande im Gebiet von 3200 bis 3600 cm^{-1}. Die Bande der C—O-Streckschwingung ist hingegen etwas verschoben:

C—O-Streckschwingung:	Alkohole 1050 bis 1100 cm^{-1}	Phenole 1200 cm^{-1}

Die Lage des O—H-Proton-Signals im NMR-Spektrum wird stark durch das Ausmaß der Bildung von H-Brücken beeinflußt und ist darum von der Temperatur, der Konzentration und der Art des verwendeten Lösungsmittels abhängig. Im Fall von intramolekularen H-Brücken (bei Phenolen mit mehreren OH-Gruppen) erscheint es bei δ-Werten zwischen 6 und 12.

Die technische Gewinnung von **Phenol** geht von Benzen aus. Dieses wird dabei entweder zuerst «sulfoniert», d. h. durch Reaktion mit konzentrierter Schwefelsäure in Benzensulfonsäure übergeführt, und dann anschließend durch Schmelzen mit NaOH in Phenol umgewandelt (**«Alkalischmelze»**), oder man setzt Chlorbenzen (das durch Reaktion von Benzen mit Chlor erhalten wird) unter Druck mit wäßrigem Natriumhydroxid (bei 360°C) um (*«Dow-Prozeß»*):

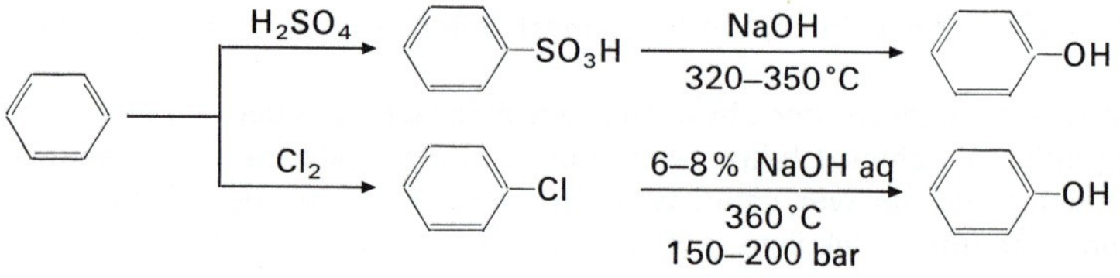

Wachsende Bedeutung gewinnt auch die Herstellung von Phenol aus *Cumen* (Isopropylbenzen), das zunächst durch Luftoxidation in Cumenhydroperoxid übergeführt und dann durch Reaktion mit verdünnter Säure in Aceton und Phenol gespalten wird (**Hocksche Phenolsynthese**, vgl. S. 658):

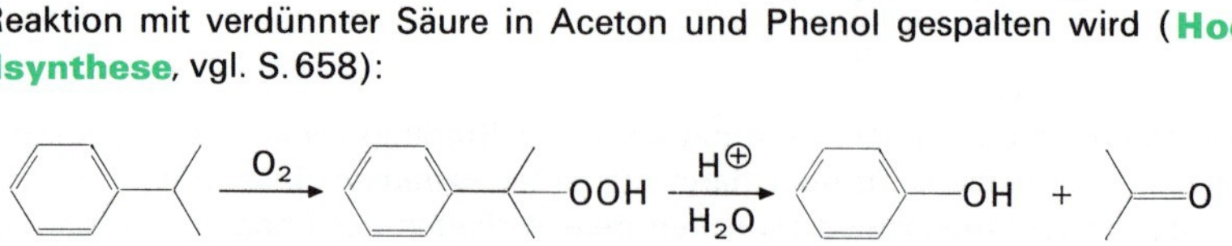

Auch aus *Steinkohlenteer* kann Phenol gewonnen werden. Die bequemste Laboratoriumsmethode zur Einführung von Hydroxylgruppen in aromatische Kerne ist die **Verkochung von Diazoniumsalzen** (S. 174):

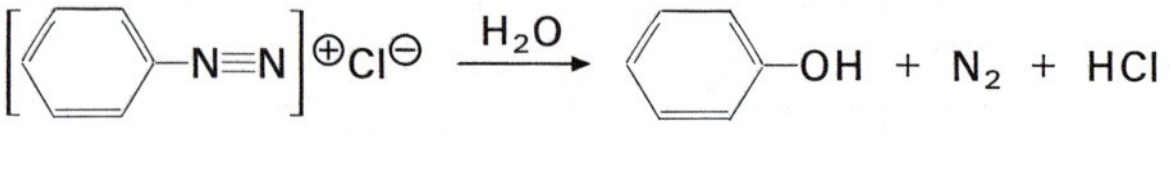

Auch durch Oxidation von **Arylthalliumverbindungen** (die aus Aromaten und Thalliumtrifluoracetat erhalten werden) lassen sich im Labormaßstab Phenole gewinnen:

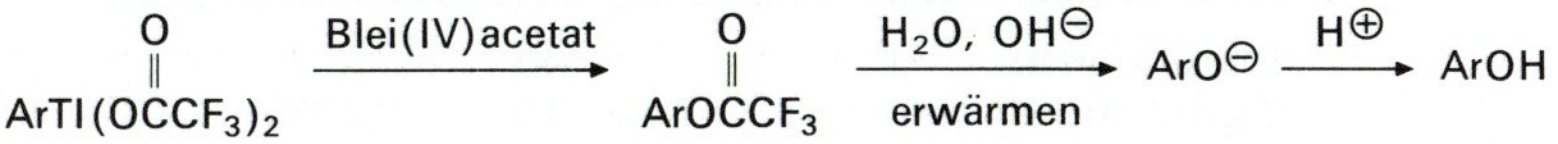

$$\underset{\text{Arylthalliumtrifluoracetat}}{\text{ArTl(OCCF}_3)_2} \xrightarrow{\text{Blei(IV)acetat}} \underset{\text{Aryltrifluoracetat}}{\text{ArOCCF}_3} \xrightarrow[\text{erwärmen}]{\text{H}_2\text{O, OH}^\ominus} \text{ArO}^\ominus \xrightarrow{\text{H}^\oplus} \underset{\text{Phenol}}{\text{ArOH}}$$

Gewisse Phenole und Phenolether treten in ätherischen Ölen oder Pflanzenteilen auf und haben als *Riech-* oder *Aromastoffe* eine gewisse Bedeutung:

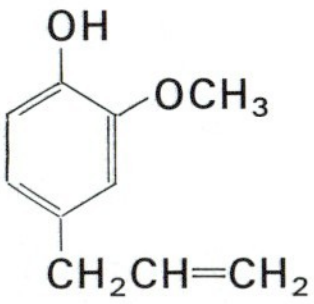

Eugenol (Nelkenöl)

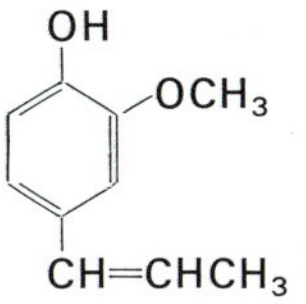

Isoeugenol (Muskatnußöl)

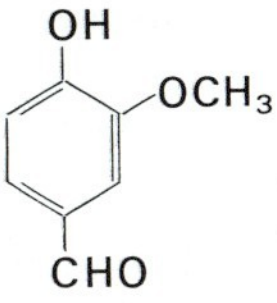

Vanillin (Vanilleschote)

Auch gewisse *Gerbstoffe*, wie z. B. das aus Galläpfeln zu isolierende Tannin, enthalten Phenole (Beispiel: *m*-Digallussäure). Schließlich sind auch die gelben, roten und blauen *Blütenfarbstoffe* (allerdings kompliziert gebaute) Phenole. Gerbstoffe und Blütenfarbstoffe sind in der Pflanze (wie auch viele andere Verbindungen) an bestimmte Zuckerarten gebunden. Solche Verbindungen von Zuckern mit zuckerfremden Molekülen werden als *Glykoside* bezeichnet. Die Glykosidbildung macht wasserunlösliche Moleküle wasserlöslich, wodurch ihre Ausscheidung in den Zellsaft ermöglicht wird.

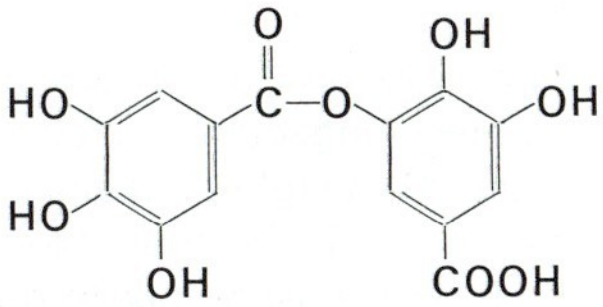

m-Digallussäure

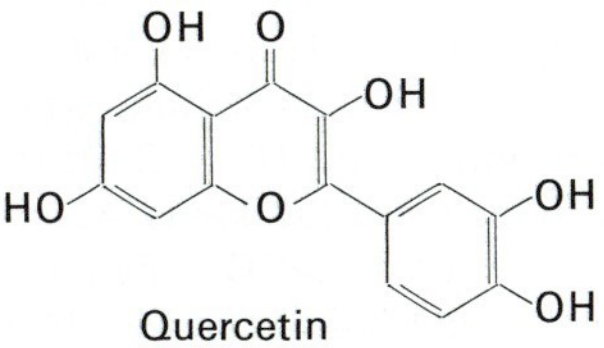

Quercetin ein gelber Blütenfarbstoff

3.1.3 Ether

Ether sind *Disubstitutionsprodukte* von *Wasser*. Man bezeichnet sie nach ihren Alkyl- bzw. Arylgruppen:

Diethylether	$C_2H_5OC_2H_5$
Methylpropylether	$CH_3OC_3H_7$
Diphenylether	$C_6H_5OC_6H_5$
Benzylethylether	$C_2H_5OCH_2C_6H_5$

Tabelle 3.6. Ether

Name	Fp. [°C]	Kp. [°C]
Dimethylether	−140	−24
Diethylether	−116	35
Di-n-propylether	−122	91
Diisopropylether	−60	69
Di-n-butylether	−95	142
Divinylether	−101	28
Diallylether	—	94
Anisol (Methylphenylether)	−37	154
Phenetol (Ethylphenylether)	−33	172
Diphenylether	27	259
1,4-Dioxan	11	101
Tetrahydrofuran	−108	66

Die wichtigsten Methoden zur *Gewinnung* von Ethern sind die Reaktion von *Alkoholen* (im Überschuß) mit *starken Säuren* (die praktisch nur zur Gewinnung symmetrisch gebauter Ether verwendet wird) und die **Williamson-Synthese**, mit welcher auch unsymmetrische Ether erhalten werden können:

$$R-O^{\ominus} + R'-X \rightarrow R-O-R' + X^{\ominus}$$

(X = Halogen oder $-RSO_4$)

Beispiele
$$H_5C_2O^{\ominus} + CH_3I \rightarrow H_5C_2-O-CH_3 + I^{\ominus}$$
$$H_5C_6O^{\ominus} + (CH_3)_2SO_4 \rightarrow H_5C_6-O-CH_3 + H_3CSO_4^{\ominus}$$

Es handelt sich dabei wiederum um eine S_N-Reaktion, bei welcher das Alkoholat- bzw. Phenolat-Anion als Nucleophil wirkt.

Ether sind flüchtiger als Alkohole gleicher Molekülmasse. Sie besitzen zwar ein *Dipolmoment* (Diethylether $5.8 \cdot 10^{-30}$ Cm); ihre Moleküle können hingegen untereinander *keine H-Brücken* bilden, so daß keine Assoziation möglich ist. Als Vergleich dienen die Siedepunkte von n-Heptan (98 °C), Methylpentylether (100 °C) und 1-Hexanol (157 °C) [Molekülmassen alle um 100 u]. Die Mischbarkeit der Ether mit Wasser ist hingegen durchaus der Wasserlöslichkeit von Alkoholen gleicher C-Zahl vergleichbar (1-Butanol und Diethylether je rund 2 g/100 g Wasser), weil sich im Wasser H-Brücken zwischen Ether- und Wassermolekülen bilden können. Niedrige Ether, besonders Diethylether, besitzen deshalb große Bedeutung als Lösungsmittel.

Beim Stehenlassen an Luft und Licht bilden Ether in geringen Mengen *Peroxide*. Obschon diese in gewöhnlichem Ether nur in sehr kleinen Konzentrationen vorhanden sind, ist peroxidhaltiger Ether sehr gefährlich, da sich die Peroxide z. B. beim Abdestillieren des als Lösungsmittel gebrauchten Ethers detonativ zersetzen können. Zur Prüfung auf Peroxid kann man $FeSO_4$ und Thiocyanat («Rhodanid») zusetzen; das Peroxid oxidiert Fe^{+II} zu Fe^{+III}, welches mit Thiocyanationen den bekannten roten Komplex bildet. Etherlösungen sollte man wegen der Peroxid-Gefahr i. a. nicht zur Trockene eindampfen. Einer der gefährlichsten Peroxid-Bildner ist der Diisopropylether. Die Peroxid-Bildung verläuft radikalisch.

Wie die Alkohole verhalten sich Ether starken Proton- oder Lewis-Säuren gegenüber als *Basen* und bilden *Oxonium-Ionen*. Durch Reaktion mit HI oder HBr können sie bei hohen Temperaturen gespalten werden:

3.1 Alkohole, Phenole, Ether

Mit Bortribromid (BBr$_3$) kann die **Etherspaltung** bereits bei Raumtemperatur durchgeführt werden:

$$R-O-R' + BBr_3 \xrightarrow{3\ H_2O} ROH + R'Br + H_3BO_3 + 2\ HBr$$

Im *IR-Spektrum* zeigen die Ether die breite und auffallende Bande der C—O-Streckschwingung im Gebiet von 1060 bis 1300 cm^{-1}:

Alkylether	1060 bis 1150 cm^{-1}
Aryl- und Vinylether	1200 bis 1275 cm^{-1}

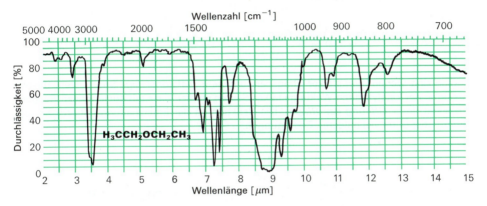

Abb. 3.2. IR-Spektrum von Diethylether
Auffallend ist die breite Bande der C—O-Streckschwingung (um 1120 cm^{-1})

Der wichtigste Ether ist der **Diethylether**, H$_5$C$_2$—O—C$_2$H$_5$, der aus Ethanol unter der Wirkung von konzentrierter Schwefelsäure in großen Mengen hergestellt wird. Er ist ein wichtiges Lösungsmittel. Beim Arbeiten mit Ether ist jedoch stets *Vorsicht* geboten: er ist stark flüchtig (Kp. 34.6 °C), und seine Dämpfe sind sehr leicht entflammbar. Auf die durch das Vorhandensein von Peroxiden bedingte Detonationsgefahr wurde bereits hingewiesen. Absoluten (völlig wasserfreien) Ether, wie er zur Herstellung von Grignard-Reagentien benötigt wird, gewinnt man durch Stehenlassen über metallischem Natrium. In der Medizin wird Diethylether als Narkosemittel immer noch gelegentlich verwendet.

Gewisse cyclische Ether wie **Dioxan** oder **Tetrahydrofuran** besitzen ebenfalls Bedeutung als Lösungsmittel. Dioxan entsteht aus Glycol, Tetrahydrofuran aus 1,4-Butandiol unter der Wirkung konzentrierter Schwefelsäure (intramolekulare Etherbildung!)

1,4-Dioxan   Tetrahydrofuran (THF)

3 Verbindungen mit einfachen funktionellen Gruppen

Besonders zu erwähnen sind schließlich die ebenfalls etherähnlichen **«Oxirane»** (früher: Epoxide), die einen *Dreiring* enthalten:

$$H_2C\underset{}{\overset{O}{-\!\!\!-\!\!\!-}}CH_2 \qquad H_3C-CH\underset{}{\overset{O}{-\!\!\!-\!\!\!-}}CH_2 \qquad H_3C-CH\underset{}{\overset{O}{-\!\!\!-\!\!\!-}}CH-CH_3$$

Oxiran (Ethylenoxid) · Propylenoxid · 2,3-Dimethyloxiran (Epoxy-2-buten)

Ethylenoxid, das weitaus wichtigste Oxiran (farbloses giftiges Gas vom Kp. 13.7 °C), wird in großen Mengen durch katalytische Oxidation von Ethen mit Luftsauerstoff gewonnen. Andere Oxirane – die z.T. als Ausgangsstoffe zur Herstellung gewisser Kunststoffe von Bedeutung sind *(«Epoxidharze»)* – erhält man durch Oxidation ungesättigter Verbindungen mit *Peroxysäuren*:

$$H_2C=CH_2 \xrightarrow[\text{Ag, 250°C}]{O_2} H_2C\underset{}{\overset{O}{-\!\!\!-\!\!\!-}}CH_2$$

$$H_3C-CH=CH_2 + H_3C-C\underset{O-OH}{\overset{O}{\diagup}} \longrightarrow H_3C-CH\underset{}{\overset{O}{-\!\!\!-\!\!\!-}}CH_2 + H_3CCOOH$$

Oxirane sind wegen ihrer starken Ringspannung sehr *reaktionsfähige* Substanzen. Besonders unter der katalytischen Wirkung starker *Säuren* reagieren sie mit nucleophilen Reagentien leicht unter *Öffnung des Ringes*. Die Reaktion ist der Etherspaltung mit HBr analog, verläuft aber unter viel milderen Bedingungen:

$$H_2C\underset{}{\overset{O}{-\!\!\!-\!\!\!-}}CH_2 \xrightarrow{H^{\oplus}} H_2C\underset{}{\overset{\overset{H}{\overset{|}{O^{\oplus}}}}{-\!\!\!-\!\!\!-}}CH_2 \xrightarrow{:X^{\ominus}} X-CH_2-CH_2-OH$$

Als Beispiele solcher Reaktionen seien erwähnt:

$$H_2C\underset{}{\overset{O}{-\!\!\!-\!\!\!-}}CH_2 \xrightarrow{+H^{\oplus}} H_2C\underset{}{\overset{\overset{H}{\overset{|}{O^{\oplus}}}}{-\!\!\!-\!\!\!-}}CH_2$$

$$\xrightarrow{+H_2O} \underset{\overset{|}{OH}}{\overset{H}{\underset{H}{\overset{\oplus}{O}}}}\!\!-\!\!\overset{CH_2-CH_2}{\underset{}{}} \xrightarrow{-H^{\oplus}} \underset{OH\ \ OH}{CH_2-CH_2} \text{ Glycol}$$

$$\xrightarrow{+ROH} \underset{\overset{|}{OH}}{\overset{R}{\underset{H}{\overset{\oplus}{O}}}}\!\!-\!\!\overset{CH_2-CH_2}{\underset{}{}} \xrightarrow{-H^{\oplus}} \underset{OR\ \ OH}{CH_2-CH_2} \text{ Glycol-ether}$$

$$\xrightarrow{+HCl} \underset{Cl\ \ OH}{CH_2-CH_2}\ \text{«Ethylenchlorhydrin»}$$

Die prinzipiell gleiche Reaktion ist auch mit *Basen* möglich. Dies steht in starkem Gegensatz zum Verhalten der eigentlichen Ether, die gegenüber Basen völlig inert sind. Auch mit *Grignard-Reagentien* reagieren offenkettige Ether nicht, während Oxirane dabei Alkohole mit um *zwei C-Atome verlängerter Kette* ergeben:

$$\text{H}_2\text{C}\overset{\displaystyle\text{O}}{-\!-\!-\!-}\text{CH}_2 \xrightarrow[\text{NH}_3]{\text{Na}^\oplus\text{OC}_2\text{H}_5^\ominus} \begin{array}{c} \text{C}_2\text{H}_5\text{OCH}_2\text{CH}_2\text{O}^\ominus \xrightarrow{\text{H}^\oplus} \text{C}_2\text{H}_5\text{OCH}_2\text{CH}_2\text{OH} \\ \\ \text{NH}_2\text{CH}_2\text{CH}_2\text{OH} \end{array}$$

$$\text{R}-\overset{\displaystyle\text{O}}{\text{CH}-\!-\!-\!-\text{CH}_2} + \text{R'MgBr} \longrightarrow \text{R}-\underset{\underset{\text{R'}}{|}}{\text{CH}}-\text{CH}_2\text{OMgBr} \xrightarrow{\text{H}^\oplus} \overset{\text{R}}{\underset{\text{R'}}{\diagdown}}\!\!\text{CHCH}_2\text{OH}$$

Die Ringspaltung von Oxiranen führt zu Verbindungen, die zwei funktionelle Grupen an benachbarten C-Atomen tragen und ist darum präparativ von großem Interesse. Als Beispiele von Verbindungen, die über Oxirane gewonnen werden, seien genannt: Ethylenchlorhydrin, Aminoethanol, Diethylenglycol (HO—CH_2CH_2—O—CH_2CH_2—OH), Methylcellosolve (H_3C—O—CH_2—CH_2—OH), Diglyme (H_3C—O—CH_2CH_2—O—CH_2CH_2—O—CH_3) u. a. Die letztgenannten Stoffe sind wichtige Lösungsmittel.

Eine weitere Gruppe von cyclischen Mehrfach-(Oligo-) Ethern, die **«Kronenether»**, hat seit einiger Zeit größere Bedeutung bekommen. Es handelt sich bei ihnen im Prinzip um cyclische Oligomere von Ethylenglycol, (—OCH_2CH_2—)$_n$, z. B. das 1,4,7,10-Tetraoxacyclododecan («[12]Krone-4») oder das 1,4,7,10,13,16-Hexaoxacyclooctadecan («[18]Krone-6»; «oxa» bedeutet ein Sauerstoffatom an Stelle einer CH_2-Gruppe; vgl. S.674):

[12]Krone-4
(1)

[18]Krone-6
(2)

In der Bezeichnung «[x]Krone-y» bedeutet x die Gesamtzahl der Atome im Ring (Ringgliederzahl) und y die Zahl der Sauerstoffatome.

[18]Krone-6 entsteht in guter Ausbeute durch Reaktion eines Gemisches von Triethylenglycol (3,6-Dioxaoctan-1,8-diol), Triethylenglycolditosylat[1] und Kalium-*tert*-butylat. Das letztere, eine starke Base, spaltet dem Triethylenglycol beide OH-Protonen ab. Dadurch werden zwei aufeinanderfolgende S_N-Reaktionen möglich, indem jedes der beiden negativ geladenen Sauerstoffatome des Triethylenglycols eine Tosylatgruppe ($^\ominus OSO_2$—C_6H_4—CH_3) verdrängt. Das $K^\oplus$-Ion wird dabei von dem sich bildenden Ring eingeschlossen und «zwingt» die beiden reagierenden Enden der Kette offensichtlich zum Ringschluß.

---

[1] **«Tosylat»** ist eine Abkürzung für Toluensulfonsäureester (vgl. S.162). Die Tosylatgruppe ist eine ausgezeichnete «Abgangsgruppe», d. h. sie wird durch nucleophile Reagentien leicht verdrängt (S.163)

3 Verbindungen mit einfachen funktionellen Gruppen

Schema der Reaktion:

Triethylenglycol ditosylat + Triethylenglycol, (3,6-Dioxaoctan-1,8-diol) $\xrightarrow[-2\,\text{TosOH}]{t\text{-BuOK, Glyme}}$ [18]Krone-6[1]

Kalottenmodell des [18]Krone-6-$K^{\oplus}$-Komplexes

Kronenether besitzen die Fähigkeit, Kationen wie z. B. Erdalkali- und sogar die sonst kaum Komplexe bildenden Alkaliionen zu *komplexieren,* wenn diese genau in den «Hohlraum» im Inneren des Ringes passen. So komplexiert (1) (S.157) $Li^{\oplus}$ oder $Na^{\oplus}$, aber weniger gut $K^{\oplus}$, während (2) $K^{\oplus}$ bevorzugt, aber die anderen Alkaliionen weniger komplexiert (abhängig vom Lösungsmittel). Die negativ polarisierten Sauerstoffatome sind dabei mit dem Metallion koordiniert, während das Äußere des Komplexes kohlenwasserstoffähnlich (lipophil) ist. Aus diesem Grund sind in solcher Weise komplexierte Ionen auch in organischen Lösungsmitteln löslich. Beispielsweise löst sich der aus Kaliumpermanganat und [18]Krone-6 erhältliche Komplex (in dem nur das $K^{\oplus}$-Ion komplexiert ist) in Benzen und kann als Oxidationsmittel für Reaktionen, die in unpolaren Lösungsmitteln ablaufen müssen, benützt werden. Auch bei vielen anderen Reaktionen, bei denen Salze mit organischen Molekülen reagieren müssen, lassen sich Kronenether einsetzen; die Reaktion läßt sich dann in einer einzigen Phase durchführen und verläuft rascher als in einem Zweiphasensystem (vgl. S. 298).
Das vom Kation abgetrennte Anion ist in lipophilen Lösungsmitteln wenig solvatisiert («nackt») und dadurch besonders reaktiv («Anionaktivierung»).
Durch Synthese verschiedengliedriger Kronenether lassen sich bestimmte Ionen gezielt komplexieren. Auch polycyclische stickstoffhaltige Ether *(Cryptanden)* lassen sich (nach Lehn) in derselben Weise verwenden, wobei dann das Metall-Ion im Inneren des polycyclischen Systems eingeschlossen ist und von den N- und O-Atomen komplexiert wird (Bildung

---

[1] Die freien Liganden liegen in Lösung in Konformationen vor, in denen einzelne Sauerstoffatome nach außen gerichtet sind.

von *Cryptaten*). Das in Wasser schwerlösliche Bariumsulfat läßt sich auf diese Weise sogar in Chloroform lösen! Gewisse natürlich vorkommende makrocyclische Verbindungen (*Valinomycin, Nonactin*, s. Bd. II), die ebenfalls Sauerstoff- bzw. Stickstoffatome im Ring enthalten, sind am Transport von Ionen durch biologische Membranen beteiligt, da sie ebenfalls gewisse Ionen, wie z. B. $K^{\oplus}$, selektiv zu komplexieren und zu lipophilisieren vermögen.

[2.2.2]Cryptand $+ K^{\oplus} X^{\ominus} \longrightarrow$ Cryptat (lipophil), $X^{\ominus}$ (nackt)

3.2 Schwefelverbindungen

Neben den **Thiolen** und **Sulfiden**, den Schwefel-Analoga der Alkohole und Ether, existieren verschiedene weitere Typen von Schwefelverbindungen, in welchen das S-Atom in höheren (positiven) Oxidationszahlen auftritt und die als Derivate von SO_2 bzw. der (als Molekül allerdings nicht existierenden) schwefligen Säure und von SO_3 bzw. der Schwefelsäure aufgefaßt werden können. Von diesen zahlreichen Verbindungen sollen die wichtigsten Typen in den folgenden Abschnitten kurz behandelt werden.

3.2.1 Thiole und Sulfide

Thiole können als Mono-, Sulfide als Disubstitutionsprodukte von H_2S aufgefaßt werden:

H_5C_2-SH Ethanthiol, (früher «Ethylmercaptan»)
$H_3C-S-C_2H_5$ Ethylmethylsulfid

Zur Bezeichnung der SH-Gruppe dient die Endung **-«thiol»**. Sulfide werden analog den Ethern durch ihre Alkyl- bzw. Arylreste benannt.

Die Beziehung zum *Schwefelwasserstoff* zeigt sich bei den Thiolen in verschiedener Hinsicht. So sind die Thiole *nicht assoziiert*, zeigen also einen verglichen mit den entsprechenden Alkoholen beträchtlich niedrigeren «normalen» Siedepunkt, eine Folge der dem S-Atom fehlenden Fähigkeit zur Ausbildung von H-Brücken (nur schwache Polarität der S—H-Bindung, vgl. auch die Siedepunkte von H_2O und H_2S!). Thiole sind auch viel *stärker sauer* als Alkohole (auch von H_2O zu H_2S nimmt die Acidität stark zu), was sich z. B. darin zeigt, daß sie in wäßrigen Hydroxidlösungen löslich sind:

$R-SH + Na^{\oplus} OH^{\ominus} \longrightarrow R-S^{\ominus} Na^{\oplus} + H_2O$
Thiolat

Mit Lösungen von Schwermetallsalzen entstehen zum Teil schwerlösliche und gut kristallisierende *Salze*. Auf die leichte Bildung der Quecksilbersalze ist der frühere Name *«Mercaptane»* zurückzuführen (*mercurium* = Bezeichnung für Quecksilber; *captans* lat. = einfangend).

3 Verbindungen mit einfachen funktionellen Gruppen

Thiole sind durch einen widerwärtigen *Geruch* charakterisiert, der selbst in extremer Verdünnung wahrnehmbar ist (Riechschwelle für Ethanthiol $4.8 \cdot 10^{-8}$ mg). Das *IR-Spektrum* zeigt eine mäßig intensive Bande bei 2600 bis 2550 cm^{-1} (Absorption durch die S—H-Streckschwingung). Da die Thiolgruppe keine H-Brücken bildet, ist die genaue Lage dieser Bande von der Konzentration weitgehend unabhängig, im Gegensatz zur O—H-Bande der Alkohole.

Für das chemische Verhalten der Thiole ist vor allem die bereits genannte, verglichen mit den Alkoholen erhöhte Acidität kennzeichnend. Ebenso wie die Alkohole lassen sich auch die Alkanthiole oxidieren; die *Oxidation* greift aber nicht wie bei den Alkoholen am C-Atom an, das die funktionelle Gruppe trägt, sondern am *S-Atom*. Es entstehen deshalb keine den Aldehyden oder Ketonen analoge Schwefelverbindungen, sondern *Sulfensäuren* und *Disulfide*; stärkere Oxidationsmittel, wie KMnO$_4$ oder HNO$_3$, ergeben *Sulfonsäuren*:

$$R-CH_2-SH \xrightarrow{Ox.} \left(R-CH_2-\overset{\oplus}{\underset{O^\ominus}{S}}-H \right) \rightarrow \underset{\text{Sulfensäure}}{R-CH_2-S-OH} \rightarrow \begin{cases} \underset{\text{Sulfonsäure}}{R-CH_2-\overset{O}{\underset{O}{\overset{\|}{\underset{\|}{S}}}}-OH} \\ \underset{\text{Disulfid}}{R-CH_2-S-S-CH_2-R} \end{cases}$$

Die Instabilität der Thioaldehyde $\left(R-C\!\!\underset{H}{\overset{S}{\lessdot}} \right)$ belegt die für die Elemente der dritten (und höherer) Perioden charakteristische geringe Tendenz zur Bildung von (*p—p-*) Doppelbindungen *(«Doppelbindungsregel»)*. Dies rührt davon her, daß die Atomrümpfe dieser Atome beträchtlich größer sind als bei den Atomen der zweiten Periode, so daß sich die *p*-Orbitale zweier Atome nicht mehr genügend überlappen können (dasselbe gilt für eine Überlappung von zwei *sp^3*-Hybrid-AO im Falle des *τ*-Modelles der Doppelbindung). Sowohl bei Schwefel und Phosphor wie auch bei ihren höheren Homologen können jedoch Doppelbindungen dadurch gebildet werden, daß sich (neben den zwei *s*-Elektronen) *d*-AO des S- bzw. P-Atoms mit *p*-AO eines anderen Atoms überlappen (Abb. 3.3). Den Bindungen zwischen S- bzw. P-Atomen und den einzelstehenden O-Atomen in der Schwefelsäure bzw. Phosphorsäure sowie natürlich auch in deren organischen Derivaten kommt darum zweifellos in einem gewissen Ausmaß Doppelbindungscharakter zu (was auch durch ihre Bindungslängen bestätigt wird), wobei das S-(P-)Atom sein Oktett überschreitet:

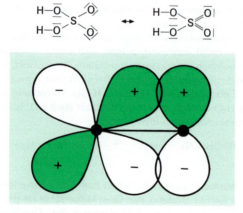

Abb. 3.3. *d—p-π-Bindung* (z. B. S=O-, P=O-Bindungen)

Zur *Gewinnung* von Thiolen kann man von Halogenalkanen ausgehen, die man mit Natriumhydrogensulfid umsetzt (S_N-Reaktion):

$$C_2H_5-Br + \overset{\ominus}{S}H \quad Na^{\oplus} \longrightarrow C_2H_5SH + Na^{\oplus}Br^{\ominus}$$

Die Reaktion läuft indessen oft weiter und liefert schließlich das entsprechende Sulfid; man muß Thiole deshalb häufig durch andere, spezielle Reaktionen herstellen, z. B. Umsetzung von R-Br mit Thioharnstoff und nachfolgender Hydrolyse (Thioharnstoff-Methode).

3.2.2 Sulfoxide und Sulfone

Sulfide lassen sich z. B. durch H_2O_2 in Essigsäure oder elektrochemisch oder enzymatisch leicht zu Sulfoxiden und Sulfonen oxidieren:

$$R-S-R \xrightarrow{Ox.} \left[\begin{array}{c} R-\overset{\oplus}{S}-R \leftrightarrow R-S-R \\ | \qquad \qquad \quad \| \\ |\underline{O}|^{\ominus} \qquad \quad O \end{array} \right] \xrightarrow{Ox.} \left[\begin{array}{c} |\overline{\underline{O}}| \qquad \qquad O \\ | \qquad \qquad \quad \| \\ R-S-R \leftrightarrow R-S-R \\ | \qquad \qquad \quad \| \\ |\underline{O}| \qquad \qquad O \end{array} \right]$$

$$\text{Sulfoxid} \qquad \qquad \qquad \qquad \text{Sulfon}$$

Die praktisch wichtigste dieser Verbindungen ist *Dimethylsulfoxid* («DMSO») $H_3C-\underset{O}{\overset{\displaystyle |}{S}}-CH_3$,

eine unter einem Druck von 0.02 bar bei 85°C siedende Flüssigkeit, die sich bei höherem Erhitzen (>180°C) zersetzt. Dimethylsulfoxid ist als (dipolar aprotisches) Lösungsmittel wichtig, da es mit Wasser mischbar ist und auch Salze löst.

3.2.3 Sulfen-, Sulfin- und Sulfonsäuren

Diese Verbindungen enthalten ebenso wie die Sulfoxide und Sulfone Schwefel in höheren Oxidationsstufen. Sie lassen sich z. B. durch stufenweise Oxidation von Thiolen erhalten:

$$R-CH_2-SH \rightarrow R-CH_2-S-OH \rightarrow R-CH_2-\overset{O}{\underset{}{\overset{\|}{S}}}-OH \rightarrow R-CH_2-\overset{O}{\underset{O}{\overset{\|}{\underset{\|}{S}}}}-OH$$

$$\qquad \qquad \qquad (1) \qquad \qquad \qquad (2) \qquad \qquad \qquad (3)$$

Die *Sulfensäuren* [(1), mit S der formalen Oxidationsstufe +II] sind allerdings so leicht weiter oxidierbar, daß sie bei der Oxidation der Thiole meist nicht isolierbar sind. Auch die *Sulfinsäuren* (2) sind schwierig zu isolieren; man stellt diese Säuren meist aus Grignard-Verbindungen und SO_2 her:

$$R-Mg-Br + SO_2 \rightarrow R-\underset{O}{\overset{\|}{S}}-OMgBr \xrightarrow{H^{\oplus}} R-\underset{O}{\overset{\|}{S}}-OH$$

3 Verbindungen mit einfachen funktionellen Gruppen

Die weitaus wichtigsten Schwefelverbindungen, in denen das S-Atom in höheren Oxidationsstufen vorliegt, sind die *Sulfonsäuren*, $R-SO_3H\,(3)$ (R = Alkyl- oder Aryl-). Aliphatische Sulfonsäuren können nicht nur durch Oxidation von Thiolen, sondern auch durch Sulfochlorierung von Alkanen (und anschließende Hydrolyse des dabei gebildeten Sulfonsäurechlorids) (S. 49) oder durch Umsetzung von Halogenalkanen mit Natriumsulfit hergestellt werden:

$$R-Br + SO_3^{2\ominus} \longrightarrow R-SO_3^{\ominus} + Br^{\ominus}$$
$$\downarrow H^{\oplus}$$
$$R-SO_3H$$

Aromatische Sulfonsäuren entstehen durch **«Sulfonierung»** des aromatischen Ringes, d. h. durch Umsetzung mit konzentrierter oder rauchender Schwefelsäure oder mit SO_3:

$$H_3C-C_6H_5 \xrightarrow{H_2SO_4} H_3C-C_6H_4-SO_3H + H_2O$$

$$H_3C-C_6H_5 \xrightarrow{SO_3} H_3C-C_6H_4-SO_3H$$

Zur Abtrennung der Sulfonsäuren aus dem Reaktionsgemisch benützt man die Tatsache, daß ihre Calcium- und *Bariumsalze* – im Gegensatz zu $CaSO_4$ und $BaSO_4$ – in Wasser *leicht löslich* sind. Die Sulfonsäuren sind oft stark hygroskopisch und schwierig in reinem Zustand zu erhalten; man verwendet darum an ihrer Stelle häufig ihre Alkalisalze.

Sulfonsäuren sind durch gute Wasserlöslichkeit und hohe Siedepunkte ausgezeichnet; in organischen Lösungsmitteln lösen sie sich dagegen oft nur wenig. Als Derivate der Schwefelsäure sind sie starke Säuren. Ihre Anionen sind kaum basisch, und ihre Salze reagieren in Wasser praktisch neutral.

Aromatische Sulfonsäuren besitzen als Zwischenprodukte zur Herstellung vieler anderer Verbindungen große technische Bedeutung. Beispielsweise enthält die Mehrzahl der synthetischen *Farbstoff*moleküle eine oder (meist) mehrere Sulfonsäuregruppen, welche die Substanzen wasserlöslich machen oder für die Haftung des Farbstoffmoleküls auf dem zu färbenden Substrat verantwortlich sind. *Toluensulfonsäurechlorid*, das durch Reaktion von Toluensulfonsäure mit $SOCl_2$ oder PCl_5 oder direkt aus Toluen und Chlorsulfonsäure ($ClSO_3H$) leicht zugänglich ist, besitzt für die präparative Chemie Bedeutung. Mit Alkoholen bildet es leicht die entsprechenden Sulfonsäureester, welche häufig an Stelle von Alkylhalogeniden als **Alkylierungsmittel** verwendet werden (*p*-Toluensulfonsäureester oder «*Tosylate*»):

$$H_3C-C_6H_4-SO_2Cl + CH_3OH \longrightarrow H_3C-C_6H_4-SO_3CH_3 + HCl \quad (1)$$
Methyltosylat

$$H_3C-C_6H_4-SO_2-O-CH_3 + CN^{\ominus} \longrightarrow H_3C-C_6H_4-SO_3^{\ominus} + CH_3CN \quad (2)$$

Solche Alkylierungen [wie z. B. die von Cyanid, Reaktion (2)] sind **S_N-Reaktionen**. Da das Tosylat-Anion wenig nucleophil ist, läßt es sich sehr *leicht durch nucleophile Reagentien verdrängen* [vgl. grüne Pfeile in (2)], d. h. es ist eine gute **«Abgangsgruppe»**. Ein Hauptvorteil der Tosylate gegenüber den Halogeniden besteht darin, daß bei ihrer Bildung aus Alkoholen nicht die C—O-, sondern die O—H-Bindung des Alkohols getrennt wird. Dadurch bleibt bei optisch aktiven Alkoholen die *Konfiguration* (d. h. spezifische Anordnung der Atome und Atomgruppen am mit der OH-Gruppe verbundenen C-Atom) *erhalten*. Mit anderen Worten, Tosylate besitzen an diesem C-Atom mit Sicherheit dieselbe Konfiguration wie die Alkohole, aus denen sie entstanden sind.

Schließlich ist zu erwähnen, daß gewisse Sulfon*amide* (mit der —SO$_2$NH$_2$-Gruppe) als Chemotherapeutika verwendet werden (*Domagh*), da sie das Wachstum mancher Bakterienarten zu hemmen vermögen. Ein Sulfon*imid* ist der bekannte Süßstoff *Saccharin:*

Saccharin

Die Verbindung reagiert in Wasser sauer, da das N—H-Proton leicht abdissoziiert. Zum Süßen wird daher meist das Natriumsalz eingesetzt.

3.3 Stickstoffhaltige Verbindungen

3.3.1 Amine

Ebenso wie Alkohole und Ether als Derivate von Wasser aufgefaßt werden können, lassen sich die Amine als *Substitutionsprodukte* von *Ammoniak* betrachten. Je nach der Anzahl der Wasserstoffatome, die im Ammoniak durch Alkyl- oder Arylreste ersetzt sind, hat man zu unterscheiden zwischen

primären Aminen   R—NH$_2$ (1°)

sekundären Aminen $\overset{R}{\underset{R'}{>}}$NH   (2°)

tertiären Aminen $\overset{R}{\underset{R''}{\overset{}{R'}}}$N   (3°)

(Die Ausdrücke «primär», «sekundär» und «tertiär» beziehen sich bei dieser Verbindungsklasse ausschließlich auf das *N-Atom*; *tert*-Butylamin (das nur eine einzige Alkylgruppe enthält) ist also – trotz des darin enthaltenen tertiären C-Atoms – ein primäres Amin!)
Ist das N-Atom mit vier Alkyl-(Aryl-)gruppen verbunden, so trägt die betreffende Partikel eine positive Ladung. Solche Ionen werden in Analogie zu den NH$_4^\oplus$-Ionen als substituierte *Ammonium-Ionen* bezeichnet; sie treten zusammen mit Anionen in salzartigen Festkörpern oder in Lösungen auf. Sie gehören also nicht zu den Aminen, sondern sind Oniumverbindungen.

3 Verbindungen mit einfachen funktionellen Gruppen

Zur **Benennung** aliphatischer Amine wird die Endung **-amin** an den (die) Namen des zugrundeliegenden Alkans [früher und bei den eingeführten Namen der Anfangsglieder: der Alkylgruppe(n)] gehängt. Bei komplizierter gebauten Aminen wird die Bezeichnung «*Amino-*» (oder N-Methylamino-, N,N-Dimethylamino-) vorausgestellt. Gewisse aromatische Amine besitzen Trivialnamen.

Beispiele

$H_3CCH_2CH_2NH_2$
Propylamin
(1-Propanamin)

$H_3CCH_2-\underset{H}{N}-CH_3$
N-Methylethylamin

$H_3C-\underset{CH_3}{N}-CH_2CH_3$
N,N-Dimethylethylamin

$(H_3C)_3C-NH_2$
tert-Butylamin

dagegen:

$[(H_3C)_4N]^{\oplus} Cl^{\ominus}$

Tetramethylammoniumchlorid

$\underset{NH_2}{CH_2-CH_2-OH}$
2-Aminoethanol
(Ethanolamin)

$H_2N-CH_2-CH_2-NH_2$
1,2-Diaminoethan
(Ethylendiamin)

$H_3C-\underset{CH_3}{\overset{H}{N}}-CH(CH_2)_4CH_3$
2-(N-Methylamino)heptan

Diphenylamin

Anilin

p-Toluidin

Physikalische Eigenschaften. Als Derivate von Ammoniak sind auch die Moleküle der Amine *polar* gebaut. Sie besitzen – ebenso wie Ammoniak – die Fähigkeit zur Ausbildung von H-Brücken untereinander, die jedoch beträchtlich schwächer sind als bei Wasser oder den Alkoholen. Dementsprechend liegen die Siedepunkte der Amine zwar höher als bei Kohlenwasserstoffen gleicher Kohlenstoffzahl, aber niedriger als bei entsprechenden Alkoholen:

$H_3CCH_2CH_2CH_3$
Molekülmasse 58 u
Kp. –0.5 °C

$H_3CCH_2CH_2NH_2$
Molekülmasse 59 u
Kp. 49.7 °C

$H_3CCH_2CH_2OH$
Molekülmasse 60 u
Kp. 97.2 °C

Amine niedriger C-Zahl (bis etwa 6 C-Atome) sind gut wasserlöslich. Mit zunehmender C-Zahl nimmt wie bei den Alkoholen die Wasserlöslichkeit stark ab. In weniger stark polaren Lösungsmitteln wie Methanol, Ethanol, Ether oder Benzen sind auch die niederen Amine gut löslich. Methyl- und Ethylamin riechen ähnlich wie Ammoniak; Trimethylamin und Amine mittlerer C-Zahlen riechen ausgesprochen fischartig (Trimethylamin ist in der Heringslake enthalten). Aromatische Amine, insbesondere Anilin, sind *giftig* (MAK 8 mg/m^3); sie werden vom Körper leicht durch die Haut hindurch aufgenommen. Manche aromatische Amine verfärben sich beim Aufbewahren und werden dunkel bis schwarz (in reinem Zustand sind sie farblos!), eine Folge der Oxidation durch Luftsauerstoff.
Amine mit N—H-Bindungen zeigen im *IR-Spektrum* die Absorptionsbanden der N—H-Streckschwingung bei 3300 bis 3550 cm^{-1} und der N—H-Beugeschwingung bei 1600 bis

3.3 Stickstoffhaltige Verbindungen

Tabelle 3.7 Amine

Name	Formel	Fp. [°C]	Kp. [°C]	pK_b
Methylamin[1]	H_3CNH_2	− 92	−7.5	3.4
Dimethylamin	$(H_3C)_2NH$	− 96	7.5	3.3
Trimethylamin	$(H_3C)_3N$	−117	3	4.3
n-Propylamin[1]	$H_7C_3NH_2$	− 83	49	3.4
n-Butylamin[1]	$H_9C_4NH_2$	− 50	78	3.4
Cyclohexylamin[1]	$H_{11}C_6NH_2$		134	
Benzylamin	$H_5C_6CH_2NH_2$		185	4.6
α-Phenylethylamin	$H_5C_6CH(NH_2)CH_3$		187	
Anilin	$H_5C_6NH_2$	− 6	184	9.4
N-Methylanilin	$H_5C_6NHCH_3$	− 57	196	9.2
N,N-Dimethylanilin	$H_5C_6N(CH_3)_2$	3	194	8.9
Diphenylamin	$H_5C_6NHC_6H_5$	53	302	13.1
o-Toluidin	$o\text{-}H_3CC_6H_4NH_2$	− 28	200	9.6
m-Toluidin	$m\text{-}H_3CC_6H_4NH_2$	− 30	203	9.3
p-Toluidin	$p\text{-}H_3CC_6H_4NH_2$	44	200	8.9
o-Chloranilin	$o\text{-}ClC_6H_4NH_2$	− 2	209	11.3
o-Nitranilin	$o\text{-}O_2NC_6H_4NH_2$	71	284	13.5
o-Phenylendiamin	$o\text{-}C_6H_4(NH_2)_2$	160	subl.	9.6
m-Phenylendiamin	$m\text{-}C_6H_4(NH_2)_2$	63	285	9.0
p-Phenylendiamin	$p\text{-}C_6H_4(NH_2)_2$	140	267	7.9

[1] Neuerdings Methanamin, Ethanamin usw.

1640 cm^{-1} (im Falle primärer Amine) oder bei 1530 bis 1570 cm^{-1} im Falle sekundärer Amine. Die Lage der Banden der C—N-Streckschwingung hängt von der Art und der Konstitution des Amins ab:

aliphatische Amine: 1030–1230 cm^{-1} (schwach); tertiäre Amine zeigen ein Dublett
aromatische Amine: 1180–1360 cm^{-1} (gewöhnlich ein Dublett)

IR-Banden von Stickstoffverbindungen [cm^{-1}]		
—NH$_2$	3300–3550	N—H-Streckschwingung; primäre Amine zeigen in diesem Gebiet zwei Banden (symmetrische und unsymmetrische Streckschwingung)
—NH$_3^\oplus$	3030–3130	N—H-Streckschwingung bei —NH$_3^\oplus$-Gruppen und Aminosäuren
—NH$_2$	1560–1650	primäre Amine ⎫
	650–900	⎬ N—H-Beugeschwingung
⟩NH	1530–1570	sekundäre Amine ⎭
—CN⟨	1030–1230	aliphatische Amine (bei tertiären Aminen ein Dublett) ⎫ C—N-Streck-
	1180–1360	aromatische Amine (oft zwei Banden) ⎭ schwingung
—CN	2200–2260	C≡N-Streckschwingung; kann durch Konjugation verstärkt werden

Die Absorption der N—H-Protonen (oft verbreitert) im *NMR-Spektrum* liegt im Bereich von $\delta = 1$ bis 5 (solvens- und temperaturabhängig).

Bildung der Amine. Für die Gewinnung von Aminen steht eine Reihe von Reaktionen zur Verfügung, von denen einige auch im technischen Maßstab durchgeführt werden. Wir begnügen uns hier mit einer *Übersicht* über die wichtigsten dieser Reaktionen und werden sie – ihrem Mechanismus entsprechend – im zweiten Teil des Buches ausführlicher besprechen.

Anilin, das weitaus wichtigste Amin, wird technisch in großen Mengen durch Reduktion des leicht zugänglichen Nitrobenzens mittels Eisen und Salzsäure hergestellt (S. 640):

$$H_5C_6NO_2 \xrightarrow{Fe/HCl} H_5C_6NH_3^{\oplus} Cl^{\ominus} \xrightarrow{OH^{\ominus}} H_5C_6NH_2$$

Das dabei entstehende Eisenoxid (Fe_3O_4) wird gleichfalls verwertet.

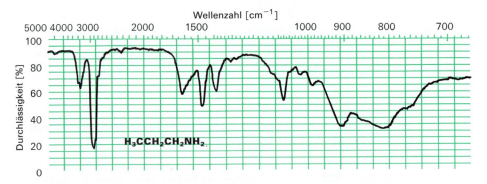

Abb. 3.4. IR-Spektrum von Propanamin
Man beachte die Lage der Bande der N—H-Beugeschwingung beim primären aliphatischen Amin (1610 cm^{-1})

Auch durch Reaktion von Chlorbenzen mit Ammoniak (bei 200 °C und unter Druck) kann – analog dem Phenol – Anilin erhalten werden. **Methyl-, Dimethyl-** und **Trimethylamin** werden industriell aus Methanol und Ammoniak gewonnen:

$$NH_3 \xrightarrow[450\,°C]{H_3COH / Al_2O_3} CH_3NH_2 \xrightarrow[450\,°C]{H_3COH / Al_2O_3} (H_3C)_2NH \xrightarrow[450\,°C]{H_3COH / Al_2O_3} (H_3C)_3N$$

Höhere Amine erhält man aus Carbonsäuren über ihr Amid, das durch Erhitzen in das entsprechende Nitril übergeführt wird, welches anschließend durch katalytische Hydrierung das Amin liefert:

$$RCOOH \xrightarrow{NH_3\ (Erhitzen)} \underset{Amid}{RCONH_2} \xrightarrow{Erhitzen} \underset{Nitril}{RC\equiv N} \xrightarrow{H_2/Ni} RCH_2NH_2$$

3.3 Stickstoffhaltige Verbindungen

Tabelle 3.8. Methoden zur Gewinnung von Aminen

(1) Reaktion von Halogenalkanen mit Ammoniak oder Aminen (Hofmann-Alkylierung)

$$NH_3 \xrightarrow{RX} RNH_2 \xrightarrow{RX} R_2NH \xrightarrow{RX} R_3N \xrightarrow{RX} R_4N^{\oplus}X^{\ominus}$$

(2) Reduktive Aminierung von Carbonylverbindungen (S. 512)

$$\begin{array}{l} + NH_3 + H_2 \xrightarrow{Ni} {>}CH-NH_2 \quad \text{primäres Amin} \\ {>}C=O + RNH_2 + H_2 \xrightarrow{Ni} {>}CH-NH-R \quad \text{sekundäres Amin} \\ + R_2NH + H_2 \xrightarrow{Ni} {>}CH-NR_2 \quad \text{tertiäres Amin} \end{array}$$

(3) Reduktion von Nitroverbindungen (S. 640)

$$R-NO_2 \xrightarrow{\text{Metall} + H_3O^{\oplus} \text{ oder } H_2/\text{Kat.}} R-NH_2$$

(4) Reduktion von Amiden, Oximen oder Nitrilen (S. 637)

Amid $\quad R-C{\overset{O}{\underset{NH_2}{\diagdown}}} \xrightarrow{LiAlH_4} R-CH_2-NH_2$

Amid $\quad R-C{\overset{O}{\underset{NH-R'}{\diagdown}}} \xrightarrow{LiAlH_4} R-CH_2-NH-R'$

Oxim $\quad {\overset{R}{\underset{R'}{\diagup}}}C=N-OH \xrightarrow[C_2H_5OH]{Na} {\overset{R}{\underset{R'}{\diagup}}}CH-NH_2$

Nitril $\quad R-C{\equiv}N \xrightarrow[\text{oder } H_2/\text{Kat.}]{LiAlH_4} R-CH_2-NH_2$

(5) Abbau von Carbonsäureamiden (z. B. nach Hofmann) (S. 402)

$$R-C{\overset{O}{\underset{NH_2}{\diagdown}}} \xrightarrow{OBr^{\ominus}} R-NH_2$$

(6) Gabriel-Synthese für primäre Amine (S. 366)

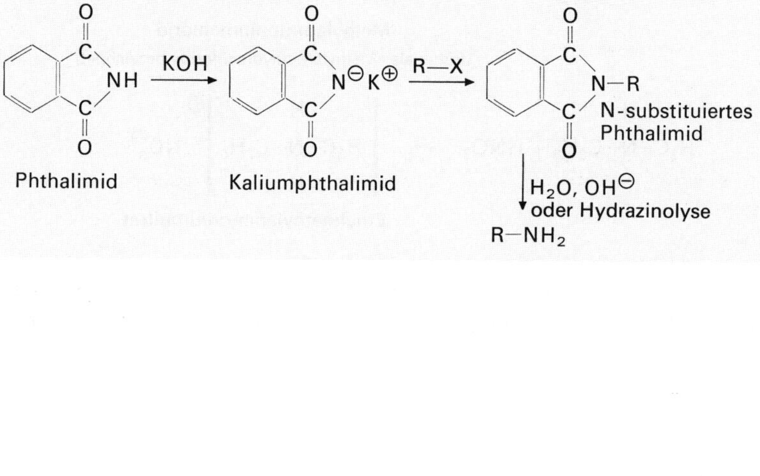

Phthalimid $\xrightarrow{KOH}$ Kaliumphthalimid $\xrightarrow{R-X}$ N-substituiertes Phthalimid $\xrightarrow{H_2O,\ OH^{\ominus} \text{ oder Hydrazinolyse}}$ $R-NH_2$

168   3 Verbindungen mit einfachen funktionellen Gruppen

Eine Übersicht über die wichtigsten Laboratoriumsmethoden zur Einführung der Aminogruppe gibt Tabelle 3.8.

Die einfachste dieser Reaktionen, die *Alkylierung* von *Ammoniak* mit Halogenalkanen oder Dialkylsulfaten wird praktisch wenig verwendet, weil man dabei meist Gemische der verschiedenen Alkylierungsprodukte erhält. Da nämlich das zuerst gebildete primäre Amin ebenso wie Ammoniak selbst ein freies Elektronenpaar besitzt und stark nucleophil ist (in der Regel stärker als NH_3), läßt sich die Reaktion häufig nicht beim primären Amin anhalten, denn das zunächst gebildete Amin konkurriert mit dem Ammoniak um das Halogenalkan.

Die Reduktion von *Nitroverbindungen* ist hauptsächlich zur Gewinnung *aromatischer* Amine brauchbar, weil aromatische Nitroverbindungen einfach und leicht zugänglich sind. Die *Reduktion* von *Amiden, Oximen* oder *Nitrilen* erlaubt die Herstellung der verschiedenartigsten Amine, z. B.

$$H_3C-C(=O)-NH-C_6H_5 \xrightarrow{LiAlH_4} H_3C-CH_2-NH-C_6H_5$$

Acetanilid   N-Ethylanilin

$$\underset{H_5C_2}{\overset{H_3C}{>}}C=NOH \xrightarrow[H_5C_2OH]{Na} \underset{H_5C_2}{\overset{H_3C}{>}}CH-NH_2$$

Ethylmethylketonoxim   2-Butanamin

Wird das Nitril zuerst durch eine S_N-Reaktion aus einem Halogenid mit KCN hergestellt, so ist eine Verlängerung der C-Kette möglich. – Auch die **reduktive Aminierung** von Carbonylverbindungen kann zur Gewinnung aller drei Typen von Aminen dienen; sie läßt sich leichter kontrollieren als die nucleophile Substitution von Halogeniden durch NH_3 oder Amine. Wertvoll sind schließlich die verschiedenen Methoden zum **Abbau von Carbonsäureamiden** (wobei Amine entstehen, die ein C-Atom weniger als die Ausgangssubstanz enthalten) und die **Gabriel-Synthese**. Letztere liefert primäre Amine von definierter Konstitution, ohne daß Nebenreaktionen oder Umlagerungen eintreten.

Reaktionen. Die auffallendste Eigenschaft der Amine ist ihre **Basizität**. Wie Ammoniak vermögen sie ein Proton zu binden und wirken auch gegenüber schwachen Säuren, wie z. B. Wasser, noch als Base. Mit starken Säuren entstehen *Ammoniumsalze*:

$$H_3C-NH_2 + HCl \longrightarrow H_3C-\overset{\oplus}{NH_3}\ Cl^{\ominus}$$

Methylammoniumchlorid
(früher als «Methylaminhydrochlorid» bezeichnet)

$$H_3C-\underset{H}{\overset{H}{N}}-C_2H_5 + HNO_3 \longrightarrow \left[H_3C-\underset{H}{\overset{H}{\overset{|}{\underset{|}{N}}}}-C_2H_5\right]^{\oplus} NO_3^{\ominus}$$

Ethylmethylammoniumnitrat

Auch Amine von höherer C-Zahl lösen sich deshalb leicht in wäßrigen Mineralsäuren. Bei Zugabe von Alkalihydroxid (d. h. der stärkeren Base $OH^{\ominus}$) bildet sich wieder das freie Amin:

$$\text{C}_6\text{H}_5\text{-NH}_3^{\oplus} \text{Cl}^{\ominus} + \text{OH}^{\ominus} \rightarrow \text{C}_6\text{H}_5\text{-NH}_2 + \text{H}_2\text{O} + \text{Cl}^{\ominus}$$

Aniliniumchlorid Anilin
(Anilinhydrochlorid)

Einfache aliphatische Amine sind in ihrer Basizität dem Ammoniak vergleichbar. Methyl- und Dimethylamin sind etwas (jedoch nur wenig) stärker basisch als Ammoniak. Aromatische Amine wie Anilin oder Diphenylamin hingegen sind viel schwächere Basen.

Die Tabelle 3.9 gibt eine *Übersicht* über die wichtigsten *chemischen Reaktionen* der Amine. Die *Alkylierung* primärer Amine führt, wie schon erwähnt, meist zu Gemischen, da die zunächst gebildeten sekundären und tertiären Amine ebenfalls – oft noch stärker – nucleophil sind. Durch **«erschöpfende» Alkylierung** werden quartäre Ammoniumsalze erhalten. Da dafür je nach der Art des Amins verschieden viel Halogenverbindung benötigt wird, läßt sich aus der Menge der verbrauchten Halogenverbindung auf die Konstitution eines (unbekannten) Amins schließen. – Behandelt man die wäßrige Lösung eines quartären Ammoniumhalogenids mit feuchtem Silberoxid, so scheidet sich schwerlösliches Silberhalogenid aus. Die Lösung enthält *Tetraalkylammoniumhydroxid*, ein im reinen Zustand wie KOH oder NaOH salzartiger Festkörper, mit Tetraalkylammoniumionen und Hydroxid-Ionen als Gitterbausteinen. Erhitzt man solche Tetraalkylammoniumhydroxide über 125 °C, so zersetzen sie sich unter Bildung von Wasser, eines tertiären Amins und eines Alkens. Diese Reaktion, die **«Hofmann-Elimination»**, dient zur Gewinnung von Alkenen. Man geht dabei meist so vor, daß man das Amin zunächst «erschöpfend methyliert» und dieses anschließend spaltet:

$$\text{H}_3\text{CCH}_2\text{CH}_2\text{NH}_2 + 3\,\text{CH}_3\text{I} \rightarrow \left[\text{H}_3\text{CCH}_2\text{CH}_2-\overset{\oplus}{\text{N}}(\text{CH}_3)_3\right] \text{I}^{\ominus} \xrightarrow{\text{OH}^{\ominus}} \left[\text{H}_3\text{CCH}_2\text{CH}_2-\overset{\oplus}{\text{N}}(\text{CH}_3)_3\right] \text{OH}^{\ominus}$$

$$\xrightarrow{\text{Erhitzen}}$$

$$\text{H}_3\text{C-CH=CH}_2 + \text{N(CH}_3)_3 + \text{H}_2\text{O}$$
Alken

Bessere Ausbeuten an Alkenen erhält man, wenn das tertiäre Amin zunächst mit H_2O_2 in das «Aminoxid» überführt und dieses anschließend durch Erhitzen gespalten wird (**«Cope-Elimination»**):

$$\text{RCH}_2\text{CH}_2-\text{N}\begin{matrix}\text{CH}_2\text{R}'\\ \text{CH}_3\end{matrix} \xrightarrow{\text{H}_2\text{O}_2} \text{RCH}_2\text{CH}_2-\overset{\oplus}{\text{N}}(\text{O}^{\ominus})(\text{CH}_3)\text{CH}_2\text{R}' \xrightarrow{140°\text{C}} \text{R-CH=CH}_2 + \text{H}_3\text{C-N(OH)-CH}_2\text{R}'$$

tert-Amin Aminoxid Alken ein N,N-Dialkyl-hydroxylamin

Eine weitere wichtige Reaktion der Amine ist ihre Überführung in **Carbonsäureamide** durch Reaktion mit Säurehalogeniden (oder auch Säureanhydriden). Da die Amide durch Salzsäure oder alkoholische Alkalihydroxide wieder hydrolysiert (d. h. in Amin und die entsprechende Carbonsäure gespalten) werden können, dient diese Reaktion in der Laboratoriumspraxis häufig dazu, Aminogruppen zu *«schützen»*, d. h. zu verhindern, daß diese – an Stelle einer anderen funktionellen Gruppe – durch ein bestimmtes Reagens angegriffen werden (**Acyl-Schutzgruppen** für Amine).

3 Verbindungen mit einfachen funktionellen Gruppen

Tabelle 3.9. Wichtigste Reaktionen der Amine

(1) Alkylierung (S. 365)

$$RNH_2 \xrightarrow{RX} R_2NH \xrightarrow{RX} R_3N \xrightarrow{RX} R_4N^{\oplus}X^{\ominus}$$

(2) Überführung in Carbonsäureamide (S. 482)

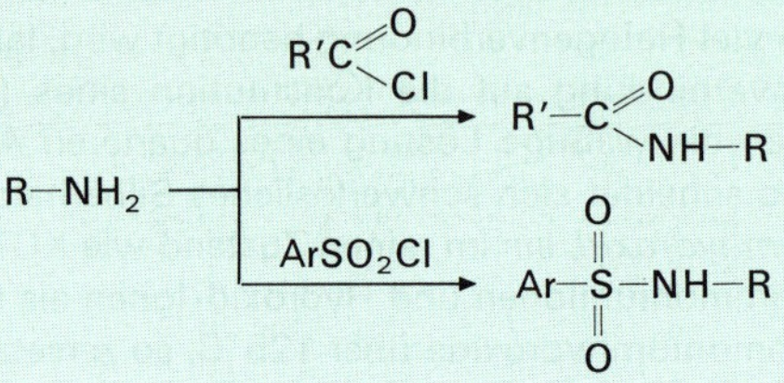

$$R-NH_2 \begin{cases} \xrightarrow{R'C(=O)Cl} R'-C(=O)-NH-R & \text{substituiertes Amid} \\ \xrightarrow{ArSO_2Cl} Ar-S(=O)_2-NH-R & \text{substituiertes Sulfonamid} \end{cases}$$

analog mit sekundären Aminen (tertiäre reagieren nicht)

(3) Reaktion mit salpetriger Säure

primär aliphatisch: $R-NH_2 \xrightarrow{HONO} (R-N\equiv N)^{\oplus} \xrightarrow{H_2O} N_2$ + Alkohol (und eventuell Alken) (S. 374)

primär aromatisch: $Ar-NH_2 \xrightarrow{HONO} Ar-N\equiv N^{\oplus}$ Diazoniumsalz (S. 541)

sekundär aliphatisch oder aromatisch: $R_2NH \xrightarrow{HONO} R_2N-NO$ Nitrosamin (S. 565)

tertiär aromatisch: $C_6H_5-NR_2 \xrightarrow{HONO} O=N-C_6H_4-NR_2$ p-Nitrosoverbindung (S. 565)

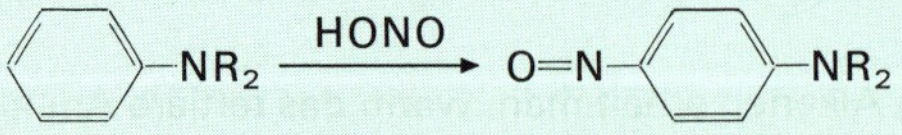

(4) Elimination aus quartären Ammoniumsalzen

Hofmann-Elimination:

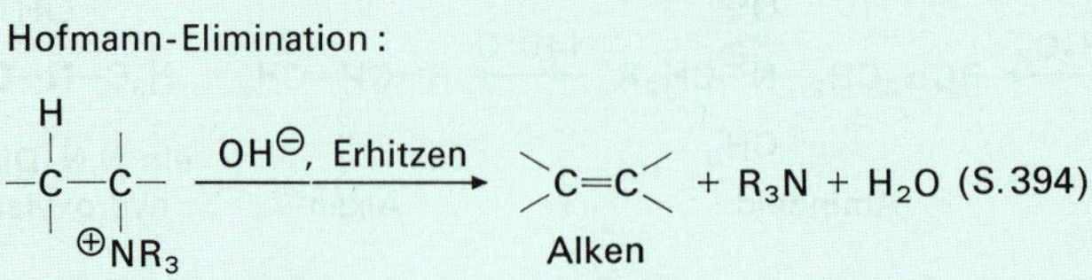

$$\underset{\overset{|}{\oplus NR_3}}{-\overset{H}{\underset{|}{C}}-\overset{|}{\underset{|}{C}}-} \xrightarrow{OH^{\ominus},\text{ Erhitzen}} \underset{\text{Alken}}{>C=C<} + R_3N + H_2O \text{ (S. 394)}$$

Cope-Elimination:

tertiäres Amin + $H_2O_2 \rightarrow -\overset{|}{C}H-\overset{|}{\underset{R-N^{\oplus}(R)-O^{\ominus}}{C}}- \xrightarrow{\text{Erhitzen}} \underset{\text{Alken}}{>C=C<} + R_2NOH$ (S. 398)

Gegenüber *salpetriger Säure* (die meist aus Mineralsäure und Nitrit während der Reaktion gebildet wird) verhalten sich die verschiedenen Amine verschieden. *Primäre* Amine liefern dabei sogenannte **Diazoniumsalze**. *Aliphatische* Diazoniumsalze sind allerdings unbeständig und zersetzen sich in Gegenwart von Wasser sofort, wobei Stickstoff abgespalten wird und sich *Alkohole* (oder auch *Alkene*) bilden. *Aromatische* Diazoniumsalze hingegen sind bei Temperaturen unterhalb 5°C in Lösung einigermaßen haltbar; sie dienen wegen ihrer Reaktionsfähigkeit als Zwischenprodukte für zahlreiche präparativ und technisch wichtige Reaktionen (S. 566).

Zur Unterscheidung primärer, sekundärer und tertiärer Amine dient die **Hinsberg-Reaktion**. Das betreffende Amin wird dabei mit Benzensulfonsäurechlorid in Gegenwart von wäßriger KOH geschüttelt. Primäre und sekundäre Amine bilden dabei substituierte Amide, während tertiäre Amine nicht reagieren. Das an das N-Atom monosubstituierter Sulfonamide gebundene H-Atom ist aber acid und kann an KOH als $H^{\oplus}$-Ion abgegeben werden. Primäre Amine ergeben deshalb mit dem **Hinsberg-Reagens** eine klare Lösung, aus der durch Zusatz von Mineralsäure das freie Amin wieder abgeschieden werden kann. Sekundäre Amine bilden ein wasserunlösliches Produkt (das disubstituierte Sulfonamid) das durch Zusatz von Mineralsäure nicht verändert wird. Das in Hinsberg-Reagens ebenfalls unlösliche tertiäre Amin löst sich dagegen bei Zusatz einer starken Säure. – Eine weitere, allerdings nur für primäre Amine charakteristische Reaktion ist die Bildung von widerlich riechenden *Isonitrilen* beim Erhitzen des Amins mit Chloroform und KOH:

$$R-NH_2 + CHCl_3 + 3\,OH^{\ominus} \longrightarrow R-\overset{\oplus}{N}\equiv\overset{\ominus}{C}| + 3\,H_2O + 3\,Cl^{\ominus}$$
$$\text{Isonitril}$$

3.3.2 Weitere Stickstoffverbindungen

Stickstoffhaltige Verbindungen sind insbesondere in der Natur zahlreich und wichtig: *Aminosäuren* (als Bausteine der Proteine), N-haltige *heterocyclische Ringe* (in Alkaloiden, Nucleinsäuren, Farbstoffen usw.) und weitere Stoffe, wie *Harnstoff, Guanidin* usw.

Hier besonders zu erwähnen sind zwei Gruppen von stickstoffhaltigen Verbindungen: die Nitro- und die Diazoverbindungen.

Nitroverbindungen enthalten NO_2-Gruppen als funktionelle Gruppen. Aliphatische Nitroverbindungen können z. B. aus Halogenalkanen und Silbernitrit erhalten werden. Es bildet sich dabei allerdings ein Gemisch aus *Alkylnitrit* und *Nitroalkan*, das durch Destillation getrennt werden muß:

$$2\,H_3CCH_2CH_2Cl + 2\,Ag^{\oplus}NO_2^{\ominus} \longrightarrow H_3CCH_2CH_2NO_2 + H_3CCH_2CH_2-O-N=O + 2\,AgCl$$
$$\text{1-Nitropropan} \qquad \text{\textit{n}-Propylnitrit}$$

Auch durch Oxidation von Aminen bzw. Oximen (z. B. mit Ozon) lassen sich aliphatische Nitroverbindungen erhalten.

Niedrige aliphatische Nitroverbindungen können technisch auch durch Nitrierung von Alkanen in der Dampfphase (bei 450°C) hergestellt werden:

$$H_3CCH_2CH_2CH_3 \xrightarrow{HNO_3} H_3CCH_2CH_2CH_2NO_2 + H_2O$$

3 Verbindungen mit einfachen funktionellen Gruppen

Aromatische Nitroverbindungen erhält man durch Nitrierung des entsprechenden Kohlenwasserstoffes bei mäßig hoher Temperatur (50 bis 80°C) mittels eines HNO_3/H_2SO_4-Gemisches:

$$C_6H_6 \xrightarrow[60°C]{HNO_3/H_2SO_4} C_6H_5-NO_2$$

Nitrobenzen
gelbliche Flüssigkeit mit charakteristischem, an Bittermandelöl erinnernden Geruch; giftig! (Nitrobenzen kann auch durch die Haut in den Körper gelangen)
Fp. 5.7°C; Kp. 210°C

$$C_6H_5-NO_2 \xrightarrow[90°C]{HNO_3 \text{ rauchend}/H_2SO_4} m\text{-}C_6H_4(NO_2)_2$$

m-Dinitrobenzen
gelbliche Kristallnadeln
Fp. 90°C; Kp. 303°C

Die Nitrogruppe ist *mesomer*, d. h. zwei Elektronenpaare besetzen delokalisierte MO:

$$\left[\begin{array}{c} 2\oplus \\ -N \end{array} \begin{array}{c} O^\ominus \\ O^\ominus \end{array} \leftrightarrow -\overset{\oplus}{N} \begin{array}{c} \overline{\underline{O}}| \\ |\underline{\overline{O}}|_\ominus \end{array} \leftrightarrow -\overset{\oplus}{N} \begin{array}{c} \overline{\underline{O}}|_\ominus \\ |\underline{\overline{O}}| \end{array} \right] \triangleq -N \begin{array}{c} \overline{\underline{O}}| \\ \overline{\underline{O}}| \end{array}$$

Aliphatische Nitroverbindungen können durch Reaktion mit metallischem Natrium Wasserstoff entwickeln. Diese bemerkenswerte Reaktion beruht darauf, daß durch die Wirkung der Nitrogruppe die Acidität der H-Atome am α-C-Atom erhöht wird, ganz ähnlich wie bei den Carbonylverbindungen (S. 213).

Sowohl aromatische wie aliphatische Nitroverbindungen dienen als *Zwischenprodukte* für zahlreiche Synthesen, da die Nitrogruppe in verschiedene andere funktionelle Gruppen umgewandelt werden kann: Reduktion zu Aminen oder Oximen, Überführung in Nitrile u. a. Die Natriumsalze aliphatischer Nitroverbindungen können durch wäßrige oder alkoholische Schwefelsäure oder auch durch verschiedene andere Reagentien zu Carbonylverbindungen hydrolysiert werden **(Nef-Reaktion)**:

$$\begin{array}{c} R_1 \\ R_2 \end{array}\!\!C\!\!\begin{array}{c} H \\ NO_2 \end{array} \rightarrow \begin{array}{c} R_1 \\ R_2 \end{array}\!\!C\!=\!O$$

In bestimmten Fällen (sterische Hinderung, Aktivierung des Aromaten durch andere Substituenten) kann das Nitrit-Ion als Abgangsgruppe fungieren, so daß Eliminationsreaktionen an Nitroverbindungen möglich werden, z. B.

$$\text{(OH, NO}_2\text{, COOR substituiertes Cyclohexen)} \xrightarrow[H_3COH]{K_2CO_3} \text{(OH, COOR substituiertes Benzen)}$$

Alkylnitrite. Ethylnitrit (Kp. 17°C) und Isoamylnitrit (Kp. 97°C) werden aus den entsprechenden Alkoholen mit Distickstofftrioxid oder salpetriger Säure (in situ aus $NaNO_2$ + HX) erhalten:

$$R-OH \xrightarrow{N_2O_3 \text{ oder } HONO} R-O-N=O$$

Sie werden oft anstelle anorganischer Nitrite, z. B. für Diazotierungen (S. 541) eingesetzt, da sie diese in organischen Lösungsmitteln durchzuführen erlauben. Isoamylnitrit dient in der Medizin zum Lösen von Krampfzuständen, z. B. bei Angina pectoris.
Aliphatische Nitrite, die in 4-Stellung Wasserstoffatome tragen, lassen sich durch UV-Bestrahlung in dieser Position funktionalisieren **(Barton-Reaktion)** (s. Band II):

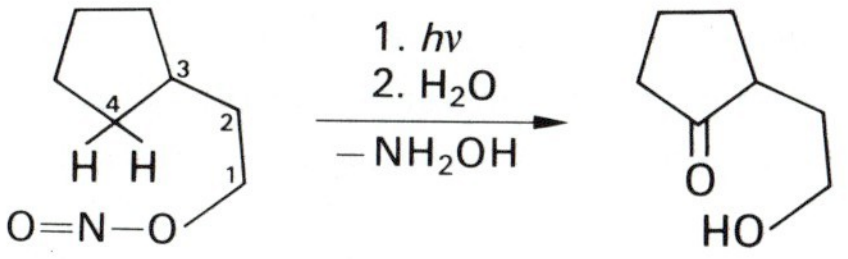

Diazonium-, Azo- und Diazo-Verbindungen. Aus primären aromatischen Aminen entstehen mit HNO_2 (die während der Reaktion aus $NaNO_2$ und wäßriger Mineralsäure gebildet wird) **Diazoniumsalze («Diazotierungsreaktion»)**:

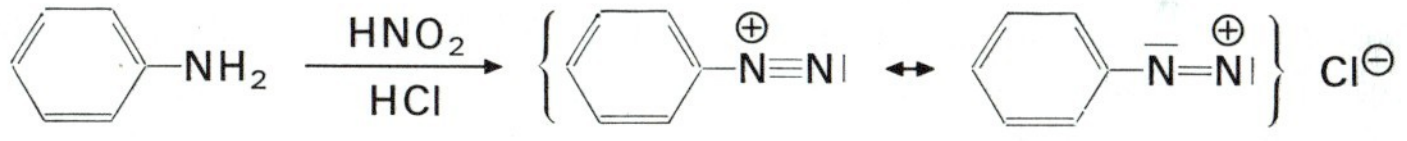

In reinem (trockenem) Zustand sind diese Salze nicht stabil, sondern neigen zur Detonation (Abspaltung von N_2); in Lösung (bei Temperaturen unter 5°C) sind sie hingegen haltbar und ungefährlich.

Diazoniumsalze sind wertvolle Zwischenprodukte für Synthesen, da sich einerseits die Diazoniumgruppe durch andere Gruppen ersetzen läßt und auf diese Weise neue Substituenten gezielt (an ganz bestimmten Stellen, **«regioselektiv»**) in aromatische Ringe eingeführt werden können und da sie andererseits mit durch funktionelle Gruppen aktivierten aromatischen Ringen zu farbigen *Azoverbindungen* «kuppeln» (**«Azokupplung»**, vgl. S. 566):

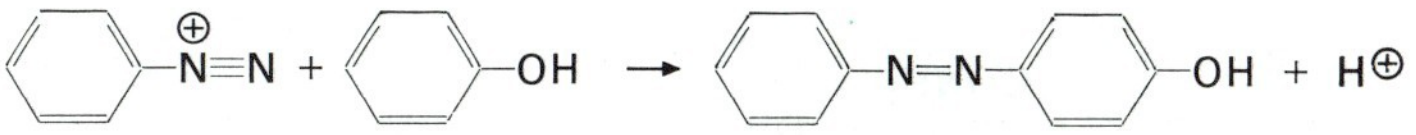

p-Hydroxyazobenzen
(gelb)

Die *Substitution* der Diazoniumgruppe kann schon bei geringem Erwärmen des Diazoniumsalzes (in Lösung) geschehen. Dabei wirkt entweder das Lösungsmittel selbst, ein Anion oder ein anderes nucleophiles Teilchen substituierend:

3 Verbindungen mit einfachen funktionellen Gruppen

$$\text{Ph-N}_2^\oplus \begin{cases} + H_2O \rightarrow \text{Ph-OH} & \text{Phenolverkochung} \\ + I^\ominus \rightarrow \text{Ph-I} & \\ + H_3PO_2 \rightarrow \text{Ph-H} & \text{(Reduktion)} \\ + CuCl \rightarrow \text{Ph-Cl} & \\ + CuCN \rightarrow \text{Ph-CN} & \end{cases} \text{Sandmeyer-Reaktion (vgl. S. 595)}$$

Die durch Reaktion von salpetriger Säure mit *aliphatischen* primären Aminen entstehenden *Diazoverbindungen* sind wenig stabil und reagieren gleich weiter, wobei Alkohole (auch Alkene) und Stickstoff entstehen. Aus α-Aminosäuren können jedoch haltbare *Diazoester* erhalten werden.

$$\underset{\text{Glycinester}}{\underset{|}{\overset{CH_2-COOR}{NH_2}}} \xrightarrow{HNO_2} \underset{\text{Diazoessigester}}{\overset{\ominus}{C}H-COOR \atop \underset{N}{\overset{N^\oplus}{\|}}} \leftrightarrow \overset{CH-COOR}{\underset{N^\ominus}{\overset{N^\oplus}{\|}}}$$

Diazomethan, H_2CN_2, ein gelbes, giftiges, zu explosionsartiger Zersetzung neigendes Gas (Sdp. −23°C), zersetzt sich am Licht in N_2 und Carben (Methylen, CH_2) und dient wegen seiner großen Reaktivität ebenso wie *Diazoessigester* als **Methylierungsmittel** (wobei es in ungefährlicher etherischer Lösung verwendet wird), weil Substanzen mit «aktiven» (d. h. aciden) H-Aotmen (Carbonsäuren, Phenole, Alkohole bei Gegenwart von Lewis-Säuren) durch CH_2N_2 methyliert werden:

$$R-OH + CH_2N_2 \rightarrow R-OCH_3 + N_2$$

Diazomethan ist mesomer: $H_2C=\overset{\oplus}{N}=\overset{\ominus}{\underline{N}}| \leftrightarrow H_2\overset{\ominus}{C}-\overset{\oplus}{N}\equiv N| \leftrightarrow H_2\overset{\ominus}{C}-\overset{-}{N}=\overset{\oplus}{\underline{N}}|$. Durch Markierung mit radioaktivem Stickstoff und Untersuchung der Zersetzungsprodukte konnte die früher in Betracht gezogene Formel mit einem Dreiring widerlegt werden.

Die Herstellung von Diazomethan erfolgt durch Umsetzung von N-Nitroso-N-methylamiden mit NaOH. In der Praxis verwendet man den (carcinogenen) Nitrosomethylharnstoff (durch Methylierung von Harnstoff mit Dimethylsulfat und anschließende Nitrosierung mit salpetriger Säure [d. h. mit einem Gemisch von $NaNO_2$ und Mineralsäure] zugänglich) oder N-Nitroso-N-methyl-p-toluensulfonamid als Ausgangsstoffe:

$$\underset{\text{Nitrosomethylharnstoff}}{H_3C-\underset{|}{\overset{CONH_2}{N}}-NO} \xrightarrow{OH^\ominus} H_2CN_2 + CO_2 + NH_3$$

3.4 Spiegelbildisomerie

3.4.1 Einige stereochemische Begriffe

Die **Konstitution** einer Verbindung gibt die Art der Bindungen und die gegenseitige Verknüpfung der Atome in einem Molekül an und wird durch die «*Konstitutionsformel*» ausgedrückt.[1] Die räumliche Anordnung eines Moleküls – ohne Berücksichtigung der verschiedenen Atomanordnungen, die sich voneinander nur durch die Rotation um Einfachbindungen unterscheiden – nennt man seine **Konfiguration**. Die **Konformation** schließlich gibt die genaue räumliche Anordnung aller Atome wieder. Ein Molekül von bestimmter Konfiguration kann in unendlich vielen Konformationen existieren, von denen einzelne einem Energieminimum entsprechen und dann als **Konformere** bezeichnet werden. Durch die Angabe der Konfiguration wird also nichts über die Konformation des betreffenden Moleküls ausgesagt.

Beispiel: $(-)$-Menthol, $C_{10}H_{19}OH$

| gibt die Konstitution an | gibt die Konfiguration an (zusätzlich zur Konstitution) | gibt die Konformation an (zusätzlich zur Konstitution und zur Konfiguration) |

Man hat dementsprechend zu unterscheiden zwischen **Konstitutionsisomeren** und **Stereoisomeren**. Beispiele für Konstitutionsisomere bieten etwa die vier Butylalkohole, Cyclohexan und Methylcyclopentan oder Ethanol und Methylether. Solche Isomere lassen sich in der Regel nur durch eine Folge zahlreicher Reaktionen ineinander umwandeln. Stehen Konstitutionsisomere miteinander in einem chemischen Gleichgewicht, wie z. B. die Keto- und die Enolform von Carbonylverbindungen (S. 214), so spricht man von **Tautomerie**. *Stereoisomere* Moleküle unterscheiden sich voneinander durch die *räumliche Anordnung ihrer Atome*. Ist die Konfiguration zweier stereoisomerer Moleküle verschieden (wie z. B. beim *cis*- und *trans*-1,2-Dimethylcyclohexan), so müssen zur gegenseitigen Umwandlung dieser Isomere Atombindungen getrennt und neugebildet werden, so daß die zwischen ihnen vorhandene *Energiebarriere* ziemlich groß ist. **Konfigurationsisomere** wandeln sich deshalb bei Raumtemperatur gar nicht oder nur außerordentlich langsam ineinander um und lassen sich als stoffliche Individuen isolieren und charakterisieren. Im Gegensatz dazu erfordert die gegenseitige Umwandlung von **Konformationsisomeren** im allgemeinen nur wenig Energie (Ausnahmen siehe z. B. S. 190), da dazu lediglich Rotationen um Einfachbindungen nötig sind. Die verschiedenen Konformere eines Moleküls (z. B. Sessel- und Twist-Form des Cyclohexans) lassen sich deshalb in der Regel nicht als Substanzen isolieren.

Stereoisomere – sowohl Konformere wie Konfigurationsisomere – können aber auch nach einem anderen Gesichtspunkt klassifiziert werden. In vielen Fällen von Stereoisomerie unterscheiden sich nämlich die stereoisomeren Moleküle nur dadurch, daß sie sich zueinander wie *Objekt* und *Spiegelbild* verhalten, wobei aber *Objekt und Spiegelbild auf keine Art und Weise zur Deckung gebracht* werden können. Solche Substanzen oder Moleküle bezeichnet man als **Enantiomere**. Alle anderen Fälle stereoisomerer Moleküle faßt man unter dem Begriff

---

[1] Früher: «Strukturformel». Zum Begriff Struktur vgl. S. 34.

3 Verbindungen mit einfachen funktionellen Gruppen

«Diastereomere» zusammen. Zwei Moleküle können also nicht gleichzeitig enantiomer und diastereomer zueinander sein; während zu einem bestimmten Molekül (oder irgendeinem anderen Gegenstand) nur ein einziges Enantiomer existieren kann, sind – entsprechende räumliche Verhältnisse vorausgesetzt – viele Diastereomere möglich. E/Z oder cis/trans-Isomere, wie sie bei Doppelbindungen bzw. an alicyclischen Ringen auftreten können, sind Diastereomere, während die beiden sc-Konformere des n-Butans (S. 43) Enantiomere sind (die sich bei Raumtemperatur ineinander umwandeln).

Bei *Enantiomeren* sind die Abstände eines bestimmten Atoms zu seinen nächsten Nachbarn genau gleich (die beiden Moleküle sind ja bloß spiegelbildlich verschieden). Sie unterscheiden sich deshalb in ihren skalaren Eigenschaften nicht (Schmelz- und Siedepunkt, Brechungsindex, Spektren; Verhalten gegen nicht-chirale Reagentien), hingegen verhalten sie sich verschieden gegenüber polarisiertem Licht und *chiralen Reagentien* (Lösungs- und Adsorptionsmittel; chirale Reaktanten). Weil das eine Enantiomer die Polarisationsebene von polarisiertem Licht nach links, das andere – gleiche Bedingungen vorausgesetzt (S.17) – aber um denselben Betrag nach rechts dreht, nennt man Enantiomere auch **«optische Antipoden»**. In *diastereomeren* Molekülen ist aber die Umgebung eines bestimmten Atoms nicht dieselbe; diastereomere Moleküle unterscheiden sich daher ähnlich wie Konstitutionsisomere in ihren physikalischen und chemischen Eigenschaften und können durch die üblichen Trennverfahren (z. B. fraktionierte Destillation oder Kristallisation) getrennt werden, was im Fall zweier Enantiomerer *nicht* möglich ist.

3.4.2 Molekülchiralität und optische Aktivität

Ob ein Molekül von bestimmter Konstitution in zwei Enantiomeren auftritt, hängt von seiner *Symmetrie* ab. Enantiomerie ist nur dann möglich, wenn das Molekül den Punktgruppen C_n oder D_n zugehört: Die Punktgruppen C_n besitzen entweder überhaupt kein Symmetrieelement (C_1; asymmetrisch) oder nur eine einzige, zwei- oder mehrzählige Drehachse, während die Punktgruppen D_n mehrere Drehachsen (jedoch wie die Punktgruppen C_n keine Spiegelebenen) besitzen. Da eine *Spiegelebene* einer einzähligen Drehspiegelachse, ein *Symmetriezentrum* einer zweizähligen Drehspiegelachse entspricht, läßt sich die *Bedingung für das Auftreten der Enantiomerie* auch anders formulieren:

> *Moleküle, denen eine Drehspiegelachse fehlt, können in zwei enantiomeren Formen auftreten.* Gegenstände (Objekte, Moleküle) ohne Drehspiegelachse nennt man **chiral** (vgl. S. 17); sie können mit ihrem Spiegelbild nicht zur Deckung gebracht werden[1]. *Chiralität ist die notwendige und ausreichende Voraussetzung für das Auftreten von Enantiomerie.*

Um die Symmetrieelemente kompliziert gebauter Moleküle einwandfrei erkennen zu können, verwendet man oft Molekülmodelle, am besten Skelettmodelle von der Art der Dreiding-, Framework- oder Minit-Modelle, bei denen das Molekülgerüst wiedergegeben wird.

Zentrale Chiralität: Das «Stereozentrum[2]» oder «stereogenes Zentrum» C-Atom als Ursache der Molekülchiralität. Je nach den in den Molekülen vorhandenen Chiralitätselementen[3] kann man unterscheiden zwischen

zentraler Chiralität	mit Stereozentrum (Chiralitätszentrum)
axialer Chiralität	mit stereogener Achse (Chiralitätsachse)
planarer Chiralität	mit stereogener Ebene (Chiralitätsebene)
Helicität	mit Schraubenwindungen

---
[1] In der Sprache der Physik: Chirale Moleküle sind unter Drehspiegelachsen invariant.
[2] Früher Chiralitätszentrum (oder «Asymmetrisches C-Atom») genannt.
[3] Besser als stereogene Einheit bezeichnen.

3.4 Spiegelbildisomerie

Die große Mehrzahl der organischen optisch aktiven Verbindungen hat ein Stereozentrum, sie enthalten ein Kohlenstoffatom, das mit vier verschiedenen Liganden verbunden ist, (ein «**asymetrisches**» **C-Atom**[1], C*, auch **Chiralitätszentrum** genannt; van t'Hoff und Le Bel, 1883). Es gibt jedoch auch eine ganze Reihe optisch aktiver Verbindungen *ohne* Stereozentrum, und ebenso existieren sehr viele Substanzen, die zwar Stereozentren enthalten, aber trotzdem *nicht* optisch aktiv sind. Das Vorhandensein eines Stereozentrums ist also *weder eine notwendige noch ausreichende Bedingung* für das Auftreten von Enantiomeren, d. h. der optischen Aktivität.

Die folgenden Keilstrich-Formeln von 2-Chlorbutan (*sec*-Butylchlorid) und α-Chlorethylbenzen zeigen deutlich, wie das Vorhandensein eines Chiralitätszentrums zwei spiegelbildliche, nicht zur Deckung zu bringende Konfigurationen zur Folge hat[2]:

Die verschiedenen *Konformere* des einen Enantiomers von 2-Chlorbutan sind in Abb. 3.5 gezeigt. Man erkennt, daß sie sämtlich chiral sind (Punktgruppe **C₁**) und daß nicht etwa zwei Konformere ein Enantiomerenpaar bilden. Dementsprechend ist auch ihre Energie verschieden; die Kurve, welche die Energie des Moleküls als Funktion des Torsionswinkels um die mittlere C—C-Bindung wiedergibt, ist deshalb nicht symmetrisch.

Den weitaus meisten optisch aktiven Verbindungen mit asymmetrisch substituierten C-Atomen ist gemeinsam, daß zwei der vier Liganden C-Atome enthalten. Es ist jedoch auch schon eine Verbindung mit ausschließlich kohlenstofffreien Liganden in Enantiomere gespalten worden, nämlich die Chloriodmethansulfonsäure (1):

Ja, es ist sogar optische Aktivität möglich, wenn das Stereozentrum mit zwei *verschiedenen Isotopen* ein und desselben Elements verbunden ist. α-Deuteroethylbenzen (2) tritt ebenso wie α-Chlorethylbenzen in zwei optisch aktiven Enantiomeren auf. Selbst wenn die «symmetriestörenden» Isotopen vom Stereozentrum weiter entfernt sind, wie etwa in den Verbindungen H_3C—CHOH—CD_3 oder H_5C_6—CHOH—C_6D_5, lassen sich die Enantiomere trennen und durch ihre spezifische Drehung charakterisieren. Diese ist in solchen Fällen allerdings meist gering (im Fall von α-Deuteroethylbenzen ist $[\alpha]_D = 0.8$ Grad!)

Um die Konfiguration eines Moleküls mit asymmetrisch substituierten C-Atomen wiedergeben zu können, benützt man vielfach die bereits von E. Fischer (1891) vorgeschlagenen *Projektionsformeln.* Man denkt sich dabei das Stereozentrum in der Papierebene; die

---

[1] Der in der Literatur allgemein übliche Ausdruck «asymmetrisches Kohlenstoffatom» ist unglücklich, denn das C-Atom selbst besitzt natürlich Kugelsymmetrie. Man müßte richtigerweise von einem «asymmetrisch» substituierten Kohlenstoffatom sprechen. Im folgenden Text werden beide Bezeichnungsweisen nebeneinander benützt.

[2] In solchen Formeln deuten Keilstriche Bindungen an, die nach vorne (vor die Papierebene) gerichtet sind. Gestrichelte Bindungen ragen nach hinten, und durch Striche dargestellte Bindungen liegen in der Papierebene.

3 Verbindungen mit einfachen funktionellen Gruppen

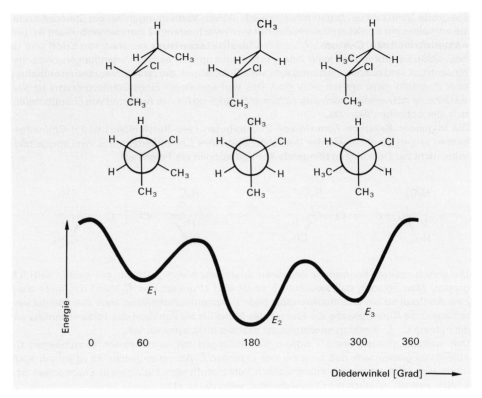

Abb. 3.5. Die verschiedenen Konformere des einen Enantiomers von 2-Chlorbutan. Alle Konformere sind chiral; keine bilden ein Enantiomerenpaar

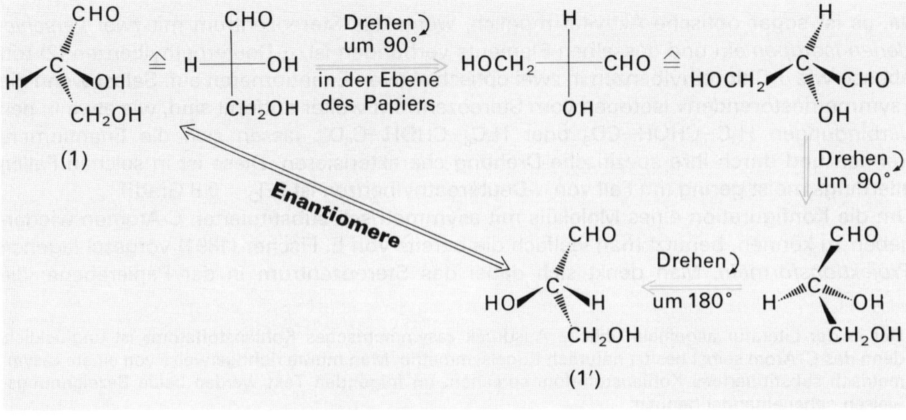

Abb. 3.6. Drehung einer Fischer-Projektion (1) um 90° in der Papierebene liefert eine spiegelbildliche Form (1') des Glyceraldehyds

beiden Bindungen, welche nach vorne (vor die Papierebene) gerichtet sind, werden durch horizontale Striche, die beiden nach hinten gerichteten Bindungen durch vertikale Striche veranschaulicht. Die Projektionsformeln der oben beschriebenen Isomere von 2-Chlorbutan bzw. α-Chlorethylbenzen sind also:

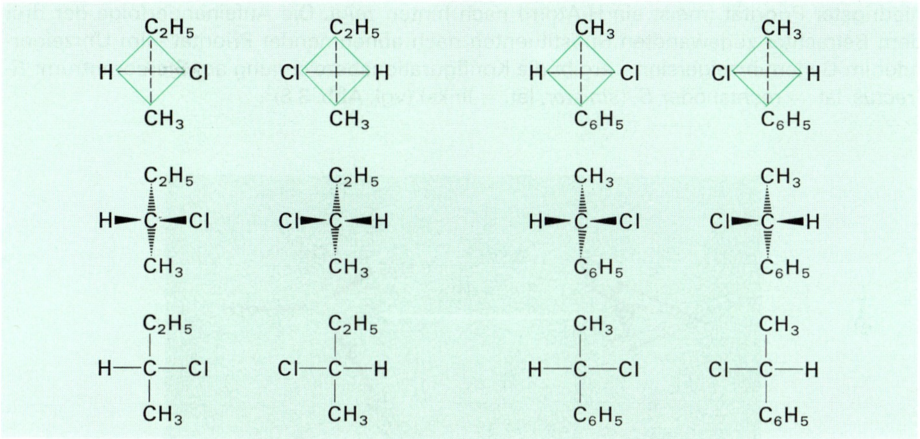

Zur Verwendung solcher Fischer-Projektionsformeln ist folgendes zu sagen:
(a) In der Projektionsebene darf die Formel um 180° gedreht werden, ohne daß dadurch eine andere Konfiguration wiedergegeben wird.
(b) Eine Drehung der Formel um 90° (oder ein ungeradzahliges Vielfaches davon) in der Papierebene ist *nicht erlaubt;* sie ergäbe die Konfiguration des anderen Enantiomers.

Zum Üben des Räumlichsehens chiraler Moleküle sind in Abb. 3.7 die beiden Enantiomere des Glyceraldehyds als Stereobilder gezeichnet.

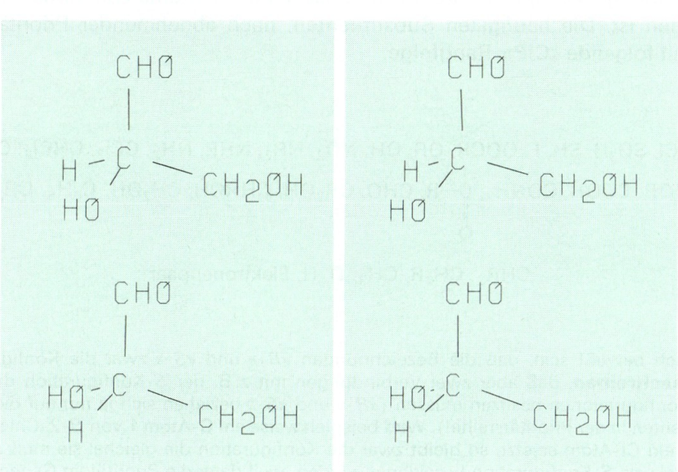

Abb. 3.7. (+)- (oben) und (−)-Glyceraldehyd (unten) (Stereobilder)

180   3 Verbindungen mit einfachen funktionellen Gruppen

Ein *Nomenklaturprinzip,* welches die *eindeutige Wiedergabe der Konfiguration eines asymmetrisch substituierten C-Atoms* erlaubt, wurde von Cahn, Ingold und Prelog angegeben (CIP-System). Zu diesem Zweck ordnet man die an einem asymmetrisch substituiertes C-Atom gebundenen Liganden nach abnehmender Priorität gemäß untenstehender Reihe. **(Sequenzregel).** Das Molekül wird dann in der Weise betrachtet, daß der Substituent von niedrigster Priorität (meist ein H-Atom) nach hinten zeigt. Die Aufeinanderfolge der drei dem Betrachter zugewandten Substituenten nach abnehmender Priorität – im Uhrzeiger- oder im Gegenuhrzeigersinn – ergibt die Konfigurationsbezeichnung am Stereozentrum: *R-* (*rectus*, lat. = rechts) oder *S-* (*sinister*, lat. = links) (vgl. Abb. 3.8)[1].

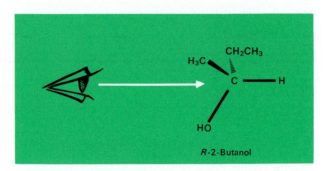

Abb. 3.8. Betrachtungsweise des Moleküls von R-2-Butanol

Die «Rangfolge» der Substituenten eines asymmetrisch substituierten C-Atoms ergibt sich aus der Abnahme der *Ordnungszahl* der direkt an dieses Atom gebundenen Atome. Sind zwei (oder mehrere) gleiche Atom an das Chiralitätszentrum gebunden, so wird ihre Reihenfolge durch ihren Substitutionsgrad bestimmt: Das Atom, welches mit Atomen höherer Ordnungszahl verbunden ist, geht voran, oder wenn in dieser Hinsicht zwei Atome einander gleichwertig sind, geht dasjenige Atom voran, das mit mehr Atomen der höheren Ordnungszahl verbunden ist. Die häufigsten Substituenten, nach abnehmender Priorität geordnet, ergeben damit folgende «CIP»-Rangfolge:

I, Br, Cl, SO$_3$H, SH, F, OOCR, OR, OH, NO$_2$, NR$_2$, NHR, NH$_2$, CCl$_3$, CHCl$_2$, COCl,

COOR, COOH, CONH$_2$, C—R, CHO, CR$_2$OH, CHROH, CH$_2$OH, C$_6$H$_5$, CR$_3$[2],
$\|$
O

CHR$_2$, CH$_2$R, CH$_3$, D, H, Elektronenpaar

---

[1] Man muß sich bewußt sein, daß die Bezeichnungen «*R-*» und «*S-*» zwar die Konfiguration völlig eindeutig **beschreiben,** daß aber zwei Verbindungen mit z. B. der *S*-Konfiguration durchaus nicht identische Konfigurationen besitzen müssen («*R-*» und «*S-*» beziehen sich ja nur auf die Reihenfolge der Substituenten in der Prioritätsreihe!). Wird beispielsweise am C-Atom 1 von *R*-2-Chlorbutan ein H-Atom durch ein Cl-Atom ersetzt, so bleibt zwar die Konfiguration die gleiche; sie muß aber nach der «Sequenzregel» als *S*-Konfiguration bezeichnet werden, weil dann die Priorität im Gegenuhrzeigersinn abnimmt.

[2] Doppelbindungen werden nach Prelog et. al als «stereogene Zentren» entwickelt; deren Rangfolge wird mithilfe von «Duplikat-Atomen» und «Phantom-Atomen» ermittelt (Näheres in Bd. II)

3.4 Spiegelbildisomerie

Die Konfigurationen von 2-Chlorbutan bzw. α-Chlorethylbenzen müssen somit folgendermaßen bezeichnet werden:

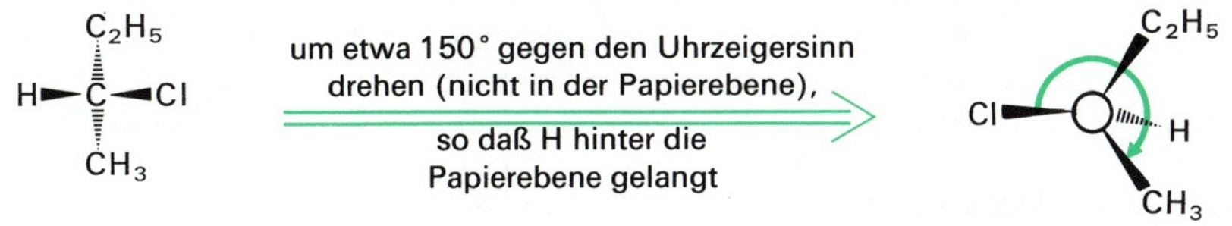

um etwa 150° gegen den Uhrzeigersinn drehen (nicht in der Papierebene), so daß H hinter die Papierebene gelangt

ergibt R-Konfiguration

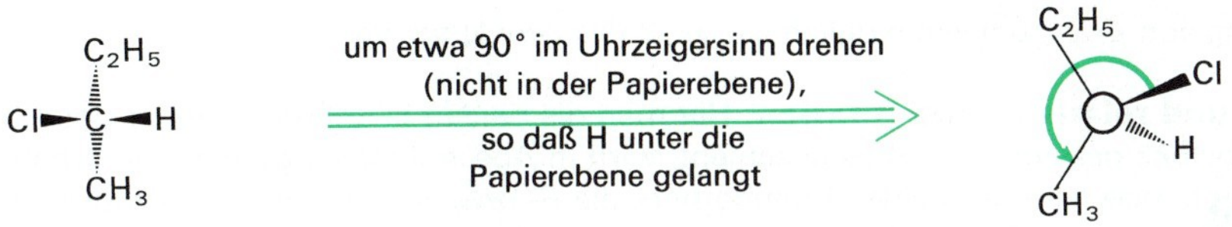

um etwa 90° im Uhrzeigersinn drehen (nicht in der Papierebene), so daß H unter die Papierebene gelangt

S-

R-

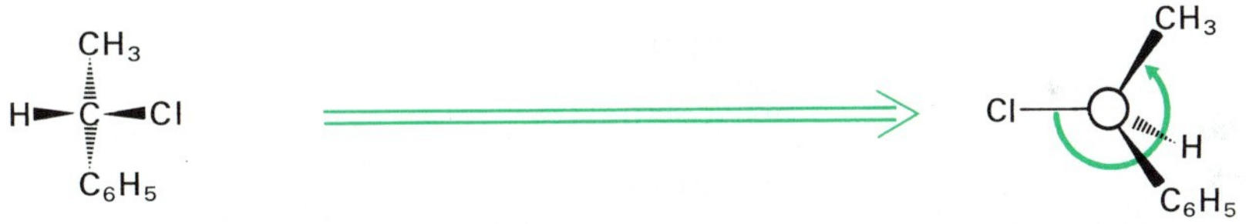

S-

Um in einfacher Weise die *Konfiguration eines Stereozentrums* einer *Fischer-Projektionsformel* anzugeben, vertauscht man das Atom geringster Priorität (in der Regel ein H-Atom) mit dem in der Projektionsformel unten stehenden Atom (bzw. mit der unten stehenden Atomgruppe), wobei man berücksichtigen muß, daß durch diese Operation die absolute Konfiguration *umgekehrt* wird. Je nachdem die drei oberen Gruppen nach abnehmender Priorität im Uhrzeiger- oder Gegenuhrzeigersinn angeordnet sind, wird die (neue) Konfiguration mit R- oder S- bezeichnet.

Beispiel:

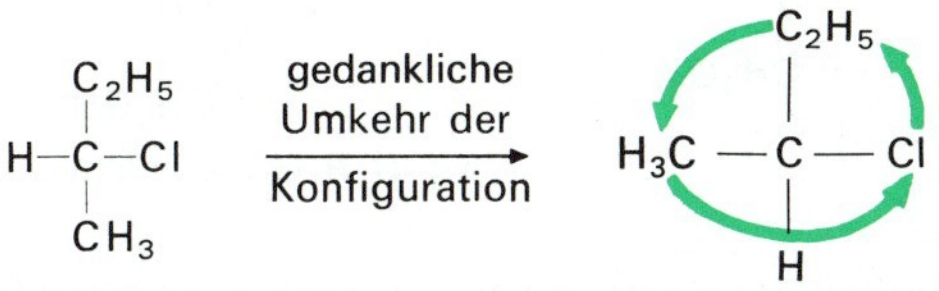

gedankliche Umkehr der Konfiguration

(1)   (2)

Da (2) die *S*-Konfiguration besitzt, ist (1) *R*-2-Chlorbutan.
In ähnlicher Weise läßt sich die Konfiguration auch bei chiralen *Ringverbindungen* angeben. Man zeichnet zu diesem Zweck den Ring links vom Stereozentrum und das H-Atom unterhalb der Ringebene:

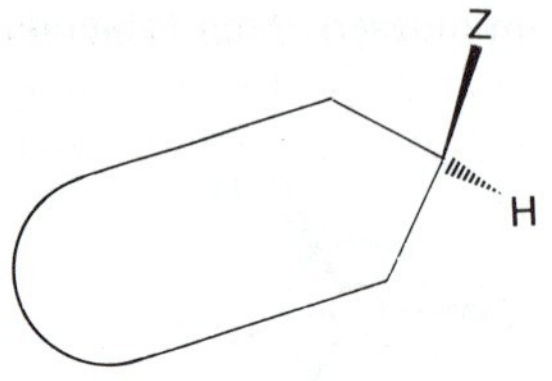

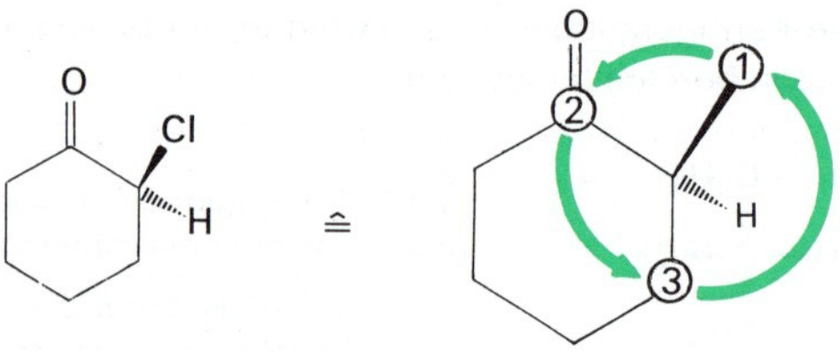

S-2-Chlor-
cyclohexanon

Schließlich sei daran erinnert, daß auf der Basis der Sequenzregel auch eine eindeutige Bezeichnung von E/Z-Isomeren möglich ist («E/Z-Nomenklatur»; vgl. S. 73).

Absolute und relative Konfiguration. Hat man die beiden Enantiomere einer optisch aktiven Substanz *getrennt* (wie dies geschieht, wird in Abschnitt 3.4.3 gezeigt), so erhebt sich die Frage, welchem der beiden Enantiomere die R- bzw. S-Konfiguration zuzuordnen ist. Die Bezeichnungen R- und S- sagen ja nichts darüber aus, in welcher Richtung die Polarisationsebene tatsächlich gedreht wird, sondern geben lediglich die Konfiguration am fraglichen Stereozentrum an.

Da man zunächst keinerlei Aussagen über die wirkliche («absolute») Konfiguration optisch aktiver Substanzen machen konnte, wurden für verschiedene Substanzklassen *«Bezugssubstanzen»* gewählt, deren Konfiguration willkürlich definiert wurde. E. Fischer teilte beispielsweise dem (+)-Glyceraldehyd (d. h. demjenigen Enantiomer, welches die Polarisationsebene nach rechts dreht) die Konfiguration (3) zu (Abb. 3.9):

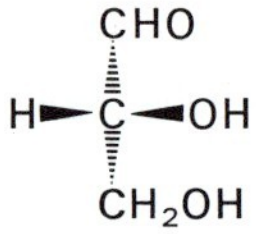

$$\begin{array}{c} CHO \\ H \text{---} C \text{---} OH \\ CH_2OH \end{array}$$
(3)

Die durch (3) wiedergegebene Konfiguration wurde von Fischer als *D*-Glyceraldehyd bezeichnet (*D* von *dexter*, lat. = rechts). Das linksdrehende Enantiomer wurde *L*-Glyceraldehyd genannt (*L* von *laevis*, lat. = links). Nach der Sequenzregel von Cahn, Ingold und Prelog besitzt *D*-Glyceraldehyd die *R*-, das *L*-Enantiomer die *S*-Konfiguration:

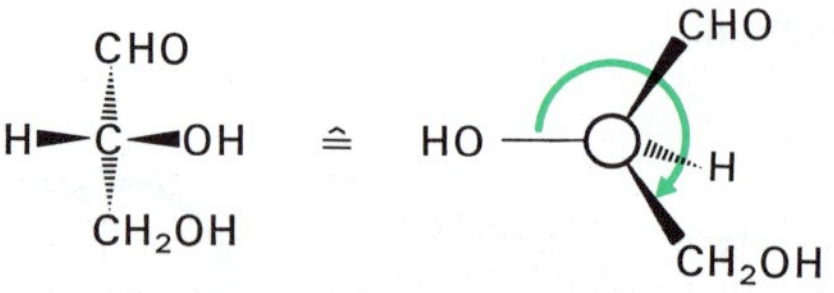

(+)-*D*-*R*-Glyceraldehyd

Die *Festlegung der Konfiguration* irgendwelcher anderer Substanzen geschieht nun z. B. dadurch, daß diese *durch sterisch eindeutig verlaufende Reaktionen* in *D*- (oder *L*-) Glyceraldehyd übergeführt oder in andere Substanzen verwandelt werden, *deren* (relative) Konfiguration bereits geklärt worden ist. Diese *«Korrelation»* verschiedener Konfigurationen untereinander ist allerdings nicht immer einfach und in manchen Fällen auch heute noch nicht sicher gelungen. Voraussetzung für die Verwendung von chemischen Reaktionen zur Festlegung der Konfiguration ist, wie erwähnt, ihr sterisch eindeutiger Verlauf; dies trifft dann mit

3.4 Spiegelbildisomerie

Sicherheit zu, wenn im Verlauf der Reaktion bzw. der Reaktionsfolge keine Bindungen zum Stereozentrum getrennt werden. So läßt sich z. B. linksdrehendes 2-Methyl-1-butanol durch Reaktion mit HCl-Gas in (rechtsdrehendes) 1-Chlor-2-methylbutan verwandeln, ohne daß sich die Konfiguration ändert:

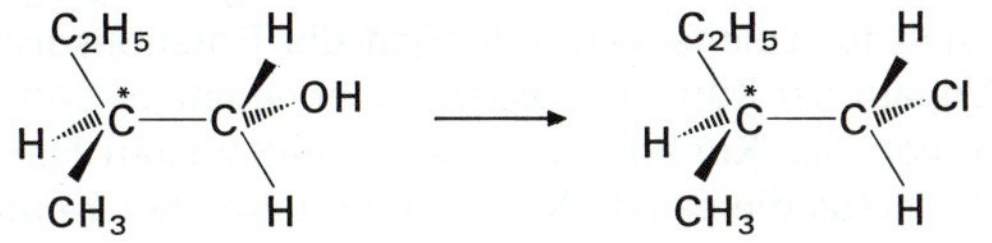

S-(−)-2-Methyl-1-butanol   S-(+)-1-Chlor-2-methylbutan

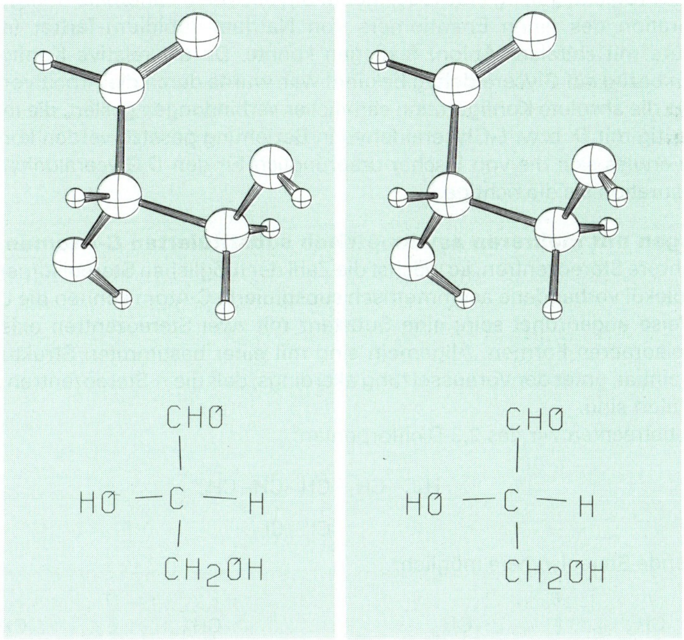

Abb. 3.9. L-(−)-Glyceraldehyd entspricht S-Glyceraldehyd (Stereozeichnungen)

Dieses Beispiel macht nochmals deutlich, daß Konfiguration und tatsächliche optische Drehung nicht konform gehen müssen.

Im Laufe der Zeit wurden neben der Konfigurationskorrelation durch chemische Reaktionen noch einige weitere Methoden entwickelt, um die relative Konfiguration einer Substanz bestimmen zu können. Eine Möglichkeit besteht beispielsweise in der Bildung von «Quasiracematen» aus verschiedenen Substanzen gleicher Konfiguration (S. 199). Auch durch «optischen Vergleich» ist in manchen Fällen eine Zuordnung der Konfiguration möglich, denn in der Regel erfahren optisch aktive Verbindungen ähnlicher Konstitution und gleicher Konfiguration eine Verschiebung ihrer Drehung in der gleichen Richtung, wenn man mit ihnen analoge Reaktionen durchführt. Weiter liefern ähnliche funktionelle Gruppen in ähnlicher Umgebung ähnliche Beiträge zum Gesamtdrehvermögen einer Substanz (so daß man aus dieser und den für die funktionellen Gruppen charakteristischen «Beiträgen» auf die «Umgebung» schließen kann), eine Erfahrung, welche insbesondere zur Bestimmung der relativen Konfiguration von Verbindungen mit komplizierten Ringsystemen (Terpenen,

184 3 Verbindungen mit einfachen funktionellen Gruppen

Steroiden) nützlich war. In gewissen Fällen (besonders bei cyclischen Ketonen) konnte die Konfiguration auch durch Vergleich der *Rotationsdispersionskurven* (ORD) oder des *Optischen Circulardichroismus* (OCD), d. h. der *chiroptischen Eigenschaften,* bestimmt werden. Die C=O-Gruppe wirkt dabei als «Chromophor», d. h. absorbiert in einem zur Messung geeigneten Wellenlängenbereich des Ultravioletts, wobei gleichzeitig die Extinktion nicht allzu groß ist, so daß sich für solche Verbindungen die Rotationsdispersion relativ leicht untersuchen läßt. Der Verlauf der Kurven (positiver oder negativer Cotton-Effekt; Amplitude der Kurve) hängt stark von der Konfiguration der unmittelbaren Nachbarschaft der Carbonylgruppe ab, so daß daraus die exakte Konfiguration ermittelt werden konnte (Djerassi, Crabbé).

Die Bestimmung der **wirklichen** (der «absoluten») **Konfiguration (R, S),** ein grundsätzlich wichtiges Problem, gelang erst 1951, indem Bijvoet durch *«anomale Röntgenbeugung»* die Konfiguration des einen Enantiomers von Natrium-Rubidium-Tartrat (eines Salzes der Weinsäure mit chiralem Anion) festlegen konnte. Da die relative Konfiguration der *Weinsäure* in bezug auf Glyceraldehyd bekannt war, wurde durch die Arbeit von Bijvoet mit einem Schlag die absolute Konfiguration sämtlicher Verbindungen geklärt, die in irgendeiner Weise eindeutig mit *D-* bzw. *L-*Glyceraldehyd in Beziehung gesetzt werden konnte. Zufälligerweise (!) erwies sich die von Fischer ursprünglich für den *D-*Glyceraldehyd angenommene Konfiguration als die richtige.

Verbindungen mit mehreren asymmetrisch substituierten C-Atomen. Enthält ein Molekül mehrere Stereozentren, so wächst die Zahl der möglichen Stereoisomere. Um jedes in einem Molekül vorhandene asymmetrisch substituierte C-Atom können die Liganden auf zweierlei Weise angeordnet sein; eine Substanz mit zwei Stereozentren existiert also in $2^2 = 4$ stereoisomeren Formen. Allgemein sind mit einer bestimmten Struktur 2^n Stereoisomere vereinbar, unter der Voraussetzung allerdings, daß die *n-*Stereozentren nicht gleichartig substituiert sind.

Als Beispiel betrachten wir das 2,3-Dichlorpentan:

$$H_3C-CH_2-\overset{*}{C}H-\overset{*}{C}H-CH_3$$
$$\qquad\qquad\quad | \quad\ |$$
$$\qquad\qquad\ \ Cl\ \ Cl$$

Es sind folgende Stereoisomere möglich:

	σ		σ	
CH₃		CH₃		CH₃		CH₃
H—C—Cl		Cl—C—H		H—C—Cl		Cl—C—H
Cl—C—H		H—C—Cl		H—C—Cl		Cl—C—H
C₂H₅		C₂H₅		C₂H₅		C₂H₅
(1)		(2)		(3)		(4)

Wie man sich leicht überzeugen kann, verhalten sich (1) und (2) bzw. (3) und (4) spiegelbildlich zueinander. Sie sind (z. B. durch Drehung um C—C-Bindungen) nicht ineinander überzuführen, also nicht miteinander zur Deckung zu bringen. (1) und (2) bzw. (3) und (4) sind je ein *Enantiomerenpaar.* (1) und (3) bzw. (2) und (4) hingegen sind *Diastereomere;* sie verhalten sich nicht spiegelbildlich. Dies wird durch die Angabe der absoluten Konfiguration an den beiden Chiralitätszentren verdeutlicht:

(1) (2*S*, 3*S*)-Dichlorpentan
(2) (2*R*, 3*R*)-Dichlorpentan
(3) (2*S*, 3*R*)-Dichlorpentan
(4) (2*R*, 3*S*)-Dichlorpentan

Die beiden Enantiomere (1) und (2) bzw. (3) und (4) zeigen an den beiden Chiralitätszentren die entgegengesetzte Konfiguration. Bei den beiden Diastereomeren ist am einen asymmetrischen C-Atom die Konfiguration gleich, am anderen verschieden.

Unterscheiden sich zwei Diastereomere mit mehreren Stereozentren nur durch ihre Konfiguration an einem einzigen asymmetrisch substituierten C-Atom, so bezeichnet man sie als **«epimer»**. Von den vier isomeren 2,3-Dichlorpentanen sind (1) und (4) bzw. (2) und (3) epimer:

(1) (2S, 3S)-   (4) (2R, 3S)-
(2) (2R, 3R)-   (3) (2S, 3R)-

Bei Mokekülen mit zwei benachbarten Stereozentren unterscheidet man oft zwischen der **«erythro-»** und der **«threo-»** Konfiguration[1]:

erythro-Enantiomerenpaar   *threo*-Enantiomerenpaar

Bei der *erythro*-Konfiguration stehen die zwei gleichen (oder ähnlichen) Substituenten in der Fischer-Projektionsformel auf der gleichen, bei der *threo*-Konfiguration dagegen auf verschiedenen Seiten[2].

Hier wird nun auch ein *Nachteil* der Fischerschen Projektionsformeln deutlich: sie geben die *ekliptische Konformation* der Moleküle wieder, während jedoch die weitaus überwiegende Mehrzahl der Moleküle als gestaffelte Konformere auftreten. Zur Wiedergabe der gestaffelten Konformation benützt man entweder *perspektivische («Sägebock-») Formeln, Keilstrich-Formeln* oder *Newmansche Projektionsformeln*. Um die Fischer-Projektionsformel in die perspektivische Formel der gestaffelten Konformation zu «übersetzen», zeichnet man zuerst die perspektivische Formel der ekliptischen Konformation. Dies ist leicht möglich, da die «seitlichen» Bindungen der Fischer-Formel in Wirklichkeit nach vorn (vor die Papierebene) ragen. Die perspektivische Formel der gestaffelten Konformation erhält man dann durch Drehung des einen C-Atoms samt seinen Liganden um die C—C-Bindung. Die Newman-Projektion sowie die Keilstrich-Formel ergeben sich dann leicht aus der betreffenden perspektivischen Formel. Der Anfänger gewöhne sich daran, möglichst mit allen Formeltypen zu arbeiten und jeweils das eine Formelbild in ein anderes zu «übersetzen». Skelettmodelle können dabei notfalls helfen.

perspektivische Formeln   Newman-Projektion

---

[1] Die Bezeichnungen *«erythro-»* und *«threo-»* leiten sich von den Namen der C_4-Zucker, Erythrose und Threose, ab.
[2] Dieser Sachverhalt wird auch als «syn» bzw. «anti» bezeichnet.

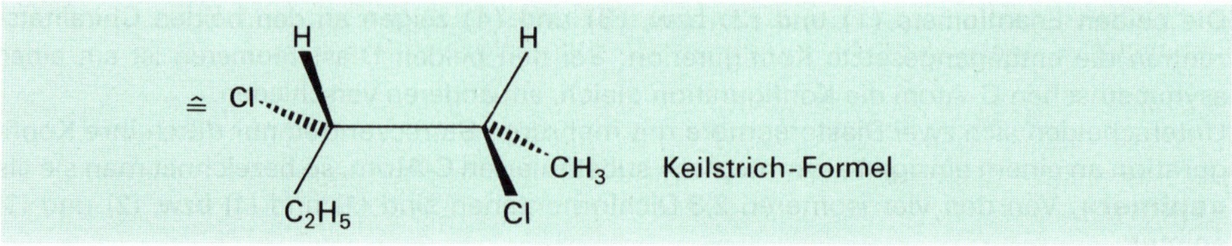

Die Zahl der möglichen Stereoisomere reduziert sich, wenn die Substanz zwei *gleichartig substituierte Stereozentren* enthält, wie z. B. im Fall von 2,3-Dichlorbutan:

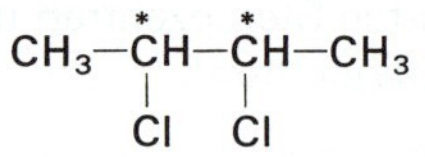

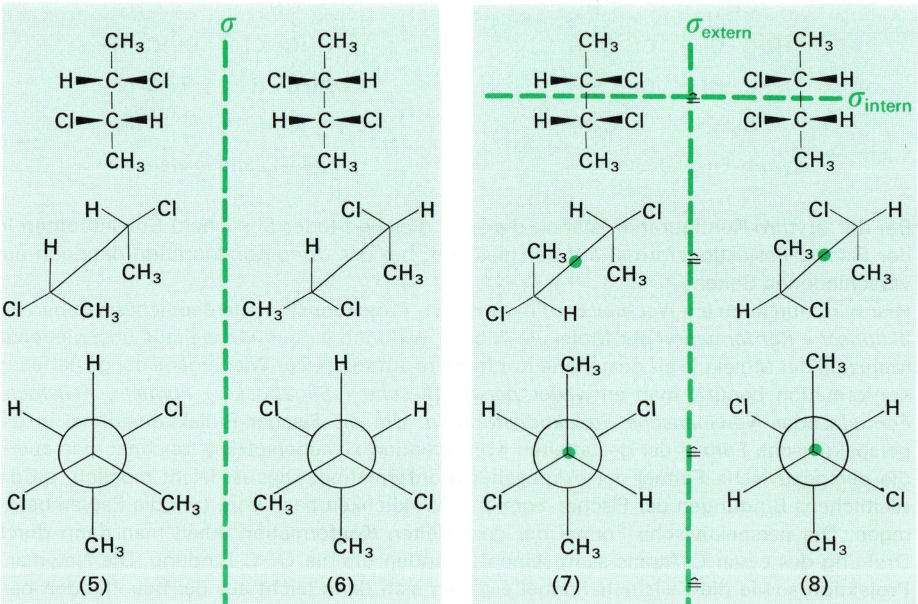

$$CH_3-\overset{*}{C}H-\overset{*}{C}H-CH_3$$
$$||$$
$$ClCl$$

(5) und (6) sind Enantiomere und besitzen die Konfigurationen (2S, 3S)- bzw. (2R, 3R)-. (7) und (8) sind hingegen nicht chiral: Die durch die Fischer-Projektionsformel dargestellte ekliptische Konformation besitzt eine *Spiegelebene* σ_{intern}, während das stabilere ap-Konformer ein *Symmetriezentrum* (•, i) aufweist. (7) und (8) verhalten sich zwar spiegelbildlich zueinander, können aber miteinander zur Deckung gebracht werden (besonders deutlich aus den perspektivischen Formeln ersichtlich!) und sind somit *identisch*: die Substanz mit der entsprechenden Konfiguration ist *nicht optisch aktiv* und kann nicht in Enantiomere gespalten werden. Man nennt sie *meso*-2,3-Dichlorbutan. Eine **«meso-Form»** ist also eine Substanz, deren Molekül mit seinem Spiegelbild zur Deckung gebracht werden kann und die optisch inaktiv ist, obschon das Molekül asymmetrisch substituierte C-Atome enthält. *meso*-2,3-Dichlorbutan besitzt an beiden Stereozentren entgegengesetzte Konfiguration: *R,S*-2,3-Dichlorbutan[1]. Das *meso*-Isomer und (+)- bzw. (−)-2,3-Dichlorbutan

---

[1] Natürlich sind nur solche (*R,S*)-Isomere *meso*-Formen, bei denen beide Chiralitätszentren gleichartig substituiert sind.

sind Diastereomere; sie unterscheiden sich darum in ihren physikalischen und chemischen Eigenschaften und können ohne weiteres voneinander getrennt werden.

Spiegelbildisomerie bei alicyclischen Ringsystemen. Monosubstituierte Cycloalkane besitzen stets eine Spiegelebene, sind also nicht chiral. Bei *disubstituierten Monocyclen* ist hingegen optische Aktivität möglich. Ein (nicht geminal) disubstituierter Ring von *ungerader C-Zahl* (mit zwei verschiedenen Substituenten) enthält zwei Chiralitätszentren, so daß – gleich wie im Fall von 2,3-Dichlorpentan – insgesamt 2^2 Isomere (zwei zueinander diastereomere Isomerenpaare) möglich sind:

cis-1,2-   *trans*-1,2-

Analog bei Derivaten des Cyclopentans:

cis-1,3-   *trans*-1,3-

cis-1,2-   *trans*-1,2-

Bei Ringen von *gerader C-Zahl* besitzen disubstituierte Derivate, deren Substituenten einander am Ring genau gegenüber liegen, eine Spiegelebene und sind damit nicht optisch aktiv und auch nicht in Enantiomere zu spalten:

trans-1,3-   *cis*-1,3-

Die Moleküle von *Cyclopropan*, *Cyclobutan* und *Cyclopentan* sind eben (Cyclopropan) bzw. fast eben (Cyclobutan und -pentan) gebaut. Beim *Cyclohexanring* (und ebenso bei höhergliedrigen Ringen) müssen zusätzlich auch die *Ringkonformationen* berücksichtigt

3 Verbindungen mit einfachen funktionellen Gruppen

werden. Wenn wir uns im folgenden auf Disubstitutionsprodukte von Cyclohexan mit zwei gleichen Substituenten beschränken, so zeigt sich, daß *trans*-1,2- und *trans*-1,3-disubstituierte Cyclohexanringe in zwei Enantiomeren auftreten. Im Fall von **trans-1,2-Dimethylcyclohexan** existiert sowohl die diaxiale wie die (viel stabilere) diäquatoriale Konformation in zwei spiegelbildlichen, nicht zur Deckung zu bringenden Formen:

trans-1,2-

(Beim «Umklappen» geht das diäquatoriale Konformer in die diaxiale Konformation und nicht etwa in das Konformer mit der spiegelbildlichen Konfiguration über!)

Im *cis*-Isomer steht ein Substituent axial, der andere äquatorial. Dieses Konformer ist zwar chiral; es wandelt sich aber durch «Umklappen» leicht in sein Spiegelbild um. Da beide Konformere gleich stabil und die zur Umwandlung zu überschreitende Energieschwelle niedrig ist, kann **cis-1,2-Dimethylcyclohexan** bei Raumtemperatur nicht in Enantiomere gespalten werden. Eventuell ist bei genügend tiefer Temperatur eine Spaltung in die (+)- und (−)-Form möglich.

cis-1,2-

cis-1,3-Dimethylcyclohexan ist nicht chiral (durch die C-Atome 2 und 5 geht in jedem Fall eine Spiegelebene). Hingegen läßt sich das *trans*-Isomer in zwei Enantiomere spalten:

cis-1,3-   (+)   *trans*-1,3-   (−)

Trägt ein Ring *mehr als zwei Substituenten*, so wird die Zahl der Stereoisomere natürlich größer. Sind mehrere gleichartige Substituenten am Ring vorhanden, so treten ebenso wie bei offenkettigen Verbindungen mit mehreren gleichartig substituierten Chiralitätszentren *meso-Formen* auf.

3.4 Spiegelbildisomerie

In den folgenden Projektionsformeln von Ringverbindungen werden diejenigen Substituenten, die oberhalb der Ringebene liegen, durch einen Punkt im Ring bezeichnet. Für das *1,2-Dimethyl-4-chlorcyclopentan* lassen sich dann insgesamt 8 Projektionsformeln zeichnen, von denen je zwei paarweise identisch sind, so daß vier Stereoisomere existieren; zwei *meso*-Formen (mit je einer Spiegelebene) und ein Enantiomerenpaar:

meso-Formen   Enantiomerenpaar

Für das **Hexachlorcyclohexan** findet man insgesamt 9 Stereoisomere: 7 *meso*-Formen und ein Enantiomerenpaar, dessen Konfigurationen und Konformationen hier angegeben seien.

Als Kontrast sei noch eine *meso*-Form des Hexachlorcyclohexans wiedergegeben:

(durch die Atome 1 und 4 geht eine Spiegelebene)

Chirale Moleküle ohne asymmetrisch substituierte C-Atome. Asymmetrisch substituierte C-Atome sind die weitaus häufigste Ursache der Chiralität von Molekülen. Es gibt jedoch auch verschiedene Gruppen optisch aktiver Verbindungen, die kein *Stereozentrum* aufweisen.

3 Verbindungen mit einfachen funktionellen Gruppen

Einfache Beispiele von Chiralität ohne asymmetrisch-substituiertes C-Atom bieten substituierte **Allene**:

$H_2C=C=CH_2$
Allen

Die notwendige (und ausreichende) Bedingung für Chiralität ist, daß a ≠ b ist. Weil die Gruppen a und b an beiden Molekülenden paarweise in aufeinander senkrecht stehenden Ebenen liegen, sind zwei spiegelbildliche, nicht zur Deckung zu bringende Enantiomere möglich:

Substituierte Allene bilden Moleküle mit stereogener Achse (**axialchiraler** Moleküle). Die drei durch zwei Doppelbindungen verbundenen Kohlenstoffatome bilden die Chiralitätsachse. Die Substituenten abab bilden ein langgezogenes Tetraeder.
Verlängerung des Cumulen-Systems führt abwechselnd zu E/Z-Isomerie und Enantiomerie.
Auch die Enantiomerie bei gewissen **Cyclohexyliden-Verbindungen** sowie bei **Spiranen** beruht auf stereogener Achse:

(1)   (2)

Die Verbindung (1), 4-Methylcyclohexylidenessigsäure, war die erste, die in Enantiomere gespalten werden konnte, ohne ein asymmetrisch substituiertes C-Atom zu besitzen (1909). Auch im Fall der Spirane, wie hier des Spiro[3.3]heptans (2) müssen die Substituenten a und b ebenso wie bei den Allenen verschieden sein, damit Enantiomerie auftritt.
Ein bemerkenswerter Fall von Axialchiralität liegt bei gewissen **Biphenylderivaten** vor. Prinzipiell können die beiden Benzenringe des Biphenyls in der gleichen Ebene oder senkrecht zueinander angeordnet sein. Bei planarer Anordnung beider Ringe ist sowohl die Konjugation der beiden π-Systeme (und damit die Delokalisation der π-Elektronen) wie auch die van der Waals-Abstoßung der vier ortho-H-Atome maximal, während bei «verdrehter» (orthogonaler) Konformation Konjugation und «Spannung» minimal sind. Als Folge dieser Effekte sind die beiden Ringe des Biphenylmoleküls im Gaszustand etwas verdreht. Nur im festen Zustand ist das Molekül völlig eben. Tragen nun die Ringe in den ortho-Stellungen Substituenten, die so groß sind, daß sie eine Drehung verhindern, so bleiben die Ringe in der orthogonalen (oder verdrillten) Lage *fixiert,* und das Molekül wird chiral (sofern verschiedenartige ortho-Substituenten vorhanden oder die Ringe sonst entsprechend substituiert sind). Beispiele:

3.4 Spiegelbildisomerie

(2) und (3) sind chiral, (1) und (4) hingegen nicht

Nach einem Vorschlag von R. Kuhn wird diese Art von Enantiomerie als **Atropisomerie** bezeichnet. Atropisomerie ist im Prinzip nichts anderes als eine *Konformationsisomerie*; die gegenseitige Umwandlung ist – genügende Größe der Substituenten a und b vorausgesetzt – wegen der großen Energiebarriere (>95 kJ/mol, die dem koplanaren Übersetzungszustand entspricht; vgl. Abb. 3. 10) bei Raumtemperatur nicht möglich. Tragen die Ringe in den *ortho*-Stellungen kleine Substituenten (z. B. F-Atome), so geschieht die Umwandlung in die (spiegelbildliche) Konformation so rasch, daß die beiden Konformere nicht als Substanzen isolierbar sind. Besitzt jeder Ring einen kleinen und einen mittelgroßen Substitutenten in *ortho*-Stellung, (z. B. F-Atome und CH_3-Gruppen), so sind die Enantiomere bei Raumtemperatur faßbar, wandeln sich aber bei höherer Temperatur ineinander um.

Beispiele stereogener Ebenen (**planarer Chiralität**) bilden in bestimmen Positionen substituierte **Paracyclophane** (5) und **Metacyclophane** (6).
Beim **Hexahelicen** (7) behindern sich die «endständigen» H-Atome gegenseitig, so daß es nicht planar, sondern schraubenförmig (helical) gebaut ist und damit in zwei Enantiomeren (8 und 8'; Helixwindung gegen bzw. im Uhrzeigersinn) auftritt.

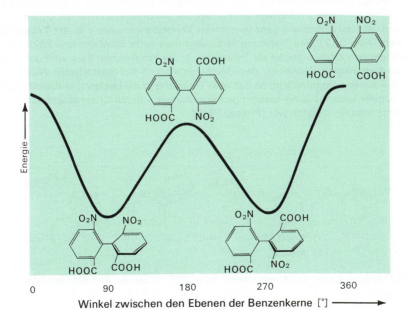

Abb. 3.10. Energieprofil bei der Rotation der 6,6'-Dinitrodiphensäure

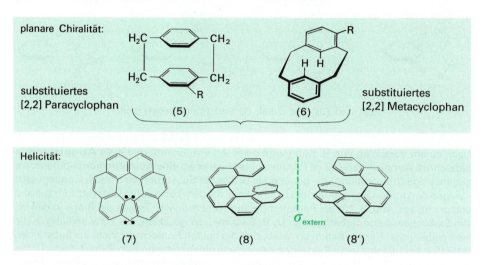

Verbindungen mit Heteroatomen als Stereozentren. Moleküle, die andere, *tetraedrisch* mit *vier verschiedenen Liganden koordinierte Atome* als C-Atome enthalten, sind ebenfalls optisch aktiv. Beispiele dafür sind Verbindungen von Si, Ge, N, P und As (in den drei letztgenannten Fällen handelt es sich um positiv geladene Onium-Ionen: substituierte Ammonium-, Phosphonium- oder Arsonium-Ionen). Auch Verbindungen, die P-, As-, Sb- oder S-Atome enthalten, welche mit drei verschiedenen Liganden koordiniert sind (substituierte Phosphane, Arsine, Stibine; Sulfoxide und Sulfonium-Ionen), lassen sich in Enantiomere spalten, da in allen diesen Fällen das Zentralatom noch ein freies Elektronenpaar besitzt, welches gewissermaßen als vierter «Ligand» der tetraedrischen Koordinationssphäre betrachtet werden kann. Im Fall von N-Atomen, die mit drei verschiedenen Liganden koordiniert sind, ist (mit Ausnahme ganz bestimmter Verbindungen, wie z. B. der **Trögerschen Base**; siehe Abb. 3.11) eine Trennung in Enantiomere nicht möglich, eine Folge der sehr rasch erfolgenden *«Inversion»* der «N-Pyramide». In der Trögerschen Base wird die Inversion durch die festgelegten Winkel an dem Methylenbrücken-Kohlenstoffatom zwischen den beiden N-Atomen verunmöglicht, so daß eine Trennung in die beiden (bei Raumtemperatur und in neutraler Lösung) völlig beständigen Enantiomere – durch Chromatographie an chiralem Säulenmaterial – möglich war (Prelog, 1944).

Abb. 3.11. Tröger-Basen. (a) Konstitution, (b) Konfiguration der Enantiomere von 1

3.4.3 Racemformen

Jede Synthese chiraler Moleküle[1], die von nicht chiralen Molekülen ausgeht, führt normalerweise – d. h. bei Abwesenheit optisch aktiver Hilfssubstanzen oder Katalysatoren – zu einem Gemisch der beiden Enantiomere im Verhältnis 1:1, zu einer **«Racemform» (racemisches Gemisch)**, weil die Wahrscheinlichkeit für die Bildung des einen oder anderen Enantiomers genau gleich groß ist. Bei der Chlorierung von Butan beispielsweise werden die beiden an das C-Atom 2 gebundenen H-Atome mit der genau gleichen Wahrscheinlichkeit (und Geschwindigkeit) durch ein Cl-Atom substituiert, und man erhält (neben anderen Substitutionsprodukten wie z. B. 1-Chlorbutan) ein Gemisch von R- und S-2-Chlorbutan im Verhältnis 1:1:

Racemformen sind selbstverständlich *optisch inaktiv*. Im *gasförmigen, flüssigen* und *gelösten* Zustand bilden sie ein ideales (oder nahezu ideales) Gemisch der beiden enantiomeren Molekülarten; sie besitzen somit denselben Siedepunkt wie die reinen Enantiomere und – nur im flüssigen und gelösten Zustand! – den gleichen Brechungsindex, dieselbe Lichtabsorbtion (gleiche IR-Spektren!) usw. Im *festen Zustand* hingegen wirkt sich die Tatsache aus, daß die Anziehungskräfte zwischen (+)- und (−)-Molekülen meistens nicht ganz genau gleich stark sind wie Kräfte zwischen (+)- und (+)- bzw. (−)- und (−)-Molekülen. Sind die Kräfte zwischen gleichsinnig drehenden Molekülen (also zwischen den Molekülen eines Enantiomers unter sich) größer als die Kräfte zwischen (+)- und (−)-Molekülen, so kristallisiert aus der Schmelze oder Lösung ein *Gemisch* von *Kristalliten* der beiden Enantiomere aus, das als **Konglomerat** bezeichnet wird. Die Kristallite können eine (makroskopisch) *einheitliche feste Phase* bilden; das Konglomerat kann aber auch aus einem *Gemisch enantiomerer* **«enantiomorpher»** *Kristalle* bestehen, die sich durch Auslesen trennen lassen. Ein historisch berühmtes Beispiel für dieses Verhalten bildet das (±)-Natriumammoniumtartrat (sofern es unterhalb 27 °C aus Wasser auskristallisiert), das von Pasteur untersucht und getrennt wurde. Der *Schmelzpunkt* eines Konglomerats ist stets *niedriger* als der Schmelzpunkt des reinen Enantiomers. Er entspricht dem Schmelzpunkt des eutektischen Gemisches und ist dementsprechend stets *scharf*, während Gemische, welche die Enantiomere nicht im Verhältnis 1:1 enthalten, innerhalb eines gewissen Temperaturintervalls schmelzen. Die Löslichkeit des Konglomerats ist dagegen größer als bei den reinen Enantiomeren.

Viel häufiger sind die Anziehungskräfte zwischen (+)- und (−)-Molekülen größer als zwischen den Molekülen eines Enantiomers untereinander. Die (+)- und (−)-Moleküle des racemischen Gemisches vereinigen sich in diesem Fall im Kristallgitter paarweise, so daß die

---

[1] Folgende wichtige Abkürzungen haben sich eingebürgert: EPC-Synthese (Enantiomerically Pure Compounds); E_x-Chiral-Pool-Synthese (ausgehend von Verbindungen aus dem Pool der optisch aktiven Naturstoffe).

3 Verbindungen mit einfachen funktionellen Gruppen

Elementarzelle unter Umständen nur ein einziges Molekülpaar enthält. Das racemische Gemisch bildet dann im festen Zustand eine echte **Molekülverbindung** im Verhältnis 1:1, die beim Schmelzen oder Lösen zusammenbricht und **Racemat** genannt wird. Racemate besitzen – als Verbindungen – andere physikalische Eigenschaften als die Enantiomere: andere Schmelzpunkte, andere Löslichkeit, andere IR-Spektren usw., wobei z. B. die Schmelzpunkte höher, seltener aber auch tiefer sind als die Schmelzpunkte der Enantiomere (Abb. 3.12).

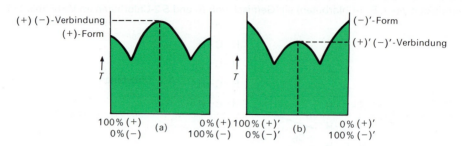

Abb. 3.12. Schmelzdiagramme enantiomerer Verbindungen, die Racemate bilden

Nur ganz selten verhalten sich Racemformen auch im festen Zustand nahezu ideal. Die beiden Enantiomere kristallisieren dann in einer einheitlichen festen Phase und bilden **Mischkristalle** (*feste Lösungen*). In ihren Eigenschaften stimmen solche Mischkristalle sehr weitgehend mit den reinen Enantiomeren überein.

Ob in einem bestimmten Fall ein Konglomerat, ein echtes Racemat oder eine feste Lösung vorliegt, läßt sich häufig mit Hilfe der *Phasen-* oder *Löslichkeitsdiagramme* entscheiden. Es ist dabei gar nicht notwendig, das vollständige Phasendiagramm aufzunehmen, sondern es genügt, eine kleine Menge des einen reinen Enantiomers zur Racemform hinzuzugeben und die Veränderungen des Schmelzpunktes zu beobachten. Liegt ein Konglomerat vor, so wird der Schmelzpunkt steigen, während im Falle eine racemischen Verbindung der Schmelzpunkt sinkt und bei der festen Lösung nur geringe Änderungen bemerkbar sind.

Racemformen entstehen aber nicht nur durch Synthese chiraler Moleküle aus nichtchiralen; sie können sich vielmehr auch dadurch bilden, daß ein Enantiomer «**racemisiert**», d. h. sich spontan oder als Folge bestimmter äußerer Einflüsse in die Racemform umwandelt. Da die Racemisierung mit einer Zunahme der Entropie um $R \cdot \ln 2$ verbunden ist, ist sie thermodynamisch begünstigt. Dabei muß ein «Platzwechsel zweier Liganden (Substituenten am Stereozentrum) eintreten, also ein *Lösen* und *Neubilden* von *Atombindungen*. Racemisierungen durch homolytische Bindungstrennung sollten sich z. B. durch Erhitzen durchführen lassen; weil dazu aber gewöhnlich ein ziemlich hoher Energiebetrag erforderlich ist (Bindungsenthalpie der zu trennenden Bindung), gehen unter diesen Bedingungen mit der eigentlichen Racemisierung meist auch Umlagerungen oder Zerfallsprozesse einher. Viel häufiger sind Racemisierungen, die über *Carbanionen* oder *Carbeniumionen* als Zwischenprodukt ablaufen. Es ist beispielsweise schon lange bekannt, daß Verbindungen, die am Chiralitätszentrum neben einem Wasserstoffatom noch eine Carbonylgruppe enthalten, unter der Wirkung von Basen schnell racemisieren. Dies beruht darauf, daß Wasserstoffatome in α-Stellung zu C=O-Gruppen unter der Wirkung starker Basen als Proton an diese abgegeben werden können; das entstehende Carbanion (mit negativ geladenem C-Atom) ist mesomer und darum *planar* (also nicht chiral); die Wiederanlagerung des Protons muß daher beide Enantiomere im Verhältnis 1:1, d. h. eine Racemform, ergeben. Als Beispiel sei die basenkatalysierte Racemisierung von *S*-3-Chlor-2-butanon erwähnt:

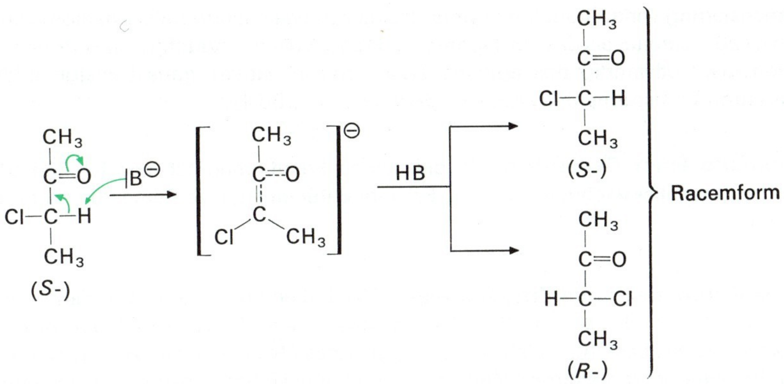

3.4 Spiegelbildisomerie

$$\underset{(S\text{-})}{\underset{|}{\overset{CH_3}{\overset{|}{\underset{CH_3}{C}}}}{\overset{C=O}{Cl-C-H}}} \xrightarrow{|B^{\ominus}} \left[\underset{Cl}{\overset{CH_3}{\overset{|}{\underset{CH_3}{C}}}}{\overset{C=O}{C}} \right]^{\ominus} \xrightarrow{HB} \begin{Bmatrix} \underset{(S\text{-})}{\underset{|}{\overset{CH_3}{\overset{|}{\underset{CH_3}{C}}}}{\overset{C=O}{Cl-C-H}}} \\ \\ \underset{(R\text{-})}{\underset{|}{\overset{CH_3}{\overset{|}{\underset{CH_3}{C}}}}{\overset{C=O}{H-C-Cl}}} \end{Bmatrix} \text{Racemform}$$

Einfache Carbanionen (die nicht mesomeriestabilisiert sind) sind tetraedrisch gebaut (mit sp^3-hybridisiertem C-Atom); die Racemisierung ist dann eine Folge einer *Inversionsschwingung*, wie bei den dreifach koordinierten Stickstoffverbindungen:

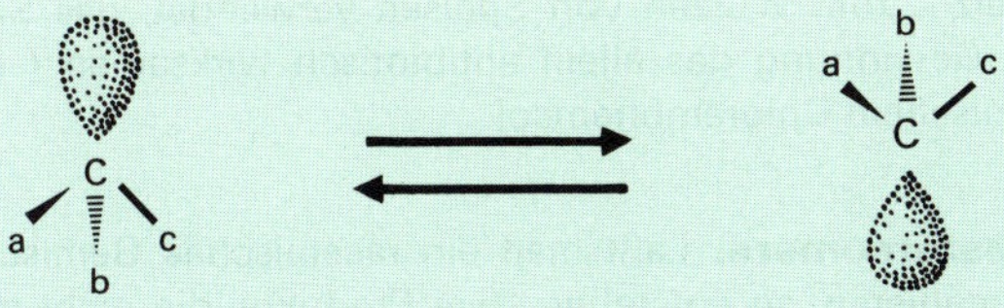

Inversion eines Carbanions

In manchen Fällen vermögen Lewis-Säuren, wie $AlCl_3$ oder $SbCl_5$, die Abtrennung einer negativ geladenen Gruppe aus einem Molekül zu bewirken, wobei ein positiv geladenes C-Atom, ein *Carbeniumion*, entsteht. Carbeniumionen sind *eben* gebaut (das C-Atom ist sp^2-hybridisiert), und die Wiederanlagerung der abgetrennten Gruppe ergibt auch in diesem Fall eine Racemform.

Schließlich ist auch eine **Racemisierung** über *stabile Zwischenprodukte* möglich. So racemisiert α-Chlorethylbenzen beim Lösen in Ameisensäure, wobei vorübergehend HCl abgespalten wird und Styren als optisch inaktives, stabiles Zwischenprodukt auftritt:

$$(+)\ H_5C_6-\underset{Cl}{\underset{|}{CH}}-CH_3 \xrightarrow{-HCl} H_5C_6-CH=CH_2 \xrightarrow{+HCl} (+)(-)\ H_5C_6-\underset{Cl}{\underset{|}{CH}}-CH_3$$

Ein schönes Beispiel einer **partiellen Racemisierung («Epimerisierung»)** zeigt das *cis*-Decalon, das unter der Einwirkung von Basen in das (ebenfalls chirale, aber stabilere) *trans*-Decalon übergeht:

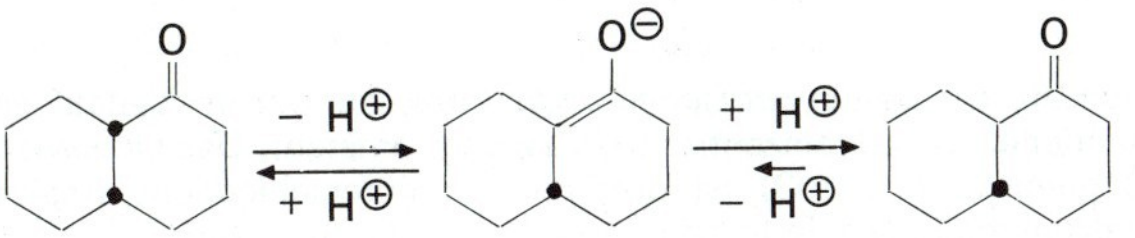

cis-Decalon   trans-Decalon

3 Verbindungen mit einfachen funktionellen Gruppen

Die Epimerisierung verläuft auch hier über das mesomeriestabilisierte Carbanion. Das *trans*-Decalon ist aber stabiler als das *cis*-Isomer, so daß sich bei der Addition eines Protons an das Carbanion fast vollständig das epimere (und optisch aktive) *trans*-Decalon bildet. Die Epimerisierung ist also *thermodynamisch gesteuert* (vgl. Bd. I)[1].

Die **Trennung einer Racemform** in die beiden Enantiomere ist eine für den praktisch arbeitenden Chemiker wichtige Aufgabe. Es steht dafür eine ganze Reihe von Methoden zur Verfügung:

Spaltung durch mechanisches Auslesen. Wir haben bereits erwähnt, daß in gewissen (allerdings seltenen) Fällen ein *Konglomerat* aus einem Gemisch makroskopisch unterscheidbarer Kristalle besteht, welche durch sorgfältiges *Herauslesen* einzeln getrennt werden können. Bei einer Variante dieser Methode wird eine gesättigte Lösung der Racemform mit einem Kristall des einen Enantiomers geimpft, wobei sich dieses aus der Lösung bis zu einem gewissen Grad ausscheidet. Die zurückbleibende Mutterlauge enthält dann einen Überschuß des anderen Enantiomers, das ebenfalls nach Impfen kristallisiert werden kann. Abwandlungen dieses Verfahrens werden in gewissen Fällen sogar technisch verwendet: Herstellung von (+)-Glutaminsäure aus dem technischen (+)(−)- Produkt [(+)-Glutaminsäure wird − als Natriumsalz − zum Würzen von Speisen verwendet; das Salz erzeugt eine Art Fleischaroma!] oder Gewinnung des allein antibiotisch wirksamen (+)-Enantiomers aus synthetischem, racemischem Chloramphenicol.

Spaltung über Diastereomere. Läßt man ein racemisches Gemisch mit einer *optisch aktiven Verbindung* reagieren, so entstehen zwei Produkte, die nicht mehr spiegelbildlich, sondern *diastereomer* zueinander sind und sich daher in ihren physikalischen Eigenschaften (Schmelz- und Siedepunkt, Löslichkeit, Adsorption an Trennsubstanzen bei der Chromatographie) unterscheiden. Nach ihrer Trennung werden die Produkte zerlegt und die optisch aktiven Komponenten der ursprünglichen Racemform in reiner Form erhalten. Die praktische Durchführung dieses Verfahrens ist allerdings nicht immer einfach, weil besonders die am häufigsten angewandte Trennung durch *fraktionierte Kristallisation* nur möglich ist, wenn sich die Diastereomere in ihrer Löslichkeit genügend *unterscheiden* und zudem gut kristallisieren. Diese Bedingungen sind oft am besten erfüllt bei Salzen aus optisch aktiven Säuren mit optisch aktiven Basen. Als Hilfsreagentien (zur Bildung der Diastereomere) benützt man optisch aktive *Naturstoffe*, d. h. man greift auf den sogenannten **«chiral pool»**[2] zurück. Dieser bietet als Basen z. B. Alkaloide (Brucin, Strychnin, Chinin u. a.) und als Säuren z. B. Weinsäure, Äpfelsäure oder aus natürlichem (optisch aktivem) Campher hergestellte Camphersulfonsäure.

---

[1] Dies steht im Gegensatz zur *«asymmetrischen Induktion»*, bei der im Verlauf einer Reaktion neben einem bereits vorhandenen Chiralitätszentrum ein zweites entsteht. Das Überwiegen des einen Enantiomers im Produktgemisch (s.S. 203) ist dort auf die unterschiedliche Reaktionsgeschwindigkeit zurückzuführen (diastereomere aktivierte Komplexe; kinetische Steuerung).
[2] Chirales Naturstoff-Potential; Pool der optisch aktiven Naturstoffe.

Schema einer solchen Trennung:

(+)-HA (−)-HA	+ (−)-B →	(−)-BH$^⊕$ (+)-A$^⊖$ (−)-BH$^⊕$ (−)-A$^⊖$	H$^⊕$ ↗ H$^⊕$ ↘	(+)-HA + (−)-BH$^⊕$ (−)-HA + (−)-BH$^⊕$
Enantiomere als racemisches Gemisch	Base (Naturstoff- «pool»)	Diastereomere (trennbar) Salz		Enantiomere konjugierte Säure (getrennt) zur Base

Chromatographische Enantiomerentrennung. Verwendet man zur Chromatographie einer Racemform ein *optisch aktives Adsorbens*, so bilden sich zwei diastereomere Adsorbate, die sich in ihrer Stabilität unterscheiden. Anders gesagt, die beiden Enantiomere eines Gemisches werden verschieden stark adsorbiert und können somit durch fraktioniertes Eluieren getrennt werden. Als Adsorbentien eignen sich für solche Fälle fein pulverisierter (optisch aktiver) Quarz, Cellulose (bei der Papierchromatographie), acetylierte Cellulose (Triacetat), synthetische Polymere vom Peptid- oder Methacrylester-Typ, oder auch optisch aktive Ionenaustauscher. Ein Beispiel für eine auf diesem Weg durchgeführte Spaltung ist die Trennung der Trögerschen Base in ihre Enantiomere (an *D*-Lactose-hydrat). Die Racemattrennung von Helicenen und Cyclophanen gelang oft an mit «Newman's Reagens» [(+)- oder (−)-2(2,4,5,7-Tetranitrofluorenylideniminooxy)propionsäure; TAPA] imprägniertem üblichem Säulenmaterial (siehe Bd. II).

Auch *gaschromatographisch* läßt sich die Enantiomerentrennung durchführen, wenn man (in einer gepackten oder einer Kapillarkolonne) eine *optisch aktive stationäre Phase* verwendet. Voraussetzung dafür ist natürlich – wie bei jeder gaschromatographischen Trennung – daß das zu trennende racemische Gemisch genügend flüchtig ist. Auf diese Weise gelang es beispielsweise, racemische Gemische von Aminosäuren zu trennen, die – um sie verdampfbar zu machen – zunächst verestert und nach der Trennung wieder verseift wurden.

Kinetische Spaltung. Die Geschwindigkeit, mit der zwei Substanzen miteinander reagieren, wird durch die betreffende Aktivierungsenergie (ΔH^{+}) (genauer: die *freie Aktivierungsenthalpie* ΔG^{+}), also durch die Energiedifferenz zwischen Ausgangssubstanz und aktiviertem Komplex bestimmt. Läßt man nun eine Racemform mit einer optisch aktiven Substanz reagieren, so sind die beiden aktivierten Komplexe diastereomer zueinander und damit normalerweise von unterschiedlicher Stabilität. Ist dieser Unterschied genügend groß, so bildet sich das eine Produkt wesentlich *schneller* als das andere, und man kann dadurch, daß man das Reaktionsgemisch relativ rasch aufarbeitet, eine (mindestens partielle) Racematspaltung erreichen. Ein klassisches Beispiel für eine derartige Trennung ist die bereits 1899 durchgeführte Spaltung von (+) (−)-Mandelsäure, die mit (−)-Menthol verestert wurde. Die Veresterung wurde dabei nach kurzer Zeit unterbrochen; das Estergemisch wurde abgetrennt und hydrolysiert, wobei hauptsächlich (+)-Mandelsäure erhalten wurde. Die unverestert gebliebene Säure war hauptsächlich (−)-Mandelsäure.

Spaltung über Einschlußverbindungen und Wirt/Gast-Komplexe. Eine ebenfalls für gewisse spezielle Fälle wertvoll gewordene Methode zur Spaltung von Racemformen beruht auf der Bildung von Kristallgitter-*Einschlußverbindungen* (**Clathraten**, s. Band II). Das Gitter von (optisch inaktivem, nicht chiralem) Harnstoff besteht aus rechts- und linksläufigen Spiralen, die aus durch H-Brücken verbundenen Harnstoffmolekülen gebildet werden. In die röhrenartigen Hohlräume im Inneren der Spiralen können kettenförmige Moleküle eingelagert werden, wenn man Harnstoff aus der Lösung einer solchen Substanz kristallisieren läßt. Impft man die Lösung des racemischen Gemisches einer Substanz, die mit Harnstoff solche Einschlußverbindungen bilden kann, mit einem ausschließlich aus rechtsläufigen Spiralen bestehenden Kristall, so bilden sich Clathrate, die nur das eine Enantiomer enthalten, weil dieses gestaltlich (sterisch) besser in den Hohlraum der Rechtsspirale hineinpaßt als das andere Enantiomer. Da die Clathrate z. B. durch Lösen zerstört werden, ist auf diesem Weg eine wenigstens partielle Spaltung einer Racemform möglich. Mit Hilfe dieser Methode gelang z. B. die Spaltung von 2-Chloroctan (Schlenk, 1952).

Eine weitere Möglichkeit zur Trennung bestimmter Racemformen bietet die Verwendung von **Wirt/Gast-Wechselwirkungen (Komplexbildung)** z. B. mit chiralen Kronenethern wie (1) (Weinsäure als chiraler Baustein) oder (2) (Band II). Dabei müssen die Kronenether so gebaut sein, daß ihr Hohlraum gewissermaßen auf das Gastmolekül «maßgeschneidert» ist, d. h. die Moleküle des zu trennenden Gemisches müssen darin genau Platz finden. Im Fall eines chiralen Kronenethers ist auch sein Hohlraum chiral, so daß er selektiv (**«chiroselektiv»**) das eine Enantiomer bevorzugt komplexieren kann. Dadurch ist eine **«chirale Erkennung»** des «Gasts» durch den «Wirt» möglich, wie es im Formelbild (3) für den axialchiralen Kronenether (2) und eine Ammoniumverbindung als Gast gezeigt wird. (Die Chiralität des Wirts beruht wie bei der Atropisomerie der Biphenyle auf der Verhinderung der Rotation um die mit einem Pfeil bezeichneten C—C-Bindungen durch die H-Atome an den benachbarten Ringen.)

Spaltung durch biochemische Methoden. Wohl alle in lebenden Zellen vor sich gehenden Prozesse verlaufen unter der Wirkung spezifischer *Enzyme*, d. h. kompliziert gebauter, eiweißartiger, optisch aktiver Biokatalysatoren. Ihre Wirksamkeit ist aber nicht an das Vorhandensein der lebendigen Substanz geknüpft; viele Enzyme können vielmehr aus Organismen extrahiert und dann auch *in vitro* («im Glasgefäß», d. h. außerhalb des betreffenden Organismus) zur Durchführung entsprechender Reaktionen verwendet werden. Bei der Spaltung einer Racemform durch Enzyme nutzt man die Tatsache aus, daß diese *streng stereospezifisch* wirken und von den *beiden Enantiomeren nur die eine Form chemisch angreifen* oder abbauen, während die *andere* Form *unverändert* zurückbleibt und nachher in reiner Form isoliert werden kann. Der Grund für diese Stereospezifität liegt darin, daß die Enzyme selbst chiral gebaute Substanzen sind, die eine Reaktion nur ermöglichen können, wenn der Reaktionspartner in einer bestimmten räumlichen Anordnung vorliegt oder in einer bestimmten, durch die räumliche Struktur des Enzyms festgelegten Art und Weise an diesem angreift. Die biochemische Racematspaltung hat den Nachteil, daß man mit ihrer Hilfe gewöhnlich nur das eine der beiden optischen Antipoden erhält.

Quasiracemate. Gewisse *Verbindungen* von *ähnlicher Konfiguration* können im festen Zustand ähnlich wie die beiden Enantiomere Molekülverbindungen im Verhältnis 1:1 bilden. Beispielsweise entsteht ein derartiges Quasiracemat beim Kristallisieren einer Lösung, die nebeneinander (+)-Chlorbernsteinsäure und (−)-Brombernsteinsäure enthält. Die Bildung eines Quasiracemats zeigt sich im Phasendiagramm durch ein Schmelzpunktsmaximum (oder -minimum) bei einer Zusammensetzung von genau 1:1, während man das für feste Lösungen charakteristische Phasendiagramm erhält, wenn sich bloß Mischkristalle der beiden Substanzen bilden. Untersuchungen an Quasiracematen aus Substanzen bekannter Konfiguration ergaben, daß nur dann eine Molekülverbindung entsteht, wenn die beiden *Konfigurationen spiegelbildlich* zueinander (einander «entgegengesetzt») sind. Durch Verwendung von Testsubstanzen bekannter Konfiguration ließ sich verschiedentlich auf diesem Weg die relative Konfiguration anderer Verbindungen klären.

Ursprung der optischen Aktivität. Wie schon erwähnt, liefern chemische Synthesen in der Regel beide Enantiomere im Verhältnis 1:1. Nur wenn das Ausgangsmaterial bereits ein Chiralitätszentrum enthält, kann durch «asymmetrische Synthese» das eine der beiden Enantiomere bevorzugt gebildet werden (S. 203). Die in riesiger Zahl in der Natur vorkommenden chiral gebauten Substanzen sind aber stets optisch aktiv; biologische Prozesse – an denen selbst optisch aktive Enzyme als Katalysatoren beteiligt sind – ergeben also stets nur das eine der beiden Stereoisomere. Es erhebt sich daher ganz selbstverständlich die Frage nach dem erstmaligen Zustandekommen einer optisch aktiven Verbindung. Es wäre z. B. denkbar, daß die Synthese einer optisch aktiven Substanz (mit geringer Ausbeute) unter chiralen *Bedingungen* hauptsächlich (oder vielleicht sogar ausschließlich) das eine Enantiomer liefert. So gelang 1930 die Darstellung einer optisch aktiven Substanz durch partielle photochemische Zersetzung (eines Azids) unter Anwendung von circular polarisiertem Licht. Da das von der Meeresoberfläche reflektierte Licht durch das Magnetfeld der Erde circular polarisiert wird, könnte sich eine optisch aktive Substanz erstmals auf diesem Wege gebildet haben.
Eine andere Möglichkeit wäre die zufällige Bildung einer *Einschlußverbindung* aus einem chiral gebauten Kristall und nur dem einen Enantiomer eines racemischen Gemisches. Die chirale Erkennung (und Anreicherung) von Gastmolekülen an chiralen Kristalloberflächen

3 Verbindungen mit einfachen funktionellen Gruppen

erscheint plausibel. (Chirale Kristallgitter erfordern nicht notwendigerweise chirale Moleküle!). Auch die zufällige Bildung eines Überschusses an einem Enantiomer bei einer der vielen gewöhnlichen Reaktionen im Zuge der Evolution ist an sich denkbar, wurde jedoch bis heute im Laboratorium noch niemals beobachtet. Die Frage nach dem Ursprung der optischen Aktivität in der Natur läßt sich also heute (noch) nicht definitiv beantworten.
1969 ist eine **absolute asymmetrische Synthese** gelungen. Bei der Bromierung eines Einkristalles von 4,4'-Dimethylchalkon mit gasförmigem Brom wurde das optisch aktive Dibromid in einer «optischen Ausbeute» von 6% erhalten. Als chirales «Hilfsmittel» diente in diesem Fall die enantiomorphe Kristallstruktur des (achiralen!) Ausgangsstoffes.

$$H_3C-\langle\rangle-CH=CH-C(\langle\rangle)-CH_3 \xrightarrow{Br_2} H_3C-\langle\rangle-CHBr-CHBr-C(\langle\rangle)-CH_3$$
$$\qquad\qquad\qquad\qquad\qquad O \qquad\qquad\qquad\qquad\qquad\qquad\qquad\qquad\qquad O$$

3.4.4 Chemische Reaktionen chiraler Moleküle; Stereotopie

Wie schon erwähnt wurde, reagieren zwei Enantiomere mit einem *chiralen Reaktanten* nicht gleich rasch, so daß *die beiden möglichen Produkte in verschiedenen Mengen entstehen*. Der Grund dafür liegt darin, daß **die aktivierten Komplexe** (S. 288) solcher Reaktionen nicht enantiomer, sondern **diastereomer** zueinander sind (ähnlich wie es für die Produkte der chemischen Racematspaltung der Fall ist) und dadurch **unterschiedliche Energien** besitzen. Da die freie Aktivierungsenthalpie (die *Differenz der freien Enthalpien von Ausgangsstoffen und aktivierten Komplexen*) die Reaktionsgeschwindigkeit bestimmt, **reagieren die beiden Enantiomere mit dem chiralen Reagens verschieden rasch**. Ist das Reagens aber nicht chiral, so verhalten sich die beiden aktivierten Komplexe wie Bild und Spiegelbild (sind also Enantiomere), und die beiden Enantiomere reagieren genau gleich schnell.
Interessant sind die *stereochemischen Konsequenzen* von Reaktionen chiraler Moleküle:

(a) Bei der Reaktion eines chiralen Moleküls mit einer anderen Verbindung bleibt die *Konfiguration* am *Stereozentrum erhalten, sofern keine Bindung zum asymmetrisch substituierten C-Atom getrennt wird.* Diese wichtige Aussage bildet die Grundlage für die *Konfigurationskorrelation* auf chemischem Weg. Beispiele wurden bereits auf S. 182 besprochen. Eine wichtige Anwendung dieser Tatsache ist die Gewinnung optisch reiner Substanzen und damit die Möglichkeit der Bestimmung ihrer spezifischen Drehung. 2-Methyl-1-butanol, das als Nebenprodukt der alkoholischen Gärung entsteht, ist beispielsweise – wie alle chiralen Substanzen von biologischem Ursprung – **«optisch rein»** (besteht also ausschließlich aus dem einen, in diesem Fall dem (−)-Enantiomer). Das durch Reaktion mit HCl-Gas aus diesem Alkohol erhaltene 1-Chlor-2-methylbutan ist damit ebenfalls optisch rein; die für das Produkt gemessene spezifische Drehung von +1.64° ist somit die Drehung des reinen Enantiomers, und es ist durch Bestimmung des Drehwinkels ohne weiteres möglich, die optische Reinheit von synthetisch hergestelltem 1-Chlor-2-methylbutan zu prüfen oder die Vollkommenheit einer durchgeführten Racematspaltung zu kontrollieren.

(b) Anders ist es, wenn bei einer Reaktion eines chiralen Moleküls *Bindungen* am *Stereozentrum* selbst *getrennt* werden. Eine allgemeine Aussage darüber, ob die Konfiguration erhalten bleibt (**«Retention»** der Konfiguration) oder ob sie sich ändert, ist *nicht möglich*; welcher Fall eintritt, wird vielmehr durch den *Mechanismus* der betreffenden Reaktion bestimmt. Die Untersuchung des sterischen Verlaufs liefert darum in vielen Fällen wichtige Aufschlüsse über den Mechanismus solcher Reaktionen.

3.4 Spiegelbildisomerie

Als *Beispiele* betrachten wir die bereits auf S. 138 genannte Reaktion von Halogenalkanen mit $OH^\ominus$-Ionen (eine nucleophile Substitution) und die Radikalsubstitution an optisch aktivem 1-Chlor-2-methylbutan.

Verwendet man als Ausgangssubstanz für die *nucleophile Substitution* ein optisch aktives Halogenid, so beobachtet man, daß *Konfigurationsumkehr* [—O→ als Symbol für Waldensche Umkehrung (s. u.)] eintritt, wenn es sich um eine *sekundäre* Halogenverbindung handelt:

$$\underset{R\text{-2-Iodbutan}}{\overset{CH_3}{\underset{C_2H_5}{I-C-H}}} \xrightarrow{OH^\ominus} \underset{S\text{-2-Butanol}}{\overset{CH_3}{\underset{C_2H_5}{H-C-OH}}}$$

(Da die Substituenten I- und OH- nach abnehmender CIP- Priorität beide vor C_2H_5- kommen, findet die Konfigurationsumkehr auch in den Bezeichnungen *R*- und *S*- ihren Ausdruck.)

Der *Nachweis* der Konfigurationsumkehr ist nicht ganz einfach, da die Änderung des Vorzeichens der Drehung des linear polarisierten Lichts ja nichts über die wirkliche Konfiguration des Produkts aussagt. Ein eleganter experimenteller Beweis dafür stammt von Ingold. Er ließ zu diesem Zweck optisch aktives 2-Iodoctan mit radioaktivem Iodid reagieren:

$$(+)\ H_3C-\overset{*}{\underset{I}{C}}H-C_6H_{13} + \overline{I}^{*\ominus} \xrightarrow{} (-)\ H_3C-\overset{I^*}{\underset{}{C}}H-C_6H_{13} + I^\ominus$$

Bei dieser Reaktion wirkt das radioaktive Iodid-Ion $I^{*\ominus}$ (an Stelle eines $OH^\ominus$-Ions) als substituierendes Teilchen. In Ingolds Experiment verlor das Octyliodid seine optische Aktivität (d. h. es racemisierte), und zwar doppelt so rasch, wie es radioaktiv wurde. Dies kann nur bedeuten, daß während der Reaktion eine **Konfigurationsumkehr** stattgefunden hat, denn dann kompensiert jedes durch Substitution entstandene (radioaktive) Molekül die optische Drehung eines (noch vorhandenen) Moleküls der ursprünglichen Konfiguration. Würde die Reaktion unter Retention verlaufen, so dürfte die optische Aktivität nicht verschwinden; wäre die Substitution mit einer Racemisierung verbunden, so nähme die optische Aktivität mit der gleichen Geschwindigkeit ab, mit der die organische Verbindung radioaktiv würde. – Die bei nucleophilen Substitutionen auftretende Konfigurationsumkehr wurde (durch Untersuchung einer ganzen Reaktionsfolge) schon von Walden (1899) beobachtet und ist in der Literatur als **«Waldensche Umkehrung»** bekannt. Ihre Erklärung bot lange Zeit Schwierigkeiten; sie ist jedoch, wie wir in Abschnitt 8.2 sehen werden, eine Konsequenz des Reaktionsablaufes.

Ist das Halogenatom bei einer solchen Substitution aber nicht an ein sekundäres, sondern an ein tertiäres C-Atom gebunden, so tritt nicht ausschließlich Konfigurationsumkehr, sondern partielle (häufig sogar vollständige) **Racemisierung** ein:

$$\underset{R\text{-3-Iod-3-methylhexan}}{\overset{C_2H_5}{\underset{C_3H_7}{I-C-CH_3}}} \xrightarrow{OH^\ominus} \underset{R\text{-3-Methyl-3-hexanol}}{\overset{C_2H_5}{\underset{C_3H_7}{HO-C-CH_3}}} + \underset{S\text{-3-Methyl-3-hexanol}}{\overset{C_2H_5}{\underset{C_3H_7}{H_3C-C-OH}}}$$

Die *Radikalsubstitution* an optisch aktivem 1-Chlor-2-methylbutan wurde von Kharasch *et al.* (1940) untersucht. Durch Chlorierung erhielten sie (neben anderen Substitutionsprodukten) ein racemisches Gemisch von 1,2-Dichlor-2-methylbutan. Dieses Ergebnis ist nur dann verständlich, wenn die Substition über (planar gebaute) 1-Chlor-2-methylbutylradikale verläuft:

Die hier stattgefundene **Racemisierung** beweist zugleich, daß als Zwischenprodukte *organische Radikale* auftreten müssen, d. h. daß die Reaktion nicht nach dem an sich ebenfalls denkbaren Mechanismus $X^\ominus + R-H \rightarrow R-X + H^\ominus$; $H^\ominus + X_2 \rightarrow H-X + X^\ominus$ über intermediär auftretende Wasserstoffatome abläuft.

(c) Häufig kann sich bei der Reaktion einer optisch aktiven Verbindung neben dem bereits vorhandenen ein *zweites Stereozentrum* bilden. Ein Beispiel für eine solche Raktion ist die Chlorierung von 2-Chlorbutan, wobei (neben anderen Produkten) 2,3-Dichlorbutan entsteht:

$$H_3C-CH_2-\overset{*}{C}H-CH_3 \xrightarrow{Cl^\ominus} H_3C-\overset{*}{C}H-\overset{*}{C}H-CH_3$$
$$\qquad\qquad\quad | \qquad\qquad\qquad\quad |\quad |$$
$$\qquad\qquad\quad Cl \qquad\qquad\qquad\quad Cl\ \ Cl$$

Je nach der Seite, von welcher das Chloratom das als Zwischenprodukt auftretende Radikal angreift, entsteht aus 2-Chlorbutan *S,S*-2,3-Dichlorbutan (optisch aktiv) oder *R,S*-2,3-Dichlorbutan (eine *meso*-Form; optisch inaktiv), siehe folgende Seite.

Man würde nun vielleicht erwarten, daß die beiden Stereoisomere im Verhältnis 1:1 gebildet würden. Tatsächlich überwiegt jedoch im Reaktionsgemisch die *meso*-Form im Verhältnis (*S, S*):*meso* = 29:71. Die Erklärung für dieses auf den ersten Blick überraschende Ergebnis liegt darin, daß die beiden *aktivierten Komplexe* für die Bildung des optisch aktiven und des *meso*-Isomers wiederum nicht enantiomer, sondern *diastereomer* zueinander und darum wieder von unterschiedlicher Stabilität sind, so daß sich das eine Stereoisomer bevorzugt bildet. Zwar besteht der geschwindigkeitsbestimmende Schritt einer Radikalsubstitution in der Bildung des Radikals aus dem Kohlenwasserstoffmolekül und dem Halogenatom; im Fall der betrachteten Reaktion liegt aber das Radikal hauptsächlich in der Konformation (1) vor (in welcher die Methylgruppen den größtmöglichen Abstand voneinander haben), und der Angriff des Cl_2-Moleküls erfolgt dann vorzugsweise von unten, aus Richtung (b). Weil dann auch die Cl-Atome den größtmöglichen Abstand voneinander haben, ist dieser aktivierte Komplex stabiler als der aktivierte Komplex für den Angriff des Cl_2-Moleküls aus Richtung (a). Die *meso*-Form – durch den Angriff (b) gebildet – entsteht deshalb im Überschuß **(stereoselektiv)**.

Das hier diskutierte Verhalten (Bildung der möglichen Stereoisomere nicht im Verhältnis 1:1) wird fast immer beobachtet, wenn *direkt neben einem asymmetrisch substituierten C-Atom* im Verlauf einer Reaktion *ein zweites Chiralitätszentrum* entsteht. Nur wenn der Unterschied in der Stabilität der beiden aktivierten Komplexe zufälligerweise sehr gering ist, werden sich die beiden möglichen Stereoisomere im Verhältnis 1:1 bilden. Man hat diesen Sachverhalt als «**asymmetrische Induktion**» oder «**asymmetrische Synthese**» bezeichnet; es handelt sich jedoch streng genommen nicht um eine asymmetrische Synthese, weil ja nicht nur ein einziges Stereoisomer entsteht. Die Erklärung für dieses Phänomen ist stets die Tatsache, daß die beiden aktivierten Komplexe zueinander diastereomer und darum verschieden stabil sind.

Durch die Verwendung *chiraler Lösungsmittel* oder *chiraler Katalysatoren* läßt sich in manchen Fällen die bevorzugte **(stereoselektive)** Bildung des einen Enantiomers erzwingen. So läßt sich für manche Zwecke ein Katalysator verwenden, der aus gepulvertem Quarz und einem Nickelsalz gemischt ist; da Quarz eine chirale Kristallstruktur besitzt, wirkt ein derartiger Katalysator wie ein chirales Reagens, so daß dann ein Enantiomer bevorzugt gebildet wird.

(d) **Stereotopie**. Bei vielen Reaktionen, insbesondere Enzymreaktionen, ist es notwendig, zwischen Liganden zu unterscheiden, die zwar an dasselbe Kohlenstoffatom gebunden, *topologisch* jedoch *nicht äquivalent* sind. Betrachten wir zu diesem Zweck das 1,3-Propandiol. Ersetzt man eines der Wasserstoffatome am C-Atom 2 durch ein anderes Atom (z. B. ein Deuteriumatom), so erhält man zwei identische Moleküle: Die beiden Wasserstoffatome am C-Atom 2 sind sowohl topologisch wie chemisch äquivalent. Man nennt sie **homotope Liganden**.

3 Verbindungen mit einfachen funktionellen Gruppen

$$\text{HO}\overset{D\quad H}{\diagup}\text{OH} \Longleftarrow \text{HO}\overset{H\quad H}{\diagup}\text{OH} \Longrightarrow \text{HO}\overset{H\quad D}{\diagup}\text{OH}$$

(Da durch die Atome H—C—D eine Spiegelebene geht, sind die beiden Substitutionsprodukte identisch und nicht chiral.)

Findet jedoch eine Substitution eines Wasserstoffatoms am C-Atom 1 statt, so entsteht ein chirales Mokelül, 1-Deutero-1,3-propandiol, und man erhält dementsprechend die Racemform. Die beiden Wasserstoffatome am C-Atom 1 sind topologisch *nicht äquivalent* («**heterotop**» bzw. in diesem Fall «**enantiotop**», da ihre Substitutionsprodukte Enantiomere sind). das C-Atom 1 in 1,3-Propandiol wird als «**Prochiralitätszentrum**» bezeichnet; 1,3-Propandiol ist **prochiral**[1] (in bezug auf C-1 und C-3).

$$\underset{R\text{-}}{\text{HO}\diagup\underset{H\quad D}{\diagdown}\text{OH}} \Longleftarrow \underset{(\text{prochiral})}{\text{HO}\diagup\underset{H\quad H}{\overset{1}{\diagdown}}\text{OH}} \Longrightarrow \underset{S\text{-}}{\text{HO}\diagup\underset{D\quad H}{\diagdown}\text{OH}}$$

Prochirale Moleküle enthalten nur Spiegelebenen, aber keine seine Reaktionszentren verbindende Drehspiegelachsen. Die Spiegelebene teilt das Molekül in zwei Hälften, die miteinander nicht zur Deckung zu bringen sind.

Enantiotope Atome oder Atomgruppen sind in chemischer Beziehung äquivalent mit Ausnahme des Verhaltens gegenüber chiralen Reagentien. Reagiert ein prochirales Molekül mit einem chiralen Reaktanten, so entstehen zwei *Diastereomere,* die sich mit unterschiedlicher Geschwindigkeit bilden, da die beiden aktivierten Komplexe ebenfalls diastereomer zueinander sind. Im Produktgemisch überwiegt dadurch das rascher gebildete Diastereomer. Solche Verhältnisse sind besonders bei *biochemischen Reaktionen* häufig und wichtig; die (chiralen) Enzyme vermögen zwischen enantiotopen Liganden zu unterscheiden.

In ähnlicher Weise, wie zwischen Enantiomeren und Diastereomeren unterschieden werden kann, lassen sich auch **enantiotope** und **diastereotope** Substituenten oder Gruppen (Liganden) unterscheiden. Diastereotope Liganden liegen dann vor, wenn zwei äquivalente Liganden in einem Molekül bei der Substitution durch ein anderes Atom Diastereomere ergeben. In der Aminosäure *S*-Phenylalanin beispielsweise sind die beiden Wasserstoffatome am C-Atom 3 diastereotop, da durch Substitution des einen oder des anderen ein Molekül mit zwei Chiralitätszentren entsteht, das die Konfiguration 2*S*, 3*R* bzw. 2*S*, 3*S* haben kann. Durch diese Substitution können also zwei Diastereomere entstehen.

$$\text{C}_6\text{H}_5\overset{H\quad H}{\underset{H\quad NH_2}{\diagup\overset{1}{\underset{3}{\diagdown}}\text{COOH}}}$$

S-Phenylalanin

(* kennzeichnet das chiral substituierte Zentrum)

Stereoselektive und stereospezifische Reaktionen. Reaktionen, wie die Chlorierung von 2-Chlorbutan sind **stereoselektiv**. Dies bedeutet, daß *von zwei (oder mehr) möglichen stereoisomeren Produkten eines vor den andern bevorzugt gebildet wird.* Der Grad der

---

[1] Neuerdings werden anstelle dieser Begriffe besser die Ausdrücke Prostereogenität bzw. prostereogen verwendet.

3.4 Spiegelbildisomerie

Stereoselektivität kann dabei sehr verschieden sein; manchmal entsteht dieses eine Produkt in sehr hohem (hoch stereoselektiv), manchmal aber auch nur in geringem Überschuß (wenig stereoselektiv).

Stereospezifische Reaktionen dagegen sind solche, bei welchen aus *stereochemisch eindeutig definierten Edukten* ganz *bestimmte*, ebenfalls stereochemisch *definierte Produkte* entstehen. Stereoisomere Ausgangsstoffe ergeben deshalb bei stereospezifischen Reaktionen (gleiche Reaktionsbedingungen vorausgesetzt) stereochemisch verschiedene Produkte. Beispiele stereospezifischer Reaktionen sind die Bromaddition an Doppelbindungen oder die Diels-Alder-Reaktion (im ersteren Fall *anti*-, im zweiten Fall *syn*-Addition).

3.4.5 Historisches

Die optische Aktivität wurde bereits von Malus (1808) und Biot (1812), später auch von Liebig (um 1840) und anderen Forschern an gewissen Kristallen (z. B. Quarz) und auch an organischen Substanzen beobachtet. Man vermutete schon früh, daß diese Erscheinung mit einer Asymmetrie im Aufbau der betreffenden Substanz zusammenhängt. Da die organischen optisch aktiven Verbindungen die für sie charakteristischen Erscheinungen – anders als Quarz – auch in Lösung zeigen, vermutete Pasteur schon 1848, die optische Aktivität sei in einem asymmetrischen Bau der Moleküle begründet. Pasteur gelang es auch zum ersten Male, zwei Enantiomere zu trennen: durch Auslesen der beiden enantiomorphen Kristallarten aus dem Konglomerat der Weinsäure (der «Traubensäure»), durch chemische Spaltung (über Diastereomere) und auch durch biochemische Spaltung (beides ebenfalls mit Traubensäure durchgeführt). Die endgültige Erklärung gelang schließlich – unabhängig voneinander! – den beiden Physikochemikern van't Hoff und Le Bel (1874) durch die Annahme, daß die vier Bindungen eines Kohlenstoffatoms tetraedrisch gerichtet seien. Trotzdem diese Vorstellungen zunächst auf Widerstand stießen (Kolbe, ein damals berühmter Chemiker, tat die Arbeiten von van't Hoff und Le Bel als «Phantasiespielereien und übernatürliche Erklärungen zweier so gut wie unbekannter Chemiker» ab), vermochten sie bald ein großes Tatsachenmaterial widerspruchslos zu deuten. Indessen gelang es erst viel später (um 1920), die tetraedrische Anordnung der vier Liganden um das C-Atom durch Röntgenstrukturanalyse direkt zu beweisen.

4 Verbindungen mit ungesättigten funktionellen Gruppen

Alle Verbindungen dieses Kapitels enthalten funktionelle Gruppen, in denen ein C-Atom mit einem Heteroatom durch Mehrfachbindungen verbunden ist (Tabelle 4.1).

Tabelle 4.1. Übersicht über die wichtigsten ungesättigten funktionellen Gruppen

–C–H ‖ O	–C–C–C– ‖ O	–C–O–H ‖ O	–C–O–C– ‖ O	–C–O–C– ‖ ‖ O O
Aldehyd	Keton	Carbonsäure	Ester	Anhydrid

–C–X ‖ O	–C–N< ‖ O	–C≡N
Säurehalogenid	Säureamid	Nitril

4.1 Carbonylverbindungen: Aldehyde und Ketone

Die beiden primären *Oxidationsprodukte der Alkohole*, die Aldehyde und Ketone, sollen gemeinsam besprochen werden, obschon sie sich in ihrer Reaktivität deutlich unterscheiden. Ihre gemeinsame funktionelle Gruppe, die **Carbonylgruppe** ($>$C=O) bestimmt bei beiden Verbindungsklassen das chemische Verhalten.
Die Doppelbindung der Carbonylgruppe ist dank der hohen Elektronegativität des O-Atoms stark *polar*. Dies läßt sich formal in verschiedener Weise zum Ausdruck bringen:

$$\overset{\delta\oplus\;\delta\ominus}{>\!\!C\!=\!O} \qquad >\!\!C\!=\!O \;\leftrightarrow\; >\!\!\overset{\oplus}{C}\!-\!\overset{\ominus}{O}| \qquad >\!\!C\!\overset{\frown}{=}\!O$$

(1) (2) (3)

Nach Schreibweise (2) stellt die Carbonylgruppe einen Zwischenzustand zwischen einer unpolaren und einer polaren Grenzform dar; der gebogene Pfeil in Schreibweise (3) deutet an, daß ein Elektronenpaar stärker zum O-Atom verschoben ist[1].

4.1.1 Nomenklatur und physikalische Eigenschaften

Nomenklatur. Nach der IUPAC-Nomenklatur erhalten Aldehyde die Endung **-al**, Ketone die Endung **-on**. Will man – wie es bei komplizierter gebauten Verbindungen mitunter zweckmäßig sein kann – das doppelt gebundene Sauerstoffatom als «Substituent» be-

---

[1] Die Schreibweise (3) wird häufig auch dafür benützt, um die Verschiebung von Elektronen **im Laufe einer Reaktion** anzuzeigen. Um Verwechslungen zu vermeiden, werden in diesem Buch für letzteren Fall *ausschließlich grüne Pfeile* verwendet.

handeln, so muß man dafür die Bezeichnung **«oxo»** verwenden. Komplizierte Aldehyde erhalten die Nachsilbe -carbaldehyd:

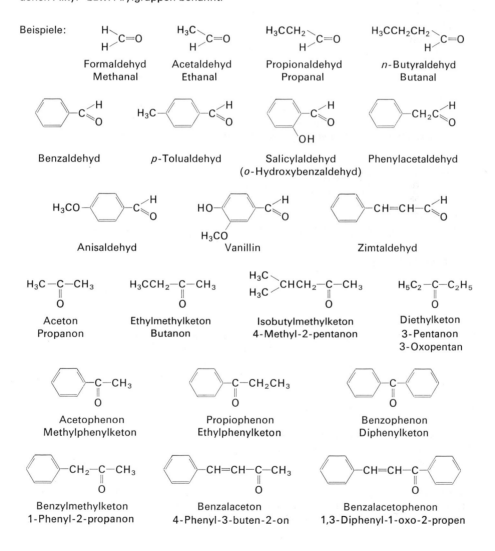

4-Methylcyclohexancarbaldehyd

Viele *Aldehyde* werden jedoch gewöhnlich nicht mit ihren IUPAC-Namen benannt, sondern besitzen Namen, die von den entsprechenden *Carbonsäuren* (zu welchen sie oxidiert werden können) abgeleitet sind. Manche Aldehyde, besonders aromatische, tragen auch *Trivialnamen*. *Ketone* werden häufig ähnlich wie die Ether durch die an die Carbonylgruppe gebundenen Alkyl- bzw. Arylgruppen benannt.

Beispiele:

Formaldehyd / Methanal

Acetaldehyd / Ethanal

Propionaldehyd / Propanal

n-Butyraldehyd / Butanal

Benzaldehyd

p-Tolualdehyd

Salicylaldehyd (o-Hydroxybenzaldehyd)

Phenylacetaldehyd

Anisaldehyd

Vanillin

Zimtaldehyd

Aceton / Propanon

Ethylmethylketon / Butanon

Isobutylmethylketon / 4-Methyl-2-pentanon

Diethylketon / 3-Pentanon / 3-Oxopentan

Acetophenon / Methylphenylketon

Propiophenon / Ethylphenylketon

Benzophenon / Diphenylketon

Benzylmethylketon / 1-Phenyl-2-propanon

Benzalaceton / 4-Phenyl-3-buten-2-on

Benzalacetophenon / 1,3-Diphenyl-1-oxo-2-propen

4 Verbindungen mit ungesättigten funktionellen Gruppen

Tabelle 4.2. Aldehyde und Ketone

Name	Formel	Fp. [°C]	Kp. [°C]
Formaldehyd	HCHO	− 92	−21
Acetaldehyd	H_3CCHO	− 121	20
Propionaldehyd	H_5C_2CHO	− 81	49
n-Butyraldehyd	H_7C_3CHO	− 99	76
Acrolein	$H_2C=CHCHO$	− 88	52
Crotonaldehyd	$H_3CCH=CHCHO$	− 69	104
Benzaldehyd	H_5C_6CHO	− 26	178
Salicylaldehyd	$o\text{-}HOC_6H_4CHO$	2	197
Zimtaldehyd	$H_5C_6CH=CHCHO$	− 7	254
Aceton	H_3CCOCH_3	− 94	56
Ethylmethylketon	$H_3CCOC_2H_5$	− 86	80
Mesityloxid	$(H_3C)_2C=CHCOCH_3$	42	131
Acetophenon	$H_5C_6COCH_3$	21	202
Benzophenon	$H_5C_6COC_6H_5$	48	306
Glyceraldehyd	$H_2CCHCHO$ $\;\;\vert\;\;\;\;\vert$ $HO\;\;OH$	142	$145^{0.8}$
Glyoxal	OHC—CHO	15	51
2,3-Butandion (Diacetyl)	$H_3CCOCOCH_3$	− 4	88
2,4-Pentandion (Acetylaceton)	$H_3CCOCH_2COCH_3$	− 23	139
2,5-Hexandion (Acetonylaceton)	$H_3CCO(CH_2)_2COCH_3$	− 6	194

Physikalische Eigenschaften. Dank ihrer polaren Carbonylgruppe schmelzen und sieden Aldehyde und Ketone höher als unpolare Verbindungen von ähnlicher Molekülmasse; da ihre Moleküle jedoch untereinander keine H-Brücken bilden können, liegen die Siedepunkte beträchtlich tiefer als bei entsprechenden Alkoholen oder Carbonsäuren (Tabelle 4.3).
Niedere Aldehyde und Ketone (bis etwa 5 C) sind in beträchtlichem Maß wasserlöslich, wobei sich nicht nur H-Brücken mit Wassermolekülen, sondern auch Additionsprodukte («*Hydrate*») bilden (S.503).

Tabelle 4.3. Siedepunkte verschiedener isomerer Verbindungen der Molekülmassen 72 und 74 u

	Molekülmasse [u]	Kp. [°C]
n-Butyraldehyd	72	76
Ethylmethylketon	72	80
n-Pentan	72	35
Diethylether	74	35
n-Butanol	74	118
Propionsäure	74	141

Die meisten niederen Aldehyde sind durch einen stechenden, unangenehmen Geruch gekennzeichnet. Manche, besonders aromatische Aldehyde, riechen ausgesprochen «aromatisch» und werden als Geruch- und Aromastoffe verwendet (Vanillin, Anisaldehyd, Zimtaldehyd u. a.).

4.1 Carbonylverbindungen: Aldehyde und Ketone

Spektroskopische Eigenschaften. Das *IR-Spektrum* bietet die sicherste Möglichkeit, das Vorhandensein einer Carbonylgruppe in einem Molekül zu erkennen, da die starke und scharfe Absorptionsbande der C=O-Streckschwingung (im Gebiet von etwa 1700 cm^{-1}) nahezu immer sehr deutlich in Erscheinung tritt und nur in Ausnahmefällen durch andere Absorptionsbanden teilweise verdeckt wird. Die Carbonylbande tritt selbstverständlich auch in den IR-Spektren von Carbonsäuren, Estern und anderen Säurederivaten auf; ihre genaue Lage läßt meist eindeutige Schlüsse auf die Art der vorliegenden Carbonylverbindung zu und vermittelt oft auch weitere Informationen über die Struktur des Moleküls (sie ist beispielsweise bei Z/E-Isomeren ungesättigter Carbonylverbindungen etwas verschoben).

Die *Aldehydgruppe* $\left(-C{\displaystyle{{\nearrow H}\atop{\searrow O}}}\right)$ zeigt zusätzlich zwei schwache Banden der C—H-Streckschwingung im Gebiet von 2700 bis 2800 cm^{-1}, die für Aldehyde charakteristisch sind. Auch das *UV-Spektrum* liefert wertvolle Informationen über die Struktur von Carbonylverbindungen, insbesondere dann, wenn die Carbonylgruppe einer C=C-Doppelbindung konjugiert ist. So ist bei α,β-ungesättigten Aldehyden und Ketonen die gewöhnlich im Gebiet von 270 bis 300 nm auftretende Absorptionsbande nach längeren Wellenlängen (280-330 nm) verschoben, und es tritt zusätzlich eine weitere, intensive Bande bei 215

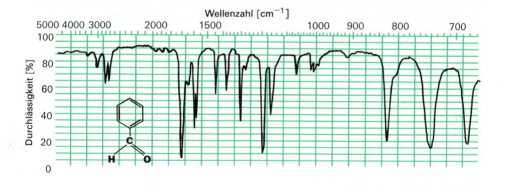

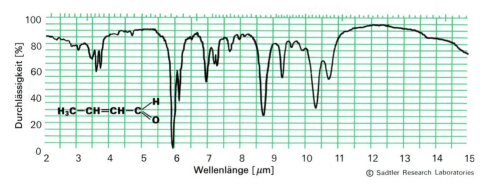

Abb. 4.1. IR-Spektren von Benzaldehyd (oben) und Crotonaldehyd (unten)
Man vergleiche die Lage der Carbonyl-Bande bei den beiden Aldehyden! In den Spektren ist auch die Bande der C—H-Streckschwingung des Aldehyd-H-Atoms gut zu erkennen (2700-2800 cm^{-1}); Crotonaldehyd zeigt zusätzlich die Bande der C=C-Streckschwingung (1640 cm^{-1})

Lage der Carbonylbande im IR-Spektrum verschiedener Aldehyde und Ketone [cm⁻¹]:

R—CHO	1720–1740	—C—C— (offenkettig) ‖ ‖ O O	1710–1730
Ar—CHO	1695–1717		
R₂C=O	1705–1725	—C=C—C— (Enole) ‖ | ‖ OH·····O	1540–1640
Ar\\C=O R/	1680–1700	Cyclobutanone	1780
\\C=C—CHO /	1680–1705	Cyclopentanone	1740–1750
		\\C=C=O (Ketene) /	2100–2150
\\C=C—C=O /	1665–1685	Chinone	1660–1690

bis 250 nm auf. Die genaue Lage dieser zweiten Bande vermag Aufschluß über Zahl und Lage der Substituenten am konjugierten System zu geben.

Im *NMR-Spektrum* zeigt sich die charakteristische Protonabsorption der *Aldehydgruppe* bei $\delta = 9.4$ bis 10.0 (bzw. bei $\delta = 9.7$ bis 10.5 im Falle aromatischer Aldehyde).

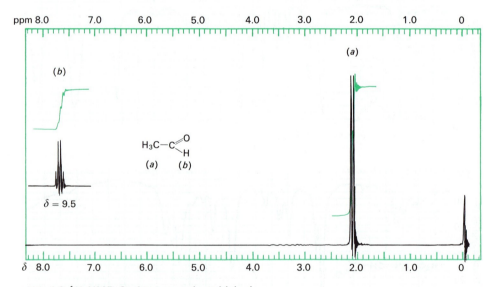

Abb. 4.2. ¹H-NMR-Spektrum von Acetaldehyd

4.1.2 Reaktionen

Aldehyde und Ketone sind reaktionsfähige, vielseitig verwendbare Verbindungen. Ihre Reaktionsfähigkeit beruht im wesentlichen auf folgenden Effekten:

4.1 Carbonylverbindungen: Aldehyde und Ketone

Tabelle 4.4. Übersicht über die wichtigsten Reaktionen der Aldehyde und Ketone

(1) Oxidation

(a) Aldehyde (S.618)

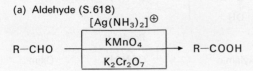

$$R-CHO \xrightarrow{\begin{array}{c}[Ag(NH_3)_2]^\oplus \\ KMnO_4 \\ K_2Cr_2O_7\end{array}} R-COOH$$

(b) Methylketone

$$\underset{\underset{O}{\|}}{R-C-CH_3} \xrightarrow{\text{Hypohalogenit}} R-COO^\ominus + CHX_3 \quad \text{Haloform-Reaktion (S.214)}$$

(2) Reduktion

(a) zu Alkoholen (S.623)

$$\hspace{-1em}\rangle C=O \xrightarrow{\begin{array}{c}H_2/Ni; Pt; Pd \\ LiAlH_4 \text{ oder } NaBH_4; H^\oplus \\ \text{Meerwein-Ponndorf}\end{array}} \underset{\underset{H}{|}}{-\overset{|}{C}-OH}$$

(b) zu Kohlenwasserstoffen (S.630)

$$\rangle C=O \xrightarrow{\begin{array}{c}Zn(Hg) + \text{konz. Salzsäure} \\ NH_2NH_2, \text{Base}\end{array}} \begin{array}{l} -\underset{H}{\overset{|}{C}}-H \quad \text{Clemmensen-Reduktion} \\ -\underset{H}{\overset{|}{C}}-H \quad \text{Wolff-Kishner-Reduktion} \end{array}$$

(c) reduktive Aminierung (S.512)

(3) Cannizzaro-Reaktion (S.214)

$$2\ -C\!\!\begin{array}{c}{\scriptstyle H}\\[-2pt]{\scriptstyle \|}\\[-2pt]{\scriptstyle O}\end{array} \xrightarrow{OH^\ominus} -COO^\ominus + -CH_2OH$$

(4) Addition von Alkoholen (und analog von Wasser) (S.418, 503)

$$\rangle C=O + 2\ ROH \xrightarrow{H^\oplus} -\underset{\underset{OR}{|}}{\overset{|}{C}}-OR \quad \text{Acetal-Bildung}$$

(5) Addition von Aminen an Aldehyde

$$R-CHO + H_2N-R' \rightarrow R-CH=N-R' \quad \text{ein Imin (Azomethin, «Schiffsche Base»)}$$
(S.510)

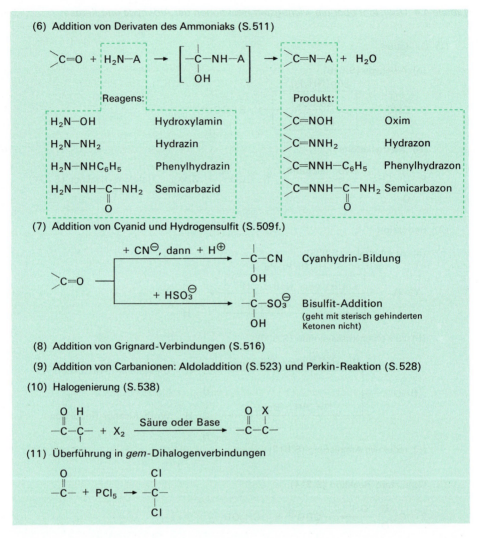

(a) Die *polare Doppelbindung* der Carbonylgruppe kann *nucleophile Reagentien addieren*. Dabei ist die planar gebaute $\overset{C}{\underset{C}{\diagdown}}C=O$-Gruppierung sterisch wenig gehindert (die Elektronenpaare der Doppelbindung bzw. die π-Elektronen stehen senkrecht zur $\overset{C}{\underset{C}{\diagdown}}C=O$-Ebene), so daß der Angriff eines weiteren Teilchens leicht erfolgen kann.

(b) Die elektronenanziehende Wirkung des Carbonylsauerstoffatoms polarisiert auch die C—H-Bindungen am α-C-Atom. Das ermöglicht die Abspaltung dieser H-Atome als $H^{\oplus}$-Ionen (d.h. bewirkt eine gewisse *Acidität* der H-Atome am α-C-Atom) so daß Partikeln mit negativ geladenem C-Atom *(Carbanionen)* entstehen («C—H-Acidität»[1]).

---

[1] Man vergleiche hierzu die **O**—H-Acidität des Wassers, der Alkohole, Phenole, Carbonsäuren und die **N**—H- und **S**—H-Acidität entsprechender **X**—H-Verbindungen.

4.1 Carbonylverbindungen: Aldehyde und Ketone   213

(c) Die Carbonylgruppe stellt selbst eine *mittlere Oxidationsstufe* dar. Dementsprechend lassen sich Aldehyde zu Carbonsäuren oxidieren, während sowohl Aldehyde wie Ketone durch verschiedene Methoden zu Alkoholen oder sogar Kohlenwasserstoffen reduziert werden können.

Obschon die nucleophilen Additionen an die Carbonylgruppe, die Reaktionen von Carbanionen sowie die Oxidations- und Reduktionsreaktionen im zweiten Teil dieses Buches ausführlich besprochen werden, sollen bereits hier im Zusammenhang mit der Carbonylgruppe als funktioneller Gruppe einige besonders wichtige Reaktionen dieser Art genannt werden (vgl. auch Tabelle 4.4).

Mit *Wasser* bilden Carbonylverbindungen in einer Gleichgewichtsreaktion *«Hydrate»*, in denen ein C-Atom zwei Hydroxylgruppen trägt:

$$\begin{array}{c} R \\ R' \end{array} C=O + H_2O \rightleftarrows \begin{array}{c} R \\ R' \end{array} C \begin{array}{c} OH \\ OH \end{array}$$

Wie bereits früher (S. 140) erwähnt wurde, sind solche *gem*-Dihydroxyverbindungen gewöhnlich nicht stabil, und beim Eindampfen der wäßrigen Lösung werden wieder die ursprünglichen Carbonylverbindungen zurückgebildet. Nur wenn das α-C-Atom stark *elektronenanziehende* Gruppen oder Atome als Substituenten trägt, sind die Hydrate auch in reinem Zustand beständig,[1] weil in ihnen die Dipol-Dipol-Abstoßung geringer ist, mit anderen Worten, weil die entsprechenden Carbonylverbindungen durch diese Abstoßung stark destabilisiert werden, so daß ihre freie Enthalpie höher ist als bei den Hydraten:

Chloral   Chloralhydrat

Urotropin

Ammoniak und verschiedene Ammoniakderivate können ebenfalls an die >C=O-Gruppe addiert werden. Formaldehyd bildet mit Ammoniak *«Urotropin»* (Hexamethylentetramin), $C_6H_{12}N_4$, eine hygroskopische, basische Substanz, die wie Adamantan gebaut ist und medizinisch als Antiseptikum der Harnwege verwendet wurde. Die Reaktionen von Carbonylverbindungen mit *Hydroxylamin, Hydrazin, Phenylhydrazin* und *Semicarbazid* ergeben gut kristallisierende, scharf schmelzende *Derivate* (Oxime, Hydrazone, Phenylhydrazone, Semicarbazone), die zur *Isolierung* und *Charakterisierung* von Carbonylverbindungen wichtig sind. Auch die Addition von $NaHSO_3$ an Aldehyde dient zur Abtrennung von Aldehyden aus Gemischen und zu ihrer Charakterisierung.

---

[1] Weitere Beispiele stabiler Hydrate: Hexafluoraceton (S. 503) Ninhydrin (S. 241, 503), Glyoxylsäure (S. 237).

4 Verbindungen mit ungesättigten funktionellen Gruppen

Für die präparative Chemie von großer Bedeutung sind die verschiedenen *Additionen* von *Carbanionen* an Carbonylverbindungen (**Aldoladdition, Perkin-Reaktion, Malonester-addition** usw.), da dadurch C—C-Bindungen geknüpft und somit kompliziertere Kohlenstoffgerüste aufgebaut werden können. Durch Wasserabspaltung aus den Additionsprodukten – die häufig sogar spontan erfolgt – erhält man α, β-ungesättigte Carbonylverbindungen:

$$H_3C-C\overset{H}{\underset{O}{\diagdown}} + H_3C-C\overset{H}{\underset{O}{\diagdown}} \xrightarrow{Base} H_3C-\underset{OH}{CH}-CH_2-C\overset{H}{\underset{O}{\diagdown}}$$

Aldol

$$\text{C}_6H_5-C\overset{H}{\underset{O}{\diagdown}} + H_3C-\underset{O}{\overset{\|}{C}}-CH_3 \xrightarrow{Base} \text{C}_6H_5-CH=CH-\underset{O}{\overset{\|}{C}}-CH_3 + H_2O$$

Benzalaceton

Auf die Acidität der H-Atome am α-C-Atom ist die bei Carbonylverbindungen auftretende **Tautomerie** zwischen Carbonyl- und Enolform zurückzuführen:

$$RCH-\underset{O}{\overset{}{C}}-R' \rightleftarrows RCH=\underset{OH}{\overset{}{C}}-R'$$

Dieses *Prototropiegleichgewicht* – das sich durch Wanderung eines Protons vom α-C-Atom zum Carbonylsauerstoffatom einstellt – liegt allerdings bei den meisten Carbonylverbindungen stark auf der Seite der Carbonylform. Nur wenn die Acidität dieser H-Atome besonders groß ist, wie etwa im 2,4-Pentandion *(«Acetylaceton»),* einem β-Diketon (**β-Dicarbonyl-verbindung**), überwiegt die Enolform im Gleichgewicht:

$$H_3C-\underset{O}{\overset{\|}{C}}-\underset{H}{\overset{|}{CH}}-\underset{O}{\overset{\|}{C}}-CH_3 \rightleftarrows H_3C-\underset{O}{\overset{\|}{C}}-CH=\underset{OH}{\overset{|}{C}}-CH_3$$

Von den zahlreichen, mit Carbonylverbindungen durchführbaren Oxidations- und Reduktionsreaktionen seien die **Cannizzaro-Reaktion**, die **Haloformreaktion** sowie die **Meerwein-Ponndorf-Reduktion** besonders erwähnt. Bei der ersteren handelt es sich um eine Disproportionierung, wobei eine mittlere Oxidationsstufe (der Aldehyd) zugleich in eine tiefere und eine höhere Stufe (einen Alkohol und eine Carbonsäure) übergeht:

$$OH^{\ominus} + 2\ H_5C_6CHO \longrightarrow H_5C_6CH_2OH + H_5C_6COO^{\ominus}$$

Die Cannizzaro-Reaktion ist nur mit Aldehyden möglich, die am α-C-Atom keine H-Atome tragen, weil sonst die (durch Basen katalysierte) Aldoladdition eintritt. – Bei der Haloformreaktion werden Methylketone durch Hypochlorit oder Hypoiodit zu Chloroform bzw. Iodoform oxidiert; die Bildung des gelben, schwerlöslichen, charakteristisch riechenden Iodoforms wird gelegentlich zum Nachweis solcher Ketone verwendet. Die Reaktion ist allerdings nicht spezifisch; auch Alkohole mit der Gruppierung $H_3C-\underset{OH}{\overset{|}{\underset{|}{C}}}-$ (wie z. B. Ethanol) geben mit

Hypoiodit Iodoform, wobei sie zuerst zum entsprechenden Keton oxidiert werden. – Die *Reduktion nach Meerwein-Ponndorf* eignet sich zur selektiven Reduktion von Carbonylverbindungen, wobei andere (an sich ebenfalls reduzierbare) funktionelle Gruppen, wie z. B. Nitrogruppen oder Doppelbindungen, nicht angegriffen werden:

$$\underset{R'}{\overset{R}{\diagdown}}C=O + H_3C-\underset{OH}{\overset{}{CH}}-CH_3 \xrightleftharpoons[]{\text{(Al-isopropylat)}} \underset{R'}{\overset{R}{\diagdown}}CH-OH + H_3C-\underset{\overset{\|}{O}}{C}-CH_3$$

Da es sich bei dieser Reaktion um eine Gleichgewichtsreaktion handelt, sorgt man durch Entfernen eines Produktes (des Acetons) aus der Reaktionsmischung für einen möglichst vollständigen Ablauf.

Die von **Wittig** (1954) entdeckte, interessante **Reaktion** zur Bildung ungesättigter Verbindungen aus Aldehyden und Ketonen (Ersatz von =O durch =CR$_2$) sei hier bloß erwähnt; sie wird später (S. 519) genauer besprochen.

Zum Nachweis von Aldehyden dient neben der **Fehling-Reaktion** (Reduktion von Cu^{+II} zu rotem Cu$_2$O) auch die Bildung eines *Silberspiegels* mit ammoniakalischer Silbersalzlösung [die Ag(NH$_3$)$_2^{\oplus}$-Komplexe enthält], sowie die Rotfärbung von *fuchsinschwefliger Säure*. Auch die schwerlöslichen Derivate, die sich aus Aldehyden mit *Dimedon* (5,5-Dimethyl-1,3-cyclohexandion) bilden, sind zum Nachweis und zur Charakterisierung von Aldehyden geeignet.

$$2 \text{ Dimedon} + R-CHO \rightarrow \text{Produkt} + H_2O$$

Dimedon (Ketoform)

Zur Identifizierung von Ketonen dienen hauptsächlich ihre *2,4-Dinitrophenylhydrazone* und *Semicarbazone*.

4.1.3 Herstellung und wichtige Beispiele

Die wichtigsten Methoden zur Gewinnung von Aldehyden und Ketonen sind in Tabelle 4.5 zusammengestellt. *Aldehyde* erhält man am einfachsten durch Oxidation primärer Alkohole oder durch Reduktion von Säurehalogeniden. Es ist dabei allerdings unter Umständen nicht leicht, die Oxidation auf der Stufe des Aldehyds anzuhalten, also zu verhindern, daß sie direkt bis zur Carbonsäure weiter geht. Zudem kann bei ungesättigten Alkoholen gleichzeitig auch die C=C-Doppelbindung oxidiert werden. Um eine Weiteroxidation zu unterbinden, kann man den Aldehyd – der ja stets tiefer siedet als der entsprechende Alkohol und die Carbonsäure – durch Destillation aus dem Reaktionsgemisch entfernen; eine andere Möglichkeit, durch Oxidation nur Aldehyd zu bekommen, besteht darin, daß der betreffende Alkohol an heißem Kupfer katalytisch dehydriert wird. Die **Oppenauer-Oxidation** (die Umkehrung der Meerwein-Ponndorf-Reduktion, S. 619) bietet eine Möglichkeit zur Oxidation ungesättigter Alkohole zu Aldehyden. In *aromatische Ringe* können Aldehydgruppen durch verschiedene Reaktionen eingeführt werden:

4 Verbindungen mit ungesättigten funktionellen Gruppen

C₆H₅OH + HCCl₃ →(NaOH aq, 70°C)→ HO-C₆H₄-CHO   **Reimer-Tiemann-Reaktion** (für Phenolaldehyde)

C₆H₆ + CO →(CuCl/HCl, AlCl₃)→ C₆H₅-CHO   **Gattermann-Reaktion** (geht nur mit Kohlenwasserstoffen)

C₆H₆ + F-CHO (Formylfluorid) →(BF₃)→ C₆H₅-CHO   **Olah-Reaktion**

C₆H₅-CH₃ →(CrO_2Cl_2 / H_2O)→ C₆H₅-CHO   **Etard-Reaktion**

Ketone lassen sich ebenfalls durch Oxidation (sekundärer) Alkohole oder aus Säurechloriden herstellen; im letzteren Fall setzt man den Ausgangsstoff mit **Organocadmiumverbindungen** um, die weniger reaktionsfähig sind als Grignard-Reagentien, so daß die Reaktion auf der Stufe des Ketons stehen bleibt:

$$2\ RMgX + CdCl_2 \longrightarrow R_2Cd + 2\ MgXCl$$

(geht nur, wenn R ein Aryl- oder primärer Alkylrest ist)

$$R_2Cd + 2\ R'COCl \longrightarrow 2\ R-\underset{\underset{O}{\|}}{C}-R' + CdCl_2$$

Tabelle 4.5. *Präparative Methoden zur Gewinnung von Aldehyden und Ketonen*

Herstellung von Aldehyden

(a) Oxidation primärer Alkohole (S. 146)

$$R-CH_2-OH \xrightarrow[K_2Cr_2O_7]{Cu,\ Erwärmen} R-\overset{H}{\underset{}{C}}=O$$

(b) Oxidation von Toluen oder substituierten Toluenen (S. 362)

Ar–CH₃ →(Cl₂, Erwärmen)→ ArCHCl₂ →(H_2O)→ Ar–CHO
Ar–CH₃ →(CrO₃, Acetanhydrid)→ ArCH(OOCCH₃)₂ →(H_2O)→ Ar–CHO

(c) Reduktion von Säurechloriden (S. 639)

$$R-COCl \xrightarrow{H_2/Pd-BaSO_4} R-CHO$$

(d) Reimer-Tiemann-, Gattermann-, Olah-, Vilsmeier-Reaktion für aromatische Aldehyde (S. 561 ff.)

(e) Sommelet- und Kröhnke-Reaktion (S. 615f.)

Herstellung von Ketonen

(a) Oxidation sekundärer Alkohole (S. 138, 619)

$$R-\underset{OH}{\underset{|}{CH}}-R' \xrightarrow[KMnO_4,\ K_2Cr_2O_7,\ CrO_3]{Cu,\ Erwärmen} R-\underset{O}{\underset{\|}{C}}-R'$$

(b) Friedel-Crafts-Acylierung mit Säurechloriden (S. 124, 557)

$$R-COCl + ArH \xrightarrow{AlCl_3} R-\underset{O}{\underset{\|}{C}}-Ar$$

(c) Reaktion von Säurechloriden mit Organocadmiumverbindungen (S. 483)

$$R'_2Cd + R-COCl \longrightarrow R-\underset{O}{\underset{\|}{C}}-R'$$

(d) Ketonspaltung von Acetessigesterderivaten (S. 368)

(e) Reaktion von Alkylboranen mit α-Halogenketonen (S. 425)

$$R_3B + BrCH_2COCH_3 \xrightarrow{Base} R-CH_2-\underset{O}{\underset{\|}{C}}-CH_3 + R_2B-Base$$

Beispiel: $2\ O_2N-C_6H_4-C(=O)Cl + (CH_3)_2Cd \longrightarrow 2\ O_2N-C_6H_4-\underset{O}{\underset{\|}{C}}-CH_3 + CdCl_2$

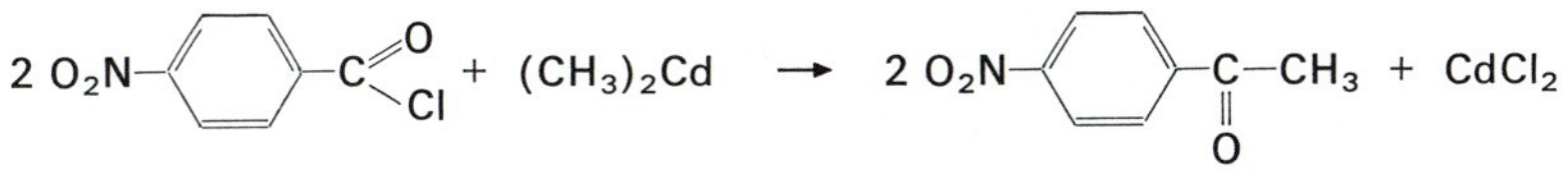

Die **Friedel-Crafts-Acylierung** aromatischer Ringe liefert aromatische oder aromatisch-aliphatische Ketone (S. 557). Komplizierter gebaute Ketone lassen sich durch Ketonspaltung von *Acetessigesterderivaten* erhalten (S. 368). Die Reaktion von *Trialkylboranen* mit α-Halogenketonen ergibt am α-C-Atom alkylierte Ketone.

Formaldehyd, Methanal, HCHO, der einfachste Aldehyd, ist ein farbloses, stechend riechendes Gas, das sich in Wasser unter fast vollständiger Hydratbildung löst. Eine 38%-Lösung kommt als *«Formalin»* in den Handel.
Formaldehyd wird technisch durch katalytische Oxidation von Methanol mit Luftsauerstoff gewonnen. Er polymerisiert leicht zu festem *«Paraformaldehyd»* mit linearen Makromolekülen $-CH_2-O-CH_2-O-CH_2-O-$ oder zu *Trioxan*, einem ringförmigen Molekül, das aus drei HCHO-Molekülen entsteht. Beide Polymerisate können durch Erhitzen wieder depolymerisieren und werden als «fester» Formaldehyd z. B. bei Grignard-Synthesen verwendet. Hochmolekulare Formaldehyd-Polymerisate können zu Fasern versponnen werden und sind wichtige Kunststoffe *(«Delrin»)*.

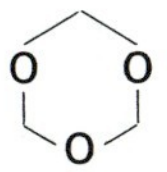

Trioxan

Acetaldehyd, Ethanal, CH_3CHO, wird technisch durch katalytische Dehydrierung von Ethanol, durch Addition von Wasser an Acetylen oder durch Einleiten von Ethen und Sauerstoff in eine wäßrige Lösung von Palladium(II)-chlorid und Kupfer(II)-chlorid bei 50°C gewonnen. Bei dieser «Direktoxidation» von Ethen **(«Wacker-Prozeß»)** spielen sich folgende Reaktionen ab:

$$H_2C=CH_2 + PdCl_4^{2\ominus} + H_2O \longrightarrow H_3CCHO + Pd + 4\,Cl^{\ominus} + 2\,H^{\oplus}$$
$$Pd + 2\,CuCl_2 + 4\,Cl^{\ominus} \longrightarrow PdCl_4^{2\ominus} + 2\,CuCl_2^{\ominus}$$
$$2\,CuCl_2^{\ominus} + 2\,H^{\oplus} + \tfrac{1}{2}\,O_2 \longrightarrow 2\,CuCl_2 + H_2O$$

Acetaldehyd ist ein Zwischenprodukt bei der technischen Essigsäuresynthese. Er ist eine farblose Flüssigkeit von stechendem Geruch, die unter dem Einfluß starker Säuren zu einem ringförmigen, ebenfalls flüssigen Produkt, dem *Paraldehyd* trimerisiert, der beim Erhitzen wiederum monomeren Acetaldehyd liefert. Führt man diese Reaktion bei 0°C durch, so entsteht das Tetramer, der feste *Metaldehyd*, der als Trockenspiritus im Handel ist.

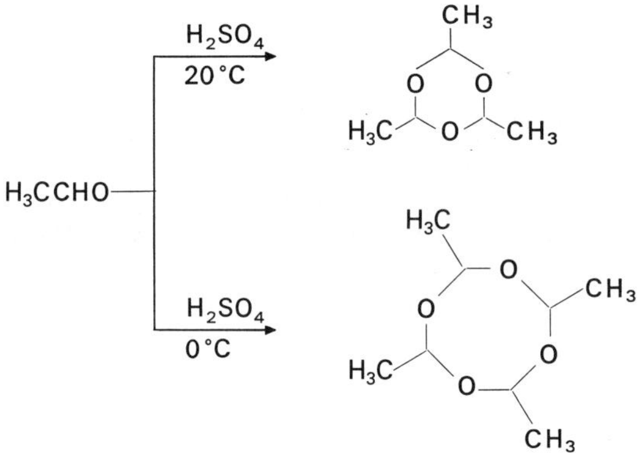

Acrolein, Propenal, $H_2C=CH-CHO$, der einfachste ungesättigte Aldehyd, läßt sich durch Dehydratisieren von Glycerol erhalten. Technisch gewinnt man Acrolein durch Aldoladdition von Formaldehyd an Acetaldehyd mit Silicagel:

$$HCHO + CH_3CHO \xrightarrow[-H_2O]{SiO_2} H_2C=CH-CHO$$

Auch durch Oxidation von Propen an Molybdän(VI)-oxid-Katalysatoren wird Acrolein hergestellt.

Acrolein ist eine farblose, äußerst stechend riechende, stark zu Tränen reizende Flüssigkeit. Es ist das einfachste Beispiel einer **«vinylogen»** Carbonylverbindung **(Vinylogieprinzip)**[1]. Hier sind die π-Elektronen über das ganze ungesättigte System delokalisiert, wodurch die positive Partialladung des Carbonyl-C-Atoms auf das α-C-Atom übertragen wird:

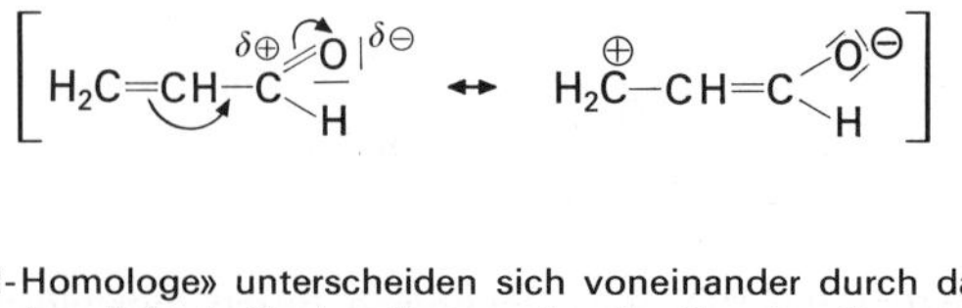

$$\left[H_2C=CH-C\overset{\delta\oplus}{\underset{H}{\overset{\overset{\delta\ominus}{O}}{\Big\Vert}}} \longleftrightarrow H_2\overset{\oplus}{C}-CH=C\overset{O^{\ominus}}{\underset{H}{\Big\langle}} \right]$$

---

[1] «Vinyloge» oder «Vinyl-Homologe» unterscheiden sich voneinander durch das Vorhandensein einer $-CH=CH-$ Gruppe in einer Kette in Konjugation zu einer bestimmten Gruppe. Acrolein ist vinylog zu Formaldehyd, 3-Penten-2-on ist vinylog zu Aceton.

Nucleophile Reagentien können deshalb auch am β-C-Atom angreifen. Dadurch entsteht zunächst ein Enol, das wiederum zum Aldehyd tautomerisiert, so daß im Endeffekt eine (nucleophile) Addition an die C=C-Doppelbindung eintritt:

$$H_2C=CH-CH=O + CH_3-MgBr \xrightarrow{H_3O^\oplus} H_3C-CH_2-CH=CH-O-H$$
$$\longrightarrow H_3C-CH_2-CH_2-CHO$$

Crotonaldehyd, 2-Butenal, $CH_3-CH=CH-CHO$, entsteht durch Aldoladdition von zwei Molekülen Acetaldehyd. Wegen der Vinylogie ist hier die Methylgruppe C–H-acid; das durch Einwirkung von Basen gebildete Carbanion kann an andere Aldehyde addiert werden:

$$H_3CCHO + H_3C-CH=CH-CHO$$
$$\xrightarrow{\text{Base}} H_3C-\underset{OH}{CH}-CH_2-CH=CH-CHO \xrightarrow{-H_2O} H_3C-CH=CH-CH=CH-CHO$$

Benzaldehyd, H_5C_6CHO, der wichtigste aromatische Aldehyd, ist eine Flüssigkeit mit charakteristischem Geruch nach bitteren Mandeln («Bittermandelöl», Verwendung als Aromastoff). Man gewinnt ihn durch Chlorieren von Toluen (unter Erhitzen) und anschließende Hydrolyse des dabei gebildeten Benzalchlorids ($H_5C_6CHCl_2$).

Die beiden als Lösungsmittel wichtigen Ketone **Aceton** und **Ethylmethylketon** (Propanon, H_3CCOCH_3 bzw. Butanon, $H_3CCH_2COCH_3$) können durch katalytische Dehydrierung der entsprechenden Alkohole (Isopropylalkohol bzw. sec-Butylalkohol) hergestellt werden. Aceton entsteht auch beim Erhitzen trockener Acetate:

$$2\ H_3CCOOK \longrightarrow H_3CCOCH_3 + K_2CO_3$$

Dieser (präparativ heute bedeutungslosen) Reaktion verdankt das Aceton seinen Trivialnamen. Beim Cumen-Phenol-Verfahren (S. 152) fällt Aceton als Nebenprodukt an. Es ist eine farblose, angenehm riechende Flüssigkeit, die sich mit Wasser, Ethanol und Diethylether in jedem Verhältnis mischt (Bedeutung als mittelpolares dipolar aprotisches Lösungsmittel!). Bei der Zuckerkrankheit (Diabetes mellitus) tritt Aceton als anormales Stoffwechselprodukt auf und wird im Harn ausgeschieden, in dem es durch die Iodoform-Reaktion oder den *Legal-Test* nachgewiesen werden kann (rote Farbreaktion beim Zusatz von Natriumpentacyanonitrosylferrat(II); beim Ansäuern mit Essigsäure Farbumschlag nach violett).

4.2 Carbonsäuren und ihre wichtigsten Derivate

Carbonsäuren, die Oxidationsprodukte der Aldehyde, enthalten eine **Carboxyl-Gruppe** (**–COOH**). Ihr Säurecharakter, d. h. die Fähigkeit der darin enthaltenen Hydroxylgruppe, ihr Proton auf Basen übertragen zu können, beruht hauptsächlich darauf, daß die konjugierte Base durch Delokalisation zweier Elektronenpaare stabilisiert wird.

$$-C\overset{O}{\underset{OH}{\diagdown}} \underset{+H^\oplus}{\overset{-H^\oplus}{\rightleftarrows}} \left[-C\overset{\bar{O}|}{\underset{\underset{\ominus}{\bar{O}|}}{\diagdown}} \leftrightarrow -C\overset{\overset{\ominus}{\bar{O}|}}{\underset{\bar{O}|}{\diagdown}} \right] \triangleq -C\overset{O}{\underset{O}{\diagdown}}^\ominus$$

Sind am α-C-Atom elektronenziehende Gruppen als Substituenten vorhanden, so wird die Säurestärke erhöht (**–I-Effekt**; siehe S. 306).

4.2.1 Nomenklatur und physikalische Eigenschaften

Nomenklatur. Viele Carbonsäuren sind schon sehr lange bekannt und tragen deshalb Trivialnamen (vgl. Tabelle 4.6). Man sollte sich von diesen Namen die Bezeichnungen der ersten 6 sowie der C_{12}, C_{16}, C_{18} und der aromatischen Säuren merken. Wird die IUPAC-Nomenklatur verwendet, so hängt man an den Stammnamen die Endung **-säure** an. Man kann auch das Wort *-carbonsäure* an den Namen des mit der —COOH-Gruppe verbundenen Restes anhängen.

Beispiele:

H₃CCOOH	Ethansäure	Methancarbonsäure (Essigsäure)
H₂C=CH—COOH	Propensäure	Vinylcarbonsäure
		1,4-Cyclohexandicarbonsäure
HOOC—C≡C—COOH	Butindisäure	Acetylendicarbonsäure

Tabelle 4.6. Carbonsäuren

Name	Formel	Fp. [°C]	Kp. [°C]	pK_s
Ameisensäure	HCOOH	8	100.5	3.8
Essigsäure	H₃CCOOH	16.6	118	4.8
Propionsäure	H₅C₂COOH	−22	141	4.9
Buttersäure	H₃C(CH₂)₂COOH	− 6	164	4.8
Isobuttersäure	(H₃C)₂CHCOOH	−47	155	4.9
n-Valeriansäure	H₃C(CH₂)₃COOH	−34.5	187	4.8
Trimethylessigsäure («Pivalinsäure»)	(H₃C)₃CCOOH	35.5	164	5.1
Capronsäure	H₃C(CH₂)₄COOH	− 1.5	205	4.9
Caprylsäue	H₃C(CH₂)₆COOH	16	237	4.9
Caprinsäure	H₃C(CH₂)₈COOH	31	269	
Laurinsäure	H₃C(CH₂)₁₀COOH	44		
Myristinsäure	H₃C(CH₂)₁₂COOH	54		
Palmitinsäure	H₃C(CH₂)₁₄COOH	63		
Stearinsäure	H₃C(CH₂)₁₆COOH	70		
Acrylsäure	H₂C=CHCOOH	13	141	4.3
Ölsäure	Z-9-Octadecensäure	16	223¹⁰	
Linolsäure	Z, Z-9-12-Octadecadiensäure			
Linolensäure	Z, Z, Z-9,12,15-Octadecatriensäure	− 5	230¹⁶	
		−11	232¹⁶	
Benzoesäure	H₅C₆COOH	122	250	4.2
Phenylessigsäure	H₅C₆CH₂COOH	78	265	4.3
o-Nitrobenzoesäure	o-O₂NC₆H₄COOH	147		2.2
Salicylsäure	o-HOC₆H₄COOH	159		3.0
Anthranilsäure	o-H₂NC₆H₄COOH	145		5.0
p-Aminobenzoesäure	p-H₂NC₆H₄COOH	187		4.9

4.2 Carbonsäuren und ihre wichtigsten Derivate

Physikalische Eigenschaften. Die Carboxylgruppe enthält eine polare C=O- und eine polare OH-Gruppe; die Moleküle der Carbonsäuren können daher unter sich zwei H-Brücken bilden und *assoziieren* damit zu ziemlich stabilen «Doppelmolekülen», welche nach Dampfdichtemessungen sogar im Dampfzustand (oberhalb des Siedepunktes) erhalten bleiben:

$$R-C{\overset{O----HO}{\underset{OH----O}{}}}C-R$$

Carbonsäuren sieden aus diesen Gründen noch höher als Alkohole vergleichbarer Molekülmasse (vgl. Tabelle 4.7).

Tabelle 4.7. Siedepunkte von Carbonsäuren und Alkoholen ähnlicher Molekülmasse [M]

	$M\,[u]$	Kp. [°C]
Ameisensäure	46	101
Ethanol	46	78
Essigsäure	60	118
Propanol	60	98
n-Octan	114	126

Im *festen Zustand* liegen die Säuren ebenfalls als Doppelmoleküle (dimer) vor. Die offenkettigen Säuren mit einer geraden C-Zahl können dabei eine symmetrischere und dichtere Anordnung bilden und schmelzen deshalb jeweils etwas höher als die Säuren mit ungeraden C-Zahlen (vgl. besonders Essigsäure mit Fp. 16.6°C und Propionsäure mit Fp. –22°C!). Die ersten vier Säuren lösen sich in jedem Verhältnis in Wasser. Ihre Lösungen reagieren deutlich sauer (pH 2.5 bis 3.5). Die höheren Säuren (ab etwa 6 C-Atomen) sind in Wasser wegen ihrer höheren Lipophilie wenig löslich oder nahezu unlöslich. Ihr saurer Charakter wird wegen der Unlöslichkeit in Wasser nur bei der Reaktion mit starken Basen offenbar; sie lösen sich beispielsweise in wäßrigen Alkalihydroxid- oder Hydrogencarbonatlösungen (letzteres im Gegensatz zu den meisten nicht durch elektronenanziehende Gruppen substituierten Phenolen). Ameisensäure, Essigsäure und Propionsäure sind stechend riechende, farblose Flüssigkeiten. Die Säuren mit 4 bis 8 C-Atomen sind dickflüssiger und riechen unangenehm schweißartig bis ranzig. Säuren mit mehr als 10 C-Atomen sind weiche, paraffinähnliche, in lipophilen Lösungsmitteln leicht lösliche Substanzen.

Spektroskopische Eigenschaften. Das IR-Spektrum der Carbonsäuren zeigt sowohl die charakteristischen Banden der C=O- und der O—H-Streckschwingung, sowie weitere, charakteristische Absorptionsbanden (Tabelle 4.8).
Die Lage der *Carbonylbande* wird in einem gewissen Maß durch das Ausmaß der *Assoziation* beeinflußt; sie ist darum je nach dem verwendeten Lösungsmittel oft etwas verschieden. Die gegenüber Alkoholen und Phenolen deutliche Verschiebung der *O—H-Bande* nach niedrigeren Frequenzen (Alkohole und Phenole absorbieren bei 3200 bis 3600 cm^{-1}) weist auf die größere Stärke der H-Brücken bei den Carbonsäuren hin. Die oft ziemlich breite Bande bei 920 cm^{-1} (O—H-Deformationsschwingung) verschwindet naturgemäß bei der Veresterung.
Im *NMR-Spektrum* ist das Carboxylproton deutlich zu erkennen: sein Absorptionssignal erscheint bei δ-Werten von 10.5 bis 12, d. h. bei niedriger Feldstärke (tiefem Feld).

4 Verbindungen mit ungesättigten funktionellen Gruppen

Lage der Carbonylbande im IR-Spektrum von Carbonsäuren und ihren Derivaten [cm^{-1}]:

R—COOH (gesättigt, aliphatisch)	1700–1725	(Bande der Dimere)
Ar—COOH	1680–1700	
R—COOH (α,β-ungesättigt)	1690–1715	
R—COCl	1790–1815	
Ar—COCl R—COCl (α,β-ungesättigt) }	1750–1790	
—CO—O—CO— (Anhydride; gesättigt)	1800–1850 1740–1790	Zwei Banden; in offenkettigen Anhydriden ist die Bande mit der höheren Wellenzahl intensiver
—CO—O—CO— (gesättigt; Fünfring)	1820–1870 1750–1800	
—CO—O— (Ester; gesättigt)	1735–1750	
—CO—O— (α,β-ungesättigte und aromatische Ester)	1715–1730	
—CO—NH$_2$	1690	(in Lösung; im festen Zustand bei 1650 cm^{-1})
—CO—NH—	1670–1700	(in Lösung; im festen Zustand bei 1640 cm^{-1})
—CO—N$\langle$	1630–1670	
—COO$^\ominus$	1550–1610 1300–1420	Zwei Banden (symmetrische und unsymmetrische Streckschwingung)

Tabelle 4.8. Absorptionsbanden der Carboxylgruppe im IR-Spektrum

Absorptionsbanden	Lage [cm^{-1}]
C=O-Streckschwingung	
aliphatische Carbonsäuren	1700–1725
aromatische Carbonsäuren	1680–1700
wenn nicht assoziiert	1760
O—H-Streckschwingung	2500–3000
O—H-Deformationsschwingung	1400 und 920
C—O-Streckschwingung	1250

Abb. 4.3. IR-Spektrum von Essigsäure

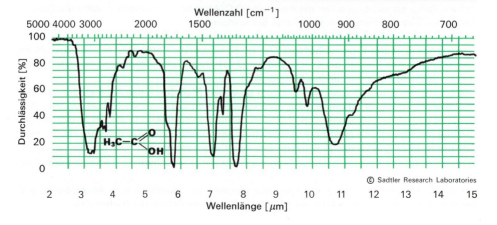

4.2.2 Reaktionen

Zu den wichtigsten Reaktionen der Carbonsäuren zählen die verschiedenen Möglichkeiten, ihre *Derivate* (Ester, Halogenide, Amide, Anhydride) zu erhalten. Die direkte **Veresterung** der Carbonsäuren wird durch Protonen katalysiert und führt zu einem typischen Gleichgewicht. Um die Ausbeute an Ester zu erhöhen, kann man entweder den Alkohol oder die Carbonsäure in einem großen Überschuß einsetzen oder ein Produkt durch Destillation aus dem Reaktionsgemisch entfernen. Häufig gelingt es, das dabei gebildete Wasser durch Zusatz eines «Schleppers», der mit Wasser ein azeotropes Gemisch bildet, abzutrennen («azeo-

Tabelle 4.9. Die wichtigsten Reaktionen der Carbonsäuren

(1) Überführung in Derivate

    (a) in Carbonsäurehalogenide (S. 481)

$$R-COOH + \{SOCl_2, PCl_3, PCl_5, PBr_3\} \longrightarrow R-CO-X \quad \text{Carbonsäurehalogenid}$$

    (b) in Carbonsäureester (S. 480ff.)

$$R-COOH + R'OH \underset{}{\overset{H^{\oplus}}{\rightleftarrows}} \underbrace{R-CO-O-R'}_{\text{Ester}} + H_2O$$

$$R-COCl + R'OH \longrightarrow R-CO-O-R' + HCl$$

    (c) in Carbonsäureamide (S. 482)

$$R-COOH \xrightarrow{NH_3} [R-COO]^{\ominus} NH_4^{\oplus} \xrightarrow[-H_2O]{\text{Erhitzen}} R-CO-NH_2$$

$$R-COCl + R'NH_2 \longrightarrow R-CO-NH-R' + HCl$$

(2) Reduktion (S. 638)

$$R-COOH \xrightarrow{LiAlH_4} R-CH_2OH$$

(3) Halogenierung (Hell-Volhard-Zelinsky-Reaktion) (S. 539)

$$R-CH_2-COOH + X_2 \xrightarrow{P_{rot}} R-CHX-COOH + HX \quad X_2 = Cl_2 \text{ oder } Br_2$$

(4) Decarboxylierung (S. 395, 495)
(wichtig für substituierte Malonsäuren und Acetessigsäuren)

$$C_6H_5-COO^{\ominus}Na^{\oplus} + \underset{\text{(Natronkalk)}}{NaOH/CaO} \xrightarrow{\text{Erwärmen}} C_6H_6 + Na_2CO_3$$

224 4 Verbindungen mit ungesättigten funktionellen Gruppen

trope Destillation», «Auskreisen» des Wassers). Zur Herstellung der *Carbonsäurehalogenide* setzt man die Säure mit $SOCl_2$ oder Phosphorhalogeniden um. *Carbonsäureamide* können aus Carbonsäurehalogeniden und Ammoniak (bzw. Aminen) oder durch Erhitzen der festen Ammoniumsalze gewonnen werden. Die Reaktion von Säuren mit einem Gemisch von rotem Phosphor und Brom (bzw. Chlor) liefert α-Brom-(-Chlor-)carbonsäuren, welche als Ausgangsstoffe für die Synthese von α-Hydroxy-oder α-Aminocarbonsäuren von Interesse sind **(Hell-Volhard-Zelinski-Reaktion)**.

4.2.3 Herstellung und wichtige Beispiele

Von den verschiedenen *Laboratoriumsmethoden* zur Gewinnung von Carbonsäuren seien hier die *Addition von Grignard-Reagentien* an CO_2, die *Hydrolyse von Nitrilen* und die **Malonestersynthese** besonders erwähnt, die alle eine Verlängerung von C-Ketten (Neubildung von C—C-Bindungen) ermöglichen. In allen drei Fällen geht man von Alkyl-(Aryl-)halogenverbindungen aus. Die durch Reaktion mit metallischem Magnesium erhaltenen Grignard-Verbindungen gießt man direkt auf (festes) Trockeneis oder man leitet CO_2-Gas in ihre Lösung ein. Die Nitril-Hydrolyse führt über die Zwischenstufe der Säureamide und kann bei schonender Durchführung der Hydrolyse hier angehalten werden. Die Reaktion wird sowohl durch Säuren wie durch Basen katalysiert; bei Verwendung von HCl als Katalysator

Tabelle 4.10. Methoden zur Herstellung von Carbonsäuren

(1) Oxidation primärer Alkohole (S. 146, 618)

$$R-CH_2OH \xrightarrow{KMnO_4 \text{ oder } CrO_3/H^\oplus} R-COOH$$

(2) Oxidation von Alkylbenzenen (S. 125)

$$Ar-R \xrightarrow[\text{Erwärmen}]{KMnO_4/OH^\ominus \text{ oder } K_2Cr_2O_7/H^\oplus} Ar-COOH$$

(3) Addition von Grignard-Verbindungen an CO_2 (S. 516)

$$R-MgX + CO_2 \longrightarrow R-C\begin{smallmatrix}\diagup O\\ \diagdown O-MgX\end{smallmatrix} \xrightarrow{H^\oplus} R-COOH$$

(4) Hydrolyse von Nitrilen (S. 533)

$$R-C\equiv N + 2 H_2O \xrightarrow{H^\oplus \text{ oder } OH^\ominus} R-COOH + NH_3$$

(5) Malonestersynthese ($HOOC-CH_2-COOH$ = Malonsäure) (S. 368)

$$R-X + R'-CH\begin{smallmatrix}\diagup COOC_2H_5\\ \diagdown COOC_2H_5\end{smallmatrix} \xrightarrow{NaOC_2H_5} \begin{smallmatrix}R\diagdown\\ \diagup\end{smallmatrix}C\begin{smallmatrix}\diagup COOC_2H_5\\ \diagdown COOC_2H_5\end{smallmatrix}$$
$$\begin{smallmatrix}R\diagdown\\ R'\diagup\end{smallmatrix}C\begin{smallmatrix}\diagup COOC_2H_5\\ \diagdown COOC_2H_5\end{smallmatrix} \xrightarrow[\text{Erhitzen } (-CO_2)]{\text{Verseifen und}} \begin{smallmatrix}R\diagdown\\ R'\diagup\end{smallmatrix}CH-COOH$$

(6) Perkin-Reaktion, Knoevenagel-Addition u. a. zur Herstellung von α,β-ungesättigten Carbonsäuren (S. 528)

erhält man NH$_4$Cl als Nebenprodukt, während die alkalische Hydrolyse freies Ammoniak liefert. Malonester bzw. substituierte Malonester werden zunächst durch Natriummethylat in ein Carbanion übergeführt (die H-Atome des Methylen-C-Atoms sind dank der Wirkung der beiden benachbarten Carbonylgruppen deutlich acid), und die Reaktion stellt eine normale S$_N$-Reaktion dar, wobei das Malonester-Carbanion als Nucleophil wirkt. Auch bei der **Knoevenagel-Addition** wird das Natriumsalz eines (substituierten) Malonesters verwendet, welches zunächst unter der Wirkung einer Base an die Carbonylgruppe eines Aldehyds bzw. Ketons addiert wird. Nach der Verseifung des Esters wird durch Erhitzen sowohl CO$_2$ wie H$_2$O abgespalten, so daß man schließlich eine ungesättigte Carbonsäure erhält:

$$\begin{array}{c}R\\R'\end{array}\!\!C=O \;+\; {}^{\ominus}\!HC\!\!\begin{array}{c}COOC_2H_5\\COOC_2H_5\end{array} \xrightarrow[\text{dann}+H^{\oplus}]{\text{Addition}} \begin{array}{c}R\\R'\end{array}\!\!C\!\!\begin{array}{c}OH\\CH\!\!\begin{array}{c}COOC_2H_5\\COOC_2H_5\end{array}\end{array}$$

$$\begin{array}{c}R\\R'\end{array}\!\!C\!\!\begin{array}{c}OH\\CH\!\!\begin{array}{c}COOC_2H_5\\COOC_2H_5\end{array}\end{array} \xrightarrow[-CO_2 \text{ und } -H_2O]{\text{Verseifen und Erwärmen}} \begin{array}{c}R\\R'\end{array}\!\!C=CH-COOH$$

Eine zur technischen Synthese von Carbonsäuren verwendete Methode ist die **Carbonylierung von Alkenen**. In Gegenwart von Nickeltetracarbonyl reagieren Alkene mit Kohlenmonoxid und Wasser bei etwa 250°C und unter einem Druck von 200 bar zu Carbonsäuren. Auf diese Weise wird z. B. Propionsäure industriell aus Ethen hergestellt. Auch durch saure Katalysatoren lassen sich Alkene carbonylieren; besonders milde Bedingungen (unter 50°C und 50 bis 100 bar) und hohe Ausbeuten erreicht man dann, wenn das Alken zunächst mit Kohlenmonoxid und dem Katalysator (unter möglichstem Ausschluß von Wasser) umgesetzt wird und das Reaktionsprodukt in einer zweiten Stufe mit Wasser reagiert:

$$H_3C-CH=CH_2 \xrightarrow{H^{\oplus}} \underset{\text{ein Carbeniumion}}{H_3C-\overset{\oplus}{C}H-CH_3} \xrightarrow{+\bar{C}O} \begin{array}{c}H_3C\\H_3C\end{array}\!\!CH-\overset{\oplus}{C}=O \xrightarrow[-H]{H_2\bar{O}} \begin{array}{c}H_3C\\H_3C\end{array}\!\!CH-COOH$$

Dabei treten allerdings häufig Isomerisierungen des intermediär gebildeten Carbeniumions auf, so daß durch diese Reaktion hauptsächlich sekundäre und tertiäre Carbonsäuren erhalten werden können.

Ameisensäure, HCOOH, ist die stärkste der unsubstituierten Monocarbonsäuren. Sie tritt in bestimmten Ameisen, im Zellsaft der Brennhaare von Brennesseln und in den Nesselkapseln der Hohltiere auf; technisch wird sie durch Reaktion von CO mit wäßriger NaOH bei hohen Temperaturen und unter Druck erhalten:

$$CO + NaOH \xrightarrow[7 \text{ bar}]{200°C} HCOO^{\ominus} \; Na^{\oplus} \xrightarrow{H^{\oplus}} HCOOH$$

Ameisensäure wird durch starke Oxidationsmittel leicht zu CO$_2$ und Wasser oxidiert. Unter der katalytischen Wirkung von Schwefelsäure zerfällt sie in CO und Wasser:

$$HCOOH \xrightarrow{[O]} CO_2 + H_2O \qquad HCOOH \xrightarrow{H^{\oplus}} CO + H_2O$$

Essigsäure, H_3CCOOH, eine der wichtigsten organischen Säuren überhaupt, entsteht durch Oxidation von Ethanol (über Acetaldehyd als Zwischenstufe). Technisch wird sie durch Carbonylierung von Methanol (mit Kobaltcarbonyl als Katalysator) oder durch katalytische Oxidtion von *n*-Butan über manganhaltigen Katalysatoren hergestellt:

$$H_3COH + CO \xrightarrow[210\,°C,\ 500\ bar]{Co_2(CO)_8} H_3CCOOH$$

$$H_3C(CH_2)_2CH_3 \xrightarrow[-H_2O]{5\ O,\ Mn^{2\oplus}} 2\ H_3CCOOH$$

In kleineren Mengen ist Essigsäure auch im Holzteer vorhanden, aus dem sie früher ebenfalls gewonnen wurde.

Die Essigsäure als Bestandteil des Speiseessigs entsteht durch bakterielle Oxidation des Alkohols aus vergorenen Fruchtsäften oder Wein. Im Gegensatz zur alkoholischen Gärung unterbleibt diese *«Essiggärung»* bei Luftabschluß, weil Sauerstoff als Wasserstoffacceptor oder Oxidationsmittel notwendig ist.

Reine Essigsäure *(«Eisessig»)* erstarrt bei 16.6 °C zu einer eisartigen, festen Masse. Sie ist ein wichtiges Zwischenprodukt zur Herstellung ihrer Salze, zur Darstellung ihrer Ester und wird überall dort verwendet, wo eine billige organische oder schwache Säure gebraucht wird.

Buttersäure, C_3H_7COOH kommt als Glycerolester in der Butter vor. Ranzige Butter und Schweiß enthalten geringe Mengen der freien Säure. Im Gegensatz zur Säure besitzen *Buttersäureester* von niedrigen Alkoholen einen ausgesprochen fruchtartigen, angenehmen Geruch (Verwendung als Aromastoffe).

Die eigentlichen **Fettsäuren**, *Laurinsäure* ($C_{11}H_{23}COOH$), *Palmitinsäure* ($C_{15}H_{31}COOH$) und *Stearinsäure* ($C_{17}H_{35}COOH$) bilden als *Glycerolester* den Hauptanteil pflanzlicher und tierischer Fette. Technisches *Stearin* ist ein Gemisch aus Palmitin- und Stearinsäure. Gemische höherer Fettsäuren können durch katalytische Oxidation von Paraffinen gewonnen werden.

Von den *ungesättigten* Carbonsäuren besitzen **Acrylsäure** und **Methacrylsäure** zur Herstellung glasartiger Polymerisate («Plexiglas») große technische Bedeutung. Acrylsäure bzw. Acrylester werden aus Ethylenoxid und HCN (über Ethylencyanhydrin) hergestellt:

$$H_2C\!\!-\!\!\!\underset{O}{\underset{|}{}}\!\!\!-\!\!CH_2 + HCN \longrightarrow HO-CH_2-CH_2-CN \xrightarrow{H^\oplus,\ H_2O} H_2C=CH-COOH$$

$$\xrightarrow[CH_3OH]{H^\oplus\downarrow} H_2C=CH-COOCH_3$$

Methacrylate entstehen in analoger Weiser aus Acetoncyanhydrin.

Höhere ungesättigte Carbonsäuren wie **Ölsäure** (mit einer Doppelbindung) und **Linolsäure** (mit zwei Doppelbindungen) treten ebenfalls als Glycerolester in Fetten und «fetten Ölen» auf (Olivenöl, Leinöl usw.). Dabei sind die Fette im allgemeinen um so weicher und leichter schmelzbar, je höher ihr Anteil an ungesättigten Fettsäuren ist (Ölsäure und Linolsäure mit der *Z*-Konfiguration an den Doppelbindungen schmelzen tiefer als ihre *E*-Isomere; vgl. die Schmelzpunkte von Öl- und von Elaidinsäure!). Gewisse ungesättigte Säuren, wie z. B. Linolsäure, sind für die menschliche Ernährung unentbehrlich (essentiell).

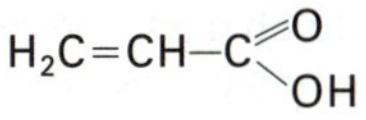

$$H_2C=CH-C\overset{O}{\underset{OH}{\diagdown}}$$
Acrylsäure

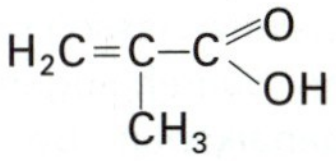

$$H_2C=\underset{CH_3}{C}-C\overset{O}{\underset{OH}{\diagdown}}$$
Methacrylsäure

$$H_3C(CH_2)_7CH=CH(CH_2)_7COOH$$
Ölsäure

$$H_3C(CH_2)_4CH=CHCH_2CH=CH(CH_2)_7COOH$$
Linolsäure

Benzoesäure, C_6H_5COOH, die wichtigste aromatische Carbonsäure (entdeckt durch Destillation von Benzoeharz), eine feste, in Wasser wenig lösliche Substanz, ist etwas stärker sauer als Essigsäure ($pK_s = 4.22$). Man gewinnt sie durch Oxidation von Toluen.

4.2.4 Salze der Carbonsäuren

Wie schon erwähnt, lösen sich auch höhere Carbonsäuren in wäßrigem Alkalihydroxid. Diese Tatsache ist für die Abtrennung und Reinigung der Säuren wichtig; wird z. B. ein flüssiges Gemisch mit wäßriger NaOH durchgeschüttelt (oder ein festes Gemisch mit der Hydroxidlösung extrahiert), so gehen Carbonsäuren in Form ihrer Anionen in die wäßrige Phase über und können dadurch von beigemischten Alkoholen, Kohlenwasserstoffen, Carbonylverbindungen usw. abgetrennt werden. Die freien Säuren werden durch Ansäuern ihrer Salzlösungen gewonnen.

4.2.5 Derivate der Carbonsäuren

Ersetzt man die Hydroxylgruppe der Säuren durch Alkoxy- oder Aminogruppen bzw. durch ein Halogenatom, so erhält man Carbonsäureester, Carbonsäureamide bzw. Carbonsäurehalogenide («**Acylhalogenide**»). Alle diese Verbindungen enthalten eine **Acylgruppe**,

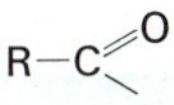

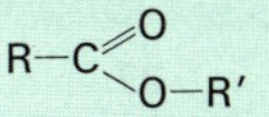

$$R-C\overset{O}{\diagdown}:$$

$R-C\overset{O}{\underset{O-R'}{\diagdown}}$	$R-C\overset{O}{\underset{NH_2}{\diagdown}}$	$R-C\overset{O}{\underset{NH-R'}{\diagdown}}$	$R-C\overset{O}{\underset{Cl}{\diagdown}}$
Carbonsäureester	Carbonsäureamid	substituiertes Amid	Carbonsäurehalogenid (Acylhalogenid)

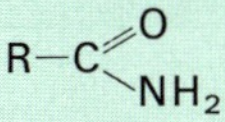

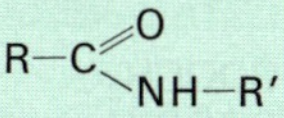

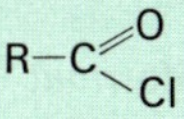

Durch Einwirkung wasserentziehender Mittel auf Carbonsäuren oder durch Reaktion von Acylhalogeniden mit Salzen von Carbonsäuren entstehen **Carbonsäureanhydride**:

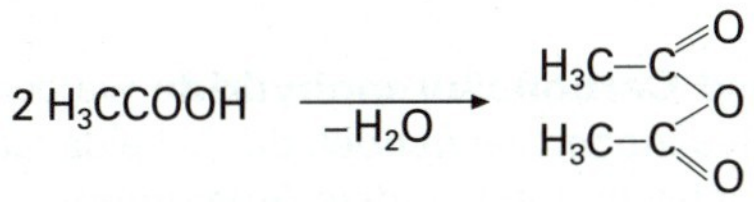

$$2\ H_3CCOOH \xrightarrow{-H_2O} \begin{array}{c} H_3C-C\overset{O}{\diagdown} \\ O \\ H_3C-C\overset{\diagup}{\underset{O}{}} \end{array}$$

Essigsäureanhydrid
Acetanhydrid

4 Verbindungen mit ungesättigten funktionellen Gruppen

Die **Ester** von Carbonsäuren lassen sich entweder durch direkte Veresterung gewinnen oder durch Umsetzung von Säurehalogeniden mit Alkoholen bzw. den Silbersalzen der Carbonsäuren mit Halogenalkanen. Bei der direkten Veresterung dauert die Einstellung des Gleichgewichtszustandes meist recht lange; sie kann jedoch durch die katalytische Wirkung von Protonen (aus starken Säuren) beschleunigt werden. Besonders langsam ist die Veresterung dann, wenn die betreffende Säure oder der Alkohol sterisch gehindert sind, d. h. wenn Carboxyl- oder Hydroxylgruppen durch raumbeanspruchende Substituenten gegen einen Angriff eines Reaktionspartners abgeschirmt werden. Trimethylessigsäure («Pivalinsäure»), o-substituierte Benzoesäuren einerseits, tertiäre Alkohole anderseits, verestern deshalb besonders langsam. Durch Erhitzen mit Wasser werden Ester allmählich zum Gemisch von Carbonsäure und Alkohol hydrolysiert *(«verseift»)*; schneller und vollständiger verläuft die **Verseifung**, wenn man statt Wasser wäßrige Alkalihydroxidlösungen verwendet, da dann die entstehende Säure in Form ihrer konjugierten Base dem Veresterungs- (bzw. Verseifungs-)gleichgewicht entzogen wird.

Ester niederer Carbonsäuren mit niederen Alkoholen (C_1 bis C_5) sind durch einen angenehmen, fruchtartigen Geruch ausgezeichnet *(«Fruchtester»)*. Manche von ihnen kommen in geringer Menge in reifen Früchten vor und werden als Aromastoffe für Limonaden und Bonbons sowie als Lösungsmittel verwendet. *Wachse* sind Ester höherer Carbonsäuren mit langkettigen Alkoholen. Bienenwachs enthält hauptsächlich Säuren und Alkohole mit 26 und 28 C-Atomen. *Fette* sind Glycerolester von Carbonsäuren mit C_{12} bis C_{18}.

Da den Estern die Fähigkeit zur Ausbildung von H-Brücken fehlt, sieden sie beträchtlich tiefer als die Carbonsäuren von vergleichbarer Molekülmasse. Ihre Wasserlöslichkeit entspricht etwa derjenigen der Ether von vergleichbarer C-Zahl. Niedere Ester werden häufig analog den Salzen benannt (obwohl sie keineswegs wie diese ionisch aufgebaut sind):

$H_3CCOOC_2H_5$ Ethylacetat, Essigsäureethylester («Essigester»)

$H_7C_3COOCH_3$ Methylbutyrat, Buttersäuremethylester

Tabelle 4.11. Beispiele von Fruchtestern

Name	Formel	Fp. [°C]	Kp. [°C]
Methylformiat	$HCOOCH_3$	− 99	32
Ethylformiat	$HCOOC_2H_5$	− 79	54
Methylacetat	$H_3CCOOCH_3$	− 99	57
Ethylacetat	$H_3CCOOC_2H_5$	− 84	77
n-Amylacetat	$H_3CCOOC_5H_{11}$	− 71	148
Isoamylisovalerat	$(H_3C)_2CHCH_2COO(CH_2)_2CH(CH_3)_2$		194

Carbonsäurehalogenide und **Carbonsäureanhydride** werden hauptsächlich als Ausgangsstoffe für synthetische Reaktionen verwendet, da sie beide reaktionsfähig sind und das Halogenatom bzw. der Acylrest leicht durch andere Atomgruppen verdrängt werden kann. Mit Wasser werden sie zur entsprechenden Carbonsäure hydrolysiert, während mit Alkoholen Ester, mit Ammoniak Amide, mit Aminen substituierte Amide entstehen:

4.2 Carbonsäuren und ihre wichtigsten Derivate

$$RCOCl + \begin{cases} H_2O \rightarrow RCOOH + HCl \\ R'OH \rightarrow RCOOR' + HCl \\ R'-NH_2 \rightarrow RCONH-R' + HCl \end{cases}$$

$$\begin{matrix} RC(=O) \\ RC(=O) \end{matrix}O + \begin{cases} H_2O \rightarrow 2\,RCOOH \\ 2\,R'OH \rightarrow 2\,RCOOR' + H_2O \\ 2\,NH_3 \rightarrow RCOONH_4 + RCONH_2 \end{cases}$$

Interessant und präparativ von Bedeutung ist die Einwirkung von Diazomethan (CH_2N_2) auf Carbonsäurechloride («**Arndt-Eistert-Reaktion**», vgl. S. 402):

$$R-C(=O)Cl + CH_2N_2 \rightarrow R-C(=O)-CH=\overset{\oplus}{N}=\overset{\ominus}{N} \xrightarrow[-N_2]{Ag, +H_2O} R-CH_2-C(=O)OH$$

ein Diazoketon

Als Zwischenprodukt tritt dabei ein «*Diazoketon*» auf. Der Beweis für die unter der Einwirkung von kolloidalem Silber anschließend erfolgende Umlagerung konnte mit radioaktiv markiertem Diazoketon erbracht werden:

$$H_5C_6-{}^{14}C(=O)-CH=\overset{\oplus}{N}=\overset{\ominus}{N} \xrightarrow{Ag + H_2O} H_5C_6-CH_2-{}^{14}C(=O)OH$$

Die Arndt-Eistert-Reaktion ermöglicht die Verlängerung einer C-Kette um ein C-Atom. Durch Abspaltung von HCl aus Carbonsäurechloriden (mittels Triethylamin oder metallischem Zink) erhält man **Ketene**:

$$(H_5C_6)_2CH-C(=O)Cl \xrightarrow[-HCl]{(C_2H_5)_3N} (H_5C_6)_2C=C=O$$

Diphenylketen

Auch die reaktionsfähigen Ketene sind wertvolle Ausgangssubstanzen für Synthesen. Das einfachste Keten, $CH_2=C=O$, ein häufig verwendetes Acetylierungsmittel, entsteht durch Pyrolyse von Aceton in einer «Ketenlampe» genannten Apparatur:

$$H_3CCOCH_3 \xrightarrow[-CH_4]{700-750\,°C} H_2C=C=O$$

Keten
(Kp. $-56\,°C$)

Niedere Acylhalogenide und Anhydride sind farblose, stechend riechende Flüssigkeiten. Säurehalogenide rauchen an der Luft stark, weil sie von der Luftfeuchtigkeit zu Carbonsäure und HCl hydrolysiert werden.

Carbonsäureamide erhält man durch Reaktion von Estern oder Säurehalogeniden mit Ammoniak bzw. Aminen oder durch Erhitzen der Ammoniumsalze von Carbonsäuren:

$$R-COOR' + NH_3 \rightarrow RCONH_2 + R'OH$$
$$R-COCl + NH_3 \rightarrow RCONH_2 + HCl$$
$$R-COONH_4 \rightarrow RCONH_2 + H_2O$$

Mit Ausnahme von Formamid sind die Amide bei Raumtemperatur feste, gut kristallisierende Substanzen. *Dimethylformamid* («DMF») ist ein wichtiges dipolar aprotisches Lösungsmittel (Kp. 153°C).

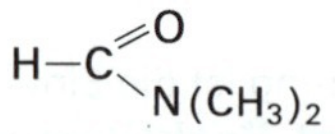

$$H-C\underset{N(CH_3)_2}{\overset{O}{\diagup\!\!\!\diagdown}}$$

N,N-Dimethylformamid

4.2.6 Dicarbonsäuren

Dicarbonsäuren (vgl. Tabelle 4.12) lassen sich nach prinzipiell gleichen Methoden erhalten wie Monocarbonsäuren, nur müssen als Ausgangsstoffe bifunktionelle Verbindungen verwendet werden:

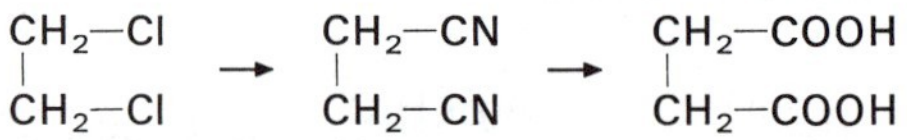

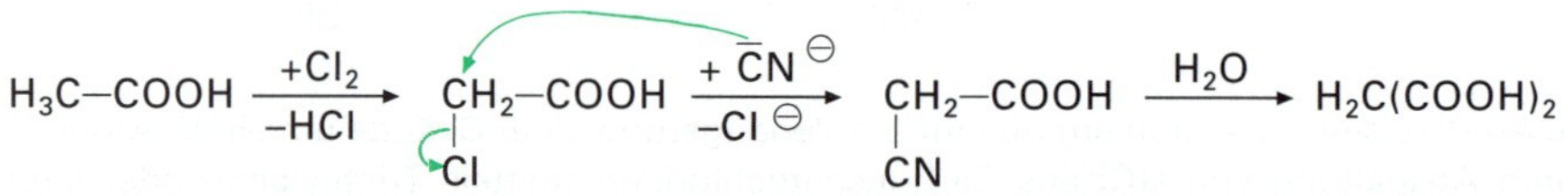

$$\begin{array}{c}CH_2-Cl\\|\\CH_2-Cl\end{array} \rightarrow \begin{array}{c}CH_2-CN\\|\\CH_2-CN\end{array} \rightarrow \begin{array}{c}CH_2-COOH\\|\\CH_2-COOH\end{array}$$

$$H_3C-COOH \xrightarrow[-HCl]{+Cl_2} \underset{Cl}{\overset{|}{CH_2-COOH}} \xrightarrow[-Cl^\ominus]{+CN^\ominus} \underset{CN}{\overset{|}{CH_2-COOH}} \xrightarrow{H_2O} H_2C(COOH)_2$$

Essigsäure   Chloressigsäure   Cyanessigsäure   Malonsäure

Tabelle 4.12. Dicarbonsäuren

Name	Formel	Fp. [°C]	pK_{s_1}	pK_{s_2}
Oxalsäure	HOOC—COOH	189	1.46	4.4
Malonsäure	HOOCCH$_2$COOH	135	2.83	5.9
Bernsteinsäure	HOOC(CH$_2$)$_2$COOH	185	4.17	5.6
Glutarsäure	HOOC(CH$_2$)$_3$COOH	97.5	4.33	5.6
Adipinsäure	HOOC(CH$_2$)$_4$COOH	151	4.43	5.5
Pimelinsäure	HOOC(CH$_2$)$_5$COOH	105	4.47	5.5
Korksäure	HOOC(CH$_2$)$_6$COOH	142	4.52	5.5
Maleinsäure	Z-HOOCCH=CHCOOH	130	1.9	6.5
Fumarsäure	E-HOOCCH=CHCOOH	287	3.0	4.5
Phthalsäure	1,2-C$_6$H$_4$(COOH)$_2$	231	2.96	5.4
Isophthalsäure	1,3-C$_6$H$_4$(COOH)$_2$	348.5	3.62	4.6
Terephthalsäure	1,4-C$_6$H$_4$(COOH)$_2$	300	3.54	4.5

4.2 Carbonsäuren und ihre wichtigsten Derivate   231

Gewisse Dicarbonsäuren lassen sich auch durch oxidative *Spaltung* von *Ringverbindungen* herstellen:

[Benzol] $\xrightarrow{O_2/V_2O_5, 400°C}$ Maleinsäureanhydrid $\xrightarrow{H_2O}$
$$\begin{array}{c} CH-COOH \\ \| \\ CH-COOH \end{array}$$
Maleinsäure $\xrightarrow{H_2/Pt}$
$$\begin{array}{c} CH_2-COOH \\ | \\ CH_2-COOH \end{array}$$
Bernsteinsäure

[Cyclohexanol]–OH $\xrightarrow[\text{Erhitzen}]{HNO_3}$ [Cyclohexanon]=O $\xrightarrow{Ox.}$ HOOC(CH$_2$)$_4$COOH
Adipinsäure

[Naphthalin] $\xrightarrow{O_2/V_2O_5, 475°C}$ Phthalsäureanhydrid $\xrightarrow{H_2O}$ Phthalsäure (o-C$_6$H$_4$(COOH)$_2$)

Auch bezüglich ihrer Reaktionen verhalten sich Dicarbonsäuren nicht anders als Monocarbonsäuren. Eine Besonderheit besteht darin, daß sie unter der Wirkung wasserentziehender Mittel *cyclische Anhydride* bilden. Entstehen dabei die sterisch günstigen 5- oder 6- Ringe, so tritt Wasserabspaltung bereits beim Erhitzen der Säure ein:

$$\begin{array}{c} CH-COOH \\ \| \\ CH-COOH \end{array} \rightarrow \text{Maleinsäureanhydrid} \; ; \quad \text{Phthalsäure} \rightarrow \text{Phthalsäureanhydrid}$$

Solche Anhydride bilden mit Alkoholen *Halbester,* mit Ammoniak *Halbamide* usw. Die Bildung von *Phthalsäurehalbestern* wird zur Spaltung racemischer Alkohole mit enantiomerenreinen Basen B (z. B. aus dem Naturstoffpool) benützt; vgl. Schema S. 232.

Als Beispiele von Dicarbonsäuren seien genannt:

Oxalsäure, HOOC—COOH, eine farblose, kristalline Substanz von ziemlich stark saurem Charakter ($pK_{s1} = 1.46$), kommt als saures Kaliumsalz in vielen Pflanzen vor, z. B. im Sauerklee und Rhabarber. Viele Pflanzenteile enthalten auch das schwerlösliche Calciumoxalat. Aus wäßrigen Lösungen kristallisiert Oxalsäure mit zwei mol Kristallwasser.
Beim Erhitzen mit konzentrierter Schwefelsäure zerfällt Oxalsäure in Kohlendioxid, Kohlenmonoxid und Wasser. Durch Permanganat wird sie zu Kohlendioxid und Wasser oxidiert, wobei das MnO$_4^\ominus$-Ion zu Mn$^{2\oplus}$ reduziert wird (Bedeutung für die Permanganometrie in der Maßanalyse).

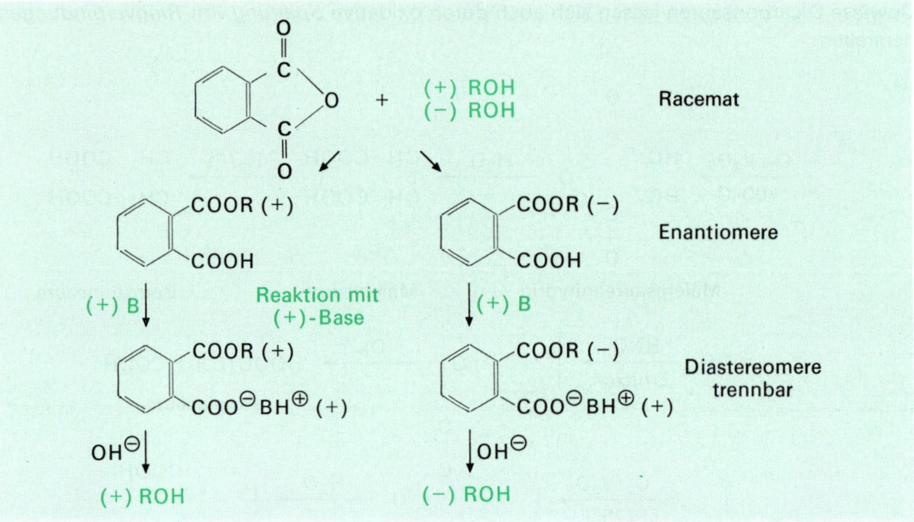

[Schema: Phthalsäureanhydrid + (+)ROH / (−)ROH → Racemat → Enantiomere → Reaktion mit (+)-Base → Diastereomere trennbar → (+)ROH und (−)ROH]

Malonsäure, HOOC—CH$_2$—COOH, wird – meist in Form ihres Diethylesters – für zahlreiche Synthesen (z. B. von α,β-ungesättigten Carbonsäuren) verwendet, da die H-Atome am C-Atom 2 verhältnismäßig stark acid sind und die durch Einwirkung von Natrium oder Natriummethylat auf Malonester entstehenden Carbanionen leicht an Carbonylgruppen addiert werden können. Die freie Säure sowie ihre Alkylderivate werden durch Erhitzen ziemlich leicht decarboxyliert. Mit Harnstoff entstehen die als Schlafmittel wichtigen Barbitursäurederivate (S. 243).

Bei der Einwirkung von Phosphor(V)-oxid auf Malonsäure entsteht *Kohlensuboxid*, ein giftiges, stechend riechendes Gas (Sdp. 7 °C), das als «Bisketen» für präparative Zwecke Bedeutung erlangt hat:

$$\text{HOOC—CH}_2\text{—COOH} \xrightarrow[-2\,H_2O]{P_4O_{10}} O{=}C{=}C{=}C{=}O$$

Kohlensuboxid

Bernsteinsäure [HOOC—(CH$_2$)$_2$—COOH], **Glutarsäure** [HOOC—(CH$_2$)$_3$—COOH] und **Adipinsäure** [HOOC—(CH$_2$)$_4$—COOH] sind wichtige Zwischenprodukte für Synthesen.

Die beiden stereoisomeren ungesättigten Dicarbonsäuren **Maleinsäure** und **Fumarsäure** bilden das klassische Beispiel eines Z/E-Isomerenpaares (Tabelle 4.13). Maleinsäure bildet beim Erhitzen auf 160 °C unter Wasserabspaltung ein cyclisches Anhydrid. Erhitzt man sie in einem zugeschmolzenen Rohr, so isomerisiert sie bei etwa 200 °C in die beständigere Fumarsäure. Diese bleibt bis weit über 200 °C unverändert und bildet erst oberhalb 275 °C das Anhydrid, wobei sie offenbar zuerst in Maleinsäure umgelagert wird.

Fumarsäure [die (E)-Form] bildet auch das stabilere Gitter (geringere Löslichkeit) und besitzt eine um 30 kJ/mol kleinere Verbrennungswärme. Von Interesse ist, daß das energiereichere (Z)-Isomer unter der Wirkung von Katalysatoren wie HCl oder HBr bereits bei Zimmertemperatur in die (E)-Säure umgelagert werden kann. Offenbar findet dabei eine vorübergehende Addition an die Doppelbindung statt, und die Elimination ergibt dann vorzugsweise das stabilere (E)-Isomer. Maleinsäureanhydrid dient häufig als «dienophile» Komponente zur Ausführung von Diels-Alder-Additionen (Bildung mehrcyclischer Ringsysteme, S. 67 und S. 448).

Tabelle 4.13. Physikalisch-chemische Konstanten von Malein- und Fumarsäure

	Maleinsäure	Fumarsäure
Schmelzpunkt [°C]	130	287
Löslichkeit in Wasser [g/100 ml; 25°C]	79	0.7
Dichte	1.6	1.6
Verbrennungswärme [kJ/mol]	1369	1339
pK_{s_1}	2	3
pK_{s_2}	6	4

Von den aromatischen Dicarbonsäuren seien **Phthalsäure** (Benzen-1,2-dicarbonsäure) und **Terephthalsäure** (Benzen-1,4-dicarbonsäure) erwähnt. Beide sind wichtige Zwischenprodukte für zahlreiche technische Synthesen (Terephthalsäure z. B. als Ausgangsstoff zur Gewinnung der Kunstfaser Terylen [Trevira, Diolen]; man erhält sie durch Oxidation von Naphthalen bzw. *p*-Xylen).

4.2.7 Hydroxy- und Ketosäuren

Hydroxysäuren enthalten neben der Carboxyl- noch eine (oder mehrere) Hydroxylgruppen. Je nach der Stellung der OH-Gruppe hat man zu unterscheiden zwischen:

α-Hydroxysäuren   H₃C—$\overset{\alpha}{C}$H—COOH   α-Hydroxypropionsäure (Milchsäure)
                             |
                             OH

β-Hydroxysäuren   H₃C—$\overset{\beta}{C}$H—CH₂—COOH   β-Hydroxybuttersäure
                             |
                             OH

γ-Hydroxysäuren,   δ-Hydroxysäuren usw.

α-Hydroxysäuren lassen sich entweder aus α-Halogencarbonsäuren durch S_N-Reaktion mit OH$^\ominus$-Ionen oder aus Carbonylverbindungen über Cyanhydrine als Zwischenstufe erhalten:

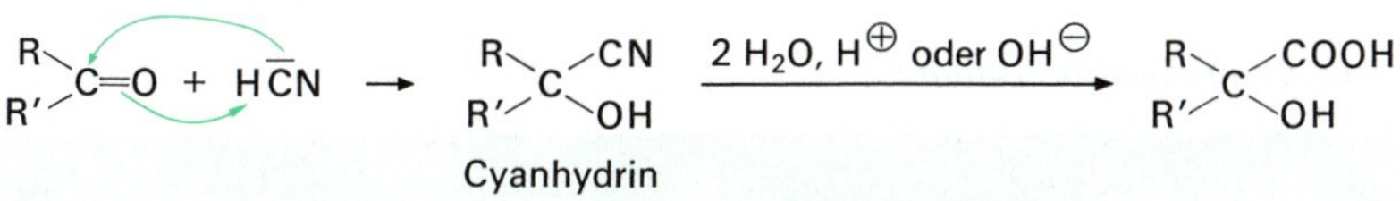

$$\underset{R'}{\overset{R}{>}}C=O + H\overline{C}N \longrightarrow \underset{R'}{\overset{R}{>}}C\underset{OH}{\overset{CN}{<}} \xrightarrow{2 H_2O, H^\oplus \text{ oder } OH^\ominus} \underset{R'}{\overset{R}{>}}C\underset{OH}{\overset{COOH}{<}}$$

Cyanhydrin

Zur Synthese von β-Hydroxysäuren dient die **Reformatzki-Reaktion**. Man läßt dabei α-Bromcarbonsäureester und metallisches Zink auf Carbonylverbindungen einwirken:

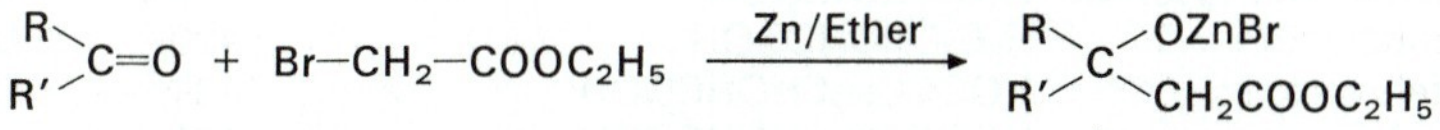

$$\underset{R'}{\overset{R}{>}}C=O + Br-CH_2-COOC_2H_5 \xrightarrow{Zn/Ether} \underset{R'}{\overset{R}{>}}C\underset{CH_2COOC_2H_5}{\overset{OZnBr}{<}}$$

Das Adduktwird durch verdünnte Mineralsäure gespalten: $\downarrow H^\oplus, H_2O$

$$\underset{R'}{\overset{R}{>}}C\underset{CH_2COOC_2H_5}{\overset{OH}{<}}$$

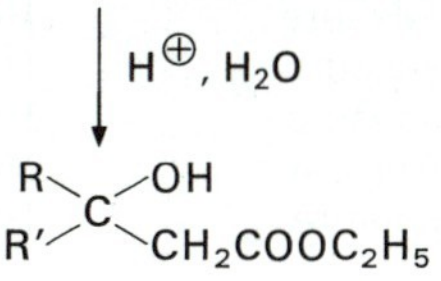

4 Verbindungen mit ungesättigten funktionellen Gruppen

Die Reformatzki-Reaktion verläuft analog der Grignard-Reaktion; die Verwendung von Zink an Stelle des reaktionsfähigeren Magnesiums bewirkt, daß nur Addition an die Carbonylgruppe des Aldehyds oder Ketons, nicht aber an die weniger reaktionsfähige C=O-Gruppe des Esters eintritt.

γ- und δ-Hydroxysäuren werden vor allem durch Reduktion entsprechender Ketocarbonsäuren erhalten; sie treten auch als Abbauprodukte von Kohlenhydraten auf.

Hydroxysäuren zeigen die Eigenschaften ihrer funktionellen Gruppen. So lassen sie sich beispielsweise sowohl an der Hydroxyl- wie an der Carboxylgruppe verestern. Beim Erhitzen (oft unter der katalytischen Wirkung von $H^{\oplus}$-Ionen) spalten sie Wasser ab, wobei je nach der Stellung der Hydroxylgruppe verschiedene Produkte entstehen. Bei β-Hydroxysäuren geschieht die Elimination von Wasser leicht und ergibt α,β-*ungesättigte Carbonsäuren*. Die Leichtigkeit, mit der diese Reaktion eintritt, ist eine Folge der Ausbildung des delokalisierten Elektronensystems C=C—C=O. Als Nebenprodukt entsteht jedoch immer auch etwas β,γ-ungesättigte Säure.

α-Hydroxysäuren bilden cyclische Ester, indem sich zwei Moleküle gegenseitig zu einem «*Lactid*» verbinden:

ein Lactid, enthält einen sechsgliedrigen Ring

Auch γ- und δ-Hydroxysäuren spalten Wasser ab, wobei sich intramolekulare Ester, sogenannte **Lactone**, bilden (Tendenz zur Bildung der relativ spannungsfreien fünf- oder sechsgliedrigen Ringe!). Lacton und freie Säure stehen häufig in einem Gleichgewicht miteinander, das meist sogar stark auf der Seite des Lactons liegt. Unter Wirkung von Basen erhält man daraus die freie Säure (in Form ihres Natriumsalzes).

ein δ-Lacton

Tabelle 4.14. Hydroxycarbonsäuren

Name	Formel	Fp. [°C]	pK_{S1}
Glycolsäure	HOCH$_2$COOH	80	3.8
(+)-Milchsäure	H$_3$CCHOHCOOH	53	
(±)-Milchsäure (Racemat)	H$_3$CCHOHCOOH	17	3.9
(±)-Mandelsäure	H$_5$C$_6$CHOHCOOH	120	3.4
(−)-Äpfelsäure	HOOCCH$_2$CHOHCOOH	101	3.4
(±)-Äpfelsäure	HOOCCH$_2$CHOHCOOH	130	3.4
(+)-Weinsäure	HOOCCHOHCHOHCOOH	170	2.9
(±)-Weinsäure	HOOCCHOHCHOHCOOH	205	3.0
meso-Weinsäure	HOOCCHOHCHOHCOOH	140	3.1
Citronensäure	HOOCCH$_2$C(OH)(COOH)CH$_2$COOH	153	3.1

Unter den Hydroxysäuren findet sich eine Reihe natürlich vorkommender Substanzen, wie **Milchsäure** (in saurer Milch als Racemat und im Muskel als rechtsdrehendes Enantiomer), **Äpfelsäure** (in Früchten), **Mandelsäure**, **Citronensäure** (eine dreiprotonige Hydroxysäure), **Weinsäure** (Weinstein ist Kaliumhydrogentartrat, also das saure Kaliumsalz der Weinsäure) usw.

$$H_3C-CH(OH)-COOH$$

Milchsäure
(Salze: Lactate)

$$HOOC-CH_2-CH(OH)-COOH$$

Äpfelsäure
(Salze: Malate)

$$H_5C_6-CH(OH)-COOH$$

Mandelsäure
(Salze: Amygdalate)

$$HOOC-CH_2-C(HOOC)(OH)-CH_2-COOH$$

Citronensäure
(Salze: Citrate)

$$HOOC-CH(OH)-CH(OH)-COOH$$

Weinsäure
(Salze: Tartrate)

Alle α-Hydroxysäuren (mit Ausnahme der Glycolsäure und der Hydroxymalonsäure) sind *optisch aktiv*. Die konfigurativen Zusammenhänge zwischen ihnen, dem als Bezugssubstanz gewählten *D*-(+)-Glyceraldehyd und den Kohlenhydraten wurden zum größten Teil bereits von E. Fischer um die Jahrhundertwende geklärt. *D*-(+)-Glyceraldehyd läßt sich beispielsweise durch eine Reihe von Reaktionen in (−)-Milchsäure überführen, ohne daß dabei eine Bindung zum asymmetrisch substituierten C-Atom gelöst wird, so daß (−)-Milchsäure ebenfalls die *D*-Konfiguration besitzt:

$$\underset{D-(+)-Glyceraldehyd}{\overset{CHO}{\underset{CH_2OH}{H-C-OH}}} \xrightarrow{Oxidation} \underset{D-(+)-Glycerolsäure}{\overset{COOH}{\underset{CH_2OH}{H-C-OH}}} \xrightarrow{PBr_3} \overset{COOH}{\underset{CH_2Br}{H-C-OH}} \xrightarrow{Zn, H^{\oplus}} \underset{D-(-)-Milchsäure}{\overset{COOH}{\underset{CH_3}{H-C-OH}}}$$

Tabelle 4.15. Eigenschaften der vier Weinsäuren

Isomer	Fp. [°C]	Dichte [g · cm^{-3}] 20°C	optische Drehung ($[\alpha]_D$ 20°C; in Wasser)	Löslichkeit in Wasser [g/100 g] 20°C
(+)-Weinsäure	170	1.76	+12	139
(−)-Weinsäure	170	1.76	−12	139
meso-Weinsäure	140	1.67	0	125
Traubensäure	203	1.68	0	21

Von den *Weinsäuren* (zwei gleichartig substituierte Chiralitätszentren) existieren (neben der Racemform[1]) drei Stereoisomere: die (+)- und (−)-Weinsäure und die *meso*-Weinsäure. Die *Konfigurationszuordnung* ist auf folgendem Weg möglich:

---

[1] Die racemische Weinsäure wird auch als «*Traubensäure*» bezeichnet. Von ihr stammen die Namen «racemisch» und «Racemat» (racemus lat. = Traube).

$$
\begin{array}{c}
\text{CHO} \\
\text{H}-\text{C}-\text{OH} \\
\text{CH}_2\text{OH} \\
\textit{D}\text{-}(+)\text{-Glycer-} \\
\text{aldehyd}
\end{array}
+ \text{HCN} \rightarrow
\begin{array}{c}
\text{CN} \\
\text{H}-\text{C}-\text{OH} \\
\text{H}-\text{C}-\text{OH} \\
\text{CH}_2\text{OH}
\end{array}
+
\begin{array}{c}
\text{CN} \\
\text{HO}-\text{C}-\text{H} \\
\text{H}-\text{C}-\text{OH} \\
\text{CH}_2\text{OH}
\end{array}
$$

(diastereomere Cyanhydrine; s. Bd. II)

Hydrolyse, anschließend Oxidation mit konz. HNO_3

$$
\begin{array}{c}
\text{COOH} \\
\text{H}-\text{C}-\text{OH} \\
\text{H}-\text{C}-\text{OH} \\
\text{COOH} \\
\text{(1)} \\
\textit{meso}\text{-Weinsäure}
\end{array}
\qquad
\begin{array}{c}
\text{COOH} \\
\text{HO}-\text{C}-\text{H} \\
\text{H}-\text{C}-\text{OH} \\
\text{COOH} \quad (2)\\
\textit{D}\text{-Weinsäure}
\end{array}
$$

Dabei entstehen die beiden Weinsäuren (1) und (2) allerdings nicht im Molverhältnis 1:1, sondern angenähert 1:3. Weil nämlich Glyceraldehyd bereits ein Chiralitätszentrum besitzt, sind die aktivierten Komplexe für die Addition von HCN diastereomer zueinander und deshalb von verschiedener Energie. Die Produkte (1) und (2) sind ebenfalls Diastereomere und lassen sich somit durch fraktionierte Kristallisation trennen. Das eine ist optisch inaktiv und nicht in Enantiomere spaltbar; es entspricht der *meso*-Weinsäure (1). Das andere ist mit der (−)-Weinsäure identisch, so daß dieser die *D*-Konfiguration zugeordnet werden muß.

Zur Gewinnung von **Ketocarbonsäuren** dienen hauptsächlich verschiedene Arten von «Esterkondensationen», die als «Claisen-Kondensationen» bezeichnet werden. Unter der Wirkung einer starken Base (z. B. Natriummethylat) verbinden sich zwei Moleküle Ester unter Abspaltung eines Moleküls Alkohol. Die Kondensation von zwei mol Carbonsäureester führt zu β-Ketoestern; kondensiert man ein mol Carbonsäureester mit einem mol Oxalsäureester, so erhält man (nach Verseifung und Decarboxylierung) eine α-Ketosäure:

$$R-CH_2-\underset{\underset{O}{\|}}{C}-OR' + \underset{R}{\overset{H}{\underset{|}{CH}}}-COOR' \xrightarrow{\ominus\bar{O}C_2H_5} R-CH_2-\underset{\underset{O}{\|}}{C}-\underset{R}{\overset{}{\underset{|}{CH}}}-COOR' + R'OH$$

β-Ketoester

$$\underset{COOR'}{\overset{H}{\underset{|}{R-CH}}} + R'O\overset{O}{\overset{\|}{C}}-COOR' \xrightarrow{\ominus OC_2H_5} \underset{COOR'}{\overset{}{\underset{|}{R-CH}}}-\overset{O}{\overset{\|}{C}}-COOR' + R'OH$$

$\downarrow$ Verseifen, Erhitzen $(-CO_2)$

$$R-CH_2-\overset{O}{\overset{\|}{C}}-COOH$$

α-Ketosäure

α-Ketocarbonsäuren spalten beim Behandeln mit konzentrierter Schwefelsäure Kohlenmonoxid ab und gehen in eine um ein C-Atom ärmere Carbonsäure über (**«Decarbonylierung»**)

$$R-\underset{\underset{O}{\|}}{C}-COOH \xrightarrow{H_2SO_4} R-COOH + CO$$

β-Ketocarbonsäuren sind im freien Zustand nicht beständig und spalten CO_2 ab, wodurch ein Keton entsteht. Diese **«Ketonspaltung»** tritt meist gleichzeitig mit der Verseifung der β-Ketoester ein und bildet eine wertvolle Methode zur Synthese von Ketonen:

$$R-CO-\underset{R}{CH}-COOR' \xrightarrow[OH^\ominus]{Verseifen} R-CO-\underset{R}{CH_2} + R'OH + CO_2$$

Glyoxylsäure – die einfachste Oxocarbonsäure – entsteht durch Oxidation von Weinsäure mit Blei(IV)-acetat:

$$\underset{HO-CH-COOH}{HO-CH-COOH} \xrightarrow{Ox.} 2\ O=CH-COOH$$

Glyoxylsäure ist nur in Form ihres *Hydrates* bekannt, weil die Carboxylgruppe ähnlich wie die drei Cl-Atome von Chloral stark elektronenanziehend wirkt und somit die Dipol-Dipol-Abstoßung im Hydrat geringer ist:

$$\underset{H}{O=C-COOH} \rightleftharpoons HO-\underset{H}{\overset{OH}{C}}-COOH$$

Brenztraubensäure (Fp. 13.6 °C, Kp. 165 °C), die einfachste α-Ketocarbonsäure, kann durch Pyrolyse von Wein- oder Traubensäure erhalten werden:

$$\underset{HO-CH-COOH}{HO-CH-COOH} \xrightarrow{-H_2O} \underset{HO-C-COOH}{CH-COOH} \rightleftharpoons \underset{O=C-COOH}{CH_2-COOH} \xrightarrow{-CO_2} \underset{O=C-COOH}{CH_3}$$
$$\text{Brenztraubensäure}$$

Brenztraubensäure (engl. Pyruvic acid; Salze: Pyruvate) nimmt im Stoffwechsel als intermediäres Abbauprodukt der Kohlenhydrate eine zentrale Stellung ein.
Die wichtigste β-Ketocarbonsäure ist **Acetessigsäure**, deren Ester durch Claisen-Kondensation von Essigsäureethylester erhalten werden kann:

$$2\ H_3CCOOC_2H_5 \xrightarrow{NaOC_2H_5} H_3CCO-CH_2COOC_2H_5 + H_5C_2OH$$
$$\text{Acetessigsäureethylester}[1]$$
$$\text{(«Acetessigester»)}$$

Die H-Atome am α-C-Atom von Acetessigester sind ziemlich stark acid (vgl. S. 330), so daß der Ester hauptsächlich in der tautomeren *Enolform* vorliegt:

---

[1] Die neu geknüpfte C—C-Bindung ist zur Verdeutlichung grün gekennzeichnet.

$$H_3C-C\overset{H}{\underset{O}{-}}CH-COOR \rightleftharpoons H_3C-C=CH-COOR \;\hat{=}\; H_3C\diagdown_{C}\overset{H}{\diagdown_{C}}\diagup^{OR}_{O\cdots H\cdots O}$$

Durch die Bildung intramolekularer H-Brücken ist hier – ähnlich wie beim Acetylaceton – die Enolform besonders stabilisiert.
Acetessigester läßt sich unter der Wirkung von Basen am α-C-Atom alkylieren, so daß er als Zwischenprodukt bei zahlreichen Synthesen verwendet werden kann.

$$H_3C-\underset{O}{\overset{\|}{C}}-\overset{H}{\underset{|}{C}}H-COOR' \xrightarrow[\text{Base}]{R-X} H_3C-\underset{O}{\overset{\|}{C}}-\underset{R}{\overset{|}{C}}H-COOR' + HX$$

4.2.8 Aminocarbonsäuren

Die α-Aminocarbonsäuren (kurz **«Aminosäuren»** genannt) – auf die wir uns hier beschränken – besitzen als Bausteine der Eiweiße (Proteine) große Bedeutung. Ihre allgemeine Formel ist

$$R-\underset{NH_2}{\overset{|}{C}H}-COOH$$

und sie unterscheiden sich im Aufbau des Restes «R» (vgl. Tabelle 4.16). Nahezu alle natürlichen α-Aminosäuren besitzen die *L*-Konfiguration.
Im Gegensatz zu gewöhnlichen Carbonsäuren oder Hydroxycarbonsäuren sind α-Aminosäuren relativ schwerflüchtige, in Wasser meist leicht, in unpolaren Lösungsmitteln kaum lösliche Substanzen, die ein hohes Dipolmoment besitzen. Sowohl ihre Säuren- wie Basenkonstanten sind meist auffallend klein [für Glycin (Aminoessigsäure) ist pK_s 9.8 und pK_b 11.62]; die entsprechenden Werte aliphatischer Carbonsäuren bzw. Amine haben dagegen die Größenordung $pK_s \approx 5$ und $pK_b \approx 4$.
Alle diese Eigenschaften lassen sich mit der oben formulierten Struktur nicht vereinbaren. In Wirklichkeit existieren die freien Aminosäuren als **«Zwitterionen»** (*«dipolare Ionen»*), weil das Carboxyl-Proton von der Aminogruppe gebunden wird:

$$R-\underset{NH_3^{\oplus}}{\overset{|}{C}H}-COO^{\ominus}$$

Die in wäßriger Lösung sauer wirkende Gruppe einer Aminosäure ist also die $-NH_3^{\oplus}$-Gruppe, und der potentiometrisch bestimmbare pK_s-Wert mißt die Säurestärke der protonierten Aminogruppe, (der pK_b-Wert bezieht sich auf die basische Wirkung der $-COO^{\ominus}$-Gruppe). Da pK_s und pK_b eines Säure-Base-Paares nach der Beziehung $pK_s + pK_b = 14$ zusammenhängen, ergibt sich für den pK_b-Wert der Aminogruppe die Größenordnung 4 und für den pK_s-Wert der Carboxylgruppe ungefähr 3, was durchaus den pK_b- und pK_s-Werten aliphatischer Amine bzw. Carbonsäuren entspricht.
Die wäßrige Lösung einer Aminosäure reagiert schwach basisch oder schwach sauer, je nachdem, ob der basische Charakter der $-COO^{\ominus}$-bzw. der saure Charakter der $-NH_3^{\oplus}$-

Tabelle 4.16. Aminosäuren aus Proteinen

Name	Symbol	Formel	Isoelektrischer Punkt	R_f [in 77% Ethanol]
Glycin	Gly	$H_2C(NH_2)COOH$	5.97	0.41
Alanin	Ala	$H_3CCH(NH_2)COOH$	6.00	0.60
Valin	Val	$(H_3C)_2CHCH(NH_2)COOH$	5.96	0.78
Leucin	Leu	$(H_3C)_2CHCH_2CH(NH_2)COOH$	6.02	0.84
Isoleucin	Ileu	$H_3CCH_2CH(CH_3)CH(NH_2)COOH$	5.98	0.84
Phenylalanin	Phe	⌬—$CH_2CH(NH_2)COOH$	5.48	0.85
Tyrosin	Tyr	HO—⌬—$CH_2CH(NH_2)COOH$	5.66	0.51
Prolin	Pro	H_2C-CH_2 / H_2C \ N / $CH-COOH$ / H	6.30	0.88
Hydroxyprolin	Hypro	$HO-CH-CH_2$ / H_2C \ N / $CH-COOH$ / H	5.83	0.63
Serin	Ser	$HOCH_2CH(NH_2)COOH$	5.68	0.36
Threonin	Thr	$H_3CCH(OH)CH(NH_2)COOH$		0.50
Cystein	Cys	$HSCH_2CH(NH_2)COOH$	5.05	–
Cystin	CyS·SCy	$[-SCH_2CH(NH_2)COOH]_2$	4.8	0.03
Methionin	Met	$H_3CSCH_2CH_2CH(NH_2)COOH$	5.74	0.81
Tryptophan	Try	⌬—$C-CH_2CH(NH_2)COOH$ \ N / CH / H	5.89	0.75
Asparaginsäure	Asp	$HOOCCH_2CH(NH_2)COOH$	2.77	0.19
Glutaminsäure	Glu	$HOOCCH_2CH_2CH(NH_2)COOH$	3.22	0.31
Arginin	Arg	$HN=C(NH_2)NHCH_2CH_2CH_2CH(NH_2)COOH$	10.76	0.89
Lysin	Lys	$H_2NCH_2CH_2CH_2CH_2CH(NH_2)COOH$	9.74	0.81
Histidin	His	N=C(H)–NH / HC=C–$CH_2CH(NH_2)COOH$	7.59	0.60

Gruppe überwiegt. Durch Erniedrigung des pH-Wertes erhält man die Aminosäure als Kation (die $-COO^\ominus$-Gruppe wird protoniert), während bei höheren pH-Werten die Aminosäure als Anion existiert (die $-NH_3^\oplus$-Gruppe spaltet ein Proton ab):

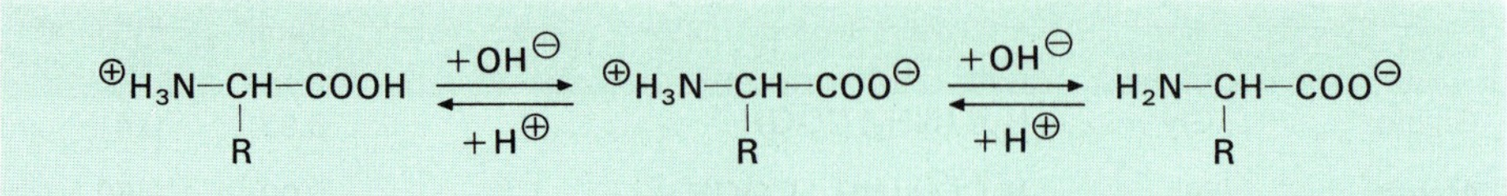

$$\overset{\oplus}{H_3N}-\underset{R}{CH}-COOH \underset{+H^\oplus}{\overset{+OH^\ominus}{\rightleftarrows}} \overset{\oplus}{H_3N}-\underset{R}{CH}-COO^\ominus \underset{+H^\oplus}{\overset{+OH^\ominus}{\rightleftarrows}} H_2N-\underset{R}{CH}-COO^\ominus$$

(1) (2) (3)

Sind die Konzentrationen von (1) und (3) gleich groß, so tritt im elektrischen Feld (bei der Elektrolyse) keine Ionenwanderung ein. Der diesem Zustand entsprechende pH-Wert wird **«isoelektrischer Punkt»** genannt. Nun sind Monoaminomonocarbonsäuren gewöhnlich etwas stärker sauer als basisch, so daß in der wäßrigen Lösung die Konzentration des Anions (3) größer ist als die Konzentration des Kations (1) (die Protonabgabe durch das dipolare Ion erfolgt in größerem Ausmaß als die Protonenaufnahme). Um den isoelektrischen Punkt zu erreichen, muß deshalb durch Zusatz von etwas Säure (d. h. durch Erniedrigung des pH-Wertes) die Protonenabgabe des dipolaren Ions zurückgedrängt werden. Aus diesem Grund liegt der isoelektrische Punkt gewöhnlich etwas unterhalb von pH 7 (bei Glycin z. B. bei pH 5.97). Beim isoelektrischen Punkt erreicht die Konzentration der Zwitterionen ein Maximum, die Löslichkeit der Aminosäure ein Minimum.

Zur präparativen Gewinnung von Aminosäuren kann man entweder α-Halogencarbonsäuren mit Ammoniak umsetzen

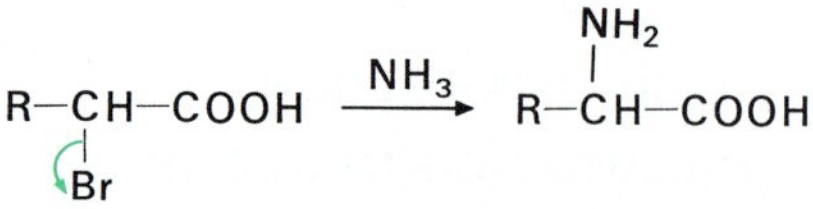

$$R-\underset{Br}{CH}-COOH \xrightarrow{NH_3} R-\underset{NH_2}{CH}-COOH$$

oder Cyanhydrine mit Ammoniak in α-Aminonitrile überführen und diese anschließend verseifen (**«Strecker-Synthese»**):

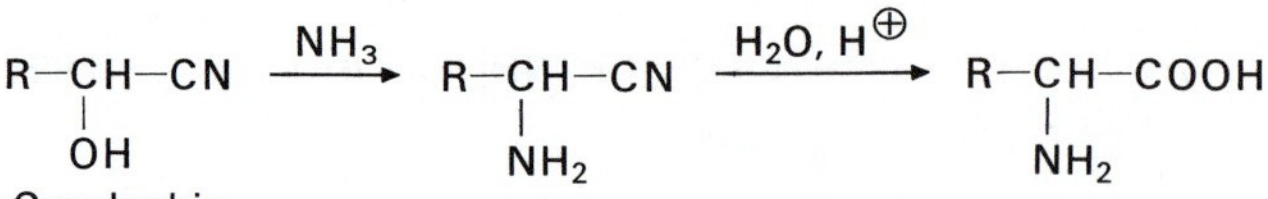

$$\underset{\text{Cyanhydrin}}{R-\underset{OH}{CH}-CN} \xrightarrow{NH_3} R-\underset{NH_2}{CH}-CN \xrightarrow{H_2O, H^\oplus} R-\underset{NH_2}{CH}-COOH$$

Eine weitere Methode benützt die schon auf S. 168 erwähnte Umsetzung mit Kaliumphthalimid (**«Gabriel-Synthese»**). Zu diesem Zweck läßt man Brommalonester mit Kaliumphthalimid reagieren, alkyliert das Produkt (unter der Wirkung einer starken Base) und hydrolysiert anschließend, wobei Phthalsäure abgespaltet wird, die Estergruppen hydrolysiert werden und eine Carboxylgruppe als CO_2 decarboxyliert:

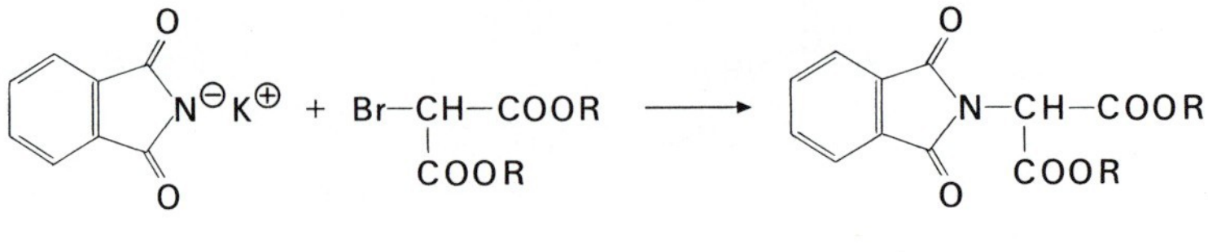

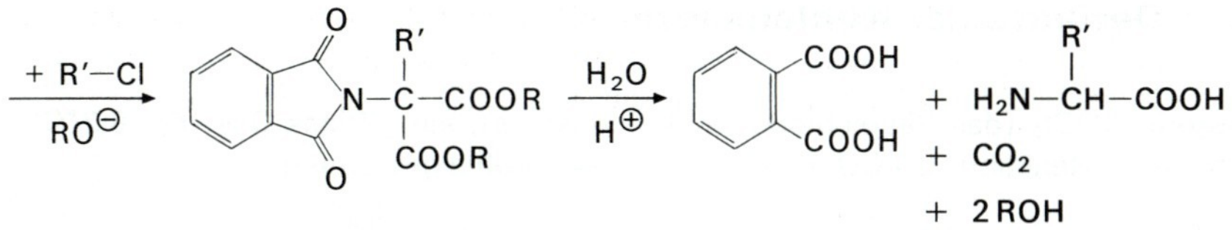

4.2 Carbonsäuren und ihre wichtigsten Derivate

Aminosäuren geben mit **Ninhydrin** eine charakteristische blauviolette Farbreaktion, die sowohl zur Sichtbarmachung einzelner Aminosäuren in Papier- oder Dünnschichtchromatogrammen als auch zur kolorimetrischen Bestimmung von Aminosäuren brauchbar ist. Die Bildung des Farbstoffes erfolgt gemäß nachstehenden Gleichungen:

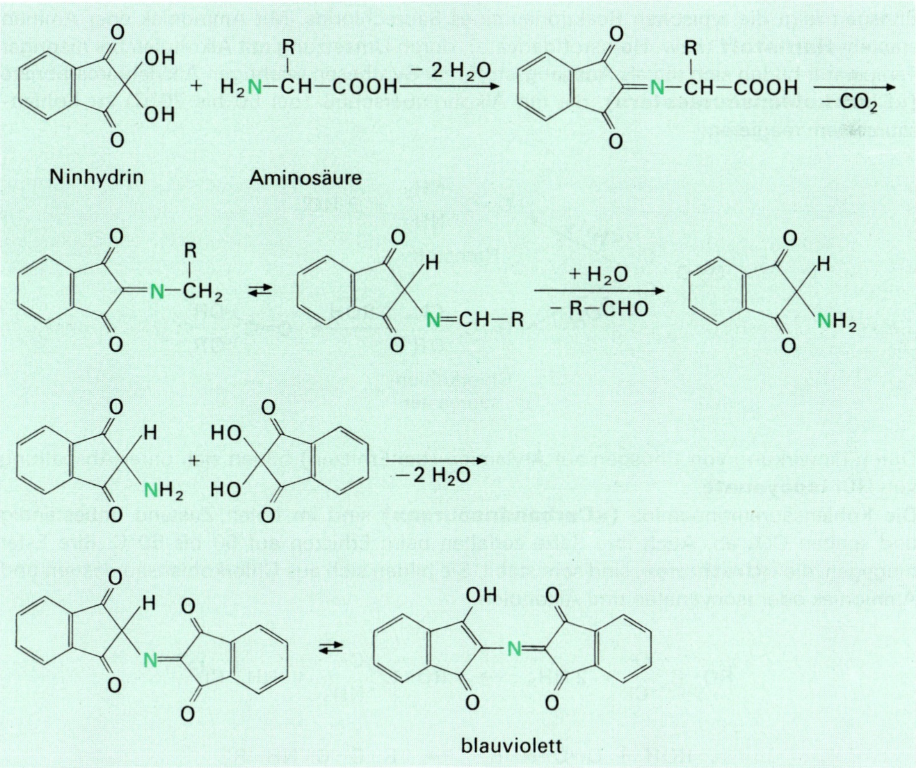

Ninhydrin   Aminosäure

blauviolett

4.3 Derivate der Kohlensäure

Phosgen, $COCl_2$ (das Säurechlorid der Kohlensäure), ein giftiges Gas (Kp. 8.2°C), wird durch direkte Reaktion von CO mit Chlor über Aktivkohle gewonnen:

$$CO + Cl_2 \xrightarrow{\text{Aktivkohle}} COCl_2$$

Es entsteht auch durch Luftoxidation von Chloroform:

$$HCCl_3 + \tfrac{1}{2} O_2 \longrightarrow COCl_2 + HCl$$

Phosgen zeigt die typischen Reaktionen eines Säurechlorids. Mit Ammoniak oder Aminen entsteht **Harnstoff** (bzw. Harnstoffderivate); durch Umsetzung mit Alkoholen bei niedriger Temperatur bilden sich die als Ausgangsstoffe für Synthesen wichtigen Alkylchlorcarbonate (**«Chlorkohlensäureester»**), die mit Alkoholüberschuß (bei 60 bis 70°C) zu Kohlensäureestern reagieren:

$$O=C\begin{smallmatrix}Cl\\Cl\end{smallmatrix} \xrightarrow{NH_3} O=C\begin{smallmatrix}NH_2\\NH_2\end{smallmatrix} + 2\,HCl \quad\text{(Harnstoff)}$$

$$O=C\begin{smallmatrix}Cl\\Cl\end{smallmatrix} \xrightarrow{ROH} O=C\begin{smallmatrix}Cl\\OR\end{smallmatrix} \xrightarrow{ROH} O=C\begin{smallmatrix}OR\\OR\end{smallmatrix}$$

Chlorkohlensäureester

Durch Einwirkung von Phosgen auf Arylamine (bei Erhitzen) bilden sich unter Abspaltung von HCl **Isocyanate**.

Die Kohlensäuremonoamide (**«Carbaminsäuren»**) sind im freien Zustand unbeständig und spalten CO_2 ab. Auch ihre Salze zerfallen beim Erhitzen auf 50 bis 60°C. Ihre Ester hingegen, die **«Urethane»**, sind sehr stabil. Sie bilden sich aus Chlorkohlensäureestern und Ammoniak oder Isocyanaten und Alkoholen:

$$RO-C\begin{smallmatrix}O\\Cl\end{smallmatrix} + 2\,NH_3 \longrightarrow RO-C\begin{smallmatrix}O\\NH_2\end{smallmatrix} + NH_4^\oplus Cl^\ominus$$

$$ROH + O=C=N-R' \longrightarrow R-O-\underset{\underset{O}{\|}}{C}-NH-R'$$

Die *Phenylurethane*, die sich aus Phenylisocyanat und Alkoholen bilden, haben meist einen scharfen Schmelzpunkt und kristallisieren gut; sie dienen zur Identifizierung und Charakterisierung von Alkoholen. Bifunktionelle Alkohole liefern mit Diisocyanaten die als Schaumstoffe wichtigen *Polyurethane* (z. B. «Moltopren»).

Harnstoff, $CO(NH_2)_2$, das Diamid der Kohlensäure, ein farbloser, gut kristallisierender Festkörper (Fp. 132°C), tritt als Endprodukt des Proteinstoffwechsels in erheblichen Mengen im Harn der Säugetiere auf. Man stellt ihn technisch zu Düngezwecken in großem Maßstab aus Ammoniak und CO_2 unter Druck her (Näheres siehe Band II):

4.3 Derivate der Kohlensäure

Tabelle 4.17. Derivate der Kohlensäure

$\left[\begin{array}{c}HO-\underset{\underset{O}{\|\|}}{C}-OH\end{array}\right]$	$Cl-\underset{\underset{O}{\|\|}}{C}-Cl$	$Cl-\underset{\underset{O}{\|\|}}{C}-OC_2H_5$
Kohlensäure	Phosgen	Chlorkohlensäureester
$\left[\begin{array}{c}HO-\underset{\underset{O}{\|\|}}{C}-NH_2\end{array}\right]$	$H_5C_2O-\underset{\underset{O}{\|\|}}{C}-NH_2$	$H_2N-\underset{\underset{O}{\|\|}}{C}-NH_2$
Carbaminsäure	ein Urethan	Harnstoff
$\left[\begin{array}{c}HO-\underset{\underset{O}{\|\|}}{C}-OC_2H_5\end{array}\right]$	$H_5C_2O-\underset{\underset{O}{\|\|}}{C}-OC_2H_5$	
Kohlensäure-monoethylester	Kohlensäure-diethylester	
$[HO-C\equiv N]$	$H-N=C=O$	$H_5C_2-N=C=O$
Cyansäure	Isocyansäure	Isocyansäureester

$$2\,NH_3 + CO_2 \longrightarrow H_2N-\underset{\underset{O}{\|\|}}{C}-O^{\ominus}NH_4^{\oplus} \longrightarrow H_2N-\underset{\underset{O}{\|\|}}{C}-NH_2 + H_2O$$
Ammoniumcarbamat

Von historischem Interesse ist die Wöhlersche Harnstoffsynthese aus Ammoniumcyanat:

$$NH_4^{\oplus}OCN^{\ominus} \longrightarrow CO(NH_2)_2$$

Harnstoff ist eine schwache Base und bildet mit starken Mineralsäuren Salze. Unter der Einwirkung des Enzyms Urease, aber auch unter der katalytischen Wirkung von $H^{\oplus}$-oder $OH^{\ominus}$-Ionen, wird er hydrolysiert:

$$OC(NH_2)_2 \xrightarrow{H_2O} \begin{cases} \xrightarrow{H^{\oplus}} NH_4^{\oplus} + CO_2 \\ \xrightarrow{OH^{\ominus}} NH_3 + CO_3^{2\ominus} \\ \xrightarrow{Urease} NH_3 + CO_2 \end{cases}$$

Mit salpetriger Säure bilden sich CO_2 und Stickstoff. Eine wichtige Gruppe von Verbindungen, die **Barbitursäure** und ihre Derivate, entsteht durch Reaktion von Harnstoff mit Malonester bzw. substituierten Malonestern:

$$O=C\begin{smallmatrix}NH_2\\NH_2\end{smallmatrix} + \begin{smallmatrix}C_2H_5O\underset{O}{\overset{\|\|}{C}}\\C_2H_5O\underset{O}{\overset{\|\|}{C}}\end{smallmatrix}CH_2 \xrightarrow[\text{in }C_2H_5OH]{\underset{110°C}{NaOC_2H_5}} O=C\begin{smallmatrix}\overset{H}{N}-\underset{O}{\overset{\|\|}{C}}\\\underset{H}{N}-\underset{O}{\overset{\|\|}{C}}\end{smallmatrix}CH_2 + C_2H_5OH$$
Barbitursäure

4 Verbindungen mit ungesättigten funktionellen Gruppen

Gewisse Barbiturate und Barbitursäurederivate finden als Schlaf- bzw. Beruhigungsmittel Verwendung.

Semicarbazid, $H_2NNHCONH_2$, das Carbaminsäurehydrazid, entsteht aus Kaliumcyanat und Hydrazin unter dem Einfluß von Säuren:

$$HOCN + NH_2NH_2 \longrightarrow O=C\begin{smallmatrix}NH_2\\NHNH_2\end{smallmatrix}$$

(Die Reaktion ist der Wöhlerschen Harnstoffsynthese analog!)

Die **Cyansäure**, $HO-C\equiv N$, ist gewissermaßen das Nitril der Kohlensäure. Die freie Säure steht im Gleichgewicht mit der *Isocyansäure*, $H-N=C=O$. Sowohl die freie Cyansäure wie auch ihr Chlorid, das giftige Chlorcyan, trimerisiert leicht zur *Cyanursäure* bzw. zum *Cyanurchlorid*, heterocyclischen 6-Ringen (1, 3, 5-Triazinen) von aromatischem Charakter:

3 HOCN ⇌ Cyanursäure ; 3 Cl—CN ⇌ Cyanurchlorid Trichlortriazin

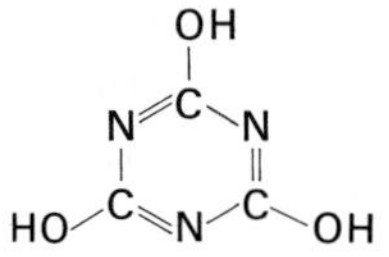

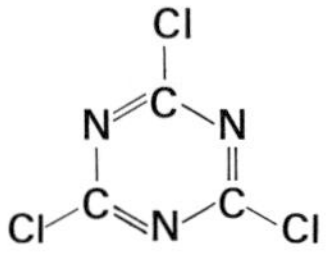

4.4 Nitrile

Nitrile (Cyanide) sind Verbindungen mit der $-C\equiv N$-Gruppe als funktioneller Gruppe. Man erhält sie entweder durch Wasserabspaltung aus Amiden (z. B. mittels $SOCl_2$) oder aus Halogenalkanen bzw. Dialkylsulfaten oder Tosylaten durch Umsetzung mit KCN:

$$R-C(=O)NH_2 \xrightarrow{-H_2O} R-C\equiv N$$

$$R-Cl \xrightarrow{+CN^\ominus} R-C\equiv N$$

Auch aus Aldoximen ($R-CH=NOH$) werden Nitrile durch Wasserabspaltung gewonnen. Technisch werden Nitrile durch Umsetzung von Aldehyden mit Ammoniak (bei 200 bis 240 °C an ThO_2-Kontakten) hergestellt:

$$R-CH=O + NH_3 \longrightarrow R-CH=NH + H_2O$$
$$R-CH=NH \longrightarrow R-CN + H_2$$

Alkyl- und einfache Arylnitrile sind Flüssigkeiten oder Festkörper, die ein ziemlich hohes Dipolmoment besitzen. Ähnlich wie die Aldehyde werden besonders die niedrigen Nitrile oft nach den Säuren benannt, die durch Hydrolyse aus ihnen gebildet werden:

H_3C-CN	H_3CCH_2-CN	$H_3CCH_2CH_2-CN$	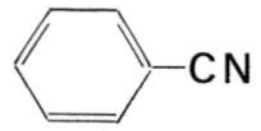 Ph—CN
Acetonitril	Propionitril	Butyronitril	Benzonitril

4.4 Nitrile

Das einfachste Nitril ist der *Cyanwasserstoff* (**«Blausäure»**), das Nitril der Ameisensäure, ein äußerst giftiges, farbloses[1], nach bitteren Mandeln riechendes Gas (Kp. 26°C). Die letale Dosis beträgt 50 bis 60 mg. Die Giftwirkung beruht darauf, daß $CN^{\ominus}$-Ionen die Metallionen gewisser schwermetallhaltiger Enzyme durch Komplexbildung inaktivieren. Alkylnitrile sind – im Gegensatz zu HCN – bedeutend weniger giftig.

HCN wird technisch in großen Mengen durch Reaktion von Methan mit Ammoniak (an einem Pt-Kontakt) gewonnen:

$$CH_4 + NH_3 \xrightarrow{Pt} HCN + 3\,H_2$$

Die C≡N-Dreifachbindung ist ähnlich wie die C=O-Doppelbindung zu Additionsreaktionen befähigt (S.533). Durch Hydrolyse von Nitrilen entstehen Carbonsäuren; die katalytische Hydrierung ergibt Amine.

Als Nebenprodukte bei der Bildung von Nitrilen durch S_N-Reaktionen aus Halogenalkanen und $CN^{\ominus}$-Ionen entstehen stets auch **Isonitrile** (R—N≡C), die sich durch einen ausgesprochen unangenehmen Geruch auszeichnen. Auch die schon früher erwähnte Reaktion von Chloroform mit primären Aminen in Gegenwart von festem KOH ergibt Isonitrile:

$$R-NH_2 + CHCl_3 \longrightarrow R-\overset{\oplus}{N}\equiv\underset{}{\overset{\ominus}{\underline{C}}} + 3\,HCl$$

---

[1] Der Name bezieht sich auf das Berlinerblau, aus welchem man Cyanwasserstoff erstmals erhalten hat *(kyanos* gr. = blau).

5 Spektroskopie und Molekülbau

5.1 Ultraviolettspektroskopie

Die Absorption von ultraviolettem (und sichtbarem) Licht bewirkt eine Anregung von Elektronen (*Elektronenspektroskopie*», vgl. S. 25), und zwar in erster Linie von nichtbindenden oder von π-Elektronen ($n \rightarrow \pi^*$- und $\pi \rightarrow \pi^*$-Übergänge). Wie bereits erwähnt (S. 25), erfordern $n \rightarrow \pi^*$-Übergänge eine geringere Anregungsenergie; die entsprechenden Absorptionsbanden liegen daher im längerwelligen UV. Da es sich aber bei ihnen um symmetrieverbotene Übergänge handelt, ist die Wahrscheinlichkeit zur Anregung eines nichtbindenden Elektrons nur klein, so daß die Intensität dieser Banden relativ gering ist. $\pi \rightarrow \pi^*$-Übergänge treten gewöhnlich bei kürzeren Wellenlängen auf und entsprechen Absorptionsbanden von höherer Intensität ($\varepsilon > 10\,000$). Sowohl die genaue Lage wie die Intensität einer Absorptionsbande kann durch das Lösungsmittel beeinflußt werden (siehe Bd. II).

Strukturelemente, die durch Anregung von π-Elektronen zur Absorption von UV- oder sogar sichtbarem Licht Anlaß geben, bezeichnet man als «**Chromophore**». Zu den wichtigsten Chromophoren gehören konjugierte Doppelbindungen und aromatische Ringe. Benzen selbst absorbiert bei 184 nm ($\varepsilon = 60\,000$), 203.5 nm ($\varepsilon = 7400$) und 255 nm ($\varepsilon = 210$). Die letztgenannte Bande zeigt eine auf Vibrationen des angeregten Moleküls zurückzuführende Feinstruktur (*«Feinstrukturbanden»*; S. 122); sie ist für Aromaten von einfacher Konstitution (Alkylbenzene, auch Pyridin) oder von kompliziertem, aber starrem Molekülgerüst charakteristisch. Die Feinstrukturbanden besitzen jedoch nur geringe Intensitäten und sind darum nur in konzentrierten Lösungen zu beobachten. Eine Übersicht über die wichtigsten Chromophore bringt die Tabelle 5.1.

Tabelle 5.1. Beispiele wichtiger Chromophore

Chromophor	Substanz	Übergang	λ_{max} [nm]	ε	Lösungsmittel
>C=C<	Ethen	$\pi \rightarrow \pi^*$	162,5	10 000	–
>C=O	Aceton	$\pi \rightarrow \pi^*$	188	900	Hexan
		$n \rightarrow \pi^*$	279	15	Hexan
>C=O	Acetaldehyd	$n \rightarrow \pi^*$	293.4	12	Hexan
>C=O	Essigsäure	$n \rightarrow \pi^*$	197	14	Hexan
>C=O	Acetamid	$n \rightarrow \pi^*$	214		Wasser
>C=C–C=C<	Butadien	$\pi \rightarrow \pi^*$	215	20 900	Hexan
>C=C–C=O	Acrolein	$\pi \rightarrow \pi^*$	207	25 500	Wasser
		$n \rightarrow \pi^*$	315	14	Ethanol

Die Lage der Absorptionsbande (bzw. der Banden) eines Chromophors wird durch Atome oder Atomgruppen, die direkt an den Chromophor gebunden sind, in mehr oder weniger großem Ausmaß beeinflußt. Insbesondere verschieben Heteroatome (N, O, S, Cl) das Absorptionsmaximum deutlich ins längerwellige Gebiet und verstärken zugleich die Absorption. Atomgruppen wie —OH, —OR, —SH oder —NH$_2$ werden deshalb als **«auxochrome»** (farbverstärkende) Gruppen bezeichnet. Ihre Wirkung beruht darauf, daß ihre freien Elektronenpaare mit den π-Elektronen des Chromophors in Wechselwirkung treten (Bildung delokalisierter MO), so daß die Energiedifferenz zwischen Grundzustand und angeregtem Zustand kleiner wird. Tragen aromatische Ringe Substituenten mit freien Elektronenpaaren oder π-Bindungen (in Konjugation zum Ring; «Elektronen-schiebende Substituenten», «*Donor-Substituenten*»), so verschwinden die Feinstrukturbanden, und sowohl die Wellenlänge wie die Intensität der eigentlichen aromatischen Bande (bei 203.5 nm) wächst.

Ausgedehnte Untersuchungen an Substanzen mit demselben «*Basis-Chromophor*», aber mit verschiedenen Substituenten, haben gezeigt, daß die Effekte von Nachbaratomen *additiv* sind und daß das «restliche» Molekülskelett die Lage der Absorptionsbande nicht beeinflußt. Kennt man die «Inkremente» solcher Substituenten (d.h. die durch sie bewirkte Verschiebung von λ_{max} ins längerwellige Gebiet), so läßt sich das Elektronenspektrum einer Substanz oft ziemlich genau *berechnen*, bzw. man kann die Konstitution des Chromophors einer Verbindung von unbekannter Konstitution aus dem UV-Spektrum bestimmen. Beispiele für die Inkremente bestimmter Substituenten für das Absorptionsmaximum von Dienen, Enonen, aromatischen Carbonylverbindungen und Aromaten bringt die Tabelle 5.2. Man erkennt daraus, daß Diene und α, β-ungesättigte Ketone (als Basis-Chromophore) bei 215 nm ein Absorptionsmaximum zeigen. Jede weitere Doppelbindung hat ein Inkrement von 30 nm; Alkylgruppen am α-C-Atom einer Enon-Gruppe zeigen ein Inkrement von 10 nm, Alkylgruppen am β-C-Atom ein Inkrement von 12 nm. Durch eine exocyclische Doppelbindung wird λ_{max} um 5 nm erhöht.

Beispiel:

Basis-Chromophor	215 nm
weitere C=C	30 nm
1 β-Alkylgruppe	12 nm
1 γ-Alkylgruppe	18 nm
λ_{max} berechnet	275 nm
λ_{max} beobachtet	278 nm

(ein Steroid)

Enthält ein Molekül mehrere Chromophore, die voneinander isoliert (d.h. durch mindestens zwei σ-Bindungen getrennt) sind, so daß zwischen ihnen keine Überlappung von π-MO möglich ist, so setzt sich die Absorptionskurve eines Elektronenspektrums additiv aus den Spektren der beiden Chromophore zusammen. Die Abb. 5.1 veranschaulicht dies für das UV-Spektrum eines relativ komplizierten Moleküls: Die Spektren der beiden einfachen «Modellverbindungen» (1) und (2) zeigen die ihren Chromophoren entsprechenden Absorptionsmaxima und ergeben zusammen das Spektrum von X.

Solche Modellverbindungen (Vergleichsverbindungen) mit bekanntem Chromophor werden häufig zur Identifizierung der Struktur des Chromophors einer kompliziert gebauten Substanz, etwa eines Naturstoffes, benützt.

5 Spektroskopie und Molekülbau

Tabelle 5.2. λ_{max} für vier Chromophore und ihre wichtigsten Inkremente [in nm]

	Dien	Enon	aromatische Carbonylverbindungen	Benzenring
Basis-Chromophor	215	Z = C: 215 Z = H: 207	Z = H: 250 Z = C: 246 Z = OH, OR: 230	Z = H: 203.5, 255
cisoid-Konformer	+ 40			
jede weitere konjugierte $\diagdown$C=C$\diagdown$	+ 30	+ 30		
exocyclische $\diagdown$C=C$\diagdown$	+ 5	+ 5		
Substituenten: R	+ 5	α + 10 β + 12 γ + 18	o, m + 3 p + 7	+ 3 bzw. + 7
Cl	+ 5	α + 15 β + 12	o, m 0 p + 10	+ 6 bzw. + 9.5
OH	+ 6	α + 35 β + 30	o, m + 7 p + 25	+ 7 bzw. + 20
OR	+ 6	α + 35 β + 30	o, m + 7 p + 25	+13.5 bzw. + 17
NR_2	+ 6	β + 95	o, m + 20 p + 85	
NO_2				+ 65 bzw. + 78

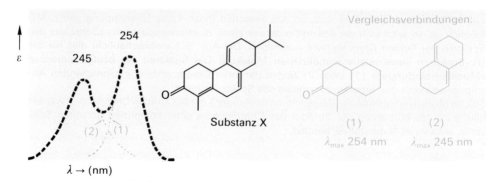

Abb. 5.1. Additivität der UV-Absorption zweier isolierter Chromophore

5.2. Infrarotspektroskopie

Kraftkonstanten. Voraussetzung für die Absorption von IR-Licht ist, daß mit der betreffenden Schwingung eine periodische Änderung des Dipolmomentes verbunden ist. Zur quantitativen Behandlung der Schwingungsspektren kann man auf ein System, das aus zwei durch eine Kovalenzbindung verbundenen Atomen besteht, das Modell des «*harmonischen Oszillators*» anwenden. Werden die Atome durch Anregung von außen um den Betrag x aus ihrer Ruhelage entfernt, so tritt eine rücktreibende Kraft von der Größe

$$F = -k \cdot x \tag{1}$$

auf. Unter Berücksichtigung des Newtonschen Gesetzes $F = m \cdot b$ und des sinusförmigen Verlaufs der (harmonischen) Schwingung erhält man für die Wellenzahl der Schwingung den Ausdruck

$$v_s = \frac{1}{2\pi c}\sqrt{\frac{k}{\mu}} \quad (v_s \text{ in cm}^{-1};\ c = \text{Lichtgeschwindigkeit}) \tag{2}$$

wobei μ die «reduzierte» Masse $\frac{m_1 \cdot m_2}{m_1 + m_2}$ und k der Proportionalitätsfaktor aus Gleichung (1) die sogenannte *Kraftkonstante* ist. Obschon die Atomschwingungen nur sehr näherungsweise als harmonische Schwingungssysteme betrachtet werden dürfen, können diese Kraftkonstanten als wichtige Kenngrößen der betreffenden Bindungen dienen. Bei Kenntnis der schwingenden Massen (der Atome bzw. Atomgruppen) lassen sie sich aus den empirisch bestimmten Absorptionsfrequenzen ziemlich genau ermitteln. Man findet dabei im allgemeinen, daß k um so größer wird, je größer die Bindungsenthalpie der betreffenden Bindung ist. Dies bedeutet, daß die Frequenzen der Atomschwingungen um so höher sind, je größer die *Bindungsenthalpien* und je kleiner die Massen der schwingenden Atome sind. Bei *Beugeschwingungen* sind die Kraftkonstanten im allgemeinen viel kleiner, weil die winkelerhaltenden Kräfte geringer sind als die Kräfte, welche den Abstandsänderungen entgegenwirken (die Kräfte der Kovalenzbindungen), so daß den Beugeschwingungen Absorptionsbanden im Gebiet niedriger Frequenzen (längerer Wellen) entsprechen.

Die Tabelle 5.3 bringt einige Kraftkonstanten von Bindungen in organischen Molekülen. Sie zeigt deutlich die Beziehungen zwischen Kraftkonstanten und Bindungsenthalpien. Es erhellt daraus aber auch, wie Kraftkonstanten allgemeine Hinweise auf die Bindungsverhältnisse liefern können. Beispielsweise hat die Kraftkonstante der CO-Bindung im Kohlenmonoxid dieselbe Größenordnung wie die Kraftkonstanten anderer Dreifachbindungen, so daß auch das Kohlenmonoxid mit einer Dreifachbindung formuliert werden muß. Die Übereinstimmung in den Kraftkonstanten der CN-Bindung bei Nitrilen und Isonitrilen zeigt weiter, daß in den letzteren ebenfalls eine Dreifachbindung vorhanden sein muß und somit die ältere Formulierung R—N=C unrichtig ist.

Zuordnung der Absorptionsbanden. Die N Atome eines beliebigen Moleküls besitzen $3N$ Freiheitsgrade. Dies bedeutet, daß zur vollständigen Beschreibung der räumlichen Lage aller Atome $3N$ Koordinatenpunkte notwendig sind (die im völlig ruhenden, nicht schwingenden Molekül alle durch die Atomabstände und Bindungswinkel festgelegt sind). Bewegt sich ein solches Molekül, so werden zur Beschreibung der Translations- und Rotationsbewegung 6 Freiheitsgrade benötigt, da der Molekülschwerpunkt in je drei Richtungen Translationen und Rotationen ausführen kann. Für die Atomschwingungen stehen somit noch $3N - 6$ Freiheitsgrade zur Verfügung, oder, anders gesagt, das N-atomige Molekül kann

Tabelle 5.3. Kraftkonstanten, Bindungsenthalpien und Bindungslängen einiger Bindungen

Bindung	Molekül	Kraftkonstante	Bindungsenthalpie [kJ/mol]	Bindungslänge [pm]
C—H	H_3C-CH_3	4.8	413	107
C—C	H_3C-CH_3	4.34	348	154
C—N	H_3C-NH_2	4.88	305	147
C—F	H_3C-F	5.10	489	143
C—Cl	H_3C-Cl	3.12	339	176
C—Br	H_3C-Br	2.62	285	200
C—I	H_3C-I	2.16	218	228
C=C	$H_2C=CH_2$	10.8	594	133
C=O	$H_2C=O$	12.9	695	122
C≡C	HC≡CH	14.9	778	119
C≡N	HC≡N	17.3	891	116

insgesamt $3N - 6$ «*Normalschwingungen*» ausführen. Für das Benzen beispielsweise sind also insgesamt 30 Normalschwingungen möglich, von denen allerdings nur solche Schwingungen IR-aktiv sind, die mit einer Änderung des Dipolmomentes verbunden sind. Da aber zu diesen Normalschwingungen auch Oberschwingungen hinzukommen können, und da sich Absorptionsbanden benachbarter Bindungen gegenseitig überlagern, ist die vollständige Analyse eines IR-Spektrums auch nur mäßig komplizierter Moleküle schwierig oder sogar unmöglich. Bei jeder Normalschwingung bewegen sich auch die meisten anderen Atome des Moleküls in einem gewissen Ausmaß mit; während aber bei gewissen Schwingunsformen alle Atome angenähert dieselbe Verschiebung erfahren, ist bei anderen die Verschiebung einer bestimmten Gruppe von Atomen viel größer als die Verschiebung der restlichen Atome. Dies führt zur Unterteilung der Normalschwingungen bzw. ihrer Wellenzahlen in die beiden Gebiete der **«Gruppenfrequenzen»** und der **«Skelett-»** oder **«Molekülschwingungen»**.

Das Gebiet der *Molekülschwingungen* umfaßt den Wellenzahlbereich von ungefähr 1300 bis 600 cm^{-1}. Da an diesen Schwingungen die Gesamtheit aller Atome, also das Molekül als Ganzes, beteiligt ist, wird die exakte Zuordnung der Absorptionsbanden sehr schwierig. Hingegen ist das Absorptionsspektrum in diesem Bereich charakteristisch für das betreffende Molekül, und es ändert sich z. B. beim Ersatz eines einzigen Atoms durch ein anderes oft sehr deutlich. Man nennt aus diesem Grund den Bereich der Wellenzahlen von 600–1300 cm^{-1} das **Fingerprint-**(«Fingerabdruck-») Gebiet eines IR-Spektrums. Im Wellenzahlgebiet oberhalb 1300 cm^{-1} können die Schwingungen als einigermaßen lokalisierte, ungekoppelte *Normalschwingungen* betrachtet und auf *empirischem* Weg – durch Vergleich der Spektren möglichst zahlreicher Verbindungen mit gemeinsamen Strukturelementen – gewissen Bindungen oder Atomgruppen zugeordnet werden. Zu diesen gehören in erster Linie die Bindungen von C-Atomen mit H-, O-, S- oder Halogen-Atomen (weil sich die aneinander gebundenen, die Schwingungen ausführenden Atome in diesen Fällen bezüglich ihrer Massen genügend unterscheiden) sowie die Bindungen mit größeren Kraftkonstanten (Doppel- und Dreifachbindungen). Man muß sich aber bewußt sein, daß völlige Nichtkopplung ein nur selten verwirklichter *Idealfall* ist und daß die genaue Lage der Absorptionsbanden durch die Umgebung der schwingenden Atome in einem gewissen Ausmaß beeinflußt wird. Das Auftreten solcher Verschiebungen hilft aber sehr häufig beim Erkennen gewisser struktureller

Merkmale. Als *Beispiel* sei die Lage der Carbonylbande und der Bande der C=C-Doppelbindung bei verschiedenen Verbindungstypen erwähnt:

$$\underset{R'}{\overset{R}{>}}C=O \quad 1715\ cm^{-1} \qquad >C=C< \quad 1650\ cm^{-1}$$

$$>C=C-C=O \qquad \bigcirc-C=C< \qquad >C=C=O$$
$$\downarrow 1675\ cm^{-1} \qquad \downarrow 1625\ cm^{-1} \qquad \downarrow 2100\ cm^{-1}$$
$$1600\ cm^{-1} \qquad \qquad \qquad \qquad 1100\ cm^{-1}$$

Als Folge der *Kopplung* («Resonanz») zwischen den beiden Streckschwingungen der C=C- und C=O-Doppelbindung verschieben sich beide Wellenzahlen (besonders stark bei Ketenen!). Zudem wird die Schwingung der C=C-Doppelbindung viel stärker, so daß ihre Absorptionsbande in gewissen Fällen so stark wird wie die Carbonylbande und diese dann beinahe verdeckt.

Die theoretische *Berechnung* der möglichen Schwingungsfrequenzen aus bekannten Molekülparametern ist wegen der Kompliziertheit des molekularen Kraftfeldes nur unter sehr großem Aufwand möglich. Das Benzenmolekül ist das komplizierteste Molekül, dessen IR-Spektrum vollständig und quantitativ analysiert werden konnte.

Anwendungen. Das IR-Spektrum gehört zu denjenigen Eigenschaften einer organischen Substanz, die zahlreiche direkte Informationen über ihre Molekülstruktur liefert. Die Aufnahme eines IR-Spektrums ist darum heute – ebenso wie z. B. die Schmelzpunktsbestimmung – eine routinemäßig durchgeführte Untersuchung, insbesondere auch deshalb, weil selbstregistrierende IR-Spektrographen zur Verfügung stehen, die leicht zu bedienen sind und ein sehr hohes Auflösungsvermögen mit guter Reproduzierbarkeit der Ergebnisse verbinden. Da Glas Infrarot stark absorbiert, verwendet man Prismen und Gefäße aus NaCl oder CaF_2 oder setzt Gittergeräte ein. Feste Stoffe werden mit KBr verrieben und zu einer klaren Tablette verpreßt oder als pastenartige Verreibung mit höheren Paraffinkohlenwasserstoffen («Nujol») oder in Lösung untersucht. Da jedoch alle Lösungsmittel im IR ebenfalls absorbieren, kommen für die Praxis nur solche in Frage, welche wie CS_2 oder CCl_4 im IR nur wenige Absorptionsbanden zeigen. CCl_4 und CS_2 haben außerdem den Vorteil, daß sie als unpolare Stoffe die gelösten Substanzen durch Solvationseffekte nur wenig beeinflussen.

Wenn zwei Substanzen in verschiedener Weise miteinander reagieren können, läßt sich die Entscheidung, welche Reaktion tatsächlich eintritt, unter Umständen durch die IR-Spektren der Produkte fällen. Auch nur intermediär auftretende *Reaktionszwischenstoffe* lassen sich in gewissen Fällen im IR-Spektrum erkennen. Weil die Lage der O—H- und der N—H-Banden vom Ausmaß der H-Brücken-Bildung abhängt, vermag schließlich die IR-Spektroskopie auch Aufschluß über *Lösungsmitteleffekte* und *Assoziationsgleichgewichte* zu liefern. Hingegen ist es mittels des IR-Spektrums nicht möglich, die Reinheit einer Substanz zu prüfen. Zwar ergeben stark verunreinigte Präparate breitere Banden und zeigen zusätzlich die Banden der Verunreinigung; ein geringer Anteil an Verunreinigungen läßt sich jedoch nicht erkennen. Daß IR-Spektren wichtige Hilfsmittel bei der *Konstitutionsaufklärung* sind, braucht nicht besonders betont zu werden.

Tabelle 5.4. Einige charakteristische IR-Absorptionsbanden

Bindung	Verbindung	Bereich der Wellenzahlen [cm^{-1}]	Bemerkungen
C—H	Alkane	2850–2960	C—H-Streckschwingung
		1350–1470	C—H-Beugeschwingung
		1430–1470	—CH$_2$-Gruppe; C—H-Beugeschwingung
		1375	—CH$_3$: symmetrische C—H-Beugeschwingung (Öffnen und Schließen des —CH$_3$-«Schirmes»)
C—H	Alkene	3020–3080	C—H-Streckschwingung
	Alkene, disubstituiert, Z-	675–730	
	Alkene, disubstituiert, E-	960–970	C—H-Beugeschwingung
	Alkene, disubstituiert, gem	885–895	
C—H	Aromatische Ringe	3000–3100	C—H-Streckschwingung
C—H	Alkine	3300	C—H-Streckschwingung
C—C	gem-Methylgruppen	1370–1385	Dublett der C—C-Beugeschwingung
C=C	Alkene	1640–1680	Wenn symmetrisch substituiert, IR-inaktiv. Lage abhängig von der Konjugation
C≡C	Alkine	2150–2260	
C⋯C	Aromatische Ringe	1450–1600	Vier Banden; sehr charakteristisch (einzelne von ihnen oft verdeckt)
C—O	Alkohole, Ether, Carbonsäuren, Ester	1080–1300	Genaue Lage von der Struktur der betreffenden Verbindung abhängig
C=O	Aldehyde, Ketone, Carbonsäuren, Ester	1690–1760	Bezüglich der genauen Lage der Carbonylbande siehe S. 210
O—H	Alkohole, Phenole (nicht assoziiert)	3590–3640	O—H-Streckschwingung («freies Hydroxyl»)
	Alkohole, Phenole mit H-Brücken	3200–3600	Intermolekulare H-Brücken: Lage der O—H-Bande verändert sich mit der Verdünnung; intramolekulare H-Brücken: Lage der O—H-Bande von der Verdünnung unabhängig
O—H	Carbonsäuren (assoziiert)	2500–3000	Bande ebenso bei Alkoholen und Phenolen sehr breit
N—H	Amine	3300–3500	N—H-Streckschwingung
		1550–1650	N—H-Beugeschwingung
C—N	Amine	1180–1360	C—N-Streckschwingung
C≡N	Nitrile	2210–2260	
—NO$_2$	Nitroverbindungen	1515–1560	
		1345–1385	
C—Cl	Halogenalkane	800–600	C—Cl-Streckschwingung (niedrige Frequenz wegen kleinerer Kraftkonstanten)

5.3 Kernresonanzspektroskopie

Chemische Verschiebung. Das Prinzip der NMR-Spektroskopie[1] wurde bereits in Abschnitt 1.7 erläutert. Wie erinnerlich, vermögen Elektronen, die ein Proton umgeben, als Folge eines eigenen, dem angelegten äußeren Magnetfeld entgegengesetzt gerichteten Feldes, dieses Proton *«abzuschirmen»* (**«shielding-effect»**), wodurch sein Absorptionssignal ins Gebiet höherer Feldstärken (niedrigerer Frequenzen) fällt (**Hochfeld-Verschiebung**)[2]. Das am Ort eines bestimmten Protons herrschende Feld ist somit kleiner als das äußere Feld H_0:

$$H = H_0 - \sigma H_0 \qquad \sigma = \text{Abschirmungskonstante}$$

Um die chemische Verschiebung verschiedener Protonen vergleichen und messen zu können, muß die Absorptionsfrequenz einer *Standardsubstanz* bekannt und festgelegt sein. Die geeignetste Standardsubstanz ist **Tetramethylsilan («TMS»)**, $(CH_3)_4Si$. TMS enthält 12 identische Protonen im Molekül, die alle bei der gleichen Feldstärke und in einem Gebiet, wo wenige andere Protonen absorbieren, ein scharfes und starkes Signal geben. Wegen der geringen Elektronegativität von Silicium ist nämlich die Abschirmung der Protonen im TMS größer als in den Molekülen der meisten anderen organischen Verbindungen, so daß diese Absorptionssignale bei niedrigeren Feldstärken – vor dem TMS-Peak – liefern.

Die Verschiebung der Absorption, welche durch die sich um ein Proton bewegenden Elektronen bewirkt wird, ist nur klein (in der Größenordnung von 0.01 bis 0.001% der Resonanzfeldstärke). Häufig gibt man sie darum in ppm *(«parts per million»)* des angelegten Magnetfeldes an. Das Ausmaß der Verschiebung ($H_0 - H$) ist aber der angelegten Feldstärke (bzw. der Radiofrequenz, die zum Erreichen der Absorption notwendig ist) proportional. Aus diesem Grund sucht man bei NMR-Spektrometern möglichst hohe Frequenzen zu erreichen. Während noch vor 10 Jahren fast nur 60 MHz-Geräte zur Verfügung standen, sind heute Geräte von Frequenzen bis 500 MHz (und dementsprechend viel besserer Auflösung der Spektren) erhältlich. Um für die chemische Verschiebung Zahlenwerte zu erhalten, die von der verwendeten Radiofrequenz unabhängig sind, dividiert man die gemessene Verschiebung (in Hertz) durch die betreffende Radiofrequenz (in Hertz) und multipliziert mit dem Faktor 10^6:

$$\delta = \frac{\text{Linienabstand}}{\text{Radiofrequenz des Apparates}} \cdot 10^6$$

In dieser Skala erhält das Absorptionssignal von TMS den Wert Null. δ-Werte > 0 bedeuten deshalb eine Verschiebung der Absorption in Richtung geringerer Feldstärken (im Spektrum nach links) oder – mit anderen Worten – eine geringere Abschirmung. In der früher benutzten τ-Skala bekommt das TMS-Signal den Wert 10.

Die *chemische Verschiebung* ist eine *Folge* der sich um ein bestimmtes Proton herum *bewegenden negativen Ladung*. **Induktive Effekte** – stark *elektronenanziehende* oder auch *elektronenabstoßende Nachbaratome* – beeinflussen aber die Elektronendichte um ein bestimmtes Proton und zeigen sich deshalb in charakteristischer Weise im *Ausmaß der chemischen Verschiebung.*

Elektronegative Nachbaratome verringern die Elektronendichte um ein Proton, wodurch dieses *«entschirmt»* wird und die Absorption in einem Gebiet geringerer Feldstärken (höherer

---

[1] Wenn im folgenden von «NMR-Spektroskopie» die Rede ist, so ist stets Protonenresonanz-Spektroskopie gemeint.
[2] Die NMR-Spektren werden immer so dargestellt, daß *die Feldstärke nach rechts zunimmt. Die Verschiebung eines bestimmten Signals nach höheren Feldstärken zeigt sich also in der Verschiebung des Signals auf der NMR-Skala nach* **rechts.**

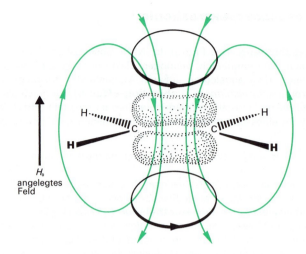

Abb.5.2 *Induzierte Bewegung der π-Elektronen einer Doppelbindung in einem von außen angelegten magnetischen Feld. In der Nähe der Vinyl-Protonen haben das angelegte und das induzierte Feld die gleiche Richtung*

Frequenzen) erfolgt («**Entschirmung**»; «**Tieffeld-Verschiebung**»). Je elektronegativer ein solches Atom ist, um so mehr verschiebt sich das Signal des betreffenden Protons im NMR-Spektrum nach links. Diese Wirkung elektronegativer Atome zeigt sich allerdings nur dann deutlich, wenn diese direkt an das mit dem betreffenden Proton verbundene C-Atom gebunden sind (1); im Fall von (2) – wo eine C—C-Bindung zwischen dem elektronegativen Atom X und dem Proton liegt – beobachtet man eine wesentlich geringere chemische Verschiebung. Vgl. den induktiven Effekt, S. 306.

$$X-\overset{|}{\underset{|}{C}}-H \qquad X-\overset{|}{\underset{|}{C}}-\overset{|}{\underset{|}{C}}-H$$

$$(1) \qquad\qquad (2)$$

Die Wirkung von π-Elektronen, die sich um Kerne bewegen, welche in der Nähe eines bestimmten Protons liegen, hängt von ihrer Orientierung ab. Im Fall einer C=C-*Doppelbindung* verursacht die Bewegung der π-Elektronen ein induziertes Magnetfeld, das in der Mitte der Doppelbindung dem angelegten Feld entgegengesetzt gerichtet ist (Abb. 5.2). In der Nähe der «Vinyl-Protonen» haben aber die magnetischen Feldlinien die gleiche Richtung wie das angelegte Feld; es ist daher ein schwächeres äußeres Feld nötig, um Absorption durch die Vinyl-Protonen zu erreichen[1]. An C=C-Doppelbindungen gebundene Protonen unterscheiden sich somit durch ihre größere chemische Verschiebung (*Tieffeld-Verschiebung;* $\delta = 4.6$ bis 5.9) deutlich von Protonen, die an gesättigte C-Atome gebunden sind ($\delta = 0.9$ bis 1.5).

In *Dreifachbindungen* hingegen schwächen die π-Elektronen in der Nähe der Protonen das äußere Feld, so daß ein stärkeres äußeres Feld zur Absorption erforderlich ist (*Hochfeld-*

---

[1] Der effektiv beobachtete Wert der chemischen Verschiebung ist natürlich der Mittelwert aller möglichen Orientierungen der Doppelbindungen in den Molekülen relativ zum angelegten Magnetfeld, weil sich die Moleküle bezogen auf die NMR-Zeitskala rasch bewegen.

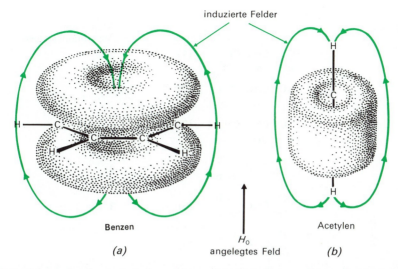

Abb. 5.3. Schema der durch ein äußeres Magnetfeld H_0 induzierten Magnetfelder bei Benzen und Acetylen (Ethin)

Verschiebung; $\delta = 2$ bis 3); vgl. Abb. 5.3. Protonen an *aromatischen Ringen* schließlich zeigen eine *sehr starke Tieffeld-Verschiebung* (Abb. 5.3): In der Nähe der Protonen wird das äußere Feld verstärkt, und die Absorption wird nach niedrigerem Feld verschoben ($\delta = 6$ bis 8.5; «Diatropie», S. 112).

Wie ebenfalls schon früher erwähnt wurde, zeigen *magnetisch äquivalente Protonen* die *gleiche chemische Verschiebung*. «*Äquivalent*» bedeutet hier, daß die Umgebung solcher Protonen gleich ist, d. h. daß diese Protonen chemisch – und insbesondere auch *stereochemisch!* – gleichwertig sind. Dies gilt z. B. für die Protonen einer Methyl- oder Methylen-($-CH_2-$)Gruppe (im letzteren Fall allerdings nur, wenn für die Methylengruppe freie Drehbarkeit besteht oder wenn sie nicht einem Chiralitätszentrum benachbart ist [diastereotope Protonen]) oder für strukturell ununterscheidbare, an verschiedene C-Atome gebundene Protonen:

(a): $\delta = 7.3$ (aromat. $\underline{H}$)

(b): $\delta = 3.3$ (C$\underline{H}_3$)

Oft ist die chemische Verschiebung der verschiedenen Protonen einer bestimmten Verbindung (z. B. der Protonen an gesättigten C-Atomen) von so ähnlicher Größenordnung, daß sich ihre Signale gegenseitig überlappen. Zwar sind dann die einzelnen Protonen nicht mehr unterscheidbar, jedoch gibt die Intensität dieser Absorption die Gesamtzahl aller Protonen in ähnlicher Umgebung an; Beispiele siehe nächste Seite.

Interessant sind die Fälle (5), (6) und (7). In (5) und (6) geben die an dasselbe C-Atom gebundenen Protonen b und c zwei getrennte Signale. Dies rührt davon her, daß jedes von ihnen eine etwas andere Umgebung «sieht», daß sie also *stereochemisch nicht gleichwertig*

256 5 Spektroskopie und Molekülbau

Beispiele:		Anzahl der Absorptionssignale
H_3C-CH_2-Cl a b	(1)	2
$H_3C-CHCl-CH_3$ a b a	(2)	2
$H_3C-CH_2-CH_2Cl$ a b c	(3)	3
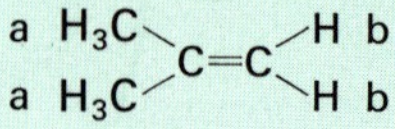 a H_3C \ / H b C=C a H_3C / \ H b	(4)	2

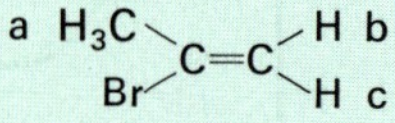 a H_3C \   / H b
       C=C
   Br /   \ H c
	(5)	3

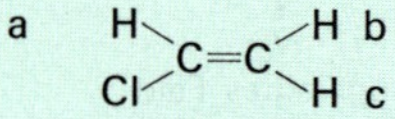 a H \   / H b
       C=C
   Cl /   \ H c
	(6)	3

b H H c
       | |
 $H_3C-C-C-Cl$
 a | |
      Cl H d
	(7)	4

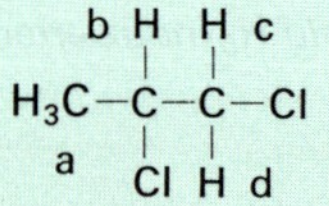

sind. Würde man nämlich entweder das eine oder das andere dieser Protonen durch einen beliebigen Substituenten X ersetzen, so würde man zwei Diastereomere erhalten:

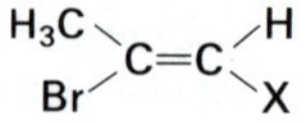

H_3C \   / H H_3C \   / X
    C=C   und   C=C
Br /   \ X   Br /   \ H

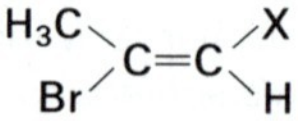

Es handelt sich deshalb bei Protonen wie b und c in den Molekülen (5) und (6) um **diastereotope Protonen**. Die beiden geminalen Protonen in der Verbindung (7) sind ebenfalls diastereotop, weil ihrem C-Atom ein asymmetrisch substituiertes C-Atom benachbart ist:

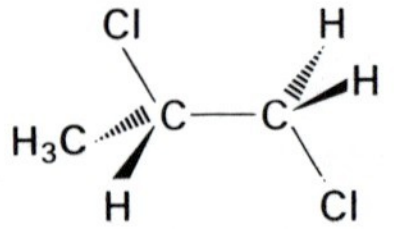

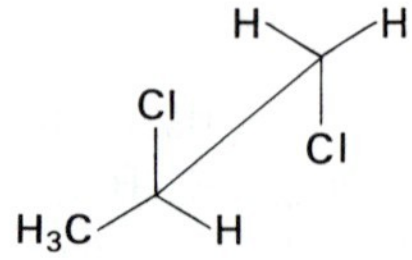

Im Gegensatz zu diastereotopen Protonen sind **enantiotope Protonen** im NMR-Spektrum *nicht unterscheidbar*, da die magnetische Kernresonanz keine chirale Methode ist. Die beiden Protonen e und f ergeben deshalb nur ein einziges Signal:

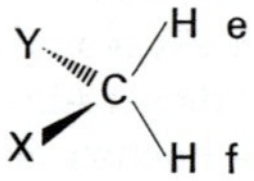

Y ... \   / H e
     C
X /   \ H f

Bei Protonen, die direkt an stark *elektronegative Atome* gebunden sind, also bei Protonen in —OH-, —NH- und —SH-Gruppen, hängt die Lage der Absorptionspeaks in hohem Maß auch von der Art des verwendeten *Lösungsmittels* sowie von der *Konzentration* und der *Tempera*-

tur ab. Dies beruht darauf, daß solche Protonen in bestimmten Lösungsmitteln einem schnellen *Austausch* mit *Lösungsmittelprotonen* unterliegen. Vergleicht man z. B. die NMR-Spektren von reiner Essigsäure und von Wasser, so zeigt sich, daß das Carboxylproton bei niedrigeren Feldstärken absorbiert als die Protonen von Wasser. Das NMR-Spektrum von wäßriger Essigsäure hingegen zeigt für die beiden Protonen nur einen einzigen Absorptionspeak, der zwischen den Protonen der —COOH- und —OH-Protonen der reinen Verbindungen liegt, wobei die Verschiebung seiner Lage bezüglich der Lage des Absorptionspeaks von reinem Wasser dem Molenbruch der Essigsäure proportional ist. Der Austausch von Protonen zwischen Essigsäure- und Wassermolekülen erfolgt also derart rasch (im Vergleich zur ^{1}H-NMR-Zeitskala), daß die NMR-Spektroskopie nur die «*durchschnittliche*» Lage dieses Protons feststellen kann. Nur wenn verschiedenartige OH-, NH- oder SH-Bindungen vorhanden sind und der Protonenaustausch verglichen mit den Übergängen zwischen den magnetischen Energiezuständen langsam erfolgt, lassen sich die Signale der einzelnen, verschiedenen Protonen beobachten. Eine Erhöhung der Temperatur, die Verwendung eines anderen Lösungsmittels oder die Zugabe einer Spur Säure können in solchen Fällen die Austauschgeschwindigkeit erhöhen; sie führen dann wiederum zum Auftreten eines einzigen Absorptionssignals.

Spin-Spin-Kopplung. Betrachten wir das ^{1}H-NMR Spektrum von 1,1,2-Trichlorethan (Abb. 5.4), so fällt auf, daß die beiden für die CH- und CH$_2$-Protonen erwarteten Absorptionssignale in **Multiplette** aufgespalten sind. Bei $\delta = 3.95$ erscheint ein *Dublett*, während bei $\delta = 5.85$ ein *Triplett* auftritt, wobei die Abstände der «**Feinstrukturlinien**» in beiden Fällen gleich groß sind. Das zweitgenannte Signal muß dem Proton b zugeordnet werden, denn dieses absorbiert bei höherer Frequenz (niedrigerer Feldstärke), eine Folge der elektronenanziehenden Wirkung der beiden benachbarten Cl-Atome. Wie ist diese Aufspaltung (die «Feinstruktur» der Absorptionssignale) zu verstehen?

Die Erklärung dafür liegt in der *Kopplung der Spins* zwischen *Protonen, die an benachbarte C-Atome gebunden* sind. Die Feldstärke, die ein bestimmtes Proton, z. B. b erfährt, hängt

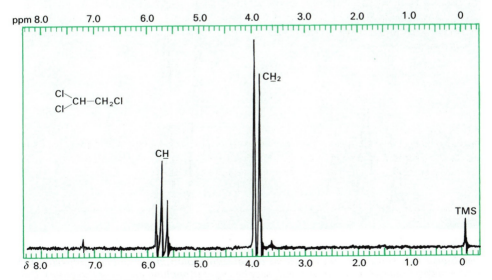

Abb. 5.4. ^{1}H-NMR-Spektrum von 1,1,2-Trichlorethan

nämlich nicht nur von der Elektronendichte um dieses Proton herum ab, sondern wird auch durch die Orientierung der Magnetfelder (d. h. der Spinrichtungen) am Nachbar-C-Atom beeinflußt: Die Magnetfelder der Nachbarprotonen (H') können – je nach der Spinrichtung – das äußere Feld H^0 *verstärken* oder *schwächen* (indem sie zu H^0 addiert bzw. von H^0 subtrahiert werden müssen). In jedem einzelnen Molekül von 1,1,2-Trichlorethan gibt es für die Anordnung der Spins der b-Protonen drei Möglichkeiten, von denen die eine doppelt so häufig auftritt wie die beiden anderen. Das um das Proton a herrschende Magnetfeld wird demnach in der folgenden Weise beeinflußt:

(1) beide b-Spins parallel zum Spin von a: $H_b = H^0 + 2\,H'$
(2) beide b-Spins antiparallel zum Spin von a: $H_b = H^0 - 2\,H'$
(3) Spin des einen Protons b parallel, des anderen Protons
    antiparallel zum Spin von a: $H_b = H^0 + H' - H' = H^0$

Die Wahrscheinlichkeit des Zustandes (3) ist doppelt so häufig wie die Wahrscheinlichkeit der beiden Zustände (1) und (2) [vgl. Abb. 5.6, (2)]; die Folge davon ist, daß für das Proton a an Stelle eines einzigen Absorptionssignals *drei* Signale (derselben Gesamtintensität) mit den relativen Intensitäten 1 : 2 : 1 auftreten.

Da die Beeinflussung der Magnetfelder um bestimmte Protonen wechselseitig erfolgt, lassen sich analoge Betrachtungen auch für die b-Protonen durchführen. Entsprechend den beiden möglichen Spinrichtungen des Protons a wird das Signal des b-Protons in ein *Dublett*

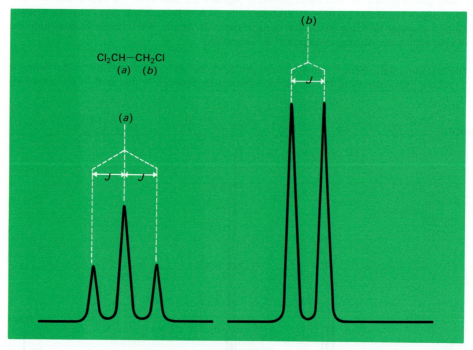

*Abb. 5.5. Spin-Spin-Aufspaltung im NMR-Spektrum von 1,1,2-Trichlorethan (Schema). Das Signal (b) wird durch die Kopplung mit **einem** Proton in ein Dublett aufgespalten, während das Signal (a) in ein Triplett aufgespalten wird (Kopplung mit **zwei** Protonen). Die Kopplungskonstanten J sind in beiden Fällen gleich groß*

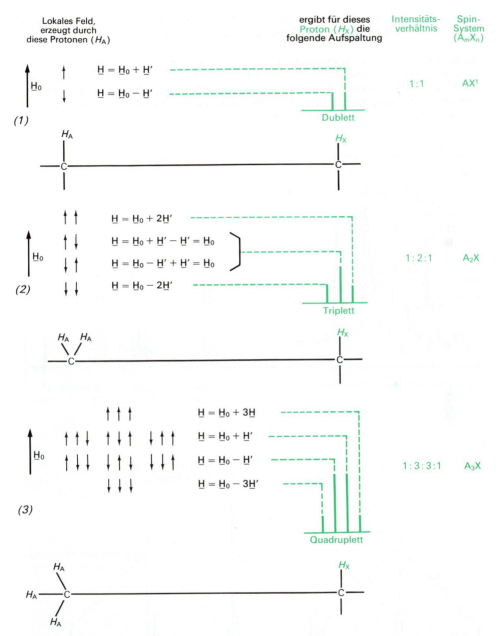

Abb. 5.6. ^{1}H-NMR-Spektren erster Ordnung: Aufspaltung des NMR-Signals eines Protons H_X durch Nachbarprotonen H_A: (1) ein Nachbarproton (H_A), (2) zwei Nachbarprotonen, (3) drei Nachbarprotonen[1]

[1] Infolge Kopplung mit Kern H_X spaltet auch das Signal des Kerns H_A in ein Dublett mit dem Frequenzabstand J_{AX} auf: Die Kerne H_A und H_X bilden ein aus zwei Dublettsignalen bestehendes AX-System. Entsprechendes gilt für (2) und (3) in Abb. 5.6.

aufgespalten: $H = H^0 + H'$ bzw. $H = H^0 - H'$. In beiden Fällen gibt das Verhältnis der Flächen unter dem Gesamtabsorptionssignal das Verhältnis der Zahl der Protonen wieder.

Im einfachsten Fall bewirkt also eine *Gruppe aus n äquivalenten Protonen* für die *Nachbarprotonen* eine *Aufspaltung in n + 1 Feinstrukturpeaks*, wobei sich deren Intensitäten wie die Zahlen im Pascalschen Zahlendreieck verhalten. Nichtäquivalente Nachbarprotonen ergeben überlagerte Dublette (Triplette bzw. Quadruplette); vgl. das NMR-Spektrum von 1-Iodpropan (Abb. 5.7). Völlig symmetrische Multiplette treten nur dann auf, wenn der

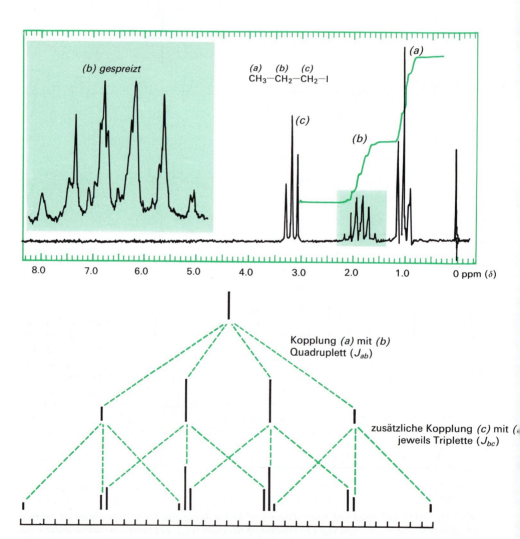

Abb. 5.7. Oben: ^{1}H-NMR-Spektrum von 1-Iodpropan. Da die Kopplungskonstanten J_{ab} und J_{bc} nicht genau gleich groß sind, ist das Sextett der b-Protonen nicht symmetrisch (im Spektrum links mit stärkerer Auflösung gezeigt). Unten: Schema der Aufspaltung des Signals der b-Protonen; $J_{ab} = 6.8$ Hz, $J_{bc} = 7.3$ Hz (vereinfacht als Spektrum 1. Ordnung betrachtet, vgl. hierzu S. 262)

5.3 Kernresonanzspektroskopie

Abstand zwischen den verschiedenen Multipletten groß ist, andernfalls werden die Multiplette *unsymmetrisch*, wobei die Höhe der Feinstrukturpeaks gegenseitig wächst (vgl. das NMR-Spektrum von Ethanol, Abb.1.21 oder von Ethylbenzen, Abb.5.15).

> Für die Art der Aufspaltung sind also die **Nachbarprotonen** verantwortlich; die chemische Verschiebung eines bestimmten Protons hängt dagegen **von ihm selbst** ab.

Tabelle 5.5. Chemische Verschiebung verschiedener Protonen

Art des Protons		Chemische Verschiebung δ [ppm]
Cyclopropan		0.2
primäre	$R-CH_3$	0.9
sekundäre	R_2CH_2	1.3
tertiäre	R_3CH	1.5
Vinyl-	$C=C-H$	4.6–5.9
Acetylen-	$C\equiv C-H$	2–3
aromatische	$Ar-H$	6–8.5
Carbonsäuren	$RCOO-H$	10.5–12
Aldehyde	$R-CHO$	9–10
Hydroxyl-	ROH	1–5.5
Phenol-	$ArOH$	4–12
Amino-	RNH_2	1–5

Der Abstand der einzelnen Feinstrukturpeaks, in Hertz ausgedrückt, heißt **Kopplungskonstante** J. Weil die Spin-Spin-Kopplung zweier Protonen wechselseitig erfolgt, haben die Kopplungskonstanten spin-spin-gekoppelter Protonen denselben Wert. Durch Bestimmung der Kopplungskonstanten läßt sich deshalb oft auch in einem komplizierten NMR-Spektrum (mit vielen Absorptionssignalen) eindeutig erkennen, welche Protonen an benachbarte C-Atome gebunden sind. Da die Kopplungskonstanten *vom äußeren Magnetfeld unabhängig sind*, kann man leicht entscheiden, ob zwei benachbarte Peaks durch Aufspaltung eines einzigen Signals entstanden sind oder ob sie der Absorption zweier nicht-äquivalenter Protonen entsprechen. Man nimmt zu diesem Zweck das Spektrum bei einer zweiten, leicht veränderten Radiofrequenz auf; bei Spin-Spin-Kopplung bleibt ihr Abstand unverändert, während sich die (vom äußeren Magnetfeld abhängige) chemische Verschiebung ändert.

In Abb. 5.8 ist zusammenfassend schematisch skizziert, welche Änderungen Signale vicinaler Protonen (H_1) und H_2) erfahren, wenn die Differenz ihrer chemischen Verschiebungen sukzessive zunimmt. Außer einem Singlett für den Fall, daß die beiden Protonen exakt gleiche chemische Verschiebung haben (Abb. 5.8a), bis zu einem AX-System, wenn die beiden Protonen stark unterschiedliche chemische Verschiebung aufweisen (Abb.5.8e), erhält man auch Aufspaltungsmuster, die im Fall 5.8b vom AB-Typ sind. Der Fall 5.8c repräsentiert kein Quadruplett, denn die Signalintensitäten weisen nicht das dafür erforderliche Verhältnis auf. Abb. 5.8d und 5.8e sind gewöhnliche Dublettpaare, auch wenn die Intensität bei 5.8d nicht für alle vier Signale ganz gleich ist.

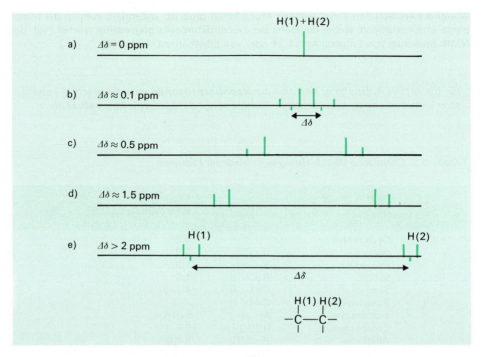

Abb. 5.8. Aufspaltungsmuster bei zunehmendem Unterschied der chemischen Verschiebungen $[\Delta\delta = \delta H(1) - \delta H(2)]$ zweier miteinander in Wechselwirkung stehender Protonen H(1) und H(2)

Es ist allerdings zu betonen, daß die hier gegebenen einfachen Regeln zur Bestimmung der Multiplizität eines Absorptionssignals nur dann gelten, *wenn der Unterschied in der chemischen Verschiebung der beiden miteinander in Wechselwirkung stehenden Protonenarten viel größer ist als die Kopplungskonstante;* sogenannte **«Spektren 1. Ordnung»**. Dazu gehören:

A_mX_n-**Spin-Systeme**[1]: $\qquad \dfrac{(\nu_A - \nu_X)}{J_{AX}} \geqq 10$

wobei

$\qquad (\nu_A - \nu_X)$ = Verschiebungsdifferenz der koppelnden Kerne [in Hz]

$\qquad J_{AX}$ = Kopplungskonstante [in Hz]

In Systemen, bei denen J von ähnlicher Größenordnung ist wie der Signalabstand $\Delta\delta$ [ppm] oder $\Delta\nu$ [Hz], treten mehr Feinstrukturpeaks auf, und es werden keine einfachen Dublette, Triplette oder Quadruplette beobachtet, sondern **«Spektren höherer Ordnung»**. Dazu zählen:

A_mB_n-**Spin-Systeme:** $\qquad \dfrac{\nu_A - \nu_B}{J_{AB}} < 10$

[1] m, n = Anzahl der miteinander koppelnden Atomkerne A, X, B ...

Die inneren Linien nehmen in dem Maße an Intensität zu, wie die äußeren abnehmen.
Für m = n = 1 erhält man den einfachen Fall der **AB-Systeme**. Sie kommen in den ^{1}H-NMR-Spektren zahlreicher organischer Verbindungen vor und lassen sich einfach analysieren: Die Kopplungskonstante (J_{AB}) ergibt sich als Frequenzabstand der A- oder B-Signale. Die Verschiebungen der Kerne A und B erhält man aus der direkt abgreifbaren Mitte des AB-Systems und dem Verschiebungsabstand $v_A - v_B$, der sich geometrisch leicht konstruieren läßt.

p-Disubstituierte Benzene wie 4,4'-Dimethoxybenzil geben sich oft durch ein Aufspaltungsmuster wie in Abb. 5.9 zu erkennen das sich zu einem AB-System mit der *ortho*-Kopplung $J_{AB} \approx 8$ Hz vereinfachen läßt. Streng genommen handelt es sich hier allerdings um ein AA'BB'-System, das immer auftritt, wenn zwei Protonenpaare (AA' und BB') symmetrisch zu einer Symmetrieebene gebunden sind. Trotz der durch die Molekülsymmetrie bedingten chemischen Äquivalenz ($v_A = v_{A'}$ und $v_B = v_{B'}$) sind die Kerne A und A' bzw. B und B' *magnetisch nicht äquivalent*, denn die Kopplungen von A und A' mit Proton B (oder B') sind verschieden: J_{AB} ist z. B. eine *ortho*-, $J_{A'B}$ dagegen eine *para*-Kopplung.

Die Auswertung komplizierter Mehrspin-Systeme (A_2B, A_3B, A_2B_2 usw.) kann nicht nur durch Intensitätsveränderungen, sondern auch durch das Auftreten zusätzlicher Multiplettsignale erschwert sein. Eine vollständige Spektrenanalyse ist oft nur möglich, indem man die Spektren für einen bestimmten sinnvollen Parametersatz (alle Kopplungskonstanten und Verschiebungen) mit dem Computer berechnet und die Parameter solange variiert, bis Übereinstimmung zwischen gemessenem und berechnetem Spektrum erzielt ist.

Spin-Spin-Kopplung ist nur zwischen Protonen von verschiedener chemischer Verschiebung möglich. Die Protonen einer $-CH_3$- oder $-CH_2$-Gruppe sind äquivalent und zeigen unter sich keine Aufspaltung, außer es handelt sich um diastereotope Protonen. Damit die Spin-Spin-Kopplung möglich wird, müssen die nicht-äquivalenten Protonen zudem *durch ein gemeinsames Elektronensystem in direkter Verbindung* miteinander stehen. Die Größe der Kopplungskonstante hängt von der Anzahl der zwischen den beiden gekoppelten

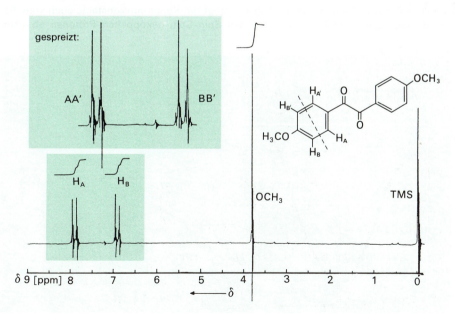

Abb. 5.9. ^{1}H-NMR-Spektrum von 4,4'-Dimethoxybenzil (in Deuterochloroform); modifiziert nach E. Breitmaier, G. Jung, Organische Chemie II, Thieme, Stuttgart 1983

5 Spektroskopie und Molekülbau

H-Atomen liegenden Bindungen ab. Liegt mehr als eine C—C-Einfachbindung zwischen ihnen, so wird die Aufspaltung geringfügig. Wenn sich aber Doppel- oder Dreifachbindungen zwischen den C-Atomen befinden, welche die betreffenden H-Atome tragen, so werden die Kopplungskonstanten größer:

Beispiele von Kopplungskonstanten J_{HH}
[in Hertz]

Im Fall von starren Gerüsten (z. B. Ringen) hängt die Kopplungskonstante auch vom *Torsionswinkel («Diederwinkel»)* zwischen den Spin-Spin-gekoppelten Protonen ab (Abb.

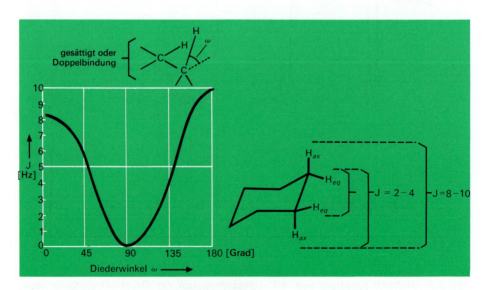

Abb. 5.10. Abhängigkeit der Kopplungskonstante J vom Diederwinkel ω

5.3 Kernresonanzspektroskopie 265

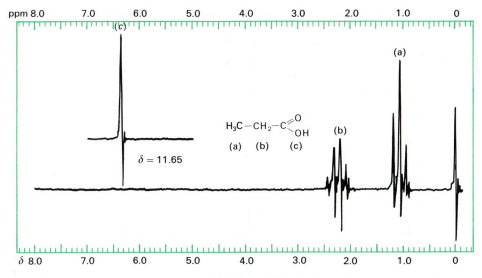

Abb. 5.11. NMR-Spektrum von Propionsäure. Das Signal (c) erscheint bei δ ≈ 11.65

5.10); die Größe der Kopplungskonstante läßt damit auch Schlüsse auf die geometrische Anordnung der gekoppelten Protonen zu.

Daß die Spin-Spin-Aufspaltung tatsächlich auf magnetische Wechselwirkungen zwischen den Protonen zurückzuführen ist, kann dadurch gezeigt werden, daß man H-Atome durch *Deuteriumatome* ersetzt. Deuteronen haben viel kleinere magnetische Momente als Proto-

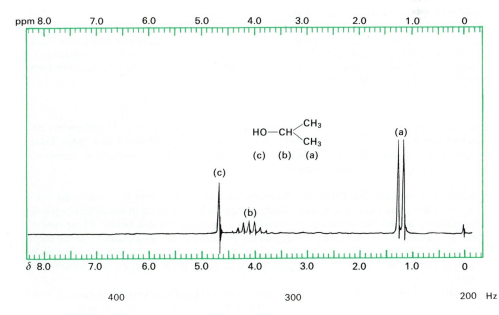

Abb. 5.12. NMR-Spektrum von Isopropylalkohol

266   5 Spektroskopie und Molekülbau

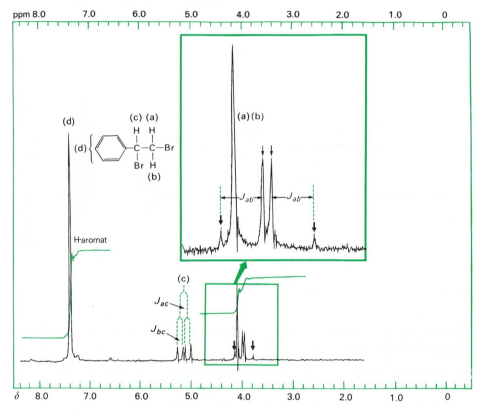

Abb. 5.13. NMR-Spektrum von 1,2-Dibrom-1-phenylethan
Die diastereotopen Protonen (a) und (b) ergeben zwei verschiedene Signale, welche beide durch das Proton (c) in ein Dublett aufgespalten werden (zufälligerweise fallen zwei Peaks der Dublette aufeinander). Das Signal des Protons (c) wird in vier Peaks aufgespalten. Wären (a) und (b) äquivalent, so wären die Kopplungskonstanten J_{ac} und J_{bc} gleich und das Proton (c) würde das bekannte 1:2:1-Triplett ergeben

nen; Substitution eines Methyl-H-Atoms einer Ethylgruppe durch ein D-Atom bewirkt, daß die benachbarte —CH_2-Gruppe an Stelle des Quadrupletts ein Triplett liefert. Beim Ersatz zweier H-Atome durch D-Atome erhält man ein Dublett, beim Ersatz aller drei H-Atome nur ein Singlett als Signal der Methylengruppe.

Beispiele. Das NMR-Spektrum von *Propionsäure* (Abb. 5.11) zeigt ein Triplett bei $\delta \approx 1$ und ein Quadruplett bei $\delta \approx 2.3$. Das *Triplett* entspricht der Absorption der *Methyl*protonen (Aufspaltung in drei Feinstrukturpeaks durch die Kopplung mit den beiden Methylenprotonen), während das *Quadruplett* das Signal der *Methylen*protonen darstellt, welche durch die Methylprotonen vierfach aufgespalten sind. Die Kopplungskonstante beider Signale ist gleich groß. Das bei $\delta = 11.65$ auftretende Signal ist durch die Absorption des Carboxylprotons bedingt.
Im NMR-Spektrum von *Isopropylalkohol* (der mit einer Spur Säure versetzt wurde, um einen Austausch der OH-Gruppen verschiedener Moleküle untereinander zu katalysieren) können wir das Signal der 6 Methylprotonen als Dublett bei $\delta \approx 1.7$ beobachten (Abb. 5.12).

5.3 Kernresonanzspektroskopie

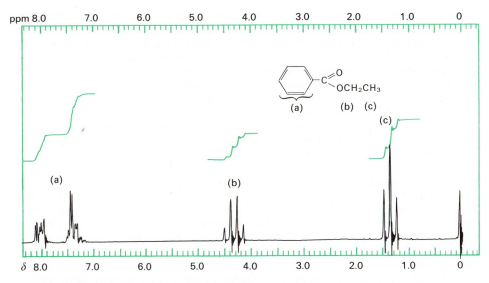

Abb. 5.14. NMR-Spektrum von Ethylbenzoat

Das Signal des Protons am C-Atom 2 wird durch Kopplung mit 6 benachbarten Protonen in 7 Feinstrukturpeaks aufgespalten. Wiederum sind die Kopplungskonstanten gleich groß.
Bei den beiden Protonen a und b im Molekül des *1,2-Dibrom-1-phenylethans* (Abb. 5.13) handelt es sich um diastereotope Protonen, die dementsprechend zwei Signale von verschiedener chemischer Verschiebung liefern. Beide sind durch die Kopplung mit dem Proton c in ein Dublett aufgespalten. Zufälligerweise fallen dabei zwei Peaks aufeinander. Das Absorptionssignal des Protons c wird durch Kopplung mit den Protonen a und b in ein Quadruplett aufgespalten; da aber a und b magnetisch nicht äquivalent sind, sind die Kopplungskonstanten verschieden.
Die diskutierten Beispiele zeigen, daß die *Multiplettstruktur* die Anzahl der mit einem bestimmten Proton in Spin-Spin-Kopplung stehenden Protonen angibt und dadurch zeigt, welche Gruppen einem bestimmten Proton *benachbart* sind. H_3C-CH_2-, $-CH_2-CH_2-$ oder auch $(CH_3)_2CH$-Gruppen lassen sich im NMR-Spektrum sehr leicht erkennen. Im Gegensatz dazu liefert die *chemische Verschiebung* (bei Multipletten die δ-Werte ihrer Zentren) Informationen über die Art der *H-Atome* enthaltenden Gruppen einer Verbindung, wobei die relativen Intensitäten direkt die Anzahl der H-Atome angeben. Zur Verdeutlichung diene ein weiteres Beispiel.
Abb. 5.14 gibt das NMR-Spektrum einer Verbindung $C_9H_{10}O_2$ wieder. Die beiden als Triplett (bei $\delta \approx 1.3$) und Quadruplett (bei $\delta \approx 4.4$) erscheinenden Signale weisen auf eine Ethylgruppe hin (die CH_3-Gruppe erscheint als Triplett, die $-CH_2$-Gruppe als Quadruplett). Die Signale im Gebiet von $\delta \approx 7.5$ bis 8.2 stammen von einer Phenylgruppe C_6H_5-. Die Integration ergibt die relativen Intensitäten von 5:2:3 (wobei die beiden Signale der aromatischen Protonen schon addiert sind). Aus der Molekularformel ergibt sich, daß ein Benzenkern und eine Ethylgruppe im Molekül vorhanden sein können; es muß sich bei der fraglichen Substanz also um *Ethylbenzoat* ($C_6H_5COOC_2H_5$) handeln. Tatsächlich bestätigt das IR-Spektrum das Vorhandensein einer C=O-Gruppe[1].

---

[1] Die Aufspaltung des Signals der Phenylprotonen rührt daher, daß diese 5 Protonen magnetisch nicht äquivalent sind, da die zwei o-Protonen durch die C=O-Doppelbindung einen Entschirmungs-Effekt erfahren.

Um Multiplette in komplizierteren NMR-Spektren zu identifizieren, benutzt man häufig die Technik der **Doppel-Resonanz** *(«Spin-Entkopplung»)*. Dabei wird die Substanzprobe mit einer zweiten Radiofrequenz bestrahlt, die gerade der Absorptionsfrequenz eines bestimmten Signals im NMR-Spektrum entspricht. Dadurch verharren die betreffenden Protonen im höheren Energiezustand, besitzen also alle dieselbe Spinorientierung. Die *Kopplung* mit den Signalen der Nachbarprotonen *verschwindet* dann, und die letzteren erscheinen als einfache Absorptionspeaks. Man erhält auf diese Weise ein einfacheres Spektrum, das leichter zu «entschlüsseln» ist. Als Beispiel diene das NMR-Spektrum von *n*-Propylbenzen (Abb. 5.15): Würde man die Absorptionsfrequenz der Methylprotonen als zweite Frequenz verwenden, so ergäbe sich für das Signal der b-Protonen an Stelle des schlecht aufgelösten Sextettes ein (nicht ganz symmetrisches) Triplett.

Kern-Overhauser-Effekt. Nicht unmittelbar aneinander gebundene, aber räumlich benachbarte Wasserstoffatome, die in sterischer Wechselwirkung stehen, erfahren bei Doppelresonanz-Experimenten (Einstrahlen der Resonanzfrequenz des jeweils anderen Protons) meßbare *Intensitäts*änderungen (**Kern-Overhauser-Effekt, N**uclear **O**verhauser **E**ffect, **NOE**). Durch solche Zu- oder Abnahmen von Signal*intensitäten* erhält man Aufschluß über anderweitig kaum nachweisbare sterische Effekte in Lösung (z. B. transannulare Spannung, Näheres siehe Band II).

Diese Beeinflussung der Intensität von Signalen bei Bestrahlung von räumlich benachbarten magnetischen Kernen beruht auf einer *Wechselwirkung der betreffenden Atomkerne durch den Raum hindurch*. Eine Erklärung bietet die Theorie des Overhauser-Effekts, die ursprünglich für die gegenseitige Beeinflussung von Kernen und Elektronen entwickelt wurde. Die Intensität eines Signals ist proportional dem Besetzungsunterschied der beiden Energieniveaux, zwischen denen der Kernresonanzübergang erfolgt. Wie groß dieser Unterschied beim Kernresonanzexperiment ist, hängt von den Werten der Relaxationszeiten T_1 und T_2 ab. Räumlich benachbarte Kerndipole können diese Relaxationszeiten beeinflussen, und zwar so, daß bei Sättigung der Resonanzen der Nachbarkerne – z. B. der Methylresonanzen des DMF – die Besetzungsunterschiede im allgemeinen vergrößert, in manchen Fällen jedoch auch verkleinert werden. Die Folge sind entsprechende Intensitätsänderungen.

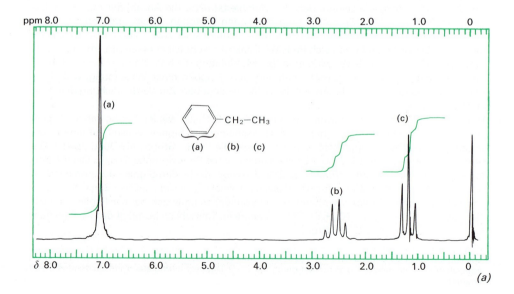

(a)

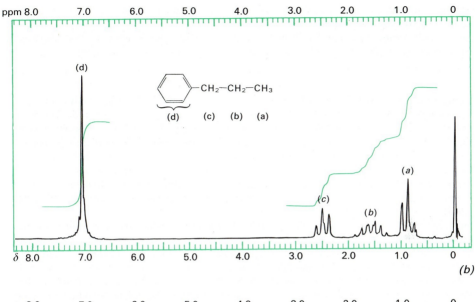

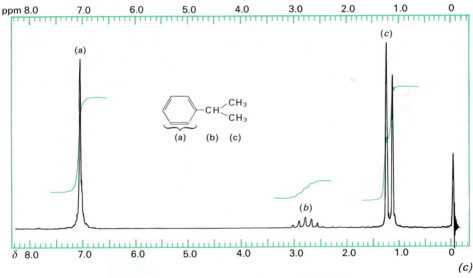

Abb. 5.15. NMR-Spektren von (a) Ethylbenzen, (b) Propylbenzen und (c) Isopropylbenzen
Das Spektrum von Ethylbenzen zeigt das normale Triplett der Methylgruppe sowie das Quadruplett der Methylengruppe. Im Spektrum von n-Propylbenzen erkennt man (in Richtung wachsender chemischer Verschiebung) die Signale der Methylgruppe (a) der Methylengruppe (b) und der Benzyl-Protonen (c). Dabei sind die Signale (a) und (c) in Triplette aufgespalten. Die fünf der Methylengruppe (b) benachbarten Protonen sind zwar nicht äquivalent, jedoch sind die Kopplungskonstanten J_{ab} und J_{bc} nahezu gleich groß, so daß das Signal (b) als Sextett erscheint. Die Absorption des tertiären Protons beim Isopropylbenzen sollte in 7 Signale aufgespalten sein; die beiden äußersten Signale sind jedoch gewöhnlich kaum zu erkennen, so daß nur 5 Signale auftreten (vereinfacht als Spektren 1.Ordnung betrachtet)

270   5 Spektroskopie und Molekülbau

Da es sich um eine Dipol-Dipol-Wechselwirkung handelt, die im allgemeinen mit der sechsten Potenz des Abstands (d^6) abnimmt, ist die Intensitätsänderung stark vom Abstand d der in Wechselwirkung stehenden Protonen abhängig. Wenn der Abstand der benachbarten Wasserstoffatome größer als 300 pm wird, ist kaum noch ein Effekt zu erwarten.

Verschiebungsreagentien. Bei der Interpretation von NMR-Spektren treten oft dann *Schwierigkeiten* auf, wenn das Spektrum *nicht erster Ordnung* ist, d. h. wenn die Differenz der chemischen Verschiebungen zweier Protonensorten gegenüber ihrer Kopplungskonstanten nicht groß ist. Häufig liegen zudem verschiedene Signalgruppen dicht beieinander oder sind ineinandergeschoben. Die Analyse solcher Spektren würde sich erheblich vereinfachen, wenn das Spektrum über einen größeren Feldbereich *gespreizt* werden könnte. Aufgrund der Feldabhängigkeit der chemischen Verschiebung ist dies heutzutage durch Verwendung hoher Feldstärken möglich, was aber den Einsatz supraleitender Magnete erfordert.

Im Jahre 1969 wurde jedoch eine *einfache Methode* gefunden, die auch bei niedrigen Magnetfeldstärken eine *Spreizung* des NMR-Spektrums bewirkt. Befindet sich in einem Molekül ein stark anisotropes *paramagnetisches Zentrum*, so können drastische Hoch- und Tieffeldverschiebungen der untersuchten Protonen durch *dipolare Wechselwirkungen* auftreten und so die *Absorptionen auseinander ziehen*. Durch Zusatz von *Lanthaniden-Komplexen* zur Lösung der zu messenden Substanz läßt sich eine solche Spektrenspreizung aufgrund der «Pseudokontaktwechselwirkung» zwischen Substrat und Lanthaniden-Reagens erzielen. Die seltenen Erdmetalle besitzen in den Valenzorbitalen ungepaarte Elektronen und sind deshalb ausgeprägt paramagnetisch. Die Stärke der dadurch erzeugten Signalverschiebung ist abhängig vom Abstand zwischen dem paramagnetischen Zentrum und dem betreffenden Proton. Es gilt $\Delta v \sim (3\cos^2\theta - 1)/r^3$, wobei θ den Winkel zwischen dem Abstandsvektor r und der effektiven Symmetrieachse des Moments beschreibt.

Beispiele:

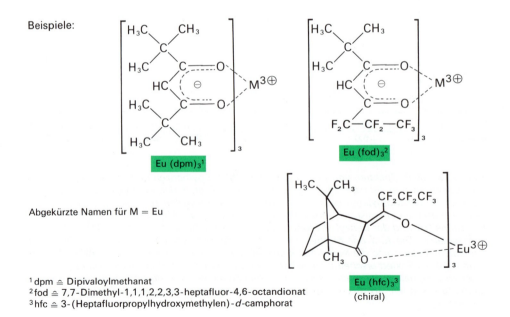

Abgekürzte Namen für M = Eu

[1] dpm ≙ Dipivaloylmethanat
[2] fod ≙ 7,7-Dimethyl-1,1,1,2,2,3,3-heptafluor-4,6-octandionat
[3] hfc ≙ 3-(Heptafluorpropylhydroxymethylen)-d-camphorat

(chiral)

Um das Lanthaniden-Element in eine fixierte Orientierung relativ zu dem untersuchten Molekül einzustellen, wird es mittels eines geeigneten organischen Komplexliganden chelatisiert. Für die Komplexierung und Lösung von Lanthanid-Ionen (Eu, Pr, Yb) in organischen Lösungsmitteln haben sich *1,3-Diketone* bewährt. Um die Eigenabsorption einzudämmen, sind die Lanthaniden-Chelatliganden meist per- oder teildeuteriert oder fluoriert und enthalten *tert*-Butylgruppen, deren Singlettsignal normalerweise nicht stört.

Das Verschiebungsreagens kann sich an ein einsames Elektronenpaar des zu untersuchenden Moleküls binden und so einen *geometrisch definierten* und *zeitlich stabilen Komplex* bilden. Wegen des Fehlens von Donorzentren läßt sich die Methode nicht auf gesättigte Kohlenwasserstoffe anwenden, jedoch wurden aufsehenerregende Erfolge mit Carbonylverbindungen, Alkoholen, Aminen und anderen Verbindungstypen erzielt.

Die Bedeutung der achiralen Verschiebungsreagentien hat mit zunehmendem Einsatz von Mittel- (um 200 MHz) und Hochfeld- (um 400 MHz) NMR-Geräten in den letzten Jahren etwas abgenommen, während sich der Einsatz optisch aktiver («shift»-Reagentien wie Eu(hfc)$_3$ im Zuge der Entwicklung der asymmetrischen Synthese (s. Band II) zur kaum verzichtbaren Routinemethode zur Bestimmung von Enantionmerenanteilen (s. Band II) steigerte.

Beispiele von Anwendungen der NMR-Spektroskopie. Wie bereits mehrfach erwähnt wurde, wirken elektronenanziehende Nachbaratome (die einen $-I$-*Effekt* ausüben) auf ein bestimmtes Proton *«entschirmend»* (deshielding). Die chemische Verschiebung eines solchen Protons muß also von der Elektronegativität (*EN*) des Bindungspartners abhängen. Dabei ist allerdings zu berücksichtigen, daß Nachbaratome auch unabhängig von ihrer *EN* einen Einfluß auf die chemische Verschiebung eines bestimmten Protons haben können; zum Vergleich der *EN* müssen darum Bindungen betrachtet werden, bei welchen das Proton stets an denselben Bindungspartner gebunden ist. So verschiebt sich in der folgenden Reihe die Absorption des Methylprotons zunehmend ins Gebiet höherer Feldstärke:

$$H_3C-NO_2 < H_3C-F < (H_3C-O)_2CO < H_3COC_6H_5 < H_3C-OH < H_3C-Cl < H_3C-Br$$
$$< H_3C-C_6H_5 < H_3C-I < H_3C-COOH < (H_3C-)_4C$$

Aus diesen Informationen lassen sich Schlüsse über die *elektronenanziehende Wirkung von Substituenten* ziehen, die für das Verständnis der Reaktivität einer Verbindung oder von bestimmten Reaktionsmechanismen von Bedeutung sind. Insbesondere läßt sich auf diese Weise die Elektronendichteverteilung in aromatischen Ringsystemen studieren, die Substituenten tragen.

Die NMR-Spektren von Substanzen, die miteinander in einem *dynamischen Gleichgewicht* stehen, zeigen die Signale *beider Verbindungen*, sofern die Gleichgewichtseinstellung nicht allzu schnell erfolgt. Durch Integration der Flächen ist es möglich, den Anteil einzelner *Komponenten* im Gleichgewicht zu bestimmen und dadurch z. B. Gleichgewichtskonstanten zu ermitteln. So enthält beispielsweise das NMR-Spektrum von Acetylaceton (2,4-Pentandion) sowohl die Absorptionspeaks der Enolform (das Signal des OH-Protons erscheint bei $\delta \approx 15$ bis 16) wie der Methylenprotonen (C-Atom 3) der Ketoform. Im Gleichgewicht liegen rund 85 % der Substanz als Enol vor.

Besonders wichtig geworden ist die NMR-Spektroskopie für die **Stereochemie**, weil sich die Anzahl und Art stereochemisch verschiedener H-Atome im NMR-Spektrum deutlich zeigen.

So läßt sich aus der Feinstruktur der Signale von Protonen an *Doppelbindungen* (bzw. aus ihren Kopplungskonstanten) häufig entscheiden, ob in dem betreffenden Fall das *(Z)*- oder das *(E)-Isomer* vorliegt. *(E)*-Vinylprotonen koppeln stärker als *(Z)*-Vinylprotonen (Kopplungs-Konstanten 11 bis 18 Hertz gegenüber 6 bis 14 Hertz, vgl. Abb. 5.16):

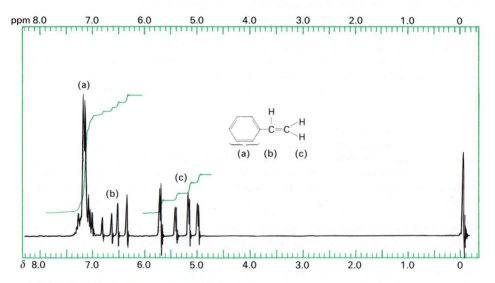

Abb. 5.16. NMR-Spektrum von Styren
Das Signal des Protons (b) wird durch Kopplung mit den (nicht äquivalenten, diastereotopen) Protonen (c) in ein Quadruplett aufgespalten. Von den beiden Protonen (c) gibt jedes durch Kopplung mit (b) ein Dublett, wobei die Kopplungskonstanten deutlich verschieden sind (vereinfachend als Spektrum 1.Ordnung ausgewertet)

Im NMR-Spektrum von *N,N-Dimethylacetamid* lassen sich bei tieferen Temperaturen für die beiden an das N-Atom gebundenen Methylgruppen zwei getrennte Absorptionssignale erkennen. Dies bedeutet, daß unter diesen Bedingungen offenbar die freie Drehbarkeit um die C—N-Bindung aufgehoben oder wenigstens *eingeschränkt* ist, wohl eine Folge der Überlappung des nichtbindenden *p*-Elektronenpaares am N-Atom mit den (bindenden) *p*-AO des C-Atoms. Dies hat zur Folge, daß das Molekül planar wird und die Protonen der beiden Methylgruppen a und b diastereotop werden:

$$\underset{\text{N,N-Dimethylacetamid}}{\overset{O}{\underset{H_3C}{\searrow}}C-N\overset{CH_3}{\underset{CH_3}{\nearrow}}}\; \begin{matrix}a\\b\end{matrix}$$

Bei 1,3-Dienen, Estern, Amiden u. a. kann dies zum Auftreten von *cisoid*- und *transoid*-Konformeren führen:

```
    H    CH₂              H    O
     \  //                 \  //
      C                     C
      |                     |
      C                     O
     / \\                    \
    H    CH₂                  CH₃        cisoid


    H    CH₂              H    O
     \  //                 \  //
      C                     C
      ‖                     |
      C                     O
     / \                   /
   H₂C   H                H₃C           transoid

   1,3-Butadien        Ameisensäuremethylester
```

Die **Konformationsanalyse** ist ein wichtiges Anwendungsgebiet der NMR-Spektroskopie. NMR-Spektren erlauben nicht nur die Bestimmung der tatsächlich vorhandenen Konformationen, sondern ermöglichen auch das Messen der Umwandlungsgeschwindigkeit und durch die Integration der Absorptionssignale die Bestimmung des Mengenverhältnisses der einzelnen Konformere und damit – über die Gleichgewichtskonstanten ihrer Umwandlung – die Ermittlung der Differenz der freien Enthalpie zwischen ihnen.

Bei Raumtemperatur erfolgt die Rotation um Einfachbindungen zwar so rasch, daß das NMR-Spektrum nur die durchschnittliche Lage der Protonen im zeitlichen Mittel erfaßt. Bei *tieferen Temperaturen* hingegen ist es möglich, die Signale der Protonen einzelner Konformerer getrennt zu erhalten. So bekommt man für die 12 Protonen des Cyclohexans bei Raumtemperatur nur ein einziges Signal, während bei $-100\,°C$ die Signale der äquatorialen und der axialen Protonen als deutlich getrennte Signale auftreten. Da weiter die Kopplungskonstante vom Torsionswinkel abhängt (S. 264), ist in einem unsymmetrisch substituierten Cyclohexan ein axiales Proton am C-Atom 1 mit zwei (nicht äquivalenten) axialen bzw. äquatorialen Protonen an den C-Atomen 2 und 6 gekoppelt, wobei die Kopplungskonstanten $J_{ax/ax}$ relativ groß, die Kopplungskonstante $J_{eq/ax}$ dagegen klein ist. Ein äquatoriales Proton am C-Atom 1 ergibt dagegen mit seinen vier Nachbarprotonen kleine Kopplungskonstanten und erscheint darum als ziemlich scharfes Multiplett.

```
           H_ax                              OAc
         H   |                            H   |
       6 \  1                           6 \  1
    R——⟨   ⟩——OAc                   R——⟨   ⟩——H_eq
         /  \                             /  \
        H    H                           H    H
           2                                2
```

Auf Grund der «Breite» des Absorptionssignals ist es auf diese Weise möglich, die *Stellung (ax oder eq) bestimmter Protonen am Cyclohexanring festzulegen*. Dies ist besonders für die Bestimmung der exakten Konformation von Naturstoffen (z. B. Steroiden) wichtig geworden. Oft werden zu diesem Zweck Modellverbindungen von bekannter Konformation mit der zu untersuchenden Substanz verglichen, z. B. 4-*tert*-Butylcyclohexan-Derivate, da wegen ihrer relativ großen Raumbeanspruchung die *tert*-Butylgruppe ausschließlich die äquatoriale Stellung einnimmt.

Dynamische Kernresonanz (DNMR). Bewegt sich ein Atomkern periodisch zwischen zwei verschiedenen Stellen eines Moleküls oder zwischen zwei verschiedenen Molekülen, so wird er in der magnetischen Kernresonanzspektroskopie bei *langsamer* Bewegung in Form *zweier* Signale registriert. Dies ist im unteren Teil von Abb. 5.17 am ^{1}H-NMR-Spektrum der beiden N-Methylgruppen von *Dimethylacetamid* zu erkennen. Bei 55 °C und darunter beobachtet man zwei verschiedene N-Methylsignale, da die Konformation mit koplanarer Anordnung aller C- und N-Atome durch die Amid-Mesomerie energetisch begünstigt wird. Offensichtlich ist die Rotation um die =C—N(CH$_3$)$_2$-Bindung behindert, denn die beiden Methylgruppen sind nicht äquivalent, nicht «isochron». Die Resonanz bei δ = 2.9 ppm ist dem Methylrest in (E)-Stellung zum Carbonyl-Sauerstoff zuzuordnen, während die Methylgruppe in (Z)-Position bei δ = 3.0 ppm absorbiert. Bei Erhöhung der Temperatur wird die Rotation beschleunigt, wobei eine charakteristische *Linienverbreiterung* auftritt, bis das Spektrometer um 115°C, d. h. bei schneller Rotation, nur noch ein scharfes Signal für beide N-Methylgruppen registriert, dessen chemische Verschiebung mit δ = 2.95 ppm das arithmetische Mittel der δ-Werte (2.9 und 3.0) bei langsamer Rotation ist (Abb. 5.17, oben). Bei tiefer Temperatur ist die *Austauschfrequenz*, d. h. die Geschwindigkeitskonstante (k_c) der Dimethylamino-Rotation, im Vergleich zum Verschiebungsunterschied (Δv) der Methyl-Gruppen (0.1 ppm oder 8 Hz bei 80 MHz in Abb. 5.17) *klein*. Bei Temperaturerhöhung nimmt die Rotationsfrequenz zu, bis sie bei der Koaleszenztemperatur (T_c) die Größenordnung des Verschiebungsunterschiedes Δv erreicht:

$$k_c = \frac{\pi}{\sqrt{2}} \Delta v \approx 2.2\, \Delta v$$

Aus dieser Beziehung kann man die Geschwindigkeitskonstante (k_c) der Rotation um die C(O)⋯N(CH$_3$)$_2$-Bindung (siehe Formel) am *Koaleszenzpunkt* (T_c) ermitteln. Mit Δv = 8 Hz (Abb. 5.17) ergibt sich z. B. k_c = 17.8 s^{-1} bei 80°C. Eine zweite Beziehung für k_c ist die aus der Theorie der absoluten Geschwindigkeitskonstante folgende *Eyring*-Gleichung (vgl. Band I).

$$k_c = \frac{k_B T}{h} e^{-\Delta G/RT} \quad \text{bzw.} \quad \Delta G^{\ddagger} = RT \ln \frac{k_B T}{h k_c}$$

k_B Boltzmann-Konstante
h Plancksches Wirkungsquantum
T Temperatur (K)
R Gaskonstante
$\Delta G^{\ddagger}$ freie Aktivierungsenthalpie (bei T, in K)

Nach Einsetzen der Zahlenwerte für die Konstanten und Umrechnung auf Zehnerlogarithmus gestatten diese Gleichungen die Ermittlung der *freien Aktivierungsenthalpie* ($\Delta G_c^{\ddagger}$) am Koaleszenzpunkt (T_c):

$$\Delta G_c^{\ddagger} = 19.1\, T_c \left(10.32 + \lg \frac{T_c}{k_c}\right) \cdot 10^{-3} \;[\text{kJ/mol}]$$

Für die freie Aktivierungsenthalpie der Dimethylamino-Rotation in Dimethylacetamid ergibt sich z. B. mit k_s = 17.8 s^{-1} und der Koaleszenztemperatur T_c = 353 K (80 °C, Abb. 5.16):

$$\Delta G_{353}^{\ddagger} = 78.5 \text{ kJ/mol}$$

Weitere Beispiele, auf welche die temperaturabhängige NMR-Spektroskopie im Bereich zwischen $-150\,°C$ und $+200\,°C$ zum Studium intra- und intermolekularer dynamischer Einflüsse anwendbar ist, sind:

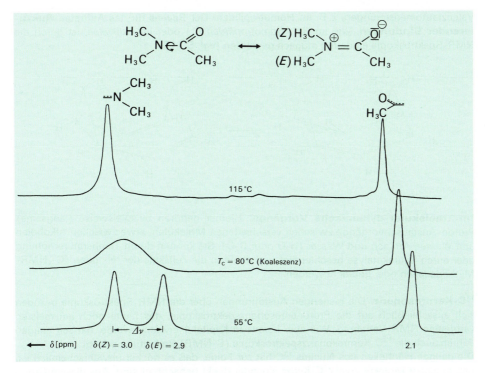

Abb. 5.17. Temperaturabhängigkeit des ^{1}H-NMR-Spektrums von Dimethylacetamid (in Hexadeuterodimethylsulfoxid, 80 MHz); modifiziert nach E. Breitmaier, G. Jung. Organische Chemie II. Thieme, Stuttgart, 1983.

Intramolekular-dynamische Vorgänge. Behinderte Rotation in sperrig substituierten Ethan-Derivaten:

Inversion am Amin-Stickstoff, z. B. in Aziridinen:

Ringinversion von Cyclohexanen und anderen Ringsystemen:

Valenztautomerisierungen, z. B. im Homotropiliden: Der Beweis für das Auftreten **fluktuierender Bindungen**, wie im *3,4,-Homotropiliden* (1) oder im *Bullvalen*, ist durch die NMR-Spektroskopie eindeutig möglich geworden (vgl. S.117).

(1)

Intermolekular-dynamische Vorgänge. Hierher gehören beispielsweise (langsame) Proton-Austauschvorgänge zwischen verschiedenen Molekülen, etwa zwischen Alkoholen und Wasser, Aminen und Wasser (H_2O oder D_2O). Sie können durch Temperaturerhöhung oder durch Säurekatalyse beschleunigt und damit in die Zeitskala der ^1H- oder ^{13}C- NMR-Methode fallen oder gebracht werden.

^{13}C-Kernresonanz. Die bisherigen Ausführungen über die NMR-Spektroskopie bezogen sich ausschließlich auf die Protonenresonanzspektroskopie, das heute noch am meisten verbreitete NMR-Verfahren. Wie aber bereits in Kapitel 1 erwähnt wurde, hat seit einigen Jahren auch die ^{13}C-Kernresonanzspektroskopie (C-NMR) Bedeutung erlangt.
Die geringe Häufigkeit des Nuclids ^{13}C hat zur Folge, daß es höchst unwahrscheinlich ist, daß in einem Molekül zwei ^{13}C-Kerne einander direkt benachbart sind. Aus diesem Grund beobachtet man in C-NMR-Spektren *keine Spin-Spin-Aufspaltung zwischen Kohlenstoffatomen.* Dagegen ist Kopplung mit an ein ^{13}C-Atom gebundenen Protonen möglich. So zeigt das C-NMR-Spektrum von 1,2-Dichlorpropan (Abb. 5.18) neben dem TMS-Standard drei Signale. Das bei $\delta = 50$ entspricht dem C-Atom (a); es ist ein Triplett (Kopplung mit zwei Protonen). Das C-Atom (b) liefert das Dublett bei $\delta = 56$ und das C-Atom (c) erscheint als Quadruplett bei $\delta = 22$.
Als weiteres, instruktives Beispiel betrachten wir das C-NMR-Spektrum von p-Diethylaminobenzaldehyd (Abb. 5.19). Das obere Spektrum zeigt uns sofort, welche Signale den C-Atomen der Ethylgruppen entsprechen: Das Triplett bei $\delta = 45$ ist das Signal der beiden äquivalenten Methylengruppen, während das Quadruplett bei $\delta = 12$ den beiden (ebenfalls äquivalenten) Methylgruppen entspricht.
Die beiden Singlette bei $\delta = 125$ bzw. 153 entsprechen den C-Atomen des Benzenringes, die nicht mit H-Atomen verbunden sind: (b) und (e). Die verglichen mit Kohlenstoff größere Elektronegativität von Stickstoff bewirkt eine Tieffeld-Verschiebung des Signals (e). Das Dublett bei $\delta = 190$ stammt vom Aldehyd-C-Atom. Es zeigt von allen Signalen die größte Tieffeld-Verschiebung, eine Folge der hohen Elektronegativität von Sauerstoff (geringe Abschirmung dieses C-Atoms).
Es bleiben die Signale bei $\delta = 111$ bzw. 133 und die C-Atome (c) und (d). Beide Signale erscheinen als Dublette, da jedes dieser C-Atome noch mit einem H-Atom verbunden ist. Wenn man die Grenzstrukturen A bis D betrachtet, so erkennt man, daß die Elektronendichte bei den C-Atomen (d) etwas erhöht ist (die Grenzstrukturen B und D tragen zum «Resonanzhybrid» bei). Dementsprechend muß das Dublett bei $\delta = 111$ diesen C-Atomen zugeschrieben werden. Umgekehrt verringert die elektronenanziehende Wirkung der Aldehydgruppe die Elektronendichte an den C-Atomen (c), so daß ihr Signal eine Tieffeld-Verschiebung erfährt ($\delta = 133$).

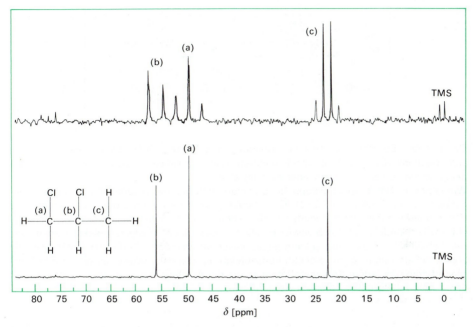

Abb. 5.18. ^{13}C-NMR-Spektrum von 1,2-Dichlorpropan

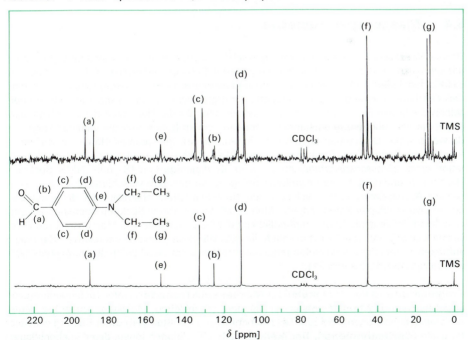

Abb. 5.19. ^{13}C-NMR-Spektrum von p-Diethylaminobenzaldehyd (in CDCl$_3$)
In beiden Abbildungen ist das untere Spektrum «protonen-entkoppelt» («Doppel-Resonanz»), wodurch die Signale der C-Atome als scharfe Singlette erscheinen

278 5 Spektroskopie und Molekülbau

$$\left[\begin{array}{cccc} \text{A} & \text{B} & \text{C} & \text{D} \end{array}\right]$$

Die unteren Spektren der beiden Abbildungen 5.18 und 5.19 zeigen die «protonenentkoppelten» (Doppel-Resonanz-) Spektren. Alle Signale sind jetzt als Singlette vorhanden, und man erkennt bequem jedes einzelne C-Atom.
Wie in der ^{1}H-NMR-Spektroskopie benützt man auch hier die *«Doppel-Resonanz»* zur Vereinfachung der Spektren (S. 268). Die Kopplung der Protonen mit den ^{13}C-Atomen wird dadurch aufgehoben, so daß jedes einzelne Kohlenstoffatom als scharfes Singlett erscheint (Abb. 5.18). Dadurch läßt sich gewissermaßen jedes C-Atom in einem Molekül «sehen» und seine chemische Verschiebung kann genau bestimmt werden. ^{13}C- und ^{1}H-NMR-Spektren ergänzen sich damit für die Konstitutionsaufklärung in idealer Weise, da die Anzahl Wasserstoffatome an jedem Kohlenstoffatom sowie die Art ihrer «Umgebung» aus dem Protonenresonanzspektrum erschlossen werden kann.

5.4 Massenspektrometrie

Bei der Massenspektrometrie werden organische Moleküle durch die Bestrahlung (Beschuß) mit schnellen Elektronen in Bruchstücke getrennt **(«fragmentiert»)**, welche – sofern sie elektrisch geladen sind – durch elektrische und magnetische Felder derart fokussiert werden, daß Teilchen mit gleicher Masse (eigentlich mit gleichem Verhältnis m/e) an ein und derselben Stelle des Filmes bzw. Detektors erscheinen. Da die Häufigkeit der verschiedenen, durch die Fragmentierung entstandenen Ionen in einem hohen Ausmaß variieren kann und da weiter unter Umständen auch solche Ionen, die nur mit geringer Häufigkeit auftreten, wesentliche Beiträge zur Strukturbestimmung liefern können, muß die graphische Präsentation eines *«Massenspektrums»* anders sein als diejenige von IR- oder NMR-Spektren. Häufig verwendet man eine Anzahl von Spiegelgalvanometern verschiedener Empfindlichkeit als Anzeigeinstrumente, welche einen Ultraviolettstrahl ablenken, der dann auf UV-empfindlichem Papier Peaks schreibt. Man erhält dann mehrere Spektren übereinander, entsprechend der verschiedenen Empfindlichkeit der Galvanometer. Um Massenspektren übersichtlich zu präsentieren, kann man auch die m/e-Werte als Funktion der relativen Häufigkeit auftragen, wobei das häufigste Ion (sogenannter Basispeak) willkürlich die Häufigkeit 100 % erhält (vgl. Abb. 5.20 und 5.21).

Fragmentierung von Molekülen im Massenspektrometer. Unter der Einwirkung von energiereichen Elektronen entstehen aus den organischen Molekülen zunächst *Molekülionen* (Radikalionen), die zum Teil (manchmal zum größten Teil) unter Bildung stabilerer Partikeln **(Carbeniumionen, Radikale)** zerfallen. Diejenigen Ionen, deren «Lebensdauer» ausreicht, um den Auffänger zu erreichen, werden vom Massenspektrometer registriert. Radikale werden nicht erfaßt; ihr Auftreten kann aber durch Subtraktion der Massenzahlen verschiedener Peaks gefolgert werden.

Das Molekül-Ion einer Verbindung ergibt nie ein einziges Signal im Massenspektrum (MS), da die meisten in organischen Verbindungen vorhandenen Elemente als *Isotopengemische* auftreten (vgl. Tabelle 5.6). Die schwereren Nuclide unterscheiden sich in ihrer Masse von den leichten durch nahezu ganze Massenzahlen und werden auch von gewöhnlichen Massenspektrometern einwandfrei getrennt. Man findet deshalb in der Regel für jedes Ion eine ganze *Gruppe* von Signalen, deren relative Intensitäten durch die Art und Zahl der vorhandenen Atomarten und durch das natürliche Mischungsverhältnis der verschiedenen Nuclide bestimmt ist. Im Fall von Kohlenstoff, Schwefel und den Halogenen ist der natürliche Gehalt an schwereren Nucliden (^{13}C, ^{34}S, ^{37}Cl und ^{81}Br) so groß, daß man *aus der Höhe des Isotopensignals* auf die *Anzahl der in dem betreffenden Ion* (auch im Molekülion!) vor-

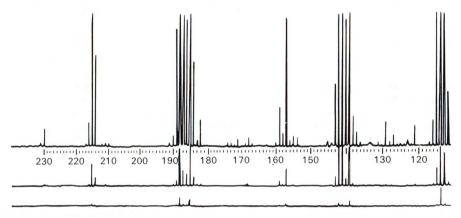

Abb. 5.20. Ausschnitt aus enem Massenspektrum, das durch drei verschieden empfindliche Galvanometer registriert worden ist

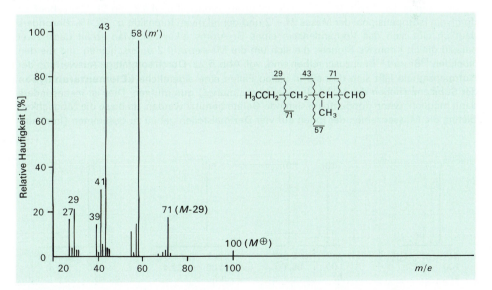

Abb. 5.21. Massenspektrum von α-Methylvaleraldehyd (2-Methylpentanal) Bei modernen Massenspektrometern erfolgt die Datenerfassung und -auswertung durch einen Computer. Die Spektren werden über Plotter in Form von «Strichspektren» ausgegeben.

Tabelle 5.6. Masse und mittlere Häufigkeit einiger für die organische Chemie wichtiger natürlicher Isotope

Isotope				Massenzahl	relative Häufigkeit [%]
¹H				1.0078	100
	²H			2.0141	0.015
¹²C				12.0000	100
	¹³C			13.0034	1.12
¹⁴N				14.0031	100
	¹⁵N			15.0001	0.366
¹⁶O				15.9949	100
	¹⁷O			16.9991	0.037
		¹⁸O		17.9992	0.240
³²S				31.9721	100
	³³S			32.9725	0.789
		³⁴S		33.9679	4.433
			³⁶S	35.9677	0.018
³⁵Cl				34.9689	100
	³⁷Cl			36.9659	32.399
⁷⁹Br				78.9183	100
	⁸¹Br			80.9163	97.940

handenen C- (S-, Cl- oder Br-) *Atome schließen* kann. So hat in Verbindungen mit mehreren C-Atomen jedes Atom eine Wahrscheinlichkeit von 1.1%, ein ^{13}C-Atom zu sein; n C-Atome ergeben damit ein Isotopensignal mit der Masse $M + 1$ und der relativen Intensität (verglichen mit dem entsprechenden ^{12}C-Signal) von $n \cdot 1.1\%$. Ein S-Atom zeigt sich durch ein Isotopensignal der Masse $M + 2$ und der relativen Intensität $n \cdot 4.4\%$, ein Cl-Atom ebenfalls durch ein Isotopensignal der Masse $M + 2$ und der relativen Intensität $n \cdot 32.4\%$. Besonders deutlich läßt sich das Vorhandensein eines Br-Atoms erkennen: Man erhält dann zwei nahezu gleich intensive Signale, die sich um die Massenzahl 2 unterscheiden und die den Nucliden ^{79}Br und ^{81}Br zuzuschreiben sind, vgl. Abb. 5.22. Durch sorgfältige Auswertung der Isotopensignale läßt sich deshalb in vielen Fällen eine eigentliche **«Elementaranalyse»** der Substanz (neben der Molekülmassenbestimmung!) durchführen. Dies ist insbesondere dann möglich, wenn doppeltfokussierende Geräte benützt werden, da diese die Möglichkeit bieten, die Massenzahlen der Ionen auf vier Dezimalstellen genau zu bestimmen (hochauf-

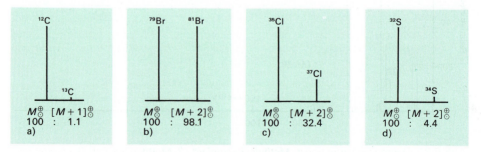

Abb. 5.22. Häufigkeitsverteilung der stabilen Isotope (Isotopenmuster) a) Kohlenstoff, b) Brom, c) Chlor, d) Schwefel (jeweils ein Atom im Molekül)

lösende Massenspektrometrie). Da die Massen der Atome eines Moleküls (Molekülions bzw. Fragments) nicht exakt ganzzahlig sind, zeigen sich diese Differenzen in den letzten Dezimalstellen der Massenzahl. Mit anderen Worten, *jeder Summenformel* entspricht bei dieser hohen Genauigkeit *eine individuelle Massenzahl*. Ein Ion der Masse 28 u könnte z. B. $CO^{\oplus}$, $N_2^{\oplus}$, $CH_2N^{\oplus}$ oder $C_2H_4^{\oplus}$ sein; bei der großen Genauigkeit des Instrumentes kann man ihre Identität leicht feststellen, da sich die Massen folgendermaßen unterscheiden:

$$CO^{\oplus}: \quad 27.9949$$
$$N_2^{\oplus}: \quad 28.0061$$
$$CH_2N^{\oplus}: 28.0187$$
$$C_2H_4^{\oplus}: \quad 28.3128$$

Die *Fragmentierung* des Molekül-Ions kann schematisch folgendermaßen beschrieben werden:

$$A:B \xrightarrow[-2e]{+e} (A \cdot B)^{\oplus}_{\odot}$$

$$(A \cdot B)^{\oplus}_{\odot} \longrightarrow A^{\oplus} + {}^{\odot}B$$

oder
$$(A \cdot B)^{\oplus}_{\odot} \longrightarrow A^{\odot} + B^{\oplus}$$

Verbindungen, die Alkylgruppen enthalten, spalten im Massenspektrometer häufig *Alkylradikale* ab. Im Massenspektrum findet man dann die Peaks, die den Ionen $M - CH_3$ ($M - 15$) oder $M - C_2H_5$ ($M - 29$) entsprechen (M = Molekülmassenzahl). Kohlenwasserstoffe fragmentieren besonders bei *Verzweigungsstellen*, was dadurch zu erklären ist, daß auch bei Carbeniumionen ebenso wie bei Radikalen die Stabilität in der Reihenfolge tertiär > sekundär > primär abnimmt. Manchmal entstehen bei der Fragmentierung auch besonders *stabile Moleküle*, so z. B. H_2O aus Alkoholen oder HF aus Fluoralkanen. In gewissen Fällen kann die Fragmentierung auch von der Bildung neuer Bindungen begleitet sein, so daß *Umlagerungen* eintreten. So zeigt das Massenspektrum von Toluen (M = 92) als häufigstes Ion ein solches der Masse 91, das – wie durch Isotopenmarkierung gezeigt werden konnte – nicht dem Benzylkation (1), sondern dem stabileren Tropylium-Ion (2) entspricht:

Die Fragmentierung der Molekül-Ionen widerspiegelt also die Tendenz zur *Bildung möglichst stabiler Ionen*, und es ist klar, daß die «Entschlüsselung» eines Massenspektrums (d. h. die Zuordnung der einzelnen Peaks zu Ionen bestimmter Masse) wichtige Hinweise auf die *Konstitution* des Ausgangsmoleküls geben kann. Einige Beispiele der Fragmentierung bei verschiedenen Verbindungsklassen sollen dies näher erläutern.

Bei der Ionisierung von **Alkoholen** wird meist zuerst ein Elektron der nichtbindenden Paare des Hydroxylsauerstoffatoms herausgeschlagen. Bei der Fragmentierung bilden sich vorzugsweise Oxoniumionen der Struktur (1) und der Masse $M - R$:

(1)

Alkene können bei der Fragmentierung die relativ stabilen *Allylcarbenium-Ionen* bilden.

$$[R-CH=CH-CH_2-R']^{\oplus}_{\odot} \longrightarrow R'^{\odot} + R-CH=CH-CH_2^{\oplus}$$

Carbonylverbindungen werden häufig in der Weise fragmentiert, daß dabei die ebenfalls relativ stabilen «*Acylium-Ionen*» $R-C\equiv O^{\oplus}$ entstehen (sogenannte α-Spaltung). Dies ist auf zwei Arten möglich; bei einem Aldehyd beispielsweise folgendermaßen:

$$R-\overset{H}{\underset{}{C}}=\overset{..}{\underset{..}{O}} \longrightarrow R-\overset{H}{\underset{}{C}}\overset{\oplus}{=}\overset{\odot}{\underset{..}{O}} \begin{cases} \longrightarrow H-C\equiv\overset{\oplus}{O} \quad (m/e = 29) \quad + R^{\odot} \\ \longrightarrow R-C\equiv\overset{\oplus}{O} \quad (m/e = M-1) + H^{\odot} \end{cases}$$

Bei *Aldehyden* lassen sich darum im Massenspektrum in der Regel die Ionen der Massen $m/e = -1$ und $m/e = 29$ erkennen. *Methylketone, Carbonsäuren* oder *Ethylester* liefern Acyliumionen der Massen $m/e = 43$, $m/e = M-17$ bzw. $m/e = M-45$, die den Ionen $H_3C-C\equiv O^{\oplus}$ bzw. $R-C\equiv O^{\oplus}$ entsprechen. Danbeben ist aber auch β-Spaltung möglich, wobei H-Atome übertragen werden und jedes der Spaltstücke eine Ladung tragen kann:

$$R-CH\underset{H}{\overset{CH_2}{\diagdown}}\}CH_2\underset{O}{\diagdown}C-H \longrightarrow \begin{cases} R-CH=CH_2 + \left[H_2C=C\underset{OH}{\overset{H}{\diagup}}\right]^{\oplus}_{\odot} \quad (m/e = 44) \\ \left[R-CH=CH_2\right]^{\oplus}_{\odot} + H_2C=C\underset{OH}{\overset{H}{\diagup}} \\ m/e = M - 44 \end{cases}$$

oder bei Carbonsäuren

$$R-CH\underset{H}{\overset{CH_2}{\diagdown}}\}CH_2\underset{O}{\diagdown}C-OH \longrightarrow \begin{cases} R-CH=CH_2 + \left[H_2C=C\underset{OH}{\overset{OH}{\diagup}}\right]^{\oplus}_{\odot} \quad (m/e = 60) \\ \left[R-CH=CH_2\right]^{\oplus}_{\odot} + H_2C=C\underset{OH}{\overset{OH}{\diagup}} \\ m/e = M - 60 \end{cases}$$

Wir haben schon erwähnt, daß die Fragmentierung oft auch von *Umlagerungen* begleitet ist. Bei Carbonylverbindungen tritt insbesondere die Verschiebung eines Wasserstoffatoms häufig auf:

Tabelle 5.7. Beispiele von in MS häufig auftretenden Fragmenten

m/e	Fragment	m/e	Fragment
15	CH_3	55	C_4H_7, $H_2C=CH-C=O$
17	OH, NH_3	56	C_4H_8, C_3H_4O
18	H_2O, NH_4	57	C_4H_9, $H_5C_2C=O$
20	HF	70	C_5H_{10}
27	C_2H_3	71	C_5H_{11}, $H_7C_3C=O$
28	C_2H_4, CO, N_2		
29	C_2H_5, COH	73	$\overset{O}{\overset{\|}{C}}-OC_2H_5$, $H_2C-\overset{O}{\overset{\|}{C}}-OCH_3$
31	CH_2OH, OCH_3		
43	C_3H_7, $CH_3C=O$, $CONH$	77	C_6H_5
45	CH_3, CH_2CH_2OH, CH_2OCH_3	78	$C_6H_5 + H$
	$\|$	91	$H_5C_6-CH_2$
	$CHOH$	105	$H_5C_6-C=O$, $C_6H_5-CH_2CH_2$

$$\left[\begin{array}{c} \overset{\oplus\odot}{O}\!\!-\!\!H\;\;\overset{\gamma}{} \\ \| \;\;\;\;\;\;\;\;\;\;CR_2 \\ Y\!-\!C\!\!\diagdown \\ \diagdown CH_2\!\!\diagup CH_2 \end{array}\right] \xrightarrow{-\,R_2C=CH_2} \left[\begin{array}{c} \oplus\!\!/\!O\!-\!H \\ \| \\ Y\!-\!C \\ \diagdown CH_2 \\ \;\;\;\odot \end{array}\right] \longleftrightarrow \left[\begin{array}{c} \oplus\;\odot\!-\!H \\ O \\ | \\ Y\!-\!C\!\diagdown\!\!=\!\!CH_2 \end{array}\right]$$

(Y = H, R, OH, OR, NR$_2$)

Umlagerungen dieser Art werden als **«McLafferty-Umlagerungen»** bezeichnet. Voraussetzung für das Eintreten einer solchen Umlagerung ist das Vorhandensein eines abtrennbaren Wasserstoffatoms in γ-Stellung zur Carbonylgruppe.[1] Die McLafferty-Umlagerung ist insbesondere zur Ermittlung der Konstitution isomerer Aldehyde und Ketone sehr nützlich.

Peaks, die von umgelagerten Teilchen herrühren, lassen sich oft durch einen Vergleich ihrer Massenzahl (m/e) mit der Massenzahl des Molekülions erkennen. Tritt keine Umlagerung ein, so ergeben Moleküle von geradzahliger Molekülmasse Fragmentionen mit ungeradem m/e, während umgekehrt Moleküle mit ungerader Massenzahl Fragmentionen mit geradzahligem m/e liefern. Wenn ein Fragmention mit einer gegenüber einfacher Spaltung um 1 verringerter Massenzahl auftritt, so kann man annehmen, daß mit der Fragmentierung eine Verschiebung eines Wasserstoffatoms einhergegangen ist (vgl. Abb. 5.21: MS von 2-Methylpentanal: Ion mit $m/e = 58$).

Die Fragmentierung einer Verbindung wird aber nicht allein vom Vorhandensein bestimmter funktioneller Gruppen, sondern von der *gesamten* Konstitution bestimmt. Um die Konstitution aus dem Massenspektrum ableiten zu können, benötigt man neben den «Schlüsselbruchstücken» (von denen in Tabelle 5.7 wichtige Beispiele aufgeführt sind) auch die Kenntnis der typischen *Massendifferenzen* zwischen den Peaks der Molekül-Ionen und der Fragmentionen, welche Radikalen oder Molekülen entsprechen, die bei der Fragmentierung abgespalten werden (Tabelle 5.8). In jedem Fall muß aber überprüft werden, ob sich das beobachtete Massenspektrum aus der im konkreten Fall aufgestellten Konstitutionsformel widerspruchsfrei interpretieren läßt.

Außer der bisher beschriebenen Elektronenstoß-Massenspektrometrie («El-MS», von Elektronenstoß-Ionisation) setzt man heute eine Reihe von modifizierten Verfahren ein.

Eines davon bedient sich der sogenannten **chemischen Ionisierung** («CI-MS»). Dabei werden die Ionen durch chemische Reaktionen in der Gasphase erzeugt. Man benutzt dazu ein «Reaktionsgas» (Edelgase, Methan oder ein anderes Alkan), das durch Elektronenstoß ionisiert wird. Die entstandenen Ionen können direkt mit den Molekülen der zu untersuchenden Probe reagieren und diese durch Ladungsaustausch ionisieren; es ist aber auch möglich, daß die aus dem Reaktionsgas gebildeten Ionen sich zunächst weiter verändern und reaktivere Ionen (z. B. RH$^\oplus$) bilden, die dann die Probenmoleküle durch Übertragung eines Protons ionisieren. Methan als Reaktionsgas liefert beispielsweise hauptsächlich das Ion CH$_5^\oplus$ (S. 50) als reaktives Ion. Die nach chemischer Ionisierung erhaltenen Massenspektren (besonders bei der Verwendung von Alkanen als Reaktionsgasen) zeigen meist eine verringerte Intensität der Fragmentionen-Peaks, dafür einen sehr intensiven Peak der Masse $(M + H)^\oplus$. Die Massenspektrometrie mit chemischer Ionisierung dient daher hauptsächlich als Mittel bei der Analyse, da die intensiven $(M + H)^\oplus$-Peaks leicht identifizierbar sind, so z. B. in Kopplung mit Gaschromatographen als Detektor. Bei Verwendung von Kapillarsäulen zur Auftrennung kann der Ausgang des Gaschromatographen sogar direkt mit dem Massen-

---

[1] Die in die Formel(n) eingezeichneten grünen Pfeile deuten die Elektronen(dichte)verschiebung bei der Reaktion an: Während übliche Pfeile für die Verschiebung eines Elektronenpaars stehen, kennzeichnen Pfeile mit **«halber Spitze»** die Wanderung nur *eines* Elektrons.

Tabelle 5.8. Charakteristische Massendifferenzen zwischen Molekülion $M_\ominus^\oplus$ und Fragmenten ten $[M-X]_\ominus^\oplus$ oder $[M-X]^\oplus$

Massenzahl (MZ)	Formel von X	Hinweis auf Verbindungsklassen
15	CH_3	Methylgruppen
16	NH_2	Amine
17	OH	Alkohole, Carbonsäuren
17	NH_3	Amine
18	H_2O	Alkohole, Phenole, Aldehyde
26	HC≡CH	mehrkernige Arene
28	CO	O-Heterocyclen, Phenole
28	$H_2C=CH_2$	Kohlenwasserstoffe
29	C_2H_5	Ethylgruppen
31	CH_3O	Methylester
34	H_2S	Thiole
35	^{35}Cl	Chlorverbindungen
36	$H^{35}Cl$	Chlorverbindungen
46	NO_2	Nitroverbindungen
64	SO_2	Sulfone
91	C_7H_7	Benzylverbindungen

spektrometer verbunden werden, da dann die Ausströmgeschwindigkeit klein ist. Auf diese Weise lassen sich die einzelnen «Fraktionen» des Gaschromatographen direkt identifizieren. Viele Anwendungen hat die Massenspektrometrie mit chemischer Ionisation auch in der *Biochemie*. So lassen sich z. B. die beim Abbau von Polypeptidketten erhaltenen Aminosäuren als Phenylthiohydantoinderivate (S. 759) massenspektrometrisch leicht erkennen.

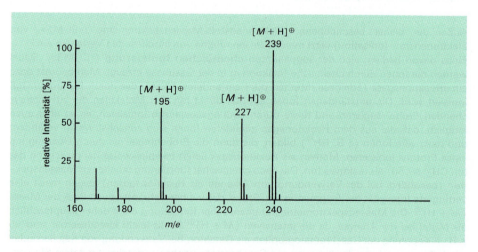

Abb. 5.23. Massenspektrum mit chemischer Ionisation eines Extraktes vom Mageninhalt eines Vergiftungsfalles [aus Chemie in unserer Zeit, 10 (1976), 167]

Das MS zeigt deutlich die protonierten Molekül-Ionen von Coffein (m/e = 195) sowie der beiden Barbitursäurederivate Amytal (m/e = 227) und Seconal (m/e = 239). Amytal und Seconal sind Bestandteile von Schlafmitteln

Auch zur Analyse von Substanzgemischen ist diese Methode geeignet, da sich die Molekül-Ionen (genauer: die $[M + H]^{\oplus}$-Ionen) der einzelnen Komponenten in ihrer Masse meist genügend voneinander unterscheiden.

$M = 194$ u
(Coffein)

$M = 226$ u
(Amytal)

$M = 238$ u
(Seconal)

5.5 Kombinierter Einsatz spektroskopischer Methoden zur Aufklärung des Molekülbaus

Es ist häufig möglich, durch Kombination der verschiedenen spektroskopischen Methoden eine partielle, bei einfacheren Molekülen (M < 300) oft sogar eine vollständige Bestimmung des Molekülbaus (Konstitution, Konfiguration, Konformation) durchzuführen. Das **MS** liefert dazu die *Molekülmassenzahl,* manchmal auch die *Elementaranalyse* und zum mindesten die maximale Zahl der im Molekül vorhandenen C-, S-, Cl-, Br- (oder anderer) Atome; durch die Massenzahlen der verschiedenen, durch Fragmentierung des Moleküls entstandenen Ionen lassen sich stets auch bestimmte *Strukturelemente* erkennen. Das **IR-Spektrum** gibt Aufschlüsse über vorhandene *funktionelle Gruppen* ($>$C=O, $>$C=C$<$, $-$OH, Aromaten usw.), während das **UV-Spektrum** das Vorhandensein (bzw. Fehlen) ungesättigter Chromophore zeigt. Aus dem **Protonenresonanzspektrum** schließlich läßt sich die Anzahl der H-Atome eines Signals, die Umgebung dieser H-Atome (durch die chemische Verschiebung) und die Anzahl der Nachbar-H-Atome (durch die Spin-Spin-Aufspaltung) erkennen, während das ^{13}**C−NMR-Spektrum** Aufschluß über die Anzahl verschiedenartig gebundener C-Atome sowie der mit ihnen verbundenen H-Atome liefert. Zusätzliche Informationen über das Kohlenstoffgerüst ergibt auch die Anzahl der *«Doppelbindungsäquivalente»,* von denen jedes einer Doppelbindung oder einem Ring entspricht. Die Anzahl D der Doppelbindungsäquivalente läßt sich aus der Molekülformel nach folgenden Beziehungen bestimmen.

$$\text{für } C_aH_b(O_c) \qquad D = \frac{(2a + 2) - b}{2}$$

$$\text{für } C_aH_b(O_c)N_d \qquad D = \frac{(2a + 2) - (b - d)}{2}$$

Die Größe (2a + 2) steht für den entsprechenden gesättigten Kohlenwasserstoff. Im Fall einer Verbindung ohne Stickstoff erhält man die Zahl der Doppelbindungen (oder Ringe) dadurch, daß man die Anzahl der H-Atome von (2a + 2) subtrahiert und durch 2 dividiert. (Einbindige andere Atome wie z. B. Halogene können als H-Atome gezählt werden.) Naphthalen ($C_{10}H_8$) besitzt demnach 7 Doppelbindungsäquivalente: 2 Ringe und 5 «Doppelbindungen». Da Stickstoff dreibindig ist, muß für jedes N-Atom von der Zahl der H-Atome (b) ein Atom subtrahiert werden. Pyridin (C_5H_5N) hat 4 Doppelbindungsäquivalente (wie auch das Benzen): einen Ring und drei «Doppelbindungen».

Beispiel
(1) Eine schwach gelbe Substanz (λ_{max} etwa 410 nm) liefert die folgenden Spektraldaten:
MS: $m/e = 146$ (Molekülion): Molekülmassenzahl 146
$m/e = 147$ (Intensität 11 % des Signals $M^{\oplus}$): 10 C-Atome vorhanden
$m/e = 131$ (entspricht $M - 15$): Methylgruppe(n) vorhanden
$m/e = 103$ (entspricht $M - 43$): Möglicherweise eine Acetylgruppe vorhanden?
$m/e = 77$: Benzenring
$m/e = 43$: Acetylgruppe?

Aus dem MS allein erhält man die folgenden Informationen:
Die Verbindung hat die Molekülmassenzahl 146. Sind 10 C-Atome und ein O-Atom im Molekül vorhanden (wie es nach den Peaks mit m/e 103 und 43 wahrscheinlich ist), so bleiben noch 10 H-Atome. Da ein Benzenring vier Doppelbindungsäquivalenten entspricht, müssen zwei weitere Doppelbindungen im Molekül vorhanden sein. (Der MS-Peak von $m/e = 43$ könnte an sich auch von einem $C_3H_7^{\oplus}$-Ion herrühren, doch ist das Vorhandensein einer solchen Gruppe auf Grund der Doppelbindungsäquivalente auszuschließen.)

IR: Banden bei 1665 cm^{-1} (stark): Carbonylgruppe
1610 cm^{-1} (stark)
1585 cm^{-1} (mittelstark)
1490 cm^{-1} (mittelstark) } : Benzenring
1455 cm^{-1} (stark)
970 cm^{-1} (breit, stark): (E)-substituierte Doppelbindung
752 cm^{-1} (stark)
690 cm^{-1} (mittelstark) } : monosubstituierter Aromat

Das IR-Spektrum bestätigt im wesentlichen die aus dem MS gezogenen Schlüsse. Als zusätzliche Informationen erhält man die Feststellungen, daß die C=C-Doppelbindung E-substituiert und der Benzenring monosubstituiert ist.

NMR: Signale bei $\delta = 2.35$ (Singlett), 3 H: Methylgruppe, ungekoppelt
$\delta = 7.30$ (komplex), 5 H: Benzenring
$\delta = 6.70$ (Dublett; $J = 16.2$ Hz), 1 H   2 H-Atome an C=C—
$\delta = 7.50$ (Dublett; $J = 16.2$ Hz), 1 H   Doppelbindung

Die Gesamtzahl der H-Atome beträgt 10, wie bereits aus dem MS gefolgert wurde.

Die Verbindung enthält also die Bauelemente:

Damit ist nur die folgende Konstitution zu vereinbaren:

Benzalaceton
(1-Phenyl-1-buten-3-on)

2. Teil

Organische Reaktionen

6 Allgemeines

6.1 Zum Ablauf organischer Reaktionen

Bei jeder organischen Reaktion werden Bindungen getrennt und neu gebildet. Dabei hat man prinzipiell zu unterscheiden zwischen **«konzertierten»** Reaktionen, bei denen Bindungstrennung und -neubildung *gleichzeitig* (oder nahezu gleichzeitig) erfolgen, und zwischen Reaktionen, die **in mehreren Schritten** ablaufen. In manchen Fällen lassen sich die beiden Reaktionstypen allerdings nicht scharf voneinander abgrenzen, da unter Umständen eine neue Bindung auch ausgebildet werden kann, bevor die alte Bindung vollständig getrennt ist.

Ein- und mehrstufige Reaktionen; Reaktionszwischenstoffe. Konzertierte Reaktionen verlaufen in einem *einzigen Reaktionsschritt*, ohne daß dabei irgendwelche Zwischenstoffe auftreten. Ein einfaches Beispiel dafür ist die auf S. 138 erwähnte Bildung von Methanol aus Iodmethan und Hydroxid-Ionen:

(1)

Den Zustand (1) – in dem sich die O—C-Bindung noch nicht vollständig ausgebildet hat, während die C—I-Bindung noch nicht ganz getrennt ist – bezeichnet man als **Übergangszustand**, die dann vorliegende chemische Spezies als **aktivierten Komplex** (durch das Symbol $\ddagger$ gekennzeichnet und in eckige Klammern geschrieben). Die Gesamtreaktion ist bimolekular; man findet für sie ein Zeitgesetz der zweiten Ordnung, sofern nicht die Hydroxid-Ionen in einem großen Überschuß vorliegen (S. 335).

Weitere Beispiele konzertierter Reaktionen bieten die bimolekulare Elimination (S. 378) und die pericyclischen Reaktionen (Kapitel 11). Für die letzteren typisch ist ein aktivierter Komplex von *cyclischer* Konstitution:

Elektrocyclisierung

sigmatrope Verschiebung (Cope-Umlagerung)

[4 + 2] Cycloaddition (Diels-Alder-Reaktion)

Die Aktivierungsentropie (S. 293) konzertierter Reaktionen ist stets negativ, da die inneren Rotationen im aktivierten Komplex stark eingeschränkt werden.

6.1 Zum Ablauf organischer Reaktionen

Die Mehrzahl der organischen Reaktionen verläuft aber über *mehrere Teilschritte,* von denen *der langsamste die Gesamtgeschwindigkeit bestimmt.* Die einzelnen Schritte sind dabei in der Regel **Elementarprozesse** oder konzertierte Reaktionen.
Beispiele von Elementarprozessen sind die elektronische Anregung, die Dissoziation und Assoziation u. a. Bei der *elektronischen Anregung* geht ein Molekül A in ein angeregtes Molekül A* über, d. h. ein Elektron wird durch Energiezufuhr aus dem HOMO in das LUMO oder ein energetisch noch höher liegendes MO gehoben. Der Spinzustand bleibt bei der Anregung erhalten; durch Spinumkehr eines Elektrons kann dieser *Singlettzustand* in den (energieärmeren) *Triplettzustand* übergehen:

$R_2C=O \rightarrow R_2C=O^1$ Singlettzustand

$R_2C=O \rightarrow R_2C=O^3$ Triplettzustand

Die elektronische Anregung organischer Moleküle erfolgt durch Absorption von Lichtquanten im VIS- oder UV-Bereich. Die erforderliche Anregungsenergie liegt – je nach Verbindungstyp – zwischen 170 bis 840 kJ/mol; dies ist ein Energiebetrag, der größer ist als die Aktivierungsenergie vieler Elementarreaktionen. Ein durch Lichtabsorption angeregtes Molekül kann daher auch als photochemisch aktivierte Spezies betrachtet werden, die weitere Elementarreaktionen eingehen kann («**photochemische Reaktionen**»; vgl. Kapitel 27).

Bei der *Dissoziation* werden nur Bindungen gelöst, während bei ihrer Umkehrung – der *Assoziation* – Bindungen gebildet werden. Die Aktivierungsenergie einer Dissoziation ist stark von der Dissoziationsenthalpie abhängig; die Aktivierungsentropie (S. 293) ist *positiv,* da im Übergangszustand mehr Schwingungsmöglichkeiten bestehen. Dissoziationsreaktionen sind auf zwei Arten möglich: Bei der **homolytischen** Bindungstrennung entstehen Atome und/oder Radikale (vgl. S. 47), während bei der **heterolytischen** Bindungstrennung Ionen, eventuell auch neutrale Moleküle gebildet werden können:

Homolyse A – B $\rightarrow$ A$^\odot$ + $^\odot$B

Heterolyse A – B $\rightarrow$ A$^\oplus$ + :B$^\ominus$ Bildung von Molekülen z. B. bei der folgenden Reaktion:

$R_2\bar{C}-N\equiv N \rightarrow R_2C| + |N\equiv N|$
ein Carben
(S. 291)

Von Interesse ist ein Vergleich der *energetischen Verhältnisse* bei Homo- und Heterolyse:

$C_2H_5Br(g) \rightarrow \overset{\odot}{C_2H_5}(g) + \overset{\odot}{Br}(g)$ $\Delta H° = + 293$ kJ/mol

$C_2H_5Br(g) \rightarrow C_2H_5^\oplus(g) + Br^\ominus(g)$ $\Delta H° = + 766$ kJ/mol

In der Gasphase sind Heterolysen deshalb nur bei extrem hohen Temperaturen möglich, während für Homolysen ΔG^0 wegen der positiven Reaktionsentropie schon bei viel niedrigeren Temperaturen negativ wird. Radikale und Atome werden durch Lösungsmittel aber nur in geringem Maß solvatisiert, im Gegensatz zu Ionen. *Homolysen* treten deshalb bevorzugt in der *Gasphase, Heterolysen* in *Lösungen* (vor allem in polaren Lösungsmitteln) auf.

Bei der *Assoziation* wird die Bindungsenthalpie freigesetzt. Die Aktivierungsentropie ist *negativ* (Verlust an Translationsenergie). Gewisse Assoziationsreaktionen verlaufen extrem rasch, z. B. die Rekombination zweier Radikale in der Gasphase. In gewissen Fällen führt hier jeder Teilchenzusammenstoß zu einer Reaktion; die Reaktion bedarf also keiner Aktivierung. In Lösung sind solche Reaktionen (wie auch die Vereinigung entgegengesetzt geladener Ionen) diffusionskontrolliert, d. h. die effektive Reaktionsgeschwindigkeit wird durch die Geschwindigkeit der *Diffusion* bestimmt.

Im Verlauf von mehrstufigen Reaktionen treten **Zwischenstoffe («Zwischenverbindungen»)** auf, die gewöhnlich instabil (energiereich) sind und rasch weiter reagieren. Die wichtigsten Zwischenstoffe sind *Radikale, Carbeniumionen, Carbanionen* und *Carbene*.

Radikale entstehen durch homolytische Bindungstrennung. Das bindende Elektronenpaar wird dabei «gleichmäßig» auf beide Spaltstücke verteilt, so daß Partikeln mit einzelnen, ungepaarten Elektronen entstehen:

$$\rangle C : H \rightarrow \rangle C^{\odot} + {}^{\odot}H$$

Der *Nachweis* von Radikalen erfolgt am eindeutigsten durch ihr *ESR-Spektrum;* in gewissen Fällen können sie auch durch andere, dem Reaktionsgemisch zugesetzte Substanzen *(«Radikalfänger»)* abgefangen und dadurch nachgewiesen werden (vgl. S. 584). Das Methylradikal ($H_3C^{\odot}$) ist eben gebaut (sp^2-Hybridisierung des C-Atoms; das ungepaarte Elektron besetzt ein p-AO); wahrscheinlich gilt dies auch für andere C-Radikale.

Carbeniumionen sind *Carbokationen:* Sie entstehen durch heterolytische Bindungstrennung, indem von einem C-Atom eine Atomgruppe samt dem bindenden Elektronenpaar entfernt wird:

$$\rangle C : \overline{Cl}| \rightarrow \rangle C^{\oplus} + :\overline{Cl}|^{\ominus}$$

Carbeniumionen sind stets *eben* gebaut (die drei Substituenten des C-Atoms sind dann soweit wie möglich voneinander entfernt), so daß das die Ladung tragende C-Atom ein *unbesetztes p-AO* besitzt (sp^2-Hybridisierung). Die *Stabilität von Carbeniumionen* kann in einem sehr weiten Rahmen variieren: Gewisse Carbeniumionen, wie z. B. das Tropylium-Ion (S. 107) sind so stabil, daß sie als Bausteine salzartiger Festkörper auftreten und sogar in wäßrigen Lösungen beständig sein können, während andere Carbeniumionen wie z. B. das Methyl- oder das Ethyl-Kation ($CH_3^{\oplus}$ bzw. $C_2H_5^{\oplus}$) nur unter ganz besonderen Bedingungen (z. B. im Massenspektrometer) entstehen und außerordentlich energiereich und damit extrem unstabil sind. *Im allgemeinen nimmt die Stabilität von Carbeniumionen in der Reihenfolge primär < sekundär < tertiär zu*, eine Folge des +I-Effektes von Alkylgruppen (S. 306). Kann die positive Ladung des Ions durch Mesomerie delokalisiert werden (Bildung *delokalisierter MO* aus π-Elektronen und dem unbesetzten p-AO des kationischen C-Atoms), so wird ihre Stabilität unter Umständen *drastisch erhöht*. Beispiele dafür bieten etwa das Allyl-Kation (1), das Benzyl-Kation (2) oder das Triphenylcarbenium-Ion (3):

$$H_2C=CH-CH_2^{\oplus} \leftrightarrow H_2\overset{\oplus}{C}-CH=CH_2 \qquad \text{Ph}-CH_2^{\oplus} \qquad Ph_3C^{\oplus}$$

(1) \qquad (2) \qquad (3)

(Im Fall von (2) und (3) wurde je nur eine einzige Grenzstruktur formuliert.)

Carbanionen entstehen ebenfalls durch Heterolyse und zwar dadurch, daß ein Bindungspartner von einem C-Atom ohne das gemeinsame Elektronenpaar entfernt wird:

$$\ce{>C:H -> >C:^{\ominus} + H^{\oplus}}$$

Wie bereits auf S. 194 erwähnt wurde, sind einfache Carbanionen ebenso wie die ihnen isoelektronischen Amine *pyramidal* (also nicht planar) gebaut; hingegen sind *mesomere Carbanionen* wie z. B. die konjugierten Basen von Carbonylverbindungen *eben* (S. 195). Carbanionen sind – wie Carbeniumionen – von sehr unterschiedlicher Stabilität; mesomeriestabilisierte Carbanionen können aber ebenfalls in salzartigen Festkörpern auftreten.

Carbene sind instabile Moleküle, bei denen ein C-Atom nur zwei Bindungen bildet und zudem noch ein freies Elektronenpaar (insgesamt also nur 6 Außenelektronen) besitzt, wie z. B. im *Methylen*, dem einfachsten Carben:

$$\ce{{}^{H}_{H}>C:}$$

Sie entstehen dadurch, daß von einem C-Atom zwei Substituenten, jedoch nur ein Elektronenpaar, entfernt werden. Carbene können in zwei energetisch verschiedenen Zuständen existieren: dem **Singlett**-Zustand, in dem das C-Atom sp^2-hybridisiert ist und das freie Elektronenpaar ein sp^2-AO mit *entgegengesetzt gerichtetem Spin* besetzt, und dem (energieärmeren) **Triplett**-Zustand, in dem die beiden Elektronen *parallelen Spin* besitzen und je ein *p*-AO besetzen. Die beiden Zustände unterscheiden sich voneinander durch den räumlichen Bau (Abb. 6.1).

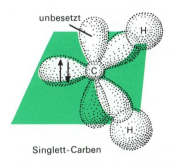
Singlett-Carben

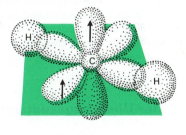
Triplett-Carben

Abb. 6.1. Singlett- und Triplett-Carben

Die **Kinetik mehrstufiger Reaktionen** kann recht komplex sein. Beispiel:

$$A + B \underset{k_2}{\overset{k_1}{\rightleftarrows}} C \qquad C + D \xrightarrow{k_3} E$$

Dem zweiten Schritt C + D → E ist hier ein *Gleichgewicht vorgelagert*. Ist nun in einem bestimmten Fall $k_3 \ll k_2$ und k_1, so wird der zweite Schritt geschwindigkeitsbestimmend, und man erhält für die Gesamtreaktionsgeschwindigkeit:

$$\frac{d[E]}{dt} = k_3 \cdot [C] \cdot [D], \quad \text{und da [C] nach dem MWG} = K \cdot [A] \cdot [B], \text{ ist}$$

$$\frac{d[E]}{dt} = k_3 \cdot K \cdot [A] \cdot [B] \cdot [D].$$

Die Gesamtreaktion ist also *dritter Ordnung,* und die experimentell bestimmte Geschwindigkeitskonstante ist das Produkt aus der Geschwindigkeitskonstante des geschwindigkeitsbestimmenden Schrittes und der Gleichgewichtskonstanten des vorgelagerten Gleichgewichtes.

Ein *Beispiel* einer solchen Reaktion ist die Addition von HBr an Oxiran:

$$H_2C \overset{O}{-\!\!\!-\!\!\!-} CH_2 + HBr \longrightarrow H_2C\text{-}CH_2 \quad (OH, Br)$$

Das Zeitgesetz dieser Reaktion lautet:

$$\frac{d[\text{Produkt}]}{dt} = k \cdot [\text{Oxiran}] \cdot [H^{\oplus}] \cdot [Br^{\ominus}]$$

Zwar stehen Reaktionsordnung und -molekularität nicht ohne weiteres in einem direkten Zusammenhang, doch kann aus der experimentell bestimmten Reaktionsordnung unter Umständen doch auf den *Mechanismus* der betreffenden Reaktion und auf das Wesen der einzelnen *Teilschritte* einer komplizierten Reaktion geschlossen werden.

Kettenreaktionen. Kettenreaktionen treten besonders bei Reaktionen auf, die über freie *Radikale* als Zwischenstoffe verlaufen, weil ein ungepaartes Elektron, das einmal entstanden ist, sich nur dadurch wieder «paaren» kann, daß es mit einem anderen freien Radikal reagiert. Die meisten freien Radikale sind aber sehr energiereich, so daß ihre Konzentration gewöhnlich klein und die Geschwindigkeit ihrer Rekombination niedrig ist.

Charakteristisch für die *Zeitgesetze* von Radikalreaktionen ist das Auftreten *gebrochener Exponenten,* wie für die photochemische Chlorierung von Alkanen gezeigt wurde.

6.2 Der Übergangszustand

Wenn zwei Teilchen zusammenstoßen, die zusammengenommen weniger Energie als die benötigte Aktivierungsenergie besitzen, werden sie einen «Komplex» bilden, der zwar etwas aktiviert ist und in dem die Teilchen enger zusammengedrängt sind, der aber nicht zu Ende reagieren kann, weil seine Energie dazu nicht ausreicht. Ein solcher Komplex wird also wieder zerfallen und die Ausgangsteilchen zurückbilden. Wenn dies fortlaufend geschieht, kann man von einem *echten dynamischen Gleichgewicht* zwischen Ausgangsteilchen und solchen Komplexen sprechen. Besitzen die aufeinandertreffenden Teilchen aber die nötige Aktivierungsenergie, so bildet sich der für die betreffende Elementarreaktion typische **«aktivierte Komplex»**, in welchem sich die Teilchen einander so weitgehend als überhaupt möglich genähert haben, und der den Gipfel des «Energieberges» darstellt. Ein aktivierter Komplex existiert nur während extrem kurzer Zeit (um 10^{-12} s); er ist damit *einer experimentellen Untersuchung* (Spektren!) *nicht zugänglich,* und seine Natur (seine Zusammensetzung) muß *indirekt* erschlossen werden. Das (empirisch ermittelte) Zeitgesetz entspricht aber oft der Molekularität des geschwindigkeitsbestimmenden Schrittes und liefert damit eine Information über den aktivierten Komplex wenigstens dieses Reaktionsschrittes. Beispielsweise zeigt das Zeitgesetz für die HBr-Addition an Oxiran, daß hier am aktivierten Komplex des geschwindigkeitsbestimmenden Schrittes insgesamt ein Molekül Oxiran, ein Proton und ein Bromid-Ion beteiligt sind.

Der aktivierte Komplex wird sich unter Energieabgabe sofort wieder in die Ausgangsteilchen zurückverwandeln oder dann die Produkte bilden. In einem Reaktionsgemisch (dem «Reaktionsknäuel») werden sich nun zahllose solche Gleichgewichte nebeneinander einstellen; wesentlich für die Behandlung der Reaktionsgeschwindigkeit ist aber das Ergebnis, daß auch der aktivierte Komplex in einem *echten Gleichgewicht* mit den Ausgangsteilchen steht. Die Konzentration der aktivierten Komplexe wird dann durch die betreffende Gleichgewichtskonstante $K^{\ddagger}$ bestimmt. Für den Fall einer einfachen bimolekularen Reaktion A + B → C gilt dann (wobei der aktivierte Komplex mit AB* bezeichnet wird):

$$\frac{[AB^*]}{[A] \cdot [B]} = K^{\ddagger} \qquad (1)$$

Ein entscheidendes Ergebnis der von Eyring begründeten *Theorie des Übergangszustandes* («transition-state-theory»), das durch Anwendung der statistischen Mechanik auf das Problem des aktivierten Komplexes begründet werden kann, ist, daß alle aktivierten Komplexe – sofern sie die nötige Aktivierungsenergie wirklich besitzen – sich mit *der gleichen Geschwindigkeit* in die Produkte umwandeln. Diese Geschwindigkeit muß der Konzentration der aktivierten Komplexe proportional sein, wobei man für den Proportionalitätsfaktor den Ausdruck $k \cdot T/h$ findet (k ist die Boltzmann-Konstante R/N_L; h ist die Plancksche Konstante.)

$$\frac{d[C]}{dt} = \frac{k \cdot T}{h} \cdot [AB^*]$$

Unter Berücksichtigung von (1) wird $[AB^*] = K^{\ddagger} \cdot [A] \cdot [B]$, also

$$\frac{d[C]}{dt} = \frac{k \cdot T}{h} \cdot K^{\ddagger} \cdot [A] \cdot [B].$$

Die Geschwindigkeitskonstante der Gesamtreaktion ist also

$$k_1 = \frac{k \cdot T}{h} \cdot K^{\ddagger}$$

d. h. sie ist proportional zu $K^{\ddagger}$. Der Betrag der Gleichgewichtskonstanten wird aber durch die Differenz der freien Enthalpie zwischen Ausgangsteilchen und aktiviertem Komplex gegeben:

$$\Delta G^{\ddagger} = -R \cdot T \cdot \ln K^{\ddagger} = \Delta H^{\ddagger} - T \cdot \Delta S^{\ddagger}$$

Dabei bedeutet $\Delta H^{\ddagger}$ die **Aktivierungsenthalpie** (die Differenz der Enthalpie zwischen aktiviertem Komplex und den Reaktanten) und $\Delta S^{\ddagger}$ die **Aktivierungsentropie** (die Differenz der Entropie zwischen aktiviertem Komplex und den Reaktanten). Die Geschwindigkeitskonstante wird somit gleich

$$k_1 = \frac{k \cdot T}{h} \cdot e^{-\Delta G^{\ddagger}/RT}$$

oder

$$k_1 = \frac{k \cdot T}{h} \cdot e^{\Delta S^{\neq}/R} \cdot e^{-\Delta H^{\neq}/RT}$$

Wir erkennen also, daß die *Geschwindigkeit* einer chemischen Reaktion durch ihre *freie Aktivierungsenthalpie* $\Delta G^{\neq}$ – genauer: **durch die Differenz zwischen den freien Enthalpien der Reaktanten und des aktivierten Komplexes** – bestimmt wird. Alle Faktoren, die den aktivierten Komplex stabilisieren, d. h. dessen freie Enthalpie erniedrigen (und damit *die Energiedifferenz zwischen dem aktivierten Komplex und den Reaktanten verringern*) bewirken eine Erhöhung der Reaktionsgeschwindigkeit[1]. Bei einer gegebenen Temperatur verläuft die Reaktion um so *rascher, je kleiner die Aktivierungsenthalpie und je größer die Aktivierungsentropie* ist. Um Voraussagen über die Geschwindigkeit einer Reaktion machen zu können, müssen sowohl Aktivierungsenthalpie wie Aktivierungsentropie bekannt sein. Da die Zusammensetzung des aktivierten Komplexes nicht untersucht werden kann, sind solche Voraussagen generell nicht möglich; man kann nur eine Gruppe von Reaktionen untereinander vergleichen, bei denen die aktivierten Komplexe sehr ähnlich sein müssen. Häufig ist dann $\Delta S^{\neq}$ ungefähr gleich groß, so daß man schon aus $\Delta H^{\neq}$ allein Rückschlüsse auf die betreffenden Geschwindigkeitskonstanten ziehen kann.

Zur *experimentellen Bestimmung* von $\Delta H^{\neq}$ und $\Delta S^{\neq}$ wird die Geschwindigkeitskonstante k bei mehreren Temperaturen gemessen und lg k/T gegen T^{-1} aufgetragen (**«Eyring-Diagramm»**). Aus Steigung und Ordinatenabschnitt der resultierenden Geraden ergeben sich $\Delta H^{\neq}$, $\Delta S^{\neq}$ und auch $\Delta G^{\neq}$. Auch durch kernresonanzspektroskopische Untersuchung von Austauschvorgängen lassen sich die Aktivierungsparameter ermitteln (s.S. 274).
Von besonderem Interesse ist die Kenntnis der *Aktivierungsentropie,* die wichtige Rückschlüsse auf die Art des aktivierten Komplexes erlaubt. Sind im aktivierten Komplex – wie es meist der Fall ist – die Bewegungsmöglichkeiten der Translation, der Rotation und der inneren Rotation eingeschränkt, so ist $\Delta S^{\neq}$ *negativ* und zwar um so mehr, je stärker geordnet der aktivierte Komplex ist. Diese Abnahme ist um so größer, je komplizierter gebaut die reagierenden Teilchen sind. Beispielsweise vereinigen sich bei bimolekularen Reaktionen in wenig polaren Lösungsmitteln – bei denen Solvationserscheinungen keine große Rolle spielen – zwei Moleküle mit freier Translationsbewegung zu einem aktivierten Komplex, der sich nur noch als Ganzes bewegen kann. Die Entropie nimmt also insgesamt ab, und zwar bereits auf dem Weg zum Übergangszustand. $\Delta S^{\neq}$ wird negativ und hat meist Werte um – 80 J/mol K. Besonders stark negativ ist $\Delta S^{\neq}$ bei den sogenannten *Cycloadditionen* (vgl. S. 444) wie etwa der Diels-Alder-Reaktion, weil hier der geordnete cyclische Übergangszustand wegen des Ringschlusses die Aktivierungsentropie zusätzlich erniedrigt. Auch Reaktionen, bei denen aus Neutralmolekülen Ionen entstehen, zeigen durchwegs stark negative Aktivierungsentropien, weil die Ladungstrennung bereits im Übergangszustand beginnt und sich die (vorher freien) Lösungsmittelmoleküle auszurichten beginnen. Nur dann, wenn der aktivierte Komplex weniger geordnet und lockerer als das Ausgangssystem ist, nehmen die Möglichkeiten der Translation und Rotation zu, und $\Delta S^{\neq}$ wird *positiv*. Dies trifft insbesondere für Reaktionen in stark polaren Lösungsmitteln (Wasser) zu, wenn bei heterolytischer Bindungstrennung durch die Ladungstrennung und die dadurch erfolgende Hydratation die Ordnung der Lösungsmittelmoleküle gestört und damit vermindert wird.

---

[1] Wenn der Einfluß struktureller, sterischer oder elektronischer Faktoren auf die Reaktionsgeschwindigkeit betrachtet werden soll, so muß *stets* deren Auswirkung sowohl auf die Moleküle der Reaktanten **wie auch auf den aktivierten Komplex** untersucht werden!

Zur *Veranschaulichung* vergleichen wir zwei Reaktionen, die Dimerisation von Cyclopentadien und der Zerfall von 1,1'-Azobutan.

Dimerisation von Cyclopentadien[1]:

In der Gasphase: $\Delta H^{\ddagger} = 65$ kJ/mol
$\Delta S^{\ddagger} = -142$ J/mol K

Zerfall von 1,1'-Azobutan: $C_4H_9-N=N-C_4H_9 \longrightarrow 2 \overset{\odot}{C}_4H_9 + N_2$

In der Gasphase: $\Delta H^{\ddagger} = 218$ kJ/mol
$\Delta S^{\ddagger} = +79$ J/mol K

Die relativ geringe Aktivierungsenthalpie für die Dimerisation von Cyclopentadien ist charakteristisch für konzertierte Reaktionen, weil hier Bindungsbildung und Bindungsbruch synchron verlaufen, im Gegensatz zum Zerfall von 1,1'-Azobutan. Hier ist die homolytische Trennung einer C—N-Bindung geschwindigkeitsbestimmend, ohne daß dabei gleichzeitig neue Bindungen entstehen und damit den zur Trennung nötigen Energieaufwand mindestens teilweise kompensieren. $\Delta S^{\ddagger}$ anderseits begünstigt den Zerfall von Azobutan, weil hier im aktivierten Komplex ein Translationsfreiheitsgrad gewonnen wird und schließlich zwei Partikeln aus einer entstehen, im Gegensatz zur Dimerisierung, wo aus zwei vorher freien Molekülen ein nur noch als Ganzes beweglicher aktivierter Komplex entsteht.

Wie sich die *Natur des aktivierten Komplexes* auf ähnlich verlaufende Reaktionen auswirken kann, wird am Beispiel der *Halogenierung* von *Alkanen* deutlich. Bereits auf S. 49 wurde erwähnt, daß die Bromierung zwar langsamer, dafür aber selektiver verläuft als die Chlorierung. Eine plausible Erklärung für diese Beobachtung liefert ein Vergleich der beiden aktivierten Komplexe.

Der geschwindigkeitsbestimmende Schritt besteht in jedem Fall in der Reaktion eines Halogenatoms mit einem Alkanmolekül (S. 47). Wenn man annimmt, daß im Fall der *Chlorierung* die C—H-Bindungstrennung im Übergangszustand erst begonnen hat und die Cl—H-Bindung erst in geringem Maß ausgebildet ist, ist der aktivierte Komplex bezüglich Geometrie und Energie den Reaktanten noch sehr ähnlich. Dies trifft sowohl für die Reaktion an primären wie an sekundären und tertiären Kohlenstoffatomen zu. Die konkurrierenden Reaktionen laufen mit ähnlichen Geschwindigkeiten ab, so daß die *Selektivität gering* ist. Bei der *Bromierung* hingegen müssen Bindungstrennung und -neubildung im Übergangszustand schon ziemlich weit fortgeschritten sein, und der aktivierte Komplex gleicht schon stark dem entstehenden Radikal. Da sich primäre, sekundäre und tertiäre Radikale in ihrer Stabilität unterscheiden (S. 48), unterscheiden sich auch die zu ihnen führenden aktivierten Komplexe in ihrer Energie: Der zu einem tertiären bzw. sekundären Radikal führende aktivierte Komplex ist energieärmer. Er wird bevorzugt gebildet, und die Reaktion mit Brom tritt vorwiegend an tertiären bzw. sekundären Kohlenstoffatomen ein.

---

[1] Die Stereochemie dieser Reaktion ist hier nicht berücksichtigt; s. hierzu S. 451.

Da der geschwindigkeitsbestimmende Schritt bei der Radikalsubstitution von Alkanen im Fall der Chlorierung exotherm, im Fall der Bromierung endotherm verläuft ($\Delta H = -4.2$ bzw. $+62.8$ kJ/mol), entsprechen die hier dargelegten Vorstellungen über die Natur des aktivierten Komplexes dem **Postulat von Hammond** (1955) (vgl. S. 319). Nach ihm *gleicht der aktivierte Komplex eines exothermen Reaktionsschrittes noch stark den Reaktanten, während der aktivierte Komplex eines endothermen Reaktionsschrittes mehr den Produkten dieses Schrittes gleicht*. Bei einem endothermen Reaktionsschritt muß nämlich ziemlich viel Energie aufgewendet werden, um den Übergangszustand zu erreichen, so daß der aktivierte Komplex in jedem Fall schon von ähnlicher Struktur und Energie sein muß wie die Produkte.

Einfluß des Lösungsmittels auf die Reaktionsgeschwindigkeit. Entscheidend für Einfluß des Lösungsmittels auf die Reaktionsgeschwindigkeit sind *Solvationseffekte*. Dabei muß stets die Auswirkung der Solvation auf die *Reaktanten und* den *aktivierten Komplex* betrachtet werden. Ist dieser stärker solvatisiert als die Moleküle der Reaktanten, so wird ΔG^+ kleiner, und die Reaktion verläuft *rascher*. Werden aber die Reaktanten stärker solvatisiert als der aktivierte Komplex, so wird ΔG^+ größer: Die Reaktion verläuft *langsamer*. Um den Einfluß des Lösungsmittels auf die Reaktionsgeschwindigkeit beurteilen zu können, müssen somit die Wechselwirkungen zwischen Lösungsmitteln und den Reaktanten bzw. dem aktivierten Komplex abgeschätzt werden. (Solvationsenthalpien von aktivierten Komplexen lassen sich experimentell nicht bestimmen!)

Ein *Beispiel* dafür, wie wichtig die Betrachtung des Lösungsmitteleinflusses auf Reaktanten und aktivierten Komplex ist, bietet die Verseifung eines Esters mit Hydroxid-Ionen (vgl. S. 484):

$$OH^{\ominus} + H_3C-\overset{O}{\underset{\|}{C}}-OC_2H_5 \rightleftarrows \left[H_3C-\underset{\overset{\vdots}{\underset{\delta\ominus}{OH}}}{\overset{O^{\delta\ominus}}{C}}-OC_2H_5 \right]^{\ddagger} \longrightarrow \text{Produkte}$$

In einem Gemisch von Dimethylsulfoxid (DMSO) mit Wasser verläuft die Reaktion viel rascher als in wäßrigem Ethanol. Das Gemisch Ethanol/Wasser solvatisiert sowohl die Reaktanten wie den aktivierten Komplex ziemlich stark; DMSO/Wasser dagegen solvatisiert das kleine Hydroxid-Ion viel weniger stark als Ethanol/Wasser, während es den relativ voluminösen aktivierten Komplex nicht viel weniger stark solvatisiert. Der Unterschied in der Solvation durch die beiden Lösungsmittel ist daher für die Reaktanten (insbesondere das Hydroxid-Ion) größer als für den aktivierten Komplex, so daß ΔG^+ für die Reaktion in Ethanol/Wasser größer und die Reaktionsgeschwindigkeit in diesem Lösungsmittel kleiner ist.

Im Prinzip lassen sich **Lösungsmittel** in *drei Gruppen* einordnen:
— *Unpolare aprotische Lösungsmittel* besitzen kleine Dipolmomente und niedrige Dielektrizitätskonstanten: Hexan, Benzen, Tetrachlorkohlenstoff, Dioxan, Diethylether, Tetrahydrofuran
— *Polare*, aber *aprotische Lösungsmittel* haben große Dipolmomente und hohe Dielektrizitätskonstanten: Aceton, Nitrobenzen, Dimethylformamid, Dimethylsulfoxid
— *Protische Lösungsmittel* enthalten stark polare OH- oder NH-Gruppen und können mit anderen Molekülen – oder aktivierten Komplexen! – Wasserstoffbrücken bilden: Wasser, Methanol, Ethanol, Essigsäure, Amine

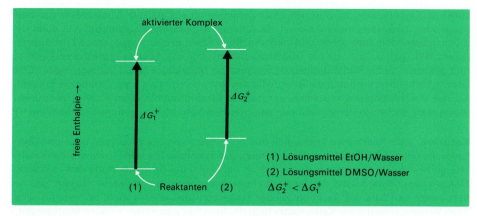

Abb. 6.2. Freie Aktivierungsenthalpie für die Esterverseifung in verschiedenen Lösungsmitteln

Die Dielektrizitätskonstante – eine makroskopische Größe! – hängt vom Dipolmoment und der Polarisierbarkeit der Moleküle ab; grob gesprochen beeinflußt sie die Leichtigkeit von Ladungstrennungen. Zweifellos spielt dabei die Polarisierbarkeit von Lösungsmittelmolekülen und der geladenen Partikeln eine große Rolle.
Sind sowohl Reaktanten wie aktivierter Komplex elektrisch neutral und unpolar, so unterscheiden sich Reaktanten und aktivierter Komplex bezüglich ihrer Solvation nur wenig, und der Einfluß des Lösungsmittels auf die Reaktionsgeschwindigkeit ist klein. Anders ist es, wenn sich Reaktanten und aktivierter Komplex in ihrer *Polarität* unterscheiden. Die freie *Solvationsenthalpie* geladener Partikeln ist bekanntlich um so stärker negativ, je höher ihre Ladung und je mehr diese Ladung auf einen kleinen Raum konzentriert ist. Reaktionen, bei denen auf dem Weg vom Ausgangs- zum Übergangszustand *Ladungen gebildet* oder auch nur *konzentriert* werden, verlaufen daher *in stärker polaren Lösungsmitteln rascher*. Umgekehrt ist die Reaktionsgeschwindigkeit bei Reaktionen in polaren Lösungsmitteln *kleiner*, wenn auf dem Weg zum aktivierten Komplex *Ladungen verschwinden* oder auf einen größeren Raum *delokalisiert* werden, wie es im Fall der Esterverseifung in Ethanol/Wasser der Fall ist. Vgl. Tabelle 6.1.
Da ein Lösungsmittel die Geschwindigkeit zweier *Konkurrenzreaktionen* in verschiedener Weise beeinflussen kann, verändert sich unter Umständen die Zusammensetzung eines Produktgemisches, wenn man ein anderes Lösungsmittel wählt. Ein auffallender derartiger

Tabelle 6.1. Einfluß des Lösungsmittels auf verschiedene Reaktionstypen

$A^\ominus + B^\oplus \rightarrow \left[\begin{smallmatrix}\delta\ominus & \delta\oplus \\ A & \cdots\cdots & B\end{smallmatrix}\right]^\ddagger \rightarrow A{-}B$	begünstigt durch unpolare Lösungsmittel
$A{-}B \rightarrow \left[\begin{smallmatrix}\delta\ominus & \delta\oplus \\ A & \cdots\cdots & B\end{smallmatrix}\right]^\ddagger \rightarrow A^\ominus + B^\oplus$	begünstigt durch polare Lösungsmittel
$A + B \rightarrow [A\cdots\cdots B]^\ddagger \rightarrow A{-}B$	durch Lösungsmittelpolarität kaum beeinflußt
$A{-}B^\oplus \rightarrow \left[\begin{smallmatrix}\oplus \\ A\cdots\cdots B\end{smallmatrix}\right]^\ddagger \rightarrow A + B^\oplus$	leicht begünstigt durch polare Lösungsmittel
$A + B^\oplus \rightarrow \left[\begin{smallmatrix}\oplus \\ A\cdots\cdots B\end{smallmatrix}\right]^\ddagger \rightarrow A{-}B^\oplus$	leicht begünstigt durch unpolare Lösungsmittel

Effekt ist die in polaren, aprotischen Lösungsmitteln oft viel stärkere *Nucleophilie* gewisser Reagentien, besonders vieler Anionen, da Anionen in protischen Lösungsmitteln durch H-Brücken besonders stark solvatisiert sind und dieser Effekt in einem aprotischen Lösungsmittel wegfällt (vgl. S. 355). Ist die Dielektrizitätskonstante des Lösungsmittels aber klein, so sind gelöste ionische Verbindungen vorwiegend als Ionenpaare oder Ionenaggregate in der Lösung vorhanden, wodurch die Reaktivität des Anions verringert wird. Gerade die Erkenntnis, daß die Nucleophilie in polaren, aprotischen Lösungsmitteln verstärkt wird, hat zu verschiedenen, wichtigen Verbesserungen von Synthesemethoden beigetragen (siehe Band II).

Katalyse. Viele Reaktionen lassen sich durch Katalysatoren beschleunigen oder sind überhaupt nur unter dem Einfluß von Katalysatoren durchführbar. Die Wirkungsweise der Katalysatoren besteht im allgemeinen darin, daß sie mit einem der Ausgangsstoffe eine *reaktionsfähigere Verbindung* bilden, die dann mit einem Reaktionspartner so weiter reagiert, daß der Katalysator im Laufe der Reaktion wieder *freigesetzt* (daß er also *nicht verbraucht*) wird. Beim Vorhandensein eines Katalysators folgt die Reaktion also einem anderen Mechanismus mit *niedrigerer* freier Aktivierungsenthalpie als sie ohne Katalysator folgen würde. Aus diesem Grund wird oft auch verallgemeinert festgestellt, daß ein Katalysator die freie Aktivierungsenthalpie einer Reaktion erniedrigt.

In der organischen Chemie sind insbesondere Katalysen durch *Metallionen, Metallkomplexe* und *Säuren* oder *Basen* häufig. Im Fall der Katalyse durch eine Säure HA kann im Zeitgesetz nur die Konzentration der konjugierten Säure des Lösungsmittels erscheinen (z. B. [$H_3O^{\oplus}$]); man spricht dann von **«spezifischer Säurekatalyse»**. Wenn auch die Konzentration der Säure HA im Zeitgesetz auftritt, liegt **«allgemeine Säurekatalyse»** vor. Vgl. dazu auch S. 498. Bei heterogener Katalyse spielen Adsorptionsphänomene an der Katalysatoroberfläche eine wichtige Rolle.

Seit einigen Jahren hat eine weitere Form der Katalyse, die **«Phasentransfer-Katalyse»**, für viele Synthesen Bedeutung erlangt. Bei zahlreichen organischen Reaktionen besteht nämlich der entscheidende Schritt in der Reaktion eines Moleküls mit einem (anorganischen oder organischen) Anion, so z. B. bei der Reaktion von Halogenalkanen und wäßriger Kaliumhydroxidlösung. Die Reaktionspartner sind dann auf *zwei miteinander nicht oder wenig mischbare Phasen* verteilt (das Halogenalkan in unpolarem Lösungsmittel gelöst oder als reiner Stoff; Kaliumhydroxid in Wasser); die erwünschte Reaktion – die Substitution des Halogenatoms durch ein $OH^{\ominus}$-Ion – kann daher nur an der *Phasengrenze* eintreten und verläuft dementsprechend langsam, denn die in Wasser stark solvatisierten $OH^{\ominus}$-Ionen gehen kaum in das nicht-ionisierende, unpolare Lösungsmittel über. Man könnte nun versuchen, Lösungsmittel zu finden, die beide Reaktanten genügend lösen und zudem in den Reaktionsverlauf nicht eingreifen. Je stärker aber die ionisierende Wirkung des Lösungsmittels ist (je vollständiger darin das Salz in «freie» Ionen zerfällt), um so geringer wird die Reaktivität der Ionen, da sie durch das Lösungsmittel solvatisiert werden und die Solvathülle beim Übergang zum aktivierten Komplex zerstört werden muß. Ist aber das Lösungsmittel nur wenig polar, so geht das Salz vorwiegend in Form wenig reaktiver Ionenpaare in Lösung.

In solchen Fällen läßt sich die Reaktionsfähigkeit des Anions – die Reaktionsgeschwindigkeit – durch **Phasentransfer-Katalyse** sehr oft drastisch steigern. Im Prinzip stehen dazu *zwei Möglichkeiten* offen: Im einen Fall benützt man **Kronenether**, die das Kation komplexieren. Dadurch wird dieses «lipophil» und löst sich zusammen mit dem Anion als Ionenpaar in einem organischen Lösungsmittel. Die Anionen sind dann kaum solvatisiert («nackt») und dementsprechend sehr reaktiv. Die Kronenether sind dabei um so wirksamer, je vollständiger und «dickwandiger» die lipophile Ligandhülle ausgebildet ist. Dies kann dadurch

TAA = Tetraalkylammonium

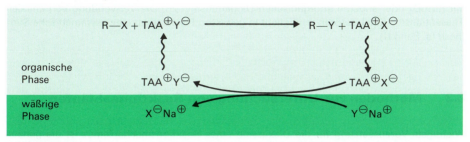

Abb. 6.3. Schema einer durch Phasentransferkatalyse beschleunigten nucleophilen Substitution $R-X + Y^\ominus \rightarrow R-Y + X^\ominus$
TAA = Tetraalkylammonium

erreicht werden, daß aromatische Ringe oder langkettige Alkylreste mit dem eigentlichen Kronenether verknüpft werden. Im anderen Fall (der *eigentlichen Phasentransfer-Katalyse*) arbeitet man in einem Zweiphasensystem aus Wasser und einem organischen Lösungsmittel und setzt katalytische Mengen von *Salzen* mit *stark lipophilen Kationen* zu. Besonders dazu geeignet sind Tetraalkylammonium- oder -phosphoniumsalze, wie z. B. Trihexylmethylammoniumchlorid, Benzyltriethylammoniumbromid, Benzyltrimethylammoniumhydroxid[1], Cetyltrimethylammoniumbromid oder Hexadecyltributylphosphoniumbromid. Diese Kationen lösen sich in der organischen Phase und tauschen dabei ihr Anion in einem mehr oder weniger großen Ausmaß gegen das in der wäßrigen Lösung vorhandene, für die betreffende Reaktion erforderliche Anion (z. B. $CN^\ominus$ oder $OH^\ominus$) aus. Dadurch wird dieses in die organische Phase übergeführt, so daß dort die gewünschte Reaktion eintreten kann.

Der *Erfolg* dieser zweiten Methode hängt davon ab, wie groß der Anteil der Tetraalkylammoniumionen in der organischen Phase ist, die von den erwünschten Anionen begleitet sind. Es hat sich gezeigt, daß die Leichtigkeit, mit der ein bestimmtes Ion vom Tetraalkylammoniumion gebunden wird, hauptsächlich von seiner Hydrationsenthalpie abhängt. So lassen sich $F^\ominus$- und $OH^\ominus$-Ionen in einem geringeren Ausmaß übertragen als etwa $CN^\ominus$- oder $Br^\ominus$-Ionen. Der Phasentransfer ist auch mit in Wasser praktisch unlöslichen, stark lipophilen Tetraalkylammoniumsalzen möglich. Benützt man Tetraalkylammoniumhydroxide, so können die in die organische Phase übergehenden $OH^\ominus$-Ionen dort ein als Reaktionspartner wirkendes organisches Molekül in seine (reaktionsfähigere) konjugierte Base überführen, wie es für viele Reaktionen, die über Carbanionen ablaufen, notwendig ist.

Trotz der Verwendung von nur kleinen Mengen von Tetraalkylammoniumsalzen kann die Gesamtreaktion rasch ablaufen, selbst wenn die betreffenden Löslichkeits- oder Protolysengleichgewichte ungünstig liegen. Verläuft nämlich die eigentliche Reaktion in der organischen Phase genügend vollständig und rasch, so werden die in den Gleichgewichten nur in geringen Konzentrationen vorhandenen Spezies ständig weggefangen und wieder nachgeliefert.

Die *Hauptvorteile* der Phasentransfer-Katalyse bestehen also in der Erhöhung der *Reaktivität von Anionen*. Sie hat sich in vielen Fällen bewährt, wo zwei Phasen erforderlich wären bzw. sind und wo Anionen als Reaktionspartner fungieren, so bei nucleophilen Substitutionen (z. B. Reaktionen mit «nackten» Fluorid-Ionen, S. 355 oder die Williamson-Synthese von

---

[1] Handelsname: «Triton B».

Ethern, S. 364), bei Reaktionen von Carbonylverbindungen (S. 369) oder bei Oxidationen mit $KMnO_4$ oder anderen anorganischen Oxidationsmitteln. Die Verwendung von chiralen Phasentransfer-Katalysatoren ermöglicht in gewissen Fällen sogar eine asymmetrische Synthese (s. Band II).

6.3 Methoden zur Untersuchung von Reaktionsabläufen

Wichtigste Voraussetzung für die Diskussion eines Reaktionsmechanismus ist die genaue Kenntnis der *Ausgangsstoffe* und *aller Produkte*, ihrer Konfiguration und ihrer Konformation, denn oft vermag z. B. die Bildung von Nebenprodukten (als Folge von Nebenreaktionen) Hinweise auf den betreffenden Reaktionsmechanismus zu geben, oder die Bildung von verschiedenen Produkten aus strukturell analogen Edukten zeigt das Vorliegen verschiedener Mechanismen an. Als Beispiele für diese Feststellung seien zwei nucleophile Substitutionen erwähnt:

(a) $(CH_3)_3C-CH_2-O-S(=O)_2-C_6H_4-CH_3 + I^\ominus \rightarrow (CH_3)_3C-CH_2-I$
«Neopentyliodid»
Neopentyltosylat
$+ {}^\ominus OSO_2-C_6H_4-CH_3$

(b) $(C_6H_5)_3C-CH_2-O-S(=O)_2-C_6H_4-CH_3 + {}^\ominus OCH_3 \rightarrow (C_6H_5)_2CH-CH(C_6H_5)-OCH_3$
2,2,2-Triphenylethyltosylat
$+ {}^\ominus OSO_2-C_6H_4-CH_3$

Beides sind S_N-Reaktionen, aber sie müssen nach verschiedenen Mechanismen verlaufen, da im Fall (b) eine Verbindung mit umgelagertem C-Gerüst gebildet wird.
Im folgenden soll nur kurz auf einige für die Untersuchung von Reaktionsmechanismen wichtige experimentelle Methoden eingegangen werden.

Kinetik. Aufgrund kinetischer Untersuchungen läßt sich zwar oft ein bestimmter Mechanismus ausschließen, jedoch kaum je ein bestimmter Mechanismus beweisen. Neben der Ermittlung des Zeitgesetzes können auch Beobachtungen über allfällig *katalytisch wirkende* Substanzen wichtig sein; bei Reaktionen, die – wie es häufig der Fall ist – durch *Säuren* katalysiert werden, läßt sich vermuten, daß als Zwischenstufe ein durch Abspaltung einer Base gebildetes Kation oder die konjugierte Säure eines Reaktionspartners auftritt. *Basenkatalysierte* Reaktionen verlaufen häufig über Anionen als Zwischenstoffe (d. h. über die konjugierte Base eines Reaktanten), oder es tritt als Zwischenstoff ein Additionsprodukt aus der Base und einem Reaktanten auf. Beispiele solcher säure- und basenkatalysierter Reaktionen werden wir insbesondere in den Kapiteln 12 und 13 kennenlernen (Reaktionen von Carbonylverbindungen).

6.3 Methoden zur Untersuchung von Reaktionsabläufen

Abfangen von Zwischenstoffen. Es wurde bereits auf S. 290 erwähnt, daß es unter Umständen möglich ist, intermediär auftretende (instabile) Zwischenstoffe dadurch zu identifizieren, daß man sie mittels eines geeigneten Reagens abfängt. Voraussetzung dafür ist, daß das Reagens auf diese Weise ein Produkt liefert, das nicht anders als durch Reaktion mit dem betreffenden Reaktionszwischenstoff zu erklären ist, und daß die «Abfangreaktion» (verglichen mit der untersuchten Reaktion) genügend rasch erfolgt. Als Beispiel sei die Bildung von Biphenylen aus diazotierter Anthranilsäure (bzw. ihrem Anion) erwähnt:

$$2 \text{ (o-C}_6\text{H}_4(\text{COO}^\ominus)(\text{N}_2^\oplus)) \longrightarrow \text{Biphenylen} + 2\,CO_2 + 2\,N_2$$

Es wurde vermutet, daß sich als Zwischenstoff *Dehydrobenzen* (C_6H_4) bildet, das allerdings so reaktionsfähig ist, daß es sofort weiter reagiert und nicht isoliert werden kann:

$$\text{(o-C}_6\text{H}_4(\text{COO}^\ominus)(\text{N}_2^\oplus)) \longrightarrow C_6H_4 + CO_2 + N_2$$

Durch Abfangen dieses Zwischenproduktes mittels Anthracen (Diels-Alder-Cycloaddition unter Bildung von «Triptycen») konnte das Auftreten von Dehydrobenzen bewiesen werden:

Dehydrobenzen + Anthracen → Triptycen

Kreuzungsexperimente. Bei vielen organischen Reaktionen treten *Umlagerungen* des C-Gerüstes auf, d. h. es wird ein Teil eines Moleküls abgetrennt und an einer anderen Stelle desselben oder eines anderen Moleküls (der gleichen Molekülart) wieder eingeführt. Um zu entscheiden, ob solche Umlagerungen intermolekular oder intramolekular verlaufen, kann man z. B. die Reaktion mit einem Gemisch aus zwei ähnlichen, jedoch nicht identischen Ausgangsstoffen ausführen. Durch Untersuchung des Produktgemisches läßt sich dann entscheiden, ob Molekülbruchstücke von der einen auf die andere Molekülart übertragen worden sind. Ein bekanntes Beispiel einer derartigen Umlagerung bietet die sogenannte **Benzidinumlagerung**:

$$\text{Ph-NH-NH-Ph} \xrightarrow{H^\oplus} H_2N\text{-C}_6H_4\text{-C}_6H_4\text{-}NH_2$$

Hydrazobenzen → Benzidin

Führt man die Reaktion mit einem Gemisch aus 2,2'-Dimethoxyhydrazobenzen und 2,2'-Diethoxyhydrazobenzen aus, so entstehen zwei symmetrisch substituierte Benzidine:

302 6 Allgemeines

$$\left.\begin{array}{c}\text{Ar(OCH}_3\text{)-NH-NH-Ar(OCH}_3\text{)} \\ \text{Ar(OC}_2\text{H}_5\text{)-NH-NH-Ar(OC}_2\text{H}_5\text{)}\end{array}\right\} \xrightarrow{H^\oplus} \left\{\begin{array}{c}H_2N\text{-Ar(CH}_3\text{O)-Ar(OCH}_3\text{)-NH}_2 \\ H_2N\text{-Ar(C}_2\text{H}_5\text{O)-Ar(OC}_2\text{H}_5\text{)-NH}_2\end{array}\right.$$

Dies beweist, daß die Umlagerung *intramolekular* verlaufen muß; andernfalls müßte sich auch unsymmetrisch substituiertes Benzidin (durch Rekombination zweier verschiedener Hydrazobenzen-Bruchstücke) bilden. Man muß also schließen, daß die «neue» Bindung (zwischen den Benzenkernen) entsteht, bevor die N—N-Bindung vollständig getrennt worden ist (vgl. S. 664).

Isotopenmarkierung. Die «Markierung» einer Verbindung durch radioaktive oder schwere Isotope eines bestimmten Atoms ist in zweierlei Hinsicht für die Untersuchung von Reaktionsmechanismen ganz besonders wichtig. Entweder will man dadurch das *«Schicksal»* eines bestimmten Atoms im Laufe der Reaktion verfolgen (wobei man stillschweigend annimmt, daß sich die verschiedenen Isotope eines Elementes in ihrem chemischen Verhalten nur unwesentlich unterscheiden, was in der Tat häufig auch zutrifft), oder man benützt die Tatsache, daß sich in gewissen Fällen verschiedene Isotope gerade nicht genau gleich verhalten, um z. B. die *Natur reagierender Bindungen* aufzuklären.

Die wichtigsten, für solche «Tracerexperimente» benützten Isotope sind:

Wasserstoff: Deuterium (^2H = D) oder Tritium (^3H = T). Deuterium läßt sich durch IR-, NMR- oder Massenspektren nachweisen, während Tritium ein schwacher β-Strahler ist (Halbwertszeit 12.3 Jahre). Wegen seines leichten Nachweises und der radioaktiven Strahlung darf Tritium nur in großer Verdünnung zur Anwendung kommen.

Kohlenstoff: ^{14}C [radioaktiv (auch ein β-Strahler); Halbwertszeit 5730 Jahre].

Sauerstoff: ^{18}O, nicht radioaktiv. Weil $H_2^{18}O$ viel schwieriger herzustellen ist als D_2O, wird meist nur ein an $H_2^{18}O$ angereichertes Wasser (mit 1 bis 2% $H_2^{18}O$) verwendet. Nachweis durch Massenspektroskopie.

Stickstoff: ^{15}N, nicht radioaktiv.

Bei allen Isotopenmarkierungsversuchen stellen sich als Probleme die *Synthese* der betreffenden Ausgangsverbindung (die das markierte Atom an der gewünschten Stelle enthalten muß!) sowie der *Abbau* der Produkte in einfache Verbindungen, in welchen jedes einzelne Atom des Produktes sicher identifiziert werden kann.

Wir haben schon erwähnt, daß sich die verschiedenen Isotope eines Elementes zwar ähnlich, aber doch nicht ganz genau gleich verhalten. Am stärksten ausgeprägt ist dieses unterschiedliche Verhalten bei Wasserstoff und Deuterium, da hier der Massenunterschied ganz besonders groß ist. Substituiert man in einem Reaktanten ein H-Atom durch ein D-Atom, so kann sich die Reaktionsgeschwindigkeit auf $\frac{1}{5}$ bis $\frac{1}{7}$ des ursprünglichen Wertes verringern, sofern – und das ist für mechanistische Untersuchungen entscheidend – *im Übergangszustand eine Bindung zum D-Atom getrennt* wird. Man spricht in solchen Fällen von einem **kinetischen Isotopeneffekt**. Der Grund für die Verlangsamung der Reaktion ist darin zu suchen, daß die Bindungen zu D-Atomen eine geringere Frequenz der Streckschwingung zeigen als entsprechende Bindungen zu H-Atomen, eine Folge der größeren Masse des D-Atoms. Der Ersatz eines H-Atoms durch ein D-Atom hat daher die Erhöhung der freien Aktivierungsenthalpie der betreffenden Reaktion zur Folge, wobei der Betrag der Erhöhung angenähert der Differenz der Nullpunktsenergien ($\frac{1}{2}h \cdot \nu_{0H} - \frac{1}{2}h \cdot \nu_{0D} \approx 4.8$ kJ/mol) entspricht.

Zahlenmäßig wird der kinetische Isotopeneffekt gewöhnlich als Verhältnis der Geschwindigkeitskonstanten angegeben:

$$C - H/C - D: \frac{k_H}{k_D}$$

Das Ausmaß dieses Effektes gibt vielfach qualitative Informationen darüber, wo der aktivierte Komplex auf der *Reaktionskoordinate* bezüglich der Reaktanten und der Produkte liegt. Erreicht er das (theoretisch berechenbare) Maximum von etwa 7, so ist dies ein gutes Indiz dafür, daß das abzutrennende H- bzw. D-Atom im aktivierten Komplex sowohl vom alten wie vom neuen Bindungspartner relativ stark gebunden ist. Kleinere Isotopeneffekte weisen darauf hin, daß sich die Bindung zu diesem H-Atom im aktivierten Komplex entweder schon fast völlig gelöst oder sich die neue Bindung noch kaum ausgebildet hat. Der Übergangszustand liegt dann nahe dem End- bzw. Ausgangszustand, d. h. ist den Produkten bzw. den Reaktanten ähnlich.

Stereochemische Untersuchungen. Untersuchungen über den sterischen Verlauf von Reaktionen können wertvolle Aufschlüsse über den betreffenden Mechanismus liefern. Führt man z. B. Reaktionen an Chiralitätszentren optisch aktiver Verbindungen durch, so läßt sich aus dem sterischen Verlauf (Retention der Konfiguration, Konfigurationsumkehr, Racemisierung) die *Angriffsrichtung* des betreffenden Reagens auf das asymmetrische C-Atom rekonstruieren und lassen sich damit Schlüsse auf den Bau des aktivierten Komplexes ziehen. Als Beispiele sterisch eindeutig verlaufender Reaktionen erinnern wir an die bereits auf S. 201 erwähnten nucleophilen Substitutionen oder an die Bromaddition an C=C-Doppelbindungen (S. 410). Weitere Beispiele werden wir in den späteren Kapiteln kennenlernen.

Aktivierungsentropien. Wie schon früher erwähnt wurde, ist die Aktivierungsentropie in den meisten Fällen negativ, da der aktivierte Komplex ein höheres Maß an Ordnung zeigt als die Reaktanten. Die Bestimmung der Aktivierungsentropie (aus der Temperaturabhängigkeit der Geschwindigkeitskonstante) läßt wiederum Schlüsse auf den Bau des aktivierten Komplexes zu.

Schließlich muß erwähnt werden, daß auch durch Interpretation der im nächsten Kapitel zu besprechenden «*Substituenteneffekte*» unter Umständen Hinweise auf den Ablauf einer Reaktion erhalten werden können.

7 Molekülbau und Reaktivität

7.1 Bindungsenthalpien

Die **Bindungsenthalpie** ist die zur Trennung einer Kovalenzbindung in einzelne gasförmige Atome aufzuwendende Energie. Für zweiatomige Moleküle sind die Bindungsenthalpien aus thermochemischen Messungen oder spektroskopischen Daten einfach und genau zu ermitteln; bei mehratomigen Molekülen hingegen werden die Verhältnisse komplizierter. Für Methan beispielsweise wird die mittlere Bindungsenthalpie der C—H-Bindung als der vierte Teil der Reaktionsenthalpie folgender Reaktion definiert:

$$CH_4(g) \rightarrow C(g) + 4\,H(g)$$

Im Experiment ist diese Reaktion jedoch nicht zu verwirklichen. Hingegen findet man ihre Reaktionsenthalpie (+1653 kJ/mol) durch Summierung der Reaktionsenthalpien folgender experimentell durchführbarer Reaktionen:

$$CH_4(g) + 2\,O_2(g) \rightarrow CO_2(g) + 2\,H_2O(l)$$
$$CO_2(g) \rightarrow C(s) + O_2(g)$$
$$2\,H_2O(l) \rightarrow 2\,H_2(g) + O_2(g)$$
$$2\,H_2(g) \rightarrow 4\,H(g)$$
$$C(s) \rightarrow C(g)$$

(Der letzte Reaktionsschritt, die Sublimation von Graphit, ist deshalb notwendig, weil sich die Bindungsenthalpie auf die Zerlegung der Bindungen in gasförmige Atome bezieht. Die Sublimationsenthalpie von Graphit ist nicht leicht zu messen; der heute dafür allgemein angenommene Wert beträgt 719 kJ/mol.)

Die auf diese Weise berechneten Bindungsenthalpien sind für die betreffenden Bindungen – unabhängig von ihrer strukturellen Umgebung – charakteristisch und angenähert *konstant*. Anders ausgedrückt, die mit Hilfe der Bindungsenthalpien berechneten Reaktionsenthalpien (z. B. die Verbrennungswärmen) stimmen mit den experimentell gemessenen Reaktionsenthalpien recht gut überein. Ausnahmen werden bei Substanzen mit delokalisierten Elektronensystemen beobachtet, deren berechnete Reaktionsenthalpien höher sind (Stabilisierung – d. h. kleinerer Energieinhalt – durch Mesomerie). Daß die Bindungsenthalpien jedoch nur *näherungsweise* konstant sind, zeigen z. B. die experimentell bestimmten Verbrennungsenthalpien der Pentane, die genau gleich groß sein müßten, wenn die 4 C—C- und die 12 C—H-Bindungen energetisch vollkommen gleichwertig wären:

n-Pentan	3538 kJ/mol
Isopentan	3530 kJ/mol
Neopentan	3518 kJ/mol

Oft ist es indessen wichtiger, die zur *Trennung* einer *bestimmten Bindung* eines Moleküls aufzuwendende Energie, die **«Dissoziationsenergie»**, zu kennen[1]. Während nämlich z. B.

---

[1] Da diese Größen oft durch spektroskopische Methoden bestimmt werden, bezeichnen wir sie als Dissoziations*energien*.

7.2 Induktive und mesomere Effekte (σ-bzw. π-Acceptoren und -Donoren)

Tabelle 7.1. Weitere Bindungsenthalpien [kJ/mol] (vgl. auch S.12)

H—H	436	C—C	348	C—O	358
H—F	567	C=C	594	C=O [1]	695
H—Cl	431	C≡C	778	C=O [2]	741
H—Br	366	N—N	163	C=O [3]	749
H—I	298	N=N	418	C—H	413
F—F	159	N≡N	945	N—H	391
Cl—Cl	242	C—N	305	O—H	463
Br—Br	193	C=N	615	O—O	155
I—I	151	C≡N	891	O=O	498
S—S	226				

[1] In Formaldehyd
[2] In anderen Aldehyden
[3] In Ketonen

die Bindungsenthalpie einer O—H-Bindung zahlenmäßig gleich der Hälfte der Bildungsenthalpie von Wasser aus den Atomen beträgt, wird zur Trennung der ersten O—H-Bindung eines H_2O-Moleküls mehr Energie benötigt als zur Trennung der zweiten Bindung:

$H_2O \rightarrow OH + H$ $\Delta H = 492$ kJ/mol
$OH \rightarrow O + H$ $\Delta H = 425$ kJ/mol

Die zur Abtrennung eines einzelnen Wasserstoffatoms aus einem Wassermolekül notwendige Energie ist also größer als die Bindungsenthalpie!

Tabele 7.2. Dissoziationsenergien von Bindungen [kJ/mol]

H—CH$_3$	427	H—OH	492	H$_3$C—F	448
H—CH$_2$CH$_3$	402	H—NH$_2$	427	H$_3$C—Cl	339
H—CH(CH$_3$)$_2$	385	H$_3$C—OH	377	H$_3$C—Br	281
H—C(CH$_3$)$_3$	373	H$_3$C—NH$_2$	335	H$_3$C—I	226
H—CH$_2$—C$_6$H$_5$	322	H$_3$C—CH$_3$	347	H$_3$C—NO$_2$	239

7.2 Induktive und mesomere Effekte (σ- bzw. π-Acceptoren und -Donoren)

Die verschiedene Elektronegativität der Bindungspartner in Kovalenzbindungen bewirkt, daß die Bindungen «polar» werden. Bei der theoretischen Behandlung solcher Bindungen (MO-Theorie) wird ein Parameter eingeführt, welcher das «Gewicht» der beiden AO im MO zum Ausdruck bringt oder – anschaulich gesprochen – die Wahrscheinlichkeit angibt, mit der sich die beiden bindenden Elektronen in der Nähe des einen bzw. des anderen Atomrumpfes aufhalten. Experimentell manifestiert sich die Bindungspolarität beispielsweise in *Dipolmomenten* oder in (verglichen mit entsprechenden unpolaren Bindungen) *erhöhten Bindungsenthalpien*. (Auf dieser größeren Bindungsenthalpie von polaren Bindungen beruht eine Methode zur Abschätzung der relativen Elektronegativitäten; Pauling). Bindungsdipole sind allerdings nur in zweiatomigen Molekülen einer direkten Messung zugänglich. In einem mehratomigen Molekül ist das Gesamtdipolmoment gleich der vektoriellen Summe der Bindungsdipole. Beispiele:

7 Molekülbau und Reaktivität

	NO₂	NO₂—NO₂	NO₂—NO₂	NO₂ — NO₂	NO₂ — NO₂ — Cl
µ [10⁻³⁰ Cm]	13.1	20.1	12.4	0	8.2

Der induktive Effekt. Polarisationseffekte, die durch elektronenanziehende oder -abstoßende Atome oder Atomgruppen bewirkt und über σ-Bindungen übertragen werden, heißen **induktive Effekte (I-Effekte)**. Je nachdem, ob das *«Schlüsselatom»*, d. h. das elektronenanziehende bzw. -abstoßende Atom eine negative oder positive Partialladung erhält, spricht man von $-$I- oder $+$I-Effekten. Der induktive Effekt erhält also das Vorzeichen des vom Substituenten angenommenen Ladungssinnes. Die «Schlüsselatome» werden oft auch als σ-**Acceptoren** *(elektronenanziehend)* oder σ-**Donoren** *(elektronenabstoßend-, -schiebend)* bezeichnet.

Beispiel:
$$\overset{\delta\delta\delta\oplus}{CH_3}- \overset{\delta\delta\oplus}{CH_2}- \overset{\delta\oplus}{CH_2}- \overset{\delta\ominus}{Cl}$$

Das Chloratom ist ein σ-Acceptor (es übt einen $-$I-Effekt aus) und polarisiert die C—Cl-Bindung, so daß das C-Atom eine positive Partialladung erhält. Der Rumpf dieses C-Atoms wird dadurch weniger abgeschirmt, so daß dieses C-Atom stärker elektronegativ wird und die benachbarte C—C-Bindung ebenfalls (in einem allerdings sehr geringen Maß) polarisiert. Mit wachsender Zahl der Bindungen, d. h. *mit zunehmendem Abstand vom Schlüsselatom, nimmt die Wirkung des induktiven Effektes sehr stark ab.*

Tabelle 7.3. Dipolmomente aliphatischer Halogenverbindungen

Verbindung	Dipolmoment [10⁻³⁰ Cm]
H_3CCl	6.3
H_5C_2Cl	6.7
$(CH_3)_2CHCl$	6.9
$(CH_3)_3CCl$	7.2

Halbquantitative Angaben über die Stärke des induktiven Effektes erhält man z. B. aus *Dipolmomenten* (vgl. Tabelle 7.3). Die Zunahme des Dipolmomentes von H_3CCl zu C_2H_5Cl und weiter zu $(H_3C)_3CCl$ zeigt beispielsweise, daß Alkylgruppen schwache σ-Donoren sind:

$$H-\underset{H}{\overset{H}{C}}-Cl \qquad H_3C-\underset{H}{\overset{H}{C}}-Cl$$

Höchstwahrscheinlich beruht die Wirkung der *Alkylgruppen* als σ-Donoren darauf, daß unter dem Einfluß des C—Cl-Bindungsdipols wegen ihrer größeren Polarisierbarkeit eher eine Elektronenverschiebung in Richtung auf das Nachbar-C-Atom möglich ist als bei einem H-Atom. Im *tert*-Butylchlorid ist der $+$I-Effekt dreier Methylgruppen besonders groß, während sich längerkettige Alkylgruppen ähnlich wie die Isopropylgruppe verhalten. Für Alkylgruppen gilt also folgende Reihe zunehmenden $+$I-Effektes:

7.2 Induktive und mesomere Effekte (σ- bzw. π-Acceptoren und -Donoren)

$$CH_3 < C_2H_5 < HC(CH_3)_2 < C(CH_3)_3$$

Einen weiteren experimentellen Beweis für den +I-Effekt von Alkylgruppen bilden die Dipolmomente von Alkylbenzenen (Toluen $1.3 \cdot 10^{-30}$ Cm; tert-Butylbenzen $2.4 \cdot 10^{-30}$ Cm). Durch Vergleich der Acidität von Carbonsäuren, welche am α-C-Atom einen Substituenten mit −I-Effekt tragen, läßt sich auch eine *qualitative Reihe* für σ-Acceptoren aufstellen. Die folgende Reihe umfaßt alle wichtigen Substituenten mit induktiven Effekten; das Vermögen, Elektronen anzuziehen, wächst dabei nach rechts:

$$(CH_3)_3C < (CH_3)_2CH < C_2H_5 < CH_3 < \boxed{H} < C_6H_5 < CH_3O < OH < I < Br < Cl < NO_2 < F$$

Auch *ungesättigte* Gruppen zeigen einen −I-Effekt und zwar um so stärker, je ungesättigter sie sind:

$$C{=}C < \text{konjugierte } C{=}C < C{\equiv}C$$

Der mesomere Effekt («Resonanzeffekt»). Bei ungesättigten und aromatischen Molekülen kann noch ein weiterer Effekt auftreten, der die Ladungsdichteverteilung im Molekül beeinflußt. Es ist nämlich möglich, daß ein Substituent an einer Doppelbindung oder an einem aromatischen Ring mit π- oder nichtbindenden p-Elektronen zu den π-Elektronen der Doppelbindung oder des Ringes in Konjugation tritt und dadurch entweder *negative Ladung aus dem ungesättigten System abzieht* oder *negative Ladung in dieses hineindrückt*. In Analogie zu den σ-Acceptoren bzw. -Donoren nennt man die betreffenden Gruppen π**-Acceptoren** bzw. **-Donoren**. Häufig spricht man auch von **−M-** bzw. **+M-Effekten**, was davon herrührt, daß man in diesen Fällen die Ladungsdichteverteilung durch Kombination verschiedener Grenzstrukturen beschreiben kann, da eine Delokalisation der π-Elektronen eintritt. Auch der Ausdruck *«Konjugationseffekt»* ist gebräuchlich; er weist auf die Konjugation mit den π-Elektronen hin und deutet gleichzeitig an, daß dieser Effekt – im Gegensatz zum rein induktiven Effekt! – über mehrere Bindungen hinweg wirksam sein kann.

π-Acceptoren *setzen die Elektronendichte in einer benachbarten Doppelbindung oder einem aromatischen Ring durch die Konjugation herab*, weil sich ihre π-Elektronen mit dem ungesättigten bzw. aromatischen System überlagern. Ihre *Acceptorwirkung* (die Stärke des −M-Effektes) steigt mit der Bereitschaft des Substituenten, negative Ladung aufzunehmen. In der folgenden Reihe nimmt er darum nach rechts zu:

$$-CH{=}CH_2 < -C_6H_5 < -C\!\!\begin{smallmatrix}\diagup O\\ \diagdown OR\end{smallmatrix} < -C{\equiv}N < -C\!\!\begin{smallmatrix}\diagup O\\ \diagdown R\end{smallmatrix} < -NO_2$$

Die π-Acceptorwirkung einer Nitrogruppe kann formal durch folgende Grenzstrukturen veranschaulicht werden:

Ausgeprägte π-Acceptoren enthalten stark elektronegative Atome; es ist deshalb verständlich, daß sich dann −M- und −I-Effekt addieren und gegenseitig verstärken.

π-*Donoren* besitzen an einem ungesättigten oder aromatischen System ein *doppelt besetztes, nichtbindendes p-AO*, das durch seine Orientierung zur Überlappung mit den π-MO geeignet ist. *Dadurch wird negative Ladung auf das ungesättigte oder aromatische System übertragen* (+M-Effekt). Im Vinylchlorid beispielsweise überlagert sich das nichtbindende p_z-AO des Chloratoms in einem gewissen Maß mit den π-Elektronen der Doppelbindung, so daß ein delokalisiertes System entsteht:

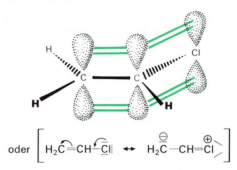

Im Vinylchlorid sind +M-Effekt und induktiver Effekt des Cl-Atoms entgegengesetzt gerichtet, was das Dipolmoment verkleinert. Das experimentell bestimmte Dipolmoment von Vinylchlorid beträgt $5 \cdot 10^{-30}$ Cm, während Chlorethan ein Dipolmoment von $7 \cdot 10^{-30}$ Cm besitzt. Bei ausschließlichem −I-Effekt des Cl-Atoms müßte aber das Dipolmoment von Vinylchlorid wegen der größeren Polarisierbarkeit einer Doppelbindung noch höher als $7 \cdot 10^{-30}$ Cm sein!

Tabelle 7.4. Mesomere Effekte verschiedener Substituenten

+M-Effekt; Substituenten wirken als π-Donoren
$\overset{\ominus}{O}-$ > RO−
R_2N- > RO− > F−
F− > Cl− > Br− > I
−M-Effekt; Substituenten wirken als π-Acceptoren
$\overset{\oplus}{N_2}-$; $R_2\overset{\oplus}{N}=$
O= > O_2N- > $R_2C=$
N≡ > RC≡

Weil bei +M-Substituenten negative Ladung vom Substituenten weg auf das π-System übertragen wird, ist die Donorwirkung um so schwächer, je höher die EN des Substituenten ist. In der Reihe der Halogene wächst die Stärke des +M-Effektes allerdings gerade *umgekehrt* vom Iod zum Fluor, weil die Überlappung von π-Elektronen einer Doppelbindung oder eines aromatischen Ringes mit den 2 *p*-AO des F-Atoms leichter und in einem größeren Ausmaß möglich ist als mit den 5 *p*-AO des I-Atoms.

7.2 Induktive und mesomere Effekte (σ- bzw. π-Acceptoren und -Donoren)

+M-Effekte können durch Messung von *Dipolmomenten* oder auch von *Bindungslängen* erkannt werden. So besitzt Anilin ein Dipolmoment von $5 \cdot 10^{-30}$ Cm (wobei experimentell erwiesen ist, daß das N-Atom das positive Ende des Dipols bildet!), während bei primären aliphatischen Aminen Dipolmomente von der Größenordnung $4 \cdot 10^{-30}$ Cm gefunden werden (hier ist das N-Atom das negative Ende des Dipols; −I-Effekt!). Da durch die Bildung eines delokalisierten Systems die Bindungen zum Substituenten in einem gewissen Ausmaß Doppelbindungscharakter annehmen, sind sie kürzer als gewöhnliche σ-Bindungen. Entsprechend sind die Bindungsenergien und die Kraftkonstanten der Bindungen größer.

Mesomere Effekte sind besonders stark ausgeprägt, wenn ein Molekül gleichzeitig einen π-Acceptor und einen π-Donor besitzt, wobei diese über ein π-System in Konjugation treten, wie z. B. im *p*-Nitranilin:

[Strukturformel *p*-Nitranilin-Resonanz]

Die starke Ausdehnung eines solchen delokalisierten Systems zeigt sich in der Verschiebung der *Lichtabsorption* ins Gebiet längerer Wellenlängen (s.S. 792).

Da mesomere Effekte durch Überlagerung von π- oder *p*-Elektronen des Substituenten mit dem ungesättigten System zustandekommen und diese Überlagerung eine bestimmte, räumliche Orientierung der π- bzw. *p*-Elektronen erfordert, hängt das Ausmaß dieses Effektes stark von *sterischen Faktoren* ab. Im Nitromesitylen (2,4,6-Trimethylnitrobenzen) z. B. muß sich die Nitrogruppe senkrecht oder mindestens schief zur Ringebene einstellen, weil die beiden orthoständigen Methylgruppen zu viel Raum beanspruchen. Dadurch wird aber der Einbezug der N—O-π-Elektronen in das aromatische π-System verunmöglicht, und es ist kein Konjugationseffekt möglich. Das Dipolmoment von Nitromesitylen beträgt darum nur $12 \cdot 10^{-30}$ Cm (Nitrobenzen $13.1 \cdot 10^{-30}$ Cm) und ist von ähnlicher Größe wie bei aliphatischen Nitroverbindungen (Nitroethan $12 \cdot 10^{-30}$ Cm), wo die Nitrogruppe ausschließlich als σ-Acceptor wirkt. Man spricht in solchen Fällen von *sterischer Mesomeriehinderung* (Abb. 7.1).

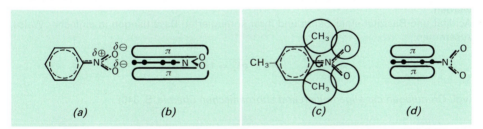

Abb. 7.1. Sterische Hinderung der Mesomerie beim Nitromesitylen
(a), (b) Nitrobenzen; (c), (d) Nitromesitylen [(b) und (d) von der Seite gesehen]

Zum Schluß soll schließlich auf einen weiteren Effekt hingewiesen werden, die sogenannte **Hyperkonjugation** (Nathan-Baker-Effekt; «*no bond-resonance*»). Die Tatsache, daß C—C-Bindungen, die einer C=C-Doppelbindung benachbart sind, etwas kürzer sind als gewöhnliche Einfachbindungen, kann dadurch erklärt werden, daß das bindende MO der C—H-Bindung in einem gewissen Ausmaß an einem delokalisierten π-System teilhat; vgl. auch Abb. 7.2:

[Strukturformel Hyperkonjugations-Resonanz]

7 Molekülbau und Reaktivität

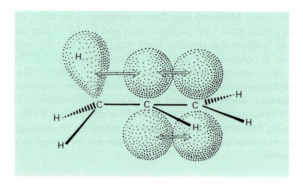

Abb. 7.2. Hyperkonjugation. Ein σ-Orbital der Alkylgruppe überlagert sich in einem gewissen Ausmaß mit dem π-MO der Doppelbindung

Hyperkonjugationseffekte vermögen insbesondere auch die relative Stabilität von Alkylcarbeniumionen und -radikalen zu erklären, doch ist die wirkliche Existenz eines solchen Effektes heute noch umstritten.

7.3 Die Stärke von Säuren und Basen

Begriffe. Die Stärke einer Säure bzw. Base **(Acidität** bzw. **Basizität)** wird zahlenmäßig durch die Gleichgewichtskonstante ihrer Reaktion mit Wasser zum Ausdruck gebracht. Da die weitaus meisten Säuren Aciditätskonstanten <1 besitzen, benützt man in der Praxis meistens die negativen Zehnerlogarithmen der Konstanten, die als pK_s bzw. pK_b bezeichnet werden.
Acidität und Basizität einer Säure und ihrer konjugierten Base hängen in einfacher Weise zusammen:

$$pK_s + pK_b = 14$$

(vgl. *Grundlagen der allgemeinen und anorganischen Chemie,* S. 340)

Die *experimentelle Messung* der Aciditätskonstanten erfolgt durch Aufnahme der Pufferungskurve der Säure, indem man eine verdünnte Lösung der Säure potentiometrisch titriert. Im Wendepunkt der Kurve, nach Zugabe eines halben Äquivalents Base, wird $pH = pK_s$.
Säuren (Basen) mit $pK_s(pK_b) < -2$ reagieren mit Wasser praktisch vollständig. Gleichkonzentrierte verdünnte wäßrige Lösungen sehr starker Säuren bzw. Basen sind also alle gleich stark sauer bzw. basisch. Wegen dieses «*nivellierenden*» *Effektes* von Wasser müssen zur Bestimmung der Acidität (Basizität) Lösungen in schwächer basischen (schwächer sauren) Medien herangezogen werden. In Ethanol beispielsweise ist Chlorwasserstoff nur teilweise protolysiert. Eine solche Lösung wirkt also *viel stärker sauer* als verdünnte Salzsäure, da sie neben den Oxoniumionen $C_2H_5OH_2^\oplus$ noch HCl-Moleküle enthält, die beide beträchtlich stärker sauer sind als das in Salzsäure vorhandene $H_3O^\oplus$-Ion. In extrem schwachen Basen wie Tetrachlorkohlenstoff oder Benzen ist Chlorwasserstoff molekular

gelöst; solche Lösungen sind ebenfalls sehr starke (potentielle) Protonenspender. Anderseits wirken Lösungen schwacher Säuren (Essigsäure) in Ethanol nur sehr schwach sauer, da sich die Säuren fast ausschließlich als Moleküle – die schwache Protonenspender sind – lösen.

Aktivitätskoeffizienten. Diese Koeffizienten drücken die bei Konzentrationen > 0.1 mol/l bereits beträchtlichen *interionischen Wechselwirkungen* aus. Nur in sehr verdünnten Lösungen (<0.01 mol/l) werden Aktivitäten und Konzentrationen nahezu identisch, die Aktivitätskoeffizienten somit praktisch = 1.

Die **Aciditätskonstante** ist dem Unterschied in der freien Enthalpie zwischen Säure und konjugierter Base proportional:

$$\Delta G^0 = -R \cdot T \cdot \ln K = -R \cdot T \cdot 2.303 \cdot \lg K = 2.303 \cdot R \cdot T \cdot pK$$

$$pK = \frac{\Delta G^0}{2.303 \cdot R \cdot T}$$

Für die Standard-Temperatur von 25 °C (298 K) gilt also

$$\Delta G^0 = 5.7 \cdot pK$$

Da $\Delta G^0 = \Delta H^0 - T \cdot \Delta S^0$ ist, wird die Acidität vergrößert (pK_s kleiner), wenn ΔH^0 stark negativ und (oder) ΔS^0 positiv ist. Der Term ΔH^0, die *Reaktionsenthalpie der Protonenübertragung* von der Säure auf Wasser (der «Dissoziation» der Säure) enthält die zur *Abtrennung des Protons aufzuwendende Energie* und die freiwerdende, unter Umständen recht große *Hydrationsenthalpie des Protons* sowie des *Anions*[1]. Der *Entropie-Term* $T \cdot \Delta S^0$ ist meistens negativ, da sich die entstehenden Ionen stark solvatisieren und die Lösungsmittelteilchen dadurch ausgerichtet und besser geordnet werden, die Entropie also abnimmt. Nur bei der Reaktion von Kationen- oder Anionensäuren (bzw. -basen) mit Wasser ist die Entropieänderung gering, weil dann auf jeder Seite des Gleichgewichts je ein Ion vorhanden ist und die mit der Solvation verbundenen Ordnungseffekte ungefähr gleich groß sind.
Die *Säurestärke (Basenstärke)* hängt also von der *thermodynamischen Stabilität* (der freien Enthalpie) *der Säure* und *ihrer konjugierten Base* ab. Wenn die mit der Protonenübertragung an das Lösungsmittel verknüpfte Entropieabnahme besonders groß ist, oder wenn die Abtrennung des Protons besonders viel Energie erfordert, wird die «Dissoziation» endergonisch ($K_s < 1$). Alle *Faktoren*, welche die *konjugierte Base stabilisieren* oder die *Säure destabilisieren*, d. h. die freiwerdende Dissoziationsenthalpie vergrößern und (oder) die Entropieabnahme verringern, bewirken eine *Erhöhung der Acidität*. Neben sterischen Einflüssen sind es hauptsächlich *induktive* und *mesomere Effekte* von Substituenten, welche die Acidität ähnlich gebauter Verbindungen bestimmen, wobei sich letztere sowohl auf den Enthalpie- wie auf den Entropie-Term auswirken können.

Acidität von Carbonsäuren. Die Tatsache, daß das Hydroxylproton der Carbonsäuren im Gegensatz zum Verhalten der Alkohole relativ leicht an Basen abgegeben werden kann, beruht auf der *Mesomerie* des *Carboxylat-Anions*, in welchem sich vier Elektronen völlig symmetrisch über drei Atome verteilen, so daß die negative Ladung des Ions delokalisiert wird:

---

[1] Die *«Hydrationsenthalpie»* des *Protons* setzt sich zusammen aus der Bindungsenthalpie der neuen H—O- (bzw. H—X-) Bindung und der Hydrationsenthalpie des dadurch gebildeten Ions ($H_3O^{\oplus}$).

7 Molekülbau und Reaktivität

$$\left[-C\begin{smallmatrix}\overline{\underline{O}}| \\ \overline{\underline{O}}|^{\ominus}\end{smallmatrix} \leftrightarrow -C\begin{smallmatrix}\overline{\underline{O}}|^{\ominus} \\ \overline{\underline{O}}|\end{smallmatrix} \leftrightarrow -C\begin{smallmatrix}\overset{\oplus}{\underline{O}}^{\ominus} \\ \underline{O}^{\ominus}\end{smallmatrix} \right] \triangleq -C\begin{smallmatrix}O \\ O\end{smallmatrix}^{\ominus}$$

Zwar können auch für die Carboxylgruppe selbst mesomere Grenzstrukturen folgender Art geschrieben werden:

$$\left[-C\begin{smallmatrix}O \\ O-H\end{smallmatrix} \leftrightarrow -C\begin{smallmatrix}O^{\ominus} \\ \overset{\oplus}{O}-H\end{smallmatrix} \right]$$

Wegen der damit verbundenen Ladungstrennung ist aber das wirkliche Ausmaß der Delokalisation der Doppelbindungselektronen gering.

Eine Mesomerie wie im Carboxylat-Ion ist aber bei Alkoholen nicht möglich. Durch diesen Effekt wird die Acidität der Hydroxylgruppe gegenüber der alkoholischen OH-Gruppe um rund 12 Zehnerpotenzen erhöht: pK_s von Ethanol etwa 17, pK_s von Essigsäure 4.76.

Trotz der Mesomerie des Carboxylat-Anions erfolgt aber die «Dissoziation» der Carbonsäuren *endergonisch*, d.h. ΔG^0 ist positiv. Wie die folgenden, für die Reaktion von Essigsäure mit Wasser geltenden Zahlen zeigen, ist dies hauptsächlich auf die mit der Ionisierung verbundene *Entropieabnahme* zurückzuführen:

$$\Delta H^0 \approx -0.4 \text{ kJ/mol}$$
$$\Delta S^0 = -92 \text{ J/mol K}; \; -T \cdot \Delta S^0 \text{ (bei 25°C)} = +27 \text{ kJ/mol}$$
$$\Delta G^0 = +27 \text{ kJ/mol} \; (pK_s = 4.76)$$

Tabelle 7.5. pK_s-Werte verschiedener Carbonsäuren

Säure	pK_s
Ameisensäure (HCOOH)	3.8
Essgisäure (H_3CCOOH)	4.8
Propionsäure (H_3CCH$_2$COOH)	4.9
Fluoressigsäure (H_2CFCOOH)	2.7
Chloressgisäure (H_2CClCOOH)	2.8
Bromessigsäure (H_2CBrCOOH)	2.9
Iodessigsäure (H_2CICOOH)	3.1
Dichloressigsäure (HCCl$_2$COOH)	1.3
Trichloressigsäure (CCl$_3$COOH)	0.9
Cyanessigsäure $\begin{pmatrix} CH_2COOH \\ | \\ CN \end{pmatrix}$	2.4
Nitroessigsäure $\begin{pmatrix} CH_2COOH \\ | \\ NO_2 \end{pmatrix}$	1.3
Oxalsäure (HOOC—COOH)	1.5
Malonsäure $\begin{pmatrix} CH_2COOH \\ | \\ COOH \end{pmatrix}$	2.8
Benzoesäure (H_5C_6COOH)	4.2
Phenylessigsäure (H_5C_6CH$_2$COOH)	4.3

Tabelle 7.6. Thermodynamische Daten für die «Dissoziation» von Essigsäure und ihrer Monohalogenderivate

	pK_s	ΔG^0 [kJ/mol]	ΔH^0 [kJ/mol]	ΔS^0 [J/mol K]
H_3CCOOH	4.76	+27	−0.47	−92
$H_2CFCOOH$	2.7	+15	−4.68	−66
$H_2CClCOOH$	2.8	+16	−4.70	−68
$H_2CBrCOOH$	2.9	+16	−5.19	−72
$H_2CICOOH$	3.1	+18	−5.93	−79

Hier ist die zur Abtrennung des Protons nötige Energie (die als Folge der Bildung zweier delokalisierter MO kleiner ist als in Alkoholen) nahezu gleich groß wie die bei der Anlagerung des Protons an ein Wassermolekül und der anschließenden Hydration des $H_3O^{\oplus}$- und des Acetat-Ions freiwerdende Energie. Die Entropie nimmt jedoch stark ab; die bei der «Dissoziation» freiwerdende Energie vermag die Entropieabnahme bei weitem nicht zu kompensieren, so daß das Gleichgewicht $H_3CCOOH + H_2O \rightleftarrows CH_3COO^{\ominus} + H_3O^{\oplus}$ links liegt (in einer 1-M Essigsäure ist etwa 1% aller H_3CCOOH-Moleküle ionisiert!). Bei *Alkoholen* ist aber nicht ΔS^0 negativ, sondern ΔH^0 ist – wegen der fehlenden Stabilisierung der konjugierten Base! – stark positiv.

Betrachtet man die Tabelle 7.5, so erkennt man, daß die *Acidität erhöht* wird, wenn das α-C-Atom σ-Acceptoren trägt (Halogenatome, −CN, −NO₂). Umgekehrt verringern σ-Donoren am α-C-Atom die Acidität, wie sich in den Säurekonstanten der Ameisensäure, Essigsäure und Pivalinsäure zeigt.

Die *Wirkung der σ-Acceptoren* beruht darauf, daß einerseits die Säure selbst destabilisiert wird (zwei C-Atome mit positiver Partialladung sind einander benachbart) und anderseits die konjugierte Base durch die stärkere Delokalisation der negativen Ladung mehr stabilisiert wird als bei unsubstituierten Säuren:

$$\overset{\delta\ominus}{Cl}-\overset{\delta\oplus}{CH_2}-\overset{\delta\oplus}{C}\overset{\delta\ominus}{\underset{OH}{\overset{O}{\diagup}}} \quad\quad \left[Cl-CH_2-C\overset{O}{\underset{O}{\diagup\diagdown}}\right]^{\ominus}$$

Tabelle 7.6 enthält die thermodynamischen Daten (Änderung der freien Enthalpie, Reaktionswärme und -entropie) für die «Dissoziation» der *Essigsäure* und ihrer *Monohalogenderivate*. Sie zeigt, daß wegen des −I-Effektes bei der Protonabgabe überall eine beträchtlich größere Energie frei wird als bei der Essigsäure selbst, eine Folge der stärkeren Delokalisierung. Die *Solvation* eines *Anions* mit stärker delokalisierter Ladung ist aber geringer als bei einem Ion, dessen Ladung auf ein bestimmtes Atom konzentriert ist; daher ist ΔH^0 für die Fluoressigsäure am kleinsten. Anderseits werden die Lösungsmittelmoleküle weniger gut geordnet, wenn die Ladung eines Ions delokalisiert ist; die *Entropieabnahme* ist wiederum bei der Fluoressigsäure am geringsten. Das Zusammenwirken aller drei Effekte bewirkt die Zunahme der Acidität in der Reihe Iodessigsäure → Fluoressigsäure. Dichlor- und Trichloressigsäure sind erwartungsgemäß noch bedeutend stärker sauer als Chloressigsäure (stärkere Wirkung mehrerer σ-Acceptoren)[1].

---

[1] Man muß sich also bewußt sein, daß durch die allgemein übliche Formulierung, der −I-Effekt stabilisiere die konjugierte Base und erhöhe dadurch die Acidität, die wirklichen Verhältnisse *vereinfacht* werden. **Solvations-** und **Entropieeffekte** sind von ganz wesentlichem Einfluß auf ΔG^0 und werden durch die als Folge des induktiven Effektes auftretende Delokalisation maßgebend beeinflußt.

Bei Säuren mit stark verzweigten C-Gerüsten ist die *Solvation des Anions* aus sterischen Gründen *erschwert*, wodurch seine Stabilität verringert und damit auch die Acidität der Säure verkleinert wird. Dies wird durch einen Vergleich der pK_s-Werte von Essigsäure und 2-*tert*-Butyl-4,4,2-trimethylvaleriansäure deutlich:

$$H_3CCOOH \qquad\qquad H_3C-\underset{\underset{CH_3}{|}}{\overset{\overset{CH_3}{|}}{C}}-CH_2-\underset{\underset{CH_3}{|}}{\overset{\overset{CH_3\ CH_3-C-CH_3}{|}}{C}}-COOH$$

$$pK_s = 4.7 \qquad\qquad pK_s \approx 7.0$$

Derselbe Effekt dürfte auch die verglichen mit *n*-Butanol geringere Acidität von *tert*-Butylalkohol erklären ($pK_s \approx$ 17 bzw. 19).

Bei *ungesättigten* und *aromatischen Carbonsäuren* wird die Acidität nicht nur durch den induktiven Effekt der Doppel- bzw. Dreifachbindung bzw. des aromatischen Ringes, sondern auch durch *mesomere Effekte* beeinflußt. Die verglichen mit Essigsäure etwas höhere Säurestärke von *Phenylessigsäure* ist auf den $-I$-Effekt des Benzenkernes zurückzuführen. Obschon in der Benzoesäure der aromatische Ring direkt an die Carboxylgruppe gebunden ist (seine Wirkung als σ-Acceptor also viel stärker sein müßte), ist *Benzoesäure* nur ganz wenig stärker sauer als Phenylessigsäure. Der Grund dafür liegt darin, daß durch den Benzenring als σ-Acceptor das Phenylacetat-Anion etwas stabilisiert wird, daß aber im Fall der Benzoesäure das Säuremolekül selbst stabilisiert wird und zwar durch einen schwachen $+M$-Effekt des Benzenkernes:

Das Anion hingegen wird durch π-Donorwirkung des Ringes destabilisiert, weil die negative Ladungsdichte an der Carboxylgruppe erhöht wird. Genau dasselbe gilt für die *Acrylsäure* und die *Vinylessigsäure*. Die erstere ist schwächer, als man es erwartet, wenn sich der $-I$-Effekt der Doppelbindung voll auswirken könnte.

Aufschlußreich ist ein *Vergleich der Aciditäten monosubstituierter Benzoesäuren* (Tabelle 7.7). Betrachten wir zuerst die Wirkung von Substituenten in *p*-Stellung: σ- und π-Acceptoren ($-Cl, -NO_2$) erhöhen die Acidität, σ- und π-Donoren ($CH_3-, -OH, CH_3O-$) verringern die Acidität. Bei π-Acceptoren und Donoren tritt eine gewisse Konjugation des Substituenten mit den π-Elektronen des Ringes und der Carboxyl- bzw. der Carboxylatgruppe ein. Im Fall von π-*Acceptoren* wirkt sich dieser Konjugationseffekt dahingehend aus, daß das *Anion stärker stabilisiert* wird (erhöhte Delokalisation seiner negativen Ladung); π-

Tabelle 7.7. pK_s-Werte substituierter Benzoesäuren

	$-H$	$-OH$	$-OCH_3$	$-NO_2$	$-Cl$	$-Br$	$-CH_3$
o-		3.0	4.1	2.2	2.9	2.9	3.9
m-	4.2	4.1	4.1	3.5	3.8	3.8	4.3
p-		4.5	4.5	3.4	4.0	4.0	4.4

Donoren bewirken umgekehrt eine *Stabilisierung* der *Säure* und *Destabilisierung* der konjugierten *Base* (Erhöhung der negativen Ladungsdichte an der Carboxylatgruppe).
Für *m*-substituierte Benzoesäuren lassen sich keine Grenzformeln der folgenden Art zeichnen, wie sie für die entsprechenden *p*-Verbindungen möglich sind:

m-Substituenten wirken also ausschließlich durch ihren *induktiven Effekt*. *m*-Nitro- und *m*-Chlorbenzoesäure haben eine größere, *m*-Toluylsäure hat eine geringere Acidität als Benzoesäure. Die Tatsache, daß *p*-Nitrobenzoesäure trotz der größeren Entfernung der Nitrogruppe von der Carboxylgruppe etwas stärker ist als *m*-Nitrobenzoesäure, zeigt die Wirkung des π-Acceptors.
Die geringere Acidität von *p*-Chlor- und *p*-Brombenzoesäure könnte darauf zurückzuführen sein, daß der induktive Effekt bei *p*-ständigen Substituenten wegen der größeren Entfernung weniger wirksam ist; die Tatsache, daß *p*-Fluorbenzoesäure deutlich schwächer ist als *p*-Chlorbenzoesäure ($pK_s = 4.1$) zeigt aber, daß *Halogenatome* in *p*-Stellung zusätzlich einen dem induktiven Effekt entgegengerichteten *+M-Effekt* ausüben, der sich beim Fluor am stärksten auswirkt (vgl. S. 308; der induktive Effekt würde in der Reihe I < Br < Cl < F zunehmen). Diese π-Donorwirkung von Halogenatomen kann durch folgende Grenzformeln veranschaulicht werden:

Im ganzen gesehen überwiegt aber die elektronenanziehende Wirkung der Halogenatome (sowohl die *p*- wie die *m*-Halogenbenzoesäuren sind stärker als Benzoesäure selbst); der +M-Effekt schwächt bloß die elektronenanziehende Wirkung *p*- (und *o*-) ständiger Halogenatome ab.
Bemerkenswert ist die hohe Acidität der *Salicylsäure* (*o*-Hydroxybenzoesäure), der 2,6-Dihydroxybenzoesäure ($pK_s = 1.3$) und der *o-Toluylsäure*. Bei den *o*-substituierten Hydroxysäuren wird das Anion durch intramolekulare H-Brücken in einem erheblichen Ausmaß stabilisiert (Delokalisation seiner negativen Ladung!), während die raumerfüllende Methylgruppe in der *o*-Toluylsäure die Carboxylgruppe aus der mit dem Ring koplanaren Lage herausdrängt und dadurch die aciditätsvermindernde Konjugation der —COOH-Gruppe mit dem Ring ausschaltet. Damit wird hier das Säuremolekül selbst etwas destabilisiert, und die Acidität ist trotz der σ-Donorwirkung der Methylgruppe größer als bei der Benzoesäure.

Salicylat-Anion

Phenole. Die verglichen mit Alkoholen viel *größere Acidität* der Phenole beruht wie bei den Carbonsäuren darauf, daß die konjugierte Base durch Mesomerie stabilisiert wird. Zwar ist bereits das Phenol selbst mesomer (ein nichtbindendes Elektronenpaar des Hydroxyl-

Sauerstoffatoms überlagert sich in geringem Maß mit dem π-System des Ringes), die Delokalisation ist jedoch im Phenolat-Anion viel stärker, so daß dieses stärker stabilisiert wird als das Phenol selbst.

$$\left[\text{Mesomerie im Phenolat-Anion} \right]$$

Trotz der Mesomeriestabilisierung des Anions und trotz der freiwerdenden Solvationsenergie ist aber ΔG^0 stark positiv (Phenol: $pK_s = 10$ und $\Delta G^0 = +57$ kJ/mol), eine Folge der mit der «Dissoziation» verbundenen *Entropieabnahme* (die wahrscheinlich noch beträchtlich größer ist als bei Carbonsäuren).

Substituenten am Ring wirken sich auf die Acidität prinzipiell ähnlich aus wie bei den Benzoesäuren. Gewisse quantitative Unterschiede zwischen der Acidität substituierter Phenole einerseits und substituierter Benzoesäuren anderseits sind darauf zurückzuführen, daß die Hydroxylgruppe und in noch viel höherem Maß ihre konjugierte Base ($-\overline{\underline{O}}|^{\ominus}$) starke π-Donoren sind und mit π-Acceptoren in Wechselwirkung treten können. Der Unterschied in der Acidität zwischen p-Nitrophenol und Phenol ist aus diesem Grund größer als zwischen p-Nitrobenzoesäure ($pK_s = 3.4$) und Benzoesäure ($pK_s = 4.2$). Wird durch Einführung raumerfüllender Substituenten in o-Stellung zur Nitrogruppe diese aus der dem Ring koplanaren Anordnung herausgedreht *(sterische Mesomeriehinderung)*, so sollte nur noch die σ-Acceptorwirkung der Nitrogruppe wirksam sein. In der Tat ist die Acidität von 3,5-Dimethyl-4-nitrophenol rund zehnmal kleiner als von unsubstituiertem p-Nitrophenol. Phenole mit Methylgruppen in o-Stellung sind schwächer sauer als Phenol selbst, eine Folge des +I-Effektes und der hier (im Gegensatz zur o-Toluylsäure) fehlenden sterischen Hinderung der Konjugation.

Tabelle 7.8. pK_s-Werte substituierter Phenole

	—H	—OH	—NO$_2$	—Cl	—CH$_3$
o-		9.4	7.2	9.1	10.2
m-	10.0	9.4	8.0		10.0
p-		10.0	7.2	9.4	10.2

C—H-Acidität. Die C—H-Bindung wird gewöhnlich als Urtyp der unpolaren, nicht ionisierbaren Kovalenzbindung betrachtet. Trotzdem gibt es eine Reihe von Verbindungen, bei denen an C-Atome gebundene H-Atome als H$^{\oplus}$-Ionen abgespalten werden können. In den weitaus meisten Fällen ist allerdings diese Acidität sehr *gering*, so daß in wäßrigen Lösungen keine Protolyse eintritt.

Neben *Hybridisierungseffekten* (wie im Acetylen; S. 90) sind es *induktive* und vor allem *mesomere Effekte*, die in bestimmten Fällen die Ionisierung von C—H-Bindungen ermögli-

Tabelle 7.9. pK_s-Werte einiger C—H-acider Verbindungen

	pK_s		pK_s
$H_2C(NO_2)_2$	3.6	$H_2C(COOC_2H_5)_2$	13.2
$H_3CCOCH_2NO_2$	5.1	Cyclopentadien	15.0
$H_5C_2NO_2$	8.6	H_3COCH_3	20
$H_3COCH_2COCH_3$	9.0	H_3CCN	25
$H_5C_6COCH_2COCH_3$	9.6	$(H_5C_6)_3CH$	33
H_3CNO_2	10.2		
$H_3CCOCH_2COOC_2H_5$	10.7		
$H_2C(CN)_2$	11.2		

chen. Im *Phenylacetylen* ($pK_s \approx 20$) beispielsweise wirkt sich die starke σ-Acceptorwirkung des *sp*-hybridisierten C-Atoms mit dem Benzenkern aus (Stabilisierung des Anions), ebenso in *Triphenylmethan* ($pK_s \approx 31$) die σ-Acceptorwirkung der Ringe. Auch *Tricyanomethan* (1) und Pentacyanocyclopentadien (2) – welche die Acidität von Mineralsäuren erreichen! – verdanken ihre hohe Säurestärke der σ-Acceptorwirkung der Cyanogruppe.

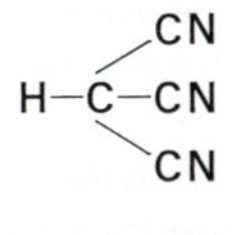

$pK_s = -5.1$
(1)

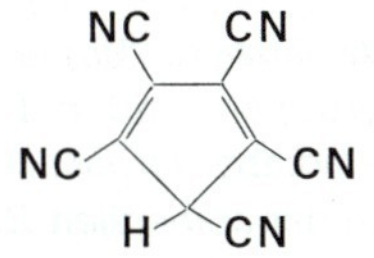

$pK_s = -11$
(2)

Cyclopentadien erreicht durch Protonenabgabe das aromatische Sextett. Ebenso entsteht im Anion des *Indens* ein geschlossenes π-System analog dem Naphthalen.

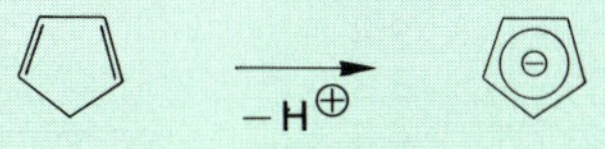

Cyclopentadien
$pK_s = 15$

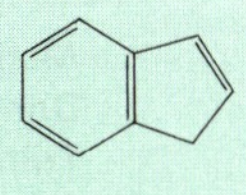

Inden
$pK_s \approx 20$

Die wichtigsten C—H-aciden Verbindungen sind die *Carbonylverbindungen*. Bei ihnen werden die *Anionen*, die durch Abspaltung des Protons vom α-C-Atom entstehen, *durch Mesomerie stabilisiert*:

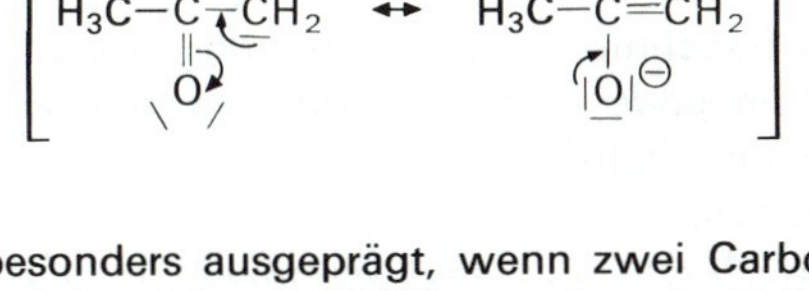

$$\left[H_3C-C-\overset{\ominus}{C}H_2 \quad \leftrightarrow \quad H_3C-C=CH_2 \right]$$

Diese Stabilisierung ist besonders ausgeprägt, wenn zwei Carbonylgruppen oder andere Gruppen mit stark elektronenanziehender Wirkung einer C—H-Bindung benachbart sind, wie beim Acetylaceton, Malonester, Dimedon usw.:

H$_3$CCOCH$_2$COCH$_3$	H$_2$C(COOR)(COOR)	Dimedon
$pK_s = 9$	$pK_s = 13.3$	$pK_s = 6.1$

Viele der durch Protonenabgabe aus Carbonylverbindungen entstehenden Carbanionen (Ionen mit negativ geladenem C-Atom) sind wichtige Reaktionszwischenstoffe.
Auch die konjugierten Basen von *Nitroverbindungen* (z. B. Nitromethan) oder *Nitrilen* (z. B. Acetonitril) sind mesomer; Nitromethan und – in geringerem Ausmaß! – Acetonitril sind deshalb ebenfalls C—H-Säuren:

$$H_3CNO_2 \xrightarrow{-H^\oplus} [H_2\overset{\ominus}{C}-\overset{\oplus}{N}\overset{\overline{O}|}{O_\ominus} \leftrightarrow H_2C=\overset{\oplus}{N}\overset{O_\ominus}{O_\ominus}] \quad pK_s = 10.2$$

$$H_3CCN \xrightarrow{-H^\oplus} [|H_2\overset{\ominus}{C}-C\equiv N| \leftrightarrow H_2C=C=\overset{\ominus}{\overline{N}}] \quad pK_s = 25$$

Basizität organischer Basen. *Aliphatische Amine* sind erwartungsgemäß stärker basisch als Ammoniak (Alkylgruppen sind σ-Donoren und delokalisieren die positive Ladung). Überraschenderweise sind aber *tertiäre Amine* schwächere Basen als primäre und sekundäre. Der Grund dafür muß in der *sterischen Behinderung der Solvation* durch die drei Alkylgruppen liegen. Tatsächlich nimmt in weniger polaren Lösungsmitteln (mit geringerer Solvation), wie CHCl$_3$, die Basizität in der erwarteten Reihenfolge primär < sekundär < tertiär zu.
Die relativ geringe Basizität von *Pyridin* beruht auf der sp^2-Hybridisierung des N-Atoms, wodurch die Elektronegativität von N erhöht, die Protonenaffinität jedoch erniedrigt wird.

Tabelle 7.10. pK_b-Werte organischer Basen

Verbindung	pK_b
Methylamin (H$_3$CNH$_2$)	3.4
Dimethylamin [(CH$_3$)$_2$NH]	3.3
Trimethylamin [(CH$_3$)$_3$N]	4.3
Benzylamin (C$_6$H$_5$CH$_2$NH$_2$)	4.6
Pyridin (C$_5$H$_5$N)	8.8
Anilin (C$_6$H$_5$NH$_2$)	9.4
N,N-Dimethylanilin [C$_6$H$_5$N(CH$_3$)$_2$]	8.9
Harnstoff [OC(NH$_2$)$_2$]	13.8
Guanidin [HN=C(NH$_2$)$_2$]	0.3
Ammoniak (NH$_3$)	4.8

σ- oder π-Acceptoren als Substituenten am Pyridinring setzen die Basizität weiter herab. Beim *Pyrrol* ist das nichtbindende Elektronenpaar des N-Atoms ins aromatische Sextett eingebaut. Protonenanlagerung hätte eine Zerstörung des aromatischen Systems zur Folge; Pyrrol ist deshalb nicht basisch.
Die Basizität *aromatischer Amine* unterliegt denselben Einflüssen wie die Acidität von Phenolen. σ- und π-Acceptoren als Substituenten stabilisieren in beiden Fällen die Base (das Phenolat-Anion bzw. das Amin), verringern also die Basizität der Amine. Anilin selbst ist

Grenzformeln

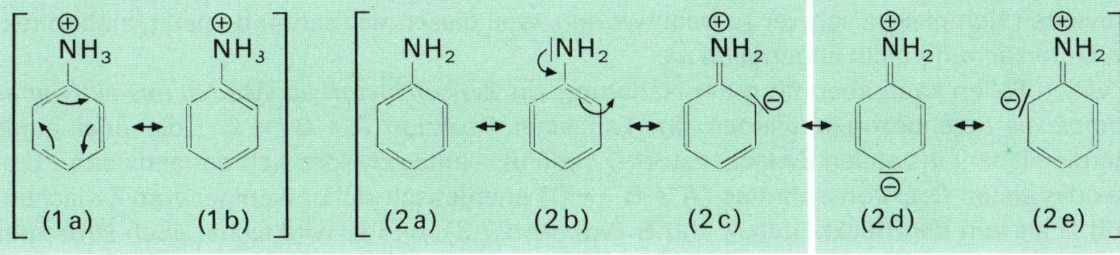

[Structural formulas: (1a), (1b) showing NH₃⁺ on benzene ring with resonance arrows; (2a), (2b), (2c), (2d), (2e) showing NH₂ on benzene ring with various resonance structures showing negative charges]

bedeutend schwächer basisch als aliphatische primäre Amine, da das Anilinmolekül durch Mesomerie etwas stabilisiert ist (Konjugationseffekt des freien Elektronenpaares am N-Atom). Diese Konjugation geht bei der Addition eines Protons verloren. Diphenylamin – mit Delokalisation des nichtbindenden Elektronenpaares am N-Atom auf zwei Benzenkerne – ist noch schwächer basisch als Anilin. Aus dem gleichen Grund (Mesomeriestabilisierung der Base) ist auch die Basizität der *Säureamide* sehr gering.

In gewissen Fällen wird jedoch die konjugierte Säure durch Mesomerie so sehr stabilisiert, daß die Basizität der betreffenden Verbindung sehr groß wird. Ein bekanntes Beispiel dafür ist das *Guanidin*, eine der stärksten organischen Basen ($pK_b = 0.3$). Ähnlich, etwas weniger stark basisch, verhalten sich die *Amidine*.

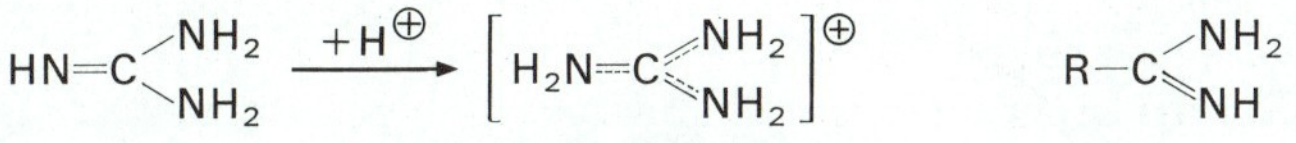

$$HN=C\begin{matrix}NH_2\\NH_2\end{matrix} \xrightarrow{+H^\oplus} \left[H_2N=C\begin{matrix}NH_2\\NH_2\end{matrix}\right]^\oplus \qquad R-C\begin{matrix}NH_2\\NH\end{matrix}$$

Guanidin   konjugierte Säure   ein Amidin
               von Guanidin
               (Guanidinium-Kation)

Tabelle 7.11. pK_b-Werte substituierter Aniline

	—H	—CH₃	—OCH₃	—NO₂	—Cl
o-		9.5	9.7	14.3	11.4
m-	9.4	9.3		11.4	10.4
p-		8.4	8.8	13.0	10.2

7.4 Quantitative Beziehungen zwischen Molekülbau und Reaktivität

Das Postulat von Hammond. Die *Geschwindigkeit* einer Reaktion wird durch ihre *freie Aktivierungsenthalpie* $\Delta G^{\neq}$ (die Differenz zwischen der freien Enthalpie des aktivierten Komplexes und der Reaktanten), die *Gleichgewichtslage* aber durch ΔG^0, die Differenz zwischen den freien Enthalpien der Produkte und der Reaktanten, bestimmt. Es wäre nun von Interesse, die Auswirkungen der *Substituenteneffekte* auf *Reaktionsgeschwindigkeit* und *Gleichgewichtskonstante* zu kennen, um Voraussagen über die Geschwindigkeit und die Lage des

Gleichgewichtes bei irgendwelchen Reaktionen machen zu können. Leider ist gerade die am meisten interessierende Frage, der Einfluß bestimmter Substituenten auf die Stabilität des aktivierten Komplexes, schwer zu beantworten, weil dieser, wie schon bemerkt, einer direkten Untersuchung nicht zugänglich ist.

In vielen Fällen kann aber mit guter Näherung ein *Zwischenstoff* als *Modell des aktivierten Komplexes* herangezogen werden. Im Fall einer Reaktion A + B → C – die über einen energiereichen, instabilen Zwischenstoff D verläuft – unterscheidet sich der aktivierte Komplex des ersten Reaktionsschrittes (A + B → D) energetisch sicher weniger vom Zwischenstoff D als von den Reaktanten A and B (vgl. Abb. 7.3), und er wird sicher auch strukturell dem Zwischenstoff ähnlicher sein als den beiden Ausgangsstoffen. Mit anderen Worten, *die Umwandlung des aktivierten Komplexes in den Zwischenstoff erfordert nur relativ geringe energetische und strukturelle Veränderungen*. In derselben Weise wird der aktivierte Komplex des zweiten Reaktionsschrittes dem Zwischenstoff ähnlicher sein als dem Produkt.

Die Annahme ist deshalb berechtigt, da Faktoren, welche die Stabilität von Zwischenstoffen beeinflussen, sich in ähnlichem Ausmaß auf die Stabilität der aktivierten Komplexe (d.h. auf die freien Aktivierungsenthalpien) auswirken. Diese Überlegungen finden ihren Ausdruck in dem bereits auf S. 296 erwähnten **Postulat von Hammond**, das hier folgendermaßen formuliert werden soll:

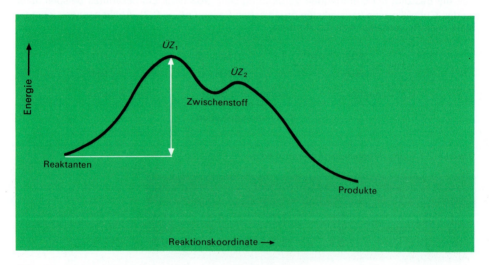

Abb. 7.3. Energiediagramm für eine zweistufige Reaktion, bei welcher der erste Schritt geschwindigkeitsbestimmend ist. ÜZ = Übergangszustand

«Wenn zwei Spezies, wie z. B. ein aktivierter Komplex und ein instabiler Zwischenstoff, nahezu dieselbe Energie besitzen, so erfordert die gegenseitige Umwandlung nur eine geringe Änderung der Molekülstruktur.»

Konkret bedeutet dies, daß im Falle eines stark *endothermen* Reaktionsschrittes[1] der *aktivierte Komplex in seiner Konstitution dem Produkt gleicht* (erster Schritt in der Abb. 7.3;

---

[1] Eigentlich müßte hier statt «endotherm» und «exotherm» «endergonisch» und «exergonisch» stehen, da nicht die Enthalpie allein, sondern die freien Enthalpien (die auch den Entropiefaktor enthalten!) entscheidend sind. Wir schließen uns hier dem allgemein üblichen, jedoch ungenauen Sprachgebrauch an.

7.4 Quantitative Beziehungen zwischen Struktur und Reaktivität

hier ist das «Produkt» der Zwischenstoff), während bei einem *exothermen Reaktionsschritt* der *aktivierte Komplex den Reaktanten noch sehr ähnlich* ist (zweiter Schritt der Abb. 7.3; die «Reaktanten» sind hier der Zwischenstoff). Da die Struktur von Zwischenstoffen (Carbeniumionen, Carbanionen, Radikale) und insbesondere die Auswirkungen von Substituenteneffekten auf diese Teilchen bei vielen Reaktionen gut bekannt sind, die aktivierten Komplexe hingegen nicht direkt untersucht werden können, erweist sich das Postulat von Hammond in vielen Fällen zur Diskussion des Einflusses struktureller Effekte auf Reaktionsgeschwindigkeiten als nützlich.

Als *Beispiel* betrachten wir die Addition unsymmetrisch gebauter Addenden (HCl, HBr, HI, HOCl usw.) an C=C-Doppelbindungen. Schon um 1880 wurde empirisch gefunden, daß das Halogenatom (bzw. die Hydroxylgruppe im Fall von unterchloriger Säure) dabei vom wasserstoffärmeren C-Atom addiert wird **(«Regel von Markownikow»)**. Wie wir noch ausführlicher zeigen werden, besteht der *erste Schritt* der Additionsreaktion in der Addition eines *elektrophilen* Teilchens (H$^\oplus$, Cl$^\oplus$ usw.) an das ungesättigte System, wodurch sich eine Partikel mit positiv geladenem C-Atom bildet. Dieses Carbeniumion, ein instabiler Zwischenstoff, stabilisiert sich im *zweiten Reaktionsschritt* durch *Addition* eines *Nucleophils* (Cl$^\ominus$, Br$^\ominus$, OH$^\ominus$):

$$R-CH=CH-R' \xrightarrow{+H^\oplus} R-\underset{H}{CH}-\overset{\oplus}{CH}-R' \xrightarrow{Cl^\ominus} R-\underset{H}{CH}-\underset{Cl}{CH}-R'$$

Bei *unsymmetrisch substituierten Doppelbindungen* können sich nun zwei verschiedene Carbeniumionen bilden:

$$R'CH=CR_2 \xrightarrow{+H^\oplus} \begin{cases} R'-\overset{\oplus}{CH}-CHR_2 & (1) \\ R'-CH_2-\overset{\oplus}{CR_2} & (2) \end{cases}$$

Ob die Addition nun nach (1) oder nach (2) vor sich geht, wird durch die Stabilität der betreffenden aktivierten Komplexe (bzw. die freien Aktivierungsenthalpien) bestimmt. Weil der erste Schritt der Addition endotherm ist (das Carbeniumion ist weniger stabil als die Reaktanten), wird der aktivierte Komplex nach Hammond eher dem Carbeniumion gleichen. Da aber als Folge des +I-Effektes die *Stabilität von Carbeniumionen* in der Reihe tertiär > sekundär > primär abnimmt (stärkere Delokalisation der positiven Ladung, wenn mehr Alkylgruppen vorhanden sind), und da weiter der aktivierte Komplex in seinem Bau dem Carbeniumion ähnlich sein wird, verläuft die Addition bevorzugt so, daß ein *tertiäres* oder *sekundäres Carbeniumion* entsteht, was die Addition im Sinn von Markownikow – also nach (2) – erklärt.

Als *weiteres Beispiel* diene die *basenkatalysierte Bromierung* von *Carbonylverbindungen*. Wie bereits auf S. 212 erklärt wurde, sind C—H-Bindungen in Nachbarschaft zu einer oder mehrerer Gruppen, die einen —M-Effekt ausüben, schwach acid. In der Reihe Aceton – Malonester – Acetessigester – Acetylaceton nimmt nun nicht nur die Acidität zu, sondern auch die Geschwindigkeitskonstante für die (basenkatalysierte) Bromierung (Tabelle 7.12). Die Bromierung verläuft also um so *rascher, je stärker sauer die der Carbonylgruppe benachbarte C—H-Bindung ist*. Offenbar ist die Bildung des entsprechenden Carbanions der geschwindigkeitsbestimmende Schritt; die entsprechend der Acidität zunehmende Reaktionsgeschwindigkeit kann dann nach dem Hammondschen Postulat verstanden werden, weil alle Faktoren, welche die Stabilität des Carbanions erhöhen (und dadurch die Acidität vergrößern), auch den aktivierten Komplex stabilisieren.

Tabelle 7.12. Säurekonstanten und Geschwindigkeitskonstanten für die basenkatalysierte Bromierung bei einigen Carbonylverbindungen

	H_3CCOCH_2 | H Aceton	$EtOOCCHCOOEt$[1] | H Malonester	$H_3CCOCHCOOEt$ | H Acetessigester	$H_3CCOCHCOCH_3$ | H Acetylaceton
pK_s	20	13	10	9
$k\,[s^{-1}]$	$5 \cdot 10^{-10}$	$2 \cdot 10^{-5}$	10^{-3}	$2 \cdot 10^{-2}$

[1] In Anlehnung an angelsächsische Lehrbücher verwenden wir für gewisse häufig vorkommende Gruppen folgende *Abkürzungen:*
Me = Methyl, Et = Ethyl, Pr = Propyl, Bu = Butyl, Ph = Phenyl

Die Hammett-Beziehung. *Quantitative* Beziehungen zwischen Reaktionsgeschwindigkeiten, Gleichgewichtskonstanten und strukturellen Effekten sind nicht leicht aufzustellen. Immerhin ist es Hammett schon 1940 gelungen, durch Auswerten eines großen, empirisch gesammelten Tatsachenmaterials wenigstens für aromatische Verbindungen eine solche Beziehung zu erkennen.

Vergleicht man die *Geschwindigkeitskonstanten* für die Hydrolyse verschiedener m- bzw. p-substituierter *Benzoesäureester* mit den pK_s-*Werten* der entsprechenden *Säure*, so findet man eine auffallende Parallele (Tabelle 7.13). Trägt man für m- und p-substituierte Benzoesäuren bzw. ihre Ethylester die *Logarithmen* der Geschwindigkeitskonstanten als Funktion ihrer pK_s-Werte auf, so erhält man angenähert eine *Gerade* (Abb. 7.4), während die entsprechenden Daten o-substituierter Verbindungen ziemlich regellos zerstreut sind.

Tabelle 7.13. Geschwindigkeitskonstanten der Hydrolyse substituierter Benzoesäureester und pK_s-Werte der entsprechenden Säuren

	\multicolumn{7}{c}{R—C₆H₄—Y Y = —COOEt bzw. —COOH}

	p-CH₃	m-CH₃	H	p-Cl	m-Cl	m-NO₂	p-NO₂
$k\,[l\,mol^{-1}\,s^{-1}\,10^{-3}]$	2.3	3.5	4.9	21.2	36.3	310	510
pK_s	4.37	4.27	4.20	3.98	3.82	3.49	3.42

Eine solche Gerade entspricht dem Ausdruck

$$\lg k = -\varrho \cdot pK_s + A \tag{1}$$

wobei ϱ und A Konstanten sind. Bezeichnen wir das pK_s und die Geschwindigkeitskonstante der unsubstituierten Benzoesäure (bzw. des unsubstituierten Ethylesters) mit pK_0 und k_0, so erhalten wir für diese Verbindungen

$$\lg k_0 = -\varrho \cdot pK_0 + A \tag{2}$$

und damit (durch Subtraktion der zweiten Gleichung von der ersten)

7.4 Quantitative Beziehungen zwischen Struktur und Reaktivität

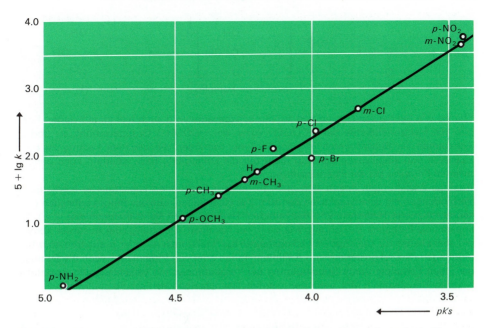

Abb. 7.4. Abhängigkeit der Verseifungsgeschwindigkeit m- und p-substituierter Benzoesäureethylester von der Acidität der entsprechenden Benzoesäuren

$$\lg \frac{k}{k_0} = \varrho \cdot (pK_0 - pK) \quad \text{oder}$$

$$\lg \frac{k}{k_0} = \varrho \cdot \sigma$$

wobei $\sigma = pK_0 - pK_s$ oder $\lg K/K_s$ ist. Die Beziehung (3) ist unter dem Namen **«Hammett-Beziehung»** bekannt.

Nun ist lg K proportional zu $\Delta G^{\ddagger}$ und pK proportional zu ΔG^0. Die Hammett-Beziehung gibt somit eine Beziehung zwischen zwei freien Enthalpien wieder; sie ist eine **«lineare freie Enthalpie- Beziehung»** (Linear Free Energy Relationship, LFER, siehe Band II). Die Erklärung für die darin zum Ausdruck gebrachte Verknüpfung der Geschwindigkeits- mit den Gleichgewichtskonstanten liegt darin, daß bestimmte strukturelle Effekte wie induktive oder mesomere Effekte offenbar die Differenz der freien Enthalpie zwischen Ausgangs- und Endstoffen im gleichen Maß beeinflussen wie den betreffenden aktivierten Komplex. Wenn also beispielsweise eine p-ständige Nitrogruppe durch ihre starke σ- und π-Acceptorwirkung die Acidität der p-Nitrobenzoesäure (verglichen mit der Benzoesäure selbst) erhöht, weil sie die konjugierte Base stabilisiert, müssen sich diese Substituenteneffekte auf den aktivierten Komplex des geschwindigkeitsbestimmenden Schrittes der Esterhydrolyse im gleichen Sinn auswirken. Wie wir später noch sehen werden, besteht dieser Schritt bei der alkalischen Verseifung eines Esters in der Addition eines $OH^{\ominus}$-Ions an die Carbonylgruppe des Esters. Der *aktivierte Komplex* wird dem dadurch gebildeten *Zwischenstoff* (1) zweifellos in hohem Maß *ähnlich* sein (Postulat von Hammond):

7 Molekülbau und Reaktivität

$$C_6H_5-\overset{O}{\overset{\|}{C}}-OEt \xrightarrow{+\ \overline{O}H^\ominus} \left[C_6H_5-\overset{OH}{\underset{O}{\overset{|}{\underset{|}{C}}}}-OEt \right]^{\ddagger \ominus} \longrightarrow C_6H_5-\overset{OH}{\underset{O^\ominus}{\overset{|}{\underset{|}{C}}}}-OEt \qquad (1)$$

aktivierter Komplex

Ebenso wie bei der Ionisierung von p-Nitrobenzoesäure wird auch hier im aktivierten Komplex die Elektronendichte der —COOEt- (bzw. der —COOH-) Gruppe erhöht. σ- und π-Acceptoren als Substituenten in *para*-Stellung vermögen die negative Ladung zu delokalisieren und stabilisieren dadurch nicht nur die konjugierte Base, sondern auch den aktivierten Komplex bei der Esterverseifung.

Analoge Beziehungen lassen sich auch für andere Reaktionen substituierter aromatischer Verbindungen mit einem reaktiven Zentrum *Y* in einer Seitenkette des Ringes aufstellen (z. B. säurekatalysierte Hydrolyse von Benzamiden, Hydrolyse von Benzylhalogeniden u. a.). Die lineare freie Enthalpie-Beziehung, wie sie in der Hammett-Gleichung zum Ausdruck kommt, gilt aber ebenso für *Gleichgewichtskonstanten* bei Reaktionen *m*- oder *p*-substituierter Verbindungen (Säurekonstanten von Anilinium-Ionen oder von Phenolen), wenn die Differenz der freien Enthalpie durch Substituenten bei Verbindungen mit verschiedenem Reaktionszentrum *Y* in gleichem Maß verändert werden. Wir schreiben sie deshalb nochmals:

$$\lg \frac{k}{k_0} = \varrho \cdot \sigma \quad \text{und} \quad \lg \frac{K}{K_0} = \varrho \cdot \sigma \qquad (4)$$

Die Gleichungen (4) sind aber stets *nur für meta- und para-substituierte Verbindungen* brauchbar, weil zu ihren Voraussetzungen gehört, daß sich die Substituenteneffekte nur auf die *Enthalpie*, nicht aber auf die *Entropie* des aktivierten Komplexes auswirken, mit anderen Worten, daß die Aktivierungsentropien durch die Substituenteneffekte praktisch nicht beeinflußt werden. Dies trifft nur dann zu, wenn die Substituenten *R* genügend weit vom Reaktionszentrum *Y* entfernt sind, und gilt deshalb für *ortho*-substituierte Verbindungen nicht. Überdies führen auch unterschiedliche sterische Wechselwirkungen zwischen der funktionellen Gruppe und dem jeweiligen Substituenten bei *ortho*-substituierten Verbindungen oft zu nicht linearen Freien Enthalpie-Beziehungen.

Tabelle 7.14. Substituentenkonstanten

Substituent	σ meta	σ para	Substituent	σ meta	σ para
—O$^\ominus$	−0.71	−1.00	—F	+0.34	+0.06
—OH	+0.12	−0.37	—Cl	+0.37	+0.23
—OCH$_3$	+0.12	−0.27	—COOH	+0.36	+0.41
—NH$_2$	−0.16	−0.66	—COCH$_3$	+0.38	+0.50
—CH$_3$	−0.07	−0.17	—NO$_2$	+0.71	+0.78
—C$_6$H$_5$	+0.10	−0.01	—$\overset{\oplus}{N}$(CH$_3$)$_3$	+0.88	+0.82
—H	0.00	0.00	—N$_2^\oplus$	+1.76	+1.91
—SH	+0.30	+0.15			

Tabelle 7.15. Beispiele von Reaktionskonstanten

		ϱ
Gleichgewichte:		
R–C₆H₄–COOH $\underset{25°C}{\overset{H_2O}{\rightleftarrows}}$ R–C₆H₄–COO$^\ominus$ + H$^\oplus$		1.00
R–C₆H₄–OH $\underset{25°C}{\overset{H_2O}{\rightleftarrows}}$ R–C₆H₄–O$^\ominus$ + H$^\oplus$		2.11
R–C₆H₄–$\overset{\oplus}{N}H_3$ $\underset{25°C}{\overset{H_2O}{\rightleftarrows}}$ R–C₆H₄–NH₂ + H$^\oplus$		2.77
Reaktionsgeschwindigkeiten:		
R–C₆H₄–COOEt + OH$^\ominus$ $\underset{30°C}{\overset{85\% \text{ EtOH}}{\longrightarrow}}$ R–C₆H₄–COO$^\ominus$ + EtOH		2.43
R–C₆H₄–COOH + CH₃OH $\underset{25°C}{\overset{H^\oplus}{\longrightarrow}}$ R–C₆H₄–COOCH₃ + H₂O		−0.23
R–C₆H₄–O$^\ominus$ + C₂H₅I $\underset{42{,}5°C}{\overset{\text{EtOH}}{\longrightarrow}}$ R–C₆H₄–OC₂H₅ + I$^\ominus$		−0.9

Die Konstanten σ der Hammett-Beziehung sind näherungsweise nur vom betreffenden Substituenten und seiner Stellung am Ring (*m*- oder *p*-) abhängig und charakterisieren sein Vermögen, mittels induktiver oder mesomerer Effekte Elektronen anzuziehen oder abzugeben (Tabelle 7.14). Der Wert dieser **«Substituentenkonstanten»** ist um so mehr positiv (verglichen mit H = 0.00), je größer die Fähigkeit des betreffenden Substituenten ist, Elektronen anzuziehen. Man erkennt aus der Tabelle 7.14, wie z. B. eine *m*-Hydroxylgruppe einen deutlichen −I-Effekt ausübt, während in *p*-Stellung ihr +M-Effekt überwiegt (vgl. auch S. 315). Besonders stark elektronenanziehend wirkt eine *p*-ständige Diazonium-Gruppe ($-N_2^\oplus$), während ein *p*-ständiges, negativ geladenes O-Atom (im Phenolat-Ion) ein sehr starker π-Donor ist.

Der Proportionalitätsfaktor ϱ ist für einen bestimmten Reaktionstyp bzw. ein bestimmtes Reaktionszentrum *Y* charakteristisch (**«Reaktionskonstante»**). Er drückt die *Empfindlichkeit* der betreffenden Reaktion *auf Substituenteneffekte* von Substituenten in *m*- oder *p*-Stellung aus. Ist ϱ groß, so bedeutet dies, daß die fragliche Reaktion durch Substituenteneffekte stark beeinflußt wird. Dies sind gewöhnlich Reaktionen, bei denen vom Reaktionszentrum Elektronen weggezogen werden. Wenn eine Reaktion durch eine hohe Elektronendichte am Reaktionszentrum begünstigt wird, bekommt sie negative ϱ-Werte, während bei Reaktionen, die durch Elektronenentzug erleichtert werden, die Reaktionskonstanten positiv sind (vgl. Tabelle 7.15). Mit anderen Worten, ein positiver ϱ-Wert bedeutet, daß der aktivierte Komplex der betreffenden Reaktion mehr negative Ladung trägt als die Reaktanten.

7 Molekülbau und Reaktivität

So zeigt die für die folgende Reaktion

$$\underset{R}{\underset{|}{\text{C}_6\text{H}_5-\text{NH}_2}} + \text{C}_6\text{H}_5\text{COCl} \xrightarrow[-\text{Cl}^{\ominus}(S_N)]{} \underset{R}{\underset{|}{\text{C}_6\text{H}_5-\overset{\oplus}{\text{N}}\text{H}_2\text{COC}_6\text{H}_5}} \xrightarrow[-\text{H}^{\oplus},\,\text{schnell}]{} \underset{R}{\underset{|}{\text{C}_6\text{H}_5-\text{NHCOC}_6\text{H}_5}}$$

(1)

bestimmte Reaktionskonstante $\varrho = -2.78$, daß der erste Reaktionsschritt geschwindigkeitsbestimmend sein muß. Wäre der zweite Reaktionsschritt geschwindigkeitsbestimmend, so wäre der aktivierte Komplex weniger positiv geladen als der Zwischenstoff (1) und ϱ hätte dann einen positiven Wert. – Naturgemäß hängen die Reaktionskonstanten stark von der Temperatur und vom Lösungsmittel ab.

Die Hammett-Beziehung ist trotz ihrer Beschränkung auf *m*- und *p*-substituierte Verbindungen und obwohl sie nur näherungsweise gilt, eine sehr wertvolle Beziehung zur Abschätzung von Gleichgewichtskonstanten, Geschwindigkeitskonstanten und Substituenteneffekten.

Die Hammett-Beziehung kann auch dazu benützt werden, um die Wahrscheinlichkeit für das Vorliegen bestimmter *Reaktionsmechanismen* abzuschätzen bzw. die Vorstellung von einem bestimmten Reaktionsmechanismus zu untermauern. So zeigt die Solvolyse von Diarylmethylchloriden in Ethanol eine Reaktionskonstante von -5. Dies weist darauf hin, daß elektronenabgebende Gruppen am Reaktionszentrum die Reaktion stark begünstigen (hohe Elektronendichte am Reaktionszentrum). Man muß daher annehmen, daß der geschwindigkeitsbestimmende Schritt in der heterolytischen Trennung der C—Cl-Bindung besteht:

$$\text{Ar}-\underset{\text{H}}{\overset{\text{Ar}}{\underset{|}{\overset{|}{\text{C}}}}}-\text{Cl} \xrightarrow{\text{langsam}} \text{Ar}-\underset{\text{H}}{\overset{\text{Ar}}{\underset{|}{\overset{|}{\text{C}^{\oplus}}}}} + \text{Cl}^{\ominus}$$

$$\text{Ar}-\underset{\text{H}}{\overset{\text{Ar}}{\underset{|}{\overset{|}{\text{C}^{\oplus}}}}} \xrightarrow[\text{schnell}]{+\text{EtOH}} \text{Ar}-\underset{\text{H}}{\overset{\text{Ar}}{\underset{|}{\overset{|}{\text{C}}}}}-\text{OC}_2\text{H}_5 + \text{H}^{\oplus}$$

Die Tatsache, daß elektronenabgebende Gruppen die Reaktionsgeschwindigkeit erhöhen, beruht darauf, daß dadurch die positive Ladung des als Zwischenstoff gebildeten Carbeniumions stärker delokalisiert und dieses dadurch stabilisiert wird.

Eine starke *Abweichung vom linearen Verlauf* der Beziehung $\lg(k/k_0) = \varrho \cdot \sigma$ weist auf eine durch vorhandene Substituenten bedingte *Veränderung des Reaktionsmechanismus* hin. So folgt beispielsweise die Hydrolyse substituierter Benzoesäuremethylester (in 99.9% Schwefelsäure bei 45°C) sehr gut der Hammett-Beziehung (Abb. 7.6), indem die Reaktionsgeschwindigkeit mit zunehmend elektronenanziehender Wirkung der Substituenten regelmäßig abnimmt. Die Reaktionskonstante ϱ ist negativ, was mit einer Trennung der Acyl-O-Bindung (und der damit verbundenen Bildung eines positiv geladenen Acyliumions) übereinstimmt. Die Hydrolyse substituierter Benzoesäureethylester ergibt aber unter denselben Reaktionsbedingungen für einen bestimmten σ-Wert ein *Minimum* der Reaktionsgeschwindigkeit: Stärker elektronenanziehende Substituenten erhöhen die Reaktionsgeschwindigkeit wieder (positive Reaktionskonstante). Dies ist dadurch zu erklären, daß stark elektronegative Substituenten die Trennung der Alkyl-O-Bindung – und damit einen anderen Reaktionsmechanismus! – bewirken, weil durch die Bildung des (stabileren) Ethylcarbeniumions ein weniger stark positiver (und damit stabilerer) aktivierter Komplex entstehen kann:

7.4 Quantitative Beziehungen zwischen Struktur und Reaktivität

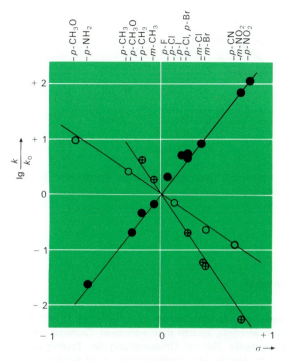

Abb. 7.5. Abhängigkeit von Reaktionsgeschwindigkeiten von den Hammettschen σ-Werten
●—● alkalische Verseifung von Ethylestern substituierter Benzoesäuren; 25°C, $\varrho = +2.5$
⊕—⊕ Reaktion von substituierten Anilinen mit Benzoylchlorid; 25°C, $\varrho = -2.8$
○—○ Bromierung von substituierten Toluenen; 80°C, $\varrho = -1.4$ (ϱ-Werte positiv)

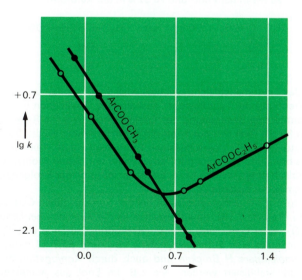

Abb. 7.6. Hydrolyse von Benzoesäuremethyl- bzw. -ethylester (Einheit von k: $[h^{-1}]$)

7 Molekülbau und Reaktivität

$$\text{R}-\text{C}_6\text{H}_4-\overset{\oplus}{\text{C}}(\text{O})(\overset{\oplus}{\text{O}}-\text{CH}_3)\text{H} \longrightarrow \text{R}-\text{C}_6\text{H}_4-\overset{\oplus}{\text{C}}=\text{O} + \text{H}_3\text{COH}$$

Acyl-O-Spaltung

$$\text{R}-\text{C}_6\text{H}_4-\overset{\oplus}{\text{C}}(\text{O})(\overset{\oplus}{\text{O}}-\text{C}_2\text{H}_5)\text{H} \longrightarrow \text{R}-\text{C}_6\text{H}_4-\text{C}(\text{O})\text{OH} + \text{H}_2\overset{\oplus}{\text{C}}\text{CH}_3$$

Alkyl-O-Spaltung

(In konzentrierter Schwefelsäure liegen Ester in Form ihrer konjugierten Säuren – als Oxoniumionen – vor.)

7.5 Tautomerie

Wenn zwei verschiedene Konstitutionsisomere miteinander in einem Gleichgewicht stehen, das sich relativ rasch einstellt, spricht man von zwei *Tautomeren* und bezeichnet die Erscheinung als **Tautomerie**. Bei der Umwandlung der Tautomere ineinander findet eine Umlagerung statt, d. h. Atome oder Atomgruppen «wandern» von einer Position zu einer anderen.

Keto-Enol-Tautomerie. Am häufigsten unterscheiden sich die Tautomere voneinander durch die Stellung eines Protons (**«Prototropie»**). So liegt z. B. flüssiger Acetessigester, CH_3COCH_2COOEt, zu 8% in der Enol- und zu 92% in der Ketoform vor:

$$\underset{92\%}{H_3C-\underset{\underset{O}{\|}}{C}-CH_2-COOEt} \quad \rightleftarrows \quad \underset{8\%}{H_3C-\underset{\underset{OH}{|}}{C}=CH-COOEt}$$

Die Einstellung des Tautomeriegleichgewichtes wird durch Säuren und Basen (auch Glas!) katalysiert; zur Trennung der Tautomere ist deshalb eine Destillation in Quarzgefäßen notwendig. Zur quantitativen Bestimmung des Enolgehaltes dient die Reaktion mit Brom (die Geschwindigkeit für die Reaktion des Enols mit Brom ist größer als die Geschwindigkeit der Umwandlung Keto → Enol). Überschüssiges Brom wird durch Reaktion mit 2-Naphthol abgefangen. Das bromierte Enol gibt mit Natriumiodid und Säure Bromwasserstoff und Iod, welches iodometrisch titriert werden kann. Einfacher läßt sich der Enolgehalt aus dem *NMR-Spektrum* des Gemisches bestimmen.

Die Lage des Keto-Enol-Gleichgewichtes ist bei den verschiedenen Carbonylverbindungen stark verschieden (Tabelle 7.16). Im allgemeinen ist die *Ketoform* beträchtlich *stabiler* (der Ersatz einer C=O-, einer C—C- und einer C—H-Bindung durch je eine C—O-, C=C- und O—H-Bindung bedeutet eine Enthalpiezunahme von rund 83.7 kJ/mol!). Das *Enol* kann aber durch *intramolekulare H-Brücken* und auch durch *Konjugation* mit einer weiteren C=O-Gruppe stark stabilisiert werden, wie z. B. im Enol des Acetessigesters oder des Acetylacetons:

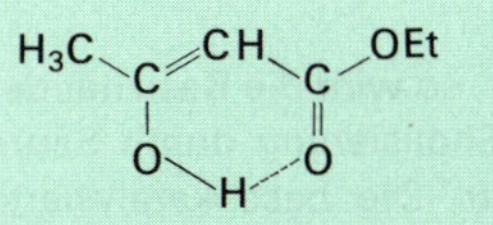

Acetessigester (Enolform)

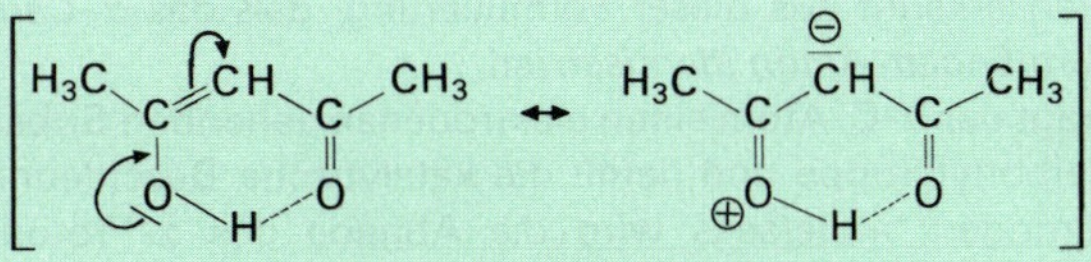

Acetylaceton (Enolform)

Das aromatische *Phenol* liegt zu 100% als Enol vor. *Resorcin* (*m*-Dihydroxybenzen) und *Phloroglucin* (1,3,5-Trihydroxybenzen) zeigen aber bereits deutlich auch Ketoneigenschaften. Resorcin wird z. B. durch Natriumamalgam ähnlich wie andere α,β-ungesättigte Ketone zu 1,3-Cyclohexandion reduziert:

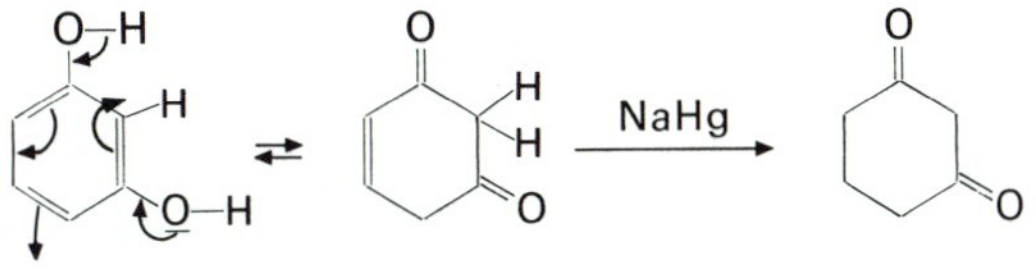

Tabelle 7.16. Enolgehalt verschiedener Carbonylverbindungen

Carbonylverbindung	Enol (%)
Aceton	0.0002
Diacetyl ($H_3CCOCOCH_3$)	0.006
Cyclohexanon	0.02
Acetessigester	8.0
Acetylaceton	80

Wie erwähnt, wird die Einstellung des Keto-Enol-Gleichgewichtes durch Säuren und Basen beschleunigt. Reaktionen von Carbonylverbindungen, die wie z. B. die Bromierung über das Enol verlaufen, werden darum durch Säuren und Basen ebenfalls katalysiert. Bei der *säurekatalysierten Enolisierung* addiert die Carbonylgruppe zuerst ein Proton; der Zwischenstoff (1) spaltet wieder ein Proton ab und bildet das Enol:

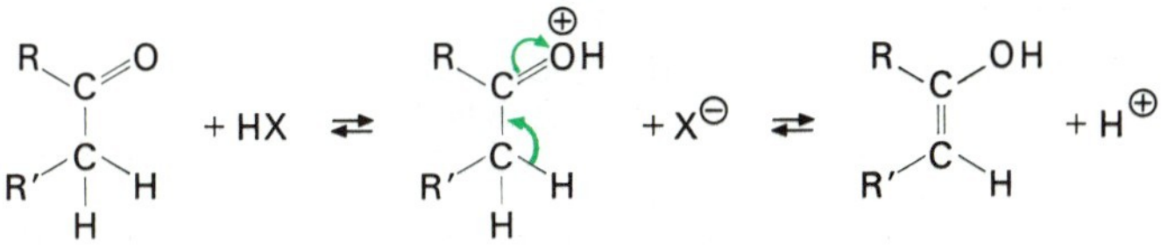

Die *Katalyse der Enolisierung* durch *Basen* beruht darauf, daß die Base vom α-C-Atom ein Proton entfernt und als Zwischenstoff das Enolat-Anion bildet:

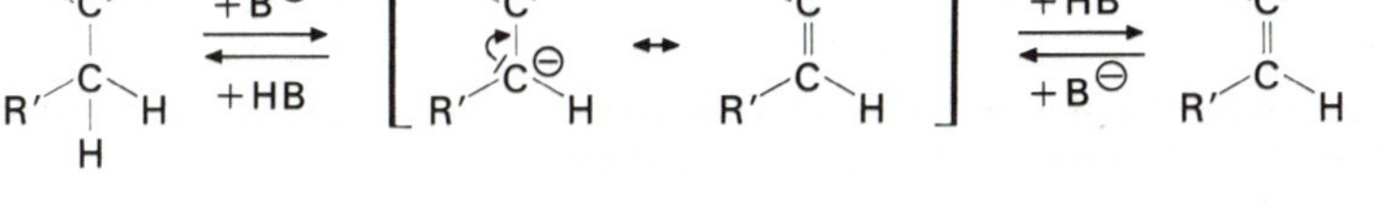

Man erkennt aus dieser Formulierung, daß das α-*Carbanion* der Carbonylverbindung *mit dem Enolat-Anion identisch* ist!
Trägt das α-C-Atom einen elektronenanziehenden Substituenten R', so wird die Basizität der Carbonylgruppe und damit die katalytische Beschleunigung der Enolisierung durch Säure verringert; anderseits wird die Abgabe des α-Protons erleichtert. Die basenkatalysierte Bromierung von Aceton liefert deshalb als Produkt 1,1,1-Tribromaceton (die Substitution eines H-Atoms durch ein Br-Atom erleichtert die weitere Substitution!), während die säurekatalysierte Bromierung nur Monobromaceton ergibt.
Carbonylverbindungen sind schwache Säuren (S. 214). Mit starken Basen werden sie in Carbanionen (Enolat-Ionen) übergeführt. Bei Ketonen mit zwei verschiedenen Alkylgruppen können sich dabei zwei *verschiedene* Enolate bilden:

$$R-CH_2-\overset{O}{\overset{\|}{C}}-CH_2-R'$$

$$R-CH=\overset{O^{\ominus}}{\underset{|}{C}}-CH_2-R' \qquad R-CH_2-\overset{O^{\ominus}}{\underset{|}{C}}=CH-R'$$

Auch die Enolisierung ist im Prinzip in zwei Richtungen möglich.
Das Mengenverhältnis, in dem die beiden Enolat-Ionen im Reaktionsgemisch der Base mit der Carbonylverbindung enthalten sind, widerspiegelt die relativen Geschwindigkeiten, mit denen sie entstehen (kinetische Steuerung). Wandeln sich die beiden Enolat-Ionen jedoch rasch ineinander um, so stellt sich ein Gleichgewicht ein, und die Produktzusammensetzung entspricht der verschiedenen Stabilität der Enolat-Anionen (thermodynamische Steuerung). Dadurch, daß man die Bedingungen entsprechend wählt, läßt sich die Enolat-Bildung entweder kinetisch oder thermodynamisch gesteuert durchführen. Im ersteren Fall müssen sich die beiden Anionen nur sehr langsam ineinander umwandeln. Dies kann dadurch erreicht werden, daß man eine starke Base (z. B. Phenyllithium oder Lithiumdiisopropylamid, «LDA») in einem aprotischen Lösungsmittel verwendet und das Keton nicht im Überschuß einsetzt. In protischen Lösungsmitteln und bei einem Überschuß des Ketons stellt sich dagegen das Gleichgewicht ein. Da Enolat-Ionen (Carbanionen) in vielen Fällen wichtige Reaktionszwischenstoffe sind, läßt sich der **regiospezifische** Ablauf[1] solcher Reaktionen häufig gezielt steuern. α,β-ungesättigte Ketone spalten das Proton bevorzugt vom γ-C-Atom ab, da dann das stabilere Enolat-Ion entstehen kann:

$$R_2CH-\overset{O}{\overset{\|}{\underset{\alpha}{C}}}-\underset{\beta}{CH}=\underset{\gamma}{CH}-CH_2R' \longrightarrow R_2CH-\overset{O^{\ominus}}{\underset{|}{C}}=CH-CH=CH-R'$$
stabiler

$$+ R_2C=\overset{O^{\ominus}}{\underset{|}{C}}-CH=CH-CH_2R'$$
weniger stabil

Obschon Carbonylverbindungen und Enole miteinander im allgemeinen in einem Gleichgewicht stehen, existiert doch eine Anzahl *Enole*, die als *beständige Substanzen* isolierbar sind und die sich nur äußerst langsam oder überhaupt nicht in die (thermodynamisch stabileren) Carbonylverbindungen umwandeln. Die (kinetische) Stabilität solcher Enole beruht häufig darauf, daß durch benachbarte Substituenten die intramolekulare Protonenübertragung

---

[1] Bei einer **regiospezifisch** verlaufenden Reaktion bildet sich von verschiedenen möglichen konstitutionsisomeren Produkten nur ein einziges (S. 356 und Band II).

behindert wird. Beispielsweise entsteht aus dem substituierten Glycol (1) durch Pinakol-Umlagerung (S. 371) das isolierbare, kinetisch stabile Enol (2) mit einem Schmelzpunkt von 128 °C, das nur schwer und langsam wieder in die entsprechende Carbonylform umgewandelt werden kann.

$$\text{(1)} \xrightarrow{\underset{\text{Erwärmen}}{H_2SO_4}} \text{(2)}$$

Im Enol (2) dürfte die Umwandlung in die Carbonylform (den Aldehyd) durch die *o*-ständigen Methylgruppen sterisch gehindert sein.
Wahrscheinlich ist hier die relative Beständigkeit der Enole die Folge der Trisubstitution der Doppelbindung und der sterischen Hinderung durch die benachbarten *ortho*-Methylgruppen.
Selbst *einfache Enole* können isoliert werden, wenn man die Protonenübertragung erschwert. So gelang es, durch thermische Wasserabspaltung bei niedrigem Druck aus Ethylenglycol (1,2-Ethandiol) *Vinylalkohol*, das Enol von Acetaldehyd, zu gewinnen und sein Mikrowellenspektrum aufzunehmen. Die dadurch mögliche Bestimmung der Bindungslängen ergab, daß die C—O-Bindung hier deutlich kürzer ist als in Alkoholen (137 pm statt 143 pm), was darauf hinweist, daß die C—O-Bindung im Enol partiellen Doppelbindungscharakter besitzt (Delokalisation der π-Elektronen der Doppelbindung!).

Andere prototrope Systeme. Auch andere Verbindungen mit dem Strukturelement X=Y—Z—H sind tautomer:

Azomethine	$ArCH_2N=CH-Ar'$	$\rightleftarrows$ $ArCH=NCH_2Ar'$
Nitroverbindungen	$H_3C-\overset{\oplus}{N}\underset{O}{\overset{O^\ominus}{\diagup}}$	$\rightleftarrows$ $H_2C=\overset{\oplus}{N}\underset{OH}{\overset{O^\ominus}{\diagup}}$
Nitrosoverbindungen und Oxime	$H_3C-N=O$	$\rightleftarrows$ $H_2C=N-OH$

Aliphatische oder in der Seitenkette nitrierte aromatische *Nitroverbindungen* lösen sich langsam in Basen. Säuert man eine solche Lösung an, so erhält man die **«aci-Form»**, welche dem Enol einer Carbonylverbindung entspricht:

$$H_3CCH_2-\overset{\oplus}{N}\underset{O}{\overset{O^\ominus}{\diagup}} \overset{+B^\ominus}{\rightleftarrows} \left[H_3C\overset{\curvearrowleft}{C}H=\overset{\oplus}{N}\underset{O^\ominus}{\overset{O^\ominus}{\diagup}} \leftrightarrow H_3CCH-\overset{\oplus}{N}\underset{O}{\overset{O^\ominus}{\diagup}} \right]^\ominus \overset{+H^\oplus}{\rightleftarrows} H_3C-CH=\overset{\oplus}{N}\underset{OH}{\overset{O^\ominus}{\diagup}}$$

aci-Form

Die *aci*-Form ist stark sauer und entwickelt mit $NaHCO_3$-Lösung CO_2. Das Tautomeriegleichgewicht liegt aber meist auf der Seite der Nitroverbindung.

7 Molekülbau und Reaktivität

Das Umgekehrte gilt für *aliphatische Nitrosoverbindungen* (—NO), die sich zu praktisch 100% in das tautomere *Oxim* umlagern, wenn das C-Atom mit der Nitrosogruppe ein H-Atom trägt:

$$H_3CCOCH_2CH_3 \xrightarrow{HNO_2} H_3CCOCHCH_3 \qquad H_3CCO-C-CH_3$$
$$\qquad\qquad\qquad\qquad\qquad\qquad | \qquad\qquad\qquad\qquad ||$$
$$\qquad\qquad\qquad\qquad\qquad\qquad NO \qquad\qquad\qquad\quad NOH$$

Anionotropie. Eine Anzahl tautomerer Verbindungen unterscheidet sich voneinander in der Stellung einer Gruppe, welche – mindestens formal! – *als Anion wandern* kann. Diese Art von Tautomerie wird als **Anionotropie** bezeichnet (im Gegensatz zu Prototropie, bei der sich lediglich ein Proton verschiebt). Erhitzt man beispielsweise 1-Methylallylalkohol oder Crotylalkohol zusammen mit etwas verdünnter Schwefelsäure während mehrerer Stunden auf 100°C, so erhält man ein Gleichgewicht, welches die beiden Isomere im Mengenverhältnis 30%:70% enthält:

$$H_3C-CH-CH=CH_2 \rightleftarrows H_3C-CH=CH-CH_2OH$$
$$\qquad\quad |$$
$$\qquad\quad OH$$

Unter der Wirkung der Säure wird die Hydroxylgruppe protoniert, und durch Austritt eines Wassermoleküls entsteht ein mesomeres Carbeniumion. Die Wasserabspaltung ist reversibel, und bei der Addition von Wasser kann das Oxoniumion beider Isomere entstehen:

$$H_3C-CH-CH=CH_2 \qquad\qquad\qquad\qquad H_3C-CH=CH-CH_2\overset{\oplus}{O}H_2$$
$$\qquad\; \overset{\oplus}{O}H_2 \searrow_{-H_2O} \qquad\qquad\qquad _{-H_2O}\swarrow$$

$$\left[H_3C-\overset{\oplus}{CH}-CH=CH_2 \leftrightarrow H_3C-CH=CH-\overset{\oplus}{CH_2} \right]$$

$$\qquad\qquad\qquad\qquad\quad \downarrow +H_2O$$

$$H_3C-CH=CH-CH_2\overset{\oplus}{O}H_2 \longleftarrow \qquad\qquad\qquad\longrightarrow H_3C-CH-CH=CH_2$$
$$\qquad\qquad\qquad\qquad\qquad\qquad\qquad\qquad\qquad\qquad\qquad\qquad\qquad\quad \overset{\oplus}{O}H_2$$

Die Isomerisierung entspricht formal einer Wanderung eines $OH^{\ominus}$-Ions vom C-Atom 1 zum C-Atom 3 bzw. vom C-Atom 2 zum C-Atom 4.

Ebenso wei bei prototropen Systemen hängt die Gleichgewichtskonstante bei anionotropen stark von der Struktur bzw. Stabilität der beiden Isomere ab. Da die Entropieänderung bei der Isomerisierung gering ist, wird ΔG^0 und damit K hauptsächlich durch den *Enthalpie-Term* bestimmt. Konjugierte Systeme sind infolge der dabei möglichen Delokalisation stabiler als nichtkonjugierte; im Fall der beiden anionotropen Alkohole Zimtalkohol und 1-Phenylallylalkohol liegt daher das Gleichgewicht praktisch zu 100% auf Seite von Zimtalkohol. Von den oben diskutierten Alkoholen enthalten beide kein konjugiertes System; die Tatsache, daß beim Crotylalkohol aber zwei Alkylreste an die Doppelbindung gebunden sind, erniedrigt trotzdem seine Enthalpie um einen allerdings geringen Betrag. (Die Differenz der freien Enthalpien, welche einem Gleichgewicht von 30% A und 70% B entspricht, beträgt bei 25°C nur 2.1 kJ/mol!). Die Umwandlungsgeschwindigkeiten anionotroper Tautomerer variieren stark; sie sind größer, wenn stark konjugierte Systeme entstehen.

8 Nucleophile Substitutionen an gesättigten C-Atomen

8.1 Allgemeines

$$R-X + Y: \longrightarrow R-Y + :X$$

Substrat Nucleophil Abgangsgruppe («Nucleofug»)

Zu den *Voraussetzungen* für nucleophile Substitutionen gehört, daß die *C—X-Bindung* im Substrat *polarisiert* ist, wobei das *C-Atom eine positive Partialladung* tragen muß, so daß eine heterolytische Trennung der Bindung C—X möglich ist (die Abgangsgruppe X «behält» das bindende Elektronenpaar). Es ist dabei gleichgültig, ob es sich beim Substrat und beim Nucleophil um elektrisch neutrale Moleküle oder um Ionen (Kationen oder Anionen) handelt.

Die beiden folgenden Tabellen 8.1 und 8.2 illustrieren die große Vielfalt der *Anwendungsmöglichkeiten* nucleophiler Substitutionen.

Tabelle 8.1. Beispiele nucleophiler Reagentien

$^\ominus$OH	$^\ominus$OR	$^\ominus$OAr	$^\ominus$SH	$^\ominus$SR	$^\ominus$SAr	(O- und S-Nucleophile)
		RC≡C$^\ominus$	HC≡C$^\ominus$			(C-Nucleophile)
	NH$_3$	RNH$_2$	R$_2$NH	R$_3$N		(N-Nucleophile)
		RCOO$^\ominus$		CN$^\ominus$		
	O=C=N$^\ominus$		S=C=N$^\ominus$		O=N−O$^\ominus$	
		R$_3$C$^\ominus$		R$_2$N$^\ominus$		
		Cl$^\ominus$	Br$^\ominus$	I$^\ominus$		
		R$_2$S	H$_2$O	ROH		

Tabelle 8.2. Beispiele von Abgangsgruppen bei nucleophilen Substitutionen
obere Reihe: gute Abgangsgruppen, die leicht verdrängt werden können
untere Reihe: weniger gute Abgangsgruppen, die nur unter ziemlich energischen Bedingungen verdrängt werden können

$$\overset{\oplus}{R S}{-} > \overset{\oplus}{R C}{-O-} > \overset{\oplus}{R O}{-}, \overset{\oplus}{H O}{-} > Ar{-}\underset{\underset{O}{\|}}{\overset{\overset{O}{\|}}{S}}{-O-}, ROS{-}\underset{\underset{O}{\|}}{\overset{\overset{O}{\|}}{}}{O-} > I{-} > Br{-} > Cl{-}$$
$$\quad\quad R \quad\quad\quad OH \quad\quad\quad H \quad H$$

$$\overset{\oplus}{R_3 N}{-}, \overset{\oplus}{R_2 N H}{-} > {}^\ominus O_3 S{-} > F{-} > Ar C{-}\underset{O}{\overset{\|}{}}{O-}$$

Beispiele:

$R-Cl + OH^\ominus \longrightarrow ROH + Cl^\ominus$	Hydrolyse von Halogenalkanen[1]
$R-Br + R'-O^\ominus \longrightarrow R-O-R' + Br^\ominus$	Williamson-Synthese von Ethern
$H_3\overset{\oplus}{C}N(CH_3)_3 + OH^\ominus \longrightarrow H_3COH + N(CH_3)_3$	Überführung quartärer Ammoniumsalze in Alkohole
$H_3CI + (CH_3)_3N \longrightarrow H_3\overset{\oplus}{C}N(CH_3)_3 + I^\ominus$	Alkylierung tertiärer Amine

Wegen möglicher *Nebenreaktionen* entstehen auch bei nucleophilen Substitutionen die Produkte kaum je in stöchiometrischer (100%) Ausbeute. Besonders oft treten *Umlagerungen* und *Eliminationen* als Nebenreaktionen zu S_N-Reaktionen auf.

8.2 Zum Ablauf der nucleophilen Substitutionen

Mechanismen. Für nucleophile Substitutionen an gesättigten C-Atomen sind im Prinzip *zwei Möglichkeiten* des Reaktionsablaufes denkbar, die beide tatsächlich (oft sogar nebeneinander) auftreten:

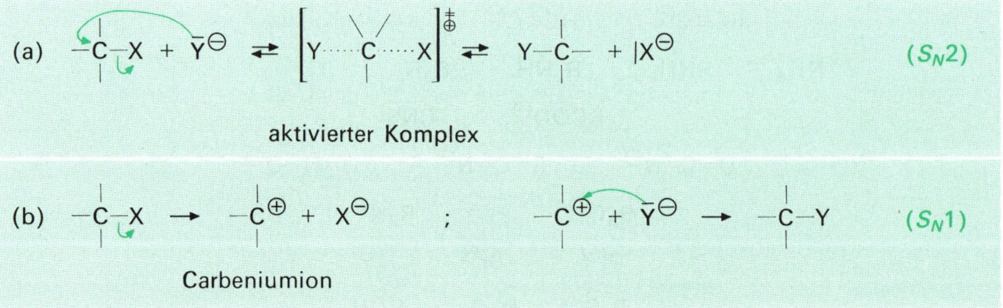

(a) $\quad -\underset{|}{\overset{|}{C}}-X + \bar{Y}^\ominus \rightleftarrows \left[Y \cdots \underset{|}{\overset{|}{C}} \cdots X \right]^\ddagger \rightleftarrows Y-\underset{|}{\overset{|}{C}}- + |X^\ominus \qquad (S_N2)$

aktivierter Komplex

(b) $\quad -\underset{|}{\overset{|}{C}}-X \longrightarrow -\underset{|}{\overset{|}{C}}{}^\oplus + X^\ominus \quad ; \quad -\underset{|}{\overset{|}{C}}{}^\oplus + \bar{Y}^\ominus \longrightarrow -\underset{|}{\overset{|}{C}}-Y \qquad (S_N1)$

Carbeniumion

Im ersten Fall erfolgen Bindungstrennung und -neubildung mehr oder weniger gleichzeitig. Die Substitution verläuft also in einem *einzigen* Reaktionsschritt (Abb. 8.1) und ist eine *bimolekulare Reaktion*; sie wird deshalb als **S_N2-Reaktion** bezeichnet (Substitution, nucleophil, *bimolekular*). Die Reaktionsgeschwindigkeit hängt von der Konzentration des Substrates und des Nucleophils ab; S_N2-Reaktionen ergeben damit im allgemeinen ein Zeitgesetz *zweiter Ordnung*. Als Beispiel einer solchen Reaktion sei hier nochmals die Bildung von Methanol oder Ethanol aus Brommethan bzw. Bromethan und $OH^\ominus$-Ionen genannt.

---

[1] Mit Wasser verläuft die Hydrolyse folgendermaßen:

$$R-Cl + H_2O \longrightarrow R-\underset{H}{\overset{\oplus}{O}}-H + Cl^\ominus \quad ; \quad R-\underset{H}{\overset{\oplus}{O}}-H \xrightarrow{-H^\oplus} R-O-H$$

8.2 Zum Ablauf der nucleophilen Substitutionen 335

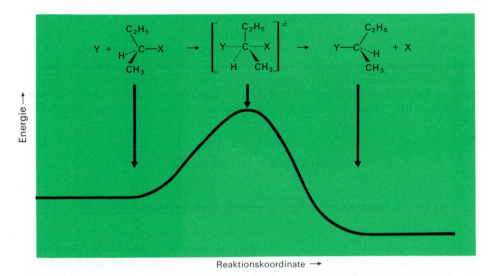

Abb. 8.1. *Energiediagramm für eine S_N2-Reaktion (als Nucleophil wurde ein ungeladenes Teilchen Y gewählt)*

Im einfachsten Fall des Reaktionstypus (b) wird zuerst die C—X-Bindung getrennt und damit ein **Carbeniumion** als Zwischenstoff gebildet. Erst im zweiten (meistens rascheren) Reaktionsschritt entsteht die neue Bindung mit dem Nucleophil. Im Übergangszustand des ersten Schrittes ist die C—X-Bindung bereits in einem gewissen Maß gedehnt; da dieser nur den Reaktanten R—X enthält, hängt die Geschwindigkeit der Substitutionsreaktion nur von der Konzentration dieses Ausgangsstoffes ab und ist unabhängig von der Konzentration des Nucleophils $Y^\ominus$. Man nennt diesen Reaktionstyp **S_N1-Reaktion** (Substitution, nucleophil, *unimolekular*). Ein Beispiel einer S_N1-Reaktion ist die Bildung von *tert*-Butylchlorid aus *tert*-Butylalkohol und HCl.
Auf Grund der *Kinetik* allein kann jedoch *nicht immer mit Sicherheit auf das Vorliegen eines S_N1- oder S_N2-Mechanismus geschlossen* werden. So wird z. B. oft beobachtet, daß eine S_N-Reaktion am Anfang einem Zeitgesetz der 1. Ordnung folgt, gegen Ende jedoch S_N2-Charakter annimmt (die Reaktionsgeschwindigkeit hängt dann auch von der Konzentration des Nucleophils ab). Der Grund für dieses Verhalten besteht darin, daß bei einer Reaktion, die über Carbeniumionen abläuft, die Rückbildung der Ausgangssubstanz R—X aus den Ionen mit der eigentlichen Substitution in Konkurrenz treten kann. Eine hohe Konzentration von $X^\ominus$ (gegen Ende der Reaktion) beschleunigt die Geschwindigkeit der Rekombination und setzt dadurch die Geschwindigkeit der Bildung von R—Y so weit herab, daß der zweite Reaktionsschritt geschwindigkeitsbestimmend wird und die – *über Carbeniumionen verlaufende!* – Reaktion dann insgesamt einem Zeitgesetz der *2. Ordnung* folgt. Anderseits kann eine S_N2-*Reaktion* einem Zeitgesetz der *1. Ordnung* folgen, wenn die Konzentration des Nucleophils so groß ist, daß sie sich während der Reaktion kaum ändert. Solche Verhältnisse liegen insbesondere bei Reaktionen vor, bei denen das *Lösungsmittel als Nucleophil* wirkt (**«Solvolysen»**).
Trotzdem zeigt in manchen Fällen gerade die Kinetik einer nucleophilen Substitution, daß sie über einen *Zwischenstoff* – ein Carbeniumion – abläuft. Wird beispielsweise *Benzhydrylbromid* $(C_6H_5)_2CHBr$ (Diphenylbrommethan) in Aceton/Wasser hydrolysiert, so findet man das folgende Zeitgesetz:

$$\frac{d[\text{Produkt}]}{dt} = \frac{k[(C_6H_5)_2CHBr]}{k' + k''[Br^{\ominus}]}$$

Dieses Ergebnis ist nur verständlich, wenn man annimmt, daß ein Zwischenstoff existiert, der in sehr kleinen Konzentrationen auftritt und der sowohl mit Wasser wie mit $Br^{\ominus}$-Ionen reagieren kann. Dieser Zwischenstoff muß in einem Gleichgewicht mit dem Substrat stehen; der Addition des Nucleophils durch das Carbeniumion ist also ein *Gleichgewicht vorgelagert*:

$$(C_6H_5)_2CHBr \underset{k_2}{\overset{k_1}{\rightleftarrows}} (C_6H_5)_2CH^{\oplus} + Br^{\ominus}$$

$$(C_6H_5)_2CH^{\oplus} + H_2O \xrightarrow{k_3} (C_6H_5)_2CHOH + H^{\oplus}$$

Da die Konzentration des Wassers als Lösungsmittel während der Reaktion praktisch unverändert bleibt, entspricht das Ergebnis der Ableitung dem tatsächlich gefundenen Zeitgesetz. Nur am *Anfang* der Reaktion – wenn $[Br^{\ominus}]$ noch sehr klein ist – folgt sie dem normalen Zeitgesetz der 1. Ordnung, da dann der Term $k_2 \cdot [Br^{\ominus}]$ vernachlässigbar klein ist. Nach einiger Zeit nimmt dann die Reaktionsgeschwindigkeit stärker ab, als nach dem Zeitgesetz der 1. Ordnung zu erwarten wäre, da die Konzentration der Bromid-Ionen wächst. In allen Fällen, in denen eine «Rückreaktion» (eine Rekombination) zu berücksichtigen ist, wird man keine einfache Reaktionsordnung finden.

Im Gegensatz zu der besprochenen Reaktion verläuft aber die Hydrolyse von *tert-Butylbromid* während der ganzen Reaktionszeit nach dem Zeitgesetz 1. Ordnung, weil das *tert*-Butyl-Kation viel weniger stabil ist als das (mesomeriestabilisierte) Diphenylmethyl-Kation, so daß Rekombinationen des Carbeniumions mit dem Bromid-Ion kaum auftreten und das Carbeniumion sofort nach seiner Bildung mit einem Wassermolekül reagiert.

In Fällen, wo die Geschwindigkeit der S_N1-Reaktion nur am Anfang einem Zeitgesetz 1. Ordnung folgt, müßte ein Zusatz von $X^{\ominus}$-Ionen zum Reaktionsgemisch eine *Verlangsamung* der Reaktion zur Folge haben (Begünstigung der Rekombination!). Bei der Solvolyse von Diarylmethylhalogeniden oder Benzylhalogeniden ist dies in der Tat der Fall, bei Reaktionen von *tert*-Butylhalogeniden dagegen – wie zu erwarten ist – nicht. Daß aber auch hier Rekombinationen auftreten (die durch kinetische Messungen allerdings nicht festgestellt werden können), zeigt die Hydrolyse von *tert*-Butylchlorid in Gegenwart von radioaktivem Chlorid: Im Produktgemisch läßt sich dann radioaktives Butylchlorid nachweisen. Eine Verringerung der Geschwindigkeit einer S_N-Reaktion durch Zusatz des verdrängten Ions (ein sogenannter **Eigenionen-Effekt**) ist also ein Indiz dafür, daß die betreffende Reaktion über Carbeniumionen als Zwischenstoffe abläuft.

Die *Bildung* eines *Carbeniumions* durch Dissoziation einer C—X-Bindung ist aber *sicher kein einfacher Prozeß*. Insbesondere spielt hier das *Lösungsmittel* eine wichtige Rolle. Durch die heterolytische Bindungstrennung entstehen nämlich zuerst zwei Ionen, die sich gegenseitig anziehen und als Ionenpaar gemeinsam solvatisiert und gewissermaßen käfigartig im Lösungsmittel eingeschlossen sind (Abb. 8.2). Ein solches Ionenpaar kann entweder rekombinieren, so daß der Ausgangsstoff wieder entsteht, oder die beiden Ionen können durch Lösungsmittelmoleküle voneinander etwas entfernt werden (Abb. 8.2c), so daß sie sich etwas freier bewegen können. Aber nur wenn das Carbeniumion so stabil ist, daß es während einer gewissen Zeitspanne existieren kann, können sich die beiden Ionen vollständig trennen und einzeln solvatisiert werden, so daß dann eigentliche «freie» Carbeniumionen als Zwischenstoffe auftreten (Abb. 8.2d).

8.2 Zum Ablauf der nucleophilen Substitutionen

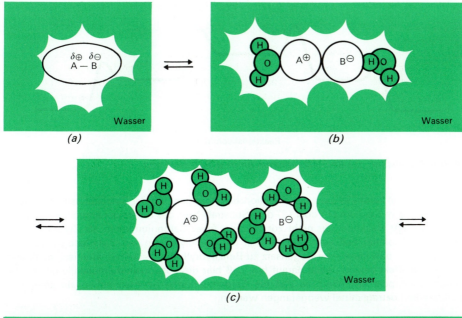

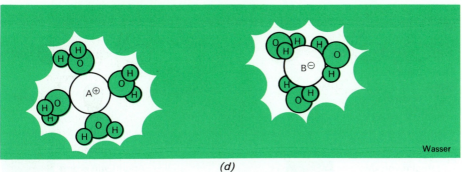

Abb. 8.2. Schritte bei der Dissoziation eines kovalenten Moleküls
(a) polares Molekül von Lösungsmittelmolekülen umgeben
(b) dicht gepacktes Ionenpaar als Ganzes in einem gemeinsamen «Käfig» des Lösungsmittels eingeschlossen
(c) solvatisiertes Ionenpaar; immer noch im gleichen «Käfig»
(d) dissoziierte (getrennte) Ionen, die solvatisiert und durch das Lösungsmittel völlig getrennt sind

Der erste «Reaktionsschritt» von Schema (b) (S. 334) läuft also folgendermaßen ab (vgl. auch Abb. 8.3):

$$R_3C-X \rightarrow \underset{\substack{\text{enges} \\ \text{Ionenpaar} \\ (1)}}{R_3C^{\oplus}X^{\ominus}} \rightarrow \underset{\substack{\text{solvatisiertes} \\ \text{Ionenpaar} \\ (2)}}{R_3C^{\oplus}//X^{\ominus}} \rightarrow \underset{\substack{\text{freie (solvatisierte)} \\ \text{Ionen} \\ (3)}}{R_3C^{\oplus} + X^{\ominus}}$$

8 Nucleophile Substitutionen an gesättigten C-Atomen

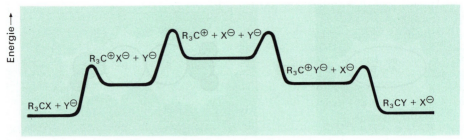

Abb. 8.3. Vollständiges Energiediagramm für eine S_N1-Reaktion

Das Nucleophil kann – je nach den Reaktionsbedingungen und der Stabilität des Carbeniumions – bereits im Stadium (1) oder (2) das «Substrat» bzw. das Ionenpaar angreifen, so daß es im Verlauf der Reaktion gar nicht zur Bildung *freier* Carbeniumionen als Zwischenstoffe kommt. Ein solcher Fall liegt offenbar bei der Solvolyse von *tert*-Butylhalogeniden vor. Die Tatsache, daß diese – im Gegensatz zu Benzhydrylbromid – keinen kinetisch meßbaren Eigenioneneffekt zeigen, weist darauf hin, daß hier die Lösungsmittelmoleküle bereits das «enge» Ionenpaar angreifen, so daß die Carbeniumionen gewissermaßen *«in statu nascendi»* vom Lösungsmittel weggefangen werden.

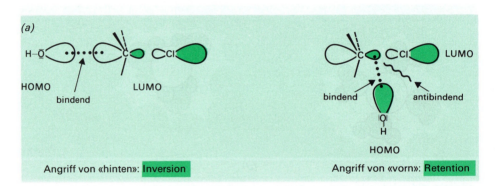

Abb. 8.4. Zum Ablauf der S_N2-Reaktion
(a) Möglichkeiten des Angriffs des Nucleophils (b) Stereoelektronischer Ablauf

8.2 Zum Ablauf der nucleophilen Substitutionen

Das Auftreten von *Ionenpaaren* hat zur Folge, daß in solchen Fällen, wo Carbeniumionen sich in (stabilere) andere Carbeniumionen *umlagern* können (S. 359), diese Umlagerung bereits auf der Stufe des «engen» Ionenpaares geschehen kann. Wenn dann die Rückbildung des Reaktanten genügend rasch eintritt, verläuft die Isomerisierung der Ausgangssubstanz rascher als die nucleophile Substitution, so daß man als Reaktionsprodukt vorwiegend das *Isomer* des Ausgangsstoffes an Stelle des substituierten Reaktanten (oder eines Substitutionsproduktes mit umgelagertem C-Gerüst) erhält. Man spricht in solchen Fällen von **«innerer Rückkehr»**. Beispiele siehe S. 360.

Sterischer Verlauf der nucleophilen Substitutionen. Wie bereits erwähnt, liefert die Untersuchung des sterischen Verlaufes von S_N-Reaktionen wichtige Kriterien zur Bestimmung des Reaktionsmechanismus.

Bimolekulare Substitutionen an asymmetrisch substituierten C-Atomen optisch aktiver Substrate führen stets zur **Konfigurationsumkehr**. Der aktivierte Komplex ist planar gebaut. Bei der Reaktion tritt also ein «Umklappen» der Bindungen ein, ähnlich einem Regenschirm *(«Regenschirm-Mechanismus»)*. Die Konfigurationsumkehr beweist mit Sicherheit, daß das Nucleophil das Substrat gewissermaßen «von hinten» angreift und die Abgangsgruppe dabei gleichsam herausgedrückt wird. Dies ist nicht etwa eine Folge der gegenseitigen Abstoßung zwischen Nucleophil und Abgangsgruppe (wie man es erwarten könnte, wenn beide negativ geladen sind), denn die Konfigurationsumkehr tritt auch dann auf, wenn Nucleophil und Abgangsgruppe entgegengesetzte Ladungen tragen, wie z. B. bei der Reaktion von (+)-α-Phenylethyltrimethylammonium-Ion mit Acetat:

Dieser Ablauf – der Angriff «von hinten» – wird verständlich, wenn man die MO betrachtet, die sich an der Reaktion beteiligen können. Wir nehmen dazu als Beispiel die Reaktion eines Chloralkans mit $OH^\ominus$-Ionen.

Das reagierende freie Elektronenpaar des Hydroxid-Ions kann als dessen *energiereichstes besetztes MO («HOMO»;* S. 72) aufgefaßt werden. Dieses kann mit dem *energieärmsten unbesetzten MO («LUMO»)* des Chloralkans – dem antibindenden MO der C—Cl-Bindung – überlappen, das als Folge der Polarität der C—Cl-Bindung auf der dem Chloratom abgewandten Seite des Moleküls konzentriert ist. Dadurch kommt es zu einer *bindenden Wechselwirkung* (Abb. 8.4.a). Ein Angriff «von vorn» würde dagegen sowohl zu einer bindenden wie zu einer antibindenden Wechselwirkung führen, so daß der tatsächlich beobachtete Reaktionsablauf klar begünstigt ist. Je weiter dann die Überlappung fortschreitet (Abb. 8.4 b), desto mehr wird die C—Cl-Bindung geschwächt. Im *aktivierten Komplex* sind sowohl das ursprünglich *antibindende* wie auch das ursprünglich *bindende* MO der C—Cl-Bindung mit zwei Elektronen besetzt, so daß *keine eigentlichen «Bindungen»* mehr bestehen. Bei weiterem Fortschreiten der Reaktion gehen dann beide MO in das bindende bzw. antibindende MO der C—O-Bindung und das HOMO des Chlorid-Ions über.

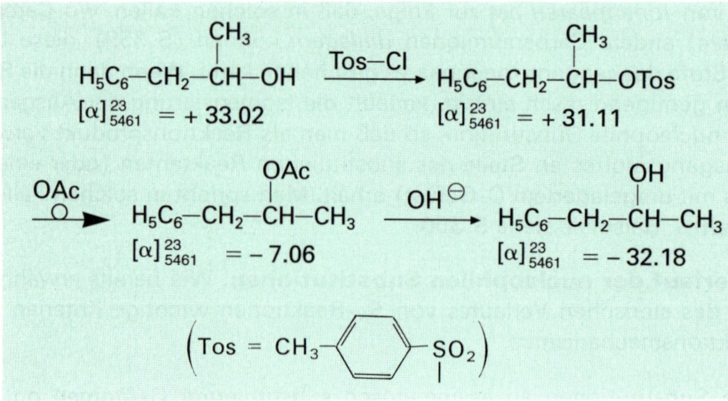

340   8 Nucleophile Substitutionen an gesättigten C-Atomen

$$H_5C_6-CH_2-\underset{\underset{CH_3}{|}}{CH}-OH \quad \xrightarrow{Tos-Cl} \quad H_5C_6-CH_2-\underset{\underset{CH_3}{|}}{CH}-OTos$$
$$[\alpha]_{5461}^{23} = +33.02 \qquad\qquad [\alpha]_{5461}^{23} = +31.11$$

$$\xrightarrow{\underset{\ominus}{OAc}} \quad H_5C_6-CH_2-\underset{\underset{CH_3}{|}}{\overset{\overset{OAc}{|}}{CH}}-CH_3 \quad \xrightarrow{OH^\ominus} \quad H_5C_6-CH_2-\underset{\underset{CH_3}{|}}{\overset{\overset{OH}{|}}{CH}}-CH_3$$
$$[\alpha]_{5461}^{23} = -7.06 \qquad\qquad [\alpha]_{5461}^{23} = -32.18$$

$$\left(Tos = CH_3-\!\!\!\left\langle\!\!\bigcirc\!\!\right\rangle\!\!\!-SO_2-\right)$$

Abb. 8.5. Schema der Waldenschen Umkehr bei der Reaktion von α-Methyl-β-phenylethanoltosylat mit Acetat

Daß bei gewissen Substitutionen eine Konfigurationsumkehr eintritt, wurde schon von Walden (1899) erkannt (**«Waldensche Umkehr»**). Walden erhielt aus (+)-Äpfelsäure durch Reaktion mit Thionylchlorid (SOCl$_2$) (+)-Chlorbernsteinsäure, durch Reaktion mit Phosphor(V)-chlorid dagegen (−)-Chlorbernsteinsäure:

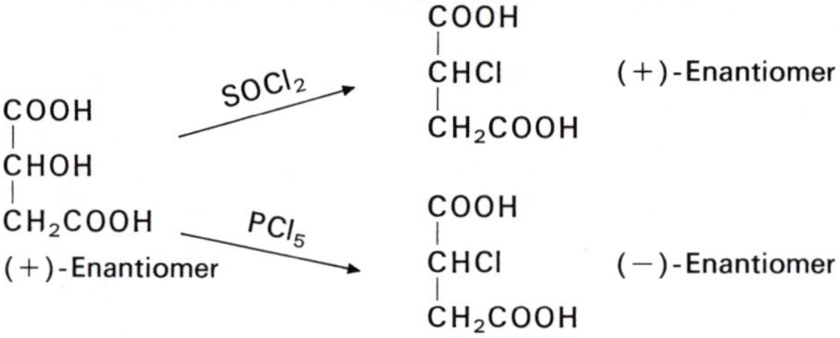

$$\begin{array}{c} COOH \\ | \\ CHOH \\ | \\ CH_2COOH \\ (+)\text{-Enantiomer} \end{array} \quad \begin{array}{c} \xrightarrow{SOCl_2} \\ \\ \xrightarrow{PCl_5} \end{array} \quad \begin{array}{c} COOH \\ | \\ CHCl \qquad (+)\text{-Enantiomer} \\ | \\ CH_2COOH \\ \\ COOH \\ | \\ CHCl \qquad (-)\text{-Enantiomer} \\ | \\ CH_2COOH \end{array}$$

In einem der beiden Fälle muß also eine Inversion eingetreten sein.
Der Drehsinn optisch aktiver Verbindungen steht aber im allgemeinen in keiner direkten Beziehung zur Konfiguration, so daß die Inversion nicht immer einfach zu erkennen ist. So blieb zunächst unbekannt, welches der beiden Reagentien in dem von Walden untersuchten Fall zur Konfigurationsumkehr geführt hat. Ein schönes Beispiel einer Reaktionsfolge, die eindeutig verläuft und die Waldensche Umkehr zeigt, wurde von Phillips durchgeführt (Abb. 8.5). Im ersten und dritten Reaktionsschritt wird hier die C−O-Bindung nicht getrennt, und im zweiten Schritt erfolgt Konfigurationsumkehr.

Der klare experimentelle *Beweis der Konfigurationsumkehr* bei der Reaktion von 2-Iodoctan mit radioaktivem Iodid (Ingold) wurde bereits auf S. 201 ausführlich diskutiert. Selbstverständlich zeigt sich die Konfigurationsumkehr auch bei S_N2-Reaktionen an *Ringverbindungen*:

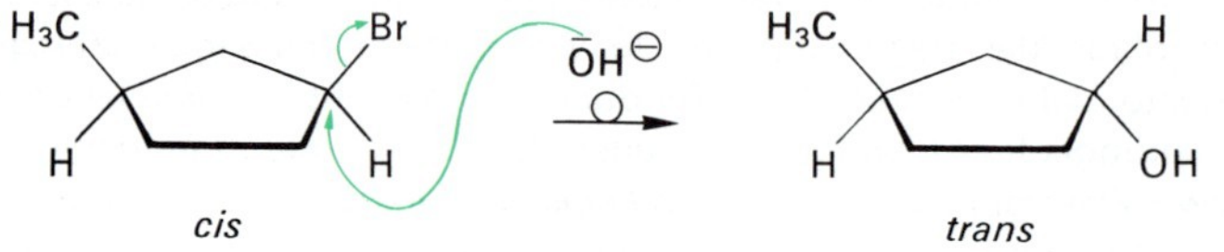

cis → trans

(in Enantiomere spaltbar)

Bei S_N1-Reaktionen liegen die sterischen Verhältnisse dagegen anders. Substitutionen an Chiralitätszentren sollten zu vollständiger **Racemisierung** führen. Wenn nämlich ein wirklich *freies* Carbeniumion als Zwischenstoff gebildet wird, ist der Angriff des Nucleophils von beiden Seiten des *planar* gebauten Carbeniumions mit gleicher Wahrscheinlichkeit möglich, so daß die beiden Enantiomere des Produktes entstehen sollten. In Wirklichkeit beobachtet man meist nur eine **partielle Racemisierung**, verbunden mit einer *Inversion*, wobei das Ausmaß der Racemisierung bei verschiedenen Reaktionen in weitem Rahmen schwanken kann (60 bis 98%). Die Erklärung dafür ist, daß die Substitution meistens schon eintritt, wenn die Abgangsgruppe dem Carbeniumion noch eng benachbart ist, d. h. im Stadium des solvatisierten oder gar des «engen» Ionenpaares. Je dichter gepackt das Ionenpaar im Augenblick der Substitution ist, um so stärker ist die *Abschirmung* der einen Seite des Carbeniumions wirksam und um so höher ist der Anteil am Produkt mit der enantiomeren Konfiguration. Anderseits ist die *Racemisierung* um so *vollständiger*, je *stabiler* das betreffende *Carbeniumion* ist. Dies zeigt z. B. ein Vergleich der Hydrolyse von 1-Chlor-1-phenylethan und von 1-Chlor-1-cyclohexylethan: Die erstere verläuft zu 98% unter Racemisierung (Bildung eines mesomeriestabilisierten Benzyl-Kations), während die zweite vorwiegend unter Inversion verläuft (das Nucleophil Wasser greift bereits das enge Ionenpaar an, also keine Bildung «freier» Ionen!).

Carbeniumion, planar
mesomeriestabilisiert

49% 51%
98% Racemisierung
2% Inversion

1-Chlor-1-cyclohexylethan

enges Ionenpaar

vorwiegend

Nachbargruppeneffekte. Läßt man optisch aktive α-Brompropionsäure mit einer verdünnten Lösung von Natriummethylat reagieren, so findet man, daß die Reaktionsgeschwindigkeit von der Konzentration des $CH_3O^\ominus$-Ions unabhängig ist (Zeitgesetz erster Ordnung; $S_N1!$). Die Reaktion verläuft jedoch unter vollständiger **Retention** der Konfiguration; es tritt also weder die erwartete Racemisierung noch eine Konfigurationsumkehr ein. Zur Erklärung dieses auf den ersten Blick unerwarteten Effektes muß man annehmen, daß in einem ersten Reaktionsschritt das α-C-Atom vom benachbarten (nucleophilen!) Carboxylat-Ion angegriffen wird, wobei ein unter starker innerer Spannung stehendes α-Lacton (ein Dreiring) entsteht. Das Methylat-Ion reagiert erst in einem zweiten Schritt mit diesem:

8 Nucleophile Substitutionen an gesättigten C-Atomen

Die bei der Substitution beobachtete *Retention* der Konfiguration ist also das Ergebnis *zweier aufeinanderfolgender Inversionen*: Die erste findet beim intramolekularen, S_N2-ähnlichen Angriff des Carboxylat-O-Atoms auf das α-C-Atom statt, während die zweite bei der darauffolgenden Reaktion mit dem Methylat-Ion erfolgt.

Diese Reaktion bietet ein Beispiel eines sogenannten **Nachbargruppeneffektes**. Dieser besteht darin, daß *ein dem Reaktionszentrum benachbartes Atom* (oder eine *Atomgruppe*) mit *nichtbindenden* oder π-*Elektronenpaaren die S_N-Reaktion erleichtert*, indem dieses Atom (bzw. die funktionelle Gruppe) als Nucleophil zuerst selbst das Reaktionszentrum angreift (indem also *zunächst eine intramolekulare S_N-Reaktion* eintritt!) und erst im zweiten Reaktionsschritt durch ein von außen kommendes Nucleophil verdrängt wird. Schematisch lassen sich diese Verhältnisse folgendermaßen beschreiben:

$$R-\overset{X|}{\underset{Y}{CH}}-CH-R' \longrightarrow R-\overset{\overset{\oplus}{X}}{CH}-CH-R' + Y^\ominus$$

$$R-\overset{\overset{\oplus}{X}}{CH}-CH-R' + Z^\ominus \longrightarrow R-CH-\underset{Z}{CH}-R' + R-\underset{Z}{\overset{X}{CH}}-CH-R'$$

Dabei ist X die Nachbargruppe, Y die Abgangsgruppe und Z das Nucleophil. Sind R und R' strukturell verschieden, so sind die beiden Produkte nicht identisch, und es findet (neben der Substitution) noch eine Umlagerung statt.

Man mag sich fragen, weshalb hier die Abgangsgruppe nicht direkt durch das Nucleophil Z verdrängt wird, d. h. weshalb hier das betreffende C-Atom *leichter* von der *Nachbargruppe* X *als vom Nucleophil angegriffen* wird. Der Grund liegt darin, daß die Nachbargruppe dank ihrer günstigen Position leichter *verfügbar* ist: Die *Aktivierungsentropie ist stärker negativ, wenn das Nucleophil mit dem Substrat reagiert* (weil im Übergangszustand die beiden Reaktanten weniger «frei» sind als vorher), *als wenn die Nachbargruppe die Abgangsgruppe verdrängt*, so daß zuerst die letztere Reaktion eintreten wird (da sie rascher verläuft).

Nachbargruppeneffekte sind bei nucleophilen Substitutionen an polyfunktionellen Verbindungen recht häufig. Die Wirksamkeit einer Nachbargruppe steht in Beziehung zu ihrer Nucleophilie; sie nimmt bei den nachfolgenden Gruppen jeweils nach rechts ab:

| I > Br > Cl | RS– > RO– | H$_3$COPh– > Ph– |

Das Vorliegen eines Nachbargruppeneffektes kann dadurch erkannt werden, daß die *Reaktionsgeschwindigkeit* der Substitution *größer* ist, als es ohne diesen Effekt der Fall wäre (man spricht dann von **«anchimerer Beschleunigung»**), oder daß *Produkte* von *anderer Konfiguration* oder sogar *Konstitution* entstehen, als man ohne diesen Effekt erwarten würde. So liefert z. B. 4-Chlor-1-butanol bei der Hydrolyse an Stelle des erwarteten 1,4-Butandiols unter Ringschluß Tetrahydrofuran (intramolekulare S_N-Reaktion!):

Da natürlich vorkommende Verbindungen meistens polyfunktionell sind, spielen Nachbargruppeneffekte auch bei biochemischen Reaktionen eine große Rolle. Einige ausgewählte *Beispiele* sollen die Wirkungen von Nachbargruppen illustrieren.

8.2 Zum Ablauf der nucleophilen Substitutionen

(a) Eine leicht erhöhte Reaktionsgeschwindigkeit findet man z. B. dann, wenn am zum Reaktionszentrum α-ständigen C-Atom ein *Benzenkern* als Substituent vorhanden ist, wie beispielsweise bei der Solvolyse von 1-Chlor-2-phenylethan in Essig- oder Ameisensäure. Markiert man dabei eines der beiden Ethyl-C-Atome mit radioaktivem ^{14}C, so befindet sich im Produkt das Tracer-Atom sowohl in Stellung 1 wie in Stellung 2:

Diese Ergebnisse werden durch die Annahme eines cyclischen, mesomeriestabilisierten **«Phenoniumions»** als Zwischenstoff erklärt:

Wie von Olah gezeigt wurde, handelt es sich bei diesen Ionen um Spiro[2.5]octadienyl-Kationen, wobei der Benzenkern die Ladung trägt. Ein solches Ion kann mit Ameisensäure an jeder der beiden Methylengruppen reagieren, so daß markierte Ausgangssubstanz beide «Isotopenisomere» liefert. Befindet sich in *p*-Stellung des Benzenkernes ein π-Donor (z. B. CH_3O-), so ist die anchimere Beschleunigung besonders groß, weil die Ladung des Phenoniumions mehr delokalisiert werden kann (Cram).

8 Nucleophile Substitutionen an gesättigten C-Atomen

Interessant sind die *stereochemischen Konsequenzen* solcher Reaktionen. 3-Phenylbutyl-2-tosylat besitzt zwei strukturell verschiedene asymmetrisch substituierte C-Atome und existiert damit in insgesamt 4 Stereoisomeren, je einem *threo-* und einem *erythro-*Enantiomerenpaar.

Die Solvolyse eines *threo-*Enantiomers liefert nun das *threo-*Racemat (also das entsprechende Enantiomeren*paar*!), während die Solvolyse des *erythro-*Enantiomers unter vollständiger Retention verläuft:

8.2 Zum Ablauf der nucleophilen Substitutionen

Würde die Solvolyse über «klassische» Carbeniumionen verlaufen, so müßte man in beiden Fällen ein Diastereomerenpaar erhalten, wie dies für das *threo*-Isomer noch gezeigt werden soll:

S-threo-Carbeniumion   *S,R-threo*   +   *S,S-erythro*

(b) Ebenfalls stereochemisch interessante Beispiele bieten die Reaktionen von *2-Bromcyclohexanol* bzw. *3-Brom-2-butanol* mit HBr. Sowohl *cis*- wie *trans*-2-Bromcyclohexanol liefern dabei dasselbe Produkt, nämlich *trans*-1,2-Dibromcyclohexan, was nur dadurch zu erklären ist, daß sich während der Reaktion ein überbrücktes (cyclisches) **Bromoniumion** bildet:

Die Reaktion der diastereomeren *erythro*- bzw. *threo*-3-Brom-2-butanole mit HBr verläuft stereospezifisch: Aus den beiden *erythro*-Enantiomeren entsteht *meso*-(2S,3R)-2,3-Dibrombutan, während die beiden *threo*-Enantiomere racemisches 2,3-Dibrombutan liefern:

8 Nucleophile Substitutionen an gesättigten C-Atomen

(c) Besonders *wirksame Nachbargruppen* sind N- und vor allem S-Atome. Als Beispiel einer entsprechenden Reaktion sei die Hydrolyse von β,β-*Dichlordiethylsulfid* («*Senfgas*») erwähnt. Die Substanz (kein Gas, sondern eine ziemlich hochsiedende Flüssigkeit) reagiert leicht mit Nucleophilen. Bei der Hydrolyse entsteht als Zwischenstoff ein cyclisches Sulfoniumion.

Die Geschwindigkeitskonstante dieser (unimolekularen) Hydrolyse nimmt entsprechend dem Fortschreiten der Reaktion ab, was einen Eigenioneneffekt (S. 336) anzeigt. Dies ist nur unter der Annahme eines cyclischen Sulfoniumions als Zwischenstoff verständlich, denn ein «normales» primäres Carbeniumion wäre viel zu wenig stabil (und daher zu kurzlebig), um einen solchen Effekt zu ermöglichen.

8.2 Zum Ablauf der nucleophilen Substitutionen

(d) Besonders intensiv wurden Reaktionen an *bicyclischen Ringsystemen* untersucht. So erhält man aus den diastereomeren *exo-* und *endo-*Norbornyl-*p*-brombenzensulfonaten («-brosylaten») mit Essigsäure dasselbe *exo-*Norbornylacetat, wobei – falls man von einem Enantiomer ausgeht – ein racemisches Gemisch entsteht. Das *exo-*Norbornylbrosylat reagiert dabei etwa 400 mal schneller (Winstein).

exo-Norbornyl-
brosylat

endo-Norbornyl-
brosylat

Zur Erklärung dieses Ergebnisses nahm Winstein an, daß das *exo*-Norbornylbrosylat zunächst als Folge eines S_N2-ähnlichen Angriffes durch das C-Atom 6 das Brosylat-Anion abspaltet, so daß sich ein *überbrücktes*, **«nicht-klassisches» Ion** (1) bildet, das durch das Lösungsmittel (Essigsäure) sowohl an C1 wie an C2 angegriffen werden kann (Abb. 8.6). Die *anchimere Beschleunigung* der Acetolyse ist damit die Folge der Nachbargruppenwirkung eines sp^3-hybridisierten C-Atoms bzw. einer *normalen σ-Bindung*! Im Gegensatz zu den *exo-*Diastereomeren erlaubt die Geometrie des *endo-*Norbornylbrosylats einen solchen Angriff des σ-Elektronenpaars von rückwärts nicht; es reagiert darum langsamer nach S_N1 unter Bildung eines «offenen» Kations, das sich anschließend schnell in das überbrückte, nicht-klassische Ion umlagert:

Die Existenz nicht-klassischer Ionen der Struktur (1) war lange Zeit *umstritten*. Winstein und seine Schule nahmen an, es handle sich um einen *Resonanzhybrid* zwischen den beiden Grenzstrukturen (I) und (II), während Brown postulierte, es handle sich beim Zwischenstoff der Acetolyse der Norbornylbrosylate um ein *rasch äquilibrierendes Gemisch* zweier Ionen:

Winstein:
(I)   (II)

348   8 Nucleophile Substitutionen an gesättigten C-Atomen

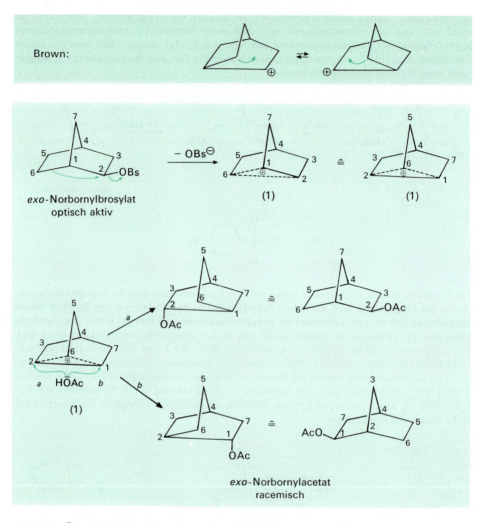

Abb. 8.6. Überführung von optisch aktivem exo-Norbornylbrosylat in racemisches exo-Norbornylacetat via nicht-klassisches Ion. Die Abspaltung des Brosylat-Ions ergibt das überbrückte Kation (1), das sowohl am C-Atom 2 (a) wie am C-Atom 1 (b) angegriffen werden kann. Da beide Angriffsrichtungen (a) und (b) mit gleicher Wahrscheinlichkeit erfolgen, entsteht das racemische Produkt

1970 gelang es Olah und Mitarbeitern, Lösungen mit Norbornyl-Kationen in superaciden Medien durch ^{13}C-Kernresonanz und Ramanspektroskopie zu untersuchen, wobei sich herausstellte, daß es sich bei diesem Kation in der Tat um ein nicht-klassisches, echtes «**Carbonium-Ion**» handelt, in dem ein mit zwei Elektronen besetztes Dreizentren-MO vorliegt und das C-Atom 6 somit fünffach koordiniert ist, ähnlich wie im $CH_5^{\oplus}$-Carboniumion (S. 50). Das 2-Phenylnorbornyl-Kation ist hingegen nach den Ergebnissen von Olah ein klassisches Carbeniumion. Es scheint also, daß bei solchen Reaktionen an bicyclischen Systemen sowohl Carbeniumionen wie «nicht-klassische» Carboniumionen (mit Mehrzentren-MO) auftreten.

8.3 Reaktivität bei nucleophilen Substitutionen

Einfluß des Lösungsmittels. Nucleophile Substitutionen lassen sich – als polare Reaktionen – *nur in Lösung* ausführen, da Solvationseffekte aktivierte Komplexe und Zwischenstoffe stabilisieren und so die zur Bindungstrennung notwendige Energie verringern.

Lösungsmittel von *großer Polarität*[1] begünstigen im allgemeinen einen Ablauf der Substitution *über Carbeniumionen* (bzw. Ionenpaare) als Zwischenstoffe, da die entstehenden Anionen durch die Wirkung der Lösungsmittelmoleküle gewissermaßen aus dem Substratmolekül «herausgezogen» werden. Besonders stark wirksam sind Lösungsmittel wie Wasser, Carbonsäuren (besonders Ameisensäure) und Ammoniak, welche Kationen mittels ihrer freien Elektronenpaare, Anionen durch ihre Fähigkeit, H-Brücken zu bilden, *solvatisieren*. Lösungsmittelgemische wie Methanol/Wasser, Ethanol/Wasser oder Aceton/Wasser begünstigen die Carbeniumionbildung um so mehr, je höher darin der Anteil von Wasser ist. Gewöhnlich reagiert allerdings in solchen Fällen das Carbenium-ion (bzw. das Ionenpaar) nicht nur mit dem zugesetzten Nucleophyl $Y^{\ominus}$, sondern direkt auch mit Wasser, so daß dann als *Nebenreaktion* eine *Hydrolyse* auftritt:

Polare Lösungsmittel wie Aceton, Ether, Dioxan oder vor allem Dimethylformamid und Dimethylsulfoxid, die keine positiv polarisierten H-Atome zur Bildung von H-Brücken besitzen, solvatisieren insbesondere Anionen wenig **(dipolar aprotische Lösungsmittel)**. Substitutionen in diesen Lösungsmitteln verlaufen deshalb eher nach S_N2; ist das Nucleophil selbst ein Anion, so erfolgt die S_N2-Reaktion in solchen Lösungsmitteln bedeutend rascher als z. B. in Wasser oder Ethanol (vgl. Band II).

Bei S_N2-*Reaktionen* zeigt sich der Einfluß der Lösungsmittelpolarität nicht immer so ausgeprägt. Eine Reaktion wie z. B. die Verdrängung von Iodid aus Iodmethan mittels Trimethylamin wird durch polare Lösungsmittel eher beschleunigt, weil der aktivierte Komplex mehr Ionencharakter besitzt als die Reaktanten:

Anderseits läuft die Reaktion von $OH^{\ominus}$-Ionen mit quartären Ammoniumionen in polaren Lösungsmitteln beträchtlich langsamer ab als in weniger polaren, da die ersten die Reaktanten stark solvatisieren und bei der Bildung des aktivierten Komplexes die Solvathüllen zerstört werden müssen.

Elektrophile Katalyse. Starke *Lewis-Säuren* wie BF_3, Aluminiumhalogenide, $ZnCl_2$, $Ag^{\oplus}$ usw. bilden mit Basen (Nucleophilen) Kovalenzbindungen und *katalysieren* S_N1-*Reaktionen*, indem sie sich mit dem *Anion koordinieren* und dadurch die *Dissoziation der C—X-Bindung erleichtern*. Durch den Zusatz solcher Lewis-Säuren zum Reaktionsgemisch kann man deshalb den S_N1-Mechanismus begünstigen. So ergibt beispielsweise Silbernitrit ($AgNO_2$) mit Halogenalkanen ein *Alkylnitrit* (R—O—N=O; ein Salpetrigsäureester), wäh-

---
[1] Besser: von hoher Ionisierungsstärke. Vgl. hierzu Bd. II.

rend man bei Verwendung von Natriumnitrit (NaNO$_2$) hauptsächlich das *Nitroalkan* (R—NO$_2$) erhält (vgl. S. 356 sowie Band II).

In ähnlicher Weise vermögen Protonen S_N-Reaktionen an den sonst sehr reaktionsträgen Fluoralkanen zu katalysieren (Bildung von H-Brücken mit dem F-Atom und dadurch Abtrennung von HF an Stelle von F$^\ominus$). So werden z. B. Fluoralkane in Gegenwart von Säuren leicht zu Alkoholen hydrolysiert, während bei Chloralkanen keine saure Katalyse beobachtet wird.

Konstitution des Substrates. Von wesentlichem Einfluß auf die Art des Reaktionsablaufes ist die **Konstitution** des Substratmoleküls. Bei S_N2-Reaktionen erfolgt der Angriff des Nucleophils stets «von *hinten*», so daß die Reaktion erschwert wird, wenn das Reaktionszentrum mit raumerfüllenden Gruppen stark substituiert ist (**«sterische Hinderung»**). Im aktivierten Komplex haben zwar die an das Reaktionszentrum gebundenen Alkylreste größeren Abstand voneinander als im Substratmolekül (Bindungswinkel 120° statt 109°28'); sie treten jedoch in engere Wechselwirkungen sowohl mit dem Nucleophil wie mit der Abgangsgruppe (Bindungswinkel 90°):

Diese sterischen Wechselwirkungen werden mit zunehmender Größe von R stärker; sie haben zur Folge, daß Rotations- und Schwingungsmöglichkeiten eingeschränkt werden und daß dadurch die freie Enthalpie des aktivierten Komplexes wächst. Aus diesen Gründen nimmt die Geschwindigkeit bimolekularer Substitutionen in folgender Reihe stark ab:

$$H_3C-X > H_5C_2-X > \begin{matrix}H_3C\\H_3C\end{matrix}CH-X > H_3C-\underset{H_3C}{\overset{H_3C}{C}}-X$$

Besonders groß ist die sterische Hinderung dann, wenn das Reaktionszentrum *mit Alkylgruppen substituiert* ist, wie im Isobutyl- oder Neopentylbromid. An Kalottenmodellen läßt sich leicht zeigen, daß bei diesen Verbindungen durch Drehung der X—CH$_2$-Gruppe um die Achse der Bindung mit der Isopropyl- bzw. *tert*-Butylgruppe keine Konformation erreicht werden kann, die zur Ausbildung eines S_N2-Übergangszustandes wirklich günstig ist. Isobutylbromid reagiert deshalb mit Natriumethylat rund 10^3 mal, Neopentylbromid sogar rund 10^7 mal langsamer als Methylbromid.

Tabelle 8.3 Ungefähre relative Geschwindigkeiten von S_N2-Reaktionen verschiedener Alkylgruppen

Alkylgruppe	Relative Geschwindigkeit	Alkylgruppe	Relative Geschwindigkeit
Methyl	30	*tert*-Butyl	0
Ethyl	1	Neopentyl	0.00001
n-Propyl	0.4	Allyl	40
Isopropyl	0.025	Benzyl	120

8.3 Reaktivität bei nucleophilen Substitutionen

Beim S_N1-*Mechanismus* ist die *Stabilität des aktivierten Komplexes* bei der Bildung des Carbeniumions für die Reaktionsgeschwindigkeit entscheidend. Da aber im Übergangszustand die C—X-Bindung schon stark gedehnt ist, wird der aktivierte Komplex in seiner Struktur dem entstehenden Carbeniumion sehr ähnlich sein, und wir können deshalb den Einfluß struktureller Faktoren auf das *Carbeniumion* – den Zwischenstoff! – betrachten (Postulat von Hammond).

Carbeniumionen werden nicht nur durch stark polare Lösungsmittel stabilisiert, sondern auch durch *Delokalisation* ihrer positiven Ladung, was durch σ- und π-Donoren, die an das Reaktionszentrum gebunden sind, möglich ist. Die Stabilisierung von *Benzyl-* und *Allyl-Kationen* kommt z. B. in den folgenden Grenzstrukturen zum Ausdruck:

Benzyl:

Allyl:

Die Stabilität von Carbeniumionen nimmt damit in der folgenden Reihe ab (vgl. auch S. 290):

Triphenylmethyl > Diphenylmethyl > Benzyl > Allyl > tertiär > sekundär > primär > Methyl

In der gleichen Reihenfolge nimmt daher auch die Geschwindigkeit von S_N1-Reaktionen ab; mit anderen Worten, Diphenylmethyl- und Benzylverbindungen reagieren bei nucleophilen Substitutionen im allgemeinen bevorzugt nach S_N1. Enthält der Benzenkern einer Benzylverbindung zudem noch σ- oder π-Donoren als Substituenten in *p*-Stellung, so wird die Reaktionsgeschwindigkeit noch stärker erhöht, weil das Carbeniumion (bzw. der aktivierte Komplex) noch mehr stabilisiert wird:

So reagiert *p*-Methoxybenzylchlorid mit $OH^\ominus$-Ionen rund 10^5 mal schneller als Benzylchlorid, während im Fall von *m*-Methoxybenzylchlorid die Reaktionsgeschwindigkeit nur ⅔ der Geschwindigkeit der entsprechenden Reaktion von Benzylchlorid beträgt, weil hier – in *m*-Stellung! – die H_3CO-Gruppe nur als σ-Donor wirksam ist. Noch langsamer reagieren *p*-Nitrobenzylverbindungen; ja, durch dreifache *p*-Substitution von Triphenylmethylchlorid mit Nitrogruppen gelang es sogar, an diesem, für S_N1-Reaktionen eigentlich prädestinierten Substrat einen S_N2-Ablauf zu erzwingen! Die Geschwindigkeiten der Reaktionen an *p*-substituierten Benzylverbindungen lassen sich durch die Hammett-Beziehung sehr gut korrelieren, die ϱ-Werte betragen im allgemeinen um -4, wie es für Reaktionen, bei denen der aktivierte Komplex eine positive Ladung trägt, zu erwarten ist.

Wenn das Reaktionszentrum Teil einer *ungesättigten Gruppe* ist, so wird die Reaktivität der betreffenden Substanz bei S_N-Reaktionen stark verringert, eine Folge der Konjugation nicht-

8 Nucleophile Substitutionen an gesättigten C-Atomen

bindender Elektronenpaare mit den π-Elektronen. **Vinylhalogenide** reagieren mit Nucleophilen nach S_N2 überhaupt nicht und nach S_N1 nur in Sonderfällen, nämlich dann, wenn am α-C-Atom eine Gruppe vorhanden ist, die das entstehende Vinyl-Kation stabilisiert (z. B. Arylgruppen) oder dann, wenn extrem gute Abgangsgruppen vorhanden sind wie z. B. das Trifluormethansulfonat-Ion (*«Triflat-Ion»*; S. 358). S_N-Reaktionen am Benzenkern (mit Halogenbenzenen, Phenolen) folgen einem gänzlich anderen Mechanisums (Addition/ Elimination bzw. Arin-Mechanismus; vgl. S. 579).

Schließlich sei bemerkt, daß sich Verbindungen der Formeln $ROCH_2X$ oder R_2NCH_2X leicht und rasch nach S_N1 substituieren lassen, da das entstehende Carbeniumion ebenfalls mesomeriestabilisiert ist. Ist hingegen in einer Verbindung vom Typus $Z-CH_2-X$ die Gruppe Z stark elektronegativ, so ist die S_N1-Reaktivität erwartungsgemäß herabgesetzt; hingegen wird die S_N2-Reaktivität erhöht. Chloracetophenon beispielsweise reagiert mit KI in Aceton bei 75°C etwa 32 000 mal schneller als 1-Chlorbutan. Die Ursachen dieses Effektes sind noch nicht völlig geklärt.

Selbstverständlich wird auch die Geschwindigkeit von S_N1-Reaktionen durch *sterische Effekte* beeinflußt. Carbeniumionen sind planar gebaut und zeigen einen Bindungswinkel von 120°, so daß stark raumerfüllende Substituenten, die an das Reaktionszentrum gebunden sind, im Carbeniumion mehr Platz zur Verfügung haben als im Molekül des Substrates (die Wechselwirkungen mit dem Nucleophil und der Abgangsgruppe – die im aktivierten Komplex von S_N2-Reaktionen auftreten – entfallen hier!). Aus diesem Grund ist z. B. die Geschwindigkeitskonstante der Hydrolyse von *tri-tert*-Butylchlormethan 40 000 mal größer als für die Hydrolyse von *tert*-Butylchlorid (**«sterische Beschleunigung»**).

$$(H_3C)_3C \diagdown \atop (H_3C)_3C - C - Cl \atop (H_3C)_3C \diagup \quad \xrightarrow{H_2O; \, S_N1} \quad (H_3C)_3C \diagdown \atop (H_3C)_3C - C - OH \atop (H_3C)_3C \diagup$$

tri-tert-Butylchlormethan

$$(H_3C)_3C-Cl \quad \xrightarrow{H_2O; \, S_N1} \quad (H_3C)_3C-OH$$

tert-Butylchlorid

Cyclopropyl- und Cyclobutylchlorid reagieren bei S_N1-Reaktionen nur sehr langsam (die Bildung eines planaren Carbeniumions ist erschwert), während Bicyclo[2.2.1]heptylchlorid gegen nucleophile Reagentien vollkommen *inert* ist. (Eine S_N2-Reaktion ist ebenfalls unmöglich, da das Reaktionszentrum gegen einen Angriff «von hinten» völlig abgeschirmt ist.)

Cyclopropylchlorid (Chlorcyclopropan)

Cyclobutylchlorid (Chlorcyclobutan)

Bicyclo[2.2.1]heptylchlorid (1-Chlorbicyclo[2.2.1]heptan)

Die Reaktionsgeschwindigkeiten von S_N2- und S_N1-Reaktionen hängen also gerade in *entgegengesetzter* Art und Weise von der Konstitution des Substratmoleküls ab (Tabelle 8.5). Dieser Effekt erklärt die verschiedene Geschwindigkeit der Substitution an Iodalkanen: Die Geschwindigkeitskonstante der Hydrolyse nimmt vom Methyl- zum Isopropyliodid ab und steigt dann beim *tert*-Butylbromid wieder stark an. *Unter Bedingungen, die keinen der beiden Mechanismen ausschließen – also in einem genügend polaren Lösungsmittel und bei einer nicht allzuhohen Konzentration eines nicht allzustarken Nucleophils – verlaufen nu-*

8.3 Reaktivität bei nucleophilen Substitutionen

Tabelle 8.4. Reaktivität verschiedener Substrate gegenüber Nucleophilen (geordnet nach abnehmender Reaktivität)
Z = RCO, HCO, ROCO, NH_2CO, NC u. a.

S_N1-Reaktivität	S_N2-Reaktivität
Ar_3CX	Ar_3CX
Ar_2CHX	Ar_2CHX
$ROCH_2X$, $RSCH_2X$, R_2NCH_2X	$ArCH_2X$
R_3CX	ZCH_2X
$ArCH_2X$	
$-C=CCH_2X$	$-C=CCH_2X$
	$RCH_2X \approx RCHDX \approx RCHDCH_2X$
R_2CHX	R_2CHX
$RCH_2X \approx R_3CCH_2X$	R_3CX
RCHDX	ZCH_2CH_2X
$RCHDCH_2X$	R_3CCH_2X
ZCH_2X	
ZCH_2CH_2X	$-C=CX$
$-C=CX$	

cleophile Substitutionen an **primären** C-Atomen *vorwiegend nach* S_N2, an **tertiären** C-Atomen *vorwiegend nach* S_N1. Bei Reaktionen an **sekundären** C-Atomen überwiegt dann je nach ihrer Konstitution, der Natur des Lösungsmittels und des Nucleophils sowie der weiteren Reaktionsbedingungen der eine oder der andere Reaktionsablauf, d. h. die Substitution verläuft effektiv *gleichzeitig nach beiden Mechanismen*.

Tabelle 8.5. Geschwindigkeitskonstanten von S_N-Reaktionen von Halogenalkanen (k_1 = Geschwindigkeitskonstante der S_N1-, k_2 = Geschwindigkeitskonstante der S_N2-Reaktion)

Substrat	Temp. [°C]	$k_1 \cdot 10^5$ [s^{-1}]	$k_2 \cdot 10^5$ [l/mol s]	k_2/k_1
Methylbromid	55	0.35	2140	5840
Ethylbromid	55	0.14	171	1230
Isopropylbromid	55	0.24	4.99	21
tert-Butylbromid	55	1010	unmeßbar klein	≪ 1
Allylbromid	30	0.03	115	2900
Benzylchlorid	50	0.03	61	1950
Benzylbromid	25		184	
α-Phenylethylchlorid	70	3.75	16.7	4.5
α-Phenylethylbromid	25	0.69	6.2	8
Benzhydrylchlorid	25	5.75	unmeßbar klein	≪ 1

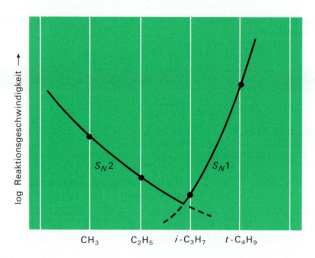

Abb. 8.7. Reaktionsgeschwindigkeiten von S_N2- und S_N1-Reaktionen an verschiedenen Bromalkanen

Einfluß des Nucleophils und der Abgangsgruppe. Die **Nucleophilie** des angreifenden Reagens ist bei *typischen S_N1-Reaktionen ohne Einfluß* auf die Reaktionsgeschwindigkeit, da das Nucleophil am aktivierten Komplex des geschwindigkeitsbestimmenden Schrittes (der C—X-Bindungstrennung) nicht beteiligt ist. Läßt man jedoch dem Carbeniumion die «Auswahl» unter verschiedenen, nucleophilen Reagentien, so wird es *bevorzugt* mit demjenigen Nucleophil reagieren, das die *größte Elektronendichte* aufweist. *Je weniger stabil ein Carbeniumion ist, desto weniger selektiv wird es reagieren*; stabile Carbeniumionen können oft das stärkste Nucleophil deutlich bevorzugen.

Anders liegen die Verhältnisse bei *bimolekularen Substitutionen*. Hier hängt die *Geschwindigkeit* auch von der *Nucleophilie des Reagens* ab, da der Übergangszustand um so leichter erreicht wird, je leichter das Nucleophil die neue Bindung eingeht. Auf den ersten Blick wäre zu erwarten, daß Nucleophilie und **Basenstärke** eines Reagens einander parallel laufen, da in jedem Fall das betreffende Teilchen ein Elektronenpaar zur Bildung einer neuen Bindung zur Verfügung stellen muß. Bei der Reaktion als Base reagiert das betreffende Teilchen aber mit einem Proton bzw. mit einer Protonsäure, während es ein positiv polarisiertes C-Atom angreift, wenn es als nucleophiles Reagens wirkt. Zudem wird die Basizität durch eine Gleichgewichtskonstante (nämlich der Reaktion der Base mit Wasser) ausgedrückt; mangels geeigneter Vergleichssubstanzen kann die Nucleophilie dagegen nur durch den Vergleich verschiedener Reaktionsgeschwindigkeiten charakterisiert werden (Tab. 8.6) und ist deshalb eine *kinetische, keine thermodynamisch bestimmte Größe*[1]

Trotz dieser Unterschiede findet man, daß Basizität und Nucleophilie verschiedener Reagentien einander entsprechen, wenn bei S_N-Reaktionen jeweils *dasselbe Atom* angreift. In der folgenden Reihe nimmt deshalb die Nucleophilie – ebenso wie die Basenstärke – nach rechts ab:

$$^\ominus OC_2H_5 > {^\ominus OH} > {^\ominus OC_6H_5} > {^\ominus OOCCH_3} > H_2O > NO_3^\ominus$$

---

[1] Winstein-Grunwald-Beziehung; siehe Band II.

8.3 Reaktivität bei nucleophilen Substitutionen

Tabelle 8.6. Reaktionsgeschwindigkeiten bei S_N2-Reaktionen unter Verwendung verschiedener nucleophiler Reagentien

Nucleophil	Relative Reaktionsgeschwindigkeit	Nucleophil	Relative Reaktionsgeschwindigkeit
$C_6H_5S^\ominus$	470 000	$C_6H_5O^\ominus$	400
$I^\ominus$	3 700	$Cl^\ominus$	80
$C_2H_5O^\ominus$	1 000	$CH_3COO^\ominus$	20
$Br^\ominus$	500	$NO_3^\ominus$	1

Für die Nucleophilie eines bestimmten Reagens ist jedoch neben seiner Basizität auch die **Polarisierbarkeit** entscheidend: Große Atome sind leichter zu polarisieren, und damit sind ihre Außenelektronen leichter für den aktivierten Komplex verfügbar. Oder anders ausgedrückt: Die *harte Säure* $H^\oplus$ (das Proton) koordiniert sich bevorzugt mit *harten Basen* ($O^{2\ominus}$, $OH^\ominus$, $F^\ominus$), während ein *positiv polarisiertes C-Atom*, eine weichere Säure, vorzugsweise mit *weichen Basen* reagiert[1]. Diese Verhältnisse werden besonders deutlich durch den Vergleich der Geschwindigkeiten der Reaktion von Butylbromid mit Phenolat bzw. Thiophenolat: Das schwächer basische (weichere) Thiophenolat-Ion reagiert rund 1 000 mal so schnell wie das (stärker basische, aber härtere) Phenolat-Ion! Ganz analog nimmt in der Reihe

$$I^\ominus > Br^\ominus > Cl^\ominus \gg F^\ominus$$

aus diesem Grund die Nucleophilie nach rechts stark ab. Diese Abnahme wird aber in sehr weitgehendem Maß auch durch **Solvationseffekte** verursacht. Das kleine $F^\ominus$-Ion ist am stärksten solvatisiert, und die Solvathülle muß bei der Bildung des aktivierten Komplexes zerstört werden. In aprotischen polaren Lösungsmitteln wie z.B. Chloroform wächst dementsprechend die Nucleophilie vom Iodid- zum Chlorid-Ion. Besonders drastisch zeigt sich der Einfluß der Solvation darin, daß Lösungen von KF in Acrylnitril oder Benzen in Gegenwart von *Kronenethern*, die «nackte», nicht solvatisierte Fluorid-Ionen enthalten, ohne weiteres Substitutionen an primären, sekundären und tertiären, ja in bestimmten Fällen sogar an sp^2-hybridisierten (Vinyl-)C-Atomen ermöglichen. Für S_N2-Reaktionen in protischen Lösungsmitteln haben Edwards und Pearson folgende Reihe – nach abnehmender Nucleophilie geordnet – aufgestellt:

$$RS^\ominus > ArS^\ominus > I^\ominus > CN^\ominus > OH^\ominus > N_3^\ominus > Br^\ominus > ArO^\ominus > Cl^\ominus > AcO^\ominus > H_2O$$

Eine von Swain und Scott formulierte lineare Freie Enthalpie-Beziehung vermag ähnlich wie die Hammett-Gleichung die Geschwindigkeitskonstanten verschiedener S_N2-Reaktionen zu korrelieren (siehe Band II).

Daß bei Substraten, die sowohl nach S_N2 wie nach S_N1 reagieren können, das Nucleophil auch einen Einfluß auf den *Mechanismus* der Substitution ausübt, wundert nach dem bisher Gesagten nicht. *Starke Nucleophile* bewirken in einem solchen Fall als Folge ihrer Aggressivität eher eine *bimolekulare*, *schwache Nucleophile* eher eine *unimolekulare* Substitution.

---

[1] Zu den Begriffen «harte» und «weiche» Säuren und Basen vgl. S. 356 und Band II.

Gewisse Nucleophile besitzen zwei Atome, die ein Substrat angreifen können (**«ambidente» Nucleophile**). Beispiele dafür sind das *Nitrit-Ion* ($NO_2^{\ominus}$), das entweder mit dem N-oder mit dem O-Atom angreifen kann (Bildung einer Nitroverbindung bzw. eines Salpetrigsäure-Esters), das *Cyanid-Ion* (C- oder N-Atom als nucleophiles Zentrum; Bildung von Nitrilen und Isonitrilen) und die aus Carbonylverbindungen durch Abspaltung eines Protons entstehenden Anionen (Carbanionen bzw. *Enolat-Ionen*) mit einem C- und einem O-Atom als nucleophiles Zentrum:

$$R-\underset{\underset{O}{\|}}{C}-CH_2-R' \longrightarrow \left[R-\underset{\underset{O}{\|}}{C}-\overset{\ominus}{\underline{C}}H-R' \leftrightarrow R-C=CH-R' \atop |\underline{O}|^{\ominus} \right]$$

Mit welchem nucleophilen Zentrum ein ambidentes Nucleophil das Substrat angreift, hängt von verschiedenen Faktoren ab. Manchmal wird auch ein Angriff durch beide Zentren beobachtet, so daß Gemische verschiedener Produkte erhalten werden. Liefert eine Reaktion, die im Prinzip *zwei oder mehr Konstitutionsisomere* ergeben könnte, nur ein *einziges* dieser Isomere, so nennt man sie **«regiospezifisch»**. Ambidente Nucleophile können also sowohl regiospezifisch wie nicht regiospezifisch wirken.

Nucleophile sind stets auch *Lewis-Basen*, und das Atom, welches durch das Nucleophil angegriffen wird, kann als *Lewis-Säure* aufgefaßt werden. Nach Pearson lassen sich die meisten Lewis-Basen bzw. -Säuren in zwei Gruppen ordnen: die **«harten»** bzw. **«weichen»** Basen (Säuren). Harte Basen sind schwer polarisierbar und haben eine relativ hohe Elektronegativität (z. B. das $F^{\ominus}$- oder das $OH^{\ominus}$-Ion), während weiche Basen leicht polarisierbar und wenig elektronegativ sind. Harte Säuren bilden vorzugsweise Bindungen mit harten Basen; sie besitzen eine relativ hohe Ladungskonzentration und meist auch eine niedrige Oxidationszahl. Weiche (eher voluminöse) Säuren koordinieren sich bevorzugt mit weichen Basen. Carbeniumionen sind eher harte Säuren, während das im Falle einer S_N2-Reaktion angegriffene C-Atom eine eher weiche Säure ist.

Nun ist das *stärker elektronegative Atom* eines ambidenten Nucleophils eine *härtere Base* als das weniger elektronegative Atom. Je eher eine bestimmte Substitution *unter* S_N1-*Bedingungen* abläuft, um so eher wird das ambidente Nucleophil bevorzugt mit dem *stärker elektronegativen Atom* angreifen, das Nitrit-Ion also z. B. mit dem O-Atom. Je mehr anderseits die betrachtete Reaktion *dem* S_N2-*Typ* entspricht, um so eher erfolgt der Angriff durch das *weniger elektronegative* (weichere) Atom. Eine Substitution durch Nitrit-Ionen wird unter diesen Umständen hauptsächlich Nitro-Verbindungen liefern.

Besonders wichtige ambidente Nucleophile sind die **Carbanionen** *(Enolat-Ionen)* von Carbonylverbindungen. Bei der Reaktion mit Halogenalkanen (*Alkylierung*; S. 368) wirkt nahezu ausschließlich das α-C-Atom als nucleophiles Zentrum:

$$\left[R-\underset{\underset{}{}}{\overset{|\underline{O}|^{\ominus}}{C}}=CH_2 \leftrightarrow R-\underset{\underset{}{}}{\overset{|O|}{\underset{\|}{C}}}-\overline{C}H_2^{\ominus} \right] + R'X \longrightarrow R-\underset{\underset{}{}}{\overset{O}{\underset{\|}{C}}}-CH_2-R'$$

Wie oben erwähnt, ist das negativ geladene C-Atom weniger elektronegativ und stärker polarisierbar, also das stärkere Nucleophil. Zudem ist das Produkt der C-Alkylierung wegen der höheren Bindungsenthalpie der C=O-Bindung (verglichen mit der Bindungsenthalpie der C=C-Bindung) stabiler. Allerdings wandeln sich die Produkte der C- und der O-Alkylierung unter den Bedingungen der Alkylierung kaum ineinander um, so daß die thermodynamische Stabilität der beiden Produkte für das Mengenverhältnis nicht bestimmend ist.

8.3 Reaktivität bei nucleophilen Substitutionen

Die aktivierten Komplexe für beide Reaktionen gleichen jedoch schon in einem gewissen Ausmaß den Produkten:

O-Alkylierung

$$\left[\begin{array}{c} R\diagdown \quad \overset{\delta\ominus}{O}\cdots R' \\ \diagup \quad \vdots \quad X^{\delta\ominus} \\ H \quad H \\ (1) \end{array}\right]^{\ddagger} \longrightarrow \begin{array}{c} R\diagdown \quad O\diagdown R' \\ \diagup \diagup \\ H \quad H \end{array}$$

C-Alkylierung

$$\left[\begin{array}{c} R\diagdown \quad O \\ \diagup \diagup \\ H \quad \underset{H}{\overset{\delta\ominus}{R'}}\cdots X \\ (2) \end{array}\right]^{\ddagger} \longrightarrow \begin{array}{c} R\diagdown \quad O \\ \diagup \\ H \quad H \quad R' \end{array}$$

Der aktivierte Komplex (2) wird damit energieärmer sein als der aktivierte Komplex (1), so daß auch aus diesem Grund die *C-Alkylierung begünstigt* ist.
Sehr reaktive Alkylierungsreagentien (Alkylsulfate bzw. -sulfonate) ergeben jedoch auch größere Mengen O-Alkylierungsprodukt, da dann der aktivierte Komplex eher dem Enolat-Ion gleicht und die hohe Ladungsdichte am O-Atom zur O-Alkylierung führt. α-*Chlorether* liefern ausschließlich O-Alkylierungsprodukt, weil die Reaktion dann nach S_N1 abläuft. Auch Carbonylverbindungen, bei denen das der Carbonylgruppe benachbarte C-Atom sterisch gehindert ist, ergeben O-Alkylierung, vor allem in aprotischen Lösungsmitteln.

Bereits auf S. 349 wurde darauf hingewiesen, daß gewisse *Lewis-Säuren* den S_N1-Ablauf begünstigen. $Ag^{\oplus}$-Ionen oder BF_3 begünstigen daher im Falle eines ambidenten Nucleophils den *Angriff durch das stärker elektronegative Atom*. Besitzt die Abgangsgruppe eine relativ hohe Elektronegativität, so wird dadurch die Partialladung des angegriffenen C-Atoms erhöht. Damit wird dieses eine härtere Säure, was ebenfalls einen Angriff durch das stärker elektronegative nucleophile Zentrum begünstigt.

Tabelle 8.7. Einfluß der Abgangsgruppe auf die Reaktionsgeschwindigkeit bei S_N-Reaktionen

Abgangsgruppe	Relative Reaktionsgeschwindigkeit	Abgangsgruppe	Relative Reaktionsgeschwindigkeit
$-OSO_2-\langle\bigcirc\rangle-NO_2$	2800	$-I$	150
		$-Br$	50
$-OSO_2-\langle\bigcirc\rangle-Br$	660	$-\overset{\oplus}{O}H_2$	50
$-OSO_2-\langle\bigcirc\rangle$	300	$-Cl$	1
		$-F$	10^{-2}
$-OSO_2-\langle\bigcirc\rangle-CH_3$	192		

Der Charakter der **Abgangsgruppe** wirkt sich für beide Reaktionstypen im wesentlichen in der gleichen Weise aus, da in beiden Fällen die C—X-Bindung getrennt werden muß. Im allgemeinen gilt die Regel, daß schwache Basen leicht zu verdrängen sind oder anders gesagt, daß *starke Basen*, wie $OH^\ominus$ oder $CN^\ominus$ *sehr schlechte Abgangsgruppen* sind. In der Tat lassen sich $OH^\ominus$, $OR^\ominus$ oder $CN^\ominus$ bei S_N-Reaktionen nicht direkt verdrängen. Werden hingegen Alkohole oder Ether zuerst protoniert, so fungieren HOH bzw. HOR als Abgangsgruppen und S_N-Reaktionen lassen sich leicht durchführen (vgl. S. 370). Bemerkenswert ist hingegen, daß in der Reihe der Halogene die Leichtigkeit, mit der ein Halogenid-Ion als Abgangsgruppe substituiert werden kann, vom F zum I zunimmt, in erster Linie wegen der in dieser Reihenfolge abnehmenden Bindungsenergie der C-Halogen-Bindung. Dies hat zur Folge, daß das *Iodid-Ion* nicht nur ein *gutes Nucleophil* ist, sondern daß es auch *wieder leicht verdrängt werden kann*. Ein geringer Zusatz von Iodid kann deshalb eine S_N-Reaktion an einem Halogenalkan katalysieren:

$$R-X + I^\ominus \rightarrow R-I + X^\ominus$$
$$Y^\ominus + R-I \rightarrow R-Y + I^\ominus$$

Besonders gute Abgangsgruppen sind die Anionen der *p*-Toluensulfonsäure bzw. der *p*-Brombenzensulfonsäure *(«Tosylat-»* bzw. *«Brosylat-Anion»)* sowie die Trifluormethansulfonat-Gruppe *(«Triflat-Gruppe»)*. Die letztere ermöglicht sogar S_N-Reaktionen an ungesättigten C-Atomen:

$$\underset{R'}{\overset{R}{>}}C=C\underset{OSO_2CF_3}{\overset{CH_3}{<}} \rightarrow \underset{R'}{\overset{R}{>}}C=C_\oplus^{CH_3} + CF_3SO_2O^\ominus$$

$$\downarrow$$

Folgereaktionen

8.4 Nebenreaktionen

Eliminationen. Ein im Verlauf einer S_N-Reaktion gebildetes, unstabiles und reaktionsfähiges *Carbeniumion* kann sich nicht nur dadurch stabilisieren, daß es sich mit einem Anion (dem zugesetzten Nucleophil) verbindet, sondern auch dadurch, daß es an eine genügend starke Base *ein Proton abgibt* und dadurch ein **Alkenmolekül** bildet:

Eliminationen als Nebenreaktionen sind also in allererster Linie dann zu erwarten, wenn die Abgangsgruppe an ein *tertiäres* C-Atom gebunden ist oder wenn das verwendete Nucleophil zugleich eine *starke Base* ist, also bei S_N1-Reaktionen mit tertiären Halogenverbindungen, tertiären Alkoholen usw. Es ist jedoch auch bei bimolekularem Verlauf der nucleophilen Substitution möglich, daß Alkene als Nebenprodukte gebildet werden (*E*2-Reaktion), besonders bei Verwendung von *stark basischen Nucleophilen*. Da die Substitution gegenüber der Elimination thermodynamisch und kinetisch begünstigt ist (sie verläuft stärker exergonisch und benötigt die kleinere freie Aktivierungsenthalpie), tritt die letztere besonders bei *höheren Temperaturen* in Erscheinung, insbesondere, da bei der Elimination auch die Reaktionsentropie positiver ist.

8.4 Nebenreaktionen

Umlagerungen. Umlagerungen als Nebenreaktionen zu S_N-Reaktionen treten vorzugsweise bei Substitutionen auf, die über *Carbeniumionen* ablaufen. In bestimmten Fällen erhält man sogar nahezu ausschließlich umgelagerte Produkte an Stelle der eigentlich zu erwartenden direkten Substitutionsprodukte.

Halogenverbindungen mit dem Halogenatom in *Allylstellung* sind bekanntlich bei S_N-Reaktionen besonders reaktionsfähig, weil sich mesomeriestabilisierte Carbeniumionen bilden:

$$-CH=CH-\underset{X}{CH}- \longrightarrow [-\overset{\oplus}{CH}\cdots CH \cdots CH-] \triangleq [-CH=CH-\overset{\oplus}{CH}- \leftrightarrow -\overset{\oplus}{CH}-CH=CH-]$$

Je nach dem C-Atom, an welchem das Nucleophil angreift, entsteht das «normale» oder das umgelagerte Substitutionsprodukt. Es ist aber auch möglich, daß sich das Carbeniumion noch im Stadium des «engen» Ionenpaares wieder mit dem abgespaltenen Anion verbindet; da dieses «vergessen» hat, an welches C-Atom es ursprünglich gebunden gewesen war, entsteht dadurch neben dem Ausgangsstoff ein Isomer davon **(«innere Rückkehr»)**:

$$\begin{array}{ccc}
 & (a) \quad (b) & \\
 & Y \quad\quad Y & \\
 & \downarrow \quad\quad \downarrow & \text{Substitution} \\
H_3C-CH=CH-\underset{X}{CH_2} & [H_3C-CH\cdots CH\cdots CH_2]^{\oplus} & \\
 & \uparrow \quad\quad \uparrow & \\
 & X \quad\quad X & \text{innere Rückkehr} \\
 & (c) \quad (d) &
\end{array}$$

Reaktionsprodukte:

(a) $H_3C-\underset{Y}{CH}-CH=CH_2$ (b) $H_3C-CH=CH-CH_2Y$

(c) $H_3C-\underset{X}{CH}-CH=CH_2$ (d) $H_3C-CH=CH-CH_2X$

                                          (Ausgangsstoff)

Daß die «innere Rückkehr» tatsächlich hauptsächlich auf der Stufe des engen Ionenpaares erfolgt, wird durch Zusatz von radioaktivem Halogenid zum Reaktionsgemisch bewiesen: Das umgelagerte Produkt (c) zeigt nur dann eine sehr geringe Radioaktivität. – Die für Allyl-Systeme typische Bildung umgelagerter Produkte [entsprechend (a)] wird als **Allylumlagerung** bezeichnet.

Da Allylumlagerungen über Carbeniumionen verlaufen, treten sie gewöhnlich nur unter S_N1-Bedingungen ein. In solchen Fällen, bei denen sterische Gründe eine «normale» S_N2-Reaktion an Allyl-C-Atomen erschweren, wurden jedoch auch bei einem Verlauf nach S_N2 Allyl-Umlagerungen beobachtet. Man nimmt dafür allerdings einen anderen Mechanismus an (**«S_N2'-Mechanismus»**), bei dem das Nucleophil das γ-C-Atom angreift:

$$R-\underset{\underset{Y}{\,}}{\overset{R}{C}}=\underset{R'}{C}-\underset{R''}{\overset{R''}{C}}-X \longrightarrow R-\underset{Y}{\overset{R}{C}}-\underset{R'}{C}=\underset{R''}{\overset{R''}{C}} + |X$$

Die Reaktion verläuft konzertiert und ist zweiter Ordnung. Offenbar werden drei Elektronenpaare gleichzeitig verschoben. Bei Substraten des Typus C=C—CH$_2$X wird sie kaum beobachtet; sie ist jedoch für Substrate der Art C=C—CR$_2$X (aus sterischen Gründen) die Regel. Eine weitere Art von Umlagerungen besteht darin, daß sich *sekundäre oder primäre Carbeniumionen in die (stabileren) tertiären Carbeniumionen umwandeln*. Ein klassisches Beispiel ist die «**Neopentylumlagerung**»:

$$H_3C-\underset{CH_3}{\underset{|}{\overset{CH_3}{\overset{|}{C}}}}-CH_2-Br \longrightarrow H_3C-\underset{CH_3}{\underset{|}{\overset{CH_3}{\overset{|}{C}}}}-\overset{\oplus}{C}H_2 \longrightarrow H_3C-\underset{\oplus}{\overset{CH_3}{\overset{|}{C}}}-CH_2CH_3 \xrightarrow{|OH^\ominus} H_3C-\underset{OH}{\underset{|}{\overset{CH_3}{\overset{|}{C}}}}-CH_2CH_3$$

Neopentylbromid — primär — tertiär — 2-Methyl-2-butanol

Voraussetzung für eine solche Umlagerung ist, daß sich neben dem positiv geladenen C-Atom ein tetrasubstituiertes C-Atom befindet. Die Umlagerung selbst kann durch Wanderung eines Carbanions oder Hydrid-Ions erfolgen und verläuft konzertiert mit der Bildung des Carbeniumions (über einen nicht-klassischen Übergangszustand bzw. Zwischenstoff mit Dreizentren-MO; vgl. S. 348). So erhält man aus Isobutylalkohol und HBr neben dem normalen Substitutionsprodukt (Isobutylbromid) stets auch etwas tertiäres und sekundäres Butylbromid:

$$H_3C-\underset{\overset{|}{\overset{\oplus}{C}H_2}}{\underset{|}{\overset{CH_3}{\overset{|}{C}}}}-H \quad \begin{cases} \xrightarrow{H^\ominus\text{-Wanderung}} & H_3C-\overset{CH_3}{\underset{CH_3}{\overset{|}{\overset{\oplus}{C}}}} \longrightarrow H_3C-\overset{CH_3}{\underset{CH_3}{\overset{|}{C}}}-Br \\ \xrightarrow{CH_3^\ominus\text{-Wanderung}} & H_3C-\overset{CH_2CH_3}{\underset{|}{\overset{\oplus}{C}}}-H \longrightarrow H_3C-\overset{CH_2CH_3}{\underset{Br}{\overset{|}{C}}}-H \end{cases}$$

Die «verschobene» Alkylgruppe kann auch Glied eines *Ringes* sein. Die Solvolyse von Cyclopropylmethylchlorid liefert neben dem nicht-umgelagerten Alkohol auch Cyclobutanol (Ringerweiterung durch das intermediär auftretende Carbeniumion). Cyclobutylchlorid ergibt bei der Solvolyse dasselbe Gemisch:

$$\left.\begin{array}{l} \triangleright\!-CH_2Cl \xrightarrow{H_2O} \\ \square\!-Cl \xrightarrow{H_2O} \end{array}\right\} \text{Gemisch von } \triangleright\!-CH_2OH \text{ und } \square\!-OH$$

Das Ausmaß, in welchem eine solche Umlagerung eintritt, hängt sehr von der Stabilität (der «Lebensdauer») des Carbeniumions ab. Stabilere Carbeniumionen, die über eine längere Zeitspanne existieren, haben eher die Möglichkeit zur Umlagerung als solche, die bereits im Stadium des engen Ionenpaars von einem Nucleophil gebunden werden.

8.5 Reaktionen von Halogenalkanen und Alkylsulfaten bzw. -sulfonaten

Allgemeines. Wegen der Leichtigkeit, mit der sich Halogenid-Ionen (vor allem $I^\ominus$ und $Br^\ominus$) sowie Monoalkylsulfat- und Tosylat- (Brosylat-) Ionen durch nucleophile Reagentien verdrängen lassen, haben die Halogenalkane (Alkylsulfate, -sulfonate) für die präparative organische Chemie eine große Bedeutung, da sich durch solche Substitutionen nicht nur die verschiedenartigsten funktionellen Gruppen in organische Moleküle einführen lassen, sondern auch C—C-Bindungen neugeknüpft und dadurch C-Gerüste aufgebaut werden können.

Primäre Halogenalkane reagieren dabei vorzugsweise nach S_N2, während die Substitutionen an tertiären Halogenalkanen über Carbeniumionen verlaufen. Im letzteren Fall verwendet man oft – besonders bei schwach nucleophilen Reagentien! – $ZnCl_2$, $AlCl_3$ oder $Ag^\oplus$ als «Katalysatoren» zur Erleichterung der Carbeniumionbildung. Ist das verwendete Nucleophil zugleich eine starke Base (wie z. B. $OH^\ominus$ oder $^\ominus OC_2H_5$), so tritt die *Elimination* als *Nebenreaktion* in Erscheinung. Tertiäre Halogenalkane ergeben mit starken Basen zu fast 100% Alken. Die Alkenbildung oder auch andere Nebenreaktionen (Umlagerungen) können aber durch geeignete Wahl der Reaktionsbedingungen (niedrige Reaktionstemperatur, schwächer basische nucleophile Reagentien, Lösungsmittel) oft stark zurückgedrängt werden.

Es sei nochmals darauf hingewiesen, daß Verbindungen, bei denen ein Halogenatom direkt an eine Doppel- oder Dreifachbindung gebunden ist, nur in speziellen Fällen S_N-Reaktionen eingehen.

Finkelstein-Reaktion. Der Austausch von Halogenatomen in Halogenalkanen durch andere Halogenatome verläuft normalerweise als bimolekulare Substitution. Die Reaktion läßt sich deshalb mit tertiären Halogenverbindungen nicht und mit sekundären Halogenver-

Tabelle 8.8. Nucleophile Substitutionen an Halogenalkanen (-sulfaten oder -sulfonaten)

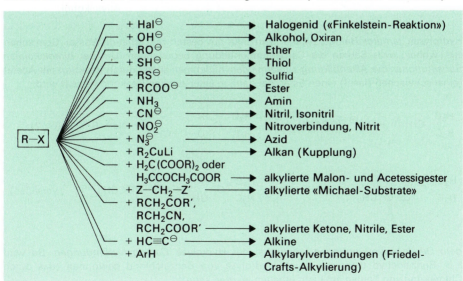

bindungen nur in besonderen Fällen durchführen. Die **Finkelstein-Reaktion** bietet ein instruktives Beispiel einer *kinetisch gesteuerten* Reaktion. Obschon nämlich die Substitutionen mit *Fluorid*-Ionen als Nucleophil alle exergonisch verlaufen ($K > 1$), lassen sich F-Atome nicht ohne weiteres auf diese Weise einführen, da die Nucleophilie des $F^\ominus$-Ions zu klein, oder anders gesagt, die freie Aktivierungsenthalpie für die Substitution durch $F^\ominus$ zu hoch ist. Daß die geringe Reaktionsfähigkeit des $F^\ominus$-Ions in erster Linie durch die starke Solvatation dieses kleinen Ions bedingt ist, wird dadurch erwiesen, daß beim Erhitzen eines Gemisches von Halogenalkan oder (besser) Alkyltosylat mit KF in wasserfreiem Glycol ohne weiteres Fluoralkane erhalten werden können. Auch durch Kronenether komplexiertes KF in unpolaren oder polaren, aber aprotischen Lösungsmitteln liefert Fluoride. – Verwendet man Aceton als Lösungsmittel, so können auch *Iodalkane* in guten Ausbeuten erhalten werden, obschon diese Substitutionen endergonisch (!) sind, weil alle Alkalihalogenide außer Natriumiodid in Aceton unlöslich sind und dadurch dem Reaktionsgleichgewicht entzogen werden. Eine Lösung von NaI in Aceton wird deshalb gelegentlich als *Reagens auf primäre Chloride* oder *Bromide* verwendet (beide ergeben damit einen Niederschlag von NaCl bzw. NaBr).

Die *präparative Bedeutung* der Finkelstein-Reaktion liegt in der Gewinnung von *Fluoralkanen* (auf die geschilderte Art und Weise) und insbesondere von *Iodalkanen*, da man dann die Reaktion von Alkoholen mit HF bzw. HI umgehen kann (HI wirkt auf Alkohole bereits auch reduzierend!).

Reaktion mit $OH^\ominus$ bzw. H_2O. Die **Hydrolyse** von Monohalogenverbindungen zu Alkoholen wird nur in wenigen Fällen präparativ oder technisch genutzt, weil die Halogenalkane meist umgekehrt aus den Alkoholen hergestellt werden müssen und weil (besonders bei Verwendung von $OH^\ominus$-Ionen) stets Alkene als Nebenprodukte entstehen. Beispiele solcher Reaktionen bieten die Gewinnung von *Benzylalkohol* aus Benzylchlorid oder von *Allylalkohol* aus Propen:

$$H_2C=CH-CH_3 \xrightarrow[\text{Licht}]{Br_2} H_2C=CH-CH_2Br \xrightarrow{OH^\ominus} H_2C=CH-CH_2OH$$
$$\text{Allylalkohol}$$

Hydrolysen *tertiärer Halogenalkane* führt man am besten mit Ethanol/Wasser-Gemischen aus, wobei Lewis-Säuren die Carbeniumionbildung begünstigen. Um bei *bimolekularen Substitutionen* die *Alkenbildung zu vermeiden*, bildet man zuerst durch Reaktion mit Acetat (einer schwachen Base!) einen Ester, der dann in einer zweiten Reaktion verseift wird:

$$\begin{matrix} H_3C \\ H_3C \end{matrix} CH-Br + Na^\oplus {}^\ominus OOCCH_3 \rightarrow \begin{matrix} H_3C \\ H_3C \end{matrix} C \begin{matrix} H \\ O-C-CH_3 \\ \parallel \\ O \end{matrix} + Na^\oplus Br^\ominus \quad (S_N2)$$

$$\begin{matrix} H_3C \\ H_3C \end{matrix} C \begin{matrix} H \\ O-C-CH_3 \\ \parallel \\ O \end{matrix} + K\overline{O}H \rightarrow \begin{matrix} H_3C \\ H_3C \end{matrix} C \begin{matrix} H \\ OH \end{matrix} + K^\oplus {}^\ominus OOCCH_3 \quad (\text{Verseifen})$$

gem-Dihalogenverbindungen liefern bei der Hydrolyse *Carbonylverbindungen*. So wird z. B. Benzaldehyd technisch durch Hydrolyse von Benzalchlorid gewonnen (das durch Chlorierung von Toluen am Licht erhalten werden kann):

8.5 Reaktionen von Alkylhalogeniden und -sulfaten bzw. -sulfonaten

$$\text{Ph-CHCl}_2 + H_2O \longrightarrow \text{Ph-CH(OH)Cl} + H^\oplus + Cl^\ominus$$

$$\downarrow$$

$$\text{Ph-CH=O} + H^\oplus + Cl^\ominus$$

Vic-Dihalogenverbindungen verhalten sich bei der Hydrolyse in mancher Hinsicht etwas anders. Dichloride neigen dabei zur Bildung von *Oxiranen*, weil die intermediär gebildeten Chlorhydrine durch «innere» S_N2-Reaktion weiter reagieren (Nachbargruppeneffekt):

$$\underset{\underset{HO}{|}}{R-CH}-\underset{\underset{Cl}{|}}{CH}-R' \xrightarrow{-Cl^\ominus} R-CH-CH-R' \xrightarrow{-H^\oplus} R-CH-CH-R'$$

(mit Oxonium-Zwischenstufe und Oxiran)

Die Bildung eines Dreiringes wird dabei durch die *positive Aktivierungsentropie* begünstigt. Während bei der Bildung des Übergangszustandes einer S_N2-Reaktion die Entropie stark abnimmt (vorher freie Partikeln werden aneinander gebunden), ist das bei der Nachbargruppensubstitution nicht der Fall, so daß sogar ein ungünstiger Enthalpieterm (Baeyer-Spannung des Dreiringes) überkompensiert werden kann.

Mit *starken Basen* ($OH^\ominus$) und beim Erwärmen tritt vorzugsweise *Elimination ein*, da der $-I$-Effekt des zweiten Halogenatoms die Abgabe eines Protons erleichtert:

$$\underset{\underset{H \quad R''}{|\quad|}}{R-\overset{\overset{Br \;\; Br}{|\;\;|}}{C-C}-R'} \xrightarrow{\overline{|O}H^\ominus} \underset{R}{\overset{Br}{>}}C=C\underset{R''}{\overset{R'}{<}} + Br^\ominus + H_2O$$

*Iod*alkane schließlich liefern mit *vic*-Dichloriden oder Dibromiden Iod und Alken:

$$\underset{\underset{H \;\; H}{|\;\;|}}{R-\overset{\overset{Br \;\; Br}{|\;\;|}}{C-C}-R'} + 2I^\ominus \longrightarrow \underset{H}{\overset{R}{>}}C=C\underset{H}{\overset{R'}{<}} + I_2 + 2Br^\ominus$$

Die Bindungsenergien zweier C—I- und einer C—C-Bindung sind ungefähr gleich groß wie die Bindungsenergie der I—I-Bindung und der C=C-Doppelbindung, so daß die Elimination thermodynamisch begünstigt ist, da sie zu einer Entropievermehrung führt.

Für den Mechanismus dieser Elimination nimmt man folgende Zwischenstufen an:

(Mechanismus-Schema der Elimination mit Iodid-Ion, Bromonium-Zwischenstufe, Bildung von Alken $-IBr$ sowie Nebenreaktion mit $+ROH$ zum Ether mit OR und Br)

8 Nucleophile Substitutionen an gesättigten C-Atomen

Das Auftreten von Oniumionen konnte in einigen Fällen durch Abfangreaktionen nachgewiesen werden.
1,1,1-Trihalogenverbindungen ergeben bei der Hydrolyse *Carbonsäuren:*

$$RCX_3 \xrightarrow{H_2O} RCOOH$$

Die Reaktion verläuft im Prinzip gleich wie die Hydrolyse von *gem*-Dihalogenverbindungen. Als Zwischenprodukt treten wahrscheinlich Verbindungen der Art $RC(OH)X_2$ auf, die durch Abspaltung von HX in RCOX (in Acylhalogenide) übergehen, die dann unter den gegebenen Bedingungen leicht und vollständig hydrolysiert werden. Führt man die Reaktion in Gegenwart eines Alkohols durch, so läßt sich direkt ein Ester erhalten. Da 1,1,1-Trihalogenverbindungen nicht immer einfach zu gewinnen sind (in gewissen Fällen z. B. durch Addition von CCl_4 an C=C-Doppelbindungen), ist ihre präparative Bedeutung nicht groß.

Bildung von Ethern und Estern. Die **Williamson-Synthese** (Reaktion eines Halogenalkans mit einem Alkoholat, das aus Natrium und dem betreffenden Alkohol erhalten wird) ist auch zur Gewinnung unsymmetrischer Ether ziemlich allgemein anwendbar. Da tertiäre Halogenverbindungen mit starken Basen nahezu ausschließlich Alken ergeben, können *tertiäre Ether* nur durch Reaktion von tertiären Alkoxiden mit primären oder eventuell sekundären Halogenverbindungen hergestellt werden:

$$(H_3C)_3C-\overline{\underline{O}}|^\ominus + Cl-C_2H_5 \rightarrow (H_3C)_3C-O-C_2H_5 + Cl^\ominus$$

Da die meisten funktionellen Gruppen, die in den Molekülen der Reaktanten vorhanden sein können, die Reaktion nicht stören, ist sie vielseitig verwendbar. So lassen sich z. B. *Hydroxylgruppen* durch Reaktion ihrer Salze mit *Chlormethylmethylether* **«schützen»**:

$$R\overline{\underline{O}}|^\ominus + CH_3OCH_2-Cl \rightarrow ROCH_2OCH_3 + Cl^\ominus$$

Die entstehenden Verbindungen sind gegenüber Basen beständig, lassen sich jedoch bereits bei milden Bedingungen mit Säuren spalten.
Das Prinzip der **«Schutzgruppe»** findet in der synthetischen organischen Chemie häufig Anwendung. Bei polyfunktionellen Reaktanten besteht nämlich oft die Möglichkeit, daß bei einer bestimmten Reaktion nicht nur die gewünschte, sondern auch weitere reaktive Gruppen an der Reaktion teilnehmen oder durch das Reagens verändert werden. Um dies zu verhindern, «schützt» man die fragliche Gruppe, indem man sie in ein Derivat überführt, das bei den betreffenden Bedingungen nicht reagieren kann. Nach beendeter Reaktion und Abtrennung des Produkts spaltet man die Schutzgruppe des Derivats wieder ab.
Methylether können durch Reaktion von Alkoholen mit Dimethylsulfat in Gegenwart von 50%iger wäßriger Natronlauge und unter Zusatz von etwa 1 mol% Tetrabutylammoniumiodid in hohen Ausbeuten gewonnen werden (**Phasentransfer!**). Dimethylsulfat allein reagiert mit Alkoholen nicht.
In gleicher Weise lassen sich auch *Phenolether* herstellen. Da Phenole beträchtlich stärker sauer sind als Alkohole, kann man mit einer Lösung des Phenols in wäßriger NaOH arbeiten und Dialkylsulfate als Substrate für die nucleophile Substitution verwenden.
Phenolether können auch durch **Phasentransfer-Katalyse** hergestellt werden. Das Phenol wird in diesem Fall einem Zweiphasensystem, bestehend aus Wasser und Dichlormethan, zugesetzt, das zudem ein quartäres Ammoniumhydroxid ($R_4N^\oplus OH^\ominus$) und

8.5 Reaktionen von Alkylhalogeniden und -sulfaten bzw. -sulfonaten

das Halogenalkan enthält. Dieses ist nur in Dichlormethan löslich, während das Ammoniumhydroxid wasserlöslich ist. Das Phenol ist in beiden Phasen (zumindest wenig) löslich und wird im Wasser (vollständig) in seine konjugierte Base übergeführt. Diese besitzt eine (geringe) Löslichkeit in Dichlormethan und setzt sich dort rasch und vollständig zum Ether um. Ganz analog geschieht die schon erwähnte Bildung von *Estern* durch S_N2-Reaktion mit Salzen von Carbonsäuren. Besonders rasch reagieren wiederum die Silbersalze. Ameisen- und Essigsäureester werden häufig auch durch Solvolyse eines Halogenalkans oder Sulfonats mit Ameisen- oder Essigsäure erhalten (S_N1); um die dabei freigesetzte starke Säure (HX bzw. $H_3CC_6H_4SO_3H$) unwirksam zu machen, setzt man ein Äquivalent der konjugierten Base des Lösungsmittels (Natriumformiat bzw. Natriumacetat) zu:

$$H_3CCH_2-Br + H\overset{-}{O}-\overset{O}{C}-H \longrightarrow H_3CCH_2-\overset{H}{\overset{|}{\overset{\oplus}{O}}}-\overset{O}{C}-H + Br^{\ominus}$$

$$\downarrow$$

$$H_3CCH_2-O-\overset{O}{C}-H + H^{\oplus}$$

und ebenso

$$(H_3C)_2CH-OSO_2C_6H_4CH_3 + H_3CCOOH \longrightarrow (H_3C)_2CH-O-\overset{O}{C}-CH_3 + H_3CC_6H_4CO_3H$$

Ganz analog erfolgt die Bildung von *Thiolen (Mercaptanen)* und *Sulfiden*. Weil die Nucleophilie des $HS^{\ominus}$-Ions und auch der Thiole beträchtlich größer ist als die Nucleophilie des $OH^{\ominus}$-Ions bzw. der Alkohole, bilden sich bereits bei der Einwirkung von NaHS auf Halogenalkane auch Sulfide. Diese können mit überschüssiger Halogenverbindung zu *Sulfoniumsalzen* weiterreagieren:

$$R-S-R' + R''-X \longrightarrow \underset{R'}{\overset{R}{>}}\overset{\oplus}{S}-R''\ X^{\ominus}$$

Thioharnstoff (mit + M-Effekt der beiden Aminogruppen) reagiert besonders leicht auf diese Weise und liefert *Thiuroniumsalze*, die mit Pikrinsäure schwerlösliche, gut kristallisierende Pikrate ergeben und zur *Identifizierung* und *Charakterisierung* von *Halogenverbindungen* verwendet werden:

$$\underset{NH_2}{\overset{NH_2}{S=C}} + R-X \longrightarrow \left[R-S-C\underset{NH_2}{\overset{NH_2}{\lessgtr}}\right]^{\oplus} + X^{\ominus}$$

Milde Spaltung des Thiuroniumsalzes mit Basen (NaOH) liefert das Thiol (**Thioharnstoff-Methode**).

Bildung von Aminen. Die **Hofmann-Alkylierung** von Ammoniak zur Gewinnung von Aminen wurde bereits auf S. 166f. erwähnt. Sie ist eine typische S_N-Reaktion; da sie aber in Stufen abläuft (die gebildeten Amine sind ebenfalls nucleophil), ist es oft schwierig, sie auf einer bestimmten Stufe anzuhalten. Die Reaktion einer Halogenverbindung mit Ammoniak bzw. einem Amin ergibt Ammonium-Ionen, welche mit den im Reaktionsgemisch vorhandenen Basen in einem Protolysengleichgewicht stehen (im nachfolgenden Schema ist der Einfachheit halber für die Base überall NH_3 eingesetzt):

$$R-X + \overline{N}H_3 \longrightarrow R-\overset{\oplus}{N}H_3 + X^{\ominus}$$
$$R-\overset{\oplus}{N}H_3 + \overline{N}H_3 \rightleftarrows R-NH_2 + NH_4^{\oplus}$$
$$R-X + R-\overline{N}H_2 \longrightarrow R_2\overset{\oplus}{N}H_2 + X^{\ominus}$$
$$R_2\overset{\oplus}{N}H_2 + \overline{N}H_3 \rightleftarrows R_2NH + NH_4^{\oplus}$$
$$R-X + R_2\overline{N}H \longrightarrow R_3\overset{\oplus}{N}H + X^{\ominus}$$
$$R_3\overset{\oplus}{N}H + \overline{N}H_3 \rightleftarrows R_3N + NH_4^{\oplus}$$
$$R-X + R_3\overline{N} \longrightarrow R_4\overset{\oplus}{N} + X^{\ominus}$$

Um primäre Amine in größeren Ausbeuten zu erhalten, setzt man Ammoniak in einem großen Überschuß ein. In der gleichen Weise lassen sich auch Aminosäuren aus α-Halogencarbonsäuren gewinnen; weil hier die Aminogruppe wegen des $-I$-Effektes der Carboxylgruppe schwächer basisch ist als Ammoniak, tritt nur die Monoalkylierung ein.

Praktische Bedeutung besitzt die Alkylierung von Aminen hauptsächlich zur Herstellung quartärer Ammoniumsalze (**Hofmann-Elimination**; S. 169) und in gewissen Fällen zur Darstellung *tertiärer Amine*. Die drei *Methylamine* werden technisch ebenfalls auf diese Weise hergestellt und anschließend durch fraktionierte Destillation getrennt.

Auch die wichtigsten Spezialmethoden zur Gewinnung reiner primärer und sekundärer Amine sind S_N-Reaktionen. Bei der **Gabriel-Synthese** wirkt das Anion von Phthalimid als Nucleophil gegenüber Halogenalkanen:

[Reaktionsschema der Gabriel-Synthese: Phthalimid (durch Erhitzen von Ammoniumphthalat erhältlich) → mit KOH → Phthalimid-Anion → mit R-X → N-substituiertes Phthalimid + X⁻; anschließend entweder mit $N_2H_4(H_2O)$ zu Phthalazin (2) + H_2NR (1), oder mit $H^{\oplus}$, H_2O (S_N!) zu Phthalsäure + primärem Amin H_2N-R (1)]

Die Spaltung der Phthalimide kann auch mit Hydrazin(-hydrat) erfolgen, wobei Phthalazin (2) gebildet wird.

Eine andere Möglichkeit zur Gewinnung primärer Amine, die besonders mit reaktionsfähigen Halogeniden, wie Allyl- oder Benzylhalogeniden oder Iodiden durchführbar ist, besteht in der Reaktion von Halogenalkanen mit Urotropin (**Delépin-Reaktion**):

$$R-X + (CH_2)_6\overline{N}_4 \longrightarrow N_3(CH_2)_6\overset{\oplus}{N}R \; X^{\ominus} \xrightarrow[\text{EtOH}]{\text{HCl}} RNH_2$$

Zur Gewinnung *sekundärer Amine* kann die Reaktion von Halogenalkanen mit Natriumcyanamid oder den Kaliumsalzen von Monoalkylsulfonamiden dienen:

8.5 Reaktionen von Alkylhalogeniden und -sulfaten bzw. -sulfonaten

(a) $2 \text{ R—X} + \text{Na}_2 \left[|\overset{2\ominus}{\text{N—C}} \equiv \text{N}| \leftrightarrow \overset{\ominus}{\text{N}} = \text{C} = \overset{\ominus}{\text{N}} \right] \longrightarrow \overset{R}{\underset{R}{>}}\text{N—C} \equiv \text{N} + 2 \text{ NaX}$

$\overset{R}{\underset{R}{>}}\text{N—C} \equiv \text{N} + 2 \text{ H}_2\text{O} \xrightarrow[\text{OH}^{\ominus}]{\text{H}^{\oplus} \text{ oder}} \text{R}_2\text{NH} + \text{CO}_2 + \text{NH}_3$

(b) Ph—SO$_2$—N(R)(H) $\xrightarrow{\text{Kalium}}$ Ph—SO$_2$—$\overset{\ominus}{\text{N}}$—R + R'—X $\longrightarrow$ Ph—SO$_2$—N(R)(R')

Ph—SO$_2$—N(R)(R') $\xrightarrow{\text{H}^{\oplus} + \text{H}_2\text{O} (S_N)}$ Ph—SO$_2$OH + HN(R)(R')

(Monoalkylsulfonamide sind aus Sulfochloriden, Ar—SO$_2$Cl, und einem Amin zugänglich.)

Reaktion mit Cyanid- und Nitrit-Ionen. Cyanid-Ionen können bei der Reaktion mit Alkylhalogeniden *Nitrile* oder *Isonitrile* liefern, je nachdem die CN$^\ominus$-Ionen mit dem C- oder dem N-Atom angreifen:

$$\text{R—X} + |\text{C} \equiv \text{N}|^{\ominus} \longrightarrow \begin{cases} \text{R—C} \equiv \text{N} & \text{Nitril } (S_N 2) \\ \text{R—}\overset{\oplus}{\text{N}} \equiv \underset{\ominus}{\text{C}} & \text{Isonitril } (S_N 1) \end{cases}$$

(a) ... (a)
(b) ... (b)

Primäre Halogenverbindungen liefern hauptsächlich *Nitrile* (**«Kolbe-Synthese»**), wobei möglichst hydroxylfreie Lösungsmittel verwendet werden müssen, um die bimolekulare Substitution zu begünstigen (das C-Atom ist stärker nucleophil als das N-Atom). Um *Isonitrile* als Hauptprodukte zu erhalten, verwendet man *Silbercyanid* (bei Ablauf nach $S_N 1$ greift das Atom mit der größten Elektronendichte an!). Wie schon früher (S. 349) bemerkt wurde, lassen sich aus Halogenverbindungen und Natriumnitrit bzw. Silbernitrit in der gleichen Weise entweder Nitroalkane oder Nitrite (Salpetrigsäure-Ester) erhalten (**«Ambido-Selektivität»**; vgl. hierzu Band II).

Kupplungsreaktionen. **Lithiumdialkylkupferverbindungen** (wahrscheinlich Li$^{\oplus}$R$_2$Cu$^{\ominus}$) (s. Band II) reagieren mit Chlor-, Brom- und Iodalkanen in Ether oder Tetrahydrofuran in guter Ausbeute zu Kupplungsprodukten (S. 54):

$$\text{RX} + \text{R}'_2\text{CuLi} \longrightarrow \text{R—R'}$$

Die Reaktion ist vielseitig einsetzbar, da R sowohl eine primäre Alkylgruppe, eine Allyl-, Benzyl-, Aryl- oder Vinylgruppe sein und zudem Carbonyl-, Carboxyl- oder Estergruppen enthalten kann. R' in R$'_2$CuLi kann eine primäre Alkylgruppe, eine Vinyl-, Allyl- oder Arylgruppe sein. Die Reaktion ist wahrscheinlich eine S_N-Reaktion, wobei das aus der Lithiumdialkylkupferverbindung entstehende R'$^{\ominus}$-Ion als Nucleophil wirkt[1].

In ähnlicher Weise lassen sich auch Kupplungen mit **Grignard-Reagentien** durchführen. Sie reagieren jedoch nur mit reaktiven Halogenverbindungen wie Allyl- und Benzylverbindungen in befriedigender Ausbeute. Enthalten die Moleküle der Reaktanten funktionelle Gruppen mit «aktiven» Wasserstoffatomen, so können Grignard-Reagentien nicht eingesetzt

---

[1] Es dürfte sich dabei wohl kaum um wirklich «freie» Ionen handeln, sondern – ähnlich wie bei den Grignard-Reagentien – um dicht gepackte, solvatisierte Ionenpaare (S. 337).

8 Nucleophile Substitutionen an gesättigten C-Atomen

werden. In kleineren Mengen treten Kupplungsprodukte oft als (unerwünschte) *Nebenprodukte* bei der Herstellung der Grignard-Reagentien auf.

Reaktionen mit Carbanionen. Verbindungen, die negativ geladene C-Atome (Carbanionen) enthalten, sind naturgemäß bei nucleophilen Substitutionen ganz besonders reaktionsfähig. Ihre Reaktionen mit Halogenalkanen sind für präparative Zwecke äußerst wertvoll, da dabei (ebenso wie bei der Nitrilsynthese) C—C-Bindungen neu gebildet werden.
Carbanionen entstehen besonders leicht bei β-Dicarbonylverbindungen wie Acetylaceton, Dimedon, Acetessigester und Malonester (S. 317). In der Praxis verwendet man am häufigsten die beiden letztgenannten Ester, die unter der Wirkung von *Natriummethylat* zuerst *in ihre konjugierten Basen* (die Carbanionen) *umgewandelt* und *nachher mit der Halogenverbindung umgesetzt werden* (**«Alkylierung» von Acetessigester bzw. Malonester**). Da die Carbanionen von β-Dicarbonylverbindungen mesomer sind und die negative Ladung über drei Atome delokalisiert ist, fungieren sie als ambidente Nucleophile, in denen sowohl das C- wie das O-Atom als nucleophiles Zentrum wirksam ist (vgl. S. 357). Wie bereits erwähnt, reagieren primäre Halogenalkane mit dem C-Atom (die Reaktion verläuft nach S_N2), während sekundäre Halogenalkane oder Verbindungen wie H_3COCH_2Cl – die zu S_N1-Reaktionen neigen – in mehr oder weniger großer Menge oder sogar ausschließlich das O-Alkylierungsprodukt ergeben. Tertiäre Halogenalkane liefern ausschließlich Alkene (Elimination!). Durch geeignete Wahl der Reaktionsbedingungen kann die Alkylierung auf der Stufe des Monoalkylierungsproduktes angehalten werden; dieses läßt sich nach der Abtrennung ein weiteres Mal (mit einem anderen Halogenalkan) alkylieren. Beispiele:

$$H_3C-\underset{O}{\underset{\|}{C}}-\overset{\ominus}{C}H-COOEt + R-X \xrightarrow{\ominus OEt} H_3C-\underset{O}{\underset{\|}{C}}-\underset{R}{CH}-COOEt \xrightarrow{+R-X(\ominus OEt)} H_3C-\underset{O}{\underset{\|}{C}}-\underset{R}{\overset{R}{C}}-COOEt$$

Acetessigester-Anion

$$\overset{\ominus}{HC}\underset{COOEt}{\overset{COOEt}{\diagup}} + R-X \xrightarrow{\ominus OEt} \underset{R}{H}C\underset{COOEt}{\overset{COOEt}{\diagup}} \xrightarrow{+R'-X(\ominus OEt)} \underset{R}{R'}C\underset{COOEt}{\overset{COOEt}{\diagup}}$$

Malonester-Anion

Substituierte Acetessigester spalten nach dem Verseifen spontan CO_2 ab und liefern damit Ketone (**«Ketonspaltung»** von Acetessigesterderivaten; Methode zur Synthese von α-*alkylierten Ketonen*). Durch Erhitzen der Acetessigester mit starker Lauge werden sie in Essigsäure und eine andere *(α-alkylierte) Carbonsäure* gespalten (**«Säurespaltung»** von Acetessigesterderivaten). Die durch Verseifen substituierter Malonester erhaltenen Malonsäuren spalten schließlich beim Erhitzen auf 140°C ebenfalls CO_2 ab und ergeben damit *disubstituierte Essigsäuren:*

$$H_3C-\underset{O}{\underset{\|}{C}}\underset{H}{\overset{R}{+}}C-COOEt$$

« Ketonspaltung »
Erhitzen mit verdünnter Säure oder Lauge $\longrightarrow H_3C-\underset{O}{\underset{\|}{C}}-CH_2-R + CO_2 + C_2H_5OH$

« Säurespaltung »
Erhitzen mit starker Lauge $\longrightarrow H_3CCOOH + R-CH_2COOH + C_2H_5OH$

$$\underset{R'}{R}C\underset{COOEt}{\overset{COOEt}{\diagup}} \xrightarrow{Verseifen} \underset{R'}{R}C\underset{COOH}{\overset{COOH}{\diagup}} \xrightarrow{140°C} \underset{R'}{R}CH-COOH + CO_2$$

8.5 Reaktionen von Alkylhalogeniden und -sulfaten bzw. -sulfonaten

Sowohl die **Acetessigester-** wie die **Malonestersynthese** lassen sich äußerst vielseitig abwandeln. Beispiele sind etwa die Darstellungen cyclischer Verbindungen bei der Verwendung von Dihalogeniden oder die Gewinnung substituierter Barbitursäuren durch S_N-Reaktion mit Harnstoff, von denen eine Reihe als Sedativa (Schlaf- und Beruhigungsmittel) Bedeutung besitzt.

$$H_2C(COOEt)_2 + Br(CH_2)_3Br \xrightarrow{^{\ominus}OEt} \underset{(CH_2)_3Br}{HC(COOEt)_2} \xrightarrow{^{\ominus}OEt} H_2C\underset{CH_2}{\overset{CH_2}{\diagup\diagdown}}C(COOEt)_2$$

$$\underset{H_5C_6}{\overset{H_5C_2}{\diagdown}}C\underset{COOEt}{\overset{COOEt}{\diagup}} + \underset{H_2N}{\overset{H_2N}{\diagdown}}CO \xrightarrow{^{\ominus}OEt} \underset{H_5C_6}{\overset{H_5C_2}{\diagdown}}C\underset{\underset{O}{\overset{\|}{C}}-\overset{H}{\underset{|}{N}}}{\overset{\overset{O}{\overset{\|}{C}}-\overset{H}{\underset{|}{N}}}{\diagup}}C=O$$

Ethylphenylmalonester   Ethylphenylbarbitursäure («Phenobarbital»)

Die Malonestersynthese läßt sich unter erheblich *milderen Bedingungen* durchführen, wenn man dem Reaktionsgemisch *Kronenether* in äquimolaren Mengen zusetzt. Dadurch wird sowohl die Esterhydrolyse (durch komplexiertes KOH) wie auch die anschließende Decarboxylierung beschleunigt; die letztere verläuft dann gewöhnlich bei niedrigeren Temperaturen:

$$\underset{R'}{\overset{R}{\diagdown}}C\underset{COOEt}{\overset{X}{\diagup}} \xrightarrow[KOH, 25°C]{Kronenether} \underset{R'}{\overset{R}{\diagdown}}C\underset{COOH}{\overset{X}{\diagup}} \xrightarrow{25-100°C} \underset{R'}{\overset{R}{\diagdown}}C\underset{H}{\overset{X}{\diagup}}$$

$$(X = -COOEt, -\underset{\underset{O}{\|}}{C}-R'', -CN)$$

Tabelle 8.9. Beispiele von Substraten, die unter der Einwirkung von Basen Carbanionen bilden und dadurch alkyliert werden können (Verbindungen mit «aktiven» Methylengruppen)

$H_2C\diagdown^{COOR}_{COOR}$	$H_2C\diagdown^{CN}_{CN}$	$H_2C\diagdown^{CN}_{COOR}$	$H_2C\diagdown^{NO_2}_{COOR}$
Malonester	Malonodinitril	Cyanessigester	Nitroessigester
$H_2C\diagdown^{COR'}_{COOR}$	$H_2C\diagdown^{COR'}_{COR}$	$H_2C\diagdown^{COR}_{CH=O}$	
β-Ketoester	β-Diketone	β-Formylketone	

Nicht nur β-Dicarbonylverbindungen, Malon- und Acetessigester, sondern noch viele weitere Verbindungen des Typus Z-CH$_2$-Z' lassen sich **alkylieren**, wobei sowohl Z wie Z' elektronenziehende Gruppen sein müssen: $-CHO$, $-COR$, $-COOR$, $-CONR_2$, $-CN$, $-NO_2$, $-SO_2R$, $-SO_2OR$ u. a. Diese Ausgangssubstanzen besitzen als Folge der elektronenanziehenden Wirkung der Gruppen Z und Z' **C—H-Acidität** (S. 317). Als Basen werden neben wäßriger NaOH Natriummethylat (Natriummethoxid) oder Kalium-*tert*-butylat – jeweils im entsprechenden Alkohol gelöst – oder auch Natriumamid benützt. Auch hier erweist sich die Anwendung der **Phasentransfer-Katalyse** in vielen Fällen als vorteilhaft: Man verwendet ein Zweiphasensystem aus konzentrierter wäßriger NaOH und der C—H-aciden Verbindung (eventuell in einem unpolaren Lösungsmittel gelöst) und setzt katalytische Mengen von Tetraalkylammoniumsalzen zu. Die Reaktion verläuft unter diesen Bedingungen rasch und glatt und ergibt hauptsächlich das Monoalkylierungsprodukt.

Ketone, Nitrile und *Ester* können ebenfalls **alkyliert** werden. Der Reaktionsablauf entspricht der Alkylierung von Dicarbonylverbindungen. Zur Bildung des Carbanions müssen allerdings *stärkere Basen* benützt werden, da das Ausgangsmolekül nur eine elektronenziehende Gruppe enthält: Kalium-*tert*-butylat, Natrium-*tert*-pentylat, Natriumamid, Triphenylmethylnatrium (Ph₃CNa) und – vor allem zur Alkylierung von Estern – Lithiumdiisopropylamid, (iPr)₂NLi («LDA»). Wenn die verwendete Base nicht stark genug ist, um praktisch die gesamte Menge Keton, Nitril oder Ester in die entsprechende konjugierte Base überzuführen, so bleibt ein Teil der Moleküle unverändert im Gleichgewicht erhalten, und es treten Reaktionen vom Typus der Aldoladdition (S. 523) als Nebenreaktionen auf. Ebenso wie für Dicarbonylverbindungen eignen sich auch hier zur Alkylierung in erster Linie *primäre* oder auch *sekundäre* Halogenverbindungen. *Tertiäre* Halogenverbindungen ergeben wiederum *Alkene*. α,β-ungesättigte Ketone, Nitrile und Ester liefern bei der Alkylierung neben dem α- auch beträchtliche Mengen γ-Alkylierungsprodukt, da auch das γ-C-Atom eine negative Partialladung trägt (**Vinylogie**; S. 218):

$$\left[\begin{array}{c} | \quad | \quad \ominus \quad | \\ -C=C-C-C- \\ | \quad | \quad | \quad \| \\ \quad \quad R \quad O \end{array} \longleftrightarrow \begin{array}{c} \ominus \quad | \\ -C-C=C-C- \\ | \quad | \quad | \quad \| \\ \quad \quad R \quad O \end{array} \right]$$

8.6 Nucleophile Substitutionen an Alkoholen und Ethern

Wie wir bereits früher festgestellt haben, sind die *starken Basen* $OH^\ominus$ und $OR^\ominus$ *schlechte Abgangsgruppen*, die sich auch durch stark nucleophile Reagentien nicht verdrängen lassen. Starke Säuren protonieren aber Alkohole und Ether, d. h. führen sie in ihre konjugierten Säuren (die entsprechenden Oxoniumionen) über. Da sowohl Wasser wie die Alkohole viel weniger stark basisch sind als $OH^\ominus$- oder Alkoholat-Ionen, lassen sich H_2O und ROH aus diesen Oxoniumionen durch Nucleophile verdrängen. Nucleophile Substitutionen an Alkoholen und Ethern – die unter Spaltung der C—O-Bindung verlaufen – lassen sich deshalb *nur unter der Wirkung starker Säuren* durchführen.

$$R-OH \begin{cases} +\ Y^\ominus \ /\!/\!\!\rightarrow \\ +\ H^\oplus \rightarrow R-\overset{\oplus}{\underset{H}{O}}-H + Y^\ominus \rightarrow R-Y + H_2O \end{cases}$$

$$R-O-R' \begin{cases} +\ Y^\ominus \ /\!/\!\!\rightarrow \\ +\ H^\oplus \rightarrow R-\overset{\oplus}{\underset{H}{O}}-R' + Y^\ominus \rightarrow R-Y + R'OH \end{cases}$$

8.6 Nucleophile Substitutionen an Alkoholen und Ethern

Reaktionen von Alkoholen. Die *Reaktivität* der *Oxoniumionen* entspricht in hohem Maß dem Verhalten der *Halogenverbindungen*. Ist das O-Atom an ein primäres C-Atom gebunden, so reagiert die betreffende Substanz gewöhnlich entsprechend dem S_N2-Mechanismus, während Oxoniumionen tertiärer Alkohole (oder Ether) nach S_N1 reagieren. *Phenole* sind auch in stark saurer Lösung gegenüber nucleophilen Reagentien *inert*. Um eine möglichst große Konzentration an Oxoniumionen zu erreichen, müssen starke Säuren (Halogenwasserstoffsäuren, Schwefelsäure oder Sulfonsäuren) verwendet werden. Lewis-Säuren wie BF_3 oder $ZnCl_2$ koordinieren sich mit dem Substrat und ermöglichen ebenfalls nucleophile Substitutionen, die dann bevorzugt über Carbeniumionen ablaufen. Die Unterscheidung primärer, sekundärer und tertiärer Alkohole durch die **Lucas-Probe** ($ZnCl_2$ + konzentrierte Salzsäure) beruht auf der unterschiedlichen Geschwindigkeit ihrer S_N1-Substitution.

Nebenreaktionen sind auch bei Substitutionen an Alkoholen häufig. Tertiäre Alkohole neigen – ebenso wie tertiäre Halogenverbindungen – stark zur Bildung von Alkenen. Auch bei primären und sekundären Alkoholen kann die *Elimination* zur Hauptreaktion werden, wenn man genügend hoch erhitzt. So ergibt ein Gemisch von Ethanol und konzentrierter Schwefelsäure bei Temperaturen von >170°C fast ausschließlich Ethen, während bei niedrigen Temperaturen (wenig höher als Raumtemperatur) hauptsächlich Ethylhydrogensulfat entsteht:

$$H_3CCH_2OH \xrightarrow{H^\oplus} H_3CCH_2\overset{\oplus}{\underset{H}{-O-H}} \begin{array}{c} \xrightarrow{170°C} H_2C=CH_2 + H_2O + H^\oplus \\ \xrightarrow{HSO_4^-} H_3CCH_2SO_4H + H_2O \end{array}$$

Weil auch Alkoholmoleküle selbst als nucleophile Reagentien wirken können, tritt – besonders bei Alkoholüberschuß – als weitere Nebenreaktion die Bildung von *Ether* auf. Durch geeignete Wahl der Reaktionsbedingungen (Erhitzen; ständiges Zufließen von Alkohol) kann diese Nebenreaktion zur Hauptreaktion gemacht werden, wie es in der Technik zur Gewinnung von *Diethylether* aus *Ethanol* geschieht:

$$H_3CCH_2OH \xrightarrow{H^\oplus} H_3CCH_2\overset{\oplus}{\underset{H}{-O-H}} \xrightarrow{H_3CCH_2OH} H_3CCH_2\overset{\oplus}{\underset{H}{O}}CH_2CH_3 + H_2O$$

konjugierte Säure
von Diethylether

Weitere auf diese Weise technisch hergestellte Ether sind Tetrahydrofuran (aus 1,4-Butandiol) und Dioxan (aus Ethylenglycol).

Als weitere Nebenreaktionen – besonders bei Substitutionen an sekundären Alkoholen unter S_N1-Bedingungen! – treten *Umlagerungen* auf. Am häufigsten werden zwei Arten von Umlagerungen beobachtet, die als **Wagner-Meerwein-** und als **Pinakol-Umlagerung** bezeichnet werden. Bei Wagner-Meerwein-Umlagerungen tritt eine einfache 1,2-Verschiebung eines Carbanions oder eventuell Hydridions ein; das bekannteste Beispiel ist die bereits auf S. 360 besprochene Neopentylumlagerung. Die Pinakol-Umlagerung ist eine Reaktion vicinaler Glycole, die sich unter der Wirkung von starken Säuren in ein Keton umlagern:

$$H_3C-\underset{OH}{\overset{CH_3}{C}}-\underset{OH}{\overset{CH_3}{C}}-CH_3 \xrightarrow{H^\oplus} H_3C-\underset{O}{\overset{CH_3}{C}}=\underset{CH_3}{\overset{CH_3}{C}}-CH_3$$

Pinakol   Pinakolon

Auch hier verschiebt sich ein Carbanion:

$$\begin{array}{c} R \\ | \\ -C-C- \\ | \ \ | \\ OH \ OH \end{array} \xrightarrow{+H^{\oplus}} \begin{array}{c} R \\ | \\ -C-C- \\ | \ \ | \\ OH \ OH_2^{\oplus} \end{array} \xrightarrow{-H_2O} \begin{array}{c} R \\ | \\ -C-C \\ | \ \ | \\ O-H \end{array}$$

$$\downarrow$$

$$\begin{array}{c} R \\ | \\ -C-C- \\ | \\ \oplus OH \end{array} \xrightarrow{-H^{\oplus}} \begin{array}{c} R \\ | \\ -C-C- \\ || \\ O \end{array}$$

Es sei hier bemerkt, daß solche *Umlagerungen* selbstverständlich nicht nur bei S_N1-Reaktionen an Halogenalkanen und Alkoholen auftreten, sondern **bei allen Reaktionen möglich sind, die über Carbeniumionen ablaufen.** Beispiele dafür bilden die Umlagerungen bei der Addition von Halogenwasserstoffen an Alkene (S. 413) oder die Bildung von Alkoholen aus Aminen und Salpetriger Säure (S. 374).

Wohl die wichtigste S_N-Reaktion von Alkoholen besteht in der Bildung von Halogenalkanen durch Reaktion von Halogenwasserstoff (bzw. einem Gemisch von Alkalihalogenid und konzentrierter Schwefelsäure). Die Reaktivität der Halogenwasserstoffsäuren sinkt dabei von HI zum HF (abnehmende Nucleophilie des Halogenidions und zugleich abnehmende Säurestärke!), während die Reaktionsfähigkeit der Alkohole im allgemeinen mit wachsender Kettenlänge abnimmt. Die Geschwindigkeit der Substitution steigt vom primären zum tertiären Alkohol. Da es sich bei dieser Reaktion um eine Gleichgewichtsreaktion handelt, setzt man zweckmäßigerweise einen Reaktanten im Überschuß ein oder (und) entfernt ein Produkt laufend aus dem Reaktionsgemisch. Zu diesem Zweck destilliert man entweder die Halogenverbindung ab (Halogenalkane sieden tiefer als die entsprechenden Alkohole!) oder man entfernt das gebildete Wasser durch azeotrope Destillation oder mittels einer wasserbindenden Substanz. Oft verwendet man zur Gewinnung der Brom- und Iodverbindungen Gemische von Brom, Schwefeldioxid und Wasser bzw. rotem Phosphor, Iod und Wasser:

$$Br_2 + SO_2 + 2 H_2O \longrightarrow 2 HBr + H_2SO_4$$
$$2 P + 3 I_2 \longrightarrow 2 PI_3 \qquad 2 PI_3 + 3 H_2O \longrightarrow 6 HI + 2 H_3PO_3$$

Die in der Praxis zur Gewinnung von Chlor- und Bromalkanen ebenfalls häufig angewandte Reaktion eines Alkohols mit Thionylchlorid ($SOCl_2$), Phosphortrichlorid bzw. Phosphortribromid (PCl_3 bzw. PBr_3) und Phosphoroxychlorid ($POCl_3$) verläuft nach einem etwas anderen Mechanismus. Als Zwischenstoff bildet sich dabei ein Ester, der anschließend durch **«innere» S_N-Reaktion ($S_N i$-Reaktion)** das Chloralkan (Bromalkan) liefert:

$$R\bar{O}H + \begin{array}{c} Cl \\ \diagdown \\ S=O \\ \diagup \\ Cl \end{array} \longrightarrow \begin{array}{c} R-O \\ \diagdown \\ S=O \\ \diagup \\ Cl \end{array} + HCl$$

ein Chlorsulfinsäureester

$$\begin{array}{c} \delta\oplus \ \delta\ominus \\ R-O \\ \diagdown \\ S=O \\ \diagup \\ Cl \end{array} \xrightarrow{S_N i} R-Cl + SO_2$$

Die $S_N i$-Reaktion verläuft – im Gegensatz zur bimolekularen Substitution – unter **Retention** der Konfiguration. Nach neueren Untersuchungen dissoziieren Chlorsulfinsäureester, die isolierbar sind, im ersten Reaktionsschritt – analog zur S_N1-Reaktion – zu einem (engen) *Kontakt-Ionenpaar*. Im zweiten Schritt greift ein Teil der Abgangsgruppe den Rest R an; zwangsläufig von der Vorderseite, da sie nicht auf die Rückseite gelangen kann: Retention der Konfiguration von R.

1. Schritt: $R-OSOCl \rightarrow \left[R^{\oplus} \; \overset{\ominus}{O}-S=O, Cl \right]$ Kontakt-Ionenpaar

2. Schritt: $\left[R^{\oplus} \; \overset{\ominus}{O}-S=O, Cl \right] \rightarrow R-Cl + O=S=O$

Für diesen Mechanismus spricht folgendes: a) Während die Reaktion zwischen Alkoholen und Thionylchlorid 2. Ordnung ist, was von diesem Mechanismus vorausgesagt wird, ist die Zersetzung von ROSOCl durch Erhitzen 1. Ordnung. b) Verwendet man mäßig oder stark polare Lösungsmittel (*Pyridin*), so entstehen durch Reaktion des Pyridins mit ROSOCl rasch die Ionen $ROSO\overset{\oplus}{N}C_5H_5$ und freies $Cl^{\ominus}$. Letzteres kann $R^{\oplus}$ von hinten angreifen und damit zur *Inversion* führen (S_N2!). Man hat es auf diese Weise durch Wahl des Lösungsmittels in der Hand, die Reaktion bevorzugt in der gewünschten Weise ablaufen zu lassen.

Reaktionen von Ethern. Die schon auf S. 155 besprochene *Spaltung* von *Ethern* mit konzentrierter Brom- bzw. Iodwasserstoffsäure ist ebenfalls eine S_N-Reaktion, bei der ein Alkoholmolekül als Abgangsgruppe wirkt. In der Praxis verwendet man zu diesem Zweck meist konzentrierte Iodwasserstoffsäure; das zuerst gebildete Oxoniumion reagiert mit dem Iodid-Ion je nach der Konstitution des Ethers gemäß S_N2 oder S_N1. Primäre Reaktionsprodukte sind Iodalkan und Alkohol; bei energischen Reaktionsbedingungen wird auch der Alkohol in das Iodid verwandelt. Auf der Bestimmung des dabei gebildeten Iodalkans (durch Reaktion mit $AgNO_3$ und Messung der freigesetzten Iodidmenge) beruht die **Zeiselsche Bestimmung von Methoxygruppen**. – Diarylether lassen sich auf diese Weise nicht, Phenolether hingegen sehr leicht spalten. Die Veretherung phenolischer Hydroxylgruppen mit Dimethylsulfat wird deshalb oft benutzt, um bei bestimmten Reaktionen (bei denen die Hydroxylgruppe angegriffen werden könnte) die OH-Gruppe zu «schützen». Unter wesentlich milderen Bedingungen ist die Etherspaltung durch BBr_3 u. a. möglich.

Eine andere Methode zur **Etherspaltung** benützt als Reagens eine Lösung von wasserfreiem Eisen(III)-chlorid in Acetanhydrid. Als Produkte entstehen die Essigsäureester:

$$R-O-R' + (CH_3CO)_2O \xrightarrow{FeCl_3} ROOCCH_3 + R'OOCCH_3$$

Man nimmt an, daß dabei das Anhydrid zunächst ionisiert wird, wodurch Acylium-Ionen entstehen. Diese koordinieren sich mit dem Ether-O-Atom, worauf durch S_N-Reaktion mit dem Acetat-Ion als Nucleophil die Ester gebildet werden. Das Eisen(III)-chlorid erleichtert die Ionisierung des Anhydrids.

$$(H_3CCO)_2O \xrightarrow{FeCl_3} H_3CCO^{\oplus} \xrightarrow{R\bar{O}R'} O=C-CH_3 \xrightarrow[S_N]{H_3CCO\bar{O}^{\ominus}} H_3CCOOR + H_3CCOOR'$$
$$+ H_3CCOO^{\ominus} \ldots FeCl_3 \qquad \overset{\oplus}{\underset{R-O-R'}{}}$$

Die Oxirane *(Epoxide)* können als cyclische Ether aufgefaßt werden und sind wegen ihrer Ringspannung («Baeyer-Spannung») sehr reaktionsfähig. Im Gegensatz zu den «gewöhnlichen» Ethern werden sie bereits durch verdünnte wäßrige oder alkoholische Lösungen von Säuren gespalten; ebenfalls in Gegensatz zu jenen reagieren aber Oxirane auch ohne Zusatz von Säure mit vielen nucleophilen Reagentien, wobei ebenfalls eine *Ringöffnung* eintritt. So bilden sich mit $CN^{\ominus}$ Hydroxynitrile, mit NH_3 Aminoalkohole usw., und mit Grignard-Reagentien kann man eine Verlängerung von C-Ketten um zwei C-Atome erreichen (S.156). Ether hingegen sind sowohl gegenüber Basen wie auch gegenüber Grignard-Verbindungen vollkommen inert. Oxirane sind deshalb für präparative Zwecke außerordentlich wichtige Substanzen.

8.7   Weitere nucleophile Substitutionen

Aliphatische *primäre Amine* ergeben bei der Behandlung mit salpetriger Säure *Alkohole:*

$$R-CH_2NH_2 + HONO \rightarrow R-CH_2OH + N_2 + H_2O$$

Im ersten Reaktionsschritt entstehen dabei *Diazoniumsalze* (in der gleichen Weise wie bei aromatischen Aminen); durch Abspaltung von molekularem Stickstoff bildet sich ein Carbeniumion, das mit Wasser reagiert. Da *Umlagerungen* häufig sind, ist die präparative Bedeutung dieser Reaktion nicht sehr groß.

$H_3CCH_2CH_2\overset{\frown}{N}H_2 \xrightarrow{HNO_2, H^{\oplus}} H_3CCH_2CH_2-\overset{\oplus}{N}\equiv N$ aliphatisches Diazoniumsalz (unbeständig)

$\downarrow -N_2$

$H_3CCH_2\overset{\frown}{C}H_2^{\oplus}$ primäres Carbeniumion

(a) $H_2\overset{..}{O}$ / $-H^{\oplus}$ (b)↓ (b)

$H_3CCH_2CH_2OH$ $H_3\overset{\oplus}{C}CHCH_3$ sekundäres Carbeniumion
primärer Alkohol

$H_2\overset{..}{O}$ / $-H^{\oplus}$ $-H^{\oplus}$

H_3CCHCH_3 $H_3C-CH=CH_2$
    | Alken
    OH
sekundärer Alkohol

Eine ähnliche Reaktion tritt bei der *Hydrolyse* von *Diazoketonen* (die aus Säurehalogeniden und Diazomethan entstehen) ein:

$$R-\underset{O}{\overset{\parallel}{C}}-CHN_2 + H_2\overset{..}{O} \xrightarrow{H^{\oplus}} R-\underset{O}{\overset{\parallel}{C}}-CH_2OH + N_2$$

Durch die Umsetzung mit der Säure nimmt das Diazoketon ein Proton auf und spaltet N_2 ab, so daß ein Carbeniumion entsteht. Umlagerungen treten in diesem Fall aber kaum ein.
Nach einem prinzipiell gleichen Mechanismus verläuft die Reaktion von *Alkoholen* mit *Diazoverbindungen* (und ebenso die **Methylierung von Carbonsäuren** mit Diazomethan):

$$H_2CN_2 + ROH \xrightarrow{HBF_4} H_3COR + N_2$$

Bei der Methylierung einer Carbonsäure überträgt diese zuerst ein Proton auf Diazomethan; das (nucleophile) Carboxylat-Ion reagiert dann nach S_N2 unter Verdrängung von N_2 (die beste aller bekannten Abgangsgruppen!):

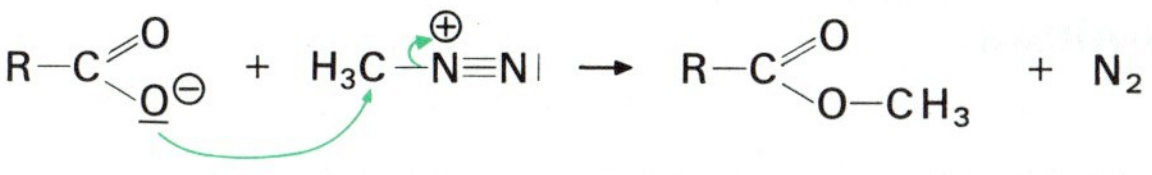

$$R-C\overset{O}{\underset{\underline{O}^\ominus}{\diagup}} + H_3C-\overset{\oplus}{N}\equiv N| \rightarrow R-C\overset{O}{\underset{O-CH_3}{\diagup}} + N_2$$

Meistens werden dazu Diazomethan oder Diazoketone (welche β-Ketoether ergeben) benützt. Diazomethan ist allerdings ziemlich teuer und nicht sehr leicht zu handhaben; man verwendet diese Reaktion deshalb hauptsächlich zur **Methylierung von Alkoholen** oder **Phenolen**, die selbst teuer oder nur in geringen Mengen zur Verfügung stehen, da die Ausbeuten recht gut und die Bedingungen mild sind. Die Reaktion erfolgt um so leichter, je höher die Acidität der Hydroxyverbindung ist; bei gewöhnlichen Alkoholen setzt man deshalb HBF_4 oder $AlCl_3$ als Katalysator zu. Der Ablauf ist dann folgender:

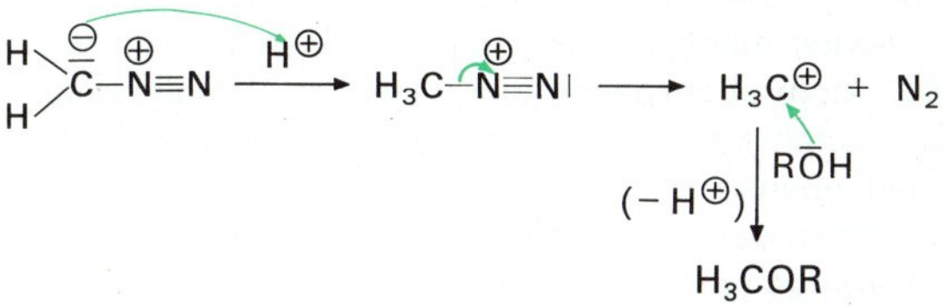

$$\overset{H}{\underset{H}{\diagdown}}\overset{\ominus \oplus}{C}-N\equiv N \xrightarrow{H^\oplus} H_3C-\overset{\oplus}{N}\equiv N| \rightarrow H_3C^\oplus + N_2$$

$$\xrightarrow[(-H^\oplus)]{R\overset{\oplus}{O}H} H_3COR$$

Aminierung von Alkanen. Eine höchst bemerkenswerte Reaktion von Alkanen tritt mit Stickstoff(III)-chlorid unter der Wirkung von $AlCl_3$ ein: H-Atome an *tertiären* C-Atomen (und nur an diesen!) werden durch eine Aminogruppe ersetzt (**Aminierung**):

$$R_3CH + NCl_3 \xrightarrow[0-10\,°C]{AlCl_3} R_3C-NH_2$$

Wahrscheinlich koordiniert sich das Stickstoff(III)-chlorid zunächst mit der Lewis-Säure $AlCl_3$, wodurch ein mehr oder weniger freies $Cl^\oplus$-Ion entsteht. Dieses spaltet dem Alkan ein Hydrid-Ion ($H^\ominus$) ab, so daß ein Carbeniumion entsteht, das mit $NCl_2^\ominus$ als Nucleophil reagiert. Vom Alkan als Reaktanten aus betrachtet, handelt es sich um eine S_N1-Reaktion mit dem (sehr stark basischen!) Hydrid-Ion als Abgangsgruppe. Die Ausbeuten sind hoch, so daß die Reaktion zur Gewinnung von *tert*-Alkylaminen brauchbar ist.

$$NCl_3 + AlCl_3 \rightarrow (Cl_2N-AlCl_3)^\ominus \; Cl^\oplus$$

$$R_3CH \xrightarrow{Cl^\oplus} R_3C^\oplus \xrightarrow{NCl_2^\ominus} R_3CNCl_2 \xrightarrow[-2\,Cl^\oplus]{2\,H^\oplus} R_3C-NH_2$$

9 Eliminationsreaktionen

9.1 Allgemeines

Die Bildung von *Doppel-* oder *Dreifachbindungen* durch Austritt zweier Atome oder Atomgruppen von vicinalen C-Atomen stellt den allgemeinen Typus der *Eliminationsreaktion* dar. Beispiele solcher Reaktionen sind etwa die Bildung von Alkenen durch Dehydratisierung von Alkoholen (1), durch Halogenwasserstoffabspaltung aus Halogenverbindungen (2), durch Halogenabspaltung aus *vic*-Dihalogenverbindungen mittels Metallen (3), durch Abspaltung von Brom aus *vic*-Dibromverbindungen durch Iodid (4), durch Zersetzung von quartären Ammoniumhydroxiden (Hofmann-Elimination) (5) und schließlich durch Esterpyrolyse (6).

Neben diesen 1,2- oder *β-Eliminationen* sind auch 1,1-(α-) sowie 1,3-(γ-) und 1,4- oder noch *höhere Eliminationen* möglich. Bei α-Eliminationen werden die beiden austretenden Atome vom selben C-Atom abgespalten; ein wichtiges Beispiel dafür ist die Bildung von Dichlorcarben (CCl_2) durch Einwirkung einer sehr starken Base auf Chloroform ($CHCl_3$). 1,3-Eliminationen und ebenso Eliminationen höherer Ordnung (d.h. Eliminationen, bei denen die Reaktionszentren durch mehr als ein C-Atom getrennt sind) ergeben häufig *Ringschlüsse*. Sie sind allerdings um so schwieriger durchzuführen, je weiter voneinander entfernt ihre Reaktionszentren sind.

Die bei 1,2-Eliminationen abgespaltenen Atome oder Atomgruppen können sowohl an C-Atome wie auch an Heteroatome (O- oder N-Atome) gebunden sein. Wir wollen uns im folgenden zunächst auf **β-Eliminationen** beschränken, bei denen C=C-Doppel- (oder C≡C-Dreifach-)bindungen gebildet werden.

Tabelle 9.1. Beispiele von Reaktionen, die zur präparativen Einführung von Doppelbindungen brauchbar sind

$$H-\underset{|}{\overset{|}{C}}-\underset{|}{\overset{|}{C}}-OH \xrightarrow{H^{\oplus}} \ce{>C=C<} + H_2O \qquad (1)$$

$$HO^{\ominus} + H-\underset{|}{\overset{|}{C}}-\underset{|}{\overset{|}{C}}-X \longrightarrow \ce{>C=C<} + H_2O + X^{\ominus} \qquad (2)$$

$$Zn + X-\underset{|}{\overset{|}{C}}-\underset{|}{\overset{|}{C}}-X \longrightarrow \ce{>C=C<} + Zn^{2\oplus} + 2\,X^{\ominus} \qquad (3)$$

$$2\,I^{\ominus} + Br-\underset{|}{\overset{|}{C}}-\underset{|}{\overset{|}{C}}-Br \longrightarrow \ce{>C=C<} + I_2 + 2\,Br^{\ominus} \qquad (4)$$

$$H-\underset{|}{\overset{|}{C}}-\underset{|}{\overset{|}{C}}-\overset{\oplus}{N}R_3\ OH^{\ominus} \longrightarrow \ce{>C=C<} + H_2O + NR_3 \qquad (5)$$

$$H-\underset{|}{\overset{|}{C}}-\underset{|}{\overset{|}{C}}-\underset{\underset{O}{\|}}{O}{-}C{-}R \longrightarrow \ce{>C=C<} + RCOOH \qquad (6)$$

9.2 Mechanismen bei β-Eliminationen

Wir haben schon mehrfach betont, daß *Eliminationen* als *Nebenreaktionen zu nucleophilen Substitutionen* auftreten können. In der Tat sind die Mechanismen von Elimination und S_N-Reaktion einander sehr ähnlich. In beiden Fällen reagiert ein Substrat R—X mit einem Nucleophil Y (oft auch als Nu abgekürzt); während jedoch bei der *Substitution die Abgangsgruppe X durch das Reagens Y verdrängt* wird, *spaltet dieses bei der Elimination vom Nachbar-C-Atom ein Proton ab*, und *unter Austritt der Abgangsgruppe entsteht die Doppel-(Dreifach-) bindung*. Auch die Elimination kann wie die nucleophile Substitution als unimolekulare oder bimolekulare Reaktion *E*1 bzw. *E*2 ablaufen.

Unimolekulare Elimination. Die *E*1-Reaktion verläuft – analog der S_N1-Reaktion – über *Carbeniumionen* als Zwischenstoffe. Anstatt daß das Carbeniumion sich mit einem Nucleophil verbindet, spaltet es ein Proton ab und ergibt damit ein Alken:

$$H_3C-\underset{\underset{Br}{|}}{\overset{\overset{CH_3}{|}}{C}}-\underset{\underset{H}{|}}{\overset{\overset{H}{|}}{C}}-CH_3 \xrightarrow{-Br^\ominus} H_3C-\underset{\oplus}{\overset{\overset{CH_3}{|}}{C}}-\underset{\underset{H}{|}}{\overset{\overset{H}{|}}{C}}-CH_3 \xrightarrow{-H^\oplus} \underset{H_3C}{\overset{H_3C}{>}}C=CHCH_3$$

In vielen Fällen wirkt das *Lösungsmittel* als *Protonenacceptor* und bindet das Proton. Die *E*1-Reaktion läuft dann ohne weiteren Zusatz einer Base ab (dies ist charakteristisch für die typische *E*1-Reaktion), und der erste Reaktionsschritt, die Bildung des Carbeniumions, ist irreversibel und geschwindigkeitsbestimmend. Ebenso wie bei der S_N1-Reaktion ist die Reaktionsgeschwindigkeit dann unabhängig von der Konzentration des Protonenacceptors. Ist aber das Lösungsmittel nur schwach basisch oder wirkt ein nur in mäßiger Konzentration zugesetztes Reagens als Base, so kann der zweite Reaktionsschritt geschwindigkeitsbestimmend werden; die Bildung des Carbeniumions erfolgt dann in einem vorgelagerten Gleichgewicht. Die Ähnlichkeit zwischen S_N1- und *E*1-Mechanismus zeigt sich auch darin, daß *Umlagerungen* auftreten, wenn sich weniger stabile in stabilere Carbeniumionen umlagern können.

Sowohl die *Bildung des Carbeniumions* (S. 335) wie auch die Abspaltung des Protons sind ziemlich *komplizierte* Prozesse; der letztere kann z. B. über sogenannte **π-Komplexe** verlaufen, in welchen das Proton nur noch locker an die bereits halb ausgebildeten π-Wolken der entstehenden Doppelbindung gebunden ist:

Das Schema der Abb. 9.1 bringt diese Verhältnisse vereinfacht zum Ausdruck; es zeigt zugleich, daß die Elimination gegenüber der Substitution sowohl kinetisch wie thermodynamisch benachteiligt ist.

Im Experiment ist es nicht immer leicht, den *E*1-Mechanismus schlüssig zu *beweisen*, da die Beteiligung des Lösungsmittels kinetisch nicht erkannt werden kann. Setzt man dem Lösungsmittel eine kleine Menge seiner konjugierten Base zu, so müßte die Reaktionsgeschwindigkeit wachsen, wenn diese am geschwindigkeitsbestimmenden Schritt beteiligt wäre. In Wirklichkeit bleibt die Geschwindigkeit unverändert, so daß man annehmen darf, daß auch das Lösungsmittel am geschwindigkeitsbestimmenden Schritt nicht beteiligt ist, wenn sogar seine konjugierte Base – eine ziemlich starke Base! – keinen Einfluß auf die Geschwindigkeit hat. Das Verhalten eines Carbeniumions hängt jedoch nicht von der Natur der vorher mit ihm verbunden gewesenen Abgangsgruppe ab, so daß – wenn die Elimination wirklich über Carbeniumionen als Zwischenstoffe abläuft – die Zusammensetzung des Produktgemisches (E1- und S_N1-Produkt) z. B. bei der Solvolyse verschiedener Substrate dieselbe sein sollte. Wie Tabelle 9.2 zeigt, ist diese Forderung tatsächlich weitgehend erfüllt.

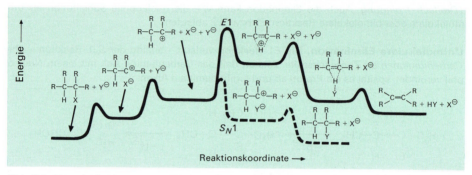

Abb. 9.1. Energiediagramme von E1- und S_N1-Reaktionen

Bimolekulare Elimination. Läßt man auf ein Halogenalkan ein Nucleophil einwirken, das zugleich eine starke Base ist, so tritt als Konkurrenzreaktion zur bimolekularen Substitution eine Elimination auf, für welche man ebenfalls ein Zeitgesetz zweiter Ordnung findet (**E2**). So liefert die Reaktion von Bromalkanen mit Natriummethylat neben dem als Substitutionsprodukt zu erwartenden Ether auch in gewissen Mengen Alken:

$$\begin{array}{c} H_3C \\ H_3C \end{array}\!\!CH\!-\!Br + C_2H_5O^\ominus \quad \begin{array}{c} \xrightarrow{S_N2} \\ \xrightarrow{E2} \end{array} \quad \begin{array}{l} (H_3C)_2CH\!-\!O\!-\!CH_2CH_3 + Br^\ominus \quad 21\,\% \\ H_3CCH\!=\!CH_2 + C_2H_5OH + Br^\ominus \quad 79\,\% \end{array}$$

Bei einer solchen Reaktion erfolgen Abspaltung des Protons und Austritt der Abgangsgruppe gleichzeitig, und der aktivierte Komplex muß folgendermaßen formuliert werden:

$$C_2H_5\underline{\overline{O}}|^\ominus + H\!-\!\underset{\underset{R'}{|}}{\overset{\overset{R}{|}}{C}}\!-\!CH\!-\!Br \rightarrow \left[C_2H_5\underline{\overline{O}}|\cdots H\cdots \underset{\underset{R'}{|}}{\overset{\overset{R}{|}}{C}}\!\!=\!\!CH\cdots Br\right]^\ominus \rightarrow C_2H_5\underline{\overline{O}}H + \underset{\underset{R'}{|}}{\overset{\overset{R}{|}}{C}}\!\!=\!\!CH + Br^\ominus$$

Im *Übergangszustand* beginnt sich die Doppelbindung auszubilden, während die C—H- und C—Br-Bindungen sich trennen. Im Gegensatz zur S_N2-Reaktion greift das Nucleophil hier nicht ein C-Atom, sondern ein H-Atom an; die *Elimination* wird deshalb *um so mehr begünstigt, je stärker basisch das Nucleophil* ist. So ist die Nucleophilie des $Br^\ominus$- und des

Tabelle 9.2. Prozentsatz Alken bei unimolekularen Eliminationen

Alkylrest	Lösungsmittel	—Cl	—Br	—I	$\overset{\oplus}{-S}(CH_3)_2$
2-Octyl-	Ethanol 60%	13	14		
tert-Butyl-	Ethanol 80%	17	13	13	
	Ethanol 60%	36			36
tert-Amyl-	Ethanol 80%	33	26	26	
$H_3C-\underset{\underset{CH_3}{\mid}}{\overset{\overset{CH_3}{\mid}}{C}}-CH_2-\underset{\underset{CH_3}{\mid}}{\overset{\overset{CH_3}{\mid}}{C}}-$	n-Butylcellosolve[1]	65	65	65	

[1] 2-n-Butoxyethanol

$OH^{\ominus}$-Ions ungefähr gleich; das $OH^{\ominus}$-Ion ist aber viel stärker basisch, so daß $Br^{\ominus}$-Ionen nahezu ausschließlich substituierend wirken, während $OH^{\ominus}$-Ionen einen gewissen Anteil Alken ergeben. Bei der unimolekularen Elimination ist die Stärke und Konzentration der Base im allgemeinen ohne Einfluß auf die Reaktionsgeschwindigkeit.

Daß die Abspaltung des Protons tatsächlich während des geschwindigkeitsbestimmenden Schrittes erfolgt, wird dadurch gezeigt, daß Verbindungen, die am β-C-Atom deuteriert sind, erheblich langsamer reagieren (vgl. S. 303). Bei E1-Reaktionen tritt dagegen kein kinetischer Isotopeneffekt auf. Einen eindeutigen Beweis für den einstufigen Ablauf einer E2-Reaktion lieferte ein von Hauser (1952) durchgeführtes Experiment. Dabei wurde 1-Brom-2,2-dideutero-octan mit $NaNH_2$ in flüssigem Ammoniak umgesetzt und die Reaktion unterbrochen, bevor alle Ausgangssubstanz verbraucht war. Der Deuteriumgehalt des unverbrauchten Bromoctans war noch derselbe wie vor der Reaktion; m. a. W. das Ausgangsmaterial verlor ein D-Atom nur dann, wenn *zugleich* ein Br-Atom abgespalten wurde. Im Falle eines zweistufigen Ablaufes müßte wegen der Umkehrbarkeit der $H^{\oplus}$- bzw. $D^{\oplus}$-Abspaltung ein Teil des Deuteriums im unverbrauchten Bromoctan durch Wasserstoff ersetzt worden sein.

Mit dem beobachteten Zeitgesetz zweiter Ordnung und dem kinetischen Isotopeneffekt wäre allerdings auch ein anderer Mechanismus der Elimination zu vereinbaren. Es könnte nämlich im ersten Reaktionsschritt durch die Base ein Proton vom Substrat abgespalten werden; das dadurch entstandene *Carbanion* würde im zweiten (langsameren) Schritt die Abgangsgruppe verlieren:

$$H_2\overset{H}{\underset{|}{C}}-CH_2-Br \xrightleftharpoons{\ominus\overline{O}Et} H_2\overset{\ominus}{C}-CH_2-Br \xrightarrow{\text{langsam}} H_2C=CH_2$$

Nach dem Prinzip der mikroskopischen Reversibilität sollte jedoch dieser **«E1cB»**- oder **«Carbanion»-Mechanismus** (unimolekulare Elimination aus der konjugierten Base) nur dann auftreten, wenn auch der umgekehrte Prozeß (Addition eines Nucleophils im ersten Schritt einer Additionsreaktion) möglich ist. Bei Additionen an isolierte C=C-Doppelbindungen greift jedoch im ersten Reaktionsschritt ein Elektrophil oder Radikal die Doppelbindung an, so daß für solche Fälle der E1cB-Mechanismus auszuschließen ist. Hingegen verlaufen *Eliminationen, die zu α, β-ungesättigten Carbonylverbindungen führen* (vgl. S. 524), *höchstwahrscheinlich gemäß E1 cB*, da die H-Atome am α-C-Atom von Carbonylverbindungen als Protonen abgegeben werden können (vgl. S. 317) und damit das intermediäre Auftreten von Carbanionen bei der Elimination plausibel erscheint. In der Tat läßt sich bei solchen Eliminationen, wenn sie in deuterierten Lösungsmitteln (z. B. C_2H_5OD) durchgeführt werden, ein H/D-Austausch nachweisen (Übertragung von $D^{\oplus}$-Ionen auf das Carbanion bzw. von $H^{\oplus}$-Ionen auf das Lösungsmittel), was bei Eliminationen an Alkylhalogenverbindungen (-tosylaten) oder Alkoholen nie beobachtet wurde.

Selbstverständlich sind auch die drei möglichen Mechanismen der Elimination – *E*1, *E*2, *E*1*cB* – als *«Idealfälle»* zu betrachten, die durch einen kontinuierlichen *Übergang* miteinander verbunden sind und die experimentell nicht immer scharf zu unterscheiden sind. Im Fall der *E*1-Reaktion wird zuerst die C_{α}—X-Bindung, im Fall der *E*1*cB*-Reaktion die C_{β}—H-Bindung getrennt, während bei der *E*2-Reaktion beide Bindungen gleichzeitig getrennt werden. Insbesondere die *E*2-Elimination kann also eher *E*1-ähnlich oder *E*1*cB*-ähnlich oder genau konzertiert erfolgen (B: = Base):

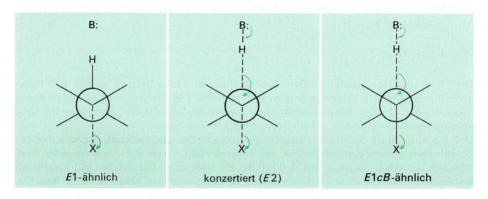

*E*1-ähnlich   konzertiert (*E*2)   *E*1*cB*-ähnlich

E1- und E2-Reaktionen; die Konkurrenz von Substitution und Elimination. Bei Reaktionen, die über Carbeniumionen ablaufen, ist die Stärke und die Konzentration der Base im allgemeinen ohne großen Einfluß auf die Reaktionsgeschwindigkeit. *Schwach basische Reagentien* (Wasser, Ethanol) bewirken deshalb gewöhnlich einen Ablauf der *Elimination nach E1*, wobei der Prozentanteil Alken durch den allgemein für die betreffende *E*1-Reaktion geltenden Wert bestimmt wird (Tabelle 9.2) und unabhängig von der Art der Abgangsgruppe ist. *Polare Lösungsmittel* (insbesondere Substanzen, die zur Bildung von H-Brücken befähigt sind wie Wasser) begünstigen ebenfalls die *unimolekulare* Elimination, weil die Bildung des Carbeniumions erleichtert wird.

Starke Basen wie $OH^{\ominus}$- oder Alkoholat-Ionen führen zu *bimolekularen Eliminationen*, wobei im allgemeinen die Alkenausbeute eher höher ist als bei *E*1-Reaktionen, und, wie schon mehrmals betont, durch Erhöhung der Temperatur stark gesteigert werden kann. Die Geschwindigkeit der Elimination nimmt bei bimolekularen Reaktionen mit zunehmender Zahl der Substituenten am Reaktionszentrum zu, während aber anderseits die Substitutionsgeschwindigkeit abnimmt. So wächst die Alkenausbeute z. B. bei der Reaktion von Natriumethylat mit Bromalkanen in der Reihenfolge *primär – sekundär – tertiär*. Ethylbromid liefert nur 1 % Ethen, Isopropylbromid dagegen bereits 21 % Propen und *tert*-Butylbromid nahezu 100 % Isobuten. Während also tertiäre Verbindungen nur unter den Bedingungen einer unimolekularen Reaktion schnell und glatt substituierbar sind, entfällt diese Einschränkung für Eliminationen, da das Reagens (die Base) am «Rande» des Moleküls angreift und nicht an einem zentralen C-Atom angreift. *Eliminationen an tertiären Verbindungen unter der Wirkung starker Basen verlaufen daher meistens nach E2!*

Sind in β-Stellung zum Reaktionszentrum –I- oder –M-Substituenten vorhanden (Carbonylgruppen, Phenylgruppen), so wird die *Elimination erleichtert,* weil durch die Wirkung dieser Substituenten das β-Proton leichter abzutrennen ist. Verbindungen wie β-Halogen-

9.2 Mechanismen bei β-Eliminationen

carbonylverbindungen reagieren deshalb mit nucleophilen Reagentien hauptsächlich unter Elimination (die, wie oben erwähnt, oft über Carbanionen oder carbanion-ähnliche Übergangszustände verläuft). Auch direkt an das Reaktionszentrum gebundene Alkyl- oder Arylgruppen erhöhen die Reaktivität, weil sie den Carbeniumion-ähnlichen Charakter des aktivierten Komplexes stabilisieren (E1!).

Bei E1-Reaktionen beobachtet man oft eine *sterische Beschleunigung*. Sowohl im Carbeniumion wie im eben gebauten Alken betragen die Bindungswinkel zwischen den Substituenten 120° (im Substitutionsprodukt aber nur 109°28'), so daß sich raumerfüllende Substituenten im Alken voneinander entfernen können. Während z. B. die Solvolyse von *tert*-Amylchlorid 34% Alken liefert, erhält man durch Solvolyse von 4-Chlor-2,2,4,6,6-pentamethylheptan 100% Alken! Während, wie schon erwähnt, die Art der Abgangsgruppe bei E1-Reaktionen ohne Einfluß auf das Verhältnis Alken/Substitutionsprodukt ist, trifft dies für bimolekulare Eliminationen nicht zu. Hier *begünstigen voluminöse Abgangsgruppen* wie $S(CH_3)_2$ oder $N(CH_3)_3$ die *Elimination* stark, erhöhen also die Alkenausbeute. In der gleichen Richtung wirken *Basen*, die *stark raumerfüllend* sind, weil dann die S_N2-*Reaktion sterisch gehindert* wird (z. B. bei Verwendung von *tert*-Butylat als Base). Nucleophile Reagentien, die wie $Br^\ominus$- oder $I^\ominus$-Ionen nur schwache Basen sind, ergeben nur einen sehr geringen Anteil an Alken; bei Reaktionen mit Carboxylat-Anionen ist die Alkenausbeute etwas höher, während $SH^\ominus$-Ionen wieder weniger Alken ergeben als $OH^\ominus$-Ionen.

Auch die *Polarität* des *Lösungsmittels* hat einen Einfluß auf das Verhältnis von Eliminations- zu Substitutionsprodukt. Bei E1- bzw. S_N1-Bedingungen ist dieser Einfluß allerdings nur gering. E2- und S_N2-Reaktionen haben hingegen verschiedene aktivierte Komplexe: bei der S_N2-Reaktion werden die Ladungen über drei, bei der E2-Reaktion über 5 Atome delokalisiert:

Zwar werden diese beiden Reaktionen durch wenig polare Lösungsmittel erleichtert (geringere Solvation der reagierenden $OH^\ominus$), doch ist dieser Effekt bei der E2-Reaktion stärker ausgeprägt, weil der aktivierte Komplex in einem geringeren Maß solvatisiert ist. *Schwächer polare Lösungsmittel begünstigen deshalb die Elimination*. So benützt man alkoholisches KOH, um an Halogenalkanen eine Elimination durchzuführen, während wäßriges KOH zur Substitution verwendet wird. Besonders hohe Alkenausbeuten erreicht man mit *tert*-Butylat in *tert*-Butylalkohol: einerseits ist die S_N2-Reaktion sterisch gehindert, und anderseits ist *tert*-Butylalkohol ein schwach polares Lösungsmittel. Auch in polaren, *aprotischen* Lösungsmitteln wird die *Elimination* gegenüber der Substitution *begünstigt*.

Schließlich sei nochmals darauf hingewiesen, daß sowohl bei E1- wie bei E2-Bedingungen die Alkenausbeute durch *Erhitzen* gesteigert werden kann, weil die Elimination im allgemeinen eine höhere freie Aktivierungsenthalpie benötigt.

9.3 Die Richtung (Regioselektivität) der Elimination: Saytzew- und Hofmann-Elimination

Bei sekundären und tertiären Ausgangsstoffen kann die Elimination im Prinzip in *zwei Richtungen* erfolgen, wobei sich Alkene mit verschiedener Lage der Doppelbindung bilden. Schon im letzten Jahrhundert wurden auf rein *empirischer* Basis zwei Regeln formuliert, welche die Richtung der Elimination angeben. In vielen Fällen, besonders bei Eliminationen an Halogenalkanen und Alkylsulfonaten sowie an Alkoholen, bildet sich vorzugsweise dasjenige Alken, welches an der Doppelbindung mehr Alkylgruppen trägt (**«Regel von Saytzew»**); bei anderen Eliminationen, z. B. bei der thermischen Zersetzung quartärer Ammoniumhydroxide, bildet sich hingegen hauptsächlich das Alken mit der kleineren Zahl Alkylgruppen an der Doppelbindung (**«Regel von Hofmann»**):

$$-C-C=C-C-H \quad (1) \quad \text{Saytzew-Produkt}$$

$$-C-C-C=C \quad (2) \quad \text{Hofmann-Produkt}$$

Allerdings entstehen in der Regel *Gemische*; meistens überwiegt darin jedoch das eine der beiden möglichen Produkte (*Regioselektivität*, vgl. S. 356):

$$H_3CCH_2CHCH_3 \xrightarrow{EtO^\ominus} H_3CCH=CHCH_3 + H_3CCH_2CH=CH_2$$
$$\quad\quad\quad Br \quad\quad\quad\quad\quad\quad\quad 81\% \quad\quad\quad\quad 19\%$$

$$H_3CCH_2-\underset{Br}{\overset{CH_3}{\underset{|}{C}}}-CH_3 \xrightarrow{EtO^\ominus} H_3CCH=C(CH_3)_2 + H_3CCH_2\overset{CH_3}{\underset{|}{C}}=CH_2$$
$$\quad\quad\quad\quad\quad\quad\quad\quad\quad\quad 69\% \quad\quad\quad\quad\quad 31\%$$

$$H_3CCH_2CHCH_3 \xrightarrow{EtO^\ominus} H_3CCH=CHCH_3 + H_3CCH_2CH=CH_2$$
$$\quad\quad \overset{\oplus}{S}(CH_3)_2 \quad\quad\quad\quad\quad 26\% \quad\quad\quad\quad 74\%$$

Wie aus den experimentell bestimmten Verbrennungs- und Hydrierungswärmen hervorgeht, ist das *stärker substituierte Alken* (das «Saytzew-Produkt») in der Regel (abgesehen von Sonderfällen, die durch sterische Gründe bedingt sind) das *thermodynamisch stabilere Produkt*, da Alkylgruppen an Doppelbindungen diese durch Hyperkonjugation stabilisieren. Bei *unimolekularen Eliminationen* überwiegt meistens das *Saytzew-Produkt*. Da die Reaktionsbedingungen dabei selten derart sind, daß Isomerisierungen von Alkenen möglich sind, spiegelt das Mengenverhältnis, in welchem Saytzew- und Hofmann-Produkte gebildet werden, die relativen Reaktionsgeschwindigkeiten wider; die *E*1-Elimination ist also *kinetisch gesteuert*. Der aktivierte Komplex des zweiten Schrittes der *E*1-Reaktion (denn erst dann wird entschieden, ob ein Saytzew- oder Hofmann-Produkt entsteht) muß also durch die gleichen Faktoren stabilisiert bzw. destabilisiert werden, welche auch die Stabilität der möglichen Produkte beeinflussen; die Tatsache, daß überwiegend Saytzew-Produkte gebildet werden, zeigt, daß der aktivierte Komplex bereits in gewissem Maß Doppelbindungscharakter besitzen muß. Nur wenn der Energieunterschied zwischen den aktivierten Komplexen (1) und (2) nicht allzu groß ist, entstehen gleichzeitig auch nennenswerte Mengen Hofmann-Produkt.

9.3 Die Richtung der Elimination (Saytzew- und Hofmann-Elimination)

$$R_3-\overset{R_4}{\underset{H}{C}}-\overset{H}{\underset{X}{C}}-\overset{H}{\underset{H}{C}}-R_1 \xrightarrow{-X^{\ominus}} R_3-\overset{R_4}{\underset{H}{\overset{\beta}{C}}}\cdots\overset{H}{\underset{\oplus}{C}}-\overset{H}{\underset{H}{C}}-R_1 \quad \text{stabiler als} \quad R_3-\overset{R_4}{\underset{H}{C}}-\overset{H}{\underset{\oplus}{C}}\cdots\overset{H}{\underset{H}{\overset{\beta'}{C}}}-R_1$$

Lösungsmittel Lösungsmittel
(1) (2)

In Fällen, wo bei der Elimination dicht gepackte («enge») Ionenpaare entstehen (wenn die Abgangsgruppe nicht als freies Ion abdissoziiert), können im Produktgemisch erhebliche Anteile Hofmann-Produkt auftreten. So entsteht von den drei möglichen Eliminationsprodukten aus (3) um so mehr (6) (um so mehr Hofmann-Produkt), je stärker basisch die Abgangsgruppe (d.h. das Gegenion zum Carbeniumion) gewesen ist. Diese «zieht» das Proton gewissermaßen aus dem Carbeniumion «heraus», und zwar bereits im Stadium des engen Ionenpaares, so daß der aktivierte Komplex eher einem Carbeniumion gleicht und weniger Doppelbindungscharakter besitzt. Die Orientierung der Doppelbindung wird dann durch die relative Acidität der verschiedenen Protonen beeinflußt, die im Fall der β-Methyl-H-Atome größer ist als im Fall der Methylen-H-Atome (die unter dem Einfluß einer weiteren Methylgruppe mit σ-Donorwirkung stehen).

$$H_3C-\underset{Ph}{\overset{X}{\underset{|}{C}}}-CH_2CH_3 \xrightarrow{\text{Eisessig}} \underset{Ph}{\overset{H_3C}{>}}C=C\underset{H}{\overset{CH_3}{<}} + \underset{Ph}{\overset{H_3C}{>}}C=C\underset{CH_3}{\overset{H}{<}} + H_2C=\underset{Ph}{\overset{|}{C}}-CH_2CH_3$$

(3) (E)(4) (Z)(5) (6)

Saytzew Hofmann-Produkt

X = Cl	23%
X = CH₃COO	45%
X = NHNH₂	60%

Bei *bimolekularen Eliminationen* wird die Richtung der Elimination in ausgeprägtem Maß durch die *Art der Substituenten in β-Stellung* sowie durch die *Natur der Abgangsgruppe* bestimmt. Wie bereits auf S. 379 angedeutet wurde, verläuft die E2-Reaktion nicht immer genau konzertiert, sondern oft mehr E1- oder E1cB-ähnlich. Ist die C—X-Bindung relativ schwer zu trennen, so vermag die Base das Proton vom β-C-Atom zuerst abzuspalten und der aktivierte Komplex (7) besitzt noch kaum Doppelbindungscharakter (Ablauf E1cB-ähnlich; die durch die Abtrennung des Protons nichtbindend gewordenen Elektronen «verdrängen» die Abgangsgruppe X); erfolgt die Abtrennung der Abgangsgruppe verhältnismäßig leicht (wie z.B. im Fall von Br$^{\ominus}$- und I$^{\ominus}$-Ionen), so beginnt sie sich bereits vor der Abtrennung des Protons abzulösen [aktivierter Komplex. (9); E1-ähnlicher Ablauf]. Nur bei synchroner Abtrennung des Protons und der Abgangsgruppe besitzt der aktivierte Komplex bereits in einem gewissen Ausmaß Doppelbindungscharakter (8).

(7) (8) (9)

9 Eliminationsreaktionen

Verläuft die Elimination über einen Übergangszustand (8), so wird vorwiegend das *Saytzew-Produkt* gebildet: der aktivierte Komplex wird durch die gleichen Faktoren stabilisiert wie das Produkt (σ-Donoren – Alkylgruppen! – am β-C-Atom). Eliminationen an Iod- und Bromalkanen mit *mäßig starken Basen* liegen im Grenzbereich zwischen der typischen $E1$- und $E2$-Reaktion; der aktivierte Komplex gleicht dann dem Zustand (9), und es entsteht ebenfalls bevorzugt das *Saytzew-Produkt*. Bei Eliminationen an *quartären Ammoniumhydroxiden* oder an *Sulfoniumionen* sind die C—N- bzw. C—S-Bindungen relativ schwer zu trennen, und die Base spaltet das Proton ab, bevor die Abgangsgruppe ganz abgetrennt ist. Alkylgruppen oder andere σ-Donoren am β-C-Atom erhöhen aber dort die Elektronendichte, erschweren also die Abtrennung des Protons vom β-C-Atom und destabilisieren den aktivierten Komplex (7), so daß leichter ein Proton vom β'-C-Atom abgespalten wird: es entsteht bevorzugt das *Hofmann-Produkt* (die Hofmann-Regel wurde ursprünglich nur für die Alkenbildung durch thermische Zersetzung quartärer Ammoniumhydroxide formuliert!). Alkylgruppen am β-C-Atom und verhältnismäßig schwer zu trennende C—X-Bindungen begünstigen deshalb bei $E2$-Reaktionen das Hofmann-Produkt.

Sind aber am β-C-Atom *ungesättigte Gruppen* oder *Benzenkerne* vorhanden wie z. B. im β-Phenylethylbromid, die mit der durch die Elimination entstehenden Doppelbindung in *Konjugation* treten können, so wird der Übergangszustand (8) [oder auch (7)] derart stabilisiert, daß nicht nur die Elimination viel leichter erfolgt (und unter Umständen gegenüber der Substitution stark begünstigt wird), sondern daß in gewissen Fällen auch quartäre Ammoniumionen vorwiegend das Saytzew-Produkt liefern:

$$C_6H_5-\overset{\beta\downarrow}{C}H_2-\overset{\alpha}{C}H-\overset{\oplus}{\underset{\underset{CH_3}{\beta'CH_3}}{N}}-C_2H_5 \longrightarrow C_6H_5-CH=CH-CH_3 + (H_3C)_2NC_2H_5$$

Zusammenfassend läßt sich folgendes über die *Richtung (Regioselektivität) der Elimination* aussagen:

> (a) Wenn die Möglichkeit besteht, daß eine schon vorhandene Doppelbindung mit der neuen Doppelbindung in *Konjugation* treten kann, so erfolgt die Elimination stets in dieser Richtung.
>
> (b) Bei *$E1$-Bedingungen* entscheidet die Stabilität des aktivierten Komplexes des zweiten Reaktionsschrittes; da er bereits in gewissem Maß Doppelbindungscharakter besitzt, entsteht vorwiegend *Saytzew-Produkt*.
>
> (c) Wenn bei *$E2$-Reaktionen* der aktivierte Komplex ebenfalls in einem gewissen Maß Doppelbindungscharakter zeigt, oder wenn besonders gute Abgangsgruppen abgetrennt werden ($E2-E1$-Grenzgebiet), so wird vorwiegend *Saytzew-Produkt* gebildet. Sind besonders voluminöse Abgangsgruppen vorhanden oder ist die Bindung zur Abgangsgruppe relativ schwer zu trennen, so entsteht hauptsächlich *Hofmann-Produkt*.

Sterische Faktoren können jedoch bei $E1$-Eliminationen zum Überwiegen des Hofmann-Produktes führen; ebenso kann bei $E2$-Reaktionen durch Verwendung besonders raumbeanspruchender Basen die Bildung des Hofmann-Produktes begünstigt werden.

Schließlich sei erwähnt, daß – außer im Fall größerer Ringe – an einem Brückenkopf-C-Atom keine Doppelbindung auftreten kann (**«Regel von Bredt»**). Verbindungen wie (1) ergeben damit bei der Elimination ausschließlich das Produkt (2). Die Verbindung (3) ist nicht bekannt, und an (4) ist überhaupt keine Elimination möglich.

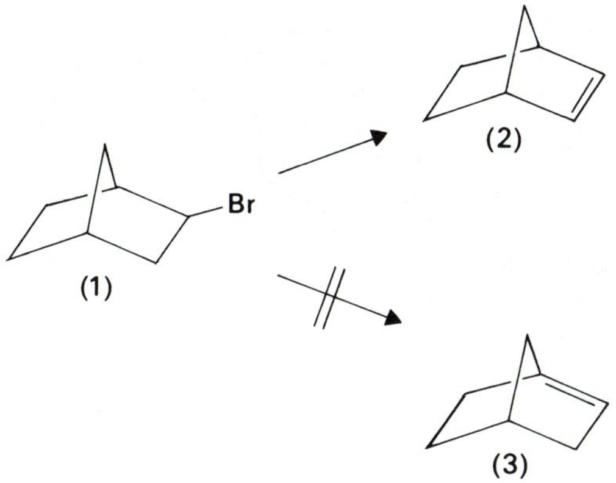

Die Bredtsche Regel gilt nicht für Verbindungen der folgenden Art, in welcher keine abnorm hohe Spannung auftritt:

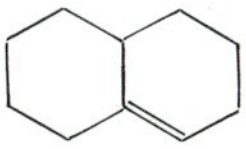

9.4 Sterischer Verlauf der Elimination

Bei Eliminationsreaktionen entsteht im Prinzip aus einem *nichtbindend* gewordenen Elektronenpaar eine π-*Bindung*. Im Fall der **E2-Reaktion** lassen sich *zwei Möglichkeiten* des sterischen Ablaufes denken:

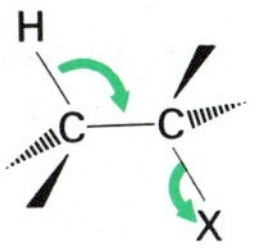

anti-Elimination[1] 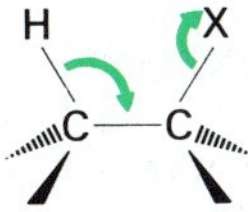   *syn*-Elimination[2]

In beiden Fällen liegen die abgetrennten Atome (Atomgruppen) mit den Atomen der zukünftigen Doppelbindung *in einer Ebene* (sie sind **«koplanar»** bzw. periplanar), eine Bedingung, die selbstverständlich erscheint, wenn man bedenkt, daß aus einem σ-Elektronenpaar eine π-Bindung entstehen muß, deren größte Ladungsdichte senkrecht zur Ebene der H—C—C—H-Atome liegt (Abb. 9.2 für die *anti*-Elimination).
Um den sterischen Ablauf einer Elimination *experimentell* zu untersuchen, müssen *chirale* oder *Ringverbindungen* als Ausgangssubstanzen gewählt werden, in denen sich die einzelnen Substituenten sterisch unterscheiden lassen. Als *Beispiele* betrachten wir zunächst

---

[1] Aus der *anti-periplanar-* (*ap-*) Konformation heraus (bezogen auf die zu eliminierenden Teilchen).
[2] Aus der *syn-periplanar-* (*sp-*) Konformation heraus.

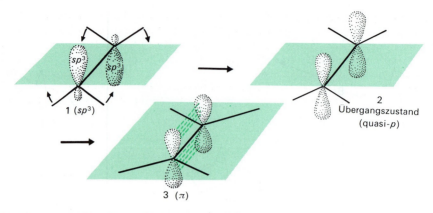

Abb. 9.2. Stereoelektronischer Verlauf der anti-E2-Reaktion

die Elimination von HCl aus *Menthyl-* bzw. *Neomenthylchlorid* und *1-Chlor-1,2-diphenylpropan*.
neo-Menthylchlorid liefert beim Erhitzen mit einer genügend starken Base ein Gemisch von etwa 75% 3-Menthen (Saytzew-Produkt) und 25% 2-Menthen (Hofmann-Produkt), wie es den Erwartungen entspricht. Im Gegensatz dazu wird das Diastereomer Menthylchlorid zu 100% in das (weniger stabile) 2-Menthen (Hofmann-Produkt) übergeführt. Dieses Ergebnis läßt sich nur mit der Vorstellung einer *anti-(periplanaren) Elimination* erklären:

9.4 Sterischer Verlauf der Elimination

Im *neo-Menthylchlorid* liegen zwei H-Atome *anti*-periplanar zum Cl-Atom, so daß eine Elimination leicht möglich ist. Das *Menthylchlorid* aber muß zuerst in die (energiereichere) Konformation mit axial stehenden Substituenten übergehen (daher die langsamere Reaktion!), in welcher nur ein H-Atom antiperiplanar zum Cl-Atom steht, so daß nur ein einziges Eliminationsprodukt gebildet wird.

Auch bei der *E*2-Elimination an den diastereomeren *erythro-* und *threo-1,2-Diphenylpropylchloriden* entsteht ausschließlich das nach dem *anti*-periplanaren Machanismus zu erwartende Produkt:

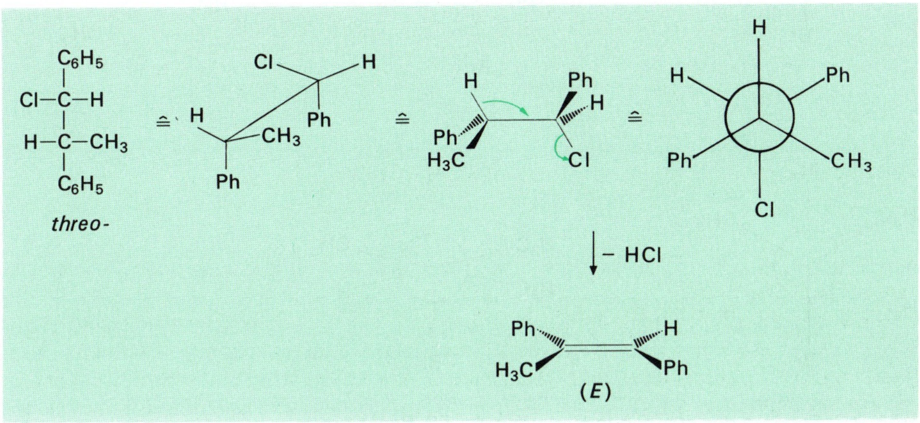

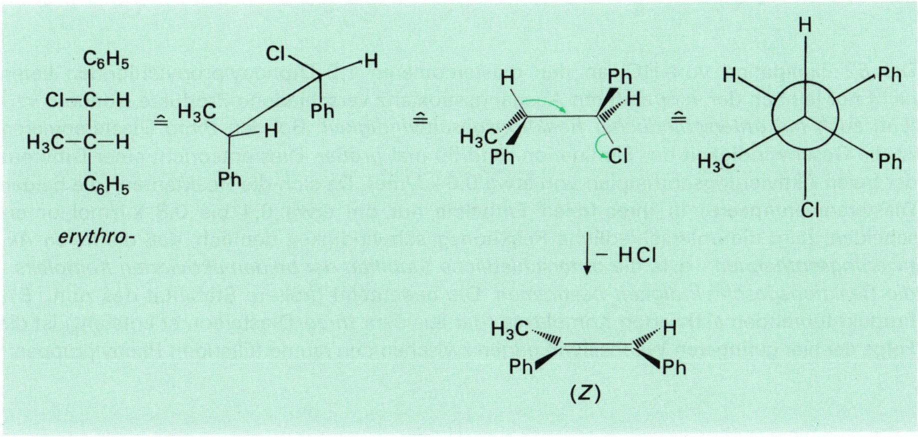

Die Beispiele zeigen, daß *E*2-Eliminationen offenbar **stereospezifisch** verlaufen: Die an der Reaktion beteiligten vier Reaktionszentren müssen *in einer Ebene liegen*, und die abzuspaltenden Substituenten müssen *in antiperiplanar-Stellung* zueinander stehen («**anti-Elimination**»; Ingold). Die Abb. 9.2 (S. 386) zeigt die stereoelektronischen Verhältnisse: Im Übergangszustand sind aus den sp^3-Hybrid-AO schon beinahe p-AO geworden, wobei die ursprünglich sp^3-hybridisierten C-Atome in fast in einer Ebene liegende sp^2-ähnliche Zustände übergehen. Die entstehende π-Bindung kann dann aus dem Ausgangsstoff (in der gestaffelten Konformation) entstehen, ohne daß die Molekülhälften gegeneinander verdreht werden müssen.

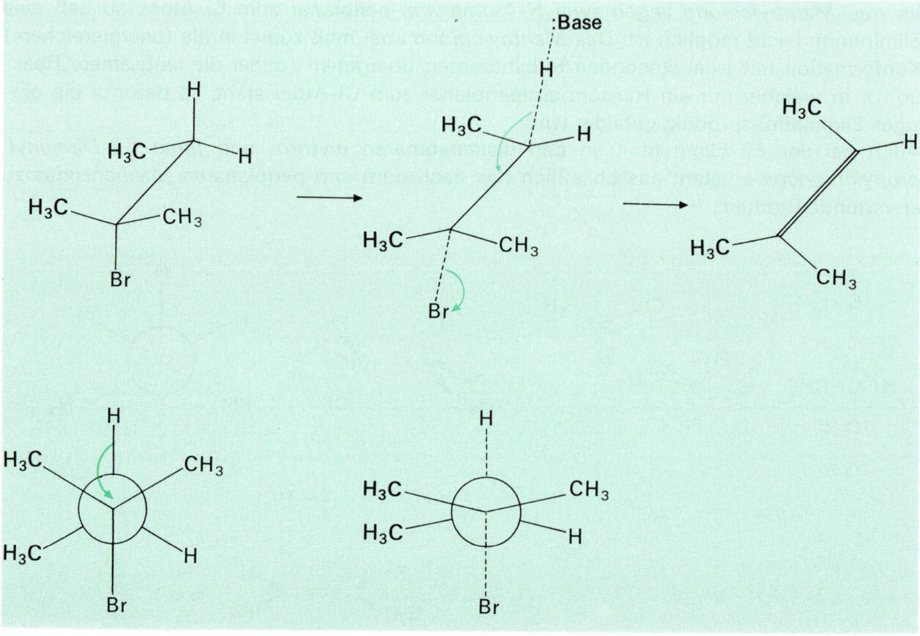

Abb. 9.3. Schema des sterischen Verlaufes der E2-Reaktion

Die *E*2-Elimination von HCl an den diastereomeren 1,2-Diphenylpropylchloriden liefert nicht nur je nach der verwendeten Ausgangssubstanz verschiedene Produkte, sondern verläuft auch *mit unterschiedlicher Reaktionsgeschwindigkeit*: Bei den *threo*-Diastereomeren ist die Geschwindigkeit der Elimination rund 50 mal *größer*. Dies entspricht einer Differenz der freien Aktivierungsenthalpien von etwa 9.6 kJ/mol. Da sich die Reaktanten (die beiden Diastereomerenpaare) in ihrer freien Enthalpie nur um etwa 0.4 bis 0.8 kJ/mol unterscheiden, zeigt die unterschiedliche Reaktionsgeschwindigkeit deutlich, daß die freien *Aktivierungsenthalpien* – d. h. die *unterschiedliche Stabilität der beiden aktivierten Komplexe – die Reaktionsgeschwindigkeit bestimmen*. Die bedeutend größere Stabilität des zum (*E*)-Produkt führenden aktivierten Komplexes (der aus dem *threo*-Diastereomer entsteht) ist die Folge der hier geringeren Wechselwirkungen zwischen den raumerfüllenden Phenylgruppen:

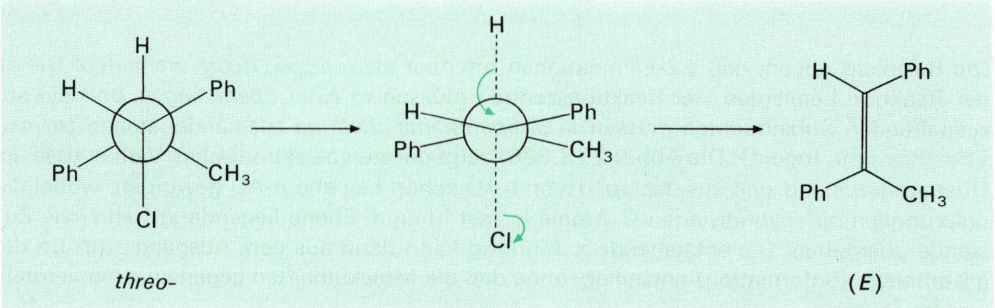

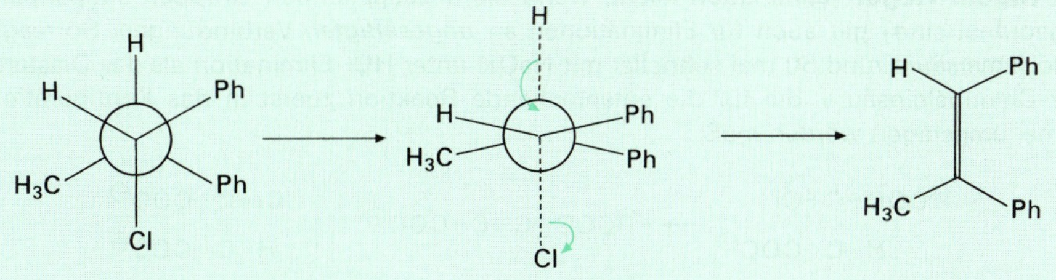

9.4 Sterischer Verlauf der Elimination

erythro- → (Z)

Diese Verhältnisse bewirken, daß die *E*2-Reaktion in bestimmten Fällen **stereoselektiv** verläuft. So entsteht aus 2-Brombutan fast ausschließlich (*E*)-Buten.

Das Ergebnis könnte auch mit der Annahme erklärt werden, daß die Mehrzahl aller Brombutanmoleküle eben in der antiperiplanaren Konformation vorliegt (welche zum stabileren aktivierten Komplex führt). Die freie Aktivierungsenthalpie ist aber viel höher als die Energiebarriere zwischen verschiedenen Konformationen, so daß nicht die «Besetzung» der verschiedenen Konformationen, sondern die *Stabilität der aktivierten Komplexe* die Richtung der Reaktion bestimmt.

Der Schluß, daß bei einer Reaktion *das Mengenverhältnis der Produkte unabhängig von der Besetzung verschiedener Konformationen* ist, wird als **Curtin-Hammett-Prinzip** bezeichnet. Es läßt sich auch auf Reaktionen *tautomerer* Moleküle anwenden: Wenn der Energieunterschied zwischen den beiden Tautomeren kleiner ist als die freie Aktivierungsenthalpie der betreffenden Reaktion, so ist die Zusammensetzung des Produktgemisches von der Lage des Tautomeriegleichgewichtes unabhängig.

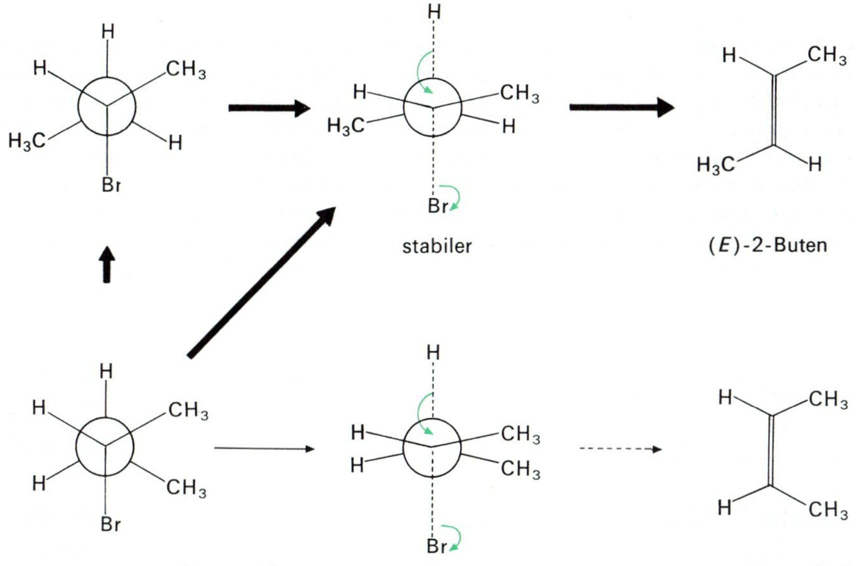

stabiler → (*E*)-2-Buten

weniger stabil → (*Z*)-2-Buten

Die **Ingold-Regel** (Elimination leicht, wenn die abzuspaltenden Gruppen antiperiplanar angeordnet sind) gilt auch für Eliminationen an *ungesättigten* Verbindungen. So reagiert Chlorfumarsäure rund 50 mal schneller mit NaOH unter HCl-Elimination als das Diastereomer Chlormaleinsäure, die für die entsprechende Reaktion zuerst in das Konfigurationsisomer umgelagert werden muß:

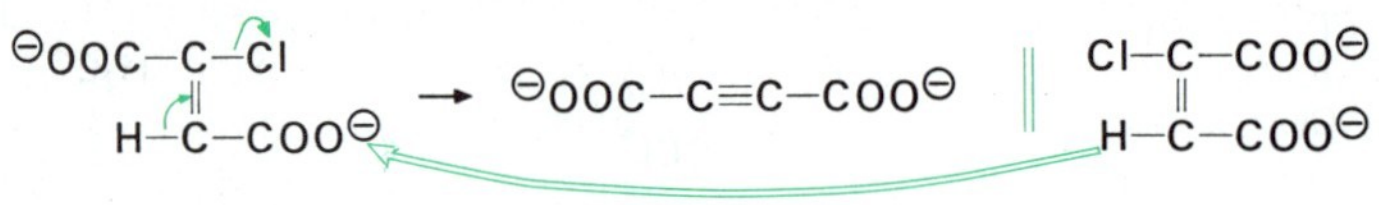

$$^\ominus OOC-C\overset{\frown}{-}Cl \atop H\overset{\frown}{-}C-COO^\ominus \longrightarrow {}^\ominus OOC-C\equiv C-COO^\ominus \parallel {Cl-C-COO^\ominus \atop H-C-COO^\ominus}$$

Neuerdings wurden jedoch auch zahlreiche Fälle entdeckt, bei denen **syn-Elimination** auftritt oder *syn*- und *anti*-Elimination als Konkurrenzreaktionen nebeneinander vorkommen. Insbesondere Eliminationen an Cyclopentanderivaten verlaufen oft *syn*-periplanar:

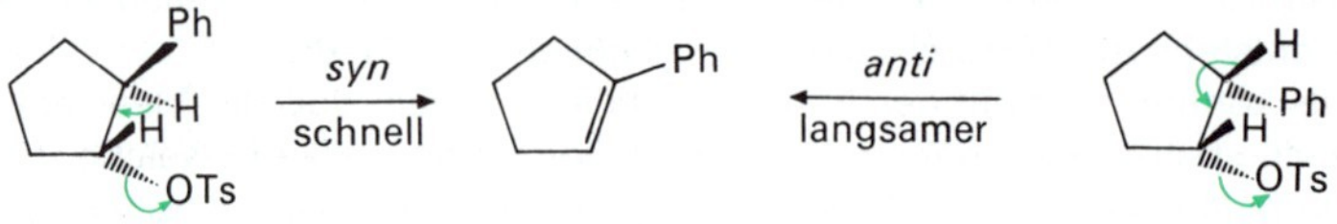

Die *syn*-Elimination ist immer dann begünstigt, wenn aus sterischen Gründen die koplanare Anordnung der abzutrennenden Atome im Übergangszustand der *syn*-Elimination besser möglich ist als bei *anti*-Eliminationen, d. h. wenn die beiden abzutrennenden Atome syn-periplanar, jedoch nicht antiperiplanar stehen. Als Beispiel diene die HCl-Abspaltung aus den diastereomeren *cis*- und *trans*-2,3-Dichlornorbornanen, die beim *trans*-Isomer viel rascher verläuft:

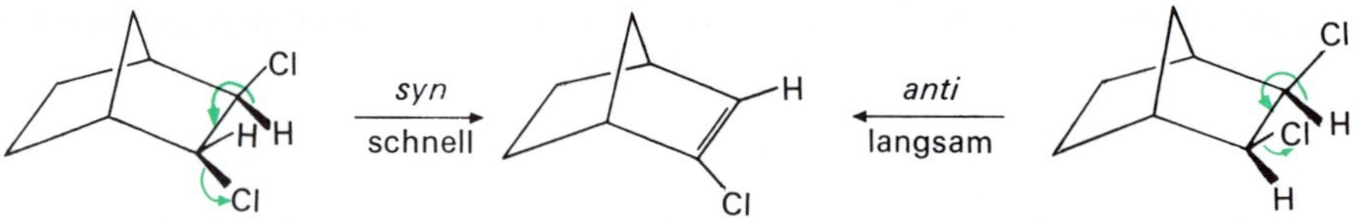

Besonders interessant ist, daß dann, wenn man eine anionische Base zur Elimination benützt, die sowohl mit ihrem Kation wie mit der Abgangsgruppe koordiniert ist, ebenfalls *syn*-Elimination auftritt. Die Verbindung (1) beispielsweise liefert unter der Einwirkung des Natriumsalzes von 2-Cyclohexylcyclohexanol fast zu 100% das (wegen der Geometrie des Ausgangsmoleküls erwartete) *syn*-Eliminationsprodukt. Setzt man dem Reaktionsgemisch aber einen **Kronenether** zu, der das $Na^\oplus$-Ion komplexieren kann, so entsteht trotz der ungünstigen räumlichen Anordnung der beiden abzutrennenden Atome rund 30% *anti*-Eliminationsprodukt. Das $Na^\oplus$-Ion koordiniert sich im aktivierten Komplex offensichtlich sowohl mit der Abgangsgruppe wie mit der Base, wodurch *syn*-Elimination bevorzugt wird.

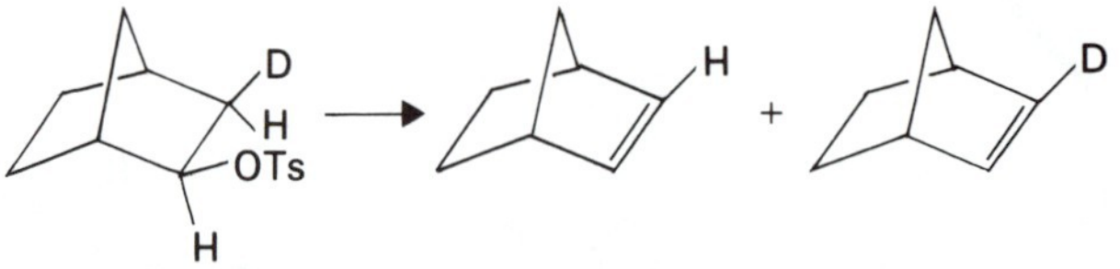

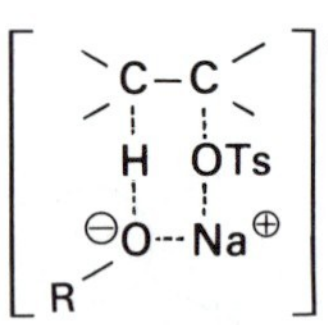

Kronenether vorhanden:				aktivierter Komplex
	Nein	98%	0%	
	Ja	70%	27.2%	

9.5 Präparative Anwendungen

Eliminationen an Halogenalkanen und Alkylsulfonaten. Obschon die Wasserabspaltung aus Alkoholen häufig einfacher durchzuführen ist, besitzen Eliminationen an Halogenalkanen und Sulfonsäureestern (Tosylaten) eine gewisse präparative Bedeutung. Zwar entstehen bei solchen Reaktionen häufig Gemische verschiedener isomerer Produkte; da sich aber Eliminationen an den erwähnten Substraten relativ leicht als bimolekulare Reaktionen durchführen lassen, können auf diese Weise besonders bei cyclischen Ausgangsstoffen Alkene mit einer bestimmten Lage der Doppelbindung bevorzugt erhalten werden. Zudem treten Nebenreaktionen wie Umlagerungen bei E2-Reaktionen kaum auf.

Primäre Halogenverbindungen ergeben bei Eliminationen meist *schlechte Ausbeuten* (Hauptreaktion ist die Substitution!). Fluorverbindungen sind zu reaktionsträg und Iodverbindungen oft zu instabil, so daß meistens sekundäre oder tertiäre Brom- oder Chlorverbindungen verwendet werden. Als eliminierende Reagentien dienen alkoholische Lösungen von NaOH, Kalium-*tert*-butylat in *tert*-Butylalkohol, Alkalialkoholate und tertiäre organische Basen (Pyridin, Chinolin, Dimethylanilin). Im erstgenannten Fall wirkt wahrscheinlich das Ethylat-Ion als Base, weil das Gleichgewicht

$$OH^\ominus + C_2H_5OH \rightleftarrows H_2O + C_2H_5O^\ominus$$

durch einen großen Überschuß von Ethanol nach rechts verschoben wird. *tert*-Butylat oder andere raumerfüllende Basen drängen die als Nebenreaktion auftretende Substitution zurück. Auch eine relativ hohe Konzentration einer *starken Base begünstigt die Elimination*. Für schwierigere Fälle sind die bicyclischen Amidine 1,5-Diazabicyclo[3.4.0]-5-nonen (DBN) und 1,5-Diazabicyclo[5.4.0]-5-undecen (DBU) gut geeignete Reagentien, da sie wenig nucleophil, aber starke Basen sind (vgl. Band II).

DBN

DBU

In gewissen Fällen wichtig sind *Eliminationen an vic-Dihalogenverbindungen*. Die Elimination von Brom an *vic-Dibromalkanen* durch *Iodid* verläuft **stereospezifisch** als konzertierte Reaktion *anti-periplanar*. So erhält man auf diese Weise aus (*E*)-1,2-Dibromcyclohexan in glatter Reaktion Cyclohexen, während *cis*-1,2-Dibromcyclohexen nicht reagiert. Ebenso entsteht aus *meso*-2,3-Dibrombutan (*E*)-2-Buten, aus den optisch aktiven Diastereomeren dagegen (*Z*)-2-Buten. Im letzteren Fall verläuft die Elimination über einen energiereicheren Übergangszustand und damit deutlich langsamer.

meso-2,3-Dibrombutan → (*E*)-2-Buten

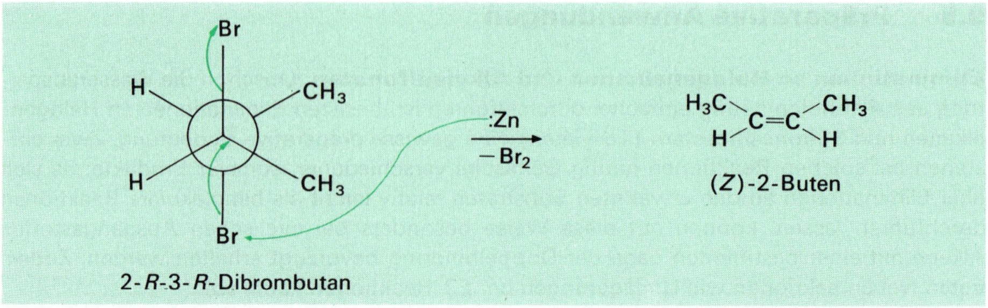

2-R-3-R-Dibrombutan → :Zn, −Br₂ → (Z)-2-Buten

In gewissen Fällen – bei mittelgroßen Ringen (C_8 bis C_{12}) – wurde jedoch auch *syn*-Elimination beobachtet. Unter der Wirkung von **Metallen** (*Zink*) verläuft die Elimination zweier Halogenatome manchmal ebenfalls stereospezifisch *anti*-periplanar (wahrscheinlich gemäß *E1cB*), in gewissen Fällen jedoch nicht. Die relativ leichte Dehalogenierung durch Iodid dient gelegentlich dazu, eine Doppelbindung während einer Reaktion zu «**schützen**»: Man addiert zunächst Brom, führt dann die fragliche Reaktion aus und bildet das Alken mit Iodid zurück.

Eliminationen von Halogenwasserstoff aus *vic*-Dihalogenverbindungen ergeben *ungesättigte Halogenverbindungen* oder *Alkine*:

$$H_2C=CH_2 \xrightarrow{Cl_2} \underset{\underset{Cl}{|}}{CH_2}-\underset{\underset{Cl}{|}}{CH_2} \xrightarrow{NaOH} H_2C=CH-Cl$$

Als Base wird zur Einführung von Dreifachbindungen oft $NaNH_2$ in unpolaren Lösungsmitteln verwendet, da im Falle endständiger Dreifachbindungen das Produkt als Natriumsalz ausfällt und eine Isomerisierung (Verschiebung der Dreifachbindung!) verhindert werden kann.

Interessant ist die Bildung von *Ketenen* aus Säurechloriden, ebenfalls eine *E2*-Reaktion:

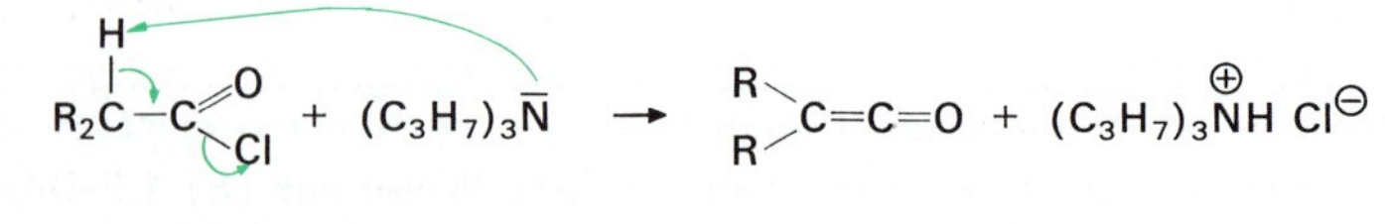

$$R_2C(H)-C(=O)Cl + (C_3H_7)_3N \rightarrow R_2C=C=O + (C_3H_7)_3\overset{\oplus}{N}H\ Cl^{\ominus}$$

Eliminationen an Alkoholen. Die säurekatalysierte Dehydratisierung von Alkoholen ist eine der am häufigsten verwendeten Methoden zur Alkengewinnung. Es handelt sich hier um eine typische *E1*-Reaktion:

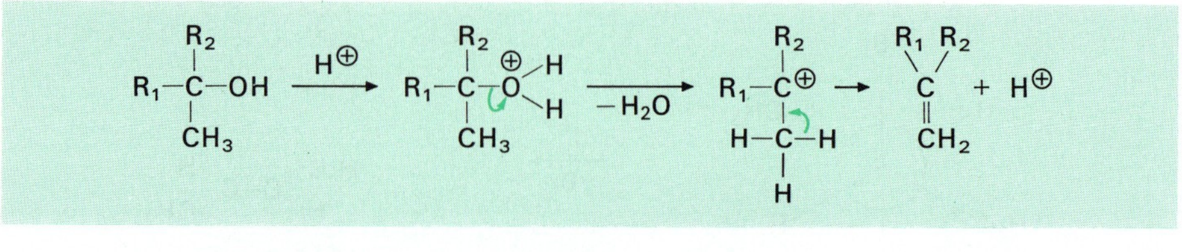

$$R_1-\underset{\underset{CH_3}{|}}{\overset{\overset{R_2}{|}}{C}}-OH \xrightarrow{H^\oplus} R_1-\underset{\underset{CH_3}{|}}{\overset{\overset{R_2}{|}}{C}}-\overset{\oplus}{O}\underset{H}{\overset{H}{<}} \xrightarrow{-H_2O} R_1-\underset{\underset{H-C-H}{\underset{|}{|}}}{\overset{\overset{R_2}{|}}{\overset{\oplus}{C}}} \rightarrow \underset{\underset{CH_2}{||}}{\overset{\overset{R_1\ R_2}{\diagdown\diagup}}{C}} + H^\oplus$$

Um Substitutionen möglichst zu vermeiden, sind bei primären Alkoholen hohe Temperaturen (160 bis 200 °C) und relativ hohe Konzentrationen von starken Säuren (H_2SO_4, H_3PO_4) nötig, so daß als Folge der ziemlich energischen Bedingungen oft erhebliche Mengen von

Nebenprodukten entstehen. Sekundäre Alkohole reagieren bereits bei etwa 140°C (mit H_3PO_4 als Säure), und tertiäre Alkohole lassen sich bei 100°C mit Oxalsäure oder Sulfonsäuren in Alkene überführen. Besonders leicht reagieren β-Hydroxycarbonylverbindungen (wie sie durch Aldoladditionen entstehen), da dadurch mesomeriestabilisierte α,β-ungesättigte Carbonylverbindungen gebildet werden, allerdings erfolgt dann die Elimination wohl stets nach *E1cB*. (Auch die Polymerisation der entstehenden Alkene ist als Nebenreaktion möglich.)

Die Dehydratisierung der Alkohole kann auch in der Gasphase bei Verwendung von Al_2O_3, $AlPO_4$, TiO_2 u. a. als Katalysatoren durchgeführt werden (bei 300 bis 400°C). Da allerdings viele Alkohole technisch umgekehrt durch Addition von H_2O an Alkene (aus Crackgasen) hergestellt werden, ist die katalytische Dehydratisierung nur für besondere Fälle im Laboratorium von Bedeutung. Die Ausbeuten dabei sind gut, und die Saytzew-Produkte überwiegen.

Durch Verwendung von Lithiumalkylen oder Lithiumalkoxiden in Tetrahydrofuran unter Zusatz von K_2WCl_6 oder anderen Wolfram-Verbindungen lassen sich beide Hydroxylgruppen aus *vic*-Glycolen abtrennen:

$$-\overset{|}{\underset{HO}{C}}-\overset{|}{\underset{OH}{C}}- \xrightarrow{\text{2 MeLi, THF}} -\overset{|}{\underset{O^\ominus}{C}}-\overset{|}{\underset{O^\ominus}{C}}- \xrightarrow{K_2WCl_6} -\overset{|}{C}=\overset{|}{C}-$$

Besonders tetrasubstituierte Diole reagieren dabei rasch.

Carbonsäuren können ebenfalls dehydratisiert werden (durch Pyrolyse), wobei **Ketene** entstehen:

$$R-\overset{H}{\underset{H}{C}}-\overset{=O}{\underset{OH}{C}} \xrightarrow{-H_2O} R-CH=C=O$$

Auf diese Weise wird z. B. Keten technisch aus Essigsäure hergestellt.

Dreifachbindungen können durch Dehydratisierung von Alkoholen *nicht* eingeführt werden: *gem*-Diole und Vinylalkohole existieren nur in Ausnahmefällen (Chloralhydrat), und *vic*-Glycole ergeben entweder konjugierte Diene oder spalten nur 1 mol Wasser ab, so daß Aldehyde oder Ketone entstehen:

$$-\overset{|}{\underset{HO}{C}}-\overset{|}{\underset{OH}{C}}-H \rightarrow -\overset{|}{C}=\overset{|}{\underset{OH}{C}}- \rightarrow -CH-\overset{|}{\underset{O}{C}}-$$

Im Zusammenhang mit der Besprechung der Dehydratisierung von Alkoholen sei darauf hingewiesen, daß die analoge Reaktion mit *Aminen nicht durchführbar* ist: Die Trennung einer C—N-Bindung in einem Ammoniumion erfordert eine so hohe Energie, daß das folgende Gleichgewicht ganz auf der linken Seite liegt:

$$R_3C-\overset{\oplus}{N}H_3 \rightleftarrows R_3C^\oplus + |NH_3$$

Elimination nach Hofmann. Die «erschöpfende» Alkylierung von Aminen und anschließende Behandlung mit feuchtem Silberoxid liefert quartäre Ammoniumhydroxide, die beim Erhitzen auf 100 bis 200°C Alken und tertiäres Amin ergeben:

$$H_5C_2\diagdown NH \quad \xrightarrow{H_3C-I \atop (2\,mal)} \quad H_3C-\overset{CH_3}{\underset{CH_3}{\overset{\oplus}{N}}}-C_2H_5 \; I^{\ominus} \quad \xrightarrow{Ag_2O/H_2O} \quad H_3C-\overset{CH_3}{\underset{CH_3}{\overset{\oplus}{N}}}-\overset{H}{\underset{H}{C}}-\overset{H}{\underset{H}{C}}-H \quad :\overset{\ominus}{O}H$$

$$\searrow$$

$$(H_3C)_3N \;+\; H_2C{=}CH_2 \;+\; H_2O$$

Die Reaktion verläuft *bimolekular* und liefert hauptsächlich *Hofmann-Produkte*.
Die **Hofmann-Elimination** ist von Bedeutung zur Konstitutionsaufklärung heterocyclischer N-haltiger Ringe, wie sie in vielen Naturstoffen (Alkaloiden) vorkommen. Solche cyclische Verbindungen lassen sich durch stufenweisen Abbau auf diese Weise in offenkettige Verbindungen überführen:

Piperidin $\xrightarrow{2\;CH_3I}$ ... $\xrightarrow{Ag_2O/H_2O}$ ... $\xrightarrow{120°C}$ ...

$\xrightarrow{CH_3I}$ ... $\xrightarrow{Ag_2O/H_2O}$ ... $\xrightarrow{120°C}$ ... + $(CH_3)_3N$

1,4-Pentadien

Enthält die fragliche Substanz jedoch das N-Atom (als primäre, sekundäre oder tertiäre Aminogruppe) in einer aliphatischen Seitenkette, so entsteht bereits nach einmaliger Durchführung dieser *«erschöpfenden Methylierung»* ein N-freies Alken.

9.6 Pyrolytische (cyclische) Eliminationen

Esterpyrolyse. Erhitzt man Ester von Carbonsäuren auf 300 bis 500 °C, so tritt *Zerfall* unter *Bildung einer ungesättigten Verbindung* und der *Carbonsäure* ein:

$$-\overset{|}{\underset{|}{C}}-\overset{|}{\underset{O}{C}}-\overset{O}{\underset{\diagdown}{}}C-R \quad \longrightarrow \quad \diagup C{=}C\diagdown \;+\; \overset{HO}{\underset{O}{\diagdown}}C-R$$

Ist der Siedepunkt des Esters genügend hoch, so läßt sich die Reaktion direkt mit dem flüssigen Ester durchführen (z. B. bei Stearinsäureestern). Häufiger jedoch tropft man den Ester in ein mit Glasperlen gefülltes und erhitztes Verbrennungsrohr und führt die Produkte durch einen Kühler mittels eines Stromes von Stickstoff ab.
Die Esterpyrolyse ist präparativ von Interesse zur Gewinnung von 1-Alkenen aus primären Alkoholen, da dabei *keine Umlagerungen* auftreten. (Ester von sekundären oder tertiären Alkoholen ergeben meist Gemische von Alkenen.) Als Ester werden dazu oft Essigsäureester verwendet.

9.6 Pyrolytische (cyclische) Eliminationen

Die Esterpyrolyse verläuft (wie die E2-Reaktion) *konzertiert*, jedoch im Gegensatz zu dieser über einen cyclisch gebauten aktivierten Komplex (über einen **«cyclischen Übergangszustand»**): Das H-Atom am C_β und die austretende Gruppe am C_α müssen in synperiplanar-Stellung zueinander stehen (**syn-Elimination**). Da durch die Ringstruktur des aktivierten Komplexes die Orientierung der Substituenten festgelegt wird, verläuft die Elimination **stereospezifisch**:

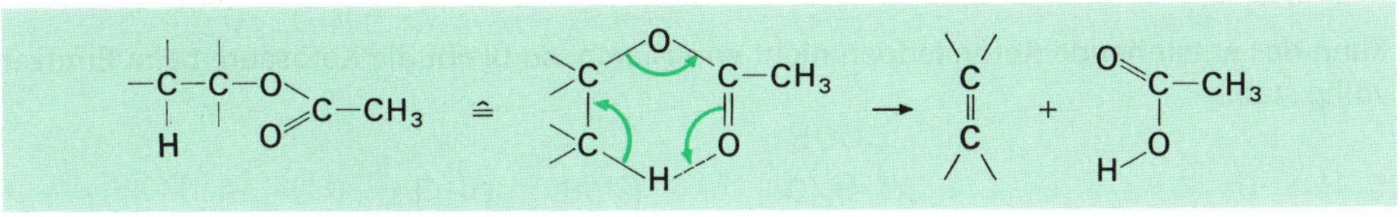

So entsteht durch Pyrolyse von *trans*-2-Acetoxycyclohexan-1-carbonsäureester [1] 1-Cyclohexen-1-carbonsäureester, während aus dem *cis*-Isomer [2] 2-Cyclohexen-1-carbonsäureester erhalten wird:

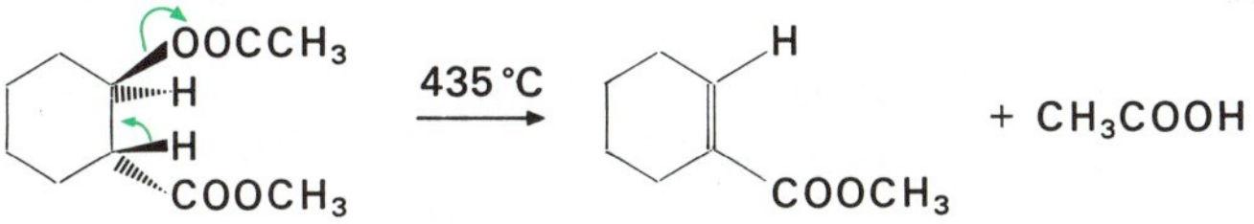

[1] (*trans*) $\xrightarrow{435\,°C}$ + CH_3COOH

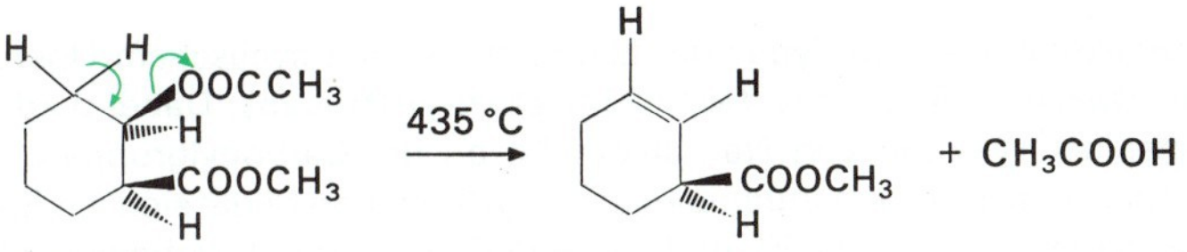

[2] (*cis*) $\xrightarrow{435\,°C}$ + CH_3COOH

Die Reaktion verläuft um so leichter, je stärker basisch das auf den synperiplanar-ständigen Wasserstoff einwirkende O-Atom ist. Da dessen Basizität durch $+M$-Substituenten erhöht wird, nimmt die zur Elimination erforderliche Temperatur in der folgenden Reihe zu:

$R-CH_2CH_2OC(=O)NH-C_6H_5$ < $R-CH_2CH_2OC(=O)OR$ < $R-CH_2CH_2OC(=O)C_6H_5$
Phenylurethan   Kohlensäureester   Benzoesäureester

< $R-CH_2CH_2OC(=O)CH_3$
Essigsäureester

Nach demselben syn-(periplanar)Mechanismus verlaufen auch die bereits auf S. 368 erwähnte **Ketonspaltung** von β-Ketosäuren und die **Decarboxylierung** von Malonsäure:

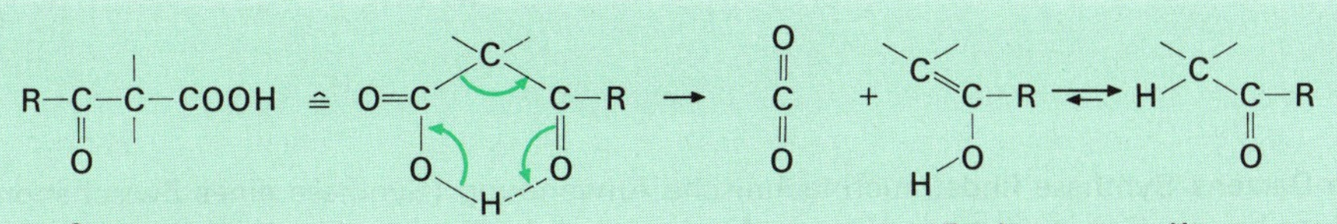

β-Ketosäure   Enol   Keton

9 Eliminationsreaktionen

[Reaktionsschema: Malonsäure → Enol + Säure]

Malonsäure   Enol   Säure

Kann das entstehende Keton jedoch nicht enolisieren, so bleibt die Ketosäure beim Erhitzen völlig stabil:

«Ketopinsäure»

Auf ganz analoge Weise erfolgt die Decarboxylierung von β, γ-ungesättigten Carbonsäuren:

[Reaktionsschema mit $+ CO_2$]

Eine weitere Reaktion, die zum Typus der Eliminationen mit cyclischem Übergangszustand gehört, ist die **Darzens-Synthese** («**Glycidestersynthese**»). Dabei wird zuerst Chloressigester unter der Wirkung von Natriummethylat an die Carbonylgruppe eines Aldehyds oder eines Ketons addiert. Durch intramolekulare S_N-Reaktion bildet sich ein Epoxidring. Der sogenannte Glycidester wird verseift, und die freie Glycidsäure decarboxyliert bereits unterhalb 100 °C über einen cyclischen Übergangszustand, wobei sich – ähnlich wie bei der Ketonspaltung – ein Enol des nächsthöheren Aldehyds (Ketons) bildet.

[Reaktionsschema der Darzens-Synthese: Bildung des Glycidesters, Verseifung mit $OH^\ominus$, Decarboxylierung unter $\Delta, -CO_2$, Enol-Aldehyd-Tautomerie]

Die Darzens-Synthese findet auch technische Anwendung (Synthese eines Zwischenproduktes bei der Gewinnung von Vitamin A). Auch bei der Darzens-Synthese lassen sich die Ausbeuten durch **Phasentransfer-Katalyse** steigern.

9.6 Pyrolytische (cyclische) Eliminationen

Nun lassen sich nicht nur Ester von Carbonsäuren, sondern auch andere Ester pyrolytisch spalten. Von Bedeutung für die präparative Chemie ist vor allem die **Tschugaew-Reaktion**, die Spaltung von *Xanthogensäureestern* (Xanthogenaten). Dabei wird zuerst aus einem Alkoholat und Kohlenstoffdisulfid das Natriumsalz eines sauren Xanthogensäureesters (1) hergestellt, das aber nicht isoliert zu werden braucht und mit Halogenalkanen den «Bis-Ester» (2) (das eigentliche Xanthogenat) liefert. Durch thermische Spaltung entsteht dann das Alken:

$$R-CH_2CH_2-O^{\ominus}Na^{\oplus} + C(=S)_2 \rightarrow R-CH_2CH_2-O-C(=S)S^{\ominus}Na^{\oplus} \xrightarrow{R'-Br} R-CH_2CH_2-O-C(=S)S-R'$$

(1)　　　　　　　　　　　(2) Xanthogenat

(2) $\xrightarrow{\Delta}$ Alken + R'SH + COS

Auch diese Reaktion liefert **stereospezifisch** (Z)- bzw. (E)-Alkene je nach der Konfiguration des Edukts.

Xanthogenate lassen sich schon durch Erhitzen auf nur 100 bis 250 °C spalten. Die verglichen mit der Pyrolyse von Carbonsäureestern größere Leichtigkeit der Alkenbildung beruht auf dem Übergang $>C=S \rightarrow >C=O$, der einen erheblichen Energiegewinn bringt.

Bildung von Yliden. Neben der normalen Hofmann-Elimination ist auch eine Variante möglich, bei welcher im ersten Reaktionsschritt ein Proton statt vom β-C-Atom vom α'-C-Atom abgespalten wird. Dies geschieht allerdings nur unter der Wirkung sehr starker Basen wie C_6H_5Li oder CH_3Li. Auch diese Elimination verläuft über einen *cyclischen Übergangszustand*:

$$R-CH_2CH_2-\overset{\oplus}{N}(CH_3)_3\ Br^{\ominus} + C_6H_5-Li \rightarrow R-CH_2CH_2-\overset{\oplus}{N}(CH_3)_2CH_2^{\ominus} + C_6H_6 + LiBr$$

ein Meth*ylid* (1)

(2) $\rightarrow R-CH=CH_2 + N(CH_3)_3$

(CH_2 wirkt als intramolekulare Base!)

Das Zwischenprodukt (1) ist ein «*inneres Salz*» (ein *Zwitterion*) und wird als **«Ylid»** bezeichnet (wegen der gleichzeitig vorhandenen Kovalenzbindung – **-yl** – und der Ionenbindung – **-id** –). Das Durchlaufen des Übergangszustandes (2) ist möglich, weil der dazu notwendige Fünfring besonders spannungsarm ist; dazu müssen das H-Atom und das $-CH_2^{\ominus}$-Anion in synperiplanar-Stellung stehen. Je nach der Konfiguration der Ausgangsstoffe entsteht vorwiegend (Z)- oder (E)-Alken. Der Vorteil dieser Elimination besteht in den relativ milden Bedingungen, die erforderlich sind (z. B. Raumtemperatur!); sie benötigt allerdings lange Reaktionszeiten. Die Reaktionsgeschwindigkeit kann erhöht werden, wenn man das Ylid aus Brom- oder Iodmethylenverbindungen herstellt:

$$R-CH_2CH_2-\overset{CH_3}{\underset{CH_3}{N}} + H_2C\overset{Br}{\underset{Br}{}} \longrightarrow R-CH_2CH_2-\overset{CH_3}{\underset{CH_2Br}{\overset{\oplus}{N}}}CH_3 + Br^\ominus$$

Cope-Elimination. Auch bei dieser Reaktion, der pyrolytischen Spaltung von Aminoxiden (S. 170), wird ein cyclischer Übergangszustand durchlaufen:

$$R-CH_2CH_2-\overset{CH_3}{\underset{CH_3}{N}} \xrightarrow{H_2O_2} R-CH_2CH_2-\overset{O^\ominus}{\underset{CH_3}{\overset{\oplus}{N}}}CH_3 \rightleftharpoons R-\overset{H\cdots\overset{\ominus}{O}}{\underset{\beta}{CH}}\overset{CH_3}{\underset{CH_2}{\overset{\oplus}{N}}}CH_3$$

($O^\ominus$ als intramolekulare Base!)

$$\downarrow \Delta$$

$$R-CH=CH_2 + \overset{H_3C}{\underset{H_3C}{}}N-OH$$

Im aktivierten Komplex, einem Fünfring, haben alle Substituenten die ekliptische Konformation. Die **Cope-Elimination** verläuft deshalb *streng* **stereospezifisch**, d. h. man erhält je nach der Konfiguration des Edukts (*E*)- oder (*Z*)-Alken.

9.7 α-Eliminationen

Das klassische Beispiel einer **α-Elimination** ist die Reaktion einer sehr starken Base (Natriumethylat in Alkohol) mit Chloroform. Dabei stellt sich zunächst folgendes Gleichgewicht ein:

$$HCCl_3 + C_2H_5\overline{O}^\ominus \underset{\text{langsam}}{\rightleftharpoons} CCl_3^\ominus + C_2H_5OH$$

Die durch Protonenabspaltung aus Chloroform gebildeten Carbanionen (*CH-Acidität!*) trennen sich anschließend und zu einem geringen Teil in Chlorid-Ionen und **Dichlorcarben** (Dichlormethylen), das dann zu Kohlenmonoxid und Formiat hydrolysiert wird:

$$CCl_3^\ominus \longrightarrow Cl^\ominus + CCl_2$$

$$:CCl_2 \xrightarrow{\overline{O}H^\ominus} CO + HCOO^\ominus$$

Dichlorcarben ist ein Elektrophil (Elektronen*sextett* am C-Atom) und – wie alle Carbene – außerordentlich reaktionsfähig; den Beweis für sein Auftreten als Zwischenstoff bei der alkalischen Hydrolyse von Chloroform[1] liefert die Ausführung der Reaktion in Gegenwart von Cyclohexen, wobei man eine bicyclische Verbindung erhält:

[1] Deshalb sollte man alkalische Lösungen nicht mit Chloroform (anstelle von Ether) «ausschütteln».

$$HCCl_3 \xrightarrow[-H^{\oplus},\ -Cl^{\ominus}]{} :CCl_2 \xrightarrow{\text{[cyclohexene]}} \text{[norcarane-7,7-dichloride]}$$

Auch bei α-Eliminationen läßt sich die **Phasentransfer-Katalyse** einsetzen. So ist sie z. B. die Methode der Wahl zur Darstellung von Dihalogencyclopropanen unter Verwendung von Chloroform und Natron- oder Kalilauge. Das intermediär gebildete Dichlorcarben wird an eine Doppelbindung addiert. Aus (in Benzen gelöstem) Styren und Chloroform – unter der Wirkung von Kalilauge und unter Zusatz geringer Mengen Kronenether (s. S. 157) – wurde z. B. das Cyclopropanderivat (1) in guten Ausbeuten erhalten.

$$\text{Styren} + HCCl_3 + KOH \xrightarrow{\text{Kronenether}} \text{(1)}$$

Bildung und Reaktionen von Carbenen. Die möglichen Elektronenkonfigurationen von Carbenen (**Singlett-** und **Triplett-Carbene**) wurden bereits in Kapitel 6 (S. 291) diskutiert. Das einfachste Carben, **Methylen** (CH_2), entsteht als unbeständiges Teilchen durch UV-Bestrahlung von Diazomethan oder Keten. Zersetzt man z. B. Diazomethan durch ein intensives und kurzzeitiges Blitzlicht (10^{-8} s; «**Blitzlicht-Photolyse**») und nimmt sofort nachher mit schwächeren Lichtblitzen das Absorptionsspektrum auf, so läßt sich das Auftreten von Methylen durch seine UV-Absorptionsbanden erkennen. Durch Photolyse anderer Diazoverbindungen, wie Diazoessigester oder Phenyldiazomethan, lassen sich *substituierte Carbene* erhalten:

$$H_2CN_2 \xrightarrow{h \cdot \nu} :CH_2 + N_2$$

$$H_2C=C=O \xrightarrow{h \cdot \nu} :CH_2 + CO$$

$$\overset{\ominus}{N}=\overset{\oplus}{N}=CH-COOEt \xrightarrow{h \cdot \nu} :CH-COOEt + N_2$$
(Diazoessigester)

$$H_5C_6CHN_2 \xrightarrow{h \cdot \nu} C_6H_5\ddot{C}H + N_2$$
(Phenyldiazomethan)

Offenbar wird bei allen diesen Reaktionen *Singlett-Carben* als *Primärprodukt* gebildet. Dieses Teilchen kann dann entweder direkt weiter reagieren oder beim Zusammenstoß mit einer inerten Partikel wie N_2 Energie verlieren und in den Triplett-Zustand übergehen. Triplett-Carben reagiert zwar ebenfalls weiter, doch verlaufen seine Reaktionen etwas langsamer.

Interessant ist die Bildung von Carbenen durch thermische oder photolytische Spaltung von *Dreiringen* (Cyclopropan-, Oxiran- und Aziridin-Derivate; Umkehr der Cycloaddition von Carbenen an Doppelbindungen!):

$$\begin{array}{c} F_2C\diagdown \\ \ \ \ \ \ \ \ \ \ CF_2 \\ F_2C\diagup \end{array} \xrightarrow{250\,°C} \begin{array}{c} CF_2 \\ \| \\ CF_2 \end{array} + :CF_2$$

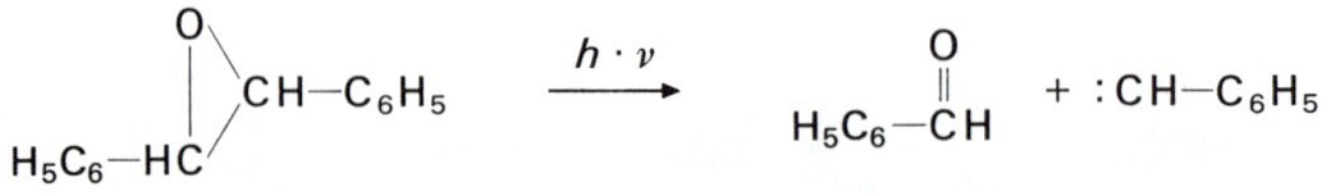

$$\underset{H_5C_6-HC}{\overset{O}{\diagdown}}\overset{O}{\underset{\diagup}{\diagup}}CH-C_6H_5 \quad \xrightarrow{h \cdot \nu} \quad \underset{H_5C_6-\overset{\|}{C}H}{\overset{O}{\|}} + :CH-C_6H_5$$

Bekannte Beispiele von Reaktionen, die über *Carbene als Zwischenstoffe* ablaufen, sind etwa die **Isonitrilreaktion** zum Nachweis primärer Amine oder die **Reimer-Tiemannsche Synthese** *von Phenolaldehyden*. Bei der Isonitrilbildung reagiert Dichlorcarben (das aus Chloroform und KOH entsteht) mit dem primären Amin, während bei der Reimer-Tiemann-Reaktion Dichlorcarben an einen aromatischen Ring addiert wird:

Isonitril-Reaktion:

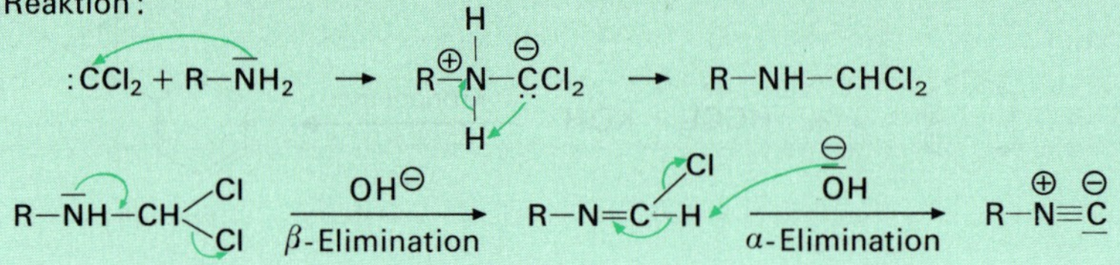

$$:CCl_2 + R-NH_2 \rightarrow R-\overset{\oplus}{\underset{H}{N}}-\overset{\ominus}{\underset{..}{C}}Cl_2 \rightarrow R-NH-CHCl_2$$

$$R-NH-CH\underset{Cl}{\overset{Cl}{\diagdown}} \xrightarrow[\beta\text{-Elimination}]{OH^\ominus} R-N=C\underset{H}{\overset{Cl}{\diagdown}} \xrightarrow[\alpha\text{-Elimination}]{OH^\ominus} R-\overset{\oplus}{N}\equiv\overset{\ominus}{\underline{C}}$$

Reimer-Tiemann-Reaktion:

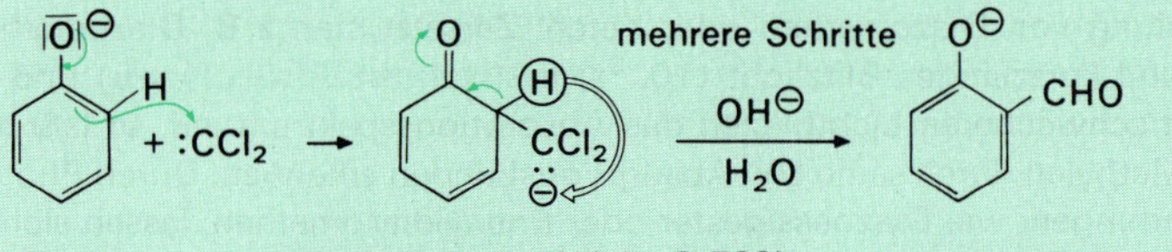

Phenol-Anion   (genauer Verlauf siehe S. 562)   Salicylaldehyd-Anion

Von besonderem Interesse sind die *Additionen* der Carbene an C—C-Doppelbindungen sowie die *Insertion* von Carben in C—H-Bindungen. **Singlett-Carbene** werden *unter Bildung von Cyclopropanringen* **stereospezifisch** *addiert*.

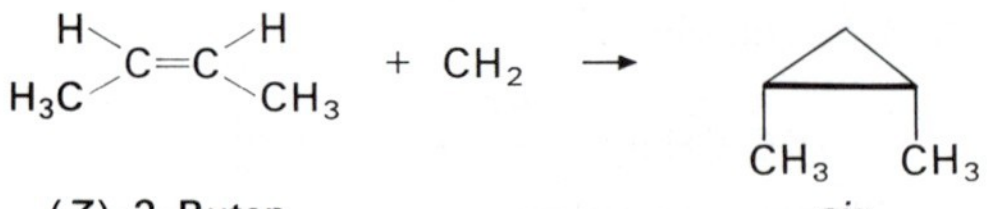

(Z)-2-Buten + CH_2 → cis

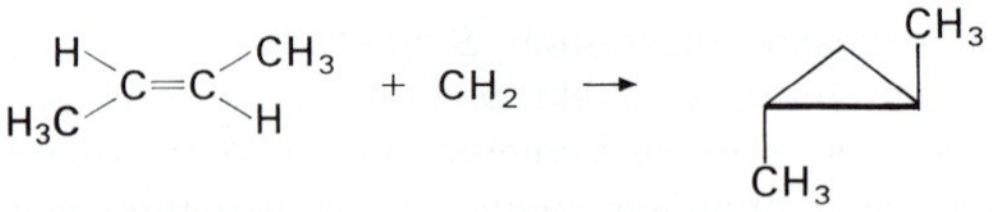

(E)-2-Buten + CH_2 → trans

Der stereospezifische Verlauf dieser Reaktion deutet darauf hin, daß beide Bindungen *gleichzeitig* gebildet werden müssen (vgl. S. 458). Damit keine Spinumkehr eintritt, führt man solche Reaktionen bei höheren Drucken aus, so daß dann jeder Zusammenstoß eines Carben-Moleküls mit einem Reaktionspartner zum Erfolg führt. Da die Umsetzungen von Carbenen im allgemeinen stark exotherm erfolgen, entstehen sehr energiereiche Moleküle, die nur bestehen bleiben, wenn sie ihre «Überschußenergie» durch Zusammenstöße mit anderen mindestens teilweise auf diese übertragen können; andernfalls isomerisieren oder zerfallen die Primärprodukte. Als Beispiel diene die Addition von Methylen an Cyclobuten:

9.7 α-Eliminationen

[Diagram: Cyclobutane + :CH₂ (Singlett) → energized cyclopentane* → (Dissipation durch Zusammenstöße) → cyclopentene*]

(Die energiereichen, «heißen» Moleküle sind durch * markiert.)

Erzeugt man Methylen in einer Inertgas-Atmosphäre mit hohem Partialdruck des Inertgases, so erhält man **Triplett-Methylen**, das langsamer reagiert und sich an Doppelbindungen unter der Bildung von *cis*- und *trans*-Additionsprodukten addiert. Offenbar wird dabei ein Diradikal als Zwischenprodukt gebildet, wobei um eine C—C-Bindung Rotation möglich ist:

[Reaktionsschema: cis-2-Buten + ·CH₂ (Triplett) → Diradikal (H₃C—CH—CH—CH₂·) → Rekombination → cis-1,2-Dimethylcyclopropan; nach Rotation → trans-1,2-Dimethylcyclopropan]

Im Gegensatz zum Verhalten bei der Addition ist nur das **Singlett-Carben** zur **Insertion** zwischen C—H-Bindungen befähigt. Man nimmt dabei an, daß das Carbenmolekül direkt zwischen ein C- und ein H-Atom eingelagert wird, wobei ein energiereiches Alkanmolekül entsteht; dieses verliert seine überschüssige Energie entweder durch Zusammenstöße mit anderen Molekülen oder eventuell auch durch Dissoziation in zwei Radikale. Daß die Insertion nicht über freie Radikale, sondern tatsächlich durch *direkte Einlagerung* geschieht, konnte durch Verwendung von mit ^{14}C markierter Ausgangssubstanz gezeigt werden[1]:

$$(H_3C)_2C=C^*H_2 + CH_2 \rightarrow (H_3C)(H_3CCH_2)C=C^*H_2$$

Würde die Reaktion über freie Radikale ablaufen, so müßte im Produkt das markierte C-Atom an zwei Stellen auftreten [(2) und (3)]:

$$(H_3C)_2C=C^*H_2 + CH_2 \rightarrow \cdot CH_2-C(CH_3)=C^*H_2 + \cdot CH_3$$
$$\qquad\qquad\qquad\qquad\qquad\qquad (1)$$

Das dabei intermediär gebildete Radikal (1) wäre jedoch mesomer (es ist ein Allyl-Radikal) und hätte zwei gleichwertige endständige C-Atome, so daß die beiden folgenden 2-Methyl-1-butene entstehen sollten:

---

[1] Als Hauptprodukte werden auch hier Cyclopropane gebildet!

$$\left[H_2\overset{\ominus}{C}-\underset{CH_3}{C}=C^*H_2 \longleftrightarrow H_2C=\underset{CH_3}{C}-\overset{\ominus}{C^*}H_2 \right] + \overset{\ominus}{CH_3} \nearrow \searrow \begin{array}{c} H_3C \\ H_3CCH_2 \end{array} C=C^*H_2 \quad (2)$$

$$H_2C=C-\underset{CH_3}{\overset{CH_3}{|}}C^*H_2$$

In Wirklichkeit entsteht nur das Produkt (2).

Insertionen laufen auch in *Lösung ab,* wobei sich die gebildeten «heißen» Moleküle durch die häufig erfolgenden Zusammenstöße rasch abkühlen, so daß in der Regel keine Folgereaktionen eintreten. Bemerkenswert ist, daß die Insertion an Stereozentren unter *Retention* verläuft:

$$\overset{\diagdown}{\underset{\diagup}{C^*}}-H \xrightarrow{+CH_2} \overset{\diagdown}{\underset{\diagup}{C^*}}-CH_3$$

Als wichtige Reaktion, bei welcher intermediär Carbene auftreten, soll hier noch die **Arndt-Eistert-Reaktion** besprochen werden. Diese zur Verlängerung von C-Ketten präparativ sehr brauchbare Reaktion wurde bereits auf S. 229 erwähnt. Man geht von Säurechloriden aus, an die zunächst Diazomethan addiert wird. Dabei spaltet sich sofort HCl ab, so daß sich ein *Diazoketon* bildet. Dieses besitzt ein stark delokalisiertes Elektronensystem und ist deshalb stabiler als Diazomethan; es läßt sich auch ohne Schwierigkeiten isolieren. Durch schwaches Erwärmen spaltet dieses jedoch Stickstoff ab (α-Elimination!), wodurch ein C-Atom mit einem Elektronensextett (ein Carben-C-Atom!) entsteht. Dieses stabilisiert sich durch Wanderung des Alkylrestes (als Anion; **Wolff-Umlagerung**). Das Keten reagiert mit dem Lösungsmittel weiter; mit Wasser entsteht eine Carbonsäure, in Alkohol ein Ester und in Ammoniak ein Säureamid:

$$R-\overset{O}{\underset{Cl}{C}} + :CH_2N_2 \longrightarrow R-\underset{Cl}{\overset{|\overline{O}|^{\ominus}}{C}}-\overset{\oplus}{CH_2}N_2 \xrightarrow{-Cl^{\ominus}, -H^{\oplus}} R-\overset{O}{C}-CH=\overset{\oplus}{N}=\overset{\ominus}{N} + HCl$$

Diazoketon

$$R-\overset{|\overline{O}|^{\ominus}}{C}=CH-\overset{\oplus}{N}\equiv N: \longrightarrow N_2 + R-\overset{O}{\underset{}{C}}-\underset{(Wanderung}{\overset{}{C}}-H \longrightarrow O=C=HC-R \text{ (Keten)}$$

(Carben)   von R-) $+H_2O$ $+R'OH$ $+NH_3$

$$HOOC-H_2C-R \quad R'OOC-H_2C-R \quad H_2NOC-H_2C-R$$

Durch Verwendung von mit ^{14}C am Carboxyl-C-Atom markierter Benzoesäure konnte bewiesen werden, daß sich die Methylengruppe des Diazomethans zwischen die Carboxylgruppe und den Rest R eingliedert.

Abbau von Säureamiden (-aziden). Im Verlaufe dieser Reaktionen, welche als **Hofmann-** bzw. **Curtius-Abbau** bekannt sind, tritt ebenfalls eine α-Elimination ein. Die beiden Atome werden dabei allerdings nicht von einem C-Atom, sondern von einem N-Atom abgespalten. Der *Hofmann-Abbau* erfolgt gemäß folgender Bruttogleichung:

$$R-\overset{O}{\underset{NH_2}{C}} \xrightarrow{+Br_2,\, OH^{\ominus}} R-NH_2 + CO_2 + Br^{\ominus}$$

9.7 α-Eliminationen

Dabei wird das primäre Säureamid zuerst in das entsprechende N-Halogenamid übergeführt. Bei Überschuß von $OH^{\ominus}$-Ionen verliert dieses das an das N-Atom gebundene, durch den —I-Effekt des Br-Atoms und der Carbonylgruppe stark acide Proton. Der dadurch negativ geladene Stickstoff verliert das Br-Atom als $Br^{\ominus}$-Ion und lagert sich zum Isocyanat (2) um (anionotrope Umlagerung), der in der alkalischen Lösung zu der in freier Form nicht existenzfähigen Carbaminsäure hydrolysiert wird. Diese spaltet CO_2 ab und geht in das Amin über:

$$R-C(=O)NH_2 \xrightarrow{Br_2} R-C(=O)NHBr \xrightarrow{OH^{\ominus}} R-C(=O)\underset{(1)}{\overset{\ominus}{N}}-Br \xrightarrow[-Br^{\ominus}]{Umlagerung} \underset{(2)}{R-N=C=O}$$

$$\underset{(2)}{R-N=C=O} \xrightarrow{H_2O} R-NH-C(=O)(O-H) \rightarrow R-NH_2 + CO_2$$

Es wurde früher vermutet, daß die zum Isocyanat führende Stufe in zwei Schritten – unter Bildung eines «Nitrens» als Zwischenstoff durch Abspaltung des $Br^{\ominus}$-Ions – verlaufen würde; nach den heutigen Kenntnissen scheinen jedoch Abspaltung des $Br^{\ominus}$-Ions und Wanderung des $R^{\ominus}$ *konzertiert* zu verlaufen.
Die bei dieser Reaktionsfolge als Zwischenstoffe auftretenden Verbindungen (1) (N-Bromamid) und (2) (Isocyanat) lassen sich unter geeigneten Bedingungen isolieren. Die Reaktion verläuft unter Konfigurationserhaltung am α-C-Atom.
Der Abbau von *Säureaziden* nach **Curtius** (ausgehend von Säurehydraziden) und nach K.F. **Schmidt** (ausgehend von Säurechloriden) verläuft prinzipiell gleichartig. Man stellt dabei zuerst aus Natriumazid (NaN_3) und einem Säurechlorid das entsprechende Säureazid her. Dieses spaltet leicht N_2 ab (α-Elimination vom an das C-Atom der Carbonylgruppe gebundenen N-Atom), wobei zugleich eine Umlagerung eintritt und Isocyanat entsteht:

$$R-C(=O)NHNH_2 \xrightarrow{HONO} \text{(Curtius-Abbau)}$$
$$R-C(=O)Cl \xrightarrow{NaN_3} \text{(Schmidt-Abbau)} \rightarrow R-C(=O)\underset{\ominus}{N}-\overset{\oplus}{N}=N \rightarrow R-N=C=O + N_2$$
$$\xrightarrow{R'OH} R-NHC(=O)OR' \quad \text{Urethan}$$

Arbeitet man hier wie üblich mit Benzen (oder Toluen) als Lösungsmittel, so läßt sich das Isocyanat gut isolieren. In polaren Lösungsmitteln entstehen hingegen direkt die Endprodukte. Beim Schmidt-Abbau kann man auch von der freien Carbonsäure ausgehen. Beim **Lossen-Abbau** setzt man Hydroxamsäuren oder deren Acylderivate ein:

$$R-\underset{O}{\overset{\|}{C}}-NH-OCOR \xrightarrow{:Base} R-\underset{O}{\overset{\|}{C}}-\overset{\ominus}{N}-OCOR \xrightarrow{-^{\ominus}OCOR} O=C=\overset{\ominus}{N}-R$$

Am Ende dieses Abschnitts soll noch das Prinzip der **γ-Elimination** skizziert werden:

(cyclobutyl-Cl with H) $\xrightarrow[-HCl]{+:B^{\ominus}}$ (cyclopropane)

10 Additionen an C—C-Mehrfachbindungen

10.1 Allgemeines

Eine C=C-Doppelbindung (und ebenso eine Dreifachbindung) stellt ein Zentrum von *relativ hoher negativer Ladungsdichte* dar, und es ist deshalb verständlich, daß sie besonders leicht von **elektrophilen** Reagentien angreifbar ist[1]. Eine *nucleophile Addition* ist nur dann möglich, wenn die Elektronendichte der Doppelbindung durch elektronenziehende Substituenten verringert (delokalisiert) wird. Bei der elektrophilen Addition wirkt die Doppelbindung als Lewis-Base und das Reagens als Lewis-Säure; die Addition stellt somit eine *Lewis-Säure/Base-Reaktion* dar. Die Reaktion wird *um so leichter* möglich sein, *je stärker basisch* (je stärker nucleophil) die Doppelbindung ist. π- und σ-Donoren als Substituenten steigern aus diesem Grund die Reaktionsfähigkeit einer C=C-Doppelbindung, und die Leichtigkeit der Addition wächst in der folgenden Reihe entsprechend von links nach rechts:

$$Cl-CH=CH_2 < HOOC-CH=CH_2 < H_2C=CH_2$$
$$< R-CH=CH_2 < R_2C=CH_2 < R-CH=CH-R < R_2C=CR_2$$
(R = Alkylrest)

Elektrophile Katalysatoren (BF_3, $AlCl_3$, $ZnCl_2$) vermögen – ähnlich wie bei der S_N1-Reaktion! – die Leichtigkeit der Addition oft zu erhöhen.

10.2 Addition von Halogenen

Von den vier Halogenen reagiert *Fluor* auch mit ungesättigten Verbindungen sehr heftig. Wegen der großen Reaktionswärme (hohe Bindungsenthalpie der C—F-Bindung!) besitzen die durch die Addition gebildeten Difluoralkan-Moleküle so viel Schwingungsenergie, daß Bindungsbrüche unter Bildung freier Radikale auftreten. Die Fluorierung von Alkenen führt daher gewöhnlich zu einem Abbau des betreffenden C-Gerüstes. Die Addition von *Iod* ist aus sterischen Gründen erschwert (voluminöse Atome!) und zudem leicht reversibel, so daß auch diese Reaktion nur in Sonderfällen praktische Bedeutung besitzt. Für die folgenden Diskussionen beschränken wir uns deshalb auf die Reaktionen von Alkenen mit Chlor und Brom.

Experimentelle Ergebnisse. Der postulierte Mechanismus der Addition muß folgenden experimentell gefundenen Tatsachen Rechnung tragen:

(1) Die *Geschwindigkeit* der Addition ist im allgemeinen ziemlich groß, auch wenn man die Reaktion im Dunkeln ausführt. Unpolare Lösungsmittel können die Reaktionsgeschwindigkeit allerdings stark verringern. Die Untersuchung der Kinetik liefert ein Zeitgesetz zweiter Ordnung:

$$\frac{d\,[\text{Produkt}]}{dt} = k \cdot [\text{Alken}] \cdot [\text{Halogen}]$$

---

[1] Die Doppelbindung wirkt damit dem Addenden gegenüber – der dann das Substrat darstellt! – als Nucleophil. Der erste Schritt elektrophiler Additionen kann tatsächlich oft auch als nucleophile Substitution am angreifenden Reagens betrachtet werden.

Damit wird allerdings über den Reaktionsmechanismus nicht viel ausgesagt. So wäre sowohl eine Einstufenreaktion (direkte Addition eines Halogenmoleküls an die Doppelbindung) wie eine Zweistufenreaktion mit diesem Zeitgesetz zu vereinbaren.

(2) Führt man die *Addition in Gegenwart von NaCl oder NaNO₃* aus (Brom in NaCl- bzw. NaNO₃-Lösung gelöst), so erhält man neben dem zu erwartenden *vic*-Dibromid auch Reaktionsprodukte, welche ein Cl-Atom bzw. eine NO₃-Gruppe enthalten:

$$\text{C=C} + Br_2 \longrightarrow \begin{cases} \text{NaCl} & \begin{array}{c} -\text{C}-\text{C}- \\ | \; | \\ Br \; Br \end{array} \\ \\ & \begin{array}{c} -\text{C}-\text{C}- \\ | \; | \\ Br \; Cl \end{array} \\ \\ \text{NaNO}_3 & \begin{array}{c} -\text{C}-\text{C}- \\ | \; | \\ Br \; NO_3 \end{array} \end{cases}$$

Auch bei der Verwendung wäßriger Lösungen (Brom- bzw. Chlorwasser) oder bei der Chlorierung in Eisessig entstehen entsprechende Nebenprodukte:

$$H_2C=CH_2 + Cl_2 \xrightarrow{H_3CCOOH} H_3CCOO-CH_2CH_2-Cl + Cl-CH_2CH_2-Cl$$

$$H_2C=CH_2 + Cl_2 \xrightarrow{H_2O} HO-CH_2CH_2-Cl + Cl-CH_2CH_2-Cl$$

$$\begin{array}{c}H_3C\\H_3C\end{array}\!\!C=CH_2 + Cl_2 \xrightarrow{H_2O} \begin{array}{c}H_3C\\H_3C\end{array}\!\!\underset{OH}{C}-CH_2Cl + \begin{array}{c}H_3C\\H_3C\end{array}\!\!\underset{Cl}{C}-CH_2Cl$$

Bei allen diesen Nebenreaktionen muß während der Addition ein *Nucleophil* ($Cl^\ominus$, $NO_3^\ominus$, H_2O, Essigsäure) vom Alken gebunden worden sein. Daß nicht etwa zuerst das *vic*-Dibromid entsteht, welches in einem zweiten Schritt mit dem Nucleophil reagiert (S_N!), wird dadurch bewiesen, daß S_N-Reaktionen mit Dibrom- oder Dichlorethan als Substrat sehr viel langsamer verlaufen als die Bildung von 1,2-Chlorbromethan oder von Bromethylnitrat bei der Einwirkung von Brom auf Ethen in Gegenwart von $Cl^\ominus$- oder $NO_3^\ominus$-Ionen. Damit steht mit Sicherheit fest, daß die Halogenaddition eine **Zweistufenreaktion** ist und über einen *Zwischenstoff* verlaufen muß.

(3) Aufschlußreich ist die *Stereochemie* der Halogenaddition. Untersuchungen an Cycloalkenen oder an ungesättigten Verbindungen, die bei der Addition Stereozentren liefern, zeigen, daß sowohl die Addition von Brom wie von Chlor häufig **stereospezifisch anti** verläuft (vgl. dazu Abb. 10.1):

Cyclohexen + Brom → *trans*-Dibromcyclohexan

Maleinsäure + Brom → (+) (−) Dibrombernsteinsäure (racemisches Gemisch)

Fumarsäure + Brom → *meso*-Dibrombernsteinsäure

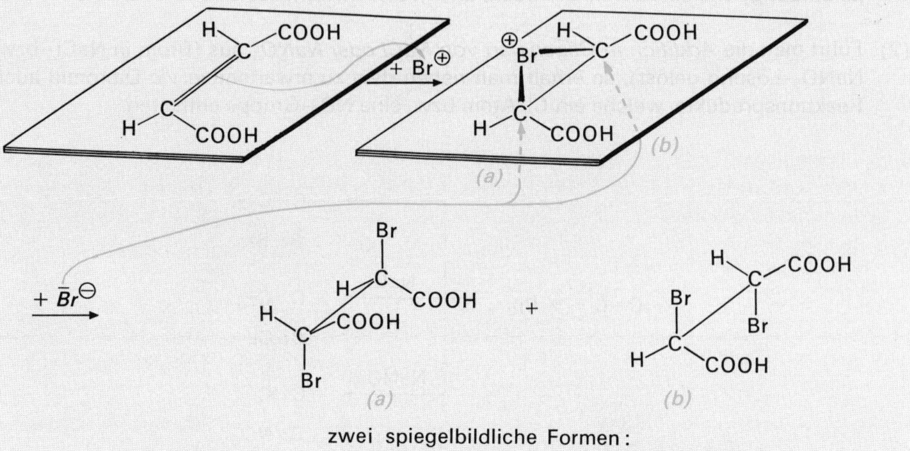

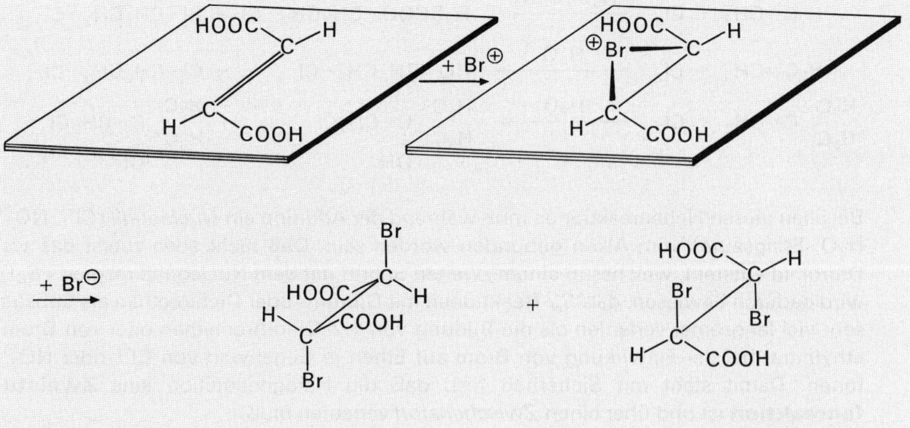

406 10 *Additionen an C—C-Mehrfachbindungen*

zwei spiegelbildliche Formen:
racemisches Gemisch der Dibrombernsteinsäure

beide Moleküle besitzen ein Symmetriezentrum, sind also nicht chiral: *meso*-Dibrombernsteinsäure

Abb. 10.1. *Bromaddition an Malein- und Fumarsäure*

Auch die **stereospezifische *anti*-Addition** beweist das Vorliegen einer Zweistufenreaktion. Gleichzeitige Addition der beiden Halogenatome müßte (im Fall von Cycloalkenen) zwangsläufig *cis*-Produkte ergeben.

Mechanismus der Halogenaddition. Mit dem gefundenen Zeitgesetz und dem Verlauf der Addition in Gegenwart nucleophiler Reagentien ist das folgende, einleuchtende Schema für den Reaktionsmechanismus zu vereinbaren:

$$Br-Br + >C=C< \longrightarrow -\underset{Br}{\overset{|}{C}}-\overset{\oplus|}{\underset{|}{C}}- + Br^{\ominus} \qquad (1)$$

$$Br^{\ominus} + -\underset{Br}{\overset{|}{C}}-\overset{\oplus|}{\underset{|}{C}}- \longrightarrow -\underset{Br}{\overset{|}{C}}-\underset{Br}{\overset{|}{C}}- \qquad (2)$$

Eine genauere Betrachtung zeigt indessen, daß der Ablauf der Addition *komplizierter* sein muß.

Beim Zusammenstoß eines Halogenmoleküls X_2 mit einem Alkenmolekül wird ein Halogenatom zunächst eine lockere Bindung mit dem π-Elektronenpaar eingehen, so daß sich ein sogenannter *π-Komplex* bildet, wie er uns bereits als Zwischenstufe der Halogenwasserstoff-Elimination bekannt ist (S. 377):

$$>C=C< + X-X \longrightarrow \underset{\pi\text{-Komplex}}{>C\cdots\cdots C<} \triangleq >C\overset{\uparrow}{=}C<$$

π-Komplexe lassen sich in gewissen Fällen durch ihre charakteristischen *UV-Absorptionsbanden* nachweisen. Die charakteristische Farbreaktion, die *Tetranitromethan*, $C(NO_2)_4$, mit ungesättigten Verbindungen liefert und die zum Nachweis von Doppelbindungen brauchbar ist, beruht ebenfalls auf der Bildung solcher π-Komplexe.[1] Da während (oder sofort nach) der Bildung dieses Komplexes das Halogenmolekül heterolytisch getrennt werden muß, müssen Substanzen, die das Halogenmolekül zu polarisieren imstande sind, die Additionsgeschwindigkeit erhöhen. Dies ist die Erklärung für die *katalytische Wirkung von Lewis-Säuren* [die wie $AlCl_3$ mit Halogenid-Ionen lockere Komplexe bilden können: $(AlCl_4^{\ominus})$] oder auch der *Glaswände* der Reaktionsgefäße. Stark polare Lösungsmittel erleichtern die heterolytische Trennung durch Solvationseffekte; in Lösungsmitteln geringerer Polarität kann ein weiteres Halogenmolekül die Funktion der Lewis-Säure übernehmen (Bildung von $X_3^{\ominus}$-Komplexen), so daß man z. B. für die Bromierung von Cyclohexen in Eisessig ein Zeitgesetz dritter Ordnung erhält:

$$\frac{d\,[\text{Produkt}]}{dt} = k \cdot [\text{Cyclohexen}] \cdot [Br_2]^2$$

Wird nun das Halogenmolekül von außen (durch Wirkung des Lösungsmittels oder anderer Lewis-Säuren) stark polarisiert und ist die heterolytische Trennung beinahe vollständig geworden, so kann sich der π-Komplex in ein positives Ion umlagern. Die naheliegende Vorstellung, daß es sich dabei, wie in Schema (1) angegeben, um ein «gewöhnliches» *Carbeniumion* handelt, vermag die stereospezifische *anti*-Addition allerdings nicht zu erklären. Zwar müßte der Angriff des nucleophilen Halogenid-Ions im nächsten Reaktionsschritt bevorzugt von «oben» (d.h. von der dem bereits gebundenen Halogenatom entgegengesetzten Seite her) erfolgen und damit das *anti*-Additionsprodukt liefern; doch sollte um die C—C-Bindung *freie Rotation möglich* sein, und es müßte sich auch das *syn*-Additionsprodukt bilden.

[1] Näheres s. Band II.

10 Additionen an C—C-Mehrfachbindungen

Da kein Grund dafür besteht, daß bei einem solchen Carbeniumion die freie Rotation behindert sein sollte, das *syn*-Additionsprodukt (*meso*-Dibrombernsteinsäure) jedoch nicht gebildet wird, kann der Zwischenstoff bei der Halogenaddition kein Carbeniumion von dieser Art sein. Erfahrungen an nucleophilen Substitutionen (Nachbargruppeneffekte, siehe S. 341) zeigen zudem, daß ein elektronegatives Halogenatom mit dem benachbarten, positiv geladenen Kohlenstoffatom leicht in Wechselwirkung tritt, so daß ein cyclisches **«Halogenonium-Ion»** entsteht. Nun kann im zweiten Schritt die Addition nur von der dem Bromatom entgegengesetzten Seite her erfolgen (keine Drehbarkeit!), so daß allein das *anti*-Produkt gebildet werden kann:

10.2 Addition von Halogenen

Bromonium-Ion

Die wirkliche Existenz solcher Halogenonium-Ionen als Zwischenstoffe bei der Halogenaddition ist allerdings schwierig zu beweisen, da diese Ionen wenig stabil sind und deshalb nicht isoliert werden können. Immerhin bietet der sterische Ablauf der Reaktion doch einen guten *«Indizienbeweis»* für ihr Auftreten. Für an der Doppelbindung verschiedenartig substituierte Alkene nimmt man heute auch «unsymmetrische» Halogenonium-Ionen an, die dann gewissermaßen eine Zwischenstufe zwischen dem symmetrischen, überbrückten Ion und dem «offenen» Carbenium-Ion darstellen. Auch das Ausmaß der Überbrückung ist offenbar nicht immer gleich. 1969 gelang es erstmals, ein (sterisch gehindertes) Bromonium-Ion ausgehend von Biadamantyliden (s. Band II), in Substanz zu fassen.

Die Halogenaddition verläuft somit wahrscheinlich folgendermaßen:

Die Bildung des π-Komplexes erfolgt rasch und reversibel (also in einem vorgelagerten Gleichgewicht); die Frage, ob die Bildung des Halogenonium-Ions oder die Addition des nucleophilen $X^\ominus$-Ions geschwindigkeitsbestimmend ist, läßt sich durch das experimentell bestimmte Zeitgesetz nicht beantworten, da in beiden Fällen der aktivierte Komplex ein Molekül Alken und zwei Brom-Atome enthält. Sorgfältige Untersuchungen über das Verhältnis der Produkte und die Wirkung von zugesetzten Bromid-Ionen bei der Addition von Br_2 an Stilben in Methanol haben indessen gezeigt, daß wenigstens in diesem Fall die *Bildung des Bromonium-Ions* aus dem π-Komplex *geschwindigkeitsbestimmend* ist. Aus Analogiegründen gilt dies wohl allgemein für Halogenadditionen.

Es muß jedoch erwähnt werden, daß die Halogenaddition in manchen Fällen *nicht stereospezifisch* verläuft. Wird nämlich das durch die Addition des $X^\oplus$-Ions entstandene «offene» Carbenium-Ion durch irgendeinen Effekt – z. B. durch eine Nachbargruppe – derart stabilisiert, daß es sich entweder überhaupt nicht oder nur sehr langsam in ein cyclisches Halogenonium-Ion umwandelt, so ist auch *syn*-Addition möglich (Drehung um die C—C-Bindung im Carbenium-Ion), und man erhält die Produkte der *syn*- und *anti*-Addition nebeneinander.

Neben Halogenen lassen sich auch *Interhalogenverbindungen* (BrCl, ICl, IBr) an Doppelbindungen addieren. Zur Bromierung in kleinerem Maßstab hat sich insbesondere auch Pyridiniumbromid-perbromid ($C_5H_5NH^\oplus Br_3^\ominus$) als Reagens bewährt. Konjugierte Systeme liefern bei der Halogenaddition sowohl 1,2- wie 1,4-Additionsprodukt.

Stereochemie bei Additionen an Ringverbindungen. Das Primärprodukt der Bromaddition an Cyclohexen ist das diaxiale *trans*-1,2-Dibromcyclohexan, das allerdings durch «Umklappen» sofort in das (stabilere) diäquatoriale Konformer übergeht. Im Fall von *substituierten Cyclohexanringen* oder von *starren Ringsystemen* werden die Verhältnisse komplizierter. So kann die Addition von Brom an 3-Methylcyclohexen im Prinzip zu zwei verschiedenen Produkten (1) bzw. (2) führen, je nachdem das Bromonium-Ion durch das $Br^\ominus$-Ion bei A oder B angegriffen wird.

Nach dem Angriff A liegt der Cyclohexanring in der *Sesselform* vor und besitzt zwei axiale Substituenten. Durch «Umklappen» geht er in ein Konformer über, bei dem die beiden Br-Atome äquatorial und nur die Methylgruppe axial stehen. Im Fall des Angriffes B hingegen entsteht zunächst die energiereichere (Twist-) *Wannenform.* Obschon durch Übergang in die Sessel-Konformation alle drei Substituenten in die äquatoriale Lage kämen (und dadurch ein stabileres Endprodukt als im Fall des Angriffes A gebildet würde), entsteht praktisch ausschließlich das Produkt (2), da der zur Wannenform führende aktivierte Komplex energiereicher ist als der zu (II) – der Sesselform! – führende aktivierte Komplex. Die Richtung des Angriffes wird also durch die Konformation des aktivierten Komplexes bestimmt (die Wannenform ist energetisch zu ungünstig); d. h. die Addition ist *kinetisch gesteuert,* vgl. Abb. 10.2.

Als Beispiel eines *starren* Ringsystems diene das *2-Cholesten:*

10.2 Addition von Halogenen

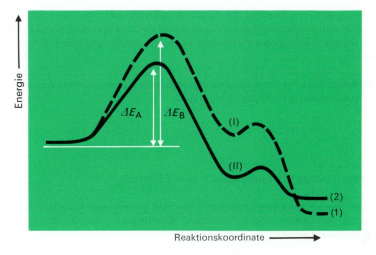

Abb. 10.2. Energiediagramm für die Bromaddition an 3-Methylcyclohexen

Um den Verlauf der Bromaddition zu zeigen, betrachten wir nur die beiden Ringe A und B. Von den beiden möglichen Bromonium-Ionen (Angriff von «oben» oder von «unten») entsteht hauptsächlich das zweite (2), eine Folge der sterischen Hinderung durch die Methylgruppe. Aus stereoelektronischen Gründen (*anti*periplanare Anordnung!) greift im zweiten Reaktionsschritt das $Br^\ominus$-Ion aber ausschließlich am C-Atom 2 an, trotz der sterisch ungünstigen Lage der Methylgruppe (!), während das Produkt (4) – bei dem beide Br-Atome äquatorial stehen – trotz der günstigen sterischen Anordnung der Substituenten – nicht entsteht (kein «Umklappen» möglich; diäquatorialer Angriff aus stereoelektronischen Gründen nicht möglich).

Als *allgemeine Regel* für den Verlauf der Addition an Cyclohexenringe läßt sich somit festhalten, daß durch *anti-Addition* zunächst ein *diaxiales* Additionsprodukt entsteht, das durch «Umklappen» in das diäquatoriale Konformer übergeht, sofern das starre Ringgerüst dies nicht verhindert.

Nebenreaktionen. Eine bei der Halogenaddition häufig auftretende Nebenreaktion ist die *Substitution in Allylstellung* zur Doppelbindung:

$$\text{>C=CH-CH}_2- + Br_2 \rightarrow \text{>C=CH-CH-} + HBr$$
$$\qquad\qquad\qquad\qquad\qquad\qquad\qquad |$$
$$\qquad\qquad\qquad\qquad\qquad\qquad\qquad Br$$

Die «Allyl-Halogenierung» ist insbesondere in zwei Fällen möglich:

1. Wenn – als Neben- oder Hauptreaktion – die Halogenaddition über *Radikale* verläuft, entstehen bei der (gleichzeitig auftretenden) Substitution mesomeriestabilisierte Allyl-Radikale als Zwischenstoff:

$$\text{>C=CH-}\overset{\odot}{\text{CH}}- \leftrightarrow \text{>}\overset{\odot}{\text{C}}\text{-CH=CH-}$$

2. Hat die bei der Halogenierung intermediär entstehende Spezies noch weitgehend *Carbeniumion-Charakter* (mit schwacher Überbrückung), so kann diese – ähnlich wie Carbeniumionen bei der *E*1-Reaktion – ein Proton abspalten. Dies tritt insbesondere bei verzweigten Alkenen auf, bei denen tertiäre Carbenium-Ionen als Zwischenstoffe entstehen. So ergibt Isobuten mit Chlor hauptsächlich 2-Methyl-1-chlor-2-propen (85%) und nur wenig 1,2-Dichlorprodukt:

$$\begin{array}{c}H_3C\\H_3C\end{array}\!\!>\!\!C=CH_2 \xrightarrow{Cl_2} \begin{array}{c}H_3C\\H_3C\end{array}\!\!>\!\!\overset{\oplus}{C}\text{-}CH_2Cl \xrightarrow{-H^\oplus} \begin{array}{c}H_2C\\H_3C\end{array}\!\!>\!\!C\text{-}CH_2Cl$$

In diesem Fall konnte durch Markierung mit ^{14}C gezeigt werden, daß die Substitution nicht durch einen direkten Angriff des Chloratoms auf die Methylgruppe erfolgt, sondern daß im ersten Reaktionsschritt eine Addition an die Doppelbindung eintritt:

$$\begin{array}{c}H_3C\\H_3C\end{array}\!\!>\!\!C=^*CH_2 \xrightarrow{Cl_2} \begin{array}{c}H_3C\\H_3C\end{array}\!\!>\!\!\overset{\oplus}{C}\text{-}^*CH_2Cl \rightarrow$$

Auch bei *unverzweigten* Alkenen kann die Allyl-Substitution zur Hauptreaktion gemacht werden, wenn man entweder bei *höheren Temperaturen* arbeitet (technische Gewinnung von Allylchlorid aus Propen; S. 78) oder wenn *N-Bromsuccinimid* verwendet wird.

Führt man die Addition von Halogenen in *wäßriger Lösung* aus, so tritt als Nebenreaktion zur Addition zweier Halogenatome die Bildung von *Halogenhydrinen* auf:

$$\text{>C=C<} + Cl_2 \rightarrow \text{>C}\underset{\underset{Cl}{\oplus}}{-}\text{C<} + Cl^\ominus$$

$$\text{>C}\underset{\underset{Cl}{\oplus}}{-}\text{C<} + H_2O \rightarrow \underset{Cl}{-\overset{\overset{\oplus OH_2}{|}}{C}-\overset{|}{C}-} \xrightarrow{-H^\oplus} \underset{Cl}{-\overset{\overset{OH}{|}}{C}-\overset{|}{C}-}$$

Die erreichbare Ausbeute an Halogenhydrin ist allerdings nicht sehr groß. Bessere Ausbeuten können durch direkte Addition von unterhalogenigen Säuren (sauren Lösungen von Hypochloriten bzw. Hypobromiten) erzielt werden. Technisch von gewisser Bedeutung ist die Gewinnung von Ethylenchlorhydrin aus Ethen und Chlorwasser sowie von 2,3-Dichlor-1-propanol aus Allylchlorid. Ersteres liefert durch Behandlung mit Basen Ethylenoxid und durch S_N-Reaktion mit KCN Ethylencyanhydrin, (HO—CH$_2$—CH$_2$—CN); das letztere ergibt mit starken Basen Epichlorhydrin, CH$_2$—CH—CH$_2$Cl, mit schwächeren Basen Glycerol.
\O/

Aus Ethylencyanhydrin wird durch Elimination von Wasser Acrylnitril gewonnen. Sowohl Acrylnitril wie Epichlorhydrin sind wichtige Ausgangsstoffe zu Herstellung von Kunststoffen (Polyacrylnitrilfasern, Epoxidharze).

10.3 Addition unsymmetrisch gebauter Addenden (Halogenwasserstoff, Säuren, Wasser)

Addition starker Säuren. Als Beispiel einer solchen Reaktion betrachten wir zunächst die **Halogenwasserstoff-Addition** an Alkene. Diese Reaktionen besitzen zwar nur in Sonderfällen eine größere Bedeutung, da Halogenalkane im allgemeinen leichter aus Alkoholen zugänglich sind; sie ist jedoch insbesondere auch aus theoretischen Gründen von Interesse. Beispiele praktisch wichtiger Halogenwasserstoff-Additionen sind die technische Gewinnung von Vinylchlorid aus Acetylen und HCl oder die präparative Herstellung gewisser sekundärer Halogenverbindungen aus primären Alkoholen:

$$R-CH_2-CH_2OH \begin{cases} + \text{ HCl oder SOCl}_2 \rightarrow R-CH_2CH_2Cl \\ E1 \text{ (unter der Wirkung von H}^\oplus\text{); } \rightarrow R-\underset{\underset{Cl}{|}}{CH}-CH_3 \\ \text{dann HCl-Addition} \end{cases}$$

Da in hydroxylgruppenhaltigen Lösungsmitteln Halogenwasserstoffverbindungen weitgehend in Form ihrer Anionen und der konjugierten Säure des Lösungsmittels vorliegen, in unpolaren Lösungsmitteln aber die Additionsgeschwindigkeit stark herabgesetzt ist, lassen sich sowohl Kinetik wie Mechanismus dieser Addition nicht leicht untersuchen. Man hat lange Zeit angenommen, daß sich auch hier in einem vorgelagerten Gleichgewicht zunächst ein π-Komplex mit einem protonierten Zwei-Elektronen-Dreizentren-MO bildet, der sich anschließend im geschwindigkeitsbestimmenden Schritt in ein Carbenium-Ion umlagert. Es gibt jedoch eine Reihe von Beobachtungen, die gegen das Auftreten eines solchen π-Komplexes sprechen, so z. B. die Tatsache, daß die Addition von Protonen an Doppelbindungen allgemein (und nicht spezifisch) säurekatalysiert ist (vgl. S. 298). Dies bedeutet, daß die Protonenübertragung von der Säure auf das Alken geschwindigkeitsbestimmend ist und daß direkt ein Carbenium-Ion als Zwischenstoff entsteht.
Ein Indiz für das Auftreten von *Carbenium-Ionen* bei der HX-Addition ist die in gewissen Fällen beobachtete Bildung von *syn*- und *anti*-Additionsprodukten nebeneinander (die Halogenwasserstoffaddition verläuft also nicht stereospezifisch, jedoch häufig *stereoselektiv!*) – wobei die *syn*-Addition vor allem in schwach ionisierenden Lösungsmitteln beobachtet wird und dann offenbar ein enges Ionenpaar als Zwischenstoff auftritt – und die Bildung umgelagerter Produkte. So liefert die HCl-Addition an 3-Dimethyl-1-buten neben dem

erwarteten 2-Chlor-3,3-dimethylbutan auch 2-Chlor-2,3-dimethylbutan, das dadurch entstanden ist, daß das bei der Addition zunächst gebildete Carbenium-Ion eine Wagner-Meerwein-Umlagerung erfahren hat:

$$
\begin{array}{c}
H_3C \\
H_3C-C-CH=CH_2 \\
H_3C
\end{array}
\xrightarrow{H^\oplus}
\begin{array}{c}
H_3C \\
H_3C-C-\overset{\oplus}{C}H-CH_3 \\
H_3C
\end{array}
\xrightarrow{\text{Wagner-Meerwein-Umlagerung}}
\begin{array}{c}
H_3C \quad \oplus \quad CH_3 \\
C-CH \\
H_3C CH_3
\end{array}
$$

$$\downarrow + \bar{Cl}^\ominus \qquad\qquad\qquad \downarrow + \bar{Cl}^\ominus$$

$$
\begin{array}{c}
H_3C \\
H_3C-C-CH-CH_3 \\
H_3C Cl
\end{array}
\qquad\qquad
\begin{array}{c}
H_3C CH_3 \\
C-CH \\
H_3C CH_3 \\
Cl
\end{array}
$$

Die Addition *anderer starker Säuren* verläuft im Prinzip gleichartig wie die Halogenwasserstoffaddition. Je *reaktionsträger (weniger basisch)* das Alken ist, desto *stärker* oder höher konzentriert muß die verwendete Säure sein. So reagiert beispielsweise Ethen mit konzentrierter wäßriger Salzsäure nicht, wohl aber mit Brom- oder Iodwasserstoffsäure. Isobuten addiert bereits bei 0°C 65% Schwefelsäure, während Propen und *n*-Buten 85% Schwefelsäure und Ethen 98% Schwefelsäure benötigen. Auf dieser unterschiedlichen Reaktivität gegenüber Schwefelsäure beruht die Abtrennung der einzelnen Alkene aus dem Crackgasgemisch.

Orientierung bei der Addition unsymmetrischer Addenden. Bei der Addition von Halogenwasserstoffverbindungen oder anderen starken Säuren an Alkene, die an der Doppelbindung unsymmetrisch substituiert sind, können im Prinzip zwei verschiedene Produkte entstehen:

$$
R-CH=CH_2 + HCl \longrightarrow
\begin{cases}
R-CH-CH_3 \\
| \\
Cl
\end{cases}
\text{Markownikow-Produkt}
$$
$$R-CH_2-CH_2Cl \quad \text{anti-Markownikow-Produkt}$$

Da die Bildung des Carbenium-Ions die Gesamtgeschwindigkeit der Addition bestimmt und tertiäre bzw. sekundäre Carbenium-Ionen stabiler sind als primäre, wird das Halogenid-Ion (bzw. das Säure-Anion) bevorzugt an dasjenige C-Atom addiert, welches mehr Alkylgruppen trägt [**Regel von Markownikow** (1886); siehe S. 321]. Die HX-Addition verläuft also ausgesprochen **regiospezifisch**. Bei der Addition des Protons bildet sich bevorzugt das stabilere Carbenium-Ion. Wird aber die relative Stabilität der beiden möglichen Carbenium-Ionen nicht ausschließlich durch den +*I*-Effekt von Alkylsubstituenten bestimmt, so ist auch *anti-Markownikow-Addition* möglich. Beispielsweise erhält man durch HCl-Addition an Acrylsäure bzw. 1-Trifluor-2-propen ausschließlich *β*-Chlorpropionsäure bzw. 1-Trifluor-3-chlorpropan:

$$
H_2C=CH-COOH \xrightarrow{+HCl}
\begin{cases}
H_2\overset{\oplus}{C}-CH_2-COOH \longrightarrow H_2C-CH_2-COOH \\
(1) | \\
 Cl \\
\\
H_3C-\overset{\oplus}{C}H-COOH \longrightarrow H_3C-CH-COOH \\
(2) | \\
 Cl
\end{cases}
$$

10.3 Addition unsymmetrisch gebauter Addenden

$$H_2C=CH-CF_3 \xrightarrow{+HCl} \begin{cases} H_2\overset{\oplus}{C}-CH_2-CF_3 \longrightarrow H_2C-CH_2-CF_3 \\ \quad\quad\quad (3) \quad\quad\quad\quad\quad\quad\quad\quad |\\ \quad\quad\quad\quad\quad\quad\quad\quad\quad\quad\quad\quad\quad\quad\quad Cl \\ \\ H_3C-\overset{\oplus}{CH}-CF_3 \longrightarrow H_3C-CH-CF_3 \\ \quad\quad\quad (4) \quad\quad\quad\quad\quad\quad\quad\quad |\\ \quad\quad\quad\quad\quad\quad\quad\quad\quad\quad\quad\quad\quad\quad\quad Cl \end{cases}$$

In beiden Fällen sind die zum **anti-Markownikow-Produkt** führenden Carbenium-Ionen (1) und (3) stabiler, eine Folge des starken −*I*-Effektes der Carboxyl- bzw. CF$_3$-Gruppe. Vinylchlorid hingegen liefert bei der HCl-Addition 1,1-Dichlorethan, weil das Cl-Atom durch seinen +*M*-Effekt die Ladung des Carbenium-Ions delokalisieren kann. (Der gleichzeitig wirksame −*I*-Effekt des Cl-Atoms zeigt sich in der verglichen mit Ethen herabgesetzten Additionsgeschwindigkeit, da dadurch die Basizität der Doppelbindung verringert wird!)

$$H_2C=CH-Cl \xrightarrow{H^\oplus} \left[H_3C-\overset{\oplus}{CH}-\overset{\curvearrowleft}{\underline{\overline{Cl}}}| \longleftrightarrow H_3C-CH=\overset{\oplus}{Cl} \right] \xrightarrow{\overline{Cl}^\ominus} H_3C-CHCl_2$$

Besonders interessant verläuft die *Addition von HBr*. Während nach älteren Arbeiten sowohl Markownikow- wie *anti*-Markownikow-Orientierung beobachtet wurden (und in gewissen Fällen sogar beide Produkte nebeneinander auftraten), fanden Kharasch und Mayo (1933), daß bei völligem Ausschluß von Sauerstoff und Peroxiden (d. h. bei Zusatz von Hydrochinon oder anderen Inhibitoren) die Addition von HBr stets gemäß der Regel von Markownikow verläuft. Bei Gegenwart von *molekularem Sauerstoff* oder von *Peroxiden* (wie z. B. Di-*tert*-butylperoxid) hingegen erhält man ausschließlich *anti-Markownikow-Produkte*. Dies beruht darauf, daß unter diesen Bedingungen die Reaktion nach einem ganz anderen Mechanismus abläuft: Sauerstoff (ein Diradikal) und Peroxide (die leicht in Radikale zerfallen) vermögen Radikal-Kettenreaktionen auszulösen, und die Addition verläuft – wie dann viel später durch ESR-Spektroskopie bewiesen werden konnte – über **freie Radikale**:

$$Rad\cdot + HBr \longrightarrow Rad-H + Br\cdot$$

$$\!\!>\!\!C=C\!\!<\; + Br\cdot \longrightarrow \;>\!\!\underset{Br}{C}-C\!\!<\cdot$$

$$>\!\!\underset{Br}{C}-C\!\!<\cdot + HBr \longrightarrow -\!\!\underset{Br}{C}-\underset{H}{C}\!\!- + Br\cdot$$

Die ausschließliche Bildung von *anti*-Markownikow-Produkten bei der radikalischen Addition erklärt sich dadurch, daß die Stabilität von Alkylradikalen in der Reihenfolge tertiär > sekundär > primär abnimmt (abnehmende Delokalisation des ungepaarten Elektrons durch die +*I*-Alkylsubstituenten!); die Umkehrung in der Orientierungsrichtung beim Wechsel von elektrophiler zu radikalischer Addition ist somit die Folge der Tatsache, daß bei der Radikaladdition von HBr im ersten Schritt nicht ein Wasserstoff-, sondern ein Brom-Atom addiert wird.

Addition von Hydroxyverbindungen. *Wasser* läßt sich nicht direkt an Alkene addieren, da seine Acidität dafür zu gering ist. Man benötigt deshalb zur Wasseranlagerung (**«Hydratisierung»**) von Alkenen – die in gewissen Fällen zur Gewinnung von Alkoholen wichtig ist – Brönsted- oder Lewis-Säuren als Katalysatoren:

$$\begin{matrix}\diagup\\ \diagdown\end{matrix}C=C\begin{matrix}\diagup\\ \diagdown\end{matrix} + H_3O^\oplus \longrightarrow -\underset{H}{\overset{|}{C}}-\overset{\oplus}{\underset{|}{C}}\begin{matrix}\diagup\\ \diagdown\end{matrix} + H_2\overset{..}{O} \longrightarrow -\underset{H}{\overset{|}{C}}-\overset{\overset{\oplus OH_2}{|}}{\underset{|}{C}}- \longrightarrow -\underset{H}{\overset{|}{C}}-\overset{\overset{OH}{|}}{\underset{|}{C}}- + H^\oplus$$

Die Addition von Wasser bildet die exakte Umkehrung der *E*1-Elimination aus Alkoholen. Sie erfolgt nach der Regel von Markownikow.

Eine interessante Addition von Wasser, die gleichzeitig mit einer Oxidation verbunden ist, bietet der erste Schritt bei der **Wacker-Reaktion** (S. 218):

(1) $\quad H_2C=CH_2 + Pd^{2\oplus} \longrightarrow H_2C\overset{\phantom{Pd^{2\oplus}}}{=\!=\!=\!=}CH_2$
$\qquad\qquad\qquad\qquad\qquad\qquad\qquad\quad \downarrow$
$\qquad\qquad\qquad\qquad\qquad\qquad\qquad\; Pd^{2\oplus}$

(2) $\quad H_2C\overset{}{=\!=\!=\!=}CH_2 \xrightarrow[-H^\oplus]{H_2O} H_2\overset{|}{\underset{Pd^\oplus}{C}}-\overset{H}{\underset{}{CH}}-O-H$
$\qquad\qquad\; \downarrow$
$\qquad\quad\; Pd^{2\oplus}$

(3) $\quad H_2\overset{|}{\underset{Pd^\oplus}{C}}-\overset{H}{\underset{}{CH}}-O-H \xrightarrow{-H^\oplus} H_3CCHO + Pd$

Dabei bildet sich zuerst ein π-Komplex mit Palladiumchlorid, der im Schritt (2) ein Molekül Wasser addiert. Das im Schritt (3) freigesetzte Palladium wird durch $CuCl_2$ wieder zu $PdCl_2$ oxidiert (welches in salzsaurer Lösung den $PdCl_4^{2\ominus}$-Komplex liefert), und das dabei gebildete CuCl läßt sich durch Luftsauerstoff schließlich wieder zu $CuCl_2$ oxidieren, so daß im Endeffekt nur Ethen und Sauerstoff verbraucht werden (vgl. S. 821).

Neben Wasser lassen sich aber in Gegenwart von Brönsted- oder Lewis-Säuren *die meisten Hydroxyverbindungen* an Doppelbindungen addieren. Auch das Anion der als Katalysator verwendeten Brönsted-Säure, der bereits gebildete Alkohol oder sogar noch nicht umgesetztes Alken können im zweiten Reaktionsschritt vom Carbenium-Ion gebunden werden, so daß z. B. in wäßriger Schwefelsäure **Konkurrenzreaktionen** zur Wasseranlagerung möglich sind (siehe S. 417).

Wasserfreie oder hochkonzentrierte Säuren liefern bevorzugt den *Ester*. Zur Addition von *Wasser* genügt im allgemeinen verdünnte Säure; als Nebenprodukte werden aber stets in einem gewissen Ausmaß auch *Ether* gebildet. Primäre Alkohole sind dabei reaktionsfähiger als sekundäre, während tertiäre Alkohole nicht reagieren. Tertiäre Ether, die sonst nur schwer erhältlich sind, lassen sich durch Addition von Alkoholen gewinnen, wenn Alkene des Typus $R_2C=CH_2$ als Ausgangsstoffe gewählt werden.

Praktische Bedeutung besitzt neben der Hydratisierung der Alkene aus Crackgasen (Gewinnung von Ethanol, Isopropanol und von Butanolen) insbesondere die *Addition von Carbonsäuren* an Alkene oder auch an Alkine zur Bildung von *Estern* (BF_3 oder $AlCl_3$ als Katalysator). Diese Reaktion ist insbesondere von Interesse zur Gewinnung von Estern tertiärer Alkohole, die sonst nur schwierig zugänglich sind (aus Alkenen des Typus $R_2C=CHR$). Werden ungesättigte Carbonsäuren mit Säure behandelt, so entsteht gewöhnlich ein γ- und/oder ein δ-*Lacton*, ungeachtet der ursprünglichen Lage der Doppelbindung. Starke Säuren katalysieren die Verschiebung einer Doppelbindung (S. 538), so daß diese in jedem Fall eine zur Lactonbildung geeignete Lage erhält. Als *Konkurrenzreaktion* tritt die Bildung

10.3 Addition unsymmetrisch gebauter Addenden

[Reaktionsschema zur Addition verschiedener Nucleophile an Carbeniumionen:

- + HO–SO$_2$–O$^\ominus$ → –C(OSO$_2$OH)–C(H)– : **Monoalkylsulfat**
- + –C–C(OSO$_2$O$^\ominus$)– → –C–C(–O–SO$_2$–O–C–C–H)– : **Dialkylsulfat**
- + H$_2$O → –C($^\oplus$OH$_2$)–C(H)– $\xrightarrow{-H^\oplus}$ –C(OH)–C(H)– : **Alkohol**
- + –C–C–OH → –C–C(–O–C–C–)– $\xrightarrow{-H^\oplus}$ –C–C–O–C–C– : **Ether**
- + >C=C< → –C–C–C–C$^\oplus$ $\xrightarrow{-H^\oplus}$ –C–C–C=C< usw. : **Dimer, Polymer**
- + HO–C(=O)–R → –C($^\oplus$O(H)–C(=O)R)–C(H)– → –C(O–C(=O)R)–C(H)– : **Ester**]

von Cyclopentenonen oder Cyclohexenonen auf. Wenn nämlich das Proton von der Hydroxylgruppe der Carbonsäure addiert wird und durch Wasseraustritt ein Acyliumion entsteht, kann dieses die Doppelbindung angreifen, so daß ein Keton gebildet wird:

R–CH=CH–CH$_2$–CH$_2$–COOH $\xrightarrow[-H_2O]{H^\oplus}$

R–CH=CH–CH$_2$–CH$_2$–$\overset{\oplus}{C}$=O →

[Cyclopentanonring mit R–CH–$\overset{\oplus}{CH}$ und O=C, CH$_2$, CH$_2$]

↓ –H$^\oplus$

[Cyclopentenon mit R–C=CH und O=C, CH$_2$, CH$_2$]

Welche dieser Reaktionen zur *Hauptreaktion* wird, hängt von der verwendeten Säure ab. Starke Brönsted-Säuren liefern zur Hauptsache Lactone, während Lewis-Säuren vorwiegend Ketone ergeben. – Eine technische Anwendung der Addition von Carbonsäuren an Dreifachbindungen bildet die Herstellung von *Vinylacetat* (wichtig zur Gewinnung von Polyvinylacetat-Klebstoffen) aus Acetylen und Essigsäure.

Auch **Alkine** können Wasser addieren:

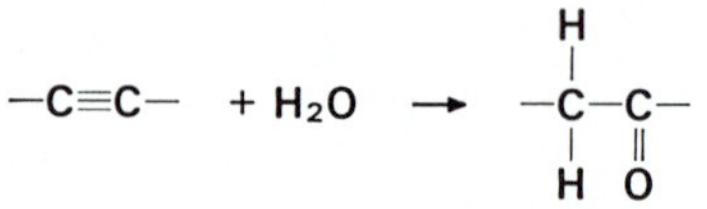

$$-C\equiv C- \; + \; H_2O \; \longrightarrow \; \begin{array}{c} H \\ | \\ -C-C- \\ | \; \; \| \\ H \; \; O \end{array}$$

Quecksilber(II)-verbindungen oder Thallium(III)-salze wirken katalytisch. Die Addition folgt der Regel von Markownikow, so daß nur Acetylen einen Aldehyd ergibt. Alkine der allgemeinen Formel R—C≡CH liefern Methylketone, während man aus Alkinen des Typus R—C≡C—R' in der Regel beide möglichen Produkte erhält. Ist jedoch R eine primäre, R' eine sekundäre oder tertiäre Alkylgruppe, so wird die Carbonylgruppe bevorzugt dem sekundären bzw. tertiären Atom benachbart gebildet. Man vermutet, daß primär – ähnlich wie bei der Oxymercurierung (S. 419) - ein Komplex mit dem $Hg^{2\oplus}$-Ion gebildet wird:

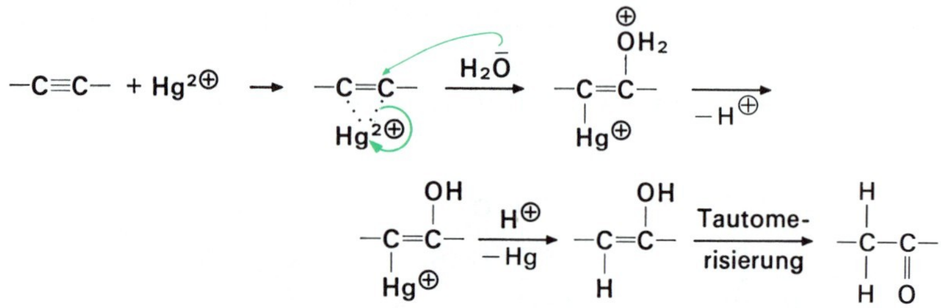

Die Addition von Alkoholen an Dreifachbindungen ergibt *Vinylether* oder *Acetale*:

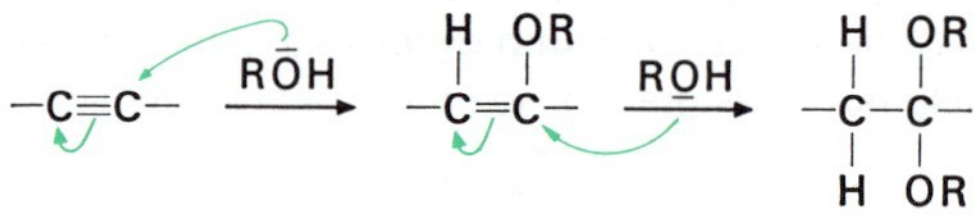

Da die Dreifachbindung gegenüber Nucleophilen reaktiver ist als die Doppelbindung, wird die Alkoholaddition durch Basen katalysiert. Die Addition von Alkoholen an Vinylether kann auch säurekatalysiert durchgeführt werden, da diese durch Elektrophile leichter angegriffen werden als Alkine. Eine Anwendung dieser Tatsache besteht in der Verwendung von Dihydropyran als Schutzgruppe für primäre und sekundäre Alkohole oder Phenole:

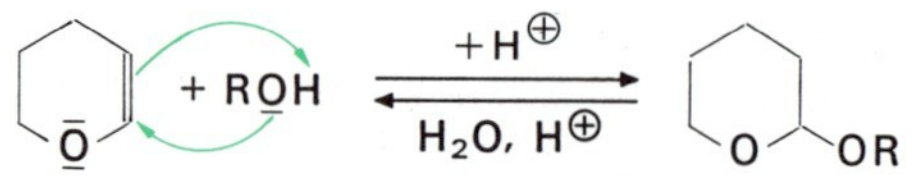

Dihydropyran → Tetrahydropyran-(THP-)ether

Das durch diese Reaktion gebildete Acetal ist gegenüber Basen, $LiAlH_4$, Grignard-Reagentien oder Oxidationsmitteln inert, wird aber durch verdünnte Säuren leicht gespalten.

Oxymercurierung. In Gegenwart von Wasser vermögen Alkene *Quecksilberacetat* zu addieren. Die dadurch gebildeten Hydroxyquecksilberverbindungen können mit Natriumborhydrid zu *Alkoholen* reduziert werden:

$$\begin{array}{c}\diagup\\C=C\\\diagdown\end{array} + H_2\overset{\curvearrowright}{O} + Hg(OOCCH_3)_2 \longrightarrow \begin{array}{cc}|&|\\-C-C-\\|&|\\OH&HgOOCCH_3\end{array} + H_3CCOOH$$

$$\downarrow + NaBH_4$$

$$\begin{array}{cc}|&|\\-C-C-\\|&|\\OH&H\end{array}$$

Die Reaktion verläuft rasch, unter milden Bedingungen und mit guten Ausbeuten. Man läßt gewöhnlich das Alken mit einer wäßrigen Lösung von Quecksilberacetat reagieren und reduziert anschließend sofort, ohne das Additionsprodukt zu isolieren, wobei sich elementares Quecksilber abscheidet. Die Addition erfolgt *gemäß der Regel von Markownikow*:

$$H_3C(CH_2)_3CH=CH_2 \xrightarrow{Hg(OOCCH_3)_2,\ NaBH_4} H_3C(CH_2)_3-\underset{\underset{OH}{|}}{CH}-CH_3$$

1-Hexen   2-Hexanol

1-Methylcyclohexen $\xrightarrow{Hg(OOCCH_3)_2,\ NaBH_4}$ 1-Methylcyclohexanol

Bei der Mercurierung wirkt offenbar das $Hg^{2\oplus}$-Ion als Elektrophil. Die Tatsache, daß Umlagerungen kaum auftreten und daß die Reaktion mit hoher **Stereospezifität** (*anti*-Addition!) verläuft, legt den Schluß nahe, daß ähnlich wie bei der Halogenierung ein cyclisches «*Mercurinium-Ion*» entsteht:

In der Tat gelang es Olah (1971), solche Ionen spektroskopisch nachzuweisen. Im zweiten Reaktionsschritt wird das Mercurinium-Ion offenbar von einem Wassermolekül angegriffen, wobei es bevorzugt vom stärker substituierten C-Atom – d. h. von demjenigen C-Atom, das am besten eine positive Ladung tragen kann – gebunden wird. Der Ablauf der Reduktion ist nicht genau bekannt; man nimmt an, daß dabei Radikale als Zwischenstoffe auftreten. Werden Alkohole oder Nitrile statt Wasser verwendet, so lassen sich auch *Ether* oder *Amide* durch die Oxymercurierung gewinnen.

10.4 Weitere wichtige Additionsreaktionen

Epoxidierung. Oxirane (Epoxide) können nicht nur durch Einwirkung starker Basen auf Halogenhydrine, sondern auch durch *direkte Reaktion von Alkenen mit Peroxyverbindungen*

gewonnen werden. In der Praxis verwendet man zu diesem Zweck meist Peroxybenzoesäure, Peroxyessigsäure, Peroxyameisensäure oder Monoperoxyphthalsäure:

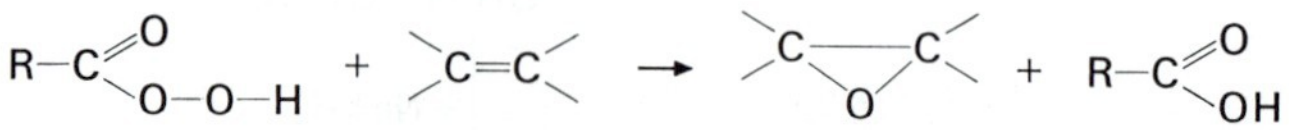

$$R-C(=O)(O-O-H) + \;C=C\; \rightarrow \;C-C\; (O) + R-C(=O)(OH)$$

Mit Ausnahme von Aminogruppen werden funktionelle Gruppen, die in der ungesättigten Verbindung enthalten sind, durch das Reagens nicht angegriffen. So liefern α,β-ungesättigte Ester auf diese Weise *Glycidester* (S. 396). Die Ausbeuten sind im allgemeinen recht hoch.
Führt man die Reaktion in hydroxylfreien Lösungsmitteln (Chloroform, Ether) aus, so läßt sich das gebildete Oxiran als Substanz isolieren. In wäßrigen oder alkoholischen Lösungen tritt anschließend an die Epoxidierung eine Hydrolyse (Alkoholyse) ein (S_N!), und man erhält – im Falle cyclischer Alkene – direkt ein *trans*-Glycol bzw. dessen Ester (Methode zur Herstellung von *trans*-Glycolen von Ringverbindungen!):

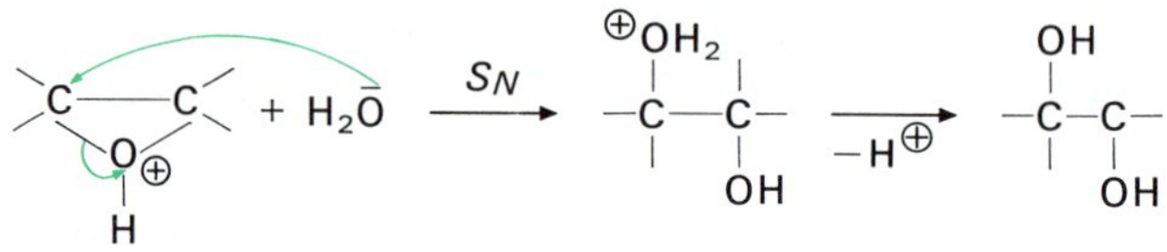

Auch ein technisches Verfahren zur Gewinnung von *Glycerol* benützt diese Reaktion (**Epoxidierung** von Allylchlorid mittels eines Gemisches aus H_2O_2 und WO_3 und anschließende Hydrolyse). *Ethylenoxid*, das einfachste Oxiran, wird technisch in großem Maßstab durch direkte Reaktion von Ethen mit molekularem Sauerstoff unter der katalytischen Wirkung von Silber hergestellt; wahrscheinlich handelt es sich dabei um eine Radikaladdition (O_2 ist ein Diradikal!).
Über den *Mechanismus* der Epoxidierung herrscht noch keine völlige Klarheit. Bartlett schlug einen einstufigen Ablauf vor:

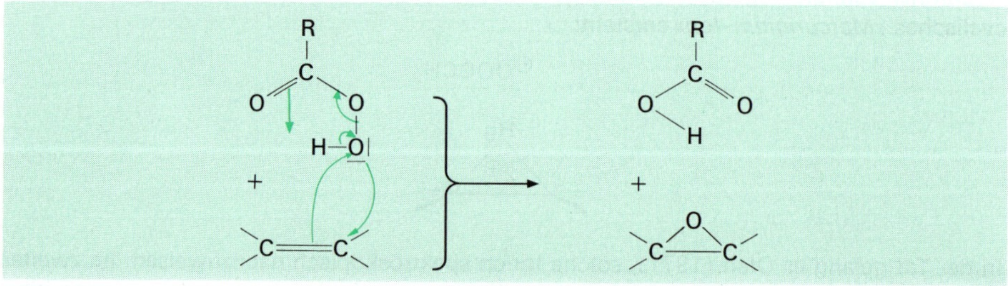

Dafür sprechen die Beobachtungen, daß die Epoxidierung eine Reaktion zweiter Ordnung ist, daß sie auch in unpolaren Lösungsmitteln leicht durchzuführen ist und daß sie stereospezifisch verläuft [(*E*)-Alkene liefern *trans*-Oxirane und umgekehrt (*Z*)-Alkene *cis*-Oxirane]:

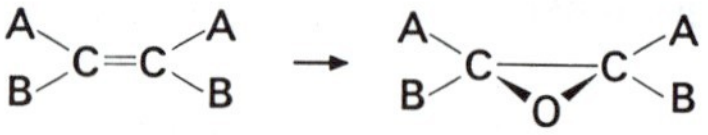

Hydrocarboxylierung und Hydroformylierung. Durch Addition von Wasser und Kohlenmonoxid an olefinische Doppelbindungen gelingt es, *Carboxylgruppen* einzuführen («**Hydrocarboxylierung**»):

10.4 Weitere wichtige Additionsreaktionen

$$\text{>C=C<} + CO + H_2O \xrightarrow{H^\oplus} \text{—C—C—} \begin{array}{c} H \quad COOH \end{array}$$

Für die *praktische Durchführung* dieser Reaktion steht eine Reihe verschiedener Methoden zur Verfügung. Entweder wird das Alken unter der Wirkung von Mineralsäuren mit CO und Wasser unter einem Druck von 500 bis 1000 bar und bei Temperaturen zwischen 100 und 350°C umgesetzt, oder man läßt zuerst das Alken (unter der Wirkung des Katalysators) mit CO reagieren und setzt nachher Wasser zu. Die letztere Art der Hydrocarboxylierung ist schon bei viel milderen Bedingungen möglich (1 bis 100 bar und 20 bis 50°C). Mit Nickeltetracarbonyl als Katalysator lassen sich auch Dreifachbindungen unter relativ milden Bedingungen (50 bar und 160°C) in α,β-ungesättigte Carbonsäuren überführen.

Bei Verwendung saurer Katalysatoren wird im ersten Reaktionsschritt ein Proton addiert *(elektrophile Addition!)*; das entstandene *Carbenium-Ion* addiert ein CO-Molekül und liefert damit ein *Acylium-Ion*, welches schließlich mit Wasser zur Carbonsäure reagiert:

$$\text{>C=C<} + H^\oplus \rightarrow \text{—C—C—} \quad |C\equiv O \longrightarrow \text{—C—C—} \xrightarrow[-H^\oplus]{H_2O} \text{—C—C—}$$

Acylium-Ion

Verwendet man im zweiten Reaktionsschritt statt Wasser Alkohole, Thiole oder Amine, so erhält man Ester, Thiolester bzw. Amide. Die Addition folgt der Regel von Markownikow.
Läßt man ein Gemisch von CO und Wasserstoff unter Druck und unter der Wirkung von Kobaltcarbonyl auf Alkene einwirken, so erhält man *Aldehyde* (**Hydroformylierung**):

$$\text{>C=C<} + CO + H_2 \xrightarrow[\text{[Co(CO)}_4]_2]{\text{Druck}} \text{—C—C—} \begin{array}{c} H \quad CHO \end{array}$$

Ein Überschuß von Wasserstoff bewirkt die Bildung von Alkoholen; das dabei reduzierend wirkende Reagens ist Kobaltcarbonylwasserstoff, $HCo(CO)_3$. Die Hydroformylierung von Alkenen besitzt große technische Bedeutung zur Herstellung niederer Alkohole aus Crackprodukten (S. 147; «**Oxosynthese**»); sie läßt sich jedoch auch im Laboratorium mit einer gewöhnlichen Hydrierungsapparatur durchführen.

Hydroborierung. Die Reaktion von Alkenen mit **Diboran**, B_2H_6, das in Diglyme (Diethylenglycoldimethylether) oder Tetrahydrofuran gelöst ist, ist für synthetische Zwecke von sehr großem Interesse, da sie bereits bei Raumtemperatur rasch und mit hoher Ausbeute verläuft und die *Additionsprodukte (Trialkylborane)* in vielseitiger Weise *weiterverarbeitet* werden können.

Schema: $6\ H_3CCH=CH_2 + B_2H_6 \rightarrow 2\ (H_3CCH_2CH_2)_3B$

Man nimmt dabei an, daß das Diboran zuerst in zwei Moleküle des (im reinen Zustand unbeständigen) Borans, BH_3, zerfällt, das dann an das Alken addiert wird. Die Addition erfolgt **stereospezifisch** syn und *mit eindeutiger Orientierung (Regioselektivität)*: Im Fall unsymmetrisch substituierter Doppelbindungen wird das B-Atom vom weniger substituierten C-Atom der Doppelbindung gebunden. Offenbar erfolgt die Addition gemäß folgendem Mechanismus:

10 Additionen an C—C-Mehrfachbindungen

$$\underset{H}{\overset{R}{\underset{|}{C}}}\!\!=\!\!\underset{H}{\overset{H}{\underset{|}{C}}} + {}^{\bullet}BH_2 \quad \rightarrow \quad \overset{\delta \oplus}{\underset{|}{C}}\cdots\overset{H^{\delta\ominus}}{\underset{BH_2}{\vdots}} \quad \rightarrow \quad \underset{H}{\overset{R}{\underset{|}{C}}}\!\!-\!\!\underset{H}{\overset{H}{\underset{|}{C}}}\!\!-\!\!BH_2 \qquad (1)$$

Die extrem starke Lewis-Säure BH_3 (das B-Atom besitzt nur 6 Valenzelektronen!) verhält sich als Elektrophil und lagert sich an das π-Elektronenpaar an; das dadurch positiv polarisierte Nachbar-C-Atom bindet ein Hydrid-Ion.

Der *stereoelektronische* Ablauf läßt sich folgendermaßen beschreiben: Das HOMO des Alkens (sein π-MO) überlappt zunächst mit dem unbesetzten p-AO des Bor-Atoms (dem LUMO von BH_3). Anschließend wird die C—B-Bindung gebildet und eine B—H-Bindung getrennt, was wohl einigermaßen konzertiert erfolgt:

Im *Vierzentren-Übergangszustand* (**syn-Addition!**) ist die C—B-Bindung wahrscheinlich bereits etwas stärker ausgebildet als die neue C—H-Bindung, was die Richtung der Addition erklärt: Das stärker substituierte C-Atom der Doppelbindung wird positiv polarisiert (Wirkung der Alkylgruppen als σ-Donoren!), wie ja dieses Atom auch das stabilere Carbenium-Ion bildet. Offenbar treten aber keine freien Carbenium-Ionen auf, da ausschließlich *cis*-Addition beobachtet wird.

Das durch Addition von einem Molekül BH_3 an ein Alkenmolekül entstandene Produkt (1) wird anschließend in gleicher Weise wieder an ein Alkenmolekül addiert, bis schließlich – nach dreimaliger Addition – das *Trialkylboran* entstanden ist:

$$H_3CCH_2CH_2BH_2 + H_3CCH=CH_2 \rightarrow (H_3CCH_2CH_2)_2BH \quad \text{usw.}$$

Die Trialkylborverbindungen ergeben durch Reaktion mit alkalischem Wasserstoffperoxid *Alkohole*, so daß man auf diese Weise eine weitere Möglichkeit besitzt, Alkene durch «Hydratisierung» in Alkohole überzuführen. Im Gegensatz zur direkten Addition von Wasser verläuft die Hydroborierung *entgegengesetzt zur Regel von Markownikow* (**anti-Markownikow**), da das B-Atom bei der Oxidation durch eine Hydroxylgruppe ersetzt wird. Mit dieser Methode lassen sich deshalb auch *primäre Alkohole* aus Alkenen (mit endständiger Doppelbindung) gewinnen. Die Reaktion von Trialkylboranen mit Chloramin bzw. Dialkylchloraminen ergibt *Amine* bzw. Halogenalkane. Mit Carbonsäuren entstehen *Alkane*; die letztere Reaktion kann z. B. zur Gewinnung deuterierter Verbindungen von Interesse sein.

$$(R{-}CH_2{-}CH_2)_3B \xrightarrow{CH_3COOD} 3\ R{-}CH_2{-}CH_2D$$

10.4 Weitere wichtige Additionsreaktionen

Der **stereospezifische** Verlauf zeigt sich z. B. bei folgenden Reaktionen:

[Reaktion 1: 1,2-Dimethylcyclopenten + B_2H_6 / H_2O_2 → trans-1,2-Dimethylcyclopentanol]

[Reaktion 2:]
(E)-2-p-Anisyl-2-buten $\xrightarrow{B_2H_6,\ H_2O_2}$ threo-3-p-Anisyl-2-butanol

[Reaktion 3:]
(Z)-p-2-Anisyl-2-buten $\xrightarrow{B_2H_6,\ H_2O_2}$ erythro-3-p-Anisyl-2-butanol

Bei der praktischen *Durchführung* der Reaktion stellt man Diboran gewöhnlich durch Reaktion von $NaBH_4$ mit einer Lewis-Säure (meist BF_3 in Ether) her; enthält das Alken funktionelle Gruppen, welche mit $NaBH_4$ reagieren können, so muß direkt gasförmiges B_2H_6 durch die Lösung geleitet werden. Als Lösungsmittel kann an Stelle von Diglyme auch Ether oder Tetrahydrofuran verwendet werden; das Alken wird zusammen mit $NaBH_4$ gelöst, und anschließend wird die Lösung von BF_3 in Ether zugetropft. Die Oxidation wird mit alkalischer H_2O_2-Lösung in Ethanol durchgeführt.

Die **Regioselektivität** wird erhöht, wenn an Stelle von Diboran andere, organische Borane verwendet werden. So liefert 1-Hexen bei der Hydroborierung mit B_2H_6 94% 1-Hexanol und 6% 2-Hexanol; mit Bis(2-butyl-3-methyl-)boran hingegen entsteht nur 1% 2-Hexanol. Besonders praktisch ist die Verwendung des bicyclischen «**9-BBN**» (9-Borabicyclo[3.3.1]-nonan), das aus 1,5-Cyclooctadien leicht herzustellen ist und das weder selbstentzündlich ist, noch durch Feuchtigkeit zersetzt wird[1].

[Reaktionsschema: 1,5-Cyclooctadien $\xrightarrow{BH_3}$ 9-BBN $\xrightarrow{R-CH=CH_2}$ Alkyl-9-BBN $\xrightarrow{H_2O_2}$ RCH_2CH_2OH]

---

[1] 9-BBN ist genauer als Dimer zu formulieren, vgl. B_2H_6, S. 421.

Seit ihrer Entdeckung durch H. C. Brown (in den fünfziger Jahren) hat sich die Hydroborierung zu einer äußerst wertvollen, vielseitig einsetzbaren Reaktion für die präparative Praxis entwickelt. Es lassen sich durch sie nicht nur die verschiedensten funktionellen Gruppen einführen; sie läßt sich auch zum **Aufbau von Kohlenstoffgerüsten** verwenden. Behandelt man beispielsweise Organoborane mit Silbernitrat, so bilden sich C—C-Bindungen zwischen den Alkylgruppen:

$$2\ R_3B + AgNO_3 \longrightarrow 3\ R\!-\!R$$

Der Reaktionsablauf ist verwickelt; man nimmt an, daß zunächst eine Elektronenübertragung eintritt, die zu Radikalen führt. Diese kuppeln anschließend untereinander.

Die Entdeckung, daß auch *Kohlenmonoxid* mit Organoboranen reagiert, führte zur Entwicklung von Synthesen für *Alkohole* und *Ketone*. Welches Produkt im konkreten Fall gebildet wird, hängt von den Bedingungen ab, unter denen eine Bor-Kohlenstoff-Wanderung eintritt. Wenn das Organoboran zusammen mit Kohlenmonoxid auf 100 bis 125 °C erhitzt wird, so wandern alle Gruppen, und man erhält nach der Oxidation einen *tertiären Alkohol*:

$$R_3B + CO \longrightarrow [R_3\overset{\ominus}{B}\!-\!\overset{\oplus}{C}\!\equiv\!O] \longrightarrow [O\!=\!B\!-\!CR_3] \xrightarrow{H_2O_2,\ OH^{\ominus}} HO\!-\!CR_3$$

Setzt man dem Reaktionsgemisch nach der Carbonylierung Wasser zu, so stoppt die Reaktion nach der Wanderung zweier Alkylgruppen. Oxidiert man das Gemisch in diesem Augenblick, so entstehen *Dialkylketone*:

$$R_3B + CO \xrightarrow{H_2O} \begin{bmatrix} RB\!-\!CR_2 \\ |\quad\ \ | \\ HO\ \ OH \end{bmatrix} \xrightarrow{H_2O_2,\ OH^{\ominus}} R_2CO$$

Führt man die Carbonylierung in Gegenwart von $LiBH_4$ oder $NaBH_4$ aus, so reduziert das $BH_4^{\ominus}$-Ion das Produkt des ersten Schrittes der Verschiebung:

$$R_3\overset{\ominus}{B}\!-\!\overset{\oplus}{C}\!\equiv\!O \longrightarrow R_2B\!-\!\overset{\overset{R}{|}}{C}\!=\!O \xrightarrow{BH_4^{\ominus}} RCH_2OH + 2\ ROH$$

Allerdings wird hier nur ein Drittel der im Organoboran vorhandenen Alkylgruppen ausgenützt und die beiden gebildeten Alkohole müssen voneinander getrennt werden.

Auch *Aldehyde* können durch Hydroborierung erhalten werden. Das Alken wird zu diesem Zweck zunächst mit **9-BBN** hydroboriert. Das entstandene Trialkylboran wird carbonyliert. Nur die exocyclische Alkylgruppe verschiebt sich, und die Oxidation liefert den gewünschten Aldehyd:

Die Alkylgruppen im Organoboran können auch zur **Alkylierung** von konjugierten Doppelbindungen dienen:

$$\left(\underset{3}{\bigcirc}\right)_3 B + H_2C=CHCOCH_3 \longrightarrow \bigcirc\!-CH_2CH_2COCH_3$$

$$\left(\underset{3}{\bigcirc}\right)_3 B + \underset{\text{(cyclohexanone with }=CH_2\text{)}}{H_2C\!\!=\!\!} \longrightarrow \bigcirc\!-CH_2\!-\!\underset{\text{(cyclohexanone)}}{}$$

$$\left(H_3CCH_2\underset{CH_3}{\overset{|}{CH}}\!-\right)_3 B + H_2C=CHCHO \longrightarrow H_3CCH_2\underset{CH_3}{\overset{|}{CH}}CH_2CH_2CHO$$

Ketone und andere **Carbonylverbindungen** können durch Borane ebenfalls **alkyliert** werden (in Gegenwart einer starken Base wie Kalium-*tert*-butoxid oder – noch besser – Kalium-2,6-di*tert*-butylphenoxid[1]):

$$BrCH_2\!-\!\underset{O}{\overset{\|}{C}}\!-\!R + R_3'B \xrightarrow[\text{THF, 0°C}]{\text{(2,6-di-tert-butylphenoxid)}} R'CH_2\!-\!\underset{O}{\overset{\|}{C}}\!-\!R$$

Neben α-Halogenketonen, α-Halogenestern und α-Sulfonylderivaten reagieren auch α-Halogennitrile auf diese Weise, nicht jedoch α-Halogenaldehyde. Als Trialkylboran verwendet man alkyliertes 9-BBN (S. 423).

Auch diese Reaktion wurde von Brown entwickelt und in die Synthesepraxis eingeführt. Sie ist vielseitig verwendbar und bietet eine weitere Möglichkeit zur Alkylierung von Carbonylverbindungen (vgl. S. 368); sie stellt auch eine Alternative zur klassischen Acetessig- und Malonestersynthese dar. Ihr Ablauf ist nicht mit Sicherheit bekannt; man postuliert dafür folgenden Mechanismus:

$$BrCH_2COR' \xrightarrow{:Base} Br\overset{\ominus}{C}HCOR' \xrightarrow{BR_3} \underset{R-BR_2^\ominus}{\overset{Br}{\underset{|}{CH-COR'}}} \xrightarrow{-Br^\ominus} R\!-\!\underset{BR_2}{\overset{|}{CH}}\!-\!\underset{O}{\overset{\|}{C}}\!-\!R'$$

$$\longrightarrow R\!-\!\underset{OBR_2}{\overset{|}{CH}}\!=\!C\!-\!R' \xrightarrow[\text{(Hydrolyse)}]{+HX} R\!-\!CH_2\!-\!\underset{O}{\overset{\|}{C}}\!-\!R' + X\!-\!BR_2$$

Entscheidend dabei ist die Reaktion des Carbanions (des Enolat-Ions) mit dem Boran, eine Lewis-Säure/Base-Reaktion. Die Gruppe R verschiebt sich und verdrängt das Br$^\ominus$-Ion. Nach einer weiteren Verschiebung – diesmal der Gruppe BR$_2$ – vom C-zum O-Atom erfolgt Hydrolyse und Tautomerisierung zum Keton. Die Konfiguration des zur Alkylierung dienenden Restes R bleibt erhalten. Da alkyliertes 9-BBN aus einem Alken und 9-BBN hergestellt wird, gelingt es im Endeffekt, mit dieser Reaktion *Alkene* in *Ketone* bzw. *Ester* überzuführen:

---

[1] Aufgrund sterischer Hinderung nicht nucleophile, starke Base.

426   10 Additionen an C—C-Mehrfachbindungen

$(CH_3)_2C=CH_2$ →[9-BBN] B—CH₂CH(CH₃)₂ auf Bicyclo[3.3.1]-Gerüst →[BrCH₂COCH₃] $(CH_3)_2CHCH_2CH_2COCH_3$

Cyclopenten →[9-BBN] Cyclopentyl-9-BBN →[BrCH₂COOEt] Cyclopentyl-CH₂COOEt   Cyclopentylessigsäureester

Die analoge Reaktion läßt sich auch mit *Diazoverbindungen* – welche die N_2-Gruppe als Abgangsgruppe enthalten – durchführen. Da α-Halogenaldehyde mit Boranen nicht reagieren, ist besonders die Reaktion von Diazoaldehyden präparativ interessant (**Alkylierung von Aldehyden**). Eine Base wird hier nicht benötigt, da das C-Atom ein Elektronenpaar zur Verfügung stellen kann. Anstelle von alkyliertem 9-BBN werden vorteilhafterweise Alkyldichlorborane verwendet, da 9-BBN-Derivate zu wenig reaktiv sind und bei Verwendung «gewöhnlicher» alkylierter Borane zwei mol der R-Gruppen unausgenutzt bleiben.

Addition von Carbeniumionen und Alkanen. *Carbenium-Ionen*, die als Zwischenstoffe bei der Addition von Säuren an olefinische Doppelbindungen entstehen, sind stark *elektrophil* und können daher von einem zweiten Alkenmolekül addiert werden. Dies geschieht z. B. bei der *Dimerisation von Isobuten*:

$$(CH_3)_2C=CH_2 \xrightarrow{H^\oplus} (CH_3)_2\overset{\oplus}{C}-CH_3 \quad (1)$$

$$(CH_3)_2C=CH_2 + (CH_3)_2\overset{\oplus}{C}-CH_3 \rightarrow (CH_3)_2\overset{\oplus}{C}-CH_2-C(CH_3)_3 \quad (2)$$

Das Carbeniumion (2) kann sich durch Abgabe eines Protons stabilisieren, wobei sich 2,4,4-Trimethyl-2-penten bildet; es kann sich jedoch auch an ein weiteres Alkenmolekül anlagern. Dabei entsteht ein weiteres Carbenium-Ion, welches wiederum zum entsprechenden Alkenmolekül werden oder weiter addiert werden kann. Solche *Dimerisationen* und **Polymerisationen** treten bei der Addition starker Säuren an Alkene als oft unerwünschte *Nebenreaktionen* in Erscheinung; wenn die Bildung von Di- oder Polymeren die Hauptreaktion bilden soll, so kann man die Carbeniumion-Addition durch Zusatz von *Lewis-Säuren* begünstigen. Durch Wärme oder unter Wirkung saurer Katalysatoren ist es auch möglich, *Alkane* an Doppelbindungen zu addieren. Man erhält dabei allerdings meist Gemische, so daß beide Methoden kaum zur Gewinnung reiner Produkte im Labormaßstab angewandt werden; sie besitzen jedoch *technisch* erhebliche Bedeutung.

Bei der thermischen Alkylierung von Alkenen werden die Reaktanten auf rund 500 °C (bei 150 bis 300 bar Druck) erhitzt. Dabei bilden sich aus den Alkanmolekülen durch Zerfall von C—C-Bindungen *Alkylradikale*, die von den Alkenmolekülen addiert werden *(radikalische Addition!)*. Aus Propan und Ethen erhält man auf diese Weise ein Gemisch von Isopentan (55 %), Hexan, Heptan und wenig höheren Alkanen.

Verwendet man Brönsted- oder Lewis-Säuren als Katalysatoren, so läßt sich die Alkylierung bei Temperaturen zwischen −30 °C und 100 °C durchführen. Im ersten Reaktionsschritt wird dabei von der Doppelbindung ein Proton bzw. die Lewis-Säure addiert *(elektrophile Addition)*:

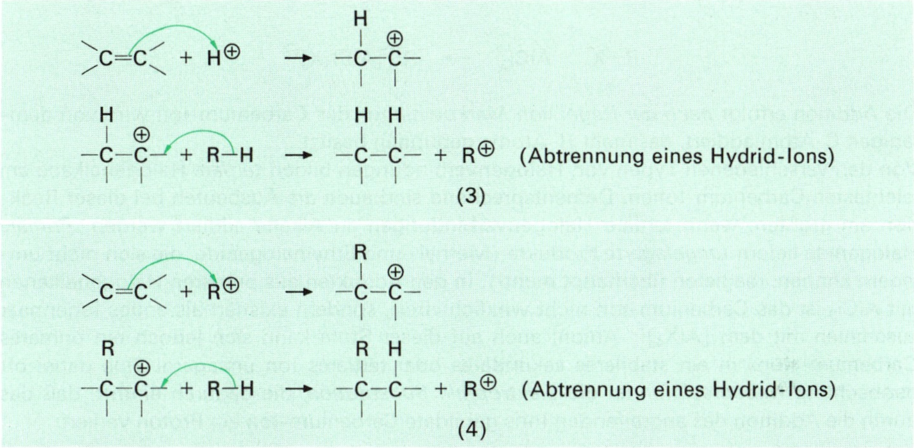

$$\ce{>C=C< + H^{\oplus} -> -\overset{H}{\underset{|}{C}}-\overset{\oplus}{\underset{|}{C}}-}$$

$$\ce{-\overset{H}{\underset{|}{C}}-\overset{\oplus}{\underset{|}{C}}- + R-H -> -\overset{H}{\underset{|}{C}}-\overset{H}{\underset{|}{C}}- + R^{\oplus}} \quad \text{(Abtrennung eines Hydrid-Ions)}$$

(3)

$$\ce{>C=C< + R^{\oplus} -> -\overset{R}{\underset{|}{C}}-\overset{\oplus}{\underset{|}{C}}-}$$

$$\ce{-\overset{R}{\underset{|}{C}}-\overset{\oplus}{\underset{|}{C}}- + R-H -> -\overset{R}{\underset{|}{C}}-\overset{H}{\underset{|}{C}}- + R^{\oplus}} \quad \text{(Abtrennung eines Hydrid-Ions)}$$

(4)

Die Addition des Carbeniumions (3) an das Alken erfolgt nach der Regel von Markownikow. Das durch die Addition gebildete Carbeniumion (4) neigt indessen zu *Umlagerungen*, so daß auch bei der säurekatalysierten Alkylierung leicht Gemische entstehen.

Wie schon erwähnt, haben Dimerisation, Polymerisation und Alkylierung von Alkenen großes technisches Interesse. Durch Dimerisation von Isobuten und anschließende katalytische Hydrierung erhält man 2,2,4-Trimethylpentan *(«Isooctan»)*, einen hochklopffesten Treibstoff. Noch einfacher ist es, Isooctan durch Alkylierung von Isobuten mit Isobutan zu gewinnen (H_2SO_4 oder flüssiges HF als Katalysator). In gewissen Fällen sind auch *Ringschlüsse* auf diese Weise möglich, z.B. bei der Synthese des als Zwischenprodukt zur Synthese von Vitamin A sowie als Riechstoff (Veilchengeruch!) wichtigen *β-Ionons*:

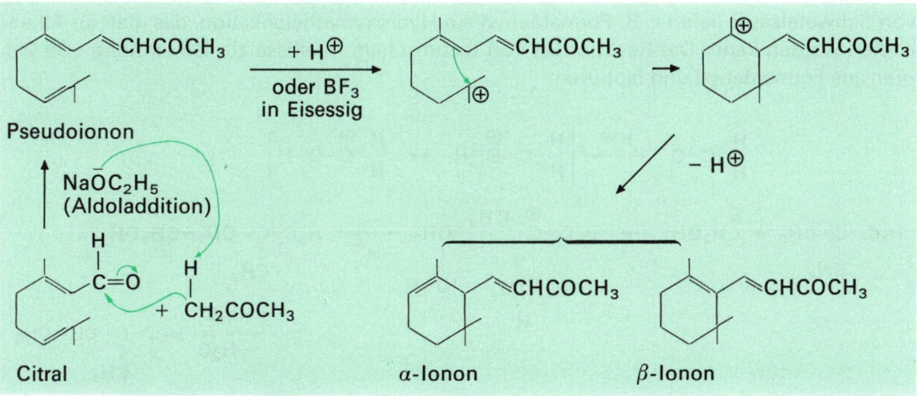

Addition von Halogenalkanen. Unter dem Einfluß von $AlCl_3$ lassen sich auch Halogenverbindungen an Doppelbindungen addieren:

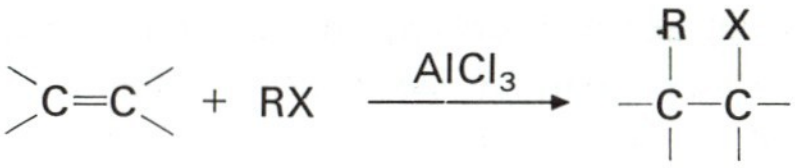

$$\ce{>C=C< + RX ->[AlCl_3] -\overset{R}{\underset{|}{C}}-\overset{X}{\underset{|}{C}}-}$$

Das angreifende Teilchen ist wie bei der Friedel-Crafts-Alkylierung aromatischer Verbindungen (S. 555) das *Carbenium-Ion*, welches aus der Halogenverbindung zusammen mit der Lewis-Säure AlCl$_3$ gebildet wird:

$$R-X + AlCl_3 \longrightarrow R^{\oplus}[AlCl_3X]^{\ominus}$$

Die Addition erfolgt *nach der Regel von Markownikow*; das Carbenium-Ion wird von demjenigen C-Atom addiert, das mehr H-Atome gebunden besitzt.
Von den verschiedenen Typen von Halogenverbindungen bilden *tertiäre* Halogenalkane am leichtesten Carbenium-Ionen. Dementsprechend sind auch die Ausbeuten bei dieser Reaktion am größten, wenn tertiäre Halogenverbindungen an Alkene addiert werden. *Primäre* Halogenide liefern *umgelagerte* Produkte (Methyl- und Ethylhalogenide, die sich nicht umlagern können, reagieren überhaupt nicht!). In den Addukten aus primären Halogenalkanen mit AlCl$_3$ ist das Carbenium-Ion nicht wirklich «frei», sondern existiert als enges Ionenpaar zusammen mit dem [AlX$_4$]$^{\ominus}$-Anion; auch auf dieser Stufe kann sich jedoch ein primäres Carbenium-«Ion» in ein stabileres sekundäres oder tertiäres Ion umlagern. Eine dabei oft beobachtete *Nebenreaktion* ist die *elektrophile Substitution*, die dadurch eintritt, daß das durch die Addition des angreifenden Ions gebildete Carbenium-Ion ein Proton verliert:

Auch CCl$_4$, ICF$_3$ und andere einfache Polyhalogenalkane können an Doppelbindungen addiert werden. Dabei handelt es sich allerdings um eine durch Peroxide oder UV-Licht ausgelöste Radikalreaktion; der Angriff geschieht durch das C-Atom der Halogenverbindung, das sich mit dem weniger substituierten C-Atom der Doppelbindung verbindet.

Prins-Reaktion. Auch Carbonylverbindungen sind Lewis-Säuren, deren Stärke durch elektrophile Katalysatoren (Protonen) noch gesteigert werden kann. Unter der Einwirkung von Schwefelsäure liefert z. B. Formaldehyd ein Hydroxymethylenkation, das glatt an Alkene addiert werden kann. Die Reaktion ist von technischem Interesse zur Gewinnung von *Isopren* aus Formaldehyd und Isobuten:

Addition an konjugierte Diene. Verbindungen mit konjugierten Doppelbindungen sind wegen der Mesomeriestabilisierung des konjugierten Systems gegenüber elektrophilen Reagentien oft etwas weniger reaktionsfähig als Verbindungen mit einzelstehenden (isolierten) Doppelbindungen. Man erhält bei Additionen an konjugierte Systeme gewöhnlich ein *Gemisch* verschiedener Substanzen, nämlich der Produkte der 1,2- und der 1,4-Addition (1) bzw. (2):

$$-\overset{|}{C}=\overset{|}{C}-\overset{|}{C}=\overset{|}{C}- + HCl \longrightarrow \underset{\underset{H}{|}\;\underset{Cl}{|}}{-\overset{|}{C}-\overset{|}{C}-\overset{|}{C}=\overset{|}{C}-} + \underset{\underset{H}{|}\;\;\;\;\underset{Cl}{|}}{-\overset{|}{C}-\overset{|}{C}=\overset{|}{C}-\overset{|}{C}-}$$

$$\qquad\qquad\qquad\qquad\qquad\qquad (1) \qquad\qquad\qquad (2)$$

Ist das konjugierte System unsymmetrisch substituiert, so können sogar zwei verschiedene 1,2-Additionsprodukte nebeneinander entstehen.

Der erste Reaktionsschritt führt auch hier über einen π-Komplex zu einem *Carbenium-Ion*. Dabei greift das Elektrophil (hier $H^{\oplus}$) stets das eine *Ende* des konjugierten Systems an, weil sich auf diese Weise ein mesomeriestabilisiertes *Allylcarbenium-Ion* ausbilden kann:

$$-\overset{|}{C}=\overset{|}{C}-\overset{|}{C}=\overset{|}{C}- + H^{\oplus} \longrightarrow \left[\underset{\underset{H}{|}}{-\overset{|}{C}=\overset{|}{C}-\underset{\oplus}{\overset{|}{C}}-\overset{|}{C}-} \longleftrightarrow \underset{\underset{H}{|}}{-\underset{\oplus}{\overset{|}{C}}-\overset{|}{C}=\overset{|}{C}-\overset{|}{C}-} \right] \;\hat{=}\; \underset{\underset{H}{|}}{-\overset{\oplus}{\overset{\frown}{C\cdots C\cdots C}}-\overset{|}{C}-}$$

Im zweiten Reaktionsschritt kann das Nucleophil sowohl am C-Atom 2 wie am C-Atom 4 angreifen, so daß ein Gemisch der beiden Addukte erhalten wird.

Das *Mengenverhältnis*, in welchem die beiden möglichen Produkte gebildet werden, hängt stark von den *Reaktionsbedingungen* ab. Bei tiefen Temperaturen erhält man oft hauptsächlich das 1,2-Additionsprodukt, während bei höheren Temperaturen das Produkt der 1,4-Addition im Reaktionsgemisch überwiegt. Die freie Aktivierungsenthalpie für die 1,2-Addition ist offensichtlich geringer, d. h. die **1,2-Addition** ist **kinetisch gesteuert**. Das Produkt der 1,4-Addition ist jedoch thermodynamisch stabiler (es enthält die stärker substituierte Doppelbindung!), so daß im Gleichgewicht das 1,4-Additionsprodukt in größerer Konzentration vorhanden ist (die **1,4-Addition** ist **thermodynamisch gesteuert**; vgl. Abb. 10.3). Die Addition von Brom an 1,3-Butadien z. B. liefert bei $-15\,°C$ 1,2-Dibrom-3-buten und (E)-1,4-Dibrom-2-buten im Verhältnis 1:1, während man bei $60\,°C$ – einer Temperatur, bei der sich das Gleichgewicht zwischen den beiden Produkten relativ rasch einstellt – 90% 1,4-Dibrom-2-buten erhält.

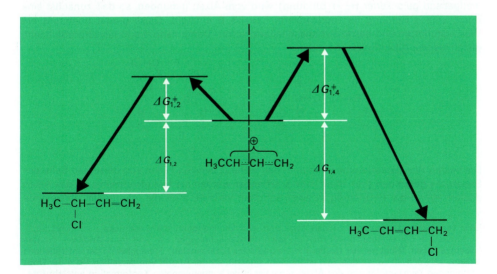

Abb. 10.3. 1,2- (links) und 1,4-Addition (rechts)

430   10   Additionen an C—C-Mehrfachbindungen

10.5   Weitere syn-Additionen[1]

Einige weitere präparativ wichtige Reaktionen von Alkenen werden am besten anschließend an die elektrophilen Additionen besprochen (katalytische Hydrierung; *syn*-Hydroxylierung durch $KMnO_4$ bzw. OsO_4).

Hydrierung von Doppelbindungen. Die Addition von Wasserstoff an Doppelbindungen verläuft ziemlich stark exotherm. Die gemessenen Hydrierungswärmen stimmen allerdings mit den aus den Bindungsenthalpien berechneten Werten nicht immer genau überein, da die «Stärke» der Doppelbindung in einem bestimmten Molekül durch strukturelle Faktoren beeinflußt wird (S. 74). Trotz des relativ stark exothermen Verlaufes der Hydrierung reagieren Verbindungen mit isolierten Doppelbindungen mit molekularem Wasserstoff nicht, weil die dazu notwendigen freien Aktivierungsenthalpien zu groß sind. Wegen der hohen Bindungsenthalpie der H—H-Bindung ist auch eine durch Wärme oder kurzwelliges UV auszulösende Radikal-Kettenreaktion nicht möglich. Nur bei Verwendung von **Übergangsmetall-Katalysatoren** (feinverteiltes Nickel, sogenanntes Raney-Nickel, oder Rhodium, Ruthenium, Palladium; Kupferchromit) ist die Hydrierung möglich. Die Ausbeuten sind meist nahezu quantitativ. Im Molekül vorhandene funktionelle Gruppen stören die Reaktion nicht; enthält das betreffende Molekül Gruppen, die wie z. B. —CN durch den katalytisch aktivierten Wasserstoff ebenfalls angegriffen werden, so lassen sich meistens Reaktionsbedingungen finden, bei denen die C=C-Doppelbindungen *selektiv* («*chemoselektiv*») *hydriert* werden können. Gewöhnlich führt man die Hydrierungen bei Raumtemperatur und bei einem geringen Überdruck aus; in gewissen Fällen (bei sterisch gehinderten Doppelbindungen) werden höhere Reaktionstemperaturen und höhere Drucke benötigt.

Der genaue Ablauf der **katalytischen Hydrierung** ist auch heute noch nicht in allen Einzelheiten geklärt, da es sich dabei um sehr schwer zu untersuchende heterogene Reaktionen handelt. Man nimmt an, daß die Metalloberfläche mit den π-Elektronen der Doppelbindung in Wechselwirkung tritt, d. h. daß die π-Elektronen die Bindung des Alkenmoleküls zum Metall bewerkstelligen. An der Metalloberfläche ebenfalls adsobierter Wasserstoff (mit weitgehend gelockerter H—H-Bindung) wird vom Alken gebunden, so daß zunächst eine durch eine σ-Bindung monoadsorbierte Spezies B entsteht. Diese bindet nochmals ein Wasserstoffatom und desorbiert anschließend sofort. Damit kann die Katalysatoroberfläche gleich weitere Alkenmoleküle binden.

Die beiden Wasserstoffatome werden in den weitaus meisten Fällen von derselben Seite des Substrates gebunden (**syn-Addition**). Offenbar werden sie fast gleichzeitig an das Alken addiert. Wenn die Hydrierung in zwei Schritten verläuft, muß die intermediär auftretende

---

[1] Wir verwenden in Analogie zu den *syn*- und *anti*-Eliminationen die Ausdrücke **syn-** und **anti-Addition**. In der Literatur findet man oft auch die Bezeichnungen *cis*- und *trans*-Addition, die den Nachteil haben, leicht mit der (früher mit *cis* und *trans* bezeichneten) Stereochemie der entstehenden Alkene verwechselt zu werden. *syn* ist insofern sinnvoll, als der Angriff von derselben Seite der Doppelbindung *(syn)* erfolgt und das Alkan zunächst in der synperiplanaren Konformation entsteht (entsprechend führt *anti*-Angriff zunächst zur antiperiplanaren Konformation).

10.5 Weitere syn-Additionen

Spezies derart an das Metall gebunden sein, daß durch Rotation um Einfachbindungen keine Veränderung der ursprünglichen Konfiguration eintritt. Das Alken wird bei der Adsorption gewöhnlich von der sterisch weniger gehinderten Seite an die Metalloberfläche gebunden. Je stärker die Doppelbindung substituiert ist, desto langsamer verläuft die Hydrierung, weil durch die Substituenten die Annäherung des Alkens an die Katalysatoroberfläche erschwert wird. Aus diesem Grund können Verbindungen mit mehreren Doppelbindungen oft selektiv hydriert werden, wenn man die Reaktion nach Aufnahme von einem mol Wasserstoff abbricht:

Die Tabelle 10.1 bringt einige Beispiele von *syn*-Hydrierungen; sie enthält auch zwei Beispiele von nicht-stereospezifischen Hydrierungen.

In Analogie zur Hydrierung von Alkenen liefert die Hydrierung von *Dreifachbindungen* mit **Lindlar-Katalysatoren** (Z)-Alkene als Produkte (S. 628).

Tabelle 10.1. Einige Beispiele von Hydrierungsreaktionen

Die Herstellung der **Hydrierungskatalysatoren** erfolgt folgendermaßen:

Palladium: Eine PdCl$_2$-Lösung wird in Gegenwart einer Suspension von Aktivkohle (die als Trägermaterial dient) reduziert.
Platin: Durch Verschmelzen von Platinchlorwasserstoffsäure mit NaNO$_2$ erhält man das braune PtO$_2$, das als solches aufbewahrt werden kann. Vor der Hydrierung wird es mit Wasserstoff zu fein verteiltem Pt reduziert. Besonders reaktionsfähig ist «in situ» hergestelltes Platin, wenn PtO$_2$ mit NaBH$_4$ in Gegenwart von Aktivkohle reduziert wird. Der zur Alkenhydrierung nötige Wasserstoff wird durch Zusatz von Säure (die mit überschüssigem Borhydrid reagiert) erhalten.
Raney-Nickel: Man erhitzt eine Ni/Al-Legierung mit NaOH und wäscht das Natriumaluminat heraus. Man erhält eine Ni-Suspension, die etwas weniger wirksam ist als Pt. Die Hydrierung geschieht unter schwachem Überdruck.
Kupferchromit ist der billigste Katalysator. Man erhält ihn aus Cu(NO$_3$)$_2$ und Na$_2$Cr$_2$O$_7$; er entspricht ungefähr der Zusammensetzung CuO + CuCr$_2$O$_4$.
Lindlar-Palladium erhält man durch Reduktion von PdCl$_2$ auf CaCO$_3$ und teilweise Vergiftung mit Bleiacetat.

Vor nicht allzu langer Zeit wurden auch *lösliche* Metallkomplexe entdeckt, welche die Hydrierung katalysieren, so daß diese dann als **homogene Katalyse** – in einer einzigen Phase – durchgeführt werden kann. Die meisten dieser katalytisch wirksamen Spezies sind Platin oder Rhodium-Komplexe mit verschiedenen (organischen) Liganden, welche die Löslichkeit des Komplexes in der organischen Phase erhöhen. Beispiele solcher Komplexe sind etwa der Rhodium-Komplex (Ph$_3$P)$_3$RhCl oder der Platin-Komplex (Ph$_3$P)$_2$PtCl$_2$-SnCl$_2$. Die Hydrierung erfolgt in diesen Fällen oft sehr selektiv; mit dem erwähnten Platin-Komplex als Katalysator lassen sich z. B. terminale Doppelbindungen selektiv hydrieren. Die homogene Hydrierung ist insbesondere auch zur Einführung von Deuterium-Atomen geeignet, da dann der an der Metalloberfläche unvermeidliche H/D-Austausch nicht eintritt. (Über den Ablauf dieser Reaktionen siehe Seite 818 und Band II, ebenso über die Verwendung chiraler Komplexe zur asymmetrischen Synthese).

***syn*-Hydroxylierung.**[1] Die Epoxidierung von Alkenen, verbunden mit anschließender Hydrolyse der Oxirane, liefert – im Falle cyclischer Substrate – ausschließlich *trans*-Glycole. *cis*-Glycole können durch die Reaktion von Alkenen mit Osmiumtetroxid (OsO$_4$) oder KMnO$_4$ erhalten werden.
Osmiumtetroxid bildet dabei zunächst cyclische Osmiumsäure-Ester, die in alkalischen Medien leicht zu *cis*-Glycolen (im Falle ringförmiger Glycole) hydrolysiert werden können:

Der hohe Preis des benötigten Reagens schließt allerdings seine Verwendung in größerem Maßstab aus; Bei Verwendung von H$_2$O$_2$ genügen katalytische Mengen OsO$_4$. **Stereospezifische syn-Hydroxylierungen** mit OsO$_4$ haben sich jedoch in besonderen Fällen zur Konstitutionsaufklärung als wertvoll erwiesen. Im Falle nichtcyclischer Alkene führt die

---

[1] Oft wird heute noch anstelle von *syn*-Hydroxylierung *cis*-Hydroxylierung geschrieben.

(syn-) Hydroxylierung entsprechend ausgehend von (Z)-Alkenen zu meso- (bzw. *erythro-*) Diolen, ausgehend von (E)-Alkenen zu (+), (−)- (bzw. *threo-*) Diolen.
Die klassische Reaktion auf Doppelbindungen, die Braunfärbung alkalischer Permanganatlösung, führt ebenfalls in stereospezifischer *syn*-Addition − bzw. bezogen auf cyclische Substrate − zu *cis*-Glycolen. Wahrscheinlich bilden sich auch hier Mangansäureester als Zwischenstoffe, die im Gegensatz zu den Osmiumsäureestern allerdings nicht isoliert werden können. Die Reaktion ist nur von geringerer präparativer Bedeutung, da die gebildeten Glycole durch überschüssiges Permanganat leicht weiteroxidiert werden.

10.6 Nucleophile Additionen an C—C-Mehrfachbindungen

Während sich bei elektrophilen Additionen die Doppel- oder Dreifachbindung als Lewis-Base verhält und ein Elektronenpaar zur Bindung des Addenden zur Verfügung stellt, ist im Prinzip auch ein *nucleophiler Angriff* auf die Mehrfachbindung denkbar, wobei diese polarisiert wird und an Stelle eines Carbenium-Ions ein *Carbanion* als Zwischenstoff entstehen muß:

$$\diagdown C = C \diagup + |X^{\ominus} \longrightarrow -\underset{\ominus}{C}-\underset{X}{C}- \quad ; \quad -\underset{\ominus}{C}-\underset{X}{C}- + Y^{\oplus} \longrightarrow -\underset{Y}{C}-\underset{X}{C}-$$

Besitzt das Alken an der Doppelbindung eine gute Abgangsgruppe (S. 357), so kann eine nucleophile Substitution als Nebenreaktion auftreten (S_N-Reaktion an ungesättigtem C-Atom; Kapitel 12).
Bei «gewöhnlichen» Alkenen ist die nucleophile Addition allerdings nicht möglich, da die Doppelbindung dank ihrer relativ großen negativen Ladungsdichte viel leichter ein *elektrophiles* Reagens (eine *Lewis-Säure*, also eine Partikel mit einer Elektronenlücke) bindet als ein Nucleophil. Nur wenn stark *elektronenziehende Gruppen* (−*I*- oder −*M*-Substituenten) an die Doppelbindung gebunden sind (welche die Elektronendichte in der Doppelbindung verringern und dadurch die Leichtigkeit erhöhen, mit der sie von einem Nucleophil angegriffen wird), lassen sich nucleophile Additionen durchführen. Die wichtigsten Beispiele von Substraten, die nucleophile Additionen eingehen können, sind α,β-*ungesättigte Carbonylverbindungen*, *Nitroalkene*, α,β-*ungesättigte Nitrile* (wie z. B. Acrylnitril) und auch *polyhalogenierte Alkene* (wie $F_2C=CF_2$).
Bemerkenswerterweise unterliegen C—C-*Dreifachbindungen* viel leichter einem *nucleophilen* als einem elektrophilen Angriff, obschon die negative Ladungsdichte in einer Dreifachbindung beträchtlich größer ist als in einer Doppelbindung. Dieser Widerspruch wird dadurch erklärt, daß als Folge der geringeren Bindungslänge der Dreifachbindung die bindenden Elektronen von den Atomrümpfen der C-Atome stärker gebunden werden und daß dadurch die Basizität der Dreifachbindung − verglichen mit der Doppelbindung − herabgesetzt ist (wofür z. B. die UV-Spektren von Alkinen sprechen). Es ist auch wahrscheinlich, daß zwar Vinyl-Kationen weniger stabil sind als Alkyl-Kationen, Vinyl-Carbanionen hingegen stabiler sind als Alkyl-Carbanionen.
Ein Beispiel einer solchen nucleophilen Addition an Dreifachbindungen ist die zur Herstellung von monomeren *Vinylethern* wichtige Reaktion von Alkoholen mit Alkinen, wobei im ersten Reaktionsschritt ein Alkoholat-Anion addiert wird:

$$ROH + HC \equiv CH \xrightarrow[\substack{180°C \\ Druck}]{NaOR} RO-CH=CH_2$$

Michael-Addition. Die wichtigsten Beispiele nucleophiler Additionen an olefinische Doppelbindungen bilden Additionen vom Typus der **Michael-Addition**, bei welchen neue C—C-Bindungen geknüpft werden und die deshalb für präparative Zwecke von großer Bedeutung sind:

$$-\overset{|}{C}=\overset{|}{C}-Z + Z'-CH-Z'' \xrightarrow{:Base} Z'-\overset{|}{C}H-\overset{|}{C}-\overset{|}{C}-Z$$
$$\overset{|}{H}\overset{|}{Z''}\overset{|}{H}$$

Als elektronenziehende Gruppen Z kommen in Frage: —CHO, —COR, —COOR, —CONR$_2$, —CN, —NO$_2$, —SO$_2$R, —SO$_2$OR u. a. Die Wirkung der Base besteht darin, daß sie die «Methylenkomponente» Z'—CH$_2$—Z'' durch Abspaltung eines Protons zunächst in ihre *konjugierte Base* (ein *Carbanion*) überführt, die dann anschließend an die C=C-Doppelbindung *addiert* wird. Das Additionsprodukt (ebenfalls ein Carbanion) addiert nachher wieder ein Proton:

$$-\overset{|}{C}=\overset{|}{C}-Z + Z'-\overset{H}{\underset{\ominus}{\overset{|}{C}}}-Z'' \longrightarrow -\overset{|}{C}-\overset{\ominus}{\overset{|}{C}}-Z \xrightarrow{+ H^\oplus} -\overset{|}{C}-CH-Z$$
$$ Z'\diagup CH \diagdown Z'' Z'\diagup CH \diagdown Z''$$

Der *geschwindigkeitsbestimmende Schritt* besteht dabei wahrscheinlich in der *Addition des Nucleophils* (des Carbanions), also in der Bildung der neuen C—C-Bindung. Da die eine Ausgangssubstanz (das Carbanion) stärker basisch ist als das Produkt (eine C—H-Bindung wird durch eine C—C-Bindung ersetzt!), wird die Ausbeute erhöht, wenn die Basizität des Reaktionsgemisches nicht allzu hoch ist. Die Reaktion ist reversibel und führt zu einem *Gleichgewicht*; man erhält daher in Fällen, wo prinzipiell mehrere Produkte entstehen können, gewöhnlich das thermodynamisch stabilste Produkt. So liefert der $\alpha,\beta,\gamma,\delta$-ungesättigte Ester (1) hauptsächlich den Ester (2) (Addition am γ- und δ-C-Atom), weil auf diese Weise das konjugierte System C=C—C=O erhalten bleibt:

Michael-Additionen werden am häufigsten mit α,β-*ungesättigten Aldehyden, Ketonen* und *Estern* als Substraten ausgeführt; als Methylenkomponente dienen vorzugsweise *Malonester, Acetessigester* und *Cyanessigester*. Auch monofunktionelle Gruppen mit aciden H-Atomen wie z.B. Nitroalkane können an die aktivierte Doppelbindung addiert werden. Verwendet man Acrylnitril als Substrat, so läßt sich die —C$_2$H$_4$CN-Gruppe in C-Gerüste einführen (**«Cyanethylierung»**):

$$H_2C(COOR)_2 + H_2C=CH-CN \longrightarrow H_2C-CH_2-CN$$
$$|$$
$$CH(COOR)_2$$

Auch viel schwächer saure Verbindungen wie Alkohole oder Amine lassen sich unter der Wirkung von Basen an Acrylnitril addieren:

10.6 Nucleophile Additionen an C—C-Mehrfachbindungen

$$H_2C=CH-C\equiv N \longrightarrow \begin{array}{l} + C_2H_5\overline{O}H \xrightarrow{:\overset{\ominus}{O}H} C_2H_5O-CH_2-CH_2-CN \\ + (CH_3)_2NH \xrightarrow{:\overset{\ominus}{O}H} (CH_3)_2N-CH_2-CH_2-CN \end{array}$$

Die Addition erfolgt in allen diesen Fällen in der Weise, daß das Nucleophil das β-C-Atom angreift, weil dann eine völlige *Delokalisation* der negativen Ladung des Additionsproduktes möglich ist:

$$:Y^\ominus + -\overset{|}{C}=\overset{|}{C}-\overset{|}{C}=O \longrightarrow \left[\begin{array}{c} -\overset{|}{C}-\overset{|}{C}-\overset{|}{C}=O \\ | \\ Y \quad \ominus \end{array} \leftrightarrow \begin{array}{c} -\overset{|}{C}-\overset{|}{C}=\overset{|}{C}-\overset{|}{O}| \\ | \\ Y \qquad \ominus \end{array} \right] \xrightarrow{H^\oplus} \begin{array}{c} -\overset{|}{C}-\overset{|}{C}-\overset{|}{C}=O \\ | \quad | \\ Y \; H \end{array}$$

(Auch eine 1,4-Addition würde zum gleichen Resultat führen, denn durch Addition des Protons an das O-Atom der Carbonylgruppe würde ein Enol gebildet, das anschließend zur Carbonylverbindung tautomerisieren würde.)

Da sowohl durch Addition der konjugierten Base (Carbanion) von Aldehyden oder Ketonen an eine Carbonylgruppe (**«Aldoladdition»**) wie durch Reaktion von Malonester mit Aldehyden unter der Einwirkung starker Basen (**«Knoevenagel-Reaktion»**) β-Hydroxycarbonylverbindungen entstehen, die leicht (und oft spontan) Wasser abspalten und damit α,β-ungesättigte Carbonylverbindungen liefern, tritt – insbesondere bei einem Überschuß der Methylenkomponente – *im Anschluß an Aldol- oder Knoevenagel-Reaktionen oft spontan eine* **Michael-Addition** *ein*:

$$RCHO + CH_2(COOR)_2 \xrightarrow[-H_2O]{Et\overline{O}^\ominus} R-CH=C(COOR)_2 \xrightarrow[\text{Michael}]{+CH_2(COOR)_2, EtO^\ominus} R-CH\begin{array}{c}CH(COOR)_2\\CH(COOR)_2\end{array}$$

Knoevenagel   Michael

Auch der umgekehrte Fall ist durchführbar: *Michael-Addition* an α,β-ungesättigte Carbonylverbindung, *gefolgt von Aldoladdition* (S. 525).

Die Michael-Addition verläuft häufig **stereoselektiv**, d. h. es bildet sich vorzugsweise das eine der möglichen stereoisomeren Produkte; da man gewöhnlich das Reaktionsgemisch erst aufarbeitet, wenn sich das Gleichgewicht eingestellt hat, ist sie thermodynamisch gesteuert.

Bei *Varianten* der Michael-Addition dienen β-Dialkylaminocarbonylverbindungen (oder entsprechende quartäre Ammoniumsalze) oder β-Halogencarbonylverbindungen als Ausgangsstoffe. Alle diese Substanzen gehen durch basenkatalysierte Elimination leicht in α,β-ungesättigte Carbonylverbindungen über, so daß dann anschließend eine normale Michael-Addition möglich ist. β-Dialkylaminocarbonylverbindungen und ihre quartären Ammoniumsalze sind durch Mannich-Reaktionen (S. 513), ausgehend von einem Keton, Formaldehyd und einem sekundären Amin, leicht zugänglich. Da Substanzen wie z. B. Vinylketone häufig instabil sind und zur Di- oder Polymerisation neigen, ist es zweckmäßig, sie auf die angegebene Weise im Reaktionsgemisch gewissermaßen *«in situ»* herzustellen, wenn sie als Substrate für Michael-Additionen benötigt werden.

Die *präparative Bedeutung* der Michael-Addition ist sehr groß, weil es auf diese Weise gelingt, die Kohlenstoffkette einer Verbindung in einem einzigen Reaktionsschritt um mehrere C-Atome zu verlängern. Insbesondere die *Kombination von Michael-Addition und Aldoladdition* ist zum Aufbau cyclischer Verbindungen sehr wichtig geworden

(«**Robinson-Anellierung**»). Als Beispiel diene die Reaktion von Methylvinylketon mit 2-Methyl-1-cyclohexanon:

Das auf diese Weise entstandene bicyclische System (3) bildet einen Bestandteil des Kohlenstoffgerüstes der Steroide (4), einer Verbindungsklasse, zu welcher zahlreiche biochemisch interessante Naturstoffe gehören [Cholesterol, Gallensäuren, Sexualhormone, Digitalis-Glucoside (Cardiaca, herzwirksame Mittel), Nebennierenrindenhormone usw.]. Viele der bisher bekannten Varianten von Steroid-Synthesen benützen zum Aufbau des Ringsystems derartige Michael-Additionen.

Weitere Beispiele nucleophiler Additionen. *Ammoniak, primäre* und *sekundäre Amine* lassen sich ebenfalls an entsprechend *aktivierte C=C-Doppelbindungen addieren*. Ammoniak liefert dabei drei verschiedene Produkte nebeneinander, da das zunächst gebildete primäre Amin mit einem weiteren Alkenmolekül reagieren kann. In der Praxis ist es allerdings in der Regel ohne weiteres möglich, die Reaktionsbedingungen so zu wählen, daß das eine der möglichen Produkte im Gemisch überwiegt.

Die Reaktion läßt sich mit *polyhalogenierten Alkenen, Michael-Substraten* und *Alkinen* durchführen. Auch andere stickstoffhaltige Verbindungen wie Hydroxylamin, Hydrazin und Amide lassen sich an geeignete ungesättigte Verbindungen addieren. Im Fall von Amiden sind allerdings ziemlich starke Basen als Katalysatoren erforderlich, weil die Nucleophilie der Amide zu gering ist und diese zuerst in ihre konjugierten Basen übergeführt werden müssen. Mit *Alkinen* liefern *primäre Amine* «*Enamine*», die sich analog den Enolen in die stabileren *Imine* umlagern:

Sekundäre Amine ergeben ebenfalls *Enamine*, welche – da am N-Atom kein H-Atom vorhanden ist – genügend stabil sind, um isoliert werden zu können. *Konjugierte Diine* liefern mit Ammoniak oder Aminen *Pyrrole*:

Eine Möglichkeit zur Addition von *Ammoniak* an gewöhnliche C=C-*Doppelbindungen* bietet die *Hydroborierung* mit anschließender Behandlung des gebildeten Trialkylborans mit *Chloramin* (Cl—NH_2). Die Addition verläuft entgegen der Regel von Markownikow.

11 Pericyclische Reaktionen

Zahlreiche organische Reaktionen können weder als polare noch als Radikalreaktionen betrachtet werden; mit anderen Worten, sie verlaufen weder über ionische noch radikalische Zwischenstoffe, und weder nucleophile noch elektrophile Reagentien nehmen an ihnen teil[1]. Sie werden auch nicht durch irgendwelche «Startersubstanzen», sondern ausschließlich durch Wärme oder Licht in Gang gesetzt und sind durch Katalysatoren im allgemeinen wenig beeinflußbar. Da man diese Reaktionen zunächst nicht in ein allgemeines Schema der Reaktionsmechanismen einordnen konnte, bezeichnete man sie als *«no mechanism-reactions»*; erst in den letzten Jahrzehnten kam man zur Erkenntnis, daß ihnen allen der **konzertierte**[2] Ablauf über einen **cyclischen Übergangszustand** – ähnlich wie bei der Esterpyrolyse – gemeinsam ist und daß eben dieser cyclische Übergangszustand das gemeinsame Merkmal ihres Mechanismus ist. Man faßt heute alle solchen Reaktionen unter dem Sammelbegriff **«pericyclische Reaktionen»** zusammen[3].
Beispiele einfacher pericyclischer Reaktionen sind:

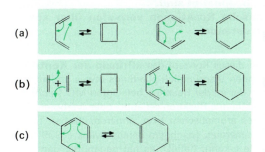

(a) intramolekularer Ringschluß bzw. Ringöffnung: **elektrocyclische Reaktion**

(b) **Cycloaddition** und **Cycloreversion**

(c) Wanderung einer Einfachbindung, die durch eine oder mehrere Doppelbindungen flankiert ist, in eine neue Position: **sigmatrope Verschiebung**

Pericyclische Reaktionen sind nicht nur wegen ihres **stereospezifischen** Ablaufes und ihrer *präparativen Bedeutung*, sondern auch aus *theoretischen Gründen* von besonderem Interesse. Wie nämlich von Woodward, Hoffmann, Zimmerman, Dewar, Fukui und anderen erkannt wurde, wird ihr sterischer Verlauf durch die *Symmetrie der an der Reaktion beteiligten Atomorbitale* bestimmt, so daß sich solche Reaktionen – bei Kenntnis der zugrunde liegenden Gesetzmäßigkeiten – für viele synthetische Zwecke gezielt einsetzen lassen. In den letzten Jahren haben sich die pericyclischen Reaktionen zu einem intensiv bearbeiteten Gebiet der organischen Chemie entwickelt, so daß es im Rahmen dieses Buches nur möglich ist, einen Ausblick auf die vielfältigen Möglichkeiten und ihre theoretische Begründung zu geben.

---

[1] Bei gewissen pericyclischen Reaktionen entstehen allerdings die reagierenden Partikeln (Carbeniumionen, Carbanionen) zuerst unter der Einwirkung anderer (nucleophiler oder elektrophiler) Reagentien.

[2] Ein **konzertiert** ablaufender – einstufiger – Mechanismus bedeutet nicht notwendigerweise, daß sich im Übergangszustand, beispielsweise der Diels-Alder-Reaktion, beide neue σ-Bindungen in demselben Ausmaß (*«synchron»*) ausgebildet haben. Es kann gut sein, daß eine der Bindungen sich in einem bestimmten Zeitpunkt stärker als die andere entwickelt hat.

[3] Es muß betont werden, daß der **konzertierte** Ablauf – die «cyclische Elektronenverschiebung» während eines einzigen Reaktionsschrittes – für pericyclische Reaktionen **kennzeichnend** ist. Manche von ihnen können allerdings unter bestimmten Bedingungen auch über mehrere Stufen ablaufen, führen dann jedoch zu anderen Ergebnissen.

11.1 Allgemeines über den Verlauf pericyclischer Reaktionen[1]

Während einer pericyclischen Reaktion wandeln sich MO der Reaktanten kontinuierlich in MO der Produkte um, wobei sich die daran beteiligten Orbitale in eine *ringartige Anordnung* bringen lassen müssen. Ein Übergangszustand mit einer cyclischen Anordnung von Orbitalen kann je nach der Zahl der Elektronen (und der Wahl der Basis-AO[2]) einem *aromatischen* oder einem *antiaromatischen* System gleichen; da aromatische Ringsysteme, verglichen mit antiaromatischen, stark stabilisiert sind (vgl. S. 98 und S. 103), erscheint es plausibel anzunehmen, daß thermische (durch Erwärmen ausgelöste) pericyclische Reaktionen bevorzugt über aromatische Übergangszustände verlaufen. Falls nur ein antiaromatischer (energiereicher!) Übergangszustand durchlaufen werden kann, verläuft die Reaktion entweder nur unter extremen Bedingungen oder dann nicht-konzertiert (z. B. über ein Diradikal). Da aber durch Absorption von Licht geeigneter Wellenlängen Moleküle in angeregte Zustände übergeführt werden, lassen sich pericyclische Reaktionen, die über antiaromatische (angeregte!) Übergangszustände verlaufen, häufig photochemisch auslösen.
Es gilt somit allgemein:

> Thermische pericyclische Reaktionen verlaufen über aromatische Übergangszustände, da diese energetisch begünstigt sind.
> Photochemisch ausgelöste pericyclische Reaktionen verlaufen über antiaromatische (angeregte) Übergangszustände.

Nach Woodward und Hoffmann nennt man dieses Konzept das **«Prinzip der Kontrolle der Orbitalsymmetrie»**. Es wurde von ihnen ursprünglich allerdings etwas anders formuliert (vgl. S. 469f.), indem die Symmetrie der an der Reaktion beteiligten MO (*nicht die Basis-AO!*) die «Auswahlregeln» (ob eine bestimmte Reaktion «erlaubt» oder «verboten» ist) bestimmt. Das hier vorgestellte Konzept des aromatischen bzw. antiaromatischen Übergangszustandes stammt von Dewar und Zimmerman [nachdem bereits Evans (1939!) die Bedeutung aromatischer Übergangszustände erkannt hatte!]; es hat gegenüber den Vorstellungen von Woodward und Hoffmann den Vorteil, anschaulicher und einfacher überblickbar zu sein. Im Endeffekt sind beide Betrachtungsweisen äquivalent.

Hückel- und Möbius/Heilbronner-Systeme. Bei *Hückel-Aromaten* wählt man den Basissatz der $2p$-AO für die Linearkombination zu MO derart, daß alle AO «in Phase» stehen [*keine Phasenumkehrung* (PU), d. h. kein Vorzeichenwechsel] oder daß nur eine *gerade Zahl* von PU auftritt (vgl. Abb. 11.1). Sind die resultierenden MO mit insgesamt $4n + 2$ Elektronen besetzt, so ist das betreffende System von besonderer Stabilität: es ist *aromatisch*. Sind die MO dagegen mit $4n$ Elektronen besetzt, so resultiert ein destabilisiertes, *antiaromatisches* System (vgl. S. 104).
Nun kann man den Basissatz der $2p$-AO zur Linearkombination auch so wählen, daß *eine PU* (oder eine *ungerade* Zahl von PU) auftritt. Bei Molekülen aus kleinen Ringen ist dies aus sterischen Gründen unmöglich; bei Molekülen aus großen Ringen entspricht eine solche Anordnung einer **«Möbius-Schleife»**[3] (Abb. 11.1; vgl. auch Band II.): Ein ebenes, lineares Polyen wird so verdrillt, daß das eine Ende relativ zum anderen um 180° verdreht ist. Sind

---
[1] Vgl. hierzu S. 103 sowie Band II.
[2] Als **«Basis-AO»** bezeichnet man *die Atomorbitale, aus denen man durch lineare Kombination die MO bildet*.
[3] Als einfaches Modell einer Möbius-Schleife dient ein Papierstreifen, der am einen Ende um 180° verdrillt und an den Enden zu einem Ring verklebt wird. Eine solche Schleife ist dadurch ausgezeichnet, daß sie nur eine einzige, kontinuierliche Oberfläche besitzt.

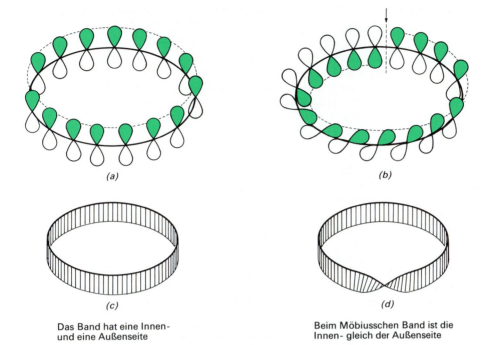

(a) (b) (c) (d)

Das Band hat eine Innen- und eine Außenseite

Beim Möbiusschen Band ist die Innen- gleich der Außenseite

Abb. 11.1. oben: (a) Hückel- und (b) Möbius-System (grün = positives Vorzeichen des Orbitallappens). Der Pfeil weist auf die Phasenumkehrung (Knoten) hin. unten: Entsprechendes makroskopisches Band (c) und Möbius-Band (d); Wie man erkennen kann, ist die Möbiusschleife chiral (vgl. Band II)

die beiden Enden zu einem Ring geschlossen, so tritt an einer Stelle eine Phasenumkehrung auf: ein positiver Orbitallappen ist einem negativen benachbart.

Nach Berechnungen von *Heilbronner* verhalten sich *Möbius-Systeme bezüglich ihrer Stabilität gerade umgekehrt wie Hückel-Systeme*: **Möbius-Systeme mit $4n$ Elektronen sind aromatisch** (stabilisiert), solche **mit $4n + 2$ Elektronen antiaromatisch**. Zwar ist die Möbius-Heilbronner-Aromatizität vorerst nur als *Denkmodell* wichtig (Annulene vom Möbius-Typ sind bisher nicht als Substanzen bekanntgeworden), sie ist jedoch zur Betrachtung pericyclischer Reaktionen äußerst nützlich. Da nämlich Ringsysteme *mit $4n$ Elektronen* und einer *ungeraden* Zahl von PU sowie Ringsysteme *mit $4n + 2$ Elektronen* und einer *geraden* Zahl von PU (bzw. ohne PU) aromatisch sind und da der Übergangszustand einer pericyclischen Reaktion aromatischen Charakter haben soll, muß die Anzahl der an der Reaktion beteiligten Elektronen*paare* und die Zahl der Phasenumkehrungen eine ungerade Zahl ergeben:

Eine pericyclische Reaktion ist thermisch erlaubt, wenn die Anzahl der Elektronenpaare a und die Anzahl der Phasenumkehrungen b eine ungerade Zahl ergibt.

Photochemisch induzierte pericyclische Reaktionen verlaufen über einen angeregten – einen antiaromatischen! – Übergangszustand, so daß für *photochemische pericyclische Reaktionen* gilt:

$$a \text{ Elektronenpaare} + b \text{ Phasenumkehrungen} \rightarrow \text{gerade Zahl}$$

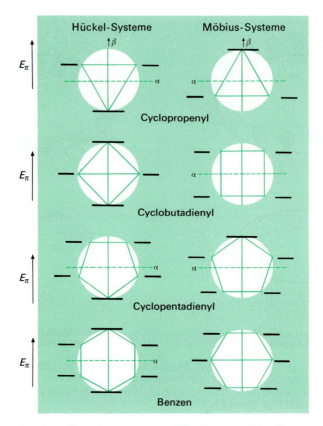

Abb. 11.2. Vergleich der π-Energieniveaus von Hückel- und Möbius-Systemen (hier aus der Sicht als potentielle Übergangszustände bei pericyclischen Reaktionen)

Die *Energieniveaus* der MO von Hückel- und Möbius-Systemen lassen sich nach Frost und Musulin und nach Zimmermann leicht finden:[1] Man schlägt um die Energieachse α (Coulomb-Integral = Energie eines isolierten 2p-AO) einen Kreis mit dem Radius (2β (β ist das Resonanz-Integral). In diesen Kreis legt man das betrachtete System (das ein Polygon darstellt) entweder mit der Spitze nach unten (was die MO-Energien des Hückel-Systems liefert) oder mit einer Seite nach unten (was die MO-Energien des Möbius-Systems ergibt); vgl. Abb. 11.2. Die numerischen Werte für β erhält man, wenn man die Strecke von der Projektion des Berührungspunktes (Polygonecke/Kreis) auf die senkrechte Achse bis zum Kreismittelpunkt berechnet.

Das Prinzip von der Kontrolle der Orbitalsymmetrie ist wohl das wichtigste Ergebnis der theoretischen organischen Chemie seit 1965. Den Anstoß zu seiner Formulierung gaben Beobachtungen, die bei bestimmten, zur Synthese des Vitamins B_{12}[2] benötigten Reaktionen gemacht wurden; es eröffnete ein weites Feld für theoretische Arbeiten und wurde in der Folgezeit unzählige Male bestätigt, ja, wie es heute scheint, lassen sich auch S_N2- oder $E2$-Reaktionen – die ebenfalls konzertiert verlaufen – mit diesem Prinzip besser verstehen.

---

[1] Vgl. Band II.
[2] Die Synthese des Vitamins B_{12} (Formel s. Band II), einer der kompliziertesten niedermolekularen Substanzen, gelang in den Jahren 1962–1972 den Arbeitsgruppen um Woodward (Harvard, USA) und Eschenmoser (ETH Zürich).

11.2 Elektrocyclische Reaktionen

Konjugierte Polyene können unter dem Einfluß von Wärme oder Licht *cyclisiert* werden, wobei sich zwischen den C-Atomen an den Enden des konjugierten Systems eine neue σ-Bindung bildet, während eine Doppelbindung verschwindet und die anderen Doppelbindungen ihre Lage verändern. Auch die *Umkehrung* der Ringschlußreaktion, die *Ringöffnung einer cyclischen ungesättigten Verbindung* unter Umwandlung in ein konjugiertes Polyen, ist möglich.

Im Fall des Systems 1,3-Butadien/Cyclobuten liegt das Gleichgewicht bei mäßig hoher Temperatur fast völlig auf der Seite des Diens, so daß sich 1,3-Butadien thermisch nicht cyclisieren läßt, während man aus Cyclobuten durch Erhitzen auf 175 °C, 1,3-Butadien erhält. Beim System 1,3,5-Hexatrien/1,3-Cyclohexadien liegt hingegen das Gleichgewicht auf der Seite der Ringverbindung, so daß Derivate von 1,3,5-Hexatrien beim Erwärmen cyclisieren. Es ist schon seit längerer Zeit bekannt, daß elektrocyclische Reaktionen entsprechend substituierter Moleküle streng **stereospezifisch** verlaufen. So ergibt *trans*-3,4-Dimethylcyclobuten beim Erwärmen unter Ringöffnung ausschließlich (*E,E*)-2,4-Hexadien, während *cis*-2,3-Dimethylcyclobuten beim Erwärmen (wiederum ausschließlich) (*Z,E*)-2,4-Hexadien liefert. Unter dem Einfluß von Licht hingegen entsteht aus *cis*-2,3-Dimethylcyclobuten (*E,E*)-2,4-Hexadien:

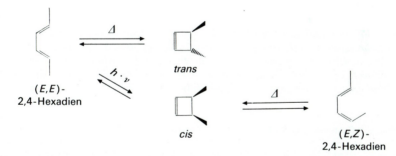

Wie das folgende Schema zeigt, muß bei der Ringöffnung bzw. Cyclisierung jeweils eine *Drehung* um die C-Atome 3 und 4 des Cyclobutens bzw. um die Atome an den Enden des konjugierten Systems eintreten:

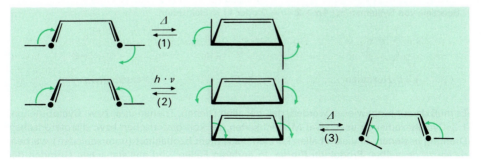

Wird die Reaktion durch *Erwärmen* ausgelöst – (1) und (3) –, so erfolgen beide Drehungen im gleichen Sinn (**«konrotatorisch»**), während die *photochemisch* ausgelöste Reaktion **«disrotatorisch»** erfolgt (beide Drehungen in entgegengesetztem Sinn; Drehachse hier senkrecht zur Papierebene).

Auch die Umwandlung der *2,4,6-Octatriene* in die entsprechenden *Dimethylcyclohexadiene* bzw. die Ringöffnung substituierter Cyclohexadiene erfolgt stereospezifisch, wobei wiederum verschiedene Produkte entstehen, je nachdem, ob die Reaktion thermisch bzw. photochemisch ausgelöst wird. Im Gegensatz zur elektrocyclischen Ringöffnung bzw. Cyclisierung der Cyclobutene bzw. der Hexadiene erfolgt hier die Reaktion *disrotatorisch*, wenn sie durch *Erwärmen*, *konrotatorisch*, wenn sie *photochemisch* ausgelöst wird:

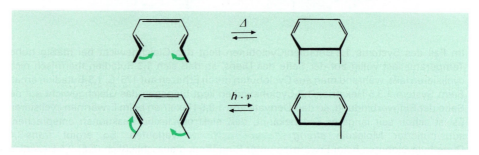

Wie sich durch Untersuchung zahlreicher elektrocyclischer Reaktionen gezeigt hat, gelten die hier an den Beispielen der Ringöffnung bzw. Cyclisierung von Cyclobuten/Butadien und Cyclohexadien/Hexatrien formulierten Gesetzmäßigkeiten bezüglich des sterischen Ablaufes ganz allgemein:

> *Thermische Ringschlüsse offenkettiger konjugierter Systeme mit 4n π-Elektronen verlaufen konrotatorisch; erfolgt der Ringschluß photochemisch, so verläuft er disrotatorisch. Offenkettige konjugierte Systeme mit 4n + 2 π-Elektronen cyclisieren thermisch disrotatorisch, photochemisch konrotatorisch.* Dieselben Aussagen gelten sinngemäß für *Ringöffnungen* von Cyclobuten-, Cyclohexadien-, Cyclooctatrienderivaten usw.

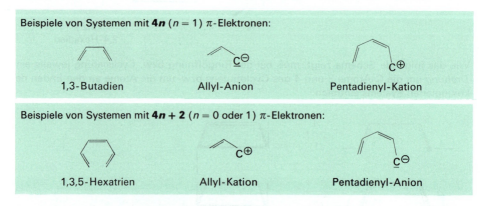

Es muß darauf hingewiesen werden, daß bei allen Dienen, Trienen usw. bzw. Cyclobutenen, 1,3-Cyclohexadienen usw. zwei Möglichkeiten der konrotatorischen bzw. disrotatorischen Drehung bestehen. In vielen Fällen können diese nicht beobachtet (unterschieden) werden, da sie zu denselben Produkten führen. In anderen Fällen wird aus sterischen Gründen der

11.2 Elektrocyclische Reaktionen

eine oder andere Ablauf bevorzugt, so z. B. bei der thermischen Ringöffnung von *trans*-3,4-Dimethylcyclobuten:

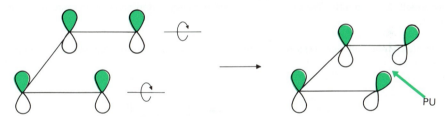

Diese auffallenden Gesetzmäßigkeiten im Ablauf elektrocyclischer Reaktionen wurden zum Teil schon vor längerer Zeit bekannt, ließen sich jedoch zunächst nicht verstehen. Erst das Prinzip von der Kontrolle der Orbitalsymmetrie lieferte eine Erklärung dieser Beobachtungen, und es zeigte sich, daß sämtliche *konzertiert* verlaufenden elektrocyclischen Reaktionen diesem Prinzip gehorchen.

Im Fall von 1,3-Butadien/Cyclobuten sind zwei Elektronenpaare an der Reaktion beteiligt (die vier π-Elektronen von Butadien bzw. die zwei π- und dazu zwei σ-Elektronen von Cyclobuten), so daß nur dann ein aromatischer Übergangszustand durchlaufen werden kann, wenn eine Phasenumkehrung auftritt (Möbius-System). Dadurch wird aber die *konrotatorische* Drehung erzwungen:

Die *photochemisch* ausgelöste Reaktion (Ringschluß bzw. Ringöffnung) muß dagegen *disrotatorisch* verlaufen («antiaromatischer» Übergangszustand!), wie es auch beobachtet wird. Beim System 1,3,5-Hexatrien/1,3-Cyclohexadien sind drei Elektronenpaare am Übergangszustand beteiligt, der aromatischen Charakter hat, wenn er ein *Hückel-System* ist. Dies *erzwingt die disrotatorische Drehung* der Enden:

Auch die Ringöffnung des Cyclopropyl-Kations zum Allyl-Kation erfolgt über einen Hückel-Übergangszustand (2 Elektronen):

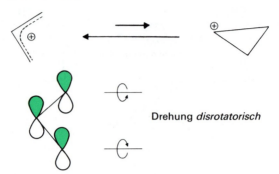

Drehung *disrotatorisch*

Die Umwandlung des Cyclopropyl- in das Allyl-Kation ist eine der einfachst möglichen elektrocyclischen Reaktionen und tritt bei Reaktionen von Cyclopropylverbindungen häufig auf. Cyclopropylchlorid und -tosylat beispielsweise sind unter normalen solvolytischen Bedingungen gegenüber Nucleophilen inert, da sich das (wegen der Geometrie des Cyclopropanringes stark gespannte und wenig stabile) Cyclopropyl-Kation nur schwer bildet. Hingegen reagiert Cyclopropylchlorid bei 180°C mit Essigsäure, wobei Allylacetat entsteht. Auch bei Solvolysen von Cyclopropylhalogeniden entstehen direkt die entsprechenden Allylverbindungen; ebenso ergibt die Diazotierung von Aminocyclopropan ausschließlich Allylalkohol. Bei allen diesen Reaktionen entsteht wohl zunächst ein Cyclopropyl-Kation, das sich sofort (möglicherweise sogar schon während seiner Entstehung) in das Allyl-Kation umwandelt. Substituierte Cyclopropylverbindungen zeigen den erwarteten disrotatorischen Ablauf.

Ein interessanter Fall der Hexatrien/Cyclohexadien-Umwandlung liegt bei der folgenden Reaktion vor:

Cyclohepta-
trien

Bicyclo[4.1.0]-
hepta-2,4-dien

11.3 Cycloadditionen

Bei **Cycloadditionen** verbinden sich zwei ungesättigte Moleküle zu einem ringförmigen Molekül, wobei aus zwei π-Bindungen zwei σ-Bindungen entstehen:

11.3 Cycloadditionen

Den umgekehrten Vorgang, die Fragmentierung einer cyclischen Verbindung in zwei offenkettige, ungesättigte Moleküle, nennt man **Cycloreversion**.

Nicht alle Cycloadditionen verlaufen konzertiert (vgl. Bd. II); ja, gewisse Cycloadditionen können unter bestimmten Bedingungen konzertiert, unter anderen jedoch in zwei Schritten verlaufen. Der Verlauf konzertierter Cycloadditionen wird ebenso wie der Verlauf elektrocyclischer Reaktionen durch das Prinzip von der Kontrolle der Orbitalsymmetrie bestimmt. Als Beispiele betrachten wir zunächst die *Dimerisierung von Alkenen* und die *Diels-Alder-Reaktion*.

Bei der Dimerisation von Ethen zu Cyclobuten sind von jedem Reaktanten zwei π-Elektronen beteiligt; man nennt sie deshalb $[_\pi 2 + _\pi 2]$ Cycloaddition. Die neuen Bindungen entstehen bei beiden Reaktionspartnern auf derselben Seite des π-Systems (**«suprafacial»**). Die Reaktion muß deshalb vollständig als $[_\pi 2_s + _\pi 2_s]$ *Cycloaddition* bezeichnet werden (*s* steht für suprafacial). Sie ist thermisch verboten, da ein (antiaromatischer) Hückel-Übergangszustand ohne Phasenumkehrung durchlaufen wird und insgesamt zwei π-Elektronenpaare an der Reaktion beteiligt sind:

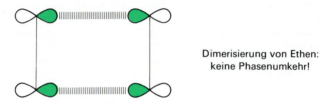

Dimerisierung von Ethen:
keine Phasenumkehr!

Hingegen kann die Reaktion *photochemisch* durchgeführt werden; sie kann aber auch nichtkonzertiert (z. B. über ein Diradikal) ablaufen.
Würde ein Möbius-Übergangszustand – mit einem Phasensprung – durchlaufen, so wäre die Reaktion thermisch erlaubt (zwei π-Elektronenpaare!). Dies könnte dadurch erreicht werden, daß sich die beiden Moleküle in ungefähr senkrecht aufeinanderstehenden Ebenen nähern würden. Dann würde das zweite Molekül gleichzeitig an der Ober- und an der Unterseite des anderen Moleküls angreifen, d. h. die neuen Bindungen würden auf entgegengesetzten Seiten des einen π-Systems (**«antarafacial»**) gebildet. Eine solche $[_\pi 2_s + _\pi 2_a]$ Cycloaddition wäre zwar elektronisch günstig, ist aber aus sterischen Gründen unwahrscheinlich, da sich an die Doppelbindungen gebundene Gruppen behindern (selbst wenn dies nur Wasserstoffatome sind).

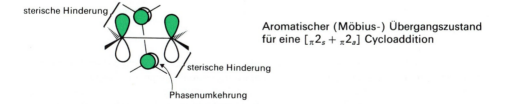

Aromatischer (Möbius-) Übergangszustand für eine $[_\pi 2_s + _\pi 2_a]$ Cycloaddition

Anders liegen die Verhältnisse bei der *Diels-Alder-Reaktion*. Hier sind vom einen Reaktanten vier, vom anderen zwei π-Elektronen beteiligt, und die Addition erfolgt für beide Moleküle suprafacial: Die Diels-Alder-Reaktion ist eine $[_\pi 4_s + _\pi 2_s]$ *Cycloaddition*. Da insgesamt drei π-

Elektronenpaare an der Reaktion beteiligt sind und der Übergangszustand vom Hückel-Typ ist, ist sie thermisch erlaubt.

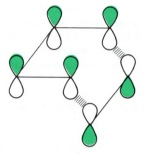

Diels-Alder-Addition:
keine Phasenumkehrung!
Aromatischer
Übergangszustand

Durch Verallgemeinerung der beiden Beispiele gelangt man zu folgenden **Auswahlregeln**:
Konzertierte [s + s] Cycloadditionen, an denen eine gerade Zahl von π-Elektronenpaaren beteiligt ist, sind thermisch verboten und können nur photochemisch durchgeführt werden, während [s + s] Cycloadditionen, an denen eine ungerade Zahl von π-Elektronenpaaren beteiligt ist, thermisch erlaubt sind. [s + a] Cycloadditionen mit einer ungeraden Zahl von π-Elektronenpaaren sind hingegen thermisch verboten, mit einer geraden Zahl von π-Elektronenpaaren zwar erlaubt, aus sterischen Gründen jedoch meist nicht möglich. Vgl. Abb. 11.3.

 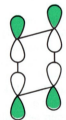 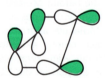

supra/supra
Hückel-System
6 Elektronen
aromatisch
erlaubt

supra/supra
Hückel-System
4 Elektronen
antiaromatisch
verboten

supra/antara
Möbius-System
4 Elektronen
aromatisch
erlaubt

Abb. 11.3. Klassifizierung der wichtigsten Cycloadditionen

Diese Auswahlregeln gelten selbstverständlich auch für die *Umkehrung* der entsprechenden Cycloadditionen und erklären so die bemerkenswerte Stabilität mancher gespannter Ringsysteme. So sind beispielsweise *Quadricyclan* und *Hexamethylprisman* viel weniger stabil als die ihnen isomeren Diene. Trotzdem erfolgt die Umwandlung in die stabileren Verbindungen bei Raumtemperatur nicht, denn in beiden Fällen müßte ein Cyclobutanring in zwei Doppelbindungen umgewandelt werden, ein $[_\pi 2_s + _\pi 2_s]$-Prozeß, was thermisch verboten, jedoch photochemisch erlaubt ist. Tatsächlich isomerisieren beide Verbindungen bei Belichtung mit UV-Licht sofort schon bei Raumtemperatur.

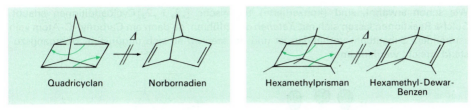

| Quadricyclan | Norbornadien | Hexamethylprisman | Hexamethyl-Dewar-Benzen |

Die Umwandlung von Benzvalen in Benzen – eine thermische Ringöffnung von Bicyclobutan zu 1,3-Butadien – ist eine zwar erlaubte [$_\pi 2_s + {_\pi}2_a$] Cycloreversion; die C=C-Brücke im Benzvalen verhindert jedoch die antarafaciale Ringöffnung, so daß Benzvalen nur langsam zu Benzen isomerisiert, obschon es über 250 kJ/mol energiereicher ist.

| Benzvalen | Umwandlung Bicyclobutan → 1,3-Butadien |

[2 + 2] Cycloadditionen. Zahlreiche ungesättigte Verbindungen lassen sich durch Bestrahlung mit UV-Licht dimerisieren. Ein bekanntes Beispiel ist die Bildung der Truxin- und Truxillsäuren aus Zimtsäure, die entweder im festen Zustand oder in wäßriger Lösung durchgeführt werden kann:

Je nach den Reaktionsbedingungen können verschiedene stereoisomere Säuren erhalten werden, da durch die UV-Bestrahlung auch die Zimtsäuren isomerisiert werden.

Es sei darauf hingewiesen, daß verschiedene bekannte [2 + 2] Cycloadditionen, wie etwa die Dimerisierung von Tetrafluorethen, von Acrylnitril oder von Allen (die alle thermisch durchgeführt werden können), *keine konzertierten Reaktionen* sind und *nicht stereospezifisch* verlaufen:

Wie schon erwähnt, sind (konzertierte) thermische $[_\pi 2_s + {_\pi}2_a]$ Cycloadditionen erlaubt. Solche Reaktionen lassen sich mit *Ketenen* durchführen, da dann am Carbonyl-C-Atom kein «störender» Substituent vorhanden ist und der sterisch an sich ungünstige Übergangszustand erreicht werden kann:

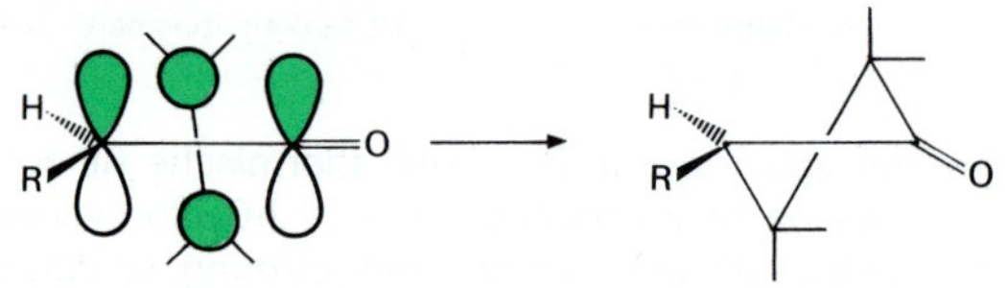

Auch die leicht erfolgende *Dimerisation von Keten* zu Diketen ist eine Cycloaddition:

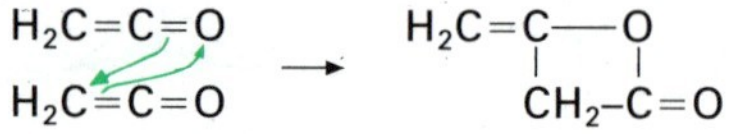

$$H_2C=C=O$$
$$H_2C=C=O$$
$$\rightarrow$$
$$H_2C=C-O$$
$$||$$
$$CH_2-C=O$$

Für dieses Diketen wurde im Laufe der Jahre eine ganze Anzahl von Konstitutionen vorgeschlagen; die oben angegebene folgt aus dem NMR-Spektrum.

Diels-Alder-Reaktion. Bei der nach ihren Entdeckern benannten Reaktion wird ein *konjugiertes Dien an eine Doppel- oder Dreifachbindung* unter *Bildung eines sechsgliedrigen Ringes* addiert. Die **Diels-Alder-Reaktion** gehört zu den wichtigsten Ringschlußreaktionen, da sie meist leicht und stets **stereospezifisch** (*syn*-Addition) verläuft. Man erhitzt gewöhnlich die beiden Komponenten, das Dien und das «Dienophil», entweder als bloßes Gemisch oder in einem inerten Lösungsmittel; die Reaktion verläuft dann im allgemeinen ziemlich rasch und in guter Ausbeute.

Das einfachste Beispiel einer **«Dien-Synthese»** ist die Addition von Ethen an 1,3-Butadien, die allerdings nur geringe Ausbeuten liefert:

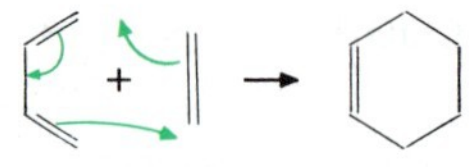

Dien   Dienophil

Im Prinzip läßt sich als *Dienophil* jede π-Bindung verwenden, also auch C≡C-Dreifachbindungen, C—N-Doppel- und Dreifachbindungen, C=O-Doppelbindungen, C=S-Doppelbindungen usw. Besonders gute Ausbeuten erhält man, wenn *die π-Bindung einer — M-Gruppe konjugiert ist*; viele Dienophile besitzen damit ähnlich wie Michael-Substrate die Konstitution C=C—Z oder Z—C=C—Z', wobei Z = CHO, COR, COOH, COOR, CN, NO$_2$ u.a. ist. Die Erklärung dieses Verhaltens liegt darin, daß das Dien selbst relativ elektronenreich ist und daher Dienophile, deren Elektronendichte in der Doppelbindung herabgesetzt ist, besonders gut addiert werden. Maleinsäureester, Acrolein, Acrylsäureester, Acetylendicarbonsäureester und insbesondere Tetracyanoethen sind bei Dien-Synthesen als Dienophile besonders reaktionsfähig. Als Beispiele sollen einige Reaktionen mit 1,3-Butadien erwähnt werden:

11.3 Cycloadditionen

[Reaction scheme: Butadiene + various dienophiles]

Butadien (CH₂=CH-CH=CH₂) + :
- H₂C=CH-CHO → (100 °C) → Cyclohexen-CHO, 100%
- H₃COOC-C≡C-COOCH₃ → (100 °C) → 1,2-Dihydrophthalsäuredimethylester
- p-Benzochinon → (35 °C, in Benzen) → 1,4,4a,8a-Tetrahydronaphthochinon
- Maleinsäureanhydrid → (15 °C, in Benzen) → Tetrahydrophthalsäureanhydrid

Alkene mit σ-Acceptoren (Halogenatome, —CH₂Cl, —CH₂COOH u. a.) eignen sich im allgemeinen weniger gut als Dienophile, hingegen können auch *Allene* an Diene addiert werden:

[Reaction: Butadien + Allen (C=C=C) → Methylencyclohexen]

Als *Diene* eignen sich nicht nur konjugierte C=C-Doppelbindungen, sondern auch α,β-ungesättigte Carbonylverbindungen, α-Diketone, stickstoffhaltige Gruppen u. a.:

O=C-C=C-   O=C-C=O   -C=N-C=C-   -C=N-N=C-

Selbstverständlich können auch *cyclische* Verbindungen ein Dienophil addieren:

[Structures: Cyclopentadien, Bicyclohexenyl, Vinylcyclohexen]

Erwartungsgemäß wird die *Reaktionsfähigkeit eines Diens* durch σ- oder π-Donoren als Substituenten erhöht. So ist beispielsweise Isopren (2-Methyl-1,3-butadien) bei Diensynthesen viel reaktionsfähiger als Butadien. *Benzen* ist gegenüber Dienen nahezu inert [es reagiert nur mit Arinen (S. 580) und mit extrem reaktionsfähigen Acetylenen], da eine Diels-Alder-Addition zur Aufhebung des aromatischen Zustands und damit zu einer beträchtlich herabgesetzten Stabilität führen würde; gewisse *polycyclische* oder *heterocyclische Aromaten* hingegen reagieren relativ leicht. So addieren sowohl Anthracen wie Furan Maleinsäureanhydrid, wobei im ersteren Fall zwei aromatische Ringe erhalten bleiben:

Auch Aromaten mit einer Doppelbindung außerhalb des aromatischen Ringsystems eignen sich als Dienkomponenten:

Selbst Styren läßt sich in dieser Weise verwenden.
Das Dien kann allerdings nur in der *cisoid*-Konformation reagieren. Bei offenkettigen Dienen hängt die Reaktionsgeschwindigkeit vom Anteil der im Konformationsgleichgewicht vorhandenen *cisoid*-Konformation ab. (Z)-1-substituierte Butadiene sind deshalb weniger reaktionsfähig als ihre (E)-Isomere, weil eine raumerfüllende Gruppe R die *cisoid*-Konformation destabilisiert. Umgekehrt begünstigt ein großer Substituent in Stellung 2 die *cisoid*-Konformation:

Zwei Substituenten an den C-Atomen 2 und 3 begünstigen hingegen meist die *transoid*-Konformation:

Über den *Mechanismus* der Diels-Alder-Reaktion wurden zahlreiche Untersuchungen angestellt, insbesondere über die Frage, ob die beiden neuen Bindungen gleichzeitig oder nacheinander gebildet werden. Der sterische Ablauf der meisten Dien-Synthesen spricht sehr für einen konzertierten (aber nicht unbedingt synchronen) Verlauf; auch ist die Aktivierungsentropie ziemlich stark negativ, was auf einen gut geordneten Übergangszustand und damit ebenfalls auf einen konzertierten Ablauf schließen läßt.

Die große *präparative Bedeutung* der Diels-Alder-Reaktion beruht darauf, daß sie einerseits relativ leicht verläuft, streng stereospezifisch ist und damit eine bequeme Möglichkeit zur Synthese von iso- und heterocyclischen Ringverbindungen bietet. Der *stereospezifische Verlauf* wird durch die Reaktion von 1,3-Butadien mit Malein- bzw. Fumarsäuredimethylester illustriert:

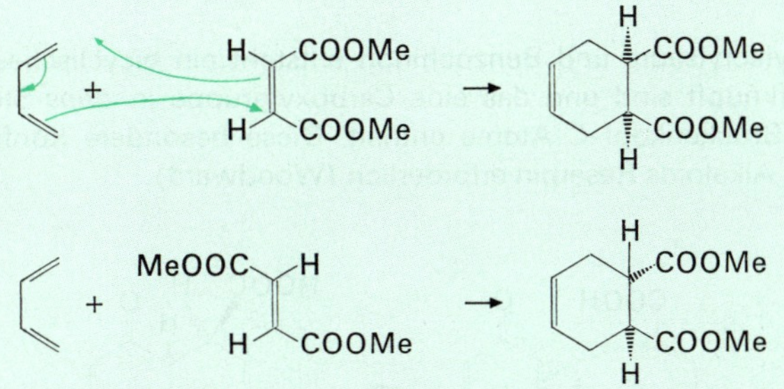

11.3 Cycloadditionen

Verwendet man als *Diene cyclische* Verbindungen (Anthracen, Cyclopentadien, Furan), so können im Prinzip zwei verschiedene Addukte entstehen, die als **«endo-Addukt»** (breitere Seite des Dienophils unterhalb des Ringes) und **«exo-Addukt»** (kleinerer Teil des Dienophils unterhalb des Ringes) unterschieden werden. Unter gewöhnlichen Bedingungen entsteht meist das *endo*-Produkt, obschon es in der Regel thermodynamisch weniger stabil ist. Die Reaktion bietet damit wiederum ein Beispiel einer kinetisch gesteuerten Reaktion: Der aktivierte Komplex, der zum *endo*-Produkt führt, ist energieärmer, weil hier die π-Systeme der Reaktanten in engere Wechselwirkung treten können [Pünktchen in (A); Näheres siehe Band II]. Bei höheren Temperaturen erhält man aber das thermodynamisch stabilere *exo*-Addukt.

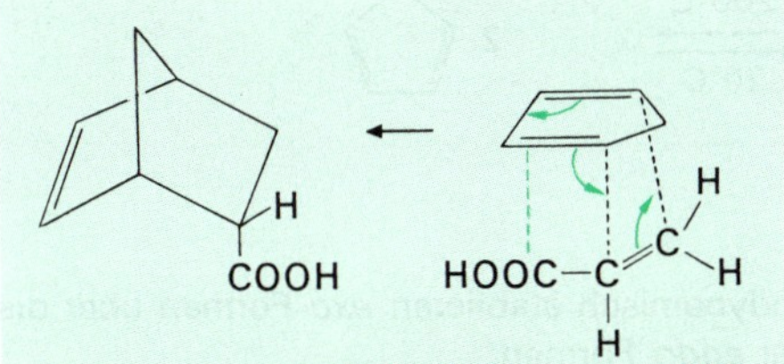

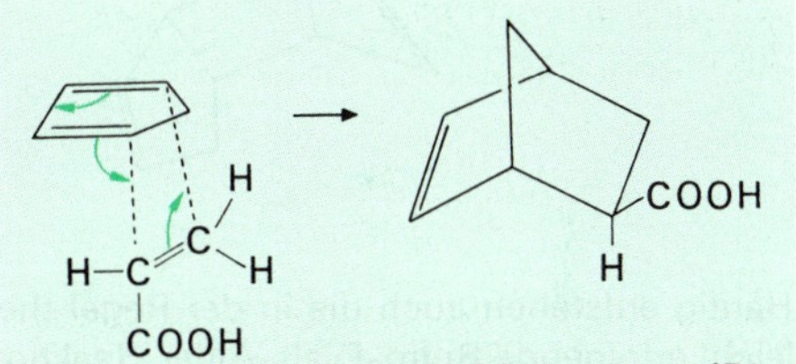

Auch die *Geschwindigkeit* der Addition wird durch sterische Faktoren beeinflußt. (*E*)-1,3-Pentadien reagiert z. B. mit Maleinsäureanhydrid bereits bei 40 °C recht schnell, während das (*Z*)-Isomer selbst bei 100 °C ziemlich langsam reagiert:

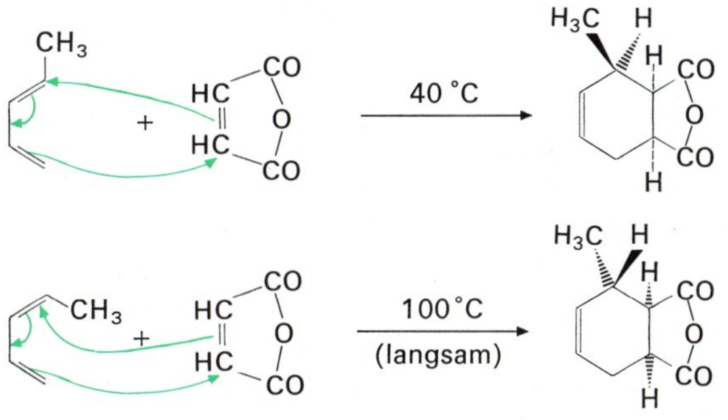

Die Diels-Alder-Addition hat wegen der Vielfalt der cyclischen und bicyclischen Gerüste, die mit ihrer Hilfe synthetisiert werden können, sowie dank ihres sterisch eindeutigen Verlaufes insbesondere zur Synthese von *Naturstoffen* vielfache Verwendung gefunden:

Beispiel

Aus (*E*)-Vinylacrylsäure und Benzochinon entsteht ein bicyclisches Produkt, dessen Ringe *cis*-verknüpft sind und das eine Carboxylgruppe in *trans*-Stellung zu den H-Atomen der Brückenkopf-C-Atome enthält. Diese besondere Konfiguration war zur Synthese des Alkaloids Reserpin erforderlich (Woodward).

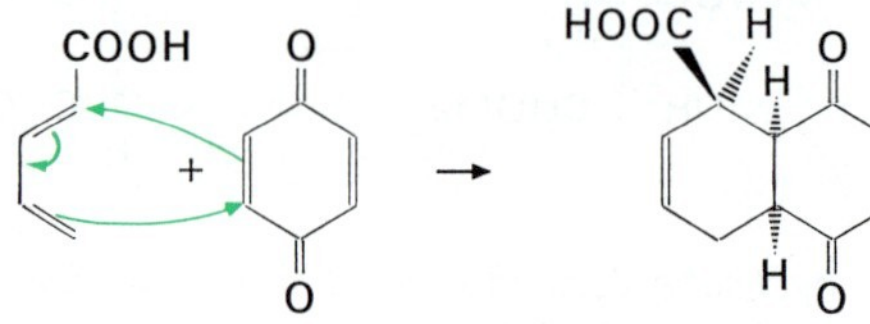

Die Diels-Alder-Reaktion ist im Prinzip umkehrbar; ihre Umkehrung – die «**Retro-Diels-Alder-Reaktion**» – hat für manche Zwecke präparative Bedeutung. So läßt sich z. B. die «Lagerform» von *Cyclopentadien*, das durch Diels-Alder-Reaktion entstandene Dimer, Dicyclopentadien, durch Erhitzen auf 200 °C in das Monomer spalten:

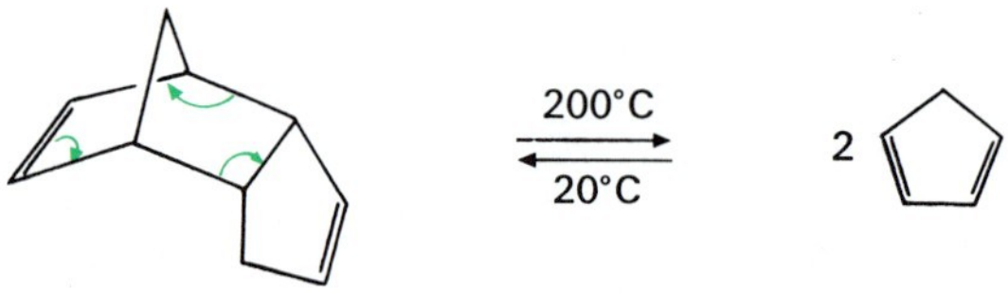

Häufig entstehen auch die in der Regel thermodynamisch stabileren *exo*-Formen über die leicht erfolgende Retro-Diels-Alder-Reaktion der *endo*-Formen:

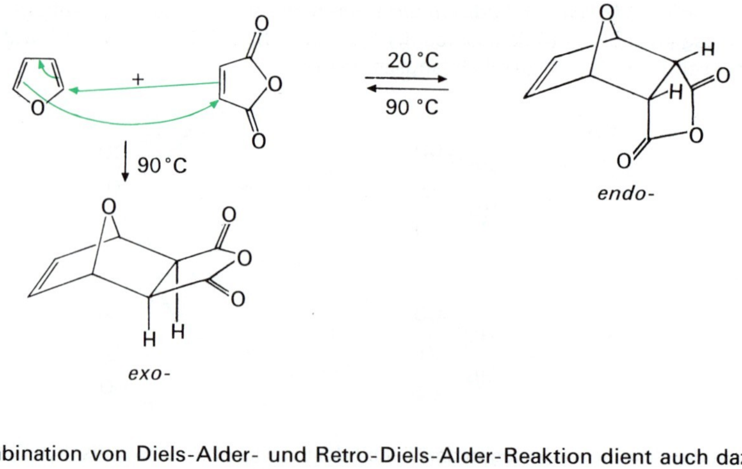

endo-

exo-

Die Kombination von Diels-Alder- und Retro-Diels-Alder-Reaktion dient auch dazu, *Doppelbindungen zu schützen*, wie z. B. bei der zur Gewinnung von deuteriertem Allylalkohol verwendeten Reaktionsfolge:

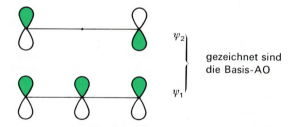

1,3-dipolare Cycloadditionen. Im Fall der Dien-Synthese sind in der einen Komponente, dem Dien, vier π-Elektronen über vier C-Atome verteilt. Zahlreiche Systeme bestehen jedoch aus nur *drei* Atomen, die aber ebenfalls vier π-Elektronen besitzen, wie z. B. das *Allyl-Anion*:

$$H_2C=CH-\bar{C}H_2^\ominus \leftrightarrow H_2\bar{C}-CH=CH_2 \;\hat{=}\; [H_2C\!\cdots\!CH\!\cdots\!CH_2]^\ominus$$

Die vier π-Elektronen besetzen darin je ein bindendes und ein nichtbindendes MO (ψ_1 und ψ_2):

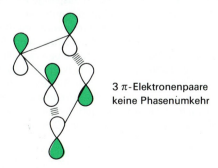

gezeichnet sind die Basis-AO

Die beiden MO ψ_1 und ψ_2 sind von derselben Symmetrie wie die beiden doppelt besetzten MO von 1,3-Butadien (S. 85), so daß es möglich sein sollte, auch Partikeln von der Elektronenstruktur des Allyl-Anions ähnlich wie Diene an eine π-Bindung zu addieren, da die Addition ebenfalls über einem *aromatischen Übergangszustand* führt und damit *thermisch erlaubt* ist ($[_\pi 4_s + _\pi 2_s]$ Cycloaddition):

3 π-Elektronenpaare
keine Phasenumkehr

Die Addition eines Allyl-Anions an ein Alken wurde erst 1972 beobachtet; bekannter sind die Additionen von *Diazoessigester* oder *Diazomethan* an C=C-Doppelbindungen, die sich relativ leicht durchführen lassen:

$$H_3COOC-\overset{\ominus}{CH}-\overset{\underline{N}}{=}\overset{\oplus}{N}| \longrightarrow H_3COOC\underset{COOCH_3}{\overset{N}{\diagdown}}\underset{NH}{\diagdown}$$
$$\qquad \qquad \qquad \diagdown COOCH_3$$

Wegen der dipolaren Grenzstrukturen, die für die 4 π-Systeme formuliert werden können, werden diese Additionen als **1,3-dipolare Cycloadditionen** bezeichnet. Nach den Untersuchungen von Huisgen deuten die experimentellen Ergebnisse darauf, daß die Mehrzahl der 1,3-dipolaren Cycloadditionen *konzertiert* – also **stereospezifisch syn** – verläuft. Dies wird z. B. durch die Addition von Diazomethan an Dimethylmalein- bzw. -fumarsäureester illustriert:

$H_2\overset{\ominus}{C}-\underline{N}\overset{\oplus}{=}N| + \begin{array}{c} H_3C \\ H_3COOC \end{array}C=C\begin{array}{c} CH_3 \\ COOCH_3 \end{array} \longrightarrow$ Pyrazolin-Produkt (cis)

$H_2\overset{\ominus}{C}-\underline{N}\overset{\oplus}{=}N| + \begin{array}{c} H_3C \\ H_3COOC \end{array}C=C\begin{array}{c} COOCH_3 \\ CH_3 \end{array} \longrightarrow$ Pyrazolin-Produkt (trans)

Wegen der Mannigfaltigkeit der 1,3-dipolaren Systeme, die an Doppel- und Dreifachbindungen (C=C, C≡C, C≡N, N=N, C=O, C=S usw.) addiert werden können, sind diese Reaktionen zur **Synthese von Fünfringen** (insbesondere von **Heterocyclen**) sehr brauchbar. Die Cycloaddition von Diazoverbindungen läßt sich auch zur **Synthese von Cyclopropanen** verwenden, da die cyclischen Produkte (Pyrazoline) eine —N=N-Gruppe enthalten und beim Erwärmen oder Belichten unter Bildung eines Dreirings N_2 abspalten.

An unsymmetrisch substituierte «Dipolarophile» lassen sich 1,3-dipolare Moleküle in zwei verschiedenen Richtungen addieren; die Cycloaddition verläuft also nicht regiospezifisch. Hingegen wird oft eine gewisse **Regioselektivität** beobachtet, die wahrscheinlich auf sterische Faktoren zurückzuführen ist, jedenfalls aber nicht mit der Polarität der dipolaren Komponente zusammenhängt. Häufig wird nämlich dasjenige Produkt bevorzugt gebildet, in dem raumerfüllende Substituenten der beiden Komponenten so weit wie möglich voneinander entfernt sind. Die Reaktivität der dipolaren Komponenten wurde bisher nur wenig untersucht; die Reaktivität der Dipolarophile wird im allgemeinen durch Ringspannung und durch konjugierte funktionelle Gruppen erhöht. Insbesondere bewirken konjugierte Carbonyl- und Cyanogruppen eine deutlich verstärkte Reaktionsfähigkeit des Dipolarophils.

Wichtige **1,3-dipolare Cycloadditionen** sind die Bildung von *Triazolringen* durch Addition von *Aziden* an Dreifachbindungen und die Addition eines carbenartigen Zwischenstoffes (der intermediär aus einem Diazoketon gebildet wird) an Keten. Die letztgenannte Reaktion bietet eine Möglichkeit zur Verlängerung von C-Ketten.

$$-C\equiv C- + R-\underline{\overset{\ominus}{N}}-\underline{N}\overset{\oplus}{=}N| \longrightarrow \underset{\text{ein Triazol}}{\overset{R-N\diagup N\diagdown N}{\underset{C=C}{|}}}$$

$$R-C\overset{O}{\underset{Cl}{\diagdown}} + CH_2N_2 \longrightarrow R-C\overset{O}{\underset{CHN_2}{\diagdown}} \xrightarrow{-N_2} \left[R-C\overset{\overset{|}{O}|}{\underset{CH}{\diagdown}} \leftrightarrow R-C\overset{\overset{|}{O}|^{\ominus}}{\underset{\underset{\oplus}{CH}}{\diagdown}} \right]$$

Diazoketon

$$\xrightarrow{\underset{\text{Keten}}{+\ O=C=CH_2}} \begin{array}{c} R-C=CH \\ |\underline{O}| \quad \quad CH_2 \\ \diagdown \quad \diagup \\ C \\ \| \\ O \end{array} \xrightarrow{OH^{\ominus}} \begin{array}{c} R-C=CH-CH_2-COO^{\ominus} \\ | \\ OH \end{array}$$

(Enol → Keton)

$$R-\overset{\|}{\underset{O}{C}}-CH_2-CH_2-COO^{\ominus}$$

γ-Ketosäure

In analoger Weise erhält man durch Addition von Aziden an Nitrile *Tetrazole*:

$$H_5C_6-C + \begin{array}{c} C_6H_5 \\ | \\ |\underline{N}|^{\ominus} \\ \diagdown N| \\ |\underline{N} \\ \oplus \end{array} \longrightarrow H_5C_6 \begin{array}{c} C_6H_5 \\ | \\ N \\ \diagup \diagdown \\ N \quad \quad N \\ \| \quad \quad | \\ N-N \end{array}$$

Auch der erste Reaktionsschritt der zur Konstitutionsaufklärung (Bestimmung der Lage einer Doppelbindung) und zur Synthese gewisser Carbonylverbindungen (z. B. von Vanillin aus Eugenol) wichtigen Reaktion von Alkenen mit *Ozon* («**Ozonisierung**») scheint eine 1,3-dipolare Cycloaddition zu sein:

Ozon: $\left[|\underline{O}\diagup \overset{\oplus}{\underset{\diagdown \underline{O}|}{\overset{|}{O}}}{}^{\ominus} \leftrightarrow \overset{\oplus}{\underline{O}}\diagup \overset{|}{\underset{\diagdown \underline{O}|}{O}}{}^{\ominus} \right]$

Addition:

$$\begin{array}{c} \diagdown \diagup \\ C \\ \| \\ C \\ \diagup \diagdown \end{array} + \begin{array}{c} \underline{O} \\ \diagup \diagdown \\ \overset{\oplus}{\underline{O}}|\\ \diagdown \diagup \\ \underline{O}|^{\ominus} \end{array} \longrightarrow \begin{array}{c} \diagdown \diagup \\ C-O \\ | \quad \quad \diagdown \\ C-O \quad O \\ \diagup \diagdown \end{array} \longrightarrow \begin{array}{c} \diagdown C=O \quad (2) \\ \diagup \\ \overset{\oplus}{\diagdown}C-\underline{O}-\underline{O}|^{\ominus} \quad (3) \\ \diagup \end{array}$$

(1)

Das «*Primärozonid*» (1) ist instabil (in einzelnen Fällen kann es isoliert werden) und zerfällt in eine Carbonylverbindung und ein Peroxy-Zwitterion (3). Das eigentliche *Ozonid*, das als Additionsprodukt isoliert werden kann, entsteht durch Reaktion des Zwitterions (3) mit der Carbonylverbindung (2):

$$\overset{\oplus}{\diagdown}\underset{\diagup}{C}-\underline{O}-\underline{O}|^{\ominus} + O=C\diagdown \longrightarrow \begin{array}{c} \diagdown \quad \quad O-O \quad \quad \diagup \\ C \quad \quad \quad \quad \quad C \\ \diagup \quad \quad \diagdown O \diagup \quad \quad \diagdown \end{array}$$

Ozonid

Neuerdings wurden auch Peroxyoxirane (4) und viergliedrige Ozonide (5) als Zwischenstufen postuliert:

(4)   (5)

Als Nebenreaktion können Umlagerungen sowie eine Dimerisierung des Zwitterions (3) eintreten. Durch Hydrolyse werden die Ozonide gewöhnlich sofort gespalten; das dabei entstehende Wasserstoffperoxid oxidiert eventuell entstehende Aldehyde zu Carbonsäuren, so daß man – wenn man die Aldehyde selbst erhalten will – unter reduzierenden Bedingungen hydrolysieren muß, z. B. mit Zink und Essigsäure.

En- und Retro-En-Reaktion. Als «En-Reaktion» bezeichnet man die Addition eines Alkens mit allylischer Doppelbindung *(«En»)* an eine π-Bindung. Die «Retro-En-Reaktion» ist ihre Umkehrung.

Die En-Reaktion ist eng mit der Diels-Alder-Reaktion verwandt: Die eine π-Bindung des Diens ist durch eine σ-Bindung ersetzt. Am Übergangszustand sind 3 Elektronenpaare beteiligt (4 π- und 2 σ-Elektronen); eine Phasenumkehrung tritt nicht auf, so daß die Reaktion thermisch erlaubt ist (Hückel-aromatischer Übergangszustand):

Übergangszustand
keine Phasenumkehr

Ebenso wie bei der Diels-Alder-Reaktion verläuft auch die *En*-Reaktion am besten mit einem En, dessen Elektronendichte der Doppelbindung erhöht ist, und mit einem Enophil, das eine durch —M- oder —I-Substituenten herabgesetzte Ladungsdichte besitzt, wie z. B. Maleinsäureanhydrid. Auch Carbonylverbindungen können sich als Enophile eignen. Besonders gute Enophile sind Acetylendicarbonsäureester oder Propiolsäureester und natürlich Dehydrobenzen. Mit gewissen acyclischen Dienen liefert dieses sowohl die Produkte der Diels-Alder- wie der *En*-Reaktion; da die letztere nicht die *cisoid*-Konformation erfordert, kann sie sogar mit Dienen bevorzugt eintreten.

Beispiele:

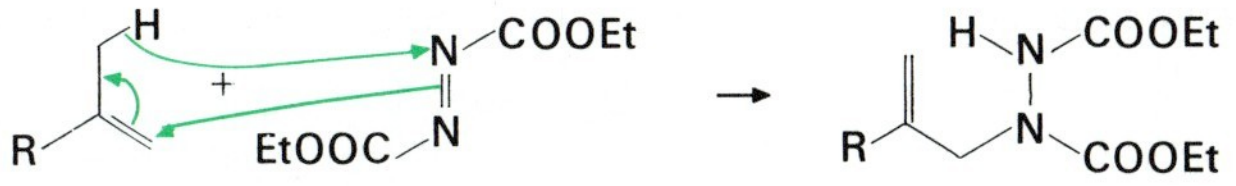

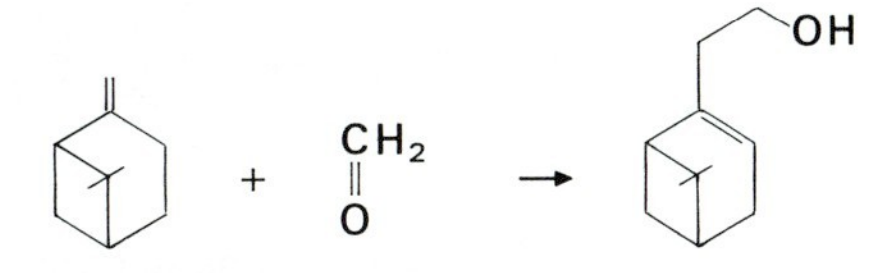

[Reaktionsschema: En-Reaktion mit Azodicarboxylat → Hydrazin-Addukt]

[Reaktionsschema: α-Pinen + CH₂=O → Homoallylalkohol]

α-Pinen

[Reaktionsschema: But-1-en + Hexafluorbutin → En-Produkt mit CF₃-Gruppen]

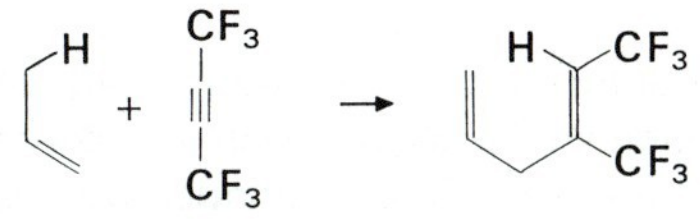

Wichtiger als die *En*-Reaktion ist ihre Umkehrung, bei welcher ein H-Atom über einen cyclischen Übergangszustand übertragen wird. An Systemen mit nur C-Atomen ist sie allerdings weniger bekannt; meistens weist der aktivierte Komplex ein oder mehrere Heteroatome auf. Zu diesem Reaktionstyp gehören die bereits in Kapitel 9 besprochenen **Esterpyrolysen** und die **Decarboxylierung von β-Ketosäuren**:

[Reaktionsschemata: Esterpyrolyse, Tschugaew-Reaktion (Xanthogenat → EtSH + COS), Decarboxylierung von β-Ketosäuren]

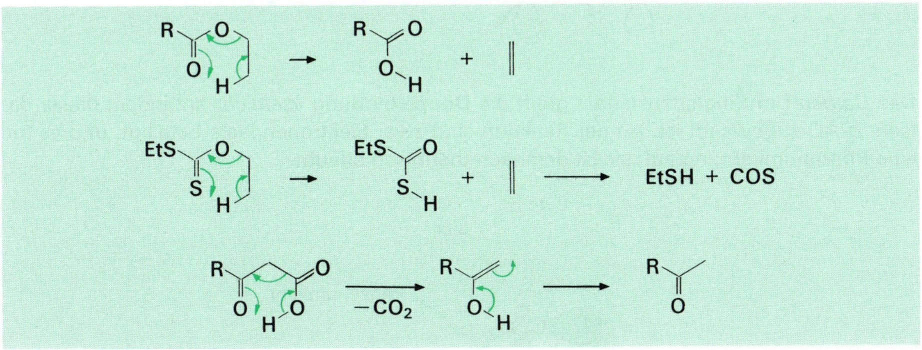

Der stereospezifische Ablauf der **Esterpyrolyse** und der **Tschugaew-Reaktion** sowie die negativen Aktivierungsentropien machen einen cyclischen Übergangszustand und damit einen konzertierten Ablauf der Reaktion wahrscheinlich. Im Fall der Xanthogenat-Pyrolyse wurde allerdings auch *anti*-Elimination beobachtet; da hier der Übergangszustand ziemlich stark polar ist, können geeignete Substituenten bewirken, daß die Reaktion auch schrittweise (nicht konzertiert) abläuft.

Cheletrope Reaktionen. Einen besonderen Typus von Cycloadditionen bilden die **«cheletropen» Reaktionen**, bei denen von einem *einzigen C-Atom aus zwei σ-Bindungen* zu den zwei C-Atomen einer Doppelbindung bzw. zu den Enden eines konjugierten Systems gebildet werden. Beispiele sind die Additionen von *Schwefeldioxid* an *Diene* oder von *Singlett-Carbenen* an *Doppelbindungen*:

458 11 Pericyclische Reaktionen

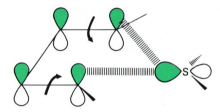

Auch die *Umkehrung* der Addition ist möglich: Fragmentierung von Ringverbindungen unter Abspaltung von SO_2 aus ungesättigten cyclischen Sulfonen oder von CO aus ungesättigten Ketonen u. a.

An der *Addition von Schwefeldioxid* an substituierte Diene sind insgesamt drei Elektronenpaare beteiligt: die beiden π-Elektronenpaare des Diens und das freie Elektronenpaar des S-Atoms, das sich in einem *p*-artigen AO befindet. Der disrotatorische Ringschluß erfolgt ohne Phasenumkehrung im Übergangszustand:

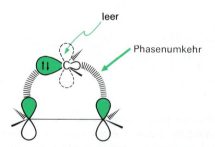

Das *Carben* (im Singlettzustand!) greift die Doppelbindung «seitlich» an, indem dieser das leere *p*-AO zugewandt ist. An der Reaktion sind zwei Elektronenpaare beteiligt, und es tritt eine Phasenumkehrung auf: sie ist demnach thermisch erlaubt.

Wie bereits auf S. 400 erwähnt worden ist, werden nur Singlett-Carbene stereospezifisch addiert. Die Addition von Triplett-Carbenen erfolgt über ein Triplett-Diradikal, das anschließend Spinumkehr erfahren muß. Während dieser (zwar nur kurzen) Zeitspanne kann bereits Rotation um die C–C-Bindung eintreten.

Um Nebenreaktionen zu vermeiden, arbeitet man nach **Simmons und Smith** mit einem Gemisch von Diiodmethan und Zink. Als Zwischenstoff bildet sich dabei eine (den Grignard-Reagentien analoge) Organozink-Verbindung (Iodmethylen-Zinkiodid, das in gewissen Fällen so stabil ist, daß sie isoliert werden kann), die stereospezifisch *syn*-addiert wird. Ein freies Carben tritt dabei nicht auf; man spricht von **Carbenoiden**

11.3 Cycloadditionen

$$H_2Cl_2 + Zn \xrightarrow{\text{Ether}} (I-CH_2-Zn-I)_{\text{Ether}}$$

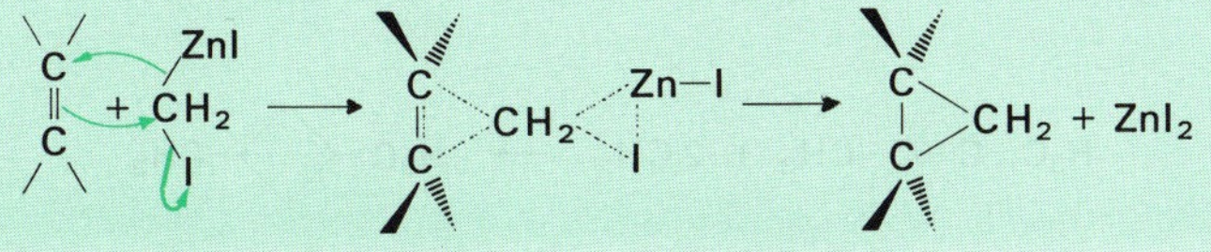

Auch *Dihalogencarbene* und *Nitrene* besitzen im Grundzustand Singlett-Struktur und können stereospezifisch an Doppelbindungen addiert werden. Da ihre *Reaktionsfähigkeit wesentlich geringer* ist als von Methylen, treten Nebenreaktionen (Insertionen) nicht auf. Die Reaktionsfähigkeit nimmt in folgender Reihe ab:

$$CH_2 > HCCl > CCl_2 > CBr_2 > CF_2$$

Zur Gewinnung von Dihalogencarbenen können verschiedene Methoden dienen:

$$HCCl_3 + OH^\ominus \text{ oder } tert\text{-BuO}^\ominus \rightarrow CCl_2$$
$$Cl_3C-SO_2-Me + tert\text{-BuO}^\ominus \rightarrow CCl_2$$
$$Cl_3C-COONa \xrightarrow{Me-O-CH_2CH_2-O-Me, \Delta} CCl_2$$
$$Cl_3C-COOEt + tert\text{-BuO}^\ominus \rightarrow CCl_2$$
$$H_5C_6HgCCl_3 \xrightarrow{80\,°C} CCl_2$$

Durch Addition von Halogencarbenen an Alkene entstehen Dihalogencyclopropanringe (auch konjugierte Diene reagieren in dieser Weise; 1,2-Addition!), welche als Ausgangssubstanzen für verschiedene Synthesen wertvoll sind. Ihre Hydrolyse liefert *Cyclopropanone*, welche zum Cyclopropan selbst reduziert werden können; mit Magnesium oder Natrium ergeben sie *Allene*. Carbene sind so reaktionsfähig, daß sie selbst mit reaktionsträgen C=C-Doppelbindungen wie z. B. im Tetracyanoethen reagieren. Butadien liefert *Bicyclopropyl*, Allen zunächst Cyclopropan mit einer exocyclischen Doppelbindung und nachher *Spiropentan*. Allylcarben ergibt durch innere Addition *Bicyclobutan*:

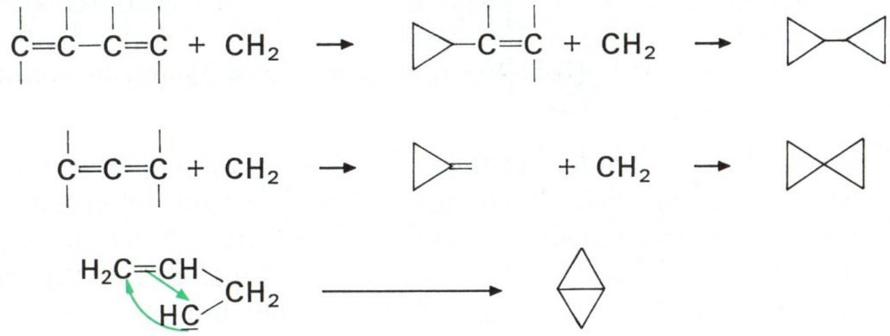

460   11 Pericyclische Reaktionen

An Dreifachbindungen kann Carben unter Bildung von Cyclopropenen addiert werden. Das aus Acetylen und Carben entstehende Cyclopropen ist allerdings instabil und lagert sich zum Allen um. Auch die Addition von zwei Mol Carben ist möglich, wobei *Bicyclobutanderivate* entstehen:

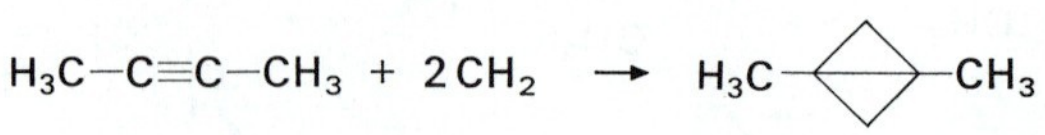

$$H_3C-C\equiv C-CH_3 + 2\,CH_2 \longrightarrow H_3C-\diamondsuit-CH_3$$

Die große Reaktionsfähigkeit der Carbene manifestiert sich auch darin, daß sie sich an «Doppelbindungen» *aromatischer Ringe* anlagern. Die Additionsprodukte sind meist wenig stabil und lagern sich um, wobei eine Ringerweiterung eintritt. Benzen liefert auf diese Weise *Cycloheptatrien*:

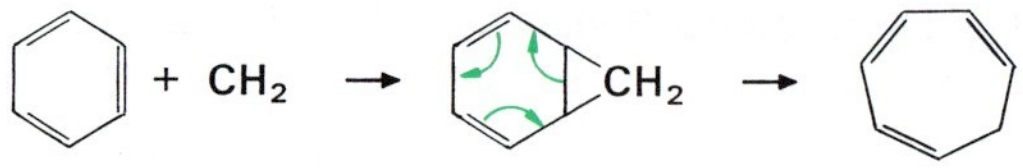

11.4 Sigmatrope Verschiebungen

Obschon den Umlagerungsreaktionen ein eigenes Kapitel gewidmet sein wird, ist es aus sachlichen Gründen zweckmäßig, eine besondere Gruppe von Umlagerungen, die «**sigmatropen Verschiebungen**», bereits hier zu besprechen, da es sich dabei ebenfalls um pericyclische Reaktionen handelt.

Eine sigmatrope Verschiebung ist eine *einstufige, intramolekulare Wanderung einer Einfachbindung, die einer oder mehreren Doppelbindungen benachbart ist*, in eine neue Position unter Reorganisation des π-Systems. Nach Woodward und Hoffmann spricht man von sigmatropen Verschiebungen der Ordnung [*i, j*], wenn die Enden der neuen σ-Bindung das *i*-te und das *j*-te Atom, ausgehend von den Enden der alten Bindung, darstellen:

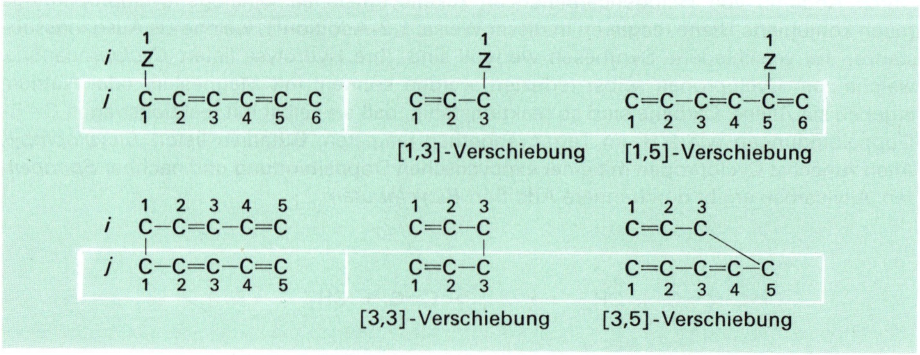

Sigmatrope Verschiebungen verlaufen ebenso wie elektrocyclische Reaktionen und Cycloadditionen über einen *cyclischen Übergangszustand*. Sie sind *thermisch erlaubt*, wenn die *Zahl der beteiligten Elektronenpaarbindungen ungerade* ist und sich die wandernden σ-Elektronen auf derselben Seite des π-Systems bewegen (*suprafaciale* Wanderung; keine Phasenumkehrung). Suprafaciale [1,5]- und [3,3]-Verschiebungen sind also besonders

11.4 Sigmatrope Verschiebungen

begünstigt. Bei längeren Polyenen oder in bestimmten anderen Fällen ist auch *antarafaciale* Wanderung möglich. Da dann eine *Phasenumkehrung* auftritt, ist sie thermisch nur dann (symmetrie-) erlaubt, wenn eine *gerade Zahl von Elektronenpaarbindungen* daran beteiligt ist.

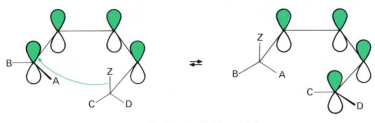

suprafaciale [1,5]-Verschiebung

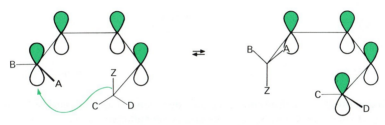

antarafaciale [1,5]-Verschiebung

Wiederum lassen sich sigmatrope Verschiebungen, die thermisch verboten sind, unter Umständen photochemisch durchführen, wenn die betreffende Reaktion aus sterischen Gründen überhaupt möglich ist.

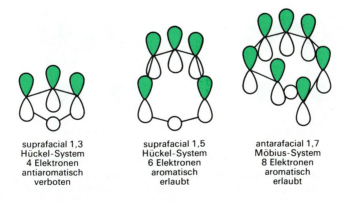

Abb. 11.4. *Klassifizierung von sigmatropen Wasserstoffverschiebungen*

Beispiele von sigmatropen Verschiebungen:

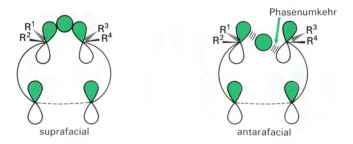

Provitamin D$_2$ [1,7], antarafacial   Vitamin D$_2$ (Calciferol)

[1,j]-Wasserstoff-Verschiebung. Zwischen den Enden eines konjugierten Polyens kann eine **sigmatrope Verschiebung von Wasserstoff** auftreten:

Im cyclischen Übergangszustand muß das AO des H-Atoms gleichzeitig mit den Orbitallappen an den Enden des konjugierten Systems überlappen; dabei läßt sich die supra- und die antarafaciale Wanderung besonders deutlich erkennen:

suprafacial   Phasenumkehr   antarafacial

Nach den auf S. 460 gegebenen Auswahlregeln ist die suprafaciale [1,5]-Verschiebung eines H-Atoms in einem elektrisch neutralen Polyen thermisch erlaubt, während [1,3]- und [1,7]-Verschiebungen antarafacial erfolgen müssen. Thermische [1,3]-Verschiebungen sind jedoch kaum möglich, da der aktivierte Komplex für eine antarafaciale Verschiebung unter starker Spannung stehen muß. In der Tat sind solche Verschiebungen bisher nicht beobachtet worden, im Gegensatz zur Leichtigkeit, mit der thermische [1,5]-Wasserstoff-

Verschiebungen eintreten, und zwar sowohl in offenkettigen wie in cyclischen Systemen (vorausgesetzt, daß die Geometrie des Ringsystems im letztgenannten Fall den cyclischen Übergangszustand erlaubt). Ein einfaches Beispiel dafür ist die Isomerisierung von β,γ-ungesättigten Ketonen zu α,β-ungesättigten Verbindungen; die Verschiebung kann hier sowohl thermisch wie auch durch Zusatz von Säure ausgelöst werden, da die Enolisierung eines Ketons säurekatalysiert ist.

[1,j]-Verschiebungen anderer Atome. Im Prinzip gelten hier dieselben Auswahlregeln wie für Wasserstoff-Verschiebungen; hingegen bestehen zusätzliche Möglichkeiten für die Ausbildung des Übergangszustandes.

Beispiel: **[1,3]-Verschiebung** einer Alkylgruppe

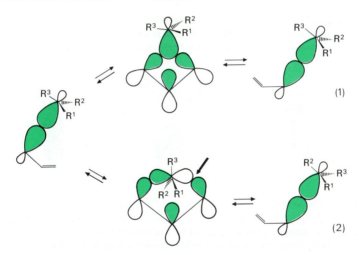

Beim Ablauf (1) nimmt die Alkylgruppe mit dem positiven Orbitallappen eines sp^3-Hybrid-AO an der Verschiebung teil, und der Übergangszustand ist vom Hückel-Typus. Eine derartige [1,3]-Verschiebung ist thermisch verboten. Im Fall (2) nimmt die Alkylgruppe mit beiden Orbitallappen des sp^3-Hybrid-AO an der Verschiebung teil; der Übergangszustand ist vom Möbius-Typ, und die Verschiebung ist thermisch erlaubt. Die beiden Reaktionswege unterscheiden sich stereochemisch: die thermisch verbotene [1,3]-Verschiebung würde unter *Retention*, die thermisch erlaubte Verschiebung unter *Inversion* der Konfiguration erfolgen. Die bisherigen experimentellen Ergebnisse entsprechen diesen Voraussagen in der Tat genau:

> Ist eine *ungerade Zahl von Elektronenpaaren an* der [1,j]-Verschiebung beteiligt, so erfolgt sie *suprafacial* unter *Retention*, andernfalls suprafacial unter *Inversion*.

Es muß allerdings erwähnt werden, daß cyclische Übergangszustände vom Möbius-Typ für [1,3]-Verschiebungen aus sterischen Gründen nur schwer möglich sind; [1,3]-Verschiebungen («**Allyl-Umlagerungen**») erfolgen daher wohl meist in zwei Schritten.

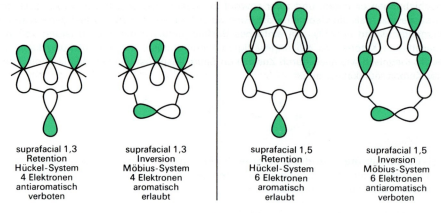

suprafacial 1,3	suprafacial 1,3	suprafacial 1,5	suprafacial 1,5
Retention	Inversion	Retention	Inversion
Hückel-System	Möbius-System	Hückel-System	Möbius-System
4 Elektronen	4 Elektronen	6 Elektronen	6 Elektronen
antiaromatisch	aromatisch	aromatisch	antiaromatisch
verboten	erlaubt	erlaubt	verboten

Abb. 11.5. Klassifizierung von sigmatropen Verschiebungen von Alkylgruppen

Auch die Umlagerungen von *Carbeniumionen* (**«Wagner-Meerwein-Umlagerungen»**) lassen sich als sigmatrope Verschiebungen auffassen, sofern sie wirklich konzertiert verlaufen[1]. Nach den Auswahlregeln sollte eine **[1,2]-Verschiebung** suprafacial unter *Retention* erfolgen:

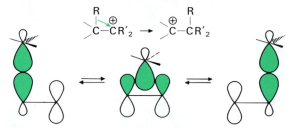

Diese Darstellung ist wahrscheinlich für manche Fälle von Wagner-Meerwein-Umlagerungen (und analogen Umlagerungen zu Carben-C-Atomen oder Nitren-N-Atomen) eine Vereinfachung, da beispielsweise auch das vorhandene Anion einen Einfluß auf das Ergebnis der Umlagerung haben kann und da die Abtrennung des Anions und die eigentliche Verschiebung konzertiert verlaufen können. In *kationischen Polyenen* sollten **[1,4]-Verschiebungen** sowohl suprafacial unter Inversion wie auch antarafacial unter Retention möglich sein; die Art der Wanderung wird im konkreten Fall durch die Geometrie der reagierenden Partikel bestimmt:

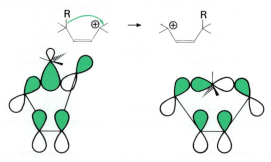

[1] Bei Wagner-Meerwein-Umlagerungen verschiebt sich ebenfalls eine σ-Bindung; allerdings fehlt die benachbarte π-Bindung. An deren Stelle ist ein unbesetztes *p*-AO vorhanden.

11.4 Sigmatrope Verschiebungen

Cope-Umlagerung. Die *thermische Isomerisierung von 1,5-Dienen* wird als **Cope-Umlagerung** bezeichnet. Die Reaktion ist reversibel und führt in der Regel zu einem *Gleichgewicht*, in welchem das thermodynamisch stabilere Isomer in größeren Konzentrationen vorliegt.

Die erforderliche Temperatur hängt von der Natur der Substituenten ab; +M-Substituenten, die in Konjugation zur neuen Doppelbindung treten können, setzen die Reaktionstemperatur stark herab.

Beispiele:

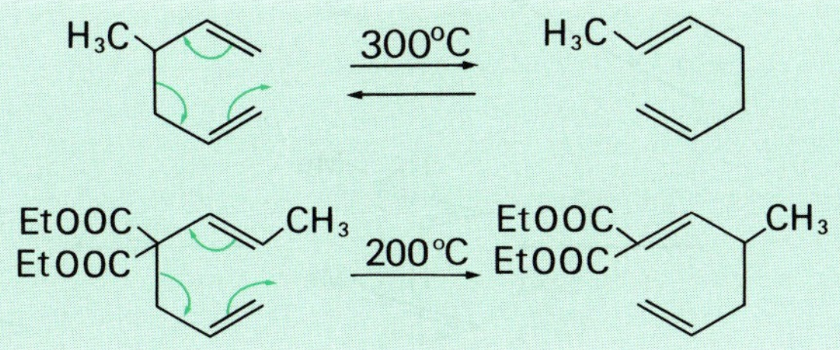

Nur bei 3-Hydroxy-1,5-dienen ist die Umlagerung nicht umkehrbar, da das Produkt zur Carbonylform tautomerisiert (Oxy-*Cope*-Umlagerung):

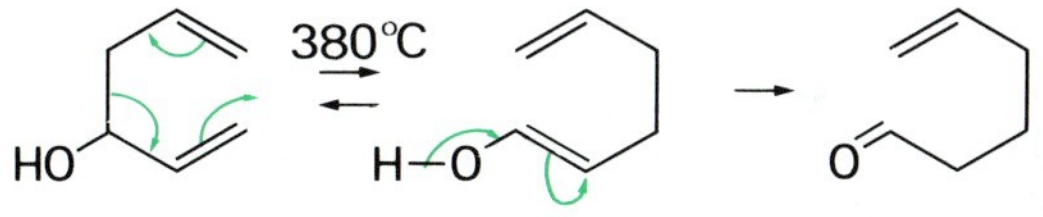

Die Cope-Umlagerung ist eine typische **sigmatrope [3,3]-Verschiebung** mit allen Merkmalen einer konzertierten Reaktion: große negative Aktivierungsentropie, durch Lösungsmittel wenig beeinflußbar, hoher Grad von Stereospezifität. Da insgesamt drei Elektronenpaare an ihr beteiligt sind, verläuft sie über einen *Hückel-Übergangszustand*. Für diesen sind vier Möglichkeiten denkbar: Die beiden «Allyl-Systeme» (vgl. Band II) treten antarafacial oder suprafacial in der Sessel- bzw. der Wannenform in Wechselwirkung, wobei aber der erstgenannte Fall aus geometrischen Gründen kaum möglich erscheint.

Schema:

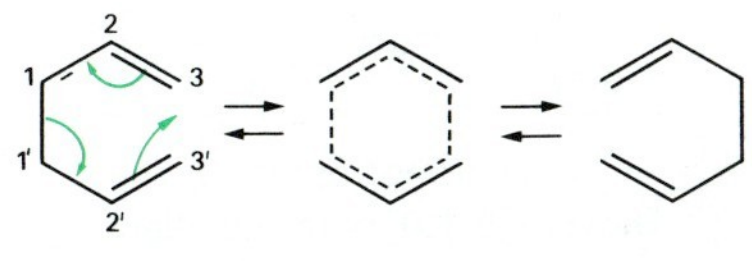

Von den beiden möglichen suprafacialen Übergangszuständen ist der *sesselförmige* energieärmer, was sich z. B. darin zeigt, daß *meso*-3,4-Dimethyl-1,5-hexadien zu 99.7% (Z,E)-2,6-Octadien bildet. Dieses Ergebnis ist nur mit der Annahme eines sesselförmigen Übergangszustandes zu verstehen; ein wannenförmiger Übergangszustand müßte entweder (Z,Z)- oder (E,E)-2,6-Octadien ergeben:

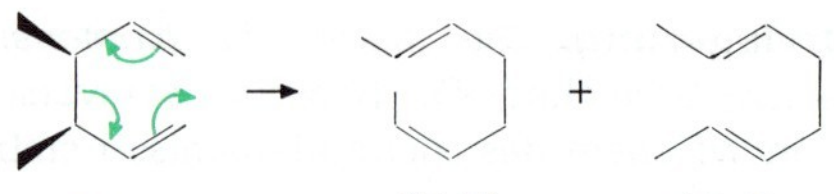

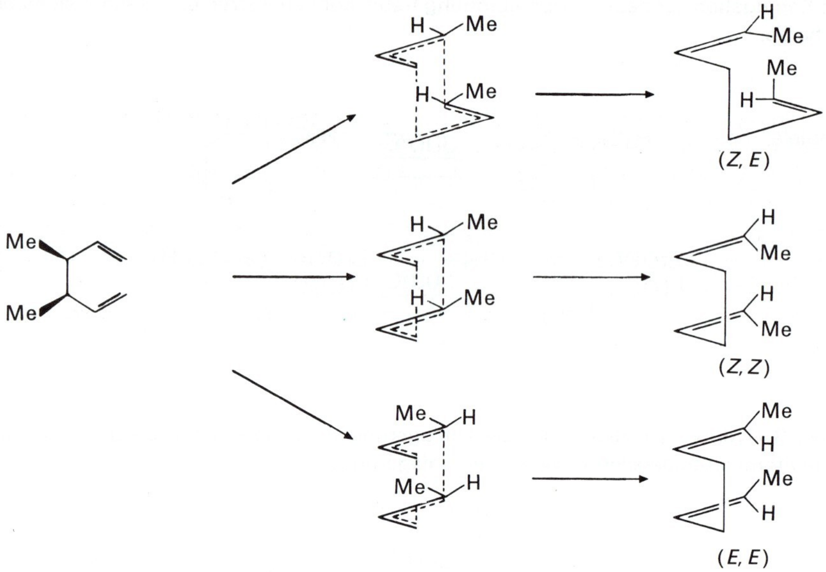

Der aromatische Charakter des Übergangszustands wird durch die Abweichung von der Planarität nur wenig gestört.

Die Cope-Umlagerung von 1,5-Hexadien ergibt wieder dieselbe Substanz:

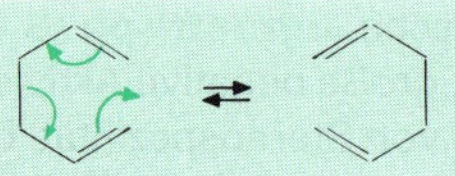

Derartige Umlagerungen bezeichnet man als **«entartete» (Cope-) Umlagerungen**. Ein weiteres Beispiel eines Moleküls, das eine entartete Cope-Umlagerung erfährt, ist das **3,4-Homotropiliden**:

3,4-Homotropiliden
Bicyclo[5.1.0]octa-2,5-dien

Das ^{1}H-NMR-Spektrum dieser Verbindung zeigt bei $-50\,°C$ die zu erwartenden Signale von insgesamt 7 verschiedenen Protonen. Nimmt man das Spektrum aber bei 180°C auf, so findet man nur noch die Signale von vier Protonentypen. Bei dieser Temperatur verläuft die Umlagerung so rasch (mehr als 10^3 mal pro s), daß der Spektrograph nur den «Durchschnitt» der beiden Strukturen registriert und nur noch 4 Arten von Protonen voneinander unterscheiden kann (1):

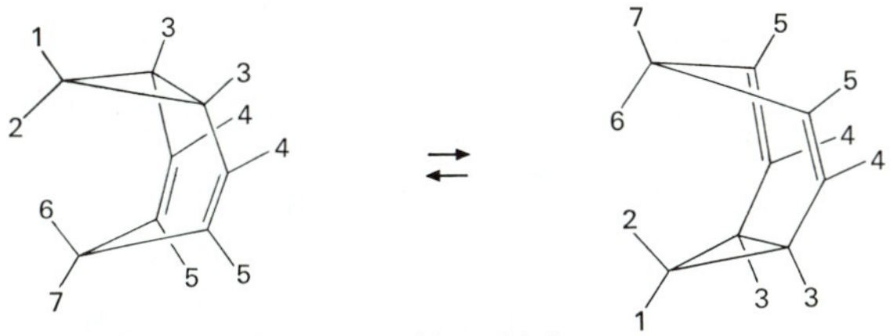

11.4 Sigmatrope Verschiebungen

sigmatrope Verschiebung

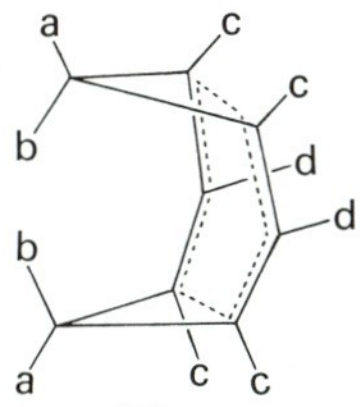

(1)

3,4-Homotropiliden zeigt also die Erscheinung der **Valenzisomerie** («**Valenztautomerie**») und besitzt eine **fluktuierende Struktur**.
Auch die Valenztautomerie gewisser überbrückter Biallyl-Systeme wie z. B. *Bullvalen* (S. 117) oder *Hypostrophen*[1] (bei denen alle C-Atome gleichwertig sind) beruht auf ententarteten Cope-Umlagerungen. Im Fall von *Barbaralan* existieren nur zwei Valenztautomere, die sich bei Raumtemperatur rasch ineinander umwandeln. Bei $-100\,°C$ ist nach dem NMR-Spektrum nur eine einzige Struktur vorhanden. *Semibullvalen* hingegen zeigt die rasche Umwandlung der Valenztautomere noch bei $-110\,°C$; es besitzt von allen bekannten Verbindungen die niedrigste Energiebarriere für die Cope-Umlagerung.

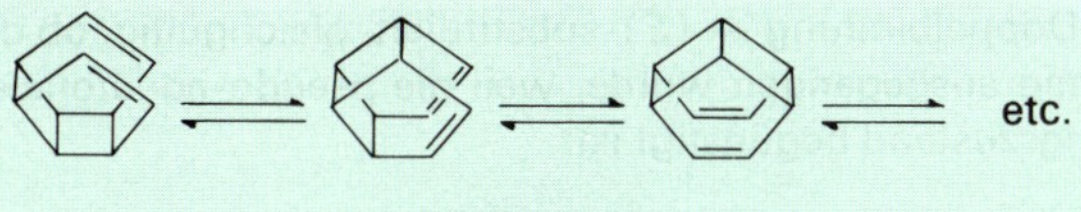

Hypostrophen

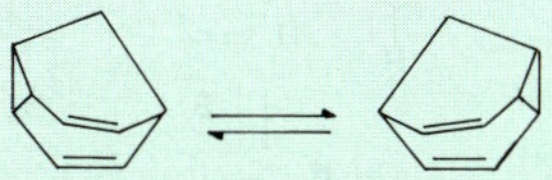

Barbaralan

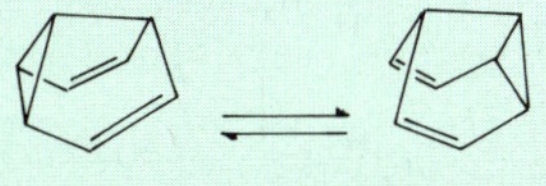

Semibullvalen

Claisen-Umlagerung. Als letzte sigmatrope Verschiebung betrachten wir die thermische Umlagerung von *Phenylallylethern* in *o-Allylphenole* (**Claisen-Umlagerung**):

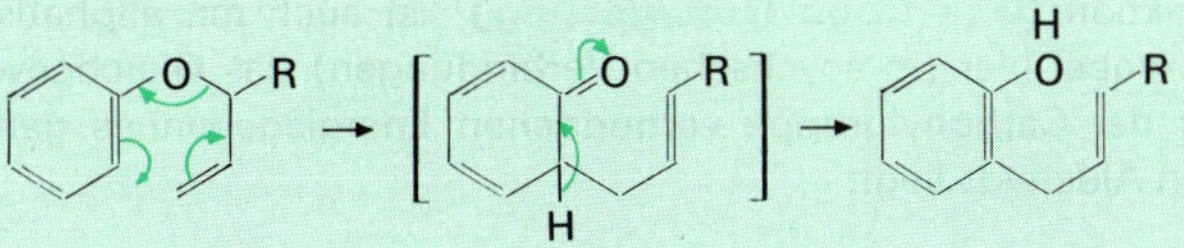

Ihr Verlauf entspricht der Cope-Umlagerung; das als Zwischenprodukt auftretende Cyclohexadienon ist zwar weniger stabil als die Ausgangssubstanz (Verlust des aromatischen Charakters!), wandelt sich jedoch sofort in das (wiederum aromatische) Allylphenol um.

Tragen die *o*-Positionen keine H-Atome, so schließt sich eine *Cope-Umlagerung* an, und man erhält *p*-Allylphenole. Da die Enolisierung des primär gebildeten Cyclohexadienons in der Regel rascher verläuft als die Cope-Umlagerung, bleibt diese aus, wenn in einer *o*-Position ein H-Atom vorhanden ist:

[1] Bei letzterem ist die Umlagerung offenbar langsam bezüglich der NMR-Zeitskala.

Der Ablauf der Umlagerung wurde durch Verwendung von mit ^{14}C markierten Verbindungen bewiesen; daß sie nicht etwa intermolekular erfolgt, wird dadurch gezeigt, daß man sie in Gegenwart eines anderen Aromaten ausführt, wobei dieser nicht allyliert wird.

Der *sterische Verlauf* der Claisen-Umlagerung entspricht dem sesselförmigen Übergangszustand. Die neue Doppelbindung ist (*E*)-substituiert, gleichgültig, ob dabei von einer (*Z*)- oder (*E*)-Verbindung ausgegangen wurde, weil die pseudo-äquatoriale Lage der Methylgruppe im Übergangszustand begünstigt ist:

Die analoge Reaktion (**Oxa-Cope-Umlagerung**)[1] ist auch mit aliphatischen *Allylvinylethern* möglich, wobei hier (in acyclischen Verbindungen) das Gleichgewicht wegen des mit der Bildung der Carbonylgruppe verbundenen Energiegewinnes ganz auf Seite des γ,δ-ungesättigten Aldehyds liegt:

Cope- und Claisen-Umlagerung sind aufgrund ihrer Stereospezifität vielfältig für Synthesen eingesetzt worden, unter anderem auch, um optisch aktive Verbindungen gezielt herzustellen (siehe Chiralitäts-Übertragung, Band II).

---

[1] Nicht zu verwechseln mit der Oxy-Cope-Umlagerung (S. 465).

11.5 Das HOMO-/LUMO-Konzept (Grenzorbital-Methode) und die Erhaltung der Orbitalsymmetrie

Bei pericyclischen Reaktionen *entstehen aus Bindungen in den Molekülen der Reaktanten in einem kontinuierlichen Übergang Bindungen in den Molekülen der Produkte* (konzertierte Reaktion). Damit dies möglich ist, muß die **Symmetrie der betreffenden MO** während der gesamten Reaktionsdauer – also **auch im Übergangszustand – erhalten bleiben**. Wir wollen dies zunächst an den Beispielen der *Cyclisierung* von 2,4-Hexadien und von 2,4,6-Octatrien zeigen.

Cyclisierung von 2,4-Hexadien:

Die vier Basissätze von AO (die durch lineare Kombination die MO ergeben) entsprechen den Basissätzen des Butadiens:

Im *Grundzustand* sind die beiden MO ψ_1 und ψ_2 je doppelt besetzt. (Die grüne Farbe gibt diejenigen Orbitallappen an, deren Wellenfunktion positives Vorzeichen hat)

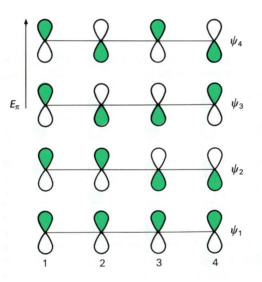

Beim elektrocyclischen Ringschluß entsteht zwischen den C-Atomen 1 und 4 eine neue σ-Bindung, während zwischen den Atomen 2 und 3 eine π-Bindung gebildet wird. Um den sterischen Verlauf der Ringschlußreaktion zu verstehen, genügt es, das **oberste besetzte MO** (das HOMO) zu betrachten, aus welchem die σ-Bindung entsteht. Dies erscheint vernünftig, da dieses MO – als energiereichstes besetztes MO – gewissermaßen den *Valenzelektronen* des Moleküls entspricht. ψ_1, das energieärmere MO, wird dann zur π-Bindung, da bei diesem MO keine Knotenebene zwischen den Atomen 3 und 4 liegt.

(*E,E*)-2,4-Hexadien   *trans*-2,3-Dimethylcyclobuten

Wie die Skizze deutlich macht, werden die AO der C-Atome 1 und 4 zur σ-Bindung, was aber *nur dann möglich ist, wenn die Drehung konrotatorisch* erfolgt, da sich zur Ausbildung einer σ-Bindung zwei AO gleichen Vorzeichens überlappen müssen. Erfolgt die Ringschlußreaktion jedoch *photochemisch*, so ist ψ_3 das HOMO (ein Elektron wird durch die Lichtabsorption in das nächsthöhere MO «gehoben»); zur Bildung einer σ-Bindung zwischen den Atomen 1 und 4 ist dann eine *disrotatorische* Drehung erforderlich:

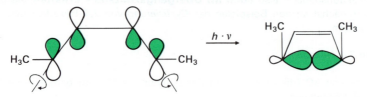

(E,E)-2,4-Hexadien   cis-2,3-Dimethylcyclobuten

Cyclisierung von 2,4,6-Octatrien:

Für den Fall eines konjugierten Systems aus 3 «Doppelbindungen» sind die MO (die auch hier wieder wie AO geschrieben werden):

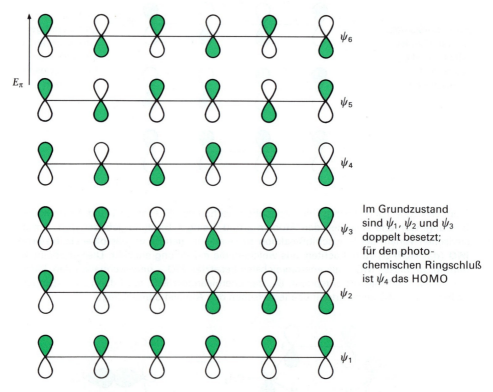

Im Grundzustand sind ψ_1, ψ_2 und ψ_3 doppelt besetzt; für den photochemischen Ringschluß ist ψ_4 das HOMO

Wie man durch Betrachtung der jeweiligen HOMO sofort erkennt, muß jetzt der *thermisch* durchgeführte Ringschluß – der vom Grundzustand des Hexatrien-Systems ausgeht – *disrotatorisch*, der *photochemische* Ringschluß *konrotatorisch* erfolgen:

11.5 Das HOMO/LUMO-Konzept

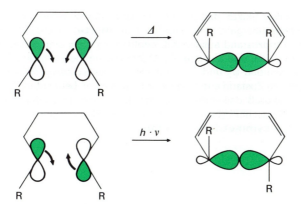

Von Interesse ist die Betrachtung der **Symmetrie** der an der Reaktion beteiligten MO, *die auch im Übergangszustand erhalten bleiben muß*, wenn die Cyclisierung bzw. die Ringöffnung *konzertiert* ablaufen soll. Beim *konrotatorischen* Ringschluß von Butadienderivaten ist eine *zweizählige Drehachse* als Symmetrieelement vorhanden; ψ_1 und ψ_3 sind bezüglich dieser Drehachse antisymmetrisch (A), ψ_2 und ψ_4 sind bezüglich dieser Drehachse symmetrisch (S). Im Cyclobuten ist die (neue) σ-Bindung symmetrisch, die π-Bindung dagegen antisymmetrisch, während die unbesetzten antibindenden π^*- bzw. σ^*-MO symmetrisch bzw. antisymmetrisch sind:

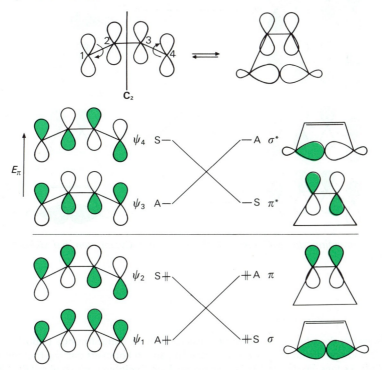

Abb. 11.6. Korrelation der MO von 1,3-Butadien und Cyclobuten bei konrotatorischem Ringschluß

Man erkennt aus dieser Skizze, daß *jeweils ein bindendes MO des Diens in ein bindendes MO des Cyclobutens* übergeht (mit diesem **«korreliert»**). Würde der Ringschluß *disrotatorisch*, vom Grundzustand ausgehend, erfolgen, so wäre eine *Spiegelebene* als Symmetrieelement vorhanden, und aus dem ψ_2-MO müßte ein besetztes antibindendes π^*-MO entstehen (d. h. es würden ψ_2 und π^* korrelieren). Dies ist *energetisch ungünstig*, da ein Molekül im angeregten Zustand entstehen würde, was einen beträchtlichen Energieaufwand erfordert. Dieser ist so groß, daß er durch übliches Erwärmen nicht aufgebracht werden kann; der disrotatorische Ringschluß (bzw. die disrotatorische Ringöffnung) ist daher nach Woodward und Hoffmann **«symmetrie-verboten»**.

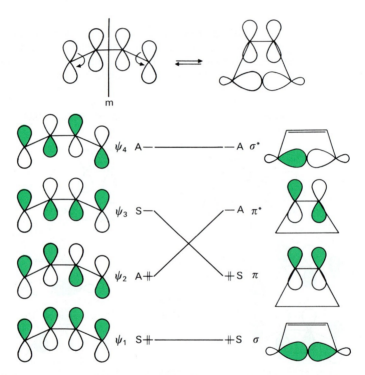

Abb. 11.7. *Korrelation der MO von 1,3-Butadien und Cyclobuten bei disrotatorischem Ringschluß*

Anders ist es bei der *photochemischen Cyclisierung* (bzw. Ringöffnung) (Abb. 11.7). Regt man das Butadienmolekül in den Zustand $\psi_1^2\psi_2^1\psi_3^1$ an, so korreliert das ψ_3-MO mit dem π-MO des Cyclobutens, so daß durch den Ringschluß ein Cyclobutenmolekül mit dem Zustand $\sigma^2\pi^1\pi^{*1}$ entsteht, der dem Zustand des angeregten Butadienmoleküls energetisch vergleichbar ist. Die *disrotatorische Drehung* ist deshalb in diesem Fall **«symmetrie-erlaubt»**.

11.5 Das HOMO/LUMO-Konzept

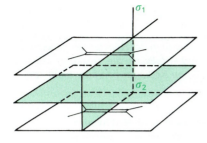

(a) Spiegelebenen bei der Dimerisierung von Ethen

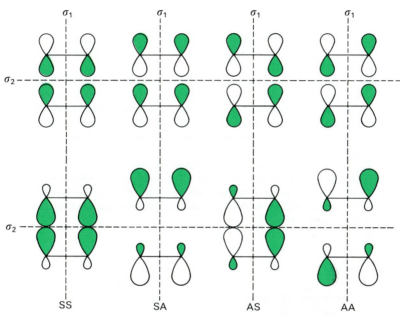

(b) Kombinationen der Orbitale und ihre Symmetrien
(obere Reihe: zwei Ethen-Moleküle; untere Reihe: Cyclobutan)

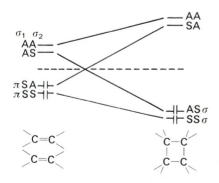

(c) Korrelationsdiagramm

Abb. 11.8. Dimerisierung von Ethen

Auch diese Aussagen lassen sich verallgemeinern:

> Bei elektrocyclischen Reaktionen müssen die in den Molekülen der Reaktanten besetzten MO mit bindenden MO der Produkte korrelieren, andernfalls ist die Reaktion «symmetrie-verboten» und verläuft nur entweder unter extremen Bedingungen oder nicht konzertiert (*in zwei Stufen*).

Aus diesem Grund bezeichnet man diese von **Woodward und Hoffmann** formulierte Gesetzmäßigkeit als das **«Prinzip der Erhaltung der Orbitalsymmetrie»**. Der Leser möge sich selbst überzeugen, daß auch die Cyclisierung von konjugierten Trienen diesem Prinzip gehorcht.

Auch der Verlauf von **Cycloadditionen** läßt sich durch das Prinzip der Erhaltung der Orbitalsymmetrie leicht verstehen. Als *Beispiel* soll die Dimerisierung von Alkenen dienen.

Bei der *Dimerisierung* von *Ethen* bleiben zwei Spiegelebenen während der Reaktion erhalten (Abb. 11.8a). Bei der gegenseitigen Näherung zweier Ethen-Moleküle treten die beiden besetzten π-MO in gegenseitige Wechselwirkung und bilden eine bindende und eine antibindende Kombination (*SS* bzw. *SA* in Abb. 11.8b). Mit dem Weiterschreiten der Reaktion geht das *SS*-Niveau von Ethen in das *SS*-Niveau von Cyclobutan über, das bezüglich der Spiegelebene σ_1 symmetrisch ist. Die *SA*-Kombination hingegen geht in ein *antibindendes* σ^*-MO von Cyclobutan über, so daß die *thermische Dimerisierung symmetrie-verboten* ist. Im Fall der *Diels-Alder-Reaktion* von Ethen mit 1,3-Butadien ist jedoch die Situation anders. Hier bleibt nur eine Spiegelebene σ während der Reaktion erhalten; wie die Abb. 11.9 zeigt, korrelieren die bindenden MO im Additionsprodukt vollständig mit den MO der Reaktanten, so daß die Reaktion *symmetrie-erlaubt* ist.

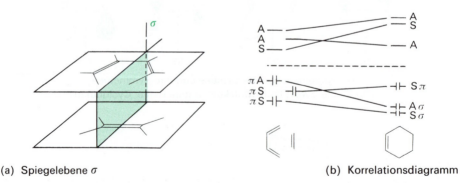

(a) Spiegelebene σ (b) Korrelationsdiagramm

Abb. 11.9. Cycloaddition von Ethen an 1,3-Butadien

12 Nucleophile Substitutionen an ungesättigten C-Atomen

12.1 Verlauf der S_N-Reaktionen an Carbonyl-C-Atomen

Additions-Eliminations-Mechanismus. Bei S_N-Reaktionen an gesättigten C-Atomen erfolgt die Verdrängung der Abgangsgruppe entweder mehr oder weniger synchron mit dem Angriff des Nucleophils (S_N2), oder es wird zunächst die «alte» Bindung getrennt, bevor sich die neue Bindung ausbildet, wobei Carbenium-Ionen (die mehr oder weniger «frei» sein können) als Zwischenstoffe auftreten (S_N1; «Elimination – Addition»). Ein dritter denkbarer Reaktionsablauf – im *ersten Reaktionsschritt Addition* des Nucleophils und erst im *zweiten Schritt* die *Abtrennung der Abgangsgruppe* – ist an *gesättigten* C-Atomen *nicht* möglich. Anders ist es bei einem nucleophilen Angriff auf ein trigonales (sp^2-hybridisiertes) C-Atom. Hier kann das Nucleophil durch ein Elektronenpaar der Doppelbindung gebunden werden, wobei sich ein *Zwischenstoff* mit sp^3-hybridisiertem («tetraedrischem») C-Atom ausbilden kann:

$$R-\underset{\underset{|\underline{O}|}{\|}}{C}-X + |Y^\ominus \rightarrow R-\underset{\underset{|\underline{O}|^\ominus}{|}}{\overset{Y}{C}}-X \qquad (1)$$

$$R-\underset{\underset{|\underline{O}|^\ominus}{|}}{\overset{Y}{C}}-X \rightarrow R-\underset{\underset{\|}{\underset{O}{\|}}}{\overset{Y}{C}} + |X^\ominus \qquad (2)$$

Wenn solche Reaktionen – wie es häufig der Fall ist – in sauren Lösungen durchgeführt werden, ist der eigentlichen Substitution ein *Protolysengleichgewicht vorgelagert*:

$$R-\underset{\underset{\|}{O}}{C}-X + H^\oplus \rightleftarrows \left[R-\underset{\underset{|OH}{|}}{\overset{\oplus}{C}}-X \leftrightarrow R-\underset{\underset{^\oplus\underline{O}H}{\|}}{C}-X \right]$$

In der protonierten Carbonylverbindung ist die Elektronendichte am trigonalen C-Atom verringert, wodurch der Angriff des Nucleophils erleichtert wird (der aktivierte Komplex für den ersten Schritt der Substitution wird stabilisiert). Nach der Substitution wird das Proton wieder abgespalten (es wirkt also als *Katalysator!*), und die eigentliche Reaktion verläuft auch hier in zwei Schritten:

$$R-\underset{\underset{^\oplus OH}{\|}}{C}-X + Y^\ominus \rightarrow \left[R-\underset{\underset{OH}{|}}{\overset{Y}{C}}-X \right]^\ddagger \rightarrow R-\underset{\underset{OH}{|}}{\overset{Y}{C}}-X$$

12 Nucleophile Substitutionen an ungesättigten C-Atomen

$$R-\underset{OH}{\overset{Y}{\underset{|}{C}}}-X \longrightarrow R-\underset{O-H}{\overset{Y}{\underset{|}{C}}}{}^{\oplus} \rightleftarrows R-\underset{O}{\overset{Y}{\underset{\|}{C}}} + H^{\oplus}$$

Für den hier diskutierten allgemeinen Mechanismus der nucleophilen Substitution an ungesättigten C-Atomen sprechen folgende Tatsachen:

1. Die Substitution folgt im allgemeinen einem *Zeitgesetz zweiter Ordnung*. Am aktivierten Komplex des geschwindigkeitsbestimmenden Schrittes ist also sowohl das Nucleophil wie das Substrat beteiligt. Daß aber Bindungstrennung und -neubildung nicht synchron erfolgen, sondern daß ein *Zwischenstoff* auftreten muß, wird z. B. dadurch bewiesen, daß in gewissen Fällen die Geschwindigkeits-«konstante» mit zunehmender Konzentration des Nucleophils wächst, wobei aber diese Zunahme nicht allmählich, sondern unstetig verläuft. Dies bedeutet, daß sich bei Veränderung der Konzentration auch die Art des geschwindigkeitsbestimmenden Schrittes ändert, was offensichtlich nur dann plausibel ist, wenn die Substitution als Ganzes nicht in einem einzigen Reaktionsschritt verläuft.

2. Interessante Resultate liefert die **alkalische Hydrolyse von Estern**, deren *Carbonyl-Sauerstoff* durch ^{18}O markiert ist. Würde die Reaktion nach einem normalen S_N2-Mechanismus vor sich gehen, so müßte der gesamte markierte Sauerstoff als Carbonyl-Sauerstoff erhalten bleiben, selbst wenn sich ein Gleichgewicht einstellt und wieder etwas Ester zurückgebildet wird:

$$^{\ominus}OH + R-\underset{^{18}O}{\overset{}{\underset{\|}{C}}}-OR' \rightleftarrows R-\underset{^{18}O}{\overset{}{\underset{\|}{C}}}-O^{\ominus} + R'OH$$

Im Experiment wurde die Reaktion gestoppt, bevor sie vollständig abgelaufen war, und in dem noch vorhandenen Ester wurde der Gehalt an ^{18}O bestimmt. Dabei fand man, daß der ^{18}O-Gehalt im nicht umgesetzten Ester abgenommen hatte. Dieser Austausch von Sauerstoff ist folgendermaßen zu erklären:

Durch Addition eines $OH^{\ominus}$-Ions an den Ester entsteht der «Zwischenstoff» (1). Dieser hat drei Möglichkeiten zur Weiterreaktion. Durch Wiederabspaltung des Hydroxid-Ions

wird der Ausgangsstoff zurückgebildet (a); durch Austritt eines Alkoxid-Ions (und anschließende Protonenübertragung von der Carbonsäure auf dieses Ion) entstehen die eigentlichen Reaktionsprodukte Carboxylat-Ion und Alkohol (b). Durch intramolekulare Protonenübertragung ist jedoch auch ein Übergang zu (2) möglich, welches bei der Rückbildung des Esters durch Abtrennung eines Hydroxid-Ions Ester ohne ^{18}O liefert. Die Tatsache, daß ein solcher Sauerstoff-Austausch stattgefunden hat, beweist, daß die Lebensdauer des Anions (1) genügend groß ist, um eine Isomerisierung zum Anion (2) zu ermöglichen; mit anderen Worten, (1) ist *kein aktivierter Komplex* (der nur vorübergehend existiert), sondern ein während einer endlichen Zeitspanne existierender *Zwischenstoff*.
3. In einigen Fällen gelang es auch, den tetraedrisch gebauten Zwischenstoff zu isolieren oder spektroskopisch nachzuweisen.

Die nucleophile Substitution am Carbonyl-C-Atom verläuft also über einen tetraedrisch gebauten Zwischenstoff. Der Reaktionsmechanismus wird gewöhnlich als **«Addition-Elimination»** bezeichnet; die Abkürzung S_N2_t bringt zum Ausdruck, daß es sich um eine nucleophile Substitution zweiter Ordnung mit tetraedrischem Zwischenprodukt handelt. Viele S_N2_t-Reaktionen sind *säurekatalysiert*; in gewissen Fällen ist auch eine Katalyse durch *Basen* möglich, wobei dann in Wirklichkeit oft zwei Substitutionen aufeinander folgen:

$$R-\underset{\underset{O}{\|}}{C}-X + Z \longrightarrow R-\underset{\underset{O}{\|}}{C}-Z \qquad R-\underset{\underset{O}{\|}}{C}-Z + Y \longrightarrow R-\underset{\underset{O}{\|}}{C}-Y$$

Reaktivität bei S_N2_t-Reaktionen. Da bei diesem Reaktionstyp – im Gegensatz zur gewöhnlichen S_N2-Reaktion – an Stelle eines aktivierten Komplexes mit fünffach koordiniertem C-Atom ein tetraedrisch gebauter Zwischenstoff auftritt, verlaufen S_N2_t-Reaktionen im allgemeinen *wesentlich rascher und leichter als S_N2-Reaktionen*. Während z. B. die Hydrolyse von Halogenalkanen oder ihre Reaktion mit Ammoniak oder Aminen ohne Erwärmen nur ziemlich langsam verläuft, reagieren Säurehalogenide mit Wasser oder Ammoniak (und auch Aminen) meist sehr schnell, oft sogar recht heftig. Auch steht die relative Leichtigkeit, mit der die C—O-Bindung eines Esters oder einer Carbonsäure bei der Reaktion mit Alkoholen oder Ammoniak (Aminen) getrennt wird, in auffallendem Gegensatz zur Reaktionsträgheit der C—O-Bindung in Alkoholen oder Ethern. Die *Reaktionsgeschwindigkeit* ist aber auch hier eine Funktion der Eigenschaften *beider* Reaktionspartner; sie ist um so größer, je *größer* die *Nucleophilie* des angreifenden Reagens ist, je *stärker* die *Carbonylgruppe polarisiert* ist (d. h. je höher ihre Polarisierbarkeit ist), und je leichter die Abgangsgruppe X verdrängt wird (je *weniger basisch das Ion* $X^\ominus$ ist). Auch sterische Faktoren können einen großen Einfluß auf die Reaktionsgeschwindigkeit besitzen. Da alle diese Effekte in komplizierter, meist nicht rein additiver Weise zusammenwirken, ist es nicht möglich, Absolutwerte für die Reaktivität von Carbonylverbindungen vom Typus $X-\overset{|}{C}=O$ aufzustellen (was – in allerdings nicht einfacher Weise – bei S_N2-Reaktionen möglich ist[1]).
Leicht überblickbar sind die *sterischen* Verhältnisse. Da sich das Nucleophil im ersten Schritt an das positivierte C-Atom der Carbonylgruppe anlagert, erfolgt die Reaktion um so leichter, je besser dieses Atom von außen zugänglich ist. Ist das Nucleophil eine Partikel mit großer Raumbeanspruchung oder wird das Carbonyl-C-Atom durch voluminöse Nachbargruppen abgeschirmt, so verläuft die Substitution langsamer, d. h. der zum tetraedrischen Zwischenstoff führende aktivierte Komplex wird durch die voluminösen Substituenten destabilisiert

---

[1] Vgl. hierzu Band II.

12 Nucleophile Substitutionen an ungesättigten C-Atomen

(*sterische Hinderung* durch **«Gruppenhäufung»**, ähnlich wie bei der S_N2-Reaktion). In der Praxis zeigt sich dies z. B. bei der Veresterung von am α-C-Atom verschiedenartig substituierten Essigsäuren mit verschiedenen (primären, sekundären oder tertiären) Alkoholen und ebenso bei der Verseifungsgeschwindigkeit entsprechend gebauter Ester (Tabelle 12.1).

Tabelle 12.1. Relative Verseifungsgeschwindigkeiten verschiedener Ester

$H_3CCOOEt$	H_5C_2COOEt	$(H_3C)_2CHCOOEt$	$(H_3C)_3CCOOEt$
1.0	0.5	0.1	0.01
$H_3CCH_2OOCCH_3$	$(H_3C)_2CHCH_2OOCCH_3$	$(H_3C)_3CCH_2OOCCH_3$	$(H_5C_2)_3CCH_2OOCCH_3$
1.0	0.7	0.2	0.03

Vergleicht man die Reaktivität verschiedener Verbindungen vom Typus $X-\overset{|}{C}=O$ z. B. gegenüber einem nucleophilen Angriff durch Wasser oder $OH^\ominus$-Ionen, so zeigt sich die Wirkung der *verschiedenen Substituenten X*. Da π-Donoren den Ausgangsstoff durch Delokalisation der Doppelbindungselektronen der Carbonylgruppe stabilisieren, nimmt die *Reaktivität* mit *wachsendem + M-Effekt ab*, denn es ist ein im gleichen Maß zunehmender Energieaufwand nötig, um den Zwischenstoff (in welchem keine solche Delokalisation möglich ist) zu erreichen:

$$\left\{ R-\overset{\overset{O}{\|}}{C}-\overline{\underline{X}}| \leftrightarrow R-\overset{|\overline{O}|^\ominus}{\underset{}{C}}=\overset{\oplus}{X} \right\} \xrightarrow{\pm |Y^\ominus} R-\overset{|\overline{O}|^\ominus}{\underset{Y}{C}}-X$$

Anderseits vermögen σ-Acceptoren als Substituenten die Ladung des Zwischenstoffes zu delokalisieren und erhöhen damit die Reaktivität. In der Reihe N < O < Halogene nimmt der +M-Effekt ab, der −I-Effekt hingegen zu, so daß die Reaktivität in folgender Reihe zunimmt:

$$R-C\overset{O}{\underset{NH_2}{\lessdot}} < R-C\overset{O}{\underset{OH}{\lessdot}} < R-C\overset{O}{\underset{OR'}{\lessdot}} < R-C\overset{O}{\underset{Cl}{\lessdot}}$$

Dabei stellen die *Carbonsäuren* insofern einen Sonderfall dar, als sie bereits unter der Wirkung relativ schwacher Basen (also auch mäßig schwacher Nucleophile) in ihre konjugierten Basen, die *Carboxylat-Anionen*, übergeführt werden, in denen die π-Donorwirkung des negativ geladenen O-Atoms so groß ist, daß die Ladung vollständig und gleichmäßig über beide O-Atome delokalisiert ist und Additions-Eliminationsreaktionen *überhaupt nicht möglich* sind. Auch *Ketone* oder *Aldehyde* sind als Substrate für solche Reaktionen *völlig ungeeignet*, da die dabei zu verdrängenden «Abgangsgruppen» $H^\ominus$ bzw. $R^\ominus$ extrem starke Basen sind. Nucleophile Substitutionen am Carbonyl-C-Atom sind deshalb im allgemeinen nur bei **Acylverbindungen** möglich (Carbonsäuren und ihren Derivaten). Selbstverständlich zeigen sich bei entsprechenden Reaktionen aromatischer Verbindungen die Wirkungen von Substituenten am aromatischen Kern ebenfalls deutlich; Substituenten mit positiven Hammett-Konstanten (S. 325) wie etwa Nitro- oder Cyanogruppen erhöhen die Reaktivität gegenüber nucleophilen Reagentien stark.

12.2 Substitutionen an Carbonsäuren und ihren Derivaten

Derivate von Carbonsäuren (Acylverbindungen), wie Säurehalogenide, Ester u. a., sind für nucleophile Substitutionen sehr geeignete Ausgangsstoffe. Typische solche Reaktionen sind etwa die **Alkoholyse von Säurehalogeniden** oder die **Verseifung eines Esters**

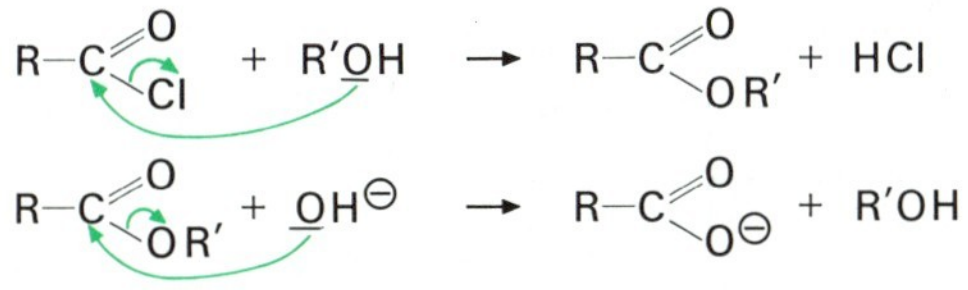

$$R-C(=O)Cl + R'OH \rightarrow R-C(=O)OR' + HCl$$

$$R-C(=O)OR' + OH^{\ominus} \rightarrow R-C(=O)O^{\ominus} + R'OH$$

Tabelle 12.2. Nucleophile und Abgangsgruppen bei S_N2_t-Reaktionen an Acyl-C-Atomen

Nucleophile	Abgangsgruppen	Produkt
$RCOO^{\ominus}$, $RCOOH$	Cl, Br, I (= X)	$R-C(=O)-O-C(=O)-R$
$OH^{\ominus}$, H_2O	X, OOCR, OR, OAr, NH_2, NR_2	$R-C(=O)-OH$, $Ar-C(=O)-OH$
$RO^{\ominus}$, ROH	X, OOCR, OH, OR, OAr	$R-C(=O)-O-R$, $Ar-C(=O)-O-R$
$HS^{\ominus}$, H_2S, $RS^{\ominus}$, RSH	X, OOCR, OR	$R-C(=O)-SH$, $R-C(=O)-S-R$
$NH_2^{\ominus}$, NH_3, NH_2R, NHR_2	X, OOCR, OR, OAr	$R-C(=O)-NH_2$, $R-C(=O)-NHR$, $R-C(=O)-NR_2$

Weitere Beispiele siehe Tabelle 12.2. − Die große Mehrzahl dieser Reaktionen verläuft über einen tetraedrisch gebauten Zwischenstoff (Addition-Elimination), in gewissen Fällen treten auch Carbeniumionen als Zwischenstoffe auf (S_N1).

Die *Reaktivität* von *Carbonsäurederivaten* gegenüber einem nucleophilen Angriff nimmt in der folgenden Reihe ab:

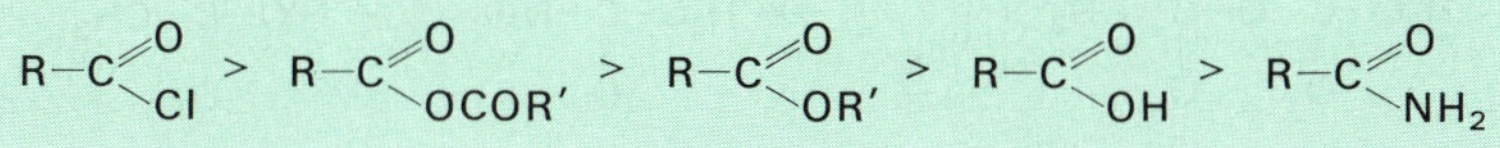

$$R-C(=O)Cl > R-C(=O)OCOR' > R-C(=O)OR' > R-C(=O)OH > R-C(=O)NH_2$$

Experimentell zeigt sich dies z. B. darin, daß *Säurechloride* leicht mit Alkoholen oder Aminen reagieren, wobei Ester bzw. Amide entstehen, und daß Ester sich mit Aminen zu Amiden umsetzen. Die Gleichgewichtskonstanten für diese Reaktionen sind im allgemeinen groß, so daß ihre Umkehrung zwar möglich, aber ausgesprochen schwierig ist. Mit Wasser reagieren Acylhalogenide sehr leicht, *Anhydride* schon deutlich langsamer. Die meisten *Ester* reagieren aber mit Wasser kaum, und zudem liegen die Gleichgewichtskonstanten oft um 1. *Amide* schließlich lassen sich nur noch unter der katalytischen Wirkung von Säuren oder Basen hydrolysieren.

Reaktionen von Säurehalogeniden und -anhydriden. Hydrolyse und Alkoholyse von Säurehalogeniden oder Anhydriden ergeben Carbonsäuren bzw. Ester:

$$R-C(=O)Cl + H_2O \rightarrow R-C(=O)OH + HCl$$
$$R-C(=O)Cl + R'OH \rightarrow R-C(=O)OR' + HCl$$
$$(RCO)_2O + H_2O \rightarrow R-C(=O)OH + RCOOH$$
$$(RCO)_2O + R'OH \rightarrow R-C(=O)OR' + RCOOH$$

Der genaue Ablauf soll am Beispiel der **Hydrolyse eines Säurechlorids** gezeigt werden:

$$R-C(=O)Cl + H_2\overset{..}{O} \rightarrow R-C(OH_2^{\oplus})(Cl)(O^{\ominus}) \rightarrow R-C(OH)(Cl)(OH) \xrightarrow{-Cl^{\ominus}} R-C^{\oplus}(OH)(O-H) \xrightarrow{-H^{\oplus}} R-C(=O)OH$$

konjugierte Säure der Carbonsäure

Die Reaktion folgt also dem normalen Additions-Eliminations-Mechanismus. Nur in sehr stark polaren Lösungsmitteln und wenn keine stark nucleophilen Reagentien zugegen sind, verläuft die Hydrolyse nach S_N1, wobei wahrscheinlich zuerst ebenfalls ein H_2O-Molekül addiert wird und sich anschließend im geschwindigkeitsbestimmenden Schritt unter Abspaltung eines $Cl^{\ominus}$-Ions ein Carbenium-Ion bildet.

Die Hydrolyse sowohl der Säurehalogenide (die präparativ allerdings von geringer Bedeutung ist, da Acylhalogenide gewöhnlich aus Carbonsäuren gewonnen werden) wie der Anhydride wird durch Basen katalysiert. Besonders wirksam ist natürlich das $OH^{\ominus}$-Ion; jedoch können auch andere Basen wie z. B. Pyridin katalytisch wirken[1]. Diese **«nucleophile Katalyse»** ist in Wirklichkeit nichts anderes als eine Folge von zwei S_N2_t-Reaktionen:

$$H_3C-C(=O)-O-C(=O)-CH_3 + Pyridin \rightarrow H_3C-C(=O)-N^{\oplus}(Py) + {}^{\ominus}O-C(=O)-CH_3$$

$$H_3C-C(=O)-N^{\oplus}(Py) + H_2\overset{..}{O} \rightarrow H_3C-C(=O)-\overset{\oplus}{O}H_2 + Py$$

[1] Besonders stark beschleunigend wirkt **4-Dimethylaminopyridin (DMAP)**, das wegen des +M-Effekts der Dimethylamino-Gruppe ein Supernucleophil ist.

12.2 Substitutionen an Carbonsäuren und ihren Derivaten

Obschon *Anhydride* im allgemeinen eher etwas schwieriger zu hydrolysieren sind als Halogenide, genügt auch hier das Erhitzen des Anhydrids mit Wasser.
Die Gleichgewichtskonstanten der Hydrolysen sind so groß, daß beide Reaktionen praktisch vollständig verlaufen. Wegen der ungünstigen Gleichgewichtslage lassen sich Acylhalogenide deshalb aus den Carbonsäuren nicht durch Erhitzen mit HCl, sondern nur durch S_N1-Reaktionen mit PCl_5, PCl_3, PBr_3, $SOCl_2$ u. a. erhalten. *Thionylchlorid* ist als Reagens besonders praktisch, weil lauter gasförmige Nebenprodukte (HCl und SO_2) gebildet werden.
Flüchtige Säurechloride können auch durch Umsetzung von *Benzoylchlorid* (das durch photochemische Chlorierung von Benzaldehyd erhalten werden kann) mit einer Carbonsäure hergestellt werden; das Gleichgewicht wird dann durch Abdestillieren des gewünschten Produktes nach rechts verschoben.
Die **Alkoholyse von Säurechloriden** ist die beste und allgemein anwendbare Methode zur Gewinnung von *Carbonsäureestern*. Als Alkohole können primäre, sekundäre oder tertiäre Alkohole verwendet werden; auch *Phenole* (die wegen der ungünstigen Lage des Gleichgewichtes nicht direkt mit Carbonsäuren verestert werden können) und *Enole* reagieren in der gleichen Weise (wobei im letztgenannten Fall allerdings die C-Acylierung in Konkurrenz mit der Bildung der Enolester tritt). Häufig wird bei der Acylierung von Alkoholen eine *Base* (Pyridin; bei der «**Schotten-Baumann-Reaktion**» wäßriges Alkalihydroxid) zur Neutralisation des gleichzeitig gebildeten Chlorwasserstoffs zugesetzt. Zur Charakterisierung von Alkoholen verwendet man häufig die gut kristallisierenden und scharf schmelzenden Benzoate, *p*-Nitrobenzoate oder 3,5-Dinitrobenzoate, die durch Erwärmen des Alkohols mit Benzoylchlorid (bzw. den substituierten Benzoylchloriden) unter Zusatz von NaOH erhalten werden.
Phosgen liefert auf diese Weise *Chlorameisensäureester* oder (bei Verwendung von 2 mol Alkohol) *Kohlensäureester*. Das zum Schützen von Aminogruppen bei der Synthese von Peptiden häufig verwendete Carbobenzoxychlorid (Benzylchlorcarbonat, $C_6H_5CH_2OCOCl$) entsteht aus Benzylalkohol und Phosgen.

$$Cl-\underset{\underset{O}{\|}}{C}-Cl \quad \begin{cases} + ROH \rightarrow RO-\underset{\underset{O}{\|}}{C}-Cl \quad \text{Chlorameisensäure-Ester} \\ + 2 ROH \rightarrow RO-\underset{\underset{O}{\|}}{C}-OR \quad \text{Kohlensäure-Ester} \end{cases}$$

Phosgen

Auch gegenüber *Alkoholen* sind **Anhydride** etwas weniger reaktionsfähig als Acylhalogenide. Zur *Katalyse der Esterbildung* benützt man Brönsted- oder Lewis-Säuren und auch Basen. Cyclische Anhydride liefern dabei Halbester:

$$\begin{matrix} H_2C-C \\ | \quad\quad\>O \\ H_2C-C \end{matrix} \begin{matrix} O \\ \\ O \end{matrix} + ROH \rightarrow \begin{matrix} H_2C-COOR \\ | \\ H_2C-COOH \end{matrix}$$

Diese Reaktion wird zur Spaltung racemischer Alkohole benutzt, die gebildeten Halbester lassen sich mittels optisch aktiver Basen in die beiden Enatiomere trennen.
Ammoniak und **Amine** reagieren mit Acylhalogeniden und Anhydriden in analoger Weise, wobei sich Amide bzw. substituierte Amide bilden. Diese Reaktionen verlaufen sehr heftig, wenn nicht genügend gekühlt oder nicht in verdünnter Lösung gearbeitet wird; der Mechanismus ist ebenso wie bei der Hydrolyse die Addition-Elimination. Ein Zusatz von Alkalihydroxid neutralisiert auch hier das gebildete HCl. Nimmt man Phosgen als Acylhalogenid, so bilden primäre Amine bei hohen Temperaturen *Chlorformamide*, die dann durch Abspaltung von HCl in *Isocyanate* übergehen. Thiophosgen liefert in analoger Weise Isothiocyanate.

12 Nucleophile Substitutionen an ungesättigten C-Atomen

$$\text{Cl}-\underset{\underset{\text{O}}{\|}}{\text{C}}-\text{Cl} + \text{R}\overline{\text{N}}\text{H}_2 \longrightarrow \text{Cl}-\underset{\underset{\text{O}}{\|}}{\text{C}}-\text{NHR} \longrightarrow \text{O}=\text{C}=\text{N}-\text{R}$$

Anhydride von Dicarbonsäuren ergeben mit Ammoniak bzw. primären Aminen Imide:

[Reaktionsschema: Phthalsäureanhydrid + $\overline{\text{N}}\text{H}_3$ → o-Carbamoylbenzoesäure → Phthalimid]

Der zweite Reaktionsschritt besteht dann in einem nucleophilen Angriff der Aminogruppe auf das C-Atom der benachbarten Carboxylgruppe.

Hydrazin und *Hydroxylamin* reagieren analog:

$$\text{R}-\text{C}\underset{\text{Cl}}{\overset{\text{O}}{\diagdown}} \begin{cases} + \text{NH}_2\text{NH}_2 \longrightarrow \text{R}-\text{C}\underset{\text{NHNH}_2}{\overset{\text{O}}{\diagdown}} \quad \text{Hydrazid} \\ \\ + \text{NH}_2\text{OH} \longrightarrow \text{R}-\text{C}\underset{\underset{\text{H}}{\text{NOH}}}{\overset{\text{O}}{\diagdown}} \rightleftarrows \text{R}-\text{C}\underset{\text{N}-\text{OH}}{\overset{\text{OH}}{\diagdown}} \end{cases}$$

Hydroxamsäure

Die **Acylierung von Aminen** mit Säurechloriden ist nicht nur zur Gewinnung substituierter Amide wichtig, sondern wird vor allem oft angewendet, um Aminogruppen bei bestimmten Reaktionen vor dem Angriff anderer Reagentien (z. B. Oxidationsmitteln) zu *schützen*. Nachdem die betreffende Reaktion durchgeführt worden ist, spaltet man das Amid wieder in Amin und Carbonsäure durch saure Hydrolyse.

Säureanhydride werden in der Regel durch Einwirkung von Phosphor(V)-oxid auf die entsprechenden Carbonsäuren hergestellt. Auch das Kochen einer Carbonsäure mit Acetanhydrid liefert das gewünschte Anhydrid, wenn durch Abdestillieren der gleichzeitig gebildeten Essigsäure das Gleichgewicht auf die gewünschte Seite verschoben werden kann. In Sonderfällen geht man aber auch von Säurechloriden aus, die mit Salzen von Carbonsäuren umgesetzt werden:

$$\text{R}-\text{C}\underset{\text{Cl}}{\overset{\text{O}}{\diagdown}} + {}^{\ominus}\text{OOC}-\text{R}' \longrightarrow \text{R}-\text{C}\underset{\text{O}}{\overset{\text{O}}{\diagdown}}\text{C}\underset{\text{R}'}{\overset{\text{O}}{\diagup}} + \text{Cl}^{\ominus}$$

Auf diese Weise lassen sich insbesondere gemischte Anhydride (R ≠ R') erhalten.
Schließlich sind noch einige Reaktionen von Säurehalogeniden zu erwähnen, die in besonderen Fällen von Interesse sind.
Durch Erhitzen von Säurehalogeniden mit CuCN lassen sich *Acylcyanide* gewinnen:

$$\text{R}-\text{C}\underset{\text{Cl}}{\overset{\text{O}}{\diagdown}} + \text{CuCN} \longrightarrow \text{R}-\text{C}\underset{\text{CN}}{\overset{\text{O}}{\diagdown}} + \text{CuCl}$$

12.2 Substitutionen an Carbonsäuren und ihren Derivaten

Die Reaktion hat zur Darstellung von α-*Ketosäuren* (durch Hydrolyse der Acylcyanide) eine gewisse Bedeutung. Ihr genauer Mechanismus ist nicht bekannt; wahrscheinlich handelt es sich ebenfalls um eine S_N2_t-Reaktion.

Verbindungen mit *aciden H-Atomen* vom Typus Z—CH$_2$—Z' reagieren ebenfalls mit Säurehalogeniden und lassen sich dadurch **acylieren**, Dabei wirken ihre konjugierten Basen (Carbanionen bzw. Enolat-Ionen) als Nucleophil; die eigentliche Reaktion ist aber ebenfalls eine S_N2_t-Reaktion. Ihre präparative Bedeutung liegt darin, daß dadurch leicht β-Diketone, β-Ketoester (bzw. -säuren), β-Ketoaldehyde oder andere, analoge bifunktionelle Verbindungen zugänglich sind. Enthält die Methylenkomponente nur eine elektronenziehende Gruppe Z (Ester, Ketone), so ist zur Entfernung des Protons eine *sehr starke Base* notwendig (Phenyllithium, Natriumamid, Natriumhydrid). Vor allem die *Acylierung* von *Estern* wird zur Herstellung von β-Ketoestern häufig verwendet (die **«Ketonspaltung»** von β-Ketosäuren ergibt Ketone; S.368), insbesondere in solchen Fällen, wo die Claisen-Kondensation (S.490) als Folge einer möglichen «gekreuzten» Kondensation mehrere Produkte liefern würde oder wo diese nicht ohne weiteres durchzuführen ist:

$$(CH_3)_2CHCOOEt \xrightarrow[\text{Ether}]{NaNH_2} (CH_3)_2\overset{\ominus}{C}-COOEt \xrightarrow{H_5C_6-\overset{O}{\overset{\|}{C}}-Cl} (CH_3)_2\underset{COC_6H_5}{\overset{|}{C}}-COOEt$$

Mit **Lithiumdialkylkupfer-Verbindungen** reagieren Acylhalogenide glatt zu *Ketonen*:

$$R-\underset{O}{\overset{\|}{C}}-X + R'_2CuLi \rightarrow R-\underset{O}{\overset{\|}{C}}-R'$$

Auch durch **Dialkylcadmium-Verbindungen** (die aus *Grignard-Reagentien* zugänglich sind) lassen sich Acylhalogenide in Ketone überführen. Beide Reaktionen haben zur Synthese komplizierterer Ketone allgemeine Bedeutung. Ihr Mechanismus ist nicht genau bekannt; wahrscheinlich tritt zuerst eine Addition an die Carbonylgruppe ein, gefolgt von der Abtrennung des X$^\ominus$-Ions:

$$R-\underset{O}{\overset{\|}{C}}-Cl \xrightarrow[R'_2Cd]{R'_2CuLi \text{ oder}} R-\underset{\underset{R'}{\overset{|}{|\underline{O}|^\ominus CuLi^\oplus}}}{\overset{R'}{\overset{|}{C}}}-Cl \xrightarrow{\text{Hydrolyse}} R-\underset{O}{\overset{R'}{\overset{|}{C}}} + Cu^\oplus + R'Cl + Li^\oplus$$

Verseifung von Carbonsäureestern und Veresterung von Carbonsäuren. Die Hydrolyse von Carbonsäureestern (**«Verseifung»**) verläuft gemäß folgendem Schema:

$$R-C\underset{OR'}{\overset{O}{\diagup\!\!\!\diagdown}} + H_2O \rightleftarrows R-C\underset{OH}{\overset{O}{\diagup\!\!\!\diagdown}} + R'OH$$

Die Reaktion ist umkehrbar und führt zu einem Gleichgewicht. Damit müssen aber auch alle *Teilschritte* der Hydrolyse *umkehrbar* sein; ihre Umkehrung, die Veresterung von Carbonsäuren, verläuft deshalb über die gleichen Zwischenstoffe und nach denselben Mechanismen wie die Verseifung (**«Prinzip der mikroskopischen Reversibilität»**). Da Alkoxy-Gruppen wesentlich schlechtere Abgangsgruppen sind als Halogene oder Carboxylatgruppen, werden Ester durch Wasser im allgemeinen nur *langsam* verseift. Zudem übt das O-Atom der Alkoxy-Gruppe bereits einen deutlichen +M-Effekt aus, was sich z.B. darin zeigt, daß durch die (allerdings nur geringe) Delokalisation der Carbonyl-π-Elektronen die freie Drehbarkeit um die C—O-Bindung eingeschränkt ist:

12 Nucleophile Substitutionen an ungesättigten C-Atomen

$$\underset{(1)}{R-\overset{O}{\overset{\|}{C}}-\overset{\oplus}{\underset{R'}{O}}} \rightleftarrows \underset{(2)}{R-\overset{O}{\overset{\|}{C}}-O-R'} \qquad \Delta H \approx -50.2 \text{ kJ/mol}$$

Das verhältnismäßig kleine Dipolmoment der Ester (etwa $6 \cdot 10^{-30}$ Cm) zeigt, daß das Estermolekül hauptsächlich in der Konformation (2) vorliegt. Der Konformation (1) würde ein Dipolmoment von rund $13 \cdot 10^{-30}$ Cm entsprechen. Bei tiefer Temperatur aufgenommene NMR-Spektren bestätigen das Überwiegen der Konformation (2).

Die *Geschwindigkeit* der Esterhydrolyse läßt sich nun aber durch Säuren (durch *Protonen*) stark erhöhen, da dadurch die Reaktivität des Carbonyl-C-Atoms gegenüber nucleophilen Reagentien erhöht wird. Auch *Basen* vermögen die Hydrolyse zu beschleunigen. Dabei entsteht allerdings nicht die freie Carbonsäure, sondern ihr Anion; weil Carboxylat-Anionen gegenüber Nucleophilen nahezu völlig inert sind, ist die basenkatalysierte Esterhydrolyse praktisch *nicht reversibel*. Aus diesem Grund werden Ester in der Praxis fast durchwegs unter der Wirkung von Basen verseift (außer es handle sich um Verbindungen, die gegenüber Basen empfindlich sind). Kaliumsuperoxid in Benzen – in Gegenwart von Kronenethern – ist ein besonders guter Katalysator für die Verseifung.

Der folgende Mechanismus der **basenkatalysierten Esterspaltung** stimmt mit allen experimentellen Daten überein:

$$R-\overset{O}{\overset{\|}{C}}-OR' + {}^{\ominus}OH \rightleftarrows R-\overset{|\overline{O}|^{\ominus}}{\underset{OH}{\overset{|}{C}}}-OR' \xrightleftharpoons{\text{schnell}} R-\overset{O}{\overset{\|}{C}} + {}^{\ominus}OR' \xrightarrow{\text{schnell}} R-\overset{O}{\overset{\|}{C}} + R'OH$$
$$\underset{OH}{} \qquad \qquad O^{\ominus}$$
(1)

Die *Gesamtreaktion* ist, wie erwähnt, *irreversibel*. Der erste und wahrscheinlich auch der zweite Reaktionsschritt sind zwar reversibel, der dritte jedoch ist nicht umkehrbar. Geschwindigkeitsbestimmend ist wohl der Angriff des $OH^{\ominus}$-Ions auf den Ester. Die Gesamtgeschwindigkeit der Hydrolyse wird dann durch die Differenz zwischen freier Enthalpie des Esters und des zum Zwischenstoff (1) führenden aktivierten Komplexes (nach Hammond angenähert des Zwischenstoffes selbst) bestimmt. Es ist klar, daß stark raumerfüllende Gruppen R und R' die Verseifung verlangsamen (*sterische Hinderung* durch «*Gruppenhäufung*»; siehe S. 350). Ester, in denen die Carbonylgruppe mit anderen ungesättigten (oder aromatischen) Gruppen konjugiert ist (wie z. B. in Benzoesäureestern) und die dadurch in gewissem Ausmaß stabilisiert werden, sind ebenfalls weniger leicht (langsamer) zu verseifen, da beim Übergang zum Zwischenstoff zusätzlich auch diese Delokalisationsenergie aufzubringen ist. Die Geschwindigkeitskonstanten für die Verseifung von Estern substituierter Benzoesäuren gehorchen recht gut der Hammett-Beziehung (S. 322); +M-Substituenten, wie z. B. *p*-ständige Methoxygruppen, verlangsamen die Hydrolyse, während −M-Substituenten (Nitrogruppen in *p*-Stellung) die Verseifungsgeschwindigkeit stark erhöhen. *p*-Nitrobenzoesäureester werden rund 100mal schneller hydrolysiert als entsprechende Ester der unsubstituierten Benzoesäure.

Wird das Alkoxid-Ion durch elektronenziehende Substituenten stabilisiert, so wird die Verseifungsgeschwindigkeit erhöht. Ist die Alkoxidgruppe eine gute (schwach basische) Abgangsgruppe, so wird bei der basenkatalysierten Verseifung kein Austausch des Carbonyl-O-Atoms mit dem Lösungsmittel beobachtet. Besonders deutlich zeigt sich dieses Verhalten bei der Verseifung von Phenolestern, da die konjugierten Basen von Phenolen viel leichter verdrängt werden als Alkoxidgruppen:

12.2 Substitutionen an Carbonsäuren und ihren Derivaten   485

$$R-\overset{O}{\underset{\|}{C}}-O-Ar + \overline{O}H^{\ominus} \xrightarrow{\text{langsam}} R-\underset{|\underline{O}|^{\ominus}}{\overset{OH}{\underset{|}{C}}}-O-Ar \xrightarrow{\text{schnell}} R-\underset{\|}{\overset{}{C}}-OH + ArO^{\ominus}$$

$$\downarrow + \overline{O}H^{\ominus}$$

$$R-\underset{\|}{\overset{}{C}}-O^{\ominus}$$
$$O$$

Die **säurekatalysierte Hydrolyse** verläuft normalerweise ebenfalls unter *Acyl-Sauerstoff-Trennung* (die Hydrolyse mit $H_2^{18}O$ liefert auch hier Alkohol ohne ^{18}O). Die Reaktion folgt einem Zeitgesetz dritter Ordnung (das allerdings nur dann wirklich beobachtet werden kann, wenn Wasser nicht als Lösungsmittel dient; sonst wird die Reaktion pseudo-zweiter Ordnung):

$$-\frac{d\,[\text{Ester}]}{dt} = k \cdot [\text{Ester}] \cdot [H_2O] \cdot [H^{\oplus}]$$

Am aktivierten Komplex des geschwindigkeitsbestimmenden Schrittes müssen also ein Ester- und ein Wassermolekül sowie ein Proton beteiligt sein. Der Ablauf erfolgt gemäß folgendem Mechanismus:

$$R-\overset{|O|}{\underset{\|}{C}}-OR' \underset{}{\overset{H^{\oplus}}{\rightleftarrows}} R-\overset{OH}{\underset{\oplus}{C}}-OR' \underset{}{\overset{+H_2\overline{O}}{\rightleftarrows}} R-\underset{H\diagdown O^{\oplus}\diagup H}{\overset{OH}{\underset{|}{C}}}-OR' \rightleftarrows R-\underset{OH}{\overset{OH\ H}{\underset{\oplus}{C}}}-OR' \rightleftarrows R-C\underset{OH}{\overset{\overset{\oplus}{OH}}{\diagdown}} + R'OH$$

$$\qquad\qquad\qquad\qquad\qquad\qquad\qquad\qquad\qquad (1) \qquad\qquad (2)$$

Daß der Ester (bzw. bei der Umkehrung der Reaktion die Carbonsäure) am *Carbonyl-O-Atom* protoniert wird (das in der obenstehenden Gleichung formulierte Produkt (2) ist die konjugierte Säure zur Carbonsäure!) wird durch das NMR-Spektrum von Lösungen von Estern bzw. Carbonsäuren in konzentrierter Schwefelsäure bewiesen. Versuche mit am Carbonyl-O-Atom markierten Estern, sowie die Retention der Konfiguration bei der säurekatalysierten Verseifung von Estern chiraler Alkohole zeigen, daß die Reaktion nicht einem normalen S_N2-Mechanismus folgt. Die beschriebene Reaktionsfolge wird nach Ingold $A_{AC}2$-*Mechanismus* genannt (das «A» weist auf die Katalyse durch Säuren hin).

Die Hydrolyse von *Estern tertiärer Alkohole* folgt allerdings nicht einem S_N2_t-, sondern einem normalen S_N1-*Mechanismus* (**Alkyl-O-Spaltung!**), bedingt durch die erhöhte Stabilität tertiärer Carbenium-Ionen (vgl. S. 488 bezüglich der Veresterung von tertiären Alkoholen!). Als Produkte werden Alkene oder Alkohole erhalten (wie es für Reaktionen, die über Carbenium-Ionen ablaufen, zu erwarten ist), da das Wasser sowohl als Nucleophil wie als Base wirken kann:

$$R-\overset{|O|}{\underset{\|}{C}}-O-CR_3' \xrightarrow{H^{\oplus}} R-\overset{\overset{\oplus}{OH}}{\underset{|}{C}}-O-CR_3' \rightarrow R-COOH + {}^{\oplus}CR_3'$$

$$R_3'C^{\oplus} \begin{cases} + H_2\overline{O} \rightarrow R_3'C-OH + H^{\oplus} \\ \\ -H^{\oplus} \rightarrow \text{Alken} \end{cases}$$

In der Laboratoriumspraxis werden Ester kaum je durch Säuren gespalten. Hingegen erfolgt die *Veresterung* von Carbonsäuren stets unter der katalytischen Wirkung starker Säuren (**«Fischer-Veresterung»**) und demnach gemäß der Umkehrung der oben dargestellten Reaktionsfolge. (Wegen der schon mehrfach erwähnten Reaktionsträgheit des Carboxylat-Anions kann die Veresterung durch Basen nicht katalysiert werden!) Es stellt sich dabei ein Gleichgewicht ein, wobei die Gleichgewichtskonstanten häufig Werte um 1 besitzen. Um das Gleichgewicht auf die Seite des (gewünschten) Esters zu verschieben, verwendet man entweder einen Überschuß an Alkohol (oder eventuell auch an Säure, falls es sich um einen relativ teuren Alkohol handelt), oder man entfernt das gebildete Wasser durch azeotrope Destillation mit Benzen oder Toluen. Dabei destilliert ein ternäres azeotropes Gemisch aus Benzen, Wasser und Alkohol ab, das sich beim Kondensieren in zwei Phasen trennt. Die untere Phase, ein Gemisch aus Alkohol und Wasser kann abgetrennt werden und die obere (Alkohol/Benzen)-Phase fließt in das Reaktionsgemisch zurück. Durch Verwendung bestimmter **«Kondensationsmittel»** wie *Trifluoressigsäureanhydrid* oder *Dicyclohexylcarbodiimid* (**DCC**) kann die direkte Veresterung eines Alkohols mit einer Carbonsäure stark beschleunigt werden; gleichzeitig wird dann auch die Ausbeute an Ester erhöht. Bei Verwendung von Dicyclohexylcarbodiimid läßt sich die Veresterung sogar in neutraler wäßriger Lösung durchführen.

Der Reaktionsablauf bei der Veresterung mittels Dicyclohexylcarbodiimid ist ziemlich verwickelt. Er hat eine gewisse Ähnlichkeit mit der «nucleophilen Katalyse»; die Säure wird in eine andere Verbindung übergeführt, die eine bessere Abgangsgruppe besitzt. Diese Umwandlung erfolgt allerdings nicht gemäß S_N2_t, da die C=O-Bindung während dieses Schrittes unverändert bleibt:

Schritt 4   R'OH + R—C(=O)—O—C(=NH⁺-C₆H₁₁)(NH-C₆H₁₁)   →(2 Schritte, S_N2_t)

R—C(H)(=O⁺)—OR' + C₆H₁₁—NH—C(=O)—NH—C₆H₁₁

→(−H⁺) R—C(=O)—OR'

Auch die säurekatalysierte Verseifung (bzw. Veresterung) verläuft langsamer, wenn es sich bei R und R' um voluminöse Gruppen handelt. Die elektronischen Einflüsse (Wirkungen von Substituenten an aromatischen Ringen) sind hingegen relativ klein. So sind die Verseifungsgeschwindigkeiten von p-Nitrobenzoesäureester und Benzoesäureester bei der Katalyse durch Säure praktisch identisch.

Bei *Estern* mit *starker* **sterischer Hinderung**, wie z. B. Estern der Pivalinsäure (Trimethylessigsäure) oder von orthosubstituierten Benzoesäuren, verläuft sowohl die basen- wie die säurekatalysierte Esterspaltung *langsam* und ebenso lassen sich auch die entsprechenden Säuren nur langsam verestern. Besonders groß ist die sterische Hinderung bei Verbindungen wie *2,4,6-Trimethylbenzoesäure (Mesitylencarbonsäure)*, die sich unter normalen Bedingungen überhaupt nicht verestern läßt. Die relativ voluminösen Methylgruppen drängen hier die protonierte Carboxylgruppe aus der Ebene des Benzenringes heraus und verhindern dadurch einen Angriff durch das Nucleophil (das Alkoholmolekül), der senkrecht zur Ebene der protonierten Carboxylgruppe erfolgen muß. Ändert man jedoch die Reaktionsbedingungen, indem man die Säure zuerst in konzentrierter Schwefelsäure löst und dann diese Lösung in den gewünschten Alkohol gießt, so wird die Säure rasch und vollständig verestert. Auf die gleiche Weise – durch Lösen des Esters in konzentrierter Schwefelsäure und Ausgießen der Lösung in Wasser – läßt sich der Ester wiederum verseifen (Newman-Methode). Unter diesen Bedingungen verlaufen Veresterung und Verseifung jedoch nicht mehr nach dem $A_{AC}2$-, sondern nach einem anderen, dem **$A_{AC}1$-Mechanismus**. Das Gemisch von Mesitylencarbonsäure/Schwefelsäure zeigt nämlich den vierfachen molalen Wert der Gefrierpunktserniedrigung, während ein Benzoesäure/Schwefelsäure-Gemisch nur den (erwarteten) doppelten Wert ergibt. Mesitylencarbonsäure muß also mit Schwefelsäure offenbar folgendermaßen reagieren:

$$\text{ArCOOH} + 2\,H_2SO_4 \longrightarrow \text{ArCO}^\oplus + H_3O^\oplus + 2\,HSO_4^\ominus$$

Dabei spaltet das primäre Produkt der Reaktion mit Schwefelsäure, die konjugierte Säure von Mesitylencarbonsäure, ein Molekül Wasser ab, das mit einem weiteren H_2SO_4-Molekül noch ein $HSO_4^\ominus$- und zugleich ein $H_3O^\oplus$-Ion ergibt. Auf diese Weise entsteht ein linear gebautes **Acylium-Ion**, $Ar-C\equiv O^\oplus$, das vom Alkoholmolekül ohne weiteres aus der Richtung senkrecht zur Ringebene angegriffen werden kann. Da unsubstituierte Benzoesäuren keine solchen Acylium-Ionen bilden, haben wir hier wieder ein schönes Beispiel einer «*sterischen Beschleunigung*». Das gleiche Acylium-Ion bildet sich natürlich auch durch Reaktion des Esters mit konzentrierter Schwefelsäure. Der geschwindigkeitsbestimmende Schritt ist in beiden Fällen die Bildung des Acylium-Ions; die Reaktion ist deshalb *erster Ordnung* bezüglich *Ester* (bzw. *Carbonsäure*) und *nullter Ordnung* bezüglich *Wasser*.

488 12 Nucleophile Substitutionen an ungesättigten C-Atomen

$$\text{H}_3\text{C}-\underset{\underset{\text{CH}_3}{|}}{\overset{\overset{\text{CH}_3}{|}}{\text{C}_6\text{H}_2}}-\text{C}(=\text{O})\text{OH} \xrightarrow{\text{H}_2\text{SO}_4} \text{H}_3\text{C}-\underset{\underset{\text{CH}_3}{|}}{\overset{\overset{\text{CH}_3}{|}}{\text{C}_6\text{H}_2}}-\text{C}(\overset{\oplus}{\text{O}}-\text{H})\text{OH}$$

$$\xrightarrow{-\text{H}_2\text{O}} \left[\text{H}_3\text{C}-\underset{\underset{\text{CH}_3}{|}}{\overset{\overset{\text{CH}_3}{|}}{\text{C}_6\text{H}_2}}-\overset{\oplus}{\text{C}}\equiv\text{O} \leftrightarrow \text{H}_3\text{C}-\underset{\underset{\text{CH}_3}{|}}{\overset{\overset{\text{CH}_3}{|}}{\text{C}_6\text{H}_2}}-\overset{\oplus}{\text{C}}=\text{O} \right]$$

Acylium-Ion

Eine weitere Variante des Hydrolyse-(Veresterungs-)mechanismus wird beobachtet, wenn es sich um *Ester* von *tertiären Alkoholen* (oder von *Benzylalkoholen*) handelt. Diese Alkohole bilden relativ stabile Carbenium-Ionen, so daß in diesen Fällen nicht Acyl-Sauerstoff-Trennung, sondern *Alkyl-Sauerstoff-Trennung* eintritt; d. h. die Hydrolyse (und die Veresterung) erfolgt im Prinzip nach einem *normalen S_N1-Mechanismus*:

$$\text{R}-\underset{\text{R}}{\overset{\text{R}}{|}}\text{C}-\text{O}-\overset{\text{O}}{\overset{\|}{\text{C}}}-\text{R}' \rightarrow \text{R}-\underset{\text{R}}{\overset{\text{R}}{|}}\overset{\oplus}{\text{C}} + {}^{\ominus}\text{OOC}-\text{R}'$$

$$\text{R}-\underset{\text{R}}{\overset{\text{R}}{|}}\overset{\oplus}{\text{C}} + \text{H}_2\text{O} \rightarrow \text{R}-\underset{\text{R}}{\overset{\text{R}}{|}}\text{C}-\text{OH} + \text{H}^\oplus$$

Den Beweis dafür liefern auch hier die *Kinetik* (die Reaktion ist erster Ordnung bezüglich Ester und nullter Ordnung bezüglich Wasser) sowie die Hydrolyse mit *markiertem Wasser*. Zudem werden Ester optisch aktiver tertiärer Alkohole bei der Hydrolyse sehr weitgehend *racemisiert*.

tert-Butylester können unter milden Bedingungen verseift werden, d. h. mit so wenig Säure, daß andere eventuell vorhandene Estergruppen nicht angegriffen werden. Das durch die Alkyl-Sauerstoff-Trennung entstandene Carbenium-Ion verliert dabei ein Proton und geht in Isobuten über. Diese Art der Verseifung ist zur *selektiven Esterspaltung* im Fall mehrerer, gleichzeitig vorhandener Estergruppen präparativ wichtig (**Schutzgruppen-Technik**):

$$\text{H}_3\text{C}-\underset{\text{COO}-t\text{-Bu}}{\overset{\text{CN}}{|}}\text{C}-\text{H} + \text{H}_2\text{C}=\text{CH}-\text{COOEt} \xrightarrow{\text{Michael-Addition}} \text{H}_3\text{C}-\underset{\text{COO}-t\text{-Bu}}{\overset{\text{CN}}{|}}\text{C}-\text{CH}_2\text{CH}_2\text{COOEt}$$

$$\downarrow \text{Spur Toluensulfonsäure, Erwärmen}$$

$$\text{H}_2\text{C}=\underset{\text{CH}_3}{\overset{\text{CH}_3}{\text{C}}} + \text{CO}_2 + \text{H}_3\text{C}-\underset{}{\overset{\text{CN}}{|}}\text{CH}-\text{CH}_2\text{CH}_2\text{COOEt}$$

Auch bei der Verseifung von Estern starker **Mineralsäuren** (z. B. von Sulfaten) und ebenso bei der Verseifung von *Sulfonaten* (Sulfonsäure-Estern) wird die *Alkyl-Sauerstoff-Bindung getrennt*. Die betreffenden Reaktionen sind also eigentlich nucleophile Substitutionen am gesättigten C-Atom (S. 361)

$$HO^\ominus + R-OSO_2-Ar \rightarrow HOR + {}^\ominus OSO_2-Ar$$

Zusammengefaßt gilt also:

> Basen- und säurekatalysierte Verseifung von Estern primärer und sekundärer Alkohole mit sterisch nicht gehinderten Säuren und ebenso die säurekatalysierte Veresterung solcher Säuren mit primären und sekundären Alkoholen verlaufen nach $B_{AC}2$ bzw. $A_{AC}2$. Ester sterisch gehinderter Säuren lassen sich nach $A_{AC}1$ (über Acylium-Ionen) verseifen; nach demselben Mechanismus ist auch die Veresterung solcher Säuren möglich. Tertiäre Alkohole und Benzylalkohole werden nach S_N1 verestert, und ihre Ester werden nach demselben Mechanismus verseift, katalysiert durch Säure oder geringe Mengen Base.

Ergänzend sei festgehalten, daß auch bei Veresterungen bzw. Verseifungen die **Phasentransfer-Katalyse** (mit Tetraalkylammoniumsalzen oder Kronenethern) erfolgreich eingesetzt werden kann. Selbst sterisch gehinderte Carbonsäuren wie die erwähnte Mesitylencarbonsäure lassen sich auf diese Weise verestern, und sogar das üblicherweise inerte Methylenchlorid kann mit Carbonsäuren zu Diestern umgesetzt werden. Sterisch so stark gehinderte Ester wie Mesitylencarbonsäure-*tert*-butylester ließen sich durch KOH, das mittels eines Kronenethers in Toluen gelöst wurde, verseifen.

Intramolekulare Katalyse. Funktionelle Gruppen sind oft dann katalytisch besonders stark wirksam, wenn sie an eines der reagierenden Moleküle gebunden sind und die katalytisch wirksame sowie die reagierende Gruppe dank günstiger Geometrie der Reaktanten einander besonders nahe kommen können. Wahrscheinlich spielen solche «intramolekulare Katalysen» bei **enzymatisch katalysierten Reaktionen** eine große Rolle, denn an den «aktiven Zentren» eines Enzyms müssen die an einer bestimmten Reaktion beteiligten sauren, basischen oder nucleophilen Gruppen einander so stark genähert werden, daß die betreffende Reaktion ablaufen kann.

Die Mitwirkung von intramolekular vorhandenen Gruppen auf die Reaktionsgeschwindigkeit bei der *Hydrolyse* wurde an Derivaten der Acetylsalicylsäure *(«Aspirin»)* eingehend untersucht. Das Anion der Acetylsalicylsäure wird viel rascher verseift als das elektrisch neutrale Molekül, was darauf hinweist, daß die Carboxylgruppe bzw. ihre konjugierte Base auf irgend eine Weise an der Reaktion teilnimmt (**«nucleophile Katalyse»**).

Durch Isotopenmarkierung konnte indessen gezeigt werden, daß die Reaktion anders ablaufen muß, daß vielmehr eine intramolekulare Katalyse unter Beteiligung eines Moleküls Wasser stattfindet:

Hingegen tritt die nucleophile Katalyse bei Phthalsäurehalbestern von Alkoholen auf, die ziemlich stark sauer sind (Phenyl- und Trifluorethylester), wobei die konjugierte Base der Carboxylgruppe katalytisch wirkt:

$$\text{Phthalsäurehalbester} \rightleftharpoons \text{Carboxylat} \rightarrow \text{tetraedrisches Zwischenprodukt} \rightarrow \text{Phthalsäureanhydrid} + RO^{\ominus}$$

Umesterung. Diese praktisch wichtige Reaktion tritt dann auf, wenn man einen *Ester* mit einem *Alkohol* in Gegenwart von *Säuren* oder *Basen* erhitzt. Es stellt sich dann ein Gleichgewicht ein, das z. B. durch Abdestillieren eines Reaktionsproduktes nach der gewünschten Richtung verschoben werden kann. Der Reaktionsablauf entspricht den Mechanismen für die basen- bzw. säurekatalysierte Hydrolyse; im letzteren Fall addiert der protonierte Ester an Stelle eines H$_2$O-Moleküls ein Alkoholmolekül, während bei der basenkatalysierten **Umesterung** der Zwischenstoff im Gleichgewicht mit Alkoholmolekülen steht:[1]

$$R-\underset{\underset{OH}{|}}{\overset{\overset{|O^{\ominus}}{|}}{C}}-OR' + R''OH \rightleftharpoons R-\underset{\underset{OH}{|}}{\overset{\overset{O^{\ominus}}{|}}{C}}-OR'' + R'OH$$

Die Umesterung ist von Bedeutung zur Gewinnung von Estern unlöslicher Säuren. Technisch lassen sich Fettsäureester und Glycerol durch Erhitzen von Fetten mit Methanol gewinnen. Polyesterfasern wie Terylen (Trevira, Dacron), das aus Terephthalsäure und Ethylenglycol entsteht, werden durch Umesterung von Terephthalsäuredimethylester und Glycol (an Stelle der direkten Veresterung) hergestellt.

Claisen-Kondensation. Werden Ester, die am α-C-Atom ein H-Atom besitzen, zusammen mit einer starken Base wie z. B. Natriummethylat erhitzt, so bildet sich unter Abspaltung eines Moleküls Alkohol ein β-*Ketoester*:

$$2\ R-CH_2-C\underset{OR'}{\overset{\nearrow O}{\diagdown}} \xrightarrow{OEt^{\ominus}} R-CH_2-\underset{\underset{O}{\|}}{C}-\underset{\underset{R}{|}}{CH}-C\underset{OR'}{\overset{\nearrow O}{\diagdown}} + R'OH$$

Diese als **Claisen-Kondensation** (allgemein auch als **Esterkondensation**) bezeichnete, präparativ außerordentlich vielseitig anwendbare Reaktion ist der alkalischen Hydrolyse von Estern eng verwandt. Während bei der basenkatalysierten Esterspaltung das Carbonyl-C-Atom durch ein OH$^{\ominus}$-Ion angegriffen wird, ist das angreifende Reagens bei der Claisen-Kondensation ein Carbanion eines Esters (oder Ketons bzw. Nitrils). Die zugesetzte Base dient zur Bildung der Carbanionen, so daß dann die Reaktion nach dem gewöhnlichen Additions-Eliminations-Mechanismus ablaufen kann:

---

[1] Der unterbrochene Pfeil soll andeuten, daß die Reaktionen nicht alle gleichzeitig ablaufen.

$$R-CH_2-COOR' + {}^\ominus OEt \rightleftarrows R-\overset{\ominus}{C}H-COOR' + EtOH \qquad (1)$$

$$R-CH_2-\underset{\underset{O}{\|}}{C}-OR' + {}^\ominus\overset{|}{C}H-COOR' \rightleftarrows R-CH_2-\underset{\underset{O^\ominus}{|}}{\overset{\overset{R-CH-COOR'}{|}}{C}}-OR' \qquad (2)$$

$$R-CH_2-\underset{\underset{|\underline{O}|^\ominus}{|}}{\overset{\overset{R-CH-COOR'}{|}}{C}}-OR' \rightleftarrows R-CH_2-\underset{\underset{O}{\|}}{C}-\overset{\overset{R}{|}}{C}H-COOR' + {}^\ominus OR' \qquad (3)$$

(1)

Insgesamt wird also ein Alkoxid-Ion durch ein Carbanion verdrängt.

Daß Lösungen, in welchen Claisen-Kondensationen möglich sind, tatsächlich (wenn auch nur in geringen Konzentrationen) *freie Carbanionen* enthalten, wird dadurch gezeigt, daß Ester, Ketone und Nitrile in Lösungen von C_2H_5OD (die zugleich noch Natriummethylat enthalten) ihre α-H-Atome gegen D-Atome austauschen («normale» C—H-Bindungen – die kinetisch inert sind – ergeben keinen Deuterium-Austausch!). Dies muß über die folgenden Gleichgewichte erfolgen:

$$H-\overset{|}{\underset{|}{C}}-\underset{\underset{O}{\|}}{C}- + C_2H_5\bar{O}{}^\ominus \rightleftarrows {}^\ominus\overset{|}{\underset{|}{C}}-\underset{\underset{O}{\|}}{C}- + C_2H_5OH$$

$$^\ominus\overset{|}{\underset{|}{C}}-\underset{\underset{O}{\|}}{\bar{C}}- + C_2H_5OD \rightleftarrows D-\overset{|}{\underset{|}{C}}-\underset{\underset{O}{\|}}{C}- + C_2H_5O^\ominus$$

Zudem werden optisch aktive Ester vom Typus $\underset{R'}{\overset{R}{>}}CH-COOEt$ durch Ethylat-Ionen *racemisiert*, was nur über Carbanionen als Zwischenstoffe möglich ist.

Das oben angegebene Reaktionsschema der Claisen-Kondensation ist allerdings insofern nicht vollständig, als der β-Ketoester (1) durch das in Schritt (3) zugleich gebildete Alkoxid-Ion in sein Anion (das Enolat-Ion) umgewandelt wird (β-Ketoester sind dank der beiden Carbonylgruppen in ihrer Acidität den Phenolen vergleichbar!). Insgesamt wird also *ein Äquivalent der Base verbraucht*. Die einzelnen Reaktionsschritte sind reversibel; es stellt sich ein *Gleichgewicht* ein, dessen Konstante zwar relativ klein ist, das aber durch die Enolisierung des Produktes (und durch ein kontinuierliches Abdestillieren des gebildeten Alkohols) auf die Seite des gewünschten Esters verschoben wird (der dann am Schluß durch Ansäuern mit Mineralsäure erhalten werden kann). Daß das Produkt, der β-Ketoester, tatsächlich *acide H-Atome* enthalten muß, damit eine Claisen-Kondensation überhaupt möglich ist, wird durch das Verhalten von Isobuttersäureestern gezeigt. Ethylisobutyrat ergibt nämlich beim Erhitzen mit Natriummethylat keine Selbstkondensation wie etwa Essigsäureethylester, der dabei Acetessigester liefert. Nur bei Verwendung von wesentlich stärkeren Basen als Natriummethylat (Natriumamid oder Triphenylnatrium) ist die Kondensation möglich, da dann bei der Enolisierung vom γ-C-Atom (statt vom α-C-Atom wie beim Acetessigester) ein Proton abgespalten wird:

$$2\ (CH_3)_2CH-COOEt \xrightarrow[\text{Na}\bar{\text{N}}H_2 \text{ oder } (C_6H_5)_3CNa]{OEt^\ominus} (CH_3)_2CH-\underset{\underset{O}{\|}}{C}-\underset{\underset{CH_3}{|}}{\overset{\overset{CH_3}{|}}{C}}-COOEt$$

12 Nucleophile Substitutionen an ungesättigten C-Atomen

Die einfachste Claisen-Kondensation, die Reaktion von zwei mol Essigsäureethylester mit Natriummethylat, ergibt *Acetessigester*. Kondensiert man zwei verschiedene Ester miteinander, so sollte der eine kein H-Atom am α-C-Atom enthalten, damit *kein Gemisch* verschiedener Ketoester entsteht. *Benzoesäure-* und *Oxalsäureester* dienen daher besonders häufig als Substrate für Esterkondensationen. Letztere liefern dabei α-Ketoester. Durch Erhitzen lassen sie sich decarbonylieren und gehen in *monosubstituierte Malonester* über; nach Verseifung läßt sich die in β-Stellung zur Ketogruppe stehende Carboxylgruppe (wie beim Acetessigester) auch decarboxylieren. Beide Methoden haben erhebliches präparatives Interesse (monosubstituierte Malonester lassen sich oft nur schwierig durch Alkylierung des Esters erhalten, da die Reaktion meist zum dialkylierten Produkt führt; die Decarboxylierung der Kondensationsprodukte ist eine elegante Methode zur Gewinnung von α-*Ketosäuren*). Ethylcarbonat liefert ebenfalls monosubstituierte Malonester.

Bei einer *Variante* der Claisen-Kondensation wird die Carbonylgruppe von einem im gleichen Molekül vorhandenen negativ geladenen C-Atom angegriffen, so daß ein Ringschluß eintritt (« **Dieckmann-Kondensation** »).

Die Dieckmann-Kondensation ist besonders zur Herstellung von 5-, 6- und 7-Ringen («normale Ringe») brauchbar. Bei mittleren Ringen (Ringgliederzahl 8–12) sind die Ausbeuten praktisch Null. Noch höhere Ringe (große Ringe) lassen sich durch Arbeiten in starker Verdünnung erhalten («Verdünnungsprinzip», s.S. 69 und Band II).

Eine intramolekulare Claisen-Kondensation – die zum Ringschluß führt – tritt z. B. bei der Synthese von *Dimedon* (5,5-Dimethyl-1,3-cyclohexandion) aus Mesityloxid und Malonester auf (auf eine Michael-Addition folgend):

12.2 Substitutionen an Carbonsäuren und ihren Derivaten

[Reaktionsschema: Mesityloxid + CH(COOEt)₂ → Zwischenprodukt → (Hydrolyse, Erhitzen, −CO₂) → **Dimedon**]

Wie schon erwähnt wurde, lassen sich nicht nur Carbanionen von Estern, sondern auch solche von *Ketonen* oder *Nitrilen* für Claisen-Kondensationen verwenden. Weil die entstehenden β-Diketone bzw. β-Ketonitrile weniger stark sauer sind als β-Ketoester, werden meist stärkere Basen zur Bildung der Carbanionen (d. h. zur Enolisierung der Produkte) benötigt (Natriumamid, Natriumhydrid). Ethylcarbonat liefert auf diese Weise β-Ketoester bzw. α-Cyanester.

Beispiele:[1]

[Reaktionsschemata:
- Ester + Keton → S_N2_t (NaNH₂) → β-Diketon
- Ameisensäureester + Keton → S_N2_t (NaOEt) → Hydroxymethylenketon
- Diethylcarbonat + Keton → (NaNH₂) → β-Ketoester
- Diethylcarbonat + Nitril → (NaNH₂) → α-Cyanester]

[1] Die Mechanismen sind hier und im folgenden oft vereinfachend angedeutet. Die Pfeile bedeuten nicht immer Einstufigkeit oder gar Synchronität!

12 Nucleophile Substitutionen an ungesättigten C-Atomen

Unsymmetrisch gebaute Ketone greifen meistens mit der weniger stark substituierten Seite an; CH_3-Gruppen sind reaktiver als $R-CH_2$-Gruppen, und R_2CH-Gruppen reagieren selten. Die große *präparative Bedeutung* der verschiedenen Claisen-Kondensationen liegt darin, daß es auf diese Weise gelingt, Verbindungen mit mehreren funktionellen Gruppen (Carbonylgruppen) zu erhalten, die für zahlreiche Synthesen brauchbar sind. Die **Synthese von α-Ketosäuren** durch Kondensation von Oxalsäureester mit einem anderen Ester und anschließende Decarboxylierung wurde bereits erwähnt; substituierte Acetessigester (die durch Alkylierung von Acetessigester selbst sehr leicht zugänglich sind) ergeben nach dem Verseifen und durch Decarboxylierung *Ketone* (Methode zur **Synthese von Ketonen** des Typus CH_3CO-R; siehe S. 368) usw.

Bei der praktischen Durchführung der Reaktion werden häufig die zu kondensierenden Reaktanten zusammen mit metallischem Natrium in Ethanol erhitzt, wobei sich das Ethylat-Ion in der Lösung bildet. Arbeitet man ohne Alkohol[1] (z. B. in siedendem Ether oder Benzen), so kann eine *«Nebenreaktion»* eintreten, die **Acyloin-Kondensation**. Dabei gibt das Metall sein Valenzelektron an das Carbonyl-C-Atom ab; zwei auf diese Weise entstandene Radikalanionen («Metallketyle») dimerisieren zu einem Dianion, welches unter Austritt von Alkoxid-Ionen zu einem α-Diketon wird. Dieses wird aber durch das Natriummetall weiter reduziert, und das dadurch entstehende zweite Dianion lagert sich beim Ansäuern in ein α-Hydroxy-keton, ein *Acyloin*, um:

Die Acyloin-Kondensation wurde u. a. mit großem Erfolg zur **Synthese höherer Ringe** verwendet:

Die Ausbeuten bei solchen Reaktionen sind überraschend hoch; 6- und 7-Ringe entstehen mit 50 bis 60% Ausbeute, 8- und 9-Ringe mit 30 bis 40% Ausbeute und 10- bis 20-Ringe gar mit 60 bis 95% Ausbeute (vgl. Band II). Die Reaktion muß allerdings bei völligem Ausschluß von Sauerstoff durchgeführt werden (das O_2-Molekül als Diradikal wirkt als Inhibitor!). Auch Paracyclophanderivate konnten auf diesem Weg synthetisiert werden (Cram).

---
[1] An sich könnten die als Nucleophile benötigten Carbanionen auch direkt aus Natrium und der betreffenden Carbonylverbindung erhalten werden. Das Erzeugen von und der Umgang mit feinverteilten Alkalimetallen sind jedoch in der Regel aufwendiger.

12.2 Substitutionen an Carbonsäuren und ihren Derivaten

Decarboxylierung unter Bildung von Ketonen. Durch Pyrolyse in Gegenwart von Thoriumoxid können *Carbonsäuren in Ketone* übergeführt werden:

$$2\ \text{RCOOH} \xrightarrow[\text{ThO}_2]{400\ \text{bis}\ 500\,°\text{C}} \text{R}-\underset{\underset{\text{O}}{\|}}{\text{C}}-\text{R} + \text{CO}_2$$
$$(-\text{H}_2\text{O})$$

Auch durch das Erhitzen von Calcium- oder Bariumsalzen von Carbonsäuren lassen sich Ketone erhalten, allerdings in schlechter Ausbeute. Wie Versuche mit ^{14}C gezeigt haben, verläuft die Reaktion wahrscheinlich über einen tetraedrisch gebauten Zwischenstoff:

$$\text{R}-\text{CH}_2-\text{COO}^\ominus \xrightarrow{-\text{H}^\oplus} \text{R}-\overset{\ominus}{\text{CH}}-\text{COO}^\ominus$$

$$\text{R}-\text{CH}_2-\underset{\underset{\text{O}}{\|}}{\text{C}}\text{OH} + \text{R}-\overset{\ominus}{\text{CH}}-\text{COO}^\ominus \longrightarrow \text{R}-\text{CH}_2-\underset{\underset{\text{O}^\ominus}{|}}{\overset{\overset{\text{R}-\text{CH}-\text{COO}^\ominus}{|}}{\text{C}}}-\text{OH}$$

$$\text{R}-\text{CH}_2-\underset{\underset{|\underline{\text{O}}|^\ominus}{|}}{\overset{\overset{\text{R}-\text{CH}-\text{COO}^\ominus}{|}}{\text{C}}}-\text{OH} \xrightarrow{+\text{H}^\oplus} \text{R}-\text{CH}_2-\underset{\underset{\text{O}}{\|}}{\overset{\overset{\text{R}-\text{CH}-\text{COO}^\ominus}{|}}{\text{C}}} + \text{OH}_2$$

$$\text{R}-\text{CH}_2-\underset{\underset{\text{O}}{\|}}{\text{C}}-\underset{\underset{\text{R}}{|}}{\text{CH}}-\text{C}\overset{\ominus}{-\underline{\text{O}}|} \xrightarrow[-\text{CO}_2]{+\text{H}^\oplus} \text{R}-\text{CH}_2-\underset{\underset{\text{O}}{\|}}{\text{C}}-\text{CH}_2-\text{R}$$

Der zweite Reaktionsschritt stellt den ersten Schritt einer S_N2_t-Reaktion, der letzte eine normale Decarboxylierung einer β-Ketosäure dar. Dicarbonsäuren liefern durch diese Reaktion *cyclische, auch vielgliedrige Verbindungen* (Ruzicka).

Reaktionen von Amiden. Carbonsäureamide bilden sich durch **Acylierung von Ammoniak** oder *Aminen* mit Säurechloriden und Anhydriden. Auch *Ester* können in der gleichen Weise (S_N2_t-Reaktion) als Ausgangsstoffe dienen:

$$\text{R}-\text{C}\underset{\text{OR}'}{\overset{\text{O}}{\diagdown}} + \overset{-}{\text{N}}\text{H}_3 \rightarrow \text{R}-\underset{\underset{\oplus\text{NH}_3}{|}}{\overset{\overset{\text{O}^\ominus}{|}}{\text{C}}}-\text{OR}' \rightarrow \text{R}-\underset{\underset{\text{NH}_2}{|}}{\overset{\overset{|\text{OH}}{|}}{\text{C}}}-\text{OR}' \rightarrow \text{R}-\underset{\underset{\text{NH}_2}{|}}{\overset{\overset{\oplus\text{OH}}{\diagup}}{\text{C}}} + \text{R}'\text{OH}$$

$$\downarrow -\text{H}^\oplus$$

$$\text{R}-\text{C}\underset{\text{NH}_2}{\overset{\text{O}}{\diagdown}}$$

Da Amine und erst recht Amid-Ionen schlechte Abgangsgruppen sind, sind Amide bei nucleophilen Substitutionen weniger reaktionsfähig als Ester oder gar Acylhalogenide. Ihre *Hydrolyse* ist *nur* unter der **katalytischen Wirkung von Säuren oder Basen** möglich, wobei entweder die freie Säure oder ihr Ammoniumsalz erhalten wird. Da NH_2-Gruppen auch einen starken $+\text{M}$-Effekt ausüben (wenn auch in geringerem Maß als das negativ geladene O-Atom im Carboxylat-Ion), tritt weitgehende Delokalisation der Carbonyl-π-Elektronen und des freien Elektronenpaares am N-Atom ein, so daß bei der säurekatalysierten Hydrolyse (wie bei allen Reaktionen der Amide mit Säuren) nicht der Amidstickstoff, sondern der Carbonylsauerstoff protoniert wird, wie die NMR-Spektren eindeutig beweisen. Die

Mechanismen der Hydrolyse entsprechen den Mechanismen der Esterspaltung ($A_{AC}2$ und $B_{AC}2$):

$A_{AC}2$:

$$R'-\underset{O}{\overset{\|}{C}}-NR_2 \xrightarrow{+H^\oplus} R'-\underset{OH}{\overset{\oplus}{C}}-NR_2 \xrightarrow[\text{langsam}]{+H_2\bar{O}} R'-\underset{OH}{\overset{\overset{\oplus}{O}H_2}{C}}-NR_2 \rightleftarrows R'-\underset{OH}{\overset{OH}{\underset{|}{C}}}-\overset{\oplus}{N}HR_2$$

$$R'-\underset{OH}{\overset{|\bar{O}H}{\underset{|}{C}}}-\overset{\oplus}{N}HR_2 \rightarrow \left\{\begin{matrix} R'-\overset{\oplus}{C}-OH \\ OH \\ + \\ R_2NH \end{matrix}\right\} \rightarrow R'-\underset{O}{\overset{\|}{C}}-OH + R_2\overset{\oplus}{N}H_2$$

$B_{AC}2$:

$$R'-\underset{O}{\overset{\|}{C}}-NR_2 + \bar{O}H^\ominus \xrightarrow{\text{langsam}} R'-\underset{|\underline{O}|^\ominus}{\overset{OH}{\underset{|}{C}}}-NR_2 \rightarrow \left\{\begin{matrix} R'-C-OH \\ \| \\ O \\ + \\ NR_2^\ominus \end{matrix}\right\} \rightarrow R'-\underset{O}{\overset{\|}{C}}-O^\ominus + R_2NH$$

Nebenreaktionen treten bei diesen Hydrolysen nicht auf.
Wegen der geringeren Reaktivität der Amide erfordert auch ihre säure- oder basenkatalysierte Hydrolyse oft längeres Erhitzen. In schwierigen Fällen kann (für unsubstituierte Amide) salpetrige Säure benützt werden:

$$R-\underset{O}{\overset{\|}{C}}-NH_2 + HONO \rightarrow R-\underset{O}{\overset{\|}{C}}-OH + N_2 + H_2O$$

Die Aminogruppe wird dabei zuerst diazotiert; nach Abspaltung von N_2 addiert das entstandene Acylium-Ion ein Molekül Wasser und spaltet schließlich ein Proton ab (vgl. die Reaktion aliphatischer Amine mit salpetriger Säure; S. 374). Durch Säurechloride, Anhydride oder Ester werden Amide *acyliert* (S_N2_t-Reaktion!). In der Praxis dient diese Reaktion z. B. zur Gewinnung von *Barbituraten* aus Harnstoff und Malonestern (S. 369). Die Acylierung durch Benzensulfonsäurechlorid (**«Hinsberg-Reaktion)»** folgt hingegen dem normalen S_N2-Mechanismus.

Cyclisierungen. 5- und 6-Ringe, die nahezu oder völlig spannungsfrei sind, bilden sich sehr leicht, wenn ein Molekül in γ- oder δ-Stellung zur Carboxylgruppe eine nucleophile Gruppe enthält. γ- und δ-Hydroxysäuren bilden dabei **Lactone**, γ- und δ-Aminosäuren **Lactame**. Die Cyclisierung erfolgt schon durch schwaches Erhitzen in Gegenwart geringer Mengen Säure, also bei relativ milden Bedingungen:

$$R-\underset{\underline{O}H}{\overset{|}{C}H}-CH_2-CH_2-\underset{O}{\overset{\|}{C}}-OH \xrightarrow[S_N2_t]{H^\oplus} \begin{matrix} H_2C-CH_2 \\ R-CH \quad C=O \\ \diagdown O \diagup \end{matrix} + H_2O$$

γ-Lacton

$$R-\underset{\underline{N}H_2}{\overset{|}{C}H}-CH_2-CH_2-\underset{O}{\overset{\|}{C}}-OH \xrightarrow[S_N2_t]{H^\oplus} \begin{matrix} H_2C-CH_2 \\ R-CH \quad C=O \\ \diagdown N \diagup \\ | \\ H \end{matrix} + H_2O$$

γ-Lactam

Wenn die nucleophile Gruppe in α-Stellung zur Carboxylgruppe steht, erfolgt ein Ringschluß durch Vereinigung zweier Moleküle (Lactidbildung; S. 234, bzw. Bildung eines Diketopiperazins; vgl. auch Band II):

12.3 Substitutionen an Vinyl-C-Atomen

Nucleophile Substitutionen an Vinyl-C-Atomen sind *nicht leicht durchzuführen*, doch sind einige solche Reaktionen bekannt. In einzelnen Fällen gelang es, das Vorliegen eines S_N1-Mechanismus nachzuweisen. S_N2_t-Reaktionen verlaufen viel schwieriger als an Carbonyl-C-Atomen, weil dann ein C-Atom – das weniger elektronegativ ist als ein O-Atom – die negative Ladung des Zwischenstoffes tragen muß. Addiert dieses dann im zweiten Reaktionsschritt ein positives Teilchen, so tritt im Endeffekt eine nucleophile Addition ein, die tatsächlich bei Vinylsubstraten oft als Konkurrenz- oder sogar Hauptreaktion beobachtet wird. Nur wenn die negative Ladung delokalisiert werden kann, wie z. B. im *p*-Nitrophenylvinylbromid oder im Methyl-β-chlorcrotonsäureester, wird die S_N-Reaktion relativ leicht möglich:

Auch an fluorierten Alkenen sind nucleophile Substitutionen möglich. Eine weitere Möglichkeit der Substitution an Vinyl-C-Atomen besteht in einem Eliminations-Additions-Mechanismus, wobei zuerst eine Dreifachbindung entsteht, welche dann anschließend ein Nucleophil addiert. Auf diese Weise verlaufen manche nucleophile Substitutionen an aromatischen Ringen (S. 572).

13 Nucleophile Additionen an Kohlenstoff-Hetero-Mehrfachbindungen

13.1 Allgemeines über Additionen an C=O-Gruppen

Mechanismen. Die Mechanismen nucleophiler Additionen an C=O-Bindungen sind weit einfacher zu überblicken als z. B. die verschiedenen Möglichkeiten der Additionen an C—C-Doppel- oder Dreifachbindungen, denn durch die starke Polarität der Carbonylgruppe sind die Art des Angriffes und die Orientierung bei der Addition bereits sehr weitgehend festgelegt. Im Prinzip ist als *erster Reaktionsschritt* entweder der *Angriff eines Nucleophils* auf das *Carbonyl-C-Atom* oder der *Angriff eines Elektrophils* auf das *Carbonyl-O-Atom* denkbar. Als Elektrophile kommen praktisch nur *Protonen* oder (in besonderen Fällen) positiv polarisierte C-Atome in Frage, wobei der Angriff des Protons – ebenso wie bei Additions-Eliminations-Reaktionen von Acylderivaten – den Angriff des Nucleophils erleichtert und damit eine *Säurekatalyse* der nucleophilen Addition darstellt. Schematisch sind die beiden Möglichkeiten zur nucleophilen Addition an C=O-Gruppen wie nachstehend zu formulieren:

$$\underset{\overset{\|}{O}}{A-C-B} + \bar{Y}^{\ominus} \xrightarrow{\text{langsam}} \underset{O^{\ominus}}{A-\overset{Y}{\underset{|}{C}}-B} \xrightarrow{+ H^{\oplus}} \underset{OH}{A-\overset{Y}{\underset{|}{C}}-B} \quad (1)$$

$$\underset{\overset{\|}{O}}{A-C-B} + H^{\oplus} \xrightarrow{\text{schnell}} \underset{OH}{A-\overset{\oplus}{C}-B} \xrightarrow{+ \bar{Y}^{\ominus}\ \text{langsam}} \underset{OH}{A-\overset{Y}{\underset{|}{C}}-B} \quad (2)$$

Geschwindigkeitsbestimmend ist bei beiden Reaktionsfolgen die *Addition des Nucleophils*. Dieses Schema zeigt sehr deutlich, daß der erste Schritt der Folge (1) mit dem ersten Schritt einer $S_N 2_t$-Reaktion identisch ist. Trotzdem treten nucleophile Addition und $S_N 2_t$-Reaktion kaum je in Konkurrenz zueinander auf, da einerseits bei Aldehyden und Ketonen Additions-Eliminations-Reaktionen nicht möglich sind, andererseits bei Acylverbindungen nucleophile Additionen kaum gefunden werden, da sie gute Abgangsgruppen (-Halogen, -OR, -NH$_2$) enthalten. Die Natur der Substituenten A und B legt also fest, ob in einem konkreten Fall eine Addition oder eine Substitution eintritt.

Katalyse durch Säuren und Basen. Viele nucleophile Additionen an C-Hetero-Mehrfachbindungen werden durch Säuren und Basen katalysiert. Im Falle von säurekatalysierten Reaktionen hat man – wie schon früher (S. 298) kurz erwähnt – zu unterscheiden zwischen *«spezifischer»* und *«allgemeiner»* Säurekatalyse. Bei der **spezifischen Säurekatalyse** wird die Reaktionsgeschwindigkeit nur durch Zusatz der *konjugierten Säure des Lösungsmittels* erhöht; im Fall wäßriger Lösungen ist sie also eine Funktion des pH-Wertes. Die dem Reaktionsgemisch zugesetzte Säure kann stärker oder schwächer sein als das $H_3O^{\oplus}$-Ion (bzw. als die konjugierte Säure des Lösungsmittels); die Erhöhung der Reaktionsgeschwindigkeit entspricht aber in jedem Fall nur der Erhöhung der aktuellen Konzentration

13.1 Allgemeines über Additionen an C=O-Gruppen

der $H_3O^\oplus$-Ionen bzw. der konjugierten Säure des Lösungsmittels. Die katalytische Wirkung der zugesetzten Säure besteht dann darin, daß diese in mehr oder weniger großem Ausmaß die Konzentration der $H_3O^\oplus$-Ionen bzw. der konjugierten Säure des Lösungsmittels vergrößert. Der eigentlichen Reaktion ist dann ein sich rasch einstellendes *Protolysengleichgewicht* vorgelagert:

$$H_3O^\oplus + X \underset{}{\overset{rasch}{\rightleftarrows}} HX^\oplus + H_2O$$
$$HX^\oplus \overset{langsam}{\longrightarrow} Produkte$$

Da der zweite Reaktionsschritt geschwindigkeitsbestimmend ist, erscheint im Zeitgesetz auch die $H_3O^\oplus$-Konzentration.

Im Fall der **allgemeinen Säurekatalyse** hingegen wird die Reaktionsgeschwindigkeit durch Erhöhung der Konzentration *irgendeiner* – auch einer schwachen! – Säure, wie z. B. Phenol oder Carbonsäuren, gesteigert, selbst wenn dabei die Konzentration der $H_3O^\oplus$-Ionen durch Pufferung konstant gehalten wird. Hier ist die *Übertragung eines Protons* auf den Reaktanten X *geschwindigkeitsbestimmend* und erfolgt vergleichsweise langsam:

$$HA + X \overset{langsam}{\longrightarrow} HX^\oplus + A^\ominus$$
$$HX^\oplus \overset{rascher}{\longrightarrow} Produkte$$

Das Zeitgesetz solcher Reaktionen enthält dann Terme für alle vorhandenen Säuren. Selbstverständlich gilt dasselbe *mutatis mutandis* für Basen.

Bei **Additionen an Carbonylverbindungen** wird sowohl *spezifische* wie *allgemeine Säurekatalyse* beobachtet. Im Falle **spezifischer Säurekatalyse** wird in einem vorgelagerten Gleichgewicht ein Proton vom $H_3O^\oplus$-Ion (bzw. von der konjugierten Säure des Lösungsmittels) auf das Carbonyl-O-Atom übertragen, wodurch ein Kation mit über das C- und das O-Atom delokalisierter Ladung entsteht. Dieses wird durch ein Nucleophil leichter angegriffen als die nicht-protonierte Carbonylverbindung. Als Beispiel diene folgendes Reaktionsschema:

$$\text{>C=O} + H_3O^\oplus \overset{schnell}{\rightleftarrows} [\text{>C=}\overset{\oplus}{O}\text{-H} \leftrightarrow \text{>}\overset{\oplus}{C}\text{-O-H}]$$

$$H-B| + \overset{\oplus}{C}-O-H \overset{langsam}{\rightleftarrows} H-\overset{\oplus}{B}-C-O-H$$

$$H_2O + H-\overset{\oplus}{B}-C-O-H \overset{schnell}{\rightleftarrows} H_3O^\oplus + B-C-O-H$$

Bei **allgemeiner Säurekatalyse** bildet die Säure mit dem Carbonyl-O-Atom wahrscheinlich zuerst eine Wasserstoffbrücke, und im geschwindigkeitsbestimmenden Schritt werden Proton und Nucleophil gleichzeitig addiert, wobei das Säure-Anion freigesetzt wird:

$$\text{>C=O} + H-X \overset{schnell}{\rightleftarrows} \text{>C=O}\cdots H-X$$

$$H-B: + \text{>C=O}\cdots H-X \overset{langsam}{\rightleftarrows} H-B\cdots C=O\cdots H-X \rightleftarrows H-\overset{\oplus}{B}-C-O-H + X^\ominus$$

$$H-\overset{\oplus}{B}-C-O-H \overset{schnell}{\rightleftarrows} B-C-O-H + H^\oplus$$

Häufig beobachtet man bei *spezifisch säurekatalysierten* Reaktionen ein *Maximum der Reaktionsgeschwindigkeit in einem bestimmten pH-Gebiet*. Daß die Reaktionsgeschwindigkeit in solchen Fällen bei sehr tiefen *pH*-Werten stark abfällt, beruht vielfach darauf, daß dann das angreifende Nucleophil (eine Base!) in seine konjugierte Säure verwandelt wird und damit zum Angriff auf das Carbonyl-C-Atom unfähig geworden ist.

Reaktivität von Aldehyden und Ketonen gegenüber nucleophilen Reagentien.
Die Reaktionsfähigkeit von Carbonylverbindungen wird durch *sterische* und *elektronische* Effekte bestimmt. Im Übergangszustand wandelt sich die trigonale Carbonylgruppe in das tetraedrische Additionsprodukt um, wobei der Winkel R—C—R" von rund 120° auf 109°28" sinkt. *Voluminöse Gruppen R erhöhen* durch ihre gegenseitige Abstoßung *die Energie des aktivierten Komplexes*. Aus diesem Grund sinkt die Reaktionsfähigkeit in der folgenden Reihe von links nach rechts:

$$\underset{H}{\overset{O}{\underset{\|}{H-C-H}}} \quad > \quad \underset{H}{\overset{O}{\underset{\|}{R-C-H}}} \quad > \quad \underset{}{\overset{O}{\underset{\|}{R-C-R'}}}$$

Ketone sind deshalb im allgemeinen deutlich weniger reaktionsfähig als Aldehyde. Trägt das α-C-Atom weitere Alkylgruppen, so nimmt die Reaktionsfähigkeit noch mehr ab:

$$H_3C-\overset{O}{\underset{\|}{C}}-CH_3 \; > \; H_3C-\overset{O}{\underset{\|}{C}}-CH(CH_3)_2 \; > \; H_3C-\overset{O}{\underset{\|}{C}}-C(CH_3)_3 \; \gg \; (H_3C)_3C-\overset{O}{\underset{\|}{C}}-C(CH_3)_3$$

Immerhin ist die «*Gruppenhäufung*» im aktivierten Komplex einer nucleophilen Addition an eine Carbonylgruppe *geringer* als beim aktivierten Komplex einer S_N2-*Reaktion*; Carbonyl-Additionen verlaufen deshalb im allgemeinen bedeutend rascher als S_N2-Reaktionen (ausgenommen etwa Reaktionen sterisch stark gehinderter Ketone, wie des Di-*tert*-butylketons). In *aromatischen Aldehyden* und *Ketonen* können die Carbonyl-π-Elektronen in Konjugation zum aromatischen Elektronensystem treten. Auf diese Weise wird die negative Ladung des O-Atoms in der durch die Addition eines Nucleophils entstehenden Zwischenverbindung delokalisiert; und man würde erwarten, daß dadurch die Reaktivität erhöht würde. Da aber im Übergangszustand der Doppelbindungscharakter der Carbonylgruppe verloren geht, wirkt sich dieser Effekt auf den *Grundzustand* der Carbonylverbindung viel *stärker* aus als auf den Übergangszustand, so daß zusätzlich eine gewisse Delokalisierungsenergie aufzuwenden ist, um den Übergangszustand zu erreichen. *Aromatische Aldehyde* und *Ketone* sind daher im allgemeinen *reaktionsträger* als entsprechende aliphatische Verbindungen. Enthält der Benzenkern in *o*- oder *p*-Stellung π-Donoren als Substituenten (OH-oder NH_2-Gruppen), so wird dieser Effekt verstärkt und die Reaktivität noch mehr herabgesetzt, während anderseits σ-Acceptoren (NO_2-Gruppen) die Reaktionsfähigkeit erhöhen (geringere Delokalisation im Grundzustand; Stabilisierung des aktivierten Komplexes!). Die Hammett-Beziehung wird für zahlreiche Reaktionen *m*- und *p*-substituierter Benzaldehyde gut befolgt. Für aliphatische Aldehyde gilt dasselbe: α,β-ungesättigte Aldehyde zeigen geringere Carbonylreaktivität (dafür tritt leicht 1,4-Addition ein!), während Nitroacetaldehyd oder Chloracetaldehyde reaktionsfähiger sind als Acetaldehyd.

Stereochemie der nucleophilen Addition. Die *Carbonylgruppe* ist ein *ebenes, trigonales* Gebilde, an welches ein Reaktionspartner mit gleicher Wahrscheinlichkeit von jeder der beiden Seiten herantreten kann. Ob die Addition *syn* oder *anti* verläuft, läßt sich im allgemeinen nicht entscheiden. Auch wenn die beiden Substituenten der Carbonylgruppe

13.1 Allgemeines über Additionen an C=O-Gruppen

voneinander verschieden sind (wie in einem unsymmetrischen Keton), führen *syn*- und *anti*-Addition zum selben Produkt, weil sich die beiden möglichen Additionsprodukte durch Drehung um die C—O-Einfachbindung ineinander umwandeln können:

Dabei entsteht ein neues Chiralitätszentrum. Sind R und R' und das angreifende Reagens nicht chiral, so erhält man das racemische Gemisch. Die Reaktion verläuft also nicht stereoselektiv.

Anders ist es, wenn das Substrat, die *Carbonylverbindung*, bereits *chiral* ist. Wenn insbesondere eines der beiden α-C-Atome asymmetrisch substituiert ist, läuft die Reaktion gewissermaßen unter «*asymmetrischen Bedingungen*» ab, und das Additionsprodukt besitzt dann zwei Stereozentren, so daß zwei diastereomere Formen entstehen können, wenn man vom einen reinen Enantiomer ausgeht. Sehr häufig findet man in solchen Fällen eine **stereoselektive Addition,** d. h. die beiden möglichen Produkte entstehen nicht im Verhältnis 1:1 (**asymmetrische Induktion**; siehe S. 203 und Band II). Da auch *die beiden* aktivierten Komplexe diastereomer zueinander sind, besitzen sie *unterschiedliche Energien* (wobei der sterisch weniger gehinderte aktivierte Komplex stabiler ist), so daß sich die beiden Produkte mit unterschiedlicher Geschwindigkeit und damit nicht in gleichen Mengen bilden (**kinetische Steuerung** der Reaktion!). Ist die Addition leicht *reversibel* (wie z. B. die Addition von HCN), so verläuft sie gewöhnlich **thermodynamisch gesteuert**, und es bildet sich vorzugsweise das stabilere Diastereomer. Beide Diastereomere können ohne weiteres durch eine geeignete Methode voneinander getrennt werden, da sie sich in ihren physikalischen Eigenschaften unterscheiden.

Als *Beispiel* betrachten wir die Reaktion von 3-Phenyl-2-butanon mit einem Grignard-Reagens wie C_6H_5MgBr, wobei sich (nach der Spaltung des Adduktes mit Säure) ein Carbinol bildet. Die Verbindung wird dabei vorzugsweise aus der Konformation (1) reagieren, in welcher die Carbonylgruppe von den beiden weniger voluminösen Gruppen flankiert wird. Das Nucleophil kann sich nun von der Seite (*a*) leichter nähern, weil die CH_3-Gruppe ihrer größeren Raumbeanspruchung wegen beim Angriff aus Richtung (*b*) stärker abschirmend wirkt als das H-Atom beim Angriff aus Richtung (*a*); anders gesagt, der aktivierte Komplex für den Angriff aus Richtung (*a*) ist sterisch weniger gehindert und daher energieärmer. Es entsteht somit bevorzugt das Produkt (2); die Reaktion ist kinetisch gesteuert.

Bei der Untersuchung zahlreicher gleichartiger Reaktionen hat man im Prinzip stets analoge Ergebnisse erhalten. Die **Cramsche Regel** faßt diese Verhältnisse zusammen. Bildet sich bei einer Addition an eine Carbonylverbindung ein Stereozentrum direkt neben einem schon vorhandenen Stereozentrum, so ist *im stabilsten aktivierten Komplex die Doppelbindung von den beiden am wenigsten voluminösen* (am wenigsten sperrigen) *Substituenten flankiert*, und das angreifende Nucleophil Y nähert sich der Doppelbindung von der am wenigsten gehinderten Seite her. Werden die Substituenten als *G*(groß), *M*(mittel) und *K*(klein)[1] bezeichnet, so gilt gemäß der Cramschen Regel für die asymmetrische Induktion das folgende Schema:

In Abb. 13.1 sind diese Verhältnisse anhand eines Stereobilds illustriert.

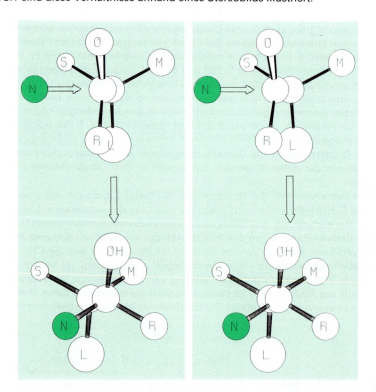

Abb. 13.1. Zur Cramschen Regel: Angriff des Nucleophils N von der si-Seite der Carbonylverbindung (oben); Produkt mit (S)-Konfiguration (OH > C_{LMS} > R > Y) (unten).

[1] Im englischen Sprachraum: S (small); M (medium); L (large); vgl. Abb. 13.1.

Eine Schwäche der Cramschen Regel ist, daß von einer ungünstigen Konformation der Carbonylverbindung ausgegangen wird, in der sich die größten Reste G und R in einer *sp*-ähnlichen Anordnung sterisch stark stören. Dies führte zu Verfeinerungen des Cram-Modells, in die auch die Energiedifferenzen der diastereomeren Übergangszustände der beiden möglichen Produkte mit einflossen (Felkin/Anh- und Houk-Modelle).

13.2 Addition von Wasser und Alkoholen

Hydratbildung. In wäßriger Lösung können Carbonylverbindungen Wasser addieren und sogenannte **Hydrate** bilden:

$$-\underset{O}{\overset{\|}{C}}- + H_2\overline{O} \xrightleftharpoons[OH^\ominus]{H^\oplus \text{ oder}} -\underset{OH}{\overset{OH}{\underset{|}{C}}}-$$

Die Reaktion ist umkehrbar, und es stellt sich ein *Gleichgewicht* ein. Bei der Destillation von Lösungen von Carbonylverbindungen verschiebt sich dieses aber wiederum nach links, so daß sich die Hydrate in der Regel nicht isolieren lassen. Ausnahmen sind Hydrate von Carbonylverbindungen, die wie Chloral (Trichloracetaldehyd, S. 213) an den α-C-Atomen *stark elektronenziehende Substituenten* tragen (Hexafluoraceton, Ninhydrin):

Hydrat von Hexafluoraceton

Ninhydrin
(Reagens auf Aminosäuren)

Die Lage des Gleichgewichtes wird nicht nur durch elektronische, sondern weitgehend auch durch *sterische* Faktoren bestimmt. Formaldehyd bildet in Wasser zu 99% Hydrat, Acetaldehyd zu 58% und Aceton nur in ganz geringem Ausmaß (< 0.01%). Daß aber doch eine *Reaktion von Aceton mit Wasser* stattfindet, zeigt sich, wenn man mit ^{18}O markiertes Wasser verwendet:

$$\underset{H_3C}{\overset{H_3C}{>}}C=O + H_2^{18}O \rightleftharpoons \underset{H_3C}{\overset{H_3C}{>}}C\underset{^{18}OH}{\overset{OH}{<}} \rightleftharpoons \underset{H_3C}{\overset{H_3C}{>}}C=^{18}O + H_2O$$

In einer Lösung von Aceton in reinem Wasser tritt ein solcher Austausch selbst beim Siedepunkt nur äußerst langsam ein; bei Zugabe einer Spur Säure oder Base verläuft der Austausch jedoch fast unmeßbar rasch. Obschon die tatsächliche Konzentration des Hydrates äußerst klein ist, muß es vorübergehend gebildet worden sein, so daß also auch beim Aceton (und in anderen, analogen Fällen) ein entsprechendes Gleichgewicht vorliegt. Die Hydratbildung ist *allgemein säure- und basenkatalysiert.* Sie verläuft wahrscheinlich gemäß folgendem Schema:

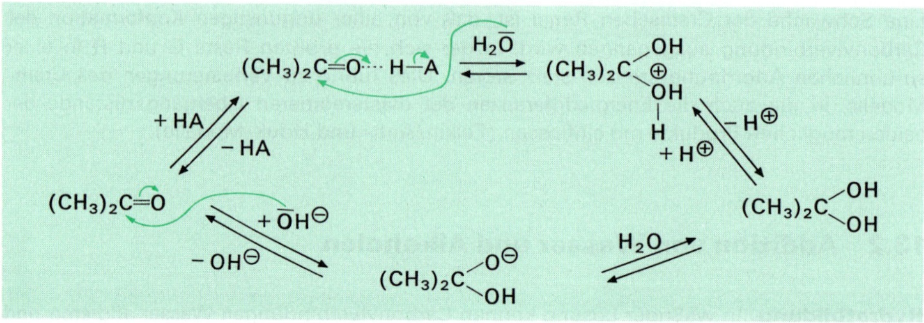

Acetalbildung. Auch *Alkohole* können an Carbonylverbindungen addiert werden, wobei **Acetale** entstehen:

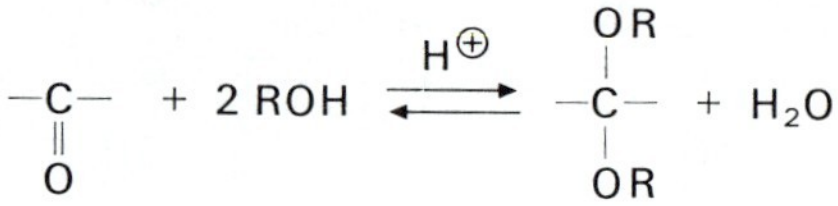

$$-\underset{\underset{O}{\|}}{C}- + 2\,ROH \xrightleftharpoons{H^\oplus} -\underset{\underset{OR}{|}}{\overset{\overset{OR}{|}}{C}}- + H_2O$$

Auch hier stellt sich ein Gleichgewicht ein, welches bei niedrigen Aldehyden und Ketonen auf der rechten Seite liegt. Um Acetale höherer Aldehyde oder Ketone zu erhalten, wird das Gleichgewicht durch Abdestillieren des gebildeten Wassers nach rechts verschoben. Im Gegensatz zur Hydratbildung wird die Addition von Alkoholen nur durch *Säuren* (also nicht durch Basen!) katalysiert; Acetale sind daher *gegenüber Basen vollkommen inert*, werden aber schon durch geringe Mengen wäßriger Säure in Aldehyd (Keton) und Alkohol gespalten. Die Reaktion wird deshalb oft zum **Schutz von Carbonylgruppen** gegenüber dem Angriff einer Base (oder zum **Schutz von Hydroxylgruppen** gegen Oxidationsmittel) verwendet; zur Acetalisierung von Carbonylgruppen benützt man häufig *Orthoameisensäureester* [$HC(OC_2H_5)_3$], der unter dem Einfluß schwacher Säuren das Acetal ergibt und dabei selbst in (normalen) Ameisensäureester ($HCOOC_2H_5$) übergeht.

Die **Acetalisierung** verläuft über *zwei Schritte*. Im ersten Schritt bildet sich unter Addition eines Alkoholmoleküls ein Halbacetal, das nachher in einer S_N1-Reaktion weiterreagiert:

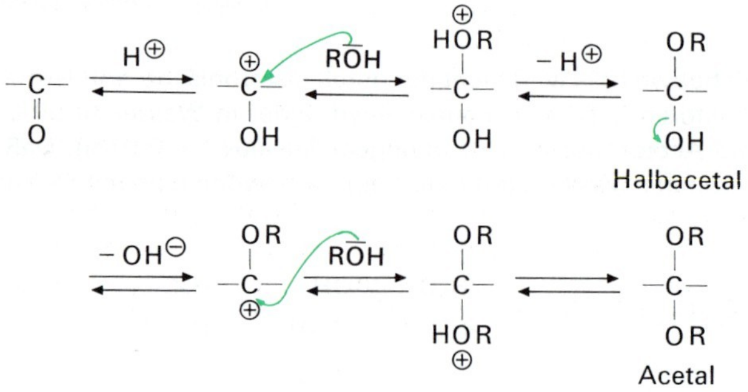

Thioacetale. Mit Mercaptanen bilden Aldehyde und Ketone *Thioacetale*. Für präparative Zwecke besonders interessant ist die Bildung cyclischer Verbindungen mit Dithiolen:

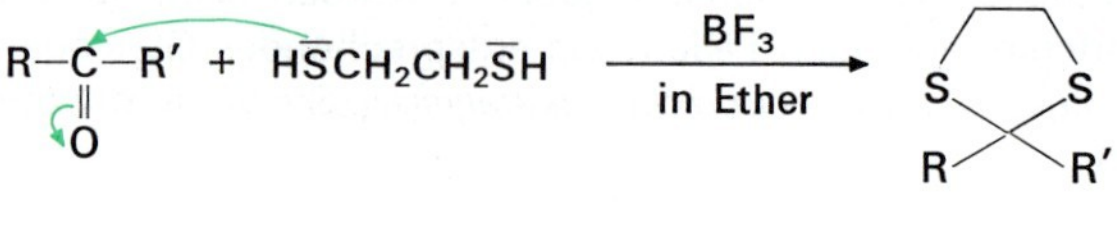

$$R-\underset{\underset{O}{\|}}{C}-R' + H\bar{S}CH_2CH_2\bar{S}H \xrightarrow[\text{in Ether}]{BF_3}$$

Solche fünfgliedrige Thioacetale lassen sich durch Säuren leicht wieder spalten und werden deshalb als *Schutzgruppen* für die *Carbonylfunktion* verwendet. Durch katalytische Hydrierung (mit Raney-Nickel) werden die Schwefelatome abgespalten, so daß im Endeffekt eine Umwandlung der C=O-Gruppe in eine Methylen-(>CH$_2$) Gruppe eintritt.
Läßt man 1,3-Propandithiol auf Aldehyde einwirken, so erhält man cyclische, sechsgliedrige Thioacetale *(1,3-Dithiane)*:

$$RCHO \xrightarrow{HS(CH_2)_3SH} \text{[1,3-Dithian]}$$

Das Proton des 1,3-Dithians läßt sich durch starke Basen (z. B. Butyllithium) entfernen, und das dadurch entstandene Carbanion kann alkyliert werden. Nach der Spaltung des Acetals durch Säure entsteht ein *Keton*:

Im Endeffekt erhält man dabei ausgehend von einem Aldehyd ein Keton (**Corey-Seebach-Synthese**).
Diese Reaktionsfolge ist insofern bemerkenswert, als dabei die *Reaktivität* der *Carbonylgruppe* gewissermaßen *umgekehrt* wird («**Umpolung**» der Carbonylgruppe; Seebach, vgl. dazu die Benzoin-Kondensation, S. 531). Das Carbonyl-C-Atom – das üblicherweise (als Elektrophil) durch ein Nucleophil angegriffen wird – verhält sich in diesem Fall selbst als Nucleophil und verdrängt die Abgangsgruppe des Alkylierungsreagens. Die Reaktion läßt sich auch mit unsubstituierten Dithianen (die aus Formaldehyd und 1,3-Propandithiol erhalten werden) durchführen, so daß auf diese Weise eine Vielfalt von Aldehyden und Ketonen hergestellt werden können. Umgepolte Gruppen spielen als «Synthons» eine große Rolle (vgl. S. 669).

Halbacetale bei Zuckern. *Halbacetale* von *offenkettigen Aldehyden* oder *Ketonen* sind so *instabil*, daß sie nicht als Substanzen isoliert werden können. Bei 1,4- und 1,5-Hydroxyaldehyden und -ketonen existieren jedoch *cyclische Halbacetale*, die sehr beständig sind. Die wichtigsten Beispiele dafür sind die Zucker, von denen der wichtigste, die **Glucose** (Traubenzucker), hier diskutiert werden soll.
Ohne auf die Chemie der Kohlenhydrate im einzelnen schon näher einzugehen, seien einige Reaktionen der Glucose bereits hier erwähnt. Glucose (Molekularformel $C_6H_{12}O_6$) geht bei der Reduktion mit HI in *n*-Hexan über. Die positiv ausfallende Fehling-Reaktion zeigt das Vorhandensein einer Aldehydgruppe an, und durch Veresterung mit Acetylchlorid lassen sich 5 Hydroxylgruppen nachweisen. Die offenkettige Aldehydform (1) besitzt 4 asymmetrisch substituierte C-Atome, so daß insgesamt 16 verschiedene Stereoisomere möglich sind (8 Enantiomerenpaare). Die Konfiguration der natürlichen (rechtsdrehenden) *D*-Glucose wird durch die Fischer-Projektionsformel (2) wiedergegeben.

Durch Addition der Hydroxylgruppe von C5 an die Carbonylgruppe kann sich jedoch aus der offenkettigen Form ein *cyclisches, sechsgliedriges Halbacetal* bilden (*«pyranoide»* Form der Glucose; abgeleitet vom Pyran, einem sauerstoffhaltigen, sechsgliedrigen Ringsystem). Weil damit aber das C-Atom 1 (das Carbonyl-C-Atom) ebenfalls zu einem Chiralitätszentrum wird, sind *zwei diastereomere Halbacetale* möglich, die man als α-D-Glucose und β-D-Glucose unterscheidet. Im festen Zustand (und ebenso in Di- und Polysacchariden) tritt ausschließlich die Halbacetalform (als α- oder β-Glucose) auf. In wäßriger Lösung hingegen stellt sich ein Gleichgewicht zwischen den beiden Halbacetalformen und der offenkettigen Form ein, in welchem aber die Konzentration an freien, offenkettigen Molekülen sehr gering ist (< 0.5%). Die (cyclischen) Halbacetale sind hier also beträchtlich stabiler als die kettenförmigen Carbonylverbindungen.

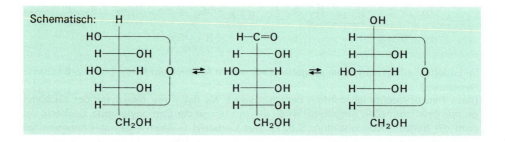

Die *Einstellung dieses Gleichgewichtes* verläuft in reinem Wasser ziemlich langsam, wird aber *durch Säuren und Basen katalysiert*. Da die optische Drehung der Diastereomere (α-und β-Glucose) naturgemäß verschieden ist ($[\alpha]_D$ von α-Glucose = 109; $[\alpha]_D$ von β-Glucose = +20), beobachtet man eine allmähliche Veränderung der Drehung, wenn man reine α- oder β-Glucose in Wasser löst, eine Erscheinung, die als **Mutarotation** bezeichnet wird. Nach einiger Zeit zeigt die wäßrige Lösung ein $[\alpha]_D$ von +52, ungeachtet, ob man ursprünglich von α- oder von β-Glucose ausgegangen ist. Dies entspricht einem Gehalt von 37% α- und 63% β-Glucose. Letztere ist also thermodynamisch stabiler (alle Hydroxylgruppen in der äquatorialen Lage!). Interessant ist, daß sich das Gleichgewicht zwischen den beiden diastereomeren Halbacetalen (und der Kettenform) besonders rasch einstellt, wenn die Lösung zugleich eine Säure und eine Base enthält (z. B. Phenol und Pyridin). Die Base bindet dabei ein Proton von der Hydroxylgruppe an C1, und die Säure überträgt ein Proton an den Ethersauerstoff (unter Rückbildung der Hydroxylgruppe an C5 und Ringöffnung). Wahrscheinlich erfolgen die beiden Teilreaktionen mehr oder weniger synchron, denn es konnte gezeigt werden, daß Substanzen, wie z. B. 2-Hydroxypyridin (welches viel schwächer sauer und auch viel schwächer basisch ist als Phenol bzw. Pyridin), die Gleichgewichtseinstellung ganz besonders stark katalysieren.

Höchstwahrscheinlich beruhen die Wirkungen gewisser Enzyme ebenfalls auf einer solchen **polyfunktionellen Katalyse**, so daß wir es hier gewissermaßen mit einem *einfachen Modell* einer *«enzymatisch» katalysierten Reaktion* zu tun haben (siehe Bd. II).

Polymerisation von Aldehyden. Unter der Wirkung von Säuren polymerisieren besonders *niedere Aldehyde* wie Formaldehyd oder Acetaldehyd zu *cyclischen Acetalen*. Am häufigsten bilden sich dabei Trimere, die einen Sechsring enthalten, doch können auch Tetramere (mit einem achtgliedrigen Ring) entstehen:

$$3\ \text{HCHO} \xrightarrow{H^\oplus} \text{Trioxan}$$

$$3\ \text{CH}_3\text{CHO} \xrightarrow{H^\oplus} \text{Paraldehyd} \quad ; \quad 4\ \text{CH}_3\text{CHO} \xrightarrow{H^\oplus} \text{Metaldehyd}$$

Aus wäßrigen Formaldehydlösungen scheidet sich bei längerem Stehenlassen ein farbloser Niederschlag ab, der hauptsächlich aus einem kettenförmigen Polymerisat [*«Polyoxymethylen»* $(CH_2O)_x$] besteht. Manche dieser Polymerisate lassen sich durch Erwärmen wieder depolymerisieren; so wird z. B. fester Polyformaldehyd bei chemischen Umsetzungen oft an Stelle des monomeren, gasförmigen Aldehyds verwendet.

Der Mechanismus der *Polymerisation von Aldehyden* ist nicht genau bekannt. Möglicherweise handelt es sich um eine Reaktion der Aldehydhydrate mit unveränderten Aldehydmolekülen, die der Bildung von Acetalen aus Aldehyden und Alkoholen vergleichbar wäre. Die Polymerisate sind jedenfalls analog den Acetalen gegenüber Säuren empfindlich (Hydrolyse!), verhalten sich aber gegen Basen inert.

Addition von Wasser bzw. Alkoholen an Ketene und Isocyanate. Die **Ketene** ($R_2C=C=O$) sind eine äußerst reaktionsfähige Gruppe von Carbonylverbindungen. Wasser wird spontan addiert, wobei Carbonsäuren entstehen:

$$H_2C=C=O + H_2O \longrightarrow H_2C=C\begin{smallmatrix}O-H\\OH\end{smallmatrix} \rightleftarrows H_3C-C\begin{smallmatrix}O\\OH\end{smallmatrix}$$

Auch Alkohole und Phenole werden (unter Bildung von Estern) leicht addiert:

$$H_2C=C=O + ROH \longrightarrow H_2C=C\begin{smallmatrix}OH\\OR\end{smallmatrix} \rightleftarrows H_3C-C\begin{smallmatrix}O\\OR\end{smallmatrix}$$

Als Primärprodukt der Addition bildet sich wahrscheinlich ein Oxoniumion, das sich durch intramolekulare Protonenübertragung stabilisiert und anschließend zur Carbonylverbindung tautomerisiert:

$$H_2C=C=O + ROH \longrightarrow H_2C=C\begin{smallmatrix}O^\ominus\\O^\oplus-R\\H\end{smallmatrix} \longrightarrow H_2C=C\begin{smallmatrix}OH\\OR\end{smallmatrix} \rightleftarrows H_3C-C\begin{smallmatrix}O\\OR\end{smallmatrix}$$

508   13 Nucleophile Additionen an Kohlenstoff-Hetero-Mehrfachbindungen

Diketen, das Dimerisationsprodukt von Keten, liefert mit *Ethanol Acetessigester*, der technisch auf diese Weise hergestellt wird:

$$\begin{array}{c} H_2C=C-O \\ | \quad\quad | \\ H_2C-C=O \end{array} \xrightarrow{C_2H_5\overline{O}H} \begin{array}{c} CH_2=C-O \\ | \quad\quad | \\ H_2C-C-O-C_2H_5 \\ {}^{\ominus}|\underline{O}|\,H \end{array} \longrightarrow \begin{array}{c} O^{\ominus} \\ | \\ H_2C=C-CH_2-C{\overset{O}{\underset{O-C_2H_5}{\diagup}}} \\ H \end{array}$$

$$\downarrow$$

$$H_3C-\overset{O}{\overset{\|}{C}}-CH_2-C{\overset{O}{\underset{O-C_2H_5}{\diagup}}}$$

Auch die *Addition von Essigsäure* an Keten wird technisch durchgeführt; sie liefert *Acetanhydrid*.

Isocyanate (die aus Phosgen und Aminen zugänglich sind) verhalten sich in mancher Beziehung den Ketenen ähnlich. Die Addition von Alkoholen liefert **Urethane**:

$$R-N=C=O + R'OH \longrightarrow \begin{array}{c} R-N-C=O \\ | \quad\; | \\ H \;\; OR' \end{array}$$

ein Urethan

Urethane (besonders *Phenylurethane*) kristallisieren oft sehr gut und zeigen scharfe Schmelzpunkte; man verwendet darum die Reaktion von Alkoholen mit Phenylisocyanat oft zur Identifizierung und *Charakterisierung* von *Alkoholen*. Auch Isocyansäure (HNCO) reagiert mit Alkoholen in gleicher Weise und liefert unsubstituierte Urethane. Durch Reaktion von Diisocyanaten mit Glycolen lassen sich Makromoleküle erhalten, die als *Polyurethan-Schaumstoffe* große Bedeutung erlangt haben.

Der *Mechanismus* der Addition ist wahrscheinlich ähnlich der Addition von Alkoholen an Ketene, nur wird das Proton dann nicht auf das Carbonyl-O-Atom, sondern auf das N-Atom übertragen:

$$R-N=C=O + R'OH \longrightarrow \begin{array}{c} R-N=C-\overline{O}|^{\ominus} \\ | \\ H-O-R' \\ {}^{\oplus} \end{array} \longrightarrow \begin{array}{c} R-N-C{\overset{O}{\underset{OR'}{\diagup}}} \\ | \\ H \end{array}$$

Die (säure- und basenkatalysierte) Addition von Wasser an Isocyanate ergibt zunächst die freie *Carbaminsäure*, die jedoch nicht beständig ist und in Methanamin und CO_2 zerfällt:

$$H_3C-N=C=O + H_2O \xrightarrow[OH^{\ominus}]{H^{\oplus}} \begin{array}{c} H_3C-N-C{\overset{O}{\underset{OH}{\diagup}}} \\ | \\ H \end{array} \longrightarrow H_3CNH_2 + CO_2$$

Methylcarbaminsäure

Das auf diese Weise entstandene Amin ist jedoch selbst nucleophil und kann an noch vorhandenes Isocyanat addiert werden, wobei sich ein *substituierter Harnstoff* bildet:

$$H_3C-N=C=O + H_3C\underline{N}H_2 \longrightarrow \begin{array}{c} H_3C-N=C-O^{\ominus} \\ | \\ H_2N-CH_3 \\ {}^{\oplus} \end{array} \longrightarrow \begin{array}{c} O \\ \| \\ H_3C-N-C-N-CH_3 \\ | | \\ H H \end{array}$$

13.3 Addition von Anionen

Viele *Anionen* sind ziemlich starke Basen und damit auch *Nucleophile*; es ist deshalb zu erwarten, daß auch Anionen an Carbonylgruppen addiert werden können. Stark nucleophil sind natürlich Carbanionen; die Reaktionen von Carbonylverbindungen mit Carbanionen werden jedoch erst in Abschnitt 13.6 besprochen.

Bildung von Cyanhydrinen. Durch Addition von HCN an Carbonylverbindungen entstehen α-*Hydroxynitrile*, sogenannte **Cyanhydrine**:

$$\!>\!C=O + HCN \rightleftarrows\; >\!C<^{CN}_{OH}$$

Die Reaktion wird durch Basen stark katalysiert, wird aber durch starke Säuren verhindert (welche die Carbonylgruppe protonieren und damit ihre Reaktionsfähigkeit gegenüber nucleophilen Reagentien erhöhen). Dies beweist, daß nicht das HCN-Molekül, sondern das $CN^{\ominus}$-Ion das angreifende Teilchen ist (Lapworth, 1903):

$$>\!C=O + \bar{C}N^{\ominus} \rightleftarrows\; >\!C<^{CN}_{O^{\ominus}} \xrightarrow{H^{\oplus}} >\!C<^{CN}_{OH}$$

Dabei ist die *Addition des Cyanid-Ions geschwindigkeitsbestimmend*. Das entstandene Zwischenprodukt entreißt dem Lösungsmittel oder der noch vorhandenen Blausäure ein Proton und bildet das Cyanhydrin.
Bei wasserunlöslichen Aldehyden geht man oft auch von den Bisulfit-Additionsprodukten aus, welche direkt mit NaCN umgesetzt werden (nucleophile Substitution). Durch Phasentransfer-Katalyse läßt sich die Reaktionsgeschwindigkeit oft stark erhöhen.
Als Beispiel einer technisch durchgeführten Cyanhydrinsynthese sei die Gewinnung des monomeren *Methacrylsäuremethylesters* erwähnt, der als Ausgangsstoff für die Herstellung von Plexiglas dient:

$$\begin{array}{c}H_3C\\H_3C\end{array}\!\!>\!C=O + H\bar{C}N \longrightarrow \begin{array}{c}H_3C\\H_3C\end{array}\!\!>\!C<^{CN}_{OH} \xrightarrow[CH_3OH]{H_2SO_4} H_2C=C-COOCH_3\\|\\CH_3$$

Durch Schwefelsäure und Methanol wird die Nitrilgruppe hydrolysiert und verestert, wobei gleichzeitig Wasser eliminiert wird.

Die **Streckersche Synthese** von *Aminosäuren* ist eine Variante der Cyanhydrinreaktion. Dabei werden in einer einzigen Reaktion Ammoniak und Cyanid an eine Carbonylverbindung addiert; das entstehende α-Aminonitril läßt sich leicht zur α-Aminosäure hydrolysieren:

$$R-CH=O + HCN + NH_3 \longrightarrow R-\underset{NH_2}{CH}-CN \xrightarrow{H_2O} R-\underset{NH_2}{CH}-COOH$$

In der Praxis behandelt man zu diesem Zweck einen Aldehyd (oder ein Keton) mit einem Gemisch aus NaCN und NH_4Cl; nimmt man an Stelle von Ammoniumchlorid substituierte Ammoniumsalze, so bekommt man N-substituierte Aminonitrile bzw. Aminosäuren.

Addition von Acetylen. In analoger Weise zur Addition von HCN verläuft die Addition von Acetylen:

$$\text{>C=O} + \text{H-C≡C-H} \rightarrow \text{>C(OH)(C≡CH)}$$

Auch diese Reaktion ist *basenkatalysiert*; das angreifende Reagens ist nicht das Acetylen selbst, sondern sein *Anion*. Da Acetylen eine wesentlich schwächere Säure ist als HCN, sind stärkere Basen erforderlich (Alkoxid-Ionen oder Natriumamid).

Bisulfit-Addition. Natriumhydrogensulfit (NaHSO$_3$) wird von den meisten Aldehyden und von vielen Ketonen (besonders Methylketonen und cyclischen Ketonen) addiert:

$$\text{>C=O} + \text{HSO}_3^\ominus \rightleftarrows \text{>C(OH)(SO}_3^\ominus\text{)}$$

Bisulfit-Additions-
produkt

Man führt die Reaktion aus, indem man den Aldehyd bzw. das Keton mit einer gesättigten wäßrigen Lösung von Natriumhydrogensulfit durchschüttelt, wobei sich das Additionsprodukt als farbloser, kristalliner Festkörper ausscheidet. Da die Addition leicht *reversibel* ist, dient sie häufig zur Abtrennung einer Carbonylverbindung aus einem Reaktionsgemisch.
Der Einfluß des *p*H-Wertes auf die Geschwindigkeit der Addition zeigt, daß das stärker nucleophile *Sulfit-Ion* das eigentliche *nucleophile Reagens* ist:

$$\text{>C=O} + \text{SO}_3^{2\ominus} \rightleftarrows \text{>C(SO}_3^\ominus\text{)(O}^\ominus\text{)} \xrightarrow{\text{H}^\oplus} \text{>C(SO}_3^\ominus\text{)(OH)}$$

13.4 Addition von N-haltigen Nucleophilen (N-Nucleophile)

Allgemeines. Carbonylverbindungen reagieren *mit zahlreichen Derivaten von Ammoniak* (*Hydrazin*, substituierte Hydrazine und *Hydroxylamine, Semicarbazid*), aber auch mit *Aminen* oder mit *Ammoniak* selbst («N-Nucleophile»). Das primäre Additionsprodukt stabilisiert sich unter intramolekularer Protonenübertragung; der dadurch entstehende tetraedrisch gebaute Zwischenstoff (1) läßt sich jedoch nur in besonderen Fällen isolieren und spaltet meist spontan Wasser ab:

$$-\overset{\|}{\underset{O}{C}}- + X-\overline{N}H_2 \rightarrow -\overset{H-\overset{\oplus}{N}-X}{\underset{O^\ominus}{\overset{|}{C}}}- \rightarrow -\overset{H-N-X}{\underset{OH}{\overset{|}{C}}}- \xrightarrow{-H_2O} -\overset{N=X}{\underset{}{C}}-$$

(1)

Die *Elimination von Wasser* aus dem Additionsprodukt wird wahrscheinlich durch eine Protonenübertragung von einem H$_3$O$^\oplus$-Ion auf das O-Atom des Zwischenproduktes (1) eingeleitet. Durch Austritt von Wasser bildet sich das Immonium-Ion (2), welches wieder ein Proton auf ein H$_2$O-Molekül überträgt:

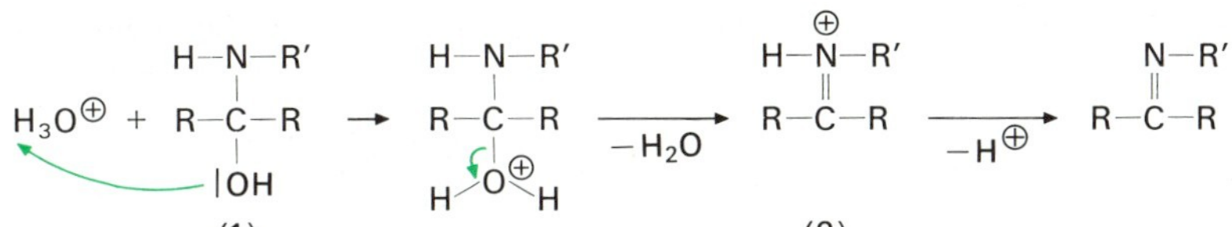

13.4 Addition von N-haltigen Nucleophilen (N-Nucleophile)

Die Abspaltung von Wasser ist jedoch auch unter der Einwirkung von Basen möglich. Das $OH^\ominus$-Ion entzieht dann zunächst dem N-Atom des Zwischenstoffes (1) ein Proton, und unter Austritt der Hydroxylgruppe als $OH^\ominus$-Ion bildet sich die Doppelbindung.

Addition von Ammoniak bzw. Aminen. Manche Aldehyde addieren Ammoniak in prinzipiell gleicher Weise wie Wasser. Die dadurch gebildeten *«Aldehyd-Ammoniake»* sind allerdings instabil und zerfallen bei der Destillation des Reaktionsgemisches wieder. Nur polychlorierte oder -fluorierte Aldehyde und Ketone (die auch beständige Hydrate bilden) liefern stabile Addukte:

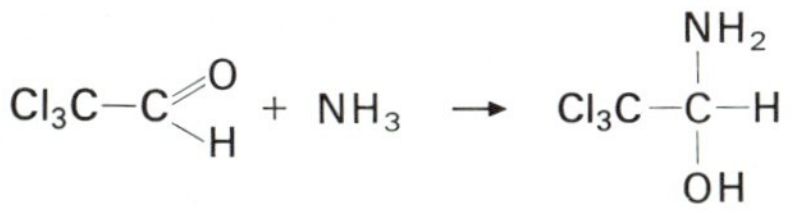

$$Cl_3C-CHO + NH_3 \rightarrow Cl_3C-CH(NH_2)(OH)$$

In gewissen Fällen (so z. B. bei Formaldehyd) bilden sich durch Weiterreaktion der primären Additionsprodukte stabilere Verbindungen (*Urotropin*; siehe S. 213).

Primäre Amine ergeben *Imine*:

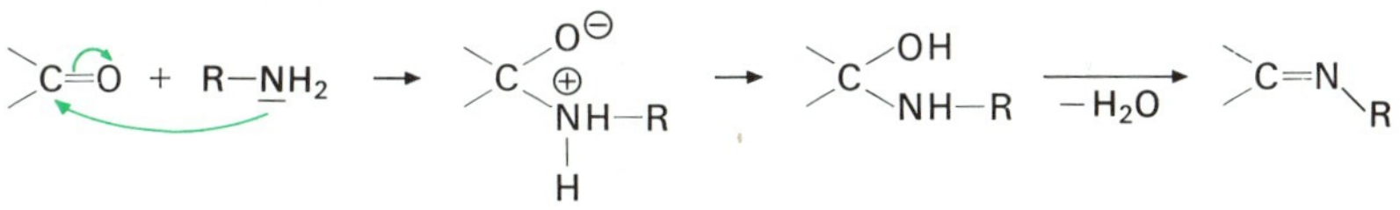

Aliphatische *Imine* können zwar isoliert werden, *zersetzen* sich jedoch *schnell*. Enthalten sie am C- oder N-Atom eine *aromatische* Gruppe, so sind sie hingegen *beständig*. Die aus aromatischen Aminen und Aldehyden gebildeten Imine werden als **Schiffsche Basen** bezeichnet:

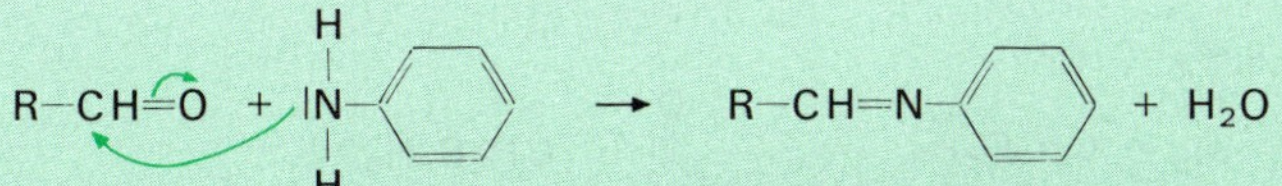

$$R-CHO + H_2N-C_6H_5 \rightarrow R-CH=N-C_6H_5 + H_2O$$

eine Schiffsche Base

Diese Reaktion wird bei der **Friedländer-Synthese** von *Chinolinderivaten* zum *Ringschluß* benutzt:

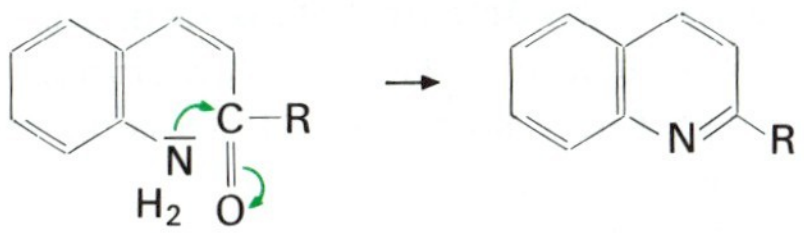

Die Primärprodukte bei der Addition *sekundärer Amine* an Carbonylverbindungen spalten intramolekular kein Wasser ab, so daß sie isoliert werden können. Durch S_N-Reaktion mit einem weiteren Molekül Amin erhält man ein *Aminal*; trägt das α-C-Atom ein H-Atom, so bildet sich unter Wasseraustritt eine C=C-Doppelbindung, und es entsteht ein **Enamin**:

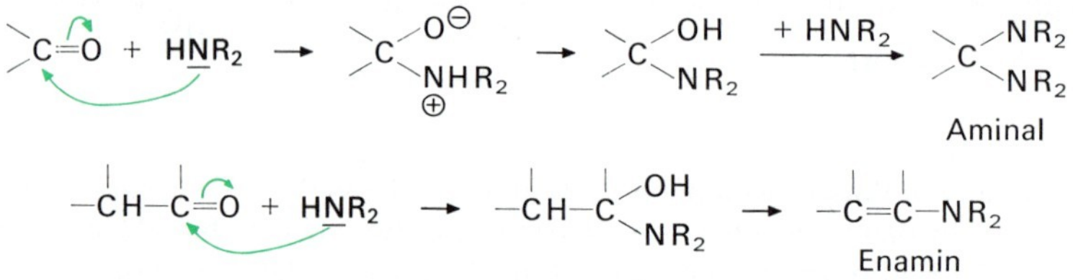

$$\underset{}{>}C=O + HNR_2 \longrightarrow \underset{\overset{\oplus}{NHR_2}}{>}C{-}O^{\ominus} \longrightarrow \underset{NR_2}{>}C{-}OH \xrightarrow{+ HNR_2} \underset{NR_2}{>}C{<}^{NR_2}$$
Aminal

$$-CH-\underset{}{C}=O + HNR_2 \longrightarrow -CH-C\underset{NR_2}{<}^{OH} \longrightarrow -C=C-NR_2$$
Enamin

Bei der praktischen Durchführung dieser Reaktion wird das gebildete Wasser durch azeotrope Destillation oder mit Hilfe wasserentziehender Mittel entfernt.

Enamine lassen sich ähnlich wie Michael-Substrate **acylieren** und **alkylieren** (dies vor allem mit reaktionsfähigen Halogeniden wie Allylchlorid, Benzylchlorid, Iodmethan und α-Halogencarbonylverbindungen). Die Produkte – Immoniumsalze – werden durch Wasser rasch hydrolysiert, wobei α-Acyl- bzw. Alkylcarbonylverbindungen entstehen. Da Enamine aus Ketonen und sekundären Aminen leicht zu erhalten sind, bietet diese Reaktionsfolge eine sehr vielseitig verwendbare Möglichkeit zur **Synthese α-substituierter Ketone**. Leider ergeben die meisten «gewöhnlichen» Halogenalkane dabei vorwiegend N-alkylierte Produkte, die bei der Hydrolyse wieder die Ausgangssubstanzen liefern.

Beispiele:

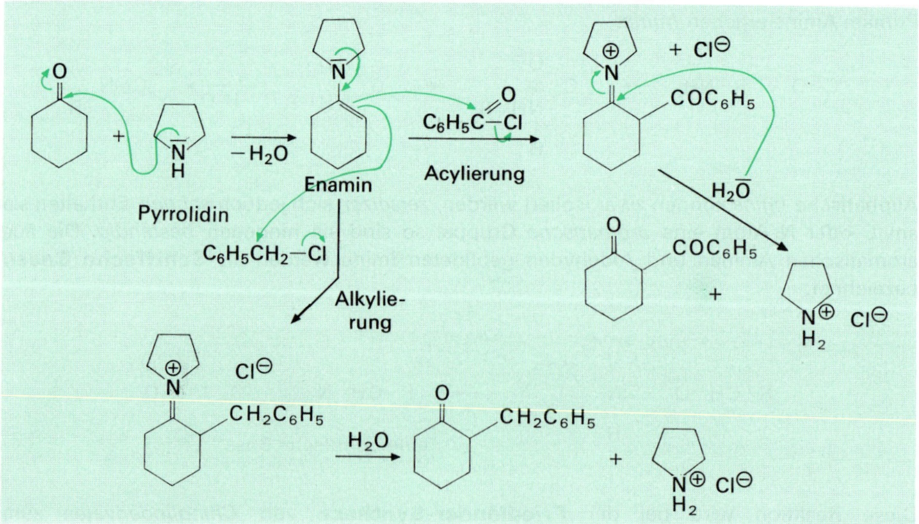

Reduktive Aminierung von Aldehyden und Ketonen. Behandelt man Carbonylverbindungen in Gegenwart von Wasserstoff und einem Hydrierungskatalysator mit Ammoniak, einem primären oder sekundären Amin, so tritt reduktive Aminierung ein, und man erhält Amine (bzw. substituierte Amine):

$$R-\underset{O}{\overset{\|}{C}}-R' + R''_2NH + H_2 \xrightarrow{Ni} R-\underset{NR''_2}{\overset{|}{C}H}-R'$$

13.4 Addition von N-haltigen Nucleophilen (N-Nucleophile)

An Stelle von Wasserstoff lassen sich auch andere reduzierende Reagentien verwenden, wie z. B. Zink und Salzsäure, Natriumborhydrid oder Ameisensäure. Der *Mechanismus* der Reaktion ist nicht genau bekannt. Das folgende Reaktionsschema zeigt eine wahrscheinliche Möglichkeit des Ablaufes:

$$R-\underset{\underset{O}{\|}}{C}-R' + R''NH_2 \longrightarrow R-\underset{\underset{OH}{|}}{\overset{\overset{NHR''}{|}}{C}}-R' \xrightarrow{H_2/Ni} R-\underset{\underset{H}{|}}{\overset{\overset{NHR''}{|}}{C}}-R' + H_2O$$

Verwendet man Ammoniak, so kann das zunächst gebildete primäre Amin unter den Bedingungen der Reaktion weiterreagieren, so daß dann sekundäre (und selbstverständlich auch tertiäre) Amine als Nebenprodukte erhalten werden. Die Reaktion wird besonders häufig mit *Formaldehyd* und einem *primären* oder *sekundären Amin* unter der reduzierenden Wirkung von *Ameisensäure* durchgeführt, wobei Amine von der Art $R-N(CH_3)_2$ und R_2N-CH_3 erhalten werden (**Eschweiler-Clarke-Reaktion**).

Mannich-Reaktion. Bei dieser Reaktion setzt man *Formaldehyd* (seltener andere Aldehyde) zusammen mit einem *sekundären Amin* (als Ammoniumsalz; seltener mit Salzen primärer Amine oder mit unsubstituierten Ammoniumsalzen) und einer *C—H-aciden Komponente* (z. B. einem Keton) in alkoholischer Lösung um:

$$R'-\underset{\underset{O}{\|}}{C}-CH_3 + H_2C=O + R_2NH \xrightarrow{-H_2O} R'-\underset{\underset{O}{\|}}{C}-CH_2-CH_2-N\underset{R}{\overset{R}{\diagup}}$$

eine «**Mannich-Base**»

Dabei werden zwei neu Bindungen (eine C—C- und eine C—N-Bindung) zugleich geknüpft (fett gezeichnet). Nimmt man nicht Formaldehyd, so erhält man am zur CO-Gruppe β-ständigen C-Atom substituierte Mannich-Basen; Ammoniak liefert am N-Atom unsubstituierte Basen.

Als C—H-acide Komponenten eignen sich alle Substanzklassen, die unter der Einwirkung starker Basen *Carbanionen* bilden:

$$-\underset{|}{\overset{|}{C}}H-\underset{\underset{O}{\|}}{C}-R \quad -\underset{|}{\overset{|}{C}}H-CHO \quad -\underset{|}{\overset{|}{C}}H-COOR \quad -\underset{|}{\overset{|}{C}}H-COOH \quad -\underset{|}{\overset{|}{C}}H-CN$$

$$-\underset{|}{\overset{|}{C}}H-NO_2 \qquad RC\equiv CH$$

Die Reaktion ist erster Ordnung bezüglich des Aldehyds, des Amins und der «Methylen-Komponente», insgesamt also dritter Ordnung, und ist spezifisch säure- und basenkatalysiert. Wahrscheinlich wird im *ersten Reaktionsschritt* der *Aldehyd* durch das *Amin* angegriffen. Das Additionsprodukt (1) bindet ein Proton und spaltet Wasser ab, so daß ein *Carbenium-Ion* entsteht. Dieses wird von der *Enolform* der C—H-aciden Komponente gebunden (in sauren Lösungen treten keine Carbanionen auf):

514 13 Nucleophile Additionen an Kohlenstoff-Hetero-Mehrfachbindungen

$$H-\underset{\underset{O}{\|}}{C}-H + R_2\overline{N}H \rightleftarrows H-\underset{\underset{OH}{|}}{\overset{\overset{NR_2}{|}}{C}}-H \xrightarrow[-H_2O]{H^\oplus} H-\underset{\overset{\oplus}{}}{\overset{\overset{NR_2}{|}}{C}}-H$$

$$\hspace{4cm}(1)\hspace{4cm}(2)$$

$$H-\underset{\overset{\oplus}{}}{\overset{\overset{NR_2}{|}}{C}}-H + H_2C=\underset{OH}{\overset{R'}{C}} \longrightarrow R_2N-\underset{\overset{|}{H}}{\overset{\overset{H}{|}}{C}}-CH_2-\underset{}{\overset{\overset{\oplus}{OH}}{C}}-R' \xrightarrow{-H^\oplus} R_2N-\underset{\overset{|}{H}}{\overset{\overset{H}{|}}{C}}-CH_2-\overset{\overset{O}{\|}}{C}-R'$$

$$\hspace{3cm}(3)$$

Bei der *basenkatalysierten* Reaktion reagiert das Produkt (1) direkt mit dem *Carbanion* der C—H-aciden Komponente (S_N2!), wobei die Mannich-Base entsteht.
Werden Ammoniak oder primäre Amine für die Mannich-Reaktion verwendet, so kann die zunächst gebildete Mannich-Base selbst wieder an der Reaktion teilnehmen und weiter mit einem Molekül Aldehyd und einem Molekül Enol (bzw. einem Carbanion) kondensieren, so daß komplizierte Produkte entstehen. Aus diesen Gründen wird in der Praxis hauptsächlich mit *sekundären Aminen* gearbeitet.

Die große Bedeutung der **Mannich-Reaktion** ist darin begründet, daß Mannich-Basen beim Erhitzen leicht ein mol sekundäres Amin abspalten und auf diese Weise α,β-ungesättigte *Carbonylverbindungen* ergeben. Durch Reaktion mit Säureanhydriden läßt sich die Dialkylaminogruppe auch durch eine Carboxylgruppe ersetzen.
Die Mannich-Reaktion ist eine der wichtigsten Reaktionen bei der *Biosynthese vieler Alkaloide* und anderer *Naturstoffe*. Als Beispiel erwähnen wir die Biosynthese des *Hygrins*, eines Alkaloids aus den Blättern der Cocapflanze:

γ-Methylamino-   Aceton   Hygrin
butyraldehyd[1]

Auch zahlreiche *Laboratoriumssynthesen* von Alkaloiden benützen die Mannich-Reaktion. Ein klassisches Beispiel ist die von Robinson (1917) durchgeführte *Synthese des Tropinons*, eines Ketons, das durch Oxidation von Tropin erhalten werden kann. Tropin ist Bestandteil der «*Tropin-Alkaloide*», z. B. des in der Tollkirsche vorkommenden Hyoscyamins, in welchem es mit Tropasäure [Ph—CH(COOH)CH$_2$OH] verestert ist. Die Tropinonsynthese benötigte Succindialdehyd, Methanamin und Aceton:

Tropinon

[1] Mit unterbrochenen Pfeilen ist hier angedeutet, daß nicht alle Reaktionen gleichzeitig ablaufen.

13.4 Addition von N-haltigen Nucleophilen (N-Nucleophile)

Unter physiologisch-milden Bedingungen gelingt diese Tropinon-Synthese (nach C. Schöpf), wenn anstelle des Acetons Acetondicarbonsäure eingesetzt wird (anschließend Decarboxylierung).

Addition von Hydrazin, Hydroxylamin und Semicarbazid (und ihren Derivaten). Derivate dieser stickstoffhaltigen Basen, wie Phenylhydrazin, 2,4-Dinitrophenylhydrazin, Phenylhydroxylamin oder auch Semicarbazid geben mit den meisten Carbonylverbindungen *gut kristallisierende, scharf schmelzende Additionsprodukte* (Phenylhydrazone, Oxime, Semicarbazone), die zur Identifizierung von Aldehyden und Ketonen wichtig sind:

$$\text{C=O} + H_2N-NH_2 \longrightarrow \text{C}(OH)(NHNH_2) \longrightarrow \text{C=N-NH}_2 \quad \text{ein } \textbf{Hydrazon}$$

$$\text{C=O} + H_2N-OH \longrightarrow \text{C}(OH)(NHOH) \longrightarrow \text{C=N-OH} \quad \text{ein } \textbf{Oxim}$$

$$\text{C=O} + H_2N-NHCONH_2 \longrightarrow \text{C}(OH)(NHNHCONH_2) \longrightarrow \text{C=N-NHCONH}_2 \quad \text{ein } \textbf{Semicarbazon}$$

Die Additionsreaktionen sind *reversibel*; durch Erwärmen mit verdünnter Säure lassen sich die Carbonylverbindungen wieder zurückgewinnen. Zur Isolierung von Ketonen aus Naturstoffgemischen wird oft ein weiteres Additionsprodukt verwendet, das Addukt mit *Girard-Reagens*, einem quartären, von Semicarbazid abgeleiteten Ammoniumion. Die Additionsverbindungen sind dank ihrer positiven Ladung wasserlöslich und können dadurch leicht von wasserunlöslichen Begleitstoffen getrennt werden.

$$Cl^\ominus \; (CH_3)_3\overset{\oplus}{N}-CH_2CONHNH_2 \qquad \qquad \text{Pyridinium}-N-CH_2CONHNH_2 \; Cl^\ominus$$

Girard-Reagens T Girard-Reagens P

Im Zusammenhang mit diesen Additionsreaktionen soll noch auf eine *Umlagerung* eingegangen werden, welche Oxime unter der Einwirkung von PCl$_5$, konzentrierter Schwefelsäure oder anderen Reagentien erfahren (**«Beckmann-Umlagerung»**):

$$\underset{N-OH}{R-C-R'} \xrightarrow{PCl_5} R'-\underset{O}{C}-NH-R$$

Dabei tritt eine Wanderung der einen an das Carbonyl-C-Atom gebundenen Gruppe R ein, und zwar verschiebt sich dabei in der Regel die zur Hydroxylgruppe (*E*)-ständige Gruppe. Die Reaktion ist von einer breiten Anwendbarkeit, da R und R' sowohl Alkyl- wie Arylreste und sogar H-Atome (Aldoxime!) sein können; im letztgenannten Fall wandert allerdings im allgemeinen das H-Atom nicht. Technisch wichtig geworden ist die Umlagerung von *Cyclohexanonoxim* in *Caprolactam*, dem Ausgangsstoff zur Gewinnung von Perlon:

$$\text{Cyclohexanon=NOH} \xrightarrow{85\% H_2SO_4} \text{Caprolactam}$$

Caprolactam

Wahrscheinlich wird im ersten Reaktionsschritt die Hydroxylgruppe protoniert und dadurch in eine bessere Abgangsgruppe (Wasser) umgewandelt. Nach Elimination des Wassers verschiebt sich der eine Rest zum N-Atom, und das dadurch entstandene Carbenium-Ion addiert wiederum Wasser:

$$R-\underset{\underset{}{\overset{\overset{N-OH}{\|}}{C}}}{}-R' \xrightarrow{H^{\oplus}} R-\underset{\underset{}{\overset{\overset{\overset{\oplus}{N-OH_2}}{\|}}{C}}}{}-R' \xrightarrow{-H_2O} \underset{(1)}{R'-\overset{\oplus}{C}=N-R} \xrightarrow{H_2O} \underset{(2)}{R'-\underset{\underset{\overset{\oplus}{OH_2}}{|}}{C}=N-R}$$

In der Tat lassen sich in bestimmten Fällen Zwischenprodukte der Konstitution (1) isolieren. (2) spaltet ein Proton ab und tautomerisiert zum Amid:

$$R'-\underset{\underset{\overset{\oplus}{OH_2}}{|}}{C}=N-R \xrightarrow{-H^{\oplus}} R'-\underset{\underset{O-H}{|}}{C}=N-R \rightleftarrows R'-\underset{\underset{O}{\|}}{C}-NH-R$$

Führt man die Umlagerung unter der Wirkung von PCl_5 oder ähnlichen Reagentien aus, so wird im ersten Schritt die Hydroxylgruppe in einen Ester übergeführt (ähnlich wie bei der S_Ni-Reaktion), welcher anschließend in derselben Weise weiterreagiert.

Wenn die beiden Gruppen R und R' verschieden sind, so wandert bei der Beckmann-Umlagerung stets die zur Hydroxylgruppe (*E*)-ständige Gruppe:

$$\underset{H_5C_6}{\overset{H_3C}{\diagdown}}C=N\diagup^{OH} \rightarrow H_3C-\underset{\underset{}{\overset{\overset{O}{\|}}{C}}}{}-N\underset{C_6H_5}{\diagdown^H}$$

$$\underset{H_3C}{\overset{H_5C_6}{\diagdown}}C=N\diagup^{OH} \rightarrow H_5C_6-\underset{\underset{}{\overset{\overset{O}{\|}}{C}}}{}-N\underset{CH_3}{\diagdown^H}$$

Der Grund dafür liegt darin, daß dann im Übergangszustand der Abspaltung von Wasser das austretende Wassermolekül (bzw. im Fall der Umlagerung unter dem Einfluß von PCl_5 die Estergruppe) und die wandernde Gruppe R bzw. R' so weit wie möglich voneinander entfernt sind, so daß die gegenseitigen Wechselwirkungen minimal werden:

$$\underset{R'}{\overset{R}{\diagdown}}C=N\diagdown^{\overset{\oplus}{OH_2}}$$

anti-Elimination

$$\underset{R'}{\overset{R}{\diagdown}}C=N\diagup^{\overset{\oplus}{OH_2}}$$

syn-Elimination
(findet nicht statt)

Die stereoelektronischen Verhältnisse sind damit ähnlich wie bei der *E*2-Elimination von HBr durch eine Base (*anti*-periplanare Stellung der zu eliminierenden Teilchen).

13.5 Addition metallorganischer Verbindungen («C-Nucleophile»)

Grignard-Reaktion. Wie schon früher erklärt, erhält man aus **Grignard-Reagentien** mit Aldehyden *sekundäre Alkohole*, mit Ketonen *tertiäre Alkohole*. Formaldehyd liefert *primäre Alkohole*, und CO_2 ergibt *Carbonsäuren*. Die meisten Aldehyde und Ketone (und auch CO_2) reagieren mit Grignard-Reagentien ziemlich glatt; in gewissen Fällen treten allerdings

13.5 Addition metallorganischer Verbindungen (C-Nucleophile)

Nebenreaktionen ein, welche die Ausbeute verringern können. So können z. B. die *Enole* als Verbindungen mit «aktivem» Wasserstoff direkt mit den Grignard-Reagentien reagieren und dabei den entsprechenden Kohlenwasserstoff liefern (vgl. die *Zerewitinow-Bestimmung* «aktiver» H-Atome!). Stark enolisierte Carbonylverbindungen wie Acetessigester, Acetylaceton usw. liefern daher keine «normalen» Grignard-Additionsprodukte; ebensowenig lassen sich Moleküle, die neben der Carbonylgruppe Hydroxyl- oder Carboxylgruppen enthalten, als Substrate für Grignard-Reaktionen verwenden. Tertiäre Alkohole mit stark raumerfüllenden Substituenten, wie z. B. Tri-*tert*-butylcarbinol, lassen sich durch Grignard-Reaktion eines Ketons nur in geringen Ausbeuten erhalten. In solchen Fällen verwendet man besser Alkyllithiumverbindungen an Stelle der Grignard-Reagentien.

Als *Nebenreaktion* tritt oft eine Wurtz-artige Verknüpfung zweier Alkylreste auf (vgl. S. 54). Eine weitere mögliche Nebenreaktion besteht darin, daß eine *Reduktion* eintritt, sofern das Grignard-Reagens am β-C-Atom mindestens ein H-Atom besitzt:

$$-\underset{\underset{H}{|}}{\overset{|}{C}}-\underset{|}{\overset{|}{C}}-MgBr \; + \; -\underset{\underset{O}{\|}}{\overset{|}{C}}- \;\; \longrightarrow \;\; -C=C- \; + \; -\underset{OMgBr}{\overset{H}{\underset{|}{\overset{|}{C}}}}- \;\; \xrightarrow{\text{Hydrolyse}} \;\; -\underset{OH}{\overset{H}{\underset{|}{\overset{|}{C}}}}-$$

Diese Nebenreaktion wird besonders dann oft beobachtet, wenn die Carbonyl- oder Grignard-Verbindungen sterisch gehindert sind.

Ein plausibler Mechanismus der Grignard-Reaktion wurde von Ashby (1972) vorgeschlagen, der sich auf die Feststellung gründet, daß die Reaktion offenbar auf zwei Wegen ablaufen kann, von denen der eine erster Ordnung bezüglich RMgX, der andere erster Ordnung bezüglich R_2Mg ist. Nach Ashby bilden sich zunächst verschiedene Komplexe aus RMgX, R_2Mg und MgX_2 und der Carbonylverbindung, die sich anschließend in die eigentlichen Addukte (1) und (2) umwandeln:

$$
\begin{array}{ccc}
R_2C=O\cdots Mg\!\!\begin{array}{c}\diagup Br \\ \diagdown Me \end{array} & R_2C=O\cdots Mg\!\!\begin{array}{c}\diagup Me \\ \diagdown Me \end{array} & R_2C=O\cdots Mg\!\!\begin{array}{c}\diagup Br \\ \diagdown Br \end{array} \\
\updownarrow & \updownarrow & \updownarrow \\
\text{2 MeMgBr} \quad \rightleftarrows & \text{Me}_2\text{Mg} \quad + & \text{MgBr}_2 \\
+ \; R_2C=O & + \; R_2C=O & + \; R_2C=O \\
\downarrow & \downarrow & \\
\underset{\underset{Me}{|}}{R_2C-OMgBr} & \underset{\underset{Me}{|}}{R_2C-OMgMe} & \\
(1) & (2) &
\end{array}
$$

(Als Grignard-Reagens wird hier Methylmagnesiumbromid angenommen. Der Koeffizient 2 vor MeMgBr bezieht sich auf das – horizontal geschriebene – **«Schlenk-Gleichgewicht»** und nicht auf die Reaktion zwischen MeMgBr und dem Keton.)

Für die eigentliche Addition – die Bildung von (1) bzw. (2) – wird ein *cyclischer, viergliedriger Übergangszustand* postuliert:

$$
\begin{array}{c}
\text{Me}-\text{Mg}-\text{Br} \\
| \quad\quad\; \\
R_2C=O
\end{array}
\quad \longrightarrow \quad
\begin{array}{c}
\text{Me}-\text{MgBr} \\
| \quad\quad | \\
R_2C-O
\end{array}
$$

Jedoch wurde für diesen Schritt auch schon ein *sechsgliedriger* Übergangszustand (aus zwei «Molekülen» Grignard-Reagens und der Carbonylverbindung) in Betracht gezogen. In jedem Fall bildet sich wohl zuerst die Mg—O-Bindung aus, bevor «$R^\ominus$» zum Carbonyl-Kohlenstoff wandert.

Der von Ashby postulierte Mechanismus dürfte dem tatsächlichen Reaktionsablauf dann am ehesten nahekommen, wenn das Grignard-Reagens im Überschuß vorhanden ist (wobei der Bau des cyclischen Übergangszustandes noch offen bleibt). Wenn aber das Molverhältnis von Grignard-Reagens und Carbonylverbindung etwa 1:1 ist oder gar die Carbonylverbindung im Überschuß vorliegt, so reagieren (1) und (2) wahrscheinlich weiter – entweder untereinander oder mit weiteren «Molekülen» RMgX bzw. Carbonylverbindung – und bilden Dimere oder Trimere. Es scheint aber, daß noch weitere Reaktionsmöglichkeiten auftreten, denn in gewissen Fällen wurden *Ketyle* (Radikal-Anionen, Ionen der Ketone) als Zwischenstoffe beobachtet:

$$R-\overset{\odot}{\underset{|\underline{O}|^\ominus}{C}}-R \qquad \text{Ketyl}$$

Die Bildung solcher Ketyle wird jedenfalls durch kleinste Mengen von Übergangsmetallen (wie sie oft als Verunreinigung im Magnesium auftreten) begünstigt.

Läßt man Grignard-Verbindungen auf *Ester* einwirken, so wird ein mol des Reagens an die Carbonylgruppe addiert, während ein weiteres mol die Alkoxygruppe des Esters verdrängt. Als Produkte erhält man daher tertiäre Alkohole, in denen zwei Gruppen R identisch sind. Säurehalogenide verhalten sich ähnlich. Verwendet man im letzteren Fall die weniger reaktionsfähigen *Alkylcadmiumhalogenide*, so läßt sich die Reaktion auf der *Stufe des Ketons* anhalten.

Reformatzki-Reaktion. Die Umsetzung von α-halogenierten Estern mit einer Carbonylverbindung unter der Wirkung von metallischem Zink ergibt – nach der Hydrolyse des Adduktes mit verdünnter Säure – einen β-Hydroxyester.

Reformatzki-Synthese:

$$\underset{\underset{O}{\|}}{-C-} + \underset{Br}{-\overset{|}{\underset{|}{C}}-COOEt} \xrightarrow{Zn} \underset{\underset{OZnBr}{-\overset{|}{\underset{|}{C}}-}}{-\overset{|}{\underset{|}{C}}-COOEt} \xrightarrow{H^\oplus} \underset{\underset{OH}{-\overset{|}{\underset{|}{C}}-}}{-\overset{|}{\underset{|}{C}}-COOEt}$$

Anstelle von α-halogenierten Estern können auch ihre *Vinyloge* oder auch α-halogenierte Nitrile verwendet werden. Die Reaktion verläuft formal analog einer Grignard-Reaktion. Man vermutet aber, daß das dabei auftretende Zwischenprodukt Enol-Charakter hat. Für die eigentliche Reaktion wurde auch hier ein cyclischer Übergangszustand vorgeschlagen:

Zwischenstoff: $BrZnO-\underset{\underset{\wedge}{\overset{\|}{C}}}{C}-OEt$; $Br-Zn\overset{\nearrow O}{\underset{\searrow O}{}}\overset{C-OEt}{\underset{C-}{\|}} \rightarrow Br-Zn\overset{O}{\underset{O}{\diagdown}}\overset{C-OEt}{\underset{C}{\diagup}}$

13.6 Addition von Yliden

Bei der von Wittig entdeckten Reaktion werden Aldehyde oder Ketone mit *Phosphor*-**Yliden** (S. 397) umgesetzt, wobei Alkene entstehen:

Wittig-Reaktion

$$>\!\!C=O \;+\; Ph_3\overset{\oplus}{P}-\overset{\ominus}{\underset{R'}{C}}-R \;\longrightarrow\; -\underset{}{C}=\underset{R'}{C}-R \;+\; Ph_3PO$$

Die benötigten Ylide werden gewöhnlich aus einem Phosphan (meist Triphenylphosphan) und einem Halogenalkan (in dem das mit dem Halogen verbundene C-Atom noch mindestens ein H-Atom trägt) gewonnen:

$$Ph_3P: \;+\; X\!\!-\!\!\underset{R'}{CH}\!\!-\!\!R \;\longrightarrow\; Ph_3\overset{\oplus}{P}\!\!-\!\!\underset{R'}{CH}\!\!-\!\!R \;\;X^{\ominus} \;\xrightarrow{Bu\text{-}Li}\; \left[Ph_3\overset{\oplus}{P}\!\!-\!\!\overset{\ominus}{\underset{R'}{C}}\!\!-\!\!R \;\leftrightarrow\; Ph_3P\!=\!\underset{R'}{C}\!\!-\!\!R \right]$$

Phosphoniumsalz   Ylid

Auch durch Addition von Phosphanen an Verbindungen mit «aktiven» Methylengruppen (Z—CH_2—Z') lassen sich Phosphor-Ylide herstellen.

Bei der **Wittig-Reaktion** tritt insgesamt ein *Ersatz des Carbonyl-O-Atoms durch die Gruppe RR'C= ein*. Das Ergebnis ist ähnlich der Reformatzki-Reaktion; sie ist jedoch von allgemeinerer Anwendbarkeit, da keine Esterfunktion in α-Stellung zum Halogen vorhanden sein muß. Zudem ist die Lage der entstehenden Doppelbindung stets eindeutig (im Gegensatz zur Reformatzki-Reaktion und zu vielen basenkatalysierten Reaktionen; S. 522), denn auch mit konjugierten Doppel- oder Dreifachbindungen erfolgt der Angriff des Ylids stets am O-Atom der Carbonylgruppe. An der Carbonylverbindung vorhandene funktionelle Gruppen stören nicht; die Reaktion ist auch mit cyclischen und aromatischen Carbonylverbindungen und selbst mit Diarylketonen durchführbar. Auch die Ylide können Doppel- oder Dreifachbindungen enthalten. Einfache Ylide (R und R' = Alkyl) sind gegenüber Wasser, Sauerstoff, Alkoholen u. a. sehr reaktiv, so daß dann in absolut wasser- und alkoholfreiem Milieu und unter Stickstoff bzw. Edelgas gearbeitet werden muß.

Mit *Aldehyden* läßt sich die Wittig-Reaktion auch unter den Bedingungen des Zweiphasenverfahrens *(Phasentransfer-Katalyse)* durchführen. Das Ylid wird dann durch Reaktion des Phosphoniumsalzes mit konzentrierter Natronlauge gebildet; das Carbonyl-C-Atom der Aldehyde ist reaktionsfähig genug, um sofort (in der organischen Phase) mit dem Ylid zu reagieren, bevor dieses durch das Wasser hydrolysiert wird.

Bei einer Variante der Wittig-Reaktion werden durch eine Phosphonsäuregruppe, $PO(OR)_2$, stabilisierte Carbanionen eingesetzt (**«Wittig-Horner-Reaktion»**):

$$(RO)_2\underset{O}{\overset{\|}{P}}\!\!-\!\!\underset{R''}{CH}\!\!-\!\!R' \;\xrightarrow{\text{Base}}\; (RO)_2\underset{O}{\overset{\|}{P}}\!\!-\!\!\overset{\ominus}{\underset{R''}{C}}\!\!-\!\!R' \;\xrightarrow{>\!C=O}\; >\!C\!=\!\underset{R''}{C}\!\!-\!\!R' \;+\; (RO)_2PO_2^{\ominus}$$

Auch hier können die Carbanionen in einem Zweiphasensystem – mit konzentrierter Natronlauge und Tetraalkylammoniumsalz – erzeugt werden. Gegenüber der eigentlichen Wittig-Reaktion hat diese Variante den Vorteil, daß die hier benützten Carbanionen reaktiver sind als die Ylide (**«PO-aktivierte Olefinierung»**). Zudem ist das Nebenprodukt, ein Phosphorsäureester, wasserlöslich und leichter aus dem Reaktionsgemisch abzutrennen.

520   13 Nucleophile Additionen an Kohlenstoff-Hetero-Mehrfachbindungen

Die Phosphonate sind zudem billiger als die Phosphoniumsalze und lassen sich durch die
«**Arbuzow-Reaktion**» leicht herstellen:

$$(EtO)_3P \ + \ RCH_2X \ \longrightarrow \ (EtO)_2\underset{\underset{O}{\|}}{P}-CH_2R \ + \ EtX$$

Der *Reaktionsablauf* der Wittig-Reaktion vollzieht sich in zwei, wahrscheinlich drei
Schritten:

$$\underset{R'}{\underset{|}{Ph_3\overset{\oplus}{P}-\overset{\overset{O=C-}{|}}{\underset{|}{C}}-R}} \ \underset{1}{\rightleftharpoons} \ \underset{R'}{\underset{|}{Ph_3\overset{\oplus}{P}-\overset{\overset{\overset{\ominus}{|O}-C-}{|}}{\underset{|}{C}}-R}} \ \underset{2}{\longrightarrow} \ \underset{R'}{\underset{|}{Ph_3P-\overset{\overset{O-C-}{|}}{\underset{|}{C}}-R}} \ \underset{3}{\longrightarrow} \ Ph_3\overset{O}{\underset{\|}{P}} \ + \ \underset{R'}{\underset{|}{\overset{\overset{C-}{\|}}{C}-R}}$$

                              Betain   Oxaphosphetan

Im ersten Schritt entsteht dabei ein *Betain* (ein inneres Salz). Der zweite und dritte Schritt
stellen eine Elimination von Ph_3PO dar; möglicherweise verlaufen sie konzertiert. Bei sehr
reaktiven Yliden verlaufen wahrscheinlich auch die Schritte 1 und 2 gleichzeitig, so daß
dann kein Betain als Zwischenstoff auftritt. Bei tiefen Temperaturen aufgenommene NMR-
Spektren sind in diesen Fällen jedenfalls in Übereinstimmung mit der Oxaphosphetan-
Struktur, jedoch nicht mit einer Spezies, die ein vierfach koordiniertes P-Atom enthält. In
protischen Lösungsmitteln scheint auch ein weiterer Mechanismus aufzutreten, bei dem das
Betain zunächst protoniert und anschließend das β-Hydroxyphosphoniumsalz gespalten
wird.

Die Wittig-Reaktion läßt sich sehr vielseitig einsetzen; insbesondere wurde sie auch zur
Synthese bestimmter Naturstoffe wie etwa des β-Carotins benützt. Seit einiger Zeit findet sie
sogar technische Anwendung zur Synthese von Vitamin A. Auch intramolekular läßt sich die
Reaktion durchführen.

13.7 Reaktionen von Carbonylverbindungen mit C—H-aciden Verbindungen

Allgemeines. Die Additionen von C—H-aciden Verbindungen an Carbonylgruppen gehören zu den wichtigsten Reaktionen von Aldehyden und Ketonen, weil sie zur **Knüpfung
von C—C-Bindungen** und damit zum Aufbau von C-Gerüsten dienen. In den meisten
Fällen erfolgen diese Reaktionen unter der Wirkung einer *Base*, welche der zu addierenden
Verbindung ein Proton entzieht und damit die Bildung eines **Carbanions** (eines Enolat-Ions)
bewirkt.

13.7 Reaktionen von Carbonylverbindungen mit C—H-aciden Verbindungen

Das *allgemeine Schema* solcher Reaktionen läßt sich folgendermaßen formulieren:

$$\text{>C=O} + \overset{Z}{\underset{R}{CH_2}} \xrightarrow{\text{Base}} \text{>C}\overset{O^{\ominus}}{\underset{\underset{R}{CH-Z}}{}} \xrightarrow[\text{(vom Lösungsmittel)}]{+H^{\oplus}} \text{>C}\overset{OH}{\underset{\underset{R}{CH-Z}}{}}$$

(1)

In vielen Fällen spaltet das Additionsprodukt (1) in einem weiteren Reaktionsschritt Wasser ab (die *Elimination von Wasser* kann *auch spontan* erfolgen), so daß als Endprodukt eine *ungesättigte* Verbindung erhalten wird:

$$\text{>C}\overset{OH}{\underset{\underset{R}{CH-Z}}{}} \xrightarrow[\text{(spontan oder durch Erhitzen mit der Base)}]{-H_2O} \text{>C=C}\overset{Z}{\underset{R}{}}$$

Eine Zusammenstellung der wichtigsten derartigen Reaktionen gibt die Tabelle 13.1[1].

Tabelle 13.1. Beispiele basenkatalysierter Additionen von C—H-aciden Verbindungen an Carbonylverbindungen

Reaktion	C—H-acide Komponente («Methylen-Komponente»)	Carbonyl-Komponente	Folgereaktion

Aldoladdition	Aldehyd —CH—CHO
	Keton —CH—C—R
	         ‖
	         O
		Aldehyd, Keton	Dehydratisierung kann folgen

	Ester —CH—COOR	Aldehyd, Keton (gewöhnlich ohne α-H-Atome)	Dehydratisierung kann folgen

Knoevenagel-Reaktion	Z—CH$_2$—Z' oder
	Z—CH—Z' und ähnlich
	     |
	     R
		Aldehyd, Keton (gewöhnlich ohne α-H-Atome)	Dehydratisierung folgt meistens

Perkin-Reaktion	Anhydrid —CH—COOCOR	aromatische Aldehyde	Dehydratisierung folgt meistens
Darzens-Reaktion	α-halogenierte Ester X—CH—COOR	Aldehyde, Ketone	Epoxidierung (gefolgt von S_N)
Thorpe-Reaktion	Nitril —CH—CN	Nitril	keine

[1] Der zur Bezeichnung dieses Reaktionstypus häufig verwendete Terminus **«Kondensation»** bringt zum Ausdruck, daß insgesamt zwei Moleküle unter Abspaltung eines Moleküls Wasser miteinander reagieren.

13 Nucleophile Additionen an Kohlenstoff-Hetero-Mehrfachbindungen

Wie schon erwähnt, besitzt die benötigte Base die Funktion, den einen Reaktionspartner (die Methylenkomponente) in seine konjugierte Base (ein *Carbanion*) überzuführen. Zwar ist die Acidität von C—H-aciden Verbindungen im allgemeinen klein, so daß das betreffende Säure/Base-Gleichgewicht ungünstig (auf der linken Seite) liegt und *freie Carbanionen* im Reaktionsgemisch nur *in verschwindend kleiner Konzentration* vorkommen. Liegt jedoch das Gleichgewicht der eigentlichen Addition auf der rechten Seite (auf der Seite des Additionsproduktes), so ist trotzdem eine Reaktion in guter Ausbeute möglich, weil durch die Addition die Carbanionen dem Säure/Base-Gleichgewicht entzogen werden. Bei Verwendung von relativ schwachen Basen bestimmt daher die Gleichgewichtskonstante der Addition [Schritt (2) in nachfolgendem Schema] die Ausbeute.

$$B + CH_2\!\!\begin{array}{c}Z\\R\end{array} \rightleftarrows BH^\oplus + {}^\ominus\!|CH\!\!\begin{array}{c}Z\\R\end{array} \quad (1)$$

$$>\!\!C\!=\!O + {}^\ominus\!|CH\!\!\begin{array}{c}Z\\R\end{array} \rightleftarrows -\!\overset{O^\ominus}{\underset{|}{C}}\!-\!CH\!\!\begin{array}{c}Z\\R\end{array} \quad (2)$$

$$-\!\overset{O^\ominus}{\underset{|}{C}}\!-\!CH\!\!\begin{array}{c}Z\\R\end{array} + HB^\oplus \rightleftarrows >\!\!\overset{OH}{\underset{}{C}}\!-\!CH\!\!\begin{array}{c}Z\\R\end{array} + B \quad (3)$$

Als Basen kommen in Frage (geordnet nach abnehmender Basizität):

$$Ph_3C^\ominus > NH_2^\ominus > Me_3CO^\ominus > EtO^\ominus > OH^\ominus > R_3N$$

Handelt es sich bei der Methylenkomponente R—CH$_2$—Z um eine Carbonyl- oder Nitroverbindung, so ist das als Zwischenprodukt auftretende *Carbanion mesomer* und identisch mit dem **Enolat-Ion** der betreffenden Verbindung:

$$R\!-\!CH_2\!-\!\underset{\underset{O}{\|}}{C}\!-\!R' \xrightarrow{-H^\oplus} \left[R\!-\!\overset{\ominus}{C}H\!-\!\underset{\underset{O}{\|}}{C}\!-\!R' \leftrightarrow R\!-\!CH\!=\!\underset{\underset{O^\ominus}{|}}{C}\!-\!R'\right]$$

Die Addition an das positiv polarisierte (elektrophile) Carbonyl-**C-Atom** könnte also auch durch das **O-Atom des Enolat**-Ions (Carbanions) erfolgen:[1]

---

[1] Die unterbrochenen Pfeile deuten an, daß sowohl C$^\ominus$ als auch O$^\ominus$ angreifen können. Dabei sei betont, daß es natürlich *nicht korrekt* ist, Grenzstrukturen reagieren zu lassen. Selbstverständlich reagiert der Mesomeriehybrid. Manchmal ist die hier gezeigte lasche Vorgehensweise allerdings bequem; jedoch sollte man sich der Unkorrektheit bewußt sein.

13.7 Reaktionen von Carbonylverbindungen mit C—H-aciden Verbindungen

$$R''-\underset{H}{\underset{|}{C}}-\underset{R}{\underset{|}{CH}}-\overset{O}{\overset{\|}{C}}-R' \xrightarrow{H^{\oplus}} R''-\underset{H}{\underset{|}{C}}-\underset{R}{\underset{|}{CH}}-\overset{O}{\overset{\|}{C}}-R' \quad (1)$$

$$\updownarrow$$

$$R''-C\underset{H}{\overset{O}{\lessgtr}} + \left[R-\overset{\ominus}{\underset{\|}{CH}}-\underset{O}{\overset{}{C}}-R' \leftrightarrow R-CH=\underset{|\underline{O}|^{\ominus}}{C}-R' \right]$$

$$\updownarrow$$

$$R''-\underset{H}{\underset{|}{C}}-O-\underset{}{\overset{R'}{\underset{|}{C}}}=CH-R \xrightarrow{H^{\oplus}} R''-\underset{H}{\underset{|}{C}}-O-\underset{}{\overset{R'}{\underset{|}{C}}}=CH-R \quad (2)$$

Daß trotzdem in den weitaus *meisten Fällen C-Addition* eintritt, daß also, anders gesagt, das α-*C-Atom* und nicht das O-Atom *als nucleophiles Zentrum* wirkt, ist u. a. darauf zurückzuführen, daß sich auf diese Weise das *stabilere Produkt* bilden kann. Aus den Bindungsenthalpien berechnet man für die Addition (1) eine Reaktionsenthalpie von etwa −17 kJ/mol, während für die Reaktion (2) etwa +85 kJ/mol aufzuwenden wären. Die Gesamtreaktion ist somit *thermodynamisch* (nicht kinetisch) *gesteuert*. Zudem ist das positiv polarisierte C-Atom der Carbonylgruppe eine eher weiche Säure, die sich bevorzugt mit der ebenfalls weichen Base $C^{\ominus}$ im Carbanion koordiniert (vgl. S. 356 und Band II).

Eigentliche Aldoladditionen. Erwärmt man *Acetaldehyd* in Gegenwart mäßig starker Basen (z. B. von wäßrigem Natriumhydroxid), so vereinigen sich zwei Moleküle Aldehyd zu einem *Hydroxyaldehyd* (einem **«Aldol»**):

$$H_3CCHO + H_3CCHO \rightarrow H_3C-\underset{H}{\underset{|}{\overset{OH}{\overset{|}{C}}}}-CH_2-CHO$$

Aldoladdition Aldol

Dies ist das einfachste Beispiel einer Addition einer C—H-aciden Verbindung an eine Carbonylgruppe. Sie erfolgt genau gemäß dem oben diskutierten Schema: durch die Base wird ein Aldehydmolekül in ein Carbanion übergeführt, das reversibel von einem zweiten Aldehydmolekül addiert wird. Für die Kinetik findet man in diesem Fall ein *Zeitgesetz zweiter Ordnung*:

$$\frac{d[\text{Aldol}]}{dt} = k \cdot [H_3CCHO] \cdot [OH^{\ominus}]$$

Dies zeigt, daß hier die *Bildung des Carbanions geschwindigkeitsbestimmend* sein muß und daß die eigentliche Addition − verglichen mit der Bildung des Carbanions − rasch verläuft. Die *Ausbeute* bei der Addition wird aber durch die Gleichgewichtskonstante von Schritt (2) (Schema S. 522) bestimmt; weil die Reaktionsentropie negativ ist (Zunahme des Ordnungsgrades bei der Vereinigung zweier Moleküle, da ein Verlust an Freiheit der Translationsbewegung eintritt), ist sie um so *größer*, je *tiefer* die *Temperatur* ist (das Entropieglied $T \cdot \Delta S$ erhält mit steigender Temperatur ein wachsendes Gewicht). Bei einer der Aldoladdition von Acetaldehyd auf den ersten Blick völlig analogen Reaktion, der *Dimerisation von Aceton* zu *Diacetonalkohol*, einem «Ketol», findet man hingegen ein *Zeitgesetz dritter Ordnung*:

13 Nucleophile Additionen an Kohlenstoff-Hetero-Mehrfachbindungen

$$H_3CCOCH_3 + H_3CCOCH_3 \xrightarrow{OH^{\ominus}} H_3C-\underset{\underset{CH_3}{|}}{\overset{\overset{OH}{|}}{C}}-CH_2-\underset{\underset{O}{\|}}{C}-CH_3$$

Diacetonalkohol

$$\frac{d[Ketol]}{dt} = k' \cdot [H_3CCOCH_3]^2 \cdot [OH^{\ominus}]$$

Hier muß die *Addition des Carbanions* an das Acetonmolekül *geschwindigkeitsbestimmend* sein. Dies rührt daher, daß die Carbonylgruppe im Aceton (wie überhaupt in Ketonen) weniger leicht durch nucleophile Reagentien angegriffen wird als die Carbonylgruppe von Aldehyden, und zwar aus sterischen wie aus elektronischen Gründen (vgl. S.500); infolge des +I-Effektes von Alkylgruppen wird nicht nur das Addukt selbst, sondern auch der entsprechende aktivierte Komplex destabilisiert.

> Ganz allgemein gilt für *Reaktionen vom Typ der Aldoladdition*, daß *elektronenziehende Substituenten* an der Carbonylgruppe die *Reaktionsfähigkeit erhöhen* (d. h. die Geschwindigkeit des zur Neuknüpfung einer C—C-Bindung führenden Schrittes erhöhen), während *elektronenabstoßende Gruppen* die *Reaktivität herabsetzen*. Benzaldehyd reagiert somit weniger schnell als Acetaldehyd, während *p*- (oder *o*-) Nitrobenzaldehyd wieder beträchtlich rascher reagiert.

Um in Fällen, wie z. B. bei der Dimerisation von Aceton, trotz ungünstiger Gleichgewichtslage eine genügende Ausbeute an Additionsprodukt zu erhalten, sind besondere Maßnahmen notwendig. Kocht man beispielsweise Aceton unter Verwendung eines Soxhlet-Extraktors, wobei etwas Bariumhydroxid in die Extraktionshülse gegeben wird, so bildet sich eine kleine Menge des Additionsproduktes (Diacetonalkohol), das in das Reaktionsgefäß zurückfließt. Da das Reaktionsprodukt um rund 100°C höher siedet als Aceton, sammelt es sich im Reaktionsgefäß an, während die Acetondämpfe fortwährend mit Ba(OH)$_2$ in Berührung kommen und dadurch immer weiter das gewünschte Produkt liefern. Verwendet man *stärkere Basen* als wäßriges Alkali oder erhitzt man während der Addition stärker, so entsteht eine α,β-*ungesättigte Carbonylverbindung* durch *Elimination von Wasser* aus dem primären Produkt der Addition. Auch auf diese Weise läßt sich das Additionsgleichgewicht verschieben. So kondensiert Acetophenon unter der Wirkung von *tert*-Butylat zu 3-Methyl-1,3-diphenyl-2-propen-1-on («*Dypnon*»):

$$H_5C_6COCH_3 + CH_3COC_6H_5 \longrightarrow H_5C_6-\underset{\underset{CH_3}{|}}{C}=CH-CO-C_6H_5$$

Dypnon

Die *Elimination* erfolgt wahrscheinlich nach dem *E1cB-Mechanismus*. Die Base spaltet dabei zunächst dem Additionsprodukt ein Proton ab (und führt es in das entsprechende Carbanion über), und anschließend tritt ein OH$^{\ominus}$-Ion aus. Selbstverständlich können die zwei Schritte auch mehr oder weniger synchron verlaufen, so daß alle Zwischenstufen zwischen «echter» *E1cB*- und *E2*-Elimination auftreten können.

$$R-\underset{\underset{H}{|}}{\overset{\overset{OH}{|}}{C}}-CH_2-CO-R' \xrightarrow{Base} R-\underset{\underset{H}{|}}{\overset{\overset{OH}{|}}{C}}-\overset{\ominus}{C}H-CO-R' \xrightarrow{-OH^{\ominus}} R-CH=CH-CO-R'$$

13.7 Reaktionen von Carbonylverbindungen mit C—H-aciden Verbindungen

Der *sterische Ablauf* der *Elimination* ist nur in relativ wenigen Fällen genau bekannt; wahrscheinlich handelt es sich dabei stets um *anti-Eliminationen*.

Die *Aldoladdition* läßt sich auch unter der Wirkung von *Säuren* durchführen. Dabei wird die *Carbonylkomponente* zuerst *protoniert* und in ihre konjugierte Säure übergeführt; die Säure katalysiert aber gleichzeitig die *Enolisierung der Methylenkomponente*, so daß anschließend die *Addition des Enols* (nicht eines Carbanions!) eintritt:

$$H_3C-C(=O)H + H^{\oplus} \longrightarrow \left[H_3C-C(^{\oplus}OH)H \leftrightarrow H_3C-\overset{\oplus}{C}(OH)H \right]$$

$$H_3C-C(^{\oplus}OH)H + \underset{OH}{\overset{}{>C=C-R'}} \longrightarrow H_3C-\underset{H}{\overset{OH}{C}}-C-\underset{\overset{\oplus}{OH}}{\overset{}{C}}-R'$$

$$\downarrow -H^{\oplus}$$

$$H_3C-\underset{H}{\overset{OH}{C}}-C-\underset{O}{\overset{}{C}}-R'$$

Trägt das zur Carbonylgruppe α-ständige C-Atom ein H-Atom, so erfolgt anschließend sofort Dehydratisierung *(säurekatalysierte E1-Reaktion)*.

Als eigentliche **Aldoladdition («Aldolkondensation»)** wird die *Reaktion von zwei Molekülen Aldehyd* bezeichnet. Die Kondensation zweier Ketonmoleküle oder eines Aldehydmoleküls mit einem Ketonmolekül wird jedoch gewöhnlich auch Aldolkondensation genannt. Verwendet man dabei verschiedene Aldehyde oder unsymmetrisch substituierte Ketone, so ergeben sich verschiedenartige Reaktionsmöglichkeiten, die im folgenden noch besprochen werden sollen.

Wenn bei einer Kondensation zweier verschiedener Aldehyde jeder der beiden Reaktanten am α-C-Atom ein H-Atom trägt, so können durch Aldoladdition und nachfolgende Dehydratisierung *vier verschiedene Produkte* entstehen. Solche Kondensationen haben daher nur dann praktische Bedeutung, wenn das gewünschte Produkt leicht aus dem Reaktionsgemisch abgetrennt werden kann. Besitzt hingegen der eine der beiden Reaktanten kein α-H-Atom, so können nur *zwei Produkte* entstehen. Wenn diese eine Verbindung zudem die *reaktionsfähigere Carbonylgruppe* besitzt, so wird das eine der beiden möglichen Produkte *bevorzugt* oder sogar *ausschließlich* gebildet. Aus einem Gemisch von Formaldehyd und Acetaldehyd beispielsweise entsteht bei Zusatz von wäßrigem Alkalihydroxid zunächst ausschließlich β-Hydroxypropionaldehyd, weil nur Acetaldehyd ein Carbanion bilden kann und zudem die Carbonylgruppe von Formaldehyd reaktionsfähiger ist:

$$H_3CCHO \xrightarrow{OH^{\ominus}} H_2\overset{\ominus}{C}CHO \xrightarrow{+H_2C=O} H_2C-CH_2-CHO \xrightarrow{H_2O} H_2C-CH_2-CHO$$
$$ \underset{O^{\ominus}}{|} \underset{OH}{|}$$

Führt man diese Reaktion in der Gasphase aus (bei 300 °C und mit Natriumsilicat als Katalysator), so spaltet das primäre Additionsprodukt sofort Wasser ab, und es entsteht *Acrolein*. Bei niedrigerer Temperatur wird das primär gebildete Produkt von einem weiteren Formaldehydmolekül addiert, bis schließlich nach dreimaliger Aldoladdition alle drei α-H-Atome von Acetaldehyd ersetzt worden sind:

$$H_3CCHO + 3\ HCHO \xrightarrow{OH^\ominus} HOCH_2-\underset{\underset{CH_2OH}{|}}{\overset{\overset{CH_2OH}{|}}{C}}-CHO$$

Durch **Cannizzaro-Reaktion** mit einem weiteren Molekül Formaldehyd bildet sich schließlich *Pentaerythritol*:

$$(H_2COH)_3C-CHO + HCHO \xrightarrow{OH^\ominus} C(CH_2OH)_4 + HCOOH$$
Pentaerythritol

Da der Salpetersäureester von Pentaerythritol, *Pentaerythritoltetranitrat*, ein wichtiger Explosivstoff ist, wird diese Reaktion auch im technischen Maßstab durchgeführt [unter Verwendung von Ca(OH)$_2$ als Base].

Kondensiert man ein Keton mit einem Aldehyd, der kein α-H-Atom enthält, so entsteht zunächst ein einziges Produkt:

$$H_5C_6CHO + H_3CCOCH_3 \xrightarrow{10\%\ NaOH} H_5C_6CH=CHCOCH_3$$
Benzalaceton

Bei einem Überschuß von Benzaldehyd entsteht Dibenzalaceton:

$$2\ H_5C_6CHO + H_3CCOCH_3 \longrightarrow H_5C_6CH=CHCOCH=CHC_6H_5$$
Dibenzalaceton

Verwendet man zur Kondensation mit Aldehyden *unsymmetrische Ketone*, so können selbst dann, wenn der Aldehyd kein α-H-Atom besitzt, *zwei Produkte* entstehen, weil jedes der beiden α-C-Atome des Ketons als nucleophiles Zentrum wirken kann. Als Beispiel diene die Reaktion von Benzaldehyd mit Ethylmethylketon (Butanon):

$$H_5C_6\underset{\underset{OH}{|}}{CH}-CH_2-\underset{\underset{O}{||}}{C}-CH_2CH_3 \longrightarrow H_5C_6-CH=CH-\underset{\underset{O}{||}}{C}-CH_2CH_3$$
(1)   (2)

↑↓

$$H_5C_6CHO + H_3C-\underset{\underset{O}{||}}{C}-CH_2CH_3$$

↑↓

$$H_5C_6\underset{\underset{OH}{|}}{CH}-\underset{\underset{CH_3}{|}}{CH}-\underset{\underset{O}{||}}{C}-CH_3 \longrightarrow H_5C_6-CH=\underset{\underset{CH_3}{|}}{C}-\underset{\underset{O}{||}}{C}-CH_3$$
(3)   (4)

Bei der **basenkatalysierten Reaktion** erhält man praktisch ausschließlich das Produkt (2). Eingehende Untersuchungen zeigten, daß unter diesen Umständen die Dehydratisierung von (1) bedeutend rascher verläuft als die Dehydratisierung von (3), möglicherweise wegen einer gewissen Behinderung der *E1cB*-Elimination durch die α-ständige Methylgruppe. Wenn aber die Dehydratisierung geschwindigkeitsbestimmend ist, stehen die beiden Ketole (1) und (3) miteinander über Carbanion und Aldehyd im Gleichgewicht, so daß durch **kinetische Steuerung** der Reaktion bevorzugt das (sich rascher bildende) Produkt (2) entsteht. Führt man jedoch die Reaktion unter der Wirkung einer *Säure* aus, so verlaufen

13.7 Reaktionen von Carbonylverbindungen mit C—H-aciden Verbindungen

beide Dehydratisierungen sehr rasch, und das einmal gebildete Ketol wird im Augenblick seiner Entstehung sofort irreversibel verbraucht. Unter diesen Bedingungen besteht aber der erste Reaktionsschritt in der Addition des *Enols*; da das Enol (6) (mit der stärker substituierten Doppelbindung) als das stabilere der beiden möglichen Enole (6) und (7) bevorzugt gebildet wird, erhält man bei der **säurekatalysierten Reaktion** durch **thermodynamische Steuerung** hauptsächlich das *«verzweigte»* Produkt (4).

$$H_3C-\underset{OH}{C}=CH-CH_3 \qquad H_2C=\underset{OH}{C}-CH_2CH_3$$
$$(6) \qquad\qquad (7)$$

Intramolekulare basen- und säurekatalysierte Aldoladditionen mit anschließender Dehydratisierung dienen häufig zur Synthese *cyclischer Verbindungen,* besonders dann, wenn fünf- oder sechsgliedrige Ringsysteme gebildet werden.

Beispiele:

$$H_5C_6-CO-CO-C_6H_5 + H_5C_6-CH_2-CO-CH_2-C_6H_5 \xrightarrow{KOH}$$

«Tetracyclon»
(ein reaktives Dien für Diels-Alder-Reaktionen)

$$H_3C-CO-CH_2-CH_2-CO-CH_3 \xrightarrow{NaOH}$$

Der *sterische Verlauf* der Aldoladditionen ist noch verhältnismäßig wenig untersucht. Im allgemeinen steht die *Carbonylgruppe* im ungesättigten Produkt *(E)* zur *voluminöseren Gruppe* am α-C-Atom:

$$H_5C_6-CHO + H_5C_6-CO-CH_3$$

$$\xrightarrow{NaOH} H_5C_6-\underset{OH}{CH}-CH_2-CO-C_6H_5 \xrightarrow{OH^\ominus} \underset{H}{\overset{H_5C_6}{>}}C=C\underset{CO-C_6H_5}{\overset{H}{<}}$$
$$(E)$$

Dies dürfte darauf zurückzuführen sein, daß der aktivierte Komplex (1), der zum (*E*)-Produkt führt, *stabiler* ist als der zum (*Z*)-Produkt führende aktivierte Komplex, weil sich bei letzterem zwei stark raumerfüllende Substituenten in *synperiplanarer* Lage zueinander befinden würden, während sie hier in *antiperiplanarer* Stellung stehen:

(1) stabiler
(E)

Wenn sich aber bereits bei der Addition des Carbanions zwei Chiralitätszentren bilden, muß die in manchen Fällen beobachtete **Stereoselektivität** eine Folge der Tatsache sein, daß die Addition mit einer bestimmten bevorzugten gegenseitigen Orientierung der Reaktanten geschieht. Dies ist z. B. bei der Reaktion von *Benzaldehyd* mit *Phenylessigsäure* (Pyridin als Base) der Fall, wo vorwiegend dasjenige Produkt gebildet wird, in welchem die Carboxyl- und eine Phenylgruppe in (*E*)-Stellung zueinander stehen:

$$H_5C_6-CHO + \underset{CH_2-COOH}{\overset{C_6H_5}{|}} \xrightarrow{\text{Pyridin}} \begin{array}{l} \underset{H}{\overset{H_5C_6}{\diagdown}}C=C\underset{COOH}{\overset{C_6H_5}{\diagup}} \quad \text{Fp. 173°C} \\ 85\% \ (E) \\[1em] \underset{H}{\overset{H_5C_6}{\diagdown}}C=C\underset{C_6H_5}{\overset{COOH}{\diagup}} \quad \text{Fp. 133°C} \\ 15\% \ (Z) \end{array}$$

Knoevenagel-Reaktion. Unter dieser Bezeichnung faßt man Kondensationen von *Aldehyden* oder *Ketonen* mit *Methylenkomponenten* der Konstitution Z—CH$_2$—Z′ bzw. Z—CHR—Z′ zusammen. Als elektronenziehende Substituenten Z kommen dieselben Gruppen wie bei Michael-Additionen in Frage: CHO, COR, COOR, CN, NO$_2$, SOR, SO$_2$R und SO$_2$OR. Auch weitere Verbindungen wie CHCl$_3$, Alkylalkine (mit terminaler Dreifachbindung), Cyclopentadiene und sogar *o*- und *p*-Nitrotoluen können als Addenden dienen. Das *Anwendungsgebiet* der **Knoevenagel-Reaktion** ist dementsprechend sehr *groß*.

Knoevenagel-Reaktion; Beispiele:

$$H_5C_6CHO + H_3CCOCH_2COOEt \xrightarrow{Et_3N} H_5C_6-CH=C-COOEt$$
$$\hspace{6cm} | $$
$$\hspace{6cm} COCH_3$$

$$H_5C_6CHO + H_3CNO_2 \xrightarrow{NaOH} H_5C_6-CH=CH-NO_2$$

$$H_3CCOCH_3 + HCCl_3 \xrightarrow{KOH} \underset{HO}{\overset{H_3C}{\diagdown}}C\underset{CH_3}{\overset{CCl_3}{\diagup}}$$

$$H_3CCOCH_3 + \bigcirc \xrightarrow{KOH} \underset{H_3C}{\overset{H_3C}{\diagdown}}C{=}\!\!\bigcirc$$

Die *Knoevenagel-Reaktion* folgt dem *gleichen Reaktionsschema* wie die *Aldoladdition*. In der Regel wird hier das Additionsprodukt nicht isoliert, sondern man erhält *direkt die ungesättigte Verbindung*. Als Basen werden oft tertiäre Amine verwendet: Triethylamin, Piperidin, Pyridin u. a.

Perkin-Reaktion. 1871 entdeckte Perkin, daß sich beim Erhitzen aromatischer Aldehyde wie Benzaldehyd mit einem Gemisch von Natriumacetat und Acetanhydrid ungesättigte Säuren bilden.

Perkin-Reaktion:

$$H_5C_6\overset{H}{\underset{H}{C}}{=}O + (H_2CCO)_2O \xrightarrow{H_3CCO\overline{O}Na^{\oplus}} H_5C_6-CH=CH-COOH + H_3CCOOH$$
$$\hspace{8cm} \text{Zimtsäure}$$

13.7 Reaktionen von Carbonylverbindungen mit C—H-aciden Verbindungen

Das Anhydrid bildet unter der Wirkung des basischen Acetat-Ions ein Carbanion, welches in der üblichen Weise an die Carbonylgruppe des Aldehyds addiert wird. Besitzt das eingesetzte Anhydrid an einem der beiden α-C-Atome zwei H-Atome, so tritt die Dehydratisierung sofort und spontan ein; nur wenn Anhydride vom Typ $(R_2CHCO)_2O$ verwendet werden, erhält man das Hydroxy-Produkt, da dann eine Wasserabspaltung unmöglich ist. Die Perkin-Reaktion ist von ziemlich *allgemeiner Anwendbarkeit*, erfordert aber – im Gegensatz zur Knoevenagel-Reaktion – *energischere Reaktionsbedingungen* (Acetat-Ionen sind nur mäßig stark basisch!) und liefert zudem mit unsubstituierten aromatischen Aldehyden nur *mäßige Ausbeuten*. —M- oder —I-Substituenten am Aldehyd erleichtern die Reaktion und erhöhen die Ausbeute; Amino- oder Hydroxyaldehyde reagieren kaum oder überhaupt nicht. Die lange Zeit umstrittene Frage, ob tatsächlich das Anhydrid oder eventuell das Acetat-Ion (bzw. das aus ihm entstehende Carbanion) addiert wird, ließ sich dadurch klären, daß man ein Gemisch von Benzaldehyd und Natriumacetat den gleichen Reaktionsbedingungen unterwarf, wobei keine Reaktion eintrat.

Eine wichtige Variante der Perkin-Reaktion ist die **Erlenmeyersche Azlactonsynthese** zur Gewinnung von α-*Aminosäuren*. Hier werden N-Acylderivate von Glycin mit Aldehyden (in Gegenwart von Natriumacetat und Acetanhydrid) kondensiert. Unter der Wirkung des Anhydrids wird das Acylglycin (als Enol) in das Azlacton umgewandelt, dessen durch die benachbarte Carbonylgruppe aktivierte Methylengruppe mit dem Aldehyd kondensiert:

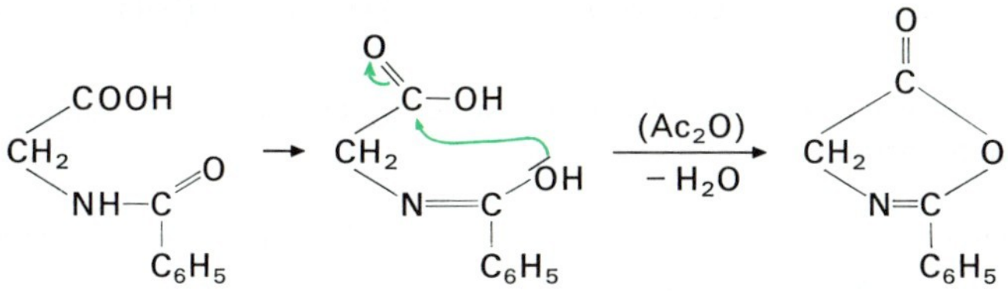

Benzoylglycin → Azlacton

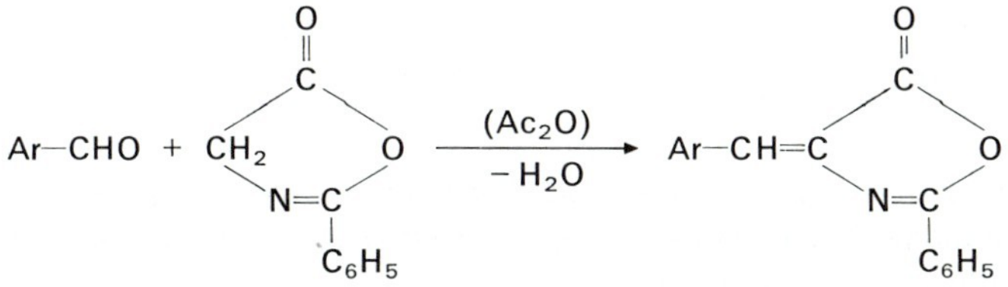

Durch Reduktion mittels Iodwasserstoff und rotem Phosphor und anschließende Hydrolyse bildet sich die α-Aminosäure:

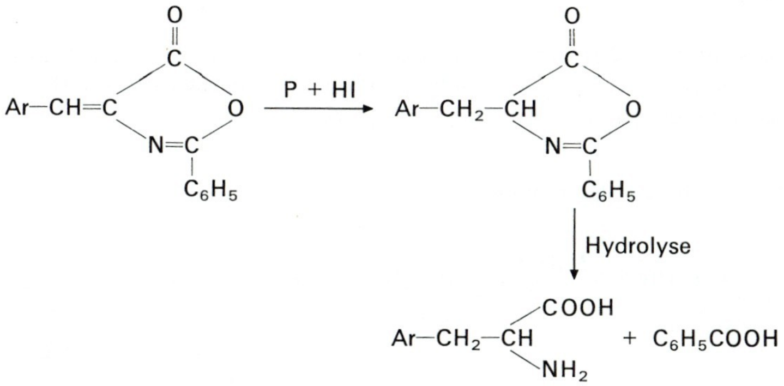

$$Ar-CH_2-CH(COOH)(NH_2) + C_6H_5COOH$$

Kondensationen von Aldehyden und Ketonen mit Estern. In Gegenwart einer starken Base lassen sich *Ester* über ihr α-C-Atom als nucleophiles Zentrum an die Carbonylgruppe von Aldehyden oder Ketonen addieren, vorausgesetzt, daß sie keine α-ständigen H-Atome besitzen (andernfalls tritt Claisen-Reaktion ein: Substitution der Alkoxygruppe des Esters!). Die Reaktion folgt dem gewöhnlichen für solche Reaktionen geltenden Schema. Sie läßt sich nicht nur mit Estern, sondern auch mit *Lactonen* oder mit *α,β-ungesättigten Säuren* durchführen. Im letztgenannten Fall wirkt das γ-C-Atom als nucleophiles Zentrum (Vinylogieprinzip!).

Für die meisten Ester benötigt man *relativ starke Basen*, wie *Lithiumamid* oder *Triphenylmethylnatrium*. Besonders leicht kondensieren Bernsteinsäureester und ihre Derivate, so daß hier mit weniger starken Basen wie Natriummethylat gearbeitet werden kann. Diesen Sonderfall der Kondensation eines Esters mit einem Aldehyd oder Keton bezeichnet man als **Stobbe-Kondensation**.

Das Addukt cyclisiert zu einem γ-Lacton, welches anschließend unter $E1$- oder $E2$-Elimination weiterreagiert:

Die relative Stabilität des entstehenden *Carboxylat-Anions* ist die Ursache dafür, daß hier das Gleichgewicht für die Reaktion günstig liegt, im Gegensatz zu den Reaktionen von Ketonen mit Estern einprotoniger Carbonsäuren.

Die Bedeutung der Stobbe-Kondensation für die präparative Chemie liegt darin, daß es auf diese Weise gelingt, ein C-Gerüst um drei C-Atome (und nicht nur um zwei, wie bei der Knoevenagel-Reaktion) zu verlängern.

Darzens-Glycidester-Synthese. Als letzte Reaktion vom prinzipiellen Typus der Aldoladdition soll die basenkatalysierte Reaktion zwischen dem Ester einer α-Halogencarbonsäure und einem Aldehyd oder Keton besprochen werden.

Darzens-Glycidester-Synthese:

13.7 *Reaktionen von Carbonylverbindungen mit C—H-aciden Verbindungen* 531

Hier folgt auf die nucleophile Addition eine innere S_N2-Reaktion. Die durch Esterhydrolyse entstehenden Glycidsäuren erfahren bei der Behandlung mit Säuren *Ringöffnung und Decarboxylierung* (S. 396):

$$\underset{\text{Glycidsäure}}{\overset{}{\underset{O}{\overset{}{\text{C}}}}\text{—CH—COOH}} \xrightarrow{H^{\oplus}} \underset{\overset{\oplus}{O}\text{H}}{\overset{}{\text{C}}}\text{—CH—COOH} \xrightarrow[-CO_2]{} \underset{\overset{}{O}\text{H}}{\overset{}{\text{C}}=\text{CH}} \rightleftarrows \overset{}{\text{C}}\text{H—CHO}$$

Benzoinkondensation. Behandelt man gewisse aromatische Aldehyde mit Cyanid-Ionen, so bilden sie kein Cyanhydrin, sondern ergeben durch Selbstkondensation **Benzoin**:

$$H_5C_6CHO + H_5C_6CHO \xrightarrow{CN^{\ominus}} \underset{\text{Benzoin}}{H_5C_6-\underset{OH}{\overset{}{\text{CH}}}-\underset{O}{\overset{\|}{\text{C}}}-C_6H_5}$$

Dabei wirkt das eine der beiden Aldehyd-Moleküle als «Donor», da es sein H-Atom an den Carbonyl-Sauerstoff des anderen Aldehydmoleküls (das als «Acceptor» wirkt) überträgt. Gewisse Aldehyde wie z. B. *p*-Dimethylaminobenzaldehyd können nur als Donor wirken und kondensieren nicht unter sich, sondern nur mit anderen Aldehyden, die wie Benzaldehyd als Acceptor wirken können.

Für die **Benzoinkondensation** wird der folgende Mechanismus angenommen:

$$Ar-\underset{O}{\overset{}{\text{C}}}-H + \bar{C}N^{\ominus} \rightleftarrows Ar-\underset{O^{\ominus}}{\overset{CN}{\underset{}{\text{C}}}}-H \rightleftarrows \underset{\underset{(1) \text{ Donor}}{}}{Ar-\underset{OH}{\overset{CN}{\underset{}{\text{C}}}}\overset{\ominus}{}} + \overset{\overset{O}{\|}}{\underset{H}{\overset{}{\text{C}}-Ar'}} \rightleftarrows Ar-\underset{OH\ H}{\overset{CN\ O^{\ominus}}{\underset{}{\text{C}-\text{C}}}}-Ar'$$

$$\rightleftarrows Ar-\underset{\overline{|O|^{\ominus}\ H}}{\overset{CN\ OH}{\underset{}{\text{C}-\text{C}}}}-Ar' \rightleftarrows Ar-\underset{O\ H}{\overset{OH}{\underset{}{\text{C}-\text{C}}}}-Ar' + CN^{\ominus}$$

Man beachte die umgepolte Carbonylgruppe in (1). Sie darf als historisch erster Fall einer **Umpolung** gelten!
Die Reaktion ist *umkehrbar*; das Benzoin läßt sich daher durch Reaktion mit Cyanid wieder in zwei Aldehyde spalten. Der für die Reaktion entscheidende Schritt ist die Abtrennung des Aldehyd-H-Atoms; er wird dadurch ermöglicht, daß die CN-Gruppe die Ladung des entstehenden Carbanions zu delokalisieren vermag. Daß *nur aromatische Aldehyde* unter der Einwirkung von Cyanid auf diese Weise kondensieren, zeigt, daß auch die delokalisierende Wirkung des an die Aldehydgruppe gebundenen aromatischen Ringsystems für die Bildung des Carbanions von Bedeutung ist.

13.8 1,2- und 1,4-Additionen

Vinyloge (α,β-ungesättigte) Carbonylverbindungen besitzen zwei elektrophile Zentren, das C-Atom der Carbonylgruppe und das β-C-Atom:

$$\text{>C=C-C=O} \leftrightarrow \text{>}\overset{\oplus}{\text{C}}\text{-C=C-}\overset{\ominus}{\text{O}}$$

Bei nucleophilen Additionen ist durch eine derartige Delokalisation die Reaktivität des Carbonyl-C-Atoms etwas vermindert, dafür kann auch Addition am β-C-Atom eintreten. Man beobachtet deshalb häufig eine *Konkurrenz zwischen 1,2- und 1,4-Addition*, d. h. einer «normalen» Addition an die Carbonylgruppe und einer Addition an das Carbonyl-O-Atom und das vinyloge β-C-Atom:

$$-\text{C=C-C=O} + \overset{\oplus\ominus}{\text{HCN}} \longrightarrow \begin{cases} \text{OH} \\ | \\ -\text{C=C-C-CN} \quad \text{1,2-Addition} \\ \\ \text{OH} \\ | \\ -\text{C-C=C} \rightarrow -\text{C-C-C=O} \quad \text{1,4-Addition} \\ | \qquad \qquad | \\ \text{CN} \qquad \quad \text{CN} \end{cases}$$

Bei 1,4-Addition resultiert das Enol, welches wieder zur Carbonylform tautomerisiert, so daß in diesem Fall die Carbonylgruppe erhalten bleibt, die C=C-Doppelbindung aber verschwindet. Rein formal ergibt somit die 1,4-Addition im *Endeffekt* dasselbe Produkt wie eine 1,2-Addition an die olefinische Doppelbindung.

Berechnet man die Stabilität der beiden möglichen Additionsprodukte aus den Bindungsenergien, so ergibt sich, daß das *1,4-Produkt thermodynamisch stabiler* ist, daß die 1,4-Addition also begünstigt sein sollte. Häufig ist dagegen die Addition kinetisch gesteuert; wenn der aktivierte Komplex des geschwindigkeitsbestimmenden Schrittes (der Addition eines Nucleophils) für die 1,2-Addition energieärmer ist, erfolgt 1,2-Addition. Oft treten 1,2- und 1,4-Addition zugleich nebeneinander auf, wobei dann das Mengenverhältnis, in dem die beiden Additionsprodukte erhalten werden, sowohl durch elektronische wie durch sterische Faktoren bestimmt werden kann. *Stark nucleophile* Reagentien, wie etwa Grignard-Verbindungen, werden beispielsweise oft bevorzugt an die *Carbonylgruppe* (also in 1,2-Stellung) addiert, wahrscheinlich deshalb, weil das stark negativ polarisierte C-Atom der Grignard-Verbindung von dem am stärksten elektrophilen Atom (dem Carbonyl-C-Atom) besonders angezogen wird. *Schwächer nucleophile Reagentien* hingegen liefern *bevorzugt* das *stabilste* Produkt, werden also hauptsächlich in 1,4-Stellung addiert.

Die Auswirkungen sterischer Faktoren werden durch die Ergebnisse an α,β-ungesättigten Ketonen illustriert. Substituenten, welche die Carbonylgruppe abschirmen, unterdrücken eine 1,2-Addition, während anderseits die 1,4-Addition durch Substituenten am β-C-Atom gehindert wird. Aldehyde, wie Croton- oder Zimtaldehyd, liefern vorwiegend 1,2-Produkt.

13.9 Additionen an C—N-Mehrfachbindungen

Hydrolyse und Alkoholyse von Nitrilen. Die **Hydrolyse** der Nitrile liefert *Amide* bzw. *Carbonsäuren*; sie ist eine der wichtigsten präparativen Methoden zur Gewinnung von Carbonsäuren.

$$R-C\equiv N + H_2O \xrightarrow[OH^\ominus]{H^\oplus} R-C\begin{smallmatrix}O\\NH_2\end{smallmatrix}$$

$$R-C\equiv N + 2\,H_2O \xrightarrow[OH^\ominus]{H^\oplus} R-C\begin{smallmatrix}O\\OH\end{smallmatrix}$$

Da die Reaktion **säure-** und **basenkatalysiert** ist, kann sie nicht ohne weiteres auf der Stufe des Amids, des Primärproduktes, angehalten werden, da unter den notwendigen Reaktionsbedingungen Amide ebenfalls hydrolysiert werden. Die Hydrolyse mit konzentrierter Schwefelsäure oder mit einem Gemisch von Essigsäure und BF_3 führt im allgemeinen zum Amid. Der Reaktionsverlauf der Amidbildung entspricht der Hydratbildung von Carbonylverbindungen:

$$R-C\equiv N + H_2\overline{O} \rightarrow R-\underset{\underset{OH}{|}}{C}=NH \rightleftarrows R-\underset{\underset{O}{\|}}{C}-NH_2$$

Bei der säurekatalysierten Hydrolyse wird im ersten Schritt das N-Atom protoniert und damit die Elektrophilie des Nitril-C-Atoms erhöht; im Fall der basenkatalysierten Hydrolyse wird direkt ein $OH^\ominus$-Ion addiert.

Alkohole liefern mit Nitrilen in Gegenwart von trockenem Chlorwasserstoff Salze von *Iminoestern*:

$$R-C\equiv N + R'OH \xrightarrow{HCl} R-\underset{\underset{OR'}{|}}{C}=\overset{\oplus}{N}H_2\ Cl^\ominus$$

Durch saure Hydrolyse erhält man daraus direkt den entsprechenden Carbonsäureester. Verwendet man statt gasförmiges HCl wäßrige Salzsäure als Katalysator für die Alkoholaddition, so entsteht sofort der Ester. Der Ablauf der Reaktion folgt völlig dem auf S. 503 gegebenen Schema für die Alkoholaddition an Carbonylverbindungen.

Verwendet man Alkohole, welche wie tertiäre Alkohole oder Benzylalkohol relativ leicht Carbenium-Ionen bilden, und führt man die Addition in stark saurer Lösung aus, so wird das *Carbenium-Ion an das Nitril addiert*, und man erhält als Endprodukt ein monoalkyliertes Amid (**Ritter-Reaktion**):

$$R'OH \xrightarrow{H^\oplus} R'^\oplus$$

$$R'^\oplus + R-C\equiv N \rightarrow R-\overset{\oplus}{C}=N-R' \xrightarrow{H_2\overline{O}} R-\underset{\underset{OH}{|}}{C}=N-R' \rightleftarrows R-\underset{\underset{O\ H}{|\ \ |}}{\overset{\|}{C}}-N-R'$$

Selbst *Carbenium-Ionen*, die durch *Protonierung* eines Alkens entstehen, können auf diese Weise an *Nitrile addiert* werden. Auch HCN selbst gibt diese Reaktion und bildet monosubstituierte Formamide.

Hydrolyse von Iminen. Imine lassen sich leicht durch Wasser zu Carbonylverbindungen hydrolysieren:

$$\underset{N-R}{\overset{\|}{-C-}} \xrightarrow{H_2O} \underset{O}{\overset{\|}{-C-}} + R-NH_2$$

Besonders leicht verläuft die Hydrolyse, wenn Alkylreste an das N-Atom gebunden sind. Arylimine (R = Aryl; Schiffsche Basen!) erfordern zur Hydrolyse die Katalyse durch Säuren oder Basen. Oxime, Arylhydrazone und Semicarbazone, die alle ebenfalls eine C=N-Doppelbindung besitzen, lassen sich durch verdünnte Säuren in gleicher Weise hydrolysieren. Häufig wird dabei Formaldehyd zugegeben, um das freigesetzte, relativ reaktionsfähige Amin zu binden. Auf diese Weise lassen sich Carbonylverbindungen durch Oxim-, Hydrazon- oder Semicarbazonbildung und anschließende Hydrolyse aus Reaktionsgemischen abtrennen. Die Hydrolyse erfolgt nach dem bereits auf S. 504 gegebenen Reaktionsschema:

$$\underset{N-R}{\overset{\|}{-C-}} \xrightarrow{H_2\overset{\frown}{O}} \underset{\ominus N-R}{\overset{\overset{\oplus OH_2}{|}}{-C-}} \rightarrow \underset{HN-R}{\overset{\overset{\overline{OH}}{|}}{-C-}} \rightarrow \underset{}{\overset{\overset{\oplus OH}{|}}{-C-}} \rightarrow \underset{}{\overset{\overset{O}{\|}}{-C-}}$$

Es wird also zunächst ein Molekül Wasser addiert, worauf anschließend die Amid-Gruppe (unter der Wirkung von Protonen) austritt.

Grignard- und Thorpe-Reaktion. Nitrile ergeben *mit Grignard-Verbindungen Ketone*. Die Ausbeuten sind oft nicht allzu groß, und es ist nicht immer leicht, die Reaktion auf der Stufe des Ketons anzuhalten. Die Grignard-Addition folgt ebenfalls dem bei Carbonylverbindungen gültigen Schema:

$$R-C{\equiv}N + R'-MgX \rightarrow \underset{N-MgX}{\overset{\|}{R-C-R'}} \xrightarrow{H_2O} \underset{O}{\overset{\|}{R-C-R'}}$$

Die **Thorpe-Reaktion** ist das *Nitril-Analogon der Aldoladdition*:

$$-\overset{|}{\underset{|}{C}}H-C{\equiv}N + -\overset{|}{\underset{|}{C}}-C{\equiv}N \xrightarrow{\overline{|O}Et^{\ominus}} -\overset{|}{\underset{|}{C}}H-\overset{-\overset{|}{C}-C{\equiv}N}{\underset{}{C}}=NH$$

Dabei ist die C=N-Doppelbindung leicht hydrolysierbar, so daß sich auf diese Weise β-Ketonitrile (und durch weitere Hydrolyse β-Ketocarbonsäuren) gewinnen lassen. Ähnlich wie die Aldolreaktion läßt sich auch die Thorpe-Reaktion intramolekular (mit Dinitrilen) ausführen (**«Thorpe-Ziegler-Reaktion»**) und dient dann als *Ringschlußreaktion*. Die Ausbeuten sind wie gewöhnlich bei der Herstellung von 5- und 6-Ringen besonders groß. Durch Arbeiten in starker Verdünnung sind 14-gliedrige und noch höhere Ringsysteme erhalten worden (vgl. hierzu Band II).

Addition an Isonitrile. Als letzte Gruppe nucleophiler Additionen sollen die Additionen an Isonitrile, R—N≡C, behandelt werden. Im Gegensatz zu den Additionen an Carbonylverbindungen und Nitrile werden hier *beide addierte Atome,* das nucleophile und das elektrophile, *vom negativ polarisierten C-Atom gebunden*:

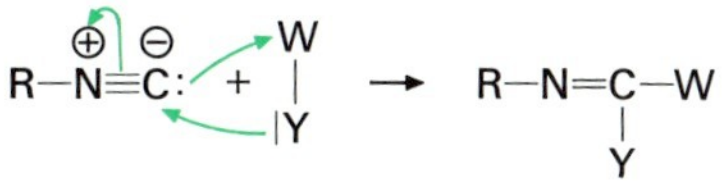

$$R-\overset{\oplus}{N}\equiv\overset{\ominus}{C}: + \begin{matrix}W\\|\\|Y\end{matrix} \longrightarrow R-N=\underset{\underset{Y}{|}}{\overset{}{C}}-W$$

Das primäre Produkt der Addition reagiert aber stets weiter, so daß man schließlich ein Produkt der Konstitution

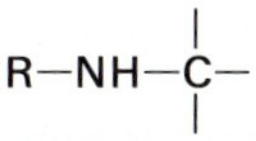

$$R-NH-\overset{|}{\underset{|}{C}}-$$

erhält.
Beispiele bilden die Addition von Wasser oder die Reduktion mit Lithiumaluminiumhydrid:

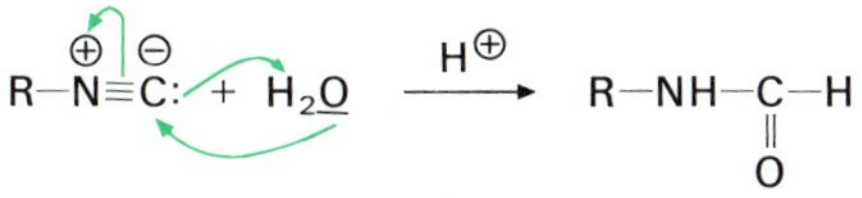

$$R-\overset{\oplus}{N}\equiv\overset{\ominus}{C}: + H_2\underline{O} \xrightarrow{H^{\oplus}} R-NH-\underset{\underset{O}{\|}}{C}-H$$

substituiertes Formamid

$$R-\overset{\oplus}{N}\equiv\overset{\ominus}{C} + LiAlH_4 \longrightarrow R-NH-CH_3$$

14 Elektrophile Substitutionen an aliphatischen C-Atomen

Elektrophile Substitutionen sind schematisch folgendermaßen zu formulieren:

$$-\overset{|}{\underset{|}{C}}-X \; + \; \overline{Y}| \; \longrightarrow \; -\overset{|}{\underset{|}{C}}-Y \; + \; \underline{\overline{X}}|$$

Es ist daraus zu ersehen, daß eine elektrophile Substitution an einem aliphatischen C-Atom nur dann einigermaßen leicht möglich ist, wenn die C—X-Bindung derart polarisiert ist, daß das *C-Atom* eine *negative,* die *Abgangsgruppe X* eine *positive Partialladung* trägt. Diese Voraussetzung ist besonders bei **metallorganischen Verbindungen** erfüllt.

14.1 Zum Ablauf elektrophiler Substitutionen

Bimolekulare elektrophile Substitution. Analog zur S_N2-Reaktion können auch bei elektrophilen Substitutionen Bindungstrennung und -neubildung *synchron* erfolgen. Bei einer S_N2-Reaktion können aber die durch das Nucleophil zur Verfügung gestellten Bindungselektronen nur in dem Maß mit einem AO des C-Atoms, an dem die Substitution stattfindet, überlappen, in welchem die Abgangsgruppe ihr Elektronenpaar wegzieht. Der Angriff des Nucleophils erfolgt dabei ausnahmslos von «hinten», und es tritt bei einer solchen Reaktion notwendigerweise Konfigurationsumkehr ein. Bei einer bimolekularen elektrophilen Substitution dagegen kann das Elektrophil das betreffende C-Atom genau so gut von «vorn» angreifen, da es selbst ein unbesetztes AO besitzt; ja ein solcher Angriff von vorn ist sogar wahrscheinlicher, da das Elektrophil Elektronen «sucht». Im Gegensatz zur S_N2-Reaktion sollte die **S_E2-Reaktion** also unter **Retention** der Konfiguration verlaufen:

$$\text{...}C-X \; + \; \overline{Y}| \; \longrightarrow \; \text{...}C-Y \; + \; \underline{\overline{X}}|$$

Es ist auch möglich, daß bei der Substitution ein Teil der angreifenden Partikel die Abtrennung der Abgangsgruppe dadurch erleichtert, daß gleichzeitig mit der Bildung der neuen C—Y-Bindung eine Bindung mit der Abgangsgruppe entsteht:

$$\overset{}{\underset{X}{\geq}}C\overset{Y}{\underset{}{\diagdown}}Z \; \longrightarrow \; \geq C\diagdown^{Y} \; + \; X\diagdown Z$$

Auch in diesem Fall ist aber ein Zeitgesetz der zweiten Ordnung und Retention der Konfiguration zu erwarten. In der Tat verlaufen alle bisher untersuchten bimolekularen elektrophilen Substitutionen unter Konfigurationserhaltung.

14.1 Zum Ablauf elektrophiler Substitutionen 537

Ein elegantes *Beispiel*, welches die *Retention der Konfiguration beweist*, wurde von Jensen untersucht. Ausgangsstoff war Di-*sec*-butylquecksilber, wobei die eine *sec*-Butylgruppe optisch aktiv, die andere jedoch racemisch war. (Die Herstellung dieser Substanz erfolgte durch Reaktion von optisch aktivem *sec*-Butylquecksilberbromid mit racemischem *sec*-Butylmagnesiumbromid.) Die Di-*sec*-butylverbindung wurde mit Quecksilberbromid umgesetzt, wobei sich zwei mol *sec*-Butylquecksilberbromid bildeten.
Die unter verschiedenen Bedingungen durchgeführte Reaktion ergab stets ein Produkt, das noch die Hälfte der ursprünglichen Aktivität besaß, ein eindeutiger *Beweis für die Konfigurationserhaltung*.

Unimolekulare elektrophile Substitution. Analog zur S_N1- ist auch eine **S_E1-Reaktion** möglich:

$$R-X \xrightarrow{\text{langsam}} R^\ominus + X^\oplus$$
$$R^\ominus + Y^\oplus \longrightarrow R-Y$$

Das erwartete *Zeitgesetz erster Ordnung* wird in der Tat bei vielen elektrophilen Substitutionen an aliphatischen C-Atomen beobachtet.

Allylumlagerungen bei S_E-Reaktionen. Wenn an Allylverbindungen elektrophile Substitutionen ausgeführt werden, kann eine *Umlagerung* analog der bereits auf S. 359 beschriebenen, eigentlichen **Allylumlagerung** eintreten:

$$-\overset{|}{\underset{X}{C}}=\overset{|}{C}-\overset{|}{C}- + Y^\oplus \longrightarrow -\overset{|}{C}-\overset{|}{C}=\overset{|}{\underset{Y}{C}} + X^\oplus$$

Für solche Umlagerungen bestehen bei S_E-Reaktionen im Prinzip zwei Möglichkeiten. Entweder wird die Abgangsgruppe zuerst abgetrennt, wobei sich ein mesomeriestabilisiertes *Carbanion* bildet, das an zwei Stellen angegriffen werden kann (S_E1), oder es erfolgt zuerst der Angriff des Elektrophils, so daß ein *Carbenium-Ion* entsteht, von welchem anschließend die Abgangsgruppe X abgetrennt wird:

In der Mehrzahl der bisher untersuchten Fälle solcher Umlagerungen fungiert ein Proton als Abgangsgruppe; jedoch sind auch Reaktionen bekannt, bei denen Metallatome verdrängt werden.

538   14   Elektrophile Substitutionen an aliphatischen C-Atomen

Eine einfache **Verschiebung einer Doppelbindung** in ungesättigten Verbindungen geschieht oft schon unter dem Einfluß von Brönsted- oder Lewis-*Säuren*. Dabei stellt sich gewöhnlich ein Gleichgewicht ein, in welchem das stabilste Molekül überwiegt:

$$H_3C-CH_2-CH=CH_2 \xrightarrow{H^\oplus} H_3C-CH=CH-CH_3$$

Unter dem Einfluß von Protonsäuren verläuft die Umlagerung über Carbenium-Ionen. Das Proton greift dabei die Doppelbindung in der Weise an, daß das stabilere Carbenium-Ion gebildet werden kann. Welches Proton im nachfolgenden Schritt eliminiert wird, hängt von verschiedenen Faktoren ab. Aromatische oder ungesättigte Substituenten begünstigen die Ausbildung eines *konjugierten Systems*; sind keine solchen Substituenten vorhanden, so gilt die *Saytzew-Regel*: Das Proton wird von demjenigen C-Atom abgetrennt, das am wenigsten H-Atome gebunden enthält (es entsteht so die am meisten substituierte Doppelbindung). Durch eine solche Umlagerung können Alkene mit terminaler Doppelbindung in solche mit «innerer» Doppelbindung oder mit einem konjugierten System umgewandelt werden.

14.2   Beispiele elektrophiler Substitutionen

Elektrophile Substitutionen an Carbonylverbindungen. Infolge der ziemlich großen Acidität der an α-C-Atome von Carbonylverbindungen gebundenen H-Atome sind hier elektrophile Substitutionen unter Verdrängung von Protonen relativ leicht möglich. Die *Enolisierung* z. B. läßt sich als Wanderung einer Doppelbindung auffassen, da sie nur beim Vorhandensein wenn auch ganz geringer Spuren Säure oder Base möglich ist:

$$R-CH_2-\underset{O}{\overset{\|}{C}}-R' \xrightleftharpoons{H^\oplus \text{ (schnell)}} R-\underset{OH}{\overset{H}{CH}}-\overset{\oplus}{C}-R' \xrightleftharpoons{-H^\oplus \text{ (langsam)}} R-CH=\underset{OH}{C}-R'$$

Bekannte und wichtige Beispiele elektrophiler Substitutionsreaktionen an Carbonylverbindungen bilden die α-**Halogenierungen** von Aldehyden, Ketonen und Carbonsäuren:

$$-\underset{O}{\overset{\|}{\underset{|}{C}}}H-\overset{\|}{C}-R + Br_2 \xrightarrow[OH^\ominus]{H^\oplus \text{ oder}} -\underset{Br}{\overset{|}{C}}-\underset{O}{\overset{\|}{C}}-R + HBr$$

Aldehyde und Ketone reagieren in dieser Weise sowohl mit Chlor wie auch mit Brom oder Iod. Mit Fluor gelingt die Reaktion nur bei Verwendung von besonders reaktionsfähigen Carbonylverbindungen wie β-Ketoestern. Bei symmetrisch substituierten Ketonen wird gewöhnlich eine CH- oder CH$_2$-Gruppe bevorzugt angegriffen. Di- und polyhalogenierte Produkte lassen sich ebenfalls erhalten; bei der Verwendung von Basen als Katalysatoren läßt sich die Reaktion jedoch nicht auf der Stufe des Monohalogenderivates anhalten, und man erhält direkt ein Produkt, bei dem alle H-Atome eines α-C-Atoms ersetzt worden sind.
Die Halogenierung folgt einem Zeitgesetz erster Ordnung (die Reaktionsgeschwindigkeit ist also von der Halogenkonzentration unabhängig!), und ihre Geschwindigkeit ist für ein

bestimmtes Substrat bei gleichen Bedingungen dieselbe, gleichgültig, ob Chlor, Brom oder Iod zur Halogenierung dient. Diese Beobachtungen, zusammen mit der Tatsache, daß die Halogenierung nur beim Vorhandensein katalytischer Mengen Säure oder Base möglich ist, zeigen, daß die Reaktion vermutlich über das *Enol* verläuft, wobei die Säure (Base) die Enolisierung katalysiert und dieser Schritt geschwindigkeitsbestimmend sein muß:

$$R_2CH-\underset{O}{\overset{\|}{C}}-R' \xrightarrow[OH^\ominus \text{ (langsam)}]{H^\oplus \text{ oder}} R_2C=\underset{OH}{\overset{|}{C}}-R' \tag{1}$$

$$R_2C=\underset{OH}{\overset{|}{C}}-R' + Br-Br \longrightarrow R_2\underset{Br}{\overset{|}{C}}-\overset{\oplus}{\underset{OH}{\overset{|}{C}}}-R' + Br^\ominus \tag{2}$$

$$R_2\underset{Br}{\overset{|}{C}}-\overset{\oplus}{\underset{O-H}{\overset{|}{C}}}-R' \xrightarrow{-H^\oplus} R_2\underset{Br}{\overset{|}{C}}-\underset{O}{\overset{\|}{C}}-R' \tag{3}$$

Ein Spezialfall dieser Reaktion ist die **Haloform-Reaktion**. Methylketone, Acetaldehyd sowie oxidierbare Alkohole des Typs $R-\underset{OH}{\overset{|}{C}H}-CH_3$ und Ethanol bilden mit Halogenen in alkalischer Lösung (z. B. I_2 oder Br_2 in NaOH) «Haloform» (Chloroform, Bromoform oder Iodoform):

$$H_3C-\underset{O}{\overset{\|}{C}}-R + Br_2 \xrightarrow{OH^\ominus} HCBr_3 + RCOO^\ominus$$

(Über die Verwendung der Iodoform-Reaktion zum Nachweis von Methylketonen siehe S. 214). Diese Reaktion ist in Wirklichkeit eine *Folge* von *zwei Reaktionen*. Zunächst wird die Carbonylverbindung durch eine S_E-Reaktion halogeniert, wobei – unter der Wirkung von $OH^\ominus$-Ionen – alle drei H-Atome der Methylgruppe durch Halogenatome ersetzt werden. Anschließend wird das Trihalogenketon durch ein $OH^\ominus$-Ion angegriffen, wobei im Endeffekt formal die $R-\overset{|}{C}=O$-Gruppe durch ein H-Atom ersetzt wird:

$$Br_3C-\underset{O}{\overset{\|}{C}}-R + |OH^\ominus \rightarrow Br_3C-\underset{|O|^\ominus}{\overset{OH}{\overset{|}{C}}}-R \rightarrow Br_3C^\ominus + RCOOH \rightarrow Br_3CH + RCOO^\ominus$$

Carbonsäuren lassen sich bei Zusatz von PBr_3 mittels Chlor bzw. Brom am α-C-Atom chlorieren bzw. bromieren **(Hell-Volhard-Zelinski-Reaktion)**:

$$R-CH_2-COOH + Br_2 \xrightarrow{PBr_3} R-\underset{Br}{\overset{|}{C}H}-COOH$$

Es ist dabei allerdings nicht immer leicht, die Reaktion auf der Stufe des Monohalogenderivates anzuhalten.

Die Wirkung des Phosphortribromids besteht darin, die Carbonsäure in das reaktionsfähigere *Säurebromid* überzuführen. Man benötigt dabei nur katalytische Mengen PBr$_3$, weil das Acylbromid mit der Carbonsäure in einem Gleichgewicht steht und durch die Substitution (die wahrscheinlich analog den entsprechenden Reaktionen bei Aldehyden und Ketonen über das *Enol* verläuft) dem Gleichgewicht dauernd entzogen wird. Säuren mit stärker aciden H-Atomen (wie z. B. Malonsäure) werden ebenso wie Acylhalogenide und Anhydride durch Chlor oder Brom allein (also ohne PBr$_3$-Zusatz) halogeniert. Auch aliphatische Nitroverbindungen [die ebenfalls leicht enolisieren (vgl. S. 331)] reagieren auf dieselbe Weise. *Verbindungen mit aciden H-Atomen* lassen sich auch *nitrosieren*:

$$R-CH_2-Z + HONO \rightarrow R-\underset{N-OH}{\overset{\parallel}{C}}-Z + H_2O$$

$$R_2CH-Z + HONO \rightarrow \underset{R}{\overset{R}{>}}\underset{N=O}{\overset{|}{C}}-Z + H_2O$$

Als Reagens benötigt man dabei salpetrige Säure (d. h. ein Gemisch von Alkalinitrit und Mineralsäure). Als *Primärprodukt* entsteht stets eine *C-Nitroso-Verbindung*, welche aber nur dann stabil ist und isoliert werden kann, wenn keine Tautomerisierung zum *Oxim* möglich ist (vgl. S. 331). Als angreifendes Elektrophil fungiert wahrscheinlich das NO$^\oplus$-Ion, das sich aus der salpetrigen Säure bilden kann.

Acylierung von Doppelbindungen. *Alkene* können durch Acylverbindungen unter der Wirkung einer Lewis-Säure **acyliert** werden:

$$>C=C<^H + RCOCl \xrightarrow{AlCl_3} >C=C<^{COR}$$

Im Prinzip handelt es sich dabei um eine Friedel-Crafts-Reaktion an einem aliphatischen Substrat. Ebenso wie bei der analogen Reaktion an Aromaten (S. 557) greift im ersten Reaktionsschritt ein (freies oder komplexiertes) Acylium-Ion die Doppelbindung an, wobei ein Carbenium-Ion entsteht:

$$>C=C<^H + RCO^\oplus \rightarrow -\overset{\oplus}{C}-\overset{COR}{\underset{|}{C}}-H$$

Dieses kann entweder ein Proton abspalten (wobei ein ungesättigtes Keton entsteht) oder es kann ein Halogenid-Ion binden:

$$-\overset{\oplus}{C}-\overset{COR}{\underset{|}{C}}-H \quad \begin{array}{l} \xrightarrow{-H^\oplus} >C=C<^{COR} \quad (1) \\ \xrightarrow{+Cl^\ominus} -\overset{Cl}{\underset{|}{C}}-\overset{COR}{\underset{|}{C}}-H \quad (2) \end{array}$$

Das im zweiten Fall gebildete β-Halogenketon läßt sich in gewissen Fällen isolieren; unter den erforderlichen Reaktionsbedingungen spaltet es jedoch oft spontan HCl ab, so daß dann ebenfalls ein ungesättigtes Keton entsteht. Im Falle unsymmetrisch substituierter Alkene erfolgt der Angriff gemäß der Regel von Markownikow. Im Prinzip analog verläuft die Alkylierung von *Enaminen* (Näheres s. Bd. II; **Stork-Reaktion**). Sie hat gegenüber der üblichen Alkylierung von Ketonen den Vorteil, fast ausschließlich Monoalkylierungsprodukte zu liefern. Auch die Acylierung von Enaminen läßt sich durchführen:

$$R_2N-\underset{H}{\underset{|}{C}}=\underset{|}{\overset{R'}{C}}-R'' \;+\; R'''-\underset{\underset{O}{\|}}{C}-X \;\longrightarrow\; R_2\overset{\oplus}{N}=\underset{H}{\underset{|}{C}}-\underset{|}{\overset{R'}{C}}-\underset{\underset{O}{\|}}{\overset{R''}{C}}-R''' \;\xrightarrow{\text{Hydro-lyse}}\; R'-\underset{\underset{O}{\|}}{C}-\underset{H}{\underset{|}{\overset{R''}{C}}}-\underset{\underset{O}{\|}}{C}-R'''$$

Diazotierung aromatischer Amine. Eine elektrophile Substitutionsreaktion von besonders großer Bedeutung ist die bekannte **Diazotierungsreaktion**:

$$Ar-NH_2 \;+\; HONO \;+\; H^{\oplus} \;\longrightarrow\; \left[Ar-\overset{\oplus}{N}\equiv N| \;\leftrightarrow\; Ar-\underset{=}{N}=\overset{\oplus}{N}| \right] \;+\; 2\,H_2O$$

Diazonium-Ion

Dabei wird allerdings nicht ein C-, sondern ein N-Atom durch eine elektrophile Partikel angegriffen. Die Reaktion ist auch mit *aliphatischen* Aminen möglich; die entstehenden Diazonium-Ionen sind jedoch nicht stabil und spalten spontan N_2 ab (unter Bildung von Carbenium-Ionen). *Aromatische* Diazonium-Ionen werden durch die Konjugation der N—N-π-Elektronen mit dem aromatischen π-System in einem gewissen Maß *mesomeriestabilisiert*; die entsprechenden Salze zersetzen sich jedoch oberhalb 5°C ebenfalls sehr schnell. In gewissen Fällen gelingt es, die Salze als zu explosiver Zersetzung neigende Festkörper zu isolieren.

Der *Mechanismus* der Diazotierungsreaktion ist (ihrer großen Bedeutung wegen) eingehend untersucht worden. Mit größter Wahrscheinlichkeit ist hier Distickstofftrioxid (N_2O_3), das im Gleichgewicht mit salpetriger Säure und Wasser steht und als «Träger» der $NO^{\oplus}$-Gruppe (Nitrosyl-Kation) wirkt, das angreifende Reagens. Die gesamte Reaktion muß dann folgendermaßen formuliert werden:

$$2\,HONO \;\xrightarrow{\text{langsam}}\; N_2O_3 \;+\; H_2O$$

$$Ar-\overset{..}{N}H_2 \;+\; N_2O_3 \;\longrightarrow\; Ar-\underset{H}{\underset{|}{\overset{H}{\overset{|}{\overset{\oplus}{N}}}}}-N=O \;+\; NO_2^{\ominus}$$

$$Ar-\underset{H}{\underset{|}{\overset{H}{\overset{|}{\overset{\oplus}{N}}}}}-N=O \;\longrightarrow\; Ar-N=N-\overset{H}{\underset{\oplus}{O}}-H$$

$$Ar-N=N-\underset{\oplus}{\overset{H}{\overset{|}{O}}}-H \;\longrightarrow\; Ar-\overset{\oplus}{N}\equiv N \;+\; H_2O$$

Aliphatische Azokupplung. Die «**Kupplung**» reaktiver Aromaten mit aromatischen Diazoniumsalzen gehört zu den technisch wichtigsten Reaktionen von Aromaten (Herstellung von *Azofarbstoffen*; S. 797). In Gegenwart einer Base wie z. B. einer wäßrigen Lösung von Natriumacetat vermögen auch aliphatische Michael-Substrate mit Diazoniumsalzen zu kuppeln:

$$Z-\underset{Z'}{\underset{|}{C}}H_2 + ArN_2^{\oplus} \longrightarrow Z-\underset{Z'}{\underset{|}{C}}=N-NH-Ar$$

Wahrscheinlich bildet sich zuerst ein Carbanion. Dieses kuppelt mit dem Diazonium-Ion, und das unstabile Produkt tautomerisiert zum *Hydrazon*:

$$Z-\underset{Z'}{\underset{|}{\overset{H}{\overset{|}{C}}}}H \xrightarrow{:Base} Z-\underset{Z'}{\underset{|}{\overset{\ominus}{C}}}H + N{\equiv}\overset{\oplus}{N}-Ar \longrightarrow Z-\underset{Z'}{\underset{|}{\overset{H}{\overset{|}{C}}}}-N{=}N-Ar \longrightarrow Z-\underset{Z'}{\underset{|}{C}}=N-NH-Ar$$

Insgesamt tritt also eine S_E-Reaktion ein, wobei das Diazonium-Ion als Elektrophil wirkt.

14.3 Reaktionen metallorganischer Verbindungen

Allgemeines. Unter «**metallorganischen**» **Verbindungen** («**Metallorganylen**») versteht man Substanzen, in welchen mehr oder minder stark polare Kovalenzbindungen zwischen C- und Metallatomen auftreten. Verbindungen wie z. B. Natriumacetat oder Natriummethylat fallen also nicht in diese Gruppe.

Die weitaus wichtigsten metallorganischen Verbindungen sind die **Grignard-Verbindungen** RMgX oder ArMgX (X = Cl, Br, I), die sich aus Halogenverbindungen und metallischem Magnesium (in Ether oder Tetrahydrofuran) leicht bilden. Obschon über den Mechanismus der Bildung dieser Substanzen zahlreiche Untersuchungen angestellt worden sind, weiß man auch heute noch relativ wenig darüber. Stereochemische, kinetische und andere Ergebnisse deuten darauf hin, daß freie Radikale als Zwischenstoffe auftreten. 1975 wurde deshalb für die Reaktion der folgende Mechanismus vorgeschlagen:

$$R-X + Mg \longrightarrow R^{\odot} + X^{\ominus} + Mg_0^{\odot\oplus}$$
$$X^{\ominus} + Mg_0^{\odot\oplus} \longrightarrow XMg_0^{\odot}$$
$$R^{\odot} + XMg_0^{\odot} \longrightarrow RMgX$$

Der Index «₀» bedeutet, daß die betreffende Spezies an die Oberfläche des metallischen Magnesiums gebunden ist. $Mg^{\odot\oplus}$ ist ein Radikal-Kation.

Viele *andere* nicht allzu reaktionsfähige *Metalle* reagieren mit organischen Halogenverbindungen ebenfalls (vgl. Bd. II):

$$H_3CBr + 2\,Li \longrightarrow H_3CLi + LiBr$$
$$2\,C_2H_5I + 2\,Zn \longrightarrow (C_2H_5)_2Zn + ZnI_2$$

Man arbeitet dabei meist in etherischer Lösung und unter Ausschluß von Feuchtigkeit, Sauerstoff und CO_2, also in einer Stickstoff- oder Helium- bzw. Argon-Atmosphäre. Zur Gewinnung entsprechender Natriumverbindungen ist eine besondere Arbeitstechnik notwendig, da Natriumalkyle auch Ether angreifen. In Fällen, wo das betreffende Metall allzu langsam reagiert, kann es zweckmäßig sein, eine Legierung des Metalles mit Natrium oder Kalium zu verwenden. So wird Bleitetraethyl, die wichtigste «Klopfbremse» (Treibstoffzusatz) technisch in großen Mengen aus einer Pb/Na-Legierung und Bromethan hergestellt.

14.3 Reaktionen metallorganischer Verbindungen

Die Bildung von metallorganischen Verbindungen aus *Halogenverbindungen* und einem *Metall* ist eine *typische S_E-Reaktion* (meistens S_E2). Die Reaktivität der Halogenide nimmt vom Iodid zum Chlorid ab; Fluoride reagieren kaum. Als *Nebenreaktionen* treten die Wurtz-Fittig-Reaktion sowie *E*2-Eliminationen auf:

$H_3CCH_2^\ominus Na^\oplus + H_3CCH_2Br \longrightarrow H_3CCH_2CH_2CH_3 + NaBr \quad (S_N2 \text{ oder } S_E2)$

$H_3CCH_2^\ominus Na^\oplus + HCH_2CH_2Br \longrightarrow H_3CCH_3 + H_2C=CH_2 + NaBr \quad (E2)$

Die **Wurtz-Fittig-Reaktion** kann als nucleophile Substitution am C-Atom der Halogenverbindung oder als elektrophile Substitution am carbanionoiden C-Atom der Organometallverbindung betrachtet werden; ein schönes Beispiel zur Illustration der Tatsache, daß die Bezeichnungen «nucleophile» und «elektrophile» Substitution in manchen Fällen willkürlich und ganz vom Standpunkt des Betrachters – der den einen der beiden Reaktanten als «Substrat» bezeichnet – abhängen.

Alkyl- und **Aryllithiumverbindungen** reagieren mit zahlreichen Substanzen (Verbindungen mit aciden H-Atomen, Carbonylverbindungen u. a.) ähnlich wie Grignard-Verbindungen (vgl. Tabelle 14.1). Sie sind etwas reaktionsfähiger als Grignard-Reagentien und werden deshalb bei präparativen Arbeiten ziemlich viel verwendet. Sie können z. B. auch zur Einführung von Lithiumatomen in andere Verbindungen dienen (**Halogen/Metall-Austausch**):

$C_2H_5Li + \text{(1-Bromnaphthalin)} \longrightarrow C_2H_5Br + \text{(1-Lithionaphthalin)}$

Solche Reaktionen sind besonders dann möglich, wenn – wie in obigem Beispiel – die negative Partialladung des an das Metallatom gebundenen C-Atoms delokalisiert werden kann.

Tabelle 14.1. Beispiele von Reaktionen von Methyllithium mit verschiedenen Reagentien

CH_3Li +	Reagenz	Produkt
	HCl	CH_4 + LiCl
	H_2O	CH_4 + LiOH
	O=O	$H_3C-O-O^\ominus Li^\oplus \xrightarrow{CH_3Li} 2\,H_3CO^\ominus Li^\oplus$
	$H_3C\!\!>\!\!C=O$ (Aceton)	$(H_3C)_3C-O^\ominus Li^\oplus$
	O=C=O	$H_3C-C(=O)O^\ominus Li^\oplus$
	$H-CH_2CH_2OC_2H_5$	$CH_4 + H_2C=CH_2 + H_5C_2O^\ominus Li^\oplus$

Beispiele von S_E-Reaktionen mit metallorganischen Verbindungen. Viele organische Verbindungen können durch Reaktion mit einer metallorganischen Verbindung *«metalliert»* werden. Beispiele:

14 Elektrophile Substitutionen an aliphatischen C-Atomen

$$C_6H_6 + C_2H_5Na \longrightarrow C_6H_5Na + C_2H_6$$

$$C_6H_5Na + C_6H_5CH_3 \longrightarrow C_6H_5CH_2Na + C_6H_6$$

$$C_6H_5CH_2Na + (C_6H_5)_2CH_2 \longrightarrow (C_6H_5)_2CHNa + C_6H_5CH_3$$

$$(C_6H_5)_2CHNa + (C_6H_5)_3CH \longrightarrow (C_6H_5)_3CNa + (C_6H_5)_2CH_2$$

Es handelt sich dabei um eine *Protonenübertragung*; das Proton bildet die «Abgangsgruppe» und wird durch ein Metallatom verdrängt. Es stellt sich also ein Gleichgewicht ein, das auf der Seite der schwächeren Säure liegt, so daß sich diese Reaktionen sehr gut zum *Vergleich der relativen* **Aciditäten von Kohlenwasserstoffen** eignen. An aliphatischen C-Atomen geschieht die Metallierung besonders leicht, wenn die negative Partialladung des carbanionoiden C-Atoms delokalisiert werden kann, wie in Allyl- oder Benzylverbindungen; anders gesagt, Allyl- und Benzyl-H-Atome sind deutlich (C—H-) acid. Aromatische Kohlenwasserstoffe sind stärker «sauer» als Alkane, da sp^2-hybridisierte C-Atome eine höhere Elektronegativität zeigen als sp^3-hybridisierte Atome. Im Falle von terminalen Acetylenen ist die Acidität so groß, daß sie auch mit Grignard-Reagentien – die sonst für Metallierungsreaktionen zu reaktionsträg sind – reagieren (vgl. S. 93).

Viele metallorganische Verbindungen werden am besten dadurch hergestellt, daß man *ein Metallatom durch ein anderes Metallatom ersetzt* (vgl. Bd. II):

$$R-M + M' \longrightarrow R-M' + M$$

Die Reaktion verläuft nur dann mit guten Ausbeuten, wenn das Metall M' *elektropositiveren* Charakter hat als das Metall M. Besonders häufig werden *Quecksilberalkyle* (die aus Grignard-Reagentien und $HgCl_2$ relativ leicht zu erhalten sind) *als Substrate* verwendet; es gelingt dann, Alkylverbindungen der verschiedenartigsten Metalle (Li, Na, Be, Mg, Al, Ga, Zn, Cd, Te und Sn) auf diese Weise herzustellen. Ein besonderer Vorteil dieser Reaktion besteht darin, daß *keine Nebenreaktionen* auftreten, und insbesondere die gewünschte Organometallverbindung rein (d. h. frei von beigemengter Halogenverbindung) erhalten werden kann. Feste Alkylnatrium- bzw. -kaliumverbindungen lassen sich nur auf diese Weise isolieren.

Es ist jedoch auch möglich, das Metallatom einer metallorganischen Verbindung mittels eines *Metallhalogenids* zu ersetzen:

$$R-M + M'X \longrightarrow R-M' + MX$$

Dabei muß das Metall M' *weniger elektropositiv* sein als M; das mehr elektropositive Metall bildet also die ionische Halogenverbindung. Als Substrate dienen meistens *Grignard-Reagentien*. Auch mit Hilfe dieser Reaktion werden zahlreiche metallorganische Verbindungen hergestellt, unter anderen auch solche von Blei, Kobalt, Platin und Gold. *Alkylverbindungen* von *Halb-* oder *Nichtmetallen* lassen sich ebenfalls in dieser Art gewinnen; die Reaktion von Grignard-Verbindungen mit Halogenverbindungen stellt deshalb – neben der Synthese der Grignard-Reagentien selbst! – wohl die wichtigste Methode zur Gewinnung von «Element-organischen» Verbindungen dar.

15 Aromatische Substitution I: Elektrophile Substitution

Aromatische Systeme sind durch ein ringförmig geschlossenes delokalisiertes Elektronensystem charakterisiert, dessen Ladungsdichte unterhalb und oberhalb der von den Atomrümpfen der Ring-Kohlenstoff-Atome gebildeten Ebene liegt. Es ist deshalb zu erwarten, daß diese relativ hohe negative Ladungsdichte die C-Atome des Ringes gegenüber einem nucleophilen Angriff abschirmt, den Angriff eines *Elektrophils* (sei es ein positives Ion oder das positive Ende eines Dipolmoleküls) jedoch *fördert*. In der Tat verläuft die große Mehrzahl der Substitutionsreaktionen an aromatischen Ringen als elektrophile Substitution, wobei das Proton die häufigste «Abgangsgruppe» ist.

15.1 Mechanismus der elektrophilen Substitution an aromatischen Ringen

π- und σ-Komplexe. Sogenannte π-*Komplexe*, in denen zwei Partikeln durch die Wirkung von π-Elektronen locker miteinander verbunden sind, haben wir bereits im Zusammenhang mit der *E*1-Elimination (S. 377) besprochen. Daß auch *aromatische* Moleküle π-Komplexe bilden können, wird durch zahlreiche experimentelle Ergebnisse belegt. So zeigt ein Gemisch von Benzen mit *Iod* ein Dipolmoment von $2 \cdot 10^{-30}$C m, was nur auf die Bildung eines solchen π-Komplexes zurückzuführen sein kann, da weder Benzen noch Iod allein ein Dipolmoment besitzen. In diesem Komplex wird durch die 6 π-Elektronen des Benzenmoleküls eine lockere Bindung zum I_2-Molekül hergestellt:

Wie aus dem IR-Spektrum dieses Komplexes sowie den Spektren des analogen Komplexes aus Iod und deuteriertem Benzen hervorgeht und auch durch Röntgen-Kristallstrukturanalyse entsprechender Festkörper gezeigt werden kann, stehen die Halogenmoleküle senkrecht auf der Ebene des Benzenringes.

Auch *Halogenwasserstoffverbindungen* bilden mit Benzen oder Toluen π-Komplexe. Diese zeigen keine elektrische Leitfähigkeit und sind leicht wieder in die Komponenten zu trennen; verwendet man statt HCl zur Komplexbildung DCl, so beobachtet man nach der Trennung keinen Isotopenaustausch, d. h. das aromatische Molekül enthält kein Deuterium. Der π-Komplex besteht also nicht aus Ionen, und es wird zwischen den beiden Partikeln keine normale Kovalenzbindung gebildet. Die Absorptionsspektren der Komplexe im sichtbaren Gebiet und im UV sind kaum verschieden von den Spektren der beiden Komponenten.
Läßt man aber HCl- oder HBr-Gas *in Gegenwart von AlCl₃* auf Benzen oder Toluen einwirken, so erhält man intensiv gefärbte Lösungen, die den elektrischen Strom leiten. Ver-

wendet man dabei DCl (bzw. DBr), so findet ein Austausch von H-Atomen des Benzens (bzw. von an die Ring-C-Atome des Toluens gebundenen H-Atomen) statt, d. h. es kommt zu einer elektrophilen Substitution von H$^\oplus$ durch D$^\oplus$. Alle diese Beobachtungen weisen darauf hin, daß unter diesen Bedingungen *echte Carbenium-Ionen* entstehen, die – um den Gegensatz zu den π-Komplexen zu betonen – als *σ*-**Komplexe** oder *Arenium-Ionen* bezeichnet werden.

Sowohl die Einwirkung von DCl auf Benzen oder Toluen in Gegenwart von AlCl$_3$, wie auch die Reaktion eines aromatischen Kohlenwasserstoffes mit einem Fluoralkan in Gegenwart von BF$_3$, führen im Endeffekt zu elektrophilen Substitutionen. Es liegt deshalb nahe anzunehmen, daß sich auch bei den üblichen Substitutionsreaktionen an Aromaten – unter den gewöhnlichen Reaktionsbedingungen – *σ-Komplexe (Arenium-Ionen)* als *Zwischenstoffe* bilden, auch wenn sie bei den meisten Reaktionen nicht direkt nachweisbar sind.

Ablauf der S$_E$-Reaktion an Aromaten. Die elektrophile aromatische Substitution verläuft somit gemäß folgendem Schema:

Die Gesamtreaktion verläuft also in *zwei Schritten* und folgt einem *Zeitgesetz zweiter Ordnung*. Interessant ist, daß auch Fälle bekannt sind, wo die Reaktionsgeschwindigkeit unabhängig von der Konzentration des Aromaten ist; geschwindigkeitsbestimmend ist dann die Bildung des Elektrophils.

Selbstverständlich wäre es auch denkbar, daß in dem auf die Bildung des *σ*-Komplexes folgenden Reaktionsschritt nicht ein Proton abgetrennt, sondern ein negatives Ion (ein Nucleophil) *addiert* würde, analog zur elektrophilen Addition an olefinische Doppelbindungen. Dadurch würde aber ein Produkt ohne aromatischen Charakter entstehen, das ganz erheblich energiereicher wäre als das Substitutionsprodukt (Abb. 15.1).

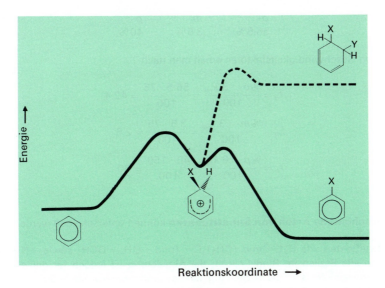

Abb. 15.1. Energieprofil für eine elektrophile Substitution bzw. Addition an Benzen

15.2 Orientierung und Reaktivität

Monosubstituierte Benzene. Es wurde schon auf S. 123 festgestellt, daß an einem aromatischen Ring *vorhandene Substituenten* sowohl die *Geschwindigkeit* einer weiteren Substitution wie auch die *Orientierung* des neu eintretenden Zweitsubstituenten beeinflussen. Durch Bestimmung der Reaktionszeiten (bei gleichen Reaktionsbedingungen) und durch Konkurrenzreaktionen (S. 123) lassen sich die verschiedenen Reaktivitäten beispielsweise von monosubstituierten Benzenen mit der Reaktivität von Benzen selbst vergleichen. So wurde gefunden, daß Methyl-, Hydroxyl- und Aminogruppen aktivierend, Nitrogruppen oder Halogenatome desaktivierend wirken.

Da die Substitution (in der Regel) *kinetisch gesteuert* ist, wird das Verhältnis, in dem die Substitutionsprodukte entstehen (Regioselektivität), nicht durch die relativen Stabilitäten der Produkte bestimmt, sondern durch die verschiedenen freien *Aktivierungsenthalpien* bzw. die *relativen Reaktionsgeschwindigkeiten*. Ein elektrophiles Reagens greift also prinzipiell alle verfügbaren Positionen eines aromatischen Ringes an, nur verläuft die Reaktion an gewissen «bevorzugten» Stellen rascher als an den anderen. Um die Wirkungen verschiedener Substituenten anzugeben, benützt man «*partielle Geschwindigkeitsfaktoren*» für die einzelnen Positionen des Ringes. Diese geben die Substitutionsgeschwindigkeit an einer *ortho-*, *meta-* bzw. *para-*Position relativ zur Geschwindigkeit der Substitution an einer der 6 gleichwertigen Positionen des unsubstituierten Benzens an und lassen sich aus dem Vergleich der Reaktivitäten von substituiertem und unsubstituiertem Benzen sowie aus der Zusammensetzung des Produktgemisches experimentell ermitteln.

So liefert z. B. ein äquimolares Gemisch von Benzen und Toluen bei der Nitrierung Nitrotoluene und Nitrobenzen im Verhältnis 25:1. Toluen reagiert also insgesamt 25 mal so rasch wie Benzen (K_{rel} = 25). Bei der Nitrierung von Toluen entstehen *o-*, *m-*, und *p-*Nitrotoluen in folgenden Mengen:

o-	m-	p-
56.5%	3.5%	40%

Die partiellen Geschwindigkeitsfaktoren erhält man nach

$$f_o = \frac{\% o\text{-} \cdot 3\, k_{rel}}{100} = \frac{56.5 \cdot 75}{100} = 42.4$$

$$f_m = \frac{\% m\text{-} \cdot 3\, k_{rel}}{100} = \frac{3.5 \cdot 75}{100} = 2.6$$

$$f_p = \frac{\% p\text{-} \cdot 6\, k_{rel}}{100} = \frac{40 \cdot 150}{100} = 60$$

Drei verschiedene Arten von Substituenten können unterschieden werden:

(a) Substituenten wie H_3C- und $(CH_3)_3C-$ (und $-OH$, $-OCH_3$ sowie $-NH_2$) *aktivieren* alle Stellen im Ring ($f > 1$); die Aktivierung ist jedoch für die o- und p-Position stärker als für die m-Stellung. Ein neu eintretender weiterer Substituent wird deshalb bevorzugt *in die o- und p-Stellung dirigiert*.

(b) Substituenten wie $-Cl$, $-Br$ und $-CH_2Cl$ *desaktivieren* alle Stellen im Ring ($f < 1$); die o- und p-Positionen werden jedoch weniger stark desaktiviert als die m-Position, so daß ein weiterer Substituent vorzugsweise *nach o- und p- dirigiert wird*.

(c) Substituenten wie $-NO_2$, $-COOEt$ [und auch $-\overset{\oplus}{N}(CH_3)_3$ oder $-CF_3$] desaktivieren ebenfalls alle Stellen im Ring; da die m-Stellung am wenigsten desaktiviert wird, wirken sie *m-dirigierend*.

Der Einfluß eines Substituenten kann durch die *Hammett-Beziehung* mit der Elektrophilie des angreifenden Reagens verknüpft werden:

$$\lg \frac{k}{k_0} = \sigma \cdot \varrho$$

Um je eine reagierende Stelle vergleichen zu können, wird k_0 durch 6 und k (für m-Substitution) durch 2 dividiert (für Substitutionen in o-Stellung ist die Hammett-Beziehung nicht brauchbar; siehe S. 324). Da sich im Übergangszustand ein positiv geladenes Arenium-Ion (der σ-Komplex) ausbildet, müssen die Substituentenkonstanten σ für elektronenliefernde Substituenten etwas modifiziert werden. Substituenten mit positiven σ-Werten wirken desaktivierend, während Substituenten mit negativen σ-Werten den Ring aktivieren.

Die *relativen Geschwindigkeiten*, mit denen an den verschiedenen Stellen eines monosubstituierten Benzens eine weitere Substitution eintritt, werden, wie erwähnt, durch die verschiedenen freien *Aktivierungsenthalpien* (d. h. durch die *Energiedifferenzen zwischen aktiviertem Komplex und Grundzustand*) bestimmt. Um die aktivierende bzw. desaktivierende sowie die dirigierende Wirkung eines Substituenten zu verstehen, müssen wir den *Einfluß dieses Substituenten* sowohl auf den **Grundzustand** (der aber für eine Zweitsubstitution an allen Positionen derselbe ist) wie auf den **aktivierten Komplex** der Zweitsubstitution betrachten. Es ist allerdings schwierig, exakte Angaben über Konstitution und Ladungsdichteverteilung des aktivierten Komplexes zu machen; nach Hammond nimmt man deshalb im allgemeinen den σ-Komplex als Modell für den aktivierten Komplex, da der letztere durch einen bestimmten Substituenten wohl in sehr ähnlicher Weise beeinflußt wird wie das Arenium-Ion.

Betrachten wir die drei möglichen σ-Komplexe für ein monosubstituiertes Benzen:

In jedem der drei Fälle trägt der Ring eine volle positive Ladung.
Handelt es sich nun beim Substituenten Z um einen *elektronenabgebenden +I-Substituenten* (einen σ-Donor), z. B. eine Alkylgruppe, so bewirkt der +I-Effekt eine stärkere Delokalisation der positiven Ladung in allen drei σ-Komplexen; diese werden dadurch – verglichen mit dem σ-Komplex am unsubstituierten Benzen – stabilisiert. Da der Einfluß von Z auf den σ-Komplex wegen dessen Ladung beträchtlich größer ist als auf den Grundzustand, wirken σ-Donoren als Substituenten *aktivierend*. σ-*Acceptoren* als Substituenten erhöhen die positive Ladung des Ringes, destabilisieren damit die drei σ-Komplexe und wirken daher *desaktivierend*. Die Wirkung induktiver Effekte nimmt nun aber mit zunehmender Entfernung des Schlüsselatoms vom reaktiven Zentrum stark ab, so daß besonders das C-Atom 1 unter dem Einfluß des Substituenten steht. Die σ-Komplexe mit dem Zweitsubstituenten in *ortho*- bzw. *para*-Stellung tragen hier eine positive Partialladung, so daß diese beiden durch den σ-Donor als Substituent stärker stabilisiert werden als der σ-Komplex für die *m*-Substitution. σ-*Donoren* erhöhen also die Reaktionsfähigkeit aller Positionen des Ringes: da aber die *o*- und *p*-Stellungen besonders aktiviert werden, *dirigieren sie* einen weiteren Substituenten bevorzugt *nach ortho und para*. Umgekehrt werden alle Positionen des Ringes durch σ-*Acceptoren desaktiviert*; die Desaktivierung ist aber für die *m*-Stellung am schwächsten, so daß ein Zweitsubstituent bevorzugt *nach meta* dirigiert wird.

Besitzt der Substituent Z ein freies Elektronenpaar, das mit dem π-System des Ringes in Wechselwirkung treten kann, und übt er dadurch einen +*M-Effekt* aus (wie z. B. eine CH$_3$O-Gruppe), so lassen sich die möglichen σ-Komplexe folgendermaßen beschreiben:

550   15 Aromatische Substitution I: Elektrophile Substitution

Wir sehen, daß sich hier für den zur *o*- bzw. *p*-Substitution führenden σ-Komplex je noch eine *weitere Grenzstruktur* formulieren läßt [(1) bzw. (2)], die zudem *besonders energiearm* sein muß, da jedes Atom sein vollständiges Oktett besitzt. Der «Beitrag» der Grenzstrukturen (1) und (2) zum Resonanzhybrid ist deshalb größer als der «Beitrag» der übrigen Grenzstrukturen, oder, anders gesagt, die Formulierungen (1) und (2) kommen der wirklichen Elektronendichteverteilung im σ-Komplex näher als die anderen Grenzstrukturen. Dies bedeutet aber, daß im σ-Komplex für die *o*- und *p*-Substitution die Delokalisation stärker ist als im σ-Komplex für die *m*-Substitution; die positive Ladung ist dann nicht nur über die 6 Ring-C-Atome, sondern zusätzlich über den Substituenten Z «verschmiert». π-*Donoren* als Substituenten aktivieren zwar ebenfalls alle Positionen des Ringes (alle drei σ-Komplexe mit dem π-Donor sind energieärmer als der σ-Komplex am unsubstituierten Benzen); die *o*- und *p*-Stellungen werden aber besonders stark aktiviert, so daß π-Donoren als Substituenten *ausgesprochen o- und p-dirigierend* wirken.

Bei zahlreichen Substituenten sind induktive und mesomere Effekte gleichzeitig wirksam. So ist die stark desaktivierende Wirkung von $-NO_2-$, $-CN-$ oder $-COCH_3$-Gruppen eine Folge sowohl ihrer starken σ- *und* π-Acceptorwirkung (die in ihrer Wirkung kaum voneinander zu trennen sind). Daß die *m*-Position dabei am wenigsten stark desaktiviert wird, erkennt man, wenn man die möglichen Grenzstrukturen für die drei σ-Komplexe einer Zweitsubstitution z. B. von *Nitrobenzen* formuliert. Sowohl für den *o*- wie für den *p*-σ-Komplex läßt sich eine Grenzstruktur angeben, in der sowohl das C-Atom 1 wie das benachbarte Atom des Substituenten eine positive Partialladung trägt. Diese Grenzstrukturen sind energiereicher, und ihr «Beitrag» zum Resonanzhybrid ist geringer; d. h. im *o*- und *p*-σ-Komplex ist die Delokalisation schwächer als im *m*-σ-Komplex, so daß dieser von den drei möglichen σ-Komplexen der energieärmste ist und die *m*-Stellung am *wenigsten desaktiviert* wird.

π-*Donoren* zeigen häufig gleichzeitig *auch einen* −*I-Effekt* (so z. B. −OH, −NH$_2$, −NHR, −NH$_2$, −C$_6$H$_5$, Halogene, −CH=CHR usw.), und es ist dann nicht immer leicht, im voraus zu entscheiden, welcher Faktor stärker wirksam ist. Die Tatsache, daß Phenol, Anilin oder Dimethylanilin ganz bedeutend rascher substituiert (z. B. bromiert) werden als Benzen, zeigt, daß sich hier der induktive Effekt kaum auswirkt. Anders ist es bei den *Halogenbenzenen*. So sind Chlor- oder Brombenzen bedeutend weniger reaktionsfähig als Benzen; neu eintretende Substituenten werden jedoch bevorzugt in die *o*- und *p*-Stellung dirigiert. Offenbar bewirkt hier die relativ *starke σ-Acceptorwirkung* eine starke *Verminderung der Reaktivität aller Positionen* des Ringes; als Folge der *π-Donorwirkung* werden aber die *o*- und *p-Stellung weniger stark desaktiviert* als die *m*-Stellung. Ganz ähnlich wie die Halogenbenzene verhalten, sich auch Verbindungen, die wie z. B. Styren oder Zimtsäure im Substituenten zum aromatischen Ring konjugierte *Doppelbindungen* enthalten. Wiederum erniedrigt der − I-Effekt des σ-Acceptors die Reaktivität, im σ-Komplex für die *o*- und *p*-Substitution wird die positive Ladung jedoch in einem gewissen Ausmaß über die aliphatische Seitenkette delokalisiert [vgl. die nachfolgenden Grenzstrukturen (3) und (4)], was beim *m-σ*-Komplex nicht möglich ist. Die Desaktivierung ist aus diesem Grund für die *o*- und *p*-Stellung wiederum am geringsten. Das π-Elektronenpaar der Seitenkette von Styren oder Zimtsäure verhält sich also ganz analog einem freien Elektronenpaar eines Halogenatoms.

Die Betrachtungen zeigen, daß die Substituenteneffekte (*induktive und mesomere Effekte*) die aktivierende (desaktivierende) und dirigierende Wirkung der verschiedenen Substituenten befriedigend erklären. Zum Schluß müssen noch einige weitere Beobachtungen diskutiert werden. So können z. B. die bei einer Substitution angewandten *Reaktionsbedingungen* die *Substituenteneffekte verändern oder gar umkehren*. Phenol beispielsweise dirigiert in alkalischer Lösung noch viel ausgeprägter in die *o*- und *p*-Stellung, weil im Phenolat-Ion an Stelle eines σ-Acceptors ein π-Donor wirksam und der mesomere Effekt verstärkt wird. Andererseits dirigiert Anilin in *saurer Lösung* teilweise oder sogar bevorzugt in *m*-Stellung, weil es dann als Aniliniumkation vorliegt. Die geringen Mengen von *o*- und *p*-Nitroanilin, die man bei der direkten Nitrierung von Anilin erhält, entstehen aus den sehr kleinen Mengen von freiem Anilin, das mit seiner konjugierten Säure im Gleichgewicht steht, da Anilin infolge der starken π-Donorwirkung der Aminogruppe durch das Elektrophil viel schneller angegriffen wird als seine konjugierte Säure.

Auch das *Mengenverhältnis,* in welchem sich *o*- und *p*-Substitutionsprodukt bilden, ist von Interesse. Da zwei *o*-, aber nur eine *p*-Position zur Verfügung stehen, müßte man ein Verhältnis von *o*- zu *p*-Produkt von 67 % zu 33 % erwarten. In der Praxis wird dieses Mengenverhältnis jedoch nie beobachtet; oft überwiegt sogar das *p*-Substitutionsprodukt. Für diese Erscheinung dürften in erster Linie *sterische Effekte* verantwortlich sein.

Ipso-Substitutionen. In bestimmten Fällen werden bei elektrophilen Substitutionen auch ganz unerwartete Produkte erhalten. So entsteht beispielsweise aus 1,3,5-Tri-*tert*-butylbenzen und $NO_2^{\oplus} BF_4^{\ominus}$ in Sulfolan als einziges Produkt 1-Nitro-3,5-di-*tert*-butylbenzen:

Bei dieser Reaktion muß also ein *tert*-Butyl-Kation durch ein Nitryl-Ion verdrängt worden sein. Reaktionen dieses Typs werden als «**Ipso-Substitutionen**» bezeichnet. Der Angriff des Elektrophils erfolgt hier an der Stelle, wo bereits ein Substituent (nicht Wasserstoff) vorhanden ist:

Polysubstituierte Benzene. Führt man an einer Benzenverbindung, die bereits mehr als einen Substituenten trägt, eine weitere Substitution aus, so läßt sich häufig voraussagen, welches Isomer bevorzugt entsteht, da sich die Effekte der verschiedenen Substituenten oft gegenseitig verstärken. So wird z. B. *m*-Xylen fast ausschließlich am C-Atom 4 substituiert, da dieses in *ortho* zur einen und *para* zur anderen Methylgruppe steht. In der gleichen Weise liefert *p*-Chlorbenzoesäure ein Produkt mit dem dritten Substituenten in *o*-Stellung zum Cl-Atom und *m*-Stellung zur —COOH-Gruppe.

Schwieriger werden solche Voraussagen, wenn die verschiedenen Substituenteneffekte einander *entgegengerichtet* sind. Bei Verbindungen wie z. B. *o*-Methoxyacetanilid, wo beide Substituenten ungefähr gleich stark dirigierend wirken, werden alle vier möglichen Substitutionsprodukte nebeneinander entstehen, wobei die Acetamidogruppe wegen ihrer relativen Größe die Ausbeuten an *o*-Substitutionsprodukt etwas verringern dürfte. Sind am Ring sowohl eine stark aktivierende wie eine schwach aktivierende (oder an Stelle der letzteren gar eine desaktivierende) Gruppe vorhanden, so steuert der erstgenannte Substituent die Substitutionsrichtung.

Bi- und polycyclische aromatische Kohlenwasserstoffe. Die Kondensation mehrerer Ringsysteme ermöglicht eine stärkere Delokalisierung der positiven Ladung in den σ-Komplexen (bzw. aktivierten Komplexen), so daß mehrkernige aromatische Verbindungen *reaktionsfähiger* sind als entsprechende Benzenderivate. Naphthalen beispielsweise wird sehr leicht nitriert, wobei die Stellung 1 (die «α-Stellung») leichter angegriffen wird als die Stellung 2 («β-Stellung»), da der σ-Komplex beim α-Angriff energieärmer ist. Dies läßt sich durch Formulierung der entsprechenden Grenzstrukturen zeigen:

(a) Substitution in α-Stellung

(b) Substitution in β-Stellung

Man erkennt aus diesen Formeln, daß für den σ-Komplex der α-Substitution zwei Grenzstrukturen formuliert werden können, in welchen der eine Ring ein vollständiges aromatisches Sextett besitzt, während beim σ-Komplex der β-Substitution nur eine solche Grenzstruktur möglich ist. Dies bedeutet, daß der nicht reagierende Ring im Falle der α-Substitution seinen aromatischen Charakter in einem größeren Maß beibehält als bei der β-Substitution, so daß der erstgenannte σ-Komplex stabiler ist.

Trotzdem kann auch die β-Substitution bevorzugt eintreten, wenn eine der folgenden Voraussetzungen erfüllt ist. Da nämlich das 1-Substitutionsprodukt als Folge der Abstoßung zwischen dem Substituenten und dem «peri»-H-Atom thermodynamisch weniger stabil ist als das 2-Substitutionsprodukt, erhält man hauptsächlich das letztere, wenn die betreffende Reaktion *thermodynamisch* (nicht kinetisch!) *gesteuert* ist und man *unter Bedingungen* arbeitet, bei denen sich das *Gleichgewicht* einstellen kann. So liefert die Sulfonierung von Naphthalen bei 80°C Naphthalen-α-sulfonsäure, während man oberhalb 160°C Naphthalen-β-sulfonsäure erhält. Wenn der Substituent Y besonders stark raumbeanspruchend ist (wie z. B. die *tert*-Butylgruppe), erhält man auch bei kinetischer Steuerung der Reaktion das β-Substitutionsprodukt bevorzugt, da der Angriff in α-Stellung sterisch gehindert ist.

«peri»-Stellung

Ein elektronenziehender Substituent vermindert die Reaktivität des Naphthalensystems, wie es nach den vorausgegangenen Diskussionen der Substituenteneffekte am Benzenring zu erwarten ist. Die Zweitsubstitution geschieht vorzugsweise im nicht-substituierten Ring.

π-Donoren erhöhen die Reaktivität, und die Zweitsubstitution tritt im substituierten Ring ein. Dabei dirigiert ein Substituent in α-Stellung den Zweitsubstituenten in die *o*- und *p*-Stellung, während ein β-ständiger Substituent fast ausschließlich in die 1-Stellung dirigiert. Der Grund dafür ist, daß nur dann der eine Ring des σ-Komplexes sein aromatisches Sextett behalten kann [vgl. die Grenzstrukturen (5) und (6)].

(5)   (6)

Tabelle 15.1. *Partielle Geschwindigkeitsfaktoren der reaktionsfähigsten Position von polycyclischen Aromaten*

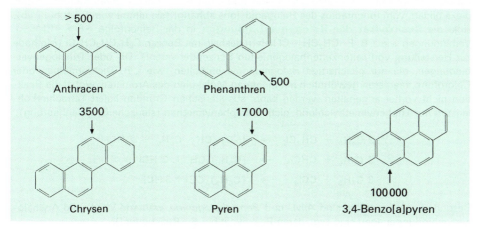

15.3 Bildung von C—C-Bindungen durch elektrophile Substitution

Friedel-Crafts-Alkylierungen. *Halogenverbindungen*, aber auch zahlreiche andere Verbindungen, wie *Alkohole*, *Ester*, *Ether* oder *Alkene*, vermögen aromatische Ringe zu alkylieren, wenn man dem Reaktionsgemisch eine *Lewis*- (oder in gewissen Fällen auch eine *Proton*-) säure zusetzt. Die Reaktion ist eine normale elektrophile Substitution am aromatischen Ring (bzw. eine nucleophile Substitution am Halogenid).

> **Friedel-Crafts-Alkylierung:**
>
> $$Ar-H + R-Cl \xrightarrow{AlCl_3} Ar-R + Cl^\ominus + H^\oplus$$

Die Lewis-Säure polarisiert dabei die C—X-Bindung, d. h. erhöht die Elektrophilie des angreifenden C-Atoms. Bei tertiären und sekundären Halogenverbindungen entstehen dabei die entsprechenden *Carbenium-Ionen*, die wahrscheinlich im Reaktionsgemisch als dicht gepackte Ionenpaare vorliegen:

Im Fall von primären Halogenalkanen entstehen wohl kaum echte Carbenium-Ionen; da man bei solchen Reaktionen ein Zeitgesetz dritter Ordnung (erster Ordnung bezüglich Aromat, bezüglich Halogenalkan und bezüglich AlCl$_3$) bestimmt, verläuft dann die Reaktion möglicherweise als *echte S$_N$2-Reaktion am Halogenalkan*, wobei der aromatische Kern als Nucleophil wirkt:

Da die Leichtigkeit, mit welcher Halogenid-Ionen mit Al$^{3\oplus}$- oder anderen Kationen Komplexe bilden, vom Ionenradius des Halogenid-Ions abhängt (sie nimmt vom F$^\ominus$ zum I$^\ominus$ ab), sinkt die **Reaktivität der Halogenverbindungen** in der Reihenfolge —F > —Cl > —I. Verbindungen wie z. B. F—CH$_2$CH$_2$—Cl liefern deshalb mit Benzen C$_6$H$_5$CH$_2$CH$_2$Cl (Methode zur Herstellung von seitenkettenhalogenierten Benzenderivaten!). Di- oder Trihalogenverbindungen, die nur gleichartige Halogenatome enthalten, wie z. B. Dichlormethan oder Chloroform, reagieren gewöhnlich mit mehreren Molekülen des Aromaten, wobei die Reaktion nicht vorher angehalten werden kann; aus sterischen Gründen liefert Tetrachlorkohlenstoff nur Triphenylmethylchlorid, nicht Tetraphenylmethan (sterische Gruppenhäufung).

$$2\ C_6H_6 + CH_2Cl_2 \rightarrow H_5C_6-CH_2-C_6H_5 + 2\ HCl$$

$$3\ C_6H_6 + CHCl_3 \rightarrow (C_6H_5)_3CH + 3\ HCl$$

$$3\ C_6H_6 + CCl_4 \rightarrow (C_6H_5)_3CCl + 3\ HCl$$

Besonders reaktionsfähig sind *Allyl-* und *Benzylhalogenide*, während Vinyl- und Arylhalogenverbindungen inert sind (vgl. deren Reaktivität bei S_N-Reaktionen!).

15.3 Bildung von C—C-Bindungen durch elektrophile Substitution

Auch bei Friedel-Crafts-Reaktionen mit anderen Reagentien als Halogenverbindungen sind wahrscheinlich Carbenium-Ionen die angreifenden Elektrophile:

$$ROH + AlCl_3 \longrightarrow ROAlCl_2 \longrightarrow R^\oplus + {}^\ominus OAlCl_2$$

$$ROH + H^\oplus \longrightarrow R\overset{\oplus}{O}H_2 \longrightarrow R^\oplus + H_2O$$

$$\text{>C=C<} + H^\oplus \longrightarrow H-\overset{|}{\underset{|}{C}}-\overset{\oplus}{C}\text{<}$$

Im letztgenannten Fall findet im Endeffekt eine *Addition* des Aromaten *an die Doppelbindung* statt. Neben AlCl$_3$ wird dazu stets eine Protonsäure benötigt, die das Alken in ein Carbenium-Ion überführt. *Alkene* eignen sich besonders gut als Alkylierungsreagentien. Auch *Ethylenoxid* oder *Cyclopropan* können in dieser Weise reagieren. Ein *technisch wichtiges* Beispiel des letztgenannten Reaktionstyps ist die Herstellung von Ethylbenzen aus Ethen und Benzen (Ethylbenzen wird durch katalytische Dehydrierung in Styren übergeführt!).

Die Reaktion erfordert *stets* einen **Katalysator**, gleichgültig, welches Reagens zur Alkylierung gewählt wird. Am häufigsten verwendet man *wasserfreies* **Aluminiumchlorid**; es können aber auch zahlreiche andere Lewis-Säuren als Katalysator dienen, wie **FeCl$_3$**, **SnCl$_4$**, **BF$_3$**, **ZnCl$_2$**. **TiCl$_4$** Bei reaktionsfähigeren Halogenverbindungen genügen kleine Mengen weniger stark wirksamer Katalysatoren, wie ZnCl$_2$, während bei weniger reaktiven Halogenverbindungen, wie z. B. Chlormethan, größere Mengen der stärkeren Lewis-Säure AlCl$_3$ benötigt werden. Als Protonsäuren zur Katalyse der Reaktion mit Alkenen oder Alkoholen dienen Schwefelsäure oder wasserfreier Fluorwasserstoff. Kohlenstoffdisulfid ist dabei das am häufigsten verwendete Lösungsmittel.

Die **Friedel-Crafts-Alkylierung** läßt sich nur mit *Benzen* selbst oder mit *reaktionsfähigeren Aromaten* als Benzen durchführen. Phenole lassen sich schlecht alkylieren, da die Lewis-Säure sich mit der funktionellen Gruppe koordiniert und der dadurch entstehende Komplex wenig löslich ist und nur langsam weiterreagiert. Besser gelingt die Reaktion, wenn man das Phenol zuerst mit Dimethylsulfat verethert; die Alkylierung muß dann aber bei möglichst tiefer Temperatur durchgeführt werden, um die Spaltung des Ethers durch die Säure möglichst zu vermeiden. Aromatische *Amine* bilden mit Lewis-Säuren sehr beständige Komplexe und lassen sich auf diese Weise *nicht* alkylieren. Hingegen gelingt die **Alkylierung von Aminen** mit Alkenen unter Verwendung von Aluminiumanilid als Katalysator. *Naphthalen* und andere kondensierte Ringsysteme liefern bei der Friedel-Crafts-Alkylierung schlechte Ausbeuten, da sie zu reaktionsfähig sind und sich mit dem Katalysator koordinieren. Auch mit *Heterocyclen* läßt sich die Reaktion kaum durchführen.

Bemerkenswert ist die Tatsache, daß im Gegensatz zu den meisten elektrophilen Substitutionen an aromatischen Ringen die alkylierten *Reaktionsprodukte reaktionsfähiger* sind als die Ausgangssubstanz (Alkylgruppen sind σ-Donoren!), so daß leicht eine Weiterreaktion zu di- oder polysubstituierten Produkten eintritt. So erhält man z. B. durch Behandeln von Benzen mit Chlormethan bei Gegenwart von AlCl$_3$ ein Gemisch aller möglichen Mono-, Di- und Polymethylbenzene. Um ein bestimmtes polyalkyliertes Produkt in genügender Ausbeute zu erhalten, ist es erforderlich, die Substanzen im richtigen Mengenverhältnis einzusetzen und die Reaktionsbedingungen sorgfältig zu kontrollieren. Vorwiegend monoalkylierte Produkte entstehen bei der Verwendung eines Überschusses an Aromat.

Sehr häufig erhält man auch *umgelagerte Produkte*, besonders dann, wenn primäre Halogenverbindungen zur Alkylierung verwendet werden. 1-Brompropan liefert mit Benzen beispielsweise sowohl *n*-Propylbenzen wie Isopropylbenzen, wobei das letztere sogar überwiegt. Es handelt sich dabei um *Umlagerungen vom Wagner-Meerwein-Typ:* Aus dem primären (sekundären) Carbenium-Ion bildet sich ein stabileres, sekundäres (tertiäres) Ion.

15 Aromatische Substitution I: Elektrophile Substitution

Obschon durch Wahl geeigneter Reaktionsbedingungen Umlagerungen weitgehend unterdrückt werden können, stellt man geradkettige Alkylbenzene im allgemeinen eher durch Clemmensen-Reduktion entsprechender Ketone her (die ihrerseits durch Friedel-Crafts-Acylierung leicht zugänglich sind). Im allgemeinen ist die Tendenz zur Bildung umgelagerter Produkte eher kleiner, wenn schwächere Lewis-Säuren oder reaktivere Aromaten verwendet werden.

Schließlich muß darauf hingewiesen werden, daß die Reaktion reversibel verläuft. Da man gewöhnlich unter Gleichgewichtsbedingungen arbeitet, erhält man das *thermodynamisch stabilste Produkt* (**thermodynamische Steuerung** der Reaktion; im Gegensatz zu den meisten aromatischen Substitutionsreaktionen!). So liefert ein monoalkyliertes Benzen hauptsächlich das *m*-Substitutionsprodukt, und so erhält man aus Benzen und einem Überschuß an Bromethan 1,3,5-Triethylbenzen.

Als Folge dieser Tatsache sind *tert*-Butylgruppen, die leicht durch Friedel-Crafts-Alkylierung eingeführt werden können, auch wieder leicht vom aromatischen System zu entfernen:

Man benützt die Eigenschaft, um bei bestimmten Reaktionen die *reaktionsfähigste Position* des Ringes zu *schützen*. Die Acylierung von Toluen liefert beispielsweise hauptsächlich das *p*-Acylderivat. Um die entsprechende *o*-Verbindung zu erhalten, führt man Toluen zuerst in *p-tert*-Butyltoluen über, acyliert nachher und entfernt dann die *tert*-Butylgruppe durch Kochen des Reaktionsproduktes mit einem Überschuß von Benzen unter Zusatz von AlCl$_3$:

Auch 1,2,3-Trialkylbenzene lassen sich auf diese Weise erhalten, wenn man vom entsprechenden *m*-Dialkylbenzen ausgeht. Mit *tert*-Butylchlorid entsteht die 5-*tert*-Butylverbindung (thermodynamische Steuerung und daher Bildung des stabilsten Produktes!), und bei der anschließenden Alkylierung tritt die weitere Alkylgruppe in Stellung 2 ein (die Positionen 4 und 6 sind durch die sperrige *tert*-Butylgruppe sterisch gehindert).

Die Friedel-Crafts-Alkylierung kann auch zum **Aufbau von Ringsystemen** dienen. Als Beispiel sei die Synthese des Tetralins erwähnt:

Tetrahydronaphthalen
(«Tetralin»)

15.3 Bildung von C—C-Bindungen durch elektrophile Substitution

Friedel-Crafts-Acylierung. Unter der Wirkung von $AlCl_3$ reagieren aromatische Verbindungen auch mit Säurehalogeniden und -anhydriden.

Friedel-Crafts-Acylierung:

$$\text{Ph—H} + \underset{O}{R\overset{\|}{C}}-Cl \xrightarrow{AlCl_3} \text{Ph—}\underset{O}{\overset{\|}{C}}-R + HCl$$

Diese sehr allgemein anwendbare Reaktion stellt die wichtigste Methode zur Gewinnung *aromatischer Ketone* dar. Man geht dabei in der Praxis meist so vor, daß man das Halogenid bzw. Anhydrid zur siedenden Lösung des Aromaten (welche das $AlCl_3$ suspendiert enthält) hinzutropft. Der vom $AlCl_3$ mit dem Keton gebildete Komplex wird durch wäßrige Salzsäure zerstört, und nach Abdampfen des Lösungsmittels (Ether, CS_2) kann das Produkt isoliert werden.

Als Substrate dienen ebenso wie bei der Alkylierung *Aromaten, die reaktionsfähiger sind als Benzen* oder auch Benzen selbst. Mit *m*-dirigierenden Gruppen substituierte Benzene reagieren nicht; Nitrobenzen wird sogar häufig als Lösungsmittel für Friedel-Crafts-Acylierungen verwendet. Aromatische Amine liefern geringe Ausbeuten; hier tritt hauptsächlich Acylierung am N-Atom ein. Auch Phenole reagieren oft langsam und werden besser in Form ihrer Methylether eingesetzt; O-acylierte Phenole (Phenolester), die sich aus Acylhalogenid und dem Phenol leicht bilden (ohne $AlCl_3$), lassen sich durch Erwärmen mit $AlCl_3$ oft in C-acylierte Produkte umlagern («**Fries-Umlagerung**»; vgl. S. 662):

Es entstehen dabei meist *o*- und *p*-acylierte Produkte nebeneinander; durch Wahl günstiger Reaktionsbedingungen kann jedoch oft das eine der beiden Produkte bevorzugt erhalten werden.

Aus sterischen Gründen erhält man bei der Acylierung monosubstituierter Benzene vor allem das *p*-Substitutionsprodukt. Brombenzen oder Toluen liefern also hauptsächlich *p*-Brom- bzw. *p*-Methylacetophenon. Auch heterocyclische Aromaten wie Pyrrol, Furan und Thiophen und ihre Derivate lassen sich auf diese Weise acylieren. Pyridin ist zu reaktionsträg.

Der *Mechanismus* der Acylierung ist noch nicht vollkommen geklärt. Wahrscheinlich kann die Reaktion auf zwei verschiedene Arten ablaufen, je nach den Reaktionsbedingungen. Im einen Fall bildet sich aus dem Halogenid und der Lewis-Säure ein (als freies Ion oder als Ionenpaar vorliegendes) *Acylium-Ion*, welches als angreifendes Elektrophil fungiert:

$$R-COCl + AlCl_3 \longrightarrow R-CO^{\oplus} + AlCl_4^{\ominus}$$

Im anderen Fall wird das aromatische System direkt durch den primär aus dem Halogenid und $AlCl_3$ entstandenen Komplex angegriffen:

---

[1] Der Mechanismus der Fries-Umlagerung ist nicht genau bekannt. Die Pfeile sollen keine Einstufenreaktion vorschützen!

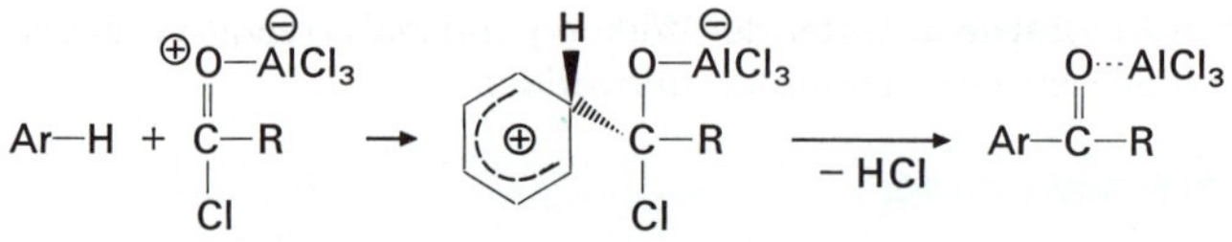

15 Aromatische Substitution I: Elektrophile Substitution

$$Ar-H + \underset{Cl}{\overset{\overset{\oplus}{O}-\overline{\underline{A}}lCl_3}{C}}-R \longrightarrow \underset{Cl}{\overset{\overset{H}{\underset{\oplus}{\bigcirc}}\overset{O-\overline{\underline{A}}lCl_3}{C}}{C}}-R \xrightarrow{-HCl} Ar-\overset{O\cdots AlCl_3}{\underset{\|}{C}}-R$$

Synthese von 1,2-Benzanthracen aus Naphthalen und Phthalsäureanhydrid

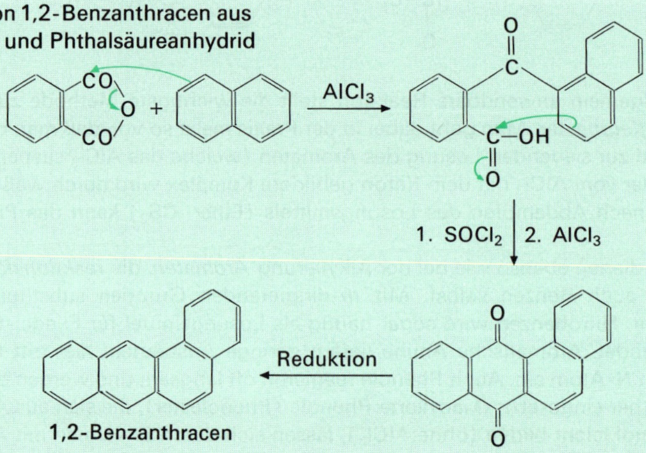

[Reaktionsschema: Phthalsäureanhydrid + Naphthalen → (AlCl₃) → Keto-Carbonsäure → (1. SOCl₂, 2. AlCl₃) → Chinon → (Reduktion) → 1,2-Benzanthracen]

Chlormethylierung. Behandelt man aromatische Verbindungen mit einem Gemisch von *Formaldehyd* und *Chlorwasserstoff* in Gegenwart einer *Säure*, so läßt sich eine —CH₂Cl-Gruppe als Substituent einführen.

Chlormethylierung:

$$C_6H_6 + HCHO + HCl \xrightarrow{ZnCl_2} H_5C_6CH_2Cl + H_2O$$

Anstelle von Chlorwasserstoff können auch andere Halogenwasserstoffverbindungen verwendet werden.

Untersuchungen über den Mechanismus dieser Reaktion ergaben, daß wahrscheinlich die konjugierte Säure von Formaldehyd, das *Hydroxymethylen-Kation*, als *Elektrophil* wirkt. Der durch die elektrophile Substitution entstehende Alkohol wird dann durch den Halogenwasserstoff in das entsprechende Halogenid übergeführt (S_N):

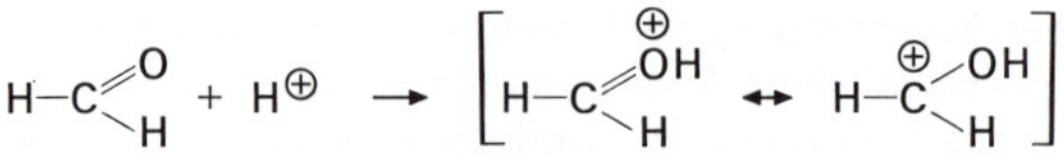

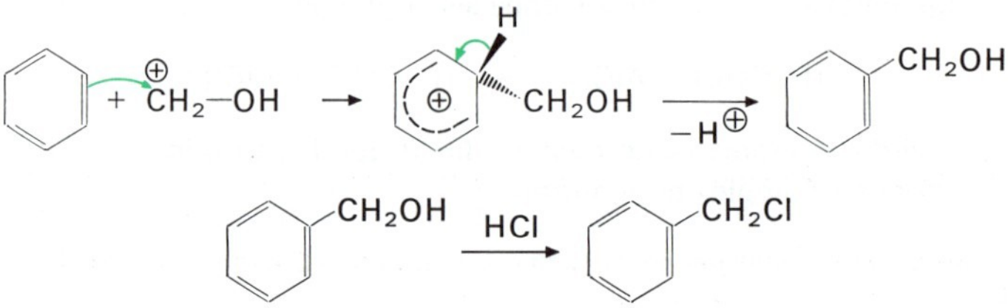

$$H-\overset{O}{\underset{H}{C}} + H^{\oplus} \longrightarrow \left[H-\overset{\overset{\oplus}{O}H}{\underset{H}{C}} \longleftrightarrow H-\overset{OH}{\underset{H}{\overset{\oplus}{C}}} \right]$$

[Reaktionsschema: Benzol + ⁺CH₂—OH → σ-Komplex → (−H⁺) → Benzylalkohol (C₆H₅CH₂OH)]

[Benzylalkohol + HCl → Benzylchlorid (C₆H₅CH₂Cl)]

15.3 Bildung von C—C-Bindungen durch elektrophile Substitution

Hydroxyalkylierung. Eine analoge Reaktion ist durch Kondensation von *Aldehyden* oder *Ketonen* mit *Aromaten* möglich:

Hydroxyalkylierung:

$$\text{Ph-H} + \underset{R'}{\overset{R}{C}}=O \xrightarrow{H^{\oplus}} \text{Ph-}\underset{R'}{\overset{R}{C}}\text{-OH}$$

Der zunächst gebildete Alkohol reagiert auch hier häufig weiter, so z. B. bei der Herstellung von DDT, dem bekannten Insektenkontaktgift (Dichlordiphenyltrichlorethan), aus Chloral und Chlorbenzen:

$$\underset{Cl}{\overset{Cl}{Cl-C}}-\underset{H}{\overset{O}{C}} + 2 \;\; \text{Cl-C}_6\text{H}_4\text{-H} \longrightarrow \text{Cl-C}_6\text{H}_4\text{-}\underset{CCl_3}{\overset{H}{C}}\text{-C}_6\text{H}_4\text{-Cl}$$

DDT

Das substituierend wirkende Elektrophil ist die konjugierte Säure des Aldehyds (Ketons). Phenole liefern meist das diarylierte Produkt, ein sogenanntes *Bisphenol*:

$$2 \; \text{HO-C}_6\text{H}_4\text{-H} + \underset{CH_3}{\overset{CH_3}{C}}=O \xrightarrow[\text{oder } H_2SO_4]{AlCl_3} \text{HO-C}_6\text{H}_4\text{-}\underset{CH_3}{\overset{CH_3}{C}}\text{-C}_6\text{H}_4\text{-OH}$$

«Bisphenol A»
(vgl. Band II)

Die Hydroxyalkylierung ist von *technischer Bedeutung* zur Herstellung dreidimensional netzartig verknüpfter *Makromoleküle* vom Typ *Bakelit* **(Phenolharze, Anilinharze)**.

Auch die Hydroxyalkylierung läßt sich als **Ringschlußreaktion** verwenden. Dabei wird primär ebenfalls eine Hydroxyalkylgruppe gebildet; in der Regel spaltet aber das Produkt spontan Wasser ab, da dadurch eine dem aromatischen Ring konjugierte Doppelbindung entstehen kann. Als Beispiele seien genannt:

(1) Bei der **Bischler-Napieralski-Reaktion** werden Amide unter der Wirkung von $POCl_3$ cyclisiert:

$$\text{(Aryl-CH}_2\text{-CH}_2\text{-NH-CO-R)} \xrightarrow{POCl_3} \text{(Dihydroisochinolin)} + H_2O$$

Enthält die Ausgangssubstanz in α-Stellung zur Aminogruppe eine Hydroxylgruppe, so tritt eine weitere Wasserabspaltung ein, und es bildet sich ein Isochinolinderivat. Die Bischler-Napieralski-Reaktion war für die Totalsynthese gewisser Alkaloide [Papaverin (Pictet); Reserpin (Woodward)] von Bedeutung.

(2) Bei der **Skraupschen Synthese von Chinolinderivaten** wird ein primäres aromatisches Amin mit einem Gemisch von Glycerol, konzentrierter Schwefelsäure und Nitrobenzen behandelt. Dabei wird aus Glycerol zunächst Acrolein gebildet (Dehydratisierung), an dessen Doppelbindung das Amin addiert wird (Michael-Addition). Im dritten Schritt erfolgt der Ringschluß. Das cyclisierte Produkt wird durch Nitrobenzen zum aromatischen System (Chinolin) dehydriert, wobei das Nitrobenzen reduziert wird:

Die gleiche Reaktionsfolge läßt sich auch mit anderen α,β-ungesättigten Aldehyden und Ketonen durchführen (**Doebner-Miller-Reaktion**).

(3) Zur Synthese von *Cumarinderivaten* kann man β-Ketoester mit Phenolen kondensieren (**Pechmann-Reaktion**). Dabei tritt zunächst eine Umesterung ein (Bildung des Phenolesters), und anschließend erfolgt der Ringschluß:

Formylierungen. Ameisensäurehalogenide oder Ameisensäureanhydrid müßten bei der Friedel-Crafts-Acylierung aromatische *Aldehyde* liefern. Von den Formylhalogeniden ist aber nur das Fluorid, FCHO, bei Raumtemperatur stabil genug, um für Acylierungen verwendet werden zu können (Olah); Formylchlorid und -bromid sowie das Anhydrid sind zu unbeständig. Neben der eigentlichen mit *Formylfluorid* durchführbaren Acylierung steht aber eine Reihe weiterer Methoden zur Einführung einer —CHO-Gruppe in aromatische Ringe zur Verfügung, so daß die verschiedenartigsten aromatischen Aldehyde durch Formylierung zugänglich sind.

Die **direkte Formylierung** mit Formylfluorid unter Verwendung von BF_3 als Friedel-Crafts-Katalysator wurde von Olah entdeckt (1960). Sie hat bis heute noch verhältnismäßig wenig Anwendung gefunden, eignet sich aber nicht nur für aktivierte Benzenderivate, wie z. B. Alkylbenzene, sondern auch für Benzen selbst sowie für Halogenbenzene. Naphthalen kann ebenfalls auf diese Weise formyliert werden, wobei Naphthalen-1-aldehyd entsteht.

Gewisse aromatische Verbindungen lassen sich nach Gattermann-Koch mittels eines Gemisches von CO und HCl in Gegenwart von $AlCl_3$ und CuCl formylieren. Das Gemisch der beiden Gase wirkt offenbar wie Formylchlorid; das angreifende Reagens ist wahrscheinlich das Acylium-Ion $HCO^{\oplus}$, das zusammen mit $AlCl_4^{\ominus}$ als dicht gepacktes Ionenpaar im Reaktionsgemisch auftritt. Das CuCl koordiniert sich mit dem CO und erhöht dadurch dessen Konzentration; ohne Zusatz von CuCl sind Drucke von 100 bis 200 bar notwendig. Die

15.3 Bildung von C—C-Bindungen durch elektrophile Substitution

Gattermann-Koch-Reaktion läßt sich nur mit *Benzen* oder *Alkylbenzenen* in befriedigender Ausbeute durchführen; Phenole, Phenolether und vor allem mit *m*-dirigierenden Gruppen substituierte Benzene reagieren nicht. Das benötigte Gasgemisch läßt sich am bequemsten durch Auftropfen von Chlorsulfonsäure (ClSO$_3$H) auf Ameisensäure herstellen.

Phenole, Phenolether und auch *manche heterocyclische Aromaten* lassen sich durch ein Gemisch von HCN und HCl (in Gegenwart von ZnCl$_2$) formylieren (**Gattermann-Reaktion**). Wahrscheinlich bildet sich dabei zuerst die konjugierte Säure von HCN, die als Elektrophil wirkt; das als Primärprodukt gebildete Immoniumchlorid wird durch saure Hydrolyse anschließend in den Aldehyd übergeführt:

$$R\text{-Ar-H} + [HC\overset{\oplus}{=}NH \leftrightarrow H\overset{\oplus}{C}=NH] \rightarrow Ar-CH\overset{\oplus}{=}NH_2 \; Cl^{\ominus} \xrightarrow[H^{\oplus}]{H_2O} Ar-CHO$$

Statt des schwierig zu handhabenden Gemisches von HCN und HCl verwendet man häufig ein Gemisch von Zn(CN)$_2$ mit überschüssigem HCl. So erhält man z. B. 2,4,6-Trimethylbenzaldehyd, indem man HCl-Gas in eine Lösung von Mesitylen in Tetrachlorethan in Gegenwart von Zn(CN)$_2$ einleitet und AlCl$_3$ zusetzt; das gebildete Immoniumsalz wird nachher mit Salzsäure zersetzt.

Eine Modifikation der Gattermann-Reaktion ist die **Houben-Hoesch-Synthese**, bei welcher statt HCN Alkylcyanide verwendet werden. Man erhält auf diese Weise aromatische Ketone; die Reaktion läßt sich allerdings nur mit den reaktivsten Aromaten, wie Di- oder Polyhydroxybenzenen, durchführen.

Eine bequeme und vielfach verwendete Methode zur Formylierung ist die **Vilsmeier-Reaktion**, die allerdings nur für reaktionsfähigere Aromaten wie Phenole, Phenolether oder Amine anwendbar ist. Auch reaktionsfähige nicht-benzoide oder heterocyclische Aromaten, wie z. B. Azulen oder Pyrrol (die auf andere Weise nur schwer formylierbar sind), lassen sich auf diese Weise in Aldehyde verwandeln. Als Reagens verwendet man *disubstituierte Formamide* (die aus sekundären Aminen und Ameisensäure erhalten werden können) und kondensiert sie in Gegenwart von POCl$_3$ mit dem Aromaten. Statt Formamiden lassen sich auch vinyloge Amide einsetzen.

$$Ar-H + Ph-\underset{Me}{N}-\underset{O}{\overset{\parallel}{C}}-H \xrightarrow{POCl_3} Ar-CHO + Ph-NH-Me$$

Nach neueren Untersuchungen, insbesondere der NMR-Spektren, ist wahrscheinlich das Carbenium-Ion (1) das angreifende Elektrophil, so daß die Reaktion nach folgendem Mechanismus ablaufen dürfte.

$$Ph-\underset{Me}{N}-\underset{O}{\overset{\parallel}{C}}-H \xrightarrow{OP(Cl)_3} Ph-\underset{Me}{N}-\underset{OPOCl_2}{\overset{Cl}{\underset{|}{C}}}-H \xrightarrow{-OPCl_2^{\ominus}} Ph-\underset{Me}{N}-\overset{Cl}{\underset{\oplus}{C}}-H$$

(1)

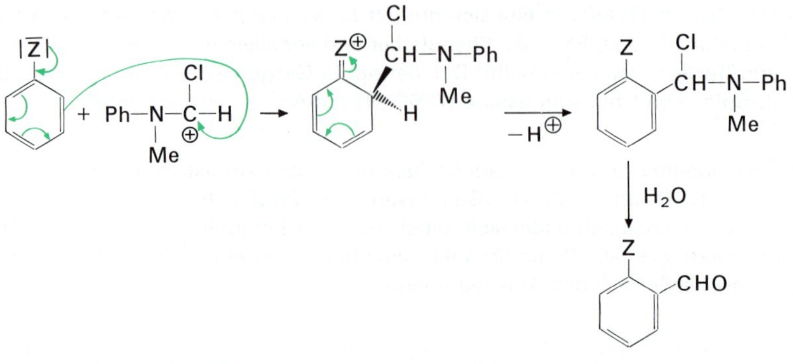

562   15 Aromatische Substitution I: Elektrophile Substitution

Die Behandlung von Phenolen mit Chloroform in alkalischer Lösung liefert schließlich ebenfalls Aldehyde (**«Reimer-Tiemann-Reaktion»**):

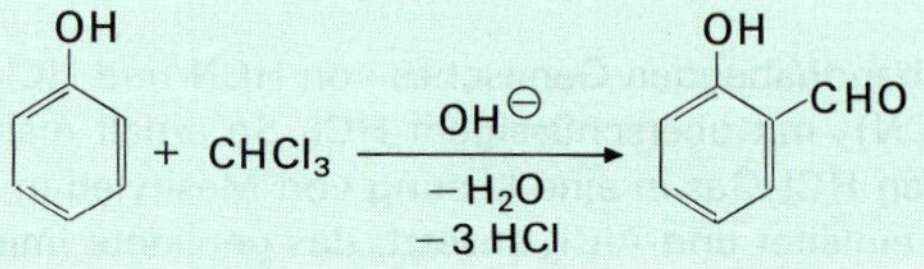

Als Elektrophil wirkt hier das aus Chloroform unter der Wirkung der starken Base entstehende *Dichlorcarben* (S.398). Das gebildete Benzalchlorid wird hydrolysiert und ergibt den Aldehyd:

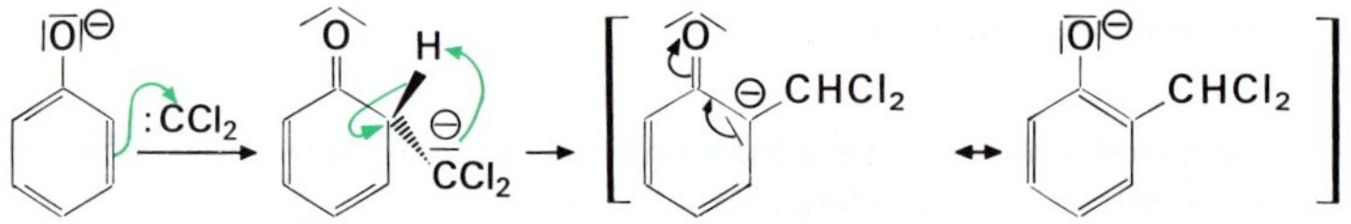

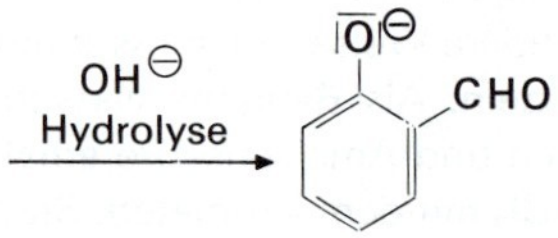

Die Reimer-Tiemann-Reaktion läßt sich auch mit Pyrrol und Pyrrolderivaten (z. B. Indol) ausführen. Als Nebenprodukte fallen dabei Pyridine an (Ringerweiterung durch Umlagerung). Die Reimer-Tiemann-Synthese ist die einzige Formylierungsreaktion, die in basischer Lösung durchgeführt wird. Die —CHO-Gruppe wird stets in die *o*-Stellung dirigiert; nur wenn beide *o*-Positionen durch Substituenten bereits besetzt sind, erhält man den *p*-Hydroxyaldehyd.

Carboxylierungen. Auch Carboxylgruppen lassen sich ähnlich wie Aldehydgruppen direkt in gewisse aromatische Verbindungen einführen. Die wichtigste dieser Reaktionen ist die **Kolbe-Schmitt-Reaktion** mit CO_2:

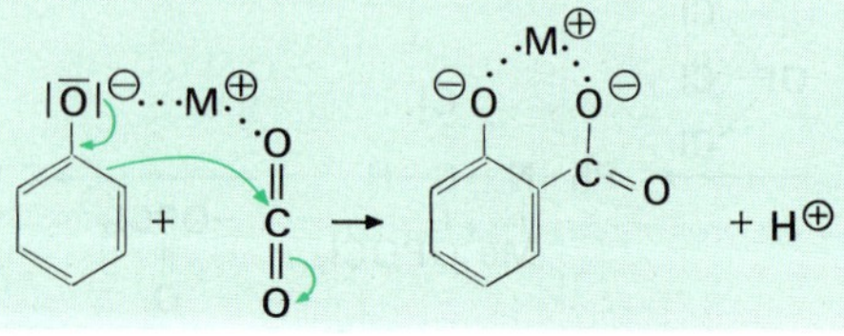

Sie eignet sich vor allem zur Carboxylierung von *Phenolaten*, wobei die Carboxylgruppe hauptsächlich in die *o*-Stellung eintritt. Der genaue Mechanismus der Reaktion ist nicht bekannt; möglicherweise bildet sich zunächst ein Chelat-Komplex zwischen dem reagierenden Aromaten, dem Metall-Kation ($M^{\oplus}$) und einem CO_2-Molekül, wodurch die Elektrophilie des C-Atoms im CO_2 erhöht wird. Die Reaktion muß bei 100°C und unter Druck durchgeführt werden.

15.4 Bildung von C—N-Bindungen durch elektrophile Substitution

Nitrierung. Die weitaus wichtigste Methode zur Bildung von C—N-Bindungen an aromatischen Ringen und eine der wichtigsten aromatischen Substitutionsreaktionen überhaupt ist die Nitrierung. Die Reaktionsbedingungen können dabei in sehr weitgehendem Maß verändert und dadurch der Reaktivität des Aromaten angepaßt werden. Am häufigsten benützt man zur Nitrierung «**Nitriersäure**», ein Gemisch von konzentrierter Salpetersäure und konzentrierter Schwefelsäure; mit reaktionsfähigeren Aromaten läßt sich die Reaktion aber auch mit reiner oder in Eisessig bzw. Acetanhydrid gelöster, ja sogar mit *verdünnter* Salpetersäure ausführen. Wenn es notwendig ist, unter Ausschluß von Wasser zu arbeiten, wählt man eine Lösung von N_2O_5 in CCl_4 (mit Zusatz von P_4O_{10}) als Nitrierreagens. Unter Verwendung von Estern der Salpetersäure wie z. B. *Ethylnitrat* läßt sich die Nitrierung sogar in alkalischem Milieu durchführen. *Acetylnitrat*, $H_3CCOONO_2$ (das allderdings explosiv ist), *Nitrylhalogenide* oder *Nitryl*- («Nitronium-») *Salze* wie $NO_2^{\oplus} BF_4^{\ominus}$ sind weitere Reagentien, die in Spezialfällen Verwendung finden können. Da die Nitrogruppe stark desaktivierend wirkt, ist es im allgemeinen nicht schwierig, die Nitrierung auf der Stufe des Mononitroderivates anzuhalten. Aktivierte Benzenkerne wie z. B. im Phenol ergeben leicht Di- oder Trinitroverbindungen, aber auch *m*-Dinitrobenzen läßt sich unter energischen Bedingungen noch zum 1,3,5-Trinitrobenzen weiter nitrieren.

Das angreifende Elektrophil ist in den weitaus meisten Fällen das **Nitryl**- («Nitronium-») *Ion*, $NO_2^{\oplus}$. Es entsteht in den nitrierenden Reagentien auf verschiedene Weise:

(1) Konzentrierte Schwefelsäure vermag Salpetersäure zu protonieren, wobei das primär gebildete *Nitratacidium*-Ion ($H_2NO_3^{\oplus}$), die konjugierte Säure der Salpetersäure, in H_2O und $NO_2^{\oplus}$ zerfällt[1]:

$$H_2SO_4 + HNO_3 \rightleftarrows HSO_4^{\ominus} + H_2NO_3^{\oplus}$$

$$H_2NO_3^{\oplus} \rightleftarrows NO_2^{\oplus} + H_2O$$

$$H_2SO_4 + H_2O \rightleftarrows HSO_4^{\ominus} + H_3O^{\oplus}$$

insgesamt also

$$2 H_2SO_4 + HNO_3 \rightleftarrows NO_2^{\oplus} + H_3O^{\oplus} + 2 HSO_4^{\ominus}$$

(2) Reine konzentrierte Salpetersäure zeigt in geringem Maß eine *Autoprotolyse*, wobei das Nitratacidium-Ion ebenfalls in H_2O und $NO_2^{\oplus}$ zerfällt:

---

[1] In der Nitriersäure hat also die Schwefelsäure die Funktion, über die Protonierung der Salpetersäure $NO_2^{\oplus}$-Ionen zu erzeugen und nicht etwa wasserentziehend zu wirken, wie man früher gemeint hat. Ein Gemisch von HNO_3 mit P_4O_{10} wirkt nicht nitrierend!

$$3\,HNO_3 \;\rightleftharpoons\; NO_2^\oplus + 2\,NO_3^\ominus + H_3O^\oplus$$

Das Gleichgewicht liegt allerdings stark auf der linken Seite (die Ionisierung erfolgt nur zu etwa 4%): jedoch genügt die Konzentration an $NO_2^\oplus$-Ionen, um reaktionsfähigere Aromaten zu nitrieren.

(3) Das Autoprotolysengleichgewicht kann sich auch in organischen Lösungen einstellen. Acetanhydrid wirkt wahrscheinlich zunächst wasserentziehend, und das aus der Salpetersäure entstandene N_2O_5 dissoziiert in $NO_2^\oplus$- und $NO_3^\ominus$-Ionen. [Festes Stickstoff-(V)-oxid besteht aus einem Ionengitter mit Nitryl- und Nitrat-Ionen als Bausteinen!].

(4) *Ester* der Salpetersäure und ebenso *Acylnitrate* dissoziieren in organischen Lösungsmitteln in geringem Ausmaß in $NO_2^\oplus$-Ionen.

In gewissen Fällen wie z. B. bei der Nitrierung von Phenolen mit *verdünnter Salpetersäure* verläuft die Reaktion allerdings etwas *anders*. Das angreifende Reagens ist hier das **NO**$^\oplus$-Ion (**Nitrosyl-Ion**), das aus der geringen Menge salpetriger Säure, die mit HNO_3 im Gleichgewicht steht, gebildet wird. Dadurch wird der aromatische Ring zunächst *nitrosiert*; die Nitrosoverbindung wird anschließend durch die Salpetersäure zur Nitroverbindung oxidiert, wobei die HNO_3 zu HNO_2 reduziert wird und neue $NO^\oplus$-Ionen gebildet werden. Verdünnte Salpetersäure eignet sich nur für Aromaten, die reaktionsfähig genug sind, um auch nitrosiert werden zu können.

Die sowohl für die *Industrie* wie für die *präparative Laboratoriumsarbeit* überaus große Bedeutung der Nitrierungsreaktion ist darin begründet, daß *Nitroverbindungen* durch Wahl geeigneter Reaktionsbedingungen *zu den verschiedensten anderen stickstoffhaltigen Verbindungen reduziert* werden können (Hydrazo-, Azo- und Azoxyverbindungen; Aminoverbindungen usw.). Wird die Aminogruppe durch Reaktion mit Nitrit und Salzsäure in die sehr reaktive Diazoniumgruppe übergeführt, so sind sowohl durch die Sandmeyer-Reaktion und analoge Reaktionen wie auch durch die Kupplung der Diazoniumsalze mit anderen Aromaten eine Unzahl weiterer Verbindungen zugänglich.

Wegen der großen praktischen Bedeutung soll im Anschluß an die Besprechung des Mechanismus der Nitrierung noch auf ihre *Durchführung* bei verschiedenen Typen von Aromaten eingegangen werden.
Benzen selbst wird durch Nitriersäure bei 30 bis 40 °C in Nitrobenzen übergeführt. Um *m*-Dinitrobenzen zu erhalten, ist eine Reaktionstemperatur von 90 bis 100 °C erforderlich. Auch Alkylbenzene werden mittels der üblichen Nitriersäure nitriert. Mit zunehmender Raumbeanspruchung der Alkylgruppe wächst der Anteil an *p*-Substitutionsprodukt. Als Folge der aktivierenden Wirkung der Methylgruppe läßt sich 2,4,6-Trinitrotoluen, das als Explosivstoff eine große Bedeutung besitzt *(«Trotyl», «TNT»)*, durch direkte Nitrierung von Toluen mit Nitriersäure herstellen, während Trinitrobenzen aus *m*-Dinitrobenzen nur durch tagelanges Erhitzen von Dinitrobenzen mit einem Gemisch von rauchender Salpeter- und rauchender Schwefelsäure bei 110 °C erhalten werden kann.

Phenol – mit noch stärker aktiviertem Kern – wird durch verdünnte Salpetersäure nitriert, wobei sich *o*- und *p*-Nitrophenol bilden. Um 2,4,6-Trinitrophenol *(«Pikrinsäure»)* zu erhalten, wird Phenol zuerst durch Schwefelsäure in Phenol-2,4-disulfonsäure übergeführt. Da die Sulfonierung reversibel ist, lassen sich die —SO_3H-Gruppen beim Kochen der Disulfonsäure mit konzentrierter Salpetersäure durch —NO_2-Gruppen ersetzen, wobei gleichzeitig

15.4 Bildung von C—N-Bindungen durch elektrophile Substitution

auch die dritte Nitrogruppe eingeführt wird. (Die direkte Nitrierung mit Nitriersäure ist nicht möglich, da Phenol durch die oxidierend wirkende Salpetersäure zerstört wird.) Eine andere Möglichkeit zur Gewinnung von Pikrinsäure geht von Chlorbenzen aus, das mit Nitriersäure in 2,4-Dinitrochlorbenzen übergeführt wird. Das Produkt wird durch Alkali hydrolysiert und anschließend nochmals nitriert.

Anilin ist nicht direkt nitrierbar, da es zu leicht oxidiert wird. Man muß die Verbindung daher zuerst acetylieren, dann anschließend die Nitrierung durchführen und die Acetylgruppe durch Erwärmen mit verdünnter Säure wieder entfernen. *Dimethylanilin* wird weniger leicht oxidiert als Anilin und kann direkt nitriert werden. In konzentrierter Schwefelsäure erhält man dabei vorzugsweise 3-Nitrodimethylanilin, da nicht die Base, sondern ihre konjugierte Säure nitriert wird.

Interessant ist, daß *Acetanilid* bei der Nitrierung in konzentrierter Schwefelsäure hauptsächlich *p*-Nitroacetanilid liefert, während man mittels in Eisessig gelöster Salpetersäure vor allem *o*-Nitroacetanilid erhält. Dies beruht wahrscheinlich darauf, daß Stickstoff(V)-oxid, das unter der Wirkung des wasserentziehenden Eisessigs aus der Salpetersäure entsteht, zunächst von der nucleophilen Acetamidogruppe angegriffen wird, so daß die eigentliche elektrophile Substitution über einen *cyclischen, sechsgliedrigen Übergangszustand* bevorzugt in *o*-Stellung eintritt:

Auch *Anisol* liefert bevorzugt das *o*-Nitroderivat, wenn man es in Eisessig nitriert.

Nitrosierung. Behandelt man gewisse Aromaten mit $NaNO_2$ in salzsaurer oder schwefelsaurer Lösung, so werden sie **nitrosiert**:

$$Ar-H + HNO_2 \rightarrow Ar-NO + H_2O$$

Das angreifende Elektrophil ist wahrscheinlich das schon erwähnte *Nitrosyl-Ion*, das analog zum Nitryl-Ion gebildet wird:

$$H_2SO_4 + HONO \rightarrow H_2\overset{\oplus}{O}-NO$$
$$H_2NO_2^{\oplus} \rightarrow H_2O + NO^{\oplus}$$
$$H_2SO_4 + H_2O \rightarrow HSO_4^{\ominus} + H_3O^{\oplus}$$

Die Nitrosierung ist nur mit *sehr reaktionsfähigen Aromaten* (Phenole, tertiäre Amine, Naphthalen) möglich. Primäre aromatische Amine werden durch das Gemisch von Nitrit und Säure *diazotiert* (S. 541), und sekundäre Amine ergeben *Nitrosamine*, da sie am N-Atom nitrosiert werden:

$$Ar-NHR + NO^{\oplus} \rightarrow Ar-\underset{R}{N}-N=O + H^{\oplus}$$

Nitrosogruppen lassen sich leicht zu Nitrogruppen oxidieren. Auch die Reduktion zur Aminogruppe ist möglich; dies ist dann eine wertvolle präparative Methode, wenn Aminogruppen nicht *via* Nitrierung mit anschließender Reduktion eingeführt werden können, weil der betreffende Aromat unter den Bedingungen der Nitrierung zerstört wird.

Direkte Einführung der Diazoniumgruppe. Üblicherweise stellt man Diazoniumsalze durch Reaktion aromatischer Amine mit salpetriger Säure (HONO) her (S. 541). Besonders reaktive Aromaten (Amine, Phenole) können aber durch HONO auch direkt in *Diazoniumsalze* übergeführt werden:

$$\text{ArH} \xrightarrow[-HX]{2\text{ HONO}} \text{Ar}-N_2^{\oplus} X^{\ominus}$$

Wahrscheinlich erfolgt dabei zuerst eine Nitrosierung; aus der Nitrosoverbindung entsteht durch die überschüssige salpetrige Säure das Diazonium-Ion.

Azokupplung. Eine weitere Reaktion von außerordentlicher *technischer* und *präparativer Bedeutung* ist die «*Kupplung*» von aromatischen Diazoniumsalzen mit Aromaten. Sie stellt ebenfalls eine elektrophile Substitution dar, wobei das *Diazonium-Kation* als *Elektrophil* fungiert:

$$\left[\text{Ar}-\overset{\ominus}{N}=\overset{\oplus}{N}| \leftrightarrow \text{Ar}-\overset{\oplus}{N}\equiv N|\right] + \text{ArH} \rightarrow \text{Ar}-N=N-\text{Ar} + H^{\oplus}$$
Azoverbindung

Die Azogruppe —N=N— ist der wichtigste *Chromophor*, d.h. eine funktionelle Gruppe, die durch sichtbares Licht leicht anzuregende Elektronen enthält ($\pi \rightarrow \pi^*$-Übergang) und damit einer Verbindung Farbigkeit verleiht. Schon die einfachste Azoverbindung, das Azobenzen, absorbiert im violetten Bereich des Spektrums und erscheint gelb. Die Azofarbstoffe, die wichtigste Klasse synthetischer organischer Farbstoffe, machen heute etwa 70% des gesamten Farbstoffsortimentes aus.

Die **Azokupplung** ist *nur mit relativ reaktionsfähigen Aromaten* (Phenolen, Aminen, Pyrrol) möglich, da das Diazonium-Kation ein relativ schwaches Elektrophil ist. Substitution tritt nahezu ausschließlich in *p*-Stellung ein; nur wenn die *p*-Position bereits durch einen Substituenten besetzt ist, entsteht die *o*-Verbindung.

Bei der Kupplung mit *Aminen* muß der pH-Wert durch Pufferung mit Acetat möglichst konstant gehalten werden (zwischen 4 und 9). In stark saurer Lösung reagieren Amine kaum, da die Konzentration an freier Base zu klein wird; in stark alkalischer Lösung dagegen wird das Diazonium-Kation in *Diazohydroxid* (Ar—N=N—OH) umgewandelt, das nicht mehr zur Substitution befähigt ist. Primäre und sekundäre Amine reagieren bevorzugt am N-Atom (ebenso wie bei der Nitrosierung; die N-Substitution ist wahrscheinlich kinetisch gesteuert!). Die dadurch gebildeten Diazoaminoverbindungen *(Triazene)* lassen sich aber durch Behandlung mit Mineralsäuren leicht in die stabileren Azoverbindungen umlagern (Gleichgewichtsbedingungen!):

Ph—N$_2^{\oplus}$ + R—NH—Ph ⇌ Ph—N=N—N(R)—Ph ⇌ Ph—N=N—Ph—NH—R
Diazoaminoverbindung

Direkte C-Kupplung tritt bei primären und sekundären Aminen dann ein, wenn das Diazonium-Ion besonders reaktionsfähig ist (wie z. B. das *p*-Nitrobenzendiazonium-Ion) oder wenn man in ameisensaurer Lösung arbeitet (da dann die Lösung so stark sauer ist, daß sich das Triazen spontan in die Azoverbindung umlagert). In gewissen Fällen ist auch **intramolekulare Azokupplung** möglich:

Benztriazol

Phenole werden am besten in schwach alkalischer Lösung gekuppelt (ihre konjugierten Basen sind gegenüber Elektrophilen beträchtlich reaktionsfähiger!). Gewöhnlich fügt man eine saure Lösung des Diazoniumsalzes zu einer Lösung des Phenols, die alkalisch genug ist, um die vorhandene Säure zu neutralisieren.

Diazonium-Ionen lassen sich auch mit gewissen *Enolaten* kuppeln. So ergibt Benzendiazoniumchlorid mit Acetessigester in mit Acetat gepufferter Lösung α,β-Dioxobutyrat-α-phenylhydrazon; die zunächst gebildete Azoverbindung tautomerisiert zum Hydrazon:

15.5 Halogenierung

Ohne Zusatz einer Lewis-Säure greift das *Halogenmolekül* (das durch den Aromaten polarisiert wird) den Ring direkt an:[1]

Durch Lewis-Säuren wird die Reaktionsfähigkeit des Halogens erhöht, da das X_2-Molekül stärker polarisiert wird. Es ist nicht wahrscheinlich, daß schon vor dem elektrophilen Angriff eine vollständige Trennung des Halogenmoleküls in ein $X^{\oplus}$- und ein $X^{\ominus}$-Ion eintritt; die Reaktion muß also folgendermaßen formuliert werden:

---

[1] Der gestrichelte Pfeil soll darauf hinweisen, daß die Prozesse nicht gleichzeitig ablaufen (müssen).

568   15 Aromatische Substitution I: Elektrophile Substitution

$$\text{C}_6\text{H}_6 + \text{Cl}-\text{Cl} \xrightarrow{\text{AlCl}_3} [\text{C}_6\text{H}_6\text{Cl}]^{\oplus} \text{AlCl}_4^{\ominus} \longrightarrow \text{C}_6\text{H}_5-\text{Cl} + \text{HCl} + \text{AlCl}_3$$

Im Gegensatz zur Chlorierung und Bromierung verläuft die *Iodierung* umkehrbar, führt also zu einem *Gleichgewicht*. Um iodierte Aromaten zu erhalten, müssen deshalb die $I^{\ominus}$-Ionen dem Gleichgewicht entzogen werden, z. B. durch ein Oxidationsmittel wie H_2O_2 oder HNO_3. So erhält man z. B. aus Benzen und Iod bei Gegenwart von HNO_3 Iodbenzen. Leichter ist die Iodierung möglich, wenn man ICl oder IBr statt molekularem Iod verwendet. In der Praxis führt man Iod allerdings meist über das *Diazoniumsalz* in aromatische Kerne ein (**Sandmeyer-Reaktion**):

$$\text{Ar}-\text{N}_2^{\oplus} + I^{\ominus} \longrightarrow \text{Ar}-I + N_2$$

Auch *Fluor* – das als Element viel zu reaktionsfähig ist, um für eine direkte Fluorierung verwendet werden zu können – läßt sich *über das Diazoniumsalz* in aromatische Ringe einführen (**Schiemann-Reaktion**):

$$\text{Ar}-\text{N}_2^{\oplus} + BF_4^{\ominus} \longrightarrow \text{Ar}-F + N_2 + BF_3$$

Der Grund für die relative Leichtigkeit, mit welcher diese Reaktionen möglich sind, liegt in der großen Bindungsenergie des N_2-Moleküls.

15.6 Sulfonierung

Die **Sulfonierung aromatischer Verbindungen**, d. h. die Einführung einer *Sulfonsäure-* ($-SO_3H-$) *Gruppe*, ist ebenso wie die Nitrierung von großer industrieller Bedeutung. Dies beruht darauf, daß Sulfonsäuren starke Säuren sind und ihre Einführung in aromatische Ringe diese wasserlöslich *(hydrophil)* macht, was vor allem bei vielen *Farbstoffen* wichtig ist; zudem läßt sich die $-SO_3H$-Gruppe durch andere Substituenten auch wieder ersetzen (Herstellung der Pikrinsäure, S. 564).
Als *sulfonierendes Reagens* benützt man gewöhnlich konzentrierte oder rauchende Schwefelsäure; Chlorsulfonsäure findet gelegentlich ebenfalls Verwendung. Die Bariumsalze der aromatischen Sulfonsäuren sind (im Gegensatz zum $BaSO_4$) leicht löslich, so daß überschüssige Schwefelsäure durch Ausfällung mit $BaCl_2$ leicht abzutrennen ist. Die Sulfonierung ist umkehrbar (sie ist also wie die Friedel-Crafts-Alkylierung *thermodynamisch* gesteuert!); bei nicht allzu hoher Temperatur verläuft die «Rück-Reaktion» jedoch ziemlich langsam, so daß dann die Bildung der Sulfonsäure praktisch irreversibel ist. Durch Erhitzen des sulfonierten Aromaten mit verdünnter Schwefelsäure läßt sich die $-SO_3H$-Gruppe jedoch wieder ziemlich leicht entfernen.
Im Gegensatz zu den meisten elektrophilen aromatischen Substitutionen beobachtet man bei der Sulfonierung einen *kinetischen Isotopeneffekt*: deuterierte Aromaten reagieren beträchtlich langsamer. Dies bedeutet, daß hier der zweite Schritt der Substitution, die Abgabe eines Protons durch den σ-Komplex, langsamer verläuft als die Addition des Elektrophils an den aromatischen Ring, so daß *der zweite Reaktionsschritt geschwindigkeitsbestimmend* ist.

15.6 Sulfonierung

Die Tatsache, daß in rauchender Schwefelsäure die Geschwindigkeit der Sulfonierung ihrem SO_3-Gehalt proportional ist (SO_3 selbst sulfoniert sehr rasch, das Benzen z. B. sogar nahezu momentan), läßt darauf schließen, daß das **SO_3-Molekül** als *angreifendes Elektrophil* fungiert. Die Reaktion muß dann nach folgendem Schema verlaufen:

Benzen wird normalerweise mittels 5 bis 20% Oleum sulfoniert. Reaktionsfähigere Aromaten, wie Alkylbenzene oder polycyclische aromatische Kohlenwasserstoffe, können durch Schwefelsäure allein sulfoniert werden. Thiophen wird schon durch 95% Schwefelsäure ziemlich rasch sulfoniert (Methode zur Abtrennung von Thiophen im Rohbenzen). Anilin liefert mit Schwefelsäure zuerst ein (verhältnismäßig schwerlösliches) Salz (Anilinhydrogensulfat); beim Erhitzen auf 180 bis 190°C lagert sich dieses jedoch unter Wasserabspaltung in *Sulfanilsäure* um:

Phenol liefert eine 2,4-Disulfonsäure.

Wir haben schon erwähnt, daß die Sulfonierung eine reversible Reaktion ist. Man benützt deshalb die —SO_3H-Gruppe auch etwa zum **Schutz** reaktionsfähiger Positionen des Aromaten. Als Beispiel dafür diene die Herstellung von *o*-Nitroanilin:

Sulfochlorierung. Nicht allzu stark desaktivierte Aromaten bilden mit Chlorsulfonsäure direkt *Sulfonsäurechloride*. So erhält man aus Benzen und Chlorsulfonsäure bei 20 bis 25°C Benzensulfonsäurechlorid (Benzensulfochlorid):

Sulfochlorierung:

$$C_6H_6 + 2\ ClSO_3H \longrightarrow C_6H_5SO_2Cl + H_2SO_4 + HCl$$

Die Reaktion ist zur Gewinnung von Sulfonsäureamiden von Bedeutung. Die für präparative Arbeiten wichtigen *Toluensulfonsäureester* werden über die entsprechenden Sulfonsäurechloride gewonnen.

15.7 Synthese von Benzenderivaten mit bestimmter Orientierung der Substituenten

Bei der **Planung einer Synthese** ist es wichtig, die dirigierende Wirkung bereits vorhandener Substituenten zu kennen und die Ausgangssubstanz dem gewünschten Produkt entsprechend zu wählen. Um *m*-Chlornitrobenzen zu erhalten, wird man zweckmäßigerweise von Nitrobenzen ausgehen; benötigt man jedoch *o*- oder *p*-Chlornitrobenzen, so wird man am besten Chlorbenzen nitrieren. Man erhält dann etwa 30% *o*-Chlornitrobenzen und 60% *p*-Chlornitrobenzen. Wenn jedoch die *m*-dirigierende Gruppe des Aromaten zu stark desaktivierend wirkt, ist dieses Verfahren nicht gangbar. Während sich z. B. *o*- und *p*-Nitrotoluen ohne weiteres durch Nitrierung von Toluen erhalten lassen, kann man *m*-Nitrotoluen nicht durch Friedel-Crafts-Alkylierung von Nitrobenzen herstellen, da die Friedel-Crafts-Reaktionen mit dem reaktionsträgen Nitrobenzen nicht durchführbar sind. In solchen Fällen ist es notwendig, das gewünschte Produkt über einen *Umweg* herzustellen. Besonders häufig wird dabei ein Umweg über eine *Aminogruppe* als Substituent beschritten, da diese in mannigfacher Art und Weise in andere Substituenten umgewandelt werden kann. So kann man —NH_2-Gruppen durch Oxidation mit Peroxysäuren in —NO_2-Gruppen überführen; über das Diazoniumsalz kann man (durch Substitution der —$N_2^{\oplus}$-Gruppe) Halogene, —OH- und —CN-Gruppen und sogar aliphatische oder aromatische Reste als Substituenten in den Ring einführen (vgl. S. 578). Durch Behandlung des Diazoniumsalzes mit unterphosphoriger Säure (H_3PO_2) läßt sich die Diazoniumgruppe auch durch ein H-Atom ersetzen, so daß auf diese Weise die Aminogruppe im Endeffekt wieder vom Ring entfernt wird.

Die folgenden **Synthesen** illustrieren die bei der Herstellung **bestimmter Substitutionsprodukte** angestellen Überlegungen.

(a) Herstellung von *m*-substituierten Toluenen

$$H_3C-\underset{b\ \ \ a}{C_6H_4}-NHCOCH_3 \xrightarrow{Br_2/Fe} H_3C-C_6H_3(Br)-NHCOCH_3 \longrightarrow H_3C-C_6H_4-Br$$

Ausgangsstoff ist (acetyliertes) *p*-Toluidin. Hier ist die Position a, die *ortho* zur Acetamidogruppe und *meta* zur Methylgruppe steht, reaktionsfähiger als die Position b, weil die —$NHCOCH_3$-Gruppe stärker **aktivierend** wirkt. Führt man die Substitution aus und entfernt man nachher die Acetamidogruppe durch Hydrolyse, Diazotierung und Substitution der Diazoniumgruppe durch H, so erhält man das *m*-substituierte Toluen.

(b) Um *p*-Aminobenzoesäure zu erhalten, kann man nicht Benzoesäure nitrieren (und die —NO_2-Gruppe nachher reduzieren), weil die Carboxylgruppe ausgesprochen *m*-dirigierend wirkt. Oxidiert man aber acetyliertes *p*-Toluidin (durch die Acetylierung wird die Aminogruppe gegen Oxidation **geschützt**), so erhält man nach der Hydrolyse das gewünschte Produkt:

$$H_3CCONH-C_6H_4-CH_3 \xrightarrow{KMnO_4} H_3CCONH-C_6H_4-COOH \longrightarrow H_2N-C_6H_4-COOH$$

15.7 Synthese von Benzenderivaten mit bestimmter Orientierung der Substituenten

(c) Durch direkte Bromierung von Benzen lassen sich nur *o*- und *p*-Dibrombenzen erhalten. Wird jedoch Anilin bromiert und die Aminogruppe nachher *über das Diazoniumsalz* entfernt, so entsteht *1,3,5-Tribrombenzen*:

Bei allen diesen Beispielen wurden nucleophile Substitutionen am Aromaten nicht berücksichtigt. Diese Reaktionen, welche für die Synthese zahlreicher Benzenderivate ebenfalls Bedeutung besitzen, werden im nächsten Kapitel besprochen (siehe auch Band II).

Schließlich muß nochmals erwähnt werden, daß man besonders reaktionsfähige Stellen am Benzenring durch *tert*-Butylgruppen oder $-SO_3H$-Gruppen **blockieren** kann, weil beide wieder relativ leicht vom Ring entfernt werden können.

16 Aromatische Substitution II: Nucleophile Substitution

16.1 Allgemeines

Mechanismen der nucleophilen aromatischen Substitution. Die Mehrzahl der nucleophilen Substitutionen an aromatischen Systemen verläuft nach folgendem Mechanismus:

Im ersten Reaktionsschritt wird das Nucleophil vom Aromaten unter Bildung eines *anionischen* Zwischenproduktes addiert, während im zweiten Schritt die Abgangsgruppe abgetrennt wird. Substitutionen dieses Typs sind *bimolekular* und gehorchen einem Zeitgesetz zweiter Ordnung. Im Unterschied zu den in Kapitel 8 besprochenen bimolekularen nucleophilen Substitutionen an aliphatischen gesättigten C-Atomen tritt hier ein echter *Zwischenstoff* auf; die Reaktion folgt also einem **Additions-Eliminations-Mechanismus**. S_N-Reaktionen an Aromaten gleichen damit sowohl der nucleophilen Substitution an ungesättigten C-Atomen (S_N2_t; Kapitel 12) wie auch der elektrophilen aromatischen Substitution. In allen drei Fällen greift das Reagens (Nucleophil bzw. Elektrophil) zuerst das Substrat an und bildet ein mehr oder weniger stabiles Zwischenprodukt; die Abgangsgruppe wird erst im zweiten (meist schnelleren) Reaktionsschritt abgetrennt. Ein echter Synchronmechanismus (wie der S_N2-«Regenschirm»-Mechanismus) ist an aromatischen Substraten nicht möglich, weil das Nucleophil das C-Atom, an welchem die Substitution stattfindet, nicht von «hinten» angreifen kann und die Ringstruktur ein Umklappen der Liganden verhindert.

Daß wirklich Zwischenstoffe vom Typ (1) gebildet werden, geht z. B. aus Ergebnissen hervor, die bereits 1905 von Meisenheimer erhalten wurden. Erwärmt man nämlich Ethylpikrat mit Natriummethylat oder Methylpikrat mit Natriumethylat, so entsteht in beiden Fällen dasselbe gelbe Salz (**«Meisenheimer-Salz»**), das beim Ansäuern ein Gemisch, bestehend aus den beiden Trinitroethern (2) und (3) zurückbildet. Die schon von Meisenheimer vorgeschlagene Konstitution mit der Methoxy- und der Ethoxygruppe am selben Ring-C-Atom wurde 1964 durch das NMR-Spektrum eindeutig bewiesen.

16.1 Allgemeines

$$\text{(2)} \quad \xrightleftharpoons[H^\oplus]{\ominus OMe} \quad \text{ein Meisenheimer-Salz} \; [Na^\oplus] \quad \xrightleftharpoons[H^\oplus]{\ominus OEt} \quad \text{(3)}$$

Wir haben bereits erwähnt, daß bei nucleophilen aromatischen Substitutionen, die nach dem Additions-Eliminations-Mechanismus verlaufen, im allgemeinen der *erste Schritt* langsamer verläuft und damit *geschwindigkeitsbestimmend* ist. Es ist deshalb zu erwarten – und wird im Experiment häufig auch beobachtet – daß die Substitutionsgeschwindigkeit durch die Natur der zu verdrängenden Abgangsgruppe X nicht allzu sehr beeinflußt wird. Da aber mit zunehmender Elektronegativität von X die Elektronendichte um das C-Atom, an dem die Substitution stattfindet, verringert wird, erfolgt aber der Angriff in solchen Fällen doch leichter und damit auch die Substitution schneller. Zudem vermag ein sehr stark elektronegatives Atom die negative Ladung des Zwischenstoffes besser zu delokalisieren und diesen dadurch zu stabilisieren. So wurde beobachtet, daß bei Verbindungen des Typs (4) die Geschwindigkeiten der nucleophilen Substitution sich insgesamt nur um etwa einen Faktor 5 unterschieden, wenn —Cl, —Br, —I, —SOPh oder —SO₂Ph als Abgangsgruppen fungierten, daß aber die Geschwindigkeit um rund das 30000fache stieg, wenn X gleich —F war. Die Tatsache, daß ausgerechnet das $F^\ominus$-Ion die **beste Abgangsgruppe bei nucleophilen aromatischen Substitutionen** ist, bildet einen augenfälligen Beweis dafür, daß solche Reaktionen anders verlaufen müssen als S_N-Reaktionen an gesättigten aliphatischen C-Atomen, wo —F stets am schwierigsten zu verdrängen ist.

(4)

Voraussetzung einer nucleophilen Substitution nach dem Additions-Eliminations-Mechanismus ist, daß *an den aromatischen Ring elektronenziehende (—M-) Substituenten* gebunden sind, da diese die negative Ladung des Zwischenstoffes (1) zu delokalisieren vermögen. Zwar wird natürlich auch hier die Reaktionsgeschwindigkeit durch die Energiedifferenz zwischen aktiviertem Komplex und Ausgangsstoff bestimmt; nach Hammond darf man aber auch bei diesen Reaktionen ebenso wie bei den elektrophilen Substitutionen den Zwischenstoff (das Carbanion) als «Modell» des aktivierten Komplexes betrachten. Wie die folgenden Grenzstrukturen zeigen, ist die *Stabilisierung* des Carbanions dann am *wirksamsten, wenn das Nucleophil $Nu^\ominus$ an die o- oder p-Position addiert wird,* da nur dann die π-Acceptorwirkung des Substituenten wirksam wird. Im Zwischenstoff der *m*-Addition wirkt sich nur die σ-Acceptorwirkung der elektronenanziehenden Gruppe aus, der zudem – verglichen mit einem Angriff in *o*- oder *p*-Stellung – abgeschwächt ist (größere Entfernung des Reaktionszentrums vom Schlüsselatom!).

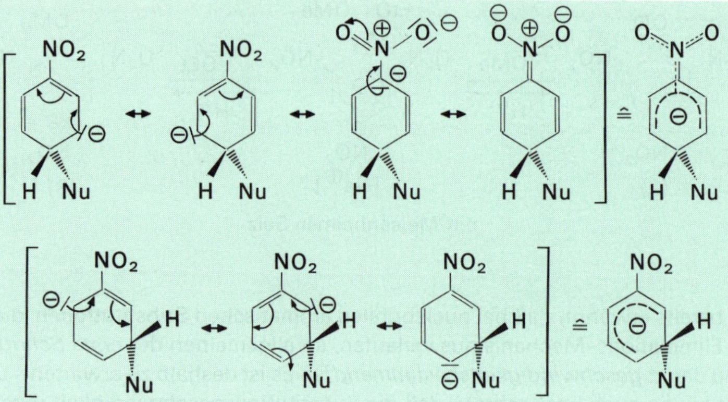

Für *nucleophile aromatische Substitutionen* gilt deshalb genau das *Umgekehrte* wie für elektrophile Substitutionen: Elektronenziehende Substituenten aktivieren den Aromaten und dirigieren einen Zweitsubstituenten nach ortho und para.

Elektronenziehende *Heteroatome* verhalten sich ähnlich wie π-Acceptoren. So reagiert z. B. in Dimethylanilin gelöstes Pyridin mit Natriumamid glatt und in guter Ausbeute zu 2-Aminopyridin (**Tschitschibabin-Reaktion**):

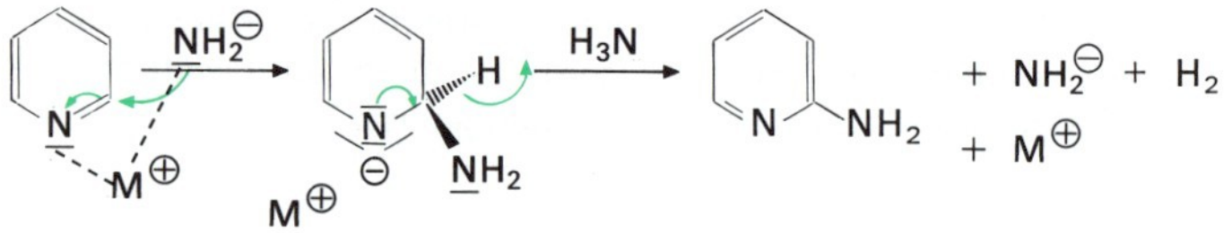

Nucleophile Substitutionen an Aromaten sollten im Prinzip auch als *unimolekulare* Reaktionen (über *Carbenium-Ionen* als Zwischenstoffe, analog den S_N1-Reaktionen an aliphatischen gesättigten C-Atomen) ablaufen können. Positive *«Arenium»-Ionen* sind aber *extrem unstabil*, so daß Substitutionen an aromatischen Halogenverbindungen, an Nitroverbindungen, Sulfonsäuren oder Phenolen nicht auf diese Weise vor sich gehen, sondern entweder dem Additions-Eliminations-Mechanismus oder dem noch zu besprechenden «Arin-Mechanismus» folgen. Die einzigen aromatischen Substrate, welche mit Nucleophilen – nach den bis heute vorliegenden Ergebnissen – zweifelsfrei gemäß dem S_N1-*Typ* reagieren, sind die *Diazonium-Kationen*. Als Abgangsgruppe wirkt hier das N_2-Molekül, und es ist die besondere Stabilität dieses Moleküls (bzw. die hohe Bindungsenthalpie der N≡N-Dreifachbindung), welche den Ablauf über ein Carbenium-Ion als Zwischenstoff möglich macht, also als treibende Kraft für eine S_N1-Substitution wirkt.

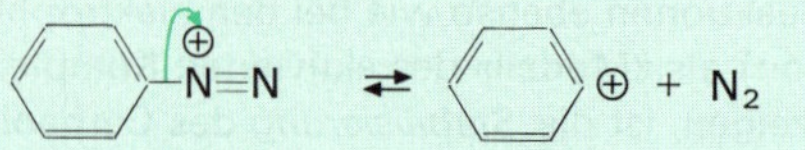

(7)

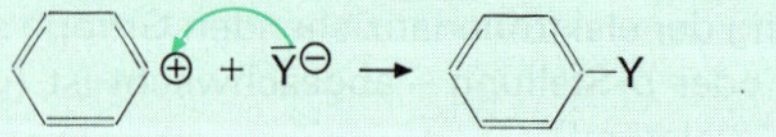

Ebenso wie bei aliphatischen S_N1-Reaktionen besteht auch hier der geschwindigkeitsbestimmende Schritt in der Abtrennung der Abgangsgruppe (des N_2-Moleküls). Die Substitutionsgeschwindigkeit ist somit unabhängig von der Konzentration des Nucleophils, gehorcht also einem Zeitgesetz *erster Ordnung*.

Der dritte bei S_N-Reaktionen an Aromaten beobachtete Mechanisums *(«Arin-Mechanismus»)* wird später (S. 579) im Zusammenhang mit den entsprechenden Reaktionen besprochen.

16.2 Hydrid-Ionen als Abgangsgruppe

Benzen sowie selbstverständlich auch mit π- oder σ-Donoren substituierte Aromaten sind gegenüber Nucleophilen vollkommen inert. *Nitrobenzen* reagiert mit sehr reaktionsfähigen Nucleophilen, wie z. B. Amid-Ionen, relativ leicht:

Mit weniger stark nucleophilen Reagentien (wie z. B. $OH^{\ominus}$) ist Substitution nur unter ziemlich energischen Bedingungen möglich. Da das abgetrennte $H^{\ominus}$-**Ion** selbst ein sehr starkes Nucleophil ist, arbeitet man dabei zweckmäßigerweise mit einem Zusatz eines *Oxidationsmittels*, wie H_2O_2 oder auch Luftsauerstoff, das die $H^{\ominus}$-Ionen oxidiert und sie dadurch dem Reaktionsgleichgewicht entzieht. *m*-Dinitrobenzen ist bereits bedeutend reaktionsfähiger und ergibt beispielsweise mit $CN^{\ominus}$-Ionen 2,6-Dinitrobenzonitril:

Wie schon erwähnt, verhält sich *Pyridin* ähnlich wie Dinitrobenzen (vgl. die Reaktionsträgheit von Pyridin bei elektrophilen Substitutionen!). Als Beispiele nucleophiler Substitutionen am Pyridinring seien folgende Reaktionen genannt:

- $NaNH_2$ / NH_3 → 2-Aminopyridin **(Tschitschibabin-Reaktion)**
- KOH / $K_3[Fe(CN)_6]$ → 2-Hydroxypyridin
- C_6H_5Li in Toluen 110°C → 2-Phenylpyridin
- C_4H_9Li 100°C → 2-Butylpyridin **(Ziegler-Reaktion)**

Die *Alkylierung* heteroaromatischer Verbindungen mit Lithiumalkylen ist als **Ziegler-Reaktion** bekannt. Sie erfolgt nach dem normalen Additions-Eliminations-Mechanismus, wobei sich die primären Additionsprodukte in gewissen Fällen als Salze isolieren lassen. Auch gewisse nicht-heterocyclische Aromaten, wie Benzen, Naphthalen und Phenanthren, lassen sich auf diese Weise alkylieren; als Hauptreaktion tritt allerdings hier die Metallierung des aromatischen Kernes ein (vgl. S.544). Die Alkylierung von *Nitroverbindungen* ist möglich, wenn man als Reagens nicht Alkyllithium-Verbindungen verwendet (die mit der $-NO_2$-Gruppe reagieren), sondern z. B. das **Methylsulfinyl-Carbanion** benützt (das aus Dimethylsulfoxid unter der Einwirkung einer starken Base entsteht):

$$\text{Ar-NO}_2 + H_3C-S-\overset{\ominus}{CH_2} \longrightarrow \underset{CH_3}{\text{o-NO}_2\text{-C}_6H_4\text{-CH}_3} + \underset{CH_3}{\text{p-NO}_2\text{-C}_6H_4\text{-CH}_3} + H_3CSO^{\ominus}$$

Methylsulfinyl-Carbanion

16.3 Andere Anionen als Abgangsgruppen

Substitutionen an Halogenverbindungen. Die für nucleophile Substitutionen weitaus wichtigsten Substrate sind aromatische Halogenverbindungen. Unsubstituierte Halogenaromaten sind allerdings gegenüber Nucleophilen sehr reaktionsträg. So läßt sich ein Halogenbenzen weder durch Behandlung mit Natriumethylat in Ethanol noch durch Erhitzen mit alkoholischer $AgNO_3$-Lösung substituieren, unter Bedingungen also, bei welchen Halogenalkane relativ leicht reagieren. Die Umwandlung von *Chlorbenzen* in *Phenol* ist nur unter recht *energischen Bedingungen* möglich, wie sie in der Technik durchführbar sind: Behandlung von Chlorbenzen mit 10% NaOH bei 350°C (**Dow-Verfahren**) oder mit überhitztem Wasserdampf bei 425°C (**Raschig-Verfahren**). Diese Reaktionen verlaufen allerdings nicht nach dem Additions-Eliminations-Mechanismus, sondern über *Arine* als Zwischenprodukte (S. 579). Bemerkenswerterweise reagieren Halogenbenzene aber mit in Dimethylsulfoxid gelösten Alkoxiden ziemlich rasch, was wohl darauf zurückzuführen ist, daß die Alkoxid-Ionen in hydroxylhaltigen Lösungsmitteln durch H-Brücken stark stabilisiert und dadurch reaktionsträger sind. Aus Brombenzen erhält man auf diese Weise *Phenolether*:

$$H_5C_6-Br + (H_3C)_3C-O^{\ominus} \xrightarrow[-Br^{\ominus}]{DMSO} H_5C_6-O-C(CH_3)_3$$

π-Acceptoren in *o*- oder *p*-Stellung zum Halogenatom erleichtern die Substitution stark. Die aktivierende Wirkung nimmt mit der Anzahl der vorhandenen π-Acceptoren zu; *Pikrylchlorid* (2,4,6-Trinitrochlorbenzen) ist deshalb fast so reaktionsfähig wie ein Säurechlorid und wird schon durch verdünnte Natronlauge hydrolysiert.
Auch andere Nucleophile reagieren leicht mit durch π-Acceptoren aktivierten Halogenbenzenen. *Amine*, wie z. B. *p*- und *o*-Nitranilin oder N-substituierte Nitraniline, lassen sich durch Reaktion von *p*- oder *o*-Nitrochlorbenzen mit Ammoniak bzw. Aminen erhalten. Das als Carbonylreagens wichtige *2,4,-Dinitrophenylhydrazin* stellt man aus 2,4-Dinitrochlorbenzen (das durch Nitrieren von Chlorbenzen erhalten wird) her. *2,4-Dinitrofluorbenzen* besitzt als «**Sanger-Reagens**» für die Markierung endständiger Aminogruppen einer Polypeptidkette große Bedeutung. Die nucleophile $-NH_2$-Gruppe verdrängt dabei das F-Atom

unter Bildung eines sekundären Amins, so daß nach der Hydrolyse der Peptidkette die endständige Aminosäure an die 2,4-Dinitrophenylgruppe gebunden bleibt und die Aminosäure selbst nach der Isolierung des Derivats identifiziert werden kann. Durch schonende Hydrolyse ist es möglich, jeweils nur die endständige, an das Sanger-Reagens gebundene Aminosäure von der Polypeptidkette abzutrennen, so daß durch mehrfache Wiederholung dieses Verfahrens die Reihenfolge («Sequenz») der Aminosäuren eines bestimmten Polypeptids aufgeklärt werden kann (Sanger, 1952, beim Insulin).

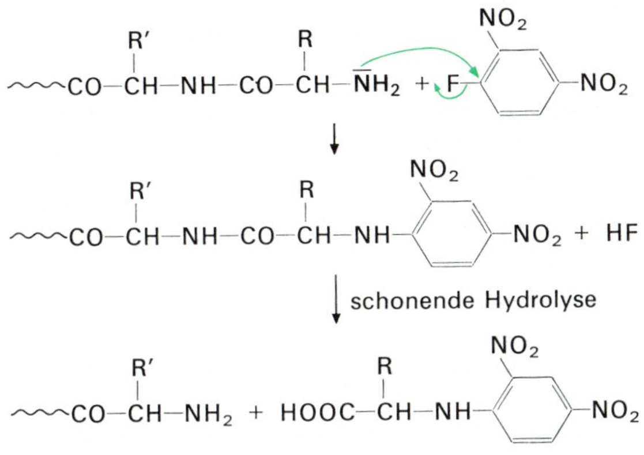

Oxyanionen. Die älteste Methode zur *Gewinnung von Phenolen* besteht im *Schmelzen aromatischer Sulfonsäuren mit NaOH oder KOH* (250 bis 300 °C), der sogenannten **Alkalischmelze**. Es handelt sich dabei auch um eine nucleophile Substitution, wobei ein $SO_3^{2\ominus}$-Ion verdrängt wird:

Die Brauchbarkeit dieser Methode wird allerdings dadurch eingeschränkt, daß Sulfonsäuren mit einem π-Acceptor in *m*-Stellung mit $OH^{\ominus}$-Ionen unter Verdrängung eines $H^{\ominus}$-Ions (in den *o*- und *p*-Positionen) reagieren (Aktivierung durch den π-Acceptor!). So läßt sich z. B. *m*-Nitrophenol nicht durch Alkalischmelze von *m*-Nitrobenzensulfonsäure erhalten. In solchen Fällen wird man zur Einführung der Hydroxylgruppe besser den Weg über das Diazonium-Ion wählen. Daß empfindlichere Verbindungen bei den doch recht energischen Bedingungen der Alkalischmelze zum Teil zerstört werden und damit eine *schlechte Ausbeute* an Phenol liefern, ist ein weiterer Nachteil dieser Methode.

Enthält ein aromatischer Ring genügend aktivierende Substituenten, so läßt sich auch die —NO_2-Gruppe als *Nitrit-Ion* verdrängen. *o*-Dinitrobenzen liefert beispielsweise beim Kochen mit NaOH *o*-Nitrophenol und beim Erhitzen mit Ammoniak in Ethanol *o*-Nitranilin:

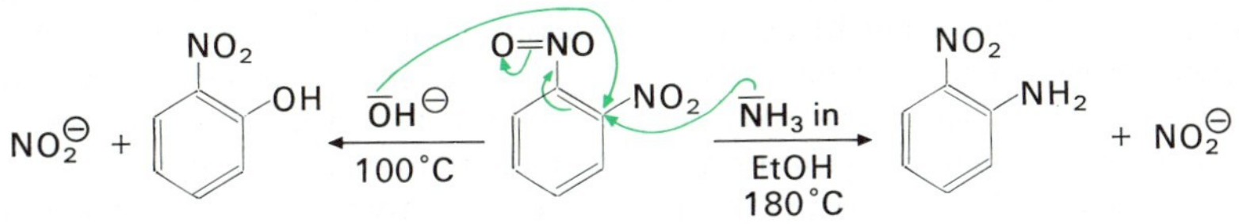

Schließlich läßt sich sogar eine *Alkoxygruppe* vom aromatischen Ring verdrängen, wenn dieser genügend aktiviert ist. *p*-Nitroanisol liefert z. B. beim Erwärmen mit wäßriger NaOH über *p*-Nitrophenol als Zwischenstufe das *p*-Nitrophenolat-Anion:

$$H_3CO-C_6H_4-NO_2 \xrightarrow{\overline{O}H^\ominus} (HO-C_6H_4-NO_2) \rightarrow {}^\ominus O-C_6H_4-NO_2$$

16.4 Substitutionen an Diazoniumionen

Wir haben bereits mehrfach bemerkt, daß **aromatische Diazoniumsalze** äußerst wertvolle **Zwischenprodukte für Synthesen** sind, weil sich die $-N_2^\oplus$-Gruppe dank der besonderen Stabilität des N_2-Moleküls durch die verschiedenartigsten Nucleophile ersetzen läßt. Die große Mehrzahl dieser Substitutionsreaktionen folgt dem S_N1-*Typ,* doch gibt es auch einige, äußerlich gleich verlaufende Reaktionen, die in Wirklichkeit *Radikalsubstitutionen* sind [**Sandmeyer-Reaktionen**: Ersatz der Diazoniumgruppe durch Halogenatome, −CN- oder −NO$_2$-Gruppen unter der Wirkung von Kupfer(I)-salzen]. Die Besprechung der Sandmeyer-Reaktionen erfolgt später (Kapitel 17); um den Zusammenhang mit der Verwendung der Diazoniumsalze für die präparative Arbeit zu wahren, sind sie jedoch auch in die folgende Tabelle (16.1) aufgenommen.

Zur Überführung von Diazonium-Ionen in Phenole braucht das Diazoniumsalz bloß in der wäßrigen Lösung (in der es durch die Diazotierung entsteht) erhitzt zu werden (**«Phenolverkochung»**). Im allgemeinen werden dabei Diazoniumsalze mit $HSO_4^\ominus$ als Anion bevorzugt, um Konkurrenzreaktionen mit Halogenid- oder Nitrat-Ionen auszuschalten. Die Phenolverkochung wird meist unter Zusatz von etwas Säure durchgeführt; man erhält so das freie Phenol und verhindert eine weitere Reaktion zwischen unverändertem Diazoniumsalz und Phenolat-Ionen.

Tabelle 16.1. Substitutionen an aromatischen Diazonium-Ionen

$Ar-N_2^\oplus$	+ Reagenz	Produkt	
	+ H_2O	→ Ar−OH	
	+ $HS^\ominus$	→ Ar−SH	
	+ $S^{2\ominus}$	→ Ar−S−Ar	
	+ $I^\ominus$	→ Ar−I	
	+ $BF_4^\ominus$	→ Ar−F	
	+ H_3PO_2 oder $NaBH_4$	→ Ar−H	
	+ CuCl	→ Ar−Cl	
	+ $NaNO_2$ ($Cu^\oplus$)	→ Ar−NO_2	Sandmeyer-Reaktionen (S. 595)
	+ CuCN	→ Ar−CN	

Der Ersatz der Diazoniumgruppe durch $I^\ominus$ ist wohl die beste Methode zur Einführung von *I*-Atomen als Substituenten in aromatische Ringe. Man erwärmt dabei die wäßrige Suspension des Diazoniumsalzes mit einer KI-Lösung und erhält das Iodid in relativ hoher Ausbeute. Wahrscheinlich ist dabei nicht das $I^\ominus$-Ion das angreifende Nucleophil, denn Salze vom Typ $Ar-N_2^\oplus I_3^\ominus$ (die isoliert werden können) ergeben beim Stehenlassen das aromatische Iodid. Man nimmt deshalb an, daß zunächst ein Teil des Iodids zu elementarem Iod oxidiert wird, das dann anschließend den $I_3^\ominus$-Komplex bildet. Dies würde zugleich auch erklären, warum die übrigen Halogenverbindungen unter diesen Bedingungen nicht mit Diazoniumsalzen reagieren: sie sind durch die in solchen Lösungen stets vorhandene salpetrige Säure ($NO_2^\ominus$-Ionen) oder durch die Diazonium-Kationen nicht zu elementarem Halogen oxidierbar.

Zur Einführung von *F-Atomen* in aromatische Ringe dient die **Schiemann-Reaktion**. Man geht dabei so vor, daß das betreffende Amin zunächst in der üblichen Weise mit Nitrit und Salzsäure diazotiert wird. Nachher stellt man durch Zusatz von $NaBF_4$ oder NH_4BF_4 das in Wasser schwerlösliche *Diazoniumfluoroborat* her, das nach der Abtrennung getrocknet und erhitzt wird. (Im Gegensatz zu den Diazoniumchloriden oder -hydrogensulfaten sind also die Fluoroborate im festen Zustand bemerkenswert beständig!) Daß die Schiemann-Reaktion wirklich über positiv geladene Arenium-Ionen als Zwischenprodukte abläuft, wird durch folgende interessante Beobachtungen und Überlegungen bewiesen: Es ist bekannt, daß aromatische Diazoniumchloride andere Aromaten arylieren können, wobei die Reaktion über freie Radikale verläuft. Dabei erhält man in jedem Fall ein Isomerengemisch, weil sich das Vorhandensein von elektronenziehenden oder -schiebenden Substituenten nicht auf den Ort der Substitution auswirkt. Ein Arenium-Ion verhält sich aber wie irgendein anderes Elektrophil, so daß die Arylierung in *m*-Stellung des zweiten Aromaten geschieht, wenn dieser *m*-dirigierende Substituenten enthält, bzw. in *o*- und *p*-Stellung, wenn *o*-/*p*-dirigierende Substituenten vorhanden sind. Führt man nun die Schiemann-Reaktion in Gegenwart anderer Aromaten aus, so erhält man tatsächlich nur *m*-arylierte Produkte als Nebenprodukte der Reaktion, falls dieser zweite Aromat einen *m*-dirigierenden Substituenten enthält. Aryl-Radikale sind somit als Zwischenstoffe bei der Substitution der Diazoniumgruppe durch $F^\ominus$ ausgeschlossen.

Die beste Methode zur **Reduktion der Diazoniumgruppe**, d. h. zu ihrem Ersatz durch ein H-Atom ist die Behandlung von Diazoniumsalzen mit unterphosphoriger Säure, H_3PO_2. Man benötigt dabei die Säure in einem ziemlich großen Überschuß. Wenn man das feste Diazoniumfluoroborat isoliert und dieses mittels $NaBH_4$ in Dimethylformamid reduziert, gelingt die Substitution auch in nichtwäßrigem Medium. Der Mechanismus dieser Reduktion ist nicht genau bekannt; wahrscheinlich wirkt aber in jedem Fall das Hydrid-Ion ($H^\ominus$) als Nucleophil.

16.5 Nucleophile aromatische Substitutionen via Arine

Mechanismus. Behandelt man Chlorbenzen mit in flüssigem Ammoniak gelöstem Natriumamid (bei −40 °C), so erhält man Anilin. Auf den ersten Blick scheint es sich bei dieser Reaktion um eine gewöhnliche aromatische nucleophile Substitution zu handeln; auffallend ist jedoch die relative *Leichtigkeit*, mit welcher diese Reaktion verläuft, sowie die Tatsache, daß die Reaktivität der verschiedenen Halogenbenzene in der Reihenfolge Br > I > Cl >> F abnimmt, was mit dem bereits behandelten Additions-Eliminations-Mechanismus nicht im Einklang steht. Eine weitere Merkwürdigkeit ist, daß in diesen und anderen analogen Fällen der neu eintretende Substituent nicht an die Stelle der Abgangsgruppe tritt, sondern von einem anderen C-Atom des aromatischen Ringes gebunden wird.
Entsprechend erhält man bei der Reaktion von *o*-Bromanisol mit Natriumamid (hier sogar ausschließlich) *m*-Aminoanisol:

16 Aromatische Substitution II: Nucleophile Substitution

Die einzig mögliche Erklärung für die verschiedenen, auf den ersten Blick sehr merkwürdig anmutenden Beobachtungen ist die Annahme eines **Arins (Dehydrobenzens)** als Zwischenstoff, d. h. eines ringförmigen, eine Dreifachbindung enthaltenden aromatischen Systems, das durch Elimination eines $H^{\oplus}$- und eines Halogenid-Ions gebildet wird. In diesem Arin ist das aromatische Sextett noch erhalten; die beiden zusätzlichen Elektronen besetzen ein π-MO, das nur zwei C-Atomen angehört (Abb. 16.1). Die Substitution verläuft also in *zwei Schritten*:

Das Zwischenprodukt (1) kann durch das N-Atom an jedem der beiden durch die Dreifachbindung verbundenen C-Atome angegriffen werden, so daß bei Verwendung von markiertem Chlorbenzen die Hälfte des entstandenen Anilins das radioaktive C-Atom in Stellung 2 enthält. Im Fall der Reaktion von *o*-Bromanisol mit Natriumamid ist das als Zwischenstoff auftretende Arin nicht symmetrisch, und die Methyoxygruppe dirigiert das angreifende Nucleophil nach *meta*.

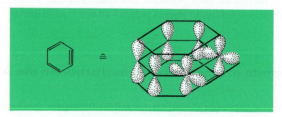

Abb. 16.1. Dehydrobenzen

Diese Art der nucleophilen Substitution an Aromaten ist ebenso wie die bimolekulare Substitution (und die S_N1-Reaktion!) eine *Zweistufenreaktion*. Im Unterschied zu diesem Reaktionstyp erfolgt beim **Arin-Mechanismus** die Elimination zuerst, also vor der Addition des Nucleophils (**Eliminations-Additions-Mechanismus**); Reaktionen, die über Arine als Zwischenstoffe verlaufen, benötigen deshalb im allgemeinen *starke Basen* als Nucleophile. Dehydrobenzen selbst sowie seine Derivate sind instabil und reaktionsfähig (reaktive Zwischenstufen; vgl. Carbene), so daß es bis heute nicht gelungen ist, derartige Verbindungen bei Raumtemperatur als Substanzen zu isolieren. Hingegen konnte 1973 Dehydrobenzen unter Bedingungen dargestellt werden, welche die Aufnahme eines IR-Spektrums ermöglichten. Dabei wurde Phthaloylperoxid als Dehydrobenzen-Quelle bei 8 K in einer Matrix aus festem Argon photolysiert, wobei sich unter Abspaltung von zwei Molekülen CO_2 Dehydrobenzen bildete:

16.5 Nucleophile aromatische Substitutionen via Arine

$$\text{Phthalsäureanhydrid-peroxid} \xrightarrow[-2\,CO_2]{h \cdot \nu} \text{Benzin}$$

Bei Verwendung einer furanhaltigen Argon-Matrix verschwanden die für das Dehydrobenzen charakteristischen IR-Banden beim Erwärmen auf 50 K in dem Maße, wie die Banden des Diels-Alder-Adduktes auftauchten:

$$\text{Benzin} + \text{Furan} \longrightarrow \text{Diels-Alder-Addukt}$$

Auch bei Reaktionen, die über Dehydrobenzen als Zwischenstoff verlaufen, kann dieses durch Furan abgefangen werden. Eine weitere Möglichkeit zum Abfangen von Dehydrobenzen bietet die Reaktion mit Anthracen, wobei sich *Triptycen* bildet, ein interessanter polycyclischer Kohlenwasserstoff:

Anthranilsäure $\xrightarrow{\text{Diazotierung}}$ (Diazoniumcarboxylat) $\xrightarrow[-N_2;\,-CO_2]{\text{Erhitzen}}$ Benzin $\xleftarrow[-SO_2]{-N_2;}$ Benzthiadiazol-S,S-dioxid

$$\text{Benzin} + \text{Anthracen} \longrightarrow \text{Triptycen}$$

Nicht nur aus Benzen, sondern auch aus vielen anderen Aromaten (Benzen-, Naphthalen-, Phenanthrenderivate, Heterocyclen) konnten Arine erhalten werden. Während Halogenbenzene dazu starke Basen (Lithiumalkyle, Kalium-*tert*-butylat) erfordern, gelingt die Abspaltung von HCl aus Chlorcumarin oder anderen halogenierten Heterocyclen unter Umständen sogar mit Piperidin. Auch *o*-halogensubstituierte Lithiumverbindungen können als Ausgangssubstanzen zur Bildung von Dehydroaromaten dienen:

$$\text{Fluorbenzen} \xrightarrow[\text{in Ether (Metallierung)}]{+ C_6H_5Li} \text{2-Fluorphenyllithium} \xrightarrow[-LiF]{\text{Erwärmen}} \text{Benzin}$$

Die Position, an welcher bei einer Zweitsubstitution der neu eintretende Substituent gebunden wird, hängt beim Arin-Mechanismus von der Richtung der Elimination sowie von der dirigierenden Wirkung des Erstsubstituenten ab. Befindet sich die Abgangsgruppe in *o*- oder *p*-Stellung zum Erstsubstituenten, so kann sich nur ein einziges Arin bilden; steht sie hingegen in *m*-Stellung, so kann das Arin auf zwei Arten entstehen:

Dabei wird im letztgenannten Fall die Elimination bevorzugt so verlaufen, daß nach der Abspaltung der Abgangsgruppe X das am stärksten «saure» Proton abgetrennt wird. Ist Z ein elektronenziehender Substituent, so wird hauptsächlich das *o*-Proton eliminiert, während ein elektronenschiebender Substituent Z die Elimination des *p*-Protons begünstigt. Die dirigierende Wirkung von Z beruht darauf, daß das Arin durch das Nucleophil an zwei verschiedenen Stellen angegriffen werden kann. Die Addition verläuft erwartungsgemäß normalerweise derart, daß sich das stabilere der beiden möglichen Carbanionen bilden kann. Bei —I-Substituenten trägt dieses die negative Ladung näher dem Substituenten Z.

Wahrscheinlich verläuft auch die bei hohen Temperaturen mögliche Umwandlung von Chlorbenzen in Phenol mit NaOH (**Dow-Prozeß**) über Dehydrobenzen als Zwischenstufe.

17 Radikalreaktionen

17.1 Bildung und Stabilität von Radikalen

Nachweis von Radikalen. Bevor auf die verschiedenen Möglichkeiten der Erzeugung freier Radikale sowie auf eine Diskussion ihrer Stabilität eingegangen werden soll, ist es zweckmäßig, die verschiedenen Möglichkeiten zu ihrem Nachweis zu besprechen. Radikale besitzen ein ungepaartes Elektron und sind demzufolge *paramagnetisch*; liegen sie in größeren Konzentrationen vor (wie es allerdings nur in gewissen Lösungen von besonders stabilen Radikalen möglich ist), so können sie dadurch erkannt werden, daß solche Lösungen von einem starken Magneten angezogen werden (magnetische Waage).
Die wichtigste Methode zum Nachweis freier Radikale, die **Elektronenspinresonanz-** (ESR-) **Spektroskopie**, beruht ebenfalls auf dem magnetischen Verhalten des ungepaarten Elektrons. Es ist nämlich möglich – ganz ähnlich wie bei der Kernresonanzspektroskopie – durch Anregung (Absorption von elektromagnetischer Strahlung aus dem Mikrowellengebiet) eine Spinumkehr des ungepaarten Elektrons zu erzwingen (S. 30). Die ESR-Spektroskopie ist ein außerordentlich empfindliches Instrument; so lassen sich durch ESR-Spektren Radikale bis zu Konzentrationen von 10^{-7} mol/l nachweisen, was für Vorgänge, bei welchen instabile und daher äußerst kurzlebige Radikale (in sehr geringen Konzentrationen) auftreten, wichtig ist. Die hohe Empfindlichkeit der ESR-Methode hat allerdings öfters auch zu Irrtümern geführt. Werden nämlich bei einer chemischen Reaktion geringe Mengen von Radikalen nachgewiesen, so bedeutet dies noch nicht, daß diese Radikale Zwischenstufen dieser Reaktion sind; sie können auch bei unwesentlichen Nebenreaktionen auftreten.
Mit der **CIDNP-Methode** [**c**hemisch **i**nduzierte **d**ynamische **K**ern- (**n**uclear) **p**olarisation] gelingt der Nachweis (und oft die Charakterisierung der Konstitution) im ^{1}H-NMR-Spektrometer. Die Radikal-Konzentrationen müssen daher hier höher liegen als bei der ESR-Methode. Läßt man die Radikale im Probenrohr entstehen, beispielsweise Phenylradikale durch Homolyse von Dibenzoylperoxid, so werden als Folge der Störung der Boltzmann-Verteilung der Kernspins durch das ungepaarte Radikalelektron starke Einflüsse auf die *Signalintensitäten* der entstehenden Radikale beobachtet. Man erhält verstärkte Absorptionen oder sogar Emission von Radiowellen der betreffenden Resonanzfrequenz. Im letzeren Falle zeigen die Signale im Spektrum nach unten.
Der Vorteil der Methode liegt darin, daß nicht nur Radikale nachgewiesen werden, sondern die Radikalkonstitution an ihren charakteristischen ^{1}H-NMR-Signalen identifiziert werden kann. Die Nachweisgrenze liegt im üblichen NMR-Bereich; es muß also eine gewisse Radikalkonzentration (von einigen Prozent) vorhanden sein.
Andere Methoden zum Nachweis von Radikalen benützen ihre *große Reaktionsfähigkeit*. Leitet man z. B. einen Gasstrom, der Radikale enthält, über einen *Metallspiegel* (Blei, Silber), so reagieren die Metalle unter Bildung flüchtiger Metallverbindungen, die an einer anderen Stelle thermisch wieder in die Komponenten gespalten werden können, wobei sich dort wieder ein Metallspiegel abscheidet. Durch Variieren des Abstandes zwischen dem durch die Radikale angegriffenen Metallspiegel und dem Ort der Bildung der Radikale (durch Zersetzung von Metallalkylverbindungen), sowie durch Variieren der Strömungsgeschwindigkeit des Gasstromes, läßt sich die *Halbwertszeit* der Radikale bestimmen (Paneth). Für das CH_3-Radikal erhielt man auf diese Weise z. B. eine Halbwertszeit in der Größenordnung von 10^{-2} s.

Auch die Fähigkeit der Radikale, andere Reaktionen (z. B. *Polymerisationen*) auslösen zu können, wird zu ihrem Nachweis verwendet. Durch Reaktionen mit **«Radikalfängern»** lassen sich Radikale unter Umständen ebenfalls direkt nachweisen. So ergibt z. B. das tief violett gefärbte Diphenylpikrylhydrazyl-Radikal (ein relativ stabiles, freies Radikal) mit instabilen Radikalen gelbe oder farblose Reaktionsprodukte, so daß der Abfangsprozeß auch *kolorimetrisch* verfolgt werden kann:

Diphenylpikrylhydrazyl
tief violett

gelb-farblos

Schließlich lassen sich Radikale auch durch «konventionelle» spektroskopische Methoden nachweisen. Durch Bestrahlung mit einem Blitzlicht von hoher Energie gelingt es z. B., sehr schnell verlaufende Radikalreaktionen auszulösen und die dabei in relativ hohen Konzentrationen entstehenden Radikale durch ihr *Absorptionsspektrum* nachzuweisen *(«Blitzlicht-Photolyse»)*; es ist aber auch möglich, die Ausgangssubstanz in einem glasig erstarrenden Material (z. B. einem Kohlenwasserstoffgemisch) einzubetten und dann durch Photolyse Radikale zu erzeugen. Infolge der sehr geringen Diffusionsgeschwindigkeit ist dann die Wahrscheinlichkeit der Rekombination zweier Radikale sehr gering, so daß die gebildeten Radikale in günstigen Fällen während einiger Stunden erhalten bleiben.

Erzeugung von Radikalen.

(a) *Spaltung durch thermische Energie*: Substanzen, die Bindungen mit relativ niedriger Bindungsenthalpie enthalten, können durch Erhitzen in Radikale zerfallen. Bekannte Beispiele dafür sind organische *Peroxide*, wie Dialkyl- oder Diacylperoxide. So zerfällt z. B. Di-*tert*-butylperoxid in *tert*-Butoxyradikale, die sich anschließend in Aceton und Methylradikale zersetzen:

$$(CH_3)_3C-O-O-C(CH_3)_3 \longrightarrow 2\ (CH_3)_3C-O^{\odot}$$
$$2\ (CH_3)_3C-O^{\odot} \longrightarrow 2\ H_3CCOCH_3 + 2\ CH_3^{\odot}$$

Dabei ist der erste Schritt geschwindigkeitsbestimmend; die Homolyse ist also eine unimolekulare Reaktion. Die Wirkung der Temperatur kommt in der Halbwertszeit der Reaktion zum Ausdruck: sie beträgt bei 100°C 200 Stunden, bei 140°C nur noch 2 Stunden.

Besonders leicht erfolgt der Zerfall von Peroxyverbindungen, wenn dabei stabile Moleküle wie z. B. N_2 oder CO_2 entstehen. Auch wenn sich *mesomeriestabilisierte Radikale* bilden, verläuft die Homolyse beträchtlich *rascher*, da bereits der Übergangszustand durch die Delokalisation des ungepaarten Elektrons stabilisiert wird. So ist die Halbwertszeit des Zerfalls von Dibenzoylperoxid bei 90°C nur 2 Stunden, bei 100°C sogar nur noch 30 min.

$$H_5C_6-C(\overset{O}{\underset{O-O}{\diagdown}})C-C_6H_5 \longrightarrow 2\left[H_5C_6-C\overset{O}{\underset{O^{\odot}}{\diagdown}} \leftrightarrow H_5C_6-C\overset{O^{\odot}}{\underset{O}{\diagdown}}\right]$$
$$\longrightarrow 2\ H_5C_6^{\odot} + 2\ CO_2$$

Peroxide können auch durch *«induzierten Zerfall»* in Radikale gespalten werden. Dabei greift ein Radikal – das bereits aus einem Peroxidmolekül entstanden ist oder ein im Laufe einer nachfolgenden Reaktion «sekundär» gebildetes Radikal sein kann – ein Peroxidmolekül an. Man nimmt an, daß dabei vom α-C-Atom ein H-Atom abgespalten wird und anschließend das gebildete Radikal β-Spaltung erfährt:

$$R^{\odot} + R_2'CH-O-O-CHR_2' \longrightarrow RH + R_2'\overset{\odot}{C}-O-O-CHR_2'$$
$$R_2'\overset{\odot}{C}-O-O-CHR_2' \longrightarrow R_2'C=O + {}^{\odot}O-CHR_2'$$

Wenn Peroxide als **«Starter» für Radikalreaktionen** – z. B. **Radikalpolymerisationen** – dienen sollen, ist dieser induzierte Zerfall eine unerwünschte *Nebenreaktion*, denn dadurch wird ein Peroxidmolekül verbraucht, ohne daß dadurch die Anzahl vorhandener Radikale vermehrt wird.

Schließlich ist darauf hinzuweisen, daß Peroxide auch unter *Detonation* zerfallen können, so daß im Umgang mit ihnen stets *Vorsicht* geboten ist.

Auch *Azoverbindungen* lassen sich durch Erwärmen in Radikale spalten. So zerfällt Azomethan, $H_3C-N=N-CH_3$, oberhalb 400°C fast vollständig in Methylradikale und molekularen Stickstoff. Sind Substituenten vorhanden, die das ungepaarte Elektron delokalisieren, so tritt der Zerfall leichter ein. Azobis(isobutyronitril) beispielsweise – das aus Hydrazin, Aceton und HCN und anschließende Oxidation des substituierten Hydrazins gut zugänglich ist – zerfällt bereits bei 100°C mit einer Halbwertszeit von 5 min in Stickstoff und Isobutyronitril-Radikale:

$$(CH_3)_2\underset{CN}{C}-N=N-\underset{CN}{C}(CH_3)_2 \xrightarrow{-N_2} 2\left[(CH_3)_2\overset{\odot}{C}-C\equiv N \leftrightarrow (CH_3)_2C=C=N^{\odot}\right]$$

Wegen dieses leichten und raschen Zerfalls in Radikale wird das Azobis(isobutyronitril) oft zum «Starten» von Radikalreaktionen verwendet.

(b) *Spaltung durch Belichtung (Photolyse)*: Bekannte Beispiele für die photolytische Erzeugung von Radikalen sind die Bildung von Cl- bzw. Br-Atomen beim Belichten von Chlor oder Brom oder die photolytische Spaltung von Aceton in der Gasphase:

$$H_3C-\underset{O}{\overset{\|}{C}}-CH_3 \xrightarrow{UV\ (\lambda \approx 300\ nm)} H_3C^{\odot} + {}^{\odot}\underset{O}{\overset{\|}{C}}-CH_3$$
$$\downarrow$$
$$CO + CH_3^{\odot}$$

(c) *Spaltung durch energiereiche Strahlung (Radiolyse)*: In gewissen Fällen ist es möglich, gasförmige Substanzen durch Bestrahlen mit Elektronen in Radikale zu spalten. Steigert man die Energie der Strahlung kontinuierlich, so beginnen bei einem charakteristischen Potential (dem *«Erscheinungspotential»*) auch Ionen aufzutreten, die im Massenspektrometer untersucht und bestimmt werden können. Aus den Erscheinungspotentialen lassen sich die Bindungsenthalpien (genauer die Dissoziationsenergien bestimmter Bindungen) berechnen.

(d) *Spaltung durch Redoxprozesse*: Bei Redoxprozessen, an welchen Übergangsmetallionen in niedrigen Oxidationsstufen beteiligt sind, entstehen vielfach Radikale, welche organische Radikalreaktionen starten können. Ein bekanntes Beispiel dafür ist die sogenannte **Fentonsche Lösung**, ein Gemisch von $FeSO_4$ mit H_2O_2:

$$Fe^{2\oplus} + HO-OH \longrightarrow Fe^{3\oplus} + HO^{\odot} + OH^{\ominus}$$
$$Fe^{3\oplus} + HO-OH \longrightarrow Fe^{2\oplus} + HO_2^{\odot} + H^{\oplus}$$

Stark elektropositive *Metalle,* wie z. B. Natriummetall, vermögen ebenfalls als Elektronenspender zu wirken, wie z. B. bei der Acyloin-Kondensation (S. 494). Die Erzeugung von Radikalen durch Redoxreaktionen hat den Vorteil, daß die Geschwindigkeit der Radikalbildung leichter zu steuern ist, indem man die Konzentration der Reaktionspartner entsprechend wählt.

Stabilität von Radikalen. Hinweise auf die Stabilität verschiedener Radikale erhält man bereits aus der Tabelle der Dissoziationsenergien verschiedener Bindungen (Tabelle 7.2, S. 305). Im Fall von Alkylradikalen wächst beispielsweise die Stabilität in der Reihenfolge primär < sekundär < tertiär. Zur Erklärung dieses Effektes kann man annehmen, daß das ungepaarte Elektron durch Hyperkonjugation stärker delokalisiert werden kann, wenn mehr Alkylsubstituenten vorhanden sind:

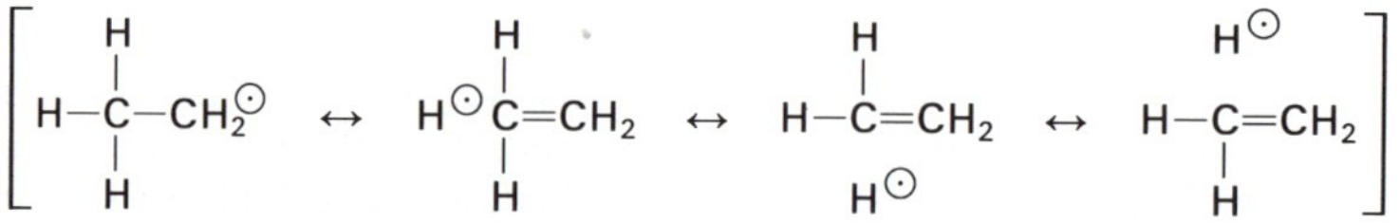

$$\left[\begin{array}{c} H \\ | \\ H-C-CH_2^{\odot} \\ | \\ H \end{array} \leftrightarrow \begin{array}{c} H \\ | \\ H^{\odot}C=CH_2 \\ | \\ H \end{array} \leftrightarrow \begin{array}{c} H \\ | \\ H-C=CH_2 \\ | \\ H^{\odot} \end{array} \leftrightarrow \begin{array}{c} H^{\odot} \\ \\ H-C=CH_2 \\ | \\ H \end{array} \right]$$

Tabelle 17.1. Beispiele einiger relativ stabiler freier Radikale

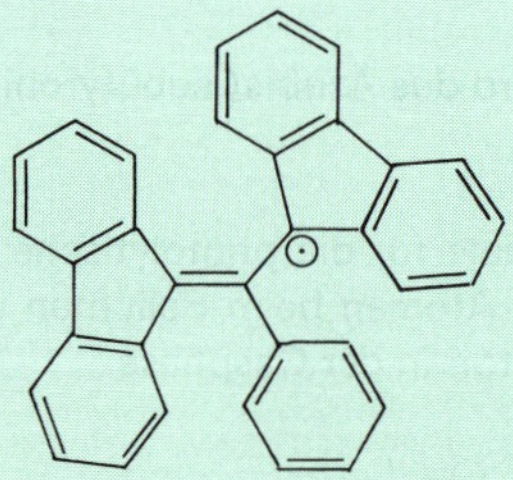 (difluorenyl-phenylmethyl radical structure)	Als Festkörper unbeschränkt beständig, auch bei Luftzutritt
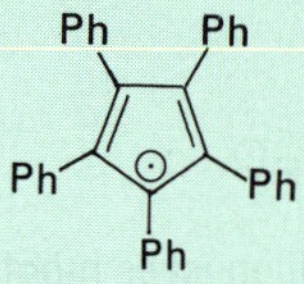 (pentaphenylcyclopentadienyl radical structure)	Die kristalline Substanz wird durch Sauerstoff langsam angegriffen. Lösungen sind luftempfindlich. Bei Luftabschluß ist die Verbindung auch bei höheren Temperaturen beständig
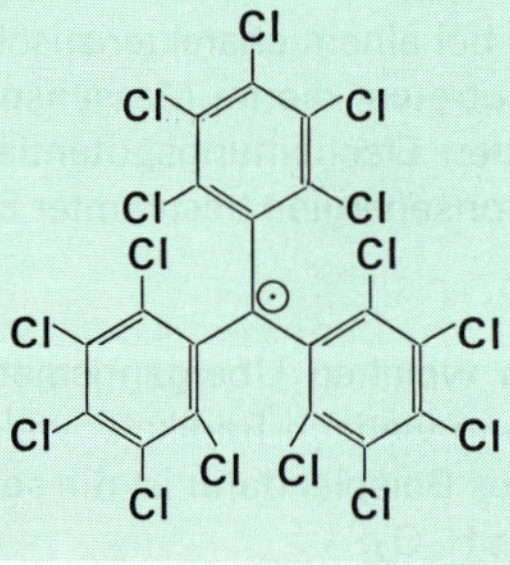 (perchlorotriphenylmethyl radical structure)	Im festen Zustand unbeschränkt haltbar. In Lösung auch bei Gegenwart von Luft einige Tage haltbar. Thermisch beständig bis 300 °C

17.1 Bildung und Stabilität von Radikalen

Auch Radikale können, ebenso wie Carbenium-Ionen oder Carbanionen, durch *Delokalisation* von Elektronen beträchtlich *stabilisiert* werden. So bilden sich Allyl- und Benzylradikale viel leichter als gewöhnliche Alkylradikale (vgl. S. 595), d. h. sie sind entsprechend stabiler. Auch das klassische Beispiel eines «stabilen» freien Radikals, das 1900 von Gomberg entdeckte *Triphenylmethyl-Radikal* (das sich z. B. aus Triphenylchlormethan durch Behandlung mit Zink oder Silber bildet), wird durch die hier (trotz der nicht-planaren Lage der drei Benzenkerne) mögliche Delokalisation des ungepaarten Elektrons derart stabilisiert, daß es in Lösung (im Gleichgewicht mit dem Dimer) beständig ist. Tragen die aromatischen Ringe zusätzlich noch – M-Gruppen als Substituenten, so ist die Stabilisierung noch größer. Während z. B. eine 0.1-M-Lösung in Benzen nur 2.3% Triphenylmethyl-Radikale enthält, ist Hexa (*p*-nitrophenyl) ethan in Benzen zu 100% in Radikale dissoziiert. Auch das bereits auf S. 584 erwähnte, aus 1,1-Diphenylhydrazin und Pikrylchlorid entstehende Diphenylpikrylhydrazyl-Radikal ist durch Mesomerie stabilisiert. Zudem tragen die sehr stabilen Radikale (Triphenylmethyl-Radikale, Diphenylpikrylhydrazyl-Radikal) besonders *sperrige Substituenten*, welche die *Dimerisierung erschweren*. So behindern sich z. B. im – bis heute nicht bekannten! – Hexaphenylethan die *o*-ständigen H-Atome dermaßen, daß das Triphenylmethylradikal nicht zu Hexaphenylethan dimerisiert, sondern (unter Verlust des aromatischen Charakters eines Ringes!) 1-Diphenylmethylen-4-triphenylmethyl-2,5-cyclohexadien bildet (S. 118).

Neben den elektrisch neutralen Radikalen, die durch einfache Homolyse gebildet werden, kennt man auch *Radikal-Kationen* und *-Anionen*. Solche Partikeln sind erwartungsgemäß extrem unstabil, können jedoch wie andere Radikale durch Delokalisation des ungepaarten Elektrons in einem gewissen Maß stabilisiert werden.

Beispiele:
Behandelt man Diarylketone mit Alkalimetallen, so erhält man intensiv gefärbte Lösungen, welche Radikal-Anionen enthalten. Diese *«Ketyle»* dimerisieren reversibel; durch Ansäuern lassen sich *vic-Glycole* erhalten:

$$K + (C_6H_5)_2C{=}O \xrightarrow{\text{Ether}}$$

$$K^\oplus \left[H_5C_6-\overset{O^\ominus}{\underset{\odot}{C}}-\text{Ph} \leftrightarrow H_5C_6-\overset{O^\ominus}{C}-\text{Ph}^\odot \leftrightarrow H_5C_6-\overset{\overset{\odot}{O}}{C}-\text{Ph}^\ominus \text{ usw.} \right]$$

Diphenylketyl

$$2\,K^\oplus \,^\ominus O{-}\overset{\odot}{C}(C_6H_5)_2 \rightleftarrows (C_6H_5)_2\underset{K^\oplus{}^\ominus O}{C}{-}\underset{O^\ominus K^\oplus}{C}(C_6H_5)_2 \xrightarrow{H_2O} (C_6H_5)_2\underset{HO}{C}{-}\underset{OH}{C}(C_6H_5)_2$$

Benzpinakol

Durch vorsichtige – z. B. auch elektrochemische – Oxidation von Hydrochinonen oder durch Reduktion von Chinonen in alkalischer Lösung lassen sich *«Semichinone»* genannte Radikal-Anionen erhalten, die in alkalischer Lösung mäßig beständig sind:

$$2\;\underset{OH}{\overset{OH}{\text{C}_6H_4}} \xrightarrow[-H_2O,\,-e^\ominus]{O_2,\,OH^\ominus} 2\left[\underset{|\overset{\odot}{O}|}{\overset{|\overline{O}|^\ominus}{\text{C}_6H_4}} \leftrightarrow \underset{|\overline{O}|^\ominus}{\overset{O}{\text{C}_6H_4}}{}^\odot \text{ usw.} \right]$$

Bei Zusatz von Säure disproportioniert das Semichinon in ein Gemisch von Chinon und Hydrochinon («Chinhydron»).

Verhältnismäßig stabile Radikal-Kationen erhält man durch vorsichtige Oxidation von N,N'-Bis(dimethyl)-p-phenylendiaminen:

Wursters Kation

Konfiguration von Radikalen. Ob Alkylradikale mit einem ungepaarten Elektron an einem C-Atom planar oder pyramidal gebaut sind, ist bis heute experimentell nicht sicher entschieden. Die ESR-Spektren machen wahrscheinlich, daß das Methylradikal eben, das Trifluormethylradikal jedoch pyramidal gebaut ist.

Mesomeriestabilisierte Radikale sind hingegen stets mehr oder weniger *planar* gebaut, da dies eine zur Elektronendelokalisation erforderliche Bedingung ist. Bei den bekannten relativ stabilen Radikalen vom Typus Triphenylmethyl können allerdings die drei aromatischen Ringe wegen Wechselwirkungen zwischen den ortho-ständigen Wasserstoffatomen nicht genau in einer Ebene liegen und sind deshalb ähnlich wie Propellerflügel etwas verdreht.

17.2 Allgemeines über Radikalreaktionen

Umwandlungen von Radikalen. Radikale sind energiereiche Partikeln und reagieren meist schnell und leicht weiter, wobei sich entweder energieärmere Radikale oder aber stabile Verbindungen bilden. Dies kann durch einen *Angriff eines Radikals auf ein Substrat* (Substitution oder Addition) oder durch Rekombination oder Disproportionierung zweier Radikale geschehen; eine weitere Möglichkeit der Umwandlung, die Umlagerung eines Radikals (analog etwa einer Carbeniumion-Umlagerung), ist relativ selten.

Reagieren Radikale mit einem *gesättigten C-Atom,* so kann ein Atom (am häufigsten ein H-Atom) vom betreffenden C-Atom *abgetrennt* werden:

$$R^{\cdot} + H-C\!\!\!< \;\longrightarrow\; R-H + {}^{\cdot}C\!\!\!<$$

Dabei entsteht ein neues Radikal, das stabiler als das ursprüngliche Radikal sein kann. Wenn es in der gleichen Weise weiter reagiert und durch einen Angriff auf ein weiteres C-Atom wiederum ein Radikal erzeugt, läuft die gesamte Reaktion kettenartig weiter («Radikal-Kettenreaktion»).

Die Leichtigkeit, mit welcher eine bestimmte C—H-Bindung durch ein Radikal angegriffen wird, hängt in erster Linie von der Dissoziationsenergie der betreffenden Bindung ab. Tertiäre C-Atome reagieren daher leichter als sekundäre und diese wiederum leichter als primäre. Allyl- und Benzyl-H-Bindungen sind beträchtlich schwächer und damit reaktionsfähiger. *Je reaktionsfähiger das betreffende Radikal selbst ist, desto weniger selektiv geschieht der*

Tabelle 17.2. Reaktionsarten von Radikalen. Manche dieser Reaktionen treten als Schritte in ein und derselben stöchiometrischen «Reaktion» auf

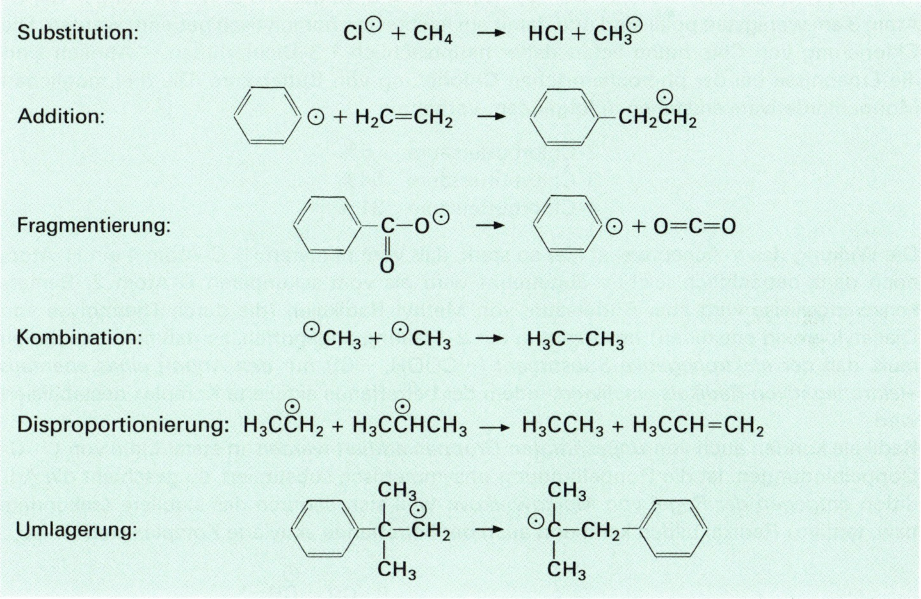

Substitution:	$Cl^\odot + CH_4 \longrightarrow HCl + CH_3^\odot$
Addition:	$C_6H_5^\odot + H_2C=CH_2 \longrightarrow C_6H_5-CH_2\overset{\odot}{C}H_2$
Fragmentierung:	$C_6H_5-C(=O)-O^\odot \longrightarrow C_6H_5^\odot + O=C=O$
Kombination:	$^\odot CH_3 + ^\odot CH_3 \longrightarrow H_3C-CH_3$
Disproportionierung:	$H_3C\overset{\odot}{C}H_2 + H_3C\overset{\odot}{C}HCH_3 \longrightarrow H_3CCH_3 + H_3CCH=CH_2$
Umlagerung:	$C_6H_5-C(CH_3)_2-\overset{\odot}{C}H_2 \longrightarrow {}^\odot C(CH_3)_2-CH_2-C_6H_5$

Angriff. Bromatome wirken deshalb z. B. wesentlich selektiver als Chloratome (bei der Reaktion einer bestimmten C—H-Bindung mit $Br^\odot$ wird weniger Energie frei als bei der analogen Reaktion mit $Cl^\odot$); Substanzen wie z. B. Hexan oder 2-Methylpentan reagieren mit Brom ausschließlich an einem sekundären bzw. tertiären C-Atom (vgl. S. 49).
Die relative Reaktivität verschiedener Substrate wird experimentell durch Umsetzung mit dem gleichen Radikal verglichen. Ergebnisse solcher Arbeiten (Tabelle 17.3) zeigen die größere Selektivität von Brom deutlich.
Auch *induktive Effekte* können sich auf die Leichtigkeit, mit der ein bestimmtes Atom abgetrennt wird, auswirken. Bei Chlorbutan findet man z. B. folgendes Verhältnis der Geschwindigkeiten, mit welcher ein H-Atom von einem der vier C-Atome abgetrennt wird:

$$H_3C-CH_2-CH_2-CH_2Cl$$
$$\uparrow \quad \uparrow \quad \uparrow \quad \uparrow$$
$$1.5 \quad 6 \quad 3 \quad 1$$

Tabelle 17.3. Relative Reaktivitäten der C—H-Bindungen in Butan bzw. Isobutan gegenüber Halogenatomen, 25°C (Reaktionen mit $Br^\odot$ bei 127°C durchgeführt)

Radikal	Primäre C—H-Bindung	Sekundäre C—H-Bindung	Tertiäre C—H-Bindung
$F^\odot$	1	1.2	1.4
$Cl^\odot$	1	4	5
$Br^\odot$	1	32	1600

17 Radikalreaktionen

Daß vom (sekundären) C-Atom 3 leichter ein H-Atom abgetrennt wird als vom (ebenfalls sekundären!) C-Atom 2 beruht darauf, daß die σ-Acceptorwirkung mit zunehmender Entfernung des Schlüsselatoms immer weniger wirksam wird, so daß die C—H-Bindungen am C-Atom 3 am wenigsten polar sind und damit am leichtesten homolytisch getrennt werden. Die Chlorierung von Chlorbutan liefert daher hauptsächlich 1,3-Dichlorbutan. – Ähnlich sind die Ergebnisse bei der photochemischen Chlorierung von Buttersäure. Die drei möglichen Monochlorderivate entstehen in folgendem Verhältnis:

$$
\begin{array}{ll}
\text{2-Chlorbuttersäure} & 5\% \\
\text{3-Chlorbuttersäure} & 64\% \\
\text{4-Chlorbuttersäure} & 31\%
\end{array}
$$

Die Wirkung des σ-Acceptors ist hier so stark, daß vom primären (!) C-Atom 4 ein H-Atom noch ganz beträchtlich leichter abgetrennt wird als vom sekundären C-Atom 2. Bemerkenswerterweise wird aber Buttersäure von Methyl-Radikalen (die durch Thermolyse von Diacetylperoxid entstehen) bevorzugt in der α-Stellung angegriffen, so daß man annehmen muß, daß der *elektronegative Substituent* (—COOH, —Cl) nur *den Angriff eines ebenfalls elektronegativen Radikals erschwert*, indem der betreffende aktivierte Komplex destabilisiert wird.

Radikale können auch von *ungesättigten Gruppen addiert werden*, in erster Linie von C=C-Doppelbindungen. Ist die Doppelbindung unsymmetrisch substituiert, so geschieht die Addition *entgegen der Regel von Markownikow*, weil sich dadurch das stabilere (sekundäre bzw. tertiäre) Radikal bilden kann und auch der betreffende aktivierte Komplex stabiler ist:

$$R^{\odot} + H_2C=CH-X \begin{array}{c} \nearrow R-CH_2-\overset{\odot}{C}H-X \\ \not\!\!\nearrow H_2\overset{\odot}{C}-CH-X \\ | \\ R \end{array}$$

Sowohl die *Kombination* wie die *Disproportionierung* zweier Radikale erfolgt leicht und erfordert nur eine kleine freie Aktivierungsenthalpie:

$2\ Br^{\odot}$	$\rightarrow$ Br_2	
$2\ \overset{\odot}{C}H_3$	$\rightarrow$ H_3C-CH_3	Kombination
$H_3CC\overset{\odot}{H_2} + Br^{\odot}$	$\rightarrow$ H_3CCH_2Br	
$2\ H_3C\overset{\odot}{C}H_2$	$\rightarrow$ $H_3CCH_3 + H_2C=CH_2$	Disproportionierung

Beide Reaktionen treten als *Kettenabbruchreaktion* bei Radikal-Kettenreaktionen auf.
Die Kombination zweier Radikale ist die einfachste Möglichkeit, ein stabileres Teilchen zu bilden. Da bei der Vereinigung zweier Radikale eine erhebliche Energiemenge frei wird (die mindestens der Dissoziationsenergie der entstehenden σ-Bindung gleich ist), muß diese in irgendeiner Weise *dissipiert* werden, damit die rekombinierten Radikale nicht sogleich wieder dissoziieren. Dies kann entweder durch *Zusammenstoß* mit einem weiteren Teilchen oder der Wand oder – im Fall eines komplizierter gebauten Radikals – durch Verteilung der Energie auf das ganze Bindungssystem, d. h. durch die *Anregung von Schwingungen*, geschehen. Bei hoher Verdünnung in der Gasphase (im Vakuum) können daher Radikale unter Umständen lange «überleben». Erzeugt man Radikale in *Lösung*, so wird die bei der Rekombination freiwerdende Energie auf Lösungsmittelteilchen übertragen, so daß Rekombinationen häufiger auftreten. Interessant ist, daß auch bei Radikalreaktionen ähnliche **«Käfigeffekte»** auftreten wie bei Reaktionen, die über Carbenium-Ionen ablaufen (S. 337).

17.2 Allgemeines über Radikalreaktionen   591

So wurde bei der Pyrolyse eines Gemisches aus Azomethan und Hexadeuteroazomethan gefunden, daß in der Gasphase die drei durch Kombination zweier Methylradikale zu erwartenden Produkte (C_2H_6, H_3CCD_3, C_2D_6) im Verhältnis 1:1:1 auftreten, daß aber in Lösung nur C_2H_6 und C_2D_6 gebildet werden. In der Lösung rekombinieren also immer nur die beiden aus einem einzigen Molekül entstandenen Radikale, die offenbar in einen gemeinsamen «*Lösungsmittelkäfig*» eingeschlossen sind, vergleichbar dem «engen» Ionenpaar (S. 337).

Umlagerungen von Radikalen sind, wie schon erwähnt, relativ selten. Während beispielsweise das Neopentyl-Kation, $(CH_3)_3C-CH_2^{\oplus}$ sich leicht in das tertiäre Carbenium-Ion $(CH_3)_2\overset{\oplus}{C}-CH_2CH_3$ umlagert, tritt die analoge Umlagerung beim Neopentyl-Radikal nicht ein. Hingegen werden Umlagerungen oft dann beobachtet, wenn dadurch die Ringspannung eines bicyclischen Ringsystems erniedrigt werden kann, wie z. B. bei der durch Radikale katalysierten Addition von CCl_4 an β-Pinen:

Charakteristische Merkmale von Radikalreaktionen. Die beiden wichtigsten Typen von Radikalreaktionen sind die einfache *Neukombination* zweier Radikale, wie z. B. bei der Kolbe-Synthese (S. 54) und die *Radikal-Kettenreaktion*. Im zweiten Fall (der in der Praxis viel häufiger ist) hat man zu unterscheiden zwischen der *Startreaktion* (dem Kettenstart), der *Ketten-Fortpflanzung* («*Propagation*») und dem *Kettenabbruch*. Der Kettenstart erfolgt dadurch, daß auf eine der oben (S. 584) beschriebenen Arten freie Radikale erzeugt werden. Der Kettenabbruch kommt entweder durch Rekombination oder durch Disproportionierung zweier Radikale zustande. Wegen der großen Reaktionsfähigkeit der meisten freien Radikale tritt meistens schon beim ersten Zusammenstoß eines Radikals mit einem anderen Teilchen eine Reaktion ein; da die Konzentration an freien Radikalen bei den meisten Radikalreaktionen nur gering ist, wird die Wahrscheinlichkeit eines Zusammenstoßes relativ klein, so daß die Bildung einer verhältnismäßig geringen Menge von freien Radikalen zur Auslösung auch längerer Reaktionsketten genügt. Durch zugesetzte **Radikalbildner** [Substanzen, die besonders leicht in Radikale zerfallen, wie z. B. Dibenzoylperoxid[1] oder Azobis(isobutyronitril)[2]] oder auch durch Bestrahlen mit Licht von geeigneter Wellenlänge lassen sich Radikalreaktionen oft stark beschleunigen, da auf diese Weise zahlreiche weitere Reaktionsketten gebildet werden. Katalysatoren wie Proton- oder Lewis-Säuren oder Basen haben jedoch kaum einen Einfluß auf die Geschwindigkeit von Radikal-Kettenreaktionen. Ist eine Kettenreaktion stark exotherm (wie z. B. die Verbrennung eines Kohlenwasserstoffes), so vermag die freiwerdende Energie ebenfalls weitere Radikale (und damit Radikalketten) zu erzeugen, so daß die Gesamtreaktion sehr rasch, unter Umständen sogar *explosionsartig* verlaufen kann.

Umgekehrt kann die Geschwindigkeit von Radikalreaktionen durch **Inhibitoren** («*Radikalfänger*») unter Umständen stark herabgesetzt werden, auch wenn diese Substanzen nur in geringer Konzentration vorliegen. Inhibitoren sind entweder *stabile freie Radikale*, die mit den im Verlauf der Start- oder Kettenreaktion entstandenen Radikalen stabile Produkte liefern (wie z. B. NO oder molekularer Sauerstoff) oder Substanzen, welche mit den

---

[1] DBPO,   [2] AIBN

Radikalen der Reaktionskette *neue, energieärmere Radikale* bilden, die nicht mehr weiter reagieren können, wie z. B. Hydrochinon:

$$R^{\odot} + \underset{OH}{\underset{|}{C_6H_4}}-OH \longrightarrow RH + \left[\text{mesomere Phenoxyradikale} \right] \text{ usw.}$$

Solche Inhibitoren werden häufig als **«Stabilisatoren»** von ungesättigten Verbindungen, die leicht zur Polymerisation neigen, verwendet.

17.3 Radikalsubstitutionen

Halogenierung am gesättigten C-Atom. Die Einführung von Halogenatomen durch Radikalsubstitution *an gesättigten C-Atomen* ist wohl das bekannteste Beispiel einer Radikalreaktion. Die Reaktion, welche sowohl in der Gasphase wie auch in Lösung durchgeführt werden kann, ist eine typische Kettenreaktion und verläuft über folgende Teilschritte:

Startreaktion:	$X_2 \longrightarrow 2\,X^{\odot}$	(1)
Kettenpropagation:	$X^{\odot} + R{-}H \longrightarrow R^{\odot} + H{-}X$	(2)
	$R^{\odot} + X{-}X \longrightarrow X^{\odot} + R{-}X$	(3)
Kettenabbruch:	Rekombination oder Disproportionierung, z. B.	
	$X^{\odot} + X^{\odot} \longrightarrow X_2$ oder $R^{\odot} + R^{\odot} \longrightarrow R{-}R$	

Andere Möglichkeiten zur Kettenpropagation wären die Reaktionen (4) und (5):

$$X^{\odot} + R{-}H \longrightarrow R{-}X + H^{\odot} \quad (4)$$
$$H^{\odot} + X_2 \longrightarrow H{-}X + X^{\odot} \quad (5)$$

Wie experimentell bewiesen werden konnte, daß die Substitution wirklich nach (2) und (3) über organische Radikale verläuft, ist auf S. 202 beschrieben.

Tabelle 17.4. *Reaktionsenthalpien der einzelnen Schritte bei der radikalischen Halogenierung ($R = CH_3$)*

	ΔH [kJ/mol]			
	F	Cl	Br	I
Start: $X_2 \longrightarrow 2\,X^{\odot}$	+159	+239	+190	+149
Kette: $X^{\odot} + R{-}H \longrightarrow R^{\odot} + X{-}H$	−138	−4	+63	+130
$R^{\odot} + X_2 \longrightarrow R{-}X + X^{\odot}$	−251	−96	−88	−71
	−389	−100	−25	+59

Die Tabelle 17.4 gibt die Reaktionswärmen der einzelnen Schritte für die **Halogenierung von Methan** an und erlaubt eine Diskussion der Substitutionsreaktionen mit den vier Halogenen. Im Fall von *Fluor* sind beide Reaktionen der Kette stark exotherm, eine Folge der hohen Bindungsenthalpie sowohl der H—F- wie der C—F-Bindung. Zugleich erfolgt die Startreaktion, die Trennung des F_2-Moleküls, unter verhältnismäßig geringem Energieaufwand. Da im aktivierten Komplex der Reaktion (1) die beiden F-Atome wohl schon weitgehend getrennt sind, dürfte die freie Aktivierungsenthalpie dieses Schrittes von ähnlicher Größenordnung sein wie die Bindungsenthalpie der F—F-Bindung, und der Schritt (1) bestimmt dann die Gesamtgeschwindigkeit. Da die beiden anderen Schritte (2) und (3) jedoch so viel Wärme liefern, erfolgt die *Fluorierung* gewöhnlich *sehr heftig*, und es tritt *nicht nur Substitution* (unter Bildung perfluorierter Produkte), *sondern auch Fragmentierung der Moleküle* ein. Die direkte Fluorierung ist deshalb nur in Ausnahmefällen möglich geworden, wobei in der Gasphase (unter Verdünnung mit N_2) gearbeitet und die freiwerdende Wärme durch Metallstücke abgeleitet wurde.

Bei der *Reaktion mit Chlor* erfolgt die Startreaktion langsamer. Sie kann durch Erwärmen oder durch Bestrahlen mit Licht ($\lambda < 400$ nm) ausgelöst werden. Beide Reaktionen der eigentlichen Kettenreaktion verlaufen exotherm (der erste Schritt allerdings nur schwach!), so daß Chlor *wenig selektiv* wirkt. Die Chlorierung von Alkanen liefert deshalb in der Regel *Gemische* verschiedener Produkte und ist für die Laboratoriumsarbeit von geringer praktischer Bedeutung. So liefert z. B. die Chlorierung von Isobutan (bei 100°C in der Gasphase) sowohl Isobutylchlorid wie *tert*-Butylchlorid im Molverhältnis 2:1, obschon im Molekül von Isobutan 9 mal so viele primäre wie tertiäre H-Atome vorhanden sind, und aus 2-Methylbutan erhält man (bei 300°C) folgende Produkte (vgl. S. 49):

$$\begin{array}{cccc} \text{H}_3\text{C} \diagdown & & & \\ \quad\quad\text{CHCH}_2\text{CH}_3 & (\text{H}_3\text{C})_2\text{CCH}_2\text{CH}_3 & (\text{H}_3\text{C})_2\text{CHCHCH}_3 & (\text{H}_3\text{C})_2\text{CHCH}_2\text{CH}_2\text{Cl} \\ \text{ClCH}_2 \diagup & \quad\quad\quad\quad | & \quad\quad\quad\quad | & \\ & \quad\quad\quad\quad \text{Cl} & \quad\quad\quad\quad \text{Cl} & \\ 34\,\% & 22\,\% & 28\,\% & 16\,\% \end{array}$$

Tertiäre Wasserstoffatome werden also bei Alkanen bevorzugt substituiert (S. 49).
Auch die Chlorierung von Methan liefert alle Substitutionsprodukte (CH_3Cl, CH_2Cl_2, $CHCl_3$ und CCl_4) nebeneinander. Da diese durch wirksame Fraktionierkolonnen getrennt werden können, ist die Chlorierung von Methan von großem industriellen Interesse.

Von größerer präparativer Bedeutung ist die **Seitenkettenchlorierung** bei *Alkylaromaten*, die am Licht und bei Abwesenheit von Friedel-Crafts-Katalysatoren (und Metallen, die wie z. B. Eisen mit Chlor Lewis-Säuren bilden) glatt und in guter Ausbeute verläuft. Weil die Reaktivität der C—H-Bindungen am α-C-Atom bedeutend größer ist als der C—H-Bindungen an anderen C-Atomen oder am aromatischen Ring, erfolgt hier die Substitution nahezu ausschließlich in α-Stellung. Da sich auch die relativen Reaktivitäten der α-C—H-Bindungen genügend voneinander unterscheiden, kann man z. B. aus Toluen bei rechtzeitigem Abbrechen der Chlorierung alle drei möglichen Produkte (*Benzylchlorid, Benzalchlorid* und *Benzotrichlorid*) erhalten.

Häufig wird die Chlorierung auch mittels *Sulfurylchlorid* (SO_2Cl_2) oder *anderen Halogenverbindungen* (PCl_5, Phosgen) durchgeführt, wobei ein Zusatz von Dibenzoylperoxid die Reaktion startet:

$$\left. \begin{array}{l} R^{\odot} + SO_2Cl_2 \quad \longrightarrow \quad R{-}Cl + {}^{\odot}SO_2Cl \\ {}^{\odot}SO_2Cl \quad \longrightarrow \quad SO_2 + Cl^{\odot} \\ Cl^{\odot} + R{-}H \quad \longrightarrow \quad HCl + R^{\odot} \\ R^{\odot} + SO_2Cl_2 \quad \longrightarrow \quad R{-}Cl + {}^{\odot}SO_2Cl \end{array} \right\} \text{Kettenpropagation}$$

Bei der Substitution durch *Brom* verläuft der Reaktionsschritt (1) (S. 592) leichter als im Fall von Chlor, so daß hier etwas längerwelliges Licht zur Bildung von Br-Atomen ausreicht. Hingegen verläuft der Schritt (2) endotherm und damit eher in der umgekehrten Richtung; die Reaktionsketten sind jedenfalls bei der Bromierung kürzer als bei der Chlorierung, und die Substitution erfolgt *selektiver*. Dies entspricht dem **Postulat von Hammond**: Der aktivierte Komplex gleicht beim endothermen Schritt (2) mehr dem Produkt (dem Radikal), so daß die relativen Stabilitäten der verschiedenen aktivierten Komplexe durch die gleichen Faktoren bestimmt werden, die auch die Stabilitäten der Radikale bestimmen (S. 586).

Aktivierte Komplexe, die zu tertiären Radikalen führen, sind deshalb stabiler als solche, die sekundäre oder gar primäre Radikale ergeben. Aus 2-Methylbutan und Brom erhält man deshalb fast ausschließlich 2-Brom-2-methylbutan. Besonders leicht erfolgt die Bromierung von Toluen oder Ethylbenzen. Isopropylbenzen reagiert unter Lichteinfluß mit Brom sehr rasch (zugetropftes Brom wird fast augenblicklich entfärbt), weil das Benzyl-H-Atom an ein tertiäres C-Atom gebunden ist. Für *präparative Zwecke* ist die *Substitution durch Brom* wegen der *größeren Selektivität* des Reagens und wegen seiner besseren Dosierbarkeit *wichtiger als die Chlorierung*.

Halogenierung von Allylverbindungen. Es wurde bereits an verschiedenen Stellen dieses Buches erwähnt, daß bei ungesättigten Verbindungen als Nebenreaktion zur Halogenaddition eine Substitution in Allylstellung eintreten kann, weil das *Allyl-Radikal mesomeriestabilisiert* ist und sich deshalb besonders leicht bildet. Verbindungen vom Typus R—CH=CH—CH$_2$—R' ergeben dabei sogar zwei verschiedene Substitutionsprodukte, weil das Allyl-Radikal an zwei C-Atomen reagieren kann:

$$RCH=CH-CH_2R' + X^\cdot \rightarrow [RCH=CH-\overset{\cdot}{C}HR' \leftrightarrow \overset{\cdot}{R}CH-CH=CHR'] + HX$$

$$[RCH=CH-\overset{\cdot}{C}HR' \leftrightarrow \overset{\cdot}{R}CH-CH=CHR'] + X_2$$

$$\rightarrow RCH=CH-\underset{X}{\overset{|}{C}}HR' + \underset{X}{\overset{|}{R}CH}-CH=CHR' + X^\cdot$$

Verwendet man **N-Brom-** oder **N-Chlorsuccinimid** (**NBS** oder **NCS**) oder auch andere N-Bromamide, so tritt ausschließlich und in guter Ausbeute Allyl-Halogenierung ein. Auch H-Atome an C-Atomen in α-Stellung zu Carbonylgruppen, Dreifachbindungen oder aromatischen Ringen können mit diesen Reagentien selektiv durch Brom oder Chlor substituiert werden. Die Reaktion ist sehr *empfindlich auf Inhibitoren* und tritt nur ein, wenn Radikalbildner wenigstens in Spuren vorhanden sind; sie wird durch die Bildung geringer Mengen von Halogenatomen eingeleitet, die dann das Substrat angreifen:

$$Br^\cdot + R-H \rightarrow R^\cdot + HBr \qquad (1)$$

$$R^\cdot + Br_2 \rightarrow R-Br + Br^\cdot \qquad (2)$$

Die Halogenmoleküle entstehen durch eine rasche (ionische) Reaktion zwischen dem Halogenwasserstoff [der in Schritt (1) entsteht] und dem Halogensuccinimid:

$$\text{Succinimid-N-Br} + HBr \rightarrow \text{Succinimid-N-H} + Br_2$$

Die Wirkung des Brom-(Chlor-)succinimids besteht also darin, daß es *Halogenmoleküle* in *niedriger*, stationärer Konzentration liefert und gleichzeitig den entstandenen Halogenwasserstoff verbraucht. Daß keine Addition an die Doppelbindung eintritt, ist wohl die Folge dieser geringen Konzentration, denn bei der Halogen-Addition (sei es als polare oder als Radikal-Addition) wird nur das eine Atom des angreifenden Halogenmoleküls von der Doppelbindung gebunden, und das zweite Halogenatom stammt von einem weiteren Halogenmolekül. Ist die Konzentration an freien Halogenmolekülen klein genug, so ist die Wahrscheinlichkeit klein, daß ein zweites Molekül in die Nähe des Zwischenstoffes (des Halogenonium-Ions bzw. des Radikals) gerät, und das Gleichgewicht für die Addition liegt stark links. Dadurch wird die Geschwindigkeit der Addition herabgesetzt, und die Halogenierung in Allylstellung kann erfolgreich mit der Halogenaddition konkurrieren. Tatsächlich gelingt es, Alkene in Allylstellung auch ohne Bromsuccinimid zu bromieren, wenn man auf andere Weise die Konzentration an Br$_2$ klein genug hält und zugleich den gebildeten Bromwasserstoff bindet.

Die Bromierung in Allylstellung wird häufig zur *Synthese konjugierter ungesättigter Systeme* verwendet. Man führt dabei das Alken (z. B. Cyclohexen) in das Bromderivat (3-Bromcyclohexen) über und eliminiert anschließend mit einer Base HBr.

$$\text{Cyclohexen} \xrightarrow{\text{NBS}} \text{3-Bromcyclohexen} \xrightarrow{\text{OH}^\ominus} \text{Benzol}$$

Nitrierung gesättigter C-Atome. Paraffine können sowohl in der Gasphase wie in flüssiger Phase nitriert werden. Man erhält dabei allerdings keine reinen Produkte, sondern *Gemische* von mono- und polynitrierten Produkten. Als Nebenreaktionen treten auch *Fragmentierungen* auf; zu einem gewissen Teil werden die Ausgangssubstanzen durch die Salpetersäure auch oxidiert. Trotzdem ist die bei 450 °C mit HNO$_3$ durchgeführte Nitrierung von erheblicher industrieller Bedeutung, da sich die verschiedenen Produkte durch sorgfältige Fraktionierung voneinander trennen lassen. Folgende Reaktionen dienen als *Beispiele* derartiger industriell durchgeführter Nitrierungen:

$$H_3CCH_3 + HNO_3 \xrightarrow{450\ °C} H_5C_2NO_2 + CH_3NO_2$$
$$85\ \% \qquad 15\ \%$$

$$H_5C_6CH_3 + HNO_3 \longrightarrow H_5C_6CH_2NO_2$$
$$55\ \%$$

$$\text{C}_6\text{H}_{12} + HNO_3 \longrightarrow \text{C}_6\text{H}_{11}NO_2$$
$$44\ \%$$

Substitutionen an Diazoniumsalzen. An aromatischen Diazonium-Kationen ist eine Reihe von Radikalsubstitutionen möglich, welche für präparative Zwecke sehr interessant sind. Die bekanntesten sind die **Sandmeyer-Reaktionen**, bei welchen die Diazoniumgruppe durch Chlor- (Brom-), —NO$_2$- und —CN-Gruppen ersetzt wird.

Bei der eigentlichen Sandmeyer-Reaktion fügt man eine kalte wäßrige Lösung (bzw. Suspension) des Diazoniumchlorids zu einer Lösung von CuCl in Salzsäure. Es scheidet sich zunächst eine schwerlösliche, komplex zusammengesetzte Verbindung ab, welche erwärmt wird und dann dabei das Arylchlorid bildet. Bromaromaten (Bromarene) werden in analoger Weise aus Diazoniumhydrogensulfaten und einer Lösung von CuBr in Bromwasserstoffsäure erhalten. Das Diazonium-Kation wird dabei zuerst durch das $Cu^{\oplus}$-Ion reduziert, wobei neben molekularem Stickstoff Aryl-Radikale entstehen. Diese reagieren mit dem in der Lösung gebildeten Kupfer(II)-halogenid zum Halogenaren:

$$Ar-N_2^{\oplus} + CuX_2^{\ominus} \longrightarrow Ar^{\odot} + N_2 + CuX_2$$
$$Ar^{\odot} + CuX_2 \longrightarrow Ar-X + CuX$$

Das im zweiten Schritt gebildete Kupfer(I)-halogenid bleibt in der stark sauren Lösung als $CuX_2^{\ominus}$-Komplex gelöst.

In ähnlicher Weise läßt sich die Diazoniumgruppe durch eine $-NO_2$-Gruppe ersetzen, wenn man in neutraler bis schwach alkalischer Lösung Natriumnitrit mit dem Diazoniumsalz (ebenfalls in Gegenwart von CuCl) umsetzt. Um die Substitution durch $-Cl$ möglichst zu vermeiden, verwendet man hier wie bei der Schiemann-Reaktion am besten Diazoniumfluoroborate.

Die Bildung von *Arylcyaniden* (Cyanarenen) erfolgt durch Erwärmen von Diazoniumsalzen mit CuCN. Auch hier arbeitet man in neutraler Lösung, um das Entweichen von HCN zu vermeiden.

Alkene mit einer durch eine elektronenziehende Gruppe Z ($Z \triangleq C=C$, $C=O$, Halogen, $C\equiv N$, Ar) aktivierten Doppelbindung werden durch Diazoniumsalze in Gegenwart von $CuCl_2$ aryliert. Diese **Meerwein-Arylierung** ist ebenfalls eine Radikalsubstitution am Diazonium-Kation. Wahrscheinlich wird sie durch Spuren von $Cu^{\oplus}$-Ionen gestartet:

$$H_5C_6-N_2^{\oplus} + Cu^{\oplus} \longrightarrow H_5C_6^{\odot} + N_2 + Cu^{2\oplus}$$
$$H_5C_6^{\odot} + H_2C=CH-CN \longrightarrow [H_5C_6-CH_2-\overset{\odot}{C}H-C\equiv N \leftrightarrow H_5C_6-CH_2-CH=C=\overset{\odot}{N}]$$

(1)

Das durch die Gruppe Z mesomeriestabilisierte Radikal (1) kann entweder ein Cl-Atom (vom $CuCl_2$) addieren, wobei das $Cu^{2\oplus}$-Ion wieder zu $Cu^{\oplus}$ reduziert wird, oder ein H-Atom abspalten, welches das $Cu^{2\oplus}$-Ion ebenfalls reduziert:

$$H_5C_6-CH_2-\overset{|}{\underset{|}{C}}{}^{\odot} \begin{array}{c} \xrightarrow{CuCl_2} H_5C_6-CH_2-\overset{|}{\underset{|}{C}}-Cl + CuCl \quad (a) \\ \xrightarrow{CuCl_2} H_5C_6-CH=\overset{|}{C} + H^{\oplus} + CuCl \quad (b) \end{array}$$

(2)

Auch wenn zunächst ein Cl-Atom addiert wird [Reaktionsrichtung (a)], bildet sich häufig anschließend durch HCl-Eliminierung die ungesättigte Verbindung (2), so daß die Meerwein-Arylierung im Endeffekt zu einer Arylierung des betreffenden Alkens führt. Obschon die Ausbeuten oft nicht hoch sind, bietet diese Reaktion eine bequeme Möglichkeit zur Synthese von Verbindungen, die auf andere Weise nicht leicht zugänglich sind, wie etwa von Arylmalein- oder -fumarsäureestern oder von 5-Arylfurfuralen. Elektronenschiebende Gruppen im aromatischen Ring begünstigen den Ablauf der Reaktion und erhöhen damit die Ausbeute.

Durch verschiedene Verfahren kann schließlich die Diazoniumgruppe auch durch aromatische Ringe ersetzt werden. Bei der **Gomberg-Reaktion** läßt man Natronlauge in das zweiphasige Gemisch aus der wäßrigen Lösung des Diazoniumsalzes und einem flüssigen Aromaten bzw. einer Lösung des Aromaten in einem inerten Lösungsmittel einlaufen. Dabei bildet sich zunächst das kovalente Diazohydroxid, Ar—N=N—OH, welches anschließend über einen recht komplizierten Mechanismus Aryl-Radikale liefert. Diese kuppeln mit dem Aromaten der zweiten Phase:

$$Br-C_6H_4-N_2^{\oplus} + C_6H_6 \xrightarrow{OH^{\ominus}} Br-C_6H_4-C_6H_5$$

Obschon die Ausbeuten auch bei dieser Reaktion gewöhnlich nicht allzu hoch sind, ist sie von einer gewissen Bedeutung, weil sie eine der wenigen Möglichkeiten zur *Herstellung unsymmetrischer Biphenylderivate* bietet. Die Gomberg-Reaktion kann auch intramolekular zur Bildung von Ringen durchgeführt werden **(Pschorr-Reaktion)**; die Ausbeuten sind dabei etwas besser. Als Beispiel diene die Synthese von Fluorenon:

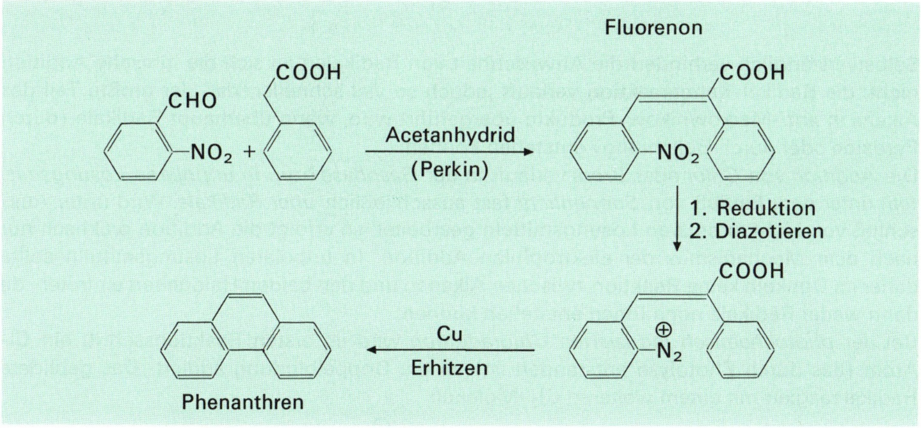

Hunsdiecker-Reaktion. Erhitzt man das Silbersalz einer Carbonsäure zusammen mit Brom in CCl_4 unter Rückfluß, so erhält man unter Abspaltung von CO_2 neben AgBr ein Bromid:

$$R-COOAg + Br_2 \rightarrow R-Br + CO_2 + AgBr$$

Die **Hunsdiecker-Reaktion** bietet eine Methode zum *Abbau einer C-Kette* und zur Gewinnung gewisser, auf andere Art und Weise schwieriger zu erhaltender Bromverbindungen. Die Ausbeuten sind oft recht gut. Die Reaktion läßt sich auch mit Carbonsäuren durchführen, die verzweigte Reste R enthalten, und damit zur *Herstellung sekundärer oder tertiärer Bromverbindungen* benützen. Ungesättigte Gruppen R führen allerdings zu schlechten Ausbeuten.
Für die Reaktion wird folgender *Mechanismus* angenommen:

$$R-COOAg + Br_2 \rightarrow R-COOBr + AgBr$$
$$R-COOBr \rightarrow R-COO^{\ominus} + Br^{\odot}$$
$$R-COO^{\ominus} \xrightarrow{-CO_2} R^{\odot} \xrightarrow{RCOOBr} R-Br + RCOO^{\ominus}$$

17.4 Radikaladditionen

Addition von Bromwasserstoff und von Halogenen. Die *HBr-Addition*, welche in Gegenwart von Sauerstoff oder Peroxiden oder bei Belichtung als Radikalreaktion verläuft und zu *anti-Markownikow-Produkten* führt, wurde bereits in Kapitel 10 (S.415) besprochen. Beide Schritte der Kettenpropagation verlaufen exotherm; die primär gebildeten Alkyl-Radikale werden durch HBr sofort abgefangen, bevor sie mit einem weiteren Alkenmolekül reagieren können. Eine Polymerisation als Nebenreaktion tritt also nicht auf. Die radikalische HBr-Addition ist insofern von Interesse, als man dadurch die Addition in eine bestimmte Richtung lenken kann. So erhält man aus Allylbromid und HBr je nach den angewandten Bedingungen 1,2- oder 1,3-Dibrompropan:

$$H_2C=CH-CH_2Br \longrightarrow \begin{cases} Br-CH_2-CH_2-CH_2Br & \text{(radikalisch)} \\ H_3C-\underset{\underset{Br}{|}}{CH}-CH_2Br & \text{(ionisch)} \end{cases}$$

Selbstverständlich verhindert die Anwesenheit von Radikalen an sich die ionische Addition nicht; die Radikal-Kettenreaktion verläuft jedoch so viel schneller, daß der größte Teil des Alkens in *anti*-Markownikow-Produkte übergeführt wird, wenn überhaupt Radikale (durch Peroxide oder durch Belichtung) entstehen können.

Die *Addition* von *Chlor* oder *Brom* verläuft in der *Gasphase* bzw. *in unpolaren Lösungsmitteln* unter dem Einfluß von *Sonnenlicht* fast ausschließlich *über Radikale*. Wird unter Ausschluß von Licht in polaren Lösungsmitteln gearbeitet, so erfolgt die Addition praktisch nur nach dem Mechanismus der elektrophilen Addition. In unpolaren Lösungsmitteln sollte daher im Dunkeln keine Reaktion zwischen Alkenen und den beiden Halogenen eintreten, da dann weder Radikale noch Ionen entstehen können.

Bei der *photochemisch induzierten Chloraddition* wird im ersten Reaktionsschritt ein Cl-Atom (das durch Photolyse entstanden ist) an die Doppelbindung addiert. Das gebildete Radikal reagiert mit einem weiteren Cl$_2$-Molekül:

$$Cl^{\odot} + R-CH=CH_2 \longrightarrow R-\overset{\odot}{C}H-CH_2Cl$$

$$R-\overset{\odot}{C}H-CH_2Cl + Cl_2 \longrightarrow R-\underset{\underset{Cl}{|}}{CH}-CH_2Cl + Cl^{\odot}$$

Auch hier wird das intermediär auftretende Alkylradikal so rasch von einem Cl$_2$-Molekül abgefangen, daß es nicht zu einer Polymerisation kommt.

Bemerkenswerterweise ist die radikalische *Bromaddition* an Alkene leicht *umkehrbar*, während die Chloraddition auch bei höheren Temperaturen praktisch irreversibel ist. Diese Tatsache wird z.B. zur *Umwandlung von (Z)-Alkenen in die entsprechenden (E)-Isomere* benützt. So erhält man z.B. beim Erwärmen einer gesättigten Lösung von Maleinsäure mit etwas Brom Fumarsäure, die viel weniger gut löslich ist und deshalb als kristalliner Niederschlag ausfällt. Bei dieser Umwandlung entsteht zunächst durch Addition eines Br-Atoms ein Radikal, das rasch wieder ein Br-Atom abspalten kann. Wenn vorher Drehung um die C—C-Bindung eingetreten ist, erhält man das (*E*)-Isomer:

$$\underset{H}{\overset{HOOC}{>}}C=C\underset{H}{\overset{COOH}{<}} \quad \underset{\rightleftarrows}{\overset{Br^{\odot}}{\longrightarrow}} \quad \underset{Br}{\overset{HOOC}{\underset{H}{>}}}\overset{COOH}{\underset{H}{C-\overset{\odot}{C}}} \quad \underset{\rightleftarrows}{\overset{-Br^{\odot}}{\longrightarrow}} \quad \underset{H}{\overset{HOOC}{>}}C=C\underset{COOH}{\overset{H}{<}}$$

Von technischer Bedeutung ist die *Addition von Chlor an Benzen* (Chlor wird unter UV-Bestrahlung in siedendes Benzen eingeleitet), wobei sich ein Gemisch stereoisomerer Hexachlorcyclohexane bildet. Das dabei in einer Ausbeute von etwa 15% anfallende γ-Isomer ist ein Insektizid (Gammexan, Hexa, Lindan).

$$\text{C}_6\text{H}_6 + 3\,\text{Cl}_2 \xrightarrow{h\cdot\nu} \text{C}_6\text{H}_6\text{Cl}_6 \quad 10\text{--}15\%$$

Bildung neuer C—C-Bindungen durch Addition. Eine Reihe von Substanzen wie $CHBr_3$, CCl_4, Aldehyde, Ketone, Alkohole und Amine läßt sich unter den Bedingungen einer Radikaladdition ebenfalls an Alkene addieren. Weil dabei neue C—C-Bindungen geknüpft werden, sind diese Reaktionen von großer Bedeutung für die präparative Arbeit. Die Ausführung der Reaktion ist meist sehr einfach, da man bloß die Komponenten in Gegenwart geringer Mengen Peroxide auf 60 bis 100 °C zu erwärmen hat. Die Ausbeuten sind besonders bei höheren Alkenen recht gut; bei niederen Alkenen tritt die *Telomerisation* (Bildung kurzkettiger Polymerisate) in Konkurrenz zur Addition und setzt die Ausbeuten herab.

Zur Illustration dienen folgende *Beispiele*:

$$H_5C_6\text{--}COO^\cdot + CCl_4 \longrightarrow Cl_3C^\cdot + CO_2 + C_6H_5Cl \quad \text{Startreaktion}$$

$$Cl_3C^\cdot + H_2C{=}CH\text{--}R \longrightarrow Cl_3C\text{--}CH_2\text{--}\overset{\cdot}{C}H\text{--}R$$

$$Cl_3C\text{--}CH_2\text{--}\overset{\cdot}{C}H\text{--}R + CCl_4 \longrightarrow Cl_3C\text{--}CH_2\text{--}\underset{Cl}{CH}\text{--}R + Cl_3C^\cdot \quad \Big\}\;\text{Propagation}$$

$$\begin{array}{c}CH\text{--}COOR\\\|\\CH\text{--}COOR\end{array} + CH_3CHO \xrightarrow{\text{Peroxid}} \begin{array}{c}CH_2COOR\\|\\H_3CCO\text{--}CHCOOR\end{array}$$

Radikalketten-Polymerisation. Eine technisch wichtige Radikaladdition ist die durch Radikalbildner ausgelöste **Polymerisation** von Alkenen, wobei in der Praxis *Peroxide* oder *Azobis(isobutyronitril)* als *Starter* verwendet werden. Die Polymerisation verläuft nach folgendem Schema:

$$R^\cdot + CH_2{=}CHX \longrightarrow R\text{--}CH_2\text{--}\overset{\cdot}{C}HX$$

$$R\text{--}CH_2\text{--}\overset{\cdot}{C}HX + CH_2{=}CHX \longrightarrow R\text{--}CH_2\text{--}\underset{X}{CH}\text{--}CH_2\text{--}\underset{X}{\overset{\cdot}{C}H} \quad \Big\}\;\text{Propagation}$$

Der *Abbruch* des Kettenwachstums erfolgt im einfachsten Fall dadurch, daß zwei wachsende Ketten aufeinander treffen und die Reaktion durch Kombination oder Disproportionierung beendet wird. Auch durch Einfangen eines Initiatormoleküls oder durch Reaktion mit molekularem Sauerstoff kann das Wachstum des Makromoleküls beendet werden. Je größer die anfängliche Konzentration an Initiator ist, desto mehr Ketten wachsen gleichzeitig im Reaktionsgemisch und desto größer wird die Wahrscheinlichkeit der Kettenabbruchreaktion.

Durch Veränderung der Konzentration des Radikalbildners läßt sich deshalb die durchschnittliche Molekülmasse der Makromoleküle im gewünschten Sinn beeinflussen. Die Länge der Makromoleküle läßt sich auch durch Zusatz von sogenannten *Ladungsüberträgern* («**Reglern**») steuern; diese Verbindungen reagieren mit der wachsenden Kette und beenden das Kettenwachstum, bilden aber gleichzeitig neue Radikale:

$$R-(-CH_2-CHX-)_m-CH_2-CHX + RSH \rightarrow R-(-CH_2-CHX-)_m-CH_2-CH_2X + RS^\odot$$

$$RS^\odot + H_2C=CHX \rightarrow RSCH_2-\overset{\odot}{C}HX \text{ usw.}$$

Die Radikalketten-Polymerisation ist von großer *wirtschaftlicher Bedeutung*. Einige der wichtigsten Polymerisate (Polyvinylchlorid, Polystyren, Polymethylmethacrylat, Polytetrafluorethylen) werden auf diese Weise in großen Mengen produziert. Unter Umständen ist es zweckmäßig, ein Gemisch verschiedener ungesättigter Verbindungen zu polymerisieren (**«Copolymerisation»**), um die Eigenschaften zu verbessern; so sind gewisse Arten von synthetischem Kautschuk *Copolymerisate* von 1,3-Butadien mit Acrylnitril oder Styren. Die Polymerisation erfolgt exotherm, so daß man bei der technischen Durchführung um eine möglichst gute Ableitung der Wärme besorgt sein muß (starke Erwärmung begünstigt z. B. die Bildung verzweigter Kettenmoleküle!).

17.5 Autoxidation und Verbrennung

Autoxidation. Viele **Autoxidationen** laufen scheinbar *spontan* ab, d. h. sie werden entweder durch *photolytisch* gebildete *Radikale* oder durch als *Verunreinigungen* in der betreffenden Substanz enthaltene *Radikale* ausgelöst:

$$\begin{aligned}
&{>}C-H + R^\odot &&\rightarrow {>}C^\odot + R-H \\
&{>}C^\odot + {}^\odot O-O^\odot &&\rightarrow {>}C-O-O^\odot \\
&{>}C-O-O^\odot + {>}C-H &&\rightarrow {>}C-O-O-H + {>}C^\odot
\end{aligned}$$

Wenn das dabei gebildete Hydroperoxid selbst wiederum als Initiator wirken kann, katalysiert sich die Reaktion selbst und kann dann nach einiger Zeit rasch ablaufen. Auf solchen Autoxidationen beruht die bei vielen organischen Stoffen beobachtete *Zersetzung*, wenn man sie so aufbewahrt, daß sie dem *Sonnenlicht ausgesetzt* sind und gleichzeitig mit *Luftsauerstoff* in Berührung kommen. Um eine Autoxidation zu verhindern, müssen empfindliche Substanzen mit einem geeigneten *Inhibitor* (z. B. Hydrochinon) versetzt werden.

Die *Geschwindigkeit der Autoxidation* hängt stark von der Konstitution der betreffenden Substanz ab. Paraffine beispielsweise reagieren an der Luft nur extrem langsam, *Allyl*- und *Benzylverbindungen* dagegen viel rascher, weil sich auch hier mesomeriestabilisierte Radikale bilden. Bei gesättigten Verbindungen erfolgt die Autoxidation an verschiedenen C-Atomen in der gewohnten Reihenfolge der Leichtigkeit: primär < sekundär < tertiär. H-Atome an *tertiären* C-Atomen reagieren oft so leicht, daß die betreffende Reaktion präparativ ausgenutzt werden kann; so stellt man z. B. tert-Butylhydroperoxid in guter Ausbeute durch Luftoxidation von Isobutan her:

$$(CH_3)_3CH + O_2 \rightarrow (CH_3)_3C-OOH$$

17.5 Autoxidation und Verbrennung

Alkene reagieren oft auch unter Bildung von Makromolekülen:

$$R-O-O^{\ominus} + \overset{|}{\underset{|}{C}}=\overset{|}{\underset{|}{C}} \longrightarrow R-O-O-\overset{|}{\underset{|}{C}}-\overset{|}{\underset{|}{C}}{}^{\ominus} \xrightarrow{O_2} R-O-O-\overset{|}{\underset{|}{C}}-\overset{|}{\underset{|}{C}}-O-O^{\ominus}$$

$$\xrightarrow{\overset{}{\underset{}{C=C}}} R-O-O-\overset{|}{\underset{|}{C}}-\overset{|}{\underset{|}{C}}-O-O-\overset{|}{\underset{|}{C}}-\overset{|}{\underset{|}{C}}{}^{\ominus} \quad \text{usw.}$$

Auf solche Oxidationen ist auch das Erhärten von *«trocknenden Ölen»* wie z. B. Leinöl an der Luft zurückzuführen. Jedoch ist dort auch radikalische Oxidation in der Allylposition möglich.

Besonders leicht bilden auch *Ether* solche Peroxide:

$$R-O-CH_2-R' \longrightarrow R-O-\underset{\underset{OOH}{|}}{CH}-R'$$

Da derartige Hydroperoxide beim Erwärmen zu explosionsartigem Zerfall neigen, müssen sie z. B. durch Reduktion mit wäßriger $FeSO_4$-Lösung zerstört werden, bevor man Ether oder Tetrahydrofuran als Lösungsmittel bei Reaktionen verwenden kann, bei denen erhitzt werden muß. Durch Chromatographie sind Peroxide ebenfalls oft leicht zu entfernen. Auch *Aldehyde* oxidieren an der Luft leicht. Benzaldehyd beispielsweise geht schon beim Stehenlassen teilweise in Benzoesäure über. Dabei entsteht zuerst eine *Peroxysäure*, die mit weiterem Aldehyd reagiert und die normale Carbonsäure bildet. Auch diese Reaktionen werden durch Licht oder durch gewisse Metallionen (welche wie z. B. $Fe^{3\oplus}$ durch Oxidation Radikale erzeugen können) stark beschleunigt.

Für *Benzaldehyd* läßt sich der *Ablauf der Autoxidation* folgendermaßen formulieren:

$H_5C_6CHO + R^{\ominus}$	$\longrightarrow H_5C_6-\overset{\ominus}{C}=O + R-H$	} Startreaktionen
$H_5C_6CHO + Fe^{3\oplus}$	$\longrightarrow H_5C_6-\overset{\ominus}{C}=O + Fe^{2\oplus} + H^{\oplus}$	
$H_5C_6-\overset{\ominus}{C}=O + O_2$	$\longrightarrow H_5C_6-\underset{\underset{O-O^{\ominus}}{|}}{C}=O$	} Kettenpropagation
$H_5C_6-\underset{\underset{O-O^{\ominus}}{|}}{C}=O + C_6H_5CHO$	$\longrightarrow H_5C_6-\underset{\underset{O-OH}{|}}{C}=O + H_5C_6-\overset{\ominus}{C}=O$	
$H_5C_6-C\overset{O}{\underset{OOH}{\diagdown}} + C_6H_5CHO$	$\longrightarrow 2\ H_5C_6-C\overset{O}{\underset{OH}{\diagdown}}$	Bildung der Benzoesäure

Hydroperoxide selbst sind von geringer Bedeutung für die synthetische Chemie, werden aber in gewissen Fällen als *Zwischenprodukte* verwendet. So wird beispielsweise *Cumol* technisch in *Aceton* und *Phenol* übergeführt, wobei Cumolhydroperoxid als Zwischenprodukt auftritt (Hocksche Phenolsynthese, S. 658):

$$H_5C_6-CH(CH_3)_2 \xrightarrow{O_2} H_5C_6-\underset{\underset{OOH}{|}}{C}(CH_3)_2 \xrightarrow{H^{\oplus}} H_5C_6OH + H_3CCOCH_3$$

Verbrennung. Verbrennungen organischer Verbindungen an der Luft sind ebenfalls Radikal-Kettenreaktionen. Ihr Verlauf ist allerdings wegen des relativ raschen Ablaufes und der hohen Temperatur schwierig zu untersuchen und deshalb verhältnismäßig schlecht bekannt. Wird die Verbrennung bei genügender Zufuhr von Sauerstoff (Luft) durchgeführt, so entstehen die völlig oxidierten Produkte Wasser und CO_2 (eventuell auch N_2, SO_2 u.a.). Bei beschränktem Luftzutritt oder bei ungenügender Durchmischung (oder auch bei rascher Abkühlung) werden Ruß und Verbindungen wie Acetylen, Alkohole, Formaldehyd und andere Aldehyde, Ketone, Carbonsäuren und Kohlenmonoxid gebildet. Manche dieser «unvollständigen» Verbrennungen sind von technischer Bedeutung zur Gewinnung von Ruß oder von Acetylen aus Methan (S. 55).

17.6 Kombinationen und Umlagerungen von Radikalen

Kolbe-Synthese. Elektrolysiert man Lösungen von Salzen mit Carboxylat-Anionen, so entstehen an der Anode Kohlenwasserstoffe. Dabei wird zuerst ein Carboxyl-Radikal gebildet, welches rasch decarboxyliert. Die dadurch gebildeten Alkylradikale dimerisieren:

$$2\ R-C(\!\!\begin{smallmatrix}O\\O^\ominus\end{smallmatrix}\!\!) - 2\,e^\ominus \longrightarrow 2\ R-C(\!\!\begin{smallmatrix}O\\O^\odot\end{smallmatrix}\!\!) \xrightarrow{-2\,CO_2} 2\,R^\odot \longrightarrow R-R$$

Eine ähnliche Reaktion tritt ein, wenn man Ketone in verdünnten wäßrigen Säuren löst und diese elektrolysiert:

$$2\ R_2C{=}O + 2\,e^\ominus \longrightarrow 2\ R_2\overset{\odot}{C}-O^\ominus \longrightarrow \begin{matrix}R_2C-O^\ominus\\|\\R_2C-O^\ominus\end{matrix} \xrightarrow{H^\oplus} \begin{matrix}R_2C-OH\\|\\R_2C-OH\end{matrix}$$
$$(1)$$

Die dabei zunächst gebildeten *Radikal-Ionen* (1) dimerisieren, so daß (in der sauren Lösung) Pinakole erhalten werden.

Beide Reaktionen können zu präparativen Zwecken verwendet werden. Die **Kolbe-Synthese** wird meistens mit in Methanol gelösten Carbonsäuren ausgeführt, wobei man der Lösung noch soviel Natriummethylat zufügt, daß etwa 2 % der Säure neutralisiert werden. An der Kathode entsteht Wasserstoff; die gleichzeitig gebildeten Methoxid-Ionen reagieren mit weiterer Carbonsäure unter Bildung von Carboxylat-Anionen. Die Ausbeuten sind oft hoch. Auch Halbester zweiprotoniger Carbonsäuren können auf diese Weise elektrolysiert werden, wobei man Ester höherer zweiprotoniger Säuren erhält:

$$2\ EtOOC-(CH_2)_n-COOH \longrightarrow EtOOC-(CH_2)_{2n}-COOEt$$

(Siehe hierzu auch Band II).

Umlagerungen. Wie schon auf S. 588 bemerkt wurde, sind Umlagerungen von Radikalen ziemlich selten. Fast immer tritt dabei Wanderung eines *Arylrestes* ein.

17.6 Kombinationen und Umlagerungen von Radikalen

Dies wird offenbar dadurch ermöglicht, daß sich ein brückenartiges, durch Delokalisierung etwas stabilisiertes Radikal bilden kann. Bei Alkylradikalen ist eine solche Delokalisation nicht denkbar und das in analoger Weise gebildete cyclische Zwischenprodukt zu instabil, so daß eine analoge Umlagerung nicht möglich ist.

18 Oxidationen und Reduktionen

18.1 Allgemeines

Gewisse Reaktionen sind **direkte Elektronenübertragungen**. Beispiele dafür sind etwa die Oxidation (Reduktion) eines freien Radikals zum Kation (Anion), wie es bei den auf S. 587 betrachteten Reaktionen der Fall ist. Auch der Oxidation eines Anions bzw. der Reduktion eines Kations zu einem relativ stabilen Radikal sind wir schon begegnet (S. 588). Bei der Acyloin-Kondensation (S. 494) findet während eines bestimmten Reaktionsschrittes ebenfalls eine direkte Elektronenübertragung statt.

Bei anderen Reaktionen werden **Hydrid-Ionen** ($H^\ominus$) **übertragen**, wobei entweder das Substrat ein Hydrid-Ion bindet (und damit reduziert wird), oder ein Hydrid-Ion an ein (anorganisches) Reagens abgibt und damit oxidiert wird. Beispiele sind die präparativ außerordentlich wichtigen Reduktionen mittels $LiAlH_4$ oder $NaBH_4$ (S. 632) oder auch die Cannizzaro-Reaktion (S. 635). Auch Reaktionen, bei welchen ein Carbenium-Ion von einer (organischen) Substanz ein Hydrid-Ion abspaltet, gehören in diese Gruppe:

$$R^\oplus + R'H \longrightarrow R-H + R'^\oplus$$

Viele Oxidationen und Reduktionen sind **Radikalsubstitutionen** und verlaufen unter Übertragung von Wasserstoffatomen, wie etwa die beiden Ketten-Propagationsreaktionen der radikalischen Halogenierung. Häufig wird bei einer Oxidation auch ein Ester (meistens einer anorganischen Säure) gebildet, der anschließend – z. B. nach einem E2-Mechanismus – wieder gespalten wird. Beispiele dafür sind die Oxidationen von Alkoholen zu Carbonylverbindungen mittels CrO_3 bzw. $CrO_4^{2\ominus}$ (S. 618) oder die durch Blei(IV)-acetat, $Pb(CH_3COO)_4$, mögliche Oxidation von Glycolen.

Oxidationen und Reduktionen können schließlich auch auf dem Wege **einfacher Verdrängungsreaktionen** oder **Additions-Eliminations-Mechanismen** verlaufen. So läßt sich die Addition von Brom an eine C=C-Doppelbindung als Oxidation des ungesättigten Substrates auffassen, wobei die Elektronen des organischen Substrats eine Substitution am elektrophilen, anorganischen Reagens – dem Br_2-Molekül – bewirken:

In den letzten zwanzig Jahren wurden vor allem in der Entwicklung neuer Methoden zur Reduktion organischer Verbindungen große Fortschritte gemacht, besonders was die Selektivität verschiedener Reaktionen anbelangt. Neben den älteren Reduktionsmitteln Natrium und Alkohol bzw. Zink und Salzsäure (welche direkt Elektronen vom Metall auf eine organische Verbindung übertragen) dienen heute auch Kombinationen von Metallen mit Ammoniak oder Aminen als (oft sogar **stereospezifische**) **Reduktionsmittel**[1]. Auch die komplexen Hydride (wie LiAlH$_4$) wirken oft bemerkenswert selektiv. Durch die Entwicklung neuer Katalysatoren konnten auch die altbekannten katalytischen Hydrierungen verbessert und in ihren Anwendungsgebieten erweitert werden.

Die Tabellen 18.1 und 18.2 geben eine Übersicht über die wichtigsten, zur Oxidation bzw. Reduktion organischer Substrate benützten **Oxidations-(Reduktions-)mittel**.

Tabelle 18.1. Beispiele häufig verwendeter Oxidationsmittel und ihrer Substrate bzw. ihrer Verwendung

KMnO$_4$ (in saurer oder alkalischer Lösung)	Alkane, Seitengruppen von Aromaten, Alkohole, Aldehyde, Ketone, C=C ($\rightarrow$ Glycole)
heiße Chromschwefelsäure	Alkane
K$_2$Cr$_2$O$_7$ in Schwefelsäure	Alkohole, Ketone
CrO$_3$ in Eisessig	Seitengruppen von Aromaten ($\rightarrow$ —COOH), Methylgruppen an Aromaten ($\rightarrow$ —CHO), Allyloxidation von C=C ($\rightarrow$ —CHO)
CrO$_2$Cl$_2$	Methylgruppen an Aromaten
Blei(IV)-acetat [Pb(OAc)$_4$]	Einführung von Acetoxygruppen in α-Stellung zu C=O oder C=C, C=C ($\rightarrow$ Glycole), oxidative Spaltung von Glycolen, oxidative Decarboxylierung
Quecksilber(II)-acetat	Einführung von Acetoxygruppen in α-Stellung zu C=O oder C=C, Aldehyde
Iod/Silberacetat	C=C ($\rightarrow$ Glycole)
Peroxysäuren	C=C ($\rightarrow$ Glycole)
p-Nitrosodimethylanilin	Methylgruppen an aromatischen Ringen ($\rightarrow$ —CHO)
Ozon	aromatische Ringe, C=C
OsO$_4$	C=C ($\rightarrow$ Glycole)
Schwefel, Selen	Dehydrierung
Chinone	Dehydrierung
Dimethylsulfoxid	primäre Halogenverbindungen ($\rightarrow$ —CHO), sekundäre Alkohole
Hexamethylentetramin	primäre Halogenverbindungen ($\rightarrow$ —CHO)
Cer-Ammoniumnitrat	primäre Alkohole
N-Halogensuccinimid	Alkohole
MnO$_2$	Allylalkohole
Natriumperiodat	oxidative Spaltung von C=C und Glycolen
Kupfer	oxidative Kupplung von Alkinen
Kupfer(I)-salze	oxidative Spaltung von Alkinen
Thallium(III)-nitrat	C=C ($\rightarrow$ Aldehyde und Ketone), C$\equiv$C ($\rightarrow$ Carbonsäuren)
Selendioxid	α-Methyl- oder Methylengruppen von Carbonylverbindungen

---

[1] Metalle in Kombination mit Säuren, Alkohol oder flüssigem Ammoniak als Reduktionsmittel wirken als **Elektronenspender** (die Elektronen werden direkt auf das organische Substrat übertragen) und reduzieren **nicht** durch die Bildung von nascierendem Wasserstoff, wie man früher angenommen hat. (Die Bildung von H$_{nasc}$ ist vielmehr eine unerwünschte *Nebenreaktion!*)

18 Oxidationen und Reduktionen

Tabelle 18.2. Beispiele häufig verwendeter Reduktionsmittel und ihrer Substrate bzw. ihrer Verwendung

Wasserstoff (kat.)	vgl. Tabelle 18.3; Hydrogenolyse
Diimin	isolierte C=C
Na/Ethanol, Na/Hg	konjugierte C=C, Aromaten (Birch), Ester
Li/Ethylamin	Säurehalogenide, Ester, Amide, Nitrile (→ —CHO)
Li oder Na in NH_3(l)	Alkine [→ (E)-Alkene]
Zn/konz. Salzsäure	Aldehyde, Ketone (→ KW)
Hydrazin/Alkalihydroxid	Aldehyde, Ketone (→ KW)
Sn oder Fe + Salzsäure	Nitroverbindungen (→ Amine)
$SnCl_2$/Ether/HCl	Nitrile (→ —CHO)
$SnCl_2$/NaOH/CH_3OH	Nitroverbindungen (→ Azoverbindungen)
Zn/NH_4Cl	Nitroverbindungen (→ Hydroxylamine)
Zn/NaOH	Nitroverbindungen (→ Azoxyverbindungen)
$LiAlH_4$	vgl. Tabelle 18.4
Li-tri-*tert*-butoxyaluminiumhydrid	Säurehalogenide (→ —CHO)
Li-tri-ethoxyaluminiumhydrid	Nitrile (→ —CHO)
$NaBH_4$	Tosylhydrazone (→ >CH_2), Aldehyde, Ketone, Säurehalogenide; Nitroverbindungen (→ KW)
BH_3	C=O (auch Carbonsäuren)

18.2 Oxidation von Kohlenwasserstoffen (C—H-Bindungen)

Oxidationen an Alkanen. Gesättigte Kohlenwasserstoffe gehören zu den am schwierigsten zu oxidierenden organischen Verbindungen. Gewöhnliche Oxidationsmittel wie $KMnO_4$ reagieren bei Raumtemperatur oder bei mäßig erhöhter Temperatur mit Alkanen nicht; erst durch sehr starke Oxidationsmittel, wie heiße Chromschwefelsäure, werden Alkane oxidiert. Die Oxidation setzt vorzugsweise an *tertiären* bzw. *sekundären* C-Atomen ein, so daß es möglich ist, die in einer Verbindung enthaltene Zahl der C-Methylgruppen dadurch zu bestimmen, daß man die Substanz mit CrO_3 in Schwefelsäure oxidiert und die aus den Methylgruppen gebildete Essigsäure abdestilliert **(Kuhn-Roth-Bestimmung)**. Obschon das Verfahren nur halbquantitativ arbeitet (die maximal mögliche Menge Essigsäure wird kaum je gebildet), ist es für analytische Zwecke brauchbar.

Technisch ist auch die *katalytische Oxidation* von Alkanen mit **Luftsauerstoff** durchführbar, wobei man allerdings Gemische verschiedener Oxidationsprodukte erhält, die durch Fraktionierung getrennt werden müssen.

So werden beispielsweise durch Oxidation von Butan mit Luftsauerstoff unter Verwendung von Kobaltacetat als Katalysator bei 160°C und unter Druck Ethylmethylketon neben Essigsäure sowie Methyl- und Ethylacetat gewonnen. Auch die *katalytische Oxidation* höherer Paraffine zu Alkoholen oder Fettsäuren ist wirtschaftlich von großer Bedeutung (Gewinnung von *Detergentien*). Die Oxidation verläuft wahrscheinlich ähnlich wie die im letzten Kapitel beschriebene Autoxidation, also über *freie Radikale*; das im Verlauf der Reaktion reduzierte Metallkation bewirkt eine Spaltung des zunächst gebildeten Hydroperoxids, wodurch ein Alkoxy-Radikal und schließlich eine Hydroxyverbindung entsteht:

$$R-O-O-H + M^{2\oplus} \rightarrow R-O^{\ominus} + M^{3\oplus} + OH^{\ominus}$$
$$R-O^{\ominus} + RH \rightarrow R-OH + R^{\ominus}$$
$$R^{\ominus} + {}^{\ominus}O-O^{\ominus} \rightarrow R-O-O^{\ominus}$$
$$R-O-O^{\ominus} + R-H \rightarrow R-O-O-H + R^{\ominus}$$

Dabei entstehen aber durch sowohl radikalisch wie ionisch verlaufende Nebenreaktionen weitere Produkte, wie Ketone, Carbonsäuren u. a. Bei den relativ energischen Bedingungen, welche zur Oxidation erforderlich sind, werden zudem C—C-Bindungen getrennt, so daß weitere *Nebenprodukte* gebildet werden. Verwendet man zur Oxidation manganhaltige Katalysatoren, so entstehen aus den zuerst entstandenen Hydroperoxiden Ketone, die dann anschließend weiter oxidiert werden:

$$R-\underset{OOH}{CH}-CH_2-R' \xrightarrow{-H_2O} R-\underset{O}{\overset{\parallel}{C}}-CH_2-R' \xrightarrow{O_2} R-\underset{O}{\overset{\parallel}{C}}-\underset{OOH}{CH}-R'$$
(1)

Die Peroxyketone (1) zerfallen in Aldehyd und Carbonsäure; der Aldehyd wird anschließend ebenfalls zur Carbonsäure oxidiert, so daß unter diesen Umständen *nur Carbonsäuren* als Oxidationsprodukte erhalten werden.

$$R-\underset{O}{\overset{\parallel}{C}}-\underset{OOH}{CH}-R' \rightarrow R-CHO + R'COOH$$
$$ \downarrow Ox.$$
$$(1) R-COOH$$

Da alle Methylengruppen eines Alkanmoleküls bezüglich der Oxidation gleichwertig sind, erhält man auf diese Weise ein *Gemisch* von Carbonsäuren aller möglichen Kettenlängen. Cycloalkane hingegen liefern eher einheitliche Produkte. Aus Cyclohexan entsteht durch Luftoxidation hauptsächlich Adipinsäure neben geringen Mengen anderer Dicarbonsäuren. In gewissen Fällen lassen sich an tertiäre C-Atome gebundene H-Atome mit alkalischer $KMnO_4$-Lösung selektiv oxidieren:

$$\underset{R''}{\overset{R}{\underset{|}{R'}}}\!\!\!>\!\!C-H \rightarrow \underset{R''}{\overset{R}{\underset{|}{R'}}}\!\!\!>\!\!C-OH$$

Diese Oxidation verläuft unter *Retention* der Konfiguration.

Oxidation von reaktionsfähigeren Methylen- oder Methylgruppen. Alkylgruppen, die an einer *Carbonylgruppe* oder an einen *aromatischen Ring* gebunden sind, lassen sich leichter oxidieren, und man erhält weniger komplex zusammengesetzte Gemische verschiedener Oxidationsprodukte. Auch hier sind *Carbonsäuren* die Endstufe der Oxidation; durch Wahl geeigneter Oxidationsmittel und bei entsprechenden Reaktionsbedingungen lassen sich auch *Aldehyde* und sogar *Alkohole* als Oxidationsprodukte erhalten.

(a) *Methyl- oder Methylengruppen,* welche *einer Carbonylgruppe direkt benachbart* sind, lassen sich auf verschiedene Weisen oxidieren. Bei der einen Methode setzt man die Carbonylverbindung mit einem Gemisch von Nitrit und Salzsäure um, wobei eine elektrophile Substitution eintritt und die Verbindung *nitrosiert* wird (S. 540). Die Nitrosoverbindung tautomerisiert zum *Oxim,* das anschließend zur *Dicarbonylverbindung* hydrolysiert werden kann:

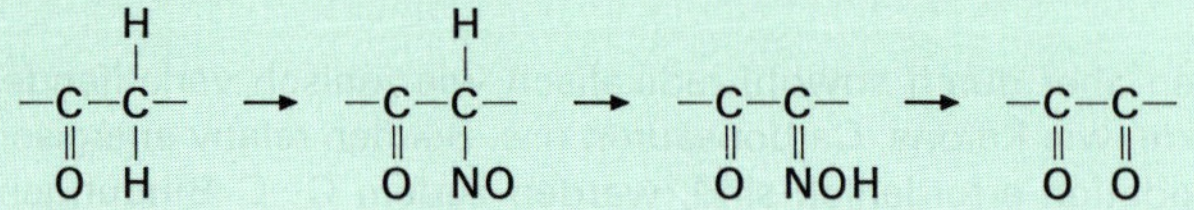

$$-\overset{\overset{\displaystyle H}{|}}{\underset{\underset{\displaystyle H}{|}}{\overset{\|}{C}}\!-\!\overset{}{C}}-\;\longrightarrow\;-\overset{\overset{\displaystyle H}{|}}{\underset{\underset{\displaystyle NO}{|}}{\overset{\|}{C}}\!-\!\overset{}{C}}-\;\longrightarrow\;-\overset{}{\underset{\underset{\displaystyle NOH}{\|}}{\overset{\|}{C}}\!=\!\overset{}{C}}-\;\longrightarrow\;-\overset{}{\underset{\underset{\displaystyle O}{\|}}{\overset{\|}{C}}\!-\!\overset{}{C}}-$$

Dabei werden Methylengruppen leichter oxidiert als Methylgruppen; Ethylmethylketon liefert also hauptsächlich Diacetyl (2,3-Butandion).

Die zweite Methode besteht in der Oxidation mit **Selendioxid** als Oxidationsmittel. Im Gegensatz zur Oxidation über das Oxim werden hier Methylgruppen leichter oxidiert als Methylengruppen, so daß man aus Ethylmethylketon vorwiegend Ethylglyoxal erhält:

$$CH_3CH_2COCH_3 \longrightarrow CH_3CH_2COCHO$$

Diese Reaktion verläuft wahrscheinlich über das Enol:

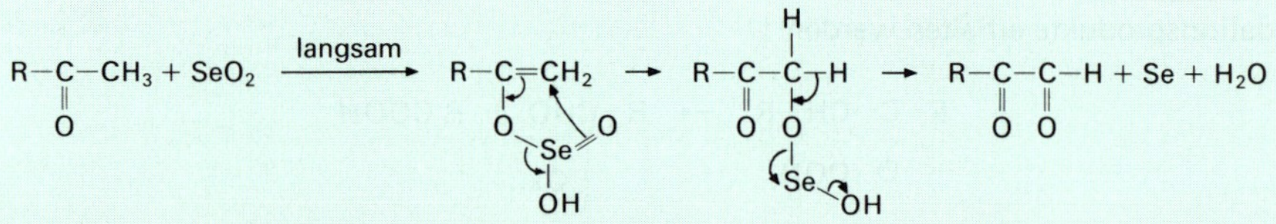

$$R-\underset{O}{\overset{\|}{C}}-CH_3 + SeO_2 \xrightarrow{\text{langsam}} R-\underset{O\underset{Se}{\diagdown}O}{\overset{\|}{C}}\!=\!CH_2 \longrightarrow R-\underset{O}{\overset{\|}{C}}-\underset{O\underset{Se}{\diagdown}OH}{\overset{\overset{H}{|}}{C}}\!-\!H \longrightarrow R-\underset{O}{\overset{\|}{C}}-\underset{O}{\overset{\|}{C}}-H + Se + H_2O$$

(b) *Alkylaromaten* können mit den üblichen Oxidationsmitteln (CrO₃ in Eisessig oder H₂SO₄, alkalische KMnO₄-Lösung, Salpetersäure) zu aromatischen *Carbonsäuren* oxidiert werden. Diese klassische (auch technisch durchgeführte) Methode zur Gewinnung aromatischer Carbonsäuren läßt sich auch mit heterocyclischen Aromaten wie z. B. 2-Methylpyridin durchführen. Beispiele:

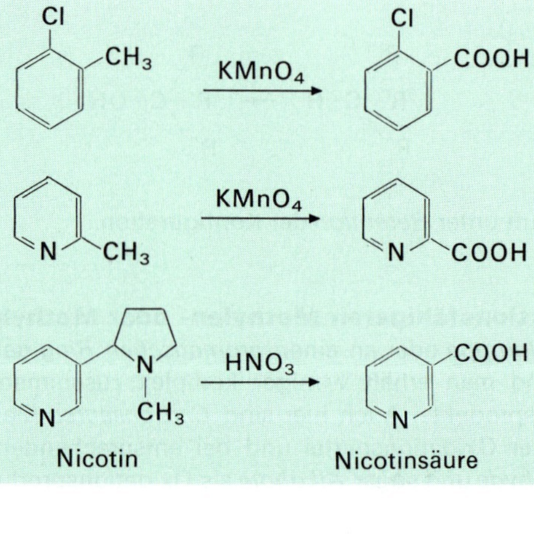

o-Cl-C₆H₄-CH₃ $\xrightarrow{KMnO_4}$ o-Cl-C₆H₄-COOH

2-Methylpyridin $\xrightarrow{KMnO_4}$ Pyridin-2-carbonsäure

Nicotin $\xrightarrow{HNO_3}$ Nicotinsäure

18.2 Oxidation von Kohlenwasserstoffen (C—H-Bindungen)

Nicht nur Methylgruppen, sondern auch *längere Seitenketten* können auf diese Weise zu Carboxylgruppen oxidiert werden. Nur tertiäre Alkylgruppen widerstehen im allgemeinen einer Oxidation; gelingt es trotzdem, sie zu oxidieren, so tritt meist auch eine Ringspaltung ein. Selbstverständlich müssen dabei oxidationsempfindliche funktionelle Gruppen (—OH,—NH$_2$) *geschützt* werden. Besitzt ein Ring mehrere Alkylsubstituenten, so lassen sich diese unter Umständen *selektiv* oxidieren. Die Leichtigkeit, mit der an aromatische Ringe gebundene Alkylgruppen oxidiert werden, nimmt nämlich in folgender Reihe ab: —CH$_2$Ar > —CHR$_2$ > —CH$_2$R > —CH$_3$. Die Oxidation läßt sich auch Phasentransfer-katalysiert durchführen, wobei quartäre Oniumverbindungen oder Kronenether eingesetzt werden.

(c) An *aromatische Ringe* gebundene *Methylgruppen* lassen sich auch zu *Aldehyden* oxidieren. Dabei besteht allerdings die Schwierigkeit, daß der entstehende Aldehyd leichter oxidierbar ist als die Methylgruppe und daher die Oxidation nicht immer auf der Aldehydstufe angehalten werden kann. Bei den wichtigsten Verfahren dienen Chromylchlorid (CrO$_2$Cl$_2$) in CS$_2$ gelöst, CrO$_3$ in Eisessig oder *p*-Nitrosodimethylanilin als Oxidationsmittel. Im erstgenannten Fall (1) setzt man den Alkylaromaten bei 25 bis 45 °C mit dem Reagens um, zersetzt das primäre Oxidationsprodukt mit Wasser und destilliert den gebildeten Aldehyd möglichst rasch ab, um eine Weiteroxidation zu verhindern. *m*-Xylen läßt sich auf diese Weise leicht und in guter Ausbeute in *m*-Tolualdehyd überführen. Die Oxidation eines Alkylaromaten mit CrO$_3$ in Acetanhydrid und Schwefelsäure liefert bei tiefer Temperatur das *gem*-Diacetat des Aldehydacetals; dieses wird abgetrennt und durch Säure hydrolysiert. *p*-Nitrosodimethylanilin läßt sich nur zur Oxidation von genügend reaktionsfähigen Methylgruppen (wie z. B. in 2,4-Dinitrotoluen) verwenden. Es bildet sich dabei zunächst eine Schiffsche Base, welche anschließend ebenfalls hydrolysiert wird.

$$\text{m-Xylen} \xrightarrow{\text{1. CrO}_2\text{Cl}_2/\text{CS}_2 \quad \text{2. H}_2\text{O}} \text{m-Tolualdehyd} \tag{1}$$

Oxidation von Aromaten. Unsubstituierte aromatische Ringe lassen sich wegen ihrer relativ großen Stabilität nur unter sehr energischen Bedingungen oxidieren. In der Regel werden dabei die Ringe aufgespalten; es ist jedoch in gewissen Fällen auch möglich, die Oxidation nur bis zur Stufe des *Chinons* zu führen.

Ozon bewirkt stets *Ringöffnung*:

$$\text{Benzen} + O_3 \rightarrow 3 \text{ OHC-CHO}$$

$$\text{Naphthalen} + O_3 \rightarrow \text{Phthalsäure}$$

$$\text{Phenanthren} + O_3 \rightarrow \text{Diphensäure}$$

In der Technik stellt man sowohl Maleinsäureanhydrid wie Phthalsäureanhydrid durch **Oxidation mit Luftsauerstoff** (unter Verwendung von V_2O_5 als Katalysator) aus Benzen bzw. Naphthalen her.

Auch CrO_3 läßt sich als Oxidationsmittel verwenden. Aus Chinolin beispielsweise erhält man Pyridin-2,3-dicarbonsäure, die beim Erhitzen leicht zu Nicotinsäure decarboxyliert:

Bemerkenswert ist, daß hier der *heteroaromatische* Ring durch das Oxidationsmittel *weniger leicht angegriffen* wird.
Naphthalen liefert mit CrO_3 Naphthochinon. Auch Methylnaphthalen ergibt das entsprechende Chinon (im Gegensatz zu Toluen, das durch CrO_3 zu Benzoesäure oxidiert wird); dies zeigt, daß der eine Ring des Naphthalensystems deutlich leichter oxidierbar ist als der andere.

Oxidation von C=C-Doppelbindungen. Zur **oxidativen Spaltung von C=C-Doppelbindungen** steht eine Reihe von Methoden zur Verfügung, die zum Teil bereits früher ausführlich behandelt worden sind (Epoxidierung, Ozonspaltung), so daß man die Möglichkeit hat, unter ganz verschiedenen Bedingungen zu arbeiten und je nach dem eingesetzten Reagens auch verschiedene Produkte zu erhalten.
Durch $KMnO_4$[1], OsO_4, Peroxysäuren oder Iod/Silberacetat werden Doppelbindungen zu *Glycolen* oxidiert. $KMnO_4$ in alkalischer Lösung oder OsO_4 ergeben dabei – im Falle cyclischer Alkene – *cis*-Glycole: **syn-Hydroxylierung**. Führt man die Permanganat-Oxidation in $H_2^{18}O$ durch, so enthält das Glycol kein ^{18}O; die beiden O-Atome müssen somit aus dem $MnO_4^{\ominus}$-Ion stammen. Wahrscheinlich wird zunächst ein Ester gebildet, der anschließend gespalten wird:

Die Permanganat-Oxidation ist für präparative Zwecke allerdings nur von geringer Bedeutung, da sie schwer auf der Stufe des Glycols anzuhalten ist. Besser geeignet ist die Oxidation mit **Blei(IV)-acetat**, die ebenfalls zum *cis*-Glycol[2] führt, sofern mindestens Spuren Wasser vorhanden sind. (In völlig wasserfreiem Medium ergibt Blei(IV)-acetat *trans*-Glycole.)[2]
Verwendet man **Peroxysäuren** zur Oxidation, so wird zunächst ein Oxiran gebildet, das sich in gewissen Fällen isolieren läßt und das anschließend unter Spaltung der C—O-Bindung zum *trans-Glycol*[2] oxidiert wird. Da elektronenanziehende Substituenten in α-Stellung zur Carbonylgruppe die Spaltung der O—O-Bindung der Peroxysäure erleichtern, ist Trifluorperoxyessigsäure für die Oxidation von C=C-Doppelbindungen besonders geeignet; es gelingt mit diesem Oxidationsmittel sogar, auch desaktivierte Doppelbindungen wie z.B. im Methacrylester zu epoxidieren. Die Bildung des Oxirans erfolgt wahrscheinlich über einen cyclischen Übergangszustand unter Übertragung eines Sauerstoffatoms auf die Doppelbindung:

---

[1] Durch Kronenether komplexiertes $KMnO_4$ in Benzen (sogenanntes «*violettes Benzen*») eignet sich in bestimmten Fällen besonders gut als Oxidationsmittel.
[2] Jeweils ausgehend von *Cyclo*alkenen.

18.2 Oxidation von Kohlenwasserstoffen (C—H-Bindungen)

Die Öffnung des Epoxid-Ringes kann nur durch Angriff eines Nucleophils von der dem O-Atom entgegengesetzten Seite her erfolgen, so daß – ausgehend von cyclischen Verbindungen – ein *trans*-Glycol entsteht.

Schließlich können Doppelbindungen auch mit einem *Gemisch von* **Iod** *und* **Silberacetat** zu Glycolen oxidiert werden. Dabei bildet sich wahrscheinlich zuerst ein cyclisches Iodonium-Ion, das anschließend durch den Angriff eines Acetat-Ions geöffnet wird, so daß ein Acetoxyiodid entsteht. Die Acetoxygruppe – als Nachbargruppe – verdrängt das Iodid-Ion unter Bildung eines cyclischen Acetoxonium-Ions. Arbeitet man in wasserfreiem Medium, so wirkt ein weiteres Acetat-Ion als Nucleophil, und es erfolgt Ringöffnung von der Rückseite unter Bildung des *trans*- (bei Cycloalkenen) oder (+), (−)-Diacetats (ausgehend von offenkettigen Alkenen); sind hingegen Spuren von Wasser vorhanden, so wird an das cyclische Acetoxonium-Ion Wasser addiert, und es bildet sich unter *syn*-Hydroxylierung das *cis*-(*meso*-)1-Hydroxy-2-acetat. Als eigentliches *Oxidationsmittel* fungiert das Iod.

Insgesamt: bei *offenkettigen* Alkenen

$$\underset{(Z)}{\overset{R}{\underset{H}{}}C=C\overset{R}{\underset{H}{}}} + I_2 + 2\,AcO^\ominus \xrightarrow[\text{anti-Add.}]{\text{wasserfrei}} \underset{(+),(-)}{R-C(OAc)(H)-C(OAc)(H)-R} + 2\,I^\ominus \quad (\textit{anti}\text{-Hydroxylierung})$$

$$\underset{(E)}{\overset{R}{\underset{H}{}}C=C\overset{H}{\underset{R}{}}} + I_2 + 2\,AcO^\ominus \xrightarrow[\text{syn-Add.}]{H_2O} \underset{(+),(-)}{R-C(OAc)(H)-C(OAc)(H)-R} + 2\,I^\ominus \quad (\textit{syn}\text{-Hydroxylierung})$$

Das nachfolgende Schema zeigt die verschiedenen Produkte, die mittels der erwähnten Methoden aus dem *Cyclo*alken 2-Menthen erhalten werden können:

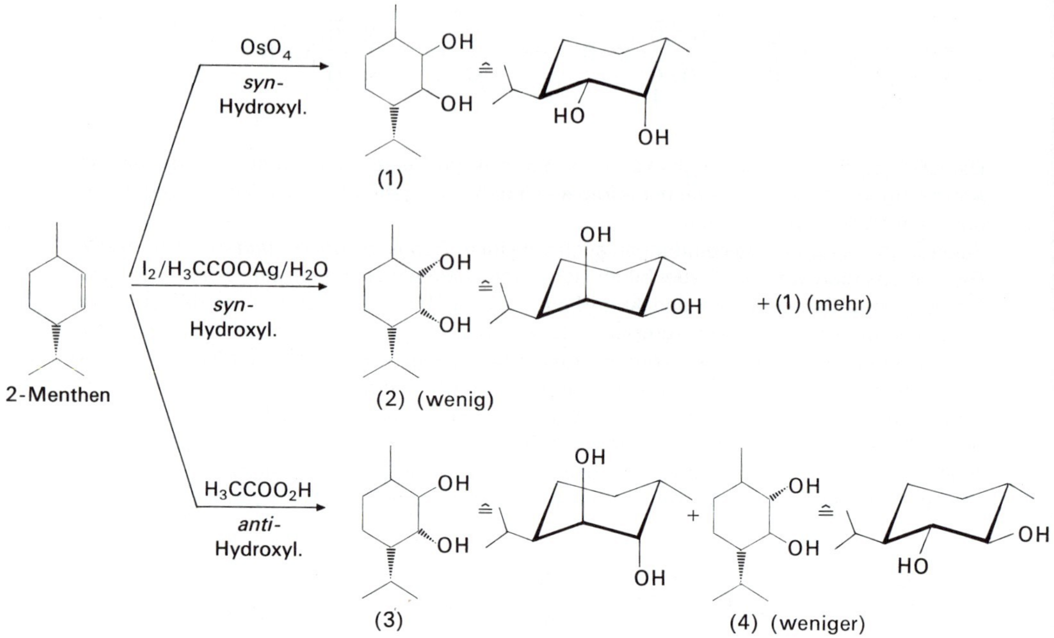

Mit OsO₄ entsteht ausschließlich (1), weil die Isopropylgruppe die Annäherung des relativ voluminösen OsO₄-Moleküls von «oben» erschwert. Die Oxidation mit Iod/Silberacetat ergibt ein Gemisch der beiden *cis*-Glycole (1) und (2). Mit Peroxyessigsäure erhält man die beiden *trans*-Glycole (3) und (4), wobei (3) im Produktgemisch stark überwiegt, da durch die Öffnung des Oxiranringes mit Wasser das *trans*-Glycol mit zwei axialen Hydroxylgruppen bevorzugt gebildet wird. Verwendet man Peroxybenzoesäure, so lassen sich die beiden möglichen Oxirane isolieren, die dann unter Ringöffnung fast ausschließlich (3) bilden.

Stärkere Oxidationsmittel (z. B. Ozon) führen zur *völligen Spaltung der Doppelbindung*. Die Ozonspaltung ist allerdings nicht sehr selektiv, da auch eventuell vorhandene Hydroxylgruppen und H-Atome an tertiären C-Atomen oxidiert werden können. Zur selektiven Oxidation von Doppelbindungen besser geeignet ist eine verdünnte wäßrige Lösung von Natriumperiodat (NaIO₄), die katalytische Mengen von KMnO₄ oder OsO₄ enthält (**Lemieux-Reagens**). Dabei wird das Alken zunächst unter *syn*-Hydroxylierung zum Glycol oxidiert, das dann durch das Periodat gespalten wird, wobei sich Aldehyde bzw. Ketone bilden. KMnO₄ oxidiert dann die ersteren weiter zu Carbonsäuren. Die dabei gleichzeitig entstandenen Verbindungen von Mangan (und ebenso Osmium) in niedrigen Oxidationsstufen werden durch das Periodat wieder «zurück»-oxidiert, so daß man nur geringe Mengen davon benötigt. Die *Lemieux-Oxidation* wirkt *sehr selektiv nur für Alken-Doppelbindungen* und verläuft auch bei Raumtemperatur relativ schnell.

Beispiele:

$(H_3C)_2C=CHCH_3 \xrightarrow{NaIO_4/KMnO_4} (H_3C)_2C=O + H_3CCOOH$

$(H_3C)_2C=CHCH_3 \xrightarrow{NaIO_4/OsO_4} (H_3C)_2C=O + H_3CCHO$

18.2 Oxidation von Kohlenwasserstoffen (C—H-Bindungen)

Eine andere Möglichkeit zur oxidativen Spaltung von C=C-Doppelbindungen besteht in der *Oxidation mit CrO₃*. Dabei erfolgt aber meist auch eine Oxidation von C—H-Bindungen in Allylstellung; Cyclohexen z. B. liefert ein Gemisch von Adipinsäure mit 2-Cyclohexenon:

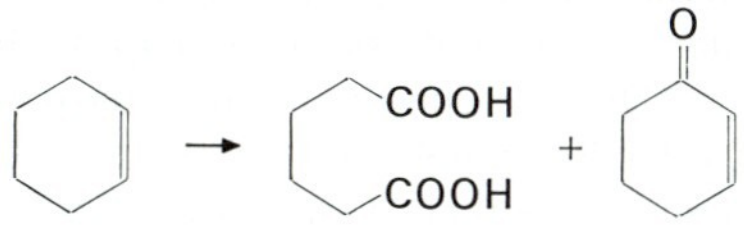

Führt man die Oxidation in wäßrigem Medium aus, so tritt hauptsächlich *Spaltung der Doppelbindung* ein; löst man CrO_3 jedoch in Eisessig, so ist die *Allyl-Oxidation* bevorzugt. Sind aromatische Ringe als Substituenten an der Doppelbindung vorhanden, so erfolgt fast nur oxidative Spaltung. Wahrscheinlich bildet sich im ersten Reaktionsschritt ein Carbenium-Ion, das durch den aromatischen Substituenten stabilisiert werden kann:

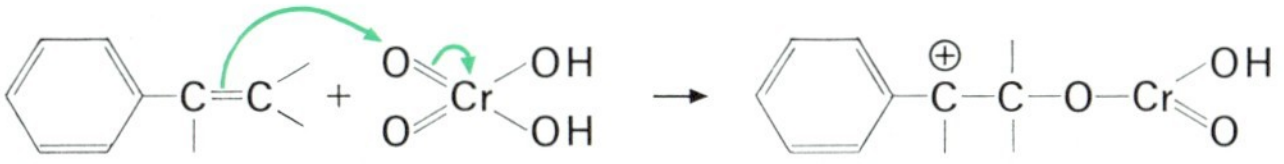

Beim *Abbau von Carbonsäuren* nach **Barbier-Wieland** (einer zur Konstitutionsaufklärung wichtigen Methode) tritt eine oxidative Spaltung einer Doppelbindung ein:

$$RCH_2COOH \xrightarrow[H^\oplus]{EtOH} RCH_2COOEt \xrightarrow{C_6H_5MgBr} RCH_2C(C_6H_5)_2 \xrightarrow[-H_2O]{} RCH=C(C_6H_5)_2$$
$$\qquad\qquad\qquad\qquad\qquad\qquad\qquad\qquad\qquad\qquad |$$
$$\qquad\qquad\qquad\qquad\qquad\qquad\qquad\qquad\qquad\quad OH$$

$$RCH=C(C_6H_5)_2 \xrightarrow{CrO_3} RCOOH + (C_6H_5)_2C=O$$

Dehydrierung. In vielen Fällen ist es möglich, *alicyclische* Verbindungen durch Dehydrierung in *aromatische* Verbindungen überzuführen. Solche Reaktionen sind nicht nur von präparativem oder technischem Interesse; sie können auch zur *Konstitutionsaufklärung* von Substanzen, die alicyclische Ringe enthalten, von Bedeutung sein. Eine einfache Methode zur **Dehydrierung** besteht im Erhitzen der Ausgangssubstanz mit **Schwefel** oder mit **Selen** (auf 200°C bzw. 250°C), wobei Wasserstoff als H_2S bzw. H_2Se entfernt wird. Allerdings können bei diesen Methoden auch Umlagerungen oder Abbaureaktionen auftreten. Als Beispiel diene die Dehydrierung von Cholesterol zu Methylcyclopentenophenanthren (Diels, 1931) bzw. zu Chrysen, welche erstmals Aufschluß über das Ringskelett von Cholesterol (und damit der Steroide überhaupt) lieferte:

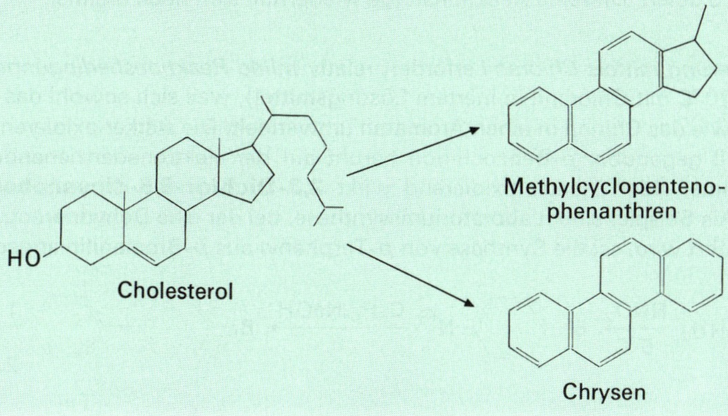

18 Oxidationen und Reduktionen

Alicyclische Ringe, welche eine Doppelbindung enthalten, lassen sich auch **katalytisch dehydrieren**. Man verwendet dabei als Katalysator fein verteiltes Palladium auf Aktivkohle oder Asbest als Trägermaterial, also einen Katalysator, welcher umgekehrt auch zur Hydrierung von Aromaten brauchbar ist. Die Hydrierung bzw. Dehydrierung ist also eine *reversible* Reaktion; bei niedrigeren Temperaturen überwiegt die Hydrierung, bei höheren die Dehydrierung. Die katalytische Dehydrierung verläuft unter milderen Bedingungen als die Dehydrierung mittels Selen oder Schwefel und liefert auch höhere Ausbeuten. Sie wird sowohl in der Laboratoriumspraxis wie in der *Industrie* zur Gewinnung von Aromaten häufig verwendet; wirtschaftlich sind insbesondere die Aromatisierung von Crackprodukten mit 6 bis 8 C-Atomen (Bildung von Benzen, Toluen, Xylenen) und die Dehydrierung von Ethylbenzen zu Styren wichtig geworden.

Schließlich lassen sich ungesättigte alicyclische Ringe auch durch *Chinone* dehydrieren, wobei eine Übertragung von Hydrid-Ionen eintritt und die Chinone zu Phenolen (Hydrochinonen) reduziert werden:

Ein zu diesem Zweck ziemlich oft verwendetes Oxidationsmittel ist **Chloranil**, 2,3,5,6-Tetrachlor-*p*-benzochinon, welches durch Erhitzen von *p*-Benzochinon mit $KClO_4$ und HCl hergestellt werden kann:

Chloranil

Dabei wird das Chinon zunächst durch das nucleophile $Cl^\ominus$-Ion angegriffen, so daß das Anion des Chlorhydrochinons entsteht. Dieses wird nachher durch das Perchlorat zum Chlorchinon oxidiert. Dieselbe Reaktionsfolge wiederholt sich noch dreimal.

Die *Dehydrierung mittels Chloranil* erfordert relativ *milde Reaktionsbedingungen* (Erhitzen auf 70 bis 120°C mit Chloranil in inertem Lösungsmittel), weil sich sowohl das alicyclische Ringsystem wie das Chinon in einen Aromaten umwandelt. Die stärker oxidierende Wirkung von Chloranil gegenüber *p*-Benzochinon beruht auf der elektronenanziehenden Wirkung der Chloratome. Noch stärker oxidierend wirkt **2,3-Dichlor-5,6-dicyanobenzochinon («DDQ»)**. Als Beispiel einer Laboratoriumssynthese, bei der eine Dehydrierung mit Chloranil durchgeführt wird, sei die Synthese von *p*-Terphenyl aus *p*-Bromanilin angegeben:

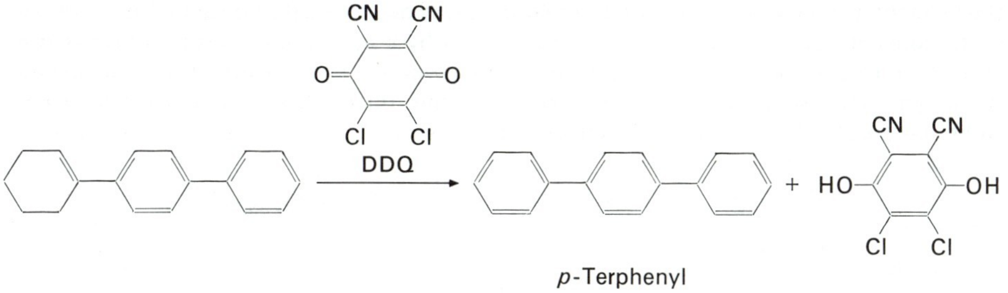

p-Terphenyl

Bei den beiden zur Gewinnung von Chinolin bzw. Isochinolin wichtigen Synthesen von Skraup bzw. Bischler-Napieralski (S. 559) findet im letzten Schritt eine Dehydrierung statt (mit Nitrobenzen bzw. katalytisch).

18.3 Oxidation von Halogenverbindungen und Aminen

Halogenalkane. *Primäre* Halogenalkane lassen sich mit *Dimethylsulfoxid* als Oxidationsmittel leicht und in guter Ausbeute zu *Aldehyden* oxidieren. Auch *Tosylate* können auf diese Weise zu Aldehyden oxidiert werden, und Oxirane liefern auf die gleiche Weise α-Hydroxyaldehyde. Der Ablauf der Reaktion erfolgt vermutlich nach folgendem Mechanismus:

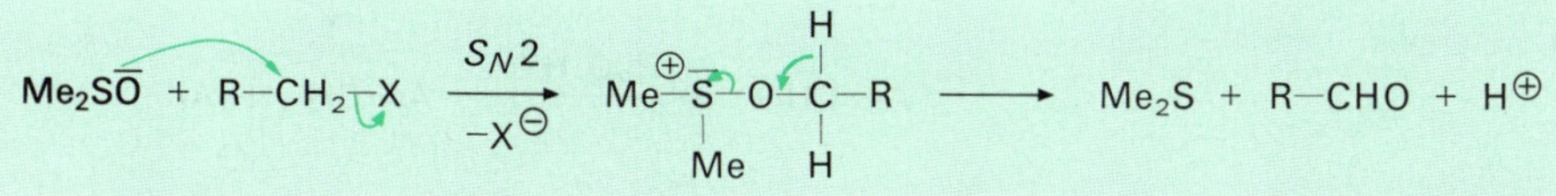

$$Me_2\overline{SO} + R-CH_2-X \xrightarrow[-X^\ominus]{S_N2} Me-\overset{\oplus}{S}-O-\overset{H}{\underset{H}{C}}-R \longrightarrow Me_2S + R-CHO + H^\oplus$$

Diesen Vorstellungen entsprechend ergeben sekundäre Halogenalkane bei der Oxidation mit Dimethylsulfoxid Ketone.

An Stelle von DMSO kann als Oxidationsmittel auch Hexamethylentetramin verwendet werden. Diese **«Sommelet-Reaktion»** ist allerdings nur mit Benzylhalogeniden durchführbar. Es entsteht dabei zunächst durch S_N-Reaktion ein – u. U. isolierbares – Salz, welches mittels verdünnter wäßriger Essigsäure zum Aldehyd hydrolysiert wird:

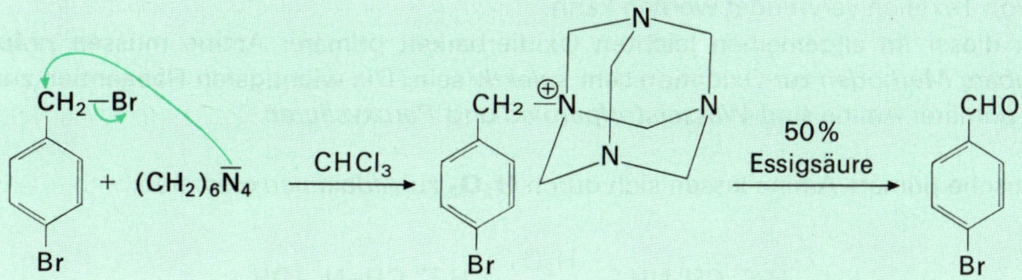

Aus sterischen Gründen reagieren *o*-substituierte Benzylhalogenide nicht. Elektronenanziehende Substituenten am aromatischen Ring setzen die Ausbeute herab.

Die Oxidation verläuft unter *Hydrid-Übertragung.* Das quartäre Salz wird zum Amin hydrolysiert, wobei Hexamethylentetramin selbst ebenfalls hydrolysiert wird und sich daraus Ammoniak und Formaldehyd bilden. Vom Benzylamin wird ein $H^{\ominus}$-Ion auf das intermediär aus Ammoniak und Formaldehyd gebildete Methylenimin übertragen, wodurch ein Imin entsteht, das anschließend zum Aldehyd hydrolysiert wird:

$$Ar-CH_2-(C_6H_{12}N_4)^{\oplus} Br^{\ominus} \xrightarrow{H_2O} ArCH_2NH_2$$

$$C_6H_{12}N_4 \xrightarrow{H_2O, H^{\oplus}} 6\,H_2CO + 4\,NH_3;\ H_2CO + NH_3 \xrightarrow[-H_2O]{} H_2C=NH$$

$$ArCH-NH_2 \rightarrow ArCH=\overset{\oplus}{NH_2} \xrightarrow{H_2O} ArCHO + NH_4^{\oplus}$$

$$\underset{H_2C=\overset{\oplus}{NH_2}}{\text{(H)}} \quad + \quad H_3CNH_2$$

Eine weitere Möglichkeit zur Oxidation von *Benzylhalogeniden* zu Aldehyden bietet die **Kröhnke-Reaktion**. Das Halogenid wird dabei zunächst in das entsprechende Pyridiniumsalz umgewandelt, welches anschließend mittels *p*-Nitrosodimethylanilin oxidiert wird:

$$Ar-CH_2X + \underset{N}{\bigcirc} \rightarrow Ar-CH_2-\overset{\oplus}{N}\underset{\uparrow}{\bigcirc} \xrightarrow{S_N 2} Ar-\underset{|}{\overset{H}{C}}H-\overset{\oplus}{N}-Ar'$$

$$Ar'-N=O \qquad \qquad \parallel O$$

$$\downarrow OH^{\ominus}$$

$$Ar-CHO \xleftarrow{H_2O, H^{\oplus}} Ar-CH=\overset{\oplus}{N}-Ar'$$
$$\qquad \qquad \qquad \qquad \underset{O^{\ominus}}{|}$$

Da diese Reaktion schon unter milden Bedingungen durchführbar ist, kann sie auch zur Gewinnung von oxidationsempfindlichen Aldehyden verwendet werden. Elektronenziehende Substituenten begünstigen die Oxidation, im Gegensatz zur Sommelet-Reaktion.

Amine. Primäre Amine sind oft so leicht oxidierbar, daß beim Stehenlassen an der Luft *Autoxidation* eintritt, wodurch sich kompliziert zusammengesetzte Gemische bilden. Dies gilt besonders für *aromatische Amine,* wie Anilin oder Toluidin. Durch fortgesetzte Kondensationen von Anilin mit seinen Oxidationsprodukten entsteht das *Anilinschwarz,* das zur Färbung von Textilien verwendet werden kann.

Wegen dieser im allgemeinen leichten Oxidierbarkeit primärer Amine müssen *präparativ brauchbare Methoden* zur Oxidation sehr *selektiv* sein. Die wichtigsten Reagentien zur Oxidation primärer Amine sind *Wasserstoffperoxid* und *Peroxysäuren.*

Aliphatische primäre Amine lassen sich durch **H_2O_2** zu *Aldoximen* oxidieren:

$$H_7C_3CH_2NH_2 \xrightarrow{H_2O_2} H_7C_3CH=N-OH$$

Dabei handelt es sich wahrscheinlich um eine doppelte nucleophile Substitution an H_2O_2 als Substrat:

18.3 Oxidation von Halogeniden und Aminen

$$R-CH_2-NH_2 + H-O-OH \longrightarrow R-CH_2-\overset{H}{\underset{H}{\overset{\oplus}{N}}}-OH$$

$$R-CH_2-\overset{H}{\underset{H}{\overset{\oplus}{N}}}-OH \xrightarrow[-H^{\oplus}]{} R-CH_2NH-OH$$

$$R-CH_2NH-OH + H_2O_2 \xrightarrow[-H_2O]{S_N} R-CH_2N(OH)_2 \xrightarrow[-H_2O]{} R-CH=NOH$$

Aromatische Amine lassen sich durch **Peroxydischwefelsäure** ($H_2S_2O_8$) oder Carosche Säure (H_2SO_5) in entsprechender Weise zu *Nitrosoverbindungen* oxidieren. Um eine weitere Oxidation der Nitrosoverbindung zu verhindern, muß dabei unter 0°C gearbeitet werden. Das sehr starke Oxidationsmittel **Trifluorperoxyessigsäure** oxidiert aromatische Amine direkt zu *Nitroverbindungen*:

$$\underset{NH_2}{\underset{|}{C_6H_4}}-NH_2 \xrightarrow{CF_3CO_2OH} \underset{NO_2}{\underset{|}{C_6H_4}}-NO_2$$

Amine mit *p*-ständiger Hydroxyl- oder Aminogruppe können auch zu *Chinonen* oxidiert werden. Diese Reaktion, die für die Chemie der Farbstoffe von Bedeutung ist, läßt sich mit den verschiedensten Oxidationsmitteln ($FeCl_3$, verdünnte Salpetersäure, $K_2Cr_2O_7$ in saurer Lösung u. a.) durchführen. Die dabei intermediär gebildeten Imine werden gewöhnlich sofort zum Chinon hydrolysiert, lassen sich aber in gewissen Fällen auch isolieren.

Beispiel:

$$\text{Tetramethyl-}p\text{-phenylendiamin} \xrightarrow[30°C]{FeCl_3} \text{Tetramethyl-}p\text{-benzochinon}$$

Auch sekundäre und tertiäre Amine lassen sich durch geeignete Oxidationsmittel oxidieren. Mit H_2O_2 erhält man disubstituierte *Hydroxylamine* bzw. Aminoxidhydrate (analog der Reaktion primärer Amine mit H_2O_2); durch Erwärmen des Aminoxidhydrates im Vakuum entsteht das reine *Aminoxid*:

$$R_2NH \xrightarrow{H_2O_2} R_2N-OH + H_2O$$

$$R_3N \xrightarrow{H_2O_2} [R_3\overset{\oplus}{N}-OH]OH^{\ominus} \xrightarrow[-H_2O]{Erwärmen} R_3\overset{\oplus}{N}-\overset{\ominus}{O}$$

Primäre Amine lassen sich schließlich zu *Nitrilen* dehydrieren, wenn man sie mit IF_5, Bleitetraacetat oder anderen Oxidationsmitteln behandelt. Die Dehydrierung kann auch katalytisch durchgeführt werden.

18.4 Oxidationen sauerstoffhaltiger Verbindungen

Oxidation primärer Alkohole zu Aldehyden und Carbonsäuren. Als **Oxidationsmittel** zur Oxidation primärer Alkohole wird am häufigsten CrO_3 (bzw. eine Lösung von $K_2Cr_2O_7$ in verdünnter Schwefelsäure) verwendet, jedoch sind auch viele andere genügend starke Oxidationsmittel brauchbar ($KMnO_4$, Cl_2, Br_2, MnO_2 u. a.). **Permanganat** als Oxidationsmittel wird insbesondere dann verwendet, wenn die betreffende Reaktion nicht in saurer, sondern in alkalischer Lösung durchgeführt werden soll; ein Nachteil dieser Methode ist allerdings, daß primäre Alkohole meist direkt zu Carbonsäuren oxidiert werden (daß der entsprechende Aldehyd also kaum isoliert werden kann) oder daß – über das Aldehyd-Enol – auch Carbonsäuren mit einem C-Atom weniger gebildet werden. Zur *selektiven Oxidation* primärer Alkoholgruppen ist insbesondere auch **Cer-ammoniumnitrat** (mit Cer^{+IV} als Oxidationsmittel) geeignet. Säureempfindliche Hydroxyverbindungen können auch mit einer Lösung von CrO_3 oder **Blei(IV)-acetat** in Pyridin oxidiert werden. Schließlich ist auch die direkte **Dehydrierung** von Alkoholen möglich (über Kupfer oder **Kupferchromit**, in der Technik auch über **Silber** als Katalysator; Reaktionstemperatur etwa 300 °C). Dabei ist eine Weiteroxidation des Aldehyds nicht möglich, so daß sich die Dehydrierung insbesondere auch zur technischen Gewinnung von Aldehyden (und Ketonen!) eignet. Da die eigentliche Dehydrierung endotherm verläuft, läßt man ein Gemisch von Alkohol mit Luftsauerstoff über den Katalysator streichen; die dann gleichzeitig eintretende Oxidation mittels Luftsauerstoff (die exotherm ist) erlaubt es, die Reaktionstemperatur ohne Wärmezufuhr konstant zu halten.

$$H_3COH \xrightarrow{Ag} H_2CO + H_2 \quad \Delta H = +121{,}4 \text{ kJ/mol}$$

$$H_3COH + \tfrac{1}{2}O_2 \rightarrow H_2CO + H_2O \quad \Delta H = -154{,}9 \text{ kJ/mol}$$

Verwendet man **Platin** als Dehydrierungskatalysator, so ist die Oxidation unter bedeutend milderen Bedingungen möglich. Um den gebildeten Wasserstoff aus dem Reaktionsgemisch zu entfernen, wird Sauerstoff hindurchgeblasen; die Reaktion ist dann bereits bei Raumtemperatur durchführbar. Bei cyclischen Polyhydroxyverbindungen zeigt sich eine deutliche *Selektivität* insofern, als sekundäre, axialständige Hydroxylgruppen am leichtesten, primäre Hydroxylgruppen schwerer und sekundäre, äquatorialstehende Hydroxylgruppen am schwersten oxidiert werden.

Die Oxidation von Alkoholen kann auch mit **N-Brom-** oder **N-Chlorsuccinimid** durchgeführt werden. Aliphatische primäre Alkohole werden nur durch N-Chlorsuccinimid oxidiert. Oft ist es möglich, mittels dieser Reagentien eine von mehreren vorhandenen Hydroxylgruppen *selektiv* zu oxidieren. Andere oxidierbare Gruppen werden nicht angegriffen. Die Reaktion verläuft auch im Dunkeln rasch; es handelt sich offenbar nicht um eine Radikalreaktion. Wahrscheinlich wird das Substrat durch ein positiv geladenes Halogen-Ion angegriffen.

Besonders eingehend ist die Oxidation von Alkoholen mit $K_2Cr_2O_7$ untersucht worden. Trotzdem ist der genaue *Mechanismus* dieser Reaktion noch nicht geklärt. Die Tatsache, daß man einen kinetischen Isotopeneffekt beobachtet, wenn ein deuterierter Alkohol vom Typus R_2CD-OH oxidiert wird (deuterierter Isopropylalkohol wird etwa 6 mal langsamer oxidiert als normaler Isopropylakohol), zeigt, daß offenbar im geschwindigkeitsbestimmenden Schritt die C—H-Bindung am C-Atom, das die Hydroxylgruppe trägt, oxidiert wird. Man nimmt deshalb an, daß als Zwischenprodukte *Chromsäureester* entstehen:

$$\underset{\underset{OH}{\mid}}{\overset{\overset{H}{\mid}}{R-C-H}} + HCrO_4^{\ominus} + H^{\oplus} \underset{}{\overset{schnell}{\rightleftarrows}} \underset{\underset{OCrO_3H}{\mid}}{\overset{\overset{H}{\mid}}{R-C-H}} + H_2O$$

Diese Chromsäureester (die bei raschem Arbeiten und bei genügend tiefer Temperatur isoliert werden können) verlieren entweder durch einen Angriff einer Base oder über einen cyclischen Übergangszustand ein Proton. Die erstere Möglichkeit wäre einer *E*2-Elimination analog.

Da CrO_3 Doppelbindungen nur ziemlich langsam angreift, können auch *ungesättigte Alkohole* mit $K_2Cr_2O_7/H_2SO_4$ oxidiert werden. $KMnO_4$ in neutraler oder alkalischer Lösung oxidiert Doppelbindungen hingegen schneller als Hydroxylgruppen, so daß man aus 3-Cyclohexenol 1,2,3-Cyclohexantriol erhält [mit CrO_3 würde man 2-Cyclohexenon bekommen]:

Bei der **Oxidation durch Chlor** tritt wahrscheinlich eine Hydrid-Übertragung ein:

$$Cl-Cl + H-CH(R)-O-H \longrightarrow R-CHO + 2\,HCl$$

Da der als Nebenprodukt gebildete Chlorwasserstoff die (über das Enol verlaufende) Chlorierung des Aldehyds katalysiert, erhält man auf diese Weise meist *chlorierte Oxidationsprodukte*. So wird beispielsweise *Chloral* technisch durch Oxidation von Ethanol mit Chlor hergestellt.

Eine letzte Möglichkeit zur Überführung eines primären Alkohols in den entsprechenden Aldehyd besteht schließlich in der Veresterung mit *Tosylchlorid* und anschließender *Oxidation des Tosylats* durch Dimethylsulfoxid, analog der Oxidation von Halogenalkanen (**Kornblum-Reaktion**).

Um primäre Alkohole direkt zu *Carbonsäuren* zu oxidieren, können die verschiedensten starken Oxidationsmittel (CrO_3, HNO_3, $KMnO_4$) verwendet werden. Es treten dabei allerdings oft *Nebenreaktionen* (Trennung von C—C-Bindungen) auf, so daß die Ausbeuten oft nicht allzu hoch sind und die Carbonsäuren häufig besser nicht aus Alkoholen, sondern aus Verbindungen mit anderen funktionellen Gruppen hergestellt werden. Ziemlich *selektiv* für primäre Alkoholgruppen anwendbar ist die *Oxidation mit* **Sauerstoff** an einem **Platinkatalysator**. So wird z. B. *L*-Sorbose dadurch ausschließlich an der primären Hydroxylgruppe oxidiert. Diese Reaktion ist von Bedeutung bei der Synthese von Ascorbinsäure (Vitamin C) (s.S. 746). Ein weiterer Vorteil dieser Methode besteht darin, daß *Doppelbindungen nicht angegriffen* werden.

Oxidation sekundärer Alkohole. Die Oxidation sekundärer Alkohole zu Ketonen ist insofern einfacher durchzuführen als die Oxidation primärer Alkohole, als hier die Oxidationsprodukte nur unter sehr *energischen* Bedingungen weiteroxidiert werden, so daß man das gewünschte Keton im allgemeinen ohne Schwierigkeiten in guter Ausbeute erhält. Am gebräuchlichsten ist auch hier $K_2Cr_2O_7$ in wäßriger Schwefelsäure als Oxidationsmittel. Der Mechanismus entspricht dem bereits diskutierten Mechanismus der Oxidation primärer Alkohole.

Eine zur Oxidation sekundärer Alkohole präparativ sehr wertvolle Methode ist die **Oppenauer-Verley-Reaktion**. Man erhitzt dabei ein Gemisch des sekundären Alkohols mit Aceton unter der Wirkung von in Benzen oder Toluen gelöstem Aluminium-*tert*-butylat oder Aluminiumisopropylat. Das sich einstellende Gleichgewicht wird durch einen großen Überschuß von Aceton nach rechts verschoben:

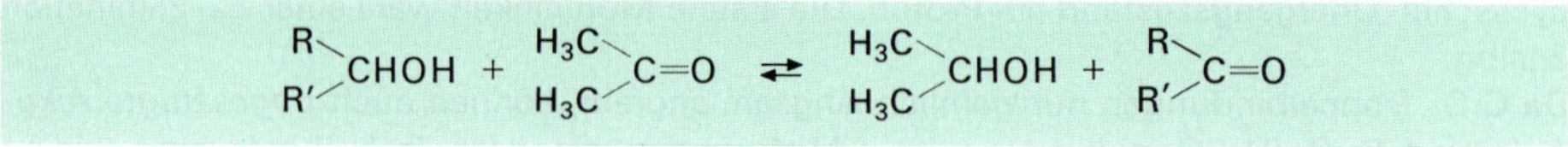

$$\begin{array}{c} R \\ R' \end{array} CHOH + \begin{array}{c} H_3C \\ H_3C \end{array} C=O \rightleftarrows \begin{array}{c} H_3C \\ H_3C \end{array} CHOH + \begin{array}{c} R \\ R' \end{array} C=O$$

Diese für sekundäre Hydroxylgruppen selektive Oxidationsmethode greift Doppelbindungen, phenolische Hydroxylgruppen, Aminogruppen oder andere funktionelle Gruppen nicht an. Für *Aldehyde* ist sie *unbrauchbar*, da dann unter dem Einfluß der starken Base Aldoladdition oder Cannizzaro-Reaktion eintritt.

Die Oppenauer-Oxidation (welche die *Umkehrung der Meerwein-Ponndorf-Reduktion* von Ketonen darstellt; siehe S. 636) ist eine wiederum über einen cyclischen Übergangszustand verlaufende *Hydrid-Übertragung*, wobei der sekundäre Alkohol zuerst in sein Aluminium-«salz» übergeführt wird:

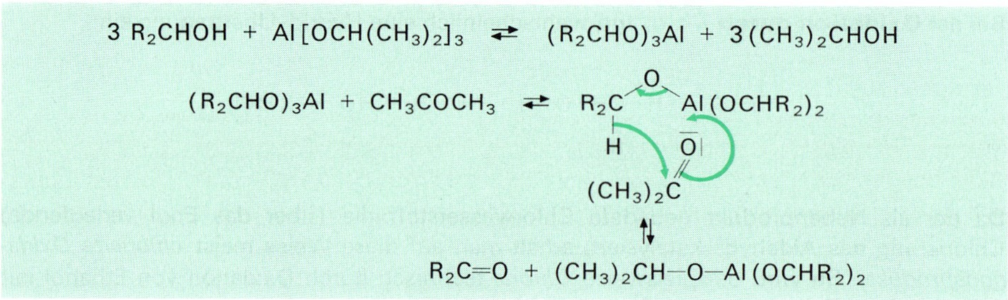

$$3 R_2CHOH + Al[OCH(CH_3)_2]_3 \rightleftarrows (R_2CHO)_3Al + 3(CH_3)_2CHOH$$

$$(R_2CHO)_3Al + CH_3COCH_3 \rightleftarrows R_2C \overset{O}{\underset{H}{\diagup}} Al(OCHR_2)_2$$
$$(CH_3)_2C \overset{\bar{O}|}{=}$$

$$\updownarrow$$

$$R_2C=O + (CH_3)_2CH-O-Al(OCHR_2)_2$$

Sekundäre Alkohole, die gegenüber stärkeren Oxidationsmitteln empfindlich sind, lassen sich durch **Dimethylsulfoxid** unter Zusatz elektrophiler Reagentien (vor allem Dicyclohexylcarbodiimid[1]) zu Ketonen oxidieren. **Dicyclohexylcarbodiimid** und **DMSO** bilden zunächst den Zwischenstoff (1) (nucleophiler Angriff des DMSO!), der anschließend mit dem Alkohol reagiert. Der Hauptgrund für die Leichtigkeit, mit der diese Reaktion erfolgt, liegt in der Bildung eines stabilen (substituierten) Harnstoffes.

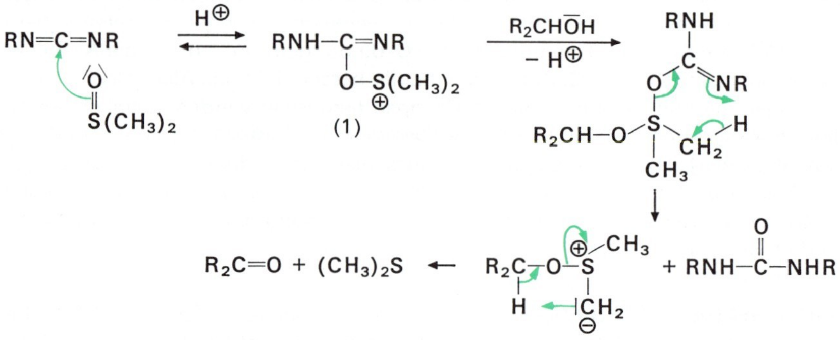

Oxidation von Allylalkoholen. Sowohl primäre wie sekundäre Allylalkohole lassen sich durch **Braunstein** in einem inerten Lösungsmittel rasch und in guter Ausbeute zu Aldehyden oder Ketonen oxidieren. Die Reaktion verläuft so leicht, daß in entsprechenden polyfunktionellen Verbindungen *sehr selektiv nur die —OH-Gruppen in Allylstellung oxidiert* werden. Auch Verbindungen mit einer Dreifachbindung in Allylstellung zur Hydroxylgruppe lassen sich auf diese Weise gut oxidieren:

[1] DCC

$$\text{C}_6\text{H}_5-\text{CH}=\text{CH}-\text{CH}_2\text{OH} \xrightarrow{\text{MnO}_2} \text{C}_6\text{H}_5-\text{CH}=\text{CH}-\text{CHO}$$

$$\text{R}-\text{C}\equiv\text{C}-\underset{\underset{\text{OH}}{|}}{\text{CH}}-\text{R}' \xrightarrow{\text{MnO}_2} \text{R}-\text{C}\equiv\text{C}-\underset{\underset{\text{O}}{\|}}{\text{C}}-\text{R}'$$

Interessant ist, daß die Natur des verwendeten Braunsteins die Ausbeuten stark beeinflußt. Natürlicher Braunstein (Pyrolusit) ist als Oxidationsmittel wenig geeignet; die besten Ausbeuten erhält man mit nichtdaltonidem MnO$_2$, das man aus der Reaktion von MnSO$_4$ mit KMnO$_4$ (bei 90 °C und in alkalischer Lösung) gewinnt. Auch Benzylalkohole sind auf diese Weise oxidierbar. Da bei der Oxidation der Allylalkohole ein neuer Chromophor (C=C—C=O) entsteht, läßt sie sich durch Messung der UV-Absorption zeitlich verfolgen.

Oxidation von Glycolen. Von präparativer Bedeutung sind die beiden Methoden zur Oxidation von Glycolen unter C—C-Spaltung. Im einen Fall verwendet man eine *Lösung von* **Blei(IV)-acetat** *in Eisessig*[1], im anderen eine wäßrige Lösung von **Periodsäure** (H$_5$IO$_6$) oder **Natriumperiodat** (NaIO$_4$) als Oxidationsmittel. Die letztgenannte Methode ist besonders für Reaktionen an Zuckern wichtig, da diese infolge ihres extrem hydrophilen Charakters in unpolaren oder wenig polaren Lösungsmitteln nicht gelöst werden können. Mit beiden Methoden sind die Ausbeuten recht hoch; man führt deshalb oft zuerst mit alkalischem KMnO$_4$ eine Oxidation zum Glycol aus, wenn man olefinische Doppelbindungen oxidativ spalten will und oxidiert dann erst das Glycol. Wahrscheinlich verlaufen auch diese Reaktionen über cyclische Übergangszustände:

In der gleichen Weise reagieren α-Aminoalkohole, α-Ketole und α-Dicarbonylverbindungen. Durch die *Periodat-Oxidation* läßt sich die *Anzahl von 1,2-Diolgruppen* z. B. in Kohlenhydraten erkennen. Die Gruppierung —CHOH—CH$_2$OH liefert dabei ein mol Formaldehyd, die Gruppierung —CHOH—CHOH—CHOH— aber ein mol Ameisensäure, so daß man durch quantitative Bestimmung des gebildeten Formaldehyds mit Dimedon und durch acidimetrische Titration der entstandenen Ameisensäure die Anzahl solcher Gruppen ermitteln kann.

Oxidation von Phenolen. Phenole sind bedeutend leichter oxidierbar als Alkohole und neigen insbesondere zur *Autoxidation*. Dabei entstehen zunächst (mesomeriestabilisierte) Phenoxy-Radikale, die weitere Benzenringe angreifen und Kupplungsprodukte liefern, die dann noch weiter oxidiert werden können. Es entsteht daher in der Regel ein komplexes Gemisch verschieden stark oxidierter Produkte, auf das beispielsweise die dunkle Farbe von an der Luft aufbewahrtem Phenol zurückzuführen ist. Auch die Dunkelfärbung von angeschnittenem Obst an der Luft beruht auf der Oxidation phenolischer Hydroxylgruppen. Mit **Kaliumhexacyanoferrat(III)** oder Alkylperoxiden läßt sich die Phenoloxidation auch unter kontrollierten Bedingungen durchführen und zur Darstellung chinoider Systeme ausnützen:

---

[1] Blei(IV)-acetat [abgekürzt Pb(OAc)$_4$] wird durch Eintragen von Mennige (Pb$_3$O$_4$) in Eisessig hergestellt.

Viel leichter lassen sich 1,2- und 1,4-Dihydroxybenzene oder entsprechende Amine zu Chinonen oxidieren:

$$\text{H}_3\text{C}-\text{C}_6\text{H}_3(\text{OH})_2 \xrightarrow{\text{Ag}_2\text{O}} \text{H}_3\text{C}-\text{C}_6\text{H}_3\text{O}_2$$

Diese Oxidation gehört zu den wenigen organischen Reaktionen, die unter milden Bedingungen völlig reversibel verlaufen. Chinone spielen deshalb eine große Rolle bei der Oxidation bzw. Reduktion biologischer Verbindungen.

Oxidation von Aldehyden und Ketonen. *Aldehyde* werden häufig schon durch *Luftsauerstoff oxidiert* (vgl. die Autoxidation von Benzaldehyd, S.601), so daß man sie zum Aufbewahren mit geringen Mengen von Radikalfängern (aromatischen Aminen, Phenolen) «stabilisiert». CrO$_3$, KMnO$_4$ oder Aufschwemmungen von Ag$_2$O in Wasser werden gelegentlich zur präparativen Oxidation von Aldehydgruppen verwendet. Die beiden zum Nachweis von Aldehydgruppen oft benützten Reaktionen, die Fehling-Reaktion und die Tollens-Reaktion, beruhen ebenfalls auf der leichten Oxidierbarkeit der —CHO-Gruppe. Die Mechanismen dieser beiden Reaktionen sind jedoch nur wenig untersucht.

Ketone lassen sich unter relativ energischen Bedingungen ebenfalls oxidieren, wobei die Bindungen zwischen dem Carbonyl-C- und dem α-C-Atom getrennt werden. Als Oxidationsmittel können konzentrierte HNO$_3$, saure Lösungen von K$_2$Cr$_2$O$_7$ oder alkalische KMnO$_4$-Lösungen (bei höherer Temperatur!) verwendet werden. Vermutlich verläuft die Oxidation über die *Enolform*, welche zuerst zum *cis*-Glycol hydroxyliert wird:

$$-\overset{\text{O}}{\underset{\|}{\text{C}}}-\text{CH}_2- \rightarrow -\overset{\text{O}^\ominus}{\underset{\|}{\text{C}}}=\text{CH}- \rightarrow -\underset{\text{OH}}{\overset{\text{O}^\ominus}{\text{C}}}-\underset{\text{OH}}{\text{CH}}- \rightarrow -\overset{\text{O}}{\underset{\|}{\text{C}}}-\underset{\text{OH}}{\text{CH}}- \rightarrow -\overset{\text{O}}{\underset{\|}{\text{C}}}-\overset{\text{O}}{\underset{\|}{\text{C}}}- \rightarrow -\text{COOH} + \text{HOOC}-$$

Da die Bindungen zu beiden α-C-Atomen gespalten werden können, erhält man bei der Oxidation offenkettiger Ketone Gemische von Carbonsäuren, die nicht immer leicht zu trennen sind. *Cyclische Ketone* hingegen liefern in ziemlich hohen Ausbeuten *Dicarbonsäuren*. So wird z. B. Adipinsäure technisch durch Oxidation von Cyclohexanon mit Salpetersäure hergestellt. Die spezifische Oxidation von α-Methylengruppen mit SeO$_2$ ist bereits auf S.608 besprochen worden.

Eine weitere, präparativ brauchbare Methode zur Oxidation von Ketonen zu Estern benützt Peroxysäuren als Oxidationsmittel (Baeyer-Villiger-Oxidation):

$$R_2C=O + R'CO_2OH \rightarrow RCOOR + R'COOH$$

Dabei wird die Peroxysäure zunächst an die Carbonylgruppe addiert. Anschließend wird die —O—O-Bindung heterolytisch getrennt:

$$R-\overset{\text{O}}{\underset{\|}{\text{C}}}-R + R'-\overset{\text{O}}{\underset{\|}{\text{C}}}-\text{O}-\text{O}-\text{H} \rightarrow \underset{R}{\overset{R}{>}}\text{C}\underset{\text{O}-\text{O}-\overset{\text{O}}{\underset{\|}{\text{C}}}-R'}{\overset{\text{OH}}{<}} \xrightarrow{H^\oplus} \underset{R}{\overset{R}{>}}\text{C}\underset{\text{O}-\text{O}-\text{C}-R'}{\overset{\text{OH} \quad \overset{\oplus}{\text{OH}}}{<}}$$

$$\underset{R}{\overset{R}{>}}\underset{O-O-C-R'}{\overset{OH}{\underset{|}{C}}}\overset{\oplus OH}{\underset{}{}} \longrightarrow \left[\underset{\oplus}{R-\underset{|}{\overset{OH}{C}}-OR} \leftrightarrow R-\overset{OH}{\underset{\|}{C}}-OR \leftrightarrow R-\underset{\oplus}{\overset{OH}{C}=OR} \right] \xrightarrow{-H^{\oplus}} R-\overset{O}{\underset{\|}{C}}-OR$$

Gleichzeitig mit der Trennung der —O—O-Bindung tritt eine Wanderung der einen Gruppe R – als Anion – vom Carbonyl-C-Atom zum O-Atom ein. (Die Reaktion ist also ein Beispiel einer *Umlagerung*). Untersuchungen an verschiedenen, unsymmetrischen Ketonen haben ergeben, daß eine Gruppe R dabei um so leichter wandert, je eher sie eine positive Ladung annehmen kann. Dies zeigt, daß diese Gruppe im Übergangszustand in gewissem Maß den Charakter eines *Carbenium-Ions* annimmt. Bei der präparativen Anwendung der Baeyer-Villiger-Reaktion dient meist Trifluorperoxyessigsäure als Oxidationsmittel. Cyclische Ketone liefern auf diese Weise *Lactone*.

Oxidative Decarboxylierung von Dicarbonsäuren. Verbindungen, die an zwei benachbarte C-Atome gebundene Carboxylgruppen enthalten *(Derivate der Bernsteinsäure)*, lassen sich mittels **Bleitetraacetat** zu Alkenen decarboxylieren:

$$\underset{|}{\overset{HOOC}{\underset{|}{\overset{|}{C}}}}-\underset{|}{\overset{COOH}{\underset{|}{\overset{|}{C}}}} \longrightarrow \overset{}{\underset{}{>}}C=C\overset{}{\underset{}{<}}$$

Die Reaktion ist nicht stereospezifisch, jedoch stereoselektiv; so liefern sowohl *meso*- wie *R,S*-2,3-Diphenylbernsteinsäure (*E*)-Stilben. Für den Ablauf wird folgender Mechanismus vorgeschlagen:

$$\begin{array}{c} -\overset{|}{\underset{|}{C}}-COOH \\ -\overset{|}{\underset{|}{C}}-COOH \end{array} + Pb(OAc)_4 \longrightarrow \begin{array}{c} -\overset{|}{\underset{|}{C}}-COOPb(OAc)_3 \\ -\overset{|}{\underset{|}{C}}-COOH \end{array} + HOAc$$

$$\begin{array}{c} -\overset{|}{\underset{|}{C}}-\overset{O}{\underset{\|}{C}}-O-Pb(OAc)_2 \\ -\overset{|}{\underset{|}{C}}-COOH \end{array} \longrightarrow \begin{cases} Pb(OAc)_2 + OAc^{\ominus} + CO_2 \\ + \\ -\overset{|}{\underset{|}{C}}{}^{\oplus} \\ -\overset{|}{\underset{\|}{C}}-O-H \\ O \end{cases} \longrightarrow \begin{array}{c} -\overset{|}{\underset{|}{C}} \\ \| \\ -\overset{|}{\underset{|}{C}} \end{array} + CO_2 + H^{\oplus}$$

Auch *disubstituierte Malonsäuren* können durch Bleitetraacetat decarboxyliert werden. Dabei entstehen zunächst *gem*-Diacetate, die leicht zu Ketonen hydrolysierbar sind:

$$\underset{R}{\overset{R}{>}}C\underset{COOH}{\overset{COOH}{<}} \xrightarrow{Pb(OAc)_4} \underset{R}{\overset{R}{>}}C\underset{OAc}{\overset{OAc}{<}} \xrightarrow{Hydrolyse} \underset{R}{\overset{R}{>}}C=O$$

18.5 Oxidative Kupplungen

Die **oxidative Kupplung** organischer Verbindungen über Metallderivate ist eine zur **Bildung neuer C—C-Bindungen** verwendbare Reaktion. Dabei werden geeignete ungesättigte Moleküle (wie z. B. terminale Alkine) oder Halogenverbindungen zuerst metalliert, und anschließend tritt eine **«Ligandenkupplung»** ein:

$$R-X \xrightarrow{\text{Metallierung}} R-M \xrightarrow{\text{Ligandenkupplung}} \tfrac{1}{2} R-R + M$$

Für solche Kupplungen eignen sich zahlreiche Metalle, besonders Übergangsmetalle; besonders geeignet dafür ist *Kupfer*, das z. B. in Alkine oder Halogenalkane durch direkte Reaktion eingeführt werden kann. Die «Ligandenkupplung» erfolgt durch Oxidation, wobei an Stelle des Metalls auch ein zugesetztes Oxidationsmittel reduziert werden kann.
Eine bekannte oxidative Kupplung ist die **Glaser-Reaktion**, wobei zwei Alkine gekuppelt werden:

$$2\ R-C\equiv C-H \xrightarrow{Cu^{I},\ O_{2}} R-C\equiv C-C\equiv C-R$$

Man behandelt das Alkin mit einer wäßrigen Lösung von NH_4Cl, in der CuCl suspendiert wird, in Gegenwart von Luft. Die Komplexbildung zwischen dem $Cu^{\oplus}$-Ion und dem Alkin fördert die Ionisierung des Alkins; ein Teil des vorhandenen Cu(I)-Salzes wird durch den Luftsauerstoff zu Cu(II) oxidiert, so daß anschließend die Kupplung eintreten kann.
Nach der **Eglinton-Methode** führt man die Reaktion heute in der Weise aus, daß man Alkine, die an der Dreifachbindung ein H-Atom enthalten, in Pyridin oder einer ähnlichen Base in Gegenwart von Kupfer(II)-salzen erhitzt. Wahrscheinlich verläuft die Reaktion bizentrisch, d. h. in zwei Ein-Elektronenübergängen:

$$R-Cu^{x} + R-Cu^{x} \longrightarrow R-R + 2\ Cu^{x-1}$$

Dabei bilden sich vorübergehend Cluster aus mehreren metallorganischen Molekülen.
Die Ausbeuten sind – mit Ausnahme von Acetylen selbst – recht hoch, und die Reaktion hat eine Reihe präparativer Anwendungen gefunden. Nicht nur lassen sich auf diese Weise C-Ketten verlängern; es ist auch möglich, mit $1,\omega$-Diacetylenen **Ringschlußreaktionen** durchzuführen, wobei durch starke Verdünnung auch die Bildung vielgliedriger Ringe erreicht werden kann. Das Anwendungsgebiet der Glaser-Reaktion ist also recht groß, insbesondere auch deshalb, weil sie durch das Vorhandensein funktioneller Gruppen im Rest R nicht gestört wird.

18.5 Oxidative Kupplungen

Beispiele:

(1) Nach Sondheimer können *Annulene* durch Glaser-Reaktion aus terminalen Diinen gewonnen werden:

$$3 \; HC{\equiv}CCH_2CH_2C{\equiv}CH \xrightarrow[\text{Pyridin}]{\text{Cu-Acetat}} (1)$$

$$\xrightarrow{\text{K-}tert\text{-butylat}}$$

$$\xleftarrow[\text{Pb/Pd/CaCO}_3]{H_2}$$

(2)

Zur Synthese von [18]Annulen (2) wird z.B. zuerst 1,5-Hexadiin zum cyclischen Polyin (1) gekuppelt. Dieses erfährt unter der Wirkung von Basen (Kalium-*tert*-butylat) eine prototrope Umlagerung zu einem Polyenin, das durch partielle Hydrierung das konjugierte Cyclopolyen (2) liefert. Das [18]Annulen gehorcht der Hückelschen Regel und besitzt aromatischen Charakter, was auch durch das NMR-Spektrum bestätigt wird (S.113).

(2) Durch Behandlung eines monosubstituierten Acetylens mit einem 1-Bromalkin [ebenfalls in Gegenwart von Kupfer(I)-salzen] lassen sich unsymmetrische Diine erhalten (**Cadiot-Chodkiewicz-Kupplung**):

$$R{-}C{\equiv}CH + Br{-}C{\equiv}C{-}R' \xrightarrow{Cu^{\oplus}} R{-}C{\equiv}C{-}C{\equiv}C{-}R' + HBr$$

Eine weitere, präparativ interessante oxidative Kupplung ist die *Bildung von 1,3-Dienen* durch Kupplung von *Vinylhalogenverbindungen*. Dabei muß das Kupfer auf dem Umweg über Grignard- oder Lithiumverbindungen eingeführt werden:

$$\underset{}{\overset{}{>}}C{=}C{-}X \xrightarrow{\text{Mg oder Li}} \underset{}{\overset{}{>}}C{=}C{-}M \xrightarrow{\text{CuCl}} \underset{}{\overset{}{>}}C{=}C{-}Cu \longrightarrow \tfrac{1}{2} \underset{}{\overset{}{>}}C{=}C{-}C{=}C\underset{}{\overset{}{<}} + Cu$$

(M = MgX oder Li)

Die Bildung der Grignard- bzw. Lithiumverbindung erfolgt in Tetrahydrofuran bei −50°C, während die Alkenyl-Kupfer-Verbindung («Cuprat») bei 20°C thermolysiert wird. Dieser Schritt erfolgt unter vollständiger Retention, was diese Synthese zum Aufbau von 1,3-ungesättigten Verbindungen wertvoll macht.

18.6 Oxidation aromatischer Iodverbindungen

Das Iodatom aromatischer Iodverbindungen (Iodarene) kann durch genügend starke Oxidationsmittel zu *höheren Oxidationsstufen oxidiert* werden. So erhält man z. B. beim Behandeln von Iodbenzen mit Chlor (in Chloroform) *Iodbenzendichlorid*. Dieses kann durch wäßrige Natronlauge zu *Iodosobenzen* hydrolysiert werden. Bei der Wasserdampfdestillation von Iodosobenzen disproportioniert dieses in Iodbenzen und *Iodoxybenzen*:

$$H_5C_6I + Cl_2 \longrightarrow H_5C_6ICl_2$$
$$\text{Iodbenzendichlorid}$$

$$H_5C_6ICl_2 + NaOH \longrightarrow H_5C_6-I=O + NaCl + H_2O$$
$$\text{Iodosobenzen}$$

$$2\,H_5C_6-I=O \longrightarrow H_5C_6-IO_2 + H_5C_6I$$
$$\text{Iodoxybenzen}$$

Iodbenzendichlorid ist eine feste, in gelben Nadeln kristallisierende Substanz. Seiner Struktur nach ist es ein *Phenylchloroiodoniumchlorid*:

$$[H_5C_6-I-Cl]^{\oplus}\,Cl^{\ominus}$$

Iodosobenzen und Iodoxybenzen explodieren bei raschem Erhitzen. Die O-Atome sind durch Kovalenzbindungen an das I-Atom gebunden. Behandelt man ein Gemisch von Iodosobenzen und Iodoxybenzen mit einer wäßrigen Suspension von Ag$_2$O, so erhält man *Iodoniumhydroxide*, in denen das I-Atom mit zwei aromatischen Ringen koordiniert ist:

$$C_6H_5IO + C_6H_5IO_2 + AgOH \longrightarrow [(C_6H_5)_2I]^{\oplus}OH^{\ominus} + AgIO_3$$

18.7 Hydrierung von Alkenen, Alkinen und Arenen[1]

Eine wichtige Methode zur Reduktion olefinischer Doppelbindungen, die **katalytische Hydrierung** mit Pd-, Pt- oder Ni-Katalysatoren, wurde im Zusammenhang mit den elektrophilen Additionen an C=C-Doppelbindungen besprochen (S. 430). Eine weitere Möglichkeit zur Hydrierung *isolierter Doppelbindungen* bietet die Reaktion mit **Diimin** (HN=NH), das zu diesem Zweck aus Hydrazin und Wasserstoffperoxid (oder auch aus Hydrazin und Raney-Nickel) *in situ* hergestellt wird. Die Reaktion führt über einen cyclischen Übergangszustand:

---

[1] Aren ist der Sammelbegriff für aromatische Ringverbindungen wie Benzen, Naphthalen. Man vermeidet damit die Aussage Aromatizität bzw. Aromat.

18.7 Hydrierung von Alkenen, Alkinen und Aromaten

Die Vorteile dieser Reaktion bestehen in ihrem eindeutigen Verlauf (keine Isomerisierungen!) und in den guten Ausbeuten.

Natürlich lassen sich nicht nur Doppelbindungen, sondern auch andere ungesättigte Gruppen katalytisch hydrieren. Die Tabelle 18.3 gibt eine Übersicht über die Leichtigkeit, mit der sich verschiedene funktionelle Gruppen hydrieren lassen.

Tabelle 18.3. Reaktivität verschiedener funktioneller Gruppen gegenüber katalytischer Hydrierung

Substrat	Produkt	
RCOCl	RCHO	am leichtesten
RNO$_2$	RNH$_2$	
RC≡CR	RCH=CHR	
RCHO	RCH$_2$OH	
RCH=CHR	RCH$_2$CH$_2$R	
RCOR	RCHOHR	
ArCH$_2$OR	ArCH$_3$ + ROH	
RC≡N	RCH$_2$NH$_2$	
(naphthalin)	(tetralin)	
RCOOR'	RCH$_2$OH + R'OH	
RCONHR'	RCH$_2$NHR	
(benzol)	(cyclohexan)	am schwierigsten (erst bei höherer Temperatur)
RCOO$^\ominus$		inert

Reduktion konjugierter Doppelbindungen. Im Gegensatz zu *isolierten* Doppelbindungen lassen sich *konjugierte Systeme* mit *elektronenübertragenden Reagentien* reduzieren, weil die Elektronenaufnahme zur Bildung mesomeriestabilisierter Anionen führt (was im Fall isolierter Doppelbindungen nicht möglich ist). Am häufigsten benützt man zu diesem Zweck Natrium und Alkohol, Natriumamalgam oder Zink und Salzsäure bzw. Essigsäure.

Die Reduktion konjugierter Diene verläuft über 1,4-Addition. Auf diese Weise haben die Ladungen des zunächst gebildeten Dianions die größtmögliche Entfernung voneinander. Auch α,β-ungesättigte Carbonylverbindungen werden durch 1,4-Addition reduziert; das dabei entstandene Enol tautomerisiert aber wieder zur Carbonylform, so daß im Endeffekt eine Hydrierung der C=C-Doppelbindung eintritt.

$$-CH=CH-CH=CH- \xrightarrow{e^{\ominus}} -\overset{\odot}{C}H-CH=CH-\overset{\ominus}{C}H- \xrightarrow{e^{\ominus}} -\overset{\ominus}{C}H-CH=CH-\overset{\ominus}{C}H-$$
$$\xrightarrow{2\,EtOH} -CH_2-CH=CH-CH_2- \;+\; 2\,EtO^{\ominus}$$

$$-CH=CH-C=O \xrightarrow{e^{\ominus}} -\overset{\odot}{C}H-CH=C-O^{\ominus} \xrightarrow{e^{\ominus}} -\overset{\ominus}{C}H-CH=C-O^{\ominus}$$
$$\xrightarrow{2\,H^{\oplus}} -CH_2-CH=C-OH$$
$$\updownarrow$$
$$-CH_2-CH_2-C=O$$

Reduktion von Alkinen. Die katalytische Hydrierung zu (Z)-Alkenen mittels **Lindlar-Katalysatoren** wurde ebenfalls schon in Abschnitt 10.5 besprochen. Durch *Elektronenübertragung* lassen sich Alkine *selektiv* zu (*E*)-*Alkenen hydrieren*. Am besten geeignet als Reduktionsmittel sind Lösungen von *Lithium* oder *Natrium in Ammoniak* oder *Aminen*. Solche Lösungen enthalten Metallkationen und solvatisierte Elektronen und wirken deshalb sehr stark reduzierend. Im allgemeinen setzt man der Lösung zur Verwendung als Reduktionsmittel für organische Substanzen noch eine schwache Protonsäure (meist Ethanol) zu, die mit dem Metall nicht allzu rasch Wasserstoff entwickelt, hingegen auf das durch die Reduktion entstandene Anion Protonen überträgt. Da sich die meisten organischen Substanzen in flüssigem Ammoniak schlecht lösen, benützt man häufiger Lösungen von Lithium in primären Aminen wie z. B. Ethanamin. Die stereospezifische *anti*-Hydrierung der Alkine ist die Folge der Tatsache, daß das als Zwischenprodukt auftretende *Dianion* (*E*)-*Konfiguration* annimmt, weil dann die beiden Ladungen wieder den größtmöglichen Abstand voneinander haben:

$$R-C\equiv C-R' \xrightarrow{2\,e^{\ominus}} \underset{\ominus}{R}\!\!\diagdown\!\!C=C\!\!\diagup\!\!\underset{R'}{\ominus} \xrightarrow{2\,H^{\oplus}} \underset{H}{R}\!\!\diagdown\!\!C=C\!\!\diagup\!\!\underset{R'}{H}$$
$$(E)\text{-} \qquad\qquad (E)\text{-Konfiguration}$$

Hydrierung von Aromaten. Aromatische Systeme können ebenso wie Alkene **katalytisch hydriert** werden, doch benötigt man dazu energischere Bedingungen, eine Folge der erhöhten Stabilität aromatischer Ringe. So erfordert z. B. die Hydrierung von Benzen mit Pt-Katalysatoren eine Temperaturerhöhung auf 100–200 °C, einen Druck von 100 bis 150 bar und dauert etwa 10 Stunden, während die Hydrierung einfacher Alkene bei 20 °C und Atmosphärendruck in einer Stunde beendet ist (Zeiten jeweils für etwa 1 mol Substanz). Naphthalen, Anthracen oder andere polycyclische Ringsysteme sind leichter zu hydrieren. Bei der Hydrierung von Naphthalen kann sich *cis*- oder *trans*-Decalin bilden; da das *trans*-Isomer stabiler ist, bildet es sich unter energischeren Bedingungen, z. B. bei der Hydrierung über einem Kupferchromit-Katalysator in der Gasphase. Bei milderen Bedingungen erhält man *cis*-Decalin.

Gewisse Aromaten lassen sich auch durch **elektronenübertragende Reagentien** reduzieren (**«Birch-Reduktion»**). Dabei bildet sich wahrscheinlich durch **Elektronenübertragung** vom Metall auf den Kohlenwasserstoff **(Elektronentransfer, «ET»)** zunächst ein Radikal-Anion, das durch Protonierung in ein elektrisch neutrales Radikal übergeht (weitere ET-Reaktionen siehe Bd. II). Dieses reagiert mit einem weiteren Metallatom zu einem Anion, das schließlich durch Protonenaufnahme zum Dihydroaromaten wird. Je nach der Stärke des Reduktionsmittels kann die Reaktion auch weitergehen, wie am Beispiel von Naphthalen gezeigt sei:

Unter den mildesten Bedingungen erhält man ein Dihydronaphthalen. Durch 1,4-Addition entsteht das Δ^2-Dialin, welches sich unter dem Einfluß einer Base über ein delokalisiertes Carbanion in das stabilere Δ^1-Dialin (mit einem konjugierten System) umlagert. Tetralin entsteht wahrscheinlich über primär gebildetes Δ^2- und anschließend zu Δ^1-umgelagertem Dihydronaphthalen. Natrium in flüssigem Ammoniak reduziert beide aromatische Ringe. Das stärkste Reduktionsmittel, Lithium in Ethanamin, ergibt über die Zwischenprodukte Dialin und Tetralin Octalin[1].

18.8 Hydrogenolyse

Reaktionen, bei welchen Wasserstoff unter gleichzeitiger Trennung einer Bindung addiert wird, heißen **Hydrogenolyse**. Zur Durchführung derartiger Reaktionen ist sowohl die *katalytische Hydrierung*, die Reduktion mittels *elektronenübertragender Reagentien* und die *Hydrid-Übertragung* geeignet.

Hydrogenolyse von Benzyl- und Allylverbindungen. Benzylverbindungen werden durch **katalytische Hydrierung** oft nahezu quantitativ in einfachere Aromaten übergeführt. Auch durch **elektronenübertragende Reagentien** lassen sich oft sehr gute Ausbeuten erreichen. Man hat dadurch eine bequeme Möglichkeit, Benzylester, Benzylether oder Benzylalkohole in Alkylbenzene überzuführen; die Hydrogenolyse mit D_2 ermöglicht auch die Herstellung deuterierter Verbindungen.

[1] Die Endung -in ist hier irreführend und sollte besser durch -en ersetzt werden.

Beispiele:

$C_6H_5-CH_2OH \xrightarrow{H_2/Pd, 25°C, 3\,bar} C_6H_5-CH_3$

$H_5C_6-CH_2-S-CH_2CH_2CH\begin{matrix}NH_2\\COOH\end{matrix} \xrightarrow{Na/NH_3} H_5C_6CH_3 + HS-CH_2CH_2CH\begin{matrix}NH_2\\COOH\end{matrix}$

Das zweite der obigen Beispiele zeigt die Verwendung von Benzylgruppen zum Schutz von Thiolgruppen; die Hydrogenolyse kann hier nicht durch katalytische Hydrierung erfolgen, weil der Schwefel der —SH-Gruppe den Katalysator vergiften würde.

Benzylester haben wegen der Leichtigkeit, mit der sie hydrogenolysiert werden können, als **Schutzgruppen** bei Peptidsynthesen Bedeutung erlangt (vgl. S. 763).

Auch *Carbonyl-* und *Aminogruppen in Benzylstellung* können mit Wasserstoff katalytisch in Alkylgruppen übergeführt werden. Wie das folgende Beispiel zeigt, erfolgt die Hydrogenolyse sehr *selektiv*:

Allylverbindungen reagieren häufig ähnlich. Da aber die Doppelbindung durch Reaktion mit Wasserstoff über Pt- oder Ni-Katalysatoren hydriert wird, kann die Hydrogenolyse nur mit LiAlH$_4$ oder Natrium in flüssigem Ammoniak (die beide mit isolierten Doppelbindungen nicht reagieren) durchgeführt werden.

Alkohole und Halogenverbindungen. Die direkte Hydrogenolyse von *Alkoholen* ist *nicht möglich*. Hingegen gelingt es, ihre *Tosylate* durch **Natriumamalgam** oder **LiAlH$_4$** zu reduzieren. Im Fall von LiAlH$_4$ als Reduktionsmittel besteht die Hydrogenolyse in einer normalen S$_N$2-Reaktion, wobei das Hydrid-Ion substituierend wirkt:

$R-CH_2-OTs + H^\ominus \longrightarrow R-CH_3 + TsO^\ominus$

18.9 Reduktion von Aldehyden und Ketonen

Reduktion zu Kohlenwasserstoffen. Die beiden zu diesem Zweck am häufigsten verwendeten Methoden sind die **Clemmensen-Reduktion** mit amalgamiertem Zink und konzentrierter Salzsäure und die **Wolff-Kishner-Reduktion** mit Hydrazin und Alkalihydroxid. Beide Reaktionen lassen sich sowohl mit Aldehyden wie mit Ketonen durchführen; die Clemmensen-Reduktion (welche zwar leichter auszuführen ist) versagt bei säureempfindlichen Substraten, so daß dann die Wolff-Kishner-Reaktion vorzuziehen ist.

Über den *Mechanismus* der **Clemmensen-Reduktion** ist wenig bekannt. Sicher ist bloß, daß der entsprechende Alkohol nicht als Zwischenprodukt auftritt, da auf andere Weise erhaltene Alkohole unter gleichen Bedingungen nicht reduzierbar sind. Nach neueren Untersuchungen (Zn/Hg in 50proz. wäßrigem EtOH bei 20°C) spielt das Carbenoid $>$C=Zn eine wichtige Rolle als Zwischenstufe. Durch Aufnahme zweier Protonen liefert es die CH_2-Gruppe. Bei Zusatz geeigneter Alkene (Styren) erhält man Cyclopropane in bis zu 75% Ausbeute. Die Entstehungsweise des Carbenoids ist jedoch noch ungeklärt.

Die Clemmensen-Reaktion ist besonders zur Reduktion von Verbindungen geeignet, die phenolische Hydroxylgruppen oder Carboxylgruppen enthalten. Man erwärmt zu diesem Zweck die Carbonylverbindung mit konzentrierter Salzsäure, der das Zink beigefügt wird. Bei α,β-ungesättigten Ketonen, Carbonsäuren und Estern wird dabei auch die olefinische Doppelbindung hydriert.

Bei der **Wolff-Kishner-Reduktion** entsteht aus der Carbonylverbindung zunächst ihr Hydrazon:

$$R_2C=O \xrightarrow{H_2NNH_2} R_2C=N-NH_2$$

und dieses wird gemäß nachstehender Reaktionsfolge reduziert:

$$R_2C=N-NH \xrightarrow{Tautom.} R_2CH-N=N-H \xrightarrow{+\overset{\ominus}{O}H} R_2\overset{\ominus}{C}H + N_2 + H_2O$$

$$R_2\overset{\ominus}{C}H + H_2O \rightarrow R_2CH_2 + OH^{\ominus}$$

Zur Durchführung der Wolff-Kishner-(Huang-Minlon-)Reaktion erhitzt man die Carbonylverbindung zusammen mit Hydrazinhydrat und KOH in Di- oder Triethylenglycol; werden Kalium-*tert*-butylat als Base und Dimethylsulfoxid als Lösungsmittel benützt, so kann die Reaktion bei Raumtemperatur ausgeführt werden. – Auch die Wolff-Kishner-Reduktion ist für α,β-ungesättigte Carbonylverbindungen ungeeignet; an Stelle von Kohlenwasserstoffen werden unter den entsprechenden Bedingungen Pyrazolone erhalten.

Eine weitere wichtige Methode zur Reduktion von Carbonylverbindungen ist die **Hydrogenolyse von Thioacetalen**. Zu diesem Zweck führt man die Carbonylverbindung mit Ethandithiol oder Ethylthiol zuerst in das entsprechende Thioacetal über, das anschließend katalytisch (über Raney-Nickel) hydriert wird:

$$OC\genfrac{}{}{0pt}{}{(CH_2)_7}{(CH_2)_7}CO \xrightarrow{HSCH_2CH_2SH} \genfrac{}{}{0pt}{}{S}{S}C\genfrac{}{}{0pt}{}{(CH_2)_7}{(CH_2)_7}CO \xrightarrow{H_2/Ni} \lceil(CH_2)_{15}-CO$$

Auch die *Reduktion* von *Tosylhydrazonen* mit $NaBH_4$ bietet eine Möglichkeit zur Überführung von Carbonyl- in Methylen-($>$$CH_2$)-Gruppen:

$$>C=O + H_2NNHSO_2C_7H_7 \rightarrow \; >C=N-NHSO_2C_7H_7$$

$$\downarrow NaBH_4$$

$$>CH_2 + N_2 + C_7H_7SO_3^{\ominus}$$

18 Oxidationen und Reduktionen

Reduktion zu Alkoholen. Zur Reduktion von Carbonylverbindungen zu Alkoholen steht eine Vielzahl von Reaktionen zur Verfügung. Als Reduktionsmittel werden *Elektronen-* und *Hydrid-Überträger* am häufigsten verwendet; die katalytische Hydrierung ergibt zwar ebenfalls Alkohole, verläuft aber im allgemeinen so langsam, daß andere Reduktionsmittel vorzuziehen sind.

Eines der für Reduktionen meistgebrauchten Reagentien ist das schon mehrfach erwähnte, 1947 von Schlesinger in die präparative Praxis eingeführte **Lithiumaluminiumhydrid**. Bei der Reduktion von Carbonylverbindungen findet eine schrittweise Übertragung von Hydrid-Ionen auf die Carbonylverbindung statt, wobei jeder folgende Schritt etwas langsamer verläuft als der vorausgegangene. Als Endprodukt bildet sich ein Aluminiumalkoxid-Ion, das mit Wasser zum entsprechenden Alkohol hydrolysiert wird:

$$H_3Al-H + \underset{R'}{\overset{R}{>}}C=O \longrightarrow \underset{R'}{\overset{R}{>}}CH-O-AlH_3 \xrightarrow[\text{schrittweise}]{3\ \underset{R'}{\overset{R}{>}}C=O} \left[\left(\underset{R'}{\overset{R}{>}}CH-O\right)_4 Al\right]^\ominus$$

$$\left[\left(\underset{R'}{\overset{R}{>}}CH-O\right)_4 Al\right]^\ominus \xrightarrow{4\ H_2O} \underset{R'}{\overset{R}{>}}CHOH + Al(OH)_3 + OH^\ominus$$

Die Reduktion ist also im Prinzip eine *nucleophile Addition* an die $>C=O$ Gruppe.

An Stelle von $LiAlH_4$ werden auch **Natriumborhydrid** und **Lithiumborhydrid** verwendet. $NaBH_4$ ist weniger reaktionsfähig als $LiAlH_4$ und kann sogar in wäßriger Lösung verwendet werden; $LiBH_4$ steht in bezug auf seine Reaktivität zwischen $LiAlH_4$ und $NaBH_4$ und wird normalerweise in Ether, Tetrahydrofuran oder Diglyme gelöst verwendet[1]. Durch die verschiedene Reaktionsfähigkeit dieser drei Reagentien hat man es in der Hand, das Reduktionsmittel entsprechend der zu reduzierenden Carbonylverbindung und eventuell vorhandener weiterer funktioneller Gruppen zu wählen. $LiAlH_4$ reduziert z. B. nicht nur Aldehyde und Ketone, sondern auch Carbonsäuren, Ester, Nitrile und Nitroverbindungen, während $NaBH_4$ nur Aldehyde, Ketone und Säurehalogenide reduziert. Die relativ hohe Selektivität von *NaBH₄* macht diese Verbindung zum Reagens der Wahl bei der Reduktion *polyfunktioneller* oder sonstwie *empfindlicher Carbonylverbindungen*.

Beispiele:

$$H_3CCOCH_2COCH_3 \xrightarrow{NaBH_4} H_3C\underset{OH}{C}HCH_2\underset{OH}{C}HCH_3$$

$$O_2N-C_6H_4-CH=CH-\underset{O}{\overset{\|}{C}}-C_6H_5 \xrightarrow{NaBH_4} O_2N-C_6H_4-CH=CH-\underset{OH}{C}H-C_6H_5$$

---

[1] $LiAlH_4$ und $LiBH_4$ regieren mit hydroxylhaltigen Lösungsmitteln (und ebenso mit Thiolen, Aminen u. a.) sehr heftig unter Wasserstoffentwicklung. Man benötigt deshalb für die Arbeit mit diesen Reduktionsmitteln völlig reine (wasser- und alkoholfreie) Lösungsmittel.

Tabelle 18.4. Funktionelle Gruppen, welche mit LiAlH$_4$ reduziert werden können

funktionelle Gruppe	Produkt
>C=O	>CH—OH
—COOR	—CH$_2$OH + ROH
—COOH oder —COO$^\ominus$Li$^\oplus$	—CH$_2$OH
—C(=O)Cl	—CH$_2$OH
—C(=O)NH—R	—CH$_2$—NH—R
—C(=O)NR$_2$	—CH$_2$—NR$_2$ oder $\begin{bmatrix}-CH-NR_2\\\ \ \ \ \|\\\ \ \ \ OH\end{bmatrix}$ → —CHO + R$_2$NH
—C≡N	—CH$_2$—NH$_2$ oder [—CH=NH] $\xrightarrow{H_2O}$ —CHO
—C(—NO$_2$)— (aliphatisch)	—C(—NH$_2$)—
2 —NO$_2$ (aromatisch)	—N=N—
—CH$_2$OTs oder —CH$_2$Br	—CH$_3$
—CH—C(—O—)— (Epoxid)	—CH$_2$—C(OH)—

C—C-*Doppel-* und *Dreifachbindungen* werden gewöhnlich von den komplexen Hydriden *nicht angegriffen;* in gewissen Fällen werden jedoch auch α,β-ungesättigte Carbonylverbindungen zum gesättigten Alkohol (und nicht zum Allylalkohol) reduziert. So ergibt beispielsweise Zimtsäure mit LiAlH$_4$ 3-Phenylpropanol. Um in solchen Fällen die Addition an die C=C-Doppelbindung zu unterdrücken, kann man bei tiefer Temperatur arbeiten und das in Ether gelöste Reagens im Unterschuß zur Lösung des Substrates zutropfen lassen (statt umgekehrt).

Bei *Ringverbindungen* greift das ziemlich voluminöse Reagens in der Regel von der sterisch weniger gehinderten Seite an, so daß die Reduktion **stereoselektiv** verläuft. Aus dem starren Steroid (1) bildet sich daher ausschließlich der Alkohol mit der äquatorialen Hydroxylgruppe:

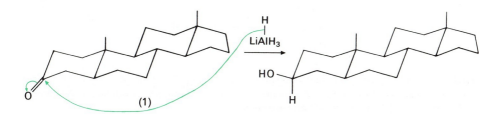

18 Oxidationen und Reduktionen

In anderen Fällen treten jedoch die kinetisch gesteuerte Reaktion (Angriff von der sterisch weniger gehinderten Seite) und die thermodynamisch gesteuerte Reaktion (Bildung des stabileren Alkohols) als *Konkurrenzreaktionen* auf:

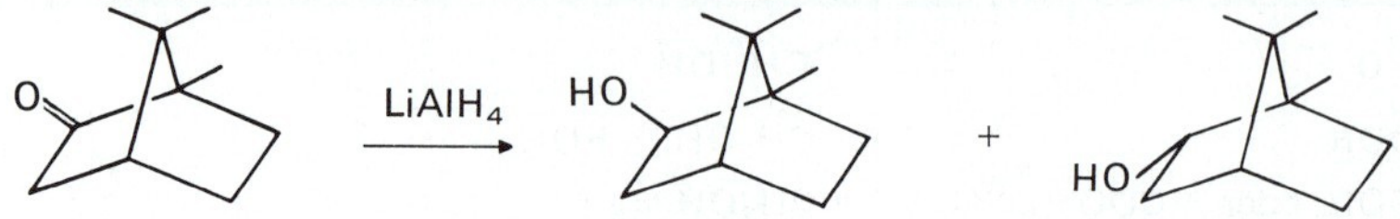

Campher → LiAlH$_4$ → 90% + 10% (stabiler)

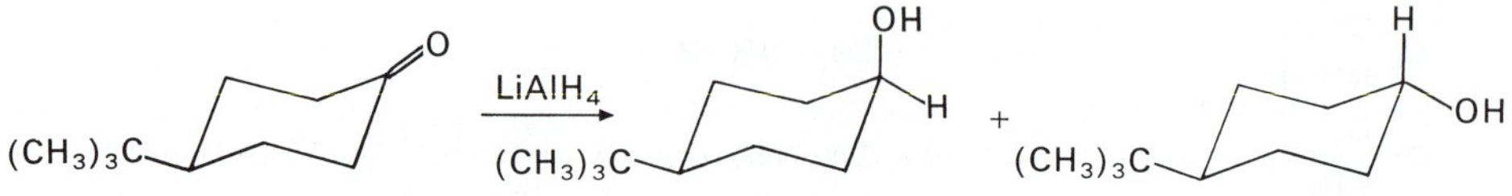

(CH$_3$)$_3$C-... → LiAlH$_4$ → 10% + 90% (stabiler)

Durch Verwendung eines Reagens von noch größerer Raumbeanspruchung (einem Gemisch von LiAlH$_4$ mit AlCl$_3$) zusammen mit einem Überschuß der Carbonylverbindung läßt sich die thermodynamisch gesteuerte Reaktion begünstigen, da einerseits der raumerfüllende Komplex des Produktes – voluminöser als der entstehende Alkohol! – im Fall des Alkohols mit äquatorialer Hydroxylgruppe stabiler ist und anderseits der Überschuß der Carbonylverbindung die Erreichung der Gleichgewichtseinstellung zwischen den beiden möglichen isomeren Alkoholen ermöglicht. Ein Überschuß an LiAlH$_4$ führt gewöhnlich zum Produkt der kinetisch gesteuerten Reaktion.

Bei *acyclischen Systemen* folgt die Reaktion gewöhnlich der **Cramschen Regel** (S. 502, sowie Band II). So erhält man aus 3-*S*-Phenyl-2-butanon vorwiegend 2*R*,3*S*-3-Phenyl-2-butanol:

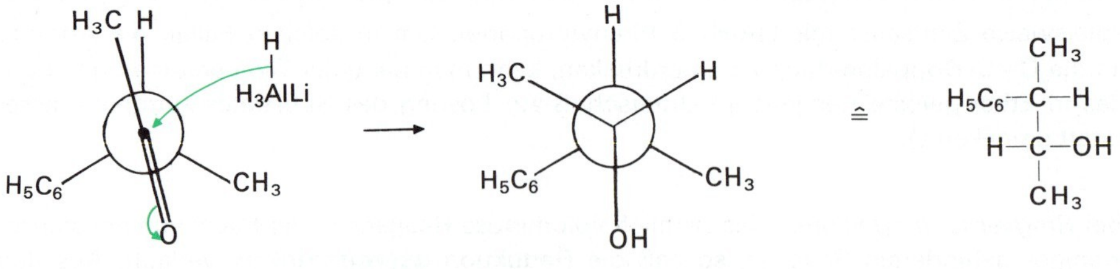

In Fällen, wo sich ein besonders stabilisiertes Carbenium-Ion bilden kann, läßt sich ein Gemisch von LiAlH$_4$ mit AlCl$_3$ sogar zur Reduktion einer *Hydroxylgruppe* ausnützen:

$$H_5C_6-CH(OH)-C_6H_5 \xrightarrow[AlCl_3]{LiAlH_4} H_5C_6-CH_2-C_6H_5$$

Durch Verwendung eines chiralen Derivates von Lithiumaluminiumhydrid [1; (R)- oder (S)-**BINAL-H**] ist es gelungen, prochirale Carbonylverbindungen in optischen Ausbeuten von bis zu 100% (!) *asymmetrisch* zu reduzieren:

18.9 Reduktion von Aldehyden und Ketonen

S-(1) («BINAL-H»)

S-Carbinol
c.y. = 61–78%[1]
e.e. = 71–100%[1]

Das Reagens (1) muß dabei in situ aus $LiAlH_4$, optisch reinem 2,2'-Dihydroxy-1,1'-binaphthyl und einem Alkohol hergestellt werden. Da sowohl R- wie S-(1) leicht erhältlich sind, lassen sich dadurch sowohl R- wie S-Carbinole optisch rein gewinnen (Noyori 1979).

Auch **Boran** (das wie bei der Hydroborierung aus B_2H_6, 9-BBN oder anderen Ausgangsstoffen entsteht) kann zur Reduktion von Aldehyden und Ketonen dienen. Das B-Atom wird dabei vom Carbonyl-C-Atom gebunden, und das Produkt wird zum Alkohol hydrolysiert:

$$3 \;\overset{|}{\underset{O}{C}}\!- + BH_3 \xrightarrow{THF} \left(-\underset{O-}{\overset{H}{\underset{|}{C}}}\!- \right)_3 B \xrightarrow{3 H_2O} 3 \;-\overset{H}{\underset{OH}{\underset{|}{C}}}\!- + H_3BO_3$$

Natriumcyanoborhydrid ($NaBH_3CN$) ist bei pH 7 gegenüber Carbonylgruppen beträchtlich weniger reaktiv als $NaBH_4$ und reduziert C=N-Bindungen zu *Aminen*. Damit ist es möglich, Carbonylverbindungen in Amine überzuführen, da die Carbonylverbindung im Gemisch mit Ammoniak bzw. einem Amin im Gleichgewicht mit einem Imin steht:

$$R_2C=O + R'NH_2 \rightleftarrows R_2C=NR' \xrightarrow{+H^\oplus} R_2\overset{H}{\underset{\oplus}{C=NR'}} \xrightarrow{+BH_3CN^\ominus} R_2CHNHR'$$

Weitere Reduktionen von Carbonylverbindungen zu Alkoholen unter Hydrid-Übertragung treten bei der **Cannizzaro-Reaktion** und der *Meerwein-Ponndorf-Reaktion* auf. Aldehyde ohne H-Atome am α-C-Atom können unter der Wirkung von Basen keine Aldoladdition eingehen, sondern erfahren durch *Hydrid-Übertragung (Cannizzaro-Reaktion)* eine Disproportionierung in Alkohol und Carbonsäure:

$$H_5C_6-CH=O \xrightarrow{OH^\ominus} H_5C_6-\overset{O^\ominus}{\underset{OH}{\underset{|}{C}}}-H$$

$$H_5C_6-\overset{|\overset{\ominus}{O}|}{\underset{OH}{\underset{|}{C}}}-H + \overset{H_5C_6}{\underset{H}{\diagdown}}C=O \rightarrow H_5C_6COOH + H_5C_6CH_2O^\ominus \rightleftarrows H_5C_6COO^\ominus + H_5C_6CH_2OH$$

[1] c.y. = chemische Ausbeute (chemical yield)
 e.e. = Enantiomerenüberschuß (enantiomeric excess)
 (Näheres hierzu siehe Band II).

Führt man eine «gekreuzte» Cannizzaro-Reaktion mit *Formaldehyd* und beispielsweise Benzaldehyd aus, so wird Formaldehyd zu Ameisensäure oxidiert, weil er gegenüber Nucleophilen reaktionsfähiger ist und dadurch schnell eine hohe Konzentration des Hydridionenspendenden Anions entsteht:

$$H_2C=O \xrightarrow{OH^\ominus} \underset{OH}{\overset{|\bar{O}|^\ominus}{CH-H}} + \underset{H}{\overset{R}{C=O}} \longrightarrow HCOOH + RCH_2O^\ominus \rightleftarrows HCOO^\ominus + RCH_2OH$$

Diese Reaktion kann deshalb zur *Reduktion* solcher Aldehyde ausgenützt werden (Pentaerythritol, S. 526).

Eine verwandte Reaktion ist die **Tischtschenko-Reaktion**, bei der Alkoxid-Ionen als Base benützt werden. Das Oxidationsprodukt ist in diesem Fall nicht die Carbonsäure, sondern ein *Ester*:

$$2\ H_3CCHO \xrightarrow{H_5C_2O^\ominus Na^\oplus} H_3CCOOC_2H_5$$

Wahrscheinlich verläuft diese Reaktion prinzipiell gleich wie die Cannizzaro-Reaktion unter Hydrid-Verschiebung, nur erfolgt hier zuerst die Addition des Alkoxid-Ions an den Aldehyd:

$$H_3C-C\underset{H}{\overset{O}{\diagdown}} + C_2H_5O^\ominus \longrightarrow \underset{OC_2H_5}{\overset{|\bar{O}|^\ominus}{H_3C-C-H}} + \underset{H}{\overset{O}{C-CH_3}} \longrightarrow \underset{OC_2H_5}{\overset{\bar{O}}{H_3C-C}} + \underset{H}{\overset{|\bar{O}|^\ominus}{H-C-CH_3}}$$

Essigester wird auf diese Weise technisch aus Acetaldehyd hergestellt.

Die **Meerwein-Ponndorf(-Verley)-Reaktion** entspricht genau der Umkehrung der Oppenauer-Oxidation, verläuft also nach dem gleichen Mechanismus (S. 620). Um das Gleichgewicht auf die gewünschte Seite zu verschieben, erhitzt man die Carbonylverbindung direkt mit Aluminiumisopropylat und destilliert das Aceton (das von allen Reaktionsteilnehmern den niedrigsten Siedepunkt besitzt) kontinuierlich ab. Auch diese Reaktion ist *selektiv* für Aldehyde und Ketone; insbesondere werden Doppel- und Dreifachbindungen nicht angegriffen.

Elektronenübertragende Reagentien wie z. B. Natrium in Isopropylalkohol sind häufig weniger selektiv als $NaBH_4$, $LiAlH_4$ oder die Meerwein-Ponndorf-Reduktion, d. h. reduzieren eine allfällig vorhandene Doppelbindung ebenfalls. Bei einfachen Aldehyden oder Ketonen kann jedoch dieses Verfahren sehr nützlich sein. Als Zwischenstoffe treten *Radikal-Ionen* auf:

$$\underset{R}{\overset{R}{\diagdown}}C=O \xrightarrow{e^\ominus} \underset{R}{\overset{R}{\diagdown}}\overset{\ominus}{C}-\overset{\odot}{O} \xrightarrow{R'OH} \underset{R}{\overset{R}{\underset{H}{\diagdown}}}\overset{\odot}{C}-O \xrightarrow{e^\ominus} \underset{R}{\overset{R}{\underset{H}{\diagdown}}}C-O^\ominus$$

Benzenkerne werden durch Lithium in flüssigem Ammoniak – wenn also kein Alkohol als Protonenspender vorhanden ist – nur langsam angegriffen. Mit diesem Reduktionsmittel lassen sich deshalb α,β-ungesättigte aromatische Carbonylverbindungen selektiv reduzieren:

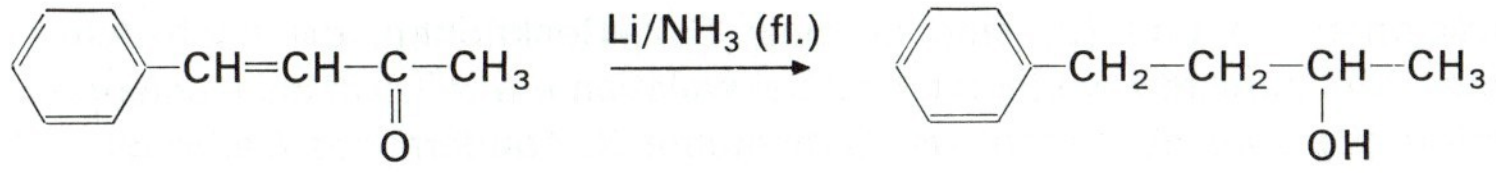

Ph–CH=CH–C(O)–CH₃ →[Li/NH₃ (fl.)] Ph–CH₂–CH₂–CH(OH)–CH₃

Enthält ein Keton am α-C-Atom Substituenten, die gute Abgangsgruppen sind, so tritt *Elimination* ein:

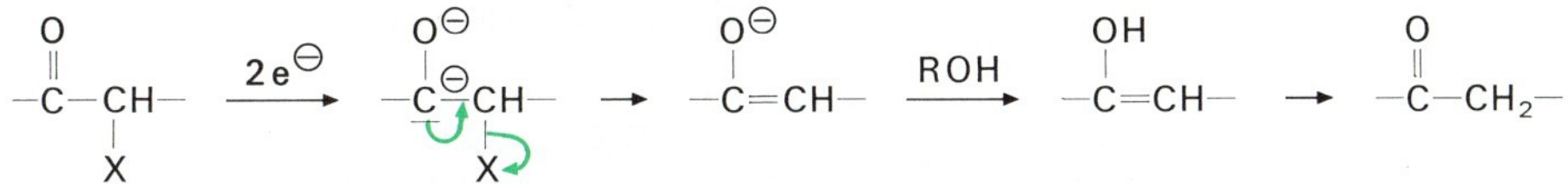

$$-\underset{X}{\underset{|}{C}}(\!=\!O)\!-\!CH\!- \xrightarrow{2e^\ominus} -\underset{X}{\underset{|}{C}}(\!-\!O^\ominus)\!-\!CH\!- \rightarrow -C(\!-\!O^\ominus)\!=\!CH\!- \xrightarrow{ROH} -C(\!-\!OH)\!=\!CH\!- \rightarrow -C(\!=\!O)\!-\!CH_2\!-$$

Läßt man Ketone mit unedlen Metallen (Mg, Zn, Al) oder ihren Amalgamen ohne gleichzeitige Anwesenheit eines Protonenspenders reagieren, so werden sie zu *Pinakolen* (*vic*-Glycolen) reduziert, wobei Radikal-Anionen (*«Ketyle»*) als Zwischenstoffe auftreten (S. 587). Die analoge Reaktion von Estern ist die *Acyloin-Kondensation* (S. 494).
Im *technischen Maßstab* werden Carbonylverbindungen meist durch *katalytische Hydrierung* zu Alkoholen reduziert, wobei allerdings oft recht energische Bedingungen erforderlich sind. So erhält man beispielsweise durch Hydrierung von Triglyceriden (*«Fetten»*) über Kupferchromit bei 250°C die entsprechenden Alkohole (*«Fettalkohole»*), die zur Herstellung von Detergentien benötigt werden.

18.10 Reduktion von Carbonsäuren und ihren Derivaten

Reduktion zum Alkohol oder zum Amin. *Carbonsäuren* und ihre *Derivate* können mit **LiAlH₄** zum Alkohol oder Amin reduziert werden. Die Reaktionen verlaufen nach folgenden Mechanismen:

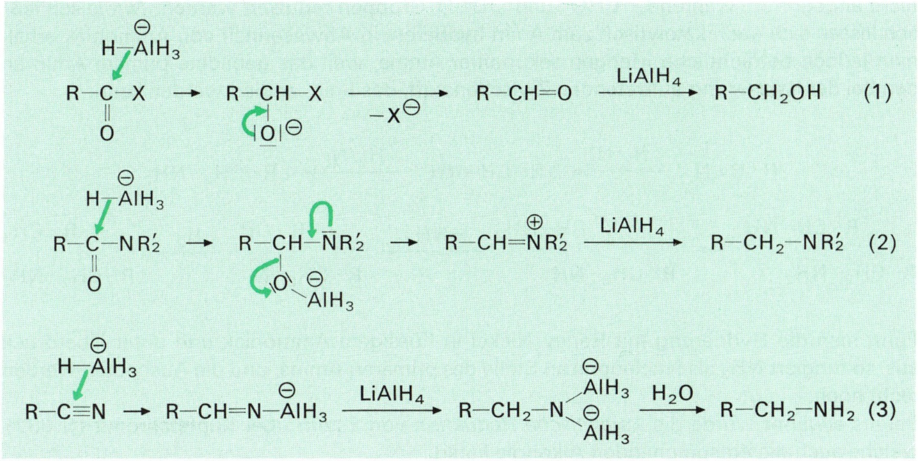

$$R-C(=O)-X \rightarrow R-CH(O^\ominus)-X \xrightarrow{-X^\ominus} R-CH=O \xrightarrow{LiAlH_4} R-CH_2OH \quad (1)$$

$$R-C(=O)-NR'_2 \rightarrow R-CH(O-AlH_3^\ominus)-NR'_2 \rightarrow R-CH=\overset{\oplus}{N}R'_2 \xrightarrow{LiAlH_4} R-CH_2-NR'_2 \quad (2)$$

$$R-C\equiv N \rightarrow R-CH=N-AlH_3^\ominus \xrightarrow{LiAlH_4} R-CH_2-N(AlH_3^\ominus)_2 \xrightarrow{H_2O} R-CH_2-NH_2 \quad (3)$$

18 Oxidationen und Reduktionen

Die Reduktionen (1) und (2) sind normale S_N2_t-Reaktionen, die nach dem Additions-Eliminations-Mechanismus verlaufen und bei welchen ein $H^\ominus$-Ion als Nucleophil wirkt. Bei der Reaktion (2) wird aber nicht der Substituent X, sondern das Carbonyl-O-Atom verdrängt, weil die $-NR'_2$-Gruppe eine schlechtere Abgangsgruppe ist als z. B. $-OH$ oder $-Cl$. Als *Beispiele* dienen die folgenden Reaktionen:

$$(H_3C)_3C-COOH \xrightarrow{LiAlH_4} (H_3C)_3C-CH_2OH$$

$$H_5C_6CH_2COOEt \xrightarrow{LiAlH_4} H_5C_6CH_2CH_2OH$$

$$\text{Phthalsäureanhydrid} \xrightarrow{LiAlH_4} \text{o-Bis(hydroxymethyl)benzol}$$

Carbonsäuren lassen sich auch mit BH_3 in THF zu Alkoholen reduzieren. Die Addition an die Carbonylgruppe erfolgt sogar rascher als die Reaktion mit einer allfällig vorhandenen Doppelbindung. Es entsteht dabei zuerst ein Acyloxyboran, das anschließend eine Umlagerung erfährt, wobei die Carbonylgruppe reduziert wird:

$$R-C\begin{smallmatrix}O\\OH\end{smallmatrix} \xrightarrow{BH_3 / THF} R-C\begin{smallmatrix}O\\OBH_2\end{smallmatrix} \xrightarrow{Umlagerung} R-CH_2-OBO \xrightarrow{H_2O, H^\oplus} RCH_2OH + H_3BO_3$$

Ester können auch nach **Bouveault/Blanc** durch *Natrium und Ethanol* reduziert werden. Die Reduktion nach Bouveault-Blanc ist heute aber durch die Reaktion mit $LiAlH_4$ weitgehend verdrängt worden.

Säurechloride lassen sich auch mit **NaBH$_4$** (in Diglyme) zum Alkohol reduzieren. Carboxyl-, Ester- und Amid-Gruppen sowie Doppel- und Dreifachbindungen werden durch $NaBH_4$ nicht angegriffen, während $-CHO-$ und $>C=O$-Gruppen reduziert werden. *Nitrile* schließlich lassen sich auch katalytisch zum Amin hydrieren; in Abwesenheit von Ammoniak erhält man jedoch beträchtliche Mengen sekundärer Amine, weil das gebildete primäre Amin an den bei der Hydrierung auftretenden Zwischenstoff, das Imin, addiert werden kann:

$$R-C\equiv N \xrightarrow{H_2/Ni} R-CH=NH \xrightarrow{H_2/Ni} R-CH_2-NH_2$$

$$\begin{array}{c} R-CH=NH \\ R-CH_2-\overline{N}H_2 \end{array} \rightarrow \begin{array}{c} R-CH-NH_2 \\ | \\ R-CH_2-NH \end{array} \xrightarrow{-NH_3} \begin{array}{c} R-CH \\ \| \\ R-CH_2-N \end{array} \xrightarrow{H_2} \begin{array}{c} R-CH_2 \\ | \\ R-CH_2-NH \end{array}$$

Führt man die Hydrierung mit Raney-Nickel in flüssigem Ammoniak und unter Überdruck aus, so fungiert NH_3 als Nucleophil an Stelle des primären Amins, und die Ausbeuten werden recht hoch.

Bereits erwähnt wurde die *katalytische Reduktion* von Estern über Kupferchromit (S. 637) welche auch die entsprechenden Alkohole liefert.

18.10 Reduktion von Carbonsäuren und ihren Derivaten

Reduktion zum Aldehyd. Die Überführung von Carbonsäuren oder ihrer Derivate in Aldehyde ist präparativ recht wichtig, da einerseits Säuren relativ leicht zugänglich sind, Aldehyde andererseits oft nur schwierig auf andere Weise herzustellen sind. Da die —CHO-Gruppe leicht weiter reduziert wird, sind *möglichst selektive Methoden* erforderlich.

Carbonsäuren selbst können nur durch Lithium in Ethanamin zu Aldehyden reduziert werden. Die Ausbeuten sind meist niedrig. Bessere Ergebnisse erhält man bei der Reduktion von *Estern, Acylhalogeniden, Amiden* und *Nitrilen*. Zur Überführung eines *Esters* in den entsprechenden Aldehyd kann man nach **McFadyn** und **Stevens** den Ester zuerst in das Hydrazid umwandeln, dieses mit Benzensulfonylchlorid behandeln und das Produkt durch basenkatalysierte Hydrolyse spalten. Die Reaktionsfolge ist aber nur für aromatische Aldehyde brauchbar, und zudem sind die Ausbeuten oft nur mäßig hoch.

$$\text{ArCOOEt} \xrightarrow[-\text{EtOH}]{N_2H_4} \text{ArC}\begin{smallmatrix}O\\NHNH_2\end{smallmatrix} \xrightarrow[-HCl]{H_5C_6SO_2Cl} \text{Ar}-\text{C}\begin{smallmatrix}O\\NHNHSO_2C_6H_5\end{smallmatrix}$$

$$\downarrow \begin{matrix}H_2O\\OH^\ominus\end{matrix}$$

$$\text{Ar}-\text{C}\begin{smallmatrix}O\\H\end{smallmatrix} + N_2 + H_5C_6SO_3H$$

Eine bekannte Methode zur Reduktion von *Säurechloriden* ist die katalytische Hydrierung unter Verwendung von Pd als Katalysator (auf BaSO$_4$ oder Aktivkohle), die sogenannte **Rosenmund-Reaktion**:

$$R-C\begin{smallmatrix}O\\Cl\end{smallmatrix} \xrightarrow{H_2/Pd} R-C\begin{smallmatrix}O\\H\end{smallmatrix} + HCl$$

Um die Weiterreaktion des Aldehyds zu vermeiden, muß die Temperatur so niedrig wie möglich gehalten werden. Gewöhnlich führt man die Reduktion in siedendem Toluen oder Xylen durch; sie kann dadurch messend verfolgt werden, daß man den entstandenen Chlorwasserstoff in Standard-Base auffängt. Oft ist es zweckmäßig, einen durch Schwefel etwas vergifteten Katalysator zu verwenden. Die Ausbeuten sind recht gut, auch bei sterisch gehinderten Verbindungen, wie z. B. bei Mesitylencarbonsäurechlorid:

Mesitylen-COCl $\xrightarrow{H_2/Pd}$ Mesitylen-CHO

Lithium-tri-*tert*-butoxyaluminiumhydrid, Li[(*tert*-BuO)$_3$AlH], (das aus LiAlH$_4$ und *tert*-Butylalkohol in Ether erhalten werden kann) ist ein zur Reduktion von Acylhalogeniden zu Aldehyden ebenfalls sehr gut geeignetes Reduktionsmittel. Man arbeitet in einer Lösung von Diglyme bei −78 °C; dieses Reagens hat gegenüber der katalytischen Hydrierung den Vorteil, daß Nitro-, Cyano- und Ester-Gruppen nicht angegriffen werden.

LiAlH$_4$ reduziert *disubstituierte Amide* zu Aldehyden, vorausgesetzt, daß die Reaktionstemperatur niedrig gehalten werden kann:

$$R-\underset{\underset{O}{\|}}{\overset{\overset{\ominus}{H}\overset{|}{\top}AlH_3}{C}}-NR'_2 \quad \rightarrow \quad R-\underset{\underset{O^\ominus}{|}}{CH}-NR'_2 \quad \xrightarrow{H_2O} \quad \left(R-CH\underset{OH}{\overset{NR'_2}{<}}\right) \quad \rightarrow \quad R-CHO \;+\; HNR'_2$$

Um entsprechende Ausgangsstoffe zu bekommen, setzt man gewöhnlich ein Acylhalogenid mit N-Methylanilin um.

Nitrile schließlich lassen sich ebenfalls zu Aldehyden reduzieren, wenn man sie zu einer Suspension von $SnCl_2$ in Ether, die mit Chlorwasserstoff gesättigt ist, hinzugibt. Die Reduktion verläuft gemäß folgendem Mechanismus (bei Raumtemperatur):

$$R-C\equiv N \xrightarrow{H\overset{..}{C}l} \left[R-C\underset{NH}{\overset{Cl}{<}}\right] \xrightarrow{SnCl_2, H^\oplus} \left[R-CH=NH\right] \xrightarrow{H_2O} R-CHO$$

Auch durch Einwirkung von Lithium-tri-ethoxyaluminiumhydrid, $Li(EtO)_3AlH$, auf Nitrile lassen sich Aldehyde gewinnen. Beide Reaktionswege bieten eine Möglichkeit zur Überführung von Carbonsäuren in den Aldehyd, wenn man die katalytische Hydrierung umgehen will.

18.11 Reduktion stickstoffhaltiger funktioneller Gruppen

Reduktion von Nitroverbindungen. Trotz der zum Teil großen praktischen Bedeutung der Reduktion von Nitrobenzen ist ihr Mechanismus noch nicht völlig geklärt. In neutraler bis schwach saurer (mit NH_4Cl gepufferter) Lösung läßt sich *Phenylhydroxylamin* als Reduktionsprodukt fassen. Führt man die Reduktion in alkalischer Lösung und mit schwachen Reduktionsmitteln (Glucose, Natriumarsenit) aus, so entsteht *Azoxybenzen* als Produkt der Reduktion. Seine Bildung erfolgt wahrscheinlich in der Weise, daß sich unter diesen Bedingungen zunächst Nitrosobenzen bildet, welches mit gleichzeitig entstandenem Phenylhydroxylamin zu Azoxybenzen kondensiert:

$$Ar-N=O \;+\; Ar-NHOH \quad \rightarrow \quad Ar-\underset{\underset{O^\ominus}{|}}{\overset{\oplus}{N}}=N-Ar \;+\; H_2O$$

Diese Bildung des Azoxybenzens entspricht formal einer Addition von Phenylhydroxylamin an die Nitrosogruppe, analog etwa der Addition von Derivaten des Ammoniaks an Carbonylgruppen. Die ESR-Spektren zeigen indessen, daß die Reaktion bei Gegenwart einer Base auf eine andere Weise (über freie *Radikale* bzw. *Radikal-Anionen*) abläuft:

$$Ar-NO \;+\; Ar-NHOH \xrightarrow{-2H^\oplus} 2\,Ar-\overset{\odot}{N}-O^\ominus$$

$$2\,Ar-\overset{\odot}{N}-O^\ominus \quad \rightarrow \quad Ar-\underset{\underset{O^\ominus}{|}}{\overset{\overset{O^\ominus}{|}}{N}}-N-Ar \xrightarrow[-H_2O]{2H^\oplus} Ar-\underset{\underset{O^\ominus}{|}}{\overset{\oplus}{N}}=N-Ar$$

Tabelle 18.5. Produkte der Reduktion von Nitrobenzen bei Verwendung verschiedener Reduktionsmittel und verschiedener Reaktionsbedingungen

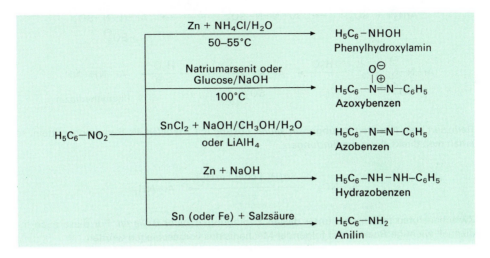

Tatsächlich zeigt die Kupplung von mit ^{15}N-markiertem Phenylhydroxylamin mit Nitrosobenzen, das mit ^{18}O markiert ist, daß beide N- und O-Atome gleichwertig werden. (Nitrosobenzen kann nicht durch Reduktion von Nitrobenzen erhalten werden, sondern muß durch Oxidation von Phenylhydroxylamin mit $K_2Cr_2O_7$ in H_2SO_4 hergestellt werden.) Verwendet man zur Reduktion von Nitrobenzen stärkere Reduktionsmittel und wird die Reaktion ebenfalls in basischem Milieu ausgeführt, so erhält man *Azobenzen*, wahrscheinlich über Azoxybenzen als Zwischenstufe:

$$2\ Ar-NO_2 \xrightarrow{\text{SnCl}_2 / \text{NaOH}} Ar-N=N-Ar$$

Auch LiAlH$_4$ reduziert Nitrobenzen ebenso wie Nitrosobenzen nahezu quantitativ zu Azobenzen. *Hydrazobenzen*, eine weitere Stufe der Reduktion, kann entweder aus Nitrobenzen mit Zink und NaOH oder durch katalytische Hydrierung von Azobenzen erhalten werden. Unter dem Einfluß starker Säuren lagert sich Hydrazobenzen in das zur Gewinnung von Farbstoffen wichtige *Benzidin*[1] um (S. 664):

Benzidin

---

[1] Benzidin ist cancerogen und sollte im Labor, wenn möglich, durch Tetramethylbenzidin ersetzt werden.

Phenylhydrazin entsteht durch Reduktion von Phenyldiazoniumchlorid mit Sulfit:

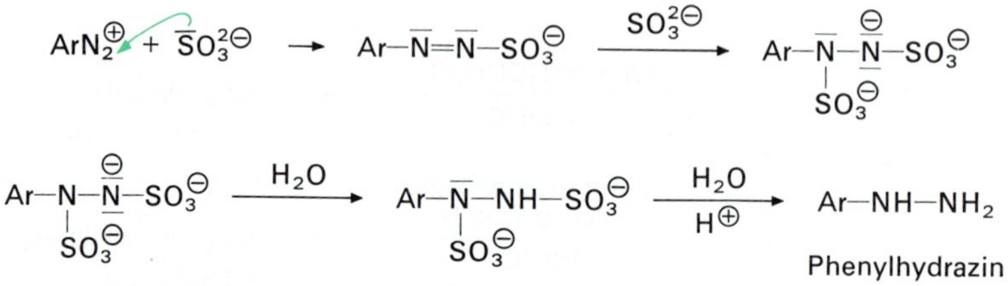

$$ArN_2^{\oplus} + SO_3^{2\ominus} \longrightarrow Ar-\bar{N}=\bar{N}-SO_3^{\ominus} \xrightarrow{SO_3^{2\ominus}} Ar-\underset{SO_3^{\ominus}}{\overset{\ominus}{\bar{N}}}-\bar{N}-SO_3^{\ominus}$$

$$Ar-\underset{SO_3^{\ominus}}{\overset{\ominus}{\bar{N}}}-\bar{N}-SO_3^{\ominus} \xrightarrow{H_2O} Ar-\underset{SO_3^{\ominus}}{\bar{N}}-NH-SO_3^{\ominus} \xrightarrow[H^{\oplus}]{H_2O} Ar-NH-NH_2$$

Phenylhydrazin

Reduziert man Nitroverbindungen *in saurer Lösung* mit *Metallen* als Reduktionsmitteln, so erhält man direkt *Aminoverbindungen*:

$$Ar-NO_2 \xrightarrow{Sn/HCl \text{ oder } Fe/HCl} Ar-NH_2$$

Zwischenstufen lassen sich unter diesen Bedingungen *nicht isolieren*. Für diese auch industriell wichtige Reaktion ist folgender Mechanismus vorgeschlagen worden:

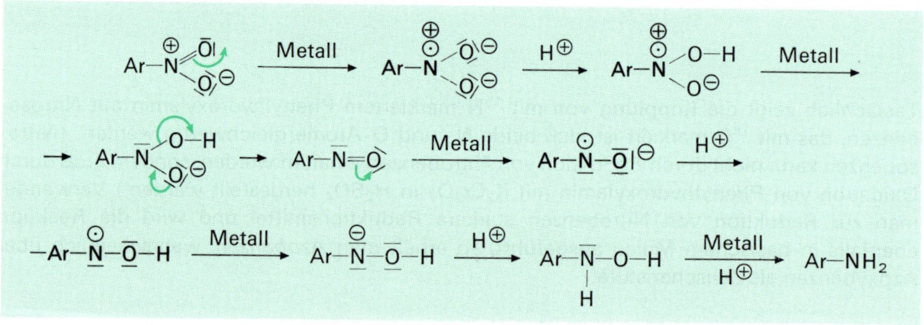

$$Ar-\overset{\oplus}{N}\underset{O^{\ominus}}{\overset{\bar{O}}{\diagup}} \xrightarrow{Metall} Ar-\overset{\oplus}{N}\underset{O^{\ominus}}{\overset{O^{\ominus}}{\diagup}} \xrightarrow{H^{\oplus}} Ar-\overset{\oplus}{N}\underset{O^{\ominus}}{\overset{O-H}{\diagup}} \xrightarrow{Metall}$$

$$\longrightarrow Ar-\overset{}{N}\underset{O^{\ominus}}{\overset{O-H}{\diagup}} \longrightarrow Ar-\bar{N}=\bar{O} \xrightarrow{Metall} Ar-\overset{\ominus}{\bar{N}}-\bar{O}| \xrightarrow{H^{\oplus}}$$

$$-Ar-\overset{\ominus}{\bar{N}}-\bar{O}-H \xrightarrow{Metall} Ar-\bar{N}-\bar{O}-H \xrightarrow{H^{\oplus}} Ar-\underset{H}{\bar{N}}-O-H \xrightarrow[H^{\oplus}]{Metall} Ar-NH_2$$

Durch Reduktion mit $SnCl_2$ lassen sich Nitroverbindungen mit einem α-H-Atom auch in *Oxime* überführen:

$$R-CH_2NO_2 \xrightarrow{SnCl_2} R-CH=NOH$$

Schließlich läßt sich eine *Nitrogruppe* durch Reduktion auch *entfernen*; die Reduktion führt dann zur niedrigsten Oxidationsstufe, dem Kohlenwasserstoff:

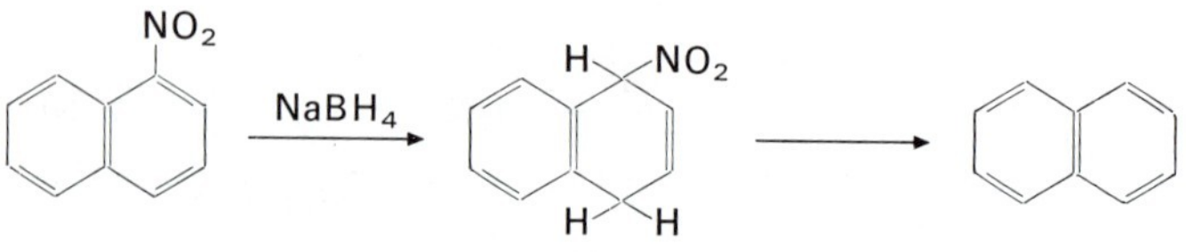

Die Reaktion folgt dann einem Additions-Eliminations-Mechanismus (1,4-Addition von $H^{\ominus}$).

18.11 Reduktion stickstoffhaltigen funktioneller Gruppen

Nitroverbindungen können auch **elektrolytisch reduziert** werden, wobei die Reaktion über folgende Stufen verläuft:

$$Ar-\overset{\oplus}{N}\underset{O^{\ominus}}{\overset{O}{\diagdown}} \xrightarrow{2e^{\ominus}, H^{\oplus}} Ar-N\underset{O^{\ominus}}{\overset{OH}{\diagdown}} \xrightarrow{-OH^{\ominus}} Ar-N=O \xrightarrow{2e^{\ominus}, 2H^{\oplus}} Ar-NHOH \xrightarrow[-OH^{\ominus}]{2e^{\ominus}, H^{\oplus}} Ar-NH_2$$

(Näheres siehe Bd. II).
Von allen diesen Reaktionen ist die Überführung der Nitro- in die Aminogruppe für die Laboratoriumspraxis am wichtigsten. Enthält die als Ausgangssubstanz dienende Nitroverbindung weitere reduzierbare Gruppen, so muß das Reduktionsmittel so gewählt werden, daß diese nicht angegriffen werden. Aus diesem Grund ist die Verwendung von Zinn (oder Eisen) und Salzsäure oft ungünstig, da dieses Reduktionsmittel zu wenig selektiv wirkt. Sind keine C—C-Doppel- oder Dreifachbindungen vorhanden, so wird man zweckmäßigerweise die Reduktion durch **katalytische Hydrierung** durchführen:

[p-NO₂-C₆H₄-COOEt] $\xrightarrow[20°C, 1\ bar]{H_2/Pt}$ [p-NH₂-C₆H₄-COOEt]

Auch relativ *schwache* **Elektronenüberträger** ($Fe^{2\oplus}$) lassen sich als Reduktionsmittel verwenden:

[o-NO₂-C₆H₄-CHO] $\xrightarrow{FeSO_4/NH_3, H_2O}$ [o-NH₂-C₆H₄-CHO]

Die *selektive Reduktion* einer *einzigen Nitrogruppe* bei Di- oder Polynitroverbindungen ist mittels **Natriumsulfid** möglich. Auch die *katalytische Hydrierung* (mit Cyclohexen als Wasserstoffspender) führt zum selben Ziel:

[m-Dinitrobenzol] $\xrightarrow[\text{Cyclohexen} + Pd]{Na_2S/NH_4Cl,\ 80°C}$ [m-Nitroanilin]

Reduktion von Oximen und Azoverbindungen. *Oxime* lassen sich durch *elektronenübertragende Reagentien* (**Natrium in Ethanol**) oder **katalytisch** mit Wasserstoff zu Aminen reduzieren:

$$R-CH=NOH \xrightarrow{Na/C_2H_5OH} R-CH_2-NH_2$$

18 Oxidationen und Reduktionen

Auch **LiAlH₄** läßt sich für diese Reaktion als Reduktionsmittel verwenden. Die katalytische Hydrierung ergibt stets auch etwas sekundäres Amin als Nebenprodukt (Umlagerung!).

Wie schon erwähnt, lassen sich *Azoverbindungen* durch LiAlH₄ in *Hydrazoverbindungen* überführen. Durch Reduktion mit **Natriumdithionit** («Natriumhyposulfit» Na$_2$S$_2$O$_4$) läßt sich die —N=N-Doppelbindung spalten, so daß *Amine* entstehen. Da Azoverbindungen durch Kupplung mit Diazoniumsalzen leicht zugänglich sind, bietet diese Reaktion in gewissen Fällen eine günstige Möglichkeit zur Einführung von Aminogruppen. *p*-Aminophenol läßt sich beispielsweise durch nachstehende Reaktionsfolge erhalten:

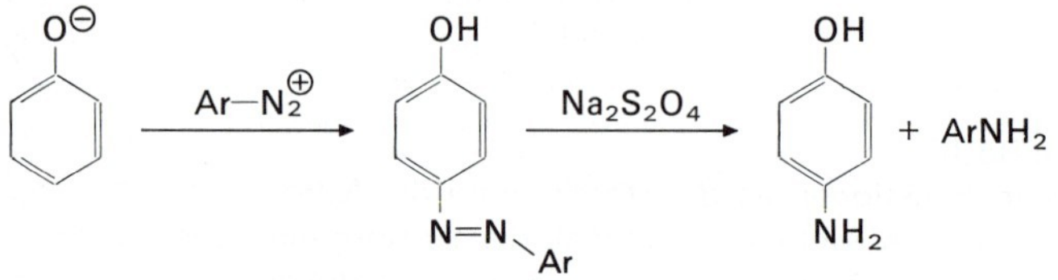

$$\text{C}_6\text{H}_5\text{O}^\ominus \xrightarrow{\text{Ar-N}_2^\oplus} \text{HO-C}_6\text{H}_4\text{-N=N-Ar} \xrightarrow{\text{Na}_2\text{S}_2\text{O}_4} \text{HO-C}_6\text{H}_4\text{-NH}_2 + \text{ArNH}_2$$

19 Umlagerungen

In den bisher behandelten Kapiteln über organische Reaktionen war verschiedentlich von Umlagerungen die Rede, die als Konkurrenzreaktionen zu anderen Vorgängen auftreten können, wobei meist auch schon die Erklärung dafür, daß überhaupt eine Umlagerung möglich ist, gegeben wurde. In diesem Kapitel – dem letzten des 2. Teils dieses Buchs – sollen einige wichtige Typen von Umlagerungsreaktionen zusammengestellt werden, wobei jeweils auch auf die Anwendung derartiger Reaktionen in der präparativen Praxis hingewiesen wird.

19.1 Allgemeines

Viele Umlagerungsreaktionen verlaufen *schrittweise*, wobei sich insgesamt ein Atom oder eine Atomgruppe von einem zu einem anderen Atom desselben Moleküls verschiebt. Am häufigsten treten sogenannte *1,2-Verschiebungen* auf, d. h. Wanderungen der Gruppe von einem Atom zu einem *Nachbaratom*:

$$\begin{array}{c} W \\ | \\ -A-B- \\ | \quad | \end{array} \longrightarrow \begin{array}{c} W \\ | \\ -A-B- \\ | \quad | \end{array}$$

Es lassen sich dabei grob gesprochen folgende Typen von Umlagerungen unterscheiden:

(a) Die umgelagerte Gruppe W wandert mit dem ursprünglichen Bindungselektronenpaar. Das Nachbaratom B muß dann ein Elektronensextett besitzen, damit es die neue Bindung zur Gruppe W bilden kann. Man bezeichnet solche Reaktionen als **anionotrope** oder «**Sextett-Umlagerungen**».

(b) Das Bindungselektronenpaar der A—W-Bindung verbleibt beim Atom A; die Gruppe W wandert als Kation und wird von einem freien Elektronenpaar des Atoms B gebunden: **kationotrope** (oder im Fall der Verschiebung eines Protons) **prototrope Umlagerungen**.

(c) Wandert die Gruppe W zusammen mit einem einzelnen Elektron (die A—W-Bindung wird dann homolytisch getrennt), so liegt eine Radikalumlagerung vor. Diese Art Umlagerung ist verhältnismäßig selten und wird hier nicht weiter betrachtet.

Die große Mehrzahl aller Umlagerungsreaktionen gehört zur Gruppe der anionotropen Umlagerungen. Das an A gebundene wandernde Atom kann ein Halogenatom, ein O-, S-, N-, C- oder H-Atom sein. Weil das Atom B (sofern es sich um ein Atom der ersten Periode handelt) nur ein Elektronensextett besitzen darf, verläuft die *ganze Umlagerungsreaktion* im Prinzip *in drei Schritten*, von denen nur der zweite die eigentliche Umlagerungsreaktion ausmacht: Schaffung des Elektronensextetts bei B durch Abtrennung einer nucleophilen Abgangsgruppe, Wanderung der Gruppe W von A zu B, und Reaktion des Atoms A mit einem Nucleophil, so daß das dort vorübergehend auftretende Elektronensextett wieder verschwindet. Als Beispiel diene die **Neopentylumlagerung**:

$$H_3C-\underset{\underset{CH_3}{|}}{\overset{\overset{CH_3}{|}}{C}}-CH_2-Cl \longrightarrow H_3C-\underset{\underset{CH_3}{|}}{\overset{\overset{CH_3}{|}}{C}}-\overset{\oplus}{C}H_2 + Cl^{\ominus} \qquad (1)$$

$$H_3C-\overset{\oplus}{\underset{\underset{CH_3}{|}}{C}}-\overset{\overset{CH_3}{|}}{C}H_2 \longrightarrow H_3C-\underset{\underset{CH_3}{|}}{\overset{\overset{CH_3}{|}}{C}}-\overset{\oplus}{C}H-CH_3 \qquad (2)$$

$$H_3C-\overset{\oplus}{\underset{\underset{CH_3}{|}}{C}}-CH_2-CH_3 + H_2O \longrightarrow H_3C-\underset{\underset{OH}{|}}{\overset{\overset{CH_3}{|}}{C}}-CH_2-CH_3 + H^{\oplus} \qquad (3)$$

Mechanismen anionotroper Umlagerungen. Bei der Neopentylumlagerung ist die Geschwindigkeit der Solvolyse (die ausschließlich zu umgelagerten Produkten führt) unabhängig von der Konzentration der Base und wächst in dem Maß, wie die Fähigkeit des Lösungsmittels, eine Ionisierung zu ermöglichen, zunimmt. Offensichtlich erfolgt die Bildung des Carbenium-Ions langsam, die *eigentliche Umlagerung* dagegen *relativ rasch*. Es ist deshalb in solchen Fällen nicht leicht zu entscheiden, ob die ersten beiden (oder eventuell alle drei) Reaktionsschritte wirklich *nacheinander* und nicht mehr oder weniger *synchron* verlaufen. Ist das Atom B ein Chiralitätszentrum und tritt bei der Umlagerung an einem Enantiomer *Racemisierung* der Konfiguration von B ein, so darf man annehmen, daß der erste Schritt etwas vor dem zweiten Schritt eintritt und daß also das Atom B tatsächlich während einer kurzen Zeitspanne ein Elektronensextett besitzt (d. h. im Fall, wo das Atom B ein C-Atom ist, während kurzer Zeit Carbeniumion-Charakter angenommen hat):

$$\underset{(I)}{\overset{W}{\underset{|}{\overset{|}{\alpha}C}}-\overset{|}{\underset{|}{\overset{\beta}{C}}}-X} \xrightarrow{-X^{\ominus}} \underset{(II)}{\overset{W}{\underset{|}{\overset{|}{-C}}}-\overset{\oplus}{\underset{|}{C}}-} \longrightarrow \underset{(III)}{\overset{W}{\underset{|}{\overset{|}{-\overset{\oplus}{C}}}}-\overset{|}{\underset{|}{C}}-} \xrightarrow{+Y^{\ominus}} \underset{(IV)}{\overset{W}{\underset{|}{\overset{|}{Y-C}}}-\overset{|}{\underset{|}{C}}-}$$

In bezug auf das β-C-Atom ist dies eine S_N1-Reaktion. – Die umgelagerte Gruppe W verläßt aber das Molekül nie vollständig, so daß während einer bestimmten (sehr kurzen oder eventuell auch längeren) Zeit die wandernde Gruppe vom α- und vom β-C-Atom gleich weit entfernt ist und zwischen den Stadien II und III als *aktivierter Komplex* oder *Zwischenstoff* ein verbrücktes Gebilde (1) auftreten muß:

$$-\overset{W}{\underset{|}{\overset{|}{C}}}-\overset{\oplus}{\underset{|}{C}}- \longrightarrow -\overset{}{\underset{|}{C}}\underset{(1)}{\overset{W}{\triangle}}\overset{}{\underset{|}{C}}- \longrightarrow -\overset{\oplus}{\underset{|}{C}}-\overset{W}{\underset{|}{\overset{|}{C}}}-$$

Tritt aber am β-C-Atom *Konfigurationsumkehr* ein, so verlaufen die beiden ersten Schritte (I → II und II → III) wahrscheinlich synchron, d. h., es tritt *kein Carbenium-Ion als Zwischenprodukt* auf, und der Prozeß als Ganzes gleicht einer S_N2-Reaktion:

19.2 Wanderungen zu C-Atomen (Anionotrope Umlagerungen) 647

$$-\overset{W}{\underset{|}{C}}-\overset{|}{\underset{|}{C}}-X \longrightarrow -\overset{W}{\underset{|}{C}\overset{\oplus}{\triangle}\underset{|}{C}}- \longrightarrow -\overset{\oplus}{\underset{|}{C}}-\overset{W}{\underset{|}{C}}- \xrightarrow{+Y^{\ominus}} Y-\overset{|}{\underset{|}{C}}-\overset{W}{\underset{|}{C}}-$$
(1)

Weil die umgelagerte Gruppe W hier gewissermaßen «mithilft», die Abgangsgruppe X vom Molekül abzutrennen, spricht man auch hier – ebenso wie bei S_N-Reaktionen (S. 342) – von «*Nachbargruppeneffekten*». Im Gegensatz zur Umlagerung bleibt bei einer Substitution die Nachbargruppe W aber während der ganzen Reaktion an das α-C-Atom gebunden, und die W—C-Bindung wird nicht getrennt.

Nach Cram tritt der S_N1-ähnliche Ablauf dann auf, wenn das β-C-Atom ein tertiäres C-Atom ist oder neben einem Aryl- mindestens einen weiteren Aryl- oder Alkylsubstituenten trägt, denn in diesem Fall kann sich durch Austritt der Abgangsgruppe ein relativ stabiles Carbeniumion bilden. In allen übrigen Fällen – und sie sind die Mehrzahl! – ist aber der S_N2-ähnliche Ablauf – Austritt der Abgangsgruppe und Umlagerung synchron – wahrscheinlicher.

19.2 Wanderungen zu C-Atomen

Damit bei einer anionotropen Umlagerungsreaktion eine Wanderung zu einem C-Atom eintreten kann, muß ein C-Atom mit einem *Elektronensextett*, d. h. ein **Carbenium-Ion**, gebildet werden. Dies kann auf verschiedene Arten geschehen:

(a) aus einem *Halogenalkan* durch *Dissoziation* in einem stark polaren Lösungsmittel oder bei Zusatz einer Lewis-Säure ($Ag^{\oplus}$, $HgCl_2$)
(b) aus einem *Alkohol*, der nach Zusatz einer starken Säure ein H_2O-Molekül abspaltet
(c) aus einem *primären Amin* durch Behandlung mit *salpetriger Säure* (wobei sich zuerst ein Diazonium-Ion bildet, das anschließend N_2 abspaltet)
(d) durch Addition eines $H^{\oplus}$-Ions an ein *Alken*

Kann sich ein auf irgendeine Art und Weise entstandenes *Carbenium-Ion* durch eine 1,2-Verschiebung eines H-Atoms, einer Alkyl- oder einer Arylgruppe *stabilisieren*, so ist eine *Umlagerung* zu erwarten. Bekannte Beispiele solcher Reaktionen sind die schon kurz besprochenen Wagner-Meerwein- und Pinakol-Umlagerungen (S. 360 und S. 371).

Wagner-Meerwein-Umlagerungen. Behandelt man *Alkohole* mit *Säure*, so wird entweder die *Hydroxylgruppe* substituiert oder es wird (unter Bildung einer C=C-Doppelbindung) *Wasser eliminiert*. Gewisse Alkohole, insbesondere solche, die am α-C-Atom zwei oder drei Alkyl- oder Arylgruppen tragen, liefern dabei vorzugsweise oder ausschließlich *umgelagerte* Produkte. Das Carbenium-Ion, das durch die Umlagerung entsteht, kann entweder ein Proton verlieren, so daß man ein (umgelagertes) Alken erhält, oder mit einem Nucleophil (am häufigsten Wasser) reagieren, so daß sich ein (umgelagerter) *Alkohol* oder eventuell ein anderes Substitutionsprodukt bildet. Selbstverständlich können Umlagerungen dieses Typus auch dann eintreten, wenn das Carbenium-Ion nicht aus einem Alkohol, sondern aus einer *Halogenverbindung*, einem *Amin* oder einem *Alken* entstanden ist.

Beispiele:

(1) $(C_6H_5)_3C-CH_2-Br \xrightarrow{\text{Solvolyse}} (C_6H_5)_2\overset{\oplus}{C}-CH_2-C_6H_5 \xrightarrow[-H^{\oplus}]{} (C_6H_5)_2C=CH-C_6H_5$
«Neophylbromid»

(2) $(CH_3)_3C-CH_2-Cl \xrightarrow{OH^{\ominus}} (CH_3)_2C=CH-CH_3$

(3) $H_3C-CH_2-CH_2-Br \xrightarrow{AlBr_3} H_3C-\underset{\underset{Br}{|}}{CH}-CH_3$

Bei den Reaktionen (1) und (2) stabilisiert sich ein primäres Carbenium-Ion, indem es sich in ein tertiäres Ion umlagert. Im Fall der Reaktion (1) wird diese Umlagerung durch die Bildung eines intermediär auftretenden *Phenonium-Ions* (S. 343) erleichtert:

$$Ph-\underset{\underset{Ph}{|}}{C}-CH_2-Br \rightarrow Ph_2C\overset{\oplus}{-\!\!\!-\!\!\!-}CH_2 \rightarrow Ph_2\overset{\oplus}{C}-CH_2$$

Weil sich hier (an Stelle des protonierten Cyclopropanringes) ein mesomeriestabilisiertes Phenonium-Ion als Zwischenstoff bilden kann, wandern Arylgruppen bei Umlagerungen ganz besonders leicht. Die Geschwindigkeit der Reaktion (1) ist deshalb bedeutend höher als z. B. die Geschwindigkeit der formal analogen Neopentylumlagerung. Selbstverständlich reagiert das entstandene, tertiäre Carbenium-Ion weiter; im angegebenen Fall entsteht durch Abspaltung eines Protons ein Alken.

Auch bei der Reaktion (2) stabilisiert sich das durch die Umlagerung – durch Wanderung einer Methylgruppe – entstandene tertiäre Carbenium-Ion durch Abspaltung eines Protons. Gemäß der Saytzew-Regel entsteht dabei das stabilere, an der Doppelbindung stärker substituierte Alken:

$$H_3C-\underset{\underset{CH_3}{|}}{\overset{\overset{CH_3}{|}}{C}}-\overset{\oplus}{C}H_2 \xrightarrow{\text{Umlagerung}} H_3C-\underset{\oplus}{\overset{\overset{CH_3}{|}}{C}}-CH_2CH_3 \rightarrow H_3C-\overset{\overset{CH_3}{|}}{C}=CH-CH_3$$

$$\not\rightarrow H_2C=\overset{\overset{CH_3}{|}}{C}-CH_2-CH_3$$

Das Beispiel (3) zeigt schließlich die Umlagerung eines primären Carbenium-Ions in ein sekundäres Carbenium-Ion durch *Hydrid-Verschiebung*:

$$H_3CCH_2CH_2Br + AlBr \rightarrow H_3CCH_2\overset{\oplus}{C}H_2 + AlBr_4^{\ominus}$$
$$\downarrow$$
$$H_3C-\overset{\oplus}{C}H-CH_3 + AlBr_4^{\ominus} \rightarrow H_3C-\underset{\underset{Br}{|}}{CH}-CH_3$$

19.2 Wanderungen zu C-Atomen (Anionotrope Umlagerungen)

Diese Reaktion bietet gleichzeitig ein Beispiel dafür, daß anschließend an die Umlagerung ein Nucleophil gebunden und nicht ein $H^\oplus$-Ion abgespalten wird.

In gewissem Sinn können Wagner-Meerwein-Umlagerungen auch als *elektrophile Substitutionen am wandernden C-Atom* aufgefaßt werden. Es ist darum zu erwarten, daß diejenigen Atomgruppen am leichtesten verschoben werden, welche durch ein Elektrophil am leichtesten angegriffen werden. Experimente an Pinakolen haben tatsächlich gezeigt, daß die Fähigkeit zur 1,2-Wanderung in folgenden Reihen nach rechts abnimmt:

$$\text{Ar} > \text{Alkyl} > \text{H} \qquad \textit{tert}\text{-Butyl} > \text{Isopropyl} > \text{Ethyl} > \text{Methyl} > \text{H}$$

$$p\text{-}H_3COC_6H_4 > p\text{-}H_3CC_6H_4 > C_6H_5 > p\text{-}ClC_6H_4$$

Wagner-Meerwein-Umlagerungen verlaufen stets **stereospezifisch**. Die wandernde Gruppe nähert sich dabei dem Carbenium-C-Atom von «hinten», d. h. entgegengesetzt zur Richtung, in welcher sich der von diesem C-Atom abgetrennte Substituent wegbewegen muß. Am Sextett-C-Atom tritt somit *Konfigurationsumkehr* ein. Die Stereospezifität von Wagner-Meerwein-Umlagerungen ist insbesondere bei Reaktionen *alicyclischer Ringsysteme* wichtig. (Zur Behandlung nach der MO-Methode siehe Bd. II.)

Besonders häufig treten 1,2-Verschiebungen dieser Art bei *Reaktionen bicyclischer Verbindungen* auf. Sehr gut untersucht sind Umlagerungen an Derivaten des Bicyclo [2.2.1]-heptans («Norbornans») und an α- bzw. β-Pinen.

Bicyclo [2.2.1] heptan
(Norbornan)

α-Pinen

β-Pinen

Als *Beispiele* mögen die beiden folgenden Reaktionen erwähnt werden:

(1) Behandelt man α- oder β-Pinen bei Temperaturen oberhalb 0°C mit HCl, so entsteht Bornylchlorid, das an Stelle einer 1,3-Brücke eine 1,4-Brücke (wie das Norbornan) besitzt.

Bornylchlorid

Interessant ist, daß sich hier ein tertiäres in ein sekundäres Carbenium-Ion umlagert (im Widerspruch zur üblichen Stabilitätsreihenfolge!), eine Folge der beim Bornyl-Ringskelett verminderten Ringspannung. Das sekundäre Carbenium-Ion ist zwar um etwa 62 kJ/mol energiereicher, jedoch erfolgt bei der Umlagerung ein Spannungsabbau um etwa 105 kJ/mol, so daß insgesamt ein Energiegewinn von etwa 43 kJ/mol resultiert.

(2) Die beiden Isomere Bornyl- und Isobornylchlorid unterscheiden sich durch die Stellung des Cl-Atoms (axial bzw. äquatorial). Beide liefern bei Behandlung mit einer Base unter Elimination von HCl und Wagner-Meerwein-Umlagerung Camphen. Camphen bildet sich auch aus den beiden entsprechenden Alkoholen (Borneol bzw. Isoborneol) unter dem Einfluß von Säure.

Bemerkenswert ist, daß Camphenhydrochlorid (das durch Addition von HCl an Camphen entsteht) unter dem Einfluß von Lewis-Säuren wiederum umgelagert wird und Isobornylchlorid liefert, also das Bornan-Gerüst zurückbildet.

Wenn sich eine positive Ladung auf einem C-Atom eines alicyclischen Ringes ausbildet, kann durch Alkylverschiebung **Ringverengung** eintreten. Die Reaktion ist reversibel, so daß umgekehrt ein Carbeniumion mit einem alicyclischen Ring in α-Stellung **Ringerweiterung** erfahren kann:

19.2 Wanderungen zu C-Atomen (Anionotrope Umlagerungen)

(Ebenso wie bei anderen Wagner-Meerwein-Umlagerungen können sich die Carbeniumionen mit einem Nucleophil verbinden.)
In solchen Fällen erhält man häufig *Gemische* von umgelagerten und nicht-umgelagerten Produkten. So liefern Cyclobutylamin und Cyclopropylmethylamin beim Behandeln mit salpetriger Säure ein nahezu gleich zusammengesetztes Gemisch der beiden möglichen Alkohole. Die Ringerweiterung verläuft insbesondere bei Fünf- oder Sechsringen recht gut. Das *Cyclobutyl-Kation* lagert sich bemerkenswert leicht in das *Cyclopropylmethyl-Kation* um (im Gleichgewicht sind beide in ungefähr gleichen Mengen vorhanden), da das Cyclopropylmethyl-Kation ein verhältnismäßig stabiles Carbenium-Ion ist. (Dies zeigt sich auch darin, daß Cyclopropylmethylderivate auffallend rasch solvolysiert werden.) Dieser Effekt beruht auf einer Delokalisation der positiven Ladung, an der auch die beiden σ-Bindungen zwischen den C-Atomen 2 und 3 bzw. 2 und 4 beteiligt sind, und die folgendermaßen beschrieben werden kann:

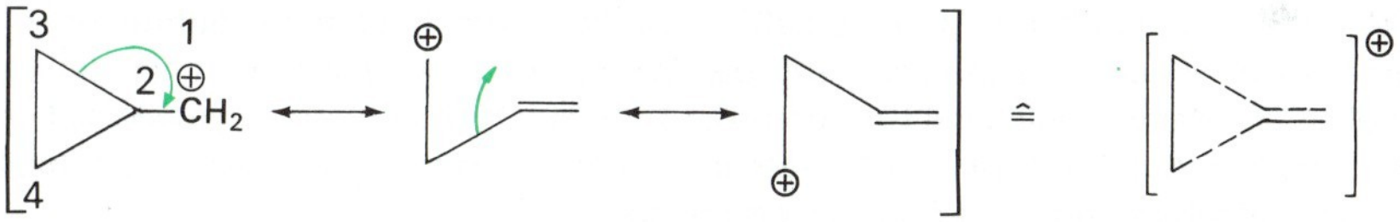

Das *Cyclopropyl-Kation* lagert sich dagegen unter «Ringverengung» leicht in ein *Allyl-Kation* um:

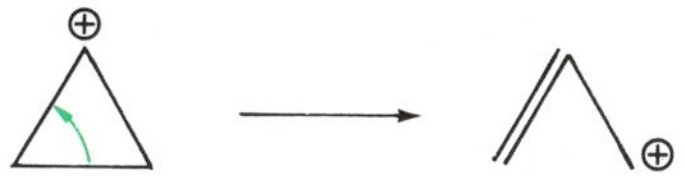

Diese Reaktion wird oft dazu benutzt, um Cyclopropylhalogenide unter Ringerweiterung in Produkte mit allylischer Doppelbindung umzuwandeln:

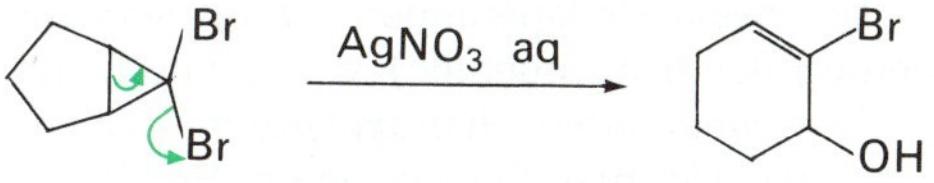

Pinakol-Umlagerung. Versucht man Pinakole (substituierte 1,2-Diole) durch Einwirkung von Säure zu dehydratisieren, so entstehen durch Wanderung einer Alkyl- (oder Aryl-) Gruppe Ketone («**Pinakol-Umlagerung**» vgl. auch S. 371):

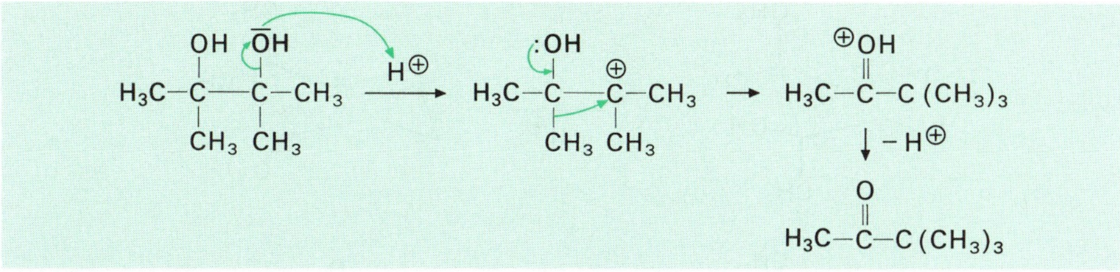

Die Pinakol-Umlagerung gleicht im Prinzip der Wagner-Meerwein-Umlagerung; im Unterschied zu dieser ist jedoch das umgelagerte Ion, die konjugierte Säure eines Ketons, stabiler als das durch 1,2-Verschiebung entstehende Carbenium-Ion einer Wagner-Meerwein-Umlagerung. Durch Reaktion mit Tetrahydrothiophen konnte das Carbenium-Ion abgefangen werden; ein Beweis für die Richtigkeit des angegebenen Mechanismus.

19 Umlagerungen

Wegen dieser erhöhten Stabilität des Reaktionsproduktes tritt die Pinakol-Umlagerung beträchtlich leichter ein als die Wagner-Meerwein-Umlagerung. Da sich Pinakole durch Reduktion von Carbonylverbindungen mittels Magnesium oder amalgamiertem Zink und Säure relativ leicht erhalten lassen, ist die Umlagerung von Pinakolen zur Synthese entsprechender Carbonylverbindungen präparativ wichtig.

Ebenso wie bei Wagner-Meerwein-Umlagerungen können auch hier sowohl Alkyl- und Aryl-Gruppen wie auch H-Atome umgelagert werden.

Meistens erfolgt die *Leichtigkeit der Wanderung* gemäß der bereits auf S. 649 angegebenen Reihenfolge, wobei Arylgruppen wiederum besonders leicht umgelagert werden. Sind aber die beiden *Hydroxyl-C-Atome nicht gleichartig substituiert*, so können sich verschiedene Umlagerungsprodukte bilden, je nachdem, von welchem C-Atom ein Wassermolekül abgetrennt wird und welche Gruppe verschoben wird. Mit anderen Worten, die Richtung der Umlagerung kann sowohl durch die Stabilität des entstehenden Carbenium-Ions wie durch die Fähigkeit zur 1,2-Verschiebung bestimmt werden. Untersuchungen an zahlreichen Pinakol-Umlagerungen haben gezeigt, daß die *Stabilität* des intermediär auftretenden *Carbenium-Ions* in erster Linie *die Richtung der Umlagerung bestimmt*; die unterschiedliche Leichtigkeit, mit der verschiedene Gruppen eine 1,2-Verschiebung erfahren, wirkt sich erst in zweiter Linie aus. Aus 1,1-Diphenyl-1,2-ethandiol entsteht dementsprechend ausschließlich Diphenylacetaldehyd und nicht Phenylacetophenon:

Ebenso wie bei Wagner-Meerwein-Umlagerungen erfolgt schließlich auch die Pinakol-Umlagerung (die Wanderung des Substituenten) von «hinten»; die *verschobene Gruppe* muß also *trans-ständig zur abgetrennten Hydroxylgruppe* stehen. Dies zeigt sich auch hier bei Umlagerungen an *alicyclischen Ringsystemen*. So liefert *cis*-1,2-Dimethyl-1,2-cyclohexandiol durch Methyl-Verschiebung 2,2-Dimethylcyclohexanon, während das *trans*-Isomer unter Ringverengung ein Derivat von Cyclopentan liefert:

Umlagerungen vom Typ der Pinakol-Umlagerung sind auch an anderen 1,2-disubstituierten Alkanen möglich. Präparativ von besonderem Interesse sind Umlagerungen an α-Aminoalkoholen («**Tiffeneau-Umlagerung**»; *Pinakol-Desaminierung*) unter der Einwirkung von salpetriger Säure (bzw. eines Gemisches von Salzsäure und $NaNO_2$). Der Verlauf dieser Reaktion ist insofern einfacher zu überblicken, als hier nur an einem (nicht zwei) C-Atom (Atomen) ein Elektronensextett auftreten kann (Bildung eines Carbenium-Ions durch Diazotierung der Aminogruppe und anschließende Elimination von N_2):

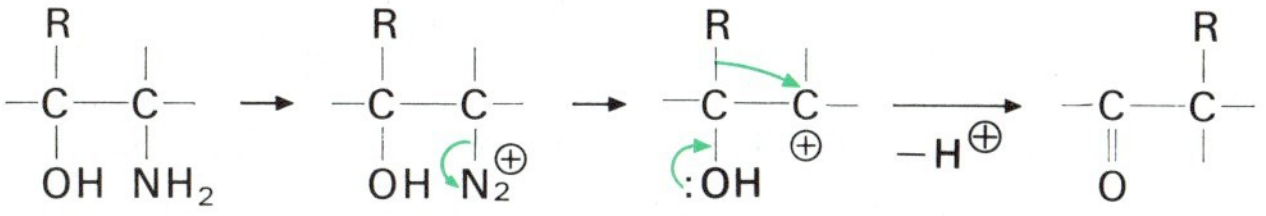

Als Beispiel einer derartigen, präparativ genutzten Synthese sei die von Cycloheptanon genannt:

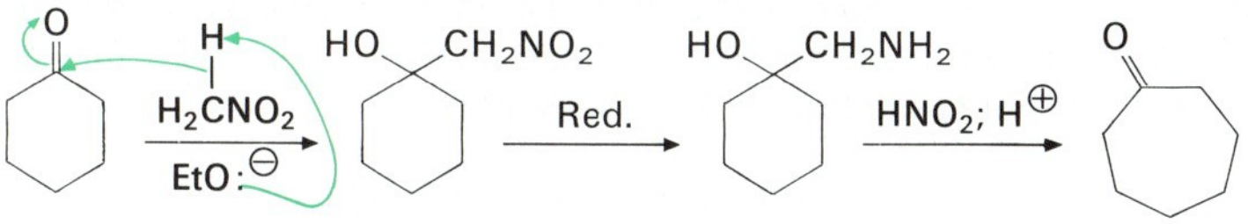

Dabei wird Cyclohexanon zuerst mit Nitromethan kondensiert (**Knoevenagel-Reaktion**). Durch Reduktion entsteht der α-Aminoalkohol, welcher zum Cycloheptanon umgelagert wird. Diese Reaktionsfolge – Ringerweiterung durch Umlagerung eines Carbenium-Ions, das aus einer $-CH_2NH_2$-Gruppe unter Einwirkung von HNO_2 entstanden ist – wird als **Demianow-Umlagerung** bezeichnet.

Isomerisierung von Aldehyden und Ketonen. Sind an das α-C-Atom von Carbonylverbindungen Gruppen gebunden, die zur 1,2-Verschiebung befähigt sind, so kann unter der Einwirkung von Säuren eine **Isomerisierung** eintreten:

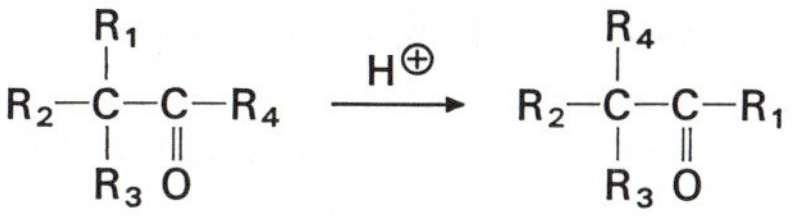

Die Gruppen R_2, R_3 und R_4 können Alkylgruppen oder Wasserstoffatome sein.

Auf diese Weise können **Aldehyde in Ketone** oder **Ketone in isomere Ketone** umgelagert werden (das letztere allerdings nur unter ziemlich drastischen Bedingungen); die Umwandlung eines Ketons in einen Aldehyd ($R_1 = H$) wurde bisher noch nicht beobachtet. Für die Umlagerung sind zwei Mechanismen denkbar, die gemäß den Ergebnissen von Versuchen mit radioaktiv markierten Substraten beide auch auftreten. In jedem Fall wird zuerst die Carbonylgruppe protoniert. Entweder wandern dann die beiden verschobenen Alkylgruppen in entgegengesetzter Richtung oder die Wanderung erfolgt nur in einer Richtung und als Zwischenprodukt tritt ein protoniertes Oxiran auf:

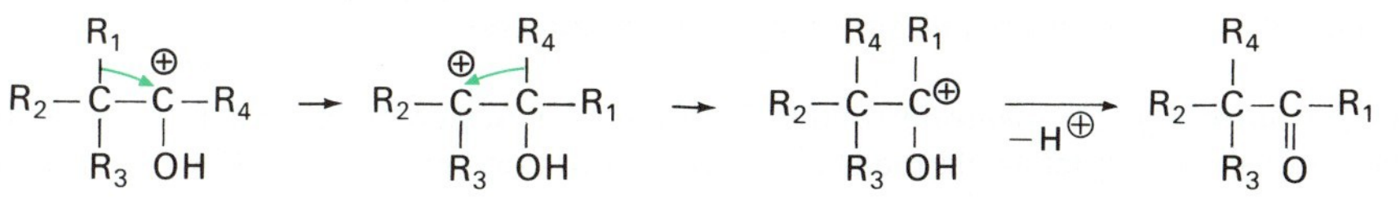

(1)

$$R_1-\underset{\underset{R_3:OH}{|}}{\overset{\overset{R_2}{|}}{C}}-\overset{\oplus}{\underset{\underset{}{|}}{C}}-R_4 \rightarrow R_1-\underset{\underset{\underset{H}{\overset{|}{O}\oplus}}{|}}{\overset{\overset{R_3}{|}}{C}}-\underset{\underset{}{|}}{\overset{\overset{R_4}{|}}{C}}-R_2 \rightarrow R_1-\underset{\underset{OH}{|}}{\overset{\overset{\oplus}{|}}{C}}-\underset{\underset{R_4}{|}}{\overset{\overset{R_3}{|}}{C}}-R_2 \xrightarrow{-H^{\oplus}} R_1-\underset{\underset{O}{||}}{\overset{\overset{R_3}{|}}{C}}-\underset{\underset{R_4}{|}}{\overset{|}{C}}-R_2 \quad (2)$$

α-Hydroxyaldehyde und -ketone zeigen dieselbe Umlagerung (**«α-Ketol-Umlagerung»**), doch tritt dann nur eine einzige Verschiebung auf:

$$R_2-\underset{\underset{OH}{|}}{\overset{\overset{R_1}{|}}{C}}-\underset{\underset{O}{||}}{\overset{|}{C}}-R_3 \xrightarrow{H^{\oplus}} R_2-\underset{\underset{O}{||}}{\overset{\overset{R_1}{|}}{C}}-\underset{\underset{OH}{|}}{\overset{|}{C}}-R_3$$

Isomerisierung von Alkanen. Auch bei diesen, technisch zur Gewinnung verzweigter Alkane für *hochklopffeste Treibstoffe* wichtigen Reaktionen treten *Carbeniumion-Umlagerungen* auf. Um die zur Einleitung der Isomerisierung erforderlichen Carbenium-Ionen zu erzeugen, benützt man $AlCl_3$ oder $AlBr_3$ als Katalysator und setzt dem Reaktionsgemisch kleine Mengen von Chlorwasserstoff und eines Alkens zu:

$$HCl + AlCl_3 \rightarrow H^{\oplus} AlCl_4^{\ominus}$$

$$\text{>C=C<} + H^{\oplus}AlCl_4^{\ominus} \rightarrow \left[-\underset{\underset{H}{|}}{\overset{|}{C}}-\overset{\oplus}{\underset{}{C}}- \right] Cl^{\ominus} + AlCl_3$$

Das Carbenium-Ion vermag von einem Alkan-Molekül, z. B. einem Molekül Pentan, ein Hydrid-Ion abzuspalten:

Durch zwei aufeinanderfolgende 1,2-Verschiebungen (Ethyl- und Hydrid-Verschiebung) bildet sich aus dem sekundären ein tertiäres Carbenium-Ion:

Dadurch, daß dieses tertiäre Carbenium-Ion von einem weiteren Pentanmolekül ein Hydrid-Ion abspaltet, wird die Reaktion fortgesetzt:

An solchen Isomerisierungen sind eine ganze Anzahl von Gleichgewichten beteiligt, so daß die Zusammensetzung des Produktgemisches die relative thermodynamische Stabilität der einzelnen Komponenten widerspiegelt. Bemerkenswert ist, daß sämtliche bekannten tricyclischen Kohlenwasserstoffe der Summenformel $C_{10}H_{16}$ unter der Wirkung von $AlCl_3$ zu Adamantan (S. 68) isomerisieren, das dank seiner symmetrischen, diamantähnlichen Konstitution thermodynamisch am stabilsten ist («Stabilomer»).

Wolff-Umlagerung. *Diazoketone* (durch Reaktion von Acylchloriden mit Diazomethan erhältlich) verlieren ziemlich leicht molekularen Stickstoff und lagern sich in Gegenwart von

19.2 *Wanderungen zu C-Atomen (Anionotrope Umlagerungen)* 655

festem Silberoxid in *Ketene* um. Man führt die Reaktion gewöhnlich unter Zusatz von Wasser oder eines Alkohols aus, so daß man direkt eine Carbonsäure bzw. einen Ester erhält. Die Gesamtreaktion (**Arndt-Eistert-Synthese**) bietet eine Möglichkeit zur Überführung einer Carbonsäure in ihr nächsthöheres Homologes.

$$RC-Cl + \ddot{C}H_2N_2 \xrightarrow{-Cl^{\ominus}} \left[R-\underset{\underset{O}{\|}}{C}-CH_2-\overset{\oplus}{N}\equiv N \right] \xrightarrow{-H^{\oplus}} \left[R-\underset{\underset{O}{\|}}{C}-CH=\overset{\oplus}{N}=\underset{}{\overset{\ominus}{N}} \leftrightarrow R-\underset{\underset{O}{\|}}{C}-\overset{\ominus}{CH}-\overset{\oplus}{N}\equiv N \right]$$

$$\downarrow -N_2$$

$$R-CH_2-COOH \xleftarrow{H_2O} R-CH=C=O \xleftarrow{} R-\underset{\underset{O}{\|}}{C}-\ddot{C}H$$

Keten

ein *Carben* als Zwischenprodukt

Das eigentliche Reaktionsprodukt ist also ein *Keten*, das anschließend mit Wasser (oder eventuell einem Alkohol oder einem Amin) weiterreagiert. Relativ stabile Ketene wie z. B. $Ph_2C=C=O$, ließen sich (auf anderem Wege) herstellen und isolieren.

Benzilsäure-Umlagerung. Behandelt man α-Diketone mit Hydroxid-Ionen, so erfahren sie eine Umlagerung und gehen in α-Hydroxysäuren über. Das bekannteste Beispiel einer solchen Reaktion ist die Umlagerung von *Benzil* in *Benzilsäure*:

Benzilsäure-Umlagerung:

$$\underset{Benzil}{Ph-\underset{\underset{O}{\|}}{C}-\underset{\underset{O}{\|}}{C}-Ph} \xrightarrow{:\overset{\ominus}{O}H} \underset{Ph}{HO-\underset{\underset{\overset{\ominus}{|O|}}{}}{C}-\underset{\underset{O}{\|}}{C}-Ph} \rightarrow \underset{Ph}{HO-\underset{\underset{O}{\|}}{C}-\underset{\underset{|O|^{\ominus}}{}}{C}-Ph} \xrightarrow{\text{Verschiebung eines Protons}} \underset{\underset{\text{Benzilsäure-Anion}}{Ph}}{\overset{\ominus}{O}-\underset{\underset{O}{\|}}{C}-\underset{\underset{OH}{}}{C}-Ph}$$

Die Umlagerung wird in erster Linie dadurch ermöglicht, daß sich (in der stark alkalischen Lösung) ein Carboxylat-Anion bilden kann, wodurch die α-Hydroxysäure (als Anion) dem Gleichgewichtsgemisch entzogen wird. Da Ketone (auch α-Diketone) mit α-H-Atomen unter dem Einfluß starker Basen Aldoladdition erfahren, sind Benzilsäureumlagerungen fast nur bei aromatischen Diketonen möglich. Diese werden am einfachsten durch Oxidation von α-Hydroxyketonen (die durch Benzoin-Kondensation zugänglich sind; vgl. S. 531) gewonnen. Wenn Oxidation und Umlagerung während einer einzigen Reaktion erfolgen können, lassen sich Benzilsäuren direkt aus Benzoinen erhalten. So liefert z. B. die Behandlung von Benzoin mit einem Gemisch von $NaBrO_3$ und $NaOH$ in sehr guter Ausbeute Benzilsäure.

Wanderungen von Halogen-, O-, S- oder N-Atomen. Ähnlich wie ein aromatisches Ringsystem kann auch ein Atom X (das ein freies Elektronenpaar besitzen muß) die Abtrennung eines Anions erleichtern:

$$-\underset{\underset{Y}{|}}{\overset{X}{\underset{|}{C}}}-\underset{|}{\overset{|}{C}}- \xrightarrow{-Y^{\ominus}} -\overset{\overset{\oplus}{X}}{\underset{(1)}{C-C}}- \xrightarrow{+:Y^{\ominus}} -\underset{\underset{Y}{|}}{\overset{|}{C}}-\underset{\underset{}{|}}{\overset{X}{C}}-$$

656 19 Umlagerungen

Sind die beiden C-Atome gleichartig substituiert (d. h., ist das X—C—C—Y-System symmetrisch gebaut), so kann kein umgelagertes Produkt gebildet werden, da die Reaktion des Brücken-Ions (1) mit einem Nucleophil (gleichgültig, an welchem der beiden C-Atome der nucleophile Angriff stattfindet) nur ein einziges Produkt ergeben kann. In einem solchen Fall liegt also ein typischer *Nachbargruppeneffekt* vor (S. 341). Ist aber das System X—C—C—Y *unsymmetrisch* gebaut, so wird das Nucleophil bevorzugt das weniger substituierte C-Atom des Brücken-Ions angreifen, und es kann sich ein umgelagertes C-Gerüst bilden:

$$R-\underset{Y}{\overset{X}{CH}}-CH_2 \longrightarrow R-\overset{\overset{\oplus}{X}}{CH}-CH_2 \longleftarrow R-\underset{Y}{\overset{X}{CH}}-CH_2$$

$$\downarrow Nu$$

$$R-\underset{Nu}{\overset{X}{CH}}-CH_2$$

Als *Beispiele* seien die folgenden Reaktionen genannt:

$$(H_3C)_2\underset{Br}{\overset{:OCH_3}{C}}-CH-CH_3 \xrightarrow[-Br^{\ominus}]{Ag^{\oplus}} (H_3C)_2C\overset{\overset{\oplus}{O}-CH_3}{\cdots}CH-CH_3 \xrightarrow[-H^{\oplus}]{H_2\overline{O}} (H_3C)_2\underset{OH}{\overset{OCH_3}{C}}-CH-CH_3$$

$$H_3C-\underset{OH}{\overset{:SCH_3}{CH}}-CH_2 \xrightarrow[-H_2O,-Cl^{\ominus}]{HCl} H_3C-CH\overset{\overset{\oplus}{S}-CH_3}{\cdots}CH_2 \xrightarrow{:Cl^{\ominus}} H_3C-\underset{Cl}{\overset{SCH_3}{CH}}-CH_2$$

[pyrrolidine ring]—CH₂Cl $\xrightarrow{OH^{\ominus}}$ [bicyclic aziridinium intermediate] $\longrightarrow$ [bicyclic cation] $\xrightarrow{Cl^{\ominus}}$ 3-chloro-N-methylpiperidine

Acylumlagerung. Eine ähnliche Umlagerung kann bei gewissen Acylverbindungen auftreten:

$$R_1-\underset{\underset{\underset{R_5}{C=O}}{O}}{\overset{R_2}{C}}-\underset{X}{\overset{R_3}{C}}-R_4 \xrightarrow{H_2O} R_1-\underset{OH}{\overset{R_2}{C}}-\underset{\underset{\underset{R_5}{C=O}}{O}}{\overset{R_3}{C}}-R_4$$

Dabei wandert eine Acylgruppe in eine Stellung, die vorher durch eine Abgangsgruppe besetzt gewesen war. Ein Nucleophil ersetzt die verschobene Acylgruppe. Die Umlagerung ist eine Folge zweier S_N2-Reaktionen, wobei ein fünfgliedriger Ring als Zwischenstoff auftritt:

Die Ringöffnung bei (1) ist dabei auf zwei Arten möglich: Entweder erfolgt ein Angriff eines Nucleophils, und zwar an der Stelle, die dafür am geeignetsten ist, so daß entweder eine S_N-Reaktion durch eine Nachbargruppe oder – wie oben gezeigt – eine Umlagerung eintritt, oder das Carbonyl-C-Atom wird angegriffen:

Die beiden möglichen Reaktionswege führen zu *stereochemisch verschiedenen* Produkten. Im Fall einer Umlagerung treten im ersten Fall zwei aufeinanderfolgende Inversionen auf, während im zweiten Fall am «Ursprung» der Wanderung (am C-Atom 1) die Konfiguration erhalten bleibt, während am C-Atom 2 Inversion eintritt. Als Abgangsgruppen können Halogenatome, Wasser oder Tosylate fungieren, während Wasser, Alkohole oder Carbonsäuren als Nucleophile wirken können. Im letzteren Fall folgt die Umlagerung stets dem erstgenannten Mechanismus.

19.3 Wanderungen zu N- oder O-Atomen

Hofmann-, Curtius- und Schmidt-Umlagerung. Diesen drei eng miteinander verwandten Reaktionen, welche zum **Abbau von Carbonsäuren** bzw. ihrer Derivate von Bedeutung sind, sind wir bereits in Kapitel 9 (S. 402) begegnet. In allen drei Fällen verschiebt sich ein C-Atom von einem anderen C- zu einem benachbarten N-Atom:

Es wurde vielfach darüber diskutiert, ob die eigentliche Umlagerung (d. h. die Abtrennung der Abgangsgruppe X und die 1,2-Verschiebung) in einem einzigen Reaktionsschritt abläuft, oder ob als Zwischenprodukt eine Partikel, in der das N-Atom ein Elektronensextett besitzt (ein «**Nitren**») gebildet wird. Im allgemeinen wird heute ein *konzertierter* Ablauf der Reaktion angenommen.

Die drei Reaktionen unterscheiden sich voneinander durch die Natur der Abgangsgruppe X (—Br bei der Hofmann- und —N≡N bei der Curtius- bzw. Schmidt-Umlagerung). Bei der **Hofmann-Umlagerung** geht man von Säureamiden, bei der **Curtius-Umlagerung** von

Säurehydraziden aus, die mit Nitrit in Säureazide übergeführt werden. Die durch die Umlagerung gebildeten Isocyanate werden meistens nicht isoliert (können aber isoliert werden), sondern direkt zu Amin und CO_2 hydrolysiert. Beim **Schmidtschen Abbau** von Carbonsäuren geht man von der Säure selbst aus, welche in Gegenwart von konzentrierter Schwefelsäure mit Stickstoffwasserstoffsäure (HN_3) umgesetzt wird. Dabei bildet sich die konjugierte Säure des Carbonsäureazids als Zwischenprodukt, die ohne weiteres Erwärmen molekularen Stickstoff abspaltet und direkt das Isocyanat liefert:

$$R-C\overset{O}{\underset{OH}{\diagdown}} \; \rightleftharpoons \; R-C\overset{\oplus OH}{\underset{OH}{\diagdown}} \; \xrightarrow{\overset{\ominus}{N}=\overset{\oplus}{N}=NH} \; \left[R-\underset{OH}{\overset{OH}{\underset{|}{\overset{|}{C}}}}-\overset{\oplus}{N}=\overset{}{N}=NH \right] \xrightarrow{-H_2O} R-\underset{O}{\overset{}{\underset{\|}{C}}}-NH-\overset{\oplus}{N}\equiv N$$

$$R-\overset{\oplus}{N}H_3 + CO_2 \; \xleftarrow{H_2O} \; R-NH-\overset{\oplus}{C}=O \quad \downarrow -N_2$$

Umlagerungen an Hydroperoxiden. Eine industriell zur Gewinnung von Phenol verwendete Reaktion geht von Cumol aus und verläuft über *Cumolhydroperoxid* (**Hocksche Phenol-Synthese**, S. 152 und 601):

$$H_5C_6CH(CH_3)_2 + O_2 \longrightarrow H_5C_6-\underset{CH_3}{\overset{CH_3}{\underset{|}{\overset{|}{C}}}}-O-OH \xrightarrow[H^\oplus]{H_2O} H_5C_6OH + CH_3COCH_3$$

Da im Cumolhydroperoxid die Phenylgruppe an ein C-Atom, im Phenol jedoch an ein O-Atom gebunden ist, muß im Verlaufe des zweiten Schrittes dieser Reaktion eine Umlagerung eintreten, die in einer *1,2-Verschiebung* zu einem O-Atom besteht:

Das protonierte Peroxid spaltet Wasser ab, so daß eine Partikel mit einem Elektronensextett am O-Atom entsteht. Durch 1,2-Verschiebung der Phenylgruppe bildet sich ein Carbenium-Ion, welches mit Wasser zunächst ein Halb-Ketal bildet, das anschließend in Aceton und Phenol gespalten wird. Wahrscheinlich verlaufen die beiden Schritte (2) und (3) konzertiert, indem der aromatische Ring als «Nachbargruppe» die Verdrängung eines Wassermoleküls erleichtert. Das O-Atom mit dem Elektronensextett wirkt wie ein Elektrophil, das den Ring angreift.

Baeyer-Villiger-Umlagerung. Unter dem Einfluß von *Peroxysäuren* können *Ketone* in *Ester* und *cyclische Ketone* in *Lactone* umgelagert werden. Der Mechanismus dieser Reaktion (der bereits auf S. 622 beschrieben worden ist) soll hier noch einmal rekapituliert werden.

Baeyer-Villiger-Umlagerung:

$$R-\underset{\underset{O}{\|}}{\overset{R}{\underset{|}{C}}}-R \xrightarrow{H\overset{O}{\underset{|}{\smile}}OCOR'} \xrightarrow{-H^{\oplus}} R-\underset{\underset{|\underline{O}|^{\ominus}}{|}}{\overset{\overset{O}{\underset{|}{\smile}}OCOR'}{\underset{|}{C}}}-R \xrightarrow{-R'COO^{\ominus}} R-\underset{\underset{O}{\|}}{\overset{}{C}}-O-R$$

19.4 Kationotrope Umlagerungen

Die drei wichtigsten kationotropen Umlagerungen sind die Stevens-, die Wittig- und die Favorski-Umlagerung.

Stevens-Umlagerung. Behandelt man ein *quartäres Ammoniumsalz*, das an einem der an das N-Atom gebundenen C-Atome einen *elektronenziehenden Substituenten* Z besitzt, mit einer starken Base (z. B. mit $NaNH_2$), so tritt eine Umlagerung ein, und man erhält ein *tertiäres Amin*. Als Substituent Z können RCO-, ROOC- und Phenylgruppen fungieren. Experimente mit durch ^{14}C markierten Substituenten zeigten, daß wirklich eine intramolekulare Umlagerung (und nicht etwa eine – intermolekulare – Reaktion zwischen zwei Molekülen) eintritt. Im ersten Reaktionsschritt wird durch die Base ein Proton entfernt, so daß sich ein Ylid (1) bildet, welches sich anschließend umlagert.

Stevens-Umlagerung:

$$Z-CH_2-\underset{R^1}{\overset{R^3}{\underset{|}{\overset{|}{N^{\oplus}}}}}-R^2 \xrightarrow[-H^{\oplus}]{:Base} Z-\underset{R^1}{\overset{R^3}{\underset{|}{\overset{|}{\underline{C}H}}}}-\overset{\ominus}{\underset{|}{N^{\oplus}}}R^2 \rightarrow Z-\underset{R^1}{\overset{R^3}{\underset{|}{\overset{|}{CH}}}}-\underset{}{\underset{|}{\underline{N}}}-R^2$$

(1)

Der Mechanismus ist aber offenbar in Wirklichkeit komplizierter; nach Schöllkopf treten Radikalanionen als Zwischenstufen auf.
Im allgemeinen werden bei dieser Reaktion *Allyl-* oder *Benzylgruppen* umgelagert. Elektronenziehende Substituenten im Benzenkern erleichtern die Umlagerung von Benzylgruppen. Ein Beispiel einer Stevens-Umlagerung bietet die folgende Reaktion:

$$(CH_3)_2\overset{\oplus}{\underset{\underset{CH_2-C_6H_5}{|}}{N}}-\overset{H}{\underset{|}{C}}HCOC_6H_5 \xrightarrow{OH^{\ominus}} (CH_3)_2N-\underset{\underset{CH_2-C_6H_5}{|}}{\overset{}{C}}H-COC_6H_5$$

Wittig-Umlagerung. *Benzyl-* und *Allylether* erfahren unter dem Einfluß einer Base eine zur Stevens-Umlagerung analoge Reaktion. Da diese Substrate aber im allgemeinen noch weniger stark sauer sind als die bei der Stevens-Umlagerung diskutierten quartären Ammoniumionen, werden *stärkere Basen* (Natriumamid, Phenyllithium) benötigt. Beispiele:

Wittig-Umlagerung

$$H_3C-O-CH_2C_6H_5 \xrightarrow[-H^\oplus]{C_6H_5Li} H_3C-O-\overset{\ominus}{C}H-C_6H_5 \rightarrow {}^\ominus O-\underset{CH_3}{CH}-C_6H_5 \xrightarrow{H^\oplus} HO-\underset{CH_3}{CH}-C_6H_5$$

$$H_2C=CH-CH_2-O-CH_2-CH=CH_2 \xrightarrow{C_6H_5Li} H_2C=CH-CH_2-\underset{OLi}{CH}-CH=CH_2 + C_6H_6$$

Favorski-Umlagerung. Behandelt man α-*Halogenketone* mit *Basen* (Alkoholat), so erhält man einen *Ester mit umgelagertem C-Gerüst*.

Favorski-Umlagerung:

$$R^1-\underset{O}{\overset{R^2}{\underset{\|}{C}}}-\underset{Cl}{\overset{|}{C}}-R^3 + OR'^\ominus \rightarrow R'O-\underset{O}{\overset{R^2}{\underset{\|}{C}}}-\underset{R^1}{\overset{|}{C}}-R^3 + Cl^\ominus$$

Verwendet man als Base Hydroxid-Ionen bzw. Amine an Stelle von Ethylat, so bildet sich das Anion bzw. Amid der betreffenden Carbonsäure. Cyclische Halogenketone reagieren unter **Ringverengung**:

(2-Chlorcyclohexanon → Cyclopentan-COOR)

Die Favorski-Umlagerung ist deshalb zur Gewinnung von Cyclopentan-, Cyclobutan- und Cyclopropanderivaten von präparativem Interesse.

Der *Mechanismus* dieser Umlagerung ist eingehend untersucht worden. Die Tatsache, daß die beiden Verbindungen (2) und (3) dasselbe Produkt (4) ergeben, zeigt, daß nicht einfach der Substituent R^1 an die Stelle des Halogenatoms treten kann, denn dann müßte man aus (2) und (3) zwei verschiedene Produkte erhalten.

$$Ph-CH_2-\underset{O}{\overset{\|}{C}}-CH_2Cl \quad (2)$$

$$Ph-\underset{Cl}{\overset{|}{C}}H-\underset{O}{\overset{\|}{C}}-CH_3 \quad (3)$$

$$\rightarrow Ph-CH_2-CH_2-COOH \quad (4)$$

Beim Ausgangsstoff (3) ist also nicht die Methylgruppe, sondern die C_6H_5CH-Gruppe umgelagert worden. Weitere Aufschlüsse über den Reaktionsmechanismus lieferten Untersuchungen an α-Chlorcyclohexanon, dessen C-Atome 1 und 2 mit ^{14}C markiert worden waren:

(markiertes α-Chlorcyclohexanon → markiertes Cyclopentan-COOR)

19.4 Kationotrope Umlagerungen

Im Produkt (der Cyclopentancarbonsäure) waren die ^{14}C-Atome zu 50% auf das Carbonyl-C-Atom und zu je 25% auf die C-Atome 1 und 2 verteilt. Da bereits der Ausgangsstoff 50% der Gesamtradioaktivität im Carbonyl-C-Atom enthielt, hat sich an diesem durch die Umlagerung offenbar nichts geändert. Wäre das C-Atom 6 des Ausgangsstoffes an das C-Atom 2 gewandert, so dürfte neben dem Carbonyl-C-Atom nur das C-Atom 1 des Produktes radioaktiv sein; wäre anderseits die Umlagerung durch Wanderung des C-Atoms 2 zum C-Atom 6 erfolgt, so wäre im Produkt neben dem Carbonyl-C-Atom nur das C-Atom 2 radioaktiv:

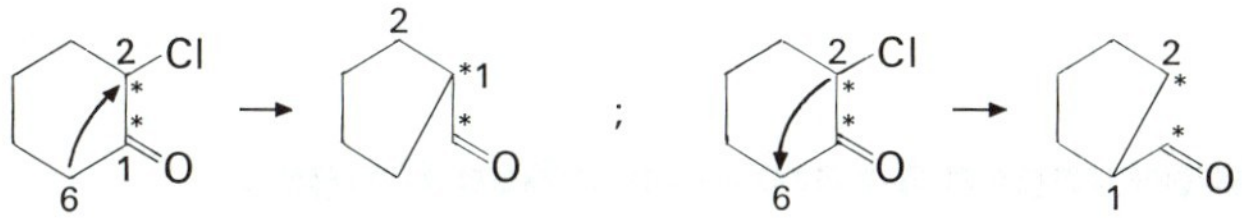

Die Tatsache, daß im Produkt gleich viele ^{14}C-Atome in den Positionen 1 und 2 gefunden werden, beweist, daß beide Umlagerungen mit gleicher Wahrscheinlichkeit eingetreten sind. Da nun aber im α-Chlorcyclohexanon die beiden Atome 2 und 6 nicht äquivalent sind, muß ein *symmetrisch gebauter Zwischenstoff* gebildet worden sein, der einen *Cyclopropanring* enthalten muß. Die Umlagerung muß daher mechanistisch folgendermaßen formuliert werden:

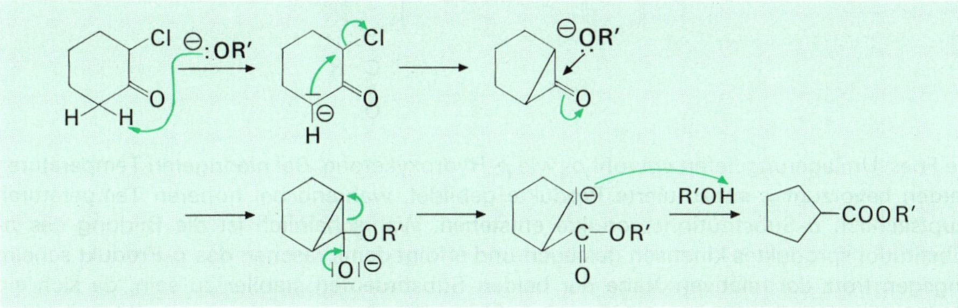

Damit die Umlagerung überhaupt möglich ist, muß an demjenigen α-C-Atom, welches kein Halogenatom trägt, ein H-Atom vorhanden sein. Der *allgemeine Mechanismus* kann also wie folgt beschrieben werden:

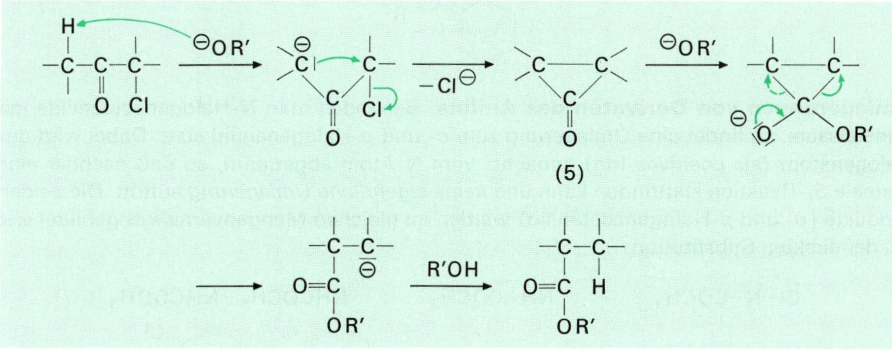

(5)

Ist das Cyclopropanon-Derivat (5) nicht symmetrisch gebaut, so erfolgt die Ringöffnung in der Weise, daß das stabilere der beiden möglichen Carbanionen entsteht. Dies erklärt, warum

(2) und (3) (S. 660) dasselbe Produkt liefern, denn in beiden Fällen entsteht das Zwischenprodukt (6), welches ausschließlich das mesomeriestabilisierte Carbanion (7) ergibt:

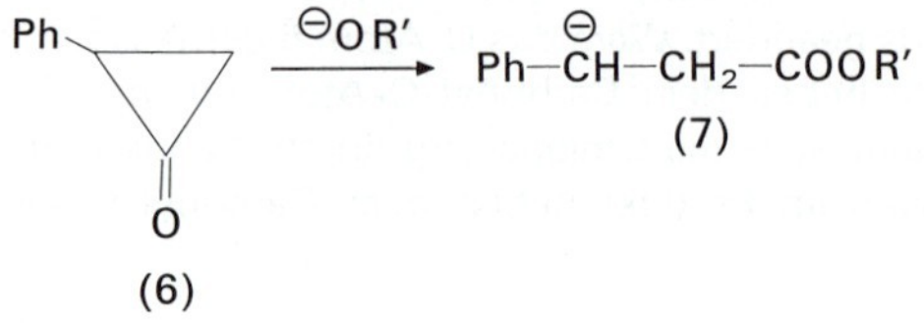

$$\text{Ph}\triangle\text{=O} \xrightarrow{^{\ominus}\text{OR}'} \text{Ph}-\overset{\ominus}{\text{CH}}-\text{CH}_2-\text{COOR}'$$

(6) (7)

19.5 Umlagerungen an aromatischen Ringen

Umlagerungen von Phenolderivaten. Eine bekannte Umlagerung dieser Art ist die schon früher (S. 557) erwähnte **Fries-Umlagerung** von Arylestern zu Hydroxyketonen:

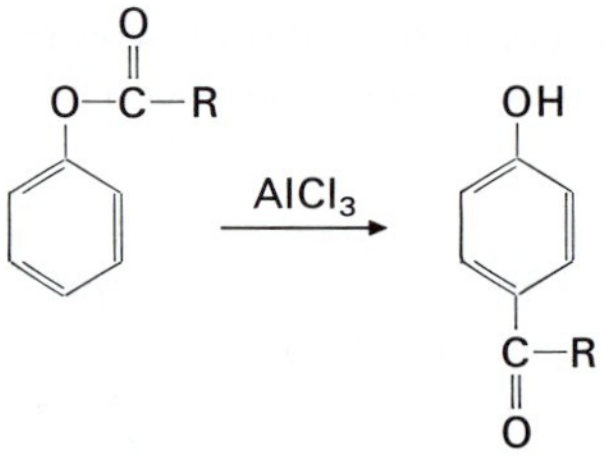

Die Fries-Umlagerung liefert sowohl *o*- wie *p*-Hydroxyketone. Bei niedrigeren Temperaturen werden bevorzugt *p*-substituierte Produkte gebildet, während bei höheren Temperaturen hauptsächlich *o*-Substitutionsprodukte entstehen. Wahrscheinlich ist die Bildung des *p*-Substitutionsproduktes kinetisch gesteuert und erfolgt damit rascher; das *o*-Produkt scheint hingegen trotz der relativen Nähe der beiden Substituenten stabiler zu sein, da sich ein *Chelatkomplex* bilden kann:

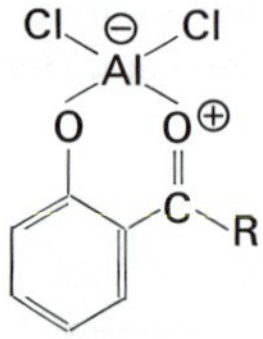

Umlagerungen von Derivaten des Anilins. Behandelt man N-Halogenacetanilide mit Mineralsäure, so findet eine Umlagerung zum *o*- und *p*-Halogenanilid statt. Dabei wird das Halogenatom (als positives Ion) zunächst vom N-Atom abgetrennt, so daß nachher eine normale S_E-Reaktion stattfinden kann und *keine eigentliche Umlagerung* auftritt. Die beiden Produkte (*o*- und *p*-Halogenacetanilid) werden im gleichen Mengenverhältnis gebildet wie bei der direkten Substitution:

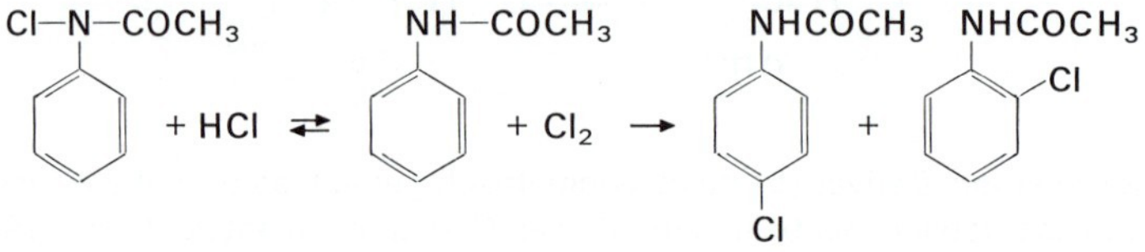

19.5 Umlagerungen an aromatischen Ringen

Eine Reihe weiterer Umlagerungen verläuft ebenfalls *intermolekular*. So ergibt *Diazoaminobenzen* (das primäre Produkt der Azokupplung von diazotiertem Anilin mit Anilin) mit Säure *p*-Aminoazobenzen, *N-Alkyl-N-nitrosoanilin* *p*- (und wenig *o*-) Nitroso-N-methylanilin, und aus *N,N-Dimethylaniliniumchlorid* entsteht 2,4-Dimethylanilin. Die letztgenannte Umlagerung erfordert ziemlich starkes Erwärmen.

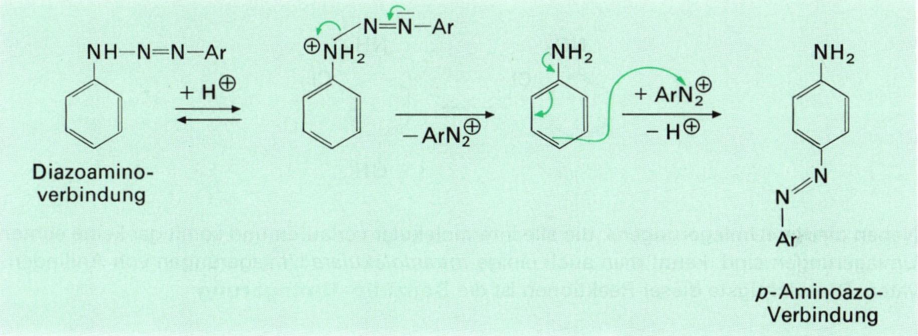

«Fischer-Hepp-Umlagerung»:

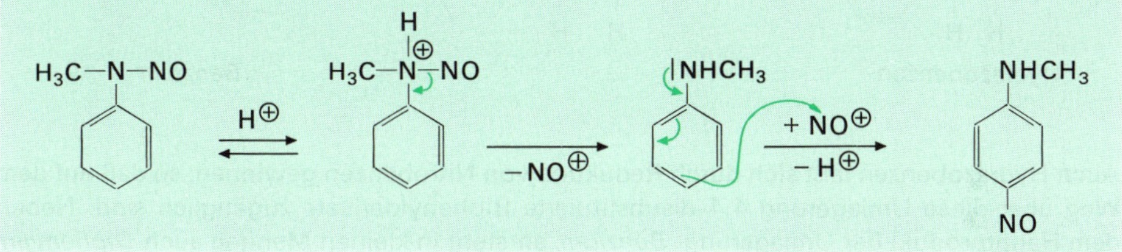

«Hofmann-Martius-Umlagerung»:

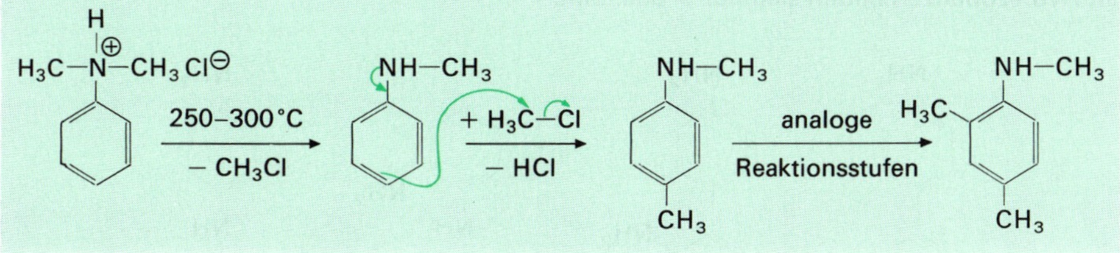

Eine formal ähnliche Reaktion, die Umlagerung von *N-Arylhydroxylaminen* zu *Aminophenolen*, verläuft dagegen anders, indem die konjugierte Säure des Hydroxylaminderivates einen nucleophilen Angriff durch das Lösungsmittel erfährt:

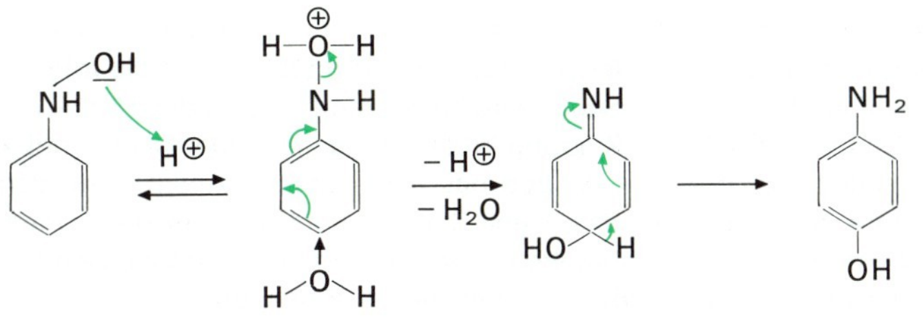

Verwendet man Alkohole als Lösungsmittel, so erhält man das entsprechende Alkoxyderivat. Die letztgenannte Reaktion ist von präparativem Interesse zur Herstellung von *p*-Aminophenolen, da Arylhydroxylamine durch Reduktion von Nitroverbindungen leicht zugänglich sind. Es ist dabei nicht notwendig, das Hydroxylamin zu isolieren; so liefert z. B. die elektrolytische Reduktion von *o*-Chlornitrobenzen in Gegenwart von Schwefelsäure direkt 2-Chlor-4-hydroxyanilin:

Neben diesen «Umlagerungen», die alle intermolekular verlaufen und somit gar keine echten Umlagerungen sind, kennt man auch einige *intramolekulare* Umlagerungen von Anilinderivaten. Die wichtigste dieser Reaktionen ist die **Benzidin-Umlagerung**:

Hydrazobenzen   Benzidin

Auch Hydrazobenzen läßt sich durch Reduktion von Nitrobenzen gewinnen, so daß auf dem Weg über diese Umlagerung 4,4-disubstituierte Biphenylderivate zugänglich sind. Neben dem Hauptprodukt der Umlagerung, *Benzidin*, entsteht in kleinen Mengen auch *Diphenylin*. Ist eine *p*-Stellung des Hydrazobenzens besetzt, so erhält man je nach der Art dieses Substituenten Diphenyline oder *o*- und *p*-Semidine als Produkte; bei doppelter *p*-Substitution im Hydrazobenzen bilden sich nur *o*-Semidine.

Benzidin   Diphenylin   *o*-Semidin   *p*-Semidin

Eine Erklärung für das Auftreten der verschiedenen Produkte bietet die folgende Vorstellung vom Reaktionsablauf: Durch die Säure wird zuerst ein N-Atom des Hydrazobenzens protoniert. Durch Trennung der N—N-Bindung bildet sich neben einem Anilinmolekül ein *Kation*, welches als starkes *Elektrophil* wirkt und das naheliegende Anilin – mit dem es einen π-Komplex (Donor-Acceptor-Komplex, siehe Bd. II) bildet, in dem die beiden Ringe *sandwichartig* angeordnet sind – substituieren kann. Im Komplex befinden sich die *p*-Stellungen in einer zur Bildung einer neuen Bindung besonders günstigen Lage:

19.5 Umlagerungen an aromatischen Ringen

π-Komplex

Schema:

Benzidin $\xrightarrow{+1H^{\oplus}}$ ... (1) ... $\xrightarrow{+1H^{\oplus}}$ ...

$\longrightarrow H_2N-\!\!\!\!\bigcirc\!\!\!\!-\!\!\!\!\bigcirc\!\!\!\!-NH_2 \;(+2H^{\oplus})$

Eine gegenseitige Verdrehung der Ringe im π-Komplex (1) um 60°, 120° bzw. 180° führt dann zur Bildung von o-Semidin, Diphenylin bzw. p-Semidin (die delokalisierten Elektronen der Aren-Ringe sind hier nicht eingezeichnet):

Eine o,o'-Diphenylin-Umlagerung (ausgehend von 2,2'-Hydrazonaphthalin) wurde vor kurzem als konzertierte [3.3] sigmatrope Verschiebung charakterisiert.
Näheres über Donor-Acceptor-Komplexe siehe Band II, über die *Claisen*- und *Cope-Umlagerung* siehe S. 465 ff.

20 Zur Planung organischer Synthesen

Syntheseplanung. Die Planung und Durchführung der Synthese einer Substanz von auch nur einigermaßen komplizierter Konstitution ist keine «Wissenschaft», die man mit Hilfe bestimmter Regeln «erlernen» kann, sondern ist auch heute noch eine *«Kunst»*. Sie erfordert nicht nur eine gründliche Kenntnis der zur Verfügung stehenden Reaktionen, ihrer Mechanismen und ihres sterischen Verlaufes, sondern auch Fingerspitzengefühl – «Intuition» – dafür, welche der verschiedenen möglichen Reaktionen für den betreffenden Zweck am besten geeignet ist.

In jedem Fall wird man danach trachten, die Synthese in möglichst *wenig Reaktionsschritten* durchzuführen, einerseits aus Zeitgründen, anderseits aus Gründen der *Ausbeute*, wobei bei industriell durchgeführten Synthesen beide Gesichtspunkte besonders ins Gewicht fallen, denn beide können für die Wirtschaftlichkeit einer bestimmten Synthese entscheidend sein. Die Gesamtausbeute einer mehrstufigen Synthese ist gleich dem Produkt der Ausbeuten der einzelnen Stufen mal 100; wenn z. B. jeder Schritt einer fünfstufigen Synthese mit einer Ausbeute von 90% verläuft, wird die Gesamtausbeute somit nur 59% ($= 0.9 \cdot 0.9 \cdot 0.9 \cdot 0.9 \cdot 0.9 \cdot 100\%$). Ist die Ausbeute einer einzigen Stufe sehr klein, so kann dadurch die Gesamtausbeute so niedrig werden, daß die betreffende Reaktionsfolge für die Synthese ausscheidet.

Manchmal muß allerdings trotz allem ein «längerer» Syntheseweg beschritten werden, z. B. dann, wenn das gewünschte Produkt als Bestandteil eines *Gemisches* erhalten wird und aus diesem nur schwierig abzutrennen ist. So könnte man z. B. daran denken, 2-Chlor-2-methylbutan durch Chlorieren von 2-Methylbutan in einem einzigen Reaktionsschritt zu gewinnen; da aber das Produkt von den gleichzeitig gebildeten isomeren monochlorierten und auch polychlorierten Produkten nur unter Schwierigkeiten abzutrennen ist, wird man in diesem Fall einen Syntheseweg bevorzugen, der zwar länger ist und dadurch mit geringerer Ausbeute verläuft, der aber das Problem der Trennung umgeht. Um eine möglichst große Gesamtausbeute zu erhalten, wird man ein kompliziert gebautes Molekül auch meist *nicht* durch *lineare* Aufeinanderfolge verschiedener Syntheseschritte aufbauen, sondern man synthetisiert zuerst verschiedene *«Bestandteile»* einzeln und überführt diese anschließend in einem oder zwei Schritten in das gewünschte Produkt. Wie das nachstehende Schema zeigt, wird dann die Gesamtausbeute beträchtlich höher.

«linearer» Aufbau (**«lineare Synthese»**):

$$A \xrightarrow{B} AB \xrightarrow{C} ABC \xrightarrow{D} ABCD \xrightarrow{E} ABCDE \xrightarrow{F} ABCDEF$$

Jeder Schritt mit 90% Ausbeute ergibt eine Totalausbeute von 59% (s.o.).

«verzweigter» Aufbau (**«konvergente Synthese»**):

$$\begin{array}{c} A \xrightarrow{B} AB \xrightarrow{C} ABC \\ \\ D \xrightarrow{E} DE \xrightarrow{F} DEF \end{array} \Bigg\rangle \longrightarrow ABCDEF$$

20 Zur Planung organischer Synthesen

Hier folgen nur drei Schritte aufeinander; verläuft jeder von ihnen mit 90% Ausbeute, so sind die Ausbeuten an ABC und DEF jeweils 81%, die Totalausbeute 73% ($=0.81 \cdot 0.9 \cdot 100\%$). Vor jeder Synthese stellt man einen möglichst festumrissenen **Syntheseplan** auf. Hierzu packt man das Problem zweckmäßig rückwärts an. *Man geht also von der zu synthetisierenden Substanz,* (**Zielmolekül**, *«target molecule»*) *aus und zerlegt sie durch Umkehrung bekannter Synthesereaktionen schrittweise in Zwischenprodukte von einfacherer Konstitution, bis man schließlich zu möglichst günstig erscheinenden, einfach gebauten und käuflichen Ausgangsstoffen gelangt*: **«Retrosynthese»**. Diese gedankliche Umkehrung der Syntheserichtung (Trennung von Bindungen) macht man mit einem Doppelpfeil ($\Rightarrow$) deutlich:

einstufig:

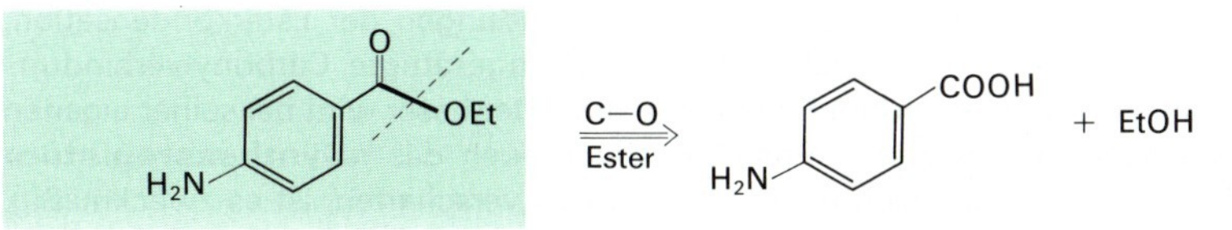

(Veresterung)

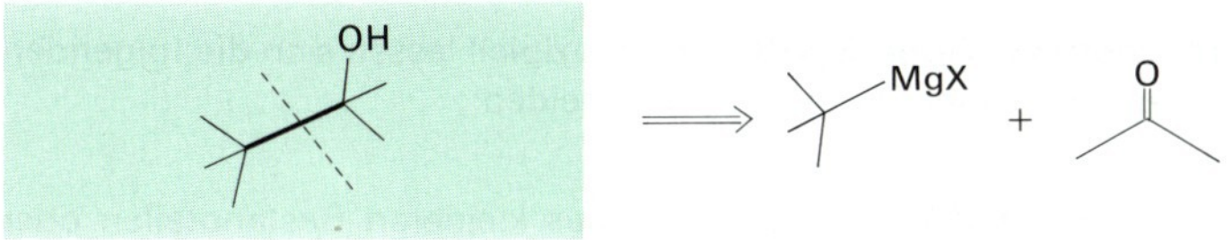

(Grignard-Reaktion)

zweistufig:

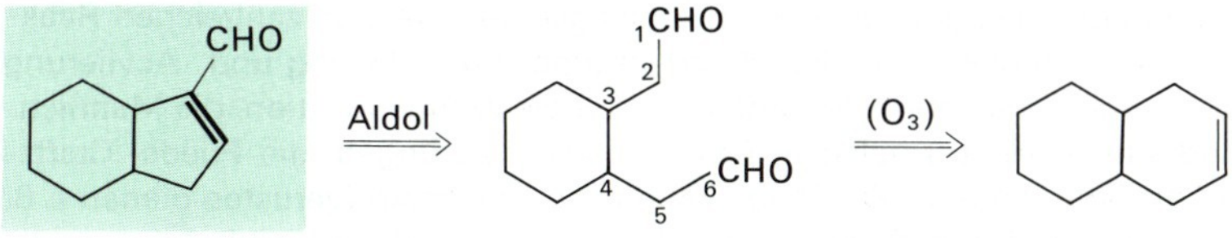

Zielmolekül   Reagentien

Die **«strategischen Bindungen»**, deren synthetische Knüpfung angestrebt wird, sind fett eingezeichnet.
Die Knüpfung **zweier** strategischer Bindungen in einem Schritt ist durch Cycloaddition möglich:

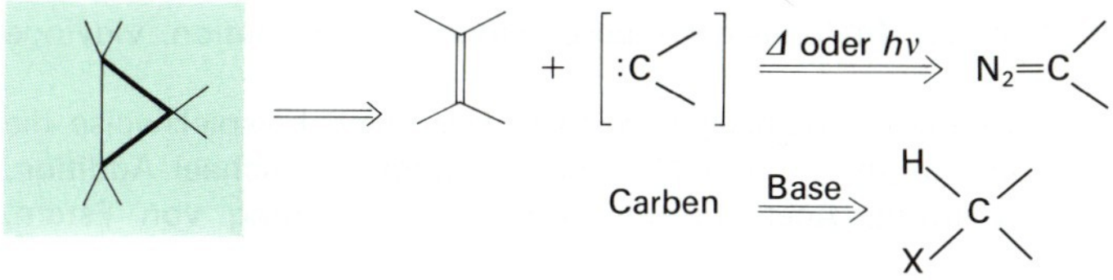

(Carben-Addition)

20 Zur Planung organischer Synthesen

Dabei kann man von der vernünftigen Annahme ausgehen, daß die allermeisten monofunktionellen Verbindungen mit bis zu fünf C-Atomen käuflich und damit in den Katalogen der Chemikalienfirmen (Merck-Schuchardt, Fluka, Aldrich, EGA/Janssen, Baker usw.) zu finden sind. Fast stets werden sich dabei verschiedene Synthesewege anbieten, die auch von verschiedenen Ausgangsstoffen ausgehen; der *Entscheid* darüber, welcher Weg schließlich beschritten werden soll, kann z. B. durch die Ausbeuten einzelner Reaktionsschritte, durch die Reaktionsbedingungen, durch den Zeitaufwand oder – im Falle industrieller Synthesen – durch die Wahl möglichst billiger Ausgangsstoffe, durch die Wirtschaftlichkeit bestimmter Operationen, durch den Ausschluß von Nebenreaktionen usw. beeinflußt werden. Die Entscheidung für einen bestimmten Syntheseweg bzw. für die «richtige» oder zweckmäßigste Ausgangssubstanz muß der Chemiker durch eine Kombination von logischer Analyse und Intuition fällen. Dabei lassen sich – wie obige einfache Retrosynthesen zeigen – bestimmte Konstitutionen oft *bestimmten Reaktionstypen assoziieren:* Cyclohexenderivate der Diels-Alder-Reaktion, 1,n-Dicarbonylverbindungen der oxidativen Spaltung von n-gliedrigen Cycloalkenen, 1,3-Dicarbonylverbindungen der Esterkondensation, 1,5-Dicarbonylverbindungen der Michael-Addition, α,β-ungesättigte Carbonylverbindungen der Aldol-Addition bzw. verwandten Reaktionen usw. Der Leser wird bei seiner eigenen präparativen Arbeit neben einem guten Praktikumsbuch auch das **«Syntheseregister»** dieses Buches zu Rate ziehen; um sich einen Überblick zu verschaffen, ist es zweckmäßig, sich ausführliche Tabellen selbst zusammenzustellen.

Reaktionsschritte einer mehrstufigen Synthese. Prinzipiell lassen sich die folgenden Aufgaben der Reaktionsschritte bei einer Synthese unterscheiden:

(a) der Aufbau des betreffenden *Kohlenstoff-Skelettes* aus kleineren Bestandteilen oder eventuell durch Modifikation eines vorhandenen Kohlenstoffgerüstes und
(b) die Einführung bzw. Umwandlung *funktioneller Gruppen*

Zum **Aufbau eines Kohlenstoffgerüstes** sind insbesondere solche Reaktionen wichtig, bei denen C—C-Bindungen neugebildet werden. Dazu gehören die z. B. zahlreichen Reaktionen von Carbanionen (Aldoladdition, Esterkondensation, α-Alkylierung und -Acylierung von Carbonylverbindungen, Michael-Additionen), weiter die Wittig-Reaktion, die Mannich-Reaktion, Cycloadditionen, elektrocyclische ($\sigma \rightleftarrows \pi$)-Isomerisierungen, die Friedel-Crafts-Reaktion, Grignard-Reaktionen usw. Zur Modifikation von Kohlenstoffgerüsten dienen z. B. die oxidative Spaltung von Doppelbindungen oder von β-Dicarbonylverbindungen, die Arndt-Eistert-Reaktion, die Wagner-Meerwein- und Pinakol-Umlagerungen, die sigmatropen Verschiebungen, die Decarbonylierung von Aldehyden oder Säurechloriden usw. Auch oxidative Kupplungen oder Kupplung mit Lithiumdialkylkupferverbindungen sind zum Aufbau von Kohlenstoffskeletten geeignet. Viele dieser Reaktionen lassen sich auch für Ringschlüsse verwenden.

Häufig geht es darum, eine Kohlenstoffkette um eines oder mehrere C-Atome zu *verlängern*: Reaktion eines Grignard-Reagens mit CO_2, Formaldehyd oder Ethylenoxid (Oxiran), eines Halogenalkans mit KCN, Chlormethylierung oder Formylierung von Aromaten, Cyanhydrinsynthese, Reaktionen mit Diazomethan, Arndt-Eistert-Reaktion, Glycidestersynthese, Claisen- und Reformatzki-Reaktion, Malonestersynthese, Stobbe-Kondensation, vinyloge Addition usw.

Oft müssen auch *Kettenverzweigungen* hergestellt werden. Dazu sind beispielsweise die folgenden Reaktionen geeignet: Grignard- und Malonestersynthesen, Michael-Addition, Enamin-Alkylierung und -Acylierung, Acetessigestersynthesen, Acylierung von Estern, Claisen-Kondensation u. a.

20 Zur Planung organischer Synthesen

Reaktionen, die zur *Einführung von funktionellen Gruppen* oder zur gegenseitigen Umwandlung solcher Gruppen dienen können, haben wir in den vorausgegangenen Kapiteln häufig kennengelernt: S_N-Reaktionen, Additionen, Eliminationen, Substitutionen an aromatischen Ringen usw.; auf eine Aufzählung soll hier verzichtet werden, da der Leser beim Durcharbeiten der Kapitel 8 bis 19 auf Schritt und Tritt solchen Reaktionen begegnet ist.

Das Synthon. Bei den oben durchgeführten Retrosynthese-Überlegungen haben wir das Zielmolekül in kleinere Bruchstücke, Edukte und Zwischenprodukte gespalten. Diese sind jedoch in der Regel nicht die eigentlich miteinander reagierenden Teilchen; letztere sind meist ionisch oder wenigstens polarisiert.

Oft ist es daher nützlicher, anstelle der Reagentien zunächst nur mögliche oder sinnvoll erscheinende idealisierte, reaktive Fragmente, sogenannte Synthons, üblicherweise ein Kation oder Anion, anzugeben. Bei obiger Friedel-Crafts-Acylierung beispielsweise können wir unsere Retrosynthese präzisieren:

Dabei erscheint eine Spaltung der strategischen Bindung nach a) sinnvoller als nach b), da derart substituierte Aromaten, wie wir wissen, in der Regel elektrophil angegriffen werden. (3) und (4) sind daher *Synthons*; allerdings ist uns bekannt, daß (4), nicht aber (3), als Zwischenstufe der Reaktion auftritt. Nach erfolgter Retro-Analyse müssen nun die Synthons durch praktikable Reagentien ersetzt werden:

Allgemein ist das Reagens für ein anionisches (Donor-) Synthon (**d-Synthon**) oft der entsprechende **Kohlenwasserstoff** (Deprotonierung), während ein kationisches (Acceptor-) Synthon (**a-Synthon**) oft aus einer entsprechenden **Halogenverbindung** erhältlich ist. CH_3I ist also beispielsweise ein Reagens für das $H_3C^\oplus$-Synthon.

Eine weitere nützliche Betrachtungsweise ist die der **Halbreaktionen**: Dabei schreibt man nur *den* Teil der Struktur, der sich, vom meist bekannten Mechanismus her gesehen, wirklich verändert. Anders als bei der Heterolyse von (2) zu (4) und dem nicht reellen (3) schreiben wir daher:

20 Zur Planung organischer Synthesen

Nucleophile Teilreaktionen: (Produkte) (Ausgangsstoffe)

| Friedel-Crafts | Ph–R ⇒ Ph–H + [R$^\oplus$] |

| Organometall-Reaktion | >C–R ⇒ >C–MgX(Li) + [R$^\oplus$] |

| Aldol- oder Claisen- (Enolat-) Reaktionen | –C(=O)–C(R)– ⇒ –C(=O)–CH– + [R$^\oplus$] |

Elektrophile Teilreaktionen: (Produkte) (Ausgangsstoffe)

| Alkylierung | –C–R ⇒ –C–X + [R:$^\ominus$] |

| Carbonyl-Addition | –C(OH)–R ⇒ C=O + [R:$^\ominus$] |

Reaktionen in bestimmtem Abstand zur funktionellen Gruppe: Die Spanne («span»). Ein bestimmtes Zielmolekül kann oft aus verschieden großen (oder verschieden vielen) Bruchstücken und damit auch Synthons zusammengesetzt werden. Beispielsweise lassen sich für die Synthese von 6-Methyl-2-heptanon retrosynthetisch folgende Teilreaktionen angeben:

Zielmolekül | Teilreaktionen | Spanne[1]

a), b), c)

[1] Maß für die Distanz zwischen funktioneller Gruppe (hier C=O) und Bindungsknüpfungsstellen.

In obigem Schema sind für diese Teilreaktionen die zugehörigen Spannen 2, 3 und 4 und die jeweiligen strategischen Bindungen angegeben.

Schutzgruppen und «lenkende» Gruppen. Das Prinzip der **Schutzgruppe** – *Blockierung einer funktionellen Gruppe* während einer bestimmten Reaktion durch Umwandlung in eine andere Gruppe – haben wir bereits kennengelernt (z. B. S. 488). Beispiele für das Schützen einer funktionellen Gruppe bieten etwa die vorübergehende Bromierung einer Doppelbindung, die Veretherung einer Hydroxylgruppe, die Acetalisierung einer Carbonylgruppe, die Acylierung einer Aminogruppe u. a. Nun kann auch der Fall eintreten, daß man für eine Reaktion eine **«lenkende» Gruppe** benötigt. Es ist nämlich oft schwierig, eine Reaktion regiospezifisch durchzuführen, d. h. sie an eine ganz bestimmte Stelle des Moleküls zu lenken. Dies ist z. B. dann der Fall, wenn das betreffende Substrat in der Nähe des Reaktionszentrums oder am Reaktionszentrum selbst keine funktionelle Gruppe besitzt oder wenn ein Molekül mehrere, ungefähr gleich reaktive Stellen für eine bestimmte Reaktion aufweist, diese Reaktion aber nur an einer dieser Positionen eintreten soll. Man muß dann zunächst eine *aktivierende* Gruppe *einführen* und nach beendeter Reaktion diese Gruppe wieder *entfernen*. Soll beispielsweise eine C-Kette an einem bestimmten C-Atom alkyliert werden, so ist es zweckmäßig, in α-Stellung dazu eine Carbonylfunktion einzuführen, da die Carbonylgruppe nach beendeter Alkylierung z. B. durch Clemmensen-Reduktion leicht wieder entfernt werden kann. Umgekehrt kann es auch notwendig sein, im Verlauf einer Synthese eine bestimmte Stelle eines Moleküls vorübergehend zu blockieren.

Synthese von Verbindungen einer gewünschten Konfiguration. Bei vielen Synthesen, insbesondere von Naturstoffen oder biologisch aktiven Substanzen, ist es notwendig, Moleküle einer ganz bestimmten Konfiguration aufzubauen. Diese Aufgabe kann allerdings *schwierig* sein, wenn das betreffende Molekül mehrere Chiralitätszentren besitzt, denn dann werden bei seiner Synthese zahlreiche stereoisomere Konfigurationen gebildet, die voneinander zu trennen sind. Da die Trennung auch eines einzigen Enantiomerenpaares meist recht zeitraubend ist, sucht man durch Benützung stereospezifisch oder mindestens stereoselektiv verlaufender Reaktionen die Synthese in einem möglichst *frühen Stadium* so zu steuern, daß nur oder vorwiegend das gewünschte Isomer entsteht (**«asymmetrische Synthese»**). Unerwünschte Nebenprodukte (Stereoisomere) werden dadurch so wenig lange wie möglich «mitgeschleppt». Dies ist insbesondere auch im Falle *industrieller Synthesen* wichtig, da die «unerwünschten» Isomere Abfallprodukte sind, die zu vernichten oder zu recyclieren sind und die in jedem Fall einen wirtschaftlichen Verlust bedeuten. Liefert eine bestimmte Reaktion zwei unterschiedlich stabile Stereoisomere [z. B. (*E*) und (*Z*) oder *cis*- und *trans*-Isomere], so kann das weniger stabile Isomer unter Umständen auch mittels einer kinetisch gesteuerten Reaktion erhalten werden. Näheres siehe Band II.

3. Teil

Einige spezielle Kapitel der Organischen Chemie

21 Heterocyclische Verbindungen

21.1 Allgemeines, Nomenklatur

Viele heterocyclische Stoffe sind schon recht lange bekannt und haben deshalb *Trivialnamen* erhalten (vgl. Tabelle 21.1). Mit zunehmender Erweiterung unserer Kenntnisse erwies es sich jedoch als notwendig, auch für diese Verbindungsklasse eine *systematische Nomenklatur* zu entwickeln. In der IUPAC-Nomenklatur soll die Größe jedes Ringsystems, sein Sättigungsgrad und die Natur des Heteroatoms durch die Bezeichnung des betreffenden Stoffes eindeutig ausgedrückt werden. Die Art des Heteroatoms wird dabei durch eine Vorsilbe (Oxa = Sauerstoff, Aza = Stickstoff, Thia = Schwefel) angegeben (**«a-Nomenklatur»**), wobei der Buchstabe -a in Verbindung mit dem Wortstamm weggelassen wird); die Ringgröße (und zugleich der Sättigungsgrad) wird durch den Wortstamm gekennzeichnet (Tabelle 21.2). Als Beispiele sollen die systematischen Namen von Ethylenoxid (Oxiran), Tetrahydrofuran (Oxolan), Pyrrol (Azol), Pyrrolidin (Tetrahydropyrrol, Azolidin), Imidazol (1,3-Diazol), Pyrimidin (1,3-Diazin) usw. dienen.

Bei kompliziert gebauten Ringsystemen ist es häufig auch üblich, vom entsprechenden carbocyclischen Kohlenwasserstoff auszugehen und das Heteroatom dem Namen voranzustellen:

1-Azanaphthalen
(Chinolin)

2-Azanaphthalen
(Isochinolin)

4,5-Diazaphenanthren
(*o*-Phenanthrolin)

Ungesättigte N-, O- oder S-haltige Heterocyclen wie Pyrrol, Furan, Thiophen, Pyridin, Pyrimidin usw. verhalten sich weitgehend *aromatisch*, was sich nicht nur darin zeigt, daß ebenso wie bei anderen aromatischen Systemen elektrophile Substitutionsreaktionen mit diesen Verbindungen durchgeführt werden können, sondern daß sie z. B. auch im NMR-Spektrum die typische, auf einen *«Ringstromeffekt»* hindeutende starke chemische Verschiebung der Ringprotonen (nach niedriger Feldstärke) zeigen. Sowohl auf die Aromatizität wie auf die charakteristischen Substitutionsreaktionen ist bereits früher – im Zusammenhang mit der allgemeinen Diskussion des aromatischen Charakters (vgl. S.105) bzw. der aromatischen Substitution (Kapitel 15 und 16) – hingewiesen worden, so daß in diesem Kapitel die verschiedenen Ringsysteme, ihre Bildung und ihre wichtigsten Derivate zusammenfassend betrachtet werden können.

21.1 Allgemeines, Nomenklatur   675

Tabelle 21.1. Trivialnamen wichtiger heterocyclischer Verbindungen

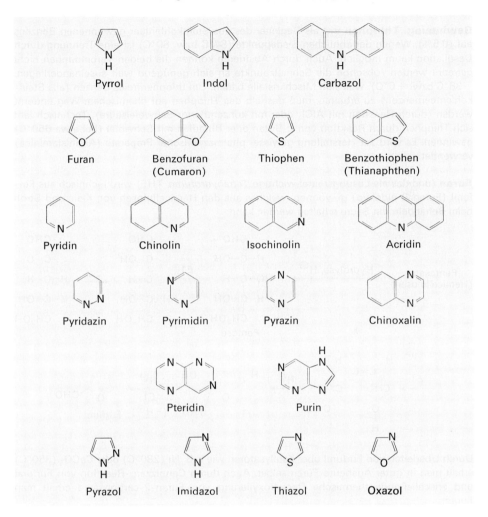

Tabelle 21.2. Wortstämme, welche die Ringgröße bei Heterocyclen angeben

Zahl der Ringglieder	N enthaltende Ringe ungesättigt	gesättigt	Ringe ohne N ungesättigt	gesättigt
3	-irin	-iridin	-iren	-iran
4	-etin	-etidin	-etin	-etan
5	-ol	-olidin	-ol	-olan
6	-in	–	-in	-an
7	-epin	–	-epin	-epan
8	-ocin	–	-ocin	-ocan

21.2 Fünfgliedrige Heterocyclen mit einem Heteroatom

Gewinnung. Thiophen tritt als Begleiter des aus Steinkohlenteer gewonnenen Benzens auf (0.5%). Wegen der ähnlichen Siedepunkte (84°C bzw. 80°C) ist eine Trennung durch Destillation kaum möglich. Auch durch Ausfrieren können die beiden Verbindungen nicht getrennt werden (obschon die Schmelzpunkte an sich genügend weit auseinanderliegen: −38°C bzw. +6°C), weil sich Mischkristalle bilden. Um thiophenfreies Benzen (aus Steinkohlenteerbenzen) zu erhalten, muß deshalb das Thiophen auf chemischem Weg entfernt werden (durch Reaktion mit $AlCl_3$ oder mit konzentrierter Schwefelsäure). Technisch läßt sich Thiophen durch Reaktion von *n*-Butan oder Butadien mit Schwefel (bei etwa 650°C) gewinnen. Es wird zur Herstellung gewisser pharmazeutischer Präparate (Antihistaminica) verwendet.

Furan (und das als Lösungsmittel wichtige *Tetrahydrofuran*, THF) wird technisch aus Furfural (Furan-2-aldehyd) gewonnen, welches aus den Hemicellulosen von Kleie und Stroh beim Behandeln mit Säure erhalten werden kann:

Durch Überleiten von Furfural über Katalysatoren wie z. B. Ni (280°C) oder $CaCO_3$ (350°C) erhält man in guter Ausbeute Furan selbst. Auch durch Cannizzaro-Reaktion von Furfural und anschließende thermische Decarboxylierung von Furan-2-carbonsäure erhält man Furan:

Tetrahydrofuran, das auch als Zwischenprodukt zur Herstellung von Adipinsäure und damit von Nylon (S. 787) Bedeutung besitzt, kann auch durch Addition von Formaldehyd an Acetylen, Hydrierung des zunächst gebildeten 2-Butin-1,4-diols und Elimination von Wasser aus 1,4-Butandiol, wobei der Ringschluß eintritt, gewonnen werden.

Pyrrol, das durch Umsetzung von Furan mit Ammoniak erhalten werden kann, kommt in geringen Mengen im Steinkohlenteer und im Knochenöl vor. Es läßt sich auch durch Erhitzen von 1,4-Butindiol mit Ammoniak unter Druck erhalten:

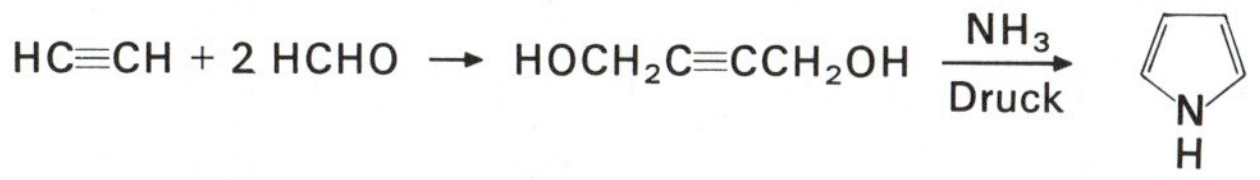

$$HC{\equiv}CH + 2\,HCHO \longrightarrow HOCH_2C{\equiv}CCH_2OH \xrightarrow[\text{Druck}]{NH_3} \text{[Pyrrol]}$$

Synthesen. Zur *präparativen* (laboratoriumsmäßigen) *Gewinnung* der drei Heterocyclen bzw. ihrer Derivate steht eine Reihe verschiedener Reaktionen zur Verfügung. Einige sollen hier diskutiert werden.

Nach *Paal-Knorr* ergeben *1,4-Dicarbonylverbindungen* bei der Behandlung mit trockenem *HCl-Gas* [oder mit *Phosphor(V)-oxid*] *Furane*, bei der Umsetzung mit *Ammoniak* oder *primären Aminen Pyrrole* und bei der Reaktion mit *Phosphor(V)-sulfid Thiophene*.

Paal-Knorr-Synthese:

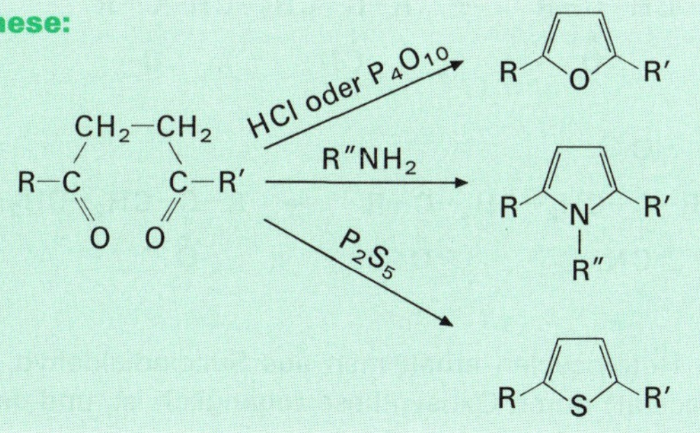

Die Bildung von Furan erfolgt wahrscheinlich über das *Endiol*, von welchem Wasser abgespalten wird. Bei der Reaktion mit Aminen wird die Aminogruppe zunächst an die eine und dann an die andere Carbonylgruppe addiert. Die anschließende Elimination erfolgt leicht, da sich ein aromatisches System bilden kann:

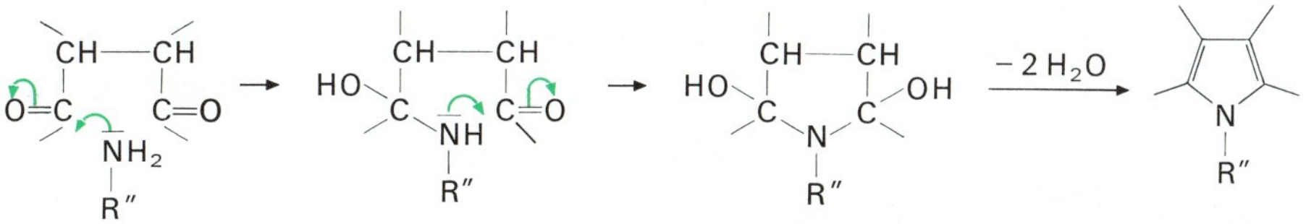

Als Beispiel einer solchen Synthese sei die Bildung von 2,5-Dimethylpyrrol durch Erhitzen von Acetonylaceton (2,5-Hexandion) mit Ammoniak erwähnt.

Die für die Paal-Knorr-Synthese benötigten γ-*Dicarbonylverbindungen* lassen sich durch Addition von Aldehyden an α,β-ungesättigte Carbonylverbindungen erhalten. Die Reaktion ist eine Variante der Michael-Addition und verläuft unter der katalytischen Wirkung von Cyanid-Ionen:

$$H_3CCHO + H_2C{=}CH{-}\underset{O}{\overset{\|}{C}}{-}C_2H_5 \xrightarrow{CN^{\ominus}} H_3C{-}\underset{O}{\overset{\|}{C}}{-}CH_2{-}CH_2{-}\underset{O}{\overset{\|}{C}}{-}C_2H_5$$

Dabei bildet das Cyanid-Ion mit dem Aldehyd zuerst ein Cyanhydrin-Anion, das sich (zu einem geringen Teil) zu einem Carbanion tautomerisiert **(Umpolung)**:

$$R-\underset{\underset{}{}}{\overset{O}{C}}-H + :CN^{\ominus} \longrightarrow R-\underset{\underset{CN}{|}}{\overset{|\overline{O}|^{\ominus}}{C}}-H \rightleftarrows R-\underset{\underset{CN}{|}}{\overset{OH}{C}}|^{\ominus}$$

(1)

Das Carbanion (1) wird von der C=C-Doppelbindung addiert und unter Austritt des Cyanid-Ions entsteht die 1,4-Dicarbonylverbindung:

$$R-\underset{\underset{CN}{|}}{\overset{OH}{C}}|^{\ominus} + CH_2=CH-\overset{O}{\underset{}{C}}-R' \longrightarrow R-\underset{\underset{CN}{|}}{\overset{OH}{C}}-CH_2-\overset{\ominus}{CH}-\overset{O}{\underset{}{C}}-R'$$

$$\longrightarrow R-\underset{\underset{CN}{|}}{\overset{|\overline{O}|^{\ominus}}{C}}-CH_2-CH_2-\overset{O}{\underset{}{C}}-R' \longrightarrow R-\overset{O}{\underset{}{C}}-CH_2-CH_2-\overset{O}{\underset{}{C}}-R' + CN^{\ominus}$$

Die unsubstituierten Heterocyclen erhält man aus Succindialdehyd, der aus acetyliertem Acrolein (Acroleindiacetat) durch Oxosynthese zugänglich ist, und den für den Einbau des entsprechenden Heteroatoms benötigten Reagentien.

Bei der zweiten Synthese geht man von α-Chlorketonen und β-Ketoestern aus, die unter der Wirkung einer Base kondensiert werden. Dabei entsteht je nach der verwendeten Base Pyrrol (**Pyrrolsynthese von Hantzsch**) oder Furan (**Feist-Benary-Synthese**):

$$H_3C-\underset{\underset{O}{\|}}{C}\overset{CH_2Cl}{} + \underset{\underset{O}{\|}}{C}\overset{COOR}{\underset{CH_3}{\overset{CH_2}{|}}}$$

$\xrightarrow{NH_3}$ H₃C—[Pyrrol mit COOR, CH₃, NH] + NH₄Cl + H₂O

$\xrightarrow{Pyridin}$ H₃C—[Furan mit COOR, CH₃, O] + C₅H₅NH⊕Cl⊖

Ammoniak reagiert zunächst mit dem β-Ketoester, woraufhin anschließend die Kondensation mit dem α-Chlorketon erfolgt:

$$R''-\underset{\underset{O}{\|}}{C}-CH_2COOEt + NH_3 \xrightarrow{-H_2O} R''-\underset{\underset{NH}{\|}}{C}-CH_2-COOEt \rightleftarrows R''-\underset{\underset{NH_2}{|}}{C}=CH-COOEt$$

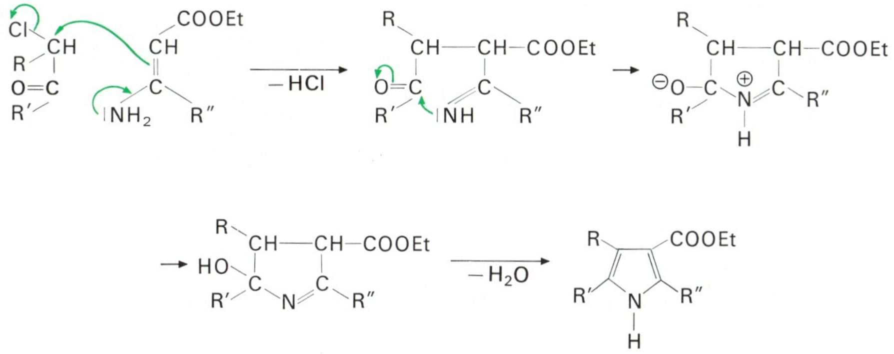

Bei Verwendung von Pyridin als *Base* wird das Enol des β-Ketoesters an das Halogenketon addiert, weil Pyridin als tertiäres Amin nicht vom β-Ketoester addiert werden kann.

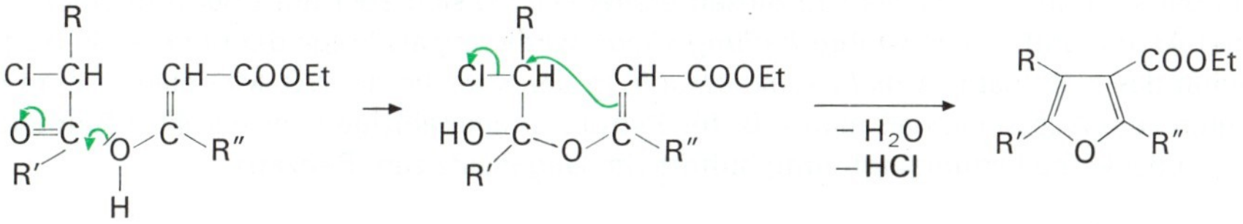

Die **Pyrrolsynthese von Knorr** ist am allgemeinsten anwendbar. Man kondensiert hier ein α-Aminoketon oder einen α-Amino-β-ketoester mit Keton oder Ketoester in Gegenwart von Essigsäure und erhält in guter Ausbeute Pyrrole. Die α-Aminoketone werden dabei häufig durch Nitrosierung von β-Ketoestern oder β-Diketonen und Reduktion des Oxims mit Zink in Essigsäure hergestellt; Reduktion und Ringschluß können dann in einem einzigen Arbeitsschritt durchgeführt werden. Beispiele:

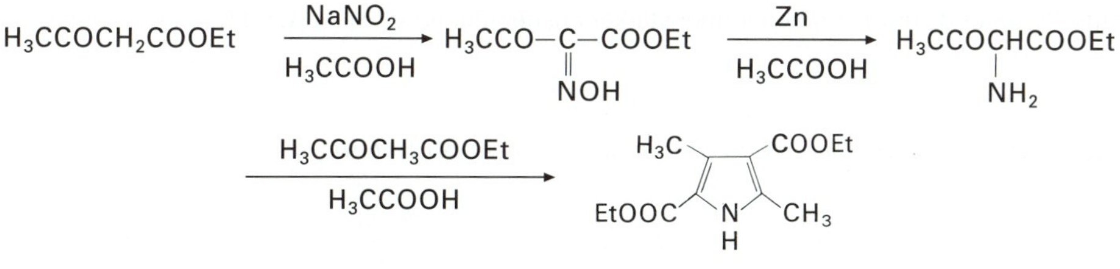

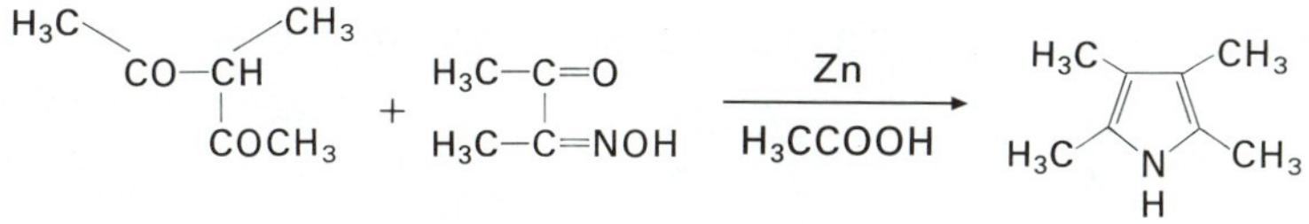

Der Mechanismus dieser Reaktion ist wenig untersucht worden; für das erste Beispiel ist die nachstehende Reaktionsfolge wahrscheinlich:

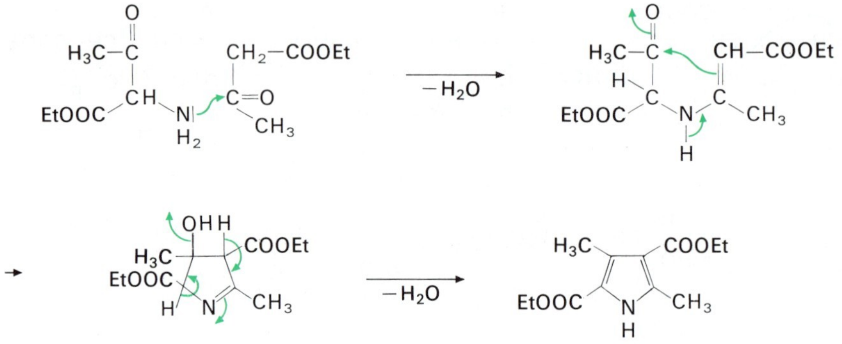

Eigenschaften, Reaktionen. Der *aromatische Charakter* der drei heterocyclischen Verbindungen Furan, Pyrrol und Thiophen beruht darauf, daß vier Elektronen der C-Atome und ein Elektronenpaar des Heteroatoms zusammen ein delokalisiertes aromatisches Sextett bilden, wobei die π-Elektronen MO besetzen, die den delokalisierten MO des Benzens vergleichbar sind. Im Unterschied zu diesen erstrecken sie sich aber nur über fünf (nicht über sechs) Atome und zudem ist ihre *Ladungsdichteverteilung* als Folge der höheren Elektronegativität des Heteroatoms *nicht symmetrisch*. In der Sprache des VB-Modelles kommt dies dadurch zum Ausdruck, daß man z. B. für Pyrrol nur eine einzige Grenzstruktur formulieren kann, in der keine Ladungstrennung auftritt (im Gegensatz zum Benzen):

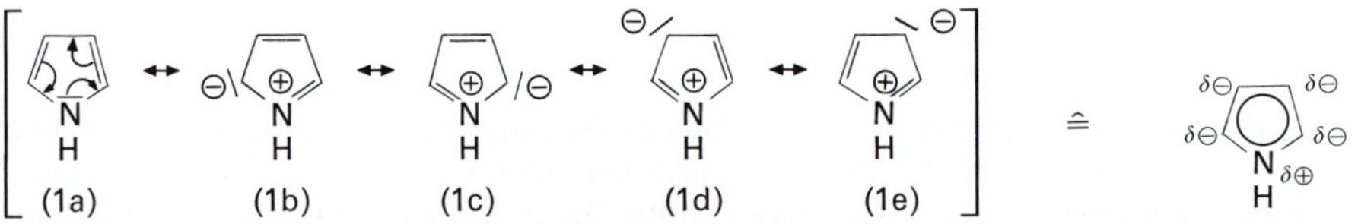

Der «Beitrag» der Grenzstrukturen (1b) bis (1e) wird in der Reihe Thiophen–Pyrrol–Furan wegen der in dieser Reihenfolge zunehmenden Elektronegativität des Heteroatoms immer geringer [mit anderen Worten, die Ladungsdichteverteilung im heterocyclischen Ring wird immer mehr der Grenzstruktur (1a) ähnlich], so daß der «aromatische» Charakter vom Furan zum Pyrrol und zum Thiophen immer stärker ausgeprägt wird. Beweisend für das aromatische

Tabelle 21.3. Dipolmomente und Bindungswinkel einiger Heterocyclen

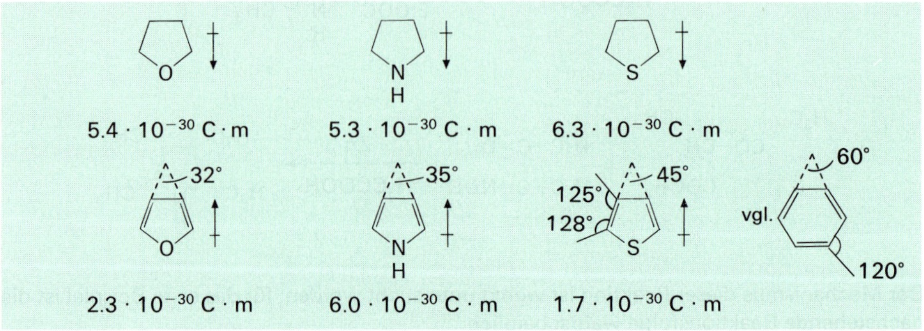

Verhalten der drei Heterocyclen sind nicht nur die Ergebnisse der UV- und NMR-Spektroskopie und die Bereitschaft zu S_E-Reaktionen, sondern auch Messungen der *Bindungslängen*, der *Verbrennungswärmen* und der *Dipolmomente*. Während beispielsweise Tetrahydrofuran – das nicht aromatisch ist – ein Dipolmoment von $5.4 \cdot 10^{-30}$ C · m besitzt, ist das Dipolmoment von Furan nur $2.3 \cdot 10^{-30}$ C · m und ist zudem dem Dipolmoment von Tetrahydrofuran (oder Pyrrolidin) entgegengesetzt gerichtet, was auf die Delokalisation eines freien Elektronenpaares des Heteroatoms in den Ring zurückzuführen ist (vgl. Tabelle 21.3).

Der am schwächsten ausgeprägte aromatische Charakter des Furans zeigt sich darin, daß *Furan* in mancher Hinsicht den *Ethern* gleicht und z. B. mit Maleinsäureanhydrid ein Diels-Alder-Addukt liefert, während sowohl Pyrrol wie Thiophen mit Maleinsäureanhydrid nicht reagieren. Furan läßt sich auch am leichtesten hydrieren; die vollständige Hydrierung zu Tetrahydrofuran ist bereits bei 125°C und 100 bar möglich, während sowohl Pyrrol wie Thiophen weit energischere Bedingungen erfordern[1]. Wird Furan in Essigsäure gelöst und unter Verwendung eines Pt-Kontaktes hydriert, so erhält man *n-Butanol* (Möglichkeit zur technischen Gewinnung von Butanol und weiteren Zwischenprodukten). Die katalytische Hydrierung von Pyrrol liefert Pyrrolidin, während es durch Zink in Essigsäure in 2,5-Dihydropyrrol übergeführt wird. Thiophen ergibt durch Reduktion mit *Elektronenspendern* (Natriumamalgam) Tetrahydrothiophen («*Thiolan*»), das durch Oxidation in *Sulfolan*, ein wertvolles Lösungsmittel, übergeführt wird. (Technisch wird Thiolan allerdings aus offenkettigen Verbindungen hergestellt, nicht aus Thiophen.)

Thiolan Sulfolan

Sowohl *Pyrrol* wie *Furan* sind gegenüber *Oxidationsmitteln* ziemlich empfindlich und werden beim Stehenlassen an der Luft ähnlich wie Phenole oder aromatische Amine zu dunkelgefärbten Produkten oxidiert. Beide sind auch sehr empfindlich gegen *Säuren*, da die Protonierung des Heteroatoms zu einer Verringerung der Mesomerieenergie führen würde [in der Sprache des VB-Modells würden dadurch Grenzstrukturen wie (1b) bis (1e) entweder sehr energiereich oder überhaupt unmöglich]. In der Tat wird durch Zusatz von Säure ein Proton nicht vom Heteroatom, sondern von einem *Ring*-C-Atom addiert. Die konjugierte Säure von Pyrrol oder Furan kann ein weiteres Molekül angreifen und dadurch eine Polymerisation einleiten; bei geeigneten Bedingungen läßt sich das kristalline *Trimer* erhalten:

Im Fall des Furanringes führt vorsichtige Hydrolyse mit verdünnter Schwefel- (oder Essig-) säure zur **Ringöffnung** (Umkehrung der Paal-Knorr-Synthese), eine Reaktion, die zur Gewinnung von *1,4-Dicarbonylverbindungen* brauchbar ist.

---

[1] Thiophen ist allerdings nur schwierig katalytisch zu hydrieren, da es die meisten Hydrierungskatalysatoren rasch vergiftet. Bei der Hydrierung mit Raney-Nickel entsteht unter **Ringöffnung** Butan (neben Nickelsulfid).

Pyrrol ist dagegen selbst eine *schwache Säure* ($pK_s = 15$), wahrscheinlich deshalb, weil das π-System der konjugierten Base dadurch etwas stabilisiert wird, daß keine Ladungstrennung mehr auftritt:

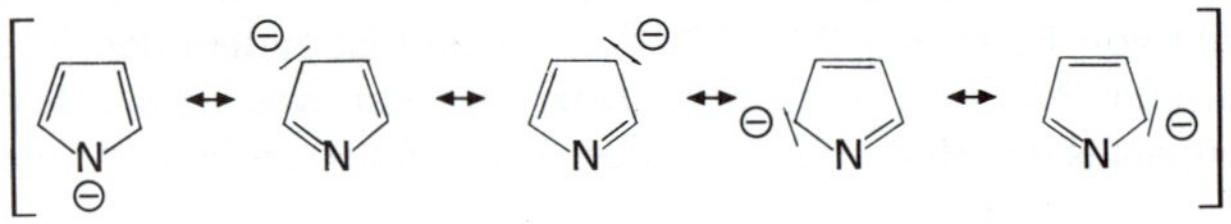

So erhält man aus *Pyrrol* und *Alkalimetallen* oder *Alkalihydroxiden* salzartige Verbindungen. Mit *Grignard-Reagentien* bilden sich ebenfalls *salzähnliche* Produkte:

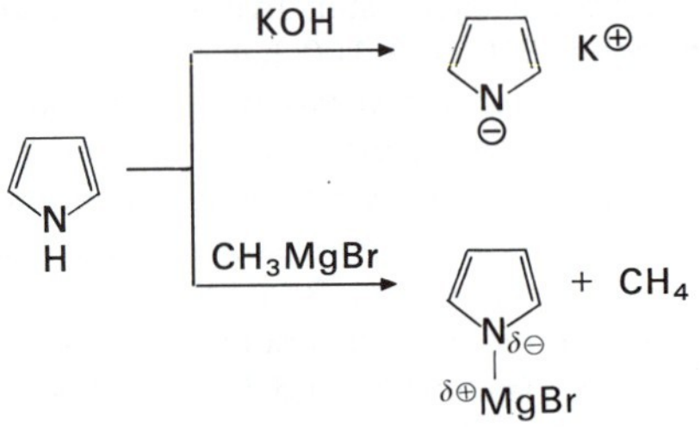

Alkalisalze von Furan oder Thiophen lassen sich nicht durch direkte Reaktion mit dem betreffenden Metall, sondern nur durch Metallierung mit Phenyllithium oder Phenylnatrium erhalten. Solche *Alkaliverbindungen* sind für gewisse Synthesen sehr nützlich; durch Reaktion mit CO_2 erhält man beispielsweise daraus die entsprechenden 2-Carbonsäuren (analog zur Salicylsäuresynthese von Kolbe).

Tabelle 21.4 bringt Beispiele von S_E-Reaktionen an Furan.

Tabelle 21.4. Elektrophile Substitutionen an Furan

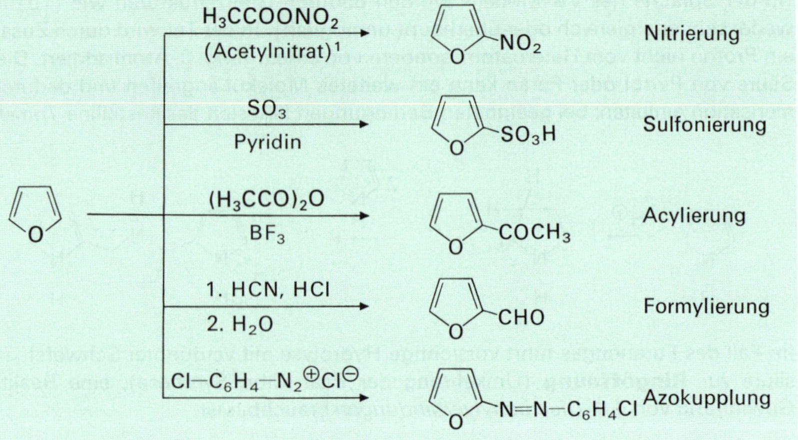

Reagenz	Produkt	Reaktion
$H_3CCOONO_2$ (Acetylnitrat)[1]	Furan-NO_2	Nitrierung
SO_3 / Pyridin	Furan-SO_3H	Sulfonierung
$(H_3CCO)_2O$ / BF_3	Furan-$COCH_3$	Acylierung
1. HCN, HCl 2. H_2O	Furan-CHO	Formylierung
$Cl-C_6H_4-N_2^{\oplus}Cl^{\ominus}$	Furan-$N=N-C_6H_4Cl$	Azokupplung

[1] Acetylnitrat entsteht aus rauchender Salpetersäure und Acetanhydrid.

Der beim *Thiophen* in dieser Reihe am stärksten ausgeprägte aromatische Charakter zeigt sich darin, daß hier die S_E-*Reaktionen* meist *unter ziemlich milden Bedingungen* verlaufen. So erfordert die Halogenierung – im Gegensatz zum Benzen! – keinen Katalysator, und Sulfonierung ist schon beim Schütteln mit konzentrierter Schwefelsäure möglich. Wegen der starken *Säureempfindlichkeit* lassen sich beim *Pyrrol* und *Furan* die Nitrierung, Sulfonierung, Halogenierung und auch Friedel-Crafts-Reaktionen nicht unter den sonst üblichen Bedingungen durchführen. Zur Nitrierung benötigt man z. B. Acetylnitrat in Acetanhydrid und zur Sulfonierung in Pyridin gelöstes Schwefeltrioxid.

Interessant ist, daß Thiophen **direkt iodiert** werden kann (was mit Benzen nicht möglich ist!); auch dies zeigt die große Reaktivität von Thiophen.

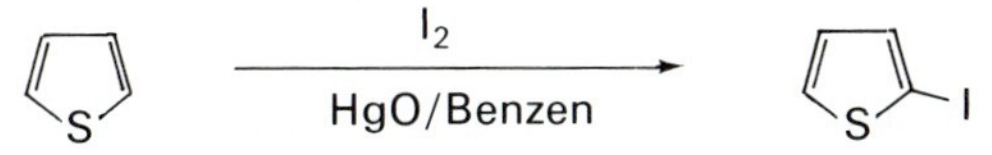

Einfache Derivate. Der heterocyclische Ring kann mit einem Benzenkern kondensiert sein:

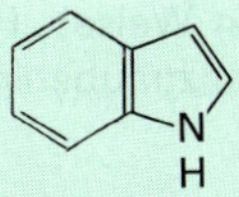

Indol	Thianaphthen	Cumaron
Fp. 52 °C	Fp. 31 °C	Kp. 177 °C
Kp. 253 °C	Kp. 220 °C	

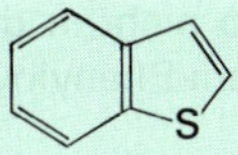

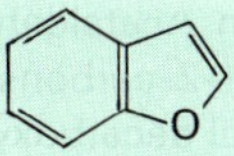

Die wichtigste dieser drei Verbindungen ist Indol. **Indol** und 3-Methylindol *(Skatol)* entstehen bei der Fäulnis von Eiweiß und bedingen den charakteristischen Geruch der Faeces; reines Indol riecht (in großer Verdünnung) nach Jasmin oder Orangenblüten und kommt in ätherischen Ölen vor.

Das Ringsystem des Indols läßt sich z. B. aus Phenylhydrazonen von Aldehyden oder Ketonen unter der Wirkung von Schwefelsäure oder $ZnCl_2$ erhalten (**Fischersche Indolsynthese**):

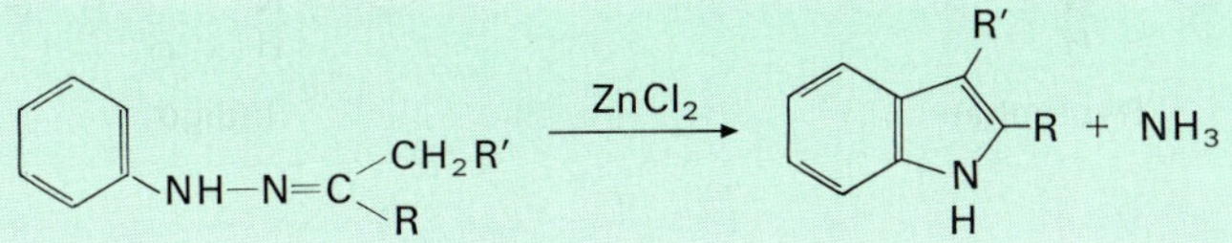

Es ist dabei nicht notwendig, das Phenylhydrazon zu isolieren; Behandlung des Arylhydrazons mit einem Gemisch aus $ZnCl_2$ und Aldehyd (bzw. Keton) ergibt ebenfalls Indol.

Der entscheidende Schritt dieser Reaktion ist eine *Umlagerung*, die über einen cyclischen *Übergangszustand* verläuft und in gewissem Sinn der Claisen-Umlagerung (S. 467) gleicht:

Die Wirkung des Katalysators besteht darin, die Verschiebung der Doppelbindung im ersten Reaktionsschritt zu beschleunigen. Daß tatsächlich das vom Benzenkern weiter entfernte N-Atom (als Ammoniumion) abgetrennt wird, wurde durch Tracer-Experimente mit ^{15}N bewiesen; es ist allerdings nicht ausgeschlossen, daß der Zwischenstoff (1) – der in einzelnen Fällen isoliert werden konnte – vor dem Ringschluß zum Keton hydrolysiert wird. Unsubstituiertes Indol kann allerdings auf diese Weise nicht hergestellt werden (das Phenylhydrazon von Acetaldehyd reagiert also nicht in der angegebenen Weise). Hingegen läßt sich die Indol-2-carbonsäure, die aus dem Phenylhydrazon von Brenztraubensäure entsteht, leicht zu Indol decarboxylieren:

Wichtige vom Indol abgeleitete Verbindungen sind die Aminosäure *Tryptophan* (β-Indolylalanin) und der Farbstoff *Indigo* sowie seine Derivate.

Tryptophan

Indigo

Indigo, der in zahlreichen Pflanzen in Form des Glucosids *Indican* auftritt, wurde bereits im Altertum zum Färben verwendet (so sind beispielsweise ägyptische Mumientücher – mit einem Alter von über 4000 Jahren – mit Indigo blau gefärbt!). Er wurde früher hauptsächlich aus der Indigopflanze *(Indigofera)*, die in Indien kultiviert wurde, oder in Westeuropa aus Färberwaid *(Isatis tinctoria)* gewonnen. Das Glucosid Indican liefert bei der sauren oder enzymatischen Hydrolyse Glucose und Indoxyl (3-Hydroxyindol), das durch Luftoxidation in den blauen wasserunlöslichen Farbstoff übergeht:

21.2 Fünfgliedrige Heterocyclen mit einem Heteroatom

Indoxyl (gelb) →[O_2] **Indigo [(E)-Konfiguration]** →[HNO_3] **Isatin**

Um den Farbstoff zu erhalten, wurden früher die glucosidhaltigen Pflanzen mit Wasser zerquetscht, wobei das Glucosid durch in den Zellen enthaltene Enzyme hydrolysiert wurde. Indigo besitzt als *Chromophor* das konjugierte System O=C—C=C—C=O (in Verbindung mit den beiden Benzenkernen) und tritt ausschließlich in der (*E*)-Konfiguration auf. Die Oxidation mit konzentrierter Salpetersäure ergibt Isatin, welches über verschiedene Stufen schließlich zu Indol reduziert werden kann. Durch Alkalischmelze von Indigo erhielt Fritzsche (1844) Anilin, das seinen Namen der spanischen Bezeichnung *añil* = Indigo verdankt.

Reiner Indigo ist eine tiefblaue, bronzeschimmernde, in Wasser unlösliche Substanz. Um damit färben zu können, muß er zuerst zu einer hellgelben Dihydroxyverbindung reduziert werden («*Indigweiß*»), die als Dianion in alkalischen wäßrigen Lösungen löslich ist und aus einer solchen Lösung auf die Fasern «aufzieht». Auf der Faser tritt dann an der Luft die *Rückoxidation* zum blauen Indigo ein, der durch van der Waals-Kräfte auf den Fasern haftet. Indigo ist damit ein Beispiel eines sogenannten **Küpenfarbstoffes** (vgl. S. 795). Der Name stammt davon her, daß früher die Reduktion in großen, offenen, als «Küpen» bezeichneten Standgefäßen mittels eines enzymatischen Prozesses durchgeführt worden ist; heute dient in erster Linie *Dithionit* («Hyposulfit», $Na_2S_2O_4$) als Reduktionsmittel für Indigo und auch für andere Küpenfarbstoffe.

Die Konstitution des Indigofarbstoffes wurde 1883 von Baeyer aufgeklärt. Im Anschluß an die Strukturaufklärung suchte man nach technisch durchführbaren *Synthesen*, welche es ermöglichen sollten, ein billigeres und reineres Produkt als den Naturfarbstoff zu gewinnen. Verschiedene von Baeyer entwickelte Synthesen ließen sich nicht in die Technik übertragen, da die betreffenden Rohstoffe zu teuer oder zu umständlich herzustellen waren. (Eine Synthese beispielsweise geht von *o*-Nitrobenzaldehyd aus.) Die beiden ersten technisch brauchbaren Synthesen wurden von *Heumann* und *Pfleger* entwickelt (BASF bzw. Farbwerke Hoechst). Bei der ersten, von Heumann (1890) stammenden und durch Pfleger (1901) verbesserten Synthese geht man von Anilin und Chloressigsäure aus. Das Kondensationsprodukt wird dann unter der Wirkung von Natriumamid cyclisiert:

Phenylglycin →[$NaNH_2$] **Indoxyl** → Indigo

Heute wird Phenylglycin nicht mehr über Chloressigsäure, sondern durch Umsetzung von Anilin mit Formaldehyd und NaCN und anschließende alkalische Hydrolyse gewonnen:

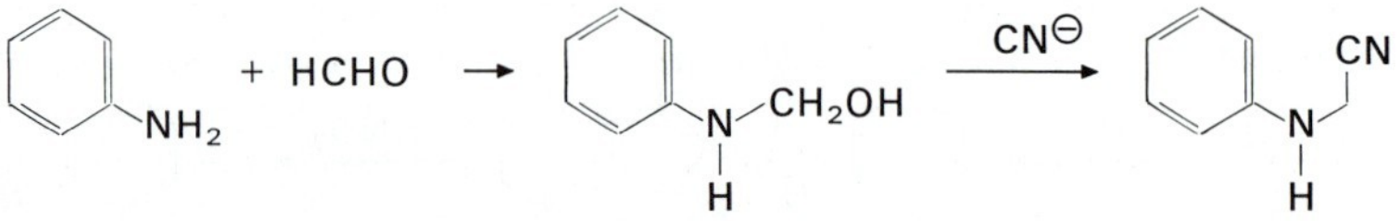

21 Heterocyclische Verbindungen

[Reaktion: Anilin + HCHO → N-Hydroxymethylanilin (nicht isoliert) → mit CN⁻ → N-Cyanomethylanilin]

Bei der zweiten, 1893 ebenfalls von Heumann entwickelten Synthese wird Anthranilsäure mit Chloressigsäure kondensiert. Durch Alkalischmelze wird das Produkt zu Indoxylcarbonsäure cyclisiert, die beim Erhitzen decarboxyliert und an der Luft zu Indigo oxidiert wird. Die für dieses Verfahren benötigte Anthranilsäure wird aus Naphthalen über Phthalsäureanhydrid und -imid hergestellt:

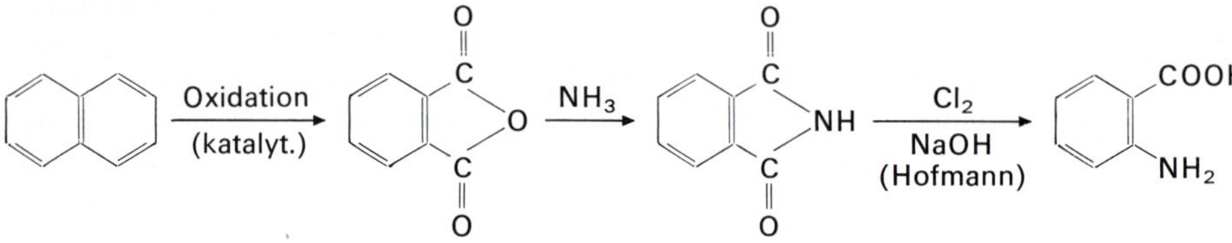

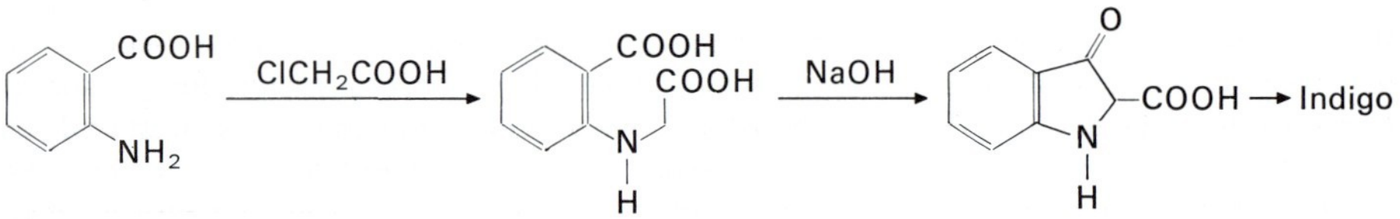

[Reaktionsschema: Naphthalen →(Oxidation, katalyt.) Phthalsäureanhydrid →(NH₃) Phthalimid →(Cl₂, NaOH, Hofmann) Anthranilsäure]

[Reaktionsschema: Anthranilsäure →(ClCH₂COOH) N-Carboxymethyl-Anthranilsäure →(NaOH) Indoxylcarbonsäure (Keto-Form) → Indigo]

Eine Reihe von Indigoderivaten hat (oder hatte) ebenfalls Bedeutung als Farbstoffe. So ist beispielsweise der antike Purpur 6,6'-Dibromindigo. Auch Thioindigo und seine Derivate sind wichtige Küpenfarbstoffe. Thioindigo kann durch Bestrahlen mit Licht leicht von der (*E*)- in die (isolierbare) (*Z*)-Konfiguration übergeführt werden («molekularer Schalter»).

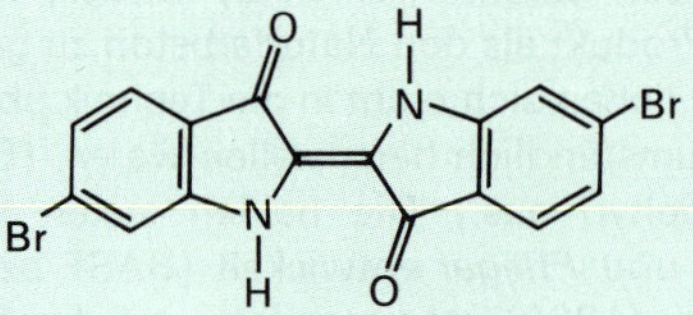

antiker Purpur (Hauptkomponente)

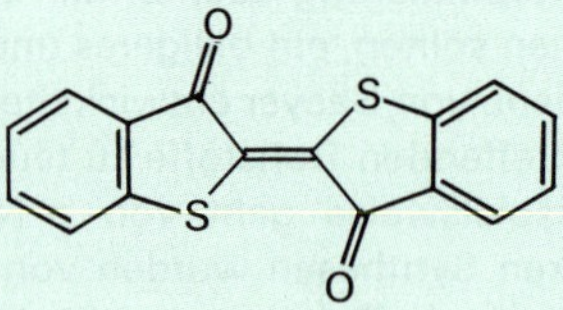

Thioindigo

Weitere Indolderivate sind *Carbazol* (aus *o*-Aminobiphenyl durch katalytische Oxidation über V_2O_5 zugänglich) sowie das zur Synthese eines hochschmelzenden Polymerisates von guten dielektrischen Eigenschaften verwendete *N-Vinylcarbazol*:

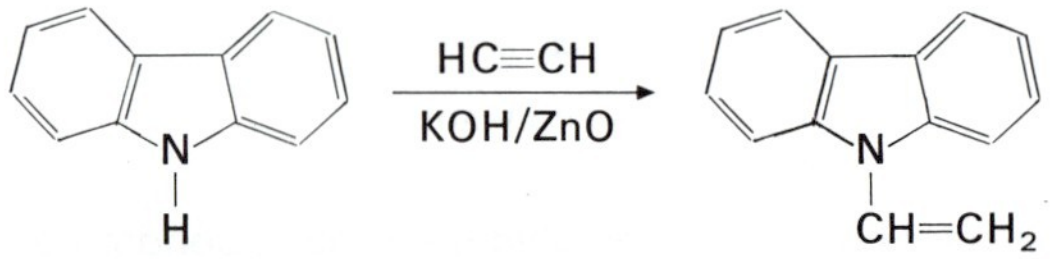

[Carbazol →(HC≡CH, KOH/ZnO) N-Vinylcarbazol]

Carbazol

21.2 Fünfgliedrige Heterocyclen mit einem Heteroatom

Pyrrolfarbstoffe (Porphinderivate). Alkylierte Pyrrolringe sind Bestandteile vieler biologisch wichtiger Farbstoffe, z. B. der *Blut-* und *Blattgrünfarbstoffe*, der *Gallenfarbstoffe*, des *Vitamins B_{12}* usw. Den Blut- und Blattgrünfarbstoffen gemeinsam ist ein ebenes Ringgerüst aus vier Pyrrolringen mit einem ausgedehnten konjugierten (völlig delokalisierten) Elektronensystem, auf welches die intensive Lichtabsorption zurückzuführen ist:

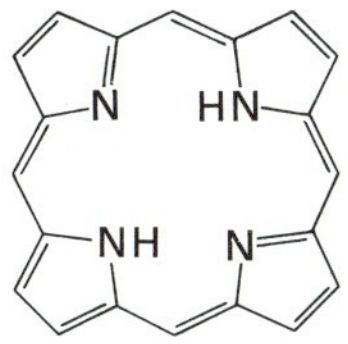

Porphinring

Substanzen, bei welchen an allen acht «Ecken» der Pyrrolringe (d. h. an allen acht β-Stellungen) Substituenten vorhanden sind, werden als *Porphyrine* bezeichnet. Die Blut- und Blattgrünfarbstoffe sind Metall-Chelatkomplexe solcher Porphyrine.

Das **Hämoglobin**, ein Chromoproteid, das etwa 30% der Trockensubstanz von roten Blutkörperchen der Säugetiere ausmacht, zerfällt bei der vorsichtigen Hydrolyse mit verdünnter Salzsäure in das Protein *Globin* und in (gut kristallisierendes) *«Chlorhämin»*. Dieses enthält als Zentralatom des Chelatkomplexes ein $Fe^{3\oplus}$-Ion (neben einem $Cl^{\ominus}$-Ion); seine reduzierte Form, das *«Häm»*, ist die eigentliche Wirkgruppe des *Hämoglobins*. Von den sechs Koordinationsstellen des $Fe^{2\oplus}$-Ions sind nur vier an die N-Atome des Porphinsystems gebunden. Eine weitere übernimmt die Bindung an das Protein (über den Imidazolring des Histidins; Abb. 21.1). Die sechste Koordinationsstelle vermag eine lockere Additionsverbindung mit molekularem Sauerstoff zu bilden, ohne daß dabei die Oxidationsstufe des $Fe^{2\oplus}$-Ions geändert wird. Die Menge des gebundenen Sauerstoffs ist vom Sauerstoff-Partialdruck abhängig; Aufnahme und Abgabe des Sauerstoffs erfolgen möglicherweise im Austausch gegen Wasser. Mit CO entsteht eine noch wesentlich stabilere Additionsverbindung, so daß der Sauerstofftransport im Blut gestört oder überhaupt unterbunden wird, wenn die Atemluft einen zu großen Anteil CO enthält. Ist das Hämoglobin zu etwa 66% in CO-Hämoglobin übergeführt, so tritt der Tod ein.

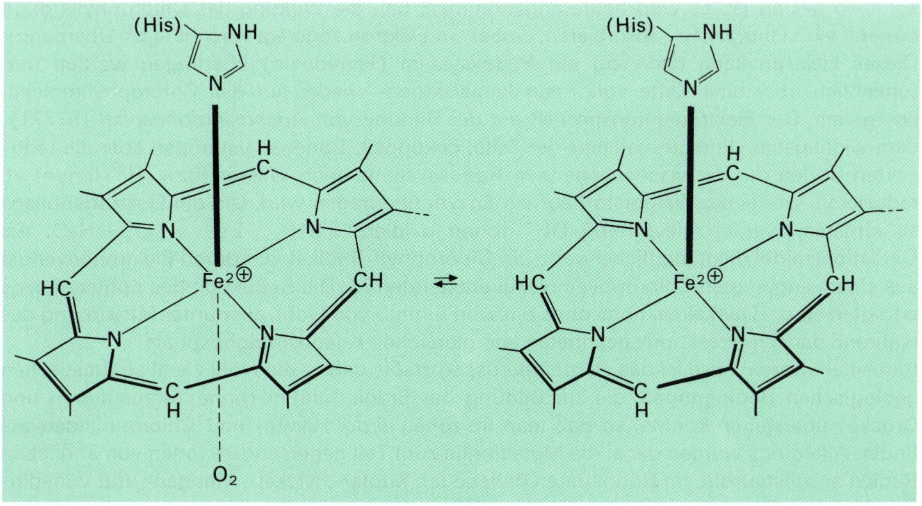

Abb. 21.1. Bindung von O_2 an ein Häm-Molekül

Häm / **Chlorophyll**

R = CH₃: Chlorophyll a
R = CHO: Chlorophyll b

Dem Häm strukturell eng verwandt sind die grünen Blattfarbstoffe. **Chlorophyll**, das «Blattgrün», besteht aus zwei Komponenten, dem Chlorophyll a und dem Chlorophyll b. Beide enthalten das Porphin-Grundgerüst, dem ein fünfgliedriger Ketonring angegliedert ist und das über eine Carboxylgruppe als Substituent mit Phytol, einem ungesättigten Diterpenalkohol ($C_{20}H_{39}OH$; vgl. S. 724) verestert ist. Einer der Pyrrolringe liegt im Chlorophyll in der Dihydro-Form vor. Chlorophyll a und Chlorophyll b unterscheiden sich dadurch, daß in diesem an Stelle einer Methylgruppe eine Aldehydgruppe vorhanden ist. Im Gegensatz zum Häm enthalten die Chlorophylle ein $Mg^{2\oplus}$-Ion als Zentralion.

Die *Konstitutionsaufklärung* dieser kompliziert gebauten Farbstoffe ist hauptsächlich dem Arbeitskreis H. Fischers zu verdanken (Häminsynthese, 1930; Konstitutionsaufklärung des Chlorophylls um 1940 abgeschlossen). Die *Synthese* der Chlorophylle gelang Woodward (1960).

Die beiden grünen Blattfarbstoffe spielen eine wichtige Rolle bei der CO_2-Assimilation der grünen Pflanzen, der sogenannten **Photosynthese**, deren Verlauf jedoch noch nicht vollkommen geklärt ist. Es wird heute angenommen, daß die Wirkung des Chlorophylls darin besteht, ein Lichtquant zu absorbieren, wobei ein Elektron angeregt wird ($\pi \to \pi^*$-Übergang). Dieses Elektron kann dann auf ein Redoxsystem (Ferredoxin) übertragen werden und schließlich über eine Kette von Redoxkatalysatoren wieder auf das Chlorophyllmolekül übergehen. Der Elektronentransport ist mit der Bildung von *Adenosintriphosphat* (S. 771), dem wichtigsten «Energiespeicher» der Zelle, gekoppelt. Daneben vermögen aber die reduzierten Stufen der dazwischenliegenden Redoxsysteme auch Wasser (bzw. $H^{\oplus}$-Ionen) zu reduzieren, wobei der Wasserstoff auf ein Enzym übertragen wird. Um die Elektronenbilanz zu erhalten, werden gleichzeitig $OH^{\ominus}$-Ionen oxidiert: $2\,OH^{\ominus} - 2\,e^{\ominus} \to \frac{1}{2}O_2 + H_2O$. Als Oxidationsmittel dient möglicherweise ein Chlorophyll-Radikal, das durch Elektronenverlust aus einem angeregten Chlorophyllmolekül entstanden ist. Die Reduktion des Kohlendioxids erfolgt in einer «Dunkelreaktion» ohne direkten Einfluß von Licht, aber unter Mitwirkung des während der «Lichtreaktion» gebildeten energiereichen Adenosintriphosphats.

Bemerkenswerterweise ist das *Porphingerüst so stabil*, daß es die wohl ziemlich drastischen geologischen Bedingungen, die zur Bildung des Erdöls führten (hohe Temperaturen und Drucke) überstehen konnte, so daß man im rohen *Erdöl* Hämin- und Chlorophyllderivate findet. Allerdings wurden dabei die Metallionen zum Teil gegen andere Ionen von ähnlichen Radien ausgetauscht. Im Rohöl treten daher auch Kupfer-, Nickel-, Mangan- und Vanadinporphine auf. Besonders die letztgenannten Komplexe sind außerordentlich stabil und werden selbst durch Schwefelsäure nicht zerstört. Da Vanadinverbindungen bei der Hoch-

21.2 Fünfgliedrige Heterocyclen mit einem Heteroatom

temperaturpyrolyse zu Korrosionserscheinungen an den Brennern führen, müssen vanadinhaltige Rohöle bei möglichst niedriger Temperatur verbrannt bzw. gecrackt werden, da sich das Vanadin wegen der Stabilität seiner Porphinkomplexe kaum aus dem Öl entfernen läßt.

Weitere wichtige *Porphinderivate* sind die Wirkgruppen der Enzyme von biologischen Oxidationen bzw. Reduktionen, der *Cytochrome* und der *Katalasen*. Der Porphinabbau im Stoffwechsel führt zu den *Gallenfarbstoffen*, wobei der Porphinring unter Bildung einer linearen Anordnung von vier Pyrrolringen geöffnet wird. Als Beispiel sei das braunrötliche *Bilirubin* (in der Galle) erwähnt.

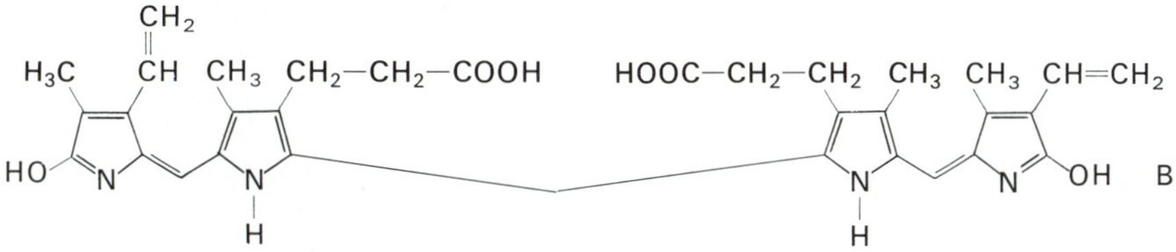

Mit den Porphinen eng verwandt ist das **Vitamin B$_{12}$**, das aus der Leber isoliert wurde und bei der Behandlung der perniziösen Anämie wirksam ist. Es ist eine tiefrote Verbindung und der erste Naturstoff, in welchem Kobalt als Bestandteil nachgewiesen wurde. Seine außerordentlich komplexe Konstitution (Vitamin B$_{12}$ ist eine der kompliziertesten bekannten niedermolekularen Verbindungen) wurde in der erstaunlich kurzen Zeit von einigen Jahren durch chemische Methoden und vor allem durch Röntgenstrukturanalyse aufgeklärt (abgeschlossen 1955; D. Crowfoot-Hodgkin und Todd). Vitamin B$_{12}$ ist ein biologisch sehr wirksamer Stoff; der Tagesbedarf eines Menschen beträgt nur 0.5 bis 1 µg. Die Totalsynthese von Vitamin B$_{12}$ wurde 1962 begonnen und 1972 beendet; sie wurde in Zusammenarbeit zweier Arbeitsgruppen (Woodward in Harvard, USA, und Eschenmoser an der ETH Zürich) durchgeführt, von denen jede einen Teil des komplizierten Moleküls aufbaute.

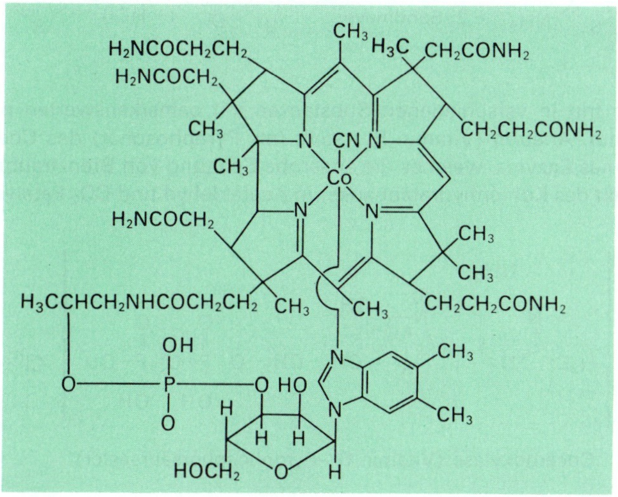

Abb. 21.2. Konstitution von Vitamin B$_{12}$. In vivo ist Cyanid in Cobalamin nicht enthalten. Das Cyanid-Ion tritt aber aufgrund des Isolierungsverfahrens in den meisten Handelsformen des Vitamins als sechster Ligand auf

21.3 Fünfgliedrige Heterocyclen mit mehreren Heteroatomen

Von den zahlreichen Fünfringen, die *mehrere Heteroatome* enthalten, werden hier lediglich die in biochemischer Hinsicht wichtigsten Ringsysteme **Thiazol, Pyrazol** und **Imidazol** besprochen. Die Bildung von Triazolen und Tetrazolen durch **1,3-dipolare Cycloaddition** von Aziden an Alkine bzw. Nitrile wurde in Kapitel 11 (S. 454) erwähnt.

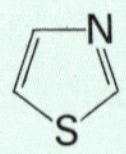

Thiazol	Pyrazol	Imidazol
(1,3-Thiazol)	(1,2-Diazol)	(1,3-Diazol)
Kp. 117 °C	Fp. 70 °C	Fp. 90 °C
	Kp. 188 °C	Kp. 263 °C

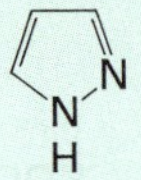

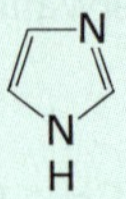

Der **Thiazolring** läßt sich z. B. ausgehend von α-Halogencarbonylverbindungen und Thioamiden erhalten. Durch Reaktion von Chloracetaldehyd mit Thioharnstoff (in der Iminoform) und anschließende Entfernung der Aminogruppe (Substitution durch −Cl und Hydrogenolyse) entsteht Thiazol selbst:

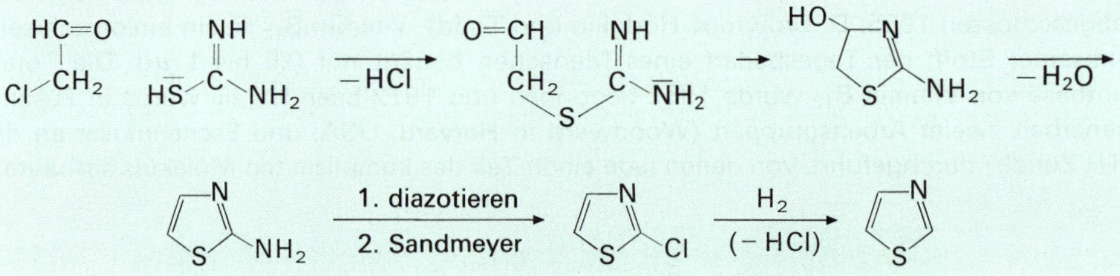

Der Thiazolring tritt in verschiedenen Substanzen mit bemerkenswerten physiologischen Eigenschaften auf. *Aneurin* (Vitamin B_1) stellt (als Pyrophosphat) das Coenzym der Carboxylase dar, eines Enzyms, welches die anaerobe Spaltung von Brenztraubensäure (einem Zwischenprodukt des Kohlenhydratabbaues) in Acetaldehyd und CO_2 katalysiert.

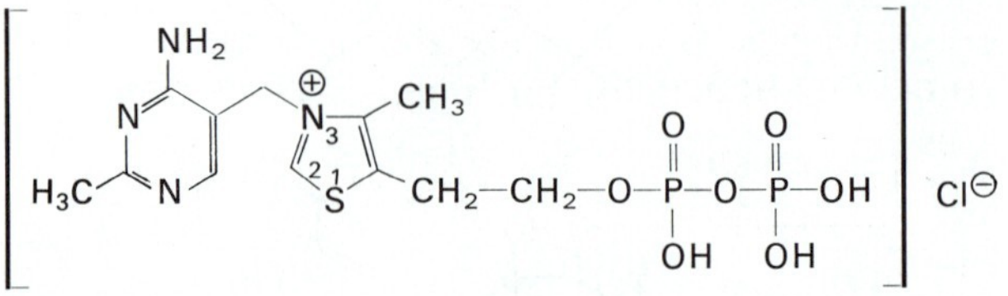

Cocarboxylase (Vitamin B_1-Pyrophosphorsäureester)

Am C-Atom 2 des Thiazoliumrings bildet sich (nach Deprotonierung) ein nucleophiles Zentrum ($^\ominus|C\lessgtr$) aus, das anstelle von $^\ominus CN$ Benzoinkondensationen zu katalysieren imstande ist (*Stetter*).

21.3 Fünfgliedrige Heterocyclen mit mehreren Heteroatomen 691

Die *Penicilline*, die ersten in der Medizin verwendeten Antibiotika (1929 von Fleming entdeckt; Strukturaufklärung und technische Gewinnung aus Schimmelpilzkulturen während des Zweiten Weltkrieges in den USA und in England) sind ebenfalls Thiazolderivate (und β-Lactame). **Antibiotika** sind Stoffwechselprodukte von niederen Pilzen oder Bakterien, die andere Mikroorganismen abtöten oder ihre Entwicklung hemmen, d. h. bakterizid oder bakteriostatisch wirken. Sie eignen sich daher zur Bekämpfung von Infektionskrankheiten. Penicilline werden gewöhnlich in Form ihrer Natrium- oder Calciumsalze hauptsächlich zur Therapie der durch Kokken oder grampositive Bakterien verursachten Infektionen verwendet. Die Penicilline wirken von allen bekannten Antibiotika am wenigsten toxisch; ihre häufige Anwendung hat jedoch zur Selektion resistenter Bakterienstämme geführt, so daß sie heute meistens in Kombination mit anderen Antibiotika (z. B. Cephalosporinen) verwendet werden.

$$R = H_5C_6CH_2- \quad \text{Penicillin G}$$
$$= H_3CCH_2CH=CHCH_2- \quad \text{Penicillin F}$$
$$= H_3C(CH_2)_6- \quad \text{Penicillin K}$$

Penicilline

Sulfathiazol, ein Chemotherapeutikum, ist ein Beispiel der ebenfalls zur Therapie der Infektionskrankheiten wichtigen *Sulfonamide*. Ihre Wirkung beruht darauf, daß der *p*-Aminobenzensulfonsäurerest die *p*-Aminobenzoesäure (eine für zahlreiche Mikroorganismen unentbehrliche Substanz, die zur Synthese der Folsäure, der Wirkgruppe eines Enzyms, benötigt wird) verdrängt und dadurch den gesamten Stoffwechsel blockiert.

Sulfanilamidothiazol (Sulfathiazol)

Pyrazol und **Imidazol** sind beide (im Gegensatz zum Pyrrol) deutlich *basisch*. Wegen der Stabilität der konjugierten Säure (hohe Symmetrie!) ist Imidazol bedeutend stärker basisch ($pK_b = 7$; pK_b von Pyrazol 11.5). Auch Thiazol ist schwach basisch ($pK_b = 11.5$); die Protonierung erfolgt am freien Elektronenpaar des N-Atoms. Pyrazol und Imidazol besitzen aber ebenso wie Pyrrol schwach *saure* Eigenschaften; die Acidität ist hier als Folge der elektronenanziehenden Wirkung des zweiten Heteroatoms sogar noch etwas größer als beim Pyrrol. Beide bilden untereinander starke H-Brücken, was ihre relativ hohen Siedepunkte erklärt (Pyrazol existiert in flüssiger Phase vorwiegend als Dimer!). N-Alkylsubstitutionsprodukte zeigen erheblich niedrigere Siedepunkte, weil durch die Substitution die Fähigkeit zur H-Brücken-Bildung verloren gegangen ist.

Pyrazol(dimer)

Imidazol

Bei C-substituierten Pyrazolen und Imidazolen tritt ein *Tautomeriegleichgewicht* auf, so daß die beiden N-Atome gleichwertig und ununterscheidbar werden und sich die betreffenden Substanzen bei chemischen Reaktionen als Gemisch der beiden Tautomere verhalten.

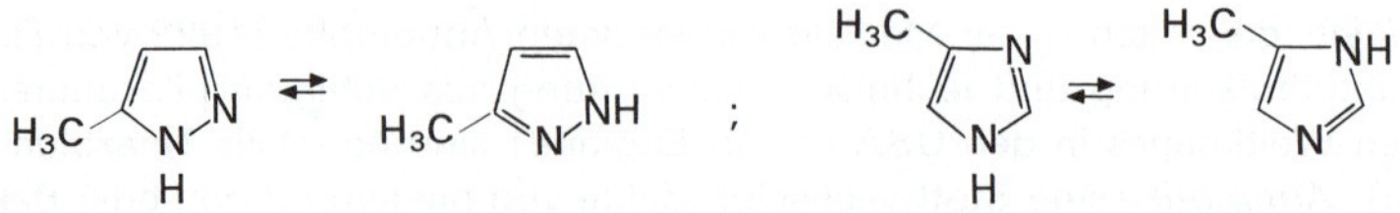

Der Pyrazolring kommt in der Natur selten vor (z. B. im Samen der Wassermelone als Bestandteil einer Aminosäure). Einige Pyrazolderivate sind von medizinischem oder technischem Interesse.

Pyrazole entstehen aus 1,3-Dicarbonylverbindungen und Hydrazin in Gegenwart von Säure:

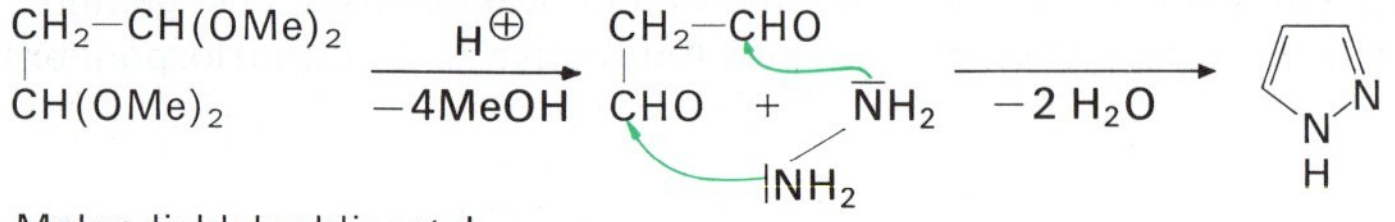

Malondialdehyddiacetal

(Da der Aldehyd leicht mit sich selbst kondensiert, muß er in Form seines Acetals zur Reaktion eingesetzt werden. Unter der Wirkung der Säure entsteht dann der Aldehyd selbst, welcher sogleich mit Hydrazin reagiert.)

In analoger Weise liefern β-Ketoester *Pyrazolone*:

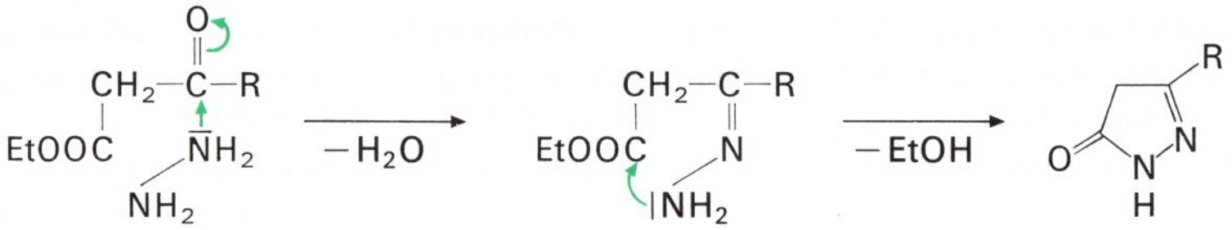

Pyrazolon selbst dient als Kupplungskomponente zur Herstellung von Azofarbstoffen. Therapeutisch interessant sind die Pyrazolonderivate *Antipyrin* und *Dimethylaminoantipyrin (Dipyrin, «Pyramidon»)*, die beide Bestandteile fiebersenkender und schmerzstillender Heilmittel sind.

Antipyrin und Dipyrin entstehen aus Acetessigester und Phenylhydrazin (Knorr):

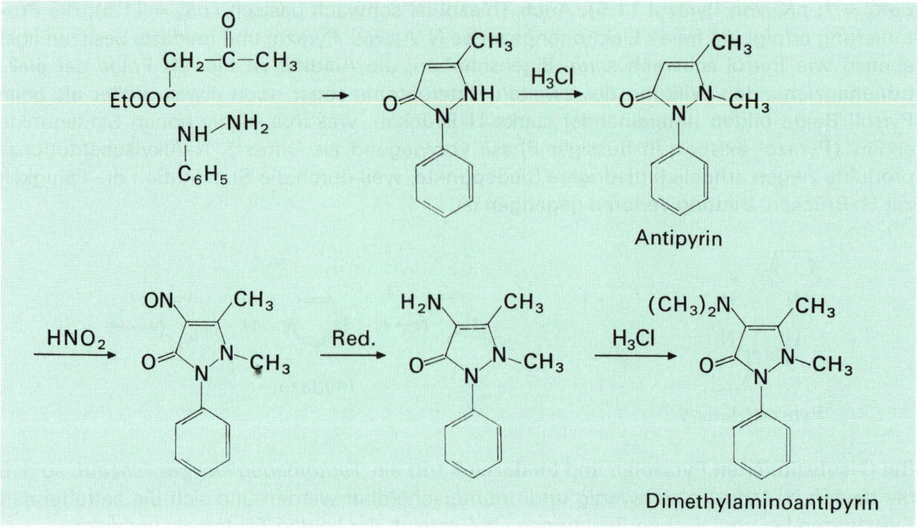

Antipyrin

Dimethylaminoantipyrin

21.3 Fünfgliedrige Heterocyclen mit mehreren Heteroatomen

Das wichtigste Imidazolderivat ist die Aminosäure *Histidin* (Imidazolylalanin):

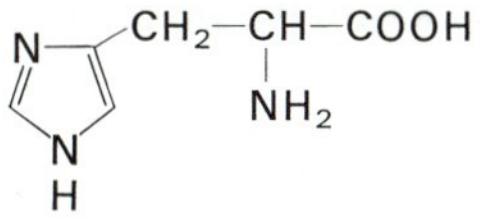

Durch Decarboxylierung bildet sich das in allen Geweben in kleinen Mengen vorhandene *Histamin*. Da es stark giftig ist, muß es in der Zelle an Proteine gebunden vorkommen. Übermäßige Mengen von freiem Histamin gelten als Ursache vieler *Allergien*.

Der *Imidazolring* kann nach einer Reaktionsfolge aufgebaut werden, die formal an die Paal-Knorr-Synthese erinnert, wobei 1,4-Dicarbonylverbindungen als Ausgangssubstanzen dienen:

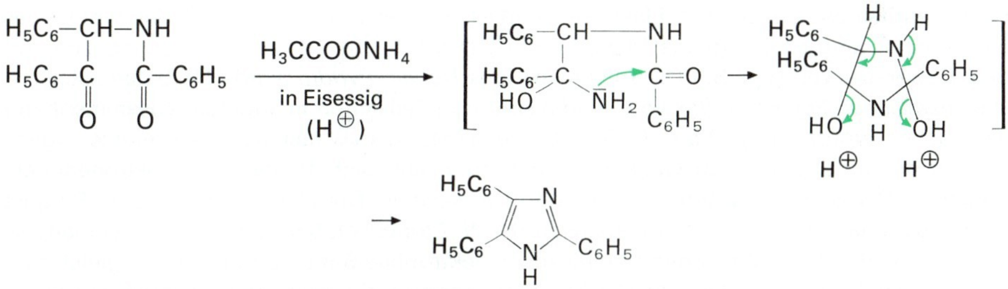

Sowohl an *Pyrazol* wie an *Imidazol* lassen sich **elektrophile Substitutionen** leicht durchführen; bei Pyrazol erfolgt der Angriff ausschließlich in Stellung 4, während Imidazol in neutraler oder schwach alkalischer Lösung in der Stellung 2, in saurer Lösung in der Stellung 4 angegriffen wird:

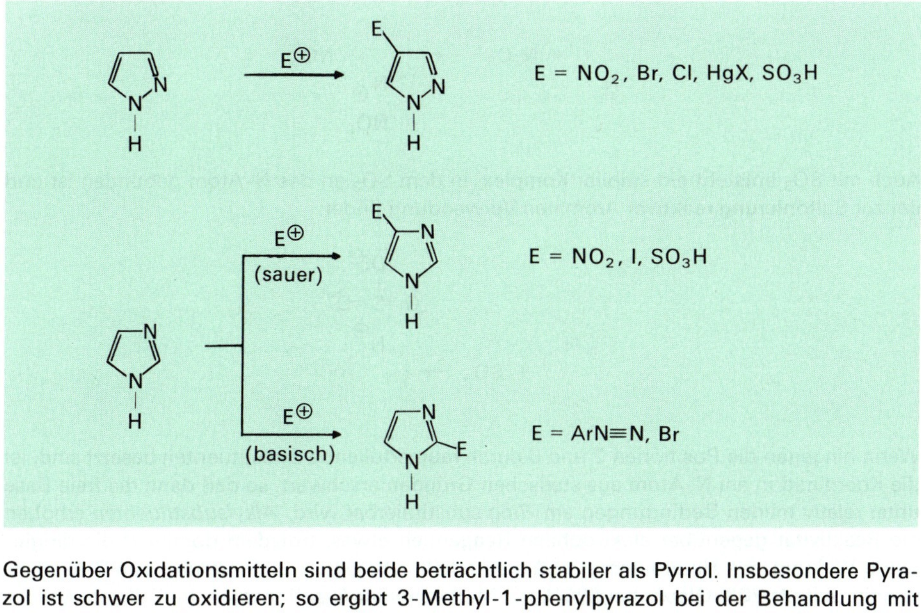

Gegenüber Oxidationsmitteln sind beide beträchtlich stabiler als Pyrrol. Insbesondere Pyrazol ist schwer zu oxidieren; so ergibt 3-Methyl-1-phenylpyrazol bei der Behandlung mit

Permanganat 3-Methylpyrazol unter Oxidation des Phenylringes (nicht des heterocyclischen Ringes!). Während 4-Hydroxypyrazole sich wie ein Phenol verhalten, liegen 3-Hydroxypyrazole vorwiegend in der Keto-(Pyrazolon-) Form vor.

21.4 Pyridin und Pyran

Pyridin. Pyridin (C_5H_5N), eine bei 115°C siedende, mit Wasser in jedem Verhältnis mischbare Flüssigkeit von charakteristischem, unangenehmem Geruch, wurde aus Knochenöl und Steinkohlenteer isoliert und bis vor etwa 10 Jahren ausschließlich aus Teer gewonnen. Neuerdings stellt man Pyridin durch Reaktion von Ammoniak mit Acetylen her. Es ist Bestandteil verschiedener Naturstoffe und wird im Laboratorium häufig als Lösungsmittel oder als schwache Base ($pK_b = 8.77$) verwendet.

Pyridin enthält wie Benzen 6 π-Elektronen und ist ein *Hückel-Aromat*; durch den Einfluß des Heteroatoms sind allerdings die MO ψ_2 und ψ_3 (Bd. I, S.99) nicht mehr energiegleich. Ein dem Dewar-Benzen (vgl. S.115) entsprechendes *Dewar-Pyridin* wurde 1970 dargestellt.

Die *chemischen Eigenschaften* von Pyridin sind zum Teil schon in anderem Zusammenhang besprochen worden (vgl. Kap.16, S.574 und 575), so daß hier nur noch einige Ergänzungen notwendig sind. Im Gegensatz zu Benzen läßt sich Pyridin mit elektronenübertragenden Reagentien (Natrium und Alkohol) *reduzieren*. Die Elektronendichte im Ring ist wegen der relativ großen Elektronegativität des N-Atoms herabgesetzt (Elektronenmangel-Aromat), wodurch die aktivierten Komplexe für elektrophile Substitutionen im Vergleich zum Benzen destabilisiert werden. *Pyridin ist dehalb gegen Elektrophile weit weniger reaktiv als Benzen*; es entspricht bezüglich seiner Reaktionsfähigkeit etwa dem Nitrobenzen. Zudem ist das freie Elektronenpaar des N-Atoms die gegenüber Elektrophilen reaktionsfähigste Stelle, so daß häufig zuerst hier ein Angriff eintritt (die Bildung eines Pyridiniumsalzes ist auch kinetisch begünstigt). So erhält man durch Reaktion von Stickstoff(V)-oxid oder mit Nitrylfluoroborat (NO_2BF_4) das *N-Substitutionsderivat*:

Auch mit SO_3 entsteht ein stabiler Komplex, in dem SO_3 an das N-Atom gebunden ist und der zur Sulfonierung reaktiver Aromaten Verwendung findet:

Wenn hingegen die Positionen 2 und 6 durch raumerfüllende Substituenten besetzt sind, ist die Koordination am N-Atom aus sterischen Gründen erschwert, so daß dann die freie Base unter relativ milden Bedingungen am *Ring* substituierbar wird. *Alkylsubstituenten* erhöhen die Reaktivität gegenüber elektrophilen Reagentien etwas; trotzdem dominiert die dirigierende Wirkung des Heteroatoms, und man erhält z.B. durch Sulfonierung von 3-Methylpyridin (mittels 20% Oleum bei 220°C) 3-Methylpyridin-5-sulfonsäure. Im Fall von *Amino-*

pyridinen überwiegt jedoch der dirigierende Einfluß der Aminogruppe, so daß 2-Aminopyridine vorwiegend in Stellung 5 substituierte Produkte, 3-Aminopyridine in Stellung 2 substituierte Produkte ergeben:

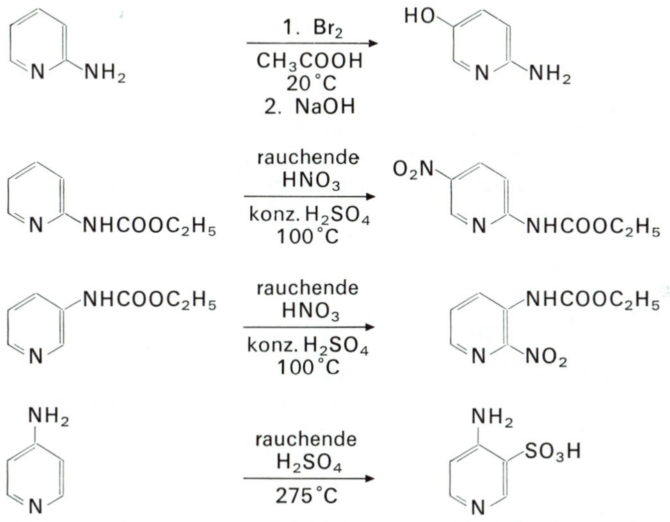

[Reaktionsschema:]

2-Aminopyridin + 1. Br_2 / CH_3COOH / 20 °C; 2. NaOH → 5-Hydroxy-2-aminopyridin

2-($NHCOOC_2H_5$)pyridin + rauchende HNO_3 / konz. H_2SO_4 / 100 °C → 5-O_2N-2-($NHCOOC_2H_5$)pyridin

3-($NHCOOC_2H_5$)pyridin + rauchende HNO_3 / konz. H_2SO_4 / 100 °C → 2-($NHCOOC_2H_5$)-3-NO_2-pyridin

4-Aminopyridin + rauchende H_2SO_4 / 275 °C → 4-Amino-3-SO_3H-pyridin

Auch Hydroxyl- und Alkoxygruppen verhalten sich bezüglich ihrer aktivierenden und dirigierenden Wirkung ähnlich.

Pyridin selbst ist kaum nitrierbar (mehrstündiges Erhitzen auf 330 °C zusammen mit einem Gemisch aus H_2SO_4 und $NaNO_3$ ergibt etwa 6% Nitropyridine); auch die Halogenierung des unsubstituierten Pyridins ist praktisch kaum von Bedeutung.

Nucleophile Substitutionen am Pyridinring sind verhältnismäßig leicht möglich (*Tschitschibabin-Reaktion*; vgl. S. 574). Sie verlaufen gewöhnlich nach dem Additions-Eliminations-Mechanismus, wobei die Positionen 2 und 6 begünstigt sind (nur wenn diese besetzt sind, tritt – unter energischeren Bedingungen! – Substitution in Stellung 4 ein), weil dann die negative Ladung des Adduktes auch auf das elektronegative N-Atom delokalisiert werden kann:

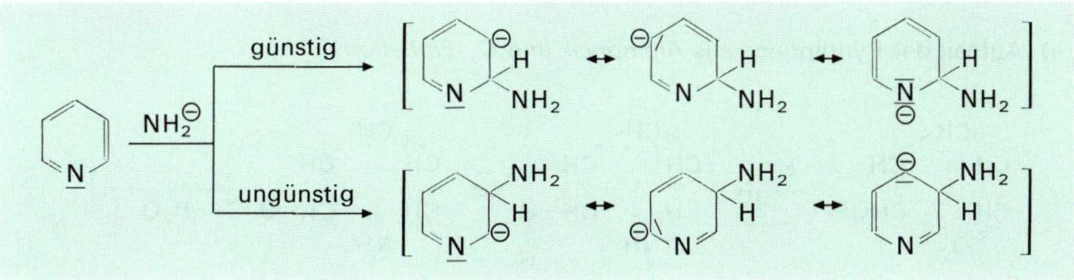

[Schema: Pyridin + $NH_2^\ominus$ → günstig: Addukte mit negativer Ladung am N-Atom delokalisierbar; ungünstig: Addukte bei Angriff in Stellung 3]

In ähnlicher Weise wie $NH_2^\ominus$-Ionen wirken auch Grignard-Verbindungen oder Organolithiumverbindungen, wobei die letzteren (wegen ihrer größeren Reaktivität) bevorzugt werden. Auch Chlorpyridine lassen sich durch Erwärmen mit KOH auf 170 bis 180 °C leicht in *Hydroxypyridine* überführen; 2- und 4-Hydroxypyridine tautomerisieren dabei größtenteils zum entsprechenden *2-* bzw. *4-Pyridon*, wie die betreffenden IR-Spektren deutlich zeigen:

21 Heterocyclische Verbindungen

Interessant ist, daß man bei Substitutionen an gewissen 3- und 4-Halogenpyridinen auch *umgelagerte* Produkte erhält; die Substitution verläuft dann (ebenso wie in manchen Fällen bei Halogenbenzenen) über **Arine** als Zwischenstoffe *(Arin-Mechanismus)*:

Gegenüber *Oxidationsmitteln* ist der Pyridinring auffallend resistent. So wird beim Behandeln von Chinolin mit KMnO$_4$ der Benzenring oxidiert:

Synthetisch sind *Pyridinderivate* durch eine Reihe von Reaktionen *zugänglich*. Weil Friedel-Crafts-Reaktionen am Pyridinring kaum durchführbar sind, werden Derivate des Pyridins gewöhnlich ausgehend von entsprechend substituierten aliphatischen Verbindungen hergestellt. Als Beispiele präparativ wichtiger Reaktionen seien die folgenden genannt:

(a) Aufbau des Pyridinrings aus *Ammoniak* und *C$_5$-Einheiten*:

(Diese Reaktion ist allerdings ohne praktische Bedeutung, da Glutacondialdehyd am einfachsten durch Ringöffnung eines quartären Pyridiniumsalzes erhalten wird.)
In ähnlicher Weise reagieren 1,5-Dicarbonylverbindungen mit Hydroxylamin bzw. mit Ammoniak:

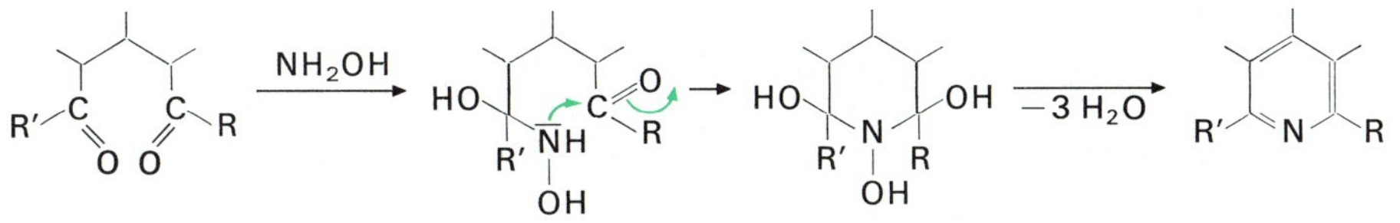

21.4 Pyridin und Pyran

Durch Erhitzen mit Ammoniak auf 120°C entsteht *direkt* der Pyridinring.

Um die benötigte *1,5-Dicarbonylverbindung* zu erhalten, kondensiert man zunächst Acetessigester mit einem Aldehyd in Gegenwart einer Base (**Knoevenagel-Reaktion**); verwendet man den Ester im Überschuß, so findet anschließend eine **Michael-Addition** statt, und es bildet sich eine 1,5-Dicarbonylverbindung. Nach dem Ringschluß mit Ammoniak oder Hydroxylamin werden die Estergruppen verseift und die Carboxylgruppen decarboxyliert.

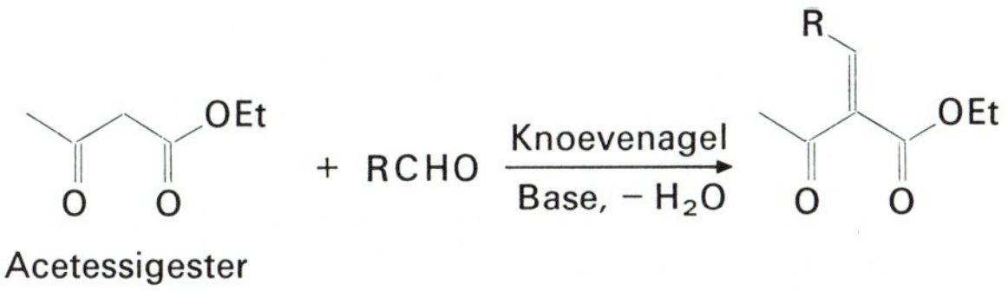

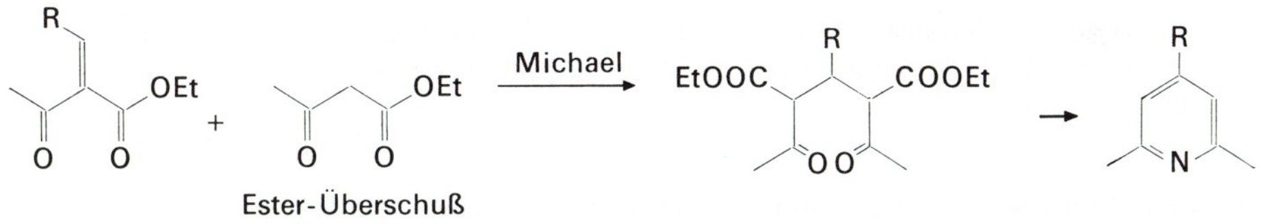

Eine andere Methode zur Gewinnung der Dicarbonylverbindungen besteht darin, daß Dicarbonsäuredichloride zunächst mit Diazomethan und dann mit einem Alkylboran umgesetzt werden:

Auch durch Umsetzung von Dicarbonsäuredichloriden mit Organocadmiumverbindungen lassen sich die entsprechenden Diketone erhalten.

(b) Aldehyde reagieren zusammen mit Ammoniak und β-Ketoestern unter Bildung des Pyridinringes (**Hantzsch-Synthese**). Zunächst bildet sich dabei aus zwei Molekülen β-Ketoester und je einem Molekül Aldehyd und Ammoniak ein Dihydropyridin, das anschließend dehydriert werden muß.

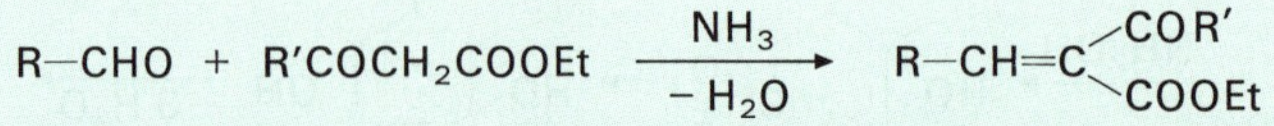

$$R-CHO + R'COCH_2COOEt \xrightarrow[-H_2O]{NH_3} R-CH=C\begin{smallmatrix}COR'\\COOEt\end{smallmatrix}$$

(Kondensation des Aldehyds mit dem β-Ketoester unter dem Einfluß der Base)

$$NH_3 + R'COCH_2COOEt \xrightarrow{-H_2O} \underset{NH}{R'C}-CH_2COOEt \rightleftarrows \underset{NH_2}{R'C}=CHCOOEt$$

(Addition von NH_3 an ein Molekül des β-Ketoesters)

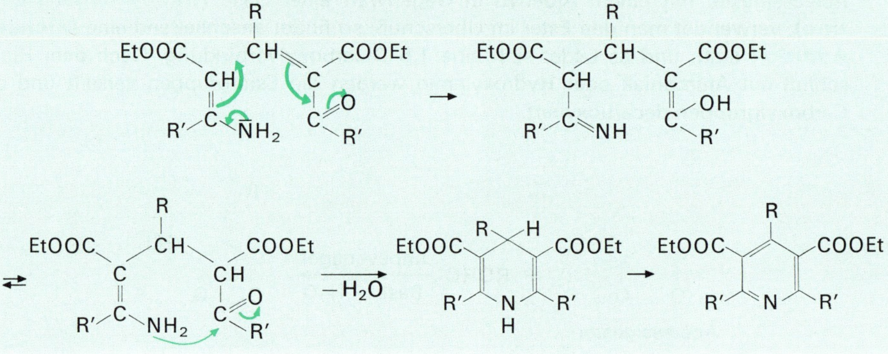

Der Ringschluß vollzieht sich dabei durch eine Art Michael-Addition der beiden primär entstandenen Produkte und anschließende Reaktion der Aminogruppe mit einer Carbonylgruppe.

Die drei *Methylpyridine* (α-, β- und γ-*Picolin*) werden aus Steinkohlenteer gewonnen. Durch Oxidation erhält man die entsprechenden Carbonsäuren, von welchen besonders die Pyridin-3-carbonsäure (β-Picolinsäure, Nicotinsäure) als Bestandteil des Alkaloids Nicotin (S. 708) und (als Amid) von Coenzymen oxidierender (dehydrierender) Enzyme von Bedeutung ist (Coenzym I, vgl. S. 705):

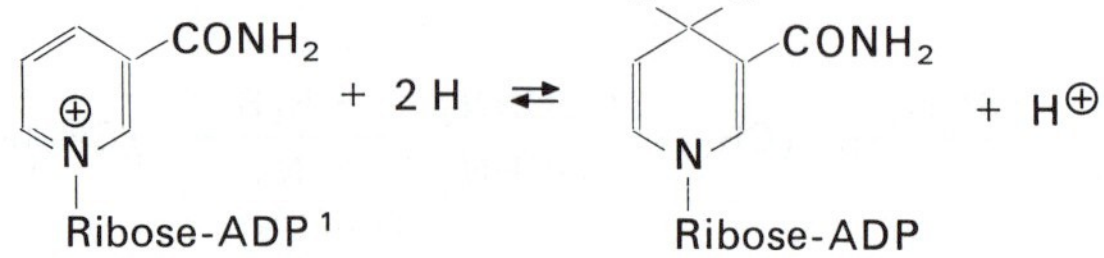

Isonicotinsäurehydrazid (γ-Picolinsäurehydrazid) ist ein sehr wirksames Medikament zur Behandlung der Tuberkulose (*«Neoteben», «Isoniazid»*), da es das Wachstum und die Entwicklung des Tuberkelbazillus hemmt.

---

[1] Ribose ist eine Aldopentose, d.h. ein aus 5 C-Atomen aufgebautes Monosaccharid (vgl. S. 742). ADP ist Adenosindiphosphat, ein aus Adenin, Ribose und Pyrophosphorsäure aufgebautes Nucleotid (S. 771).

Tabelle 21.5. Trivialnamen einiger Pyridin-Derivate

α-Picolin 2,4-Lutidin 2,4,6-Collidin

Picolinsäure Nicotinsäure Isonicotinsäure

α- und γ-Picolin lassen sich unter der Wirkung von Basen *mit Aldehyden kondensieren.* Dies beruht auf der Stabilisierung des entstehenden Carbanions durch den −M-Effekt des Heteroatoms (Delokalisation der negativen Ladung!). So erhält man aus 2-Methylpyridin mit Benzaldehyd Stilbazol, mit Formaldehyd 2-Vinylpyridin u. a. Die letztgenannte Verbindung wird in geringen Mengen dem Acrylnitril zugesetzt, wenn dieses zu Polyacrylnitrilfasern polymerisiert wird, um die Faser leichter färbbar zu machen.

Ein biochemisch wichtiges Pyridinderivat, das *Pyridoxin* (Vitamin B_6), wird in der Zelle zu Pyridoxalphosphat umgesetzt, einem für den Aminosäurestoffwechsel wichtigen Coenzym.

Pyridoxin Pyridoxalphosphat

Piperidin, (Hexahydropyridin), aus Pyridin z. B. durch Reduktion mittels Natrium und Ethanol erhältlich, ist ein typisches sekundäres Amin ($pK_b = 2.79$). Der Piperidinring ist Bestandteil verschiedener Alkaloide.

Die Kondensation eines Pyridin- und eines Benzenringes führt zu den beiden Azanaphthalenen **Chinolin** bzw. **Isochinolin**:

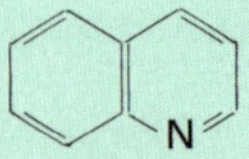

Chinolin
Fp. −19.6 °C
Kp. 239 °C

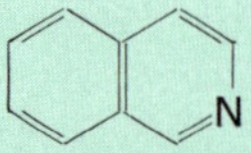

Isochinolin
Fp. 24 °C
Kp. 240 °C

Beide Verbindungen kommen im Steinkohlenteer vor. Ihr Ringgerüst tritt ebenfalls in zahlreichen wichtigen Alkaloiden auf. Synthetisch lassen sich Chinolinsysteme nach **Skraup** (vgl. S. 560) bzw. **Doebner-Miller** (vgl. S. 560) oder **Friedländer** (vgl. S. 511) erhalten. Zur Gewinnung von Isochinolinderivaten dient die **Bischler-Napieralski-Reaktion** (vgl. S. 559). Beide Verbindungen sind aromatisch und lassen sich durch elektrophile Reagentien substituieren. Verschiedene Chinolinderivate werden medizinisch verwendet.

Pyran und **Pyranderivate.** Von den beiden möglichen Sauerstoffanalogen des Pyridins, dem α- bzw. dem γ-Pyran, ist nur das letztere bekannt. Es ist eine wasserklare, an der Luft leicht zu braunen Produkten oxidierende Flüssigkeit, die sich wie ein reaktionsfähiges Alken verhält, also *nicht aromatisch* ist. Die Methylengruppe des Ringes verhindert hier die Ausbildung eines ringförmig geschlossenen π-Elektronensystems.

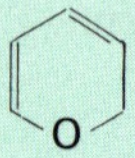

α-Pyran γ-Pyran 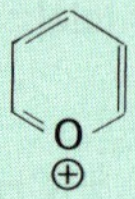 Pyrylium-Ion

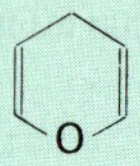

Hingegen ist im **Pyrylium-Kation** ein aromatisches Elektronensextett vorhanden, so daß hier aromatisches Verhalten zu erwarten ist. Das bisher vorhandene experimentelle Material ist allerdings zu gering, um allgemeine Aussagen über das Verhalten des Pyrylium-Ions bei Substitutionsreaktionen zu gestatten. Immerhin ist die durch das aromatische Sextett bedingte Stabilität des Pyrylium-Kations so groß, daß entsprechende Salze (z. B. *Pyryliumperchlorat*, das durch Einwirkung von $HClO_4$ auf das Natriumsalz von Glutaconaldehyd erhalten werden kann) bei genügend tiefer Temperatur durchaus stabil sind, im Gegensatz zu den Oxoniumsalzen von Ethern.

O=CH—CH=CH—CH$_2$—CH=O (Glutacondialdehyd)

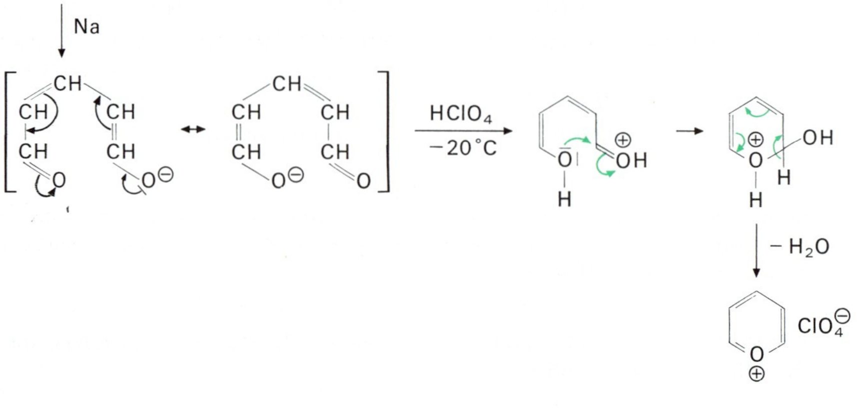

↓ Na

$HClO_4$
−20 °C

− H$_2$O

21.4 Pyridin und Pyran

Enthält der Pyranring noch eine *Carbonylgruppe*, so ist (analog zu dem siebengliedrigen *Tropon*) in gewissem Maß *aromatisches Verhalten* möglich:

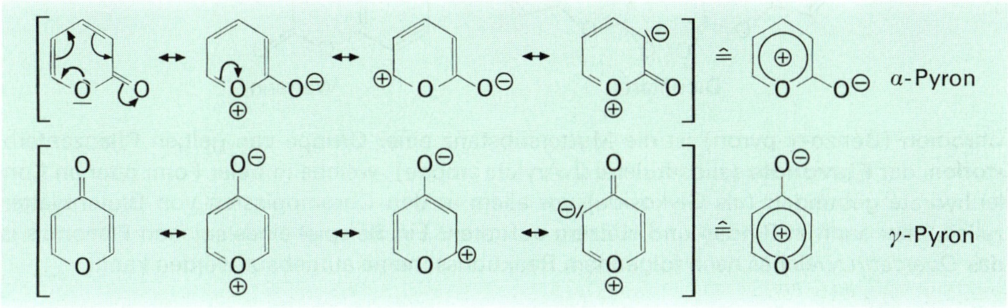

[Resonanzstrukturen α-Pyron und γ-Pyron]

α-Pyron

γ-Pyron

[Strukturformel Tropon] Tropon

α-*Pyron* verhält sich aber trotz der möglichen Delokalisation eines Elektronenpaares der Carbonylgruppe wie ein *ungesättigtes Lacton*. So polymerisiert es leicht, liefert bei der katalytischen Hydrierung ein Gemisch von Valeriansäure und δ-Valerolacton und gibt mit Maleinsäureanhydrid ein Diels-Alder-Addukt. Bei γ-*Pyronen* ist der *aromatische Charakter stärker ausgeprägt*; sie reagieren beispielsweise nicht mit den üblichen Ketonreagentien und lassen sich in Stellung 3 nitrieren oder bromieren. Das durch Selbstkondensation von Acetessigester und anschließender Umlagerung und Decarboxylierung leicht zugängliche 2,6-Dimethyl-γ-pyron bildet mit Iodmethan ein Oxoniumsalz mit dem 4-Methoxypyrylium-ion als Kation. Daß in diesem die Methylgruppe wirklich an das O-Atom der ursprünglichen Carbonylgruppe gebunden ist, wird dadurch bewiesen, daß es sich mit Ammoniak in 2,6-Dimethyl-4-methoxypyridin überführen läßt:

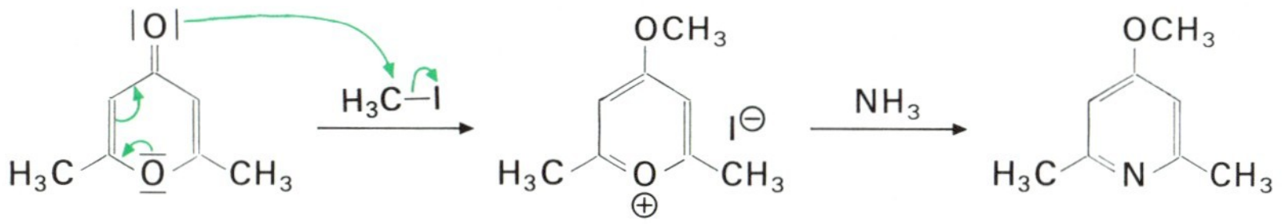

[Reaktionsschema: 2,6-Dimethyl-γ-pyron + H_3C-I → Methoxypyryliumiodid + NH_3 → 2,6-Dimethyl-4-methoxypyridin]

Von den verschiedenen Benzpyronen sind *Cumarin* und *Chromon* besonders zu erwähnen. Cumarin, der Riechstoff aus Waldmeister, läßt sich durch Perkin-Kondensation aus Salicylaldehyd und Acetanhydrid herstellen:

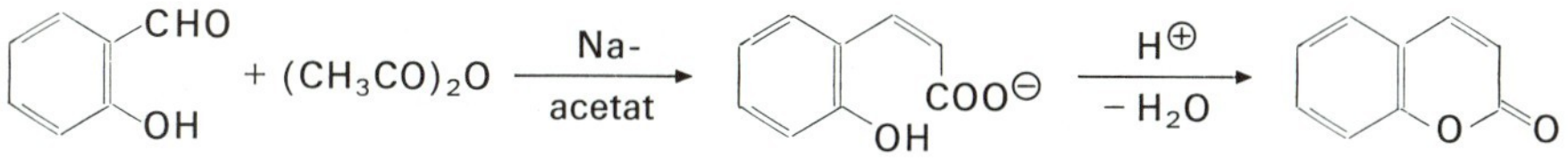

[Reaktionsschema: Salicylaldehyd + $(CH_3CO)_2O$ —Na-acetat→ Zwischenprodukt —$H^\oplus$, $-H_2O$→ Cumarin]

Cumarin

Zwei interessante Cumarinderivate sind *Dicumarol* und *Warfarin*. Dicumarol setzt die Gerinnungsfähigkeit des Blutes herab und wird medizinisch zur Behandlung von Thrombosen verwendet. Warfarin unterbindet schon in kleinen Mengen die Gerinnung des Blutes völlig und wird zur Bekämpfung von Ratten verwendet, da die Tiere nach Verletzungen verbluten.

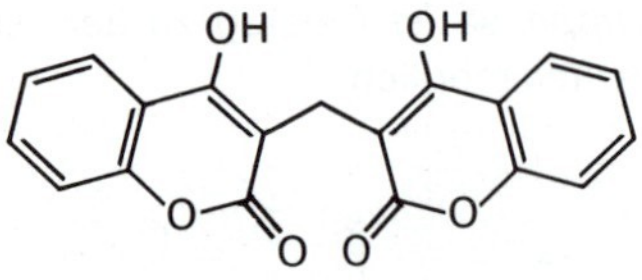

Dicumarol

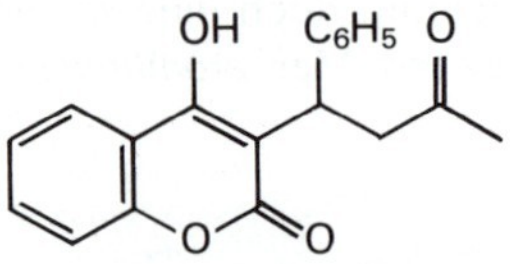

Warfarin

Chromon (Benzo-γ-pyron) ist die Muttersubstanz einer Gruppe von gelben Pflanzenfarbstoffen, der **Flavonole** (substituierte 2-Arylchromone), welche in freier Form oder an Kohlenhydrate gebunden (als Glykoside) vor allem in den Chromoplasten von Blütenblätterzellen, aber auch in Rinden und Hölzern auftreten. Ein Beispiel eines solchen Flavonols ist das *Quercetin*, welches nach folgendem Reaktionsschema aufgebaut werden kann:

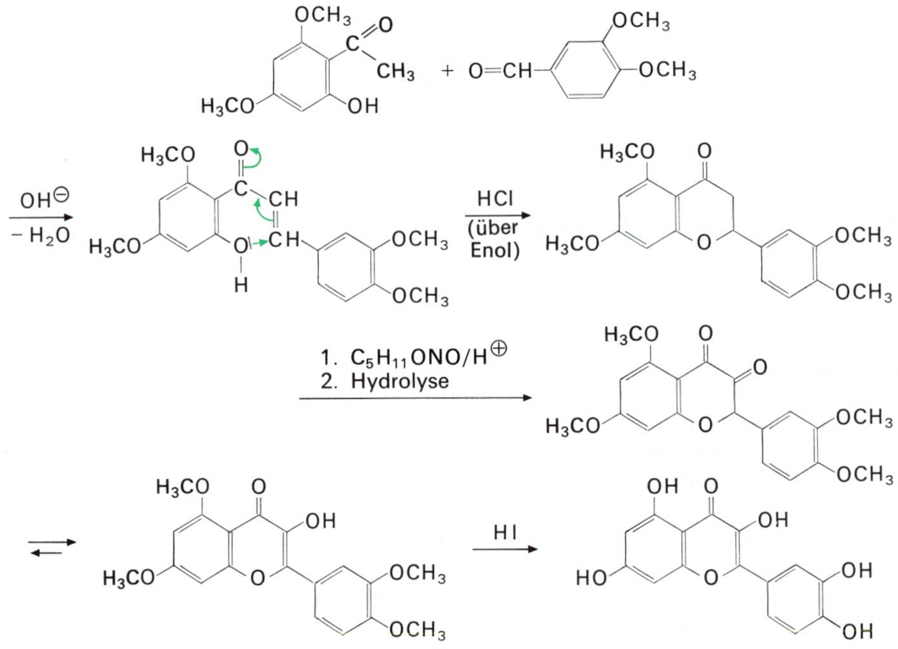

Quercetin

Viele rote und blaue Blüten- und Beerenfarbstoffe sind Derivate von 2-Phenylbenzopyryliumsalzen. In der Pflanze treten sie als Glykoside auf («**Anthocyane**»; die kohlenhydratfreien Farbstoffe heißen «*Anthocyanidine*»). Beispiele:

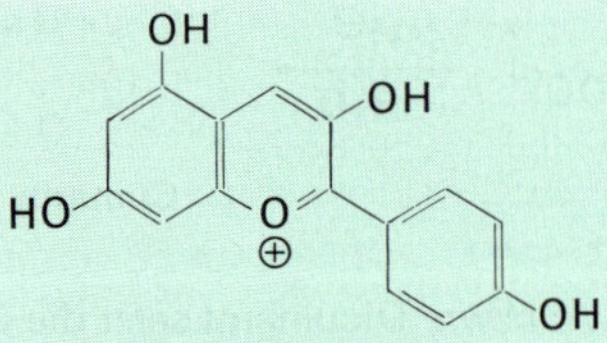

Pelargonidin-Kation
(Pelargonien, Erdbeeren)

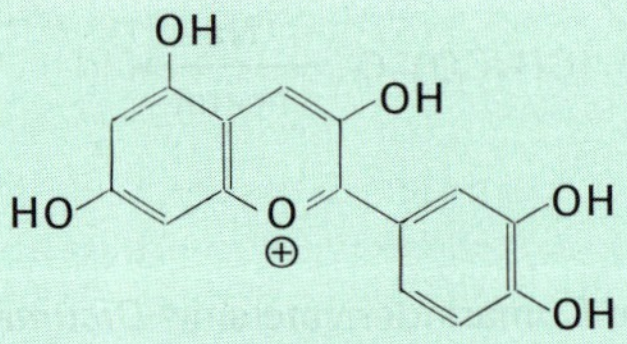

Cyanidin-Kation
(rote Rose, Kornblume, schwarze Kirsche, Pflaume)

Bemerkenswert ist, daß dieselbe Verbindung in Blüten oder Früchten von ganz verschiedener Farbe auftreten kann. So ergibt das Anthocyan aus der Kornblume bei der Hydrolyse (der Abtrennung des Kohlenhydrates) dasselbe Anthocyanidin wie das Anthocyan aus der roten Rose. Man war früher der Meinung, daß diese verschiedenen Farbtöne durch die Acidität des Zellsaftes bestimmt würden, denn die Farbe läßt sich *in vitro* durch entsprechende Einstellung des pH-Wertes verändern. Die Anthocyanidine zeigen also die Eigenschaften von Säure/Base-Indikatoren. Es scheint aber, daß in der Zelle auch andere Faktoren (z. B. die Koordination mit bestimmten Metallionen, die Art des glykosidisch gebundenen Zuckers) den unter den betreffenden Bedingungen erscheinenden Farbton beeinflussen.

21.5 Sechsgliedrige Heterocyclen mit mehreren Heteroatomen

Von den drei möglichen Diazinen ist das **Pyrimidin** (1,3-Diazin; Fp. 22°C, Kp. 124°C) die weitaus wichtigste Verbindung. Derivate des Pyrimidins sind in der Natur weit verbreitet und spielen teilweise bei Stoffwechselvorgängen eine sehr wichtige Rolle. Uracil, Thymin und Cytosin sind Bestandteile der *Nucleinsäuren* (in welchen sie in der tautomeren Ketoform auftreten). Auch die bereits auf S. 243 erwähnte *Barbitursäure* ist ein Pyrimidinderivat. Sie ist eine relativ starke Säure ($pK_s = 4.0$; pK_s von Essigsäure = 4.76), was darauf beruht, daß die negative Ladung in der konjugierten Base gleichmäßig auf zwei O-Atome delokalisiert ist.

Pyrimidin

Uracil

Thymin

Cytosin

Barbitursäure

Das Vorhandensein eines zweiten N-Atoms im aromatischen Ring erniedrigt dessen Elektronendichte noch mehr, so daß *Pyrimidin* (und ebenso die anderen Diazine) *gegenüber Elektrophilen ausgesprochen reaktionsträg* sind. Die für die Substitution notwendigen sehr energischen Bedingungen führen oft sogar zur Zerstörung des heterocyclischen Ringsystems. Nur wenn aktivierende Substituenten, wie Hydroxyl- oder Aminogruppen, vorhanden sind, ist elektrophile Substitution möglich, die beim Pyrimidin ausschließlich in der Position 5 eintritt (die durch die Heteroatome am wenigsten desaktiviert ist). Praktisch durchführbar sind in dieser Weise die Nitrierung (mit HNO_3 in Eisessig), die Nitrosierung (mit $NaNO_2$ und Salzsäure) oder die Bromierung. *Nucleophile Substitutionen* lassen sich erwartungsgemäß leichter durchführen; insbesondere sind die α- und γ-Positionen (bezüglich der N-Atome) gegenüber Nucleophilen ziemlich reaktionsfähig. Soviel bis heute bekannt ist, scheinen alle diese Reaktionen nach dem Additions-Eliminations-Mechanismus zu verlaufen.
Das Vorhandensein eines zweiten N-Atoms im aromatischen Ring bewirkt auch, daß Pyrimidin *schwächer basisch* ist als Pyridin (pK_s der konjugierten Säure = 1.3).

21 Heterocyclische Verbindungen

Zum *Aufbau* des *Pyrimidin-Ringes* geht man häufig von C-3-Verbindungen aus (Malondialdehyd, Malonester, Malodinitril; auch β-Dialdehyde, β-Ketoester, β-Ketonitrile der allgemeinen Formel RHCXY), die entweder mit einem Amidin oder mit Harnstoff (bzw. einem Harnstoffderivat, wie Guanidin oder Thioharnstoff) kondensiert werden:

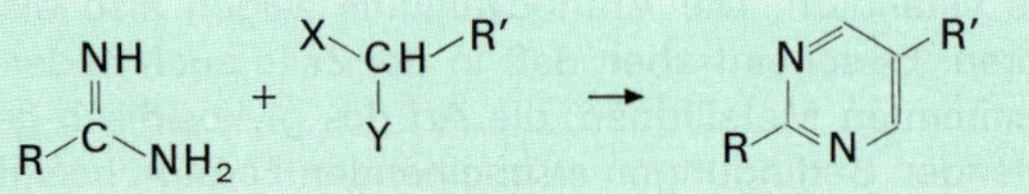

Statt Malonester oder anderen Malonsäurederivaten lassen sich auch β-Dicarbonylverbindungen, β-Ketoester, α-Cyanester oder α-Cyanketone zur Kondensation verwenden. So erhält man durch Reaktion von Harnstoff und Cyanessigester (in siedendem Ethanol bei Gegenwart von Natriummethylat) 2,4-Dihydroxy-6-aminopyrimidin:

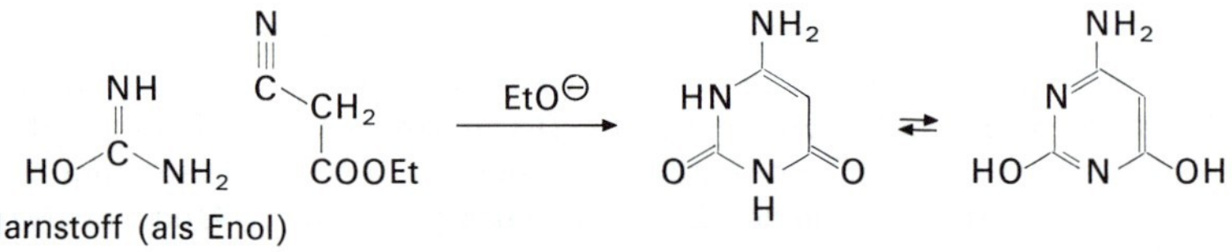

Harnstoff (als Enol)

Durch die starke Base wird dem Harnstoffmolekül ein Proton entzogen; der *Ringschluß* erfolgt durch *nucleophile Addition* des negativ geladenen N-Atoms an das Nitril-C-Atom (unter Wanderung eines Protons) sowie durch $S_N 2_t$-*Reaktion* (Amidbildung durch Reaktion der Ester mit der Aminogruppe).

Pyrimidine, welche in Stellung 2 keinen Substituenten tragen, lassen sich durch Kondensation von Formamiden mit β-Dicarbonylverbindungen oder ihren Vorstufen bei höheren Temperaturen erhalten. Der Mechanismus dieser Reaktion ist nicht genau bekannt.

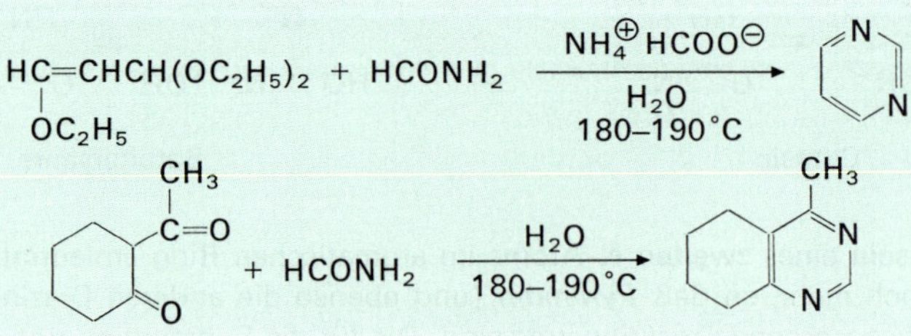

Von den drei möglichen **Triazinen** ist bisher nur das symmetrische 1,3,5-Triazin bekannt geworden. Es läßt sich durch Trimerisation von HCN unter dem Einfluß von Chlorwasserstoff erhalten. 2,4,6-Trichlortriazin *(Cyanurchlorid)* ist ein wichtiges Zwischenprodukt bei der Herstellung von Reaktivfarbstoffen. 2,4,6-Triaminotriazin *(«Melamin»)* wird zur Herstellung von Kunstharzen verwendet. Cyanurchlorid entsteht durch Trimerisation von Chlorcyan; die Umsetzung mit Ammoniak liefert Melamin.

Purine. Diese biochemisch wichtige Gruppe von Verbindungen enthält zwei kondensierte heterocyclische Ringe: einen Pyrimidin- und einen Imidazolring.

21.5 Sechsgliedrige Heterocyclen mit mehreren Heteroatomen

	R	R′	R″
Purin	H	H	H
Adenin	NH_2	H	H
Guanin	OH	NH_2	H
Xanthin	OH	OH	H
Hypoxanthin	OH	H	H
Harnsäure	OH	OH	OH

Adenin und *Guanin* werden bei der Hydrolyse der Nucleinsäuren erhalten. Adenin ist zudem Bestandteil des *Adenosintriphosphats* (S. 771), des wichtigsten Energieüberträgers der Zelle, und von *Coenzymen* (Coenzym I; Flavinadenin-dinucleotid). *Harnsäure* ist das Endprodukt des Purinstoffwechsels und wird mit dem Harn ausgeschieden. In den Gelenken abgelagerte Kristalle des Mononatriumsalzes bilden die Ursache der Gicht. Guano enthält etwa 25% Harnsäure.

Coenzym I (Nicotinamid-adenin-dinucleotid, NAD[1])

Flavin-adenin-dinucleotid
(Wirkgruppe eines wasserstoffübertragenden Enzyms; die durch Pfeile markierten N-Atome wirken als H-Acceptoren)

Die N-Methylderivate des Xanthins treten im Kaffee, im Tee, im Kakao, in der Cola-Nuß und im Mate auf.

---

[1] Unter «Nucleotid» versteht man eine Einheit, die aus einer heterocyclischen Base, der Ribose (einem C-5-Kohlenhydrat) und Phosphorsäure zusammengesetzt ist. Statt Ribose kann auch Desoxyribose (bei welcher an einem C-Atom eine Hydroxylgruppe fehlt) vorhanden sein.

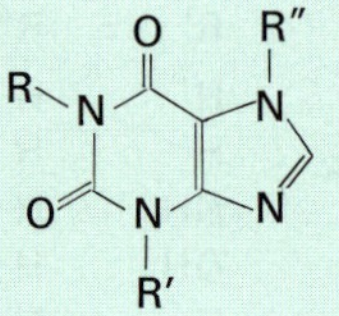

	R	R'	R"
Theophyllin	CH_3	CH_3	H
Theobromin	H	CH_3	CH_3
Coffein	CH_3	CH_3	CH_3

Zum Aufbau des Puringerüstes kann man ein 4,5-Diaminopyrimidin mit Ameisensäure umsetzen und dadurch den Imidazolring schließen. 4,5-Diaminopyrimidin wird aus 4-Aminopyrimidin (durch Kondensation von Cyanessigester mit Guanidin zugänglich) durch Nitrosierung und anschließende Reduktion mit NaHS erhalten.

Pteridine. Verbindungen mit dem Grundgerüst des Pteridins sind in den Pigmenten der Schmetterlinge enthalten (z. B. Leukopterin):

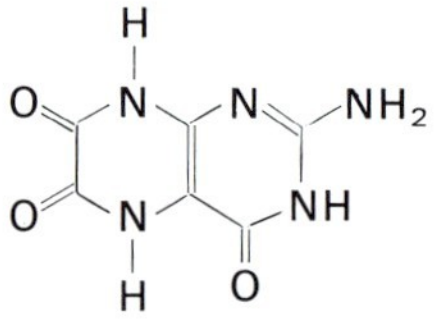

Leukopterin

Das gleiche Ringgerüst tritt auch als Bestandteil der *Folsäure* und des Vitamins B_2 («*Riboflavin*») auf. Folsäure ist unentbehrlich für die normale Bildung der Erythrocyten von Warmblütern und für das normale Wachstum von Bakterien.

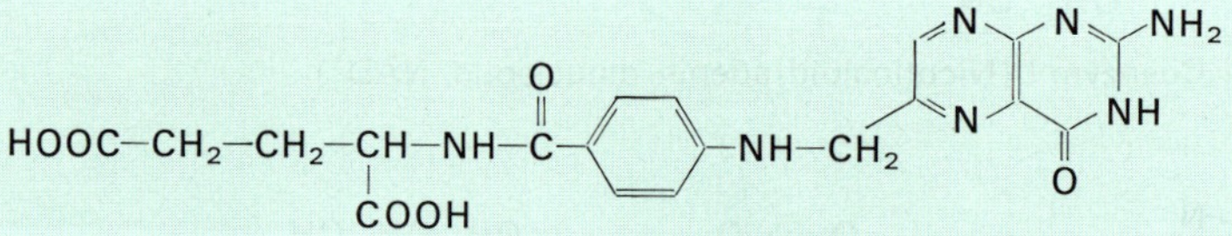

Folsäure

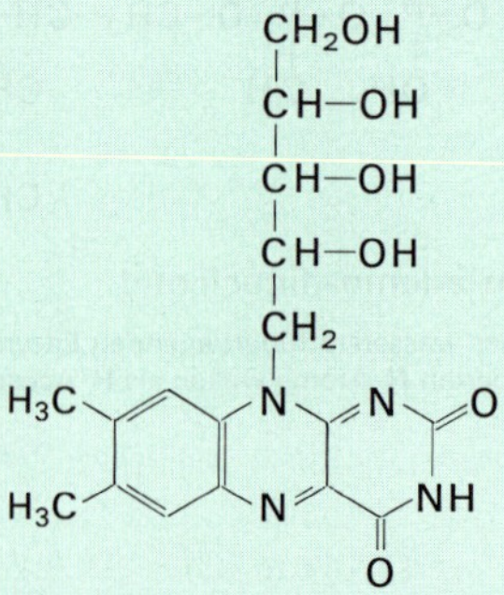

Vitamin B_2 (Riboflavin)
(Bestandteil von Flavin-adenin-dinucleotid)

Zur Synthese des Pteridinsystems kondensiert man ein 4,5-Diaminopyrimidin mit einer α-Dicarbonylverbindung oder eventuell mit einer *vic*-Dihalogenverbindung. Als Beispiel sei die *Synthese* der *Folsäure* beschrieben:

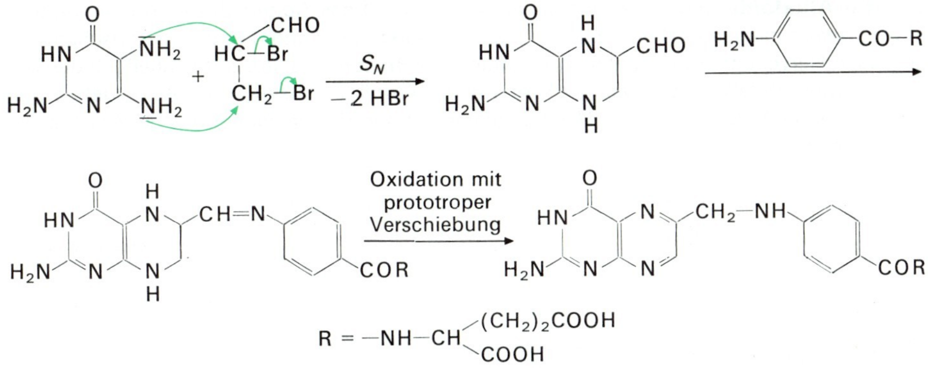

$$R = -NH-CH \begin{matrix} (CH_2)_2COOH \\ COOH \end{matrix}$$

Heterocyclische Wirkstoffe mit siebengliedrigem Ring. Eine Reihe von Diazepinen hat als Tranquilizer Bedeutung:

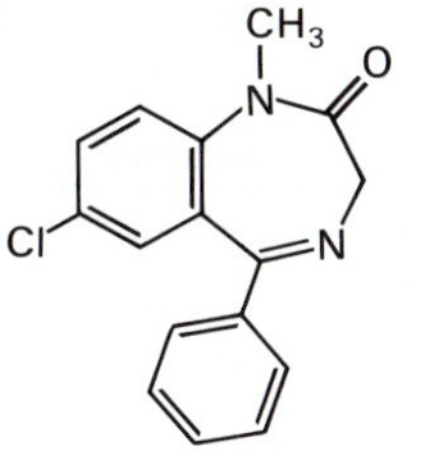

«Diazepam» (Valium®)   «Chlordiazepoxid» (Librium®)

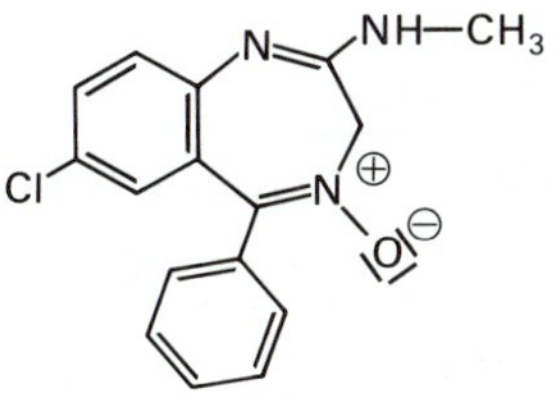

Sie wirken angst- und spannungslösend, aber auch schlaffördernd (Anxiolytika: angstbeseitigend, Hypnotika: Schlafmittel; Sedativa: Beruhigungsmittel).

21.6 Alkaloide

Unter dem Begriff Alkaloide versteht man gewöhnlich eine Gruppe von stickstoffhaltigen, basischen Verbindungen, die in Pflanzen vorkommen und auf tierische Organismen ausgeprägte, meist ganz charakteristische Wirkungen ausüben. Allerdings werden auch Verbindungen zu den Alkaloiden gezählt, welche dieser Definition nicht völlig entsprechen; so ist das Alkaloid des Pfeffers nicht basisch, zeigt aber doch physiologische Wirkungen. Anderseits sind Verbindungen, wie z. B. das Coffein, in ihrer Wirkung so harmlos, daß man sie gewöhnlich nicht zu den Alkaloiden zählt, obschon sonst die genannten Merkmale für sie zutreffen. Vom chemischen Standpunkt aus sind die Alkaloide *keine einheitliche Stoffklasse*; gemeinsam ist ihnen nur, daß sie als Grundgerüst verschiedene heterocyclische Ringe enthalten. In der Pflanze entstehen Alkaloide fast immer aus Amino- oder Ketosäuren und Aldehyden (vgl. Mannich-Reaktion; S.513). Über ihre Bedeutung für den pflanzlichen Stoffwechsel ist kaum etwas bekannt. Bemerkenswert ist, daß gewisse Pflanzenfamilien, wie z. B. die *Solanaceen*, besonders viele alkaloidhaltige Arten umfassen. – Selbstverständlich ist es im Rahmen dieses Buches nur möglich, einige ausgewählte Vertreter dieser Stoffgruppe zu charakterisieren.

Pyridin-Alkaloide. Eines der einfachsten Alkaloide ist das *Coniin*, das im grünen Schierling *(Conium maculatum)* vorkommt[1]. Coniin bewirkt eine Lähmung der motorischen und sensiblen Nervenendigungen. Durch Lähmung der Brustmuskulatur tritt schließlich der Tod ein. Synthetisch läßt es sich aus α-Picolin durch Aldolkondensation mit Acetaldehyd und anschließende Reduktion (Na/C$_2$H$_5$OH) erhalten. In der Pflanze wird es aus der Aminosäure Lysin gebildet.

Biosynthese:

Von den mindestens 10 Alkaloiden, die in den grünen Teilen der *Tabakpflanze (Nicotiana tabacum)* enthalten sind, ist das *Nicotin* das weitaus wichtigste. Es ist ein starkes Gift, das eingenommen bereits in Mengen von 30–60 mg tödlich wirkt. Nicotin beeinflußt vorwiegend das vegetative Nervensystem; es wirkt auf die peripheren Blutgefäße sowie den Darm kontrahierend (Steigerung des Blutdruckes und Stillung des Hungergefühls). Eine interessante *Synthese* geht von 3-Cyanpyridin aus; in der Pflanze entstehen die beiden Ringsysteme wahrscheinlich unabhängig voneinander und werden erst nachher kondensiert.

[1] Im Athen des Altertums wurde die Todesstrafe mittels eines wäßrigen Auszugs von Schierling vollzogen. So mußte Sokrates den Inhalt des «Schierlingbechers» trinken (399 v. Chr.).

Biosynthese:

$$\underset{\text{Ornithin}}{\begin{array}{c}CH_2-CH_2\\|\quad\quad|\\CH_2\;\;CH-COOH\\|\quad\quad|\\NH_2\;\;NH_2\end{array}} \xrightarrow{-CO_2} \underset{}{\begin{array}{c}CH_2-CH_2\\|\quad\quad|\\CH_2\;\;CH_2\\|\quad\quad|\\NH_2\;\;NH_2\end{array}} \xrightarrow{\text{Oxidation}} \begin{array}{c}CH_2-CH_2\\|\quad\quad|\\CH\;\;\;\;CH_2\\\|\quad\quad|\\O\;\;\;:NH_2\end{array} \xrightarrow{-H_2O} \underset{\text{Pyrrolin}}{\langle N \rangle}$$

$$\underset{\text{Glycerol}}{\begin{array}{c}\;\;\;\;\;\;CH_2OH\\HOCH\\\;\;\;\;\;\;CH_2OH\end{array}} + \underset{\text{Asparaginsäure}}{\begin{array}{c}\;\;\;\;\;\;CH_2-COOH\\H_2N\;\;CH-COOH\end{array}} \longrightarrow \underset{}{\begin{array}{c}COOH\\\langle N \rangle\end{array}}$$

$$\underset{}{\begin{array}{c}COOH\\\langle N \rangle\end{array}} + \langle N \rangle \xrightarrow{-CO_2} \underset{}{\begin{array}{c}\langle\;\;\rangle-\langle N_H \rangle\\N\end{array}} \xrightarrow{\text{Methylierung}} \text{Nicotin}$$

Piperin, das Alkaloid des schwarzen Pfeffers *(Piper nigrum)*, und Träger des Pfeffergeschmackes, enthält ebenfalls den (hydrierten) Pyridinring.

Piperin

Tropanalkaloide. Gewisse Solanaceen (Tollkirsche, *Atropa Belladonna*; Bilsenkraut, *Hyoscyamus niger*; Stechapfel, *Datura Stramonium*) enthalten Alkaloide mit dem Ringsystem des *Tropans*, in welchem zwei Methylengruppen die C-Atome 2 und 6 eines hydrierten Pyridinringes überbrücken:

Tropan

Das wichtigste Tropanalkaloid ist das (−)-*Hyoscyamin*, das leicht zu *Atropin* racemisiert wird (Atropin – das Racemat – kommt wohl höchstens in Spuren in der Natur vor). *Cocain* (aus den Blättern des peruanischen Cocabaumes, *Erythroxylon Coca*) ist ebenfalls ein Tropanalkaloid.
Charakteristisch für alle Tropanalkaloide ist ihre mydriatische (pupillenerweiternde) Wirkung. Cocain wirkt auf des Zentralnervensystem stimulierend und lähmt zugleich die sensiblen Nervenendigungen (Verwendung als Lokalanästhetikum). Scopolamin wird wegen seiner Eigenschaft, Erregungszustände zu dämpfen, in der Psychotherapie viel benutzt.

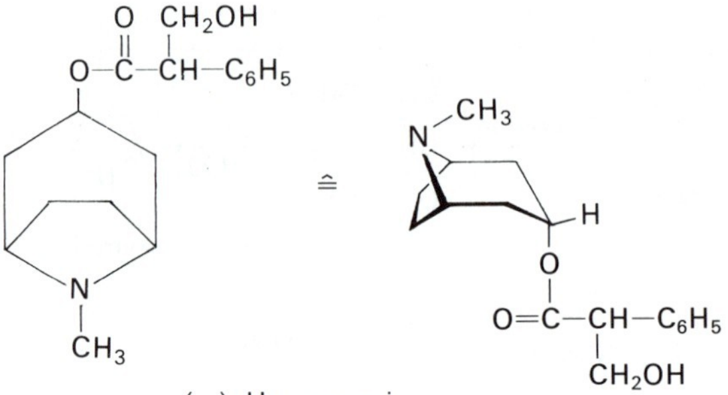

(−)-Hyoscyamin
(+)(−)-Atropin

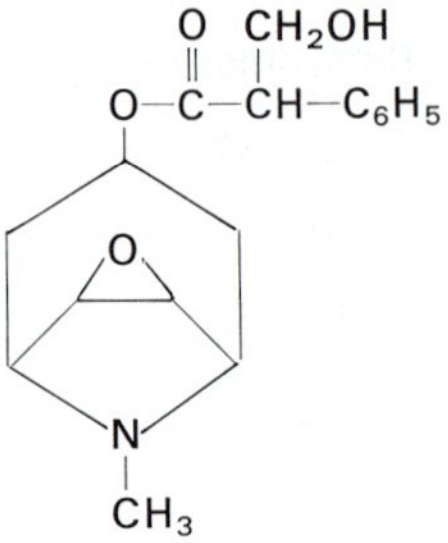

Scopolamin

Synthetisch läßt sich der Tropanring durch **Mannich-Reaktion** aus Succindialdehyd, Methylamin und Acetondicarbonsäure aufbauen. Man mischt zu diesem Zweck die Komponenten (Acetondicarbonsäure als Calciumsalz) und erhält nach mehrtägigem Stehenlassen in gepufferter Lösung (pH 5 bis 7) in 40% Ausbeute Tropinon (vgl. S. 514). Durch Reduktion der Carbonylgruppe und Veresterung mit Tropasäure erhält man Atropin. Cocain ist durch Mannich-Reaktion von Succindialdehyd, Methylamin und Acetylacetoncarbonsäure nach anschließender Reduktion und Benzoylierung zugänglich.

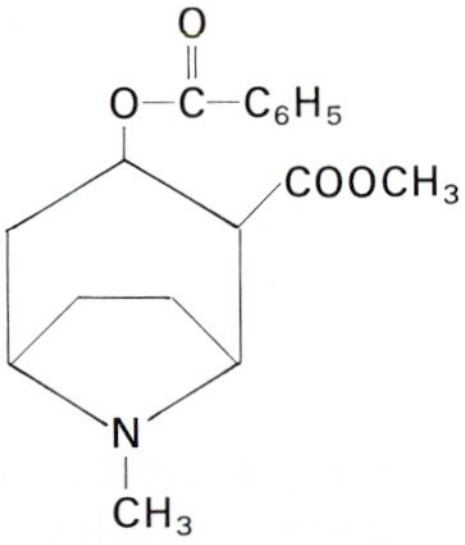

Cocain

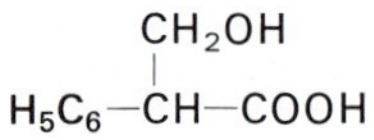

Tropasäure

Die *Biosynthese* erfolgt wahrscheinlich aus Pyrrolin (das aus Ornithin entsteht; siehe S. 709) und Acetessigsäure. Dabei wird der Ringschluß durch Oxidation vollzogen; nach Reduktion der Carbonylgruppe, Methylierung und Decarboxylierung erfolgt die Veresterung mit Tropasäure. Diese entsteht aus Phenylalanin, wie durch Tracer-Experimente gezeigt wurde.

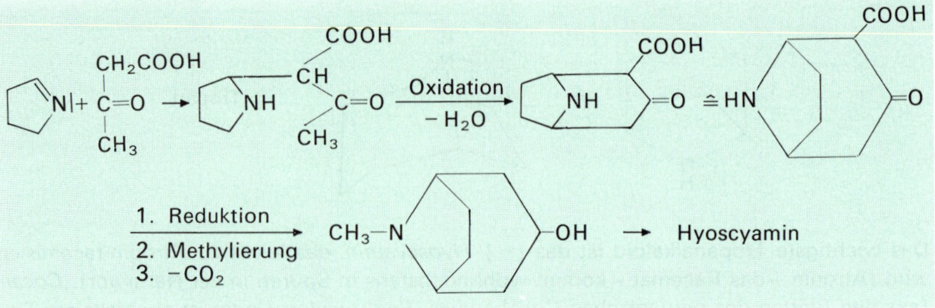

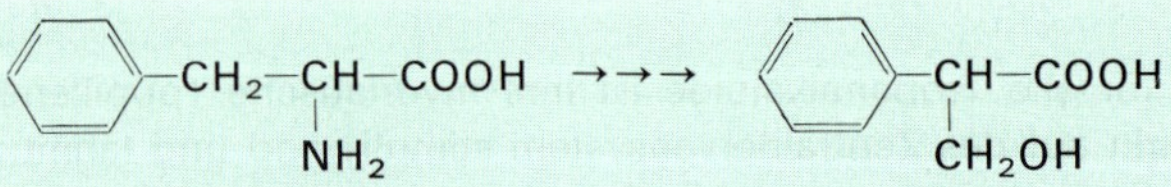

Phenylalanin → → → Tropasäure

Chinolinalkaloide. Im *Opium*, dem eingetrockneten Milchsaft von *Papaver somniferum*, kommen etwa 24 verschiedene Alkaloide vor. Chemisch gehören sie zu zwei Hauptgruppen: den *Benzylisochinolinalkaloiden* (Papaverin, Narcotin, Laudanosin) und den *Phenanthrenalkaloiden* (die aber zugleich das Chinolin-Ringsystem enthalten) Morphin, Codein und Thebain.

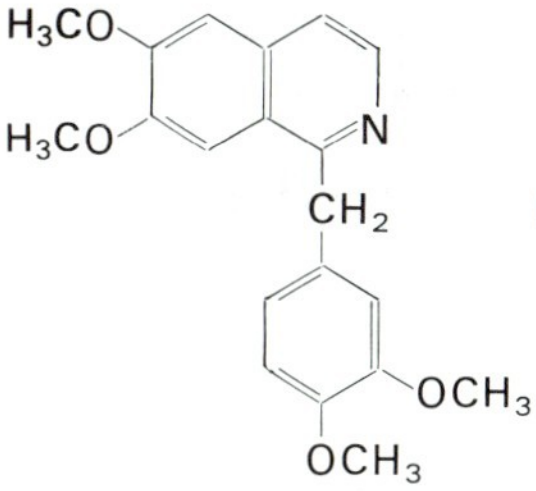

Papaverin

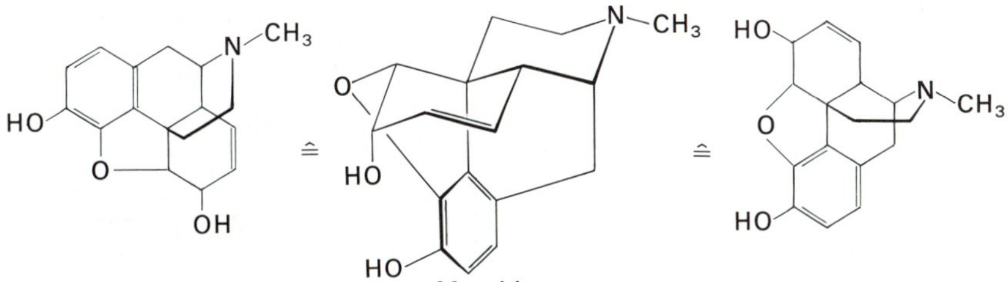

Morphin

Codein ist an der phenolischen Hydroxylgruppe methyliertes *Morphin*, *Thebain* ist Dimethylmorphin. Die Acetylierung von Morphin liefert das sehr gefährliche Rauschgift *Heroin*, das im Opium nicht vorkommt.

Die Wirkungen des Opiums waren schon in vorgeschichtlicher Zeit bekannt. Morphin, das etwa 10% des Opiums ausmacht, wurde 1805 von Sertürner isoliert. Es wirkt gleichzeitig beruhigend und stimulierend auf das Zentralnervensystem und erzeugt Müdigkeit und Schlaf; man verwendet es medizinisch zur Schmerzlinderung. Wegen seiner euphorischen Nebenwirkungen besteht allerdings bei häufiger Anwendung eine starke *Suchtgefahr*. Die Totalsynthese des Morphins ist 1952 gelungen (Gates). – Codein wirkt spezifisch dämpfend auf das Hustenzentrum. Papaverin, das wichtigste Benzylisochinolinalkaloid, ist ein wertvolles krampflösendes Mittel.

Die *Biosynthese* der Opiumalkaloide geht von Dihydroxyphenylalanin aus, das zunächst decarboxyliert und anschließend mit Dihydroxyphenylacetaldehyd in einer Mannich-Reaktion kondensiert wird. Die Methylierung der Hydroxylgruppe und Dehydrierung ergibt Papaverin; wird auch das N-Atom methyliert, so entsteht das Alkaloid *Laudanosin*.

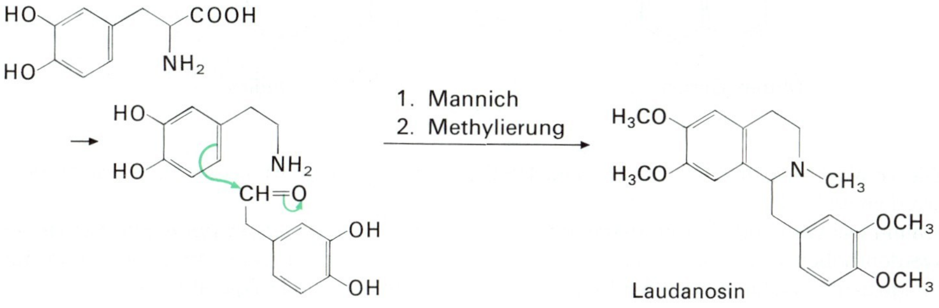

Laudanosin

Durch oxidative Kondensation der beiden Phenylringe in der nichtmethylierten Vorstufe des Laudanosins (Bildung einer C—C-Bindung zwischen den durch Pfeilen markierten C-Atomen) entsteht das Ringsystem des Salutaridins, welches anschließend Morphin bzw. Codein liefert:

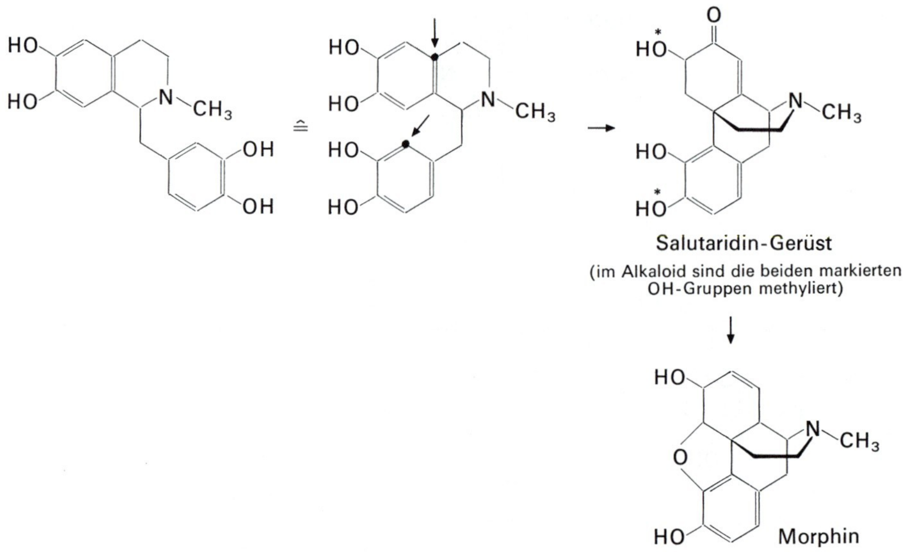

Salutaridin-Gerüst
(im Alkaloid sind die beiden markierten OH-Gruppen methyliert)

Morphin

Auch dieser Syntheseweg ist durch Tracer-Experimente gesichert.

Eine weitere wichtige Gruppe von Alkaloiden stammt aus der Rinde des «Chinabaumes» *(Cinchona officinalis)*, der ursprünglich in Peru beheimatet war, heute jedoch in Indien, Sri Lanka (Ceylon) und Indonesien angebaut wird. Die wichtigsten Alkaloide sind *Chinin* und *Cinchonin* (bei letzterem fehlt die Methoxygruppe).

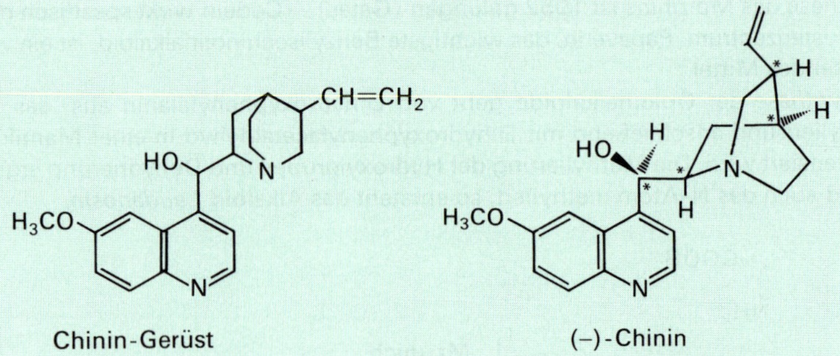

Chinin-Gerüst

(−)-Chinin

Die Totalsynthese des Chinins (bereits 1855 von Perkin versucht) wurde 1944 von Woodward verwirklicht.

Chinin war während Jahrhunderten das einzige wirksame *Malariabekämpfungsmittel*. Heute werden neben Chinin eine Reihe von synthetischen Präparaten verwendet, da Chinin nur einige akute Erscheinungen der Malaria beseitigt, nicht aber die Erreger abtötet.

Mutterkornalkaloide. Diese aus dem Mutterkorn, dem Sklerotium eines auf Roggen parasitierenden Pilzes *(Claviceps purpurea)* isolierten Verbindungen wirken wehenerregend und werden zu diesem Zweck medizinisch verwendet. Sie sind sämtlich substituierte *Amide* der *Lysergsäure*. Synthetisches *Lysergsäurediethylamid* (LSD) ruft eine Psychose ähnlich der Schizophrenie hervor. Das Hauptalkaloid ist das Ergotamin, dessen Amidteil aus einem cyclischen Tripeptid (aufgebaut aus Prolin, Phenylalanin und Alanin) besteht.

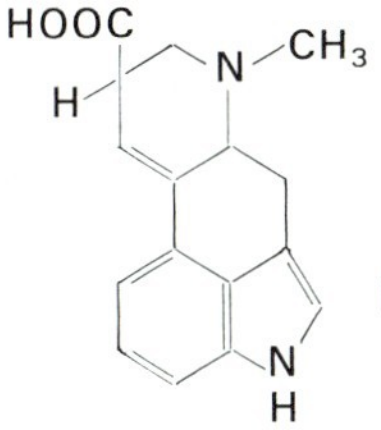

Lysergsäure

Weitere Alkaloide. *Reserpin*, «Serpasil», das 1952 aus Wurzelextrakten von *Rauwolfia serpentina* isolierte Alkaloid, wird in großem Umfang zur Behandlung der Hypertension und als allgemeines Beruhigungsmittel verwendet. Die Struktur des komplizierten Moleküls war 1955 bekannt; 1956 wurde die Totalsynthese veröffentlicht, ein in Anbetracht der vielen Chiralitätszentren wahres Meisterstück der synthetischen Technik (Woodward).

Auch *Colchicin* (aus der Herbstzeitlose, *Colchicum autumnale*) und *Strychnin* (aus der Brechnuß, *Strychnos Nux vomica*) sind recht kompliziert gebaute Alkaloide. *Colchicin* wird therapeutisch zur Behandlung der Gicht verwendet und hemmt sowohl bei pflanzlichen wie bei tierischen Zellen die Zellteilung (Bildung polyploider Zellen). Es enthält zwei kondensierte siebengliedrige Ringe, wovon der eine ein Tropolonmethylether ist. Seine Synthese gelang 1959 bis 1961 (van Tamelen und Eschenmoser).
Strychnin (neben Morphin) wird als optisch aktive Base zur Spaltung von Racemformen viel verwendet und wegen seiner hohen Giftigkeit zur Bekämpfung von Nagetieren benützt. Die Konstitution wurde nach jahrzehntelangen Untersuchungen 1949 von Robinson ermittelt. Die Totalsynthese gelang ebenfalls Woodward (1954).

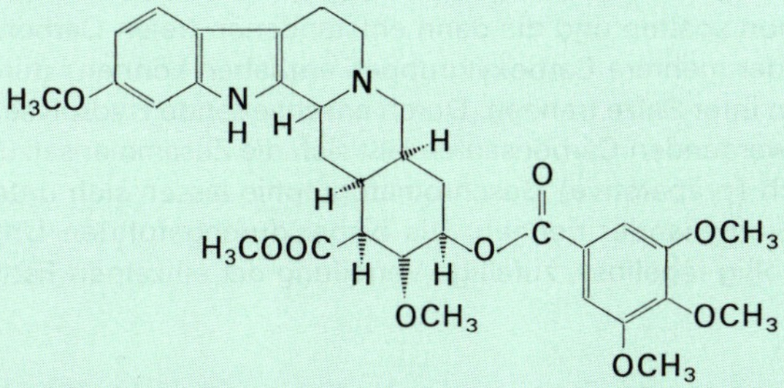

Reserpin

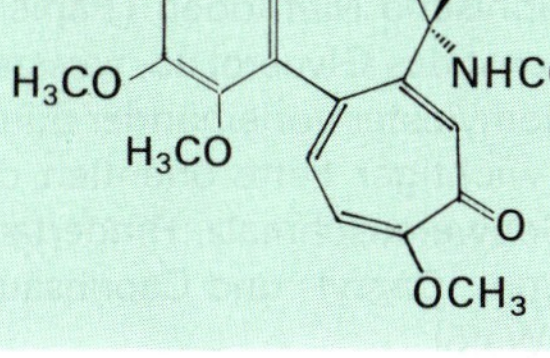

Colchicin

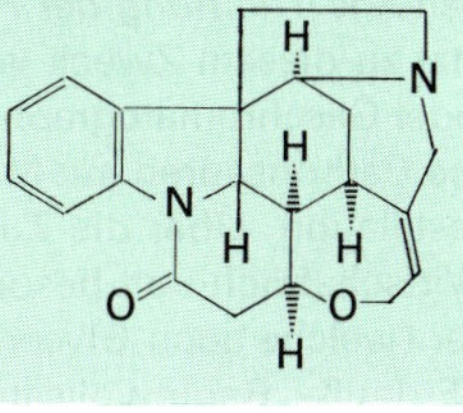

Strychnin

22 Lipoide, Terpene, Steroide

22.1 Lipoide

Unter dieser Bezeichnung werden die *Fette*, die *«fetten Öle»*, die *Wachse* und die *Phospholipoide* (Lecithin u. a.) zusammengefaßt. Es handelt sich bei ihnen um Verbindungen, die sowohl im Pflanzen- wie im Tierreich weit verbreitet sind und die alle Ester höherer Carbonsäuren (mit C-Zahlen von 12 bis 36) sind.

Fette, fette Öle. Die festen oder halbfesten eigentlichen Fette sowie die zum Unterschied zu den *«Mineralölen»* (Kohlenwasserstoffen) und *«ätherischen Ölen»* (Terpenen) als *«fette Öle»* bezeichneten flüssigen Fette sind Glycerolester von Carbonsäuren mit 12 bis 20 C-Atomen (**«Glyceride»**). Natürliche Fette bestehen aus Mischungen verschiedener Glyceride, wobei Glycerol entweder nur mit einer oder gleichzeitig mit verschiedenen Fettsäuren verestert sein kann:

$$CH_2-OOCC_{17}H_{35}$$
$$CH-OOCC_{17}H_{35}$$
$$CH_2-OOCC_{17}H_{35}$$

Glycerid aus drei Molekülen Stearinsäure (Tristearin)

$$CH_2-OOCC_{17}H_{35}$$
$$CH-OOCC_{17}H_{33}$$
$$CH_2-OOCC_{17}H_{35}$$

Glycerid aus zwei Molekülen Stearinsäure und einem Molekül Ölsäure

Ein Fett, das nur zwei Fettsäuren (A und B) enthält, kann aus 6 verschiedenen Triglyceriden bestehen (AAA, AAB, ABA, ABB, BAB, BBB). In einem Fett mit drei Fettsäuren sind 18 Glyceride möglich. Es ist deshalb klar, daß die Ermittlung der *genauen Zusammensetzung* eines Fettes und des Anteils der verschiedenen Glyceride darin ein außerordentlich schwierig zu lösendes Problem ist. Da die meisten Glyceride auch ungesättigte Fettsäuren enthalten, kann man zur Untersuchung der Verteilung der Acylgruppen beispielsweise die Doppelbindungen durch Oxidation spalten und die dann entstandenen freien Carbonsäuren sowie die Glyceride (die eine oder mehrere Carboxylgruppen enthalten können) durch sorgfältige fraktionierte Kristallisation ihrer Salze trennen. Durch anschließende Hydrolyse der Glyceride und Bestimmung der freiwerdenden Carbonsäuren läßt sich die Zusammensetzung der Glyceride ermitteln. Auch durch (präparative) Gaschromatographie lassen sich unter Umständen die einzelnen Glyceride voneinander trennen. Die bisher durchgeführten Untersuchungen ergeben jedenfalls eine völlig regellose, zufällige Verteilung der einzelnen Fettsäuren in den Glyceriden.

Auch die vollständige *Trennung der Fettsäuren* im Hydrolysat ist nicht einfach durchzuführen. Man benützt zu diesem Zweck verschiedene chromatographische Methoden (Papier-, Dünnschicht- oder Gaschromatographie), oder man trennt zunächst das Glycerol ab, verestert anschließend die Carbonsäuren mit Methanol und trennt die Methylester voneinander durch fraktionierte Destillation. Über die Zusammensetzung einiger wichtiger Fette orientiert die Tabelle 22.1. Wirtschaftlich von besonderer Bedeutung sind Schweineschmalz, Rindertalg, Kokosfett, Butter (welche auch Glyceride von Buttersäure, Capron-, Capryl- und Caprinsäure enthält) sowie Erdnuß-, Baumwollsamen-, Oliven-, Lein- und Walöl.

Tabelle 22.1. Zusammensetzung einiger Fette und Öle [Massenprozent]

	P	St	Ö	L	Iz
Kokosfett	4–10	1–5	2–10	0–2	8–10
Butter	23–26	10–13	30–40	4–5	26–45
Talg	24–32	14–32	35–48	2–4	32–47
Olivenöl	5–15	1–4	69–84	4–12	74–94
Lebertran	10–16	1–2	–	–	120–190[6]

P = Palmitinsäure ($C_{15}H_{31}COOH$)
St = Stearinsäure ($C_{17}H_{35}COOH$)
Ö = Ölsäure ($C_{17}H_{33}COOH$)
L = Linolsäure ($C_{17}H_{31}COOH$)
Iz = Iodzahl (Maß für ungesättigten Charakter)

Mengenmäßig die bedeutendste Fettsäure ist die *Ölsäure* ($C_{17}H_{33}COOH$), eine ungesättigte Fettsäure mit einer Doppelbindung. Ölsäure ist in wechselnden Mengen in allen natürlichen Fetten enthalten. Pflanzliche Fette (Kokosfett und Palmkernfett) enthalten vor allem *Laurinsäure* und *Myristinsäure* ($C_{11}H_{23}COOH$ und $C_{13}H_{27}COOH$); in tierischen Fetten (Butter, Talg, Schweineschmalz) sind vorwiegend Glyceride der *Palmitin-* und *Stearinsäure* ($C_{15}H_{31}COOH$ und $C_{17}H_{35}COOH$) vorhanden. Die natürlichen Fette enthalten fast ausnahmslos unverzweigte Fettsäuren mit gerader Kohlenstoffzahl (die in der Zelle ausgehend von Essigsäure gebildet werden); synthetisch hergestellte Glyceride, die für Diabetikerdiät verwendet werden, können auch Fettsäuren mit ungerader Kohlenstoffzahl enthalten. Fettsäuren von bemerkenswerter Konstitution sind aus Glyceriden isoliert worden, die durch Mikroorganismen gebildet werden, so z. B. *Nemotinsäure*, eine optisch aktive Substanz, deren optische Aktivität auf dem Allen-System beruht. Eine weitere Fettsäure von ungewöhnlicher Konstitution ist die aus Baumwollsamenöl isolierte *Malvalinsäure*, die das stark gespannte Cyclopropen-Ringsystem enthält.

$$HC\equiv C-C\equiv C\overset{H}{\underset{}{\diagdown}}C=C\overset{H}{\diagup}CHCH_2CH_2COOH$$
$$\underset{OH}{}$$
Nemotinsäure

$$H_3C(CH_2)_7-C\overset{CH_2}{\overset{\diagup\diagdown}{=}}C-(CH_2)_6-COOH$$
Malvalinsäure

Die natürlich vorkommenden *ungesättigten* Fettsäuren zeigen an der Doppelbindung stets die (*Z*)-*Konfiguration*. Ebenso wie viele andere Verbindungen dieses Molekülbaus [(*Z*)-Stilben, (*Z*)-Zimtsäure, Maleinsäure] ordnen sich (*Z*)-Glyceride schwerer in ein Kristallgitter ein und schmelzen deshalb tiefer als die entsprechenden (*E*)-Isomere. Die Fette werden deshalb im allgemeinen um so weicher und leichter schmelzbar, je höher der Anteil von Glyceriden ungesättigter Fettsäuren ist. *Fette Öle* wie Oliven- oder Erdnußöl bestehen fast nur aus Glyceriden ungesättigter Säuren. Sowohl an der Doppelbindung wie an den zur Doppelbindung α-ständigen C-Atomen kann an der Luft (besonders auch unter dem Einfluß von Licht) *Autoxidation* eintreten, so daß sich *Peroxyverbindungen* und schließlich auch *Säuren* mit *niedriger C-Zahl* bilden («Ranzigwerden» von Fetten). Die Autoxidation tritt rascher ein beim Vorhandensein von Chlorophyll (aus pflanzlichen Rohstoffen oder bei der Zubereitung aus den Gewürzen in das Fett gelangend), von Schwermetallionen (Fe, Cu, Co) oder von Peroxiden, die durch Mikroorganismen gebildet werden. Das schlechte «Aroma» von verdorbenem Fett rührt hauptsächlich von niederen Carbonsäuren und von verschiedenen *Aldehyden* (Pentanal, 2-Hexenal, Hexanal, Heptanal, Octanal, 2-Octanal, Nonanal

u. a.) her, die ebenfalls als Produkte der photochemischen Autoxidation gebildet werden. Glyceride mehrfach ungesättigter Säuren können unter dem Einfluß von Luftsauerstoff *polymerisieren* oder untereinander *vernetzt* werden, so daß harte, harzartige Produkte entstehen. Derartige *«trocknende Öle»* werden deshalb für Firnisse und Ölfarben verwendet.

Zur Charakterisierung der Fette dienen gewisse Kenngrößen *(Iodzahl, Verseifungszahl, Säurezahl)*. Die Iodzahl ist ein Maß für den Gehalt an ungesättigten Fettsäuren; sie ist die Anzahl Gramm Halogen (ausgedrückt als Iod), die von 100 g Fett addiert werden können. Die Verseifungszahl gibt die Anzahl mg KOH an, die zur Verseifung von 1 g Fett benötigt werden. Die Säurezahl schließlich mißt die in natürlichen Fetten stets in geringen Mengen vorhandenen freien Fettsäuren; sie ist bei nicht mehr ganz frischen Fetten größer, da beim Lagern durch Oxidation freie Säuren entstehen. Sie ist definiert als die Anzahl mg KOH, welche zur Neutralisation der freien Säuren in 1 g Fett notwendig sind.

Durch Wasserstoff können Glyceride ungesättigter Fettsäuren katalytisch hydriert und damit in feste Fette übergeführt werden. Diese *«Fetthärtung»* (Normann, 1909) ist von großer wirtschaftlicher Bedeutung, weil es dadurch gelingt, in großer Menge anfallende, teilweise besonders billige pflanzliche und tierische Öle in höher schmelzende, für manche, besonders technische Zwecke besser geeignete Fette umzuwandeln. Da aber gewisse Glyceride von stark ungesättigten Fettsäuren (Linol- und Linolensäure) für den Menschen unentbehrlich sind *(«essentielle Fettsäuren»)*, müssen diese den gehärteten Fetten, welche als Nahrungsmittel verwendet werden sollen, zusätzlich beigefügt werden.

Kocht man Fette mit Hydroxid- oder Carbonatlösungen (NaOH, KOH, Na_2CO_3), so entstehen die *Alkalisalze der Fettsäuren* (**«Seifen»**). Sie sind in Wasser kolloidal löslich und reagieren alkalisch. Calcium- und Magnesiumsalze (und ebenso die Salze anderer mehrfach geladener Ionen) sind in Wasser schwer löslich. Ein großer Teil der Seife wird auch heute noch durch Sieden von Fetten mit wäßrigen Lösungen von NaOH hergestellt. Das Produkt wird nach beendeter Verseifung durch Zusatz von Kochsalz ausgefällt («Aussalzen»). Die nach diesem Verfahren gewonnenen Seifen enthalten jedoch noch viel Wasser und Glycerol. Um dieses besser abtrennen zu können, werden Fette auch mittels Schwefelsäure als Katalysator verseift und die Fettsäuren anschließend mit Soda neutralisiert. Nach dem modernsten Verfahren werden Fette durch überhitzten Wasserdampf (180 °C) verseift, wobei ein kontinuierlicher Betrieb möglich ist und das Glycerol fast vollkommen abgetrennt werden kann.

Gewöhnliche feste Fette ergeben härtere Seifen *(«Kernseifen»)*. Aus stark ungesättigten Ölen erhält man *weichere Seifen*. Auch Kaliseifen sind weicher und lösen sich zudem besser (Verwendung z. B. als Rasierseifen). Durch sorgfältiges Mischen der zur Seifenherstellung verwendeten Fette und hydrierten Öle lassen sich Seifensorten ganz bestimmter Eigenschaften erzeugen.

Die *reinigende Wirkung der Seife* und anderer Waschmittel beruht auf verschiedenen Effekten, die alle auf den besonderen Bau der in ihnen vorhandenen Anionen zurückgeführt werden können. Diese Anionen enthalten eine lange extrem lipophile Kohlenstoffkette mit der stark hydrophilen, elektrisch geladenen $-COO^{\ominus}$-Gruppe am einen Ende (Abb. 22.1). Im Wasser hydratisiert sich die $-COO^{\ominus}$-Gruppe und wird ins Wasser hineingezogen, während die hydrophoben Fettsäureketten aus dem Wasser herausgedrängt werden. Die Anionen reichern sich deshalb in der Oberflächenzone besonders stark an und bilden dort eine «monomolekulare» Schicht. Dadurch wird die Oberflächenspannung[1] herabgesetzt. Als Folge dieser

---

[1] Die Oberflächenspannung kommt dadurch zustande, daß die Teilchen an der Oberfläche einer Flüssigkeit unter der einseitig nach innen gerichteten Anziehungskraft anderer Teilchen stehen. Wasser hat dank den großen zwischenmolekularen Kräften (Wasserstoffbrücken!) eine besonders große Oberflächenspannung. Die Anziehungskräfte zwischen Kohlenwasserstoffketten sind aber beträchtlich kleiner, so daß die Oberflächenspannung sinkt, wenn vorwiegend Seifen-Anionen in den Oberflächenschichten vorhanden sind.

22.1 Lipoide 717

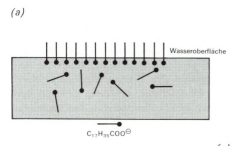
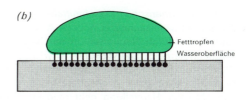
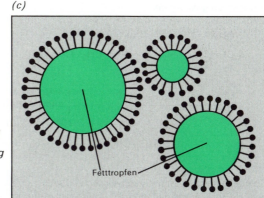

Abb. 22.1. Wirkungen der Waschmittel
(a) Oberflächenaktivität: Anreicherung der Fettsäure-Anionen in der Wasseroberfläche
(b) Wirkung als Netzmittel
(c) emulgierende Wirkung

«Oberflächenaktivität» der Seife hält die Oberfläche weniger zusammen; die Flüssigkeit wird beweglicher, dringt leichter in kapillare Räume ein und bildet haltbare Schäume. Aus dem gleichen Grund wirkt Seife auch als *Netzmittel*. Vom Wasser nicht benetzbare lipophile Körper werden durch dünne Anionenschichten gewissermaßen mit dem Wasser «verbunden» (Abb. 22.1 b), indem sich die Fettsäureketten gegen die Unterlage, die $-COO^\ominus$-Gruppen aber gegen das Wasser richten. Schließlich bedecken sich auch kleinere Fetttröpfchen an der Oberfläche mit einem dünnen Film von Seifen-Anionen (Abb. 22.1 c), wobei die lipophilen Ketten wiederum gegen das Innere des Fettes gerichtet sind. Damit werden aber die Fetttröpfchen elektrisch aufgeladen und stoßen sich gegenseitig ab, so daß sie nicht zusammenfließen, sondern eine im Wasser haltbare Emulsion bilden. Seife besitzt daher für Fette ein beträchtliches *Emulgiervermögen*.

Beim eigentlichen *Waschvorgang* wirkt die Seife zunächst benetzend. Die Seifenlösung dringt dann beim Bewegen der Textilien in der Waschflotte zwischen Schmutzteilchen (die aus Staub, Erde, Hautfett u. a. bestehen) und Unterlage, so daß sie abgelöst werden können. Die Fette werden emulgiert und mit der Lösung fortgespült.

Nachteile der Seife sind ihre *stark alkalische Reaktion* sowie ihre *Unbrauchbarkeit in stärker saurem sowie hartem Wasser*.

Die Seifen-Anionen (konjugierte Basen schwacher Säuren) ergeben in wäßrigen Lösungen pH-Werte von 10 bis 11. Aus diesem Grund verursacht Seife ein Brennen in den Augen. Bei häufigem Waschen kann empfindliche Haut stark gereizt und geschädigt werden. Durch stärkere Säuren werden die Anionen in freie Fettsäuren übergeführt, die sich aus der Lösung ausscheiden, so daß Seife in Lösungen von pH < 6 schlecht oder gar nicht mehr wirkt. $Ca^{2\oplus}$-Ionen verbinden sich mit Seife zu unlöslicher *Kalkseife*, wodurch ein Teil der gelösten Seife unnütz verbraucht wird. Die Kalkseife schlägt sich in den Textilien nieder («Kalkflecken») und macht sie dadurch steif und brüchig.

Bei den *«synthetischen Waschmitteln»* («Syndets», **Detergentien**) handelt es sich entweder um Schwefelsäureester höherer Alkohole *(Fettalkoholsulfate)* oder um *Alkylarylsulfonsäuren*, die durch Neutralisation mit NaOH in wasserlösliche Salze übergeführt werden. Fettalkohole (z. B. Laurylalkohol, $C_{12}H_{25}OH$) werden durch Hydrogenolyse der Fette (mit Wasserstoff über Kupferchromit) erhalten und durch Destillation getrennt. Auch die Natriumsalze sekundärer Alkylsulfate haben als Waschmittel eine weite Verbreitung gefunden. Zu ihrer Herstellung geht man von höheren Alkenen aus, die beim Cracken von paraffinreichen Erdöldestillaten anfallen und die durch Molekularsiebe von den verzweigten Kohlenwasserstoffen getrennt werden. Die bis vor einigen Jahren meistverwendeten Alkylarylsulfonate wurden durch Friedel-Crafts-Alkylierung von Benzen mit einem Tetramer von Propen gewonnen:

$$4\ CH_2=CH-CH_3 \longrightarrow H_3C-CH_2-CH_2-CH(CH_3)-CH_2-CH(CH_3)-CH_2-CH(CH_3)=CH_2$$

$$\downarrow + C_6H_6\ (AlCl_3)\ \text{dann} + H_2SO_4$$

$$H_3C-CH_2-CH_2-CH(CH_3)-CH_2-CH(CH_3)-CH_2-CH(CH_3)-CH_2-C_6H_4-SO_3H$$

Solche Detergentien mit verzweigten aliphatischen Ketten haben jedoch den großen Nachteil, daß sie in Kläranlagen oder in Abwasservorflutern von Bakterien nicht abgebaut werden können und damit zu unerwünschter Schaumbildung und zur Störung der Klärvorgänge führen. Heute werden deshalb fast nur noch Alkylarylsulfonate mit *unverzweigten* C-Ketten hergestellt, die biologisch abbaubar sind.

Fettalkoholsulfate und Alkylarylsulfonate sind wie die Seifen stark *oberflächenaktiv* und wirken als *Netzmittel* und *Emulgatoren*. Als Salze starker Säuren reagieren sie in wäßriger Lösung praktisch *neutral* und werden auch bei einer Erniedrigung des pH-Wertes nicht ausgefällt. Ihre Calciumsalze sind leicht löslich, so daß sich auch in hartem Wasser mit ihnen waschen läßt.

Invertseifen oder *«Kationenseifen»* bestehen aus quartären Ammoniumsalzen, die eine längere Kohlenwasserstoffkette enthalten. Man gewinnt sie entweder aus Fettsäuren über das entsprechende Nitril und Amin, das schießlich methyliert wird, oder aus langkettigen Halogenalkanen, welche mit Pyridin umgesetzt werden. Wegen ihrer für Bakterien toxischen Wirkung verwendet man Invertseifen in der Medizin (Desinfektion). Neben den Sulfonaten und Invertseifen gibt es schließlich auch *«nicht-ionogene»* Detergentien, die Ester von Fettsäuren mit polyfunktionellen Alkoholen oder Verbindungen mit Ethergruppen (Oligoethylenglycolether) sind. Durch Wahl geeigneter Ausgangsstoffe lassen sich Detergentien von sehr verschieden starker Polarität und damit an bestimmte Zwecke genau angepaßter Wirkung gewinnen.

$$H_3C(CH_2)_{14}CH_2-\overset{\oplus}{N}(CH_3)_3\ Cl^{\ominus}$$

eine Invertseife

$$H_3C(CH_2)_{14}\overset{O}{C}-O-CH_2-C(CH_2OH)_3$$

ein Pentaerythritol-Ester

$$R-C_6H_4-OCH_2CH_2OCH_2CH_2OH$$

ein nicht-ionogenes Detergens

22.1 Lipoide

Wachse. Wachse wie *Bienenwachs, Walrat* (aus dem Kopf des Pottwals) oder *Carnaubawachs* (das als Überzug auf den Blättern einer brasilianischen Palme vorkommt) sind Monoester langkettiger Carbonsäuren mit ebenfalls langkettigen Alkoholen. Bienenwachs enthält vorwiegend C_{26}- und C_{28}-Säuren, die mit Alkoholen von 18 bis 20 C-Atomen verestert sind. Carnaubawachs, ein wertvoller und wichtiger Rohstoff für Politurmassen, Boden- und Schuhwichsen, besteht aus Estern von C_{18}- bis C_{30}-Carbonsäuren mit Alkoholen ähnlicher C-Zahlen. Auch Ester höherer Hydroxysäuren und Ester von 1,ω-Dihydroxyalkanen sind darin vorhanden. Gewisse Wachse enthalten auch Steroide als Alkoholkomponenten.

Phosphatide. Phosphatide oder Phospholipoide sind in allen Zellen vorhanden. Besonders reich daran sind Nervenzellen und -gewebe, das Eigelb sowie Leber und Niere. Es handelt sich bei ihnen um Phosphorsäurediester; die Phosphorsäure ist dabei einerseits mit Glycerol oder *Sphingosin* [eine C_{18}-Verbindung mit (*E*)-substituierter Doppelbindung, einer Aminogruppe am C-Atom 2 und je einer Hydroxylgruppe an den C-Atomen 1 und 3], anderseits mit Cholin, Colamin, Serin oder Inositol verestert.

$$CH_3(CH_2)_{12}-CH=CH-\underset{OH}{CH}-\underset{NH_2}{CH}CH_2OH$$
Sphingosin

$$HO-CH_2-CH_2-NH_2$$
β-Aminoethanol
«Colamin»

$$HO-CH_2-CH_2-\overset{CH_3}{\underset{CH_3}{\overset{|}{N^{\oplus}}}}CH_3$$
Cholin

(*meso*-)Inositol

Beispiele von Phosphatiden sind *Lecithin* und *Kephalin*, in welchen das Glycerol mit zwei Molekülen Fettsäure und mit Phosphorsäure verestert ist. Die Phosphatide sind besonders für die Bildung biologischer Membranen von Bedeutung, da sie leicht hydrophobe Schichten bilden können.

$$\begin{array}{l} RCOOCH_2 \\ | \\ RCOOCH \quad O \quad\quad CH_3 \\ | \quad\quad\quad || \quad\quad\quad \oplus| \\ CH_2-O-P-O-CH_2CH_2-N-CH_3 \\ \quad\quad\quad | \quad\quad\quad\quad\quad\quad | \\ \quad\quad\quad O^{\ominus} \quad\quad\quad\quad\quad CH_3 \end{array}$$
Lecithin

$$\begin{array}{l} RCOOCH_2 \\ | \\ RCOOCH \quad O \\ | \quad\quad\quad || \\ CH_2-O-P-O-CH_2CH_2NH_2 \\ \quad\quad\quad | \\ \quad\quad\quad O^{\ominus} \end{array}$$
Kephalin

Prostaglandine. Die Prostaglandine, eine Gruppe von Naturstoffen, haben zwar weder in ihrem chemischen Aufbau noch in ihrer Wirkung etwas mit den Lipoiden zu tun; trotzdem sollen sie im Anschluß an diese kurz besprochen werden. Alle Prostaglandine sind Derivate einer Carbonsäure mit 20 C-Atomen, der «*Prostansäure*»:

Prostansäure [structure]

Die verschiedenen Prostaglandine unterscheiden sich in der Sauerstoffunktion am C-Atom 9, die entweder eine Hydroxyl- oder eine Carbonylgruppe sein kann. Verschiedene Prostaglandine enthalten zudem mehrere Doppelbindungen. Beispiel:

Prostaglandin E_1 Prostaglandin $F_{1\alpha}$

Ursprünglich wurden die Prostaglandine aus der menschlichen Samenflüssigkeit isoliert. Es zeigte sich jedoch, daß sie – allerdings nur in geringen Mengen – in sehr vielen Organen, Geweben und Körperflüssigkeiten von Säugetieren auftreten. Sie zeigen ein bemerkenswert breites Spektrum physiologischer Wirkungen. Beispielsweise bewirken sie starke Kontraktionen glatter Muskulatur (der Lungen oder im Uterus; mögliche Verwendung zur Einleitung von Geburten oder zum Schwangerschaftsabbruch) oder senken den Blutdruck. Prostaglandine steuern auch die Ausschüttung bestimmter Hormone aus dem Hypothalamus. Man vermutet auch, daß die analgetische Wirkung z. B. von *Aspirin* darauf zurückzuführen ist, daß die Prostaglandin-Biosynthese gehemmt ist. Obschon die Prostaglandine bis heute noch wenig therapeutische Verwendung gefunden haben, ist es denkbar, daß sie in Zukunft medizinische Bedeutung (z. B. zur Behandlung von zu hohem Blutdruck, von Thrombosen und Geschwüren; zur Beeinflussung der Fruchtbarkeit von Mann und Frau) erhalten werden.

22.2 Terpene

Seit alters werden aus zahlreichen Pflanzen, wie z. B. Eucalyptus, Pfefferminze, Lemongras, Citronenbaum, Thymian usw. mehr oder weniger stark flüchtige Öle von intensivem, meist angenehmem Geruch gewonnen. Ursprünglich wurden zu diesem Zweck die zerkleinerten Pflanzenteile direkt destilliert; später trennte man die «ätherischen Öle» durch Wasserdampfdestillation ab. In beiden Fällen erhielt man rohe Öle, welche für Parfümeriezwecke, zur Aromatisierung von Nahrungsmitteln oder Getränken oder als Lösungsmittel verwendet werden konnten. Durch Fraktionierung dieser Öle oder durch Extraktion mit geeigneten Lösungsmitteln erhielt man Substanzen, welche als «Terpene» bezeichnet wurden. Ihre Untersuchung war zunächst recht schwierig, da die ätherischen Öle oft komplexe Mischungen darstellen und nur schwierig kristalline Derivate einzelner Terpene erhalten werden konnten. Mittels Gaschromatographie ist heute eine exakte Analyse und auch eine Trennung der einzelnen Komponenten von ätherischen Ölen relativ leicht durchzuführen.

22.2 Terpene

Schon ziemlich früh wurde erkannt, daß die überwiegende Mehrzahl der Terpene in ihren Molekülen ein *Vielfaches von 5 C-Atomen* enthält. Die einfachsten Typen mit 10 C-Atomen wurden als *Monoterpene*, die Terpene mit 15 C-Atomen als *Sesquiterpene*, die Terpene mit 20 C-Atomen als *Diterpene* usw. bezeichnet. Um die Jahrhundertwende wurden durch Wallach und Bredt vorwiegend die Monoterpene untersucht und wurde ihre Konstitution aufgeklärt. Seit 1920 beschäftigte sich besonders die Schule von Ruzicka sehr eingehend mit Diterpenen und höheren Terpenen. Arbeiten von Karrer, Ruzicka, Windaus und Wieland klärten die teilweise engen Beziehungen auf zwischen den Terpenen einerseits und gewissen Vitaminen sowie den Steroiden anderseits. Über die Bedeutung, welche die Terpene für die betreffenden Pflanzen haben, weiß man auch heute noch kaum etwas; es wird angenommen, daß sie häufig als Exkrete (Stoffwechselendprodukte) oder zur Abwehr von Feinden fungieren, doch ist dies oft nicht gesichert. Bei der *Strukturaufklärung* der Terpene und ihnen verwandter Naturstoffe erwies sich vor allem die *Dehydrierung* mit Schwefel oder Selen als wertvoll. Es gelang dadurch, das Kohlenstoffgerüst dieser Verbindungen zu erkennen und damit auch die gegenseitigen Beziehungen verschiedener Gruppen von Terpenen zu erfassen. Beispiele aromatischer Dehydrierungsprodukte von Terpenen gibt die Tabelle 22.2.

Tabelle 22.2. Beispiele von Dehydrierungsprodukten einiger Terpene

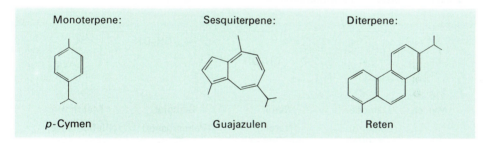

1921 erkannte Ruzicka, daß man sich die Moleküle der meisten Terpene aus zwei oder mehr Isoprenmolekülen aufgebaut denken kann, wobei die Isoprenreste meistens in Kopf-Schwanz-Stellung miteinander verknüpft sind. Diese **«Isoprenregel»** war bei der Konstitutionsaufklärung ebenfalls von großem Nutzen. Viel später (um 1955) zeigte es sich, daß die Biosynthese der Terpene tatsächlich von einer isoprenähnlichen C_5-Verbindung ausgeht. Bei den im folgenden abgebildeten Kohlenstoffskeletten einiger Terpene wird der Aufbau aus Isopreneinheiten deutlich:

Monoterpene. Ebenso wie bei den übrigen Gruppen der Terpene kann man zwischen *offenkettigen, monocyclischen* und *bicyclischen* Monoterpenen unterscheiden (Tabelle 22.3). Wichtige Beispiele sind die Kohlenwasserstoffe Myrcen und Limonen (letzteres z. B. im Lemongrasöl, Fichtennadelöl und Campheröl), die (E/Z)-isomeren Alkohole Geraniol und Nerol, der monocyclische Alkohol Menthol (Hauptbestandteil des Pfefferminzöls), die Aldehyde Citral und Citronellal (beide mit intensivem Citronengeruch) sowie die bicyclischen Terpene α-Pinen (Hauptbestandteil des Terpentinöls) und Campher. Viele dieser Substanzen besitzen als *Riechstoffe* Bedeutung. Campher ist als Weichmacher für Celluloid wichtig und wird in großen Mengen ausgehend von α-Pinen technisch hergestellt. Citral, das Zwischenprodukt für die Synthese von Ionon und damit dem Vitamin A und der Carotinoide, stellt man technisch aus Aceton, Acetylen und Diketen her.

Die *bicyclischen Monoterpene* sind besonders auch wegen der bei ihnen möglichen zahlreichen **Umlagerungen vom Wagner-Meerwein-Typ** von Interesse (vgl. S. 649).
Solche Umlagerungen erschweren die Konstitutionsaufklärung dieser Verbindungsklasse. So waren beispielsweise bis zum Jahre 1893, dem Zeitpunkt der Aufstellung der richtigen Strukturformel, für Campher ungefähr 30 verschiedene Strukturen vorgeschlagen worden!

Tabelle 22.3. Beispiele von Monoterpenen

Myrcen	Limonen (Lemongras-, Orangen-, Citronenöl)	Nerol CH_2OH (Neroliöl, aus Orangenblüten)	Geraniol CH_2OH (Palmarosaöl)	Menthol OH (Pfefferminze)
Citral CHO (Lemongras-, Citronenöl)	Citronellal CHO (Citronellöl)	α-Pinen (Terpentinöl)	Campher	Ascaridol (wurmtreibendes Mittel aus Chenopodiumöl)

Auch bei der *technischen Synthese* von *Campher* treten verschiedene Wagner-Meerwein-Umlagerungen nacheinander auf. α-Pinen wird dabei zunächst mit HCl in Bornylchlorid übergeführt, worauf durch Elimination von HCl Camphen entsteht (vgl. S. 650). Dieses kann auch direkt aus α-Pinen durch Behandlung mit TiO_2 (bei 180 °C) erhalten werden. Die Addition von Essigsäure an Camphen liefert Isobornylacetat (Umlagerung eines tertiären in ein sekundäres Carbenium-Ion; Verminderung der Ringspannung!), welches nach der Verseifung durch CrO_3 zu Campher oxidiert wird:

[Reaction scheme: α-Pinen → (TiO₂) → Camphen ≙ (structure) → (CH₃COOH, H⊕) → Isobornylacetat; α-Pinen → (HCl) → Bornylchlorid → (−HCl) → Camphen; Isobornylacetat → (H₂O) → Isoborneol → Campher]

Sesquiterpene, Diterpene. Von den *Sesquiterpenen* sind besonders zu erwähnen: Farnesol, ein offenkettiger, ungesättigter Alkohol (im Maiglöckchenöl), der aus Geranylchlorid über die bereits beschriebene Reaktionsfolge (Acetessigestersynthese, Addition von Acetylen und partielle Hydrierung, Allylumlagerung) synthetisiert wurde, ferner Bisabolen (das aus Farnesol bei vorsichtiger Behandlung mit Säuren erhalten werden kann), Zingiberen (aus Ingweröl), Cadinen (in Cubeben), Selinen (im Sellerieöl) und Santonin (ein wurmtreibendes Mittel aus gewissen Artemisia-Arten). Guajol und Vetivon enthalten das Ringsystem des Azulens (vgl. S.121); ihre Konstitutionsaufklärung (Plattner) führte zur Entdeckung dieses interessanten aromatischen Ringsystems.

Tabelle 22.4. Beispiele von Sesquiterpenen

[Structures: Farnesol (Maiglöckchen); Bisabolen; Zingiberen (Ingwer); Cadinen (Cadeöl); Selinen (Sellerieöl); Santonin; Guajol (Guajakharz); Vetivon (Vetiveröl)]

Mit den Sesquiterpenen verwandt ist eine Gruppe von C_{13}-Verbindungen, die teilweise ebenfalls als Isoprenderivate betrachtet werden können. Das β-Ionon, das in gewissen ätherischen Ölen natürlich vorkommt, enthält ein auch bei zahlreichen anderen Naturstoffen (Carotinoiden, Vitamin A) auftretendes Ringgerüst *(«β-Iononring»)* und entsteht (zusammen mit dem α-Ionon, in welchem die Doppelbindung im Ring der Seitenkette nicht konjugiert ist) aus Citral durch Kondensation mit Aceton und anschließende Cyclisierung (vgl. S. 427). Das Isomerengemisch wird in der Parfümerie als synthetischer Veilchenduft verwendet. Die eigentlichen *Veilchenriechstoffe*, die Irone, unterscheiden sich von den Iononen durch das Vorhandensein einer weiteren Methylgruppe; natürliches Iron stellt ein Gemisch dreier Isomere dar, die sich durch die Lage der exocyclischen bzw. Ring-Doppelbindung unterscheiden.

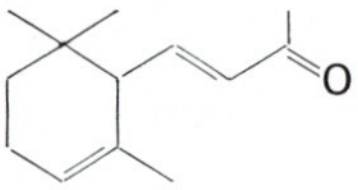

α-Ionon 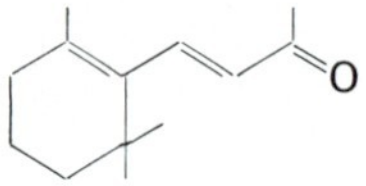   β-Ionon 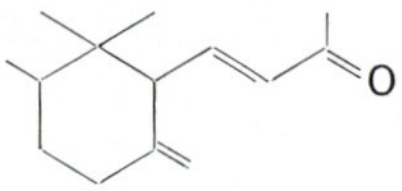   γ-Iron

Zu den *Diterpenen* (C_{20}-Verbindungen) gehören Phytol, ein offenkettiger Alkohol, der als Ester im Chlorophyll vorkommt, ferner Vitamin A, ein monocyclischer, ungesättigter Alkohol, sowie Abietinsäure und andere tricyclische Carbonsäuren, die als «Harzsäuren» z. B. Hauptbestandteile des Kolophoniums sind, das aus dem Harz verschiedener Kiefernarten gewonnen wird. Vitamin A tritt in Fischleberölen auf und ist für das normale Wachstum der Säugetiere unentbehrlich; Rhodopsin, der Sehpurpur des Auges, besteht aus einem Protein («Opsin») und Neoretinal b, einem Stereoisomer des Vitamin-A-Aldehyds, bei welchem die dritte Doppelbindung der Seitenkette in der (Z)-Konfiguration vorliegt. Vitamin A wird synthetisch aus β-Ionon hergestellt (Isler).

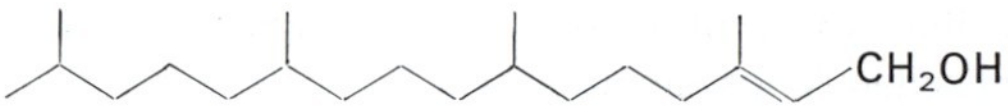

Phytol

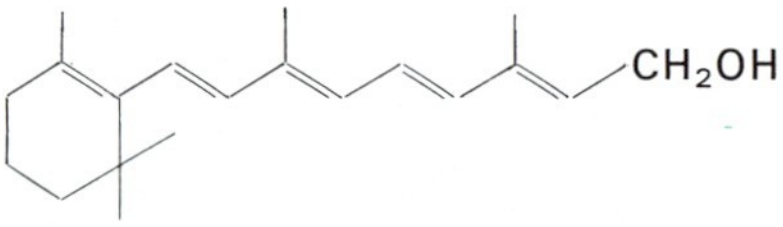

Vitamin A [*all*-(E)-Konfiguration] 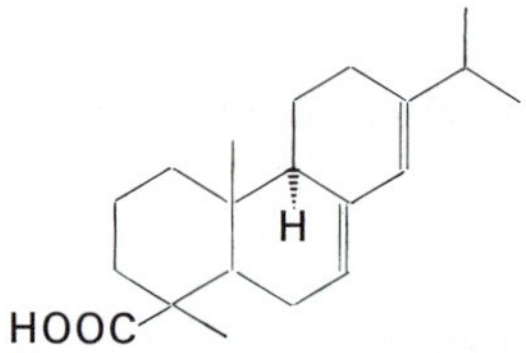   Abietinsäure

Höhere Terpene; Carotinoide. Auch bei den *Triterpenen* treten offenkettige und cyclische Verbindungen auf. Squalen, ein Kohlenwasserstoff aus Fischleberölen, enthält das Gerüst zweier Farnesol-Moleküle, die Ende an Ende miteinander verbunden sind. β-Amyrin, ein pentacyclisches Triterpen, kommt in Harzen vor.

Squalen

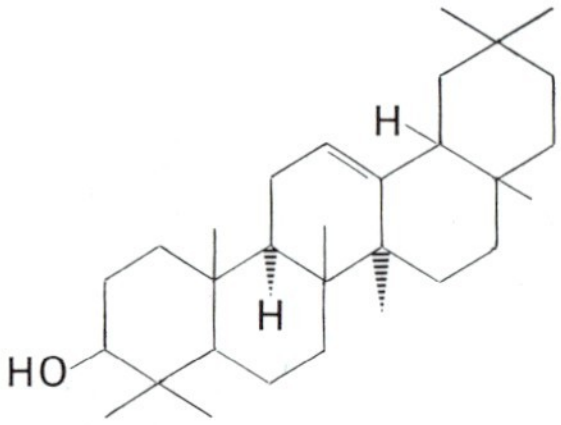

β-Amyrin

Die wichtigsten *Tetraterpene* (C_{40}-Verbindungen) sind die *Carotinoide*, gelbe bis rote, fettlösliche Pflanzenfarbstoffe. Die Carotinoide enthalten lange Ketten mit konjugierten

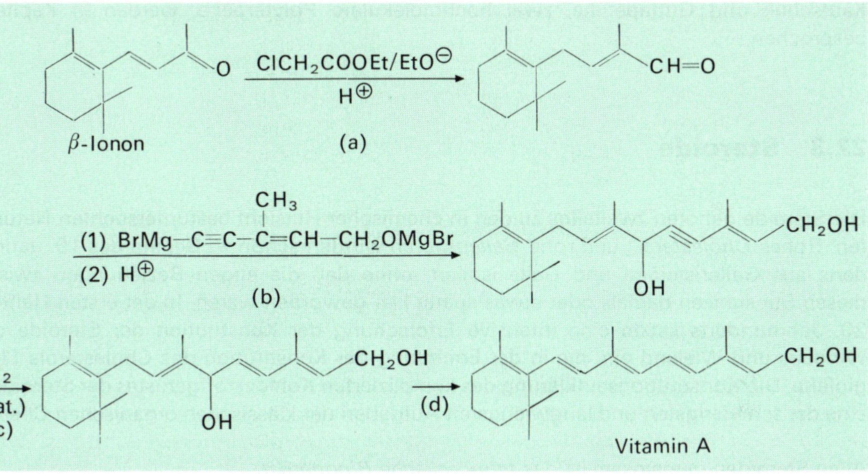

Abb. 22.2. Schema der Synthese von Vitamin A (Isler)

Doppelbindungen, welche als Chromophor wirken. Lycopin, ein offenkettiges Tetraterpen, ist der rote Farbstoff der reifen Tomate und der Hagebutte. In der Karotte sind neben β- und γ-Carotin noch einige weitere Isomere als orangegelbe Farbstoffe enthalten, die durch Säulenchromatographie getrennt und durch ihre Absorptionsspektren charakterisiert werden können; ihre genaue Konstitution ist aber noch nicht erforscht. Sowohl β- wie γ-Carotin können durch oxidative Spaltung des Moleküls (in der Mitte) in Vitamin A übergeführt werden (in der Leber); da jedoch der tierische Organismus das offene Ende der Lycopinkette nicht zum Iononring cyclisieren kann, ist γ-Carotin weniger aktiv als Provitamin A und Lycopin völlig inaktiv. Beide Carotine sind in geringen Mengen neben gelben Farbstoffen (Xanthophyllen) auch in Laubblättern enthalten. Xanthophylle sind sauerstoffhaltige Derivate der Carotine; jeder Iononring trägt eine Hydroxylgruppe.

Die *Konstitutionsaufklärung* der Carotinoide geschah hauptsächlich durch *oxidative Spaltung*. Beweisend für die Konstitution war die 1950 durch Karrer und Eugster durchgeführte Synthese von β-Carotin aus β-Ionon. Seit 1956 wird β-Carotin nach einer eleganten, über 11 Stufen verlaufenden Synthese ebenfalls aus β-Ionon technisch hergestellt (Isler) und zum Färben von Lebensmitteln verwendet.

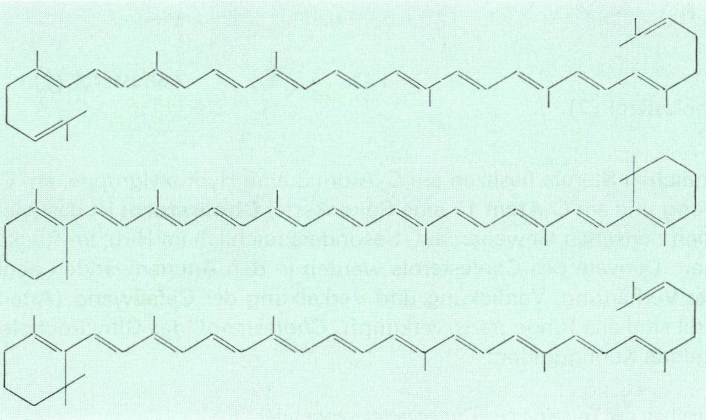

Kautschuk und Guttapercha, zwei hochmolekulare Polyterpene, werden in Kapitel 25 besprochen.

22.3 Steroide

Die Steroide gehören zweifellos zu den in chemischer Hinsicht bestuntersuchten Naturstoffen. Rohes *Cholesterol*[1] und rohe *Gallensäuren* wurden schon zu Beginn des 19. Jahrhunderts aus Gallensteinen und Galle isoliert, ohne daß die engen Beziehungen zwischen diesen Substanzen damals oder etwas später klar geworden wären. In der ersten Hälfte des 20. Jahrhunderts setzte eine intensive Erforschung der Konstitution der Steroide durch Windaus und Wieland ein, die in der Ermittlung der Konstitution des Cholesterols (1932) gipfelte. Die Konstitutionsaufklärung des komplizierten Kohlenstoffgerüstes der Steroide war eine der schwierigsten und langwierigsten Aufgaben der klassischen organischen Chemie.

Allen Steroiden gemeinsam ist das *tetracyclische Ringgerüst*:

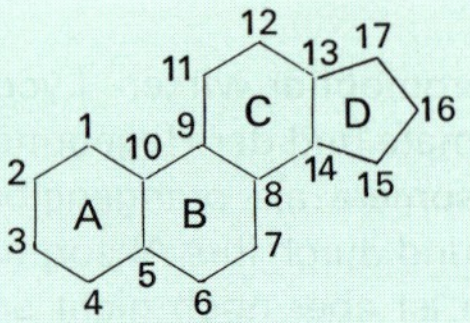

Bei der *Konstitutionsaufklärung* der Steroide spielten besonders *oxidative Ringspaltungen* und *oxidative Abbaumethoden* eventuell vorhandener Seitenketten eine große Rolle. Biochemisch weisen die Steroide enge Beziehungen zu den Terpenen auf, wie ein Vergleich der Formel von *Lanosterol* (8), einem in Wollfett vorkommenden Triterpen, mit der Konstitution von Cholesterol zeigt. Das Triterpen Squalen (S. 732) ist ein Zwischenprodukt bei der Biosynthese der Steroide.

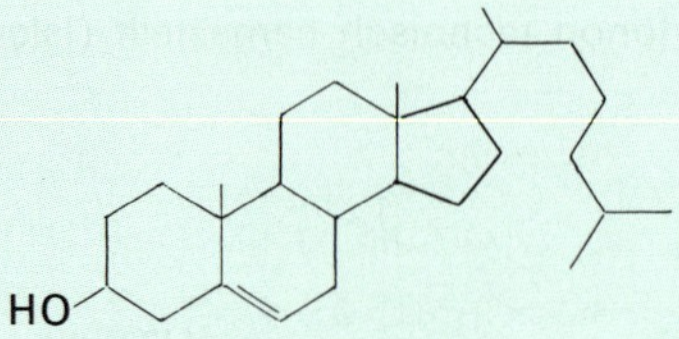

Cholesterol (7) 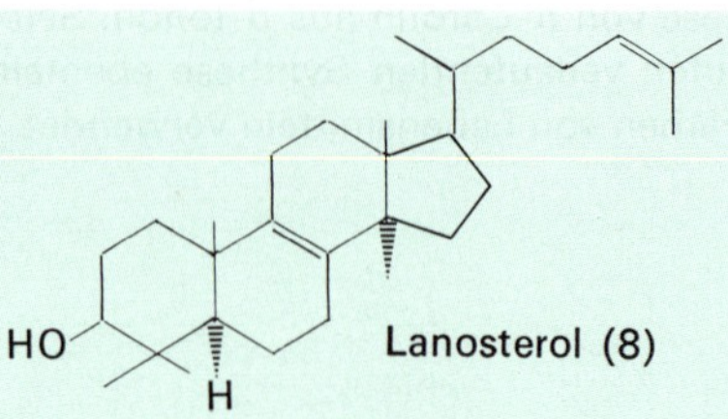   Lanosterol (8)

Sterole. Die eigentlichen Sterole besitzen am C-Atom 3 eine Hydroxylgruppe, am C-Atom 5 eine Doppelbindung und am C-Atom 17 eine Seitenkette. **Cholesterol** ist das wichtigste Sterol. Es tritt in allen tierischen Geweben auf, besonders reichlich im Hirn, im Rückenmark und in Gallensteinen. Derivate des Cholesterols werden in den Arterienwänden abgelagert und führen zu einer Verhärtung, Verdickung und Verkalkung der Gefäßwand (Arteriosklerose). Im Cholesterol sind alle Ringe *trans*-verknüpft. *Cholestanol* (das Dihydrocholesterol) besitzt also die folgende Konfiguration:

[1] Häufig wird im Deutschen der Trivialname *«Cholesterin»* verwendet.

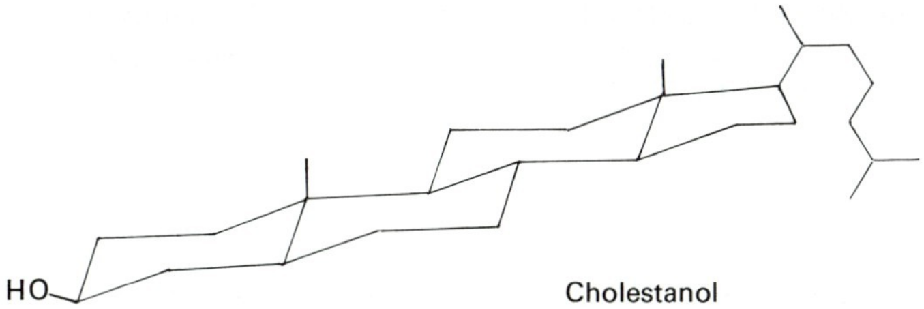

22.3 Steroide

Cholestanol

Auch im *Koprostanol* (einem aus den Faeces isolierten Sterol), einem Stereoisomer von Cholestanol, sind die Ringe A und B *cis*-verknüpft. Sowohl im Cholestanol wie im Koprostanol steht die Hydroxylgruppe am C-Atom 3 bezüglich der angulären Methylgruppe an C10 in *cis*-Stellung (sogenannte β-Konfiguration).

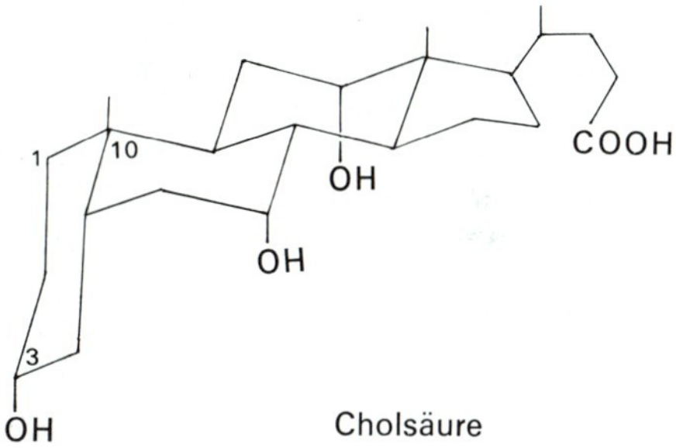

Cholsäure

Auch in *Pflanzen* kommen Sterole vor. Besonders wichtig sind *Stigmasterol* (in Sojabohnenöl), ein Ausgangsstoff zur Gewinnung von Steroidhormonen, und *Ergosterol* (z. B. in Hefe), welches durch UV-Bestrahlung und schwaches Erwärmen in Calciferol (Vitamin D_2) übergeht, eine Substanz, die für das Wachstum der Knochen und Zähne bei Säugetieren notwendig ist.

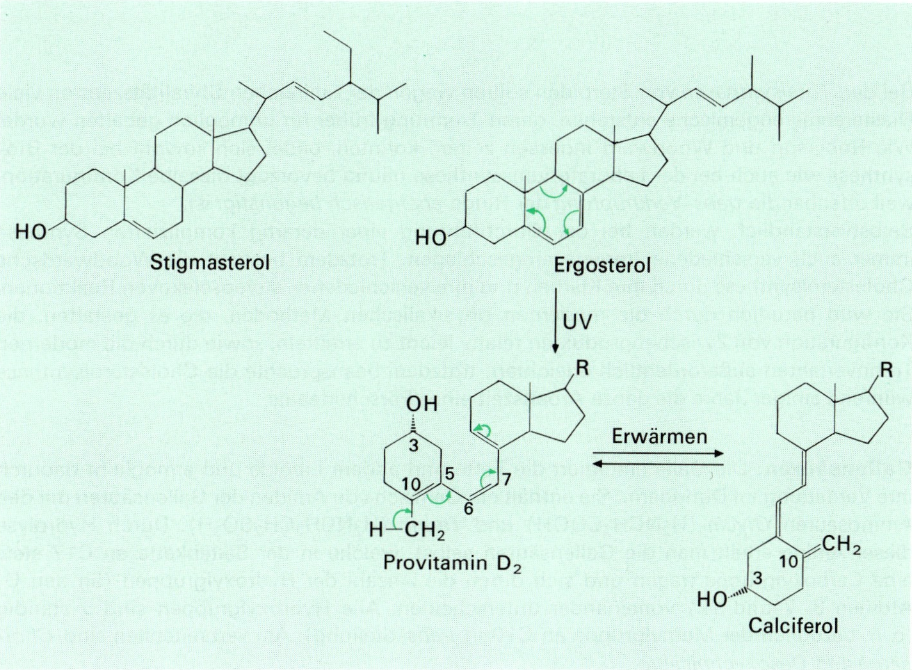

Stigmasterol

Ergosterol

↓ UV

Provitamin D_2 ⇌ Erwärmen **Calciferol**

22 Lipoide, Terpene, Steroide

Auf die gleiche Weise läßt sich 7-Dehydrocholesterol in das antirachitische Vitamin D_3 überführen, das sich von Calciferol durch die fehlende Doppelbindung und Methylgruppe in der Seitenkette unterscheidet.

Bei den *Totalsynthesen* von Steroiden sollten wegen der zahlreichen Chiralitätszentren viele Diastereomerengemische entstehen, deren Trennung früher für unmöglich gehalten wurde. Wie Robinson und Woodward indessen zeigen konnten, bildet sich sowohl bei der Biosynthese wie auch bei der Laboratoriumssynthese häufig bevorzugt dieselbe Konfiguration, weil offenbar die *trans-Verknüpfung* der Ringe *energetisch begünstigt* ist.
Selbstverständlich werden bei der Durchführung einer derartig komplizierten Synthese immer auch verschiedene Irrwege eingeschlagen. Trotzdem besticht die Woodwardsche Cholesterolsynthese durch ihre Klarheit und ihre verschiedenen stereoselektiven Reaktionen. Sie wird natürlich durch die modernen physikalischen Methoden, die es gestatten, die Konfiguration von Zwischenprodukten relativ leicht zu ermitteln, sowie durch die modernen Trennverfahren außerordentlich erleichtert; trotzdem beanspruchte die Cholesterolsynthese während einiger Jahre die ganze Arbeitszeit eines Forscherteams.

Gallensäuren. Die Galle emulgiert die Fette und andere Lipoide und ermöglicht dadurch ihre Verdauung im Dünndarm. Sie enthält ein Gemisch von Amiden der Gallensäuren mit den Aminosäuren *Glycin* (H_2NCH_2COOH) und *Taurin* ($H_2NCH_2CH_2SO_3H$). Durch Hydrolyse dieser Amide erhält man die Gallensäuren selbst, welche in der Seitenkette an C17 stets eine Carboxylgruppe tragen und sich durch die Anzahl der Hydroxylgruppen (an den C-Atomen 3, 7 und 12) voneinander unterscheiden. Alle Hydroxylgruppen sind α-ständig (d. h. bezüglich der Methylgruppe an C10 in *trans*-Stellung). Am verbreitetsten sind *Cholsäure* und *Desoxycholsäure*.

Sexualhormone. Sexualhormone sind Steroide, welche durch die Gonaden (Ovarien, Testes) gebildet werden, wenn diese durch Peptidhormone (die durch den Hypophysenvorderlappen gebildet und ins Blut abgegeben werden) angeregt werden. Sie bewirken die Ausbildung der sekundären Geschlechtsmerkmale bei Säugetieren und ermöglichen die normalen Geschlechtsfunktionen. Weibliche Sexualhormone werden *Östrogene*, männliche Hormone *Androgene* genannt.

Die *männlichen Hormone* sind Abkömmlinge des *«Androstans»*, C_{19}-Verbindungen, deren Steroidgerüst an C17 keine Seitenkette trägt. Das eigentliche männliche Hormon ist das *Testosteron*; das aus Harn isolierte *Androsteron* (das bedeutend weniger stark wirksam ist als Testosteron) ist wahrscheinlich ein aus Testosteron gebildetes Ausscheidungsprodukt. Die *weiblichen Hormone* (Follikelhormone, weil sie in den Follikeln der Ovarien gebildet werden), sind Derivate des *Östrans* und besitzen – im Gegensatz zu den männlichen Hormonen – am C-Atom 10 keine angulare Methylgruppe. Das eigentliche weibliche Hormon ist das *Östradiol*, eine Dihydroxyverbindung, während die aus Schwangerenharn isolierten Steroide *Östron* und *Östriol* wahrscheinlich aus Östradiol gebildete Stoffwechselprodukte sind. Bemerkenswerterweise besitzen auch einige synthetische Verbindungen, wie z. B. *p,p'*-Dihydroxydiethylstilben *(«Stilböstrol»)* dieselbe Wirkung wie Östradiol.

Im *Corpus luteum*, dem nach der Ovulation aus dem Follikel durch Einlagerung von Carotinen entstandenen «Gelbkörper», werden die *Schwangerschaftshormone* (Gestagene) gebildet. Das wichtigste dieser Hormone ist das *Progesteron*.

Zu den Steroiden gehören auch die *Anticonceptiva* (die «Pille»). Es sind verschiedene Präparate im Gebrauch, die alle in noch nicht vollständig geklärter Weise in den weiblichen Menstruationscyclus eingreifen. Als Beispiel dafür sei das «Norethindron» erwähnt:

Norethindron

Weitere Steroide. Die *Hormone* der *Nebennierenrinde*, welche das Elektrolytgleichgewicht im Körper regulieren, besitzen dasselbe Kohlenwasserstofferüst wie das Progesteron (Reichstein, Kendall u. a.). Besonders stark wirksam ist das *Desoxycorticosteron (Cortexon)*. *Cortison* und *Cortisol* werden therapeutisch mit großem Erfolg bei der Behandlung rheumatischer Arthritis verwendet.

Desoxycorticosteron   Cortison   Cortisol

Die *herzaktiven Wirkstoffe* aus verschiedenen *Digitalis-Arten* (welche in kleinen Dosen die Herztätigkeit günstig beeinflussen, in größeren Mengen jedoch zum Herzstillstand führen) sind ebenfalls Steroide, in welchen die Hydroxylgruppe am C-Atom 3 mit einer Zuckerkomponente glykosidisch verbunden ist und die am C-Atom 17 einen fünfgliedrigen, ungesättigten Lactonring an Stelle einer Seitenkette besitzen. Beispiele sind *Digitoxigenin* und *Digoxigenin* (die in der Pflanze vorkommenden Glykoside heißen Digitoxin bzw. Digoxin).

Digitoxigenin   Digoxigenin   Bufotalin

Gewisse *Krötengifte*, wie z. B. das aus dem Hautsekret der europäischen Kröte *(Bufo vulgaris)* gewonnene *Bufotalin* zeigen ähnliche Wirkungen. Weitere Steroide *(Scillaren, Strophanthidin)* kommen in der Meerzwiebel (*Urginea maritima*; früher als *Scilla* bezeichnet) und in Strophanthus-Arten vor. Die Strophanthus-Glykoside wirken ähnlich wie die Digitalisglykoside, jedoch viel rascher; Strophanthus-Extrakte wurden in Afrika und Indonesien als Pfeilgifte verwendet.

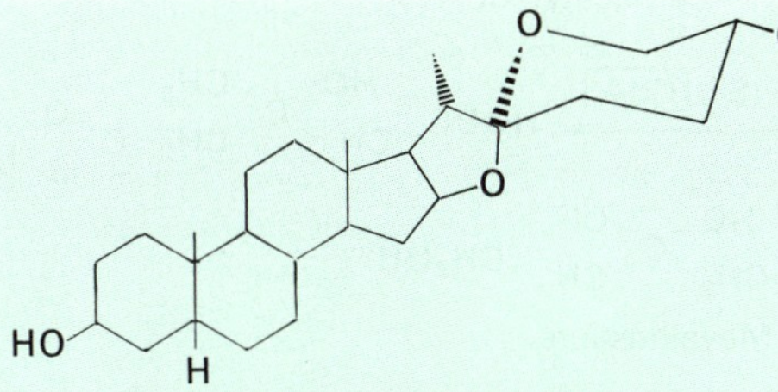

Sarsasapogenin (im Saponin ist das Steroid an Glucose gebunden)

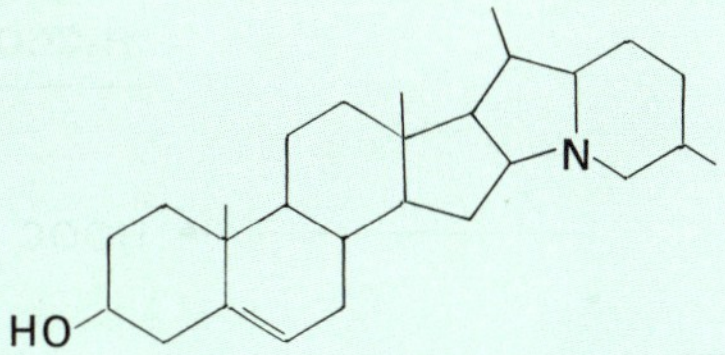

Solanidin

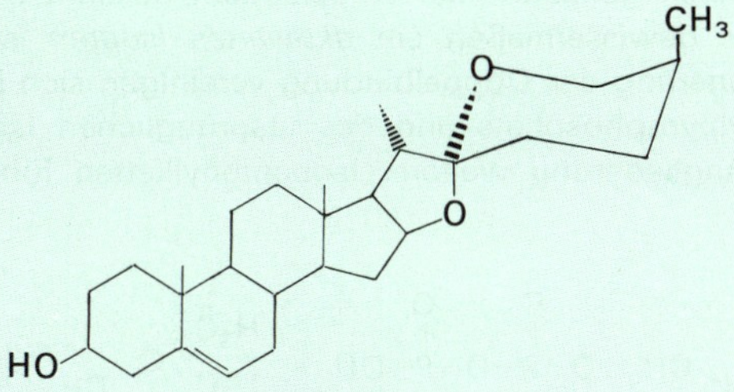

Diosgenin

Schließlich treten Steroide als Bestandteile der *Saponine* auf, von Substanzen, die ebenfalls Glykoside sind und im Wasser kolloidale, seifenartige Lösungen bilden. Auch gewisse Alkaloide, wie z. B. das in den grünen Teilen der Kartoffelpflanze sowie den Kartoffelkeimen auftretende *Solanidin*, besitzen das Ringskelett der Steroide. *Diosgenin*, ein Steroid aus Dioscorea- und Trillium-Arten, ist ein wichtiger Ausgangsstoff zur industriellen Gewinnung von Steroid-Hormonen.

22.4 Biosynthese von Terpenen, Steroiden und Fetten

Um die engen Beziehungen zwischen den ersten beiden Stoffklassen zu zeigen, sollen im folgenden die wichtigsten Schritte ihrer Biosynthese besprochen werden, wie sie durch die Arbeiten von Bloch und Lynen bekannt geworden sind. *Ausgangsstoff* für die Biosynthese ist in jedem Fall durch *Coenzym A* (die Wirkgruppe eines Enzyms) *aktivierte Essigsäure* (**Acetyl-Coenzym A; «aktiviertes Acetat»**, wobei die Acetylgruppe über ein S-Atom an das Coenzym gebunden ist). Durch Claisen-Kondensation zweier Acetyl-Coenzym-A-

Moleküle und durch Aldoladdition eines weiteren solchen Moleküls (wobei jeweils ein Molekül Coenzym A abgespalten wird) entsteht eine verzweigte C-Kette, welche nach der reduktiven Abspaltung eines weiteren Moleküls Coenzym A in *Mevalonsäure*, die eigentliche Schlüsselsubstanz der Isoprenoidsynthese (entdeckt 1956) übergeht:

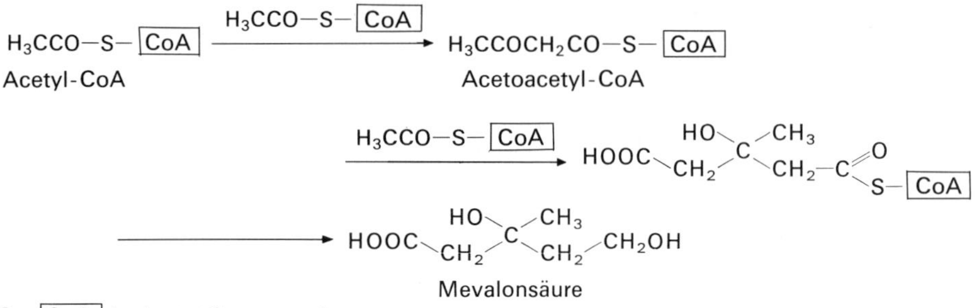

$$H_3CCO-S-\boxed{CoA} \xrightarrow{H_3CCO-S-\boxed{CoA}} H_3CCOCH_2CO-S-\boxed{CoA}$$

Acetyl-CoA → Acetoacetyl-CoA

$$\xrightarrow{H_3CCO-S-\boxed{CoA}} HOOC-CH_2-\underset{CH_3}{\underset{|}{\overset{OH}{\overset{|}{C}}}}-CH_2-C\overset{O}{\underset{S-\boxed{CoA}}{}}$$

$$\longrightarrow HOOC-CH_2-\underset{CH_3}{\underset{|}{\overset{OH}{\overset{|}{C}}}}-CH_2-CH_2OH$$

Mevalonsäure

S—[CoA] bedeutet Coenzym A

Anschließend wird die Mevalonsäure mit Pyrophosphat verestert («phosphoryliert»; die phosphorylierten Verbindungen sind energiereicher und reaktionsfähiger, vgl. S. 771). Durch Abspaltung von CO_2 und Elimination von Wasser (was in einer komplexen Reaktionsfolge geschieht, deren genauer Ablauf noch nicht bekannt ist), bildet sich *Isopentenylpyrophosphat*, das gewissermaßen ein *aktiviertes Isopren* ist. Nach einer enzymatisch katalysierten Umlagerung der Doppelbindung vereinigen sich je ein Molekül des umgelagerten Isopentenylpyrophosphats und des ursprünglichen Isopentenylpyrophosphats zu einer C_{10}-Kette. Angliederung weiterer Isopentenylketten führt zu C_{15}-, C_{20}- und noch längeren Ketten:

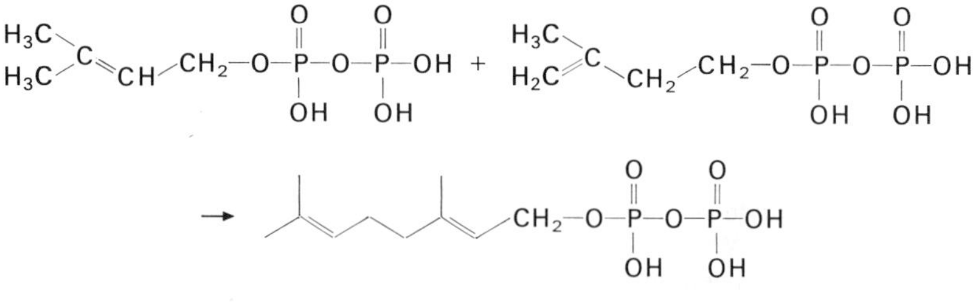

Wenn die π-Elektronen einer Doppelbindung das C-Atom, welches die Pyrophosphat-Abgangsgruppe trägt, angreifen, können sich Ringsysteme von der Art des Limonens, Bisabolens usw. bilden.

Durch «Kopf-an-Kopf»-Dimerisierung zweier C_{15}-Einheiten entsteht *Squalen*:

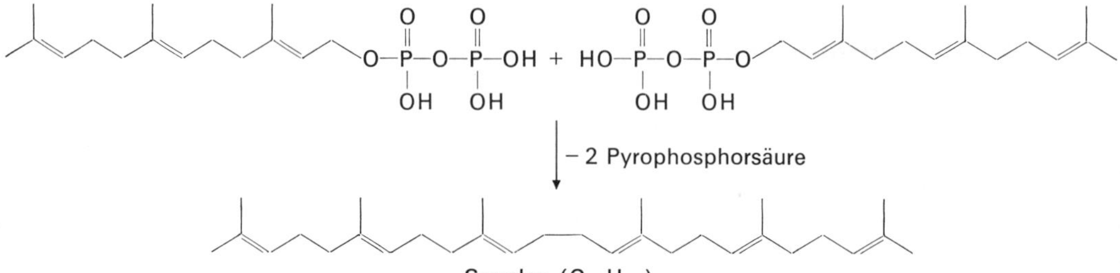

− 2 Pyrophosphorsäure

Squalen ($C_{30}H_{50}$)

22.4 Biosynthese von Terpenen, Steroiden und Fetten

Die *Cyclisierung* des Squalens zum *Steroidgerüst* wird durch eine Hydroxylierung eingeleitet. Weiter wechseln zwei Methylgruppen ihren Platz, so daß als erstes faßbares Produkt aus Squalen Lanosterol entsteht. Oxidative Abspaltung dreier Methylgruppen, Verschiebung der Doppelbindung zwischen den Ringen B und C und Hydrierung der Doppelbindung in der Seitenkette führt zum Cholesterol, der Muttersubstanz der Steroide. Der genaue Verlauf der Cyclisierung des Squalens ist noch nicht bekannt; die Wanderung der Methylgruppen beispielsweise ist aber durch Markierung der betreffenden C-Atome als ^{14}C bewiesen.

Squalen   Lanosterol   Cholesterol

Squalen wurde hier gefaltet gezeichnet, um die Beziehung zu den Steroiden zu zeigen. Multiple Cyclisierungsreaktionen dieses Typs gelingen auch *in vitro* ausgehend von 2,3-Epoxysqualen:

2,3-Epoxysqualen (protoniert) →(Cyclisierung mit Wanderung von CH_3-Gruppen)→ Lanosterol → Cholesterol

Solche der Biosynthese nachempfundenen, unter milden, annähernd physiologischen Bedingungen ablaufenden Synthesen werden **«biomimetische Synthesen»** genannt. Lanosterol ist die Vorstufe des wichtigen Steroids Cholesterol.

Zur Biosynthese von Fettsäuren, Polyketiden und von aromatischen Ringen.

Bei der Fettsäuresynthese wird in einer ATP-abhängigen[1] Reaktion mit Hilfe eines Enzyms mit der CO_2-Biotin-Wirkgruppe Kohlendioxid an Acetyl-CoA unter Bildung von Malonyl-CoA angelagert. Dieses reagiert mit einer «aktivierten Fettsäure» unter Abspaltung des aufgenommenen Kohlendioxids zu einer *«aktivierten β-Ketofettsäure»*.

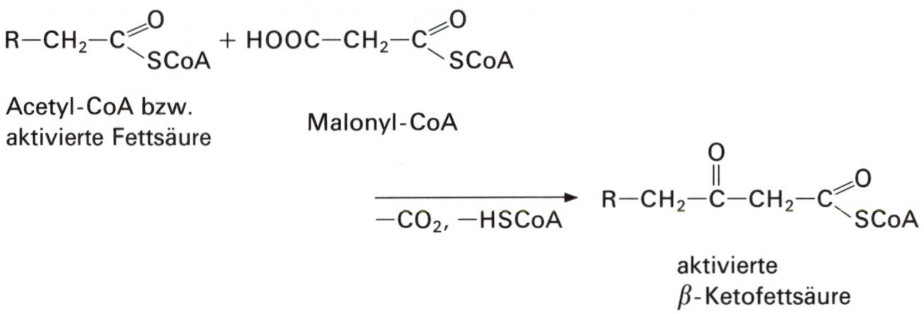

$$R-CH_2-C(=O)SCoA + HOOC-CH_2-C(=O)SCoA$$

Acetyl-CoA bzw. aktivierte Fettsäure   Malonyl-CoA

$$\xrightarrow{-CO_2, -HSCoA} R-CH_2-\overset{O}{\underset{}{C}}-CH_2-C(=O)SCoA$$

aktivierte β-Ketofettsäure

Der weitere Aufbau verläuft zu einer um jeweils zwei weitere C-Atome verlängerten Fettsäure. Er vollzieht sich in einem mehrere Enzyme beinhaltenden **«Multienzymkomplex»**, an den die entstehenden Fettsäure-Zwischenprodukte während der gesamten Synthese unter mehrfacher Wiederholung dieses allgemeinen Reaktionsverlaufs gebunden bleiben. Dies ermöglicht es dem Organismus, Abbau und Aufbau der Fettsäuren unabhängig voneinander zu regulieren.

Die bei der Biosynthese als Acyl-CoA-Derivate entstehenden Fettsäuren werden mit Glycerolphosphat verestert und als *Triglyceride* gespeichert.

Abb. 22.2 macht auch die Biosynthese langkettiger vielfacher β-Polycarbonyl-Verbindungen **(Polyketide)** verständlich. Letztere sind wichtige Vorstufen für viele Naturstoffe, z.B. die Antibiotika der *Tetracyclin-Reihe* und die wegen ihrer krebserzeugenden Wirkung berüchtigten Schimmelpilzgifte der *Aflatoxin-Reihe* (Abb. 22.3). Die Cyclisierung unter Sechsringbildung erfolgt durch Aldol- und Claisen-artige Schritte:

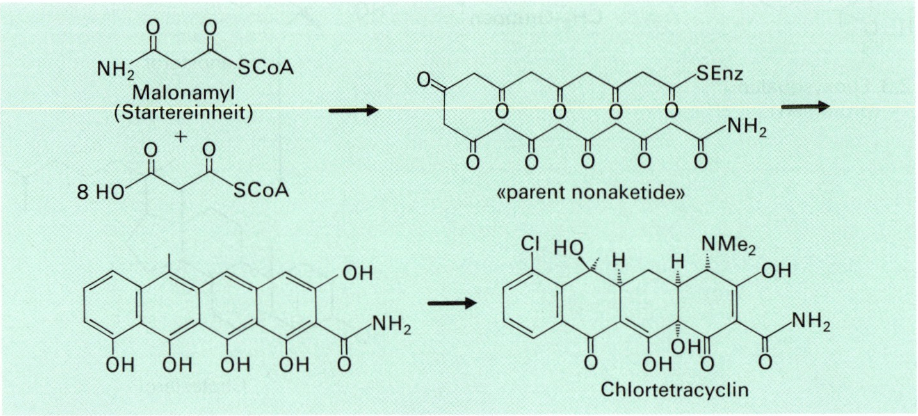

Abb. 22.2. Zur Biosynthese von Tetracyclinen

---

[1] ATP siehe S. 771.

22.4 Biosynthese von Terpenen, Steroiden und Fetten

Benzeninge, z. B. im Phenylalanin (vgl. S. 239) und Tyrosin (vgl. S. 239), werden allerdings auch auf ganz anderen Wegen (Zwischenstufen Shikimisäure, Prephensäure) ausgehend von Brenztraubensäure- und D-Erythrose-Bausteinen biosynthetisiert:

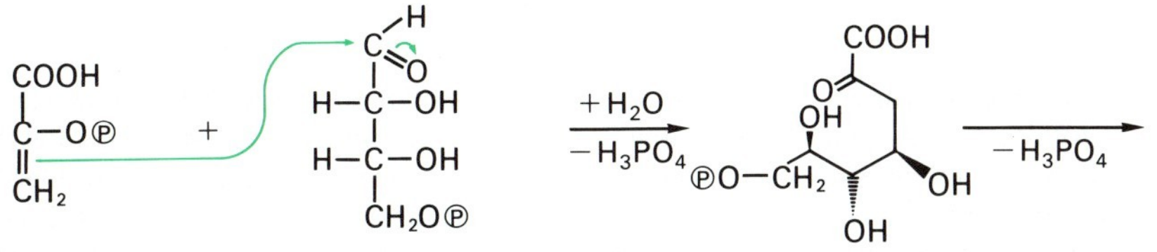

Phospho-*enol*-brenztraubensäure

D-Erythrose-4-phosphat

Ⓟ = PO_3H_2

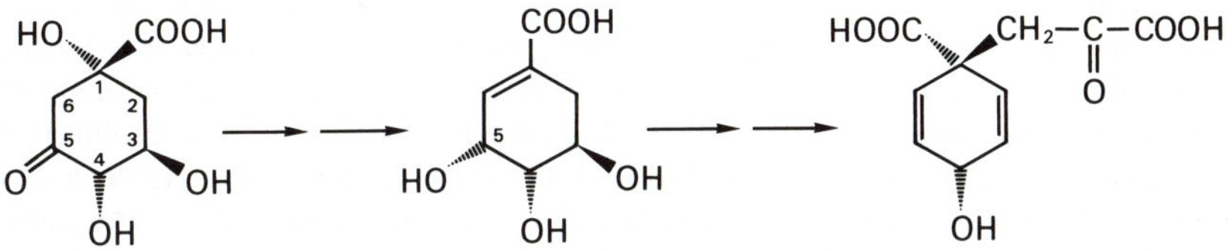

5-Dehydro-chinasäure

Shikimisäure

Prephensäure

Decaketid

Aflatoxin der G-Reihe

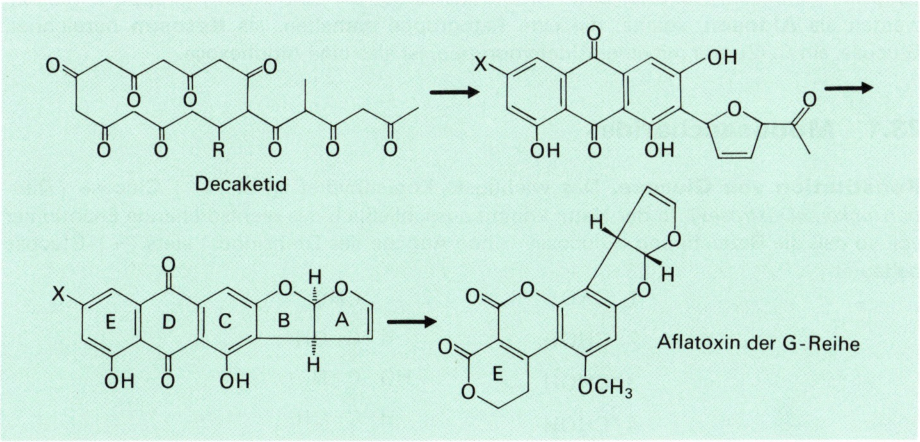

Abb. 22.3. Zur Biosynthese von Aflatoxinen

23 Kohlenhydrate

Begriff und Einteilung. Der Name dieser Naturstoffe rührt davon her, daß sie neben Kohlenstoff noch Wasserstoff und Sauerstoff enthalten, und zwar meist im Atomverhältnis 2:1. Obschon manche Stoffe, die ihrem Charakter nach unzweifelhaft zu den Kohlenhydraten gehören, eine etwas andere Zusammensetzung besitzen und anderseits Essigsäure ($C_2H_4O_2$) oder Milchsäure ($C_3H_6O_3$) keine Kohlenhydrate sind, hat man den Sammelnamen beibehalten. Zu den eigentlichen Kohlenhydraten rechnet man gewöhnlich die Zuckerarten, Stärke, Glykogen, Cellulose und ihre Derivate.

Die Kohlenhydrate dienen den Organismen in erster Linie als *Energiequelle*. Pflanzen und Tiere gewinnen die zum «Leben», d. h. zum Aufbau der Lebenssubstanzen und zur Aufrechterhaltung der (häufig endothermen) Lebensvorgänge notwendige Energie durch Abbau von Kohlenhydraten, in erster Linie von Traubenzucker *(Glucose)*. Biologisch entsteht Glucose durch die *«Photosynthese»*, d. h. durch die CO_2-Assimilation unter dem Einfluß von Licht und unter Mitwirkung von Chlorophyll. Mit Ausnahme einiger Mikroorganismen, welche Pigmente von ähnlicher Struktur wie Chlorophyll besitzen, sind nicht-grüne Lebewesen bezüglich der Kohlenhydrate heterotroph, vermögen diese also nicht selbst aus anorganischen Substanzen aufzubauen und sind deshalb auf vorgebildete organische Nahrung angewiesen. *Stärke* und *Glykogen*, zwei hochmolekulare, aus Glucose aufgebaute Kohlenhydrate, sind wichtige *Reservestoffe*. *Cellulose*, ein ebenfalls aus Glucose aufgebautes hochmolekulares Kohlenhydrat, ist der wichtigste *pflanzliche Gerüststoff* und die mengenmäßig wohl häufigste organische Verbindung. Nach der Molekülgröße unterscheidet man innerhalb der Gruppe der Kohlenhydrate *Monosaccharide*, *Oligosaccharide* und *Polysaccharide*. Die beiden letzteren lassen sich durch saure Hydrolyse in Monosaccharide aufspalten, bestehen also aus einer kleineren bzw. sehr großen Anzahl miteinander verknüpfter Monosaccharidmoleküle. Je nach der Anzahl der C-Atome unterscheidet man bei den Monosacchariden Tetrosen, Pentosen, Hexosen usw. Monosaccharide, die eine Aldehydgruppe enthalten, werden als **Aldosen**, solche, die eine Ketogruppe enthalten, als **Ketosen** bezeichnet. Glucose, ein C_6-Zucker mit einer Aldehydgruppe, ist also eine Aldohexose.

23.1 Monosaccharide

Konstitution von Glucose. Das wichtigste Kohlenhydrat ist die (+)-Glucose *(Traubenzucker, «Dextrose»)*. In der Natur kommt ausschließlich das rechtsdrehende Enantiomer vor, so daß die Bezeichnung «Glucose» (ohne Angabe des Drehsinnes) stets (+)-Glucose bedeutet.

```
1  CHO                CHO
   |                  |
2 *CHOH            H—C—OH
   |                  |
3 *CHOH           HO—C—H
   |                  |
4 *CHOH            H—C—OH
   |                  |
5 *CHOH            H—C—OH
   |                  |
6  CH₂OH             CH₂OH
   (1)                (2)
```

23.1 Monosaccharide

Nach der Formel (1) enthält das Glucosemolekül *vier Chiralitätszentren*. Es sind damit insgesamt 16 Stereoisomere (2^4) dieser Konstitution möglich (8 Enantiomerenpaare), die alle bekannt sind, von denen aber nur vier in der Natur vorkommen. Ihre gegenseitigen Beziehungen sowie ihre Konfigurationen wurden durch zahlreiche Arbeiten von E. Fischer (1890 bis 1910) aufgeklärt.

Die Konfiguration (2) der (+)-Glucose läßt sich ausgehend von Glyceraldehyd durch eine Reihe von Kiliani-Fischer-Synthesen aufbauen. Da (+)-Glyceraldehyd dabei in (+)-Glucose übergeführt werden kann und da weiter von Fischer für (+)-Glucose die Konfiguration (2) und nicht ihr Spiegelbild gewählt wurde, ist auch die *Konfiguration* von (+)-*Glyceraldehyd* festgelegt:

$$\begin{array}{cc} \text{CHO} & \text{CHO} \\ \text{H}-\text{C}-\text{OH} & \text{HO}-\text{C}-\text{H} \\ \text{CH}_2\text{OH} & \text{CH}_2\text{OH} \\ (+) & (-) \end{array}$$

Glyceraldehyd

Von Rosanoff wurde 1906 die Konfiguration von (+)-Glyceraldehyd als *Bezugssystem* für die Konfigurationen der Kohlenhydrate vorgeschlagen. Alle Kohlenhydrate, deren Konfiguration mit (+)-Glyceraldehyd verknüpft werden kann (deren Hydroxylgruppe am «zweituntersten» C-Atom in der Fischer-Projektion nach rechts schaut), werden (ungeachtet ihres wirklichen Drehsinns) als *D*-Verbindungen bezeichnet. Anders gesagt, wenn bei einem Monosaccharid die Konfiguration an demjenigen asymmetrisch substituierten C-Atom, das von der Carbonylgruppe am weitesten entfernt ist, gleich ist der Konfiguration von *D*-Glyceraldehyd, so gehört es zur *D-Reihe*. Wie sich 1951 zeigte, entspricht die ursprünglich willkürlich festgesetzte Konfiguration von (+)-Glyceraldehyd zufällig tatsächlich der wirklichen *D*-Konfiguration (Bijvoet). *D*-Glucose ist somit 2*R*, 3*S*, 4*R*, 5*R*, 6-Pentahydroxyhexanal.

Nun liefert aber *Glucose kein Bisulfit-Additionsprodukt* und färbt fuchsinschweflige Säure nicht rot, was beides der Fall sein müßte, wenn Glucose wirklich eine Aldehydgruppe besitzen würde. Es wurde schon auf S. 506 erwähnt, daß die (+)-Glucose *in zwei diastereomeren Formen* auftritt, der α- and der β-Glucose, die sich durch ihren Schmelzpunkt und ihre optische Drehung unterscheiden:

	Fp.	$[\alpha]_D^{25}$
α-*D*-(+)-Glucose	146 °C	+112
β-*D*-(+)-Glucose	150 °C	+ 18.7

Löst man reine α-*D*-Glucose oder reine β-*D*-Glucose in Wasser, so ändert sich die spezifische Drehung allmählich, bis ein Wert von +52.7 erreicht wird (**«Mutarotation»**). Wie ebenfalls schon erklärt wurde (vgl. S. 506), ist dies darauf zurückzuführen, daß die Glucose (und ebenso auch die übrigen Monosaccharide) nicht in der offenkettigen Aldehyd- bzw. Ketoform vorliegen, sondern in einer **cyclischen Halbacetalform**. Daher kommt es zur Bildung eines *weiteren Chiralitätszentrums* (des C-Atoms 1), so daß *zwei Diastereomere* möglich sind. Ihre Konfigurationen werden durch die folgenden Fischer-Projektionen wiedergegeben:

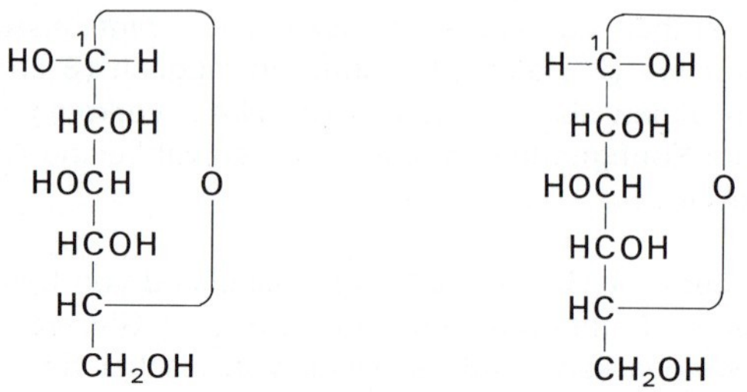

23 Kohlenhydrate

[Fischer-Projektionen zweier Anomere von D-Glucose]

Zwei solche diastereomere Monosaccharide, die sich durch die Konfiguration am ersten C-Atom, dem *«anomeren» C-Atom* unterscheiden, werden **«Anomere»** genannt.
Innerhalb der *D*-Reihe wurde die stärker rechtsdrehende Verbindung als α-*D*-Anomer, die weniger stark rechtsdrehende Verbindung als β-*D*-Anomer bezeichnet. Später ergab sich, daß alle α-Anomere dieselbe absolute Konfiguration am C-Atom 1 besitzen.

Wie schon auf Seite 506 erwähnt wurde, ist die gegenseitige Umwandlung der beiden Halbacetalformen *säure-* und *basenkatalysiert*. Ohne Säure- oder Basezusatz verläuft sie ziemlich langsam. Abb. 23.1 erläutert den Mechanismus der säurekatalysierten Umwandlung. In jedem Fall tritt die offenkettige (Aldehyd-) Form als Zwischenprodukt auf. Deren Konzentration im Gleichgewicht ist jedoch gering (bei Glucose etwa 0.26%), so daß z. B. übliche IR-Spektren einer solchen Lösung die charakteristische Carbonylbande nicht zeigen und leicht reversible Aldehydreaktionen wie die Bisulfit-Addition nicht eintreten. Die Reduktion der Fehling-Lösung und die Addition von HCN müssen aber über die Aldehydform verlaufen, welche dabei in dem Maß, wie sie durch das Reagens verbraucht wird, wieder nachgeliefert wird.

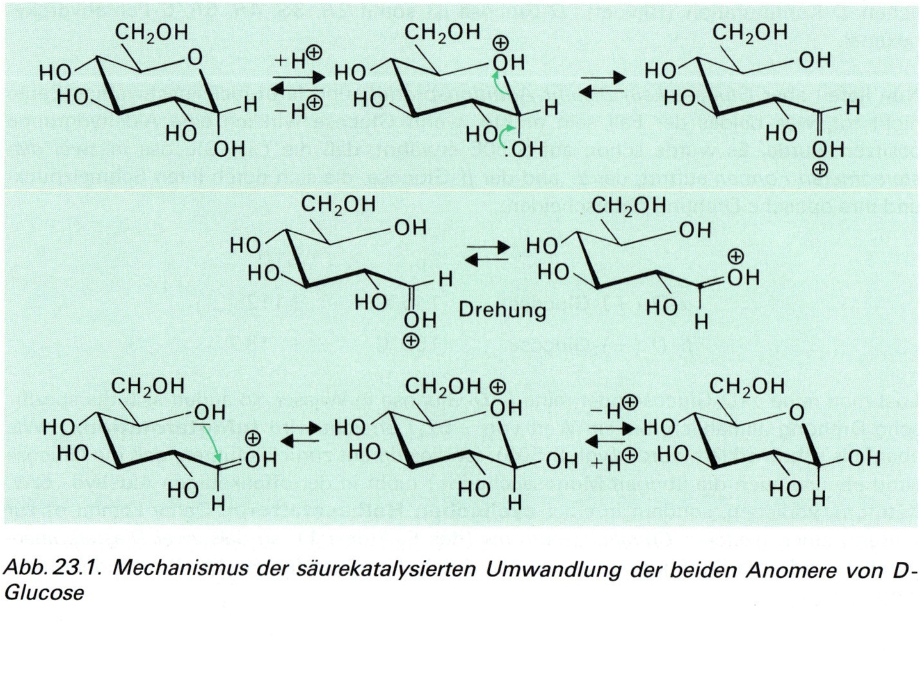

Abb. 23.1. Mechanismus der säurekatalysierten Umwandlung der beiden Anomere von D-Glucose

Selbstverständlich ist es auch möglich, daß sich durch Halbacetal-Bindung vom C-Atom 1 zum C-Atom 4 ein *Fünfring* an Stelle eines Sechsringes bildet. Die Hexose liegt dann nicht als «**Pyranose**», sondern als «**Furanose**» vor. Um die *Ringgröße zu bestimmen*, kann man die Aldose zunächst in ein Glykosid (einen Ether) überführen und dieses mit Periodsäure oxidieren (vgl. S. 612). So bilden sich bei der Behandlung von Glucose mit Methanol (der trockenen Chlorwasserstoff gelöst enthält) die beiden diastereomeren Methylglucoside, das Methyl-α-D-(+)-glucosid und das Methyl-β-D-(+)-glucosid. Da durch die Veretherung die aus dem Carbonyl-O-Atom entstandene Hydroxylgruppe blockiert ist, kann sich das Methylglucosid nicht mehr in die offene Kettenform umlagern und ergibt keine Aldehydreaktionen mehr. Auch zeigen die Lösungen der Methylglucoside keine Mutarotation. Durch Periodsäure werden vicinale Hydroxylgruppen oxidiert und die Bindungen zwischen C-Atomen, welche —OH-Gruppen tragen, getrennt, so daß man aus der für die Oxidation verbrauchten Periodsäure bzw. durch quantitative Bestimmung der entstandenen Ameisensäure und des Formaldehyds auf die Ringgröße des Halbacetals schließen kann:

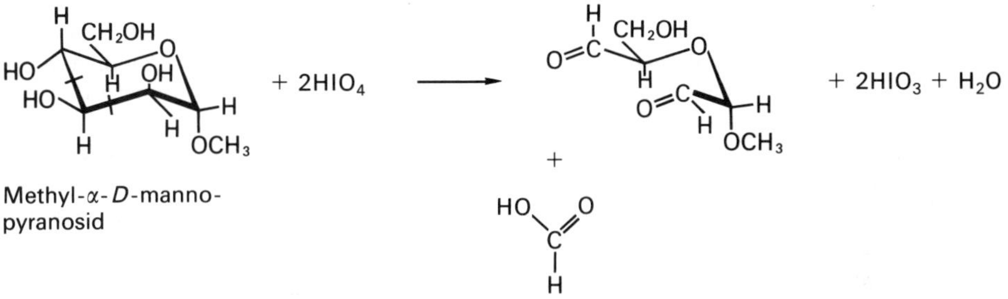

Methyl-α-D-manno-pyranosid

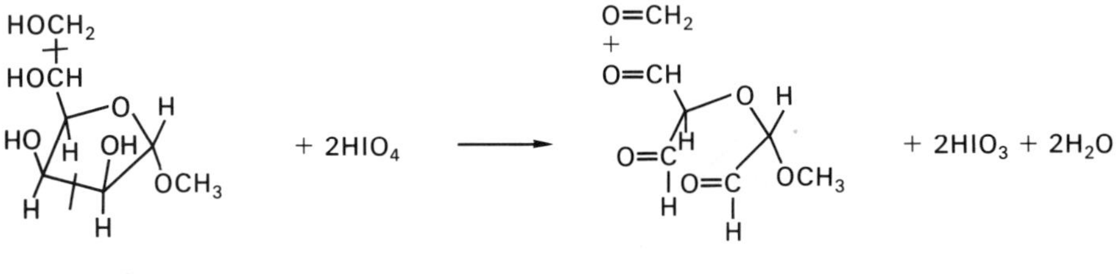

Methyl-α-D-manno-furanosid

D-(+)-Glucose enthält den *sechsgliedrigen Pyranring*. Der C—O—C-Winkel ist nahezu gleich groß wie der Tetraederwinkel (111° bzw. 109° 28′), so daß der Pyranring von derselben Gestalt ist wie der Cyclohexanring und gewöhnlich ebenfalls in der *Sesselform* vorliegt. Jedes der beiden Anomere (α- und β-Glucose) kann dabei in zwei möglichen Konformationen vorliegen, von welchen diejenige Konformation stabiler ist, in welcher die relativ voluminöse —CH$_2$OH-Gruppe die äquatoriale Lage einnimmt. In der (im Vergleich zur α-stabileren) β-Glucose befinden sich auch alle Hydroxylgruppen in äquatorialer Lage, während in der α-Glucose die Hydroxylgruppe am anomeren C-Atom axial steht. Die Konfiguration am anomeren C-Atom wurde durch Röntgen-Kristallstrukturanalyse von kristalliner α-Glucose bewiesen.

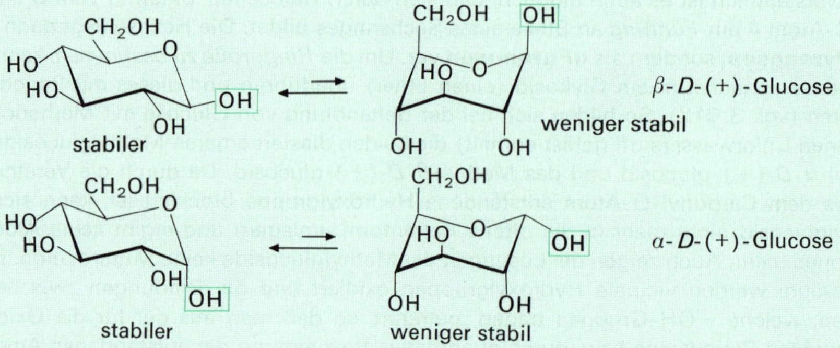

23 Kohlenhydrate

[Strukturformeln: β-D-(+)-Glucose stabiler ⇌ weniger stabil; α-D-(+)-Glucose stabiler ⇌ weniger stabil]

Es ist zweckmäßig, sich hier noch einmal die *verschiedenen Möglichkeiten zur formelmäßigen Wiedergabe* der Glucose- (und anderer Zucker-) moleküle klar zu machen. Die Formeln (a) bringen die konstitutionellen Beziehungen zur offenkettigen Form am besten zum Ausdruck und entsprechen der *Fischer-Projektion*; sie geben jedoch kein realistisches Bild der Moleküle. In dieser Hinsicht sind die *Projektionsformeln von Haworth* (b) wesentlich besser; der Pyran- bzw. Furanring wird hier allerdings eben gezeichnet[1]. Um zu erkennen, daß die Haworth-Formel (b) wirklich dasselbe Molekül abbildet wie die Fischer-Formel (a), dreht man in dieser das C-Atom 5 um die Bindung zwischen den C-Atomen 4 und 5 (wodurch die Konfiguration am C-Atom 4 nicht geändert wird). Bezüglich der Unterscheidung zwischen α- und β-Glucose (bzw. zwischen anderen anomeren Monosacchariden) gilt dann, daß bei der α-Form die Hydroxylgruppe am C-Atom 1 in der Fischer-Formel nach rechts bzw. in der Haworth-Formel nach unten schaut. Die *Konformations-Formeln* (c) bringen die räumliche Anordnung der verschiedenen Atome am klarsten zum Ausdruck und sind am meisten wirklichkeitsgetreu.

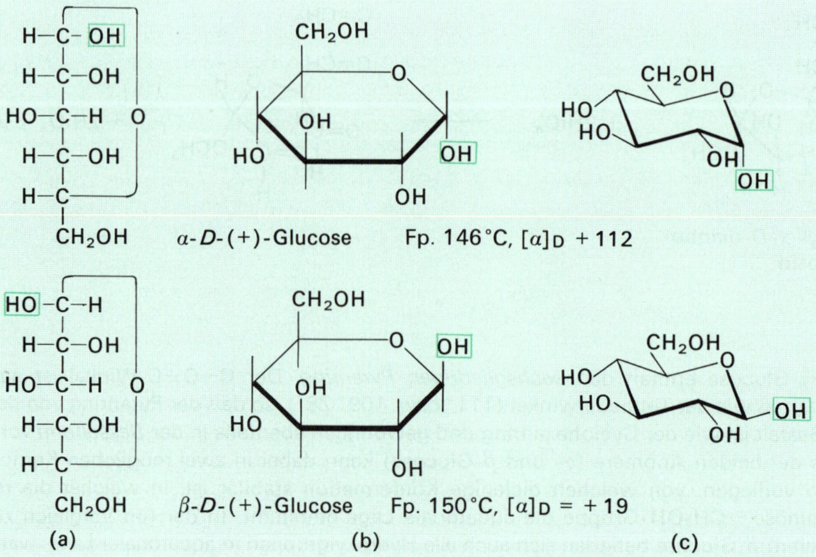

[Formeln (a), (b), (c) für α-D-(+)-Glucose, Fp. 146 °C, $[\alpha]_D$ +112]

[Formeln (a), (b), (c) für β-D-(+)-Glucose, Fp. 150 °C, $[\alpha]_D$ = +19]

(a)   (b)   (c)

---

[1] Die (bezüglich der Ringebene) in den Haworth-Formeln nach oben (bzw. unten) ragenden Striche deuten H-Atome an (nicht – wie sonst in Konstitutionsformeln üblich – Methylgruppen!).

Überführung der Fischer-Formel (A) in die Haworth-Projektionsformel (C):

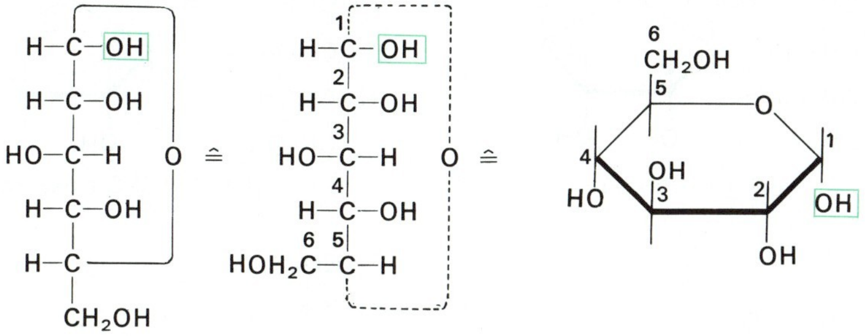

A   B   C

Der anomere Effekt. Während Substituenten am Cyclohexanring normalerweise äquatorial (eq) orientiert sind, überwiegt im Falle elektronegativer Substituenten X in Nachbarstellung zum Ringsauerstoff häufig die axiale Orientierung (ax):

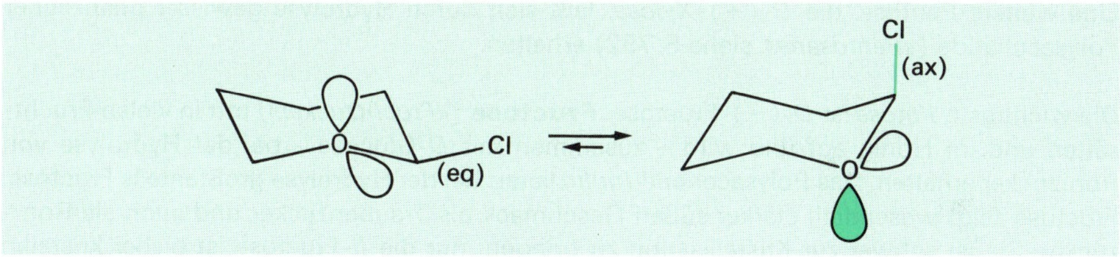

Die Ursache dieses **«anomeren Effekts»** wird in stabilisierenden elektronischen Wechselwirkungen zwischen der C—X-Gruppe und den Elektronenpaaren des Ringsauerstoffs gesehen. Er tritt auf, wenn ein *Elektronenpaar am Ringsauerstoff antiperiplanar zur polaren C—X-Gruppe* orientiert werden kann.

Weitere Monosaccharide. Von den insgesamt 16 möglichen *Aldohexosen* kommen vier, nämlich *D*-Glucose, *D*-Mannose, *D*-Galaktose und *L*-Galaktose in der Natur vor.
Neben den genannten Hexosen treten in der Natur auch einige *Desoxyhexosen* auf, Monosaccharide, denen an einem oder mehreren C-Atomen eine Hydroxylgruppe fehlt. Als Beispiele seien die *D*-Digitoxose, der charakteristische Zucker der Digitalisglykoside, und die *L*-Rhamnose, ein ebenfalls in Glykosiden vorkommender Zucker, genannt.

Die wichtigsten *Aldopentosen* sind *D*-(−)-*Ribose* und *D*-(−)-2-*Desoxyribose*. Beide Pentosen (die gewöhnlich als *Furanosen* vorliegen) treten als Bestandteile der Nucleotide auf, der Bausteine der *Nucleinsäuren*. Die *Desoxyribonucleinsäuren*, die im Zellkern [bei den Bakterien (ohne Zellkern!) im Plasma] lokalisiert sind, stellen gewissermaßen die «Gene» dar, d.h. enthalten die «Informationen» zur Ausbildung der erblichen Eigenschaften gespeichert. *Ribonucleinsäuren* sind für die Synthese der Proteine in der Zelle von Bedeutung. Auch die Wirkgruppen gewisser Enzyme enthalten solche Nucleotide. *Adenosintriphosphat*, eine für die Energieübertragung in biochemischen Systemen außerordentlich wichtige Substanz, ist ebenfalls ein Nucleotid und enthält neben β-*D*-Ribose eine heterocyclische Base (Adenin) sowie drei Moleküle Phosphorsäure.

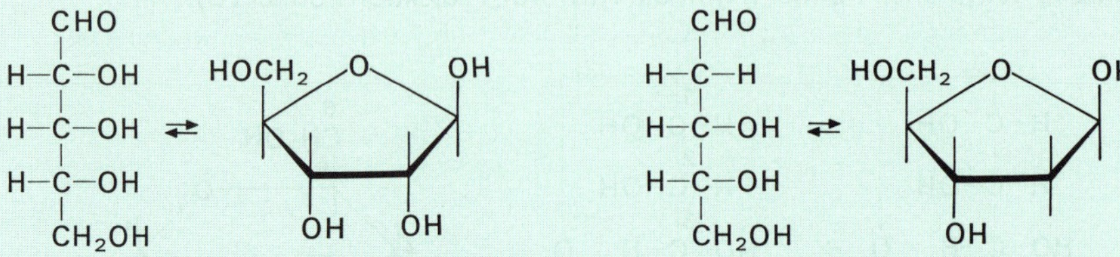

23 Kohlenhydrate

β-D-(−)-Ribose

β-D-(−)-2-Desoxyribose

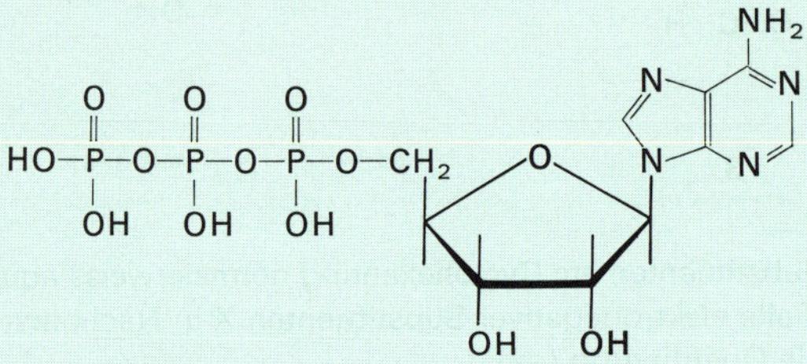

Adenosintriphosphat (ATP)

Eine weitere Pentose, die D-(+)-Xylose, läßt sich durch Hydrolyse gewisser pflanzlicher Polysaccharide («*Pentosane*», siehe S. 752) erhalten.

Die wichtigste *Ketose* ist D-(−)-Fructose. **Fructose** («*Fruchtzucker*») tritt in vielen Fruchtsäften und im Honig auf und wird – zusammen mit D-Glucose – bei der Hydrolyse von Rohrzucker erhalten. Das Polysaccharid *Inulin* liefert bei der Hydrolyse größtenteils Fructose. Fructose zeigt wesentlich stärker süßen Geschmack als Traubenzucker und auch als Rohrzucker. Sie ist schwer zur Kristallisation zu bringen; nur die β-Fructose ist bisher kristallin erhalten worden ($\alpha_D = -133.5$; in Lösung Mutarotation, bis sich das Gleichgewicht mit $\alpha_D = 92$ eingestellt hat).

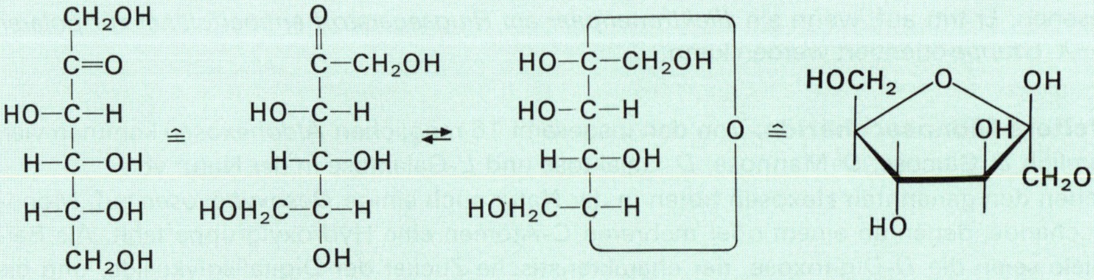

D-(−)-Fructose (offene Kettenform) β-D-(−)-Fructose (furanoide Form)

Wichtige Reaktionen von Monosacchariden. Wie Fischer fand, reagiert ein Überschuß von *Phenylhydrazin* mit Aldosen und Ketosen unter Bildung sogenannter *Osazone*. Dabei werden insgesamt drei mol Phenylhydrazin verbraucht, und Anilin und Ammoniak werden frei. Die Reaktion läßt sich ganz allgemein mit Molekülen durchführen, welche die Gruppierung R—CHOH—CO—R besitzen:

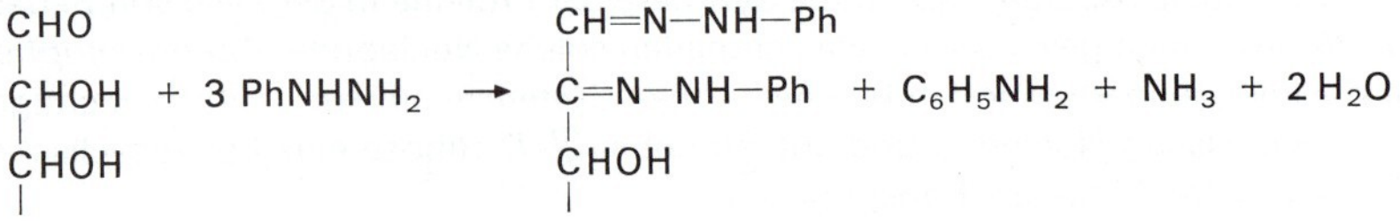

```
CHO                           CH=N—NH—Ph
|                             |
CHOH  + 3 PhNHNH₂   →         C=N—NH—Ph  + C₆H₅NH₂ + NH₃ + 2 H₂O
|                             |
CHOH                          CHOH
|                             |
```

23.1 Monosaccharide

Die Schlüsselreaktion der **Osazonbildung** ist die Elimination von Anilin aus der tautomeren Form eines α-Hydroxyphenylhydrazons. Das Produkt reagiert anschließend mit zwei mol Phenylhydrazin weiter:

$$\begin{array}{c}\text{CH}=\text{O}\\|\\-\text{C}-\text{OH}\\|\end{array} \xrightarrow{\text{PhNHNH}_2} \begin{array}{c}\text{CH}=\text{N}-\text{NH}-\text{Ph}\\|\\-\text{C}-\text{OH}\\|\end{array} \rightleftarrows \begin{array}{c}\text{CH}-\text{NH}-\text{NH}-\text{Ph}\\|\\-\text{C}=\text{O}-\text{H}\\|\end{array} \rightarrow \begin{array}{c}\text{CH}=\text{NH}\\|\\\text{C}=\text{O}\\|\end{array} + \text{H}_2\text{N}-\text{Ph}$$

$$\downarrow -\text{NH}_3\ +\ 2\ \text{PhNHNH}_2$$

$$\begin{array}{c}\text{CH}=\text{N}-\text{NH}-\text{Ph}\\|\\-\text{C}=\text{N}-\text{NH}-\text{Ph}\end{array}$$

Da die Phenylosazone in den üblichen Lösungsmitteln schwer löslich sind, gut kristallisieren und einen scharfen Schmelzpunkt besitzen, ist die Osazonbildung eine zur *Identifizierung* von Zuckern wertvolle Reaktion, insbesondere deshalb, weil die Zucker selbst manchmal schlecht kristallisieren und dickflüssige, sirupartige Massen bilden. Bei der Osazonbildung verschwindet ein Chiralitätszentrum (am C-Atom 2), so daß in bezug auf dieses C-Atom epimere Monosaccharide dasselbe Osazon ergeben.

Gegenüber *alkalischen Lösungen* sind *Aldosen nicht beständig*. Verdünnte Alkalihydroxidlösungen bewirken eine *Isomerisierung* (**Lobry de Bruyn-van Ekenstein-Umlagerung**). Die Reaktion verläuft über das Endiol; verwendet man eine Lösung von NaOH in D_2O, so findet ein H/D-Austausch statt.

$$\begin{array}{c}\text{H}\diagdown\text{C}=\text{O}\\|\\\text{H}-\text{C}-\text{OH}\\|\\\text{HO}-\text{C}-\text{H}\\|\\\text{H}-\text{C}-\text{OH}\\|\\\text{H}-\text{C}-\text{OH}\\|\\\text{CH}_2\text{OH}\end{array}$$

D-Glucose

$\updownarrow$ Base

$$\begin{array}{ccc}\begin{array}{c}\text{CHO}\\|\\\text{HO}-\text{C}-\text{H}\\|\\\text{HO}-\text{C}-\text{H}\\|\\\text{H}-\text{C}-\text{OH}\\|\\\text{H}-\text{C}-\text{OH}\\|\\\text{CH}_2\text{OH}\end{array} & \rightleftarrows \begin{array}{c}\text{H}\diagdown\text{C}\diagup\text{OH}\\\text{C}-\text{OH}\\|\\\text{HO}-\text{C}-\text{H}\\|\\\text{H}-\text{C}-\text{OH}\\|\\\text{H}-\text{C}-\text{OH}\\|\\\text{CH}_2\text{OH}\end{array} \rightleftarrows & \begin{array}{c}\text{CH}_2\text{OH}\\|\\\text{C}=\text{O}\\|\\\text{HO}-\text{C}-\text{H}\\|\\\text{H}-\text{C}-\text{OH}\\|\\\text{H}-\text{C}-\text{OH}\\|\\\text{CH}_2\text{OH}\end{array}\\\textit{D}\text{-Mannose} & \text{Endiol} & \textit{D}\text{-Fructose}\end{array}$$

23 Kohlenhydrate

Wie dieses Schema zeigt, werden die Epimere *D*-Glucose und *D*-Mannose, aber auch *D*-Fructose in dieser Weise isomerisiert. Im Gleichgewicht, das sich nach einigen Tagen eingestellt hat, überwiegt die *D*-Glucose.

Verdünnte Säuren katalysieren (bei Raumtemperatur) nur die gegenseitige Umwandlung von α- und β-Aldosen bzw. Ketosen. *Starke Säuren* bewirken jedoch beim Erhitzen kompliziertere Veränderungen unter Abspaltung von Wasser. So liefern alle Pentosen bei der Destillation mit 12% Salzsäure *Furfural*. Hexosen ergeben u. a. 5-Hydroxymethylfurfural, das anschließend in *Lävulinsäure* übergeht:

$$\begin{array}{c} CHO \\ | \\ (CHOH)_3 \\ | \\ CH_2OH \end{array} \longrightarrow \text{Furfural}$$

$$\begin{array}{c} CHO \\ | \\ (CHOH)_4 \\ | \\ CH_2OH \end{array} \longrightarrow HOH_2C\text{-furan-}CHO \xrightarrow{2\,H_2O} \begin{array}{c} COOH \\ | \\ CH_2 \\ | \\ CH_2 \\ | \\ C=O \\ | \\ CH_3 \end{array} + HCOOH$$

Lävulinsäure

Zum *Abbau* von Monosacchariden stehen verschiedene Methoden zur Verfügung. Eine zu diesem Zweck häufig verwendete Reaktionsfolge ist der **Abbau nach Ruff**. Dabei wird die Aldose zuerst durch Bromwasser zur entsprechenden Aldonsäure oxidiert. Diese wird (als Calciumsalz) durch H_2O_2 in Gegenwart von $Fe^{3\oplus}$-Ionen weiteroxidiert, wobei die nächstniedrigere Aldose und Carbonat entsteht:

$$\begin{array}{c} CHO \\ H-C-OH \\ HO-C-H \\ H-C-OH \\ H-C-OH \\ CH_2OH \end{array} \xrightarrow{Br_2 / H_2O} \begin{array}{c} COOH \\ H-C-OH \\ HO-C-H \\ H-C-OH \\ H-C-OH \\ CH_2OH \end{array} \xrightarrow{CaCO_3} \begin{array}{c} (COO^\ominus)_2\,Ca^{2\oplus} \\ H-C-OH \\ HO-C-H \\ H-C-OH \\ H-C-OH \\ CH_2OH \end{array} \xrightarrow{H_2O_2 / Fe^{3\oplus}} \begin{array}{c} CHO \\ HO-C-H \\ H-C-OH \\ H-C-OH \\ CH_2OH \end{array} + CO_3^{2\ominus}$$

D-Glucose   *D*-Gluconsäure   Calcium-*D*-Gluconat   *D*-Arabinose

Monosaccharide können verhältnismäßig leicht *oxidiert* werden, wobei je nach dem verwendeten Oxidationsmittel verschiedene Produkte entstehen. Bekannt und sowohl zum qualitativen Nachweis wie auch zur quantitativen Bestimmung von Zuckern geeignet ist die **Fehling-Reaktion**. Das eigentliche Oxidationsmittel ist eine alkalische Lösung des Kupfertartrato-Komplexes. Je nach den Reaktionsbedingungen reduziert aber ein mol Glucose fünf bis sechs mol Kupfersalz; auch wirken Ketosen wie z. B. Fructose ebenfalls reduzierend (obschon einfache Ketone durch Fehling-Lösung nicht oxidiert werden). Der Grund für dieses Verhalten liegt darin, daß durch die Wirkung der alkalischen Lösung nicht nur Ketosen in Aldosen umgewandelt werden, sondern auch Abbauprodukte mit reduzierender Wirkung entstehen. Bei der Verwendung der Fehling-Reaktion zur quantitativen Bestimmung von Zuckern ist deshalb das genaue Einhalten ganz bestimmter, standardisierter Bedingungen notwendig. Das Verhältnis der Zuckermenge zur Menge des gebildeten Kupfer(I)-oxids muß empirisch ermittelten Tabellen entnommen werden.

Glykoside. Glykoside sind *Ether* der *Kohlenhydrate* (Mono- oder Oligosaccharide), wobei der mit dem Zucker verbundene Rest (das sogenannte Aglykon) fast immer über das Sauerstoffatom am anomeren C-Atom an das Kohlenhydrat gebunden ist. Je nach dem Kohlenhydratbaustein spricht man von Glucosid, Mannosid, Galaktosid usw.; die Ringgröße des Halbacetalringes wird durch die Bezeichnung -pyranosid bzw. -furanosid angegeben. Obschon sie keine Ether sind, werden Verbindungen vom Typus des Adenosintriphosphats (S. 771), bei denen ein Aglykon über ein N-Atom (nicht über ein O-Atom) an ein Kohlenhydrat gebunden ist, etwa auch als Glykoside bezeichnet.

Die *einfachsten Glykoside* sind die Methylether der Glucose, die durch Reaktion mit Methanol (unter der Wirkung von HCl) erhalten werden: das Methyl-α-D-(+)-glucopyranosid (Fp. 166°C, $\alpha_D = +158$) und das Methyl-β-D-(−)-glucopyranosid (Fp. 105°C, $\alpha_D = -32$). Glykoside, insbesondere Glucoside (meistens β-Glucoside) kommen in der Natur häufig vor. Viele pflanzliche Ausscheidungsstoffe werden durch Glykosidbildung im Zellsaft löslich und können in die Vakuole ausgeschieden werden. Vor allem treten die zahlreichen *phenolischen Pflanzenstoffe* wie Vanillin (Vanilleschote), Coniferylalkohol (im Lignin) und die roten und blauen Blütenfarbstoffe (Anthocyane) fast ausschließlich als Glykoside auf. Weitere bekannte Glykoside sind das Amygdalin (in den Kernen von bitteren und süßen Mandeln und anderen Steinobstarten), das durch das in bitteren Mandeln vorkommende Enzym **Emulsin** in zwei Moleküle Glucose, in Benzaldehyd und Cyanwasserstoff gespalten wird, sowie die Senfölglykoside im Senf, welche zu den wenigen in der belebten Natur vorkommenden Schwefelsäurederivaten gehören, weiter die Digitalis-Glykoside, die Saponine usw. Gewisse Glykoside sind insofern von Interesse, als sie wie z. B. Digitoxigenin sonst selten auftretende Zuckerarten enthalten. Die Enzyme, welche Glykoside spalten (hydrolysieren) können, sind bezüglich der Konfiguration der Glykoside spezifisch: Das erwähnte Emulsin aus Mandeln spaltet ausschließlich β-Glykoside, während **Maltase** nur α-Glykoside spalten kann.

Beispiele von Glykosiden:

Vanillin
(Vanillin-β-D-glucosid)

Coniferin
(Coniferylalkohol-β-D-glucosid)

Cyanin
(ein blauer Blütenfarbstoff)

Amygdalin
(in Mandeln)

Andere Derivate der Monosaccharide. Durch Reduktionsmittel wie Natriumamalgam oder auch (bei geeigneten Bedingungen) durch katalytische Hydrierung werden die Monosaccharide zu *Oligoalkoholen* reduziert:

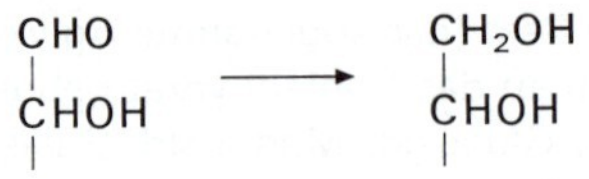

$$\begin{array}{c} CHO \\ | \\ CHOH \\ | \end{array} \longrightarrow \begin{array}{c} CH_2OH \\ | \\ CHOH \\ | \end{array}$$

Diese «Zuckeralkohole» werden durch die Endung -itol (oft auch nur -it) charakterisiert. Aus Mannose erhält man auf diese Weise *Mannitol* (in der Natur im Manna, einem süßlichen Exsudat der Manna-Esche), aus Glucose *Glucitol* (= *Sorbitol*, wegen seines Vorkommens in Vogelbeeren) usw. Die Zuckeralkohole sind den Kohlenhydraten in ihren Eigenschaften sehr ähnlich; es fehlen ihnen jedoch die durch das Vorhandensein der Carbonylgruppe bedingte Labilität gegenüber Alkalien und die Möglichkeit der Halbacetalbildung. Sorbitol wird technisch durch katalytische Hydrierung mit einem Nickel-Kontakt aus Glucose hergestellt.

Ascorbinsäure (Vitamin C) kann ebenfalls als Derivat der Kohlenhydrate aufgefaßt werden. Sie tritt in zahlreichen Früchten und in frischem Gemüse auf; ihr Fehlen bewirkt das Auftreten von Skorbut, einer früher besonders bei Seefahrern aufgetretenen Krankheit, die sich in einer Neigung zur Hämorrhagie und in einer geringeren Infektionsabwehr äußert.

Schema der Ascorbinsäure-Synthese:

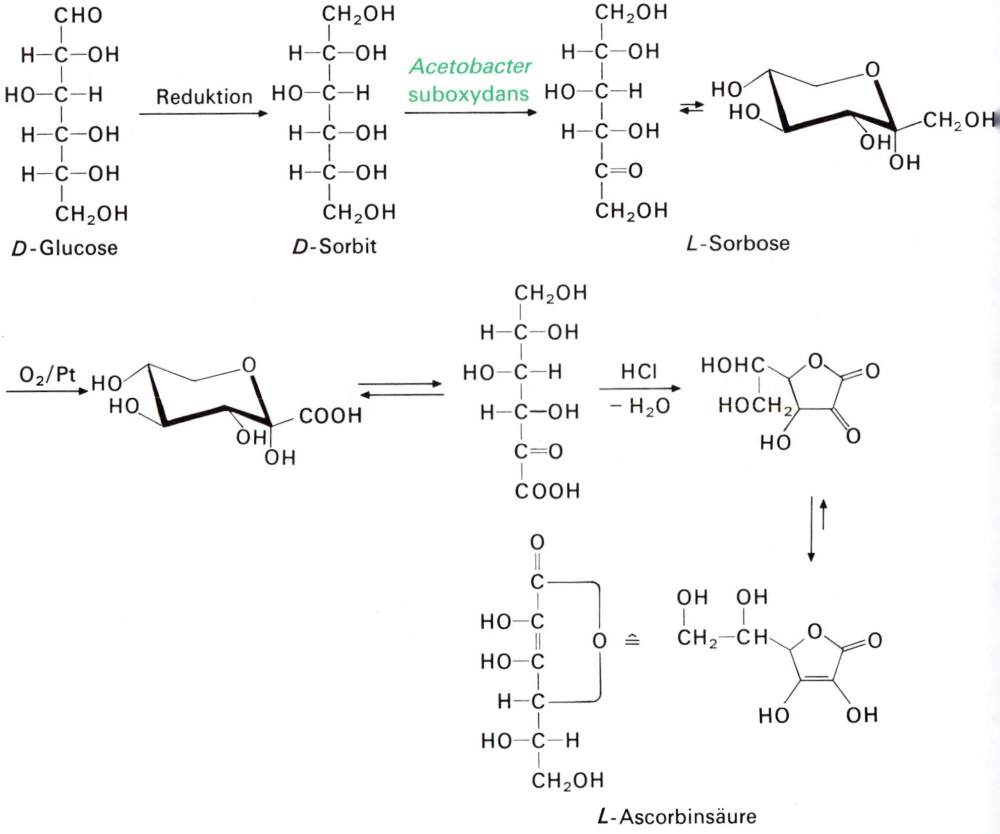

L-Ascorbinsäure

Heute wird Ascorbinsäure in großem Maßstab ausgehend von D-Glucose synthetisch hergestellt. Dabei wird Glucose zuerst katalytisch (über Kupferchromit) oder elektrolytisch zu Sorbitol reduziert, der anschließend bakteriell zu einer Ketose, der Sorbose, oxidiert wird. Nach selektiver Oxidation der primären Hydroxylgruppe (vgl. S. 618), Elimination von Wasser und Tautomerisierung zum Endiol entsteht Ascorbinsäure. Die Endiol-Gruppierung ist durch die Möglichkeit zur Bildung intramolekularer Wasserstoffbrücken stark stabilisiert. Ascorbinsäure ist ein starkes Reduktionsmittel und wird leicht zu Dehydroascorbinsäure ($C_6H_6O_6$) oxidiert.

23.2 Disaccharide

Wird an Stelle eines Aglykons ein zweites Monosaccharid-Molekül unter Abspaltung von Wasser glykosidisch mit einem Monosaccharid verknüpft, so entsteht ein **Disaccharid**. Durch saure Hydrolyse läßt sich dieses in seine beiden Bestandteile spalten. Die Verknüpfung der beiden Monosaccharide erfolgt derart, daß die Hydroxylgruppe am *anomeren C-Atom* des *einen* Zuckers eine *acetalartige Bindung* mit einem C-Atom des *zweiten Zuckers* bildet. Sind die beiden anomeren Zentren miteinander verbunden (1,1-Verknüpfung), so lassen sich die verschiedenen Carbonylreaktionen mit dem Disaccharid nicht mehr ausführen: es bildet mit Phenylhydrazin kein Osazon und wirkt nicht reduzierend; in wäßriger Lösung zeigt es auch keine Mutarotation. Erfolgt aber die Acetalbildung vom anomeren C-Atom des einen zu einem anderen C-Atom des zweiten Monosaccharids (meistens den C-Atomen 4 oder 6; 1,4- oder 1,6-Verknüpfung), so steht die Halbacetalform des zweiten Zuckers im Gleichgewicht mit der offenen Form, und die durch das Vorhandensein einer Carbonylgruppe möglichen Reaktionen lassen sich durchführen. Die praktisch wichtigsten Disaccharide sind Maltose, Lactose und Saccharose (Rohrzucker).

Maltose (Malzzucker). Durch partielle Hydrolyse kann man aus *Stärke* ein Disaccharid, die (+)-Maltose, erhalten. Das im Malz (keimende Gerste) enthaltene Enzym Diastase baut Stärke ebenfalls zu (+)-Maltose ab. (+)-Maltose reagiert mit Phenylhydrazin unter Bildung eines Osazons und wird durch Bromwasser zu einer Carbonsäure, der *Maltobionsäure*, oxidiert. Sie existiert in einer α- und einer β-Form (α_D = +168 bzw. +112) und mutarotiert in wäßriger Lösung unter Einstellung eines Drehwinkels α_D = +136. Die Hydrolyse, die durch Erwärmen mit verdünnter wäßriger Säure oder durch das Enzym Maltase katalysiert werden kann, ergibt zwei mol Glucose (Molekularformel der Maltose $C_{12}H_{22}O_{11}$). In der Maltose sind also zwei Moleküle D-(+)-Glucose α-glykosidisch miteinander verbunden (Maltase vermag nur α-glykosidische Bindungen zu hydrolysieren!).

Cellobiose. Wird *Cellulose* (gereinigte Baumwolle) während einiger Tage mit einem Gemisch von Schwefelsäure und Acetanhydrid behandelt, so tritt zugleich eine Hydrolyse und Acetylierung ein, und man kann ein octaacetyliertes Disaccharid, die Cellobiose, isolieren. Nach der alkalischen Verseifung erhält man die Cellobiose selbst.
Cellobiose wirkt wie Maltose reduzierend, gibt ein Osazon und zeigt in wäßriger Lösung Mutarotation. Durch Oxidation, Methylierung, Hydrolyse und nochmalige Oxidation erhält man dieselben Produkte wie bei der Maltose. Im Unterschied zu dieser läßt sich Cellobiose jedoch durch das Enzym Maltase nicht hydrolysieren, hingegen durch Emulsin, das β-Glykoside zu hydrolysieren vermag. Cellobiose unterscheidet sich somit von Maltose nur dadurch, daß die beiden Glucosemoleküle β-glykosidisch verbunden sind; sie ist also eine 4-O-(β-D-Glucopyranosyl-)-D-glucopyranose.

(+)-Cellobiose
(β-Anomer)

Lactose (Milchzucker). Das Disaccharid Lactose tritt in einer Konzentration von 4 bis 7% in der Milch der Säugetiere auf und wird aus Molke gewonnen (der wäßrigen Lösung, die nach Koagulation der Milchproteine bei der Käseherstellung zurückbleibt). Das *Sauerwerden* der Milch beruht auf einer bakteriellen Vergärung von Lactose zu Milchsäure. – Lactose ist ebenfalls ein reduzierendes Disaccharid und bildet ein Osazon. Durch das Enzym **Emulsin** wird sie in D-(+)-Glucose und D-(+)-Galaktose gespalten. Wenn man Lactose zuerst in ihr Osazon überführt und dann hydrolysiert, erhält man Glucosazon und Galaktose, so daß das Glucosemolekül die «freie» Aldehydgruppe enthalten muß und Lactose ein Galaktosid ist. Die beiden Monosaccharide sind β-glykosidisch 1,4-verknüpft und treten beide als sechsgliedrige Pyranoseringe auf.

(+)-Lactose (β-Anomer)
4-O-(β-D-Galaktopyranosyl-)-D-glucopyranose

Gentiobiose. Gentiobiose, ein Disaccharid aus zwei Molekülen D-Glucose, wird durch Hydrolyse des Glykosids *Amygdalin* erhalten; sie ist insofern von Interesse, als hier die beiden Pyranoseringe der Glucose 1,6-glykosidisch miteinander verbunden sind.

(+)-Gentiobiose (β-Anomer)
6-O-(β-D-Glucopyranosyl-)-D-glucopyranose

Saccharose (Rohrzucker). Saccharose ist das wichtigste Disaccharid und wohl diejenige organische Substanz, die in den größten Mengen als reiner Stoff produziert wird. Im Gegensatz zu den bereits besprochenen Disacchariden wirkt Saccharose nicht *reduzierend* und bildet *kein Osazon*. Sie enthält also keine «freie» Aldehyd- oder Ketogruppe. Schon durch

23.2 Disaccharide

verdünnte Säure wird Saccharose leicht hydrolysiert (die Geschwindigkeit der Hydrolyse – einer Reaktion zweiter Ordnung! – ist proportional der Konzentration der $H_3O^{\oplus}$-Ionen!); durch Alkalien wird sie – im Gegensatz zu den reduzierenden Disacchariden – kaum angegriffen. Bei der Hydrolyse entsteht ein äquimolares Gemisch von *D-Glucose* und *D-Fructose*. Weil sich dabei der Drehsinn der optischen Drehung ändert [α_D von Saccharose = +66.5; α_D von (+)-Glucose im Gleichgewichtsgemisch = +52.7; α_D von (−)-Fructose (ebenfalls im Gleichgewichtsgemisch) = −92.4] wird das bei der Hydrolyse von Saccharose erhaltene Gemisch von *D*-Glucose und *D*-Fructose als «*Invertzucker*» bezeichnet. Bienenhonig enthält hauptsächlich Invertzucker, da der im Nektar enthaltene Rohrzucker im Verdauungstrakt der Bienen zum größten Teil enzymatisch hydrolysiert wird. (Aus diesem Grund kristallisiert Honig nicht völlig durch; es scheiden sich höchstens kristalline *D*-Glucose und *D*-Saccharose aus, während die *D*-Fructose zähflüssig bleibt.)

Da Saccharose nicht reduzierend wirkt, müssen Glucose und Fructose über ihre anomeren C-Atome (C-Atom 1 bzw. 2) miteinander verbunden sein. Die Untersuchung der Stereochemie und der Art der Verknüpfung ist nicht leicht, weil nach der Hydrolyse der Saccharose die Hydroxylgruppen an den anomeren C-Atomen nicht mehr «blockiert» sind und dadurch im Gleichgewicht mit der offenen Form stehen. Hauptsächlich durch Röntgen-Kristallstrukturanalysen konnte festgestellt werden, daß (+)-Saccharose ein α-*D*-Glucosid und ein β-*D*-Fructosid ist: α-*D*-Glucopyranosyl-β-*D*-fructofuranosid. Zahlreiche Versuche, Saccharose auf chemischem (nicht auf enzymatischem) Weg zu synthetisieren, scheiterten an der Schwierigkeit, die «richtige» Konfiguration der glykosidischen Bindung zu erhalten. Erst 1953 gelang die *Totalsynthese* der Saccharose (der damalige «Mount Everest» der präparativen organischen Chemie) mit einer Ausbeute von insgesamt 5.5% (Lemieux).

(+)-Saccharose

Rohrzucker kommt in vielen *Pflanzensäften* vor, in besonders hoher Konzentration in den dicken Halmen des *Zuckerrohrs* (aus dem er von alters her gewonnen wird) und in den *Zuckerrüben*. Die Zuckerrübe ist eine aus der Runkelrübe gezüchtete Art mit einem Zuckergehalt von 17 bis 20% ihres Frischgewichtes. Der Zuckerrübenanbau ist besonders in Europa von Bedeutung; als zur Zeit der Napoleonischen Kriege (Kontinentalsperre!) die Einfuhr von Rohrzucker unmöglich wurde, mußte nach einheimischem Ersatz gesucht werden, und man begann mit der systematischen Züchtung von Rübenrassen mit höheren Zuckergehalten. Den Zucker gewinnt man durch Auspressen des Zuckerrohres oder durch Auslaugen von Rübenschnitzeln. Begleitstoffe (Säuren und Eiweiße) werden mit Calciumhydroxidlösungen ausgefällt und die Zuckerlösung anschließend in Vakuumverdampfern eingedampft. Die Rückstände werden zu Alkohol vergoren oder als Viehfutter verwendet (Melasse). Als Begleiter der Saccharose tritt in der Melasse in geringer Menge ein Trisaccharid, die *Raffinose*, auf. Ihre vollständige Hydrolyse liefert je ein mol Glucose, Fructose und Galaktose. Da sie nicht reduzierend wirkt, müssen alle anomeren C-Atome an den glykosidischen Bindungen beteiligt sein. Galaktose und Glucose sind α-glykosidisch 1,6-verknüpft, während Glucose und Fructose wie in der Saccharose α-β-1,2-verbunden sind.

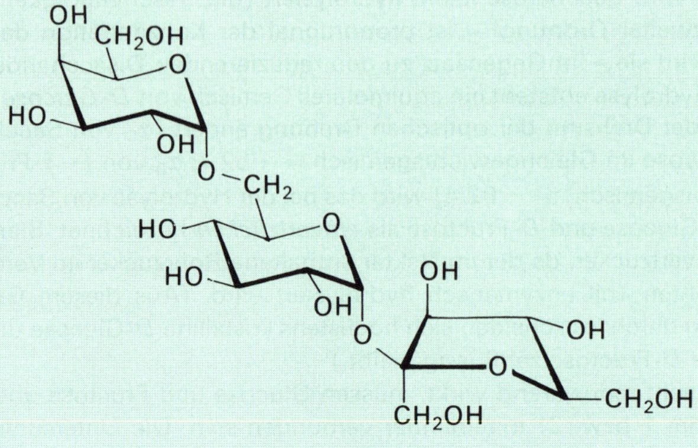

(+)-Raffinose

23.3 Polysaccharide

Polysaccharide bestehen aus vielen – Hunderten oder sogar Tausenden – von Monosaccharid-Einheiten, sind also **hochmolekulare Stoffe**. Die Monosaccharid-Einheiten sind *glykosidisch untereinander verbunden* (acetalartig vom anomeren C-Atom der einen zu einem nicht-anomeren C-Atom der nächsten Einheit) und können wie in Disacchariden durch saure (oder enzymatische) Hydrolyse getrennt werden. Die wichtigsten Polysaccharide sind *Stärke*, *Cellulose* und *Glykogen*, alle mit der Substanzformel $(C_6H_{10}O_5)_n$. Sowohl Stärke wie Cellulose sind Produkte der pflanzlichen Photosynthese und ergeben bei der Hydrolyse ausschließlich *D*-(+)-Glucose.

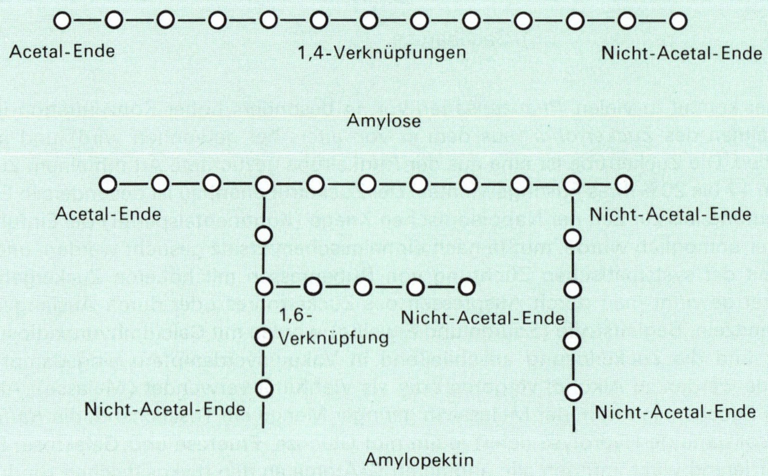

Abb. 23.2. Molekülbau von Amylose und Amylopektin

23.3 Polysaccharide

Stärke. Stärke ist der wichtigste *pflanzliche Reservestoff* und zugleich eines der wichtigsten *Nahrungsmittel*. Sie wird in Form von Stärkekörnern in der Pflanzenzelle gespeichert (Kartoffelknolle, Getreidekörner, Reis, Mais usw.), welche durch die Pflanze enzymatisch zu D-Glucose abgebaut werden können. Durch Diastase wird Stärke in Maltose übergeführt; sie besteht also aus α-D-(+)-Glucose.

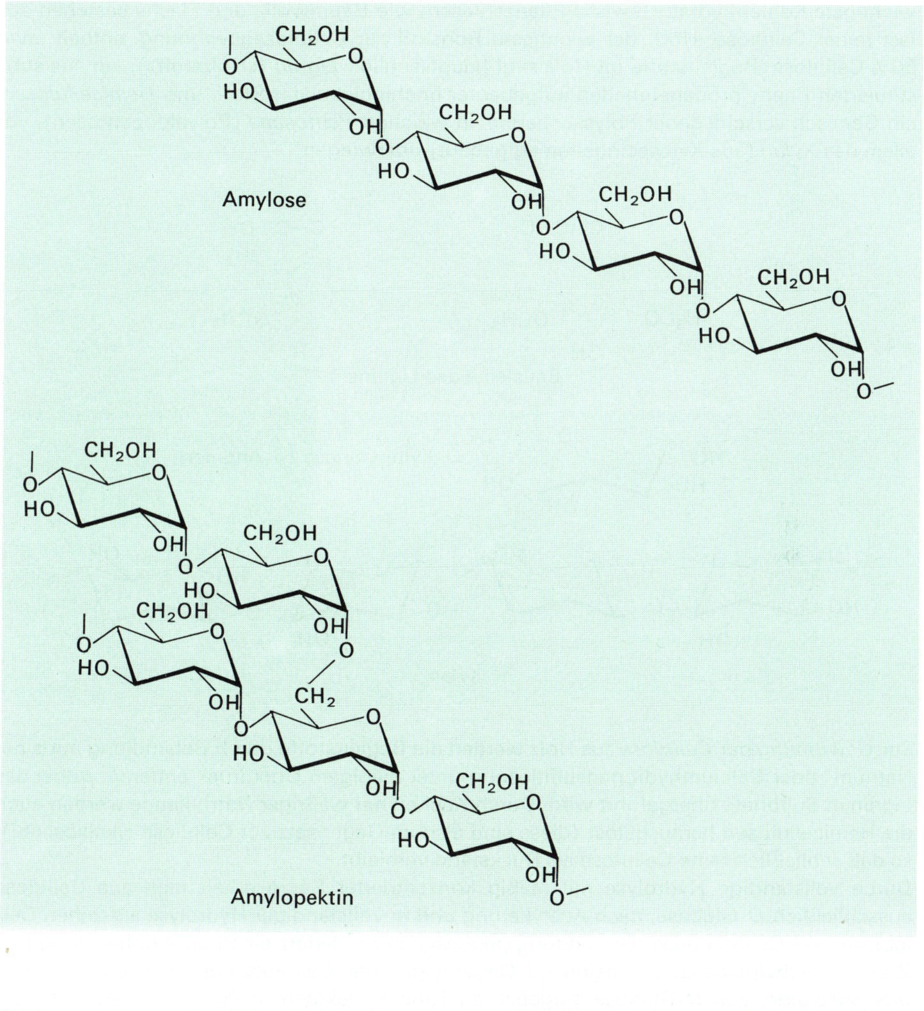

Amylose

Amylopektin

Stärke ist keine einheitliche Verbindung. Durch heißes Wasser läßt sie sich in zwei Fraktionen trennen, die *wasserlösliche Amylose*, welche etwa 20% der Stärke ausmacht und mit Iod eine tiefblaue Färbung gibt, und das *wasserunlösliche Amylopektin*, das mit Iod eine rotbraune Färbung liefert. Durch Messungen des osmotischen Druckes und mit der Ultrazentrifuge läßt sich für Amylose eine Molekülmasse von 10000 bis 50000 u bestimmen. Die Molekülmasse des Amylopektins ist wesentlich höher (50000 bis 180000 u). Aufschluß über die Struktur von Amylose und Amylopektin liefert die **«Endgruppenbestimmung»** durch Methylierung und anschließende Hydrolyse.

Glykogen, das Reservekohlenhydrat der Säugetiere, das vorwiegend in der Leber, aber auch in der Muskulatur abgelagert wird, besteht ebenfalls aus α-D-Glucose. Seine Molekülmasse ist noch beträchtlich höher als die Molekülmasse von Amylopektin (bis $15 \cdot 10^6$ u); die Endgruppenbestimmung zeigt, daß die Moleküle hier noch beträchtlich stärker verzweigt sind.

Cellulose. Cellulose, der Hauptbestandteil der *pflanzlichen Zellwand*, ist das technisch wichtigste Kohlenhydrat. Gewisse Pflanzenfasern wie Baumwolle und Flachs bestehen aus fast reiner Cellulose. Holz, der wichtigste Rohstoff zur Cellulosegewinnung, enthält etwa 50% Cellulose. Begleitstoffe im Holz sind hauptsächlich *Lignin* («Holzstoff»), ein aus substituierten Phenylpropaneinheiten aufgebauter hochmolekularer Stoff, und *Hemicellulosen*, ein Gemisch verschiedener Polysaccharide, in welchen *Pentosane* (Polyaldopentosen), vor allem das *Xylan* (aus Xyloseeinheiten aufgebaut) überwiegen.

Bausteine des Lignins

D-Xylopyranose (β-Anomer)

Xylan

Zur *Gewinnung* der *Cellulose* aus Holz werden die Begleitstoffe durch Behandlung mit einer Natrium- oder Calciumhydrogensulfitlösung unter mäßigem Überdruck entfernt, wobei das Lignin in Sulfonate übergeführt wird. Durch Kochen mit wäßriger Natronlauge werden auch die Hemicellulosen herausgelöst (diese sind also im Gegensatz zur Cellulose alkalilöslich!), so daß schließlich reine Cellulose als Rückstand verbleibt.

Durch vollständige Hydrolyse mit mäßig konzentrierter Säure erhält man aus Cellulose ausschließlich D-Glucose, nach Acetylierung und unvollständiger Hydrolyse entstehen Cellobiose und Cellotetraose. Die Endgruppenbestimmung liefert einen sehr hohen Anteil an 2,3,6-Trimethylglucose, aber keine 2,3-Dimethylglucose. Cellulose besteht also aus langen, *unverzweigten*, aus D-Glucose aufgebauten Fadenmolekülen, welche (im Gegensatz zur Stärke) β-glykosidisch 1,4-verknüpft sind. Nach den Molekülmassenbestimmungen (die allerdings schwierig durchzuführen sind, weil bei der Trennung der stark assoziierten Moleküle gleichzeitig auch ein Abbau einzelner Makromoleküle eintreten kann) bestehen die Cellulosemoleküle aus 1500 bis 5000 Glucoseeinheiten (Molekülmassen zwischen 500000 und 1500000 u). Nach den Ergebnissen von Röntgen-Kristallstrukturanalysen und von elektronenmikroskopischen Untersuchungen sind die Makromoleküle zu bündelartigen *Elementarfibrillen* mit etwa 3 nm Durchmesser zusammengelagert (Zusammenhalt durch Wasserstoffbrücken!). Diese Elementarfibrillen enthalten etwa 30 Cellulosemoleküle und sind

sehr weitgehend kristallin geordnet; die Elementarzelle des Gitters enthält vier Glucose-
(d. h. zwei Cellobiose-) Einheiten, also nicht Einzelmoleküle, sondern die sich im kettenförmigen Makromolekül immer wiederholende Cellobioseeinheit. Die Elementarfibrillen lagern
sich zu größeren (dickeren) Mikrofibrillen zusammen, welche sowohl in der Primärzellwand
wie im Holz netzartig verflochten sind. Im Holz sind sie mit Lignin und Hemicellulosen
inkrustiert.

Cellulose

Die wichtigsten, technisch aus Cellulose gewonnenen Produkte sind die verschiedenen
Kunstseiden, Cellophan, Celluloid, Zellwolle, Nitrocellulose und nicht zuletzt das *Papier*.
Die riesigen Mengen Papier, welche unsere heutige Zivilisation benötigt und verbraucht,
illustrieren die Bedeutung der Cellulose als Rohstoff am deutlichsten. Trotz der ständig
zunehmenden Bedeutung der «vollsynthetischen» Textilfasern spielen Baumwolle und Kunst-
seidefasern in der Textilindustrie auch heute noch eine große Rolle.
Durch Behandlung von Cellulose mit einem Gemisch von konzentrierter Schwefelsäure und
konzentrierter Salpetersäure erhält man *Cellulosenitrat* (das fälschlicherweise meistens als
Nitrocellulose bezeichnet wird). Nahezu vollständig veresterte Cellulose dient als Schießbaumwolle zur Herstellung von rauchlosem Schießpulver. An der Luft verbrennt sie blitzartig
ohne Explosion, während sie in gepreßter Form und nach Zündung mit einem Initialspreng-
stoff (z. B. Bleiazid) heftig explodiert. Unvollständig nitrierte Cellulose gibt mit Campher
gemischt *Celluloid* und in Alkohol/Ether gelöst *Kollodiumlösung*. Ein großer Nachteil von
Celluloid ist seine leichte Entflammbarkeit und die Bildung nitroser Gase beim Verbrennen.
Wird Cellulose mit Acetanhydrid und Essigsäure (in Gegenwart kleiner Mengen Schwefel-
säure) verestert, so entsteht *Celluloseacetat* («Triacetat»). Durch partielle Hydrolyse wird ein
Teil der Acetatgruppen wieder abgespalten und werden zugleich die Cellulosemoleküle in
kleinere Bruchstücke von etwa 200 bis 300 Glucoseeinheiten abgebaut. Dieses technische
Celluloseacetat ist weniger leicht entflammbar als das Cellulosenitrat und hat dieses für viele
Verwendungszwecke (z. B. für photographische Filme) verdrängt. Wird eine Lösung von
Celluloseacetat in Aceton durch Spinndüsen ausgepreßt, so erhält man durch Verdunsten
des Lösungsmittels Fäden von *Acetatseide*.
Eine weitere Möglichkeit zur Herstellung von Kunstseide besteht darin, daß Cellulose mit
einem Gemisch von Kohlenstoffdisulfid und wäßrigem Natriumhydroxid behandelt wird. Man
erhält auf diese Weise Cellulosexanthogenat (vgl. Seite 397), das sich in der alkalischen
Lösung zu einer zähflüssigen Substanz löst *(«Viscose»)*. Durch Verspinnen der Viscose in ein
Säurebad wird die Cellulose wieder ausgefällt und man erhält die *«Viscoseseide»* («Rayon»),
die heute mengenmäßig wichtigste Kunstseide. Durch Auspressen der Viscose durch einen
engen Spalt hindurch wird Cellophan hergestellt. Sowohl Viscose wie Cellophan bestehen
aus kürzeren Makromolekülen als die «native» Cellulose aus Holz oder Baumwolle.
Schließlich kann man Cellulose auch in Kupfertetramminhydroxid (einer stark ammoniaka-
lischen Lösung von Kupfersulfat, die den $[Cu(NH_3)_4]^{2\oplus}$-Komplex enthält) lösen, wobei
sich ein Komplex mit zwei benachbarten Hydroxylgruppen der Cellulose bildet:

$$\begin{matrix} H-\overset{|}{C}-OH \\ H-\underset{|}{C}-OH \end{matrix} + [Cu(NH_3)_4]^{2\oplus} \longrightarrow \begin{matrix} H-\overset{|}{C}-O \\ \diagdown \\ H-\underset{|}{C}-O \diagup \end{matrix} Cu \begin{matrix} NH_3 \\ \\ NH_3 \end{matrix} + 2\, NH_4^{\oplus}$$

23 Kohlenhydrate

Eine solche Lösung ist – im Gegensatz zur Viscose – beliebig lange haltbar. Durch Verspinnen in ein Fällungsbad aus heißem Wasser erhält man ebenfalls eine Kunstseide *(«Kupferseide», «Bemberg-Seide»)*.

In Gegenwart wäßriger Natronlauge läßt sich Cellulose durch Halogenalkane auch alkylieren, wobei wiederum gleichzeitig ein Abbau der langen Cellulose-Makromoleküle in kürzere Stücke eintritt. Technische Bedeutung haben der *Methyl-, Ethyl-* und *Benzylether* der Cellulose zur Gewinnung von Textilfasern, Filmen, Kunststoffen, Textilappreturen und Lacken.

Papier ist ein Filz aus feinen Cellulosefäserchen, die durch eine Zwischenmasse (das Füllmaterial) verkittet sind. Die Rohstoffe (vom Lignin befreites Holz, Lumpen oder Stroh) werden sehr fein zerkleinert, gebleicht und ausgewaschen. Die dadurch entstehende Fasermasse wird mit einem Füllmaterial (Gips, Schwerspat u. a.) versehen, damit sich die Fasern gut verbinden, eventuell gefärbt und durch Zugabe von Harz und Alaun geleimt, so daß Tinte auf solchem Papier nicht zerfließt. Filterpapiere und Löschblätter bleiben ungeleimt und sind frei von Füllstoffen.

Von den verschiedenen *weiteren Polysacchariden* sollen hier noch die **Pektinstoffe** und das **Chitin** erwähnt werden. Die in der Mittellamelle von Pflanzenzellen gebildeten *Pektinstoffe* (welche den guten Zusammenhalt zweier aneinandergrenzender Zellen bedingen) liefern bei der vollständigen Hydrolyse D-Galakturonsäure; in den Pektinstoffen selbst sind die Carboxylgruppen zum Teil mit Methanol verestert. Die Pektine bilden unter geeigneten Bedingungen mit Zucker und Säure *Gele* (Gelierung von Fruchtsäften). *Chitin* ist der Gerüststoff der Arthropoden (Crustaceen, Insekten, Spinnen). Auch gewisse Pilze enthalten Chitin. Die enzymatische Hydrolyse von Chitin liefert N-Acetyl-2-amino-2-desoxyglucose; Chitin ist also ein stickstoffhaltiges Polysaccharid. Die Struktur von Chitin scheint mit der Struktur der Cellulose identisch zu sein, nur steht an Stelle der Hydroxylgruppe am C-Atom 2 der Glucoseeinheit die Acetylaminogruppe.

N-Acetyl-2-amino-2-desoxy-*D*-glucose
(«Glucosamin»)
β-Anomer

Chitin

24 Proteine und Proteide

24.1 Allgemeines

Die Eiweiße oder Proteine sind für die Biochemie von außerordentlicher Bedeutung. Sie bilden die wichtigsten *Bau-* und *Gerüststoffe* des *menschlichen* und *tierischen* Körpers: der *Zellinhalt* aller Lebewesen besteht zu einem großen Teil aus Eiweißen oder eiweißartigen Substanzen; als Bausteine der *Nucleoproteide* nehmen sie eine Schlüsselstellung bei der *Vermehrung* der lebenden Substanz und bei der *Vererbung* ein, und als Bausteine der *Enzyme* regeln sie den Stoffwechsel aller Lebewesen. Das «Leben» in unserem Sinn ist ohne Proteine völlig undenkbar. Proteine (und Proteide) sind damit die eigentlichen «Träger» des Lebens.

Die Molekülmassenbestimmungen von Eiweißen ergeben Werte > 10 000 u; ihre Hydrolyse (die durch längeres Kochen des Proteins mit konzentrierter Salzsäure oder mit 30% Schwefelsäure durchgeführt wird) liefert ein komplexes Gemisch von α-*Aminocarbonsäuren*, dessen Zusammensetzung je nach der untersuchten Eiweißart verschieden ist. Da aus gewöhnlichen Proteinen bei der Hydrolyse keine weiteren Produkte entstehen, muß man schließen, daß es sich bei ihnen um hochmolekulare, nur aus α-Aminosäuren aufgebaute Substanzen handelt. Wegen des beinahe salzartigen Charakters der freien α-Aminosäuren (vgl. auch S. 238) machte die vollständige *Trennung* eines *Eiweißhydrolysates* anfänglich große Schwierigkeiten. E. Fischer, der als erster mit der systematischen Untersuchung des Aufbaues der Eiweißstoffe begann, veresterte das Aminosäuregemisch mit Methanol oder Ethanol und trennte die Ester durch fraktionierte Destillation. Bedeutend einfacher ist die gaschromatographische Trennung solcher Estergemische. Auch durch selektive Fällung als Salze gewisser mehrkerniger Komplexe (Silicowolframate, Phosphormolybdate) wurden in der Frühzeit der Eiweißchemie Aminosäuregemische getrennt. Heute bieten die verschiedenen chromatographischen Verfahren, insbesondere auch die Ionenaustausch-Chromatographie (an Kationen- und Anionenaustauschern), bequeme Möglichkeiten zur Aminosäuretrennung und speziell auch zur Abtrennung und zur Untersuchung sehr kleiner Substanzmengen. Seit einigen Jahren sind Geräte im Handel, welche Aminosäuregemische vollautomatisch trennen und zugleich die einzelnen Säuren quantitativ bestimmen. Die Trennung erfolgt durch Ionenaustauscher; da die Elution mit konstanter Durchflußgeschwindigkeit erfolgt und jeweils gleiche Volumina des Eluats mit Ninhydrin versetzt werden, erhält man durch kolorimetrische Bestimmung des entstandenen blauen Farbstoffes (Aufzeichnung der Absorption durch einen Schreiber) Kurven von der Art der Abb. 24.1, in welchen die Flächen der einzelnen Peaks den Konzentrationen der verschiedenen Aminosäuren proportional sind.

Die wichtigsten in natürlichen Proteinen vorkommenden α-Aminosäuren sind in Tabelle 4.16 (vgl. S. 239) zusammengestellt worden. Als *«essentielle»* Aminosäuren werden diejenigen Aminosäuren bezeichnet, welche dem betreffenden Organismus mit der Nahrung zugeführt werden müssen, die er also nicht selbst aufzubauen imstande ist. Die für den *Menschen* essentiellen Aminosäuren sind *Leucin, Isoleucin, Lysin, Methionin, Phenylalanin, Threonin, Tyrosin* und *Valin*.

Mit Ausnahme von Glycin besitzen alle α-Aminosäuren im α-C-Atom ein Chiralitätszentrum, sind also *optisch aktiv*. Die in «höheren» Lebewesen vorkommenden Aminosäuren gehören alle zur *L*-Reihe. *D*-Aminosäuren treten (neben *L*-Aminosäuren) in den meisten Mikroorganismen auf; besonders häufig sind dabei *D*-Glutaminsäure und *D*-Alanin.

```
         COOH                CHO
          |                   |
   H₂N—C—H               H—C—OH
          |                   |
          R                  CH₂OH
    L-(S-) Aminosäure    D-(R-) Glyceraldehyd
```

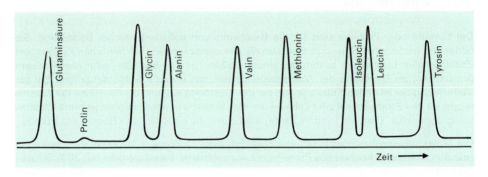

Abb. 24.1. Ausschnitt aus der Registrierkurve eines Aminosäuregemisches (System Technicon Auto-Analyzer)

24.2 Peptide

Zwei Aminosäuren können formal unter Wasserabspaltung zu einem **Dipeptid** kondensieren (Bildung einer *Amidbindung*):

$$H_2N-CH_2-COOH + H_2N-CH_2-COOH \rightleftarrows H_2N-CH_2-\underset{\underset{O}{\|}}{C}-NH-CH_2-COOH + H_2O$$

ein Dipeptid aus zwei Molekülen Glycin
(tatsächlich als Zwitterion auftretend)

Das Gleichgewicht dieser Kondensation liegt bei Raumtemperatur allerdings ganz auf der linken Seite *(die Peptidbildung ist also endergonisch!)*, da die Aminogruppe viel zu schwach nucleophil ist, um direkt mit der Carboxylgruppe ein Amid zu liefern. Sowohl bei Laboratoriumssynthesen von Peptiden wie bei der Biosynthese von Peptiden und Proteinen müssen deshalb die reaktiven Gruppen zuerst «aktiviert», d. h. in eine *reaktionsfähigere Form* gebracht werden (z. B. indem man die Carboxylgruppe zunächst in eine Acylhalogenid-Gruppe überführt).

Durch fortgesetzte Kondensation bilden sich *Tripeptide, Tetrapeptide* und schließlich *Polypeptide*, kettenförmige, aus Aminosäuren aufgebaute Makromoleküle:

$$\overset{\oplus}{H_3N}\underset{\underset{R}{|}}{C}HCO-(NH\underset{\underset{R}{|}}{C}HCO)_n-NH\underset{\underset{R}{|}}{C}HCOO^{\ominus}$$

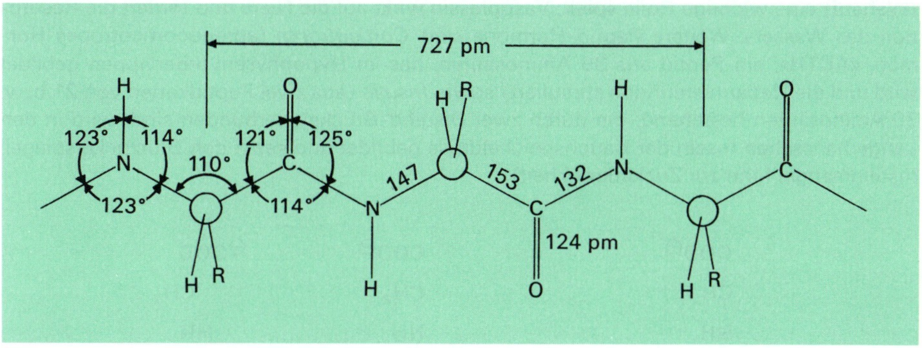

Abb. 24.2. Geometrie der Peptidbindung

Wenn man die Standard-Abkürzungen der Aminosäuren (vgl. S.239) zur Beschreibung ihrer Reihenfolge («**Sequenz**») in den Peptiden verwenden will, so wird, um Unklarheiten zu vermeiden, diejenige Aminosäure mit der freien Aminogruppe am linken Ende, diejenige mit der freien Carboxylgruppe am rechten Ende geschrieben.

Die Röntgen-Kristallstrukturanalyse von Aminosäuren und Dipeptiden zeigt, daß die *Amid-Gruppe* eben gebaut ist, daß also das Carbonyl-C-Atom, das N-Atom und die vier an diese beiden Atome gebundenen Atome in einer Ebene liegen. Die relativ kleine Länge der C—N-Bindung (132 pm; gewöhnliche C—N-σ-Bindungen 147 pm) zeigt, daß ihr in einem gewissen Maß Doppelbindungscharakter zukommt, daß also die Carbonyl-π-Elektronen etwas delokalisiert sind.

Ein interessantes Dipeptid ist «*Aspartam*», das ca. 200 mal süßer[1] schmeckt als Glucose oder Saccharose und daher industriell hergestellt wird. Es besteht aus den Aminosäuren *L*-Phenylalanin(-ester) und *L*-Asparaginsäure.

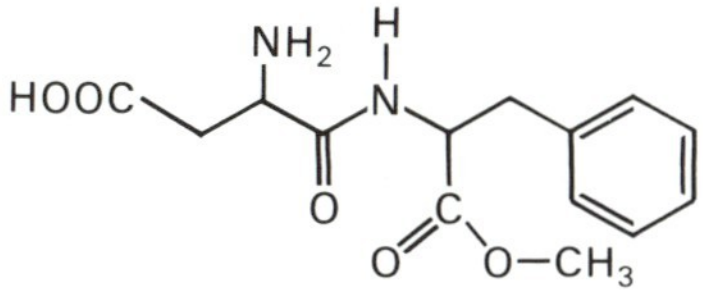

(1) Aspartam   (2) Cyclamat   (3) Acesulfam

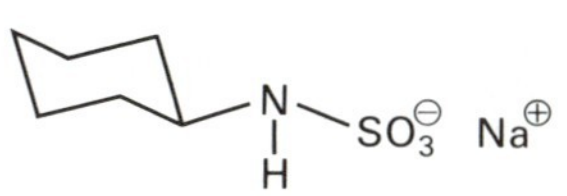

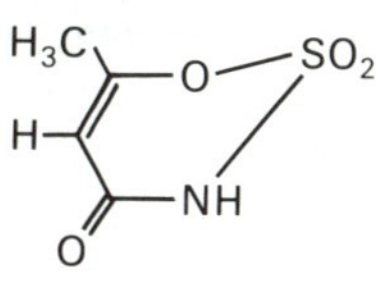

Polypeptidketten bilden das *primäre Strukturelement* der **Proteine**. Auch gewisse *Oligopeptide* sind von großer biologischer Bedeutung. *Glutathion*, ein Tripeptid (γ-Glutamyl-cysteyl-glycin), das in den meisten lebenden Zellen auftritt, ist an Redoxvorgängen beteiligt. *Ocytocin* und *Vasopressin*, zwei Nonapeptide, sind **Hormone** und werden im Hypophysenhinterlappen gebildet. Ocytocin bewirkt die Kontraktion des Uterus, so daß es bei der Geburt

---

[1] Weitere Süßstoffe: *Saccharin* (vgl. S.163; 500 fache Süßkraft verglichen mit Saccharose); *Cyclamate* [Salze der Cyclohexansulfonamidsäure, z.B. (2); 30 fache Süßkraft]; «Natren» enthält ein Gemisch dieser beiden Substanzen. *Acesulfam* (3) ist 2,4-Dihydro-6-methyl-1,2,3-oxathiazin-4-on-2,2-dioxid und kommt als Kaliumsalz zum Einsatz (200 fache Süßkraft).

(Wehen!) eine wichtige Rolle spielt; Vasopressin wirkt auf die Niere und fördert die Resorption des Wassers. Weitere Peptid-Hormone sind *Corticotropin* (adrenocorticotropes Hormon, «ACTH»; ein Peptid aus 39 Aminosäuren, das im Hypophysenvorderlappen gebildet wird und die Nebennierenrinde stimuliert) sowie *Insulin* (aus zwei Peptidketten von 21 bzw. 30 Aminosäuren bestehend, die durch zwei Disulfid-Brücken verbunden sind; wird in den Langerhansschen Inseln der Bauchspeicheldrüse gebildet und senkt den Blutzuckerspiegel; Insulinmangel führt zur Zuckerkrankheit).

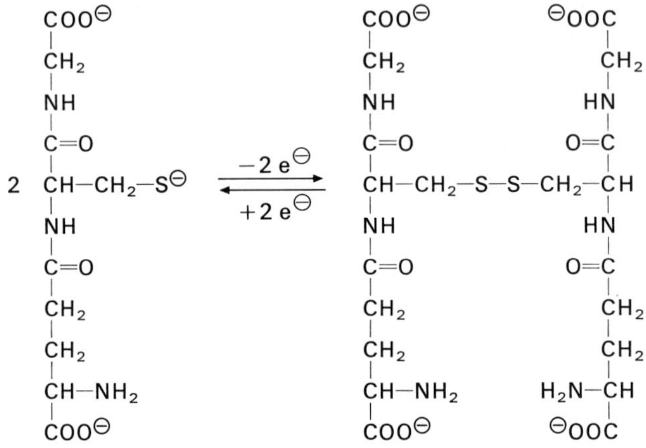

$$2\ \text{Glutathion} \underset{+2e^{-}}{\overset{-2e^{-}}{\rightleftharpoons}} \text{Glutathion-Dimer}$$

Glutathion

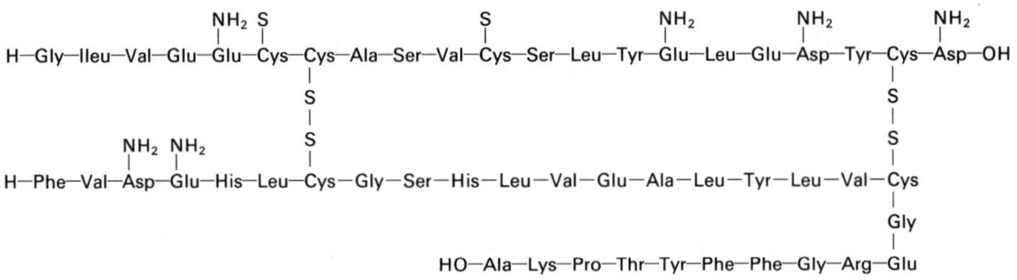

Insulin

Sequenzbestimmung. Eine grundlegend wichtige Aufgabe der Peptidchemie ist die Festlegung der *Sequenz der einzelnen Aminosäuren*. Sie ist möglich durch eine *Kombination von partieller Hydrolyse* mit der *Bestimmung der jeweils terminalen Aminosäure*. Die Ermittlung der *N-terminalen Aminosäure* (mit einer freien Aminogruppe) erfolgt mit 2,4-Dinitrofluorbenzen (DNF, **Sangers Reagens**: vgl. S.573), welches durch die Aminogruppe eine nucleophile Substitution erfährt. Nach der Hydrolyse des Peptids wird die entstandene N-2,4-Dinitrophenylaminosäure identifiziert. Noch empfindlicher ist die «Markierung» der terminalen Aminosäure mit **«Dansylchlorid»** als Sulfonamid, da das Produkt nach der Hydrolyse in Mikrogramm-Mengen spektroskopisch identifiziert werden kann. Ein Nachteil beider Methoden besteht darin, daß das Peptidmolekül hydrolysiert, d.h. zerstört werden muß.

24.2 Peptide

Schema für beide Reaktionen:

a) 2,4-Dinitrofluorbenzen + H$_2$N–CH(R)–CO–Peptid $\xrightarrow{-HF}$ O$_2$N–C$_6$H$_3$(NO$_2$)–NH–CH(R)–CO–Peptid $\xrightarrow{H_2O, H^\oplus}$ O$_2$N–C$_6$H$_3$(NO$_2$)–NH–CH(R)–COOH + Aminosäuren

b) «Dansylchlorid» 5,5-Dimethyl*amino*naphthalin*sulfonyl*chlorid + H$_2$N–CH(R)–CO–Peptid → Dansyl–SO$_2$–NH–CH(R)–CO–Peptid $\xrightarrow{H_2O/H^\oplus}$ Dansyl-H$^\oplus$–SO$_2$–NH–CH(R)–COOH + Aminosäuren

Bei einem anderen, von **Edman** eingeführten **Verfahren**, reagiert die Aminogruppe der terminalen Aminosäure mit *Phenylisothiocyanat* und bildet dadurch ein substituiertes Thioharnstoffmolekül. Durch milde Hydrolyse mit verdünnter Salzsäure kann die «markierte» Aminosäure als Thiazolinonderivat selektiv abgetrennt werden. Dabei bleibt die restliche Peptidkette intakt, so daß das Verfahren fortgesetzt werden kann. Das Thiazolinonderivat wird nach der Abtrennung in ein Phenylthiohydantoin umgelagert, das dünnschichtchromatographisch leicht zu identifizieren ist.

24 Proteine und Proteide

Der Edman-Abbau wird heute *vollautomatisch* ausgeführt. Die dazu notwendigen Reaktions-, Extraktions- und Trocknungsvorgänge laufen in einem schnell rotierenden zylindrischen Gefäß ab, und zwar besonders rasch, weil darin die Lösungen nur einen dünnen Film bilden. Ein Fraktionssammler liefert die Thiazolinone der einzelnen Aminosäuren, welche anschließend einzeln umgelagert und identifiziert werden müssen.

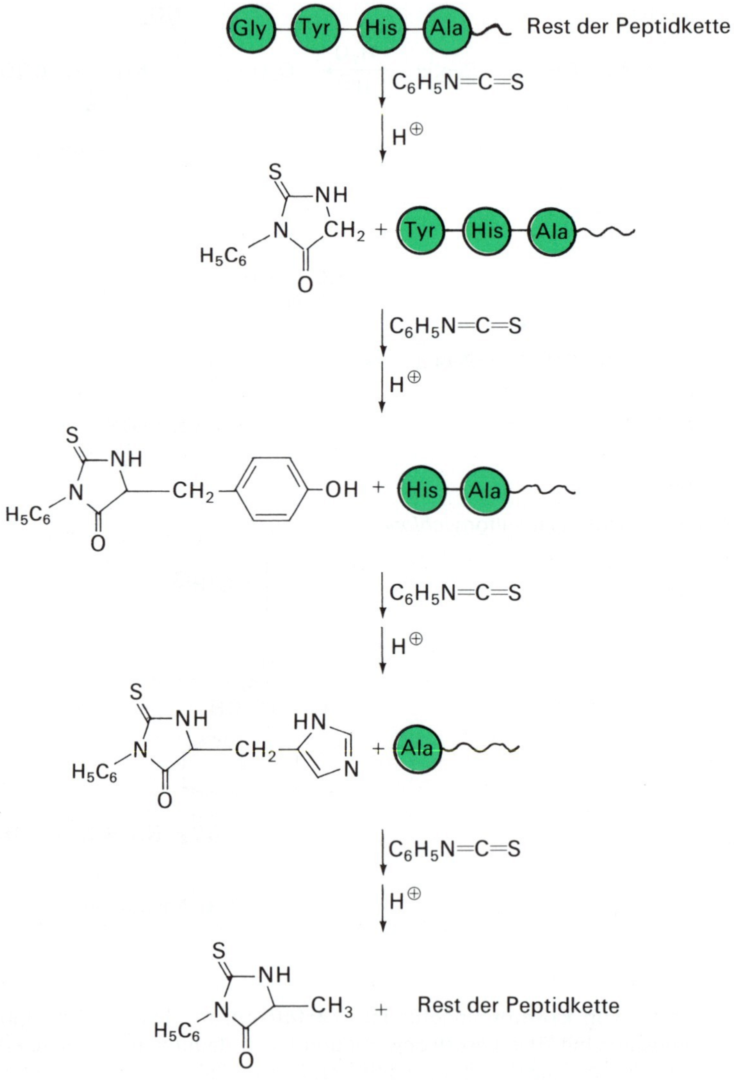

Abb. 24.3. Schema des Edman-Abbaues eines Peptides, das am Ende die Aminosäuren Gly, Tyr, His und Ala aufweist

$H_5C_6NCS + H_2NCHCONHCHCO- \longrightarrow H_5C_6-\underset{H}{N}-\underset{S}{\overset{\|}{C}}-NHCHCONHCHCO-$
$\underset{R}{|}\underset{R'}{|}\underset{R}{|}\underset{R'}{|}$

↓ HCl

$H_5C_6-\underset{S}{\overset{N}{\underset{\|}{\underset{}{}}}}\overset{R}{\underset{O}{}}$ + $H_2NCHCO-$
Thiazolinon-Derivat $\underset{R'}{|}$

H_2O ↙

$H_5C_6-\underset{H}{N}-\underset{S}{\overset{\|}{C}}-NH-CH-COOH \xrightarrow{H^\oplus} H_5C_6-\underset{}{N}\underset{O}{\overset{S}{\underset{}{}}}\overset{NH}{\underset{R}{}}$ + H_2O
$\underset{R}{|}$
Phenylthiohydantoin

Zur Bestimmung der *C-terminalen Aminosäure* (mit einer freien Carboxylgruppe) kann man das Peptid mit Hydrazin erhitzen. Dabei werden (mit Ausnahme der C-terminalen) alle Aminosäuren in Hydrazide übergeführt (es erfolgt also eine «Hydrazinolyse» der Amidbindungen). Wird das Gemisch mit DNF behandelt, so läßt sich das Derivat der C-terminalen Säure mit NaOH abtrennen (nur dieses besitzt eine freie Carboxylgruppe und ist alkalilöslich!). Noch besser läßt sich die C-terminale Säure dadurch ermitteln, daß man sie mittels des Enzyms Carboxypeptidase (aus dem Pankreas) vom Peptid abtrennt, denn dieses Enzym vermag nur solche Peptidbindungen zu trennen, die einer freien α-Carboxylgruppe benachbart sind.

In der Praxis ist es allerdings kaum möglich, eine längere Peptidkette Schritt für Schritt abzubauen und die jeweiligen Endglieder zu bestimmen. Man unterwirft vielmehr das Peptid einer *partiellen Hydrolyse* (enzymatisch oder durch verdünnte Salzsäure) und identifiziert die dabei gebildeten Fragmente (Dipeptide, Tripeptide usw.). Kennt man genügend verschiedene Bruchstücke, so läßt sich die Sequenz des gesamten Peptid-Moleküls rekonstruieren. Die Sequenzbestimmung der Aminosäuren im *Insulin* durch die Arbeitsgruppe von Sanger (1952, nach zehnjähriger Arbeit!) bedeutete einen Markstein in der Peptid- und Proteinchemie. Heute ist die exakte Sequenz vieler anderer Peptidketten bekannt [u. a. der vier Peptide aus dem Hämoglobin, von denen zwei 141 und zwei 146 Aminosäuren enthalten, oder der Polypeptidkette des Chymotrypsinogens (eines Enzyms) mit 246 Aminosäuren].

Peptidsynthesen. Die Synthese von Peptiden ist nicht nur zur Bestätigung der experimentell ermittelten Sequenz natürlicher Peptidketten von Interesse; es lassen sich auf diese Weise auch Peptide aufbauen, die als *Modellsubstanzen* zur Untersuchung von charakteristischen Eigenschaften oder Reaktionen von Peptiden und Proteinen dienen können.
Bei der Synthese von Peptiden aus α-Aminosäuren stellen sich verschiedene grundlegende Probleme. Da nämlich bei der Reaktion zweier verschiedener Aminosäuren insgesamt vier Produkte entstehen können (zwei durch Selbstkondensation und zwei durch «gekreuzte» Kondensation), muß die Aminogruppe des einen und die Carboxylgruppe des anderen

Reaktanten derart *geschützt* werden, daß die Kondensation nur auf eine einzige Art möglich ist, wobei die Schutzgruppen nach der Peptidbildung unter so milden Bedingungen abgetrennt werden müssen, daß dabei keine Hydrolyse der entstandenen Amidbindung eintritt. Weiter muß die **Carboxylgruppe** in einer Weise **aktiviert** werden, daß zur Bildung des Peptids keine allzu drastischen Bedingungen erforderlich sind, welche zu unerwünschten Nebenreaktionen führen könnten. Schließlich darf bei der Synthese auch *keine Racemisierung* eintreten, denn wenn ein natürliches Peptid synthetisiert werden soll, müssen alle Chiralitätszentren in der Peptidkette (alle «α-C-Atome») die *L*-Konfiguration besitzen. Racemisierung tritt besonders leicht in basischer Lösung ein, da sich ein Oxazolon-Ring bilden kann, der (über die Enolform) racemisiert:

($X^\ominus$ ist eine Abgangsgruppe, z. B. $Cl^\ominus$)

Enolform

Trotz dieser Schwierigkeiten gelang es, verschiedene Methoden zur Synthese von Peptiden zu entwickeln und damit auch längere, natürlich vorkommende Peptidketten Schritt um Schritt aufzubauen. Dabei ist zu bedenken, daß im Fall eines Peptides von beispielsweise 50 Aminosäuren 100 Syntheseschritte notwendig sind, und daß – sogar wenn jeder einzelne Schritt mit einer Ausbeute von 90% verläuft – die Gesamtausbeute sehr gering wird. In der Praxis werden deshalb meist zunächst kürzere Peptidstücke aufgebaut und diese erst nachher verknüpft («konvergente Synthese», s. S. 666).

Zum **Schutz der Carboxylgruppe** kann man sie durch Isobuten (in Gegenwart von konzentrierter Schwefelsäure) in den *tert*-Butylester überführen. Die *tert*-Butylgruppe läßt sich nach der Kondensation durch milde saure Hydrolyse (über das *tert*-Butylcarbenium-Ion) wieder entfernen:

24.2 Peptide

Um die *Aminogruppe zu schützen*, ist die üblicherweise bei präparativen Arbeiten angewandte Acylierung (z. B. mit Benzoylchlorid) unbrauchbar, da bei der Hydrolyse des dadurch gebildeten Amids auch die Peptidbindung hydrolysiert wird. Geeignet ist hingegen der Schutz durch Reaktion mit *Benzyl-* (oder *tert-Butyl-*) *chlorkohlensäureester* (vgl. auch S. 617), weil dann die Schutzgruppe entweder durch katalytische Hydrierung (Hydrogenolyse!) oder durch milde saure Hydrolyse (z. B. mit HBr in Eisessig bei Raumtemperatur) wieder abgetrennt werden kann.

Abtrennung:

$$H_5C_6CH_2O-\underset{\underset{O}{\|}}{C}-NHR \begin{cases} \xrightarrow{H_2/Pd} C_6H_5CH_3 + \left[HO-\underset{\underset{O}{\|}}{C}-NH-R\right] \rightarrow CO_2 + H_2N-R \\ \text{eine Carbaminsäure, instabil} \\ \xrightarrow[\text{(kalt)}]{HBr} C_6H_5CH_2Br + \left[HO-\underset{\underset{O}{\|}}{C}-NH-R\right] \rightarrow CO_2 + H_2N-R \\ \text{eine Carbaminsäure} \end{cases}$$

acyliertes Amin
(aus Carbobenzoxychlorid
und dem Amin entstanden)

Tabelle 24.1. Schutzgruppen für die Aminogruppe

Schutzgruppe	zum Schutz der Aminogruppe benötigte Substanz
$H_5C_6-CH_2-O-\underset{\underset{O}{\|}}{C}-$ Benzyloxycarbonyl- (Cbo-[1] oder «Z-Rest»)	$H_5C_6-CH_2-O-\underset{\underset{O}{\|}}{C}-Cl$ Benzylchlorkohlensäureester («Carbobenzoxychlorid»)
$(H_3C)_3C-O-\underset{\underset{O}{\|}}{C}-$ *tert*-Butoxycarbonyl- (Boc)	$(H_3C)_3C-O-\underset{\underset{O}{\|}}{C}-Cl$ *tert*-Butylchlorkohlensäureester

Die *Aktivierung der Carboxylgruppe* (d. h. ihre Überführung in ein gegenüber Aminogruppen reaktionsfähigeres Derivat) ist auf verschiedene Weise möglich. Durch Reaktion mit $SOCl_2$ oder durch Umsetzen des Esters mit Hydrazin und salpetriger Säure erhält man die entsprechenden *Acylchloride* bzw. *-azide*, die beide sehr gut mit Aminen reagieren (S_N2_t; sowohl $-Cl$ wie $-N_3$ sind gute Abgangsgruppen!). Auch aktivierte Ester lassen sich unter Umständen zur Umsetzung mit Aminogruppen verwenden; in *p-Nitrophenylestern* z. B. ist das *p*-Nitrophenolat-Anion wegen der Wirkung des π-Acceptors eine gute Abgangsgruppe, so daß solche Ester leicht mit Aminogruppen reagieren:

$$-\underset{\underset{O}{\|}}{\overset{OAr}{C}} + H_2N- \rightarrow -\underset{\underset{O^{\ominus}}{|}}{\overset{OAr}{C}}-\overset{H}{\underset{H}{N^{\oplus}}} \xrightarrow[-H^{\oplus}]{-ArO^{\ominus}} -\underset{\underset{O}{\|}}{C}-\underset{H}{N}-$$

---
[1] Von früher *C*arbo*b*enz*o*xy

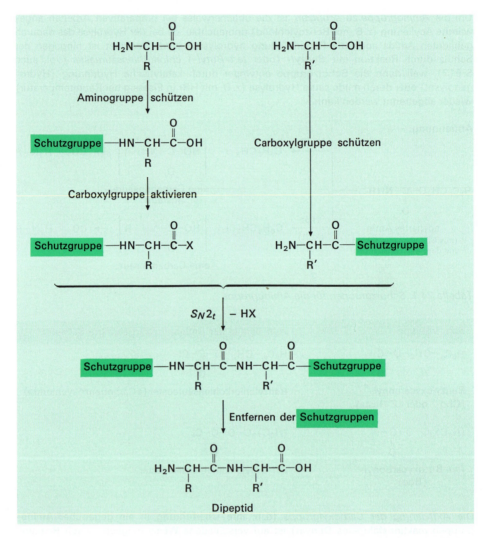

Abb. 24.4. Reaktionsfolge bei der Bildung eines Dipeptids aus zwei verschiedenen Aminosäuren

Besonders elegant ist die *direkte Amidbildung* aus Carboxyl- und Aminogruppe unter Zusatz von *N,N'-Dialkylcarbodiimiden* (die durch Elimination von Wasser aus disubstituierten Harnstoffen entstehen):

$$R-NH-\underset{\underset{O}{\|}}{C}-NH-R \xrightarrow{-H_2O} R-N=C=N-R$$

Dialkylcarbodiimid

Durch Reaktion des Carbodiimids mit einer Carbonsäure bildet sich zunächst ein O-acylierter Harnstoff. Dieser reagiert leicht mit Nucleophilen und bildet mit Aminen ein Amid, wobei wieder ein dialkylierter Harnstoff abgespalten wird:

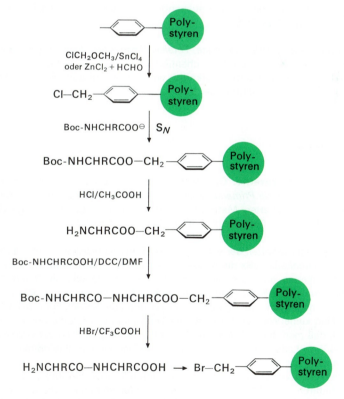

Selbstverständlich müssen eventuell noch vorhandene weitere funktionelle Gruppen (z. B. die Aminogruppe in der Seitenkette von Lysin oder Thiolgruppen) ebenfalls geschützt werden, was das Verfahren weiter kompliziert.

Abb. 24.5. Schema der Synthese eines Dipeptids mittels eines Trägers aus Polystyren
Abkürzungen: Boc = t-Butoxycarbonyl; DCC = Dicyclohexylcarbodiimid; DMF = Dimethylformamid

766   24 Proteine und Proteide

Wenn man nun aber ein Peptid auf die geschilderte Art und Weise schrittweise aufbaut, so ist es notwendig, nach jeder erfolgten Verknüpfung das Produkt z. B. durch Umkristallisieren oder mittels einer anderen Methode sorgfältig zu *reinigen*, da sonst *Nebenreaktionen* auftreten können, welche die Ausbeuten noch mehr vermindern. Eine andere, vor einigen Jahren entwickelte und inzwischen mit dem Nobelpreis ausgezeichnete Methode zur Peptidsynthese («**Merrifield-Synthese**») vermeidet die langwierige Aufarbeitung jedes Produktes und ermöglicht daher ein viel schnelleres Arbeiten, so daß sie insbesondere zum Aufbau von Polypeptidketten mit höheren Molekülmassen geeignet ist. Man verwendet dabei ein durch Copolymerisation mit Divinylbenzen schwach vernetztes *Polystyrenharz* (vgl. S.170) als *Träger*. Das Harz wird zunächst z. B. mit Formaldehyd, Salzsäure und $ZnCl_2$ chlormethyliert, und das Chlormethylpolymerisat wird mit dem Salz einer Aminosäure umgesetzt, deren Aminogruppe durch Carbobenzoxychlorid oder *tert*-Butylchlorcarbonat geschützt ist. Dadurch wird die Aminosäure (als Ester) an das Harz gebunden, und die *Nebenprodukte* können aus dem weitmaschig vernetzten Harz *ausgewaschen* werden. Nach Abtrennung der Schutzgruppe und nach erneutem Auswaschen wird die nächste Aminosäure eingeführt (deren Aminogruppe wieder mit *tert*-Butylchlorcarbonat geschützt ist) und mittels N,N'-Dicyclohexylcarbodiimid mit der schon an das Harz gebundenen Aminosäure zum Dipeptid kondensiert. Nebenprodukte (Dicyclohexylharnstoff) werden ausgewaschen und das Verfahren so lange wiederholt, bis das gewünschte Polypeptid – das immer noch als Ester an das Harz gebunden ist – aufgebaut worden ist. Zum Schluß werden Peptid und Harz durch Behandlung des in Trifluoressigsäure suspendierten Festkörpers mit HBr (bei Raumtemperatur!) getrennt (vgl. Abb. 24.5).

Auf diese Weise gelang 1969 die erste *Totalsynthese* eines *Enzyms* (der Ribonuclease), wobei 124 Aminosäuren durch 369 chemische Reaktionen mittels eines automatisch gesteuerten Gerätes zum Polypeptid verknüpft wurden. Die gesamte Synthese konnte innerhalb weniger Wochen durchgeführt werden.

24.3   Proteine

Primärstruktur der Proteine. Die *Sequenz der Aminosäuren* in den Polypeptidketten eines Proteins wird als seine *Primärstruktur* bezeichnet. Sie läßt sich im Prinzip mit Hilfe der bereits unter 24.2 diskutierten Methoden aufklären, bietet aber (als Folge der längeren Ketten) erheblich größere Schwierigkeiten als bei Peptiden.

Die *chemischen Eigenschaften* der verschiedenen Proteine werden in erster Linie durch die verschiedenen *Seitenketten* «R» der einzelnen Aminosäuren bestimmt. Da sowohl basische wie saure Seitenketten auftreten, besitzen Proteine ebenso wie die freien Aminosäuren *Ampholytcharakter*. Im *isoelektrischen Punkt* entspricht die Summe aller positiven Ladungen der Summe aller negativen Ladungen; in einer Lösung vom betreffenden pH-Wert findet im elektrischen Feld keine Wanderung statt. Die Trennung der Proteine durch *Elektrophorese* beruht darauf, daß man den pH-Wert der Lösung verändert; je nach der Größe der Proteinmoleküle und ihrer Ladung wandern sie mit verschiedenen Geschwindigkeiten zur Anode oder zur Kathode.

Cystein-Seitenketten verschiedener Polypeptidketten können Disulfid-(—S—S—) Brücken bilden und dadurch zwei Makromoleküle miteinander verbinden; diese Disulfid-Brücken können z. B. durch überhitzten Wasserdampf oder auch durch chemische Mittel gelöst werden, so daß das betreffende Protein verformbar wird. Abkühlen an der Luft bewirkt dann eine Neubildung der Disulfid-Brücken und damit wieder ein Erstarren des Proteins. Der hohe

24.3 Proteine

Kristallisationsgrad von *Seidenfibroin* (und damit seine große Festigkeit) ist unter anderem eine Folge der Tatsache, daß Seidenfibroin, im Gegensatz zur Wolle, besonders viel Glycin und Alanin besitzt (also besonders viele kurze Seitenketten —H und —CH$_3$).

Sekundärstruktur der Proteine. Polypeptid-Makromoleküle, die aus mehreren hundert Aminosäuren aufgebaut sind, können naturgemäß räumlich sehr verschiedenartigen Bau besitzen (gestreckte Ketten, ungeordnete Knäuel, Schraube u. a.). Die Art dieser *räumlichen Anordnung* der Polypeptidketten bezeichnet man als *Sekundärstruktur* der Proteine. Sie läßt sich nicht durch chemische Methoden allein, sondern nur unter Zuhilfenahme der *Röntgen-Kristallstrukturanalyse* aufklären.

Die Dimensionen einer *gestreckten Peptidkette* wurden in Abb. 24.2 (S. 757) wiedergegeben. Hier wäre die Identitätsperiode 727 pm. Eine mehr oder weniger *flache, rostartige Anordnung* der Polypeptidketten (wobei jeweils —NH- und >C=O-Gruppen zweier Ketten einander gegenüberliegen müßten) ist aber wegen der verschiedenen Raumbeanspruchung der Seitenketten nicht möglich. Durch eine leichte *Auffaltung* des «Rostes» erhalten die Seitenketten mehr Raum und stehen senkrecht in die Höhe (Abb. 24.6; Sekundärstruktur von β-Keratin). Diese **«Faltblattstruktur»** tritt beim Seidenfibroin und beim β-Keratin auf. Proteine dieses Typus enthalten vor allem Aminosäuren mit kurzen Seitenketten (Alanin, Serin) oder ohne Seitenkette (Glycin). Als Folge der Auffaltung wird die Identitätsperiode etwas kleiner als 727 pm, was mit den experimentell bestimmten Daten übereinstimmt.

Während bei der Faltblattstruktur H-Brücken zwischen —NH- und >C=O-Gruppen *verschiedener* Ketten auftreten, besteht durch die Bildung einer *schraubenförmigen* Anordnung der Polypeptidkette (gewissermaßen um einen Zylinder gewickelt) die Möglichkeit der Ausbildung von H-Brücken zwischen solchen Gruppen *ein und derselben Kette*, wenn sich diese Gruppen im «richtigen» Abstand gegenüberstehen. Dies ist die sehr verbreitete **«α-Helix»** (Pauling; Abb. 24.7) mit einer Identitätsperiode von etwa 540 pm (α-*Keratin, Myosin;* auch in zahlreichen globulären Proteinen). In dieser α-Helix kommen 3.7 Aminosäuren auf eine

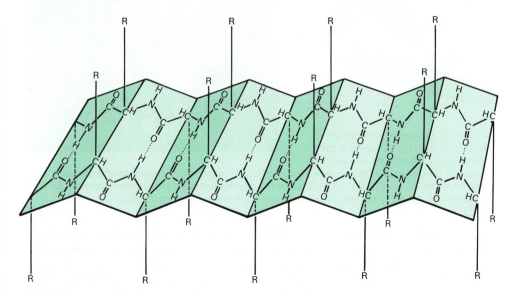

Abb. 24.6. Faltblattstruktur von β-Keratin

Umdrehung. (Wegen der ebenen Anordnung der Peptidbindung ist der Querschnitt der Helix nicht gleichmäßig rund. Die Seitenketten der Aminosäuren stehen in der α-Helix vom eigentlichen Schraubenkörper nach außen ab.

Abb. 24.7. Schraubenförmige Anordnung einer Polypeptidkette (sogenannte α-Helix nach Pauling). Die Polypeptidkette bildet eine Schraube mit Linksgewinde. Die Aminosäurebausteine sind miteinander durch Peptidbindungen und außerdem durch Wasserstoffbrücken zwischen Bausteinen benachbarter Gänge verbunden (gestrichelte Linien). Die Seitenketten sind mit «R» bezeichnet

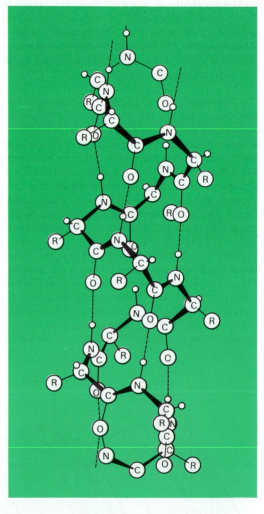

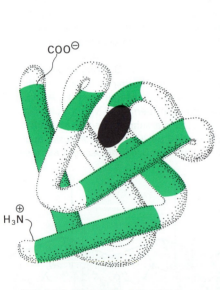

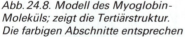

Abb. 24.8. Modell des Myoglobin-Moleküls; zeigt die Tertiärstruktur. Die farbigen Abschnitte entsprechen Gebieten, in denen die Polypeptidkette eine α-Helix bildet. Jede Falte und ebenso die Regionen des C- und des N-Endes stellen Unregelmäßigkeiten in der Helix-Struktur dar. Die Stellung der Häm-Gruppe wird durch die dunkle Scheibe angedeutet

Beim Verstrecken von *Wolle* wird das α-Keratin in β-Keratin umgewandelt. Dabei werden die Schrauben «entspiralisiert» und die Peptidketten gestreckt, so daß sich die Faltblattstruktur ausbildet. Die H-Brücken innerhalb der Helixumgänge werden getrennt, und an ihrer Stelle bilden sich H-Brücken zwischen den verschiedenen Peptidketten. Möglicherweise tritt eine solche Umwandlung auch bei der *Muskelkontraktion* auf (Myosin besitzt die α-Helix als Sekundärstruktur).

Tertiärstruktur. Die *Anordnung* der *miteinander verbundenen Peptidketten* und insbesondere der *Helix* im *Raum* wird als *Tertiärstruktur* bezeichnet. *Haare* (Wolle) besitzen eine besonders einfache Tertiärstruktur; hier sind wahrscheinlich einzelne Helices umeinander wie zu einem Kabel oder Seil verdreht. Komplizierte Tertiärstrukturen liegen insbesondere bei den *globulären* Proteinen vor; sie sind sehr schwierig zu ermitteln, weil die Ordnung innerhalb des «Moleküls» eines globulären Proteins viel geringer ist.

24.4 Proteide

Zahlreiche eiweißartige Substanzen bestehen aus einem *Proteinanteil* und einer nichteiweißartigen, oft verhältnismäßig einfach gebauten **«prosthetischen Gruppe»**. Solche zusammengesetzte Eiweißkörper nennt man **Proteide**. Je nach der prosthetischen Gruppe unterscheidet man zwischen

> *Chromoproteiden*, in denen die prosthetische Gruppe *Farbstoff*charakter besitzt (z. B. Hämoglobin, die Atmungsfermente u. a.)
> *Lipoproteide*, die aus Proteinen und *Lipiden* bestehen
> *Glykoproteide*, in denen das Protein mit einem *Kohlenhydrat* verbunden ist
> *Phosphoproteide*, die *Phosphorsäure* als prosthetische Gruppe enthalten
> *Nucleoproteide*, welche (hochmolekulare) *Nucleinsäuren* als prosthetische Gruppe enthalten

Enzyme. Enzyme sind *Katalysatoren* der lebenden Zelle. Die chemischen Umsetzungen in einem Organismus (sein *«Stoffwechsel»*) sind nur unter der Wirkung solcher Katalysatoren möglich. Enzyme vermögen ebensowenig wie einfach gebaute Katalysatoren ein Gleichgewicht zu verschieben; sie vermindern aber die erforderliche freie Aktivierungsenthalpie und ermöglichen dadurch den Ablauf von vielen Vorgängen, die bei der Temperatur des lebenden Körpers nicht eintreten könnten.

Alle bisher bekannten Enzyme sind Proteine oder Proteide. Viele sind in reiner Form *kristallin* gewonnen worden (als erstes Enzym die Urease, ein harnstoffspaltendes Enzym; 1926). Von einer Reihe von Enzymen kennt man auch die Aminosäuresequenz. Das erste totalsynthetisch aufgebaute Enzym war die Ribonuclease (1969, vgl. S.133). *Proteid-Enzyme* bestehen aus Protein und prosthetischer Gruppe. Bei vielen Proteid-Enzymen ist es gelungen, die prosthetische Gruppe reversibel abzuspalten. In solchen Fällen wird das Protein als *Apoenzym*, die prosthetische Gruppe als *Coenzym* bezeichnet.

Enzyme zeigen gewöhnlich eine ausgesprochene **«Wirkungsspezifität»**, d. h. sie vermögen nur eine ganz bestimmte Reaktion zu katalysieren. Anders gesagt, besitzt ein Enzym die Fähigkeit, von verschiedenen thermodynamisch möglichen Umsetzungen einer bestimmten Substanz (des «Substrats») eine einzige *auszuwählen* und die freie Aktivierungsenthalpie nur dieser Reaktion herabzusetzen. Die Enzyme werden nach dem umgesetzten Substrat oder nach der von ihnen katalysierten Reaktion benannt: Esterasen vermögen Ester zu hydrolysieren, Carbohydrasen hydrolysieren Di- und Polysaccharide, Peptidasen hydrolysieren Peptidbindungen, Dehydrogenasen entziehen (und übertragen) Wasserstoff, Carboxylasen vermögen Carbonsäuren zu decarboxylieren, Katalasen spalten Wasserstoffperoxid in Wasser und Sauerstoff usw. Selbstverständlich werden jeweils auch die entsprechenden «Rückreaktionen» katalysiert; unter der Wirkung der Maltase wird also nicht nur

Malzzucker in zwei Moleküle α-Glucose gespalten, sondern es ist auch möglich, mittels des Enzyms Malzzucker aus α-Glucose aufzubauen. Oft wird auch eine ausgeprägte *«Substratspezifität»* der Enzyme beobachtet. So vermag **Amylase** nur Stärke abzubauen, während Cellulose nicht angegriffen wird. Fast stets reagiert auch nur das eine von zwei Enantiomeren mit dem Enzym (welches als Protein oder Proteid selbst chiral gebaut ist). Die **Arginase** spaltet z. B. nur das natürlich vorkommende *L*-, nicht aber das *D*-Arginin.

Während über die Beziehungen zwischen Substrat und Enzym im einzelnen noch recht wenig bekannt ist, kennt man die *allgemeinen Prinzipien der Enzymwirkung* recht gut. So bestimmt der *Proteinanteil* des Enzyms seine *Substratspezifität*, entscheidet also darüber, welche von den zahlreichen vorhandenen Substanzen als Substrat des Enzyms umgesetzt werden soll. Dies erfolgt dadurch, daß das Enzymprotein zunächst mit dem Substrat einen **«Enzym-Substrat-Komplex»** bildet, der dann anschließend weiter reagiert. Offenbar besitzt das Protein ganz bestimmte *«aktive Zentren»*, an denen die Bindung des Substrats möglich ist. Für die Auswahl des Substrats ist wohl in erster Linie die Gestalt und Art der *Proteinoberfläche* verantwortlich zu machen, wobei diese vielleicht eine Art räumliches Negativ des Substratmoleküls bildet (vergleichbar einem Gipsabguß). Die Oberflächenstruktur hängt vor allem von der *Tertiärstruktur* des Enzymproteins ab, wobei die Seitenketten der Aminosäuren in den Polypeptidketten möglicherweise die Bindung des Substrats durch H-Brücken, van der Waals-Kräfte oder elektrische Anziehung zwischen geladenen Gruppen bewerkstelligen. Da durch die *Denaturierung* die Tertiärstruktur zerstört wird (während die Primär- und wahrscheinlich auch die Sekundärstruktur erhalten bleiben), verlieren Enzyme beim Erwärmen auf Temperaturen $>60\,°C$ ihre Wirkung. Die häufig beobachtete starke *p*H-Abhängigkeit der Enzymwirkung sowie der fördernde, manchmal auch hemmende Einfluß bestimmter Ionen dürfte wohl unter anderem darauf zurückzuführen sein, daß auf diese Art nicht nur die Oberflächenstruktur des Proteins verändert, sondern auch die Natur der Kräfte zwischen Protein und Substrat beeinflußt wird.

Während der Organismus grundsätzlich in der Lage ist, den Proteinanteil seiner Enzyme selbst aufzubauen, trifft dies für die Wirkgruppen merkwürdigerweise nicht immer zu. In diesem Fall ist der Organismus auf die Zufuhr solcher Substanzen (oder von Verbindungen, die im Körper in die aktiven Wirkgruppen umgewandelt werden können) angewiesen (**«Vitamine»**).

ATP und ADP. Im Zusammenhang mit der Diskussion der Enzymwirkung sei kurz noch auf das Problem der *endergonischen biochemischen Reaktionen* und insbesondere der *Energiegewinnung* und *-übertragung* eingegangen. Wir haben schon betont, daß die Enzyme als «Katalysatoren» die Gleichgewichtslage chemischer Reaktionen nicht beeinflussen können. *Endergonische* Reaktionen (mit Gleichgewichtskonstanten < 1) sind deshalb nur möglich, wenn sie *mit einer zweiten Reaktion gekoppelt* sind, die so stark exergonisch ist, daß die algebraische Summe der freien Enthalpien beider Reaktionen negativ wird. Eine häufige Form dieser «Kopplung» besteht darin, daß die Ausgangssubstanz einer endergonischen Reaktion zuerst in eine energiereiche (besonders aktivierte) Form übergeführt wird, deren freie Enthalpie so hoch ist, daß die (eigentlich endergonische) Reaktion exergonisch wird. Ein einfaches Beispiel dafür bildet die Überführung der mit Aminen überhaupt nicht und mit Alkoholen nur schwach exergonisch reagierenden Carbonsäuren in die entsprechenden Acylhalogenide, welche dann sowohl mit Aminen wie mit Alkoholen in stark exergonischer Reaktion (d. h. in stark rechts liegendem Gleichgewicht) Amide bzw. Ester ergeben.

Bei dieser Energieübertragung und -speicherung in der Zelle ist ein Proteid, dessen Wirkgruppe das **Adenosintriphosphat** (ATP) ist, von ausschlaggebender Bedeutung.

$$\begin{array}{c}
\text{HO}-\overset{\displaystyle O}{\underset{\displaystyle OH}{P}}-O-\overset{\displaystyle O}{\underset{\displaystyle OH}{P}}-O-\overset{\displaystyle O}{\underset{\displaystyle OH}{P}}-O-CH_2
\end{array}$$

Adenosintriphosphat (als Säure)

Die Hydrolyse von ATP zu ADP oder AMP (Adenosindi- bzw. monophosphat) ist nämlich ziemlich stark *exergonisch* ($\Delta G°$ etwa -34 kJ pro mol und pro Bindung); man sprach deshalb in der Biochemie gelegentlich von «energiereichen Bindungen», wenn wie bei der —P—O—P-Bindung des ATP durch die Hydrolyse vergleichsweise viel Energie freigesetzt wird.

Das ATP ist ein energiereiches Molekül, weil seine Triphosphat-Einheit zwei Phosphorsäureanhydrid-Bindungen enthält. Wenn ATP zu Adenosindiphosphat (ADP) und Orthophosphat (P_i) bzw. zu Adenosinmonophosphat (AMP) und Pyrophosphat (PP_i) hydrolysiert wird, ist die Änderung der freien Enthalpie $\Delta G_r°$ stark negativ.

Welche Faktoren sind für das hohe Übertragungspotential des ATP für Phosphatgruppen verantwortlich? Es sind vorwiegend die *elektrostatische Abstoßung* und die *Mesomeriestabilisierung*. Bei pH 7 trägt die Triphosphat-Einheit des ATP vier negative Ladungen. Diese stoßen sich gegenseitig stark ab, da sie nahe beieinander liegen. Die elektrostatische Abstoßung zwischen diesen negativ geladenen Gruppen wird bei der Hydrolyse des ATP vermindert.

Der andere Faktor, der zum hohen Gruppenübertragungspotential des ATP beiträgt, besteht in der größeren Mesomeriestabilisierung des ADP und P_i gegenüber ATP. Für das Hydrogenphosphat können z. B. mehrere Grenzstrukturen ähnlicher Energie formuliert werden:

$$\left[HO-\overset{O}{\underset{O^\ominus}{P}}-O^\ominus \leftrightarrow HO-\overset{O^\ominus}{\underset{O}{P}}-O^\ominus \leftrightarrow HO-\overset{O^\ominus}{\underset{O^\ominus}{P}}=O \leftrightarrow H\overset{\oplus}{O}=\overset{O^\ominus}{\underset{O^\ominus}{P}}-O^\ominus \right]^{2\ominus}$$

Im Gegensatz dazu besitzt der terminale Teil des ATP weniger ins Gewicht fallende Grenzstrukturen pro Phosphatgruppe.

Wie nun der Energieinhalt des ATP mit endergonischen biochemischen Reaktionen gekoppelt wird, läßt sich am besten an einem Beispiel zeigen. Die Bildung von Glucose-6-phosphat (des sogenannten Robinson-Esters; Glucose-6-phosphat ist die stoffwechselaktive Form der Glucose) aus Glucose und Phosphorsäure ist stark endergonisch (das Gleichgewicht liegt ganz auf der Seite der Ausgangsstoffe). Reagiert aber Glucose mit ATP an Stelle von freier Phosphorsäure, so wird die Reaktion exergonisch, und sie kann unter der Wirkung eines Enzyms in der Zelle ablaufen. Durch diese **«Phosphorylierung»** können auch zahlreiche andere Verbindungen in einen energiereicheren Zustand versetzt werden. Die Bildung von Di- oder Polysacchariden aus Glucose ist z. B. ebenfalls endergonisch; ist aber die Glucose phosphoryliert, so wird beispielsweise die Bildung von Saccharose exergonisch:

Glucose-1-phosphat + Fructose → Saccharose + Phosphat $\Delta G° < 0$

(Diese Reaktion verläuft nicht über Glucose-6-phosphat, sondern über den sogenannten Cori-Ester, Glucose-1-phosphat.)

Dadurch, daß das an Glucose gebundene Phosphat im Verlauf des Kohlenhydratabbaues auf AMP oder ADP übertragen wird, wird ein großer Teil der sonst frei werdenden Wärmeenergie als *chemische Energie* von ATP gespeichert und damit für andere (endergonische) Prozesse (die dann mit der Hydrolyse von ATP zu ADP bzw. AMP gekoppelt sind) verfügbar. Als Beispiel betrachten wir die Energiebilanz der *«Glykolyse»*, d.h. des unter Sauerstoffmangel ablaufenden Abbaues von Glucose zu Milchsäure im Muskel:

$$\text{Glucose} \rightarrow \text{Milchsäure} \qquad \Delta H° = -150.7 \text{ kJ}$$

$$\text{Glucose} + 2 \text{ H}_3\text{PO}_4 + 2 \text{ ADP} \rightarrow 2 \text{ ATP} + 2 \text{ H}_2\text{O} + \text{Milchsäure} \quad \Delta H° = -54.4 \text{ kJ}$$

Das gebildete ATP speichert also über 60% der freiwerdenden Energie.

Auch bei der *Photosynthese* wird ATP aus anorganischem Phosphat gebildet, wodurch die Lichtenergie zum Teil direkt als chemische Energie gespeichert wird.

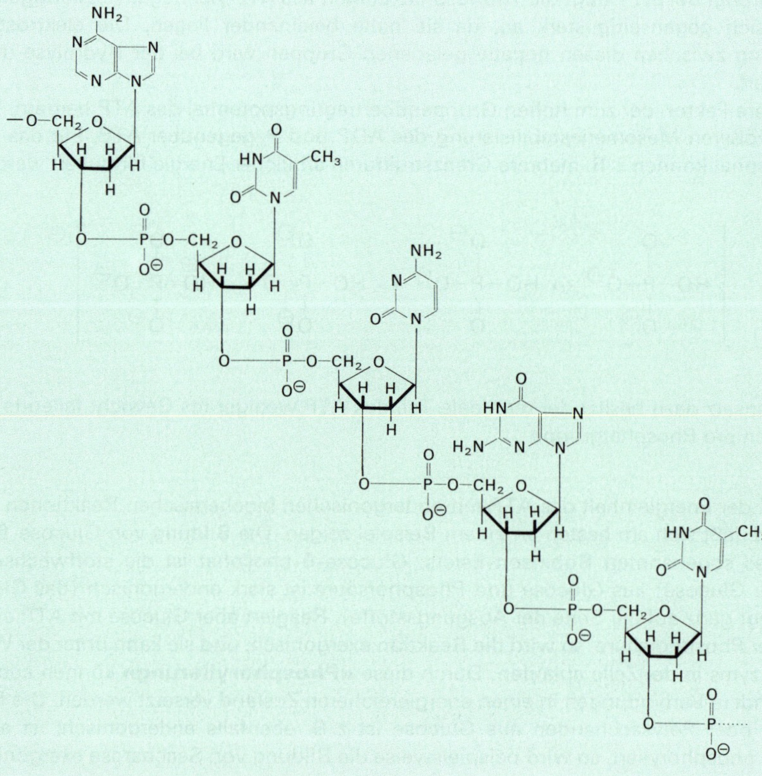

Abb. 24.9. Konstitution der Desoxyribonucleinsäure

24.4 Proteide

Nucleoproteide. Jede lebende Zelle enthält Nucleoproteide, Substanzen, in denen ein Protein mit Nucleinsäuren verbunden ist. Nucleoproteide bilden die Hauptbestandteile der *Zellkerne*. Auch im *Cytoplasma* treten (gelöste) Nucleinsäuren auf. Besonders reich an Nucleinsäuren sind die *Ribosomen*, kleine, im Plasma vorhandene, nur mit dem Elektronenmikroskop sichtbare Körperchen. Die biologische Bedeutung der Nucleinsäuren ist außerordentlich groß: sie sind die Träger der *«Erbfaktoren»*.

Nucleinsäuren sind hochmolekulare Verbindungen, die aus einer großen Zahl von **«Nucleotiden»** aufgebaut sind, d. h. Einheiten, die aus je einer heterocyclischen Base, aus *D*-Ribose oder *D*-2-Desoxyribose und Phosphorsäure bestehen (vgl. S. 705):

$$\text{—Ribose—O—}\overset{\overset{\text{Base}}{|}}{\underset{\underset{O}{\|}}{P}}\text{—O—Ribose—O—}\overset{\overset{\text{Base}}{|}}{\underset{\underset{O}{\|}}{P}}\text{—O—Ribose—O—}\overset{\overset{\text{Base}}{|}}{\underset{\underset{O}{\|}}{P}}\text{—O—}$$

Die Nucleinsäuren der Zellkerne enthalten stets Desoxyribose, während die im Plasma und in den Ribosomen vorhandenen Nucleinsäuren Ribose enthalten. Man unterscheidet deshalb zwischen DNA **(Desoxyribonucleinsäure, desoxyribonucleic acid)** und RNA **(Ribonucleinsäure, ribonucleic acid)**[1]. Die Zuckereinheiten treten in der furanoiden Form (als Fünfring) auf und sind durch die Hydroxylgruppen an C3 und C5 mit Phosphorsäure verestert. Die Basen sind durch eine β-glykosidische Bindung an das C-Atom 1 gebunden. *Desoxyribonucleinsäure* enthält vier Basen: *Adenin* und *Guanin* (zwei Purinbasen) und *Cytosin* und *Thymin* (zwei Pyrimidinbasen). Wie von Chargaff (1950) festgestellt wurde, treten Adenin und Thymin in gleicher Häufigkeit auf und ebenso Guanin und Cytosin. Bezüglich der Basenzusammensetzung hat die DNA also nur einen Freiheitsgrad (eine variable Größe): das Verhältnis von (Adenin + Thymin) zu (Guanin + Cytosin). *Ribonucleinsäure* enthält statt Thymin *Uracil*, daneben auch geringere Mengen 5-Methylcytosin, 5-Hydroxymethylcytosin u. a.

Adenin   Guanin   Thymin   Cytosin   Uracil

Die Aufklärung der *Primärstruktur* von Nucleinsäuren – d. h. die Ermittlung ihrer *Basensequenz* – ist aus zwei Gründen ganz besonders schwierig. Einmal sind die Molekülmassen der Nucleinsäuren besonders groß (DNA bis 10^7 u!); die Makromoleküle sind also ganz besonders lang, und dann werden bei der partiellen Hydrolyse viele gleiche oder ganz ähnlich gebaute Bruchstücke erhalten, da (in der DNA) nur vier verschiedene Basen auftreten (im Gegensatz zu den etwa 20 Aminosäuren der Polypeptide), so daß die Reihenfolge dieser Bruchstücke nur schwierig zu bestimmen ist. Ribonucleinsäuren zeigen im allgemeinen niedrigere Molekülmassen (lösliche RNA 20000 bis 500000 u; RNA aus Ribosomen bis $2 \cdot 10^6$ u). Hier ist deshalb die Sequenzermittlung etwas leichter, insbesondere auch deswegen, weil die RNA nicht nur vier Basen enthält. Von einzelnen Ribonucleinsäuren ist heute die genaue Basensequenz bekannt.

---

[1] Im folgenden werden die international gebräuchlichen Abkürzungen DNA und RNA verwendet. Im deutschsprachigen Raum werden auch oft die Abkürzungen DNS und RNS benutzt.

24 Proteine und Proteide

Chemische Methoden (die Feulgensche Nuclealreaktion) und die UV-Absorption zeigen, daß die DNA im Zellkern in den *Chromosomen* lokalisiert ist. Seit den klassischen Untersuchungen von Sutton, Boveri und Morgan steht fest, daß die Chromosomen die Erbfaktoren enthalten. Da sich die Chromosomen bei der Zellteilung längs teilen und jede Tochterzelle alle Erbfaktoren erhält, muß kurz vor oder während der *Kernteilung* eine *Vermehrung* der *Erbsubstanz* eintreten, und zwar derart, daß sich jedes «Gen» selbst reproduziert, d. h. in identischer Form verdoppelt. Die Substanz, welche als Träger der genetischen Information wirkt, muß somit diese Fähigkeit zur **identischen Reduplikation** besitzen. Daß tatsächlich die DNA (und nicht etwa Proteine, wie man vorher allgemein angenommen hatte) die eigentliche «Erbsubstanz» darstellt, wurde erstmals und auf überzeugende Weise durch Versuche von Avery (1944) bewiesen.

Für die DNA haben Watson und Crick (gestützt auf die röntgenanalytischen Untersuchungen von Wilkins und Franklin) ein *Modell* der *Sekundärstruktur* entwickelt, das den Anforderungen entspricht, die an eine die genetischen Informationen tragende Substanz gestellt werden müssen (1952). Je zwei DNA-Makromoleküle sind als *«Doppelfaden»* schraubig angeordnet (**«Doppel-Helix»**), wobei die Verbindung zweier Fadenmoleküle untereinander durch *H-Brücken* zwischen den Basen des einen und den Basen des anderen Moleküls geschieht. Eine solche Doppel-Helix gleicht damit einer Wendeltreppe, wobei die «Treppenstufen» durch die Basen und die H-Brücken zwischen ihnen aufgebaut werden.

Da nun weiter die Basenmoleküle verschieden «lang» sind und die beiden DNA-Makromoleküle in der Doppel-Helix genau parallel verlaufen und zudem H-Brücken nur zwischen Adenin und Thymin sowie zwischen Guanin und Cytosin (aber nicht zwischen Adenin und Cytosin oder Guanin und Thymin) möglich sind, können die «Treppenstufen» der Wendeltreppe nur aus dem einen oder anderen der erstgenannten Basenpaare zusammengesetzt sein (vergleiche die Ergebnisse von Chargaff!):

Die Reihenfolge der Basen im einen Makromolekül bestimmt damit eindeutig auch die Basensequenz in dem einzigen möglichen Molekül, das mit dem ersten eine Doppel-Helix bilden kann.

Wenn sich nun eine solche Doppel-Helix am einen Ende reißverschlußartig öffnet (Abb. 24.11), können die zur Verfügung stehenden Nucleotide so ausgewählt und aneinandergefügt werden, daß zwei neue, mit den bereits vorhandenen Makromolekülen identische Nucleinsäuren entstehen: Die DNA vermag sich auf diese *Weise identisch zu reduplizieren*[1]. Tatsächlich zeigten Versuche von Kornberg (1955), daß es möglich ist, mittels des aus Bakterien isolierten Enzyms **DNA-Polymerase** aus Desoxyribonucleosid-Triphosphaten[2] (die energiereicher sind als die Nucleosid-Monophosphate, die gewöhnli-

---

[1] Tatsächlich verläuft die Nucleinsäure-Reduplikation komplizierter. Vgl. neuere Lehrbücher der Biochemie.
[2] Als «Nucleosid» wird eine Verbindung einer Purin- oder Pyrimidinbase mit Ribose oder Desoxyribose bezeichnet.

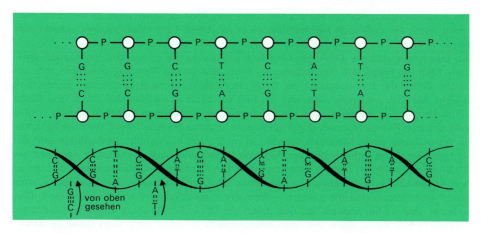

Abb. 24.10. Ausschnitt eines DNA-Doppelstranges mit gepaarten Basen
oben: beide Einzelstränge gerade, unten: Doppelspirale

chen Nucleotide) DNA aufzubauen, wenn – und nur wenn! – man dem Reaktionsgemisch gleichzeitig eine kleine Menge fertiger DNA zusetzt. Die dabei gebildete neue DNA zeigt die gleichen Eigenschaften (Basenzusammensetzung und Basensequenz) wie die eingesetzte Starter-DNA. Diese vorgelegte DNA wurde somit identisch redupliziert, was gemäß den oben entwickelten Modellvorstellungen geschehen sein muß. Die Bedeutung der DNA als Träger der Erbfaktoren ist damit heute gesichert; *die eigentliche genetische Information muß dabei in der Basensequenz gespeichert sein.*

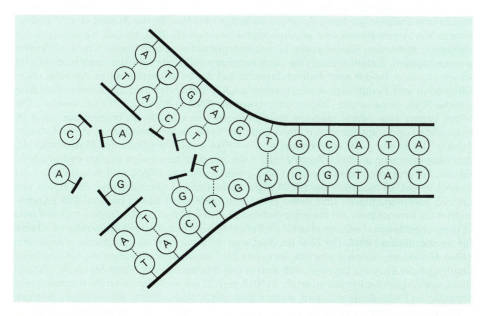

Abb. 24.11. Verdopplung der DNA

Die *Sekundärstruktur* der verschiedenen Arten von RNA ist schwieriger zu ermitteln; man nimmt heute an, daß auch hier mindestens in einzelnen Fällen Schraubenstrukturen auftreten.

Die Erkenntnis, daß die DNA der Kern-Nucleoproteide die genetische Information speichert, führt zur Frage, wie die *Ausprägung eines bestimmten Merkmals* geschieht, d. h. auf welche Weise die Basensequenz der DNA die Ausbildung einer bestimmten Eigenschaft bewirkt. Man nimmt heute allgemein an, daß ein bestimmtes Merkmal durch eine Reihe (unter Umständen natürlich sehr vieler) chemischer Reaktionen zustande kommt, wobei jeder einzelne Reaktionsschritt durch spezifische Enzyme gesteuert wird. Wird die Fähigkeit zur Ausprägung eines Merkmals vererbt, so muß auch die richtige Reihenfolge und der richtige Ablauf der entsprechenden Reaktionsketten und muß deshalb die *Fähigkeit der Bildung der benötigten Enzyme vererbt* werden. Die Abhängigkeit der Merkmale, d. h. der zu ihrer Ausbildung erforderlichen biochemischen Reaktionen von den dazugehörigen Genen beruht also darauf, daß die *Gene die Produktion spezifischer Enzyme veranlassen*. Dies bedeutet aber nichts anderes, als daß durch die DNA die *Synthese von Enzymproteinen gesteuert* wird, wobei dann die Aminosäuresequenz offenbar nach dem Code der DNA-Basensequenz bestimmt wird.

Man weiß jedoch, daß die *Protein-Biosynthese* nicht im Zellkern, sondern im *Cytoplasma* (genauer in den *Ribosomen*) erfolgt. Die zum Aufbau der «richtigen» Aminosäuresequenz notwendige Information muß deshalb zunächst von der DNA weiter übertragen werden.

Nach den heutigen Vorstellungen bilden sich im Zellkern nach dem Muster der DNA komplementäre RNA-Moleküle, die in das Plasma wandern und an den Ribosomen absorbiert werden. Weil sie die in der DNA enthaltende Information weiterleiten, bezeichnet man sie als **«messenger-RNA»** (Boten-RNA, *m*-RNA). Die DNA im Zellkern bildet damit gewissermaßen die *«Matrize»*, welche im Kern «aufbewahrt» und an die Tochterzellen und weitere Nachkommen weitergegeben wird, und nach welcher RNA-«Abdrücke» gebildet werden. Wahrscheinlich bilden je drei Basen zusammen das *«Schlüsselwort»* für eine *Aminosäure* das sogenannte *Codon*); weil in der DNA vier verschiedene Basen vorkommen, sind $4^3 = 64$ solche Codons möglich, so daß vermutlich einige Dreiergruppen dieselbe Aminosäure bedeuten und anderen gar keine Aminosäure entspricht. Nun ist der Aufbau einer Polypeptidkette aus *Aminosäuren* eine endergonische Reaktion (S. 756), so daß die der Zelle zur Verfügung stehenden Säuren zuerst in eine energiereichere Form übergeführt (*«aktiviert»*) werden müssen. Zudem müssen sie mit Substanzen verbunden werden, welche den Code *«lesen»* können. Beides wird dadurch erreicht, daß die freien Aminosäuren zunächst unter Elimination von Pyrophosphat enzymatisch an ATP gebunden und anschließend an eine lösliche RNA (sogenannte Träger- oder **transfer-RNA**, *t*-RNA) übertragen werden. Die *t*-RNA besitzt eine relativ niedrige Molekülmasse (etwa 25000 u), besteht aus rund 80 Nucleotiden und trägt immer am einen Ende der Kette die Basensequenz Cytosin-Cytosin-Adenin. Die Bindung der Aminosäure an die *t*-RNA erfolgt am Ende des Makromoleküls, und zwar esterartig an das C-Atom 2 oder 3 der mit dem terminalen Adenin verbundenen Ribose. *Für jede Aminosäure* existiert eine *charakteristische t-RNA*, und *jedem Codon der m-RNA* ist ein *«Anticodon» der t-RNA zugeordnet,* das aus ebenfalls drei, den Basen des Codons komplementären (mit ihnen H-Brücken bildenden) Basen besteht. Die *Enzyme,* welche die Aminosäuen auf die entsprechenden *t*-RNA-Moleküle übertragen, müssen zwei «Erkennungsstellen» besitzen: eine für die Seitenkette der betreffenden Aminosäure und eine für die spezifische *t*-RNA. Die Zelle benötigt also nicht nur rund 20 verschiedene Arten von *t*-RNA-Molekülen, sondern eine ebenso große Zahl ebenfalls spezifischer, die Aminosäuren übertragender Enzyme. Dadurch, daß sich in den Ribosomen die *t*-RNA-Moleküle mitsamt den angehängten Aminosäuren an die *m*-RNA gemäß der in dieser durch die Basensequenz festgelegten Reihenfolge anlagern, werden auch die *Aminosäuren* in die *«richtige» Sequenz* gebracht und können anschließend – wiederum unter der Mitwirkung von Enzymen – zur

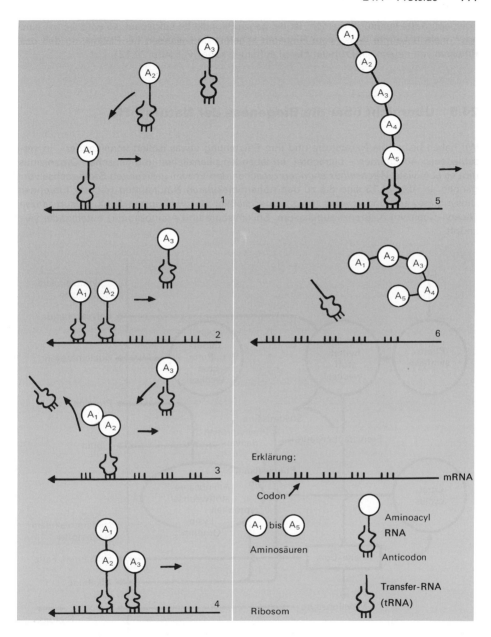

Abb. 24.12. Schema der biologischen Proteinsynthese

Die verschiedenen t-RNA-Moleküle werden (zusammen mit den an sie gebundenen Aminosäuren A_1-A_5) nacheinander durch Basenpaarung mit der m-RNA-Kette verbunden. Nachdem zwei Aminosäuren miteinander verknüpft sind (2), löst sich ein t-RNA-Molekül ab, und ein neues t-RNA-Molekül tritt an die m-RNA heran

Polypeptidkette verknüpft werden. Ist die ganze Peptidkette aufgebaut, so wird sie auf eine noch nicht bekannte Weise vom Ribosom abgelöst und wandert ins Plasma, so daß das Ribosom von neuem ein Proteinmolekül aufbauen kann (vgl. Abb. 24.12).

24.5 Übersicht über die Biogenese der Naturstoffe

Wir haben bisher die Naturstoffe und ihre Entstehung etwas isoliert voneinander – in verschiedenen Abschnitten – betrachtet. Im lebenden pflanzlichen und tierischen Organismus gibt es aber viele *Wechselbeziehungen* zwischen den Enzym-gesteuerten Stoffwechselvorgängen. In Abb. 24.13 sind die zu den höhermolekularen Naturstoffen (rechts) führenden Biosynthesewege und -cyclen (links) einschließlich der wichtigsten Schlüsselsubstanzen (Acetyl-Coenzym A, Brenztraubensäure, Shikimisäure und Aminosäuren) miteinander verknüpft.

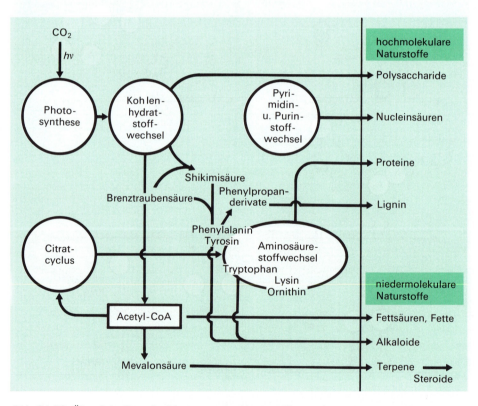

Abb. 24.13. Übersicht über die Biogenese der Naturstoffe

25 Synthetische hochmolekulare Stoffe

25.1 Allgemeines

Die Erkenntnis, daß die «Hochpolymere» aus Molekülen von sehr hoher Molekülmasse («Makromolekülen») aufgebaut sind, in welchen die einzelnen Kohlenstoffatome untereinander in genau derselben Weise miteinander verknüpft sind wie in irgendeinem niedermolekularen organischen Stoff, verdankt man in erster Linie den Arbeiten von Staudinger, der 1922 den Begriff «Makromolekül» schuf, und der durch gezielten Aufbau die Existenz solcher Makromoleküle bewies. Trotzdem stießen die Überlegungen von Staudinger lange Zeit auf den Widerspruch von Chemikern und Physikern und wurden beinahe allgemein belächelt. Erst seit etwa 1935 haben sich seine Auffassungen über den Aufbau hochmolekularer Stoffe allgemein durchsetzen können.

Selbstverständlich ist die *Abgrenzung zwischen hochmolekularen und niedermolekularen Stoffen* fließend. Als allgemeine Richtlinie kann man vielleicht festhalten, daß Substanzen, deren Moleküle mehr als 1000 Atome enthalten, zu den hochmolekularen Stoffen gerechnet werden sollen.

25.2. Polymerisate

Gewinnung. Von den verschiedenen Möglichkeiten der Polymerisation ungesättigter Verbindungen wurde die **Radikalpolymerisation** bereits ziemlich ausführlich besprochen (vgl. Kapitel 17, S. 599). Die zum Starten der Reaktion notwendigen *Radikale* werden entweder durch *thermische Zersetzung* von Peroxiden oder Azoverbindungen, durch *photochemische Prozesse* (wobei Ketone, wie z. B. Benzoin, als Sensibilisatoren benötigt werden) oder auch durch *Erwärmen des Monomers* selbst erzeugt. Die Polymerisation (das Kettenwachstum) geht dann in der Regel so vor sich, daß sich das stabilere der möglichen Kettenradikale bilden kann, d. h. die Addition unsymmetrisch substituierter Doppelbindungen (wie z. B. im Fall von Propen, Styren oder Vinylchlorid) erfolgt regelmäßig in «Kopf-Schwanz-Stellung», wie im Fall von Polystyren durch Identifizierung pyrolytisch gewonnener Spaltstücke bewiesen wurde.

$$X^{\odot} + H_5C_6-CH=CH_2 \Bigg\langle \begin{array}{l} H_5C_6-\overset{\odot}{C}H-CH_2X \longrightarrow XCH_2-\overset{\overset{\displaystyle C_6H_5}{|}}{C}H-CH_2-\overset{\overset{\displaystyle C_6H_5}{|}}{C}H- \\ \text{stabiler} \\ \\ H_5C_6-\underset{\underset{\displaystyle X}{|}}{C}H-\overset{\odot}{C}H_2 \\ \text{weniger stabil} \end{array}$$

Kettenübertragungsreaktionen (die besonders bei höheren Reaktionstemperaturen häufig sind) führen zu (unerwünschten) *verzweigten* Makromolekülen. Über den Kettenabbruch und die Steuerung der Kettenlänge durch *«Regler»*; siehe S. 600.

Die *Kettenlänge* des Polymerisats läßt sich auch durch die Temperatur der Polymerisation und die Menge des verwendeten Startmaterials beeinflussen. Hohe Initiatorkonzentrationen sowie hohe Reaktionstemperaturen bewirken eine raschere Polymerisation, ergeben aber niedrigere Polymerisationsgrade. Bei niedriger Reaktionstemperatur verläuft die Polymerisation langsamer, und es entstehen längere Makromoleküle. Unter Umständen kann dann eine Erhöhung der Zahl der Kettenstarte erwünscht sein, was beispielsweise dadurch erreicht werden kann, daß man den Zerfall des Radikalbildners (z. B. des Peroxids) mittels Reduktionsmitteln (Fe^{+II}-Salzen) beschleunigt. Solche **«Redoxpolymerisationen»** lassen sich oft bei besonders niedriger Temperatur durchführen. Um die Polymerisation zu verlangsamen, können auch *Inhibitoren* (Chinone, Hydrochinon, aromatische Nitroverbindungen oder aromatische Amine) zugesetzt werden, welche als Radikalfänger wirken. Da die Polymere durch die üblichen chemischen Methoden nicht zu reinigen sind, müssen in jedem Fall *Ausgangsstoffe* von äußerster Reinheit verwendet werden, insbesondere auch deshalb, weil Verunreinigungen zu längeren Inhibierungszeiten führen und damit einen unkontrollierbaren Ablauf der Polymerisation bewirken können.

Weitere Möglichkeiten zur Gewinnung von Hochpolymeren bilden die **kationische** und die **anionische Polymerisation**. Im ersten Fall dient eine *Lewis-Säure* (wie z. B. BF$_3$) als Starter. Die Lewis-Säure bildet dabei mit Spuren von Wasser eine Additionsverbindung, welche im ersten Reaktionsschritt ein Proton auf das Alken überträgt. Dadurch entsteht ein *Carbeniumion*, das von einem weiteren Alkenmolekül addiert wird. Durch Abspaltung eines Protons kann das Kettenwachstum abgebrochen werden. Die kationische Polymerisation ist beispielsweise zur Gewinnung von Butylkautschuk wichtig, eines Mischpolymerisats von Isobuten mit 1 bis 3% Isopren oder anderen Dienen. Bei der *anionischen* Polymerisation werden *Carbanionen* an die Doppelbindungen addiert; diese bilden sich z. B. durch Reaktion der ungesättigten Verbindungen mit einem reaktionsfähigen Metall. Auf diese Weise wurde z. B. Polybutadien hergestellt:

$$CH_2{=}CH{-}CH{=}CH_2 + 2\,Na \longrightarrow Na{-}CH_2{-}\overline{C}H^{\ominus}Na^{\oplus}$$
$$\begin{array}{c} | \\ CH \\ \| \\ CH_2 \end{array}$$

$$Na{-}CH_2{-}\overline{C}H^{\ominus}Na^{\oplus} + CH_2{=}CH \longrightarrow Na{-}CH_2{-}CH{-}CH_2{-}\overline{C}H^{\ominus}Na^{\oplus}$$
$$\begin{array}{cccc} | & & | & | & | \\ CH & & CH & CH & CH \\ \| & & \| & \| & \| \\ CH_2 & & CH_2 & CH_2 & CH_2 \end{array}$$

Neben dieser 1,2-Addition ist auch Polymerisation durch 1,4-Addition möglich. – Heute wird Polybutadien praktisch ausschließlich durch Redoxpolymerisation hergestellt.

Eine andere Möglichkeit der anionischen Polymerisation (die besonders auch für niedrigere Reaktionstemperaturen geeignet ist) besteht darin, daß man als Initiator die Lösung eines Alkalimetalls (Li oder Na) in einer Lösung von Biphenyl oder Naphthalen in Ether oder Tetrahydrofuran verwendet. Durch Elektronenübertragung vom Metall auf das Aren entsteht ein (mesomeriestabilisiertes) *Radikal-Anion*. Dieses kann auf gewisse Vinyl-Monomere wiederum ein Elektron übertragen, so daß dadurch monomere Radikal-Ionen entstehen, die im Gegensatz zu den entsprechenden aromatischen Radikal-Ionen dimerisieren und dadurch *Dianionen* bilden:

$H_5C_6-C_6H_5 \odot \ominus + H_5C_6-CH=CH_2 \rightarrow (C_6H_5)_2 + \left[H_5C_6-\overset{\odot}{C}H-\overset{\ominus}{C}H_2 \leftrightarrow H_5C_6-\overset{\ominus}{C}H-\overset{\odot}{C}H_2 \right]$

Styren-Radikal-Anion

$2\ H_5C_6-\overset{\ominus}{C}H-\overset{\odot}{C}H_2 \rightarrow H_5C_6-\overset{\ominus}{C}H-CH_2-CH_2-\overset{\ominus}{C}H-C_6H_5 + n\ H_5C_6-CH=CH_2$

$\rightarrow H_5C_6-\overset{\ominus}{C}H-CH_2-(CH-CH_2)_n-CH_2-\overset{\ominus}{C}H-C_6H_5$
$\phantom{\rightarrow H_5C_6-\overset{\ominus}{C}H-CH_2-(}|$
$\phantom{\rightarrow H_5C_6-\overset{\ominus}{C}H-CH_2-}C_6H_5$

Einige dieser polymeren Dianionen lassen sich bei genügend tiefer Temperatur während längerer Zeit aufbewahren. Derartige **«lebende Polymere»** werden zur Gewinnung sogenannter *Blockpolymere* verwendet. Gibt man nämlich beispielsweise Acrylnitril zu solchen Polystyren-Dianionen, so polymerisiert das Monomer ebenfalls, und es entstehen Makromoleküle, welche aus längeren Abschnitten von Polyacrylnitril- und Polystyren-Ketten bestehen, in denen also (im Gegensatz zu gewöhnlichen Copolymeren) die beiden Monomere nicht abwechseln.

Eine letzte Möglichkeit zur Gewinnung von Hochpolymeren bietet die Polymerisation mit **«Ziegler-Katalysatoren»** *(«Koordinationskatalysatoren»)*, die aus $TiCl_4$ und Aluminiumalkylen (oder auch aus Molybdän- oder Chromoxiden) hergestellt werden. Ziegler-Katalysatoren sind besonders zur Herstellung von Polyethlyen und Polypropylen wichtig geworden, werden aber auch zur Gewinnung von Polyisopren verwendet.
Auf Grund zahlreicher Untersuchungen ist der Mechanismus dieser Polymerisation heute weitgehend bekannt. Es bildet sich dabei zuerst eine Kohlenstoff-Titan-Bindung aus (1), die ein weiteres Monomer koordinativ binden kann (2):

$-CH_2-CH_2-Ti \quad +H_2C=CH_2 \rightarrow -CH_2-CH_2-Ti\underset{CH_2}{\overset{CH_2}{\diagdown\diagup}}$

(1) \qquad\qquad (2) $\downarrow$

$-CH_2-CH_2-CH_2-CH_2-Ti$

(3)

Durch intramolekulare Umlagerung wird das Monomer zwischen die ursprüngliche C–Ti-Bindung eingeschoben («Einschiebungs-» oder «Insertionsmechanismus») und die ehemalige C–Ti-Bindungsstelle ist frei für eine erneute koordinative Bindung eines Monomers (3).

Die Polymerisation mit Koordinationskatalysatoren hat unter anderem deshalb Bedeutung erlangt, weil sie *stereoselektiv* verläuft (Natta). In einem aus Monomeren vom Typus $R-CH=CH_2$ entstandenen Makromolekül ist nämlich jedes zweite C-Atom ein *Chiralitätszentrum*, so daß verschiedene Konfigurationen möglich sind. Polystyren, das durch Radikalpolymerisation hergestellt worden ist, ist **ataktisch**, d. h. die an jedes zweite C-Atom gebundenen Benzenkerne sind regellos bald auf die rechte, bald auf die linke Seite der C-Kette gerichtet (Abb. 25.1).

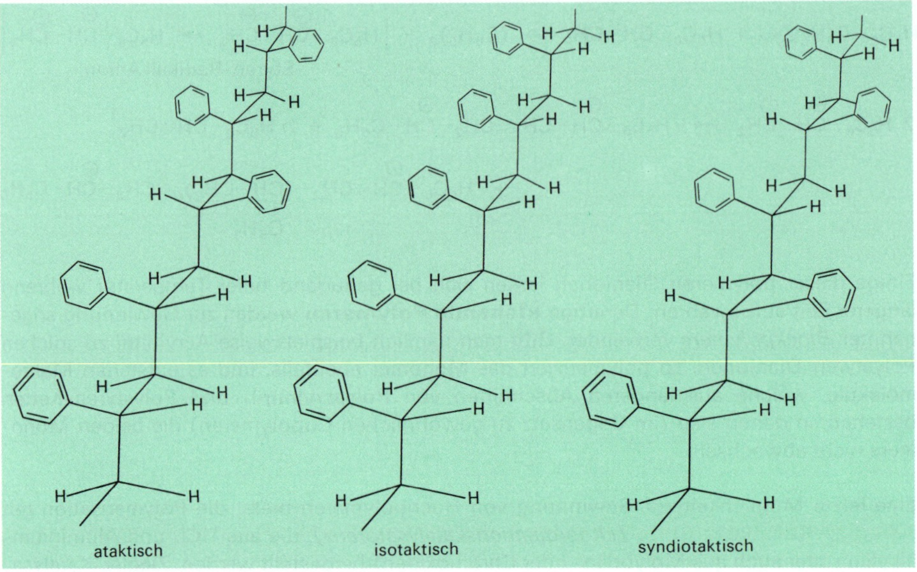

Abb. 25.1. Konfigurationen von ataktischem, isotaktischem und syndiotaktischem Polystyren

Die *Ziegler-Polymerisation von Styren oder Propen liefert dagegen ein* **isotaktisches** Produkt, in welchem alle asymmetrisch substituierten C-Atome dieselbe Konfiguration besitzen, die Benzenkerne bzw. Methylgruppen also alle nach derselben Seite der Kette gerichtet sind. Isotaktisches Material zeigt einen wesentlich *höheren Kristallisationsgrad* als ataktische Produkte; aus diesem Grund ist seine Erweichungstemperatur höher, seine Löslichkeit und Quellbarkeit geringer und seine mechanische Festigkeit beträchtlich größer. So lassen sich beispielsweise aus isotaktischem Polypropylen Fasern mit einer Reißfestigkeit von bis zu 70 kg/mm^2 erzeugen, einer Festigkeit, die derjenigen von Stahl gleichkommt! Besitzt jedes zweite Chiralitätszentrum die entgegengesetzte Konfiguration, so spricht man von **syndiotaktischen** Polymeren. Auch solche lassen sich durch Koordinationspolymerisation gewinnen; sie besitzen gegenüber dem ataktischen Material ebenfalls höhere Kristallisationsgrade und deshalb größere Festigkeit.

Tabelle 25.1. Beispiele technisch wichtiger Polymerisate

Bezeichnung	Formel des Monomers	Handelsnamen	Eigenschaften, Verwendung
Polyacrylnitril	$H_2C=CH-CN$	Orlon, Dralon Acrilan, PAN	Wollähnliche Kunstfaser von großer Beständigkeit und Festigkeit
Polyacrylsäureester	$H_2C=CH-COOR$	Acronal Stabol Plexigum	Glasklar, gummiähnlich, weich, klebrig, Imprägnierungen, Klebstoffe
Polyethylen (Polyethen)	$H_2C=CH_2$	Polythen Lupolen Hostalen	Durchscheinend, wachsartig; relativ niedrige Erweichungstemperatur (110°C). Löslich in Benzin, Benzen und Trichlorethen über

Bezeichnung	Formel des Grundmoleküls	Handelsnamen	Eigenschaften, Verwendung
			60°C. Sehr chemikalienfest, daher für unzerbrechliche Gefäße, Flaschen, Behälter, Eimer. Isoliermaterial; Verpackungsmaterial
Polybutadien	$H_2C=CH-CH=CH_2$ + Styren	Buna	Gummielastisch, vulkanisierbar. Wichtiger synthetischer Kautschuk
Polychloropren	$H_2C=C-CH=CH_2$ $\quad\quad\;\;\mid$ $\quad\quad\;\;Cl$	Neopren Perbunan C	Gummielastisch, vulkanisierbar. Wichtigster Kunstkautschuk
Polyisobutylen	$(H_3C)_2C=CH_2$ +Isopren	Enjay Butyl Polysar Butyl	Polyisobutylen als oxidations- und wetterbeständiges Dichtungsmaterial; Mischpolymerisat mit Isopren als Kautschuk (Butylkautschuk); ebenfalls gute Oxidationsbeständigkeit; im Vergleich mit anderen Kautschuktypen extrem geringe Gasdurchlässigkeit (Reifen!)
Polymethacrylsäureester	$H_2C=C-CH_3$ $\quad\quad\mid$ $\quad\;\;COOR$	Plexiglas Lucit	Glasklar, hart, spröde. Stäbe, Rohre, Platten. Gebrauchsgegenstände, Seiten- und Rückenfenster in Karosserien, Brillengläser. Niedrig polymerisiert als Klebstoff
Polypropylen (Polypropen)	$H_2C=CH-CH_3$	Hostalen PPH Luparen	Ähnliche Eigenschaften wie Polyethylen. Erweichungstemperatur höher (technisches Polypropylen ist isotaktisch)
Polystyrol (Polystyren)	$H_5C_6=CH-CH_2$	Lustrex Trolitul Styroflex Styropor Vestyron Luran	Glasklar, hart. Gebrauchsartikel, Elektrotechnik, optische Linsen, Lacke, Schaumstoff (Isolier- und Verpackungsmaterial). In Benzen, Chlor- und Nitrobenzen löslich
Polytetrafluorethen	$F_2C=CF_2$	Teflon Hostaflon TF	Weiße, harte Masse. Schwierig zu verarbeiten (kein Lösungsmittel bekannt!). Hervorragende Chemikalienfestigkeit. Bis 325°C fest; keine Warmverformung möglich. Rohre; Dichtungen, Folien; Apparaturen für die chemische Industrie
Polyvinylchlorid	$H_2C=CH-Cl$	PVC Hostalit Mipolam Vinidur Vinylite Movil Rhovyl	Weißes Pulver; gepreßt ziemlich hart. Preßartikel, Dichtungen, Kabelisolierungen, Rohre, Schläuche. Mit Weichmacher für Überzüge auf Gewebe und Papier (Tischbeläge, Regenbekleidung). Fasern aus PVC für warme Unterwäsche

Natur-Kautschuk, der im Milchsaft verschiedener Pflanzen (vor allem von *Hevea brasiliensis*) vorkommt, ist ein Polymerisat von *Isopren*, also ein *Polyterpen* (Polymerisationsgrad etwa 5000). Da bei der Polymerisation von konjugierten Dienen eine Doppelbindung pro Monomer erhalten bleibt, ist Kautschuk *ungesättigt* und liefert bei der Ozonspaltung Lävulinsäure (γ-Oxovaleriansäure). Rohkautschuk, der durch Ausfällen der in der wäßrigen Flüssigkeit des Milchsaftes («Latex») suspendierten Tröpfchen und anschließendes Trocknen und Räuchern gewonnen wird, ist nur wenig wärme- und chemikalienbeständig (er erweicht schon oberhalb 30°C und wird dabei klebrig) und thermoplastisch. Durch die Vulkanisation (1833 von Goodyear entdeckt), die durch Erhitzen mit Schwefel und verschiedenen Beschleunigern auf 130 bis 140°C bzw. durch Behandeln mit S_2Cl_2 bei Raumtemperatur durchgeführt wird, werden die Makromoleküle teilweise vernetzt (Bildung von S-Brücken unter Addition an die Doppelbindungen), und man erhält den hochelastischen, wesentlich wärmebeständigeren *«Gummi»*. Vulkanisierter Kautschuk ist wegen der Vernetzung auch in unpolaren Lösungsmitteln unlöslich und quillt bloß. Zur Herstellung der üblichen Weichgummiarten braucht man 3 bis 5% Schwefel; bei der Verwendung größerer Schwefelmengen wird die Vernetzung so weit getrieben, daß die Elastizität verschwindet *(«Hartgummi»)*. Gummi kann nach längerer Zeit an der Luft *altern*, z. B. dadurch, daß sich ähnlich wie bei der Vulkanisation —C—O—O—C-Brücken bilden, welche leicht zum Zerfall neigen. Gewöhnlich setzt man deshalb bei der Vulkanisation gleichzeitig auch Antioxidantien zu. Die Abriebfestigkeit wird z. B. durch Zusatz von Ruß, Zinkoxid oder anderen Füllstoffen erhöht (Autoreifen).

Isopren → Natur-Kautschuk [1,4-Verknüpfung, (Z)-Konfiguration] $\xrightarrow{O_3}$ Laevulinsäure

Von den **synthetischen Elastomeren** sind verschiedene Produkte bereits genannt worden: Hypalon, EP-Kautschuke und Fluorelastomere. Zu den mengenmäßig wichtigsten Synthesekautschuken zählen vor allem Polymerisate von Chlorbutadien *(«Chloropren», «Neopren»)* und Butadien bzw. Mischpolymerisate von Butadien mit Styren *(«Buna S»)* oder mit Acrylnitril *(«Buna N»)*. Im Neopren sind die Monomere fast vollständig (E)-1,4-verknüpft, im Gegensatz zum Naturkautschuk, der (Z)-1,4-Polyisopren darstellt. [(E)-1,4-Polyisopren kommt als *Guttapercha* ebenfalls natürlich vor.]

(Z)-1,4-Verknüpfung ($\triangleq$ Kautschuk) (E)-1,4-Verknüpfung ($\triangleq$ Guttapercha)   1,2-Verknüpfung

Die ursprüngliche Art der Butadienpolymerisation mit Natrium-Metall als Initiator liefert ein Produkt, dessen Monomere zu ungefähr 60% 1,2-verknüpft sind, was die ungünstigen mechanischen Eigenschaften dieses Materials mitbedingt. Buna S, das Mischpolymerisat mit Styren, ist hingegen bis zu 80% 1,4-verknüpft und damit dem Naturkautschuk ähnlicher. Die Radikalpolymerisation von Isopren liefert ein zwar praktisch vollständig 1,4-verknüpftes Produkt; da aber fast ausschließlich die (E)-Konfiguration entsteht, ist das Material zur Verwendung als Gummi ebenfalls wenig geeignet (geringe Elastizität). Erst in jüngster Zeit gelang es, Isopren durch Verwendung von Koordinationskatalysatoren (z. B. Alkyllithium), die ähnlich wie Ziegler-Katalysatoren wirken, stereoselektiv (Z)-1,4 zu verknüpfen und damit ein Produkt zu erhalten, das mit Naturkautschuk praktisch identisch ist. Auch *Butadien* kann auf diese Weise *stereoselektiv (Z)-1,4-polymerisiert* werden; das Produkt zeichnet sich durch eine hohe Abriebfestigkeit (Autoreifen!) und eine gute Alterungsbeständigkeit aus, so daß heute wegen der leichteren Zugänglichkeit des Monomers stereoselektiv (Z)-1,4-polymerisiertes Polybutadien im Mittelpunkt das Interesses steht. Ein weiterer Synthesekautschuk, der *Butylkautschuk* (durch kationische Polymerisation aus Isobuten unter Zusatz von 2 bis 3% Dien hergestellt) zeichnet sich durch eine außerordentlich geringe Durchlässigkeit für Gase aus (Verwendung für Schläuche in Autoreifen).

In diesem Zusammenhang soll ein weiteres Polymerisat erwähnt werden. Durch thermische Dehydrierung aus cyclisiertem Polybutadien (das katalytisch aus 1,2-verknüpftem Polybutadien erhalten wird) entsteht die sogenannte *Plutonfaser*. Sie ist bei kurzzeitiger Beanspruchung von sehr hoher Wärmebeständigkeit (in ein Tuch aus Plutonfasern kann flüssiges Eisen gegossen werden, ohne daß es dabei zerstört wird!) und wird deshalb zur Herstellung von Schutzanzügen verwendet.

dehydriertes Polybutadien
(Plutonfaser)
ein Leiterpolymerisat

25.3 Polykondensate

Formaldehydharze. Durch Kondensation von Formaldehyd mit Phenolen, Harnstoff oder Melamin erhält man unschmelzbare, harte *Phenolharze* bzw. *Aminoplaste*. Da die einmal gebildeten Duroplaste nur noch mechanisch (spanabhebend) verformt werden können, müssen die Produkte in mehreren Stufen hergestellt werden. Die Reaktion von Formaldehyd mit Phenol unter der Wirkung von $OH^\ominus$-Ionen liefert sogenannte *Resole*, kettenförmige Makromoleküle, die noch zahlreiche Hydroxymethylengruppen enthalten und flüssig bis halbfest und noch weitgehend löslich sind. Die Resole werden mit Pigmenten und Füllstoffen (Holzmehl, Textilfasern usw.) versetzt und durch Erhitzen auf 140 bis 150°C nachgehärtet. Nach dem Abkühlen wird das feste Produkt (das noch in gewissem Maß thermoplastisch ist) zu Pulver zermahlen oder zu Tabletten verpreßt. Dieses Material (*«Resitol»*) wird bei der endgültigen Formgebung in einer Presse auf über 150°C erhitzt, wobei die vollständige Vernetzung eintritt und der harte Duroplast (*«Resit»*) entsteht. Resole sind also *wärmehärtbare* Harze. Bei der Kondensation in stark saurem Milieu entstehen blasig aufgetriebene, fast völlig ausgehärtete Produkte, die praktisch nicht verwendet werden können. Die Kondensation unter der Wirkung geringer Säuremengen liefert noch weitgehend lineare Makromoleküle von niedrigem Kondensationsgrad (*«Novolake»*), die als Imprägnierungsmittel und Lacke verwendet werden. Novolake werden insbesondere auch durch Reaktion von Formaldehyd mit p-Kresol hergestellt. *Harnstoff-* und *Melaminharze* haben gegenüber den Phenolharzen den Vorteil, daß sie weiß oder hellfarbig sind und nicht zur Vergilbung neigen. Verwendet man zur Kondensation sulfonierte Phenole oder Phenole, die zusätzlich Carboxylgruppen tragen, so entstehen saure Harze, welche als *Kationenaustauscher* verwendet werden können. Auch durch nachträgliche Sulfonierung von ausgehärteten Phenolharzen lassen sich Kationenaustauscher herstellen. Zur Gewinnung von *Anionenaustauschern* werden Aminophenole als Kondensationskomponenten verwendet.

25 Synthetische hochmolekulare Stoffe

Tabelle 25.2. Beispiele von Polykondensaten

Bezeichnung	Ausgangsstoffe für die Kondensation	Handelsnamen	Eigenschaften, Verwendung
Anilin/Formaldehydharz	Anilin + Formaldehyd	Anilinharz Cibanit	Duroplast; für Preßmassen
Epoxidharz	Epichlorhydrin + Dihydroxyverbindung	Araldit Epikote	Klebstoff von ausgezeichneten Klebeeigenschaften; besonders auch zum Kleben von Metallen (z. B. Flugzeugtragflächen)
Harnstoff-Formaldehydharz	Harnstoff + Formaldehyd	Carbalit Iporka Caurit	Weißer Duroplast; für Preßmassen. Iporka als Schaumstoff
Melamin-Formaldehydharz	Melamin + Formaldehyd	Cibanoid Ultrapas	Duroplast; für Preßmassen. Durch Verpressen von Papieren, die mit noch nicht ganz ausgehärtetem Melaminharz getränkt sind, erhält man Hartplatten (Textolithe, Formica)
Phenoplaste	Phenol + Formaldehyd	Bakelit Luphen	Duroplast; für Preßmassen. Ältester Kunststoff
Polyamid	Diaminohexan + Adipinsäure	Nylon	Faser von sehr hoher Zugfestigkeit
Polycaprolactam	Caprolactam	Perlon Grilon	Polyamidfaser mit prinzipiell gleichem Aufbau der Makromoleküle wie beim Nylon
Polycarbonat	Dihydroxyverbindungen + Phosgen ($COCl_2$)	Makrolon	Thermoplaste von relativ hoher Härte. Folien, Rohre, Spritzgußartikel
Polyester	Dicarbonsäuren (Phthalsäure, Maleinsäure) + Dialkohole	Alkydharze Palatal Leguval	Duroplaste (Alkydharze); ungesättigte Polyester nachträglich härtbar. Gießharze. Häufig mit Glasfasern verstärkt; Herstellung großer Platten (Bootsrümpfe)
Polyterephthalat	Terephthalsäure + Glycol	Terylen Trevira Vestan Diolen Dacron Crimplene	Kunstfaser von relativ hoher Festigkeit. Polyterephthalatgewebe sind insbesondere durch hohe Knitterfestigkeit ausgezeichnet
Polyurethan	Isocyanate + Dialkohole	Moltopren Vulkollan	Thermoplaste; durch Abspaltung von CO_2 bei der Polyaddition oder durch Einblasen von Druckluft Bildung von Schaumgummi

Polyesterharze entstehen aus bi- oder trifunktionellen Alkoholen (Glycol, Glycerol) und gesättigten sowie ungesättigten Dicarbonsäuren (Bernsteinsäure, Adipinsäure, Phthalsäure; Maleinsäure). Dabei stellt man meist durch Reaktion des Alkohols mit einem Gemisch aus gesättigten Dicarbonsäuren und Maleinsäure ein noch in gewissem Maß *thermoplastisches Harz* her, das in Styren gelöst und durch Peroxidkatalysatoren (in der Kälte) zum *Duroplast vernetzt* wird. Polyesterharze eignen sich wegen ihrer guten Chemikalienbeständigkeit zur Herstellung großflächiger Konstruktionsteile, besonders, wenn sie mit Glasfasern und -geweben verstärkt werden (Boote, Balkonverkleidungen, Karosserieteile). Polyester aus Phthalsäure und Glycerol *(Alkydharze, «Glyptale»)* werden zur Herstellung von Anstrichstoffen verwendet. Um dabei eine zu starke Vernetzung zu vermeiden, werden C_3- bis C_9-Fettsäuren zugesetzt. Eine weitere Gruppe der Polyester bilden die *Polycarbonate* («Makrolon»), die sich durch Umsetzung von Diphenolen mit Phosgen (meist in alkalischer Lösung) bilden. Es sind Thermoplaste, die durch einen relativ hohen Kristallisationsgrad ausgezeichnet und daher verhältnismäßig hart sind. Polycarbonate sind besonders auch zur Verarbeitung durch Spritzguß geeignet.

Bis(*p*-hydroxyphenyl)propan
(«Bisphenol A»)
erhältlich aus Phenol und Aceton unter Wirkung von 75% H_2SO_4

Polycarbonat

Polyester- und Polyamidfasern. Durch Kondensation von Terephthalsäure mit Glycol (eigentlich durch Umesterung von Methylterephthalat) entsteht *Polyethenterephthalat*, das zu Textilfasern verarbeitet wird («Terylen», «Trevira», «Diolen», «Vestan», «Dacron»). Die Umesterung geschieht mit einem dreifachen Überschuß an Glycol bei 190 bis 200°C (in Gegenwart von katalytisch wirkendem PbO), wobei das freiwerdende Methanol abdestilliert. Durch weiteres Erhitzen im Vakuum entsteht schließlich der Polyester. Das Produkt wird als Schmelze versponnen. Durch Reckung auf etwa die 4- bis 6-fache Länge (im warmen Zustand) werden die Makromoleküle partiell parallelisiert, wodurch die charakteristische hohe Festigkeit erreicht wird.

Die ältesten wirklich brauchbaren (und auch heute noch die wohl mengenmäßig wichtigsten) Kunstfasern werden durch **Polykondensation** aus Diaminen und Dicarbonsäuren hergestellt (Polyamide, entwickelt durch Carothers, ab 1929). Durch Erhitzen von 1,6-Hexandiamin mit Adipinsäure in einer inerten Atmosphäre erhielt Carothers Produkte mit Molekülmassen um 10000, die sich als Schmelze verspinnen ließen *(Nylon 6,6)*. Verwendet man zur Kondensation Sebacinsäure an Stelle von Adipinsäure, so erhält man ein unter der Bezeichnung *Nylon 6,10* gehandeltes Produkt. Heute geht man zur Gewinnung von Polyamiden nicht mehr vom Diamin und der Dicarbonsäure, sondern von dem aus den beiden Substanzen gebildeten neutralen Salz *(«AH-Salz»)* aus, das in einer 50 bis 60% wäßrigen

Lösung im Autoklaven auf 270 bis 280°C erhitzt wird, wobei der Druck auf 15 bis 16 bar ansteigt. Nach einigen Stunden wird der Druck vermindert und die Schmelze des Polyamids mit Stickstoff in ein Wasserbad gedrückt, wo sie erstarrt. Die Fasern werden nach dem Verspinnen gereckt, wodurch die Reißfestigkeit noch erheblich wächst. Die relativ hohe Erweichungstemperatur (etwa 250°C) und die hohe Zugfestigkeit werden durch den hohen Kristallisationsgrad und die relativ starken zwischenmolekularen Kräfte (H-Brücken zwischen —NH- und O=C< -Gruppen!) bedingt. *Ausgangsstoffe* zur Gewinnung der Adipinsäure sind entweder Cyclohexan oder Cyclohexanol, die durch Hydrieren von Benzen bzw. Phenol erhalten und zu Adipinsäure oxidiert werden. Die Oxidation von Cyclohexan erfordert einen Druck von 80 bis 150 bar und verläuft unter der Wirkung von Mangan- oder Kobaltkatalysatoren; sie liefert direkt Adipinsäure (ohne die Zwischenstufe des Cyclohexanols). 1,6-Hexandiamin wird durch Reduktion von Adiponitril erhalten. Beide Ausgangsstoffe können auch aus Tetrahydrofuran gewonnen werden; durch Reaktion mit HCl erhält man daraus 1,4-Dichlorbutan, welches mit NaCN Adiponitril liefert.

Nylon 6,6 nimmt relativ viel, bis 3.4 Massen-%, Wasser auf (Bindung an die Amidgruppe in den amorphen Bereichen). Dieses Wasser wirkt als «Weichmacher» und erhöht die Beweglichkeit der Makromoleküle, verringert aber die Festigkeit um etwa 10%. Die Luftfeuchtigkeit hat deshalb einen Einfluß auf die Festigkeit von Nylonartikeln. Noch mehr Wasser, bis 4.1 Massen-%, nimmt das Nylon 5 – $[NH(CH_2)_4CO]_n$ – auf; die daraus hergestellten Fasern ähneln der Baumwolle. Durch Einbau von Cyclohexylgruppen in die Makromoleküle sinkt die Wasseraufnahme und damit die Beweglichkeit der Ketten; solche Fasern eignen sich zur Herstellung «pflegeleichter» Kleidung.

Das in Deutschland entwickelte *Perlon* (Schlack, 1931) entsteht aus ε-Caprolactam, das aus Cyclohexanonoxim über eine Beckmann-Umlagerung gewonnen wird (vgl. S. 515). Die Polykondensation erfolgt bei 250 bis 260°C in Gegenwart katalytischer Mengen von Wasser. Dadurch bilden sich kleine Mengen freier ε-Aminocapronsäure; indem mehrere Moleküle dieser Säure kondensieren, bildet sich wieder Wasser, das weiteres Caprolactam spaltet, bis schießlich die Polyamidkette entstanden ist:

Perlon («Polyamid 6»)

Zur Herstellung von Cyclohexanonoxim geht man von Cyclohexan aus, das photochemisch mit Nitrosylchlorid direkt das Oxim ergibt, oder nitriert und anschließend zum Nitrosocyclohexan reduziert wird, welches dabei zu Cyclohexanonoxim tautomerisiert.

In den letzten 20 Jahren sind auch andere Polyamide entwickelt worden. So entsteht aus Terephthalsäure und Trimethylhexamethylendiamin (2,2,4-Trimethyl-1,6-hexandiamin) ein nur wenig kristallines, in dicken Schichten transparentes, zugfestes und recht hartes Material (*«Trogamid T»)*. Trogamid T wird im Gegensatz zu den bisherigen Polyamiden von verdünnten Säuren nicht angegriffen und ist auch gegenüber verdünnten Alkalien und vielen organischen Lösungsmitteln beständig. Das Material wird weniger zu Fasern als hauptsächlich zu Apparateteilen verarbeitet. Durch Kondensation von 1,4-Bis(aminomethyl)cyclohexan mit Dicarbonsäuren entstehen Polyamide, die Cyclohexanringe im Makromolekül enthalten (*«Polycyclamid»)*. Diese Kunststoffe haben wegen ihrer gegenüber anderen Polyamiden geringeren Schrumpfung beim Erstarren der Schmelze und wegen ihrer besseren Feuchtigkeitsresistenz ebenfalls Anwendung im Apparatebau gefunden.

25.3 Polykondensate

$$\left[-\underset{\underset{O}{\|}}{C}-\underset{}{\bigcirc}-\underset{\underset{O}{\|}}{C}-NH-CH_2-\underset{\underset{CH_3}{|}}{\overset{\overset{CH_3}{|}}{C}}-CH_2-\underset{}{\overset{\overset{CH_3}{|}}{CH}}-CH_2-CH_2-NH- \right]_n \quad \text{Trogamid T}$$

$$\left[-\underset{\underset{O}{\|}}{C}-(CH_2)_4-\underset{\underset{O}{\|}}{C}-NH-CH_2-\underset{}{\bigcirc}-CH_2-NH- \right]_n \quad \text{Polycyclamid}$$

Durch Polykondensation von *p*-Phenylendiamin mit Terephthalsäure erhält man Makromoleküle, in denen Benzenringe durch —NHCO-Gruppen miteinander verknüpft sind und die zu Fasern verarbeitet werden *(«Aramid»-Faser, «Kevlar»-Faser)*. Solche Fasern sind kaum schmelzbar; bei Flammeneinwirkung verkohlen sie langsam, ohne zu brennen. Sie werden als Verstärkungsfasern für Feuerschutzkleidung, Flugzeugtextilien, Schutzkleidung gegen Schußwaffen und ganz allgemein als Asbestersatz verwendet. Weitere hochfeste und sehr temperaturbeständige Polyamidfasern werden durch Polykondensation von Isophthalsäure mit *m*-Phenylendiamin hergestellt *(«Nomex»-Faser)*. Ihre Festigkeit ist höher als jene von Glas und Stahl. Sie eignen sich dank dieser Eigenschaft und auch dank ihrer geringen Dichte für den Einsatz in Reifen. Seile aus Kevlar mit der Festigkeit von Stahlkabeln (aber fünfmal leichter als diese) werden z. B. zur Verankerung von Bohrplattformen im Meer verwendet.

Silicone. Eine letzte Gruppe von Polykondensaten bilden die Silicon-Kunststoffe. Läßt man organische Siliciumderivate, wie Trimethylsiliciumchlorid, Dimethylsiliciumdichlorid oder Phenylsiliciumtri- bzw. Diphenylsiliciumdichlorid $(CH_3)_3SiCl$, $(CH_3)_2SiCl_2$ bzw. $C_6H_5SiCl_3$, $(C_6H_5)_2SiCl_2$ auf Wasser einwirken, so entstehen zunächst *«Silanole»*, die anschließend Wasser abspalten und in niedermolekulare *Siloxane* übergehen:

$$(CH_3)_3Si-Cl + H_2O \rightarrow (CH_3)_3Si-OH + HCl$$
$$\text{Trimethylsilanol}$$

$$2\,(CH_3)_3Si-OH \rightarrow (CH_3)_3Si-O-Si(CH_3)_3 + H_2O$$
$$\text{Hexamethyldisiloxan}$$

Durch Reaktion von Dimethyl- oder Monomethylsiliciumchlorid mit Wasser erhält man – über das im monomeren Zustand nicht faßbare Dimethylsilandiol bzw. Methylsilantriol als Zwischenprodukt – hochmolekulare Verbindungen mit ring- oder kettenartigen oder auch vernetzten Makromolekülen *(«Silicone»)*:

$$(CH_3)_2SiCl_2 + 2\,H_2O \rightarrow (CH_3)_2Si(OH)_2 + 2\,HCl$$

$$n(CH_3)_2Si(OH)_2 \rightarrow \left[-\underset{\underset{CH_3}{|}}{\overset{\overset{CH_3}{|}}{Si}}-O- \right]_n + nH_2O$$

Die Länge der Ketten und der Vernetzungsgrad werden durch einen geringen Anteil an Trimethylsiliciumchlorid und Methylsiliciumtrichlorid im Gemisch mit Dimethylsiliciumdichlorid bestimmt. Kondensiert ein Trimethylsilanolmolekül mit einer im Wachstum begriffenen Siloxan-Kette, so wird die Polykondensation abgebrochen [$(CH_3)_3Si-O$-Gruppen bilden Kettenenden], während Methylsilantriol zur Vernetzung führt. Durch Variation des Verhältnisses von $(CH_3)_2SiCl_2$, CH_3SiCl_3 und $(CH_3)_3SiCl$ in dem Gemisch, das mit Wasser zur Reaktion gebracht wird, lassen sich darum die Eigenschaften der Produkte in weitgehendem Maß variieren. Hochmolekulare Silicone mit linearen Makromolekülen von mäßiger Kettenlänge sind flüssig *(Siliconöle)*, wobei die Viskosität mit wachsender Kettenlänge zunimmt; in geringem Maß vernetzte Ketten besitzen Kautschukelastizität *(Siliconkautschuk;* für Dichtungen u. a.), während durch starke Vernetzung harzartige Duroplaste entstehen *(Siliconharze)*.

Die Bedeutung dieser Produkte als Kunststoffe besteht darin, daß die *Si—C-Bindung* so beständig *(kinetisch inert)* ist, daß sie unter normalen Bedingungen weder von Säuren noch von schwach alkalischen Lösungen angegriffen wird; der organische Anteil in den Makromolekülen macht die Silicone wasserabstoßend, so daß sie zur Imprägnierung von Textilien, Mauerwerk, zum Verkleben von Glasscheiben u. a. verwendet werden können.

Zur *Herstellung* der Silicone geht man von Quarzsand aus, der zunächst zu elementarem Silicium reduziert wird. Aus diesem erhält man durch Reaktion mit Methylchlorid bei 300 bis 400 °C und unter der katalytischen Wirkung von Kupfer die verschiedenen Methylsiliciumhalogenide, welche dann anschließend mit Wasser umgesetzt werden (**Rochow-Prozeß**). Auch durch Reaktion von Methylmagnesiumchlorid mit $SiCl_4$ können Methylsiliciumchloride erhalten werden.

Fluorsilicone (mit teilweise fluorierten Seitenketten) können als Elastomere bei extrem niedrigen Temperaturen (bis − 100 °C) verwendet werden. Von den üblichen organischen Lösungsmitteln werden sie nicht angegriffen.

25.4 Polyaddukte

Von den durch **Polyaddition** zugänglichen hochmolekularen Substanzen haben bis heute zwei Gruppen große Bedeutung erreicht: die *Epoxidharze* und die *Polyurethane*.

Epoxidharze (auch Epoxy-Harze genannt) entstehen z. B. aus Epichlorhydrin und Diphenolen (meist Bisphenol A):

$$HO-\boxed{Kette}-\overline{O}H + CH_2-CH-CH_2 \xrightarrow{OH^\ominus} HO-\boxed{Kette}-O-CH_2-CH-CH_2 \quad (1)$$
$$\underset{O}{\underset{|}{}} \quad Cl \qquad\qquad\qquad OH \quad Cl$$

$$HO-\boxed{Kette}-O-CH_2-CH-CH_2 \xrightarrow{OH^\ominus} HO-\boxed{Kette}-O-CH_2-CH-CH_2 \quad (2)$$
$$\qquad\qquad OH\quad Cl \qquad\qquad\qquad\qquad\qquad O$$

$$HO-\boxed{Kette}-O-CH_2-CH-CH_2 + HO-\boxed{Kette}-OH$$
$$\qquad\qquad\qquad O$$

$$\xrightarrow{OH^\ominus} HO-\boxed{Kette}-O-CH_2-CH-CH_2-O-\boxed{Kette}-OH$$
$$\qquad\qquad\qquad\qquad\qquad OH \qquad\qquad\qquad\qquad (3)$$
$$\qquad\qquad\qquad\qquad\qquad (1)$$

$$\boxed{Kette} = -\!\!\left\langle\;\right\rangle\!\!-\overset{CH_3}{\underset{CH_3}{C}}-\!\!\left\langle\;\right\rangle\!\!-$$

(1) addiert unter der Wirkung von NaOH ein weiteres Epichlorhydrin-Molekül, das − wie in Schritt (2) − zum Oxiran (Epoxid) wird und anschließend nach (3) weiterreagiert.

Verwendet man bei der Polyaddition einen Überschuß an Epichlorhydrin, so erhält man (bei etwa 60°C und in Gegenwart einer Base) ein *linear* gebautes Makromolekül, das zahlreiche Hydroxylgruppen und zudem an seinen Enden auch Epoxidringe enthält. Durch Zusatz von *Diaminen* (die mit den Epoxidringen reagieren) oder von *Dicarbonsäuren* können diese Epoxidverbindungen *vernetzt* werden. Epoxidharze haben große Bedeutung als *Klebstoffe* (*«Araldit»*), da man mit ihnen Glas, keramische Materialien, Metalle usw. außerordentlich dauerhaft verkleben kann (Brückenbau!). Zu diesem Zweck verwendet man Additionsprodukte mittlerer Molekülmassen (dünn- oder zähflüssig), welche durch einen «Härter» in der Wärme oder auch «kalthärtend» vernetzt werden.

Die zweite wichtige Gruppe von Polyaddukten bilden die **Polyurethane** (O. Bayer, ab 1937). Polyurethane entstehen durch Reaktion bifunktioneller oder trifunktioneller Alkohole (*«Desmophene»*) mit Di- oder Polyisocyanaten (*«Desmodure»*). Durch Variation der Ausgangssubstanzen gelingt es, sowohl *lineare* wie *vernetzte Makromoleküle* zu erhalten. Durch nachträgliche Zugabe von weiterem Diisocyanat können lineare Makromoleküle auch mehr oder weniger stark vernetzt werden (Bildung von Polyurethan*harzen* oder *-elastomeren*). In der Praxis wählt man als Desmophenkomponente meist lineare Polyester (Kondensate aus Adipinsäure mit einem Überschuß an Glycolen) oder verzweigte Polyester (Kondensate aus Adipinsäure mit einem Überschuß an Glycolen und Trihydroxyverbindungen); beide enthalten noch freie Hydroxylgruppen. Verzweigte Polyester als Desmophenkomponente ergeben bei der Polyaddition an Diisocyanate direkt schwach vernetzte Makromoleküle, d. h. *Elastomere* (*«Vulkollan»*).

Schema:

$$n\,HO-\boxed{Kette}-OH + n\,OCN-\bigcirc\!\!\!Kette\!\!\!\bigcirc-NCO \longrightarrow$$

$$HO-\boxed{Kette}-O-(-\overset{O}{\underset{\|}{C}}-NH-\bigcirc\!\!\!Kette\!\!\!\bigcirc-NH-\overset{O}{\underset{\|}{C}}-O-\boxed{Kette}-O-)_{n-1}\overset{O}{\underset{\|}{C}}-NH-\bigcirc\!\!\!Kette\!\!\!\bigcirc-NCO$$

lineares Polyurethan

26 Farbstoffe

26.1 Begriff und Einteilung

Der Begriff «Farbstoff». Absorption im sichtbaren Gebiet des Spektrums beruht auf einer Anregung von Elektronen ($\pi \rightarrow \pi^*$-Übergänge; bei Atomgruppen mit freien Elektronenpaaren auch $n \rightarrow \pi^*$-Übergänge); die Eigenfarbe des absorbierenden Stoffes ist die Komplementärfarbe der absorbierten Farbe.

Daß gewisse charakteristische Atomgruppen einem Molekül Farbe verleihen können, wurde schon von Witt (1876) erkannt. Alle diese als **«Chromophore»** bezeichneten ungesättigten Gruppen enthalten relativ leicht anzuregende π-Elektronen. Damit Absorption im sichtbaren Gebiet des Spektrums möglich ist, dürfen die Energiedifferenzen zwischen dem höchsten besetzten π- und dem niedrigsten unbesetzten (antibindenden) π^*-Niveau nicht zu groß sein. «Farbigkeit» tritt daher bei einem Molekül nur dann auf, wenn sich die π-Elektronen des Chromophors mit anderen π-Elektronen (z. B. eines aromatischen Ringes) zu einem *delokalisierten* π-System überlagern. Berechnungen auf Grund des MO-Modelles (siehe Bd. II) ergeben in der Tat, daß in dem Maß, wie sich ein solches π-System ausdehnen kann (und die Zahl der verfügbaren bindenden und antibindenden MO zunimmt), die Energiedifferenzen zwischen Grund- und angeregten Zuständen kleiner werden. Tritt nun ein nichtbindendes Elektronenpaar (z. B. einer Hydroxyl- oder Aminogruppe) mit den π-Elektronen in Wechselwirkung (π-Donor), so kann die Delokalisation der π-Elektronen verstärkt werden (was formal durch weitere Grenzstrukturen zum Ausdruck gebracht werden kann), so daß die Energiedifferenzen zwischen Grundzustand und angeregten Zuständen noch kleiner werden und die Anregung durch längerwelliges Licht möglich wird. Die Absorptionsbanden verschieben sich in solchen Fällen in das Gebiet der längeren Wellen, und man spricht von einem **«bathochromen»** (farbvertiefenden Effekt) der betreffenden Gruppe (des sogenannten **Auxochroms**). Die Wirkung solcher +M-Gruppen wird beträchtlich verstärkt, wenn auf der anderen Seite des π-Systems ein π-Acceptor (ein **«Antiauxochrom»**) vorhanden ist, weil dann die π-Elektronen noch viel stärker delokalisiert werden und $\pi \rightarrow \pi^*$-Übergänge noch leichter möglich sind.

Zur Illustration diene ein *Vergleich* von *Nitrobenzen* und *p-Nitranilin* sowie die Betrachtung einiger *Stilbenderivate*.

Im Nitrobenzen wirkt die $-NO_2$-Gruppe als π-Acceptor; die Delokalisation des aromatischen Sextetts wird aber nur wenig verstärkt, so daß der Übergang eines π-Elektrons in den niedrigsten antibindenden π^*-Zustand ziemlich viel Energie erfordert und die Substanz nur im kurzwelligen Blauviolett absorbiert: Nitrobenzen erscheint blaßgelb. p-Nitranilin enthält aber neben der $-NO_2$-Gruppe einen π-Donor ($-NH_2$), dessen nichtbindendes Elektronenpaar am N-Atom sich mit dem aromatischen Sextett und den π-Elektronen der $-NO_2$-Gruppe überlagert, so daß sich die Absorption ins längerwellige Gebiet verschiebt und p-Nitranilin orange erscheint.

26.2 Begriff und Einteilung

Stilben ist farblos, da eine Delokalisation der Doppelbindungs-π-Elektronen nur in sehr geringem Ausmaß eintritt [die Grenzstruktur (2) ist zu energiereich, als daß sie in nennenswertem Maß zum Resonanzhybrid «beitragen» könnte]:

$$\left[\underset{(1)}{\text{Ph–CH=CH–Ph}} \leftrightarrow \underset{(2)}{{}^{\ominus}\text{Ph–CH–CH–Ph}^{\oplus}} \right]$$

p,p'-Dimethoxystilben ist trotz des Vorhandenseins zweier auxochromer Gruppen (der Methoxygruppen) farblos, da beide Auxochrome π-Donoren sind und dadurch die Delokalisation nicht verstärken können. p,p'-Dinitrostilben ist – aus demselben Grund wie das Nitrobenzen – schwach gelb. Enthält dagegen das Stilbengerüst sowohl einen π-Acceptor (z. B. $-NO_2$) als auch einen π-Donor [z. B. $-N(CH_3)_2$], so wird die Delokalisation des gesamten π-Systems verstärkt [die Grenzstruktur (2 a) ist stärker am Resonanzhybrid «beteiligt»], und die Substanz ist rot.

$$\left[\underset{(1a)}{O_2N\text{–Ph–CH=CH–Ph–}N(CH_3)_2} \leftrightarrow \underset{(2a)}{{}^{\ominus}O_2N\text{=Ph=CH–CH=Ph=}N(CH_3)_2{}^{\oplus}} \right]$$

Die Wirkungen des π-Donors und -Acceptors erreichen ihr Maximum, wenn sie eine vollkommene Delokalisation ermöglichen, oder anders gesagt, wenn die zur Beschreibung des mesomeren Systems notwendigen Grenzstrukturen energetisch völlig gleichwertig sind. Dies ist beispielsweise bei den *Polymethinfarbstoffen* vom Typus (3) der Fall:

$$\left[R_2\overline{N}\text{–CH=CH–CH=}\overset{\oplus}{N}R_2 \leftrightarrow R_2\overset{\oplus}{N}\text{=CH–CH=CH–}\overline{N}R_2 \right] Cl^{\ominus}$$
$$(3)$$

Für solche Polymethinfarbstoffe ist es auch gelungen, die Lage der Absorptionsbanden mit Hilfe eines einfachen Elektronengasmodells relativ genau zu berechnen (H. Kuhn). Bei farbigen Substanzen dieser Art verschiebt sich die Absorptionsbande mit zunehmender Zahl Doppelbindungen sehr viel stärker und rascher ins Gebiet längerer Wellen als bei Kohlenwasserstoffen mit einem System konjugierter Doppelbindungen (S. 87). So erscheint ein Polymethinfarbstoff mit nur zwei Doppelbindungen (Grenzstrukturen wie oben) bereits orange (Absorptionsbande bei 450 nm).

Nun ist aber nicht jeder *farbige Stoff* zugleich ein *«Farbstoff»*. Da sich die Farbstoffchemie in allererster Linie im Zusammenhang mit der Textilfärberei entwickelt hat, bezeichnet man üblicherweise nur solche Substanzen als eigentliche Farbstoffe, die sich aus einer (meist wäßrigen) Lösung oder Suspension fest an ein bestimmtes Material, in erster Linie Textilfasern (aber auch Leder, Papier, Kunststoffe u. a.) binden. Im Sprachgebrauch des Alltags weicht man von dieser strengen Begriffsbestimmung allerdings häufig ab und bezeichnet Stoffe, wie z. B. Chlorophyll – die nicht «färben» – oder organische Pigmente – die nicht aus wäßrigen Lösungen oder Suspensionen «aufziehen» – ebenfalls als Farbstoffe. Um als Farbstoff praktisch verwendbar zu sein, muß die Substanz auch weiteren Kriterien genügen: sie muß möglichst licht- und waschecht sein und darf die Faser nicht schädigen.

Im Gegensatz zu den eigentlichen Farbstoffen stehen die *Mineralfarben*, welche zusammen mit einem Binde- oder Klebemittel mittels Pinsel oder Spritzpistole auf der Unterlage aufgebracht werden und hohe Deckfähigkeit, Abriebfestigkeit und Geschmeidigkeit besitzen müssen (z. B. Öl- und Dispersionsfarben).

794 26 Farbstoffe

Arten von Textilfarbstoffen. Beim Färbeprozeß spielt die Natur der Faser selbstverständlich eine große Rolle. Nur ganz wenige Farbstoffe eignen sich ohne weiteres zur Färbung verschiedenartiger Fasern. Je nach Art des *Färbeprozesses* und der Haftung auf der Faser lassen sich verschiedene Gruppen von Textilfarbstoffen unterscheiden: direktziehende Farbstoffe, Küpenfarbstoffe, Dispersionsfarbstoffe, Reaktivfarbstoffe usw. Eine andere Einteilung in verschiedene Klassen gründet sich auf die *chemische Konstitution* der Farbstoffe: Azofarbstoffe, Anthrachinonfarbstoffe, Indigoide, Phthalocyanine usw. Wir werden zunächst die verschiedenen Färbemöglichkeiten betrachten und anschließend auf die Konstitution der wichtigsten Farbstofftypen eingehen.

26.2 Unterscheidung von Farbstoffen nach Art des Färbeprozesses

Direktfarbstoffe («substantive» Farbstoffe). Unter dieser Bezeichnung faßt man Farbstoffe zusammen, die aus einer wäßrigen Lösung ohne weitere Vorbehandlung auf *Baumwolle* aufziehen. Um die seit etwa drei Jahrzehnten wichtig gewordenen Reaktivfarbstoffe auszuschließen, muß dabei die Einschränkung gemacht werden, daß die Haftung nicht durch Bildung von Kovalenzbindungen mit der Faser geschehen darf. Der älteste bekannte substantive Farbstoff ist das *Kongorot* (1883 von Böttiger entdeckt). Wahrscheinlich sind alle diese Farbstoffe in Wasser nur kolloidal löslich; sie werden jedenfalls von der Faser als Kolloidteilchen adsorbiert und lagern sich (wie röntgenanalytisch nachgewiesen wurde) in intermicellare Räume der Faser ein. Allen gemeinsam ist die ausgesprochen längliche Gestalt ihrer Moleküle.

Kongorot   (schlägt bei *p*H 3 bis 4 von Rot nach Blau um)

Beizenfarbstoffe. Bei diesem Färbeverfahren imprägniert man die Baumwollfaser zuerst mit Metallsalzen, welche durch Behandlung mit Wasserdampf in schwerlösliche, auf der Faser haftende Hydroxide übergehen. Diese verbinden sich mit den Farbstoffmolekülen, entweder indem ebenfalls Ionenbindungen entstehen oder indem sich Chelatkomplexe bilden. Um basische Farbstoffe zu binden, kann man die Faser mit Tannin (einem polymeren Glykosid der Gallussäure, einem Gerbstoff) «beizen». Beispiele von Beizenfarbstoffen sind Alizarin und Alizaringelb R. Beizenfarbstoffe haben heute nur noch geringe Bedeutung.

26.3 Unterscheidung von Farbstoffen nach Art des Färbeprozesses

Alizarin   Alizaringelb R

Küpenfarbstoffe. Das Prinzip der Küpenfärberei wurde bereits im Zusammenhang mit der Besprechung des Indigos diskutiert (S. 685). Küpenfarbstoffe eignen sich vor allem für Baumwolle (nicht für Kunstfasern; ausgewählte Küpenfarbstoffe können auch zur Färbung von Wolle verwendet werden) und haften fest auf der Faser. Besonders lichtecht sind die auf eine Entdeckung von Bohn (in der BASF) zurückgehenden *Indanthrenfarbstoffe* sowie die hauptsächlich in der Ciba entwickelten anthrachinoiden Küpenfarbstoffe. Der Anteil der Küpenfarbstoffe am Gesamtverbrauch der Baumwollfarbstoffe macht heute noch etwa 40 % aus.

Entwicklungsfarbstoffe. Um 1880 wurde in England gefunden, daß Baumwolle sich dauerhaft färben läßt, wenn man sie zuerst mit der alkalischen Lösung eines Phenols (oder einer anderen, zur Kupplung mit Diazoniumsalzen geeigneten Substanz) tränkt und anschließend mit der eisgekühlten Lösung eines Diazoniumsalzes behandelt («klotzt»). Der Azofarbstoff wird dann direkt auf der Faser erzeugt und haftet durch Adsorption; entscheidend ist dabei, daß die Kupplungskomponente wasserlöslich ist und zugleich von der Cellulose genügend stark adsorbiert wird. Solche Farbstoffe werden auch etwa als *«Eisfarben»* bezeichnet. Wichtige Entwicklungsfarbstoffe sind die *«Naphthol-AS-Farbstoffe»*, deren Kupplungskomponente ein substituiertes Amid der β-Hydroxynaphthoesäure (oder ein Derivat dieser Substanz) ist. Auch das *«Anilinschwarz»*, das durch Oxidation von Anilin mit Dichromat oder anderen Oxidationsmitteln entsteht, ist ein Entwicklungsfarbstoff, wird also auf der Faser selbst gebildet.

Naphthol AS
(der Pfeil deutet die Stelle der Kupplung an)

Dispersionsfarbstoffe. Die meisten synthetischen und halbsynthetischen (Kunstseide-) Fasern lassen sich mit direktziehenden Farbstoffen nicht färben, da diese wegen des Fehlens freier Hydroxyl- oder Aminogruppen weniger gut adsorbieren als Cellulose. Entwicklungs- und Küpenfarbstoffe sind für diese Fasern im allgemeinen ebenfalls nicht geeignet, da die sauren oder alkalischen Lösungen eine partielle Hydrolyse der Ester- oder Amidbindungen bewirken, wodurch die Faser an Festigkeit verliert[1]. Zur Färbung derartiger Fasern benützt man vielmehr Farbstoffe, die *in Wasser nur wenig löslich* sind, die sich aber in der Faser selbst «lösen». Zum Färben bringt man den Farbstoff zusammen mit Dispergiermitteln im Wasser in äußerst feine Verteilung (daher der Name «Dispersionsfarbstoff»), und aus der wäßrigen Dispersion diffundieren die Farbstoffmoleküle (über die flüssige Phase) in die Faser hinein.

---
[1] Polyesterfasern werden zum Teil auch mit Azo-Entwicklungsfarbstoffen gefärbt!

Pigmentfarbstoffe. Viele *Kunststoffe* und auch verschiedene *Kunstfasern* werden *«in der Masse» gefärbt*, d. h. man setzt den Farbstoff bereits während der Polymerisation zu oder vermischt ihn mit dem flüssigen Material vor dem Verspinnen. Es sind meist wasserunlösliche Farbstoffe, die – mit Rücksicht auf ihre Verwendung – besonders wärmebeständig sein müssen. Eine besonders wichtige Gruppe solcher Pigmentfarbstoffe bilden die Phthalocyanine, Farbstoffe, die einen dem Porphinring ähnlichen Cyclus enthalten, der mit Metallionen koordiniert ist. Pigmentfarbstoffe eignen sich auch als Farbkomponenten für Lacke.

Reaktivfarbstoffe. Bei den Reaktivfarbstoffen, der jüngsten Entwicklung auf dem Gebiet der Farbenchemie, handelt es sich um Farbstoffe, die mit dem Substrat (der Faser) echte chemische Bindungen (Kovalenzbindungen) eingehen und dadurch besonders gut auf der Faser haften. Ursprünglich wurden sie zur Färbung von Wolle entwickelt; heute liegt jedoch ihre Hauptbedeutung auf dem Gebiet der Baumwollfärbung. Auch für Polyamidfasern gibt es Reaktivfarbstoffe.

Allen Reaktivfarbstoffen gemeinsam ist das Vorhandensein einer *«reaktiven Gruppe»*, welche die Verbindung zur Cellulose (bzw. zum Protein) herstellt. Im Prinzip kann diese Gruppe an irgendein farbiges Molekül gebunden sein; in der Praxis verwendet man hauptsächlich Azofarbstoffe, Anthrachinonfarbstoffe oder sulfonierte Phthalocyanine als farberzeugendes Element. Die erste, in der ICI entdeckte reaktive Gruppe war das Dichlortriazinsystem (*Procionfarbstoffe*, 1956). Die von der Ciba (1957) auf den Markt gebrachten *Cibacronfarbstoffe* enthalten einen Monochlortriazinring als reaktive Gruppe.

anthrachinoider Reaktiv-Farbstoff   Azofarbstoff

2 Farbstoffe vom Cibacrontyp

Die *Reaktivität* hängt hier ab von der Stabilität der Abgangsgruppe und vom Ausmaß der Positivierung des C-Atoms, welches die Abgangsgruppe trägt. Farbstoffe mit sehr reaktiven Gruppen (mit denen bei relativ niedriger Temperatur gefärbt werden kann) haben den Nachteil, daß die Bindung zur Cellulose durch $OH^\ominus$-Ionen aus dem Waschmittel wiederum leicht hydrolysiert wird. Durch Veränderung der am Triazinring vorhandenen Substituenten sowie der Abgangsgruppe (Substitution eines Cl-Atoms des Dichlortriazinringes durch eine Amino- oder Amidgruppe, Verwendung tertiärer Basen an Stelle von Cl-Atomen als Abgangsgruppen) läßt sich die Reaktivität in weiten Grenzen verändern und den besonderen Erfordernissen der Praxis anpassen.

Bei den aliphatischen reaktiven Gruppen tritt in der alkalischen Lösung zuerst eine β-Elimination ein; die entstandene C=C-Doppelbindung addiert anschließend das Cellulose-Anion **(Michael-Addition)**:

$$\boxed{F}{-}A{-}CH_2{-}CH_2{-}X \xrightarrow{\text{Base}} \boxed{F}{-}A{-}CH{=}CH_2 \xrightarrow{+\text{Cell-}\overline{\underline{O}}|^{\ominus}} \boxed{F}{-}A{-}CH_2{-}CH_2{-}O{-}\text{Cell}$$

(A ist eine elektronenziehende Gruppe, welche die Abspaltung des zu ihr α-ständigen H-Atoms als Proton ermöglicht.)

26.3 Chemische Einteilung der Farbstoffe

Azofarbstoffe. Diese mengenmäßig bedeutendste Farbstoffgruppe wird durch Kupplung eines diazotierten aromatischen Amins (der *«Diazokomponente»*) mit einem genügend reaktionsfähigen zweiten Aromaten (der *«Kupplungskomponente»*) hergestellt. Die wichtigsten Kupplungskomponenten, Phenole und Amine, kuppeln in *p*-Stellung zur —OH- bzw. —NH$_2$-Gruppe, bzw. in *o*-Stellung, falls die *p*-Stellung besetzt ist. α-Naphthol und α-Napthylamin kuppeln in Stellung 4. Ist die 4-Stellung besetzt oder befindet sich in 3- oder 5-Stellung eine Sulfonsäuregruppe, so tritt Kupplung in Stellung 2 ein. β-Naphthol und ebenso β-Naphthylamin kuppeln nur in Stellung 1. Enthält der Naphthalenring sowohl eine Hydroxyl- wie eine Aminogruppe, so dirigiert die erstere in alkalischer Lösung, während letztere in schwach saurer Lösung dirigierend wirkt. Beispiele der vielen verschiedenen als Kupplungskomponenten verwendeten Naphthalenderivate gibt Tabelle 26.1. Über den *Mechanismus* der **Azokupplung** siehe S. 566. Eine interessante, vor einigen Jahren entwickelte weitere Methode zur Herstellung von Azofarbstoffen besteht in der **«oxidativen Kupplung»** von Hydrazonen mit genügend reaktiven Aromaten (Hünig):

Tabelle 26.1. Beispiele von Naphthalenderivaten als Kopplungskomponenten (die Pfeile bedeuten den Ort der Kupplung, a = alkalisch)

Schäffer-Säure   Nevile-Winther-Säure   Chicago-Säure

Die Azogruppe besitzt in gewissem Maß den Charakter eines π-Acceptors und ermöglicht, in Kombination mit einem π-Donor, eine (allerdings nicht besonders starke) Delokalisation der π-Elektronen:

Der «Beitrag» der chinoiden Grenzstruktur zum Resonanzhybrid ist allerdings nur gering (Ladungstrennung!).

Wegen der relativ geringen Ausdehnung des delokalisierten Systems absorbieren derartige einfache Azofarbstoffe nur im kurzwelligen Gebiet des sichtbaren Spektrums und erscheinen darum gelb oder orange. Durch Einführung mehrerer Azogruppen, die möglichst durch Naphthalenringe miteinander verbunden sein sollen, lassen sich auch rote, blaue, grüne und sogar schwarze Azofarbstoffe herstellen. Besonders die Kupplung mit Aminonaphtholsulfonsäuren ergibt häufig blaue Azofarbstoffe.

Naphthol AS-D   «Echtgelbsalz GC»   Entwicklungsfarbstoff

Triphenylmethanfarbstoffe. Diese Farbstoffgruppe enthält das *Triphenylcarbeniumion* als Chromophor, ein verzweigtes, symmetrisches π-System mit dreizähliger Symmetrieachse. Damit Absorption im sichtbaren Gebiet des Spektrums möglich ist (d. h. damit sich ein genügend delokalisiertes π-System bilden kann), muß an mindestens einem Benzenkern in *p*-Stellung ein π-Donorsubstituent vorhanden sein.

Malachitgrün

26.4 Chemische Einteilung der Farbstoffe

Da bei diesen Farbstoffen neben der Absorption auch eine starke Reflexion auftritt, wurden sie früher wegen ihrer leuchtenden Farbtöne sehr geschätzt; sie sind jedoch auf Wolle und Seide sowie auf mit Tannin gebeizter Baumwolle nicht sehr licht- und waschecht. Überraschenderweise zeigt Malachitgrün auf Acrylfasern eine gute Licht- und Waschechtheit und hat damit erneut Bedeutung erlangt.

Um das Triphenylmethangerüst *aufzubauen*, geht man von einer Verbindung mit positiv polarisiertem C-Atom (Benzaldehyd, Phosgen) aus, die mit einem Anilin- oder Phenolderivat umgesetzt wird. Das dadurch entstandene Produkt (die sogenannte *Leukobase*) wird anschließend zum noch farblosen *Carbinol* oxidiert (meist mit PbO_2), das beim Ansäuern dissoziiert und das Carbeniumion bildet. Als Beispiel diene die Herstellung des *Malachitgrüns*:

Bekannte *Beispiele* von Triphenylmethanfarbstoffen sind *Fuchsin* (Pararosanilin), das kurz nach der Entdeckung des Mauveins ebenfalls durch Oxidation von toluidinhaltigem Anilin (z. B. mit $SnCl_4$ oder Nitrobenzen) erstmals hergestellt wurde, und *Methylviolett* (der Farbstoff der rotvioletten Tinten, der Kopierstifte und der Umdruckermatrizen), welches durch Luftoxidation von Dimethylanilin in Gegenwart von $CuSO_4$ erhalten wird. Dabei wird eine Methylgruppe als Formaldehyd abgespalten, und dieser kondensiert mit Monomethyl- und Dimethylanilin unter Weiteroxidation zur Leukobase und nachher zur Carbinolbase, welche beim Ansäuern den Farbstoff liefert. Weitere zu dieser Gruppe gehörende Farbstoffe sind *Fluorescein* (das noch in äußerst geringer Konzentration – bis etwa zu einer Verdünnung von $1 : 40 \cdot 10^6$ – eine intensiv gelbgrüne Fluoreszenz zeigt; entsteht durch Zusammenschmelzen von Resorcin und Phthalsäureanhydrid), sowie die pH-Indikatoren *Phenolphthalein* und die *Sulfonphthaleine*.

Die Moleküle (Ionen) der Triphenylmethanfarbstoffe enthalten kein chinoides Strukturelement. Die angegebenen Formeln stellen *Grenzstrukturen* dar, und das π-Elektronensystem ist über alle drei Ringe delokalisiert.

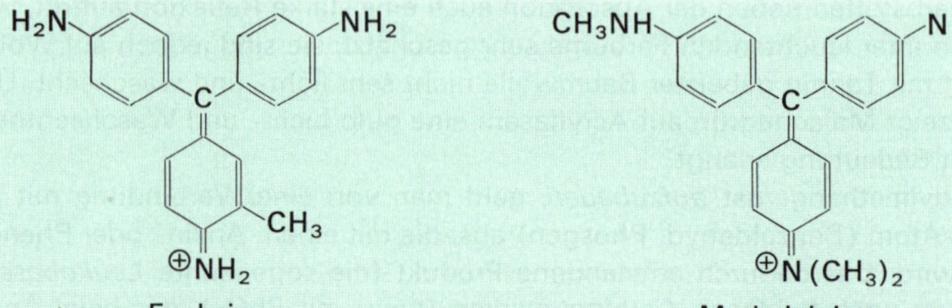

800 26 Farbstoffe

Fuchsin

Methylviolett

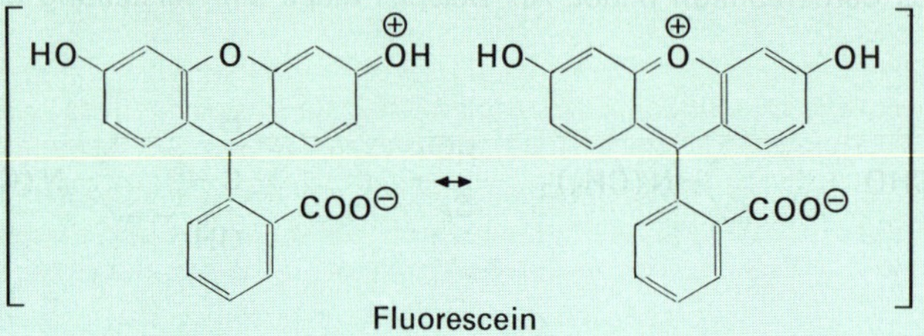

Fluorescein

Phthalocyanine. 1927 wurde von de Diesbach und von der Weid die Bildung eines tiefblauen Farbstoffes beim Erhitzen von o-Dibrombenzen oder Phthalodinitril mit Kupfer(I)-cyanid beobachtet. Die technische Verwendung setzte aber erst einige Jahre später ein, und zwar aufgrund zufälliger Beobachtungen von Betriebschemikern der Scottish Dyes Ltd. bei der Herstellung von Phthalimid aus Phthalsäureanhydrid und Ammoniak. Bei diesen Farbstoffen handelt es sich um vielgliedrige Ringsysteme, welche – ebenso wie die Pyrrolfarbstoffe – das π-Elektronensystem des *18-Annulens*, d. h., $18 = (2 \cdot 8) + 2$ π-Elektronen besitzen:

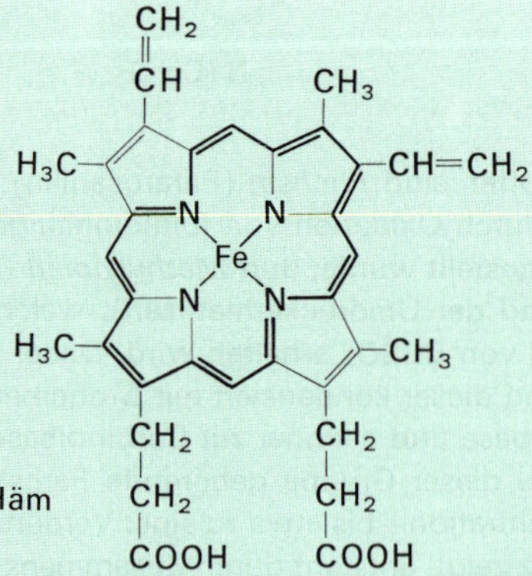

Häm

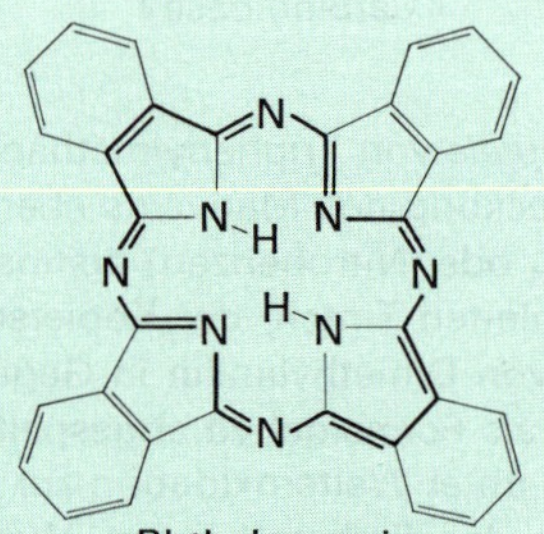

Phthalocyanin
(Das 18 gliedrige-π-System ist durch dicke Bindungsstriche hervorgehoben.)

In den praktisch verwendeten Phthalocyaninfarbstoffen sind die vier N-Atome der Pyrrolringe mit *Metallionen* koordiniert. Die beiden Grenzstrukturen (1 a) und (1 b) zeigen, daß alle Pyrrolringe gleichartig am aromatischen System beteiligt sind (ebenso auch im Häm!).

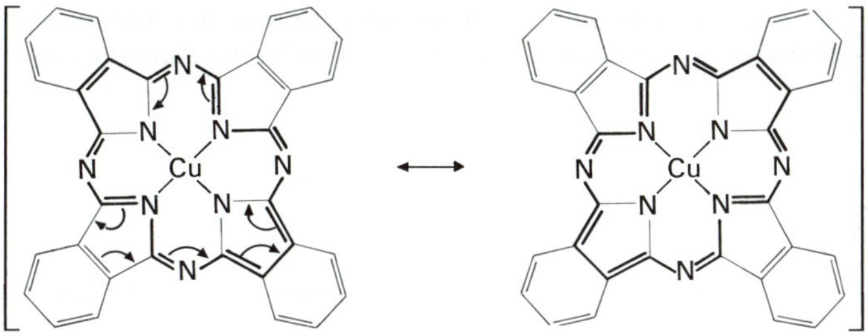

(1a)   (1b)

Technisch werden die Phthalocyaninfarbstoffe heute durch Erhitzen von Phthalsäure mit Harnstoff und dem betreffenden Metallsalz auf 190 bis 200 °C (in einem hochsiedenden Lösungsmittel und unter Zusatz von Borsäure) hergestellt. Der Verlauf der dabei eintretenden Ringschlußreaktionen ist allerdings noch nicht geklärt. Die Phthalocyanin-Komplexe sind *thermisch außerordentlich stabil*; so läßt sich z. B. Kupferphthalocyanin im Vakuum bei 500 °C unzersetzt sublimieren. Es wird auch weder von siedender Salzsäure noch von geschmolzenen Alkalihydroxiden angegriffen. Durch Sulfonierung oder Chlorierung lassen sich andere Farbtöne erzielen; durch Einführung von 15 bis 16 Cl-Atomen erhält man beispielsweise einen hervorragenden grünen Farbstoff. Die große Bedeutung der Phthalocyanine liegt heute hauptsächlich auf dem Gebiet der *Pigmente* [Textildruck, Papierdruck, Lacke (insbesondere Autolacke), Tapetenfarben, Färbung von Thermoplasten und Kunstseide].

Weitere Farbstofftypen. Die **Methinfarbstoffe** wurden bereits auf S. 793 als Beispiele «idealer» farbiger Substanzen erwähnt. Wichtige Vertreter sind die *Cyanine*, die *Carbocyanine* u. a. Die Herstellung erfolgt durch S_E-Reaktion eines potentiellen Carbenium-Ions an einer α-Aminoethylenverbindung, die (in einem vorgelagerten Gleichgewicht) aus einer α-Methylverbindung entsteht:

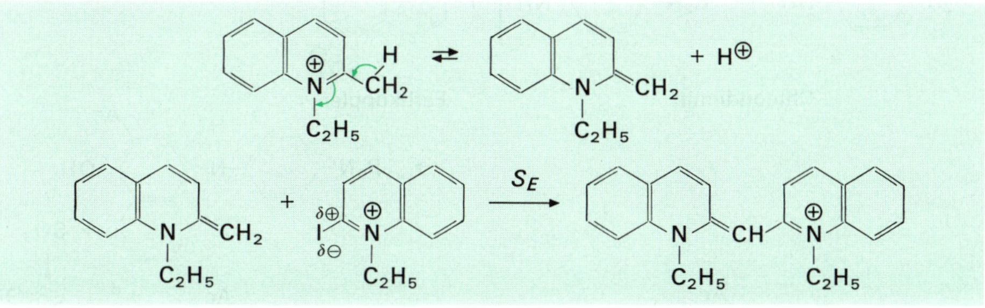

Wegen ihrer geringen Lichtechtheit sind Methinfarbstoffe zur Textilfärberei nicht geeignet. Sie finden hingegen Anwendung als *Sensibilisatoren* in der *Photographie*. Die in den Emulsionen der Filme und der photographischen Papiere enthaltene lichtempfindliche Substanz, das Silberbromid, reagiert nämlich nur auf ultraviolettes und blaues Licht. Enthält die photographische Schicht auch Methinfarbstoffe (die an den AgBr-Kristalliten adsorbiert sind), so wird die Energie des vom Sensibilisator absorbierten Lichtes auf das AgBr übertragen. Das Sensibilisierungsgebiet entspricht etwa dem Gebiet der längstwelligen Absorptionsbande des Sensibilisators.

Eine weitere Gruppe von Farbstoffen, deren Grundkörper die Konstitution (3) besitzt **(Chinoniminfarbstoffe)**, ist ebenfalls von Bedeutung für die *Farbenphotographie*.

$$X-\underset{}{\bigcirc}-N=\underset{}{\bigcirc}=Y$$

(3)

X = —OH, —NH$_2$, —NR$_2$ (+ M-Gruppen)   Y = O, NH

Die im latenten Bild als Folge der Belichtung enthaltenen Ag-Keime katalysieren zunächst die Oxidation des Entwicklers (4-Diethylaminoanilin) zum elektrophilen Chinondiimin:

$$R_2N-\underset{}{\bigcirc}-NH_2 + 2\,Ag^\oplus \xrightarrow{Ag} R_2\overset{\oplus}{N}=\underset{}{\bigcirc}=NH + H^\oplus + 2\,Ag$$

(stufenweise Übertragung zweier Elektronen; Zwischenstufe ist ein Semichinondiimin-Radikalanion)

Die *Farbfilme* bestehen aus mehreren, verschieden sensibilisierten Schichten übereinander. Die blauempfindliche Schicht enthält einen *«Gelbkuppler»*, die grünempfindliche einen *«Purpurkuppler»* und die rotempfindliche einen *«Blaugrünkuppler»*. Diese «Farbkuppler» reagieren mit dem bei der Entwicklung entstandenen Chinondiimin (S_E-Reaktion), und das primäre Substitutionsprodukt wird durch Ag$^\oplus$ zum Chinonimin-Farbstoff oxidiert:

Beispiel:

Chinondiimin   Farbkuppler

Farbstoff

Der Farbstoff wird also an der Stelle abgelagert, wo das AgBr reduziert worden ist, und zwar in einer Menge, die der Menge an reduziertem Ag$^\oplus$ proportional ist. Nach Entfernen des unbelichteten Silberbromids erhält man ein *Farbbild*.

26.4 Indikatoren

Säure/Base-Indikatoren («*pH*-Indikatoren») ändern innerhalb eines bestimmten *p*H-Bereiches ihre Farbe. Es sind Säure/Base-Paare, bei denen sich die Säure und ihre konjugierte Base in der Lichtabsorption unterscheiden, was darauf beruht, daß durch Aufnahme (oder Abgabe) eines Protons die Delokalisation des die Absorption bedingenden π-Systems verstärkt oder verringert wird.

Ein einfaches Beispiel ist das *p*-Nitrophenol. Reines *p*-Nitrophenol ist trotz des Vorhandenseins einer Hydroxyl- und einer Nitrogruppe farblos. Durch Abgabe des Hydroxylprotons entsteht das Phenolat-Anion, dessen negativ geladenes Sauerstoffatom ein wesentlich stärkeres Auxochrom ist als die —OH-Gruppe. Wäßrige Lösungen von *p*-Nitrophenol sind deshalb schwach gelb.

Der für acidimetrische Titrationen häufig verwendete Indikator *Methylorange* wechselt seine Farbe im *p*H-Gebiet zwischen 3 und 4.5 von Rot nach Gelb. Oberhalb von *p*H 4.5 liegt die Substanz als Natriumsalz des gelben Azofarbstoffes vor (1); durch Addition eines Protons an ein N-Atom der Azogruppe wird das π-System stärker delokalisiert, was formal durch die Verwendung einer weiteren Grenzstruktur (2b) für die mesomere konjugierte Säure zum Ausdruck gebracht werden kann:

Am Resonanzhybrid der Base (1) ist aber eine chinoide Grenzstruktur (3) wegen der hier erforderlichen Ladungstrennung nur wenig «beteiligt», d.h. die Delokalisation des N=N-Doppelbindungselektronenpaares ist viel schwächer, und seine Anregung benötigt mehr Energie.

Weitere wichtige Beispiele von Säure/Base-Indikatoren sind die *Phthaleine* (Beispiel: Phenolphthalein) und die *Sulfonphthaleine* (Beispiel: Bromthymolblau).

Bei Redoxindikatoren ändert sich die Lichtabsorption durch Oxidation (Reduktion) einer farbigen Substanz. Von den vielen Farbstoffen (insbesondere solchen, deren Chromophor chinoide Struktur hat; Küpenfarbstoffe!), die sich in dieser Weise verhalten, eignen sich allerdings nur solche zur praktischen Verwendung als Redoxindikator, bei denen die Oxidation (Reduktion) genügend rasch abläuft. Ein praktisch wichtiges Beispiel eines **Redoxindikators** ist das *Methylenblau*, dessen reduzierte Form farblos ist, da hier die Delokalisation der beiden Ring-π-Systeme durch das N-Atom unterbrochen wird.

Phenolphthalein (farblos)   Phenolphthalein-Anion (intensiv rot)
π-Elektronen über zwei Ringe delokalisiert

blau   Methylenblau   farblos

27 Photochemie

27.1 Lichtabsorption und Anregung von Molekülen

Damit Licht photochemisch wirksam sein kann, müssen Lichtquanten von Molekülen absorbiert werden. Dadurch werden diese «*angeregt*», d. h. ein Elektron geht in ein antibindendes MO über. Wie bereits im einleitenden Kapitel (vgl. S. 25) gezeigt wurde, sind nichtbindende und π-Elektronen besonders leicht anzuregen; mit *Carbonylverbindungen* und *Alkenen* sollten sich also photochemische Reaktionen durchführen lassen. Isolierte Doppelbindungen absorbieren in einem Wellenlängenbereich von 160 bis 200 nm, mit dem in der Praxis allerdings nicht immer einfach zu arbeiten ist. Die Anregung entspricht einem $\pi \rightarrow \pi^*$-Übergang. Von den verschiedenen Absorptionsbanden im UV, welche die Carbonylgruppe zeigt, ist die weniger intensive Bande bei 280 bis 290 nm für photochemische Reaktionen von besonderer Bedeutung. Sie entspricht einer Anregung von nichtbindenden $(2p-)$ Elektronen des Sauerstoffatoms in ein antibindendes π^*-MO. Die Anregung eines einzelnen Moleküls erfordert nur äußerst kurze Zeit (um 10^{-15} s); sie erfolgt also viel rascher als eine Atomschwingung (die etwa 10^{-12} s dauert). Wenn also ein Elektron so rasch in einen angeregten Zustand – selbst vom niedrigsten Schwingungsniveau – übergeht, bleibt der Atomabstand nahezu unverändert. Da jedoch die Bindung schwächer ist als im Grundzustand (ein Elektron besetzt ein antibindendes MO!), wäre die Länge der Bindung eigentlich größer als im Grundzustand. Nach der Anregung befindet sich die Bindung deshalb in einem komprimierten, «gespannten» Zustand, ähnlich einer zusammengedrückten Feder. Durch ein plötzliches Nachlassen der Spannung werden die Atome auseinander gestoßen, was zur Anregung von Schwingungen oder – im Extremfall – zum *Zerfall* der Bindung führt (**«Photodissoziation»**, **«Photolyse»**). Eine **Photolyse** ist aber auch dann möglich, wenn die Anregung zu einem Zustand führt, dessen Energie oberhalb seines höchsten Schwingungsniveaus liegt.

Mit der elektronischen Anregung ist keine Spinumkehr verknüpft. Im angeregten Zustand bleibt der Spinzustand des angeregten Elektrons unverändert, d. h. das angeregte und das nicht-angeregte Elektron haben entgegengesetzten Spin (*«Spinpaarung»*): Singlett-Zustand S (S_1 oder höhere Zustände). Nun gibt es aber auch angeregte Zustände, in denen ungepaarte Elektronen auftreten (*«Triplett-Zustände»*). Diese sind normalerweise etwas stabiler als die Singlett-Zustände, da dann die Wechselwirkungen zwischen den Elektronen geringer sind (vgl. die Hundsche Regel!); häufig stabilisieren sich Triplett-Zustände auch durch Verdrillungen, wodurch die Wechselwirkungen zwischen Elektronen weiter verringert werden. Ein direkter Übergang vom Grund- zum Triplett-Zustand wird normalerweise nicht beobachtet, hingegen sind $S_1 \rightarrow T_1$-Übergänge (Übergänge vom angeregten Singlett- zum Triplett-Zustand) möglich.

Das angeregte Molekül gibt die aufgenommene Energie sehr rasch wieder ab (*«Dissipation»* der Energie). Aus dem zunächst eingenommenen primären angeregten Zustand geht das Molekül in das niedrigste Schwingungsniveau des S_1-Zustandes über, wobei die überschüssige Schwingungsenergie an andere Bindungen im Molekül oder – bei einem Zusammenstoß – an ein anderes Molekül abgegeben wird. Diese *«Schwingungs-Relaxation»* oder «Energie-Kaskade» dauert nur etwa 10^{-13} s. Jetzt kann das angeregte Molekül unter Aussendung von Lichtquanten (**Fluoreszenz**) in den Grundzustand übergehen ($S_1 \rightarrow S_0$);

da die jetzt dissipierte Energie jedoch geringer ist als die bei der Anregung aufgenommene (ein Teil der aufgenommenen Energie wurde bereits im Verlauf der Energie-Kaskade dissipiert), besitzt die emittierte Fluoreszenz-Strahlung energieärmere Quanten und eine längere Wellenlänge als die absorbierte Strahlung. Die Fluoreszenz klingt nach der Emission praktisch sofort (nach 10^{-4} bis 10^{-9} s) ab. Dissipation der Energie durch Fluoreszenz ist nicht sehr häufig; man beobachtet sie vor allem bei kleinen (z. B. den zweiatomigen) und starren Molekülen (z. B. Aromaten).

Meist erfolgt der Übergang vom angeregten zum Grundzustand *strahlungslos*. Dabei stehen verschiedene Möglichkeiten offen:

- die dissipierte Energie kann Schwingungen innerhalb des Moleküls oder in anderen Molekülen anregen *(«innere Umwandlung»; «internal conversion»)*. Dadurch wird die ursprüngliche Energie des absorbierten Lichtes in Wärme umgewandelt; eine über eine längere Zeit andauernde Bestrahlung der Substanz führt dann zu einer spürbaren Erwärmung.
- die dissipierte Energie bewirkt eine *chemische Reaktion*, oft mit Molekülen in der nächsten Umgebung.
- die überschüssige elektronische Energie kann auch *auf andere Moleküle übertragen* werden und diese wiederum anregen.

Der Übergang von einem angeregten Singlett-Zustand zu einem Triplett-Zustand ($S_1 \rightarrow T_1$) ist zwar energetisch günstig, verläuft jedoch relativ langsam, da gemäß den spektroskopischen Selektionsregeln (die quantentheoretisch begründbar sind) eine spontane Spinumkehr mit nur geringer Wahrscheinlichkeit auftritt. Wenn jedoch der Singlett-Zustand während genügend langer Zeit existiert, ist ein Übergang zum Triplett-Zustand *(«intersystem crossing»)* durchaus möglich. Ebenso wie aus dem Singlett-Zustand ist auch aus dem Triplett-Zustand ein strahlungsloser Übergang in den Grundzustand möglich. In manchen Fällen ist dieser Übergang vom Aussenden einer Strahlung – mit beträchtlich größerer Wellenlänge als die Wellenlänge des absorbierten Lichtes – begleitet (**«Phosphoreszenz»**). Da Phosphoreszenz ein Prozeß von relativ geringer Wahrscheinlichkeit ist, kann dann der Triplett-Zustand über längere Zeit (Bruchteile von Sekunden bis sogar mehrere Sekunden) bestehen bleiben. Im allgemeinen wird Phosphoreszenz bei organischen Molekülen nur bei tieferer Temperatur beobachtet, weil dann die thermischen Prozesse langsam ablaufen.

Substanzen, die besonders leicht vom Singlett- in den Triplett-Zustand übergehen können, wirken als *«Sensibilisatoren»*: Sie können absorbierte Energie auf ein anderes Molekül übertragen, wobei sie selbst in den Grundzustand zurückkehren, das andere Molekül aber zum Triplett-Zustand angeregt wird. Die Wirksamkeit dieser Übertragung ist dann besonders groß, wenn sich das Emissionsspektrum des Sensibilisators und das Absorptionsspektrum des «Acceptor-Moleküls» stark gleichen. Je ausgeprägter sich die beiden Spektren überschneiden, desto wirksamer erfolgt die Energieübertragung.

Ein *Beispiel* dafür bietet das Verhalten von Benzophenon und Naphthalen. Benzophenon absorbiert im UV mit $\lambda_{max} = 330$ nm ($n \rightarrow \pi^*$-Übergang), während Naphthalen in diesem Gebiet nicht absorbiert. Bestrahlt man jedoch ein Gemisch der beiden Substanzen mit UV der Wellenlänge 330 nm, so beobachtet man eine Phosphoreszenz von Naphthalen. Das Benzophenon absorbiert dabei die Strahlungsenergie und überträgt sie auf das Naphthalen, das unter Emission in den Grundzustand zurückkehrt. Da Phosphoreszenz (nicht Fluoreszenz) beobachtet wird, muß das Naphthalenmolekül in den Triplett-Zustand angeregt worden sein. Die Energieübertragung verläuft jedoch ohne Spinumkehr, so daß das Benzophenonmolekül vorher vom angeregten Singlett-Zustand in den Triplett-Zustand übergegangen sein muß. Der ganze Prozeß ist folgendermaßen zu formulieren:

Benzophenon $\xrightarrow[n \to \pi]{h \cdot \nu}$ Benzophenon* $\xrightarrow{\text{Spinumkehr}}$ Benzophenon*
S_0 (↑↓) S_1 (↑↓) T_1 (↑↑)

Benzophenon* + Naphthalen $\xrightarrow{\text{Energie-Übertragung}}$ Benzophenon + Naphthalen*
T_1 (↑↑) S_0 (↑↓) S_0 (↑↓) T_1 (↑↑)

Naphthalen* $\xrightarrow{\text{Phosphoreszenz}}$ Naphthalen
T_1 (↑↑) S_0 (↑↓)

27.2 Allgemeines über organische photochemische Reaktionen

Sowohl im Singlett- wie im Triplett-Zustand können Moleküle chemische Reaktionen eingehen. Im *Singlett-Zustand* verweilt ein Molekül allerdings nur während kurzer Zeit (etwa 10^{-9} s) und dissipiert seine Energie, bevor es Gelegenheit zu einer chemischen Reaktion bekommt. Photochemische Reaktionen via Singlett-Zustand sind daher relativ selten. Die Lebensdauer des *Triplett-Zustandes* dagegen ist vergleichsweise viel höher ($> 10^{-4}$ s), so daß die Wahrscheinlichkeit, daß ein Triplett-Molekül eine Reaktion eingeht, viel größer ist. Photochemie ist deshalb vor allem eine Chemie der Triplett-Zustände.

27.3 (*E/Z*)-Isomerisierung von Alkenen

Eine bekannte photochemische Reaktion, die auch große biologische Bedeutung besitzt (S. 808), ist die **Isomerisierung** von (*E*)- oder (*Z*)-Alkenen zum anderen Diastereomer. So können z. B. (*E*)-Alkene – die in der Regel thermodynamisch stabileren Isomere – bei Gegenwart eines Sensibilisators photochemisch in ihre (*Z*)-Isomere umgewandelt werden. Als Sensibilisatoren dienen wie üblich Ketone wie Benzophenon oder 1-(2-Naphthyl)-ethanon. Die Bestrahlung bewirkt den Übergang des Sensibilisator-Moleküls in den angeregten S_1-Zustand, der anschließend rasch in den Triplett-Zustand übergeht. Im nächsten Schritt muß Energie auf das Alkenmolekül übertragen werden, wobei der Spinzustand insgesamt erhalten bleibt, so daß das Alkenmolekül zum Triplett-Zustand angeregt wird. Dieser Zustand ist aber dann am stabilsten, wenn die beiden *p*-AO (die im Grundzustand die

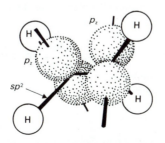

Abb. 27.1. Orientierung der p-Orbitale in der verdrehten Konfiguration von Ethen

π-Bindung bilden) senkrecht zueinander stehen (Abb. 27.1). Die Energieübertragung vom Sensibilisator auf das Alken führt somit zunächst zu einem planaren Triplett, das sich rasch in die stabilere, nicht-planare Form umwandelt. Dieser Zustand stellt sich ein, unabhängig davon, ob das (E)- oder das (Z)-Isomer des betreffenden Alkens angeregt wird.
Der Übergang des (verdrehten) Triplett-Zustandes in den Grundzustand kann entweder durch Phosphoreszenz oder strahlungslos erfolgen. In jedem Fall kann sich daraus sowohl das (E)- wie das (Z)-Isomer bilden, wobei das Mengenverhältnis der Isomere davon abhängt, ob der Grundzustand des (E)- oder des (Z)-Isomers rascher erreicht wird. In der Regel erfolgt der Übergang zum Grundzustand des weniger stabilen Isomers rascher, so daß jedes der beiden Isomere – zusammen mit einem Sensibilisator – durch Bestrahlung in ein Isomerengemisch umgewandelt wird, in dem das thermodynamisch weniger stabile Isomer überwiegt. Voraussetzung für den ganzen Prozeß ist natürlich, daß der Triplett-Zustand des Sensibilisators höher liegt als der Triplett-Zustand des Alkens; die Zusammensetzung des schließlich entstehenden Isomerengemisches ist jedoch von der Natur des Sensibilisators unabhängig.

Die Photoisomerisierung von Alkenen wird in der Praxis häufig zur Gewinnung des *weniger stabilen* Isomers benützt, da die konventionellen Synthesemethoden in der Regel bevorzugt oder ausschließlich das stabilere Isomer ergeben.

Eine bemerkenswerte (E/Z)-Isomerisierung tritt beim *Sehvorgang* in der *Netzhaut* ein. Diese enthält zweierlei lichtempfindliche Körper, die Stäbchen und die Zapfen, wobei die ersteren vor allem für das Sehen in der Dämmerung (Wahrnehmung von Hell und Dunkel), die letzteren für das Farbensehen verantwortlich sind. Die Stäbchen enthalten als lichtempfindliche Substanz das *Rhodopsin*, das bei $\lambda_{max} = 500$ nm ein starkes Absorptionsmaximum zeigt (im blaugrünen Gebiet des VIS-Spektrums), von rotem Licht jedoch kaum beeinflußt wird. Das *Iodopsin* in den Zapfen absorbiert dagegen stärker im roten Gebiet des Spektrums.
Rhodopsin ist ein Proteid, bestehend aus einem Protein «*Opsin*» und dem ungesättigten Aldehyd *11-(Z)-Retinal («Neoretinal b»)*:

11-(Z)-Retinal ($\lambda_{max.} = 370$ nm)

Das Retinal ist durch eine Imin-Funktion (Schiffsche Base) an eine Lysin-Einheit des Proteins gebunden:

$$R-CHO + H_2N-(CH_2)_4-Opsin \xrightarrow[-H_2O]{H^\oplus} R-CH{=}NH-(CH_2)_4-Opsin$$

11-(Z)-
Retinal
($\lambda_{max} = $
370 nm)

Lysin-Seitenkette
von Opsin

Rhodopsin
($\lambda_{max} = 500$ nm)

Der photochemische *Primärprozeß* beim Sehvorgang – die Umwandlung von Licht in Nervenimpulse – besteht in einer Isomerisierung des konjugierten Systems in die all-(E)-

Konfiguration (Wald). Dieser Prozeß bedarf keines Sensibilisators (das konjugierte System absorbiert selbst); bemerkenswert ist, daß hier aus dem angeregten 11-(Z)-Retinal das (stabilere) (E)-Isomer gebildet wird. Durch verschiedene «Dunkel-Reaktionen» und über eine Reihe von Zwischenstufen (Lumirhodopsin, Metarhodopsin u. a.) wird das Rhodopsin gebleicht, wobei die Imin-Gruppierung hydrolysiert und all-(E)-Retinal (mit Vitamin A-Aldehyd identisch) frei wird. Dieser kann sich jedoch erst dann mit dem Protein verbinden, wenn die ursprüngliche 11-(Z)-Konfiguration wiederhergestellt ist. Diese Umwandlung erfolgt vorwiegend thermisch; sie ist aber auch photochemisch möglich und wird durch das Enzym Retinal-Isomerase katalysiert. Wann genau der Nervenimpuls entsteht bzw. weiter durch die Nervenfasern übermittelt wird, ist noch nicht mit Sicherheit bekannt. Er muß jedoch vor der Hydrolyse erfolgen, da diese zu langsam verläuft. Möglicherweise wird durch die veränderte Molekülgestalt des (E)-Isomers die Bindung an das Protein gestört und die Raumstruktur des Opsins verändert, was dann zur Nervenerregung führen könnte.

27.4 Photodissoziationsreaktionen

Es wurde bereits erwähnt, auf welche Weise die Lichtabsorption zur Dissoziation einer Bindung führen kann (S. 805). Ein typisches Beispiel einer solchen Reaktion ist die Photolyse der Br_2- oder Cl_2-Moleküle, die Startreaktion bei der radikalischen Halogenierung, eine Reaktion vom Typ (1) (Tabelle 27.1). Diese Reaktion ist zugleich ein Beispiel einer photochemischen Reaktion, die mit hoher Quantenausbeute verläuft, d. h. ein einziges absorbiertes Lichtquant führt zu zahlreichen Molekülen der Reaktionsprodukte.
Dissoziationsreaktionen sind insbesondere bei *Carbonylverbindungen* häufig. So tritt beim Bestrahlen von Ketonen mit UV-Licht vom Wellenlängenbereich 300 bis 320 nm eine Spaltung ein:

$$R-\underset{\underset{O}{\|}}{C}-R' \xrightarrow{h \cdot \nu} R-C^{\odot} + R'^{\odot}$$
$$\phantom{R-C-R' \xrightarrow{h \cdot \nu} R-}\underset{O}{\|}$$

Diese Reaktion, die als **«Norrish-Spaltung I»** bezeichnet wird, ist eine photochemische Primärreaktion. Das angeregte Molekül hat so viel Energie aufgenommen, daß eine Spaltung der Bindung zum α-C-Atom eintritt. Die sich an die Primärreaktion anschließenden Folgereaktionen verlaufen auch im Dunkeln. Ist die Temperatur genügend hoch, so tritt anschließend eine Spaltung des R—CO$^{\odot}$-Radikals in R$^{\odot}$ und CO ein, so daß als Endprodukte CO und R—R' zu erwarten sind. Bei weniger hohen Temperaturen (so z. B. beim Bestrahlen von Aceton bei Raumtemperatur) tritt Rekombination der R—CO$^{\odot}$-Radikale zum α-Diketon ein. Bei Ketonen, die am γ-C-Atom mindestens ein Wasserstoffatom besitzen, kann eine weitere Spaltung eintreten (**«Norrish-Spaltung II»**):

$$R_2CH-CR_2-CR_2-\underset{\underset{O}{\|}}{C}-R' \xrightarrow{h \cdot \nu} R_2C=CR_2 + CHR_2-\underset{\underset{O}{\|}}{C}-R'$$

Die Primärreaktion besteht in einer Abspaltung des Wasserstoffatoms am γ-C-Atom durch das Carbonyl-O-Atom, wodurch ein Diradikal entsteht:

27.5 Photoreduktion von Ketonen

Aromatische Ketone im Triplett-Zustand können von genügend reaktionsfähigen Substraten Wasserstoffatome abspalten und dadurch Radikale bilden, die zu den Reaktionsprodukten rekombinieren bzw. disproportionieren. Ein klassisches Beispiel einer solchen Reaktion ist die Bildung von Benzpinakol aus einer Lösung von Benzophenon in Isopropylalkohol beim Bestrahlen mit UV-Licht:

$$2\ C_6H_5-\underset{O}{\overset{\|}{C}}-C_6H_5 + H-\underset{CH_3}{\overset{CH_3}{\underset{|}{\overset{|}{C}}}}-OH \longrightarrow HO-\underset{C_6H_5}{\overset{C_6H_5}{\underset{|}{\overset{|}{C}}}}-\underset{C_6H_5}{\overset{C_6H_5}{\underset{|}{\overset{|}{C}}}}-OH + \underset{CH_3}{\overset{CH_3}{\underset{|}{\overset{|}{C}}}}=O$$

Die photochemische Primärreaktion besteht in der Bildung eines Diphenylhydroxymethyl-Radikals.

$$(C_6H_5)_2CO^* + H-\underset{CH_3}{\overset{CH_3}{\underset{|}{\overset{|}{C}}}}-OH \longrightarrow C_6H_5-\underset{\odot}{\overset{OH}{\underset{|}{\overset{|}{C}}}}-C_6H_5 + \odot\underset{CH_3}{\overset{CH_3}{\underset{|}{\overset{|}{C}}}}-OH$$

Die Quantenausbeute an Benzpinakol und Aceton beträgt nahezu 1, auch wenn die Lichtintensität nicht allzu hoch ist. Dies bedeutet, daß pro angeregtes Benzophenonmolekül zwei Diphenylhydroxymethyl-Radikale entstehen müssen, was dadurch erfolgt, daß das Hydroxypropan-Radikal mit einem weiteren Molekül Benzophenon reagiert:

$$\underset{\underset{CH_3}{|}}{\overset{\overset{CH_3}{|}}{\odot\text{C}-\text{OH}}} + (C_6H_5)_2CO \longrightarrow \underset{\underset{CH_3}{|}}{\overset{\overset{CH_3}{|}}{C=O}} + C_6H_5-\underset{\odot}{\overset{\overset{OH}{|}}{C}}-C_6H_5$$

Im Prinzip analog verläuft die Reaktion von Benzophenon, das in Toluen gelöst ist:

$$(C_6H_5)_2CO + C_6H_5-CH_3 \longrightarrow (C_6H_5)_2\overset{\odot}{C}-OH + C_6H_5-\overset{\odot}{C}H_2$$

Radikal-Rekombination:

$$2\,(C_6H_5)_2\overset{\odot}{C}-OH \longrightarrow \underset{\underset{OH}{|}\;\underset{OH}{|}}{(C_6H_5)_2C-C(C_6H_5)_2} \quad \text{Benzpinakol}$$

$$2\,C_6H_5-\overset{\odot}{C}H_2 \longrightarrow C_6H_5-CH_2-CH_2-C_6H_5 \quad \text{Bibenzyl}$$

$$(C_6H_5)_2\overset{\odot}{C}-OH + C_6H_5-\overset{\odot}{C}H_2 \longrightarrow \underset{\underset{OH}{|}}{(C_6H_5)_2C-CH_2-C_6H_5} \quad \text{Benzyldiphenylcarbinol}$$

Singlett-Sauerstoff als Reagens (Photooxidation). Singlett-Sauerstoff, $^1O_2$, ist der erste angeregte elektronische Zustand des molekularen Sauerstoffs[1]. Er liegt 94 kJ/mol oberhalb des Triplett-Grundzustands. Die Reaktionen von Singlett-Sauerstoff mit organischen Molekülen werden als Photooxidationen bezeichnet. Unter mehreren Methoden, $^1O_2$ in Lösung zu erzeugen, wie die Reaktion von H_2O_2 mit NaOCl und die Thermolyse von Triarylphosphit-Ozoniden, ist die Farbstoff-sensibilisierte photochemische Anregung von Triplett-Sauerstoff bei weitem die wirksamste und bequemste Technik. Dabei wird ein entsprechender Farbstoff (Rose-Bengal, Methylenblau oder bestimmte Porphyrine) mit sichtbarem Licht angeregt, wobei der angeregte Triplett-Zustand nach sehr raschem «intersystem crossing» besetzt wird. Der Farbstoff wirkt als Sensibilisator, indem er die Energie auf Triplett-Sauerstoff überträgt, wobei $^1O_2$ gebildet und der Farbstoff im Grundzustand regeneriert wird.

In einer rohen Näherung kann man sagen, daß Singlett-Sauerstoff ähnlich wie Ethen reagiert. Drei Reaktionstypen werden gewöhnlich beobachtet; alle sind für organische Synthesen ausgenutzt worden:

a) Diels-Alder-ähnliche Cycloaddition an Diene:

b) En-Reaktion mit Alkenen:

c) Cycloadditionen an aktivierte Doppelbindungen:

---

[1] Zur Unterscheidung von der üblichen Indizierung der Kernladung wurde die Singlett- 1 hier jeweils grün gesetzt!.

27.6 Photochemische Cyclisierungen

Addition von Carbonylverbindungen an Alkene. Ein einfaches Beispiel einer solchen Reaktion bietet die Umsetzung von Benzophenon mit Propen bzw. Isobuten:

$$(C_6H_5)_2CO + CH_3-CH=CH_2 \xrightarrow{h\cdot\nu} \begin{array}{c} CH_3-CH-CH_2 \\ | \quad\quad | \\ (C_6H_5)_2C-O \end{array} \quad 5\%$$

$$(C_6H_5)_2CO + (CH_3)_2C=CH_2 \xrightarrow{h\cdot\nu} \begin{array}{c} (CH_3)_2C-CH_2 \\ | \quad\quad | \\ (C_6H_5)_2C-O \end{array} \quad 93\%$$

Die Bildung des Oxetan-Ringes (**«Paterno-Büchi-Reaktion»**) erfolgt dabei in *zwei Schritten*. Das angeregte Keton (Triplett) wird über das Carbonyl-O-Atom an das Alken gebunden und zwar derart, daß das stabilere der beiden möglichen Diradikale entsteht (spektroskopisch nachgewiesen). Nach erfolgter Spinumkehr wird dann die neue Bindung geknüpft:

$$Ph_2C=O \xrightarrow{h\cdot\nu} Ph_2\overset{\odot}{C}-O\odot \xrightarrow{Spininversion} Ph_2\overset{\odot}{C}=O\odot$$

$$Ph_2\overset{\odot}{C}=O\odot + (CH_3)_2C=CH_2 \longrightarrow \begin{array}{c} (CH_3)_2\overset{\odot}{C}-CH_2 \\ | \\ Ph_2\overset{\odot}{C}-O \end{array} \xrightarrow{Spininversion} \begin{array}{c} (CH_3)_2C-CH_2 \\ | \quad\quad | \\ Ph_2C-O \end{array}$$

$$\not\longrightarrow \begin{array}{c} \overset{\odot}{C}H_2-C(CH_3)_2 \\ | \\ Ph_2\overset{\odot}{C}-O \end{array}$$

Cyclisierungen mit Alkenen. Neben der (*E/Z*)-Isomerisierung sind mit Alkenen auch andere photochemische Reaktionen möglich. Die Isomerisierung verläuft über den Triplett-Zustand und erfordert einen Sensibilisator[1]; setzt man keinen Sensibilisator ein, so können andere Reaktionen – über den Singlett-Zustand – eintreten. Ein Beispiel dafür bietet die Cyclisierung von (*Z*)-Stilben oder anderen Verbindungen mit konjugierten Doppelbindungen, eine elektrocyclische, thermisch verbotene Reaktion. Die Primärreaktion ergibt Dihydrophenanthren, das bei Anwesenheit von Sauerstoff zu Phenanthren dehydriert wird:

---

[1] Die direkte Bestrahlung ($\pi \rightarrow \pi^*$-Übergang) ergibt einen Singlett-Zustand, der nur in sehr geringem Maß in den Triplett-Zustand übergeht, im Gegensatz zum n $\rightarrow \pi^*$-Übergang bei Ketonen.

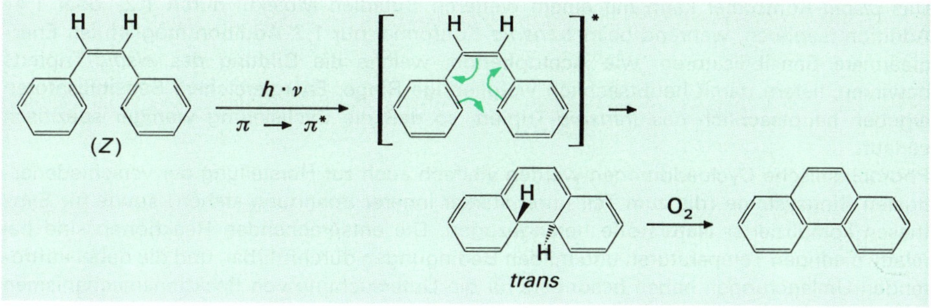

27.6 Photochemische Cyclisierungen

Diese Photocyclisierung hat entscheidend zur Entwicklung der Helicenchemie (vgl. Bd. I und Bd. II) beigetragen:

Während diese photochemische Cyclisierung (und ebenso viele andere, analoge Reaktionen) konzertiert und über einen Singlett-Zustand abläuft, ist dies insbesondere bei Cyclisierungen von 1,3-Butadien und seinen Derivaten bei Verwendung eines Sensibilisators nicht der Fall. Die Reaktion verläuft über einen Triplett-Zustand, und die beiden neuen Bindungen werden nicht gleichzeitig gebildet, so daß die Reaktion nicht stereospezifisch verläuft: In der Zwischenzeit ist Rotation um eine C—C-Bindung möglich. Dies wird sehr schön durch die Stereochemie der photochemischen Dimerisierung von 1,3-Butadien illustriert:

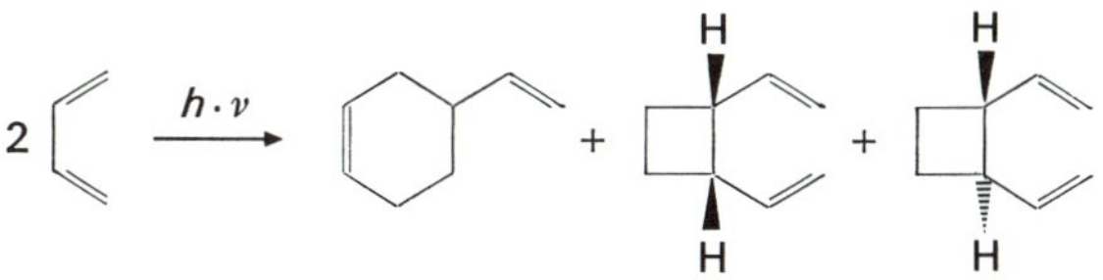

Sensibilisator:			
$C_6H_5COCH_3$	4 %	14 %	82 %
$C_6H_5COCOC_6H_5$	42 %	8 %	50 %

Gleichzeitig zeigt diese Reaktion, wie das Mengenverhältnis, in welchem die möglichen Produkte entstehen, von der Art des Sensibilisators abhängt. Der Grund dafür liegt wahrscheinlich darin, daß die mittlere Bindung von Butadien im Triplett-Zustand zu ungefähr einem Drittel Doppelbindungscharakter besitzt und dadurch die Rotation um diese Bindung erschwert ist, so daß auch im Triplettzustand zwei Isomere möglich sind:

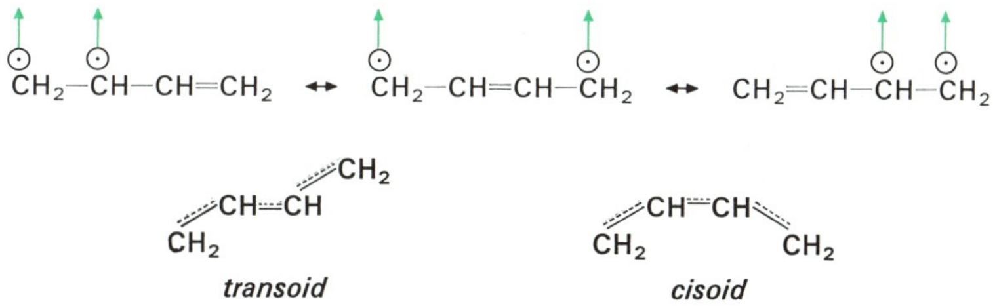

Triplett

Das *cisoid*-Konformer kann mit einem weiteren Butadien-Molekül durch 1,2- oder 1,4-Addition reagieren, während beim *transoid*-Konformer nur 1,2-Addition möglich ist. Energieärmere Sensibilisatoren, wie Acetophenon, welche die Bildung des *cisoid*-Tripletts bewirken, liefern damit hauptsächlich viergliedrige Ringe. Energiereichere Sensibilisatoren ergeben hauptsächlich das *transoid*-Triplett, so daß die Cyclisierung weniger spezifisch verläuft.

Photochemische Cycloadditionen werden vielfach auch zur Herstellung der verschiedenartigsten Ringsysteme (die zum Teil unter starker innerer Spannung stehen) sowie für Synthesen komplizierter Naturstoffe herangezogen. Die entsprechenden Reaktionen sind bei relativ niedrigen Temperaturen und milden Bedingungen durchführbar, und die dabei auftretenden Umlagerungen haben besonders für die Untersuchung von Reaktionsmechanismen Interesse gefunden.

Licht ist daher heute auch für den Synthetiker ein «sauberes und nach Intensität wie Energieinhalt fein abstufbares Reagens».

28 Metallorganische Verbindungen

28.1 Allgemeines

Organische Verbindungen, die Metallatome enthalten (**«Metallorganyle»**), sind bisher schon mehrfach erwähnt bzw. besprochen worden. Am bekanntesten von ihnen sind die Grignard-Verbindungen, R—**Mg**X, bzw. ihre **Cd**- und **Zn**-Analoga, die auch am häufigsten für synthetische Zwecke eingesetzt werden (siehe Band I, S. 53, 483, 516, 518). Die Gewinnung und einige typische Reaktionen von anderen Hauptgruppenmetall-Organylen wurde in Kapitel 14 besprochen. Hier sollen zunächst einige allgemeine Betrachtungen angestellt und anschließend insbesondere einige wichtige übergangsmetallorganische Verbindungen behandelt werden.

28.2 Beispiele einfacher metallorganischer Verbindungen

Lithiumalkyle und **-aryle** stellt man am besten durch Umsetzung von Halogenkohlenwasserstoffen mit metallischem Lithium her (Lösungsmittel: Diethylether, Tetrahydrofuran, Alkane), vgl. S. 543. Auch der Halogen-Metall-Austausch mit **n-Butyllithium** in THF kann dazu eingesetzt werden.

$$R-CH=CH-X \xrightarrow[-C_4H_9X]{+C_4H_9Li} R-CH=CH-Li$$

Die Lithiumalkyle und -aryle sind – im Gegensatz zu den salzartigen Natrium- oder Kaliumverbindungen – *kovalent* und lösen sich in Diethylether oder Kohlenwasserstoffen. Im flüssigen und teilweise sogar im gasförmigen Zustand sind sie assoziert (Elektronenmangelverbindungen); so ist *n*-Butyllithium in Pentan hexamer, in Diethylether tetramer. Lithiumorganische Verbindungen sind sehr hydrolyseempfindlich und werden an der Luft oxidiert; ihre Reaktionen entsprechen vielfach den Reaktionen von Grignard-Verbindungen.

Zinkorganische Verbindungen sind schon seit 1849 bekannt. Aus Zink und Iodethan wurde damals Ethylzinkiodid gewonnen, das bei der Destillation in ZnI_2 und Diethylzink disproportionierte (Frankland). Heute gewinnt man sie aus Zinkchlorid und Alkylaluminiumverbindungen. Sie sind oxidations- und wasserempfindlich; Diethylzink entzündet sich an der Luft spontan. Bei der **Reformatzki-** und der **Simmons-Smith-Reaktion** (siehe Seiten 518 und 458) treten zinkorganische Verbindungen als Zwischenprodukte auf.

Alkyl- und **Arylquecksilberverbindungen** sowie Dialkyl-(-aryl-)quecksilberverbindungen werden aus Grignard-Verbindungen hergestellt:

$$HgX_2 \xrightarrow[-MgX_2]{+RMgX} R-HgX \xrightarrow[-MgX_2]{+RMgX} R-Hg-R$$

Dialkylquecksilberverbindungen dienen häufig als Substrate für S_E-Reaktionen. Bei der Oxymerkurierung von Alkenen treten Quecksilberverbindungen als Zwischenprodukte auf. Alkylquecksilberverbindungen sind stark *toxisch*. **Dimethylquecksilber** entsteht durch Bakterientätigkeit aus in Industrieabwässern enthaltenen Quecksilberverbindungen; es bildet die Ursache der «Minamata-Krankheit», die erstmals in der Bucht von Minamata (Japan) als Folge der ständigen Einleitung quecksilberhaltiger Abwässer ins Meer aufgetreten ist und die sich in Nerven- und Gehirnschäden manifestiert und zum Tode führen kann.

Siliciumorganische Verbindungen haben als Zwischenprodukte zur Herstellung von Siliconkunststoffen große industrielle Bedeutung. Dialkyl-(-aryl-) silane werden durch direkte Synthese aus Silicium und Halogenalkanen bzw. -aromaten hergestellt:

$$Si + 2\ R-Cl \xrightarrow[Cu]{250-400\,°C} R_2SiCl_2$$

Die Si—C-Bindung ist kaum polar und kinetisch inert; die Si—Cl-Bindung dagegen wird sehr leicht hydrolysiert. Das dadurch entstehende Silanol polymerisiert leicht zu Siloxanen (S. 789).

Über die Verwendung von **Tetraethylblei** als «Klopfbremse» vgl. S. 55. Hergestellt wird es aus einer Blei/Natrium-Legierung und Chlorethan.

28.3 Organische Verbindungen der Übergangsmetalle

Alken-Komplexe. Additionsverbindungen von Übergangsmetallen mit Alkenen sind schon sehr lange bekannt. So isolierte bereits Zeise, ein dänischer Apotheker, ein Salz, das aus Ethanol und Platin(IV)-chlorid in Salzsäure gebildet wurde und dessen Anion die Formel $[Pt(C_2H_4)Cl_3]^{\ominus}$ besitzt (1827). Später wurde gefunden, daß auch andere Metallhalogenide oder -ionen (Cu^{+I}, Ag^{+I}, Hg^{+II}, Pd^{+II}) mit verschiedenen Alkenen Komplexe bilden können; so absorbiert beispielsweise eine Suspension von CuCl Ethen und bildet eine Additionsverbindung, in der Ethen und Cu-Atome im Verhältnis 1:1 enthalten sind. Auch Übergangsmetalle der Gruppe VIA bis VIII bilden mit Alkenen zahlreiche Additionsverbindungen (Tabelle 28.1). Meistens entstehen solche Verbindungen durch direkte Reaktion des Alkens mit einem Metallhalogenid.

Tabelle 28.1. Beispiele von Alkenkomplexen

Alken	Komplex	Eigenschaften
Ethen	$K[C_2H_4PtCl_3]$	blaßgelbes, wasserlösliches Salz
Cyclopenten (C_5H_8)	$C_5H_5Re(CO)_2C_5H_8$	farblose Kristalle, in organischen Lösungsmitteln löslich
Bicyclo-2,5-heptadien (Norbornadien, C_7H_8)	$C_7H_8Fe(CO)_3$	gelbe, destillierbare Flüssigkeit
1,5 Cyclooctadien	$[C_8H_{10}RhCl]_2$	orangefarbener, kristalliner Festkörper
Cycloheptatrien	$C_7H_8Mo(CO)_3$	rote Kristalle
Cyclooctatetraen	$C_8H_8Fe(CO)_3$	rote Kristalle (Fp. 72 °C). Wirkt gegenüber starken Säuren als Base

28.3 Organische Verbindungen der Übergangsmetalle

Die Konstitution dieser Komplexe blieb lange Zeit unklar. Für das Zeisesche Salz beispielsweise wurde angenommen, daß nur das eine der beiden Kohlenstoffatome an das Platinatom gebunden sei. Die Röntgen-Kristallstrukturanalyse zeigte jedoch, daß beide C-Atome an das Pt-Atom gebunden sind; die Additionsverbindung wurde demgemäß als π-Komplex (1) oder als Lewis-Säure/Base-Addukt (2) formuliert. Im letzteren Fall würde die Lewis-Säure Ethen zwei Elektronen für die Bindung mit dem Metallatom zur Verfügung stellen:

$$\begin{array}{cc} \begin{array}{c} CH_2 \\ \| \text{-----} \rightarrow PtCl_3 \\ CH_2 \end{array}^{\ominus} & \begin{array}{c} CH_2 \\ \| \leftarrow \text{-----} PtCl_3 \\ CH_2 \end{array}^{\ominus} \\ (1) & (2) \end{array}$$

Das ganze Verhalten dieser Additionsverbindungen mit Alkenen – insbesondere ihre Stabilität, die viel größer ist als bei einem π-Komplex oder einem Lewis-Säure/Base-Addukt zu erwarten wäre – zeigt aber, daß nicht einfach π-Bindungen zwischen dem organischen Liganden und dem Metallion ausgebildet werden. Die Bindungsverhältnisse werden zutreffender beschrieben, wenn man annimmt, daß einerseits π-Elektronen des ungesättigten Moleküls auf das Metallatom übertragen werden (und dort unbesetzte d-AO auffüllen) und andererseits durch Überlappung von d-AO des Metallatoms mit (unbesetzten) antibindenden π-MO des Alkens eine π-Bindung gebildet wird (sogenannte *Rückbindung* oder «*back-donation*», die auch für die besondere Stabilität der Cyanokomplexe verantwortlich gemacht wird) (Abb. 28.1).

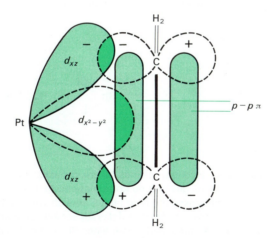

Abb. 28.1. Bindungen zwischen dem Zentralion und dem Alkenmolekül (π-Bindungen durch Überlappung der d_{xz}-AO des Metallions mit antibindenden [unbesetzten] MO des Alkens sowie durch Überlappung der π-MO des Alkens mit unbesetzten $d_{x^2-y^2}$-AO des Metallions; «Rückbindung»

In gewissen Fällen haben solche Alken-Übergangsmetall-Komplexe bemerkenswerte *katalytische Eigenschaften* oder treten als Zwischenstoffe im Verlauf katalysierter Reaktionen auf (vgl. die Ziegler-Natta-Katalysatoren; S. 781). In dieser Hinsicht von besonderem Interesse sind Alken-Komplexe mit *Rhodium*. 1966 fand Wilkinson, daß *Alkene* bei Raumtemperatur und Atmosphärendruck mit molekularem Wasserstoff *hydriert* werden können, wenn man einen **Triphenylphosphanrhodium**-Komplex (3) als Katalysator verwendet (**homogene Katalyse!**):

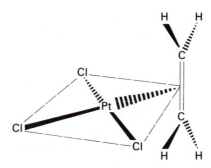

Abb. 28.2. Konstitution der Additionsverbindung aus Platin (IV)-chlorid und Ethen

(Im folgenden wird der Ligand $(C_6H_5)_3P$ mit «L» abgekürzt.)[1]
Dieser Komplex ist planar-quadratisch gebaut. Er kann ein Wasserstoffmolekül addieren, wobei ein oktaedrischer Rhodium-Komplex entsteht, der zwei sehr reaktionsfähige Rh—H-Bindungen in *cis*-Stellung zueinander enthält:

$$(C_6H_5)_3P\diagdown_{Rh}\diagup Cl \qquad L\diagdown_{Rh}\diagup Cl + H_2 \rightarrow \begin{array}{c} H \\ L\diagdown | \diagup H \\ Rh \\ L \diagup | \diagdown L \\ Cl \end{array}$$
$$(C_6H_5)_3P\diagup\diagdown P(C_6H_5)_3 \qquad L\diagup\diagdown L$$
$$(3)$$

Man nimmt nun an, daß bei der Hydrierung eines Alkens zunächst ein Triphenylphosphan-Ligand abdissoziiert, so daß die frei gewordene Koordinationsstelle mit einem Alkenmolekül besetzt wird und sich eine Additionsverbindung bildet, ähnlich wie aus Ethen und anderen Übergangsmetallen. Wird ein Wasserstoffatom auf das Alkenmolekül übertragen, so entsteht ein Rhodium-Alkyl-Komplex, der durch Aufnahme eines Phosphan-Liganden wiederum in einen oktaedrischen Komplex übergeht. Unter reduktiver Elimination wird schließlich der ursprüngliche vierfach koordinierte Komplex zurückgebildet. Diese Vorstellungen über den Ablauf der Hydrierung werden dadurch gestützt, daß es gelang, relativ stabile Ethen- und Alkyl-Rhodium-Komplexe zu isolieren. Das nachfolgende Schema illustriert diesen Mechanismus (ohne Berücksichtigung der Konfiguration!):

---

[1] Der Rhodium-Komplex (3) entsteht beim Erhitzen von $RhCl_3 \cdot 3\,H_2O$ mit überschüssigem Triphenylphosphan in Ethanol. Wie kryoskopische Molekülmassenbestimmungen zeigen, dissoziiert er in Benzen unter Abspaltung eines Liganden. Die Lösung zeigt keine elektrische Leitfähigkeit.

(Die C—C- und Rh—C-Bindungen wurden der Übersichtlichkeit halber zu lang gezeichnet.)

Ebenso wie bei der Hydrierung durch heterogene Katalyse (vgl. S. 430) werden die beiden Wasserstoffatome stereospezifisch *syn* vom Alkenmolekül addiert.

Besonderes Interesse erweckten diese Katalysatoren, als es gelang, *chirale* Liganden in den Rhodium-Komplex einzubauen. Zu diesem Zweck wurden Komplexe synthetisiert, die an Stelle der Triphenylphosphangruppen Phosphane enthielten, die drei verschiedene Gruppen an das P-Atom gebunden enthielten (Horner), z. B. $-P(CH_3)(C_3H_7)(C_6H_5)$[1]. Von diesen Liganden existieren zwei Enantiomere, (+)L und (−)L, so daß zwei enantiomere Komplexe aufgebaut werden können:

$(+)$ ClRh$[P(CH_3)(C_3H_7)(C_6H_5)]_3$ und $(-)$ ClRh$[P(CH_3)(C_3H_7)(C_6H_5)]_3$

oder abgekürzt «Rh-(+)L» und «Rh-(−)L». Werden nun prochirale Alkene[2] mittels der chiralen Komplexe als Katalysatoren hydriert, so ist eine **«asymmetrische Synthese»** (*«asymmetrische Induktion»*; vgl. S. 203) möglich. Der stereoselektive Effekt wird noch viel ausgeprägter, wenn statt der einzähnigen zweizähnige (chirale) Phosphanliganden, wie z. B. (4), benützt werden. So wurden z. B. aus achiralen Vorstufen optisch aktive Aminosäuren hergestellt. Im Fall von acetylierter (Z)-konfigurierter-α-Aminozimtsäure erhielt man die beiden Enantiomere von acetyliertem Phenylalanin im Verhältnis $R:S = 90.5:9.5$.

---

[1] Verbindungen, in denen ein Phosphoratom mit vier (drei) verschiedenen Liganden koordiniert ist, sind chiral. Keine Inversionsschwingung wie beim Stickstoffatom!
[2] Alle monosubstituierten Ethene sind prochiral mit dem substituierten C-Atom als Prochiralitätszentrum.

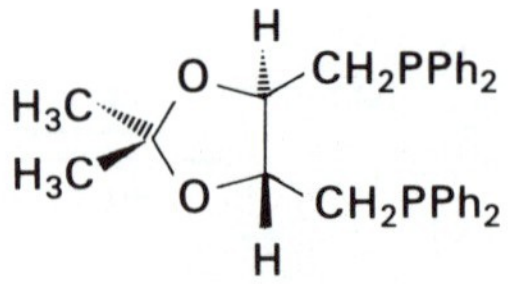

28 Metallorganische Verbindungen

(−)-DIOP (4)

Ph\C=C/NHCOCH₃ →[RhCl-Komplex von (4)][H₂] Ph—CH₂—CH(NHCOCH₃)(COOH)
H/   \COOH

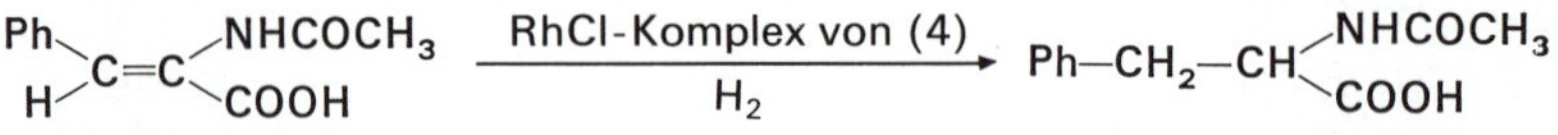

acetylierte α-Aminozimtsäure (Z)-Konfiguration

90.5% R-Isomer acetyliertes Phenylalanin

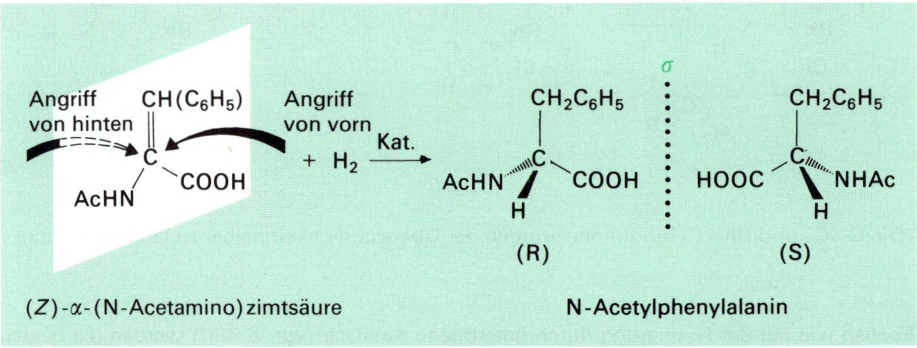

Abb. 28.3. Stereochemie der katalytischen Hydrierung von (Z)-α-(N-Acetamino)zimtsäure
oben: Asymmetrisch katalysiert; unten: Prinzip der Stereochemie der Hydrierung

Eine solche «asymmetrische Katalyse» wird neuerdings sogar im *technischen* Maßstab durchgeführt: L-3,4-Dihydroxyphenylalanin [(S)-Dopa], ein Medikament gegen die Parkinson-Krankheit[1], wird aus entsprechenden Vorstufen durch Hydrierung unter Verwendung von Rhodium-Komplexen mit chiralen Phosphanliganden in optischen Ausbeuten von bis 96 % hergestellt (Monsanto).

Neben chiralen Phosphanliganden wurden auch Liganden, deren Chiralität auf ihrem *Kohlenstoffgerüst* beruht, in Rhodium-Komplexe eingebaut. Durch Abwandlung der Liganden gelang es in gewissen Fällen, sogar *100% Stereospezifität* bei der Hydrierung zu erreichen, ein Resultat, das sonst nur durch Verwendung von Enzymen möglich ist! Es ist anzunehmen, daß die asymmetrische Katalyse in Zukunft viele weitere, interessante stereospezifische Reaktionen möglich machen wird.

Auch bei anderen Reaktionen treten *Alken-Übergangsmetall-Komplexe* als *Zwischenstoffe* auf. So können Alkene durch Lösungen von Übergangsmetall-Komplexen isomerisiert werden. Vermutlich entsteht wiederum zuerst eine Additionsverbindung aus dem Alken und

---

[1] Auch hier ist – wie meistens bei biochemisch aktiven Verbindungen – nur das eine Enantiomer physiologisch wirksam.

dem Übergangsmetall. Dabei sollte der verwendete Metallkomplex möglichst koordinativ ungesättigt sein (damit das Alkenmolekül gebunden werden kann) und er sollte kinetisch labil sein (damit das zunächst koordinierte Alkenmolekül auch wieder leicht austritt). Metallcarbonyle wie $Fe(CO)_5$ oder $HCo(CO)_3$ sind daher für solche Reaktionen wirksame Katalysatoren. Als Beispiel sei die Isomerisierung von Allylalkohol zu Propionaldehyd erwähnt:

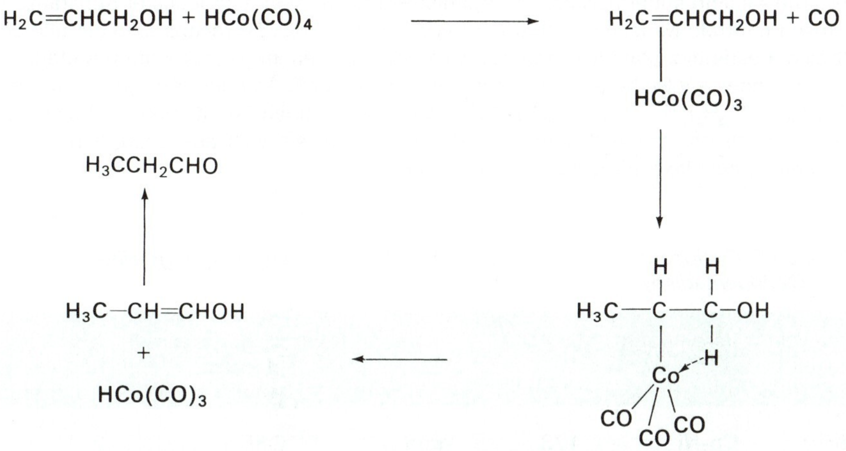

$H_2C=CHCH_2OH + HCo(CO)_4 \longrightarrow H_2C=CHCH_2OH + CO$

$HCo(CO)_3$

H_3CCH_2CHO

$\uparrow$

$H_3C-CH=CHOH$
+
$HCo(CO)_3$

$H_3C-\underset{H}{\overset{H}{C}}-\underset{Co}{\overset{H}{C}}-OH$ (mit CO, CO, CO Liganden)

Auch bei der in S. 416 genannten Oxidation von Ethen zu Acetaldehyd wird eine Ethen-Metall-Additionsverbindung gebildet. Palladium(II)-chlorid ergibt mit Ethen in wäßriger Lösung den Komplex (5), der leicht zu Acetaldehyd hydrolysiert wird. Das gleichzeitig gebildete metallische Palladium wird durch Kupfer(II)-chlorid wieder zurückoxidiert:

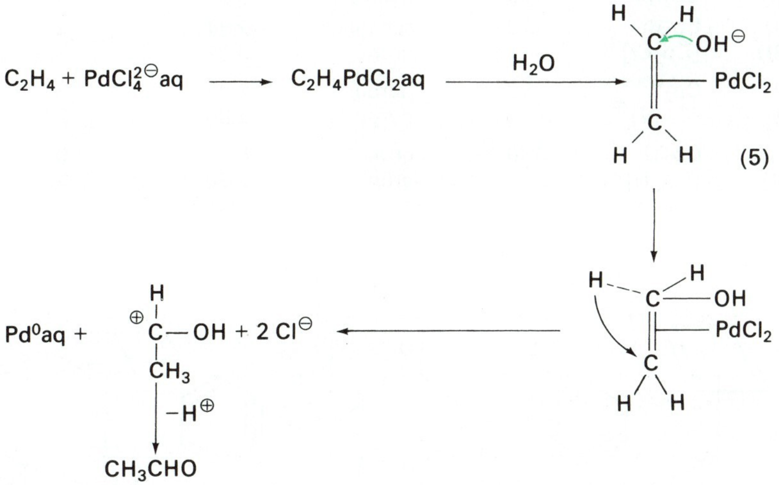

$C_2H_4 + PdCl_4^{2\ominus} aq \longrightarrow C_2H_4PdCl_2 aq \xrightarrow{H_2O}$

Komplex (5): $H_2C(OH)-CH_2-PdCl_2$

$Pd^0 aq + \overset{\oplus}{C}(H)(CH_3)-OH + 2 Cl^\ominus \longleftarrow$

$\downarrow -H^\oplus$

CH_3CHO

$Pd + 2 Cu^{2\oplus} + 6 Cl^\ominus \longrightarrow [PdCl_4]^{2\ominus} + 2 CuCl$

$2 CuCl + 2 H^\oplus + \frac{1}{2} O_2 \longrightarrow 2 Cu^{2\oplus} + 2 Cl^\ominus + H_2O.$

28 Metallorganische Verbindungen

Sandwich-Verbindungen. *Ferrocen,* das «Urbild» der Sandwich-Verbindungen, wurde bereits in anderem Zusammenhang vorgestellt (vgl. S. 105). Ebenso wurde dort darauf hingewiesen, daß Cyclopentadien auch mit zahlreichen anderen Metallen analoge Verbindungen bildet. Heute kennt man Cyclopentadienyl-Komplexe von allen 3 *d*-Elementen (Tabelle 28.2); auch «Tripeldecker-Sandwich-Verbindungen» (mit zwei Metallatomen und drei aromatischen Liganden) sind bekannt geworden. Die Verbindung von Metallen in der Oxidationsstufe +II sind sublimierbar, in organischen Lösungsmitteln lösliche Substanzen, die elektrisch neutrale Moleküle enthalten; mit Ausnahme des Ferrocens sind sie alle an der Luft nicht beständig, sondern zersetzen sich oder werden langsam oxidiert. Metalle in der +III-, +IV- oder +V-Stufe ergeben mit Cyclopentadienyl-Anionen Komplexkationen wie $(C_5H_5)_2Co^{\oplus}$, $(C_5H_5)_2Ti^{2\oplus}$ oder $(C_5H_5)_2Nb^{3\oplus}$. Von diesen Ionen kennt man zahlreiche Salze. Wie andere relativ große Kationen (z. B. $Cs^{\oplus}$) lassen sie sich aus Lösungen als Silicowolframate oder Hexachloroplatinate ausfällen.

Tabelle 28.2. Cyclopentadienkomplexe der Metalle der ersten Übergangsreihe (Cp = Cyclopentadien)

Element	Verbindung	Fp.[°C]	Farbe	Magnetisches Moment (Magnetonen)	Anzahl ungepaarter Elektronen
Ni(II)	Cp_2Ni	173	grün	2.86	2
Ni(III)	$[Cp_2Ni]^{\oplus}$	–	gelb	1.75	1
Co(II)	Cp_2Co	173	purpur	1.76	1
Co(III)	$[Cp_2Co]^{\oplus}$	–	gelb	0	0
Fe(II)	Cp_2Fe	173	orange	0	0
Fe(III)	$[Cp_2Fe]^{\oplus}$	–	blau	2.26	1
Mn(II)	Cp_2Mn	173	hellrot	5.9	5
Cr(II)	Cp_2Cr	173	scharlach	2.84	2
Cr(III)	$[Cp_2Cr]^{\oplus}$	–	grün	3.81	3
V(II)	Cp_2V	168	purpur	3.82	3
V(III)	$[Cp_2V]^{\oplus}$	–	purpur	2.86	2
Ti(II)	Cp_2Ti	130	grün	0	0
Ti(III)	$[Cp_2Ti]^{\oplus}$	–	grün	2.30	1

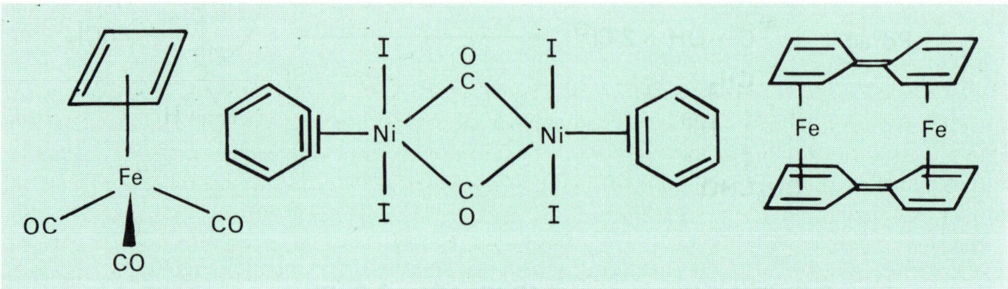

Abb. 28.4. Beispiele von π-Komplexen mit (im freien Zustand) unstabilen Liganden

Neben den Komplexen mit zwei Cyclopentadienylringen kennt man auch zahlreiche Verbindungen, die nur *einen* Cyclopentadienylring neben anderen Liganden enthalten (CO, NO, Halogenatome, H-Atome, Alkylgruppen), wie z. B. $[(C_5H_5)Mo(CO)_3]^\ominus$, $(C_5H_5)Mn(CO)_3$, $(C_5H_5)Cr(CO)_3Cl$ u.a. Komplexe mit Cyclopentadien sind heute von über 60 Metallen bekannt. Analog gebaute Verbindungen lassen sich auch mit *anderen aromatischen Ringsystemen* erhalten. Beispielsweise entsteht aus Benzen und $CrCl_3$ (in Gegenwart von Al-Pulver als halogenbindender Substanz und von $AlCl_3$ als Katalysator) die Sandwich-Verbindung $(C_6H_6)_2Cr$. Zahlreiche Ionen von Übergangsmetallen ($Mn^\oplus$, $Tc^\oplus$, $Re^\oplus$, $Fe^{2\oplus}$, $Ru^{2\oplus}$, $Os^{2\oplus}$, $Co^{3\oplus}$, $Rh^{3\oplus}$, $Ir^{3\oplus}$) bilden ebenfalls Sandwich-Verbindungen mit zwei

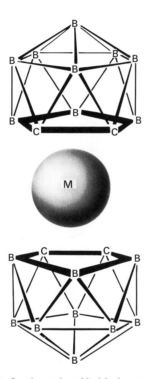

Abb. 28.5. Sandwich-Struktur einer Verbindung mit Carboranat-Ionen

Benzenmolekülen. Es konnten auch Sandwich-Verbindungen hergestellt werden, die Biphenyl, Pyridin, Thiophen oder Tropylium-Ionen enthalten. Ja sogar Cyclobutadien und gewisse Cyclobutadienderivate (die in freier Form höchst unbeständig sind und trotz jahrzehntelanger Versuche niemals als Substanzen dargestellt werden konnten) können solche Verbindungen mit Übergangsmetallen bilden. Longuet-Higgins und Orgel waren schon 1956 auf Grund theoretischer Überlegungen zur Annahme gelangt, es müsse möglich sein, Sandwich-Verbindungen mit Cyclobutadien zu erhalten (gewisse Übergangsmetalle besitzen AO von solcher Symmetrie, daß zusammen mit den π-MO von Cyclobutadien Bindungen gebildet werden sollten). 1959 konnte dann ein Eisenderivat von Tetraphenylcyclobutadien und schließlich 1965 auch ein Eisenkomplex des unsubstituierten Cyclobutadiens synthetisiert werden. Bemerkenswerteweise ist im letztgenannten Fall der Cyclobutadienring – der im freien Zustand nicht aromatisch ist (vgl. S.102) – gegenüber elektrophilen Reagentien sehr reaktionsfähig, genau wie die typischen Aromaten. Auch andere, im freien Zustand instabile «Aromaten», wie z. B. Dehydrobenzen (vgl. S.580), konnten in Form von π-Komplexen mit Übergangsmetallen isoliert werden.

Sogar mit Borazin (dem «anorganischen» Benzen) und mit Carboranat-Ionen können analoge Komplexe gebildet werden. Dabei ist es nicht unbedingt erforderlich, daß die beiden aromatischen Ringsysteme in parallelen Ebenen zueinander angeordnet sind, denn man kennt auch analoge Verbindungen anderer Struktur, wie z. B. Titanocendichlorid oder $(C_5H_5)_2MoH_2$ (Abb. 28.6).

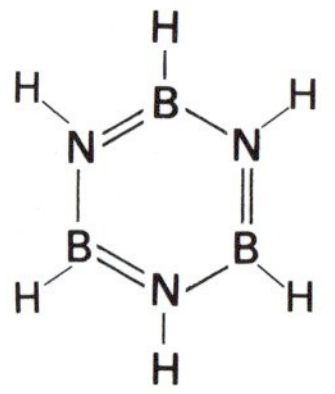

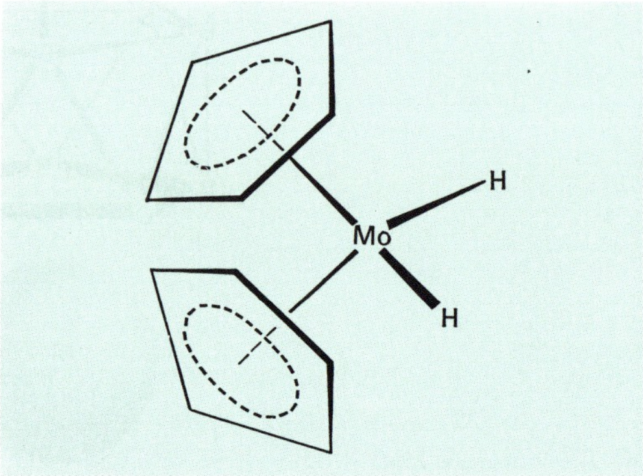

Abb. 28.6. Struktur des $(C_5H_5)_2MoH_2$-Komplexes

Trotz zahlreicher Untersuchungen ist die *Bindungsart* in diesen Molekülen noch nicht vollständig geklärt. Wie der Diamagnetismus des Ferrocens zeigt, müssen hier die 6 d-Elektronen des $Fe^{2\oplus}$-Ions paarweise drei d-Orbitale besetzen. Je eines der beiden unbesetzten d-AO überlagert sich dann wahrscheinlich mit einem der drei, von zwei Elektronen besetzten π-MO eines aromatischen Ringes und bildet damit eine π-Bindung zu einem Ring. Das Fe-Atom erhält dadurch insgesamt die Elektronenzahl des Kryptons, wohl mit ein Grund für die außergewöhnliche Stabilität des Ferrocen-Moleküls. Die analogen Verbindungen der Nachbarelemente Mn und Co sind paramagnetisch und enthalten ungepaarte Elektronen in d-Orbitalen des Metallions; die Bindungen zum aromatischen Molekül entstehen jedoch wahrscheinlich in der gleichen Weise wie beim Ferrocen durch Überlappung von aromatischen π-Orbitalen mit unbesetzten d-AO der Metallionen. Die für aromatische Substanzen charakteristischen Eigenschaften bleiben in den Sandwich-Verbindungen erhalten. So lassen sich z. B. ebenso wie am Cyclopentadienyl-Anion oder am Benzen allein elektrophile Substitutionen durchführen (Sulfonierung, Friedel-Crafts-Acylierung u. a.).

Verbindungen mit prinzipiell analogem Bindungstyp lassen sich auch aus anderen organischen Molekülen mit delokalisiertem Elektronensystem und Übergangsmetallionen erhalten. So kennt man Komplexe verschiedener Übergangsmetalle (vor allem Palladium, Ruthenium, Mangan und Nickel) mit *Allylderivaten*, in denen ein über drei C-Atome delokalisiertes System vorhanden ist.

Sachregister

Abbau, Carbonsäurederivate 402, 403
Abbau nach Ruff 744
Abgangsgruppe 163, 333, 357
Abgangsgruppen, bei S_N2-Reaktionen 333
– bei S_N2_t-Reaktionen 479
Abietinsäure 724
Absorptionsbanden, IR, Zuordnung 249
AB-Systeme 263
π-Acceptor 307
σ-Acceptor 306, 549
σ-Acceptoren, Reihe 307
Acene 120
Acesulfam 757
Acetal-Bildung 211
Acetaldehyd 15, 93, 149, 207, 208, 217
– IR-Spektrum 209
– NMR-Spektrum 210
Acetale 504
Acetamid 15
Acetanhydrid 227
Acetanilid 565
Acetat, aktiviertes 731
Acetatseide 753
Acetessigester 237, 329, 434, 492, 508
– Alkylierung 368
Acetessigestersynthese 369
Acetessigsäure 237
Aceton 15, 207, 208, 219
– Dimerisierung 524
– IR-Spektrum 23
Acetonitril 15, 244
Acetonylaceton 208
Acetophenon 207, 208
Acetoxonium-Ion 611
Acetylaceton 208, 214, 238, 329
Acetyl-Coenzym A 731
Acetylen 90, 94
– Addition von Wasser 93
Acetylendicarbonsäure 220
Acetylendicarbonsäureester 448
Acetylnitrat 563
Acetylsalicylsäure 489
Acidität 310
C–H-Acidität 212, 316, 369
Aciditätskonstante 310, 311
Acridin 675
Acrilan 782
Acrolein 208, 218
Acronal 782
Acrylnitril, Dimerisierung 447
Acrylsäure 220, 226, 227

Acrylsäureester 448
Acylcyanide 482
Acylgruppe 227
Acylhalogenid 227
Acylierung, Amine 482
– Aromaten 557
– Ester 483
Acylium-Ion 282, 421, 487, 557
Acyloin-Kondensation 70, 494
Acyl-Schutzgruppe 169
Acylumlagerung 656
Acylverbindungen, nucleophile Substitutionen 479
– Reaktionen 229
– Reaktivität 479
Adamantan 68, 654
Addition 16
– elektrophile 404, 410
– – an C=C 404
– – – Alkane 426
– – – Carbeniumionen 426
– – – Epoxidierung 419
– – – Halogenalkane 427
– – – Halogene 404–413
– – – – Mechanismus 407–409
– – – – Nebenreaktionen 405, 412
– – – – Stereochemie 405
– – – – Zeitgesetz 404
– – – Halogenwasserstoff 413
– – – Hydroborierung 421
– – – Hydrocarboxylierung 420
– – – Hydroxyverbindungen 415
– – – Interhalogenverbindungen 409
– – – Oxymerkurierung 418
– – – Säuren 416
– – an konjugierte Diene 428
– nucleophile, an Carbonylgruppen 498–535
– – Acetylen 510
– – Alkohole 504
– – Basenkatalyse 498
– – Bisulfit 511
– – C–H-acide Verbindungen 520–531
– – Mannich-Reaktion 513
– – Mechanismus 498
– – N-haltige Nucleophile 510–516
– – Säurekatalyse 499
– – Wasser 503
– – Ylide 519
– – 1,2 und 1,4 532
– nucleophile, an C–N-Mehrfachbindungen 533

– – an C=C, Michael-Addition 434
– radikalische 598
– – an C=C, HBr 415
– stereoselektive 501
anti-Addition, Halogene 406
endo-Addition 451
exo-Addition 451
syn-Addition 422, 430
1,2-Addition 84, 428
1,4-Addition 84, 428
Additionen, an C–C-Mehrfachbindungen 404–436
– nucleophile, an C–C-Mehrfachbindungen 433–437
Additions-Eliminations-Mechanismus 475, 572
Additionsreaktion 76
Additionsreaktionen, an C=C-Doppelbindungen, Beispiele (Tabelle) 77
endo-Addukt 451
exo-Addukt 451
Adenin 705, 773, 774
Adenosindiphosphat 771
Adenosinmonophosphat 771
Adenosintriphosphat 688, 705, 742, 770, 771
Adipinsäure 230, 232
ADP 770
Aflatoxine 734, 735
– Biosynthese 735
AH-Salz 787
Aktivierungsenthalpie 293
Aktivierungsentropie 293, 294, 303
Aktivität, optische 176
– – Historisches 205
– – Ursprung 199
Aktivitätskoeffizient 311
Alanin 239
Aldehyd-Ammoniak 511
Aldehyde 15, 146, 206–219
– Alkylierung 426
– aromatische 560
– – Benzoinkondensation 531
– durch Oxidation 618
– Fixpunkte (Tabelle) 208
– Gewinnung (Tabelle) 216
– α-Halogenierung 538
– IR-Spektrum 209
– Isomerisierung 653
– NMR-Spektrum 210
– Oxidation 622
– Polymerisation 506
– Reaktionen (Tabelle) 211

826 Sachregister

Aldehyde, Reaktivität gegenüber Nucleophilen 500
– Reduktion zu Alkoholen 632
– Reduktion zu Kohlenwasserstoffen 630
– reduktive Aminierung 512
Aldol 214, 523
Aldoladdition 70, 214, 435, 521, 523
– Aldehyde mit unsymmetrischem Keton 526
– Basenkatalyse 524
– intramolekulare 527
– Produkte 525
– Reaktivität 524
– Säurekatalyse 525
– Stereoselektivität 528
– sterischer Verlauf 527
– Zeitgesetz 523
Aldolkondensation 525
Aldopentosen 741
Aldose 736
Aldoxime 616
Alfol-Prozeß 147
alicyclisch 13
aliphatisch 13
Alizarin 795
Alizaringelb R 795
Alkalischmelze 152, 577
Alkaloide 707–713
Alkane 15, 38–58
– Aminierung 375
– Beispiele 54
– Fixpunkte (Tabelle) 40
– Gewinnung 52
– Halogenierung 47, 295
– IR-Banden 46
– Isomerie 39
– Isomerisierung 51, 654
– Nitrierung 51
– Oxidation 606
– physikalische Eigenschaften 44
– Pyrolyse 51
– Reaktionen 47
– Verbrennung 51
Alkene 15, 71–90
– Carbonylierung 225
– Dimerisierung 445
– Halogenaddition 404
– Halogenwasserstoffaddition 413
– Herstellung 80
– Hydratisierung 415
– Hydrierung 430
– syn-Hydroxylierung 432
– IR-Banden (Tabelle) 75
– (E)/(Z)-Isomerisierung 807
– Molekülbau 71
– physikalische Eigenschaften 74
– Reaktion mit Diboran 421
– Reaktionen 76
– Stabilität 75
Alken-Komplexe 816
Alken-Metathese 79

Alkine 15, 90–95
– Addition von Wasser 418
– Cyclisierung 93
– IR-Spektrum 90
– IR-Banden 91
– Reaktionen 91
– Reduktion 628
Alkinole 92
Alkohol, primärer 146
– sekundärer 146
– tertiärer 146
Alkoholat-Ion 141
Alkohole 15, 138–150
– Dehydratisierung 393
– durch Reduktion von Carbonsäuren 637
– durch Reduktion von C=O 632
– Eliminationen 392
– Fixpunkte (Tabelle) 139
– Gewinnung 147
– Gewinnung (Tabelle) 148
– IR-Banden 141, 142
– mehrwertige (Tabelle) 140
– Methylierung 375
– MS 281
– NMR-Spektrum 141
– Nomenklatur 138
– Oxidation 146, 618–621
– physikalische Eigenschaften 140
– Reaktionen 141
– – Beispiele 143
– S_N-Reaktionen 371
– sekundäre, Oxidation 619
Alkoxy-Ion 141
Alkydharze 786, 787
Alkylaromat 124
Alkylaromaten, Oxidation 608
– Seitenkettenchlorierung 593
Alkylarylsulfonate 718
Alkylarylsulfonsäuren 718
Alkylcadmiumhalogenide 518
Alkylgruppen 39
Alkylhalogenide 57
Alkylhydrogensulfat 145
Alkylierung 368
– Aromaten 554
– Carbonylverbindungen 425
– Ketone, Nitrile, Ester 370
– konjugierte Doppelbindungen 424
– Michael-Substrate 369
C-Alkylierung 357
Alkylierungsmittel 145, 162
Alkylierungsreagentien 57
Alkylnitrite 171, 173
Alkylquecksilberverbindungen 815
Alkylrest 53
Alkylsulfate, S_N-Reaktionen 361
Alkylsulfonate, Eliminationen 391
– S_N-Reaktionen 361
Allen, Dimerisierung 447
Allene 190

Allyl 133
Allylalkohol 129, 139
Allylalkohole, Oxidation 620
Allyl-Anion 442, 453
Allylcarbenium-Ion 282, 429
Allylchlorid 78
– Epoxidierung 420
Allylether-Umlagerung 659
Allyl-Kation 290, 442, 444
Allyl-Oxidation 613
o-Allylphenole 467
Allyl-Radikal 594
Allyl-Umlagerungen 359, 463
– bei S_E-Reaktionen 537
Allylverbindungen, Halogenierung 594
– Hydrogenolyse 630
Allylvinylether 468
Alternanz 121
Aluminiumchlorid 545, 554
Aluminiumisopropylat 620
ambident 356
Ambido-Selektivität 367
Ameisensäure 220, 225, 312
Amidbindung 756
Amide 15
– Hydrolyse 496
– Reaktionen 495
Amidine 319
Aminal 512
Amine 15, 163–171
– Acylierung 482, 495
– Addition an C=C 436
– Alkylierung 169
– aromatische 168
– – Alkylierung 555
– – Basizität 318
– – Diazotierung 541
– Basizität 168
– Benennung 164
– Elimination 393
– erschöpfende Alkylierung 393
– Fixpunkte (Tabelle) 165
– Gewinnung 166, 365, 366, 367
– Gewinnung (Tabelle) 167
– IR-Banden 165
– Oxidation 616
– physikalische Eigenschaften 164
– primäre 163
– Reaktionen 168
– Reaktionen (Tabelle) 170
– Schutzgruppe 169
– sekundäre 163
– tertiäre 163
Aminierung 375
– reduktive 168
– – Carbonylverbindungen 512
α-Aminoalkohole 621
2-Aminoalkohole, Umlagerungen 653
m-Aminoanisol 579
p-Aminoazobenzen 663
p-Aminobenzoesäure 220
Aminocarbonsäuren 239–241

Sachregister 827

α-Aminocarbonsäuren 755
Aminocyclopropan 444
Aminoethan 15
β-Aminoethanol 719
2-Aminoethanol 164
Aminogruppe 14
– Schutzgruppen 763
o-Aminophenol 151
p-Aminophenol 151, 644
Aminophenole 663
Aminoplaste 785
2-Aminopyridin 574
Aminopyridine 695
Aminosäuren 238
– aus Proteinen (Tabelle) 239
– essentielle 755
– Strecker-Synthese 509
– Trennung 755
L-Aminosäuren, Konfiguration 756
α-Aminosäuren, Azlactonsynthese 529
γ-Aminosäuren 496
δ-Aminosäuren 496
Aminoxid 169, 617
1-Amino-3-methyl-2-buten 134
Ammoniak 318
– Acylierung 495
– Addition an C=C 436
– Alkylierung 168
Ammoniumcarbamat 243
Ammoniumcyanat 1
Ammonium-Ionen 163
Ammoniumsalz 168
– quartäres, Umlagerung 659
AMP 771
Amygdalate 235
Amygdalin 745
Amyl 133
n-Amylacetat 228
Amylalkohol, optisch aktiver 139
n-Amylalkohol 139
tert-Amylalkohol 139
Amylalkohole 150
Amylase 770
tert-Amylchlorid, Solvolyse 381
Amylopektin 751
Amylose 751
β-Amyrin 724
Amytal 285
anchimer 342
Androgene 729
Androstan 729
Androsteron 729
anelliert 119
Aneurin 690
Anhydride, cyclische 231
– Reaktionen 480
Anilin 129, 164, 165, 318, 551, 685
– Autoxidation 616
– Nitrierung 565
Anilinderivate, Umlagerungen 662
Anilinharz 786

Anilinhydrochlorid 169
Aniliniumchlorid 169
Anilinschwarz 616, 795
Anionen, nackte 298
Anionenaustauscher 785
anionotrop 645
Anionotropie 332
Anisaldehyd 207
Anisol (Methylphenylether) 154, 565
erythro-3-p-Anisyl-2-butanol 423
threo-3-p-Anisyl-2-butanol 423
(E)-2-p-Anisyl-2-buten 423
(Z)-p-2-Anisyl-2-buten 423
[14]Annulen 113
[18]Annulen 113, 625, 800
Annulene 113
– durch oxidative Kupplung 625
Anomere 738
antarafacial 445, 461
Anthocyane 702
Anthocyanidine 702
Anthracen 119, 120, 136, 301
Anthranilsäure 220, 581, 686
antiaromatisch 104, 438
Antiauxochrom 792
antibindend 3
Antibiotika 691
Anticodon 776
Anticonceptiva 730
Antiklopfmittel 55
antiperiplanar 43
Antipoden, optische 176
Antipyrin 692
Äpfelsäure 235
(±)-Äpfelsäure 234
Apoenzym 769
aprotisch 296
D-Arabinose 744
Araldit 786, 791
Aramid-Faser 789
Arbuzow-Reaktion 520
Aren 124, 626
Arenium-Ion 546
Arginase 770
Arginin 239
Arine 579, 696
Arin-Mechanismus 696
Armstrong-Baeyer-Formel 114
Arndt-Eistert-Reaktion 229, 402
Arndt-Eistert-Synthese 655
Aromaten 15
– Acylierung 557
– Alkylierung 554
– Azokupplung 566
– chemische Verschiebung 255
– Chlormethylierung 558
– Formylierung 560
– halogenierte, und Umwelt 126
– Hydrierung 628
– IR-Banden 123
– Nitrierung 563

– Nitrosierung 565
– nucleophile Substitution 572–582
– Oxidation 609
– polykondensierte, Numerierung 136
– Reaktionen 123
– S_E-Reaktionen 545–571
– Reaktivität 13
– Substitutionsreaktionen, Beispiele (Tabelle) 124
– Sulfochlorierung 569
– Sulfonierung 568
– technische Gewinnung 128
– UV-Spektren 122
aromatisch 13, 104, 438
Aromatische Kohlenwasserstoffe 95–129
2-Arylchromone 702
Arylcyanide 596
N-Arylhydroxylamine, Umlagerung 663
Arylketon 124
Aryllithiumverbindungen 543
Arylquecksilberverbindungen 815
Arylthalliumverbindungen 153
Ascaridol 722
Ascorbinsäure 746
Asparaginsäure 239
Aspartam 757
Aspirin 489
ataktisch 781
C-Atom, asymmetrisches 176
Atombindung 1
ATP 742, 770
Atropa Belladonna 709
Atropin 709
Atropisomerie 191
Austauschintegral 85
Austausch-Wechselwirkung 5
Auswahlregeln, Cycloadditionen 446
– elektrocyclische Reaktionen 442
– pericyclische Reaktionen 438
– sigmatrope Verschiebungen 460
Autoreifen 784
Autoxidation 600
– Fette 715
auxochrom 247
Auxochrom 792
Avery 774
axialchiral 190
1-Azanaphthalen 674
2-Azanaphthalen 674
Azlactonsynthese 529
Azobenzen 641
Azobis(isobutyronitril) 585
1,1'-Azobutan 295
Azofarbstoffe 797
Azogruppe 566
Azokupplung 124, 173, 797
– aliphatische 541
– Aromaten 566
– intramolekulare 567

Azol 674
Azolidin 674
Azomethine 211, 331
Azoverbindungen 124, 173
Azoxybenzen 640
Azulen 121, 122

back-donation 817
Baeyersche Spannungstheorie 65
Baeyer-Spannung 60
Baeyer-Villiger-Oxidation 622
Baeyer-Villiger-Umlagerung 658
Bakelit 786
Bananenbindungen 67, 72
Barbaralan 467
Barbier-Wieland, Abbau 613
Barbitursäure 243, 703
Barbitursäuren, substituierte 369
Barton-Reaktion 173
Basen, organische, Basizität 318
Basenstärke 311
Basis-AO 438
Basispeak 278
Basizität 310
bathochrom 792
Bayer O. 791
9-BBN 423
Beckmann-Umlagerung 515
Beizenfarbstoffe 794
Bemberg-Seide 754
Benzal 133
Benzalaceton 207, 214, 526
Benzalacetophenon 207
Benzalchlorid 219, 593
Benzaldehyd 207, 208, 219
– Autoxidation 601
– IR-Spektrum 209
– Reaktion mit Phenylessigsäure 528
1,2-Benzanthracen 558
Benzen 15, 95
– Eigenschaften 96
– Energieniveauschema 98
– Grenzformeln 100
– Kekulé-Formel 97
– MO-Beschreibung 98, 99
– Nitrierung 96
– radikalische Halogenaddition 599
– Valenzisomere 114
– VB-Modell 99
Benzenderivate, Synthese 570
Benzenringe, Biosynthese 735
Benzen-1,2-dicarbonsäure 233
Benzen-1,4-dicarbonsäure 233
Benzhydrol 139
Benzhydrylbromid 335
Benzidin 301, 641, 664
Benzidin-Umlagerung 301, 664
Benzil 655
Benzilsäure-Umlagerung 655
Benzin 55
p-Benzochinon 614

Benzoesäure 220, 227, 312
Benzoesäuren, substituierte, pK_s-Werte 314
Benzofuran 675
Benzoin 531
Benzoinkondensation 531
Benzol, siehe Benzen 95
Benzonitril 244
Benzophenon 207, 208, 806, 807
3,4-Benzopyren 119, 120
Benzothiophen 675
Benzotrichlorid 593
Benzoylchlorid 481
Benzo[a]pyren 136
Benzo-γ-pyron 702
Benzpinakol 587, 810
Benzpyrone 701
Benztriazol 567
Benzvalen 116, 447
Benzyl 133
Benzylalkohol 139
Benzylamin 165, 318
Benzylbromid 125
Benzyl-C-Atom 126
Benzylchlorid 125
Benzylchlorkohlensäureester 763
Benzylether, Umlagerung 659
Benzylethylether 153
Benzylhalogenide, Oxidation 616
Benzylisochinolinalkaloide 711
Benzyl-Kation 290
Benzylmethylketon 207
Benzyloxycarbonyl 763
Benzyltriethylammoniumbromid 299
Benzyltrimethylammoniumhydroxid 299
Benzylverbindungen, Hydrogenolyse 629
– S_N-Reaktionen 351
Bernsteinsäure 230, 232
Berzelius 1
Beschleunigung, sterische 352, 381, 487
Betain 520
Bicyclobutan 459
Bicyclo[1.1.0]butan 135
Bicyclo[4.4.0]decan 135
Bicyclo[2.1.1]heptan 67
Bicyclo[2.2.1]heptan 135, 649
Bicyclo[3.1.1]heptan 67, 135
Bicyclo[4.1.0]hepta-2,4-dien 444
Bicyclo[2.2.1]heptylchlorid 352
Bicyclo[2.2.0]hexadien 115
Bicyclo[5.1.0]octa-2,5-dien 466
Bicyclo-2,5-heptadien 816
Bienenhonig 749
Bienenwachs 228, 719
Bijvoet 184
Bilirubin 689
Bilsenkraut 709
BINAL-H 635

$d-p-\pi$-Bindung 160
π-Bindung 71
σ-Bindung 71
Bindungen, äquatoriale 61
– axiale 61
– delokalisierte 85
– fluktuierende 114, 276
– strategische 667
Bindungsenthalpie 12, 304
Bindungsenthalpien, Tabelle 12, 305
Bindungsisomerie 114
Bindungslängen 11
– Tabelle 11
biomimetisch 733
Biosynthese, Coniin 708
– Hyoscyamin 710
– Nicotin 709
– Opiumalkaloide 711
Biosynthese von Terpenen, Steroiden und Fetten 731
Biot 205
Biphenyl 117
Biphenylderivate 190, 597
Biphenyle, polychlorierte 128
Biphenylen 301
Birch-Reduktion 628
Bischler-Napieralski-Reaktion 559
syn-1,6:8,13-Bismethano-[14]annulen 113
syn-1,6:8,13-Bisoxido-[14]annulen 110
Bisphenol 559
Bisphenol A 787
Bis(p-hydroxyphenyl)propan 787
Bisulfit-Addition 212, 510
3,4-Bis(1,1-dimethylethyl)-2,2,5,5-tetramethylhexan 132
Blaugrünkuppler 802
Blausäure 245
Blei(IV)-acetat 605
– Oxidationsmittel für Alkohole 618
– Oxidationsmittel für C=C 610
– Oxidationsmittel für Glycole 621
– zur Decarboxylierung von Dicarbonsäuren 623
Bleitetraethyl 48, 55
Blitzlicht-Photolyse 399, 584
Blockpolymere 781
Blütenfarbstoffe 153
Bogenbindungen 72
Bombenrohr 31
9-Borabicyclo[3.3.1]nonan 423
Boran 635
Borazin 824
Bornylchlorid 649, 650, 723
Boten-RNA 776
Botulinus-Toxin A 127
Bouveault/Blanc-Reduktion 638
Braunstein, Oxidationsmittel für Allylalkohole 620

Sachregister

Brechnuß 713
Brechungsindex 17
Bredt 721
Bredtsche Regel 385
Brenzcatechin 151, 152
Brenztraubensäure 237
Breslow 108
Bromaddition, radikalische 598
p-Bromanilin 614
2-Bromcyclohexanol, Reaktion mit HBr 345
Bromessigsäure 312
Bromethan 15, 130
Bromonium-Ion 345, 409
N-Bromsuccinimid 79, 412, 594
– Oxidationsmittel für Alkohole 618
Bromtoluen 125
3-Brom-2-butanol, Reaktion mit HBr 345, 346
(E)-2-Brom-2-buten 73
(Z)-2-Brom-2-buten 73
Brosylat-Anion 358
Brown 347, 425
Buchner 149
Bufotalin 731
Bullvalen 116, 276, 467
Buna 783
Buna N 784
1,3-Butadien 89, 442
– Energieniveaux 87
– MO 86
– Ringschluß 441
1,3-Butadiin 90
Butan 38, 55
– Oxidation mit Luftsauerstoff 606
n-Butan, Konformere 43
Butanal 207
1,4-Butandiol 140
2,3-Butandion 208, 608
1-Butanol 139
R-2-Butanol 180
Butanon 207, 219
– UV-Spektrum 24
(E)-2-Buten, IR-Spektrum 78
(Z)-2-Buten, IR-Spektrum 78
1-Buten, IR-Spektrum 78
2-Buten, Isomere 73
2-Butenal 219
Buteneon, UV-Spektrum 24
1-Butenyl 131
2-Butenyl 133
3-Butenyl 131
2-Butin 90
Butindisäure 220
tert-Butoxycarbonyl 763
Butter 715
Buttersäure 220, 226
Buttersäuremethylester 228
tert-Butyl 133
sec-Butylalkohol 139
tert-Butylalkohol 139
– NMR-Spektrum 36
n-Butylamin 165
tert-Butylamin 164

tert-Butylbenzen 125
tert-Butylbromid, Hydrolyse 336
sec-Butylchlorid 177
tert-Butylchlorid, Hydrolyse 352
tert-Butylchlorkohlensäureester 763
tri-tert-Butylchlormethan, Hydrolyse 352
tert-Butylgruppe, als Schutzgruppe bei S_E 556
Butylkautschuk 780, 785
n-Butyllithium 815
2-tert-Butyl-4,4,2-trimethylvaleriansäure 314
n-Butyraldehyd 207, 208
Butyronitril 244

Cadiot-Chodkiewicz-Kupplung 625
Cahn 73
Calciferol 462, 727
Calciumcarbid 94
Calcium-D-gluconat 744
Calciumoxalat 231
Calicen 109
Camphen 650, 723
Campher 722, 723
Camphersulfonsäure 196
Cannizzaro-Reaktion 211, 214, 526, 635
Caprinsäure 220
Caprolactam 515
ε-Caprolactam 788
Capronsäure 220
Caprylsäure 220
Carbalit 786
Carbaminsäure 242, 243, 508, 763
Carbanion 433
– Inversion 195
Carbanionen 12, 291
– als Nucleophile 356
– Reaktion mit Halogenalkanen 368
Carbanion-Mechanismus 379
Carbazol 675, 686
Carben 50
– Addition an Doppelbindungen 458
Carbene 291
– Bildung 399
– Insertion 400
– Reaktionen 399
Carbeniumion 51, 335
– Bildung 647
– Umlagerungen 647
Carbenium-Cyclisierung 70
Carbeniumionen 12, 290
– Addition an Alkene 426
– Stabilität 290
– – Reihe 351
Carbenium-Umlagerungen 372, 654
Carbenoide 458
Carbinol 139

Carbinolbase 799
Carbobenzoxychlorid 763
Carbohydrase 769
Carbokation 51
Carboniumion 50, 51, 348
Carbonsäure 146
Carbonsäureamid 223, 227
Carbonsäureamide 169, 230, 481
– Hydrolyse 496
– Reaktionen 495
Carbonsäureanhydride 227, 228
– Reaktionen 480
Carbonsäurederivate, nucleophile Substitutionen 479
– Reaktivität 479
Carbonsäureester 223, 227, 228
– Verseifung 483–489
Carbonsäurehalogenid 223, 227, 228
Carbonsäurehydrazid 482
Carbonsäuren 15, 219–238
– Abbau 657
– Acidität 311
– Dehydratisierung 393
– Derivate 227
– durch Oxidation von Alkanen 607
– Fixpunkte (Tabelle) 220
– Gewinnung (Tabelle) 224
– Methylierung 374
– Nomenklatur 220
– physikalische Eigenschaften 221
– Pyrolyse 495
– Reaktionen (Tabelle) 223
– Reduktion zum Aldehyd 639
– Reduktion zum Alkohol oder Amin 637
– spektroskopische Eigenschaften 221
– α, β-ungesättigte 234
– Veresterung 483–489
– pK_s-Werte 312
Carbonylbande, Carbonsäuren und -Derivate (Tabelle) 222
– IR-Spektrum (Tabelle) 210
Carbonylgruppe 14, 206
– Energieniveauschema 26
– Schutz 504
Carbonylierung 225
Carbonylverbindungen 213, 206–219
– Acidität 317
– Addition metallorganischer Verbindungen 516
– Addition von Acetylen 510
– Addition von Alkoholen 504
– Addition von Cyanid-Ionen 509
– Addition von Hydrazin 510
– Addition von Hydroxylamin 510
– Addition von Wasser 503
– Addition von Yliden 519

Carbonylverbindungen Addition von Semicarbazid 510
- 1,2- und 1,4-Additionen 532
- Aldoladdition 523
- Alkylierung 425
- Bisulfit-Addition 510
- Charakterisierung 213
- elektrophile Substitution 538
- Enolgehalt 329
- α-Halogenierung 538
- Herstellung 215
- Hydratbildung 503
- Kondensation mit Estern 530
- MS 282
- Nomenklatur 206
- Oxidation 622
- physikalische Eigenschaften 208
- Reaktion mit C—H-aciden Verbindungen 520–531
- Reaktionen 210
- Reaktivität gegenüber Nucleophilen 500
- Reduktion zu Alkoholen 632
- Reduktion zu Kohlenwasserstoffen 630
- reduktive Aminierung 512
- spektroskopische Eigenschaften 209
- Tautomerie 214
- α,β-ungesättigte 433, 434
Carboranat-Ionen 824
Carboxyl-Gruppe 219
Carboxylgruppe, aktivierte 762
- IR-Spektrum 222
- Schutz 762
Carboxypeptidase 761
Carius 31
Carnaubawachs 719
Carothers 787
β-Carotin 725
γ-Carotin 725
Carotinoide 724
Catechol 151
Catenane 68
Caurit 786
Cellobiose 747
Cellophan 753
Celluloid 753
Cellulose 736, 747, 750, 752
Celluloseacetat 753
Cellulosenitrat 753
Cellulosexanthogenat 753
Cer-Ammoniumnitrat 605
- Oxidationsmittel für Alkohole 618
Charakter, aromatischer, und H-NMR-Spektrum 112
Chargaff 773
Chemie, Organische, Sonderstellung 12
Chicago-Säure 797
Chinabaum 712
Chinhydron 152
Chinin 712
Chinodimethan 119

Chinolin 109, 674, 675, 699, 700
Chinolinalkaloide 711
Chinolinderivate, Skraupsche Synthese 560
Chinone 151, 622
Chinoniminfarbstoffe 802
Chinoxalin 675
chiral 17, 176
chirale Gegenstände 18
Chiralität 176
- axiale 190
- planare 191
- zentrale 176
Chiralitätszentrum 177
- Konfiguration 181
chiroselektiv 198
Chitin 754
Chlor, Oxidationsmittel für Alkohole 619
Chloracetaldehyd 690
Chloraddition, induzierte, photochemisch 598
- radikalische 598
Chloral 213, 503, 619
Chloralhydrat 213
Chlorameisensäure-Ester 481
Chloranil, Oxidationsmittel 614
o-Chloranilin 165
p-Chloranilin 165
Chlorbenzen 576
1-Chlorbicyclo[2.2.1]heptan 352
Chlorbutadien 784
R-2-Chlorbutan 181
2-Chlorbutan 177, 181
Chlorcyclobutan 352
α-Chlorcyclohexanon 661
Chlorcyclopropan 352
Chlordiazepoxid 707
Chloressigsäure 230, 312
α-Chlorethylbenzen 177, 181
Chlorhämin 687
Chloriodmethansulfonsäure 177
α-Chlorketone 678
Chlorkohlensäureester 242, 243
Chlormethan 57
Chlormethylierung, Aromaten 558
2-Chloroctan 198
Chloroform 57
- Hydrolyse 398
Chlorophyll 688
Chlorophyll a 688
Chlorophyll b 688
Chloropren 784
o-Chlorphenol 151
N-Chlorsuccinimid 594
Chlorsulfinsäureester 372
Chlortetracyclin 734
4-Chlor-1-butanol, Hydrolyse 342
1-Chlor-1-cyclohexylethan, Hydrolyse 341
6-Chlor-3-methylbicyclo[3.2.1]octan 137

S-(+)-1-Chlor-2-methylbutan 183
1-Chlor-2-methylbutylradikal 202
1-Chlor-1-phenylethan, Hydrolyse 341
3-Chlor-1-propen 78
2-Chlor-2,3-dimethylbutan 414
2-Chlor-3,3-dimethylbutan 414
Cholestanol 726
2-Cholesten 410
- Bromaddition, Stereochemie 411
Cholesterin 726
Cholesterol 613, 726, 733
Cholin 719
Cholsäure 727, 728
Chromon 701, 702
Chromophore 246, 792
- Beispiele 246
- Inkremente 248
Chromoproteide 687, 769
Chromosomen 774
Chromsäureester 618
Chromschwefelsäure 605
Chromylchlorid 609
Chrysen 136
Chymotrypsinogen 761
Cibacronfarbstoffe 796
Cibanit 786
Cibanoid 786
CIDNP-Methode 583
Cinchonin 712
CIP-System 180
Circulardichroismus 21, 184
cisoid 85
Citral 427, 722
Citrate 235
Citronellal 722
Citronellol 89
Citronellöl 722
Citronenöl 722
Citronensäure 234
Claisen-Kondensation 236, 490–494
Claisen-Umlagerung 467
Clathrate 198
Claus 114
Claviceps purpurea 713
Clemmensen-Reduktion 124, 211, 630
Cobalamin 689
Cocain 709, 710
Cocarboxylase 690
Codein 711
Codon 776
Coenzym 769
Coenzym A 731, 732
Coenzym I 698, 705
Coffein 285, 706
Colamin 719
Colchicin 713
Colchicum autumnale 713
2,4,6-Collidin 699
Coniferin 745
Coniferylalkohol 745
Coniin 708

Cope-Elimination 169, 170, 398
Cope-Umlagerung 465
– entartete 466
Oxa-Cope-Umlagerung 468
Oxy-Cope-Umlagerung 465
Copolymerisation 600
Corey-Seebach-Synthese 505
Cori-Ester 772
Coronen 119, 136
Corpus luteum 730
Cortexon 730
Corticotropin 758
Cortisol 730
Cortison 730
Cotton-Effekt 20
Coulomb-Integral 85
Cracken 51, 80
– Benzin, Produkte 80
Cramsche Regel 502, 634
Crick 774
Crimplene 786
Crotonaldehyd 129, 208, 219
Crotyl 133
Crotylalkohol 332
Crowfoot-Hodgkin 689
Cryptand 158
Cryptat 159
Cuban 68
Cumarin 701
Cumaron 675, 683
Cumen 152
Cumolhydroperoxid 601, 658
Curtin-Hammett-Prinzip 389
Curtius-Abbau 403
Curtius-Umlagerung 657
Cyanessigester 434
Cyanessigsäure 230, 312
α-Cyanester 493
Cyanethylierung 434
Cyanhydrin 233, 240
Cyanhydrin-Bildung 212
Cyanhydrine 509
Cyanhydrinsynthese 509
Cyanide 244
Cyanidin-Kation 702
Cyanine 745, 801
Cyansäure 243, 244
Cyanurchlorid 244, 704
Cyanursäure 244
Cyanwasserstoff 245
Cyclamat 757
Cyclisierungen, mit Alkenen 812
– photochemische 812
Cyclisierungsreaktionen 69
Cycloaddition 70, 437
– 1,3-dipolare 690
$[_\pi 2_s + _\pi 2_s]$Cycloaddition 445
$[_\pi 4_s + _\pi 2_s]$Cycloaddition 445
Cycloadditionen 444
– Auswahlregeln 446
– 1,3-dipolare 453
– – Stereospezifität 454
[2+2]Cycloadditionen 447

Cycloalkane 15, 58–70
– Herstellung 68
– physikalische Eigenschaften 58
– substituierte, Stereoisomerie 63
– Verbrennungswärmen (Tabelle) 65
Cyclobutadien 102, 823
Cyclobutan 58, 59
Cyclobutanring 66
Cyclobuten 82
– Ringöffnung 441
Cyclobutylchlorid 352
– Solvolyse 360
Cyclobutyl-Kation 651
Cyclodecapentaen 109, 110
Cycloheptan 59
Cycloheptanon 653
Cycloheptatrien 107, 444, 816
Cyclohexan 15, 58, 59
– Konformationen 59
– Sesselform 59
– Wannenform 59
1,4-Cyclohexandicarbonsäure 220
cis-1,2-Cyclohexandiol 140
trans-1,2-Cyclohexandiol 140
Cyclohexanol 139
Cyclohexanonoxim 515, 788
Cyclohexanring, Bau 60
– Umklappen 61
1,2,3-Cyclohexantriol 619
1,3,5-Cyclohexatrien 97, 98
Cyclohexen 82
– Bromaddition 405
– Konformationen 83
Cyclohexylamin 165
Cyclononatetraen 109
1,5-Cyclooctadien 816
Cyclooctan 59
Cyclooctatetraen 93, 102, 816
– π-Energieniveauschema 104
Cyclooctatetraenyldianion 109
Cyclopentadien 105, 317, 452
– Dimerisation 295
Cyclopentadienyl-Anion 105
Cyclopentadienyl-Komplexe 822
Cyclopentan 58, 59
Cyclopentanring 65
Cyclopenten 816
Cyclopropan 58, 59
Cyclopropanon 459
Cyclopropen 82
Cyclopropenon 108
Cyclopropen-Ring 715
Cyclopropenylium-Ion 108
Cyclopropylchlorid 352
Cyclopropylhalogenide 444
Cyclopropyl-Kation 444
Cyclopropylmethylchlorid, Solvolyse 360
Cyclopropylmethyl-Kation 651
Cycloreversion 437, 445
p-Cymen 721
Cystein 239

Cystin 239
Cytochrome 689
Cytosin 703, 773, 774

Dacron 786, 787
Dansylchlorid 758
Darzens-Reaktion 521
Darzens-Synthese 396
Datura Stramonium 709
DBN 391
DBU 391
DCC 486
DDQ 614
DDT 559
Decaketid 735
Decalin 67, 135
cis-Decalin 68
trans-Decalin 68
1-Decanol 139
Decarbonylierung 237
Decarboxylierung 223
– Malonsäure 395
– oxidative 623
Deformationsschwingung 23
Dehydratisierung, Alkohole 393
Dehydrierung 613
– Alkohole 618
Dehydrobenzen 301, 580
5-Dehydro-chinasäure 735
7-Dehydrocholesterol 728
Dehydrogenase 769
Delépin-Reaktion 366
Delokalisationsenergie 86
– Benzen 98
delokalisiert 85
Delrin 217
Demianow-Umlagerung 653
Denaturierung 770
Deshielding-Effekt 254
Desmodure 791
Desmophene 791
Desoxycholsäure 728
Desoxycorticosteron 730
Desoxyhexosen 741
Desoxyribonucleinsäure 741, 773
D-(−)-2-Desoxyribose 741
β-D-(−)-2-Desoxyribose 742
Detergentien 718
– nicht-ionogene 718
Deuterium 302
α-Deuteroethylbenzen 177
Dewar 114, 438
Dewar-Benzen 115
Dewar-Pyridin 115, 694
Dewar-Strukturen 100
Dextrose 736
Diabetes mellitus 219
Diacetonalkohol 523, 524
Diacetyl 208, 608
Δ^1-Dialin 629
Δ^2-Dialin 629
β-Dialkylaminocarbonylverbindungen 435
Dialkylcadmiumverbindungen 483
N,N'-Dialkylcarbodiimide 764

Dialkylsulfat 145
Diallylether 154
1,2-Diaminoethan 164
Diarylketone 587
Diastase 747, 751
Diastereomere 176
diastereotop 204, 256
diatrop 112
Diatropie 255
1,5-Diazabicyclo[3.4.0]-5-nonan 391
1,5-Diazabicyclo[5.4.0]-5-undecen 391
4,5-Diazaphenanthren 674
Diazepam 707
1,3-Diazin 674, 703
Diazine 703
Diazoessigester 174, 453
– Photolyse 399
Diazoester 174
Diazohydroxid 566
Diazoketone 229, 402, 455, 654
– Hydrolyse 374
Diazokomponente 797
1,2-Diazol 690
1,3-Diazol 674, 690
Diazomethan 174, 375, 453
Diazoniumfluoroborat 579
Diazoniumgruppe, Reduktion 579
Diazonium-Kation 566, 574
Diazoniumsalze 171, 173, 374, 578
– aromatische, S_N-Reaktion 578
– Radikalsubstitution 595
Diazotierung 541
– Mechanismus 541
Diazotierungsreaktion 173
Dibenzalaceton 526
Dibenzoylperoxid 584
Diboran 421
(+)(−)Dibrombernsteinsäure 408
meso-Dibrombernsteinsäure 408
6,6'-Dibromindigo 686
gem-Dibrompropan 130
vic-Dibrompropan 130
1,2-Dibrom-1-phenylethan, NMR-Spektrum 266
Dicarbonsäuren 230
– Fixpunkte (Tabelle) 230
– oxidative Decarboxylierung 623
Dicarbonylverbindung 608
β-Dicarbonylverbindung 214
α-Dicarbonylverbindungen 621
1,3-Dicarbonylverbindungen 692
1,4-Dicarbonylverbindungen 677
1,5-Dicarbonylverbindungen 697
R,S-2,3-Dichlorbutan 203
S,S-2,3-Dichlorbutan 203

Dichlorcarben 398, 562
Dichlordifluormethan 58
Dichlordiphenyltrichlorethan 126, 559
Dichloressigsäure 312
1,2-Dichlorethan, IR-Spektrum 43
Dichlormethan 57
Dichlormethylen 398
2,3-Dichlornorbornane 390
2,3-Dichlorpentan 184
2,4-Dichlorphenoxyessigsäure 127
1,2-Dichlorpropan, ^{13}C-NMR-Spektren 277
2,3-Dichlor-5,6-dicyanobenzochinon, Oxidationsmittel 614
Dichte, optische 21
Dicumarol 701, 702
Dicyclohexylcarbodiimid 486, 620
Dieckmann-Kondensation 70, 492
Diederwinkel 264
Diels 613
Diels-Alder-Reaktion 70, 84, 445, 448–452
– Stereospezifität 448, 450
Diene, Addition von Schwefeldioxid 458
– Hydrierungsenthalpien (Tabelle) 84
– konjugierte 83
– – elektrophile Addition 428
– – MO-Beschreibung 85
– Reaktionsfähigkeit bei Diels-Alder-Reaktionen 449
Dienophile 448
– Reaktionsfähigkeit 448
Dien-Synthese 448
p-Diethylaminobenzaldehyd, ^{13}C-NMR-Spektrum 277
Diethylcarbonat 492, 493
Diethylenglycol 150
Diethylenglycoldimethylether 421
Diethylether 15, 153, 154, 155
– IR-Spektrum 155
Diethylketon 207
m-Digallussäure 153
Digitalis 730
Digitalis-Glykoside 745
Digitoxigenin 730
Digitoxin 730
D-Digitoxose 741
Diglyme 421
Digoxigenin 730
Digoxin 730
Dihalogencarbene 459
gem-Dihalogenverbindungen 212, 362
vic-Dihalogenverbindungen 363
– Elimination 391
Dihydrophenanthren 120
Dihydropyran 418

L-3,4-Dihydroxyphenylalanin 820
gem-Dihydroxyverbindungen 140
Diimin 606, 626
Diisopropylether 154
Diketen 448, 508
β-Diketon 214, 493
1,3-Diketone 271
Diketopiperazin 497
Dimedon 215, 493
4,4'-Dimethoxybenzil 263
– NMR-Spektrum 263
p,p'-Dimethoxystilben 793
N,N-Dimethylacetamid 272
Dimethylamin 165, 318
Dimethylaminoantipyrin 692
5,5-Dimethylaminonaphthalensulfonylchlorid 759
4-Dimethylaminopyridin 480
Dimethylanilin 565
N,N-Dimethylanilin 165, 318
2,4-Dimethylanilin 663
cis-2,3-Dimethylcyclobuten, Ringöffnung 441
trans-2,3-Dimethylcyclobuten 469
– Ringöffnung 441
cis-1,2-Dimethylcyclohexan 188
trans-1,2-Dimethylcyclohexan 188
1,2-Dimethylcyclohexan, Stereoisomere 188
2,2-Dimethylcyclohexanon 652
Dimethylether 154
1,1-Dimethylethyl 133
N,N-Dimethylethylamin 164
Dimethylformamid 230
3,4-Dimethylheptan 39
2,3-Dimethyloxiran 156
2,3-Dimethylpentan 132
Dimethylphenylcarbinol 139
2,2-Dimethylpropan 44
2,5-Dimethylpyrrol 677
Dimethylquecksilber 816
Dimethylsiliciumdichlorid 789
Dimethylsulfat 144
Dimethylsulfoxid 161, 605
– Oxidationsmittel 615
– Oxidationsmittel für Alkohole 620
2,6-Dimethyl-γ-pyron 701
3-Dimethyl-1-buten, Addition von HCl 413
1,2-Dimethyl-4-chlorcyclopentan 189
3,5-Dimethyl-4-hexenal 134
Dimethyl-4-methoxypyridin 701
cis-1,2-Dimethyl-1,2-cyclohexandiol 652
5,5-Dimethyl-1,3-cyclohexandion 215
meso-3,4-Dimethyl-1,5-hexadien 465
Di-n-butylether 154

Sachregister 833

3,5-Dinitrobenzoate 481
2,6-Dinitrobenzonitril 575
2,4-Dinitrochlorbenzen 565
6,6'-Dinitrodiphensäure 191
2,4-Dinitrofluorbenzen 576, 759
2,4-Dinitrophenylhydrazin 576
2,4-Dinitrophenylhydrazone 215
Di-n-propylether 154
Diolen 233, 786, 787
Diosgenin 731
Dioxan 155
1,4-Dioxan 154
Dioxine 127
Dipeptid 756
Diphenole 790
Diphenylamin 164, 165
Diphenylcarbinol 139
Diphenylether 153, 154
Diphenylin 664
Diphenylketen 229
Diphenylketon 207
Diphenylketyl 587
Diphenylmethylbromid, Solvolyse 335
Diphenylpikrylhydrazyl-Radikal 584, 587
1,2-Diphenylpropylchloride, Elimination von HCl 387
Diphenylsiliciumdichlorid 789
1,3-Diphenyl-3-methyl-2-propen-1-on 524
1,3-Diphenyl-1-oxo-2-propen 207
Dipolmoment 306
Dipyrin 692
Disaccharide 747–750
Dispersionsfarbstoffe 795
Disproportionierung, Radikale 588
disrotatorisch 442
Dissipation 805
Dissous-Gas 94
Dissoziationsenergie 2, 12, 304
Dissoziationsenergien (Tabelle) 305
Disulfid 160
Disulfid-Brücken 766
Diterpene 721, 724
Di-$tert$-butylperoxid 584
Dithionit, Reduktionsmittel 685
Divinylether 154
Djerassi 184
DMAP 480
DMSO 161, 620
DNA-Polymerase 774
DNF 758
Dodecanol 140
Doebner-Miller-Reaktion 560
Doering 117
π-Donor 307, 550
σ-Donor 306, 549
Donor-Substituent 247
(S)-Dopa 820
Doppelbindung 71
– Addition von Carben 458

– Addition von Diazoessigester 453
– Addition von Diazomethan 453
– Allyl-Oxidation 613
– isolierte 71
– – Hydrierung mit Diimin 626
– Isomerie 73
– Nachweis 78
– Schutz 452
– Verschiebung 538
Doppelbindungen, Acylierung 540
– Hydrierung 430
– konjugierte 71
– – Alkylierung 424
– – Reduktion 627
– kumulierte 71
– oxidative Spaltung 610
– Reaktionen zur Einführung (Tabelle) 376
Doppelbindungsäquivalente 285
Doppelbindungsregel 160
Doppel-Helix 774
Doppel-Resonanz 268, 278
Dow-Prozeß 152, 582
Dow-Verfahren 576
Dralon 782
Drehspiegelachse 17
Drehvermögen, optisches 17
– spezifisches 19
Dreifachbindung 90
– Additionen (Tabelle) 92
Dreizentrenbindung 50
Dunkelreaktion 688
Duren 125
Duroplast 787
Dypnon 524

Ebullioskopie 32
Echtgelbsalz GC 798
Edman-Verfahren 759
Effekt, anomerer 741
– induktiver 306
– mesomerer 307
– –I-Effekt 219
I-Effekt 306
Effekte, mesomere, Substituenten 308
Eglinton-Methode 624
Eigenionen-Effekt 336
Einschlußverbindungen 198
Eisessig 226
Eisfarben 795
Eiweißhydrolysat, Trennung 755
ekliptisch 40
Elastomere, synthetische 784
Elektronenpaarbindung 1
Elektronenspektroskopie 246
Elektronenspinresonanz 583
– ESR 30
Elektronentransfer 628
elektrophil 51, 76, 404
Elektrophile 123
Elektrophorese 766

Elementaranalyse 30
Elementaranalyse (MS) 280
Elementarprozesse 289
Elimination 16, 81, 143
– Amine 393
– an Halogenalkanen 391
– bimolekulare 378
– Carbanion-Mechanismus 379
– Einfluß des Lösungsmittels 381
– Hofmann 382, 393
– Konkurrenz zu S_N 380
– Nebenreaktion zu S_N 358
– präparative Anwendungen 391
– pyrolytische 394
– Richtung 382
– – Zusammenfassung 384
– Saytzew 382
– sterische Beschleunigung 381
– sterischer Verlauf 385
– unimolekulare 377
anti-Elimination 385, 387
$E2$-Elimination, Richtung 383
syn-Elimination 385, 390, 392, 395
α-Elimination 398
β-Elimination 376–398
– Mechanismen 377
Elimination an Alkoholen 392
Elimination nach Hofmann 393
Eliminations-Additions-Mechanismus bei S_N an Aromaten 580
Eliminationsreaktionen 376–403
Emulgiervermögen, Seife 717
Emulsin 745, 747
Enamine 436, 512
Enantiomere 175
erythro-Enantiomerenpaar 185
threo-Enantiomerenpaar 185
enantiotop 204, 256
Endgruppenbestimmung, Stärke 751
Energie, Dissipation 805
π-Energieniveaux von Hückel- und Möbius-Systemen 440
Energieübertragung, Biochemie 770
Enjay Butyl 783
Enol 328
Enolate 330
Enolat-Ion 522
Enolat-Ionen, als Nucleophile 356
Enole 93
– stabile 331
Enolform 214
Enolisierung 329
En-Reaktion 456
Entschirmungseffekt 254
Entwicklungsfarbstoffe 795
Enzyme 199, 755, 769,
Enzym-Substrat-Komplex 770
Epichlorhydrin 790
Epikote 786

epimer 185
Epoxide 374, 419
Epoxidharze 156, 786, 790
Epoxidierung 77, 419
Epoxy-2-buten 156
Erbfaktoren 773
Erdgas 52, 54
Erdöl 52, 56
– Verarbeitung 56
Ergosterol 727
Erkennung, chirale 198
erythro 185
D-Erythrose-4-phosphat 735
Eschenmoser 689, 713
Eschweiler-Clarke-Reaktion 513
ESR 30, 583
Essigester 228
Essiggärung 226
Essigsäure 15, 220, 226, 312
– Dissoziation, thermodynamische Daten 313
– IR-Spektrum 222
Essigsäureanhydrid 227
Essigsäureethylester 228
Ester 15, 144
– alkalische Hydrolyse 476
– Alkylierung 370
– Carbonsäuren 228
– Kondensation mit Carbonylverbindungen 530
– Reduktion 638
– Verseifung 479, 483–489
Ester anorganischer Säuren 144
Esterase 769
Esterkondensationen 236, 490
– Substrate 492
Esterpyrolyse 394, 457
Esterspaltung, basenkatalysierte, Mechanismus 484
Etard-Reaktion 216
Ethan 38
– Konformationen 41
Ethanal 15, 149, 207, 217
Ethanamid 15
Ethanamin 165
Ethandiol 150
Ethannitril 15
Ethanol 15, 139, 149
– durch Gärung 149
– Massenspektrum 33
– NMR-Spektrum 29
– Vergällung 149
Ethanol (g), IR-Spektrum 142
Ethanol (l), IR-Spektrum 142
Ethanolamin 164
Ethansäure 15, 220
Ethanthiol 15, 159
Ethen 52, 81, 816
– Dimerisierung 445, 473
– Oxidation zu Acetaldehyd 821
Ethenyl 133
Ether 15, 153–159
– Fixpunkte (Tabelle) 154
– IR-Banden 155

– Peroxid-Bildung 154, 601
– S_N-Reaktionen 373
Etherspaltung 155, 373
Ethin 90, 94
Ethinylierung 93
Ethoxyethan 15
Ethoxy-Ion 141
Ethylacetat 228
Ethylalkohol 15, 149
Ethylamin 15
Ethylat-Ion 141
Ethylbenzen 555
– NMR-Spektrum 268
Ethylbenzoat, NMR-Spektrum 267
Ethylbromid 15, 130
Ethylcarbonat 493
Ethylen 81
Ethylenbaum 82
Ethylenchlorhydrin 156, 413
Ethylencyanhydrin 226, 413
Ethylendiamin 164
Ethylenglycol 140, 150
Ethylenoxid 148, 156, 413, 420, 674
Ethylformiat 228
Ethyliden 133
Ethylmercaptan 159
Ethylmethylketon 130, 207, 208, 219
Ethylmethylsulfid 159
Ethylnitrat 563
Ethyloxonium-Ion 141
Ethylphenylketon 207
3-Ethyl-4-methylpentansäure 134
2-Ethyl-5-methyl-2,4-hexadien-1-ol 134
3-Ethyl-2,3,5-trimethylheptan 132
Eugenol 153
Eugster 725
Evans 438
Eyring-Diagramm 294

Faeces 683
Faltblattstruktur 767
Faraday 95
Farbenphotographie 802
Färberwaid 684
Farbigkeit 792
Farbstoff 793
– Begriff 792
Farbstoffe 792–804
– chemische Einteilung 797
– substantive, Direktfarbstoffe 794
Farnesol 723
Favorski-Umlagerung 660
Fehling-Reaktion 146, 215, 622
– Zucker 744
Feinstrukturbanden 122, 246
Feinstrukturlinien (NMR) 257
Feist-Benary-Synthese 678
Fentonsche Lösung 585
Ferredoxin 688

Ferrocen 105, 822
Fettalkohol 637
Fettalkoholsulfate 718
Fette 228, 714
– Autoxidation 715
– Charakterisierung 716
– pflanzliche 715
– Ranzigwerden 715
– tierische 715
Fette und Öle, Zusammensetzung 715
Fetthärtung 716
Fettsäureester, Hydrierung 147
Fettsäuren 226, 714
– Alkalisalze 716
– Biosynthese 734
– essentielle 716
– Trennung 714
– ungesättigte 715
Feulgensche Nuclealreaktion 774
Fichtennadelöl 722
Fingerprint-Gebiet 23, 250
Finkelstein-Reaktion 361, 362
Fischer, H. 688
Fischer, E. 177
Fischer-Hepp-Umlagerung 663
Fischer-Projektionsformel 179, 181
Fischersche Indolsynthese 683
Fischer-Tropsch-Prozeß 56
Fischer-Veresterung 486
Flavinadenindinucleotid 705
Flavonole 702
Fleming 691
Fluoraromaten 579
Fluoren 136
Fluorescein 800
Fluoressigsäure 312
Fluoreszenz 805
Fluorsilicone 790
Fluorsulfonsäure 50
Fluortrichlormethan 58
Follikelhormone 729
Folsäure 706
aci-Form 331
Formaldehyd 207, 208, 217
Formaldehydharze 785
Formalin 217
Formylfluorid 216, 560
Formylierung 560
Fragmente, im MS, Beispiele (Tabelle) 282
Fragmentierung, Moleküle im Massenspektrometer 278
Franklin 774
Freon 12 58
Friedel-Crafts-Acylierung 124, 217, 557
Friedel-Crafts-Alkylierung 124, 554
Friedländer-Synthese 511
Fries-Umlagerung 557, 662
Frigen 58

Sachregister 835

Fruchtester 228
- Beispiele 228
Fruchtzucker 742
Fructose 742
D-Fructose 743
Fuchsin 799, 800
Fulvene 106
Fumarsäure 230, 232
- Bromaddition 405
Furan 105, 675
- aromatischer Charakter 681
- Gewinnung 676
- Metallierung 682
- S_E-Reaktionen 682
- Ringöffnung 681
Furanosen 739, 741
Furan-2-aldehyd 676
Furfural 676, 744

Gabriel-Reaktion 167
Gabriel-Synthese 240, 366
4-O-(β-D-Galaktopyranosyl-)-D-glucopyranose 748
Gallenfarbstoffe 689
Gallensäuren 726, 728
Gammexan 599
Gaswasser 128
Gattermann-Koch-Reaktion 561
Gattermann-Reaktion 216, 561
gauche 40
Gegenstände, chirale 18
Gelbkuppler 802
geminal 130
Gemisch, racemisches 193
Gentiobiose 748
Geraniol 722
Gerbstoffe 153
Gerüststoffe 736
Geschwindigkeitsfaktoren, partielle 547, 548
- - polycyclische Aromaten 553
gestaffelt 40
Gestagene 730
Gicht 705
Girard-Reagens 515
Glaser-Kupplung 70
Glaser-Reaktion 624
Glucitol 746
D-Gluconsäure 744
α-D-Glucopyranosyl-β-D-fructofuranosid 749
D-(+)-Glucopyranosid 745
4-O-(β-D-Glucopyranosyl-)-D-glucopyranose 747
6-O-(β-D-Glucopyranosyl-)-D-glucopyranose 748
Glucosamin 754
Glucose 505, 736
- Halbacetale 506
- Halbacetalform 737
- Konfiguration 737
- Konstitution 736
D-Glucose 743, 744
- Anomere 738
- - Umwandlung 738

D-(+)-Glucose, Konformationen, verschiedene Formeln 740
α-Glucose 506
α-D-Glucose 737
β-Glucose 506
β-D-Glucose 737
Glucose-1-phosphat 771
Glucose-6-phosphat 771
Glutacondialdehyd 700
Glutaminsäure 239
γ-Glutamylcysteyl-glycin 757
Glutarsäure 230, 232
Glutathion 757
Glyceraldehyd 179, 208
- Konfiguration 737
(+)-D-R-Glyceraldehyd 182
Glyceride 714
Glycerin 140, 150
Glycerol 129, 140, 150
Glycerolester 226, 228, 714
Glyceroltrinitrat 145
Glycidester 420
Glycidester-Synthese 396, 530
Glycin 239, 728
Glycinester 174
Glycol 150, 490, 787
trans-Glycol 420
Glycole 610
- Oxidation 621
cis-Glycole 432
vic-Glycole 371, 587
Glycolsäure 234
Glykogen 736, 750, 752
Glykolyse 772
Glykoproteide 769
Glykoside 745
Glyoxal 97, 208
Glyoxylsäure 213, 237
Glyptale 787
Glysantin 150
Gomberg 118, 587
Gomberg-Reaktion 596
Goodyear 784
Grenzformeln 99
Grenzorbital-Methode 469
Grenzstrukturen 6, 99
Grignard-Reagens 53, 367
Grignard-Reaktion 147, 516
- Mechanismus 517
Grignard-Verbindungen, Bildung (Mechanismus) 542
Grilon 786
Grubengas 55
Gruppe, funktionelle 13
- lenkende 671
- prosthetische 769
Gruppen, funktionelle, Nomenklatur 134
- - Reihenfolge gemäß abnehmender Priorität 131
- - Tabelle 15
- - ungesättigte, Übersicht 206
Gruppenfrequenzen 23, 250
Gruppenhäufung 478, 500

Gruppenübertragungspotential 771
Guajakharz 723
Guajazulen 721
Guajol 723
Guanidin 318, 319, 704
Guanin 705, 773, 774
Guano 705
Gummi 784
Guttapercha 784

Halbacetale, cyclische 505
- Zucker 505
Halbacetalform, cyclische 737
Halbester 231
Halbreaktion 669
Halbsesselform 60
Haloform-Reaktion 57, 211, 214, 539
Halogen/Metall-Austausch 543
Halogenaddition, an C=C 404
- - Mechanismus 407–409
- radikalische 598
Halogenaddition an C=C, Nebenreaktionen 405, 412
- Stereochemie 405, 406
- Zeitgesetz 404
Halogenalkane 15, 57
- Addition an C=C 427
- Eliminationen 391
- Hydrolyse 362
- Oxidation 615
- Reaktion mit Ammoniak 365
- Reaktion mit Cyanid-Ionen 367
- S_N-Reaktionen 361
- Reaktionen mit Carbanionen 368
- tertiäre, Hydrolyse 362
Halogenalkane Kupplungsreaktionen 367
Halogenaromaten 124, 568
α-Halogencarbonsäure 530
β-Halogencarbonylverbindungen 435
Halogenhydrine, als Nebenprodukte zur Halogenaddition 412
Halogenierung, Alkane 47, 295
- Allylverbindungen 594
- am gesättigten C-Atom 592
- - Selektivität 593
- Aromaten 124, 567
α-Halogenierung 538
β-Halogenketon 540
α-Halogenketone, Favorski-Umlagerung 660
Halogenkohlenwasserstoffe, ungesättigte 89
Halogenonium-Ion 408
N-Halogensuccinimid 605
Halogenverbindungen, aromatische, S_N-Reaktionen 576
- Oxidation 615
Halogenwasserstoffaddition, an C=C 413

Sachregister

Halothan 57
Häm 687, 688
Hammett-Beziehung 322, 548
Hammond 320
- Postulat 296
Hämoglobin 687
Hantzsch-Synthese, Pyridinring 697
Harnsäure 705
Harnstoff 129, 242, 243, 318, 704
Harnstoff-Formaldehydharz 786
Harnstoffharze 785
Harnstoffsynthese, Wöhler 1
- Wöhlersche 243
Hartgummi 784
HCl-Elimination 390
Heilbronner 439
Heitler 3
(P)-[7]Helicen 121
Helicene 121
α-Helix 767
Helizität 192
Hell-Volhard-Zelinski-Reaktion 223, 539
Hemicellulose 752
Heptalen 110
Herbizide 127
Herbstzeitlose 713
Heroin 711
Heteroatome, als Chiralitätszentren 192
Heterocyclen 674–713
- aromatischer Charakter 105
- fünfgliedrige, mit einem Heteroatom 676–689
- - - Eigenschaften 680
- - - Reaktionen 681
- - - Synthesen 677
- - mit mehreren Heteroatomen 690
- Nomenklatur 674–675
- sechsgliedrige, mit mehreren Heteroatomen 703–707
heterocyclisch 13
Heterolyse 289
heterotop 204
Heumann 685
Hexa 599
Hexachlorcyclohexan, Stereoisomere 189
Hexachlorophen 127
(E,E)-2,4-Hexadien, Ringschluß 469
1,5-Hexadiin 625
Hexafluoraceton 213, 503
Hexahelicen 191
Hexahydropyridin 699
Hexamethylbenzen 125
Hexamethyl-Dewar-Benzen 447
Hexamethyldisiloxan 789
Hexamethylentetramin 213, 605
- Oxidationsmittel 615
Hexamethylethan 51
Hexamethylprisman 446, 447
Hexan 38

n-Hexan, IR-Spektrum 46
2,5-Hexandion 208
1-Hexanol 154
Hexa(p-nitrophenyl)ethan 587
1,3,5-Hexatrien 442
Hexose 736, 739
- Bestimmung der Ringgröße 739
Hinderung, sterische 478
- - bei S_N-Reaktionen 350
Hinsberg-Reaktion 171, 496
Histamin 693
Histidin 239, 693
HMO-Näherung 85
Hochfeld-Verschiebung 253
Hocksche Phenol-Synthese 152, 658
Hoffmann 438, 474
Hofmann-Abbau 402
Hofmann-Alkylierung 365
Hofmann-Elimination 169, 170, 366, 382, 394
Hofmann-Martius-Umlagerung 663
Hofmann-Produkt 382
Hofmann-Umlagerung 657
Holzgeist 148
Holzstoff 752
HOMO 72
HOMO-/LUMO-Konzept 469
Homolyse 289
homolytisch 47
homotop 203
3,4-Homotropiliden 276, 466
Hormone 729, 730, 757
Hostaflon TF 783
Hostalen 782, 783
Hostalit 783
Houben-Hoesch-Synthese 561
Hückel-Aromaten 438
Hund 3
Hünig 797
Hunsdiecker-Reaktion 597
sp-Hybrid-AO 10
sp^2-Hybrid-AO 10
sp^3-Hybrid-AO 9
- Konturliniendiagramm 10
Hybridisierung 9
sp^2-Hybrid-Orbital 71
Hybrid-Orbitale 9
Hydrate 213
Hydrate (Carbonylverbindungen) 503
Hydratisierung, Alkene 415
Hydrazin, Addition an C=O 510, 515
Hydrazinhydrat, Reduktionsmittel 631
Hydrazobenzen 301, 664
Hydrazon 212, 515
Hydrid-Übertragung 635
Hydrierung, Aromaten 628
- Doppelbindungen 430
- katalytische 430, 626
anti-Hydrierung 628
Hydrierungsenthalpien, Alkene (Tabelle) 74

Hydrierungskatalysatoren, Herstellung 432
Hydrierungsreaktionen, Beispiele 431
Hydroborierung 77, 147, 421
- Regioselektivität 423
- stereospezifischer Verlauf 423
Hydrocarboxylierung 420
Hydrochinon 151, 152
Hydroformylierung 420, 421
Hydrogenolyse 629
Hydrolyse 334, 362, 363
Hydroperoxid 600, 601
Hydroperoxide, Umlagerungen 658
hydrophil 45
Hydroxamsäure 482
Hydroxyaldehyd 523
Hydroxyalkylierung, Aromaten 559
p-Hydroxyazobenzen 173
o-Hydroxybenzaldehyd 207
o-Hydroxybenzoesäure 315
β-Hydroxybuttersäure 233
β-Hydroxycarbonylverbindungen, Elimination 393
Hydroxycarbonsäuren, Fixpunkte (Tabelle) 234
β-Hydroxyester 518
3-Hydroxyindol 684
o-Hydroxyketone 662
p-Hydroxyketone 662
Hydroxylamin, Addition an C=O 510, 515
Hydroxylamine 617
Hydroxylgruppe 14, 138
anti-Hydroxylierung 611
cis-Hydroxylierung 148
syn-Hydroxylierung 432, 610, 611
trans-Hydroxylierung 148
5-Hydroxymethylcytosin 773
Hydroxymethylen-Kation 428, 558
Hydroxymethylenketon 493
5-Hydroxymethylfurfural 744
α-Hydroxynitrile 509
Hydroxyprolin 239
β-Hydroxypropionaldehyd 525
β-Hydroxypropionsäure 233
Hydroxypyridine 695
Hydroxysäuren 233
γ-Hydroxysäuren 496
δ-Hydroxysäuren 496
Hygrin 514
(−)-Hyoscyamin 709, 710
Hyoscyamus niger 709
Hyperkonjugation 309
Hypostrophen 467
Hyposulfit, Reduktionsmittel 685
Hypoxanthin 705

Imidazol 674, 675, 690, 691
- S_E-Reaktionen 693
- Synthese 693
Imidazolylalanin 693

Sachregister 837

Imide 482
Imine 436, 511
– Hydrolyse 534
Iminoester 533
Indanthrenfarbstoffe 795
Inden 119, 136, 317
Indican 684
Indigo 684
Indigofera 684
Indigweiß 685
Indikatoren 803
pH-Indikatoren 803
Indol 675, 683
β-Indolyl-alanin 684
Indol-2-carbonsäure 684
Indoxyl 684
Induktion, asymmetrische 203, 501, 819
Information, genetische 775
Infrarotlicht (IR) 20
Infrarotspektren 22
Infrarotspektroskopie 249–252
Ingold 73, 201
Ingold-Regel 390
Ingwer 723
Inhibitoren 48, 591
Insertion 400
– Alkane 50
Insulin 577, 758, 761
Interhalogenverbindungen, Addition, an C=C 409
Intersystem Crossing 806
Inulin 742
Invertseifen 718
Invertzucker 749
Iod/Silberacetat 605
– Oxidationsmittel für C=C 610
Iodaromaten 578
Iodbenzendichlorid 626
Iodessigsäure 312
Iodmethan 57
Iodoform 57
Iodoniumhydroxide 626
Iodonium-Ion 611
Iodopsin 808
Iodosobenzen 626
Iodoxybenzen 626
1-Iodpropan, NMR-Spektrum 260
Iodverbindungen, aromatische, Oxidation 626
Iodzahl 715, 716
R-3-Iod-3-methylhexan 201
Ion, nicht-klassisches 347
Ionen, dipolare 238
Ionenaustausch-Chromatographie 755
Ionenpaar, dicht gepacktes 337
– solvatisiertes 337
Ionisierung, chemische 283
α-Ionon 724
β-Ionon 427, 723, 724
Iporka 786
Ipso-Substitution 551
IR-Absorptionsbanden (Tabelle) 252

γ-Iron 724
IR-Spektren, Alkene 75
IR-Spektroskopie 249–252
– Anwendungen 251
IR-Spektrum 22
– Acetaldehyd 209
– Aceton 23
– Benzaldehyd 209
– (E)-2-Buten 78
– (Z)-2-Buten 78
– 1-Buten 78
– Carbonsäuren 221
– Carbonylbande (Tabelle) 210
– 1,2-Dichlorethan 43
– Diethylether 155
– Essigsäure 222
– Ethanol (g) 142
– Ethanol (l) 142
– n-Hexan 46
– 3-Methylpentan 46
– Propanamin 166
– Tetrachlorethen 24
– Toluen 122
Isatis tinctoria 684
Isoamylalkohol 139
Isoamylisovalerat 228
Isoborneol 723
Isobornylacetat 723
Isobornylchlorid 650
Isobuten, Dimerisierung 426
Isobuttersäure 220
Isobutyl 133
Isobutylalkohol 130, 139
– Reaktion mit HBr 360
Isobutylmethylketon 207
Isochinolin 674, 675, 699, 700
Isocyanate 242
– Addition von Alkoholen 507
– Addition von Wasser 507
Isocyansäure 243, 244
Isocyansäureester 243
Isoeugenol 153
Isohexan 130
Isoleucin 239
Isomerie 35
(E)/(Z)-Isomerie 73
Isomerisierung, Aldehyde und Ketone 653
– Alkane 51, 654
(Z)/(E)-Isomerisierung von Alkenen 807
Isoniazid 698
Isonicotinsäure 699
Isonicotinsäurehydrazid 698
Isonitrile 171, 245
– nucleophile Addition 535
Isonitrilreaktion 400
Isooctan 427
Isopentenylpyrophosphat 89, 732
Isophthalsäure 230
Isopren 89, 428, 721, 784
Isoprenoidsynthese 732
Isoprenregel 89, 721
Isopropanol 139
Isopropenyl 133
Isopropyl 133

Isopropylalkohol, NMR-Spektrum 265
Isopropylbenzen 152
– NMR-Spektrum 269
Isopropyliden 133
3-Isopropyl-3,5-dimethylheptan 132
isotaktisch 782
Isotetralin 629
Isotope, Häufigkeit (Tabelle) 280
Isotopeneffekt, kinetischer 302
Isotopenmarkierung 302
Isotopenmuster 280
Isotopensignal 279
IUPAC-Nomenklatur 131

Käfigeffekte, Radikalreaktionen 590
Kaliseife 716
Kaliumhexacyanoferrat(III), Oxidationsmittel für Phenole 621
Kaliumpermanganat 605
Kaliumphthalimid 167
Kalium-tert-butoxid 425
Kalium-2,6-ditert-butylphenoxid 425
Kalkseife 717
Karrer 721, 725
Katalasen 689, 769
Katalysatoren, chirale 203
– elektrophile 404
Katalyse 298
– asymmetrische 820
– elektrophile, bei S_N-Reaktionen 349
– intramolekulare Verseifung 489
– nucleophile 480, 489
– polyfunktionelle 506
Kationenaustauscher 785
Kationenseifen 718
kationotrop 645
Kautschuk 784
Keilstrich-Formel 186
Kekulé-Formel 96
Kekulen 113
Kendall 730
Kephalin 719
α-Keratin 767
β-Keratin 767
Kern-Overhauser-Effekt 268
Kernresonanz, dynamische 273
– magnetische, NMR 26
^{13}C-Kernresonanz 276
Kernresonanzspektroskopie 253–278
^{13}C-Kernresonanzspektroskopie 28, 276
Kernseife 716
Kernspin 26
Ketene 229, 448, 655
– Addition von Alkoholen 507
– Addition von Wasser 507
– Dimerisierung 448
Ketocarbonsäuren 236

Sachregister

α-Ketocarbonsäuren, Decarbonylierung 237
β-Ketocarbonsäuren 534
Keto-Enol-Tautomerie 93, 328
β-Ketoester 490, 493, 678
β-Ketofettsäure 734
α-Ketole 621
α-Ketol-Umlagerung 654
Ketone 15, 146, 393, 206–219
– Alkylierung 370, 425
– aromatische 557
– durch Oxidation 619
– Fixpunkte (Tabelle) 208
– Gewinnung (Tabelle) 217
– α-Halogenierung 538
– Isomerisierung 653
– Oxidation zu Estern 622
– Photoreduktion 810
– Reaktionen (Tabelle) 211
– Reaktivität gegenüber Nucleophilen 500
– Reduktion zu Alkoholen 632
– Reduktion zu Kohlenwasserstoffen 630
– reduktive Aminierung 512
Ketonspaltung 237, 368, 483
– β-Ketosäuren 395
Ketopinsäure 396
β-Ketosäure, Ketonspaltung 395
α-Ketosäuren 483, 492
β-Ketosäuren, Decarboxylierung 457
Ketose 736
Kettenabbruch 591
Kettenabbruchreaktion 590
Ketten-Fortpflanzung 591
Kettenreaktionen 48, 292, 588
Kettenübertragungsreaktionen 779
Kettenverzweigungen 668
Ketyle 518, 587, 637
Kevlar-Faser 789
Kharasch 202, 415
Klebstoffe 791
Knoevenagel-Addition 225
Knoevenagel-Reaktion 435, 521, 528
Kobaltcarbonyl 147, 421
Kohlenhydrate 736–754
– Begriff 736
– Einteilung 736
Kohlensäure 243
– Derivate 242
– Derivate (Tabelle) 243
Kohlensäure-Ester 481
Kohlenstoffgerüst, Aufbau 668
– Aufbau mit Hydroborierung 424
Kohlenstoffkette, Numerierung 131
Kohlenstoffverbindungen 1
Kohlensuboxid 232
Kohlenwasserstoffe, aliphatisch-aromatische 124
– – Beispiele (Tabelle) 125
– aromatische, mehrkernige 117

Kohleverflüssigung 56
Kokosfett 715
Koks 128
Kolbe 205
Kolbe-Reaktion 54
Kolbe-Schmitt-Reaktion 562
Kolbe-Synthese 367, 602
Kollodium 753
Komplex, aktivierter 288, 292
π-Komplex, aromatischer 545
– Halogenaddition 407
– bei E1-Reaktion 377
σ-Komplex 546
Kondensationen 490, 521
Konfiguration 43, 175
– absolute 182, 184
– Korrelation 182
– relative 182
cis-Konfiguration 63
trans-Konfiguration 63
Konfigurationsisomere 175
Konfigurationsumkehr 201
– S_N-Reaktion, Nachweis 201
– S_N2-Reaktion 339
Konformation 40, 175
cisoid-Konformation 450
Konformationsanalyse 273
Konformationsisomere 175
konformer 43
Konformere 175
– Cyclohexanring 61
Konglomerat 193
Kongorot 794
Konjugationseffekt 307
Konjugationsenergie 86
konrotatorisch 442
Konstitution 34, 175
Konstitutionsermittlung 34
Konstitutionsisomere 175
Konstitutionsisomerie 35
konzertiert 437, 288–303
Koordinationskatalysatoren 781
Kopf-Schwanz-Stellung 779
koplanar 385
Kopplungskonstante 260, 261
Kopplungskonstante und Diederwinkel 264
Kopplungskonstanten, Beispiele 264
Koprostanol 727
Korksäure 230
Kornblum-Reaktion 619
Korrelation, (Konfiguration) 182
– MO 471
Kovalenzbindung 1, 6
Kraftkonstante 249
o-Kresol 151
Kreuzungsexperimente 301
Kröhnke-Reaktion 616
Kronenether 157, 198, 298, 390
– Komplexe 158
[12]Krone-4 157
[18]Krone-6 157, 158
Krötengifte 731
Kryoskopie 32

Kuhn H. 793
Kuhn R. 191
Kuhn-Roth-Bestimmung 606
Kunstseide 753
Küpenfarbstoffe 685, 795
Kupferchromit 430, 432, 618
Kupferphthalocyanin 801
Kupferseide 754
Kupplung 54
– oxidative 797
Kupplungen, oxidative 624
Kupplungskomponente 797
Kupplungsreaktionen 367

Lactame 496
Lactate 235
Lactid 234
Lactone 234, 496
Lactose 748
Ladenburg 114
Ladenburg-Benzen 116
Lanosterol 726, 733
Lanthaniden-Komplexe 270
Latex 784
Laudanosin 711
Laurinsäure 220, 226, 715
Laurylalkohol 140
Lavoisier 1, 30
Lävulinsäure 744, 784
LCAO-Näherung 3
Le Bel 177, 205
Lecithin 719
Legal-Test 219
Leguval 786
Leinöl 601
Lemieux-Reagens 612
Leucin 239
Leukobase 799
Leukopterin 706
Lewis-Formel 2
Librium 707
Licht, circular polarisiertes 17
Lichtabsorption 20
– Moleküle 805
Lichtreaktion 688
Liebig 30, 205
Liganden, homotope 203
Ligandenkupplung 624
Lignin 752
Limonen 722
Lindan 599
Lindlar-Katalysator 81, 431, 628
Lindlar-Palladium 432
Lineare Freie Enthalpie-Beziehung 323
Linolensäure 220
Linolsäure 220, 226, 227, 715
Lipoide 714–720
lipophil 45
Lipoproteide 769
Lithiumalkyle 815
Lithiumaluminiumhydrid, damit reduzierbare funktionelle Gruppen (Tabelle) 633
– Reduktionsmittel 632

Sachregister 839

Lithiumborhydrid, Reduktionsmittel 632
Lithiumdialkylkupferverbindungen 54, 367, 483
Lithium-tri-tert-butoxyaluminiumhydrid, Reduktionsmittel 639
Li-tri-ethoxyaluminiumhydrid 606
Li-tri-tert-butoxyaluminiumhydrid 606
Lobry de Bruyn-van Ekenstein-Umlagerung 743
London 3
Löslichkeitsdiagramme 194
Lossen-Abbau 403
Lösungsmittel, Einfluß auf Reaktionsgeschwindigkeit 296
– Typen 296
Lösungsmitteleffekte, S_N-Reaktionen 336
Lösungsmittelkäfig 337
– Radikalreaktionen 591
LSD 713
Lucas-Probe 371
Lucas-Reaktion 146
Lucit 783
LUMO 72
Luparen 783
Luphen 786
Lupolen 782
Luran 783
Lustrex 783
2,4-Lutidin 699
Lycopin 725
Lysergsäure 713
Lysergsäurediethylamid 713
Lysin 239

Makrolon 786, 787
Makromolekül 779
MAK-Werte 57
Malachitgrün 798
Malate 235
Maleinsäure 230, 232
– Bromaddition 405, 408
Maleinsäureanhydrid 231
Malondialdehyddiacetal 692
Malonester 434
– Alkylierung 368
Malonesteraddition 214
Malonestersynthese 224, 369
Malonsäure 230, 232, 312
– Decarboxylierung 395
Malonsäuren, disubstituierte, Decarboxylierung 623
Malonyl-CoA 734
Maltase 745, 747, 769
Maltose 747
Malus 205
Malvalinsäure 715
Malz 747
Malzzucker 747
Mandelsäure 235
(±)-Mandelsäure 234
Mannich-Base 513

Mannich-Reaktion 513, 514
Mannitol 746
D-Mannose 743
anti-Markownikow-Addition, Hydroborierung 422
Markownikow-Produkt 414
anti-Markownikow-Produkt 414, 415, 598
Markownikow-Regel 321
Massendifferenzen, Molekülion und Fragmente 284
Massenspektrometer 32
Massenspektrometrie 32, 278–285
Massenspektrum, Ethanol 33
– α-Methylvaleraldehyd 279
Mayo 415
Mc Lafferty-Umlagerungen 283
A_{AC}2-Mechanismus 484
E1-Mechanismus 377
E2-Mechanismus 378
E1cB-Mechanismus 379
S_N2'-Mechanismus 359
Meerwein-Arylierung 596
Meerwein-Ponndorf-Reduktion 214
Meerwein-Ponndorf-Verley-Reaktion 636
M-Effekt 307
Meisenheimer-Salz 572
Melamin 704
Melamin-Formaldehydharz 786
Melaminharze 785
Melasse 749
2-Menthen 386, 611
– Oxidationsprodukte 612
3-Menthen 386
Menthol 722
Menthon 89
Menthylchlorid, Elimination von HCl 386
Mercaptane 159
Mercurinium-Ion 419
Merrifield-Synthese 766
Mesitylen 125
Mesitylencarbonsäure 487
Mesitylencarbonsäurechlorid 639
Mesityloxid 208
meso-Form 186
Mesomerie 100
Mesomerieenergie 100
Mesomeriehinderung, sterische 309
Mesomerieregeln 101
Messenger-RNS 776
Metacyclophane 191
Metaldehyd 218, 507
Metallcarbonyle 821
Metallierung 624
Metallorganyle 542, 815
Methacrylsäure 226, 227
Methan 38, 54
– Chlorierung 49
– Halogenderivate 49
Methanal 207, 217
Methanamin 165

A_{AC}1-Methanismus 487
Methan-Molekül, Energieniveauschema 7
– lokalisierte 7
– MO-Beschreibung 7
1,6-Methanocyclodecapentaen 109, 110
Methanol 139, 148
Methinfarbstoffe 801
– Textilfärberei 801
Methionin 239
Methoden, spektroskopische, kombinierter Einsatz 285
Methylacetat 15, 228
Methylacetylen 130
Methylalkohol 148
1-Methylallylalkohol 332
Methylamin 165, 318
Methylaminhydrochlorid 168
γ-Methylaminobutyraldehyd 514
2-(N-Methylamino)heptan 164
Methylammoniumchlorid 168
N-Methylanilin 165
1-Methylbicyclo[3.2.1]octan 135
Methylbutyrat 228
Methylcarbaminsäure 508
Methylchlorid 57
Methylcyclohexan 59, 61
– Konformere 62
4-Methylcyclohexancarbaldehyd 207
2-Methylcyclohexancarbonsäure 135
3-Methylcyclohexen, Bromaddition, Stereochemie 410
4-Methylcyclohexylidenessigsäure 190
Methylcyclopentan 59
Methylcyclopentenophenanthren 613
5-Methylcytosin 773
Methylen 50, 133, 399
Methylenblau 804
Methylenchlorid 57
Methylengruppen, Oxidation 608
Methylenkomponente 434
Methylethylammoniumnitrat 168
Methylethanat 15
1-Methylethenyl 133
Methylether 35
1-Methylethyl 133
N-Methylethylamin 164
1-Methylethyliden 133
Methylethylketon 219
Methylformiat 228
Methylgruppen, an Aromaten, Oxidation zu Aldehyden 609
– Oxidation 608
Methylhydrogensulfat 144
Methyliden 133
Methylierung 57
– erschöpfende 394
Methylierungsmittel 174

3-Methylindol 683
Methyliodid 57
Methyllithium 542
– Reaktionen 543
Methylorange 803
2-Methylpentan 39
3-Methylpentan, IR-Spektrum 46
2-Methylpentanal, MS 279
Methylpentylether 154
Methylphenyl 133
Methylphenylketon 207
2-Methylpropyl 133
5-(1-Methylpropyl)decan 132
Methylpropylether 153
Methylpyridine 698
2-Methylspiro[4.3]octan 135
Methylsulfinyl-Carbanion 576
Methyltosylat 162
α-Methylvaleraldehyd, MS 279
Methylvinylketon 436
Methylviolett 799, 800
Methyl-α-D-(+)-glucosid 739
Methyl-β-chlorcrotonsäureester 497
Methyl-β-D-(+)-glucosid 739
Methyl-β-D-(−)-glucopyranosid 745
S-(−)-2-Methyl-1-butanol 183
2-Methyl-1-cyclohexanon 436
R-3-Methyl-3-hexanol 201
S-3-Methyl-3-hexanol 201
5-Methyl-2-hexanol 134
4-Methyl-3-hexanon 134
4-Methyl-2-pentanon 207
2-Methyl-3-penten-1-ol 134
2-Methyl-2-propanol 139
2-Methyl-1,3-butadien 89
1-Methyl-7-(3-methyl-2-penten-1-yl)bicyclo[2.2.1]-2-hepten 135
Mevalonsäure 732
Michael-Addition 434
Michael-Substrate 434
Mikrowellengebiet 20
Milch, Sauerwerden 748
Milchsäure 233, 235, 772
(−)-Milchsäure, Konfiguration 235
(+)-Milchsäure 234
Milchzucker 748
Minamata-Krankheit 816
Mineralfarben 793
Mineralöle 714
Mipolam 783
Mischschmelzpunkt 16
MO, delokalisierte 85, 86
Möbius-Schleife 438
Molecular Orbital-Verfahren 3
Molekularformel 31
Molekülchiralität 176
Moleküle, chirale, chemische Reaktionen 200
– – ohne asymmetrisch substituierte C-Atome 189
– mehratomige 6

Molekülion, Fragmentierung 281
Molekülorbital, antibindendes 3
– bindendes 3
Molekülorbitale 3
– delokalisierte 7
– kanonische 7
Molekülschwingungen 250
Molmassenbestimmung, kryoskopische 31
Moltopren 242, 786
MO-Methode 3
Monoperoxyphthalsäure 420
Monosaccharide 736, 736–747
– Reaktionen 742
– Ruff-Abbau 744
Monoterpene 721, 722
Morphin 711
Movil 783
MS 278
Mulliken 3
Multienzymkomplex 734
Multiplett (NMR) 257
Muskelkontraktion 768
Mutarotation 506, 737, 742
Mutterkornalkaloide 713
Myoglobin 768
Myosin 767
Myrcen 722
Myristinsäure 220, 715

Nachbargruppeneffekte 341, 342, 647
Naphthacen 119, 136
Naphthalen 109, 119, 136, 806
– Orientierung bei S_E 552
Naphthalen-1-aldehyd 560
Naphthene 68
Naphthol AS 795
Naphthol AS-D 798
Naphthol-AS-Farbstoffe 795
1-(2-Naphthyl)ethanon 807
Narcotin 711
Nathan-Baker-Effekt 309
Natrium, in flüssigem Ammoniak, Reduktionsmittel 628
Natriumamalgam, Reduktionsmittel 630
Natriumammoniumtartrat 193
Natriumborhydrid, Reduktionsmittel 632
Natriumcyanoborhydrid, Reduktionsmittel 635
Natriumdithionit, Reduktionsmittel 644
Natriumethylat 143
Natriumhydrogensulfit, Addition an C=O 510
Natriumhyposulfit 644
Natriumlaurylsulfat 150
Natriumperiodat 605
– Oxidationsmittel für C=C 612
– Oxidationsmittel für Glycole 621
Natriumsulfid, Reduktionsmittel 643

Natta 781
Naturkautschuk 784
Naturstoffe, Biogenese, Übersicht 778
NBS 594
NCS 594
Nebennierenrindenhormone 730
Nebenreaktionen, zu S_N 358
Nef-Reaktion 172
Nemotinsäure 715
Neohexan 130
neo-Menthylchlorid, Elimination von HCl 386
Neopentan 44, 130
Neopentylalkohol 139
Neopentylchlorid 49
Neopentyltosylat 300
Neopentylumlagerung 360, 646
Neophylbromid 648
Neopren 783, 784
Neoretinal b 724, 808
Neoteben 698
Nerol 722
Netzhaut 808
Netzmittel 717
Nevile-Winther-Säure 797
Newman-Methode 487
Newmans Reagens 197
Newmansche Projektionsformeln 185
Nicotiana tabacum 708
Nicotin 608, 698, 708
Nicotinsäure 608, 698, 699
Ninhydrin 213, 241, 503
N-Nitroso-N-methyl-p-toluensulfonamid 174
Nitranilin 551
o-Nitranilin 165
p-Nitranilin 309, 792
Nitratacidium-Ion 563
Nitrene 459, 657
Nitriersäure 563
Nitrierung 124
– Alkane 51, 171
– Aromaten 172, 563
– gesättigte C-Atome 595
Nitrile 15, 244, 367, 617
– Alkylierung 370
– Reduktion 638
– Reduktion zu Aldehyden 640
o-Nitrobenzaldehyd 685
Nitrobenzen 172, 550, 575, 792
– Reduktionsprodukte 641
p-Nitrobenzoate 481
o-Nitrobenzoesäure 220
Nitrocellulose 145, 753
Nitroessigsäure 312
Nitroglycerin 145
Nitrogruppe 172
Nitromesitylen 309
Nitromethan 15
Nitronium-Ion 563
Nitrophenol 564
m-Nitrophenol 151
o-Nitrophenol 151

Sachregister 841

p-Nitrophenol 803
p-Nitrophenylester 763
p-Nitrophenylvinylbromid 497
1-Nitropropan 171
Nitrosamine 565
Nitrosierung 124
– Aromaten 565
Nitrosobenzen 640
p-Nitrosodimethylanilin 605, 609
– Oxidationsmittel 616
Nitrosomethylharnstoff 174
N-Nitroso-N-methylamide 174
Nitrosoverbindung 124
Nitrosyl-Ion 564, 565
Nitroverbindungen 15, 171
– Acidität 318
– aromatische, Alkylierung 576
– – S_N-Reaktion 575
– Reduktion 640
1-Nitro-3,5-di-t-butylbenzen 551
Nitrylhalogenide 563
Nitryl-Ion 563
NMR 26, 268
– Spektren höherer Ordnung 262
– Spektren 1. Ordnung 262
NMR-Spektren erster Ordnung, Aufspaltung 259
NMR-Spektrometer 28
NMR-Spektroskopie 253–278
– Anwendungen 271–276
NMR-Spektrum 263
– Acetaldehyd 210
– tert-Butylalkohol 36
– Carbonsäuren 221
– 1,2-Dibrom-1-phenylethan 266
– Ethanol 29
– Ethylbenzen 268
– Ethylbenzoat 267
– 1-Iodpropan 260
– Isopropylalkohol 265
– Isopropylbenzen 269
– 1,6-Methano[10]annulen 111
– 1,7-Methano[12]annulen 111
– Propionsäure 265
– Propylbenzen 269
– Styren 272
– Toluen 112
– 1,1,2-Trichlorethan 257
^{13}C-NMR-Spektrum, Dichlorpropan 277
– p-Diethylaminobenzaldehyd 277
no bond-resonance 309
Nomenklatur, Endungen 134
– Heterocyclen 674, 675
– systematische 131
(E)/(Z)-Nomenklatur 182
Nonactin 159
Norbornadien 447, 816
Norbornan 649
– Umlagerungen 649

Norbornyl-p-benzensulfonate, Hydrolyse 347
Norcaradien 115
Norethindron 730
Normalschwingung 250
Normann 716
Norrish-Spaltung I 809
Norrish-Spaltung II 809
Novolake 785
Nucleinsäuren 703, 741
– identische Reduplikation 774
– Primärstruktur 773
– Sekundärstruktur 774
Nucleofug 333
nucleophil 14, 138
Nucleophile, ambidente 356
N-Nucleophile 510
Nucleophilie 354
Nucleoproteide 755, 769, 773
Nucleotid 705, 773
Nylon 786
– Herstellung 788
Nylon 6,6 787
Nylon 6,10 787

Oberflächenaktivität 717
Oberflächenspannung 716
Octalen 110
Δ^1-Octalin 629
Δ^9-Octalin 629
1-Octanol 139
Octanzahl 55
2,4,6-Octatrien, Cyclisierung 470
Ocytocin 757
Olah 348, 419, 560
Olah-Reaktion 216
Öle, ätherische 714, 720
– fette 714
– trocknende 601, 716
Olefine 15, 71
Olefinierung, PO-aktivierte 519
Oligosaccharide 736
Ölsand 56
Ölsäure 220, 226, 227, 715
Opium 711
Oppenauer-Oxidation 215
Oppenauer-Verley-Reaktion 619
optischer Schutzschild 58
orbitals, molecular 3
Orbitalsymmetrie, Erhaltung 469
ORD 20
Organocadmium-Verbindungen 216
Orlon 782
Osazon 742
Osmiumtetroxid 432
Östradiol 729
Östran 729
Östriol 729
Östrogene 729
Östron 729
Oxalsäure 230, 231, 312
Oxalsäurediethylester 492
Oxaphosphetan 520

Oxazol 675
Oxidation, Aldehyde und Ketone 622
– Alkylaromaten 608
– Allgemeines 604
– Allylalkohole 620
– Amine 616
– Aromaten 609
– aromatische Iodverbindungen 626
– C–H-Bindungen 606–615
– C=C-Doppelbindungen 610
– Glycole 621
– Halogenverbindungen 615
– Kohlenwasserstoffe 606–615
– Methylen- oder Methylgruppen 607
– Pyrrol und Furan 681
– sauerstoffhaltige Verbindungen 618
Oxidationen 604–626
– an Alkanen 606
Oxidationsmittel (Tabelle) 605
Oxim 212, 515
– Reduktion 643
Oxirane 148, 156, 374, 419, 674
– Reaktionen 156, 374
Oxolan 674
Oxonium-Ion 141
3-Oxopentan 207
Oxo-Synthese 147, 421
γ-Oxovaleriansäure 784
Oxymercurierung 77, 418
Ozon 605, 612
Ozonide 78, 455
Ozonisierung 455
– Doppelbindung 78
Ozonspaltung 77, 612

Paal-Knorr-Synthese 677
Palatal 786
Palladium(II)-chlorid 416, 821
Palmitinsäure 220, 226, 715
Palmkernfett 715
PAN 782
Paneth 583
Papaverin 711
Papier 753, 754
[2.2]Paracyclophan 119
Paracyclophane 191
Paraffin 55
Paraffinöl 55
Paraformaldehyd 217
Paraldehyd 218, 507
Pararosanilin 799
Parathion 145
Parylen 119
Pasteur 149, 193, 205
Paterno-Büchi-Reaktion 812
Pauling 3, 767
Pearson 356
Pechmann-Reaktion 560
Pektinstoffe 754
Pelargonidin-Kation 702
Penicilline 691
Pentacyanocyclopentadien 317

1,2-Pentadien 71
1,3-Pentadien 71
1,4-Pentadien 71
Pentadienyl-Anion 442
Pentadienyl-Kation 442
2,4-Pentandion 214
Pentaerythritol 140, 526
Pentaerythritoltetranitrat 145, 526
2R,3S,4R,5R,6-Pentahydroxyhexanal 737
Pentalen 110
Pentan 38
2,4-Pentandion 208
1-Pentanol 139
Pentanole 150
3-Pentanon 207
Pentosane 742, 752
Pentose 736
Pentyl 133
Peptidase 769
Peptidbindung, Geometrie 757
Peptide 756–766
Peptidsynthesen 761–765
Perbunan C 783
Periodat-Oxidation 621
Periodsäure, Oxidationsmittel für Glycole 621
peri-Stellung 553
Perkin-Reaktion 214, 521, 528
Perlon 515, 786, 788
Permanganat, Oxidationsmittel für Alkohole 618
Permanganat-Oxidation 610
Permanganometrie 231
Peroxide 584
Peroxyameisensäure 420
Peroxybenzoesäure 420
Peroxydischwefelsäure, Oxidationsmittel 617
Peroxyessigsäure 420
Peroxyketone 607
Peroxysäuren 605
– Oxidationsmittel für C=C 610
Petrochemie 129
Petrolether 55
Pfefferminze 722
Pfleger 685
Phasentransfer-Katalyse 298, 364, 398, 399, 519
– bei Veresterung 489
Phasenumkehrung 438
Phenanthren 119, 120, 136, 597
Phenanthrenalkaloide 711
Phenanthrenchinon 120
o-Phenanthrolin 674
Phene 120
Phenetol (Ethylphenylether) 154
Phenol 151, 152, 551, 576
Phenolderivate, Umlagerungen 662
Phenole 150–153
– Acidität 315
– Alkylierung 555

– Autoxidation 621
– Fixpunkte (Tabelle) 151
– IR-Banden 152
– Methylierung 375
– Nitrierung 564
– Oxidation 621
– substituierte, pK_a-Werte 316
Phenolharze 785
Phenolphthalein 799, 804
Phenolverkochung 174, 578
Phenol-2,4-disulfonsäure 564
Phenonium-Ion 343, 648
Phenoplast 786
Phenyl 133
Phenylacetaldehyd 207
Phenylacetylen 125, 317
Phenylalanin 239
Phenylallylether 467
3-Phenylbutyl-2-tosylat, Reaktion mit Essigsäure 344
Phenylchloroiodoniumchlorid 626
Phenylen 133
m-Phenylendiamin 165
o-Phenylendiamin 165
p-Phenylendiamin 165
Phenylessigsäure 220, 312, 314, 528
α-Phenylethylalkohol 139
β-Phenylethylalkohol 130, 139
α-Phenylethylamin 165
(+)-α-Phenylethyltrimethylammonium-Ion 339
Phenylglycin 685
Phenylhydrazin 642, 742
Phenylhydrazon 212, 683
Phenylhydroxylamin 640
Phenylisothiocyanat 759
Phenylmethyl 133
Phenylmethyliden 133
Phenylthiohydantoin 759
Phenylurethan 508
2R,3S-3-Phenyl-2-butanol 634
3-Phenyl-2-butanon 501
3-S-Phenyl-2-butanon 634
4-Phenyl-3-buten-2-on 207
2-Phenyl-2-propanol 139
1-Phenyl-2-propanon 207
Phloroglucin 151
Phosgen 57, 242, 243, 481
Phosphatide 719
Phospho-enol-brenztraubensäure 735
Phospholipoide 714, 719
Phosphoproteide 769
Phosphoreszenz 806
Phosphorsäureester 145
Phosphorylierung 771
Photochemie 805–814
Photodissoziation 805
Photodissoziationsreaktionen 809
Photolyse 585, 805
Photosynthese 688, 736, 772
Phthaleine 803

Phthalimid 167, 366
Phthalocyanine 800
Phthalodinitril 800
Phthalsäure 230, 233
Phthalsäureanhydrid 231
Phthalsäurehalbester 231
Phytol 724
Picolin 698
α-Picolin 699
Picolinsäure 699
β-Picolinsäure 698
γ-Picolinsäurehydrazid 698
Pigmente 801
Pigmentfarbstoffe 796
Pikrinsäure 564
Pikrylchlorid 576
Pimelinsäure 230
Pinakol 371
Pinakol-Desaminierung 653
Pinakolon 371
Pinakol-Umlagerung 371, 651
– Leichtigkeit der Wanderung 652
α-Pinen 649, 722, 723
β-Pinen 649
Piperidin 699
Piperin 709
Pitzer-Spannung 40, 60
Pivalinsäure 220
Platformen 129
Plattner 723
Plexiglas 226, 783
Plexigum 782
Plutonfaser 785
Polarimeter 19
Polarisierbarkeit 355
Polarität 6
Polyacrylnitril 782
Polyacrylsäureester 782
Polyaddition 790
Polyaddukte 790
Polyamide 786, 787
Polyamidfasern 787
Polybutadien 780, 783
Polycaprolactam 786
Polycarbonate 786, 787
Polychloropren 783
Polycyclamid 788
Polyene 83
– Absorptionsspektren 88
– konjugierte 441
Polyester 786
Polyesterfasern 787
Polyesterharze 787
Polyethen 782
Polyethenterephthalat 787
Polyethylen 781, 782
Polyisobutylen 783
Polyisopren 781
Polyketide 734
Polykondensate 785–791
– Beispiele (Tabelle) 786
Polymere, lebende 781
Polymerisate 779–785
– Beispiele (Tabelle) 782–783
– Gewinnung 779
– Kettenlänge 780

Polymerisation 77, 599
- anionische 780
- kationische 780
Polymerisationsgrad 780
Polymethacrylsäureester 783
Polymethinfarbstoffe 793
Polyoxymethylen 507
Polypeptide 756
- Sequenzbestimmung 758
Polypeptidkette, Sequenzbestimmung 577
Polypeptidketten 757
Polypropen 783
Polypropylen 781, 783
Polysaccharide 736, 750–754
Polysar Butyl 783
Polystyren 783
Polystyrol 783
Polyterephthalat 786
Polyterpen 784
Polytetrafluorethen 783
Polythen 782
Polyurethane 242, 786, 790, 791
Polyurethan-Schaumstoffe 508
Polyvinylchlorid 783
Porphinderivate 687
- im Erdöl 688
Porphinring 687
Porphyrine 687
Postulat von Hammond 296, 319, 594
PPH 783
Pregl 30
Prelog 73, 192
Prephensäure 735
Primärozonid 455
Primärstruktur, Nucleinsäuren 773
- Proteine 766
Prins-Reaktion 428
Prinzip der Erhaltung der Orbitalsymmetrie 474
Prinzip der Kontrolle der Orbitalsymmetrie 438
Prinzip der mikroskopischen Reversibilität 483
Priorität 180
Prisman 116
Prismenformel 114
prochiral 204
Prochiralitätszentrum 204
Procionfarbstoffe 796
Progesteron 729
Projektionsformel, Newman 185
Projektionsformeln, Fischer 179
Prolin 239
Propan 15, 38, 55
Propanal 207
Propanamin, IR-Spektrum 166
1-Propanamin 164
1,3-Propandiol 140
1-Propanol 139
2-Propanol 139
Propanon 15, 207

1,6:8,13-Propano[14]annulen 110
1,2,3-Propantriol 150
Propargyl 133
Propen 15, 81
Propenal 218
Propensäure 220
Propenyl 133
1-Propenyl 133
2-Propenyl 133
Propin 15
1-Propinyl 133
Propionaldehyd 207, 208
Propionitril 244
Propionsäure 220, 312
- NMR-Spektrum 265
Propiophenon 207
Propylalkohol 130
Propylamin 164
n-Propylamin 165
Propylbenzen, NMR-Spektrum 269
Propylen 81
Propylenbaum 83
Propylenglycol 140
Propylenoxid 156
n-Propylnitrit 171
Prostaglandin E_1 720
Prostaglandin $F_{3\alpha}$ 720
Prostaglandine 719
Prostansäure 719, 720
Proteide 769–778
- Allgemeines 755
Proteid-Enzyme 769
Protein-Biosynthese 776
Proteine 755–768, 766–769
- Allgemeines 755
- Denaturierung 770
- Primärstruktur 766
- Sekundärstruktur 767
- Tertiärstruktur 769
Proteinsynthese, biologische, Schema 777
protisch 296
Protonen, diastereotope 256
- enantiotope 256
Protonenresonanzspektren 27
Prototropie 328
Prototropiegleichgewicht 214
Pschorr-Reaktion 597
Pseudoionon 427
Pteridine 675, 706
Punkt, isoelektrischer 240, 766
Purine 675, 704, 705
Purpur, antiker 686
Purpurkuppler 802
PVC 783
Pyramidon 692
Pyran 700
γ-Pyran 700
Pyranderivate 700
Pyranose 739
Pyrazin 105, 675
Pyrazol 675, 690, 691
- S_E-Reaktionen 693
Pyrazole, Synthese 692
Pyrazolone 692

Pyren 136
Pyridazin 675
Pyridin 105, 318, 675, 694–699
- aromatischer Charakter 694
- S_E-Reaktionen 694
- S_N-Reaktionen 575
Pyridin-Alkaloide 708
Pyridin-Derivate, Trivialnamen 699
Pyridine, S_N-Reaktionen 695
Pyridinring, Synthesen 696
Pyridone 695
Pyridoxalphosphat 699
Pyridoxin 699
Pyrimidin 105, 674, 675, 703
Pyrogallol 151, 152
Pyrolyse, Alkane 51
α-Pyron 701
γ-Pyron 701
Pyrrol 105, 674, 675
- aromatischer Charakter 680
- Gewinnung 677
- Säurecharakter 682
Pyrrolfarbstoffe 687
Pyrrolidin 674
Pyrrolsynthese, Hantzsch 678
- Knorr 679
Pyruvate 237
Pyruvic acid 237
Pyrylium-Kation 700
Pyryliumperchlorat 700

Quadratsäure 108
Quadricyclan 446, 447
Quasiracemate 183, 199
Quecksilberacetat 418
Quecksilberalkyle 544
Quecksilber(II)-acetat 605
Quecksilberorganyle 815
Quercetin 153, 702

Racemat 194, 235
Racemform, chromatographische Spaltung 197
- kinetische Spaltung 197
- Spaltung durch biochemische Methoden 199
- Spaltung über Diastereomere 196
- Spaltung über Einschlußverbindungen 198
- Trennung 196
racemisch 193
Racemisierung 194
- bei S_R-Reaktion 202
- $S_N 1$-Reaktion 341
Radikal 47
Radikaladditionen 598
Radikal-Anionen 587
Radikalbildner 591
Radikale 290
- Disproportionierung 588
- Erzeugung 584
- freie, relativ stabile 586
- Kombination 602
- Konfiguration 588

Sachregister

Radikale, Nachweis 583
- Reaktionsarten 589
- Rekombination 588
- Stabilität 48, 586
- Umlagerungen 591, 602
- Umwandlungen 588
Radikalfänger 290, 584, 591
Radikal-Ionen 602, 636
Radikal-Kationen 587
Radikalketten-Polymerisation 599
Radikal-Kettenreaktion 588, 591
Radikalpolymerisation 779
Radikalreaktionen 583–605
- Addition 598
- Allgemeines 588
- Autoxidation 600
- charakteristische Merkmale 591
- Kombination von Radikalen 602
- Polymerisation 599
- Selektivität 589
- Substitutionen 592–597
- Umlagerung von Radikalen 602
Radikalsubstitution, Allylstellung 594
- an gesättigten C-Atomen, Verlauf 592
- Diazoniumsalze 595
- Hunsdiecker-Reaktion 597
- mit NBS 594
- Nitrierung 595
Radikalsubstitutionen 593–597
Radiolyse 585
Raffinose 749
Raman-Spektren 23
Raman-Spektrum, Tetrachlorethen 24
Raney-Nickel 430, 432
Ranzigwerden 715
Raschig-Verfahren 576
Rauwolfia serpentina 713
Rayon 753
Reagentien, nucleophile, Beispiele 333
Reaktion, elektrocyclische 437
- stereoselektive 204
- stereospezifische 205
anti-E2-Reaktion, stereoelektronischer Verlauf 386
E1-Reaktion 377
- Mechanismus 379
- Richtung 382
- sterische Beschleunigung 381
E2-Reaktion 378
- Mechanismus 378
- – Beweis 379
- stereoselektiver Ablauf 389
- stereospezifischer Ablauf 387
- sterischer Verlauf 385
S_E-Reaktion, siehe Substitution, elektrophile 536
S_E1-Reaktion 536

S_N-Reaktion 138, 163, 334
- anchimere Beschleunigung 342
- Einfluß der Abgangsgruppe 357
- – der Substratstruktur 350
- – des Lösungsmittels 349
- – des Substrates 353
- elektrophile Katalyse 349
- innere 372
- intramolekulare 342
- mit nackten Fluorid-Ionen 355
- Nachbargruppeneffekte 341
- Nebenreaktionen 358
- Reaktivität von Substraten 353
- sterische Beschleunigung 352
S_Ni-Reaktion 372
S_N1-Reaktion 335
- Energiediagramm 338
- Racemisierung 341
S_N2-Reaktion 334
- Energiediagramm 335
- Konfigurationsumkehr 339
- – Beweis 201
- stereoelektronischer Ablauf 228
S_N2_t-Reaktion, Reaktivität
- Säurekatalyse 477
- sterische Hinderung 478
- Zeitgesetz 476
Reaktionen, cheletrope 457
- elektrocyclische 441
- – Auswahlregeln 442
- – Stereospezifität 441
- konzertierte 288
- mehrstufige, Kinetik 291
- organische, Ablauf 288–303
- pericyclische 437–474
- – Auswahlregeln 438
- – Verlauf 438
- photochemische 289, 807–814
S_N-Reaktionen, Abgangsgruppen 333
- Ablauf 334
- an Alkoholen und Ethern 370
- an Carbonyl-C-Atomen, Verlauf 475
- an gesättigten C-Atomen 333–375
Reaktionsabläufe, Untersuchung 300
Reaktionskonstanten 325
Reaktionszwischenstoffe 288
Reaktivfarbstoffe 796
Reaktivität und Molekülbau 304–332
Redoxindikatoren 804
Redoxpolymerisation 780
Reduktion, Aldehyde und Ketone 630–637
- Carbonsäuren und ihre Derivate 637–640

- Carbonylverbindungen 630–637
- Ester 638
- konjugierte Doppelbindungen 627
- Nitrile 638
- Nitroverbindungen 640
- Säurechloride 638
- stickstoffhaltige funktionelle Gruppen 640–644
Reduktionsmittel (Tabelle) 606
Reformatzki-Reaktion 233, 518
Reforming-Prozeß 55
Regel von Bredt 384
Regel von Hofmann 382
Regel von Hückel 103, 104
Regel von Markownikow 147, 321, 414, 416, 419, 428, 590
Regel von Saytzew 382
Regenschirm-Mechanismus 339
regiopezifisch 356
Regioselektivität, Elimination 382
regiospezifisch 330, 414
Regler, bei Polymerisationen 600
Reichstein 730
Reihe, homologe 38
Reimer-Tiemann-Reaktion 216, 400, 562
Rekombination, Radikale 588
Relaxation 27
Reserpin 713
Reservestoffe 736
Resit 785
Resitol 785
Resole 785
Resonanz 100
Resonanzeffekt 307
Resonanzenergie 100
Resonanzhybrid 99
Resonanzintegral 85
Resorcin 151
Resorcinol 151
Reten 721
Retention 200
11-(Z)-Retinal 808
Retro-Diels-Alder-Reaktion 452
Retro-En-Reaktion 456
Retrosynthese 667
L-Rhamnose 741
Rhodium 818
Rhodopsin 724, 808
Rhovyl 783
Riboflavin 706
Ribonuclease 766
Ribonucleinsäure 773
Ribose 698
D-(−)-Ribose 741
β-D-(−)-Ribose 742
Ribosomen 773, 776
Ringe, alicyclische, Dehydrierung 614
- höhere, Synthese 494

Ringerweiterung, durch Umlagerung 650
Ringinversion, Cyclohexanring 61
Ringschlußreaktionen, Beispiele (Tabelle) 70
Ringstrom 112
Ringstromeffekt 674
Ringsysteme, alicyclische, Spiegelbildisomerie 187
- anellierte 119
- bicyclische, Nomenklatur 135
- - S_N-Reaktionen 347
- polycyclische 67
Ringverbindungen, Nomenklatur 135
- Stereochemie 410
Ringverengung, durch Favorski-Umlagerung 660
- durch Umlagerung 650
Ritter-Reaktion 533
RNA 773
m-RNA 776
t-RNA 776
Robinson 514
Robinson-Anellierung 436
Robinson-Ester 771
Rochow-Prozeß 790
Rohrzucker 748
Rosanoff 737
Rosenmund-Reaktion 639
Rotationsdispersion 20, 184
Rückbindung 817
Rückkehr, innere 359
Ruzicka 89, 721

Saccharin 163, 757
Saccharose 748
Sachse 60
Salicylaldehyd 207, 208
Salicylsäure 220, 315
Salpetersäure-Ester 145
Salutaridin 712
Sandmeyer-Reaktion 174, 568, 578, 595
Sandwich-Verbindungen 105, 822
Sanger 577, 761
Sanger-Reagens 576, 758
Saponine 731, 745
Sarsasapogenin 731
Sauerstoff (Radikalfänger) 48
Säureamide, Abbau 402
Säureazide, Abbau 403
Säurechlorid, Hydrolyse 480
Säurechloride, Alkoholyse 481
- Reduktion 638
Säurehalogenide, Alkoholyse 479
- Reaktionen 480
Säurehydrazide, Abbau 403
Säurekatalyse, allgemeine, bei nucleophiler Addition 499
- spezifische, bei nucleophiler Addition 498
Säuren, harte und weiche 356
Säurespaltung 368

Säurestärke 311
Säurezahl 716
Saytzew-Produkt 382
Schäffer-Säure 797
Scheele 1
Schieferöl 56
Schiemann-Reaktion 568, 579
Schierling 708
Schießbaumwolle 145, 753
Schiffsche Base 211, 511
Schlack 788
Schlafmittel 244
Schlenk 198
Schmelzpunkt 16
Schmelzpunktserniedrigung 31
Schmidt-Abbau 403
Schmidt-Umlagerung 658
Schöllkopf 659
Schotten-Baumann-Reaktion 481
Schuhwichse 719
Schutzgruppen 364, 671
Schwangerschaftshormone 730
Schwefeldioxid, Addition an Diene 458
Schwefelsäuredimethylester 144
Schwefelsäureester 145
Schwefelsäuremonomethylester 144
Schwefelverbindungen 159–163
Schweineschmalz 715
Schwermetallacetylide 92
Schwingungsmöglichkeiten, Atomgruppe 22
Schwingungs-Relaxation 805
Scillaren 731
Scopolamin 709, 710
Seconal 285
Sedative 369
Seebach 505
Sehpurpur 724
Sehvorgang 808
Seidenfibroin 766
Seife, reinigende Wirkung 716
Seifen 716
Seitenkettenchlorierung, Alkylaromaten 593
Seitenketten-Halogenierung, Aromaten 126
Sekundärstruktur, Nucleinsäuren 774
- Proteine 767
Selen 605
Selendioxid 605
- Oxidationsmittel 608
Selinen 723
Sellerieöl 723
Semibullvalen 467
Semicarbazid 244
- Addition an C=O 510, 515
Semicarbazone 212, 215, 515
Semichinone 587
o-Semidin 664
p-Semidin 664

Senfölglykoside 745
Sensibilisator 806
Sensibilisatoren, Photographie 801
Sequenz 757
Sequenzbestimmung 577
- Polypeptide 758
Sequenzregel 73, 180
Serin 239
Sertürner 711
Sesquiterpene 721, 723
Sesselform 59, 60
Seveso-Dioxin 127
Sextett, aromatisches 105
Sextett-Umlagerungen 645
Sexualhormone 729
shielding-effect 253
Shikimisäure 735
Siedepunkt 16
Siedepunktserhöhung 31
Silanole 789
Siliciumorganyle 816
Silicone 13, 789
Siliconharze 789
Siliconöle 789
Siloxane 789
Simmons-Smith-Reaktion 70, 458
Singlett-Carben 399, 400
Singlett-Sauerstoff, Photooxidation 811
Singlett-Zustand 289, 291, 805
Skatol 683
Skelettformel 36
skew 40
Skraupsche Synthese, Chinolinderivate 560
Slater 3
Smith 458
Solanaceen 709
Solanidin 731
Solvatationseffekte 296
- S_N-Reaktionen 355
Solvolyse 335
Sommelet-Reaktion 615
Sondheimer 624
Sorbitol 746
L-Sorbose 746
Spannung, sterische 43
Spannungstheorie 65
Spannweite 670
Speiseessig 226
Spektrophotometer 21
Sphingosin 719
Spiegelbildisomerie 175–205
- Ringsysteme 187
Spin-Entkopplung 268
Spinpaarung 4, 805
Spin-Spin-Kopplung 257
A_mB_n-Spin-Systeme 262
A_mX_n-Spin-Systeme 262
Spirane 190
Spiropentan 459
Spiro[3.3]heptan 190
Spiro[2.5]octadienyl-Kation 343
Squalen 724, 732

Stabilisatoren, ungesättigte
  Verbindungen 592
Stabol 782
Stärke 736, 750, 751
Stärkekörner 751
Startreaktion 591
Staudinger 779
Steam-Cracker 80
Stearin 226
Stearinsäure 220, 226, 715
Stechapfel 709
Steinkohlenteer 128
Stereoisomere 43, 175
stereoselektiv 81, 203, 205
stereospezifisch 84, 205
Stereotopie 200, 203
Steroide 726–731
Sterole 726
Stevens-Umlagerung 659
Stickstoffverbindungen, IR-
  Banden 165
Stigmasterol 727
Stilbazol 699
Stilben 793
(E)-Stilben 125
(Z)-Stilben 125
Stilböstrol 729
Stobbe-Kondensation 530
Stoffe, hochmolekulare, synthetische 779–791
Stork-Reaktion 541
Streckersche Synthese 240, 509
Streckschwingung 23
Strophanthidin 731
Struktur 34
– fluktuierende 467
Strukturformel 175
Strychnin 713
Strychnos Nux vomica 713
Styren 125
– NMR-Spektrum 272
Styroflex 783
Styropor 783
Substanzformel 31
Substituenten, dirigierende Wirkung (Aromaten) 549
Substituentenkonstanten 324, 325
Substitution 16
– Allylstellung 412
– elektrophile, Acylierung von Doppelbindungen 540
– – an aliphatischen C-Atomen, Mechanismen 536
– – an aliphatischen C-Atomen, Metallorganyle 542
– – an araliphatischen C-Atomen 536–544
– – an Aromaten 545–571
– – – Azokupplung 566
– – – bi- und polycyclische Aromaten 552
– – – Carboxylierung 562
– – – Chlormethylierung 558
– – – Formylierung 560

– – – Friedel-Crafts-Acylierung 557
– – – Friedel-Crafts-Alkylierung 554
– – – Halogenierung 567
– – – Hydroxyalkylierung 559
– – – Ipso-Substitution 551
– – – Mechanismen 545–547
– – – Nitrierung 563–565
– – – Nitrosierung 565
– – – Orientierung 547–553
– – – Reaktivität 547–553
– – – Substituenteneffekte 549
– – – Sulfochlorierung 569
– – – Sulfonierung 568
– – an Carbonylverbindungen 538
– nucleophile 138
– – am gesättigten C-Atom, sterischer Verlauf 339
– – an Acylverbindungen 479
– – an Aromaten 572–582
– – – Alkalischmelze 577
– – – Diazoniumsalze 578
– – – Hydrid-Ionen als Abgangsgruppe 575
– – – Mechanismen 573, 580
– – – Orientierung 573–574
– – – Reaktivität 573–574
– – – via Arine 579–582
– – an aromatischen Halogenverbindungen 576
– – an Carbonyl-C-Atomen, Reaktivität 477
– – – Säurekatalyse 477
– – – sterische Hinderung 478
– – – Zeitgesetz 476
– – an gesättigtem C-Atom, unimolekulare 335
– – an gesättigtem C-Atom, anchimere Beschleunigung 342
– – an gesättigten C-Atomen 333–375
– – – Abgangsgruppen 333
– – – Ablauf 334
– – – an Alkoholen und Ethern 370
– – – an Alkylsulfaten 361
– – – an Alkylsulfonaten 361
– – – bimolekulare 334
– – – Einfluß der Abgangsgruppe 357
– – – Einfluß der Substratstruktur 350
– – – Einfluß des Lösungsmittels 349
– – – Einfluß des Nucleophils 354
– – – Einfluß des Substrates 353
– – – elektrophile Katalyse 349
– – – Lösungsmitteleffekte 336
– – – Nachbargruppeneffekte 341
– – – Nebenreaktionen 358

– – – Reaktivität von Substraten 353
– – – sterische Beschleunigung 352
– – – Zeitgesetze 335
Substitutionen, nucleophile, an ungesättigten C-Atomen 475–497
– – an Vinyl-C-Atomen 497
Substitutionsnamen 130
Substitutionsreaktion 47
Substratspezifität, Enzym 770
Succindialdehyd 678
Succinimid 79
Sulfanilamidothiazol 691
Sulfanilsäure 569
Sulfathiazol 691
Sulfensäure 160, 161
Sulfide 159
Sulfinsäure 161
Sulfochlorierung, Alkane 49
– Aromaten 569
Sulfolan 681
Sulfon 161
Sulfonamide 163, 691
Sulfonierung 124, 162
– Aromaten 568
Sulfonphthaleine 799, 803
Sulfonsäure 124, 160, 162, 568
Sulfoxid 161
Sulfurylchlorid 593
Sumpfgas 55
Supersäuren, Reaktion mit Alkanen 50
suprafacial 445, 461
symmetrieerlaubt 472
symmetrieverboten 472
synclinal 43
Syndet 718
syndiotaktisch 782
synperiplanar 43
Synthese, asymmetrische 200, 203, 819
– konvergente 666
– lineare 666
Synthesegas 55, 56
Syntheseplan 667
Syntheseplanung 666–671
Synthon 669
a-Synthon 669
d-Synthon 669
Systeme, prototrope 331

Tabakpflanze 708
Talg 715
Tannin 153
TAPA 197
Tartrate 235
Taurin 728
Tautomerie 93, 175, 328
– Carbonylverbindungen 214
TCDD 127
Teer 128
Teflon 90, 783
Telomerisation 599
Terephthalsäure 230, 233, 787

Sachregister 847

Terephthalsäuredimethylester 490
Terpene 714, 720–726
– Dehydrierungsprodukte 721
Terpentinöl 722
p-Terphenyl 117, 614
Tertiärstruktur, Proteine 769
Terylen 233, 786, 787
Testosteron 729
Tetanus-Toxin 127
Tetraalkylammoniumhydroxid 169
Tetraalkylammoniumsalze 299
2,3,6,7-Tetrachlordibenzodioxin 127
Tetrachlorethen, IR-Spektrum 24
Tetrachlorkohlenstoff 57
Tetrachlormethan 57
2,3,5,6-Tetrachlor-p-benzochinon 614
Tetracyanoethen 448
Tetracyclin 734
Tetraethylthiuramdisulfid 149
Tetrafluorethylen 90
Tetrahydrofuran 154, 155, 674
Tetrahydropyrrol 674
Tetralin 629
Tetramethylammoniumchlorid 164
Tetramethylsilan 253
2,4,5,7-Tetranitrofluorenylideniminooxypropionsäure 197
Tetranitromethan 78
Tetraphenylcyclobutadien-Kation 108
Tetraphenylethen 125
Tetraterpene 724
Tetra-tert-butylcyclobutadien 102
Tetra-tert-butyltetrahedran 102
Tetrazol 455
Tetrose 736
Thallium(III)-nitrat 605
Thebain 711
Theobromin 706
Theophyllin 706
THF 155
Thianaphthen 675, 683
Thiazol 105, 675, 690
1,3-Thiazol 690
Thiazolring, Synthese 690
Thioacetale 504
– Hydrogenolyse 631
Thioharnstoff 365
Thioindigo 686
Thiole 159
– Oxidation 160
Thionylchlorid 481
Thiophen 105, 675, 676
– aromatischer Charakter 680
– Gewinnung 676
Thiophosphorsäure 145
Thiotolan 681
Thiuroniumsalz 365
Thoriumoxid 495
Thorpe-Reaktion 521, 534

Thorpe-Ziegler-Reaktion 70, 534
threo 185
Threonin 239
Thymin 703, 773, 774
Tieffeld-Verschiebung 254
Tiffeneau-Umlagerung 653
Tischtschenko-Reaktion 636
TMS 253
TNT 564
Todd 689
Tollens-Reaktion 622
Tollkirsche 709
p-Tolualdehyd 207
Toluen 125
– IR-Spektrum 122
– NMR-Spektrum 112
Toluensulfonsäurechlorid 162
Toluensulfonsäureester 157
p-Toluensulfonsäureester 162
m-Toluidin 165
o-Toluidin 165
p-Toluidin 164
Toluyl 133
o-Toluylsäure 315
Tosylat 157, 162
Tosylat-Anion 358
Tosylhydrazone, Reduktion 631
Tracerexperimente 302
Transfer-RNS 776
transition-state-theory 293
transoid 85
Traubensäure 205, 235
Traubenzucker 736
Trevira 233, 786, 787
2,4,6-Triaminotriazin 704
Triazene 566
1,3,5-Triazin 704
Triazine 704
Triazol 454
Tributylphosphat 145
Trichloracetaldehyd 503
Trichloressigsäure 312
1,1,2-Trichlorethan, NMR-Spektrum 257
Trichlorethylen 90
Trichlormethan 57
2,4,5-Trichlorphenol 127
2,4,5-Trichlorphenoxyessigsäure 127
2,4,6-Trichlortriazin 704
Tricyanomethan 317
1,3,5-Triethylbenzen 556
Triethylenglycol 158
Triethylenglycolditosylat 158
Triflat-Gruppe 358
Triflat-Ion 352
Trifluoressigsäureanhydrid 486
Trifluormethylsulfonyloxy-Ion 352
Trifluorperoxyessigsäure 610
– Oxidationsmittel 617, 623
Trifluor-tri-tert-butylbenzvalen 116
Triformylcyclopentadien 106
1,1,1-Trihalogenverbindungen, Hydrolyse 364

Trihexylmethylammoniumchlorid 299
Trikresylphosphat 145
Trimethylamin 164, 165, 318
2,4,6-Trimethylbenzoesäure 487
Trimethylcarbinol 139
Trimethylessigsäure 220
2,5,5-Trimethylheptan 132
2,3,5-Trimethylhexan 132
2,4,6-Trimethylnitrobenzen 309
2,2,4-Trimethylpentan 427
Trimethylsilanol 789
Trimethylsiliciumchlorid 789
2,2,4-Trimethyl-1,6-diaminohexan 788
Trinitrobenzen 564
2,4,6-Trinitrochlorbenzen 576
2,4,6-Trinitrophenol 564
2,4,6-Trinitrotoluen 564
Trioxan 217, 507
Triphenylcarbenium-Ion 290, 798
Triphenylcarbinol 139, 140
2,2,2-Triphenylethyltosylat 300
Triphenylmethan 117, 317
Triphenylmethanfarbstoffe 798
Triphenylmethylchlorid 554
Triphenylmethyl-Radikal 118, 587
Triphosphanrhodium-Komplex 818
Triplett-Carben 399
Triplett-Methylen 401
Triplett-Zustand 289, 291, 805
Triptycen 301, 581
1,3,5-Tri-t-butylbenzen 551
Triterpene 724
Tritium 302
Tritylchlorid 118
Tritylradikal 118
Trivialnamen 129
Trogamid 788
Trögersche Base 192
Trolitul 783
Tropan 709
Tropanalkaloide 709
Tropasäure 514, 710
Tropiliden 115
Tropin-Alkaloide 514
Tropinon 514, 710
Tropolon 107
Tropon 107, 701
Tropylium-Ion 281
Tropylium-Kation 107
Trotyl 564
Truxillsäuren 447
Truxinsäuren 447
Tryptophan 239, 684
Tschitschibabin-Reaktion 574, 575, 695
Tschugaew-Reaktion 397, 457
Twistan 68
Tyrosin 239

Sachregister

Übergangsmetalle, Organyle 816–824
Übergangsmetall-Katalysatoren 430
Übergangszustand 288, 292, 320
– antiaromatischer 438
– aromatischer 438
– cyclischer 395, 437
Ultrapas 786
Ultraviolett (UV) 20
Ultraviolettspektren 25
Ultraviolettspektroskopie 246–248
Umesterung 490
Umlagerung 16
– an Hydroperoxiden 658
– Baeyer-Villiger 658
– bei der Alkylierung von Aromaten 555
– Benzidin 664
– Benzilsäure 655
– Curtius 657
– Derivate des Anilins 662
– Diazoketone 655
– Favorski 660
– Fischer-Hepp 663
– Fries 662
– Hofmann 657
– Hofmann-Martius 663
– Isobornylchlorid 650
– Neopentyl 646
– Pinakol 370, 371, 651
– Schmidt 658
– Stevens 659
– Wagner-Meerwein 371
– Wanderung von O-, S- oder N-Atomen 655
– Wanderung zu N- oder O-Atomen 657
– Wittig 659
Umlagerungen 645–665
– Allgemeines 645
– an aromatischen Ringen 662
– anionotrope 645, 647
– – Mechanismen 646
– kationotrope 645, 659–662
– Nebenreaktionen zu S_N 359
– Norbornan 649
– prototrope 645
Umpolung 505, 531, 678
Umwandlung, innere 806
Uracil 703, 773
Urease 243, 769
Urethan 242, 243, 508
Urotropin 213, 511
UV-Spektrum, Butanon 24
– Butenon 24

Valence Bond-Verfahren 3
Valenzisomerie 467
Valenztautomerie 114, 467
n-Valeriansäure 220
Valin 239
Valinomycin 159
Valium 707
van der Waals-Abstoßung 43

van der Waals-Kräfte 44
van Tamelen 115, 713
van't Hoff 177, 205
Vanillin 153, 207, 745
Vasopressin 757
VB-Methode 5
VB-Näherung 3
Veilchenriechstoffe 724
Verbindungen, C–H-acide, pK_a-Werte 317
– heterocyclische 674–713
– – Nomenklatur 674, 675
– metallorganische 815–824
– – Allgemeines 815
– – S_E-Reaktionen 544
– metallorganische Reaktionen 542
– organische, Nomenklatur 129
– – physikalische Eigenschaften 16
– stickstoffhaltige 163–174
Verbindungen mit aktiven Methylengruppen (Tabelle) 369
Verbrennung 600, 602
Verbrennungsanalyse 30
Verdünnungsprinzip 69, 492
Veresterung 144
– Carbonsäuren 483–489
– mit Kondensationsmitteln 486
– säurekatalysierte 485
Vergällung 149
Verschiebung, chemische 27, 253
– chemische (Tabelle) 261
[1,3]-Verschiebung, Alkylgruppe 463
[3,3]-Verschiebung, sigmatrope 465
Verschiebungen, sigmatrope 460–468
– – Auswahlregeln 460
– – Beispiele 462
Verschiebungsreagentien 270
Verseifung 144, 228
– basenkatalysierte 484
– Benzylester 488
– t-Butylester 488
– Carbonsäureester 483–489
– Ester mit sterischer Hinderung 487
– Ester tertiärer Alkohole 485, 488
– Ester von starken Mineralsäuren 489
– Mechanismen, Zusammenfassung 489
– säurekatalysierte, Mechanismus 485
– sterische Hinderung 484
Verseifungszahl 716
Vestan 786, 787
Vestyron 783
Vetiveröl 723
Vetivon 723

vicinal 130
Vilsmeier-Reaktion 561
Vinidur 783
Vinyl 133
Vinylacetat 417
Vinylalkohol 93
N-Vinylcarbazol 686
Vinylcarbonsäure 220
Vinylchlorid 89
Vinylite 783
Vinylogie 370
Vinylogieprinzip 218
Vinyl-Protonen, chemische Verschiebung 254
2-Vinylpyridin 699
Viscose 753
Vitamin A 89, 724
Vitamin B_1 690
Vitamin B_2 706
Vitamin B_1-Pyrophosphorsäureester 690
Vitamin B_{12} 689
Vitamin C 746
Vitamin D_2 462
Vitamin D_2 727
Vitamin D_3 728
Vitamine 770
Vogel 110
Vorgänge, intermolekular-dynamische 276
– intramolekular-dynamische 275
Vulkanisation 784
Vulkollan 786, 791

Wachse 228, 714, 719
Wacker-Prozeß 218
Wacker-Reaktion 416
Wagner-Meerwein-Umlagerungen 371, 414, 464, 647
– Fähigkeit zur Wanderung 649
Walden 201
Waldensche Umkehr, S_N-Reaktion 340
Waldensche Umkehrung 201
Wallach 721
Walrat 719
Wannenform 59, 60
Warfarin 701, 702
Waschmittel 716
– synthetische 718
Waschvorgang 717
Wasserstoffatome, aktive, Bestimmung 53
Wasserstoffbrücken 140
Wasserstoff-Molekül 2
– Energieniveauschema 5
[1,j]-Wasserstoff-Verschiebung 462
Wasserstoffverschiebungen, sigmatrope 461
Watson 774
Wechselwirkungen, dipolare 270
Weingeist 149

Weinsäure 235
(−)-Weinsäure 235
(+)-Weinsäure 235
meso-Weinsäure 234, 235
(±)-Weinsäure 234
Weinsäuren, Eigenschaften 235
− Konfigurationszuordnung 236
Weinstein 235
Wellenzahl 23
Wieland 721, 726
Wilkins 774
Wilkinson 818
Williamson Synthese 154, 364
Windaus 721, 726
Wirkstoffe, herzaktive 730
Wirkungsspezifität, Enzyme 769
Wirt/Gast-Komplexe 198
Wirt/Gast-Wechselwirkungen 198
Wittig-Horner-Reaktion 519
Wittig-Reaktion 215, 519
Wittig-Umlagerung 659

Wöhler 1
Wohl-Ziegler-Reaktion 79
Wolff-Kishner-Reduktion 124, 211, 630
Wolff-Umlagerung 402, 654
Woodward 438, 474, 688, 689, 712, 713, 728
Wursters Kation 588
Wurtz-Fittig-Reaktion 54, 543
Wurtz-Reaktion, intramolekulare 70

Xanthin 705
Xanthogenat 397
Xanthogensäureester 397
Xylan 752
m-Xylen 125
o-Xylen 125
p-Xylen 125
D-Xylopyranose 752
p-Xylylen 119

Ylide 397, 519

Zeiselsche Bestimmung von Methoxygruppen 373
Zellwolle 753
Zerewitinow 54
Ziegler-Katalysatoren 781
Ziegler-Natta-Katalysatoren 817
Ziegler-Reaktion 575
Zielmolekül 667
Zimmerman 438
Zimtaldehyd 207, 208
Zingiberen 723
Zinkorganyle 815
Zuckeralkohole 746
Zuckerkrankheit 219
Zuckerrohr 749
Zuckerrübe 749
Zustand, aromatischer Kriterien 102
Zwischenstoffe 290
− abfangen 301
Zwitterionen 238
Zymase 149

Syntheseregister

enthält Hinweise auf die im Lehrbuchtext angegebenen Reaktionen zur Bildung oder Synthese von Stoffgruppen und Einzelstoffen

Acetaldehyd 217
Acetale 418
Acetanhydrid 508
Acetessigester 508
– alkylierte 361
Aceton 219, 601
Acetylen 55, 94, 95
Acrolein 218
Acrylnitril 413
Acrylsäure 226
Acylcyanide 482
Acylhalogenide 481
Adipinsäure 231, 613
Aldehyde 215, 421, 618
– aromatische 216, 560, 609
– durch Isomerisierung 653
– durch Oxidation 618
– durch Reduktion 639
Aldol 523
Aldoxime 616
Alkan 361
Alken 143
Alkene 376
1-Alkene 394
Alkine 94, 361, 392
Alkinole 92
Alkohole 147, 148, 424
– aus primären Aminen 374
– durch Grignard-Reaktion 516
– durch Reduktion von C=O 632
– primäre 147
– – aus Alkenen 422
– sekundäre 147
– tertiäre 147
tert-Alkylamine 375
Alkylarylsulfonate 718
Alkylarylverbindungen 361
Alkylnitrit 349
Alkylnitrite 173
Alkylsulfochloride 49
Allene 459
Allylalkohol 362
Allylchlorid 78
Ameisensäure 225
Amide 481
Amin 361
Amine 166, 167, 422
– durch Abbau von Carbonsäurederivaten 402, 403
– durch Delépin-Reaktion 366
– durch Gabriel-Synthese 366
– durch Reduktion 638
– durch Reduktion von Azoverbindungen 644
– durch Reduktion von Oximen 643
– durch S_N-Reaktion 365
m-Aminoanisol 579
p-Aminobenzoesäure 570

p-Aminophenol 644
Aminophenole, durch Umlagerung 663
2-Aminopyridin 574
Aminosäuren 240, 509
α-Aminosäuren 529
Anilin 166, 641
[18]Annulen 625
Annulene 624
Anthracen 128
Anthranilsäure 686
Antipyrin 692
Aromaten, durch Dehydrierung 613
– technische, Gewinnung 128
Arylcyanide 596
Ascorbinsäure 619, 746, 747
Azid 361
Azobenzen 641
Azoxybenzen 641

Barbiturate 496
Barbitursäure 243
Benzalaceton 526
Benzalchlorid 362, 593
Benzaldehyd 219, 362
1,2-Benzanthracen 556
Benzen 128
Benzidin 641, 664
Benzilsäure 655
Benzoesäure 227
Benzotrichlorid 593
Benzpinakol 587, 810
Benzvalen 116
Benzylalkohol 362
Benzylchlorid 593
Bernsteinsäure 231
Bicyclobutan 459
Bicyclobutanderivate 460
Biphenylderivate, unsymmetrische 597
Blei(IV)-acetat 621
Brenztraubensäure 237
Bullvalen 117
1,3-Butadien 89
2-Butanamin 168
2,3-Butandion 608
n-Butanol 681
Butanole 416
(E)-2-Buten 391
2-Butin-1,4-diol 93

Campher 722
Caprolactam 515
Carbazol 686
Carbene 399
Carbonsäureamide 169
Carbonsäureester 481
Carbonsäurehydrazide 482

Carbonsäuren 224
– α-alkylierte 368
– aromatische 608
– α,β-ungesättigte 234
Carbonylverbindungen, α,β-ungesättigte 514, 524
β-Carotin 520
Chinolinderivate 511, 560
Chinone 151, 617, 622
Chloral 619
Chlorameisensäureester 481
Chloranil 614
Chlorformamide 481
Chlorkohlensäureester 242
m-Chlornitrobenzen 570
β-Chlorpropionsäure 414
2-Chlor-4-hydroxyanilin 664
Coniin 708
Crotonaldehyd 219
Cumarin 700
Cumarinderivate 560
α-Cyanester 493
Cyanhydrine 509
Cyanurchlorid 704
Cyanwasserstoff 245
Cycloheptanon 653
Cycloheptatrien 460
Cycloheptatrienyliumbromid 107
Cyclohexanonoxim 788
1,2,3-Cyclohexantriol 619
Cyclohexenone 417
Δ-Cyclohexen-1-carbonsäureester 395
Cyclooctatetraen 93
Cyclopentenone 417
Cyclopentylessigsäureester 426
Cyclopropane 454
Cyclopropanone 459

DDT 559
Detergentien 50
Diacetyl 608
Dialkylketone 424
4,5-Diaminopyrimidin 706
Diazoester 174
Diazoketone 654
Diazomethan 174
Dibenzalaceton 526
Dicarbonsäuren 231
α-Dicarbonylverbindungen 608
β-Dicarbonylverbindungen 236, 483, 490, 492, 493
γ-Dicarbonylverbindungen 677
δ-Dicarbonylverbindungen 697
1,3-Dicarbonylverbindungen 236, 483, 490, 492, 493
1,4-Dicarbonylverbindungen 681

Syntheseregister

1,5-Dicarbonylverbindungen 697
Dichlordiphenyltrichlorethan 559
2,3-Dichlor-1-propanol 413
1,3-Diene 625
Diethylether 155, 371
Dihalogencarbene 459
Dihalogencyclopropanringe 459
2,4-Dihydroxy-6-aminopyrimidin 704
L-3,4-Dihydroxyphenylalanin 820
Diine 625
β-Diketone 483
Dimedon 492
Dimethylamin 166
Dimethylaminoantipyrin 692
2,5-Dimethylpyrrol 677
5,5-Dimethyl-1,3-cyclohexandion 492
m-Dinitrobenzen 172
2,6-Dinitrobenzonitril 575
2,4-Dinitrophenylhydrazin 576
Dioxan 155, 371
Dipyrin 692
Dypnon 524

Enamin 512
Enamine 436
Epichlorhydrin 413
Epoxide 420
Essigsäure 226
Essigsäureester 365
Essigsäuren, disubstituierte 368
Ester 143, 361
– aus Alkenen 425
– durch Addition an C=C 416
– durch S_N2-Reaktion 365
– tertiärer Alkohole 416
Ethanol 147, 416
– durch Gärung 149
– technisch 150
Ethen 81
Ether 143, 154, 361
– durch Williamson-Synthese 364
N-Ethylanilin 168
Ethylbenzen 555
Ethylenchlorhydrin 413
Ethylencyanhydrin 413
Ethylenoxid 156, 413, 420
Ethylhydrogensulfat 371
Ethylmethylketon 219, 606
Ethylphenylbarbitursäure 369

Farnesol 723
Fettalkohole 637
Fettsäuren 226
Fluoralkane 362
Fluoraromaten 579
Folsäure 706
Formaldehyd 217
Fünfringe 454
Furan 676

Glycerol 150, 413, 420
Glycidester 530
Glycole 610
cis-Glycole 432
trans-Glycole 420
vic-Glycole 587
Glyoxylsäure 237

Halogenalkane 53, 57, 372
Halogenaromaten 568, 596
Halogenverbindungen, ungesättigte 392
Harnstoff 242
2-Hexanol 419
Hydrazobenzen 641
Hydroxamsäuren 482
β-Hydroxyester 518
Hydroxypyridine 695
β-Hydroxysäuren 233

Imidazol 693
Imide 482
Imine 511
Indigo 685
Indol 684
Indolderivate 683
Iodalkane 362
Iodaromaten 578
Iodbenzendichlorid 626
Iodosobenzen 626
Iodoxybenzen 626
α-Ionon 427
β-Ionon 427
Isocyanate 242, 481
Isonitrile 245, 361, 367
Isooctan 427
Isopren 428
Isopropanol 416

Keten, technisch 393
Ketene, aus Säurechloriden 392
β-Ketoaldehyde 483
Ketocarbonsäuren 236
β-Ketoester 236, 483, 490, 493
Ketone 0, 216, 217, 424, 494
– alkylierte 361
– α-alkylierte 368
– aromatische 556
– aus Acylverbindungen 483
– aus Alkenen 425
– aus Nitrilen 534
– durch Isomerisierung 653
– durch Oxidation 619
– durch Pyrolyse von Carbonsäuren 495
– α-substituierte 512
– ungesättigte 540
α-Ketosäure 236, 483, 492
γ-Ketosäure 455
Kohlensäureester 481
Kohlensuboxid 232
Kohlenwasserstoffe, aliphatisch-aromatische 124
[18]Krone-6 157

γ-**Lactame** 496
γ-Lactone 496

Maleinsäure 231
Maleinsäureanhydrid 610
Malonester 492
– alkylierte 361
Mercaptane (Thiole) 365
Metallorganyle 544
Methacrylsäure 226
Methacrylsäuremethylester 509
Methan, Fluorderivate 58
– Halogenderivate 49
1,6-Methanocyclodecapentaen 110
Methanol 148
p-Methylacetophenon 556
Methylamin 166
1-Methylcyclohexanol 419
Methylether 364
Methylketone 418
Methylpyridine 128
3-Methyl-1-butin-3-ol 93
2-Methyl-1-chlor-2-propen 412
Michael-Substrate, α,β-ungesättigte, alkylierte 361

Naphthalen 128
Naphthochinon 610
Neopentylchlorid 49
Nicotin 708
Nicotinsäure 610
o-Nitranilin 577
Nitril 361, 367
Nitrile 244, 367, 617
Nitrit 361
Nitroalkan 350
o-Nitroanilin 569
Nitrobenzen 172
o-Nitrophenol 577
Nitrosomethylharnstoff 174
Nitrosoverbindungen 617
Nitroverbindung 361
Nitroverbindungen 617
– aliphatische 171
Nylon 788

Oxime 642
Oxirane 420

Pentaerythritol 526
Perlon 788
Phenanthren 597
Phenobarbital 369
Phenol 601
Phenolaldehyde 400
Phenole 152, 153, 577
Phenolether 364
Phenylhydrazin 642
Phenylhydroxylamin 641
Phenylurethane 242
Phosgen 242
Phosphorsäureester 145
Phthalimid 366
Phthalsäure 231
Phthalsäureanhydrid 610
Pikrinsäure 564
Pinakolon 371
Prisman 116

Puringerüst 706
Pyrazole 692
Pyrazolone 692
Pyridin 128, 694
Pyridinring 697
Pyridon 695
Pyrimidin 704
Pyrrol 677
Pyrrole 436
Pyrylium-Kation 700

Quercetin 702

Ringe, höhere 494

Säureanhydride 482
Schiffsche Basen 511
Schwefelsäureester 145
Semicarbazid 244
Silicone 790
Spiropentan 459
Stilbazol 699
Styren 555, 614
Sulfanilsäure 569
Sulfide 361, 365
Sulfinsäuren 161
Sulfolan 681
Sulfonsäuren 162
– aromatische 568

Terephthalsäure 233
p-Terphenyl 615
Terylen 490
Tetraethylblei 816
Tetrafluorethen 90
Tetrahydrofuran 155, 371, 676
Tetrahydronaphthalen 556
Tetralin 556
Tetrazole 455
Thiole 161, 361, 365
Thiophen 676
Thiuroniumsalze 365
Toluen 128
Toluene, *m*-substituierte 570
Toluensulfonsäureester 569
1,2,3-Trialkylbenzene 556
Triazolringe 454
1,3,5-Tribrombenzen 571
Trichlorethylen 90
2,4,5-Trichlorphenol 127
1,3,5-Triethylbenzen 556
1-Trifluor-3-chlorpropan 414
Trimethylamin 166
2,4,6-Trinitrotoluol 564
Triphenylcyclopropenylium-Ion 108
Triphenylmethan 117
Triphenylmethan-Gerüst 799
Triptycen 581
Tritylradikal 118
Tropanring 710
Tropinon 514

Urethane 242, 508

Verbindungen, metallorganische 543, 544
Vinylacetat 417
Vinylchlorid 89
Vinylether 418, 433
2-Vinylpyridin 699
Vitamin A 725
Vitamin C 619

Xylene 128